Bartsch ♦ Taschenbuch mathematischer Formeln

W0075694

Taschenbuch
mathematischer Formeln

von Dr.-Ing. Hans-Jochen Bartsch

18., verbesserte Auflage

Mit 480 Bildern

FACHBUCHVERLAG LEIPZIG

im Carl Hanser Verlag

Die Deutsche Bibliothek – CIP-Einheitsaufnahme

Bartsch, Hans-Jochen:
Taschenbuch mathematischer Formeln / von Hans-Jochen Bartsch. -
18., verb. Aufl. - München ; Wien : Fachbuchverl. Leipzig im Carl-Hanser-
Verl., 1998
 ISBN 3-446-19396-0

Fachbuchverlag Leipzig im Carl Hanser Verlag

© 1998 Carl Hanser Verlag München Wien
http://www.fachbuch-leipzig.hanser.de

Satz: Dr.-Ing. Hans-Jochen Bartsch, Chemnitz
Druck und Bindung: Ludwig Auer GmbH, Donauwörth
Printed in Germany

VORWORT

Weit über eine halbe Million verkaufte Bücher sprechen für sich:

der B a r t s c h ist ein gut eingeführtes Nachschlagebuch.

Für Generationen von Studenten an Fachhochschulen, Universitäten und sogar für Gymnasiasten war und ist das handliche Taschenbuch ein nützlicher Begleiter durch das Studium.

Natürlich kann ein *Taschenbuch mathematischer Formeln* nicht das Lehrbuch ersetzen. Es ist und bleibt eine Formelsammlung, in der mathematische Ableitungen nur angedeutet sind. Der Stoff ist allgemeinverständlich aufbereitet und übersichtlich gegliedert, wobei ab der 17. Auflage eine tiefere Untergliederung vorgenommen wurde als in vorherigen Auflagen. Ein Daumenregister erleichtert das Auffinden der entsprechenden Kapitel und eine zusätzliche Übersicht vor den Integraltabellen gestattet schnellen Zugriff zu dem gesuchten Integral.

Im klar gegliederten Sachwortverzeichnis wurde die Anzahl der Stichworte wesentlich erweitert, Striche als Wiederholungssymbol vorangehender Begriffe wurden sparsamer verwendet, wodurch der schnelle Zugang zu den einzelnen Informationen erleichtert werden konnte.

Die vorherige 17. Auflage wurde in allen Abschnitten überarbeitet und zum Teil inhaltlich erweitert, so z.B. um homogene Koordinaten, BEZIER-Splines, Anwendung der LAPLACE-Transformation in der Regelungstechnik. Definitionen und grundsätzliche Aussagen wurden durch Balken hervorgehoben. Die Verwendung von zwei Schriftarten mit den möglichen Schriftstilen erleichtert die Lesbarkeit des Taschenbuchs.

Nicht in jedem Fall konnte nur auf den in früheren Kapiteln behandelten Stoff, wie es in einem Lehrbuch notwendig ist, aufgebaut werden. Bei einer Formelsammlung ist dies sicher erlaubt. Deshalb helfen zusätzliche Verweise dem Leser, die Zusammenhänge auch mit späteren Kapiteln zu erkennen.

Die zahlreichen Beispiele veranschaulichen die abstrakten mathematischen Formeln in ihrer Anwendung, Erläuterungen sollen zum schöpferischen Anwenden der Mathematik anregen.

Bei den Bildern wurde auf eine gute Erkennbarkeit besonderer Wert gelegt. Dazu sind Vektoren in den Bildern mit einem Pfeil versehen, während sie im Text in fetter Schrift ausgeführt sind.

Wie bereits in der 14. Auflage begonnen, haben wir alle Stoffgebiete mit modernen numerischen Verfahren ergänzt. Diese Themen konsequent zu Ende geführt, würden allerdings den Rahmen eines Nachschlagewerks sprengen. Wir empfehlen zwei Werke für vertiefende Recherchen:

SCHWETLICK, H.; KRETZSCHMAR, H. [1991]: Numerische Verfahren für Naturwissenschaftler und Ingenieure. - Leipzig: Fachbuchverlag

ENGELN-MÜLLGES, G.; REUTTER, F. [1991]: Formelsammlung zur Numerischen Mathematik mit C-Programmen (bzw. anderen einschlägigen Programmen). Mannheim; Wien; Zürich: BI-Wissenschaftsverlag

In die jetzige Auflage sind wiederum zahlreiche Hinweise, die wir von Lesern erhielten, eingeflossen. Besonders wertvoll für eine weitere Verbesserung der Korrektheit der Darstellungen – im Rahmen eines Taschenbuches mit der vorliegenden Stoffülle sind der Detailliertheit allerdings Grenzen gesetzt – waren die Anregungen der Herren Prof. Dr. V. Baumgartner, Saarbrücken, Prof. Dr. G. Brecht, Itzehoe, Prof. Dr. K. Müller, Berlin, Prof. Dr. K. Niederdrenk, Ahaus/Münster, Prof. Dr. L. Paditz, Dresden. Wir bedanken uns für die konstruktive Kritik am Taschenbuch.

Anregungen und Kritiken aus dem Leserkreis sind dem Autor wie dem Verlag stets willkommen, denn wir wünschen uns, daß dieses Buch für Studium und Beruf ein zuverlässiger Ratgeber ist.

Hans-Jochen Bartsch und Verlag

Chemnitz, Leipzig, München, Januar 1998

Inhalt

Inhaltsverzeichnis

1 Mathematische Zeichen und Symbole

Bemerkung: Die Zeichen und Symbole sind z.T. in Anwendung dargestellt, zu den Definitionen siehe speziellen Abschnitt.
Wenn nicht anders angegeben, liegt DIN 1302 zugrunde.

Zeichen	Sprechweise, Bemerkung, evtl. Beispiel

Pragmatische Zeichen

$x \approx y$	x ungefähr gleich y
$x \ll y$	x klein gegen y, x kann gegenüber y vernachlässigt werden
$x \gg y$	x groß gegen y
$x \stackrel{\wedge}{=} y$	x entspricht y, z.B. 1 cm $\stackrel{\wedge}{=}$ 5 kg
...	und so weiter (bis), Auslassung

Allgemeine arithmetische Relationen und Verknüpfungen
(x, y sind Zahlen, Elemente, Objekte)

$x = y$	x gleich y, arithmetischer Grundbegriff, Identität
$x \neq y$	x ungleich y, keine Identität
$x =_{\text{def}} y$	x ist definitionsgemäß gleich y, auch $\underset{\text{def}}{=}$, := (im Buch verwendet)
$x := y$	ergibt, setze (Datenflußplan), $i := i + 1$, setze i gleich $i + 1$
$x < y$	x *kleiner* als y, Grundbegriff, z.B. $-5 < -3$
$x > y$	x *größer* als y, z.B. $5 > -7$
$x \leq y$	x kleiner oder (höchstens) gleich y, z.B. $a \leq 9$ entspr. $(-\infty, 9]$
$x \geq y$	x größer oder (mindestens) gleich y, entspricht $y \leq x$
$x + y$	x plus y, Summe von x und y, arithmetischer Grundbegriff
$x - y$	x minus y, Differenz von x und y, einstelliges Verknüpfungszeichen
$x \cdot y$, xy	x mal y, Produkt von x und y, arithmetischer Grundbegriff
$\frac{x}{y}$, x/y, $^x/_y$	x durch y, Quotient von x und y, z.B. $\frac{12}{3} = 12/3 = 4$
$\sum\limits_{i=1}^{n} x_i$	Summe über x_i von i gleich 1 bis n, $\sum\limits_{i=1}^{n} x_i = x_1 + \ldots + x_n$, auch $\sum\limits_{i=1}^{n} x_i$
$\prod\limits_{i=1}^{n} x_i$	Produkt über x_i von i gleich 1 bis n, $\prod\limits_{i=1}^{n} x_i = x_1 \cdot \ldots \cdot x_n$, auch $\prod\limits_{i=1}^{n} x_i$
$f \sim g$	f proportional zu g (f, g Funktionen), $f(x) = c \cdot g(x)$ für $c \neq 0$

Besondere Zahlen und Verknüpfungen ($x, y \in \mathbb{R}$; $n, m \in \mathbb{Z}$; $s \in \mathbb{N}$)

0	Null, *Neutrales Element* bzgl. Addition
1	Eins, *Neutrales Element* bzgl. Multiplikation
x^n	x hoch n, n-te Potenz von x für $n \geq 0$
$\sqrt{x} = y$	Wurzel (Quadratwurzel) aus x, entspr. $y^2 = x$ für $y \geq 0, x \geq 0$
$\sqrt[n]{x} = y$	n-te Wurzel aus x, entspricht $y^n = x$ für $y \geq 0$, $x \geq 0$
$n!$	n Fakultät, $n! = \prod\limits_{i=1}^{n} i = 1 \cdot 2 \cdot 3 \cdot \ldots \cdot n$
$\binom{x}{s}$	x über s, Binomialkoeffizient von x und s
$\operatorname{sgn} x$	Signum von x (Vorzeichen), z.B. $\operatorname{sgn}(-3) = -1$
$\lvert x \rvert$	Betrag von x, z.B. $\lvert -8 \rvert = 8$
$[x]$, $\operatorname{int}(x)$	größte ganze Zahl kleiner oder gleich x, integer part funktion, z.B. $[-\pi] = -4$, $\operatorname{int}(e) = 2$
$x \xrightarrow{f} y$	x geht durch f in y über, $f(x) = y$, auch für Kettenrechnungen
∞	unendlich, *Merke:* ∞ ist keine Zahl.

Komplexe Zahlen ($x, y \in \mathbb{R}$; $z \in \mathbb{C}$)

i oder j	imaginäre Einheit, $j^2 = -1$
$\operatorname{Re} z$	Realteil von z, $z = \operatorname{Re} z + j \operatorname{Im} z = a + j\,b$
$\operatorname{Im} z$	Imaginärteil von z
$\bar{z}, z^*$	konjugiert komplexe Zahl von z, $\bar{z} = \operatorname{Re} z - j \operatorname{Im} z$, (Elektrot. z^*)
$\lvert z \rvert$	Betrag von z, $\lvert z \rvert = \sqrt{z\bar{z}}$, $\lvert z \rvert \in \mathbb{R}$, $\lvert z \rvert \geq 0$
$\operatorname{Arc} z$	Arcus von z (Winkel), $z \neq 0$
$\angle \varphi$	Versor, steht für $e^{j\,\varphi}$, z.B. $e^{j\,(\omega t + \varphi)} = \angle \omega t + \varphi$ (DIN 5483)

Zahlenmengen ($a, b, x \in \mathbb{R}$)   (siehe auch DIN 5473)

Bemerkung: Vorzugsweise Verwendung der Buchstaben des Alphabets für

- Konstanten: erste Buchstaben $a, b, c, \ldots$,
- diskrete, ganzzahlige Variable: mittlere Buchstaben i, j, k, l, m, n, p, q
- stetige Variable und für Unbekannte: letzte Buchstaben t, u, v, w, x, y, z.

$\mathbb{N}, \mathbf{N}$	Doppelstrich-N, Menge der nichtnegativen ganzen Zahlen (natürliche Zahlen), *Kardinalzahlen* endlicher Mengen, $\mathbb{N} = \{0, 1, 2, \ldots\}$ abweichend von der Norm: $\mathbf{N}_0$, wenn $\mathbb{N}$ als Menge positiver ganzer Zahlen festgelegt wird.
$\mathbb{N}^*, \mathbf{N}^*$	Menge der positiven ganzen Zahlen, $\mathbb{N}^* = \{1, 2, \ldots\}$
$\mathbb{Z}, \mathbf{Z}$	Menge der ganzrationalen Zahlen, $\mathbb{Z} = \{\ldots -2, -1, 0, 1, 2, \ldots\}$
$\mathbb{Q}, \mathbf{Q}$	Menge der rationalen Zahlen, $\mathbb{Q} = \left\{ \dfrac{a}{b} \ \middle\vert \ a, b \in \mathbb{Z}, b \neq 0 \right\}$
$\mathbb{Q}^*, \mathbf{Q}^*$	Menge der von Null verschiedenen rationalen Zahlen

$\mathbb{Q}^+, \mathbf{Q}^+$ Menge der positiven rationalen Zahlen, desgl. mit Null $\mathbb{Q}_0^+, \mathbf{Q}_0^+$

$\mathbb{R}, \mathbf{R}$ Menge der reellen Zahlen, $\mathbb{R}^*, \mathbb{R}^+$ analog $\mathbb{Q}^*, \mathbb{Q}^+$

$\mathbb{C}, \mathbf{C}$ Menge der komplexen Zahlen

$(a, b),]a, b[$ offenes Intervall von a bis b, $\{x \mid a < x < b\}$

(a, ∞) offenes, unbeschränktes Intervall ab a, $\{x \mid a < x\}$

$[a, b]$ abgeschlossenes Intervall von a bis b, $\{x \mid a \le x \le b\}$

$[a, b), [a, b[$ linksseitig abgeschlossenes, rechtsseitig offenes Intervall von a bis b, $\{x \mid a \le x < b\}$

$[a, \infty)$ abgeschlossenes, unbeschränktes Intervall ab a, $\{x \mid a \le x\}$, Menge der reellen Zahlen ab a

$(a, b), \langle a, b \rangle$ (geordnetes) reelles Zahlenpaar, z.B. für $z = a + \mathrm{j}b$

Elementare Zahlentheorie $(x, y \in \mathbb{Z})$

$x \mid y$ x teilt y, es gibt eine ganzrationalee Zahl z mit $x \cdot z = y$

$x \nmid y$ x teilt y nicht, z.B. $5 \nmid 18$

$x \equiv y \bmod m$, x kongruent y modulo m, $m \mid (x - y)$, z.B. $42 \equiv 12 \bmod 5$, denn

$x \equiv y\ (m)$ $5 \mid (42 - 12) = 5 \mid 30$

Elementare (klassische) Geometrie (g, h Geraden, Strahlen)

$\overrightarrow{PQ}$ Trägervektor von g für Punkte $P, Q \in g, P \ne Q$

PQ Gerade PQ, Verbindungsgerade von P und Q, ist die Punktmenge $\{P + \lambda\overrightarrow{PQ} \mid \lambda \in \mathbb{R}\}, P \ne Q$

Strahl PQ, Halbgerade von P aus, ist die Punktmenge $\{P + \lambda\overrightarrow{PQ} \mid \lambda \ge 0\}, P \ne Q$

$\overline{PQ}$ Strecke von P nach Q, stets $\overline{PQ} = \overline{QP}$, ist die Punktmenge $\{P + \lambda\overrightarrow{PQ} \mid 0 \le \lambda \le 1\}$

$g \perp h$ g orthogonal zu h, g senkrecht h, Lot

$g \parallel h$ g parallel zu h

$g \uparrow\uparrow h$ g, h gleich- (gegen-) sinnig parallel, haben gleiche (entgegengesetzte)

$(g \uparrow\downarrow h)$ Trägervektoren

$\sphericalangle(g,\ h)$ (nicht orientierter) Winkel zwischen g und h

$\measuredangle(g,\ h)$ orientierter Winkel von g nach h

gh Punkt $g\,h$, Schnittpunkt von g und h (g und h nicht parallel)

$d\,(P, Q)$ Abstand (Distanz) von P und Q, entspricht $|\overrightarrow{PQ}|$, auch $|\overline{PQ}|$

$\Delta\,(ABC)$ Dreieck ABC

$\odot\,(P, r)$ Kreis um P mit Radius r

$M \cong N$ M kongruent N, es gibt eine Kongruenzabbildung, die M in N überführt.

Grenzwert (Limes), Stetigkeit

$a = \lim\limits_{n \to \infty} a_n$ a ist Grenzwert der Folge (a_n), (a_n) konvergiert gegen a

$a = \lim\limits_{x \to x_0} f(x)$ a ist Grenzwert von $f(x)$ für x gegen x_0

$\sum\limits_{n=0}^{\infty} a_n$ Summe der Reihe $\sum\limits_{n=0}^{\infty} a_n = \lim\limits_{m \to \infty} \left(\sum\limits_{n=0}^{m} a_n \right)$

$f(x) = o(g(x))$ $f(x)$ ist klein o von $g(x)$, $\lim\limits_{x \to a} \dfrac{f(x)}{g(x)} = 0$, $g(x) \neq 0$ in der Umgebung von a

$f(x) = O(g(x))$ $f(x)$ ist groß O von $g(x)$, es gibt ein $\delta > 0$ und ein $K > 0$, so daß für alle $x \in D(f)$ mit $|x - a| < \delta$ gilt: $\left| \dfrac{f(x)}{g(x)} \right| < K$, $g(x) \neq 0$ wie oben

$f \simeq g$ f asymptotisch gleich g, $\lim\limits_{x \to \infty} \dfrac{f(x)}{g(x)} = 1$

Differentiation

$f'(x_0)$, f Strich von x_0,

$\dfrac{\mathrm{d}f(x)}{\mathrm{d}x}\bigg|_{x_0}$ $\mathrm{d}f$ nach $\mathrm{d}x$ an der Stelle x_0, Ableitung von f an der Stelle x_0

f', $\dfrac{\mathrm{d}f(x)}{\mathrm{d}(x)}$ f Strich, $\mathrm{d}f(x)$ nach $\mathrm{d}x$, Ableitung von f

$\dot{f}$ f Punkt, entspricht f', Schreibweise in der Differentialgeometrie, in der Physik für Ableitung von f nach der Zeit

f'', f''', $f^{(n)}$, f zwei Strich, f drei Strich, f n-Strich

$\dfrac{\mathrm{d}^n f(x)}{\mathrm{d}x^n}$ 2., 3., n-te Ableitung, Ableitung 2., 3., n-ter Ordnung

$\dfrac{\partial f(x)}{\partial x_k}$, f_k, f_{x_k} f partiell nach dem k-ten Argument, d partiell $f(x)$ nach $\mathrm{d}x_k$

$\dfrac{\partial^r f(x)}{\partial x_{k_1} \dots \partial x_{k_r}}$ r-te partielle Ableitungen, auch $f_{k_1 \dots k_r}$, $f_{x_{k_1} \dots x_{k_r}}$

Δx, Δf Delta x, Delta f, z.B. $\Delta x = x_2 - x_1$, $\Delta f = f(x_2) - f(x_1)$

Integration (Definitionsbereich, Integrationsbereich $I = [a, b]$, $a < b$)

$\int\limits_a^b f(x)\, \mathrm{d}x$ Integral über $f(x)\, \mathrm{d}x$ von a bis b, auch $\int\limits_I f(x)\, \mathrm{d}x$, $\int\limits_a^b f(x)\, \mathrm{d}x$

F F ist Stammfunktion von f, $F' = f$

$\oint$ Randintegral, Hüllenintegral, anstelle $\int$ bei Kurven- und Flächenintegralen mit geschlossenem Integrationsbereich

$F(x)\Big|_{x=a}^{x=b}$; $F\big|_a^b$ $F(x)$ zwischen den Grenzen für x von a bis b, kurz: F zwischen den Grenzen a und b, $F(b) - F(a)$, bei ersichtlichen Grenzen ΔF

$\int\limits_{x_1}^{x_2} f(x)\, \mathrm{d}x = F\big|_{x_1}^{x_2}$ F ist unbestimmtes Integral von f, $\forall\, x_1, x_2 \in I$, $x_1 < x_2$

$\int f(x)\, \mathrm{d}x$ Menge aller Stammfunktionen

Exponentialfunktion, Logarithmus ($z \in \mathbb{C}$, $x, y \in \mathbb{R}^+$)

$\exp z$, e^z	Exponentialfunktion von z, e hoch z
$\ln x$	natürlicher Logarithmus von x
x^z	x hoch z, $x^z := \exp(z \ln x)$
$\log_y x$	Logarithmus von x zur Basis y, $\log_y x = \dfrac{\ln x}{\ln y}$
$\lg x$	dekadischer Logarithmus von x, $\lg x = \log_{10} x$
$\mathrm{lb}\, x$	binärer (dyadischer) Logarithmus von x, $\log_2 x$, früher ld x

Trigonometrische Funktionen, Hyperbelfunktionen sowie deren Umkehrungen ($z \in \mathbb{C}$, $x \in \mathbb{R}$)

$\sin z$, $\cos z$	Sinus von z, Cosinus von z
$\tan z$, $\cot z$	Tangens von z, Cotangens von z
$\sinh z$, $\cosh z$	Hyperbelsinus von z, Hyperbelcosinus von z
$\tanh z$, $\coth z$	Hyperbeltangens von z, Hyperbelcotangens von z
$\mathrm{Arcsin}\, x$	Arcussinus von x
$\mathrm{Arccos}\, x$	Arcuscosinus von x
$\mathrm{Arctan}\, x$	Arcustangens von x
$\mathrm{Arccot}\, x$	Arcuscotangens von x
$\mathrm{Arsinh}\, x$	Areahyperbelsinus von x
$\mathrm{Arcosh}\, x$	Areahyperbelcosinus von x
$\mathrm{Artanh}\, x$	Areahyperbeltangens von x
$\mathrm{Arcoth}\, x$	Areahyperbelcotangens von x

Vektoren, Matrizen (Auszug aus DIN 1303)

$a, b, x, y, \ldots$	Zeichen für Vektoren, auch $\vec{a}, \vec{b}, \vec{x}, \vec{y}, \ldots$
$a, b, x, y, \ldots$	Zeichen für Skalare
$\boldsymbol{0}, \vec{o}$	Nullvektor, neutrales Element bzgl. Vektoraddition
$a \cdot b$	a mal b, skalares (inneres) Produkt von a und b, Grundbegriff in EUKLIDischen Vektorräumen
$|a| = a$	Betrag von a, $|a| = \sqrt{a \cdot a}$
e_a	(normierter) Einheitsvektor in Richtung a vom Betrag 1, $a \neq \boldsymbol{0}$
$\sphericalangle (a, b)$	Winkel zwischen a und b, $0 \leq \sphericalangle (a, b) \leq \pi$, $a \neq \boldsymbol{0} \neq b$
$a \perp b$	a orthogonal zu b, $a \cdot b = 0$
$a \times b$	a Kreuz b, Vektorprodukt von a und b, $a, b \in \mathbb{R}^3$
$[a, b, c]$	Spatprodukt von a, b, c, $[a, b, c] = (a \times b) \cdot c$, $a, b, c \in \mathbb{R}^3$
$A, B, \ldots$ oder	Zeichen für Matrizen
$\begin{pmatrix} a_{11} & \ldots & a_{1n} \\ \vdots & & \vdots \\ a_{m1} & \ldots & a_{mn} \end{pmatrix} = (a_{ik})_{m,n}$	, Matrix a_{ik}, Element a_{ik} (i-te Zeile, k-te Spalte, auch (a_k^i), (a^{ik}))
	m, n-Matrix, m Zeilen, n Spalten
A^{T}	transponierte, gestürzte Matrix von A
O, $O_{m,n}$	Nullmatrix, alle Elemente gleich Null
E, E_n	Einheitsmatrix; Diagonalmatrix, die in der Hauptdiagonalen nur das Element 1 hat, auch $U, I, \mathbf{1}$

diag a | Diagonalisierung von a, Diagonalmatrix mit $d_i = a_i$

$$\begin{vmatrix} a_{11} \dots a_{1n} \\ \vdots \\ a_{n1} \dots a_{nn} \end{vmatrix} = \det A \quad \text{Determinante der quadratischen } n, n\text{-Matrix } A$$

A^{-1} — inverse Matrix von A, $A \cdot A^{-1} = E$, A quadratisch

$r(A)$ — Rang von A, auch $\mathrm{Rg}(A)$

$\mathrm{tr}A$, $\mathrm{sp}A$ — Spur von A, Summe der Diagonalelemente

$N(A)$, $\|A\|$ — Norm von A

Mengen (Auszug aus DIN 5473)

$a \in A$ — a ist Element von A, Grundbegriff, A Menge, Klasse

$a \notin A$ — a ist nicht Element von A, z.B. $3 \notin \{4, 5, 6\}$

$\{x \mid \varphi(x)\}$, — Die Menge (Klasse) aller x mit φ, **Klassenbildungsoperator,**

$\{x : \varphi(x)\}$ — **Mengenbildungsoperator**, φ ist Formel, die i. allg. x enthält, Menge aller Werte der Variablen x, für die φ erfüllt ist.

$\{a_1, \dots, a_n\}$ — Menge mit den Elementen $a_1, \dots, a_n$

$A \subseteq B$ — A ist Teilklasse (Teilmenge) von B, A sub B, Inklusionsrelation »enthalten oder gleich«, auch $A \subset B$

$A \subsetneqq B$ — A ist echte Teilklasse (Teilmenge) von B, A enthalten in B, echte Inklusionsrelation »enthalten **und** ungleich«

$A \cap B$ — A geschnitten mit B, Durchschnitt von A und B, enthält die gemeinsamen Elemente

$A \cup B$ — A vereinigt mit B, Vereinigung von A und B, enthält alle vorkommenden Elemente

$A \setminus B$ — Differenzmenge von A und B, A ohne B, relatives Komplement von B bzgl. A, z.B. $\{2, 3, 4\} \setminus \{2, 4\} = \{3\}$

$\setminus B$, $\overline{B}$ — Komplement von B, enthält die nicht in B liegenden Elemente

$\emptyset$ — leere Menge, enthält kein Element

Relationen (Auszug aus DIN 5473)

$\langle a, b \rangle$, (a, b) — (geordnetes) Paar von a und b, auch $\langle a; b \rangle$, $\langle a \mid b \rangle$

$\mathrm{Rel}(R)$ — R ist eine Relation

$a R b$ — a steht in Relation R zu b, R trifft auf a und b zu, $(a, b) \in R$

$\{x, y \mid \varphi(x, y)\}$ die Relation zwischen x, y mit $\varphi(x, y)$, **Relationsbildungsoperator**, auch $\{\langle x, y \rangle \mid \varphi(x, y)\}$

$A \times B$ — A Kreuz B, kartesisches Produkt von A und B, Menge aller (geordneten) Paare aus A und B, auch $A^2 = A \times A$,

A^n — Klasse aller n-Tupel mit Koordinaten aus A

Funktionen (Auszug aus DIN 5473)

$\mathrm{Fkt}(f)$ — f ist eine Funktion, f ist eine Abbildung

$D(f)$, $\mathcal{D}(f)$ — Definitions- (Argument-, Vor-) bereich von f, auch D_f, $\mathbb{D}_f$ üblich

$W(f)$, $\mathcal{W}(f)$ — Wertebereich (Nachbereich) von f, auch W_f, $\mathbb{W}_f$ üblich

$f(a), af$ f von a, f angewendet auf a, a abgebildet mit f, Bild von a unter f,
für jede Funktion f gilt: $f = \{(x, y) \mid f(x) = y \wedge x \in D(f)\}$

$f: A \to B$ f ist Abbildung von A in B

$\langle x \mapsto a(x)\rangle$ Funktion, die x auf $a(x)$ abbildet, **Funktionsbildungsoperator**

Mathematische Logik (Auszug aus DIN 5473)

$\neg\, \varphi,\ \overline{\varphi}$ nicht φ, Negation, (φ und ψ stehen für Formeln bzw. Behauptungen)

$\varphi \wedge \psi$ φ und ψ, Konjunktion

$\varphi \vee \psi$ φ oder ψ, Disjunktion (Adjunktion), einschließendes ODER

$\varphi \to \psi$ φ impliziert ψ, wenn φ, so ψ, **aus φ folgt ψ**, wenn φ, so muß ψ,
Subjunktion (Implikation) von φ und ψ, auch $\varphi \Rightarrow \psi$

$\varphi \leftrightarrow \psi$ φ äquivalent zu ψ, φ **genau dann**, wenn ψ, φ **ist gleichwertig mit** ψ
Äquijunktion (Äquivalenz) von φ und ψ, auch $\varphi \Leftrightarrow \psi$

$\varphi \nleftrightarrow \psi$ negierte Äquijunktion, Antivalenz, **ausschließendes** entweder-oder

$\varphi \leftarrow \psi$ falls, Replikation

$\forall\, x\, \varphi(x)$ für alle x (gilt) φ, **Allquantor**

$\exists\, x\, \varphi(x)$ es gibt (wenigstens) ein x mit $\varphi(x)$, **Existenzquantor**

$\exists^1 x\, \varphi(x)$ es gibt genau ein x mit $\varphi(x)$

$\iota\, x\, \varphi$ das (eindeutig bestimmte) x mit $\varphi(x)$, eindeutiger Wert für x,
der φ erfüllt, **Kennzeichnungsoperator**, auch $\iota_x\, \varphi$

Ordnungsstrukturen (Auszug aus DIN 13302)

$\min X$ Minimum von X, kleinstes Element von X

$\max X$ Maximum von X, größtes Element von X

$\sup X$ Supremum von X, kleinste obere Schranke von X

$\inf X$ Infimum von X, größte untere Schranke von X

Vektoranalysis, Transformationen (Auszug aus DIN 5487)

$\operatorname{grad} U$ Gradient des skalaren Feldes U

$\operatorname{div} V$ Divergenz des Vektorfeldes V

$\operatorname{rot} V$ Rotation des Vektorfeldes V

∇ **Nablaoperator**, $\nabla = \dfrac{\partial}{\partial x}\, e_x + \dfrac{\partial}{\partial y}\, e_y + \dfrac{\partial}{\partial z}\, e_z$ im $\mathbb{R}^3$

Δ **Laplace-Operator**, $\Delta = \dfrac{\partial^2}{\partial x^2} + \dfrac{\partial^2}{\partial y^2} + \dfrac{\partial^2}{\partial z^2} = \nabla\nabla$ im $\mathbb{R}^3$

$\mathfrak{F}$ FOURIER-Transformation

$\mathscr{L},\ L$ LAPLACE-Transformation, z.B. $F = Lf$

Koordinatensysteme (Auszug aus DIN 4895 T 1)

$\{0; x, y, (z)\}$ ebenes (räumliches) kartesisches Koordinatensystem,
Ursprung 0, Koordinaten $x, y, (z)$, auch $\{0; e_x, e_y, (e_z)\}$

$\{0; r, \varphi\}$ Polarkoordinatensystem, Pol 0, Modul r, Argument φ

$\{0; r, \vartheta, \varphi\}$ Kugelkoordinatensystem, Pol 0, Betrag des Radiusvektors r,
$\sphericalangle$ (Nord, r) = ϑ (Breite), $\sphericalangle$ (Null, r) = φ (Länge)

$\{0; \rho, \varphi, z\}$ Kreiszylinderkoordinatensystem, Pol 0, Betrag des Radiusvektors ρ,
⊲ (Null, ρ) $= \varphi$, Abstand von der Nullebene z

SI-Vergrößerungs- und SI-Verkleinerungsvorsätze (DIN 1301)

Man bevorzuge Vorsätze, die einer Potenz 10^{3n}, $n = 1, 2, \ldots$, entsprechen.
Vorsätze Hekto, Deka, Dezi und Zenti nur noch dort verwenden, wo sie bereits
üblich sind. Die Einheiten von Ergebnissen sollen mit dem Vorsatz versehen
werden, der den Zahlenwert in den Bereich $0{,}1 \ldots 999$ bringt.

da	Deka	10^1	d	Dezi	10^{-1}
h	Hekto	10^2	c	Zenti	10^{-2}
k	Kilo	10^3	m	Milli	10^{-3}
M	Mega	10^6	μ	Mikro	10^{-6}
G	Giga	10^9	n	Nano	10^{-9}
T	Tera	10^{12}	p	Piko	10^{-12}
P	Peta	10^{15}	f	Femto	10^{-15}
E	Exa	10^{18}	a	Atto	10^{-18}
Z	Zetta	10^{21}	z	Zepto	10^{-21}
Y	Yotta	10^{24}	y	Yocto	10^{-24}

Griechisches Alphabet

A	α	Alpha	I	ι	Jota	P	ρ	Rho
B	β	Beta	K	κ	Kappa	Σ	σ	Sigma
Γ	γ	Gamma	Λ	λ	Lambda	T	τ	Tau
Δ	δ	Delta	M	μ	My	Y	υ	Ypsilon
E	ε	Epsilon	N	ν	Ny	Φ	φ	Phi
Z	ζ	Zeta	Ξ	ξ	Xi	X	χ	Chi
H	η	Eta	O	o	Omikron	Ψ	ψ	Psi
Θ	θ, ϑ	Theta	Π	π	Pi	Ω	ω	Omega

2 Mathematische Logik

2.1 Aussagenlogik

2.1.1 Allgemeines

Aussage

Eine *Aussage* ist ein sinnvoller sprachlicher bzw. mathematischer *Ausdruck*, der in seiner Wortbedeutung, als arithmetische Formel oder durch Belegung der Variablen (*Veränderlichen*) entweder wahr W (1, engl. T = true) **oder** falsch F (0, engl. F = false) ist (Satz der *Zweiwertigkeit*), eine dritte Aussage, W *und* F, ist ausgeschlossen (*ausgeschlossener Widerspruch*). Aussagenvariable sollen φ, ψ, θ, φ_1, ... heißen (DIN 5473).

♦ Beispiel

Die Aussage »7 ist eine Primzahl« ist wahr, die Aussage $8 - 3 = 4$ ist falsch, $7x + 4 = 25$ ist erst mit der Belegung $x = 3$ eine wahre Aussage. »3« heißt *Lösung*. ♦

Der Wahrheitswert einer Formel hängt vom Wahrheitswert ihrer Teilformeln ab. Die 4 Wahrheitswerte $F(W, W)$, $F(W, F)$, $F(F, W)$, $F(F, F)$ heißen *kanonisches Quadrupel* ($\stackrel{\wedge}{=}$ Spalten der zweiwertigen Wahrheitstafeln).

Aussagenlogischer Ausdruck, aussagenlogische Variable

Ein *aussagenlogischer Ausdruck* (*Aussageform, Relation, Formel*) ist eine endliche *Zeichenreihe* (*Wort*) mit *aussagenlogischen Variablen* (BOOLEschen Variablen), der mittels *Junktoren* und *technischen Zeichen* gebildet wird .
Eine *Aussagenvariable* φ, ψ, θ, φ_1, ... (auch p, q, r) ist ein *Zeichen*, dem nur die Konstanten falsch oder wahr bzw. 0 oder 1 aus dem zweiwertigen Alphabet {F, W} bzw. {0, 1} zugeordnet werden können (*Belegung* der Variablen).

Die Aussageform wird zur *Aussage*, indem die Variablen belegt werden und auf Basis der den *Junktoren* zugeordneten Wahrheitsfunktion der Wahrheitswert ermittelt wird. Ein Ausdruck mit n Variablen wird dabei zur n-stelligen **Wahrheits(wert)funktion** F_n^k (BOOLEsche Funktion), wenn den n-Tupeln von Elementen aus {0, 1} ein Wert aus {0, 1} zugeordnet wird, k Anzahl der Variablen, n dezimale Äquivalente der Belegung, siehe 2.1.2 und 2.1.4.

Bei n Variablen sind 2^n Belegungen möglich, z.B. bei 2 Variablen 00, 01, 10, 11, die wiederum falsch oder wahr sein können.

Es gibt also genau 2^{2^n} BOOLEsche Funktionen bei n Variablen.

Junktoren

Junktoren sind *logische Zeichen*, die (Teil-) Formeln (Ausdrücke) zu weiteren Formeln verbinden. Sie sind durch eine Wahrheitstafel charakterisiert. φ und ψ sind Formeln bzw. Ausdrücke, siehe auch 3.1.1.

Logische *Aussagenkonstanten*, nullstellige Junktoren

$\top$ *Verum* $\bot$ *Falsum*

Einstelliger Junktor

$\neg$ nicht, *Negation* (auch Überstreichen und Durchstreichen)

Zweistellige Junktoren

$\wedge$ und (*Konjunktion*)
$\vee$ oder (*Disjunktion*)
$\rightarrow$ wenn ..., so ...; aus ... folgt ... (*Subjunktion, Implikation*)
$\leftrightarrow$ genau dann, wenn (*Äquijunktion, Äquivalenz*)

Bindungen bei zusammengesetzten Ausdrücken:

(1) $\neg$ bindet stärker als zweistellige Junktoren
(2) $\wedge$, $\vee$ binden untereinander gleich stark
(3) $\rightarrow$, $\leftarrow$, $\leftrightarrow$, $\nleftrightarrow$ wie (2), jedoch (2) binden stärker als (3)
(4)   Außenklammern können entfallen
(5)   Bei mehrgliedrigen Konjunktionen und mehrgliedrigen Disjunktionen, linksbündig, können Klammern entfallen.

♦   Beispiel:

$$(((\varphi_1 \wedge \varphi_2) \wedge \varphi_3) \vee \overline{\varphi_4}) \rightarrow (\varphi_5 \leftrightarrow \varphi_6)$$
$$= (\varphi_1 \wedge \varphi_2 \wedge \varphi_3) \vee \overline{\varphi_4} \rightarrow (\varphi_5 \leftrightarrow \varphi_6)$$ ♦

2.1.2   Ein- und zweistellige Boolesche Funktionen

Negation, Komplement (NOT, non ⟨lat.⟩)

$$F = \overline{\varphi} = \neg\varphi = {\sim}\varphi = 1, \text{ wenn } \varphi = 0; \ \varphi \text{ ist } \textbf{nicht} \text{ wahr.}$$

auch Negation durch Durchstreichen, z.B. $a \neq b$ für $\neg(a = b)$

φ	$F = \overline{\varphi} = \neg\varphi$
1	0
0	1

Konjunktion (logisches Produkt, logisches Und, AND, et ⟨lat.⟩)

$\varphi \wedge \psi = 1$, wenn $\varphi = 1$ **und** $\psi = 1$ auch $\varphi\psi$, $\varphi \cdot \psi$, $\varphi \ \& \ \psi$

Disjunktion, Alternative, Adjunktion (einschließendes Oder, Inklusiv-Oder, Und-oder, OR, vel ⟨lat.⟩)

$$\varphi \vee \psi = 1, \text{ wenn } \varphi = 1 \text{ oder } \psi = 1 \qquad \text{auch } \varphi + \psi$$

Bemerkung: Die Disjunktion schließt $\varphi = \psi = 1$ **nicht** aus.

Implikation, Subjunktion (logische Folgerung, seq ⟨lat.⟩)

$$\varphi \rightarrow \psi = 0, \text{ wenn } \varphi = 1, \text{ so } \psi = 0$$
$$\varphi \rightarrow \psi = \neg\, \varphi \vee \psi$$

Äquivalenz, Äquijunktion (äq ⟨lat.⟩)

$$\varphi \leftrightarrow \psi = 1 \text{ genau dann, wenn } \varphi = \psi$$
$$\varphi \leftrightarrow \psi = (\varphi \wedge \psi) \vee (\neg\, \varphi \wedge \neg\, \psi)$$

Bemerkung: Äquivalenz = ¬ (Antivalenz)

Zweiwertige Wahrheitstafel, Grundfunktionen

φ	ψ	$F = \varphi \wedge \psi$	$F = \varphi \vee \psi$	$F = \varphi \rightarrow \psi$	$F = \varphi \leftrightarrow \psi$
1	1	1	1	1	1
1	0	0	1	0	0
0	1	0	1	1	0
0	0	0	0	1	1

Zweiwertige Wahrheitstafel, erweiterte Funktionen (Informatik)

φ	ψ	$F = \varphi \overline{\wedge} \psi$	$F = \varphi \overline{\vee} \psi$	$F = \varphi \leftarrow \psi$	$F = \varphi \overline{\leftrightarrow} \psi$
1	1	0	0	1	0
1	0	1	0	1	1
0	1	1	0	0	1
0	0	1	1	1	0

NAND (Sₕₑբբₑᵣsche Funktion)

$$\varphi \overline{\wedge} \psi = \neg\, (\varphi \wedge \psi) = 1 \text{ nicht sowohl } \varphi = 1, \text{ als auch } \psi = 1$$
$$\text{auch } \varphi \uparrow \psi, \overline{\varphi \wedge \psi}$$

NOR (Nᵢᴄₒᴅsche Funktion)

$$\neg\, (\varphi \vee \psi) = \varphi \overline{\vee} \psi = 1, \text{ weder } \varphi = 1 \text{ noch } \psi = 1, \text{ auch } \varphi \downarrow \psi$$

Replikation

$$\varphi \leftarrow \psi = 1, \text{ falls } \varphi = 1 \text{ oder } \psi = 0$$

Antivalenz (ausschließendes Entweder-Oder, Exklusiv-Oder, XOR, aut)

$\varphi \leftrightarrow \psi = 1$, genau dann, wenn **entweder** $\varphi = 1$ **oder** $\psi = 1$

$\varphi \leftrightarrow \psi = (\varphi \wedge \neg \psi) \vee (\neg \varphi \wedge \psi)$

Bemerkung: Antivalenz = $\neg$ (Äquivalenz)

Funktionelle Vollständigkeit einer Schaltfunktion in der Informatik liegt vor, wenn **alle** Aussagenverknüpfungen mit nur einem Grundelement darstellbar sind. Diese Grundelemente sind:

NAND
NOR
XOR

Zweistellige Verknüpfungen (lexikographisch geordnet)

$\dfrac{\varphi}{\psi}$ n	$\begin{matrix}1\,1\,0\,0\\1\,0\,1\,0\end{matrix}$	F_n^2	Name
0	0 0 0 0	$F_0^2 = 0$	Falsum, Nullelement
1	0 0 0 1	$F_1^2 = \varphi \,\overline{\vee}\, \psi = \neg\,\varphi \wedge \neg\,\psi$	NOR; Weder noch
2	0 0 1 0	$F_2^2 = \neg\,\varphi \wedge \psi$	Inhibition
3	0 0 1 1	$F_3^2 = \neg\,\varphi$	Negation
4	0 1 0 0	$F_4^2 = \varphi \wedge \neg\,\psi$	Inhibition
5	0 1 0 1	$F_5^2 = \neg\,\psi$	Negation
6	0 1 1 0	$F_6^2 = \varphi \leftrightarrow \psi$	Antivalenz, XOR
7	0 1 1 1	$F_7^2 = \varphi \,\overline{\wedge}\, \psi = \neg\,\varphi \vee \neg\,\psi$	NAND
8	1 0 0 0	$F_8^2 = \varphi \wedge \psi$	Konjunktion
9	1 0 0 1	$F_9^2 = (\varphi \wedge \psi) \vee (\neg\,\varphi \wedge \neg\,\psi)$	Äquivalenz
10	1 0 1 0	$F_{10}^2 = \psi$	Identität
11	1 0 1 1	$F_{11}^2 = \neg\,\varphi \vee \psi$	Implikation
12	1 1 0 0	$F_{12}^2 = \varphi$	Identität
13	1 1 0 1	$F_{13}^2 = \varphi \vee \neg\,\psi$	Replikation
14	1 1 1 0	$F_{14}^2 = \varphi \vee \psi$	Disjunktion
15	1 1 1 1	$F_{15}^2 = 1$	Verum, Einselement

Mehrstellige Verknüpfungen

Mehrstellige Verknüpfungen (d.h. Verknüpfungen von mehr als 2 Aussagevariablen) können auf zweistellige Verknüpfungen zurückgeführt werden.

Aussagenlogische Identitäten (*Tautologien*) sind unabhängig von der Belegung der Variablen immer wahr, *Kontradiktionen* immer falsch.

♦ Beispiele für Tautologien:

$$\varphi \to (\psi \to \varphi) = 1 \qquad \varphi \to \neg(\neg \varphi) = 1 \qquad \varphi \to (\varphi \vee \psi) = 1 \vee \psi = 1 \qquad ♦$$

2

2.1.3   Rechengesetze, Rechenregeln (Boolesche Algebra)

Kommutativgesetz:

$$\varphi \vee \psi = \psi \vee \varphi$$
$$\varphi \wedge \psi = \psi \wedge \varphi \qquad\qquad \varphi \leftrightarrow \psi = \psi \leftrightarrow \varphi$$

Assoziativgesetz:

$$\varphi \vee (\psi \vee \theta) = (\varphi \vee \psi) \vee \theta = \varphi \vee \psi \vee \theta$$
$$\varphi \wedge (\psi \wedge \theta) = (\varphi \wedge \psi) \wedge \theta = \varphi \wedge \psi \wedge \theta$$
$$\varphi \leftrightarrow (\psi \leftrightarrow \theta) = (\varphi \leftrightarrow \psi) \leftrightarrow \theta = \varphi \leftrightarrow \psi \leftrightarrow \theta$$

Distributivgesetz:

$$\varphi \wedge (\psi \vee \theta) = (\varphi \wedge \psi) \vee (\varphi \wedge \theta)$$
$$\varphi \vee (\psi \wedge \theta) = (\varphi \vee \psi) \wedge (\varphi \vee \theta)$$

Bemerkung: Für die letztgenannte Beziehung gibt es nichts Entsprechendes in der konventionellen Algebra.

De Morgansche Regel (DE MORGANsches Theorem)

Werden in einem Ausdruck A, der die Junktoren $\to$, $\leftarrow$, $\leftrightarrow$ und $\nleftrightarrow$ nicht enthält, alle Variablen negiert und reihenfolgerichtig $0, 1, \wedge, \vee$ durch $1, 0, \vee, \wedge$ ersetzt, dann entsteht der Ausdruck $\neg A = \overline{A}$.

$$\neg(A_n^{\,k}) = (\overline{A})_m^{\,k} \qquad m = 2^k - 1 - n, \ k \text{ Anzahl der Variablen}$$

$$\overline{\varphi \vee \psi} = \overline{\varphi} \vee \overline{\psi} = \overline{\varphi} \wedge \overline{\psi} \qquad\qquad \overline{\varphi \wedge \psi} = \overline{\varphi} \wedge \overline{\psi} = \overline{\varphi} \vee \overline{\psi}$$
$$\overline{\varphi_1 \vee \varphi_2 \vee \ldots \vee \varphi_k} = \overline{\varphi}_1 \wedge \overline{\varphi}_2 \wedge \ldots \wedge \overline{\varphi}_k$$
$$\overline{\varphi_1 \wedge \varphi_2 \wedge \ldots \wedge \varphi_k} = \overline{\varphi}_1 \vee \overline{\varphi}_2 \vee \ldots \vee \overline{\varphi}_k$$

♦ Beispiel:

Man negiere den Ausdruck $A = (\varphi_1 \vee \overline{\varphi}_2) \wedge \varphi_3$.

$$(\varphi_1 \vee \overline{\varphi}_2) \wedge \varphi_3 \stackrel{\wedge}{=} (101) = A_5^3 \Rightarrow (\overline{\varphi}_1 \wedge \varphi_2) \vee \overline{\varphi}_3 \stackrel{\wedge}{=} (010) = (\overline{A})_2^3 \qquad ♦$$

Rechenregeln

$0 \vee 0 = 0$	$0 \wedge 0 = 0 \wedge 1 = 0$	$\neg 1 = 0$
$1 \wedge 1 = 1$	$0 \vee 1 = 1 \vee 1 = 1$	$\neg 0 = 1$
$\varphi \vee 0 = \varphi \wedge 1 = \varphi$	$\varphi \wedge 0 = 0$	$\varphi \vee 1 = 1$

$\neg(\neg\varphi) = \overline{\overline{\varphi}} = \varphi$ (*Involutionsregel*)

$\varphi \vee \neg\varphi = \varphi \vee \overline{\varphi} = 1$ (*ausgeschlossenes Drittes*)

$\varphi \wedge \neg\varphi = \varphi \wedge \overline{\varphi} = 0$ (*ausgeschlossener Widerspruch*)

$\varphi \vee \varphi \vee \ldots = \varphi \qquad \varphi \wedge \varphi \wedge \ldots = \varphi$ (*Idempotenz*)

$\varphi \vee (\varphi \wedge \psi) = \varphi \qquad\qquad\qquad \varphi \wedge (\varphi \vee \psi) = \varphi$

$\varphi \vee (\overline{\varphi} \wedge \psi) = \varphi \vee \psi \qquad\qquad\quad \varphi \wedge (\overline{\varphi} \vee \psi) = \varphi \wedge \psi$

$(\varphi \wedge \psi) \vee (\varphi \wedge \overline{\psi}) = \varphi \qquad\qquad (\varphi \vee \psi) \wedge (\varphi \vee \overline{\psi}) = \varphi$

$(\varphi \wedge \psi) \vee (\varphi \wedge \vartheta) = \varphi \wedge (\psi \vee \vartheta)$

$(\varphi \vee \psi) \wedge (\varphi \vee \vartheta) = \varphi \vee (\psi \wedge \vartheta)$

$(\varphi \wedge \psi) \vee (\varphi \wedge \overline{\vartheta}) \vee (\psi \wedge \vartheta) = (\varphi \wedge \overline{\vartheta}) \vee (\psi \wedge \vartheta)$

$(\varphi \vee \psi) \wedge (\varphi \vee \overline{\vartheta}) \wedge (\psi \vee \vartheta) = (\psi \wedge \overline{\vartheta}) \vee (\varphi \wedge \vartheta)$

$(\varphi \vee \psi) \wedge (\overline{\varphi} \vee \vartheta) = (\varphi \wedge \vartheta) \vee (\overline{\varphi} \wedge \psi)$

Zerlegung von *F* nach Variablen

nach φ_1: $F(\varphi_1, \varphi_2, \ldots, \varphi_k) = (\varphi_1 \wedge F(1, \varphi_2, \ldots, \varphi_k)) \vee (\overline{\varphi_1} \wedge F(0, \varphi_2, \ldots, \varphi_k))$

nach φ_1 bis φ_j :

Festsetzung: $\varphi_i^{\sigma_i}$, $\sigma_i \in \{0, 1\}$ mit $\varphi_i^0 = \overline{\varphi_i}$, $\varphi_i^1 = \varphi_i$ $1 \leq j \leq k$

$$F(\varphi_1, \ldots, \varphi_j, \varphi_{j+1}, \ldots, \varphi_k) = \bigvee_{\langle \sigma_1, \ldots, \sigma_j \rangle} \varphi_1^{\sigma_1} \ldots \varphi_j^{\sigma_j} F(\sigma_1, \ldots, \sigma_j, \varphi_{j+1}, \ldots, \varphi_k)$$

2.1.4   Normalformen

Normalformen dienen der Minimierung von Schaltnetzen.

Schaltalgebra

Die *Schaltalgebra* ist ein besonderer BOOLEscher Verband zur Kennzeichnung von Schaltzuständen. Die BOOLEsche Funktion wird zur *Schaltfunktion*. Die zugehörigen BOOLEschen Verbände sind isomorph.

(Schalter offen, 0, kein Stromfluß; Schalter geschlossen, 1, Stromfluß)

Vollkonjunktion (Elementarkonjunktion) bez. *k*-Tupel $(x_1, \ldots, x_k)$

$$K_n^k = \bigwedge_{\nu=1}^{k} x_\nu = \wedge (x_1, \ldots, x_k) \quad \text{»Konjunktionen über } x_\nu \text{ für } \nu = 1, \ldots, k\text{«}$$

$$\text{Dezimalindex } n = 0, 1, \ldots, (2^k - 1)$$

Anzahl möglicher Vollkonjunktionen: 2^k

Der Term K_n^k heißt *Vollkonjunktion*, wenn er die konjunktive Bindung aller *k* Variablen (negiert/nichtnegiert), bewertet nach Potenzen von 2, enthält.

♦ Beispiel:

$$K_{38}^6 = \overset{6}{\underset{v=1}{\wedge}} x_v = x_1\bar{x}_2\bar{x}_3x_4x_5\bar{x}_6 \overset{\wedge}{=} (100\ 110)_{\text{bin}} \overset{\wedge}{=} (38)_{\text{dez}} = n$$ ♦

Volldisjunktion (Elementardisjunktion)

$$D_n^k = \overset{k}{\underset{v=1}{\vee}} x_v = \vee\,(x_1, ..., x_k) \text{ »Disjunktionen über } x_v \text{ für } v = 1, ..., k\text{«}$$

Dezimalindex $n = 0, 1, ..., (2^k - 1)$

Anzahl der möglichen Volldisjunktionen: 2^k

Der Term D_n^k heißt *Volldisjunktion*, wenn er die disjunktive Bindung aller k Variablen (negiert oder nichtnegiert), bewertet nach Potenzen von 2, enthält.

♦ Beispiel:

$$D_{11}^4 = \overset{k}{\underset{v=1}{\vee}} x_v = x_1 \vee \bar{x}_2 \vee x_3 \vee x_4 \overset{\wedge}{=} (1\ 011)_{\text{bin}} \overset{\wedge}{=} (11)_{\text{dez}} = n$$ ♦

Disjunktive Normalform, konjunktive Normalform

Jede disjunktive Verknüpfung von Konjunktionen (*Fundamentalterme*) heißt *disjunktive Normalform* (analog *konjunktive Normalform*).

♦ Beispiele:

(1) $y = (x_1 \wedge x_3 \wedge x_4) \vee (\bar{x}_3 \wedge x_4) \vee x_2$

(2) $y = (x_1 \vee x_2) \wedge (x_1 \vee x_3 \vee x_4) \wedge (\bar{x}_1 \vee \bar{x}_4)$ ♦

Fundamentalterme, die sich nicht mehr vereinfachen lassen, heißen **Primimplikanten** der Funktion.

Kanonische Normalformen

Disjunktive Bindungen von Vollkonjunktionen (konjunktive Bindungen von Volldisjunktionen) heißen *Kanonische disjunktive (konjunktive) Normalformen:*

$$y^k = \underset{n}{\vee} K_n^k \quad \text{(bevorzugen)} \qquad y^k = \underset{n}{\wedge} D_n^k$$

(Reihen-Parallelschaltung) (Parallel-Reihenschaltung)

Anzahl der möglichen kanonischen Normalformen:

$$n = 2^{2^k}$$

k Anzahl der Eingangsvariablen

♦ Beispiel:

Die 3 Eingangsvariablen x_1, x_2, x_3 sind mit der Ausgangsvariablen y gemäß einer technischen Aufgabe gemäß nachfolgender Tabelle verknüpft.
Man berechne eine Minimalform der Schaltfunktion!

Ansprechtabelle mit $2^k = 2^3 = 8$ Möglichkeiten

n	x_1	x_2	x_3	K_n^k
0	0	0	0	1
1	0	0	1	1
2	0	1	0	1
3	0	1	1	1
4	1	0	0	1
5	1	0	1	1
6	1	1	0	0
7	1	1	1	0

Für $y = 1$ gilt die kanonische disjunktive Normalform
($\bar{x} \stackrel{\wedge}{=} \neg\, x$, Junktor $\wedge$ teilweise weggelassen)

$$y = K_0 \vee K_1 \vee K_2 \vee K_3 \vee K_4 \vee K_5$$
$$= (\bar{x}_1\bar{x}_2\bar{x}_3) \vee (\bar{x}_1\bar{x}_2 x_3) \vee (\bar{x}_1 x_2\bar{x}_3) \vee (\bar{x}_1 x_2 x_3) \vee (x_1\bar{x}_2\bar{x}_3) \vee (x_1\bar{x}_2 x_3)$$
$$= ((\bar{x}_1\bar{x}_2) \wedge (\bar{x}_3 \vee x_3)) \vee ((\bar{x}_1 x_2) \wedge (\bar{x}_3 \vee x_3)) \vee ((x_1\bar{x}_2) \wedge (\bar{x}_3 \vee x_3))$$
$$= (\bar{x}_1\bar{x}_2) \vee (\bar{x}_1 x_2) \vee (x_1\bar{x}_2) = \bar{x}_1 \wedge (\bar{x}_2 \vee x_2) \vee (x_1 \wedge \bar{x}_2) = \bar{x}_1 \vee \bar{x}_2$$

Da nur in 2 Zeilen $y = 0$ auftritt, ist bevorzugt die kanonische disjunktive Normalform der 0-Entscheidungen zu wählen und das Ergebnis zu invertieren:

$$\bar{y} = K_6 \vee K_7 = (x_1 x_2\bar{x}_3) \vee (x_1 x_2 x_3) = (x_1 x_2) \wedge (\bar{x}_3 \vee x_3) = x_1 x_2$$

invertiert $y = (x_1 \stackrel{\wedge}{} x_2) = \bar{x}_1 \vee \bar{x}_2$ wie oben   ♦

2.1.5 Karnaugh-Tafel

Jedes Feld stellt die Konjunktion der an den Rändern angegebenen Eingangsvariablen dar. KARNAUGH-*Tafeln* werden in der Ebene für bis zu 5 Eingangsvariablen aufgestellt (entspricht 32 Feldern). Von Spalte zu Spalte und Zeile zu Zeile wechselt jeweils nur 1 Variable (Gray-Code!). Das gilt auch für die Ränder, z.B. zwischen 1. und letzter Spalte bzw. Zeile.

Karnaugh-Tafel für 4 Eingangsvariable

	$\bar{x}_3\bar{x}_4$	$\bar{x}_3 x_4$	$x_3 x_4$	$x_3\bar{x}_4$
$\bar{x}_1\bar{x}_2$	K_0	K_1	K_3	K_2
$\bar{x}_1 x_2$	K_4	K_5	K_7	K_6
$x_1 x_2$	K_{12}	K_{13}	K_{15}	K_{14}
$x_1\bar{x}_2$	K_8	K_9	K_{11}	K_{10}

In die Schnittpunkte der Zeilen und Spalten wird zu den entsprechenden

Konjunktionen $K_n \stackrel{\triangle}{=} K_n^k$ der Eingangsvariablen der gewünschte Ausgangswert 1 oder 0 eingetragen. Die Felder sind durch ODER verknüpft.
Zum Beispiel gilt für $n = 13$: $K_{13} \stackrel{\triangle}{=} K_{13}^4 = x_1 \wedge x_2 \wedge \neg x_3 \wedge x_4 \stackrel{\triangle}{=} 1101$

Auswertung: Bildung möglichst großer Zweier-, Vierer- oder Achterblöcke mit gleicher Vollkonjunktion $K_n = 1$ (bzw. $= 0$), die sich auch über die Ränder erstrecken können. Felder können mehrfach einbezogen werden. In jedem Block entfallen die Eingangsvariablen, deren Wert sich innerhalb des Blocks ändert. So erhält man die Primimplikanten der Schaltfunktion.

♦ **Beispiel:**

Von 4 Pumpen x_1, x_2, x_3, x_4 sollen jeweils höchstens 2 arbeiten. Es ist zu verhindern, daß mehr als 2 gleichzeitig eingeschaltet sind.

Aktive Verriegelung: $K_n = 1$, Arbeiten einer Pumpe: $x_k = 1$

Anzahl der möglichen Verknüpfungen: $2^k = 2^4 = 16$

n	x_1	x_2	x_3	x_4	K_n	n	x_1	x_2	x_3	x_4	K_n
0	0	0	0	0	0	8	1	0	0	0	0
1	0	0	0	1	0	9	1	0	0	1	1
2	0	0	1	0	0	10	1	0	1	0	1
3	0	0	1	1	1	11	1	0	1	1	1
4	0	1	0	0	0	12	1	1	0	0	1
5	0	1	0	1	1	13	1	1	0	1	1
6	0	1	1	0	1	14	1	1	1	0	1
7	0	1	1	1	1	15	1	1	1	1	1

Bemerkung: Die Zeilen 7, 11, 13, 14 und 15 könnten entfallen, da diese Variablenkombination gemäß Aufgabenstellung nicht eintreten dürfen. Ihre Beachtung erleichtert jedoch oftmals die Auswertung bei der Blockbildung.

	$\bar{x}_3\bar{x}_4$	$\bar{x}_3 x_4$	$x_3 x_4$	$x_3 \bar{x}_4$
$\bar{x}_1\bar{x}_2$	0	0	1	0
$\bar{x}_1 x_2$	0	1	1	1
$x_1 x_2$	1	1	1	1
$x_1\bar{x}_2$	0	1	1	1

(Symbole nach DIN 40900)

Die Blöcke finden sich in der Formel der Primimplikanten in folgender Reihenfolge:
Viererblock 3. Spalte; Viererblock 3. Zeile; Viererblock Mitte, Viererblock Mitte unten, Viererblock Mitte rechts, Viererblock rechts unten.

$$y = (x_3 \wedge x_4) \vee (x_1 \wedge x_2) \vee (x_2 \wedge x_4) \vee (x_1 \wedge x_4) \vee (x_2 \wedge x_3) \vee (x_1 \wedge x_3)$$
$$= (x_3 \wedge (x_1 \vee x_2 \vee x_4)) \vee (x_2 \wedge (x_1 \vee x_4)) \vee (x_1 \wedge x_4) \qquad ♦$$

2.2   Prädikatenlogik

2.2.1   Allgemeines

Prädikatenlogik ist die Erweiterung der Aussagenlogik, indem auch der innere Aufbau (Inhalt) einfacher Aussagen » Prädikat *P* trifft auf die Dinge a_1, a_2 zu« (z.B. »... ist Mutter von ...«) berücksichtigt wird und indem Quantifizierungen der *Individuenvariablen* x_i im nichtleeren *Individuenbereich I* in die Betrachtungen einbezogen werden.

Prädikate (Attribute) *P* sind Eigenschaften von und Beziehungen zwischen **Individuen** x_i, $x_i \in I$, mit sog. Leerstellen, in die Individuenkonstanten oder Individuenvariablen eingesetzt werden können (*prädikativer Ausdruck, Aussageform, Relation*). Eine Aussageform mit freien Variablen wird zur *Aussage*, weist man den *Variablen* bestimmte Bezeichnungen (Werte) zu (Interpretation) bzw. bindet sie durch Quantifikation.

Individuen werden in *Klassen* zusammengefaßt, die durch einstellige Prädikate beschrieben werden, z.B. $\{x \mid H(x)\}$. Mengen sind spezielle Individuenklassen, die selbst Element sein können.

Stellenzahl (*Arität*) *n* eines Prädikats: Anzahl der Leerstellen *n* ($n \geq 1$).

- einstellig   Eigenschaft über *I*, z.B. 7 ist Primzahl
- zweistellig   Relation zwischen 2 Individuenvariablen, z.B. 5 < 7
- mehrstellig   z.B. $14 + 7 = 21$ (dreistellig)

P ist ein **zweiwertiges**, *n*-stelliges Prädikat (*n*-stellige Relation) über *I*, wenn es eine eindeutige Abbildung ist, die jedem *n*-Tupel von Individuen aus *I* eindeutig einen Wert aus $\{0, 1\}$ zuordnet.

Prädikativer Ausdruck

$$H = P^n(x_1, ..., x_n)$$

Sind H, H_1 und H_2 Ausdrücke, sind es auch $\neg H$, $H_1 \wedge H_2$, $H_1 \vee H_2$, $H_1 \rightarrow H_2$, $H_1 \leftrightarrow H_2$, $H_1 \leftrightarrow H_2$, $H_1 \leftarrow H_2$.

Beschreibungsmittel, Zeichenvorrat für Ausdrücke

Individuenkonstanten:	$7, \sqrt{2}$
Individuenvariable:	a, x, x_1
Individuenbereich:	Menge der möglichen Bedeutungen der Individuenvariablen
Prädikatenkonstanten:	$=, <, >, \leq, \geq, \mid, \in$ (*Relationszeichen*)
Prädikatenvariable:	P, auch P^n *n* Stellenzahl

Junktoren der Aussagenlogik: $\neg$, $\wedge$, $\vee$, $\rightarrow$, $\leftrightarrow$
Quantifikatoren (*Quantoren*): $\forall, \exists$

Quantifikatoren, Quantoren

> *Quantoren* vereinigen eine Variable und eine Formel zu einer neuen Formel, wobei die Variable gebunden wird.
> Quantoren sind eindeutige Abbildungen, die Prädikaten über I wieder Prädikate zuordnen.

Allquantor (Generalisator)

$\forall x \; \varphi(x)$ »Für alle x (gilt) $\varphi(x)$.«

»$\varphi(x)$ ist für jeden Wert von x erfüllt.«

relativiert: $\forall x \in A \; \varphi(x)$, »Für alle x aus A gilt $\varphi(x)$.«
mehrstellig: $\forall x_1, ..., x_n \; \varphi(x_1, ..., x_n) = \forall x_1 \forall ... \forall x_n \; \varphi(x_1, ..., x_n)$

Existenzquantor

$\exists x \; \varphi(x)$ »Es gibt (wenigstens) ein x mit $\varphi(x)$.«

»Für mindestens einen Wert für x ist $\varphi(x)$ erfüllt.«

relativiert: $\exists x \in A \; \varphi(x)$ »Es gibt (wenigstens) ein x aus A mit $\varphi(x)$.«
mehrstellig: analog Allquantor

♦   Beispiele:

(1) $\neg \forall x \, H(x) \leftrightarrow \exists x \, \neg H(x)$ »Genau dann, wenn $H(x)$ nicht für alle x gilt,
                                      gibt es ein x, für das $H(x)$ nicht gilt.«

(2) $\forall x \, (\varphi(x) = 1)$ »Für alle x gilt, $\varphi(x) = 1$.«   ♦

Anzahlquantoren

$\exists^1 x \; \varphi(x)$ »Es gibt genau ein x mit $\varphi(x)$«, $\exists^k x \; \varphi(x)$ »Es gibt genau k ...«
$\exists^{\geq k} x \; \varphi(x)$ »Es gibt mindestens k ...,« $\exists^{\leq k} x \; \varphi(x)$ »Es gibt höchstens k ...«

Mit einer Quantifizierung wird ein $(n+1)$-stelliges Prädikat in ein n-stelliges überführt.

♦   Beispiel:

$\exists z \; \Sigma(x, z, y) = K(x, y)$ $K(x, y)$, $\Sigma(x, y, z)$ siehe unten
dreistellig $\rightarrow$ zweistellig   ♦

Wirkungsbereich der Quantoren

$\forall$ und $\exists$ beziehen sich auf die unmittelbar folgende Individuenvariable, ihr *Wirkungsbereich* ist der kürzeste folgende Teil eines Ausdrucks H, der selbst Ausdruck ist.

♦ Beispiel:

$\forall x \exists y \, (x < y)$ $I = \mathbb{R}$

»Zu jedem reellen x gibt es ein reelles y, für das x kleiner y ist.« ♦

Beschränkte Quantifizierung

Beschränkung auf Elemente einer Menge $M \ne \varnothing$:

$\forall x \in M$ »für alle $x \in M$«
$\exists x \in M$ »Es gibt ein x, das Element von M ist.«

♦ Beispiel:

$\exists x \, (x \in M \wedge H(x)) \leftrightarrow \exists x \in M \, H(x)$ ♦

Eine an einer Stelle von H vorkommende *Individuenvariable x* heißt **frei** an dieser Stelle, wenn sie dort weder quantifiziert noch im Wirkungsbereich eines entsprechenden Quantors über diese Variable vorkommt. Eine *Individuenvariable x* heißt **vollfrei**, wenn sie in einer Zeichenreihe Z vorkommt, jedoch nicht quantifiziert wird (freies x im gesamten Bereich $H = Z$).

Eine *Individuenvariable x* heißt **gebunden** an einer Stelle von H, wenn sie dort im Wirkungsbereich von $\forall$ oder $\exists$ liegt.

Rang

Eine quantifizierte Individuenvariable x hat an einer Stelle von H den *Rang* 1, wenn in ihrem Wirkungsbereich keine quantifizierte Variable vorkommt, den Rang $(k + 1)$, wenn mindestens eine quantifizierte Variable vom Rang k vorkommt.

♦ Beispiel:

$\exists x \exists y \, (\exists z \, P(x, z, u) \wedge \exists z \, P(y, z, u) \wedge \ldots)$

z Rang 1 an beiden Stellen, y Rang 2, x Rang 3 ♦

Allgemeingültiger Ausdruck, Erfüllbarkeit

Ausdruck H bzw. eine Aussage sind *allgemeingültig*, wenn für jede Belegung über I und alle abzählbar unendlichen Individuenbereiche $H = 1$ gilt.

H ist *erfüllbar*, wenn in $I \ne 0$ eine Belegung existiert, für die $H = 1$ wird.

Gegensatz *Kontradiktion*: $H = 0$ für jede Belegung.

Festsetzung zwei- und dreistelliger Prädikate

$K(x, y) = 1$ genau dann, wenn $x < y$
$\Sigma(x, y, z) = 1$ genau dann, wenn $x + y = z$
$\Pi(x, y, z) = 1$ genau dann, wenn $x \cdot y = z$

♦   Beispiele:

(1) »Es gibt Zahlen a und b, die kleiner als x sind und deren Produkt $a \cdot b = x$ ist.«
     $\exists\, a\, \exists\, b\, (K(a, x) \wedge K(b, x) \wedge \Pi(a, b, x))$

(2) »x ist ungerade Zahl.« $\forall\, y\, \neg\, \Sigma\, (y, y, x)$

(3) »x ist gerade Zahl.« $\exists\, y\, \Sigma\, (y, y, x)$

(4) $x < y$ ist identisch mit $\exists\, a\, \Sigma\, (x, a, y)$ $a > 0$ ♦

2.2.2 Axiome, Ableitungsregeln

Abtrennung: $(H_1 \wedge (H_1 \rightarrow H_2)) \rightarrow H_2$

vordere Generalisierung: $(H_1 \rightarrow H_2) \rightarrow \forall\, x\, H_1 \rightarrow H_2$ x vollfreie Variable in H_1

hintere Generalisierung: $(H_1 \rightarrow H_2) \rightarrow H_1 \rightarrow \forall\, x\, H_2$ x vollfrei in H_2,
                                                                                        x nicht in H_1

vordere Partikularisierung: $(H_1 \rightarrow H_2) \rightarrow \exists\, x\, H_1 \rightarrow H_2$ x vollfrei in H_1,
                                                                                        x nicht in H_2

hintere Partikularisierung: $(H_1 \rightarrow H_2) \rightarrow H_1 \rightarrow \exists\, x\, H_2$ x vollfrei in H_2

freie Termeinsetzung: $H \rightarrow H(x\ t)$, wenn für die freie Variable $x := t$ gesetzt wird.

H ist Ausdruck mit der freien Variablen x, x steht in H im Wirkungsbereich von Quantifikatoren, die x_{i1}, ..., x_{ik} binden und im Wirkungsbereich keiner weiteren Quantifikatoren, t ist Term, in dem x_{i1}, ..., x_{ik} nicht frei vorkommen.

Äquijunktion (Äquivalenz)

$H_1 \leftrightarrow H_2$ ist allgemeingültig, $H_1 = H_2$ für gleiche Belegung.

♦   Beispiel:

$H_1 \wedge \neg\, (H_2 \wedge H_3) \leftrightarrow H_1 \wedge (\neg\, H_2 \vee \neg\, H_3)$
$\qquad\qquad\quad \leftrightarrow (H_1 \wedge \neg\, H_2) \vee (H_1 \wedge \neg\, H_3)$ ♦

Beziehungen zwischen $\forall$ und $\exists$

$\forall\, x\, H(x) \leftrightarrow \neg\, \exists\, x\, \neg\, H(x)$ (Austausch der Quantoren)
$\exists\, x\, H(x) \leftrightarrow \neg\, \forall\, x\, \neg\, H(x)$

Verteilungssätze

$\forall\, x\, (H_1(x) \wedge H_2(x)) \leftrightarrow \forall\, x\, H_1(x) \wedge \forall\, x\, H_2(x)$
$\exists\, x\, (H_1(x) \vee H_2(x)) \leftrightarrow \exists\, x\, H_1(x) \vee \exists\, x\, H_2(x)$

Vertauschungssätze

$\forall\, x\, \forall\, y\, H(x, y) \leftrightarrow \forall\, y\, \forall\, x\, H(x, y)$
$\exists\, x\, \exists\, y\, H(x, y) \leftrightarrow \exists\, y\, \exists\, x\, H(x, y)$

2

Verschiebungssätze (x in H vollfrei, x nicht in H^*)

$$\forall\, x\, (H(x) \wedge H^*) \leftrightarrow \forall\, x\, H(x) \wedge H^*$$
$$\forall\, x\, (H(x) \vee H^*) \leftrightarrow \forall\, x\, H(x) \vee H^*$$
$$\exists\, x\, (H(x) \wedge H^*) \leftrightarrow \exists\, x\, H(x) \wedge H^*$$
$$\exists\, x\, (H(x) \vee H^*) \leftrightarrow \exists\, x\, H(x) \vee H^*$$

Anwendungen: Veränderung des Wirkungsbereichs einer quantifizierten Individuenvariablen, Umformen der Ausdrücke $\forall\, x$ in die konjunktive Normalform bzw. $\exists\, x$ in die disjunktive Normalform

2.3　Unscharfe Mengen, Fuzzy-Methoden

(Scharfe) Mengen (engl. crisp-Werte) gemäß 3.1 weisen eine eindeutige Zuordnung der Elemente zu einer Menge auf (wahr – falsch), Zwischenwerte sind ausgeschlossen. Sie führen zur BOOLEschen Algebra (2.1.3).

Charakteristische Funktion der BOOLEschen Algebra (klassische Mengen)

$$m_M(x) = \begin{cases} 1 & \text{für } x \in M \\ 0 & \text{für } x \notin M \end{cases} \qquad \forall\, x \in X$$

Unscharfe Mengen (engl. *fuzzy-Werte*) weisen gleitende Übergänge für die Zugehörigkeit einer Variablen zu ihr mit Wahrheitswerten aus dem Intervall [0, 1] auf.

Im täglichen Leben wird man laufend mit unscharfen Aussagen konfrontiert.

Die **Fuzzy-set-Theorie** ordnet jedem Element einer Menge seine Zugehörigkeit zu einer bestimmten Klasse quantitativ zu (*Zugehörigkeitsfunktion*). In ihr ist die Zugehörigkeitsfunktion klassischer Mengen enthalten.

Ziel ist, derartige Aussagen der EDV zugänglich zu machen. Sie führen zur mehrwertigen Fuzzy-Logik, unscharfen Reglern u.ä.

♦　Beispiele unscharfer Aussagen bei subjektiver Bemessung sind:

　　ausreichende Zimmertemperatur, Beleuchtungsstärke
　　gefahrvolle Zustände (Temperatur, Druck) chemischer Prozesse
　　gesundheitsschädigende Umwelteinflüsse, Lärmbelästigung
　　Verschleißgrad von Werkzeugen, Abnutzung eines Farbbandes
　　Geruch, Geschmack von Lebensmitteln
　　medizinische Diagnostik　　　　　　　　　　　　　　　♦

Begriffe

Unscharfe Menge:	A, B	
Grundbereich:	G, X, Y	
Element, Variable:	a_i, x	$a_i, x \in G$

Linguistische Variable: Variable, die durch Begriffe beschrieben wird, die Eigenschaft ist nicht eindeutig wahr oder falsch, z.b. dunkel − hell, groß − mittelgroß − klein, schädlich − wenig schädlich − unschädlich usw. Zur Bildung von Grobmodellen technischer Prozesse geeignet.

2

Charakteristische Funktion, Zugehörigkeitsfunktion

$$m_A(x): \; G \to [0, 1] \qquad (\text{auch } \textit{Zugehörigkeitsgrad})$$

Die *charakteristische Funktion* sagt aus:
- A ist unscharfe Menge über G mit Zugehörigkeitswerten in $[0, 1]$.
- m_A ist die Abbildung der Grundmenge G auf das Intervall $[0, 1]$.
- m_A ist Aussage, wie sehr ein Element $x \in G$ in A enthalten ist, stetig und monoton wachsend von $0 \dots 1$ $(0 \dots 100\%)$.
- m_A ist der Wahrheitswert der Aussage $x \in A$.

Tabellarische Darstellung bei Einzelbeobachtungen (*Expertenmethode*), z.B.

A	a_1	a_2	a_3	a_4	...	Elemente
	0,3	0,7	0	0,9	...	m_A

Vektordarstellung bei geordneten Indizes: $\boldsymbol{m_A} = (m_A(x_1), \, m_A(x_2), \dots)$

Leere Menge $A = \varnothing$: $m_A(x) = 0$; Universalmenge $A = G$: $m_A(x) = 1 \; \forall \; x \in G$

♦ Beispiele:

(1) Das Bild zeigt eine Möglichkeit, den Grundbereich »Körpergröße« mit den Untermengen der linguistischen Variablen »klein«, »mittelgroß«, »groß« und »sehr groß« gemäß den üblichen Gepflogenheiten einzuteilen. Man bestimme die Zugehörigkeitsgrade bei 1,73 m Größe!

Man liest ab:
$m_{\text{klein}}(173) = 0,$
$m_{\text{mittelgroß}}(173) = 0,2,$
$m_{\text{groß}}(173) = 0,8,$
$m_{\text{sehr groß}}(173) = 0$

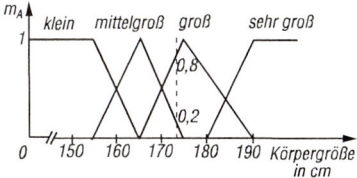

Fuzzy-Set der Körpergrößen

(2) Zugehörigkeitsfunktion für die unscharfe Menge A aller reellen Zahlen, die nahezu gleich 10 sind.

$$m_A(x) = \max\left\{0; \, 1 - \frac{|x - 10|}{2}\right\} = \begin{cases} 0 & \text{für } x \leq 8 \vee x \geq 12 \\ \dfrac{x - 8}{2} & \text{für } 8 \leq x \leq 10 \\ \dfrac{12 - x}{2} & \text{für } 10 \leq x \leq 12 \end{cases} \qquad \text{oder}$$

$$m_A(x) = \max \left\{ 0; \ 1 - \frac{(10 - x)^2}{2} \right\} \qquad X = \mathbb{R}^+ = (0, \infty)$$

Anstieg von $m_A = 0 \ldots 1$ im Bereich $x = 8{,}58 \ldots 10$

Abfall analog von $x = 10 \ldots 11{,}42$ usw.   ◆

Kenngrößen unscharfer Mengen

Träger: $\mathrm{supp} \ (A) := \{ x \in X \mid m_A(x) > 0 \}$

Höhe: $\mathrm{hgt} \ (A) := \sup\limits_{x \in X} m_A(x)$ normalisiert $\mathrm{hgt} \ (A) = 1$

subnormale unscharfe Menge A $0 \leq \mathrm{hgt} \ (A) < 1$

Kardinalität: $\mathrm{card} \ (A) := \sum\limits_{x \in X} m_A(x)$ relativiert $\mathrm{card}_x (A) = \dfrac{\mathrm{card} \ (A)}{N}$

N Elementezahl von G

α-Schritte: $A^{>\alpha} := \{ x \in X \mid m_A(x) > \alpha \}$

Beziehungen zwischen unscharfen Mengen

$A = B \ \leftrightarrow \ m_A = m_B$ $\forall \ x \in X$

$A \subseteq B := m_A(x) \leq m_B(x)$ $\forall \ x \in X$

$A \subseteq B \ \wedge \ B \subseteq A \ \rightarrow \ A = B$

$A \subseteq B \ \rightarrow \ \mathrm{supp} \ (A) \subseteq \mathrm{supp} \ (B)$

$A \subseteq B \ \rightarrow \ \mathrm{hgt} \ (A) \leq \mathrm{hgt} \ (B)$

$\mathrm{hgt} \ (A) = 0 \ \leftrightarrow \ A = 0 \ \leftrightarrow \ \mathrm{supp} \ (A) = 0$

$A \subseteq B \ \rightarrow \ A^{>\alpha} \subseteq B^{>\alpha}$ $\forall \ \alpha \in [0, 1]$

$A = B \ \leftrightarrow \ A^{>\alpha} = B^{>\alpha}$ $\forall \ \alpha \in [0, 1]$

Mögliche Operatoren

Operatoren	Boolesche Logik	Fuzzy-Logik
A UND B	$A \wedge B$	$\min (A, B)$
A ODER B	$A \vee B$	$\max (A, B)$
NICHT A	$\neg A$	$1 - A$

In Analogie zur Booleschen Algebra wird z.B. bei der Und-Verknüpfung der Minimalwert der Zugehörigkeiten beider Variablen wirksam.

Inferenz

Mathematische Operation zur Bildung von Ausgangsaktivitäten als Schlußfolgerungen einer Zugehörigkeitsfunktion. Für Fuzzy-Logik-Inferenzen z.B. Max-Min-Inferenz-Methode, Max-Dot-Methode.

3 Arithmetik

3.1 Mengen

3.1.1 Allgemeines

Eine **Variable** ist ein *Zeichen* für ein beliebiges Element einer vorgegebenen Menge, dem *Grundbereich* (der *Grundmenge*) G dieser Variablen.

Freie Variable: innerhalb einer Betrachtung beliebige Werte des *Definitionsbereichs* annehmbare Größe $x, y, \ldots$

Koeffizient: beliebig wählbare, aber innerhalb der Betrachtung dann konstante Zahl (*Konstante*) $a_i, b_i, \ldots$

Eine **Aussageform** oder **Formel** (z.B. $A(x)$) einer Beziehung enthält mindestens eine Variable (Variablengleichung) und wird zur **Aussage** (Zahlengleichung), wenn den Variablen bestimmte *Objekte* aus der Grundmenge zugeordnet werden. Objekte, die zu wahren Aussagen führen, sind die *Lösungen* oder *Erfüllungen* (*Lösungsmenge*, *Erfüllungsmenge*) der Aussageform.

Mengen

Alle unterscheidbaren (mathematischen) Objekte aus dem Grundbereich, die mindestens eine bestimmte **gemeinsame** Eigenschaft haben, bilden eine *Menge*. Darstellung im VENN-(EULER-) *Diagramm*, einer Graphik mit Umrandung der zur Menge gehörenden **Elemente** (Bilder unten). Die Elemente bestimmen eindeutig die Menge.

Für jedes Objekt muß eindeutig entscheidbar sein, ob ihm diese gemeinsame Eigenschaft zukommt, ob es Element der Menge ist ($x_i \in M$) oder nicht ($x_i \notin M$). Die Objekte haben daneben mindestens eine Eigenschaft, die sie voneinander unterscheidet.

Schreibweise:

Mengen $\quad A, B, M, \ldots \qquad A = \{a_1, \ldots, a_n\}$ (aufzählende Form)

Elemente $\quad a, b, x_1, \ldots$

$\min X \quad$ kleinstes Element von X

$\max X \quad$ größtes Element von X

Mengenbildungsoperator, Klassenbildungsoperator { | }

Er ist ein einstelliges Relationszeichen. Der Wert des Mengenterms, z.B. $\{x \in G \mid A(x)\}$ ist die Menge aller Werte von x, für die $A(x)$ erfüllt ist.

Darstellungsformen, Beispiele:

- verbal   Menge der Seiten eines Buches,
                                  Menge der natürlichen Zahlen
- Aufzählung der Elemente $M_1 = \{3, 7, 11\}$ $M_2 = \{2, 4, \ldots, 2n\}$
- Mengenbildungsoperator $A \cap B = \{x \mid x \in A \wedge x \in B\}$
- Angabe einer charakteristischen Eigenschaft, z.B. $k = \{x \mid x = k^3 \wedge k \in \mathbb{N}\}$
- allgemein, beschreibende Form: $a \in \{x \in G \mid H(x)\} \Leftrightarrow H(a)$

$H(x)$ *Prädikat*, Eigenschaft aller Elemente der Menge, diese kommt keinen anderen Dingen zu

Bemerkung: Ohne Angabe gilt für den *Grundbereich* $G = \mathbb{R} = (-\infty, \infty)$.

Punktmengen sind Mengen, deren Elemente Punkte einer Kurve, einer Ebene oder eines Raumes sind, die von geschlossenen Kurven bzw. Ebenen begrenzt werden.

Zweiermenge, ungeordnete Reihenfolge: $\{a_1, a_2\}$
Paar, geordnete Reihenfolge: $\langle x, y \rangle$, (x, y), für $a \neq b$ gilt $(a, b) \neq (b, a)$
geordnetes Tripel: (x, y, z), *geordnetes n-Tupel:* $(x_1, \ldots, x_n)$

Leere Menge $\varnothing$, $\{\}$: enthält kein Element, auch nicht die Null

$$\varnothing := \{x \mid x \neq x\}$$

Endliche Menge: endliche Anzahl Elemente $\{a_1, a_2, a_3\}$
Unendliche Menge: $\{a_1, a_2, \ldots\}$
Disjunkte (elementefremde) *Mengen:* $A \cap B = \varnothing$

Schranken, Grenzen einer Menge

Ist eine Menge M nach unten (oben) beschränkt, so hat sie (mindestens) eine untere (obere) *Schranke S*. Treffen beide Bedingungen zu, ist M beiderseitig beschränkt:
$S \leq x$ $(S \geq x)$ $\forall x \in M$

Supremum: sup X kleinste obere Schranke, obere Grenze
Infimum: inf X größte untere Schranke, untere Grenze

3.1.2 Mengenrelationen

Inklusion (»enthalten oder gleich«)

A ist *Teilmenge* (*Untermenge*) von B (*Obermenge*), wenn jedes $a_i \in A$ auch Element von B ist

$$A \subseteq B \Leftrightarrow B \supseteq A, \forall x \, (x \in A \Rightarrow x \in B)$$

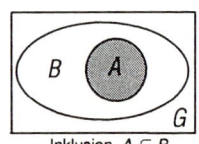

Inklusion $A \subseteq B$

Bemerkung: $A \underset{\neq}{\subseteq} B \Leftrightarrow B \underset{\neq}{\supseteq} A, A \subseteq B \wedge A \neq B$

   A ist echte Teilmenge von B, »enthalten **und** ungleich«

Es wird auch $A \subset B$ für beide Inklusionen verwendet (Verwechslungsgefahr!)

   $H(x) \Rightarrow K(x)$ *Implikation*

   mit $A = \{x \mid H(x)\}$ *Vorderglied*, hinreichende Bedingung für $K(x)$

     $B = \{x \mid K(x)\}$ *Hinterglied*, notwendige Bedingung für $H(x)$

Gleichheit (Extensionalitätsprinzip)

   $A = B \Leftrightarrow \forall x\, (x \in A \Leftrightarrow x \in B)$ $A = B \Leftrightarrow A \subseteq B \wedge B \subseteq A$

   $H(x) \Leftrightarrow K(x)$ *Äquivalenz*

   mit $A = \{x \mid H(x)\}$ und $B = \{x \mid K(x)\}$

   notwendige **und** hinreichende Bedingung

3.1.3 Mengenoperationen

Vereinigung zweier Mengen $A \cup B$ »A vereinigt mit B«

   $A \cup B := \{x \mid x \in A \vee x \in B\}$

Disjunktion, **einschließendes** Oder

Bemerkung: Für die Antivalenz (ausschließendes Oder) gibt es kein Mengenoperationszeichen.

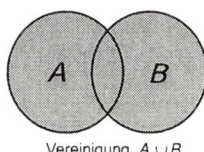

Vereinigung $A \cup B$

Durchschnitt zweier Mengen $A \cap B$, »A geschnitten mit B«, Schnittmenge

   $A \cap B := \{x \mid x \in A \wedge x \in B\}$

Konjunktion, Und, sowohl ... als auch ...

A und B sind **disjunkt** (elementefremd, durchschnittsfremd) für $A \cap B = \varnothing$

Differenz zweier Mengen $A \setminus B$,
»A ohne B« , Differenz von A und B,
relatives Komplement von B bzgl. A

   $A \setminus B := \{x \mid x \in A \wedge x \notin B\}$

   $A \setminus B = A \cap \overline{B}$

   $A \setminus B \neq B \setminus A$

   $A \setminus (B \setminus C) \neq (A \setminus B) \setminus C$

Durchschnitt $A \cap B$

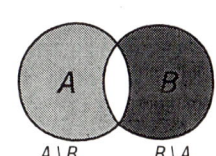

$A \setminus B$ $B \setminus A$

Differenzen

Symmetrische Differenz von A und B:

   $A \triangle B := (A \setminus B) \cup (B \setminus A)$ $A \triangle B = (A \cup B) \setminus (A \cap B)$

Komplement der Menge B in G

$$\overline{B} := \{x \mid x \in G, x \notin B\} \qquad G\ \text{Grundmenge}$$

$$\overline{B} = G \setminus B$$

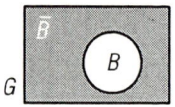

Komplement $\overline{B}$ in G

Potenzmenge von A, Menge aller Teilmengen einer Menge A

$$\mathbf{P}(A) := \{X \mid X \subseteq A\} \qquad \text{stets sind } \varnothing \in \mathbf{P}(A) \text{ und } A \in \mathbf{P}(A)$$

Produkt (kartesisches) zweier Mengen $A \times B$　　　　　»A Kreuz B«

> Die *Produktmenge* zweier Mengen $A \times B$ ist die Menge **aller** (geordne-ten) Elementepaare (a, b) mit $a \in A$, $b \in B$ (**Jedes** Element von B ist **jedem** Element von A zugeordnet, mehrdeutige Abbildung.)

$$A \times B = \{(a, b) \mid a \in A, b \in B\} \qquad \text{für } A \neq B \text{ gilt: } A \times B \neq B \times A$$

Die *Produktmenge* $M_1 \times M_2 \times \ldots \times M_n$, $n \geq 1$, ist die Menge aller geordneten
n-Tupel $(x_1, \ldots, x_n)$ von Elementen x_1 aus M_1, x_2 aus M_2, ..., x_n aus M_n.
Für $M_1 = M_2 = \ldots = M_n = M$ heißt ihre Produktmenge M^n *Mengenpotenz*.

3.1.4　Beziehungen, Gesetze, Rechenregeln bei Mengen

Reflexive Beziehung (auf sich selbst beziehend)	$A \subseteq A \qquad \backslash(\backslash A) = \overline{\overline{A}} = A$

G Grundmenge

Komplementgesetze　　　$\overline{G} = \varnothing \quad \overline{\varnothing} = G \quad \overline{A} \cap A = \varnothing \quad \overline{A} \cup A = G$

Transitive Beziehung　　$A \subseteq B \wedge B \subseteq C \ \Rightarrow\ A \subseteq C$
(ineinander überführend)

Teilmengenbeziehungen　$A \cap B \subseteq A \cup B \qquad\qquad A \setminus B \subseteq A$
(*Inklusionen*)　　　　　　$\varnothing \subseteq A \quad A \subseteq G$

Kommutativgesetze　　　$A \cap B = B \cap A$
(*Austauschgesetze*)　　　$A \cup B = B \cup A$

Assoziativgesetze　　　　$(A \cap B) \cap C = A \cap (B \cap C)$
(*Zusammenfassungsgesetze*) $(A \cup B) \cup C = A \cup (B \cup C)$

Absorptionsgesetze　　　$A \cap (A \cup B) = A \qquad\qquad A \cup (A \cap B) = A$

Distributivgesetze　　　　$A \cap (B \cup C) = (A \cap B) \cup (A \cap C)$
(*Verteilungsgesetze*)　　$A \cup (B \cap C) = (A \cup B) \cap (A \cup C)$

$$A \cup \varnothing = A \quad A \cup A = A \quad A \cup G = G$$
$$A \cap \varnothing = \varnothing \quad A \cap A = A \quad A \cap G = A$$
$$A \setminus A = \varnothing \quad A \setminus \varnothing = A$$
$$(A \setminus B) \cap B = \varnothing \qquad A \setminus B = A \setminus (A \cap B)$$
$$A \cup B = (A \setminus B) \cup (B \setminus A) \cup (A \cap B)$$

DE MORGAN*sche Gesetze* (siehe auch 16.5.1.2)

$$\overline{M_1 \cap M_2 \cap \ldots \cap M_n} = \overline{M_1} \cup \overline{M_2} \cup \ldots \cup \overline{M_n}$$

$$\overline{M_1 \cup M_2 \cup \ldots \cup M_n} = \overline{M_1} \cap \overline{M_2} \cap \ldots \cap \overline{M_n}$$

Aus einer der nachstehenden Beziehungen folgen die anderen:

$$A \subseteq B \qquad A \cup B = B \qquad A \cap B = A \qquad \overline{B} \subseteq \overline{A} \qquad A \setminus B = \varnothing$$

Produktbeziehungen

$$\begin{aligned}
(A \cup B) \times C &= (A \times C) \cup (B \times C) & (A \cap B) \times C &= (A \times C) \cap (B \times C) \\
A \times (B \cup C) &= (A \times B) \cup (A \times C) & A \times (B \cap C) &= (A \times B) \cap (A \times C) \\
(A \setminus B) \times C &= (A \times C) \setminus (B \times C) & A \times (B \setminus C) &= (A \times B) \setminus (A \times C) \\
(A \times B) \cup (C \times D) &\subseteq (A \cup C) \times (B \cup D) & & \\
& & (A \times B) \cap (C \times D) &= (A \cap C) \times (B \cap D) \\
A \times B = \varnothing &\Leftrightarrow A = \varnothing \vee B = \varnothing & A \subseteq C \wedge B &\subseteq D \Rightarrow A \times B \subseteq C \times D
\end{aligned}$$

3.1.5 Relationen

Relationen sind die Widerspiegelung von Beziehungen zwischen Dingen, Sachverhalten, beschrieben durch Aussageformen bzw. Prädikate (mathematische Logik, siehe 2.1 und 2.2).

Binäre Relationen R sind zweistellige Beziehungen zwischen den Elementen zweier Mengen $a \in A$ und $b \in B$. Sie sind die Teilmenge der Produktmenge $A \times B$, die die (geordneten) Paare (a, b) enthält.

Infix-Schreibweise: $a\,R\,b \Leftrightarrow (a, b) \in R, R \subseteq A \times B$, wobei A Vorbereich, Quelle von R, B Nachbereich, Ziel von R

Definitionsbereich: alle Elemente a, für die ein b mit $a\,R\,b$ existiert.

Wertebereich, Wertevorrat: alle Elemente b, für die ein a mit $a\,R\,b$ existiert.

Zweistellige Relation **in** einer Menge M liegt vor, wenn $M_1 = M_2 = M$, $M^2 := M \times M$. M ist dann eine **Abbildung** aus M **in** M, z.B. Teilbarkeitsrelation in der Menge $\mathbb{N}$, wenn $a \mid b$ oder Größenordnungsrelation $a \le b$

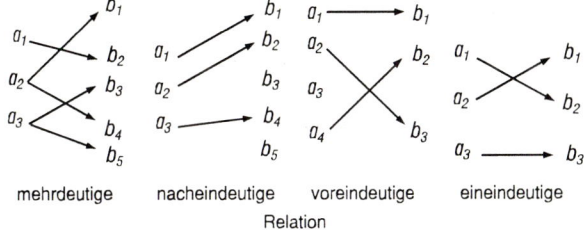

mehrdeutige   nacheindeutige   voreindeutige   eineindeutige
Relation

Eine Relation R zwischen A und B heißt (Bild oben)

- *voreindeutig*, wenn jedem $b \in B$ höchstens ein $a \in A$,
- *eindeutig (nacheindeutig)*, wenn jedem $a \in A$ höchstens ein $b \in B$,
- *eineindeutig*, sowohl vor- als auch nacheindeutig, auch umkehrbar eindeutig, wenn jedem $a \in A$ genau ein $b \in B$ und jedem $b \in B$ genau ein $a \in A$ entspricht.

♦ Beispiel:

Mit zwei Mengen $A = \{a_1, a_2\}$ und $B = \{b_1, b_2\}$ lassen sich folgende Relationen beschreiben:

$R_1 = A \times B = \{(a_1, b_1), (a_1, b_2), (a_2, b_1), (a_2, b_2)\}$

	Definitionsbereich	$D(R_1) = \{a_1, a_2\}$	(Vorbereich)
	Wertebereich	$W(R_1) = \{b_1, b_2\}$	(Nachbereich)
		(mehrdeutige Relation)	

auch $a_1 R_1 b_1$, $a_1 R_1 b_2$, $a_2 R_1 b_1$, $a_2 R_1 b_2$

$R_2 = \{(a_1, b_1), (a_1, b_2), (a_2, b_1)\}$ $D(R_2) = \{a_1, a_2\}$ $W(R_2) = \{b_1, b_2\}$
(mehrdeutige Relation)

$R_3 = \{(a_1, b_1), (a_2, b_2)\}$ $D(R_3) = \{a_1, a_2\}$ $W(R_3) = \{b_1, b_2\}$
(eineindeutige Relation)

$R_4 = \{(a_1, b_1), (a_1, b_2)\}$ $D(R_4) = \{a_1\}$ $W(R_4) = \{b_1, b_2\}$
(voreindeutige Relation)

$R_5 = \varnothing$ (Nullrelation)   ♦

Relationseigenschaften, binäre Relation R, $\forall\, x, y, z \in M$

- *reflexiv* $x\,R\,x$
- *irreflexiv* $x\,R\,x, \neg\, \exists\, x \in M$
- *symmetrisch* $x\,R\,y \rightarrow y\,R\,x$
- *antisymmetrisch (identitiv)* $x\,R\,y \wedge y\,R\,x \rightarrow x = y$
- *asymmetrisch* $\neg\,(x\,R\,y \wedge y\,R\,x)$
- *transitiv* $x\,R\,y \wedge y\,R\,z \rightarrow x\,R\,z,$
- *linear* $x\,R\,y \vee y\,R\,x$
- *konnex* $x\,R\,y \vee y\,R\,x$, mit $x = y$ semikonnex

Halbordnung: reflexive, transitive, identitive zweistellige Relation

Mächtigkeit

Eineindeutig abbildbare Mengen sind von gleicher *Mächtigkeit*.

Aus $A \mapsto B' \subsetneqq B$ folgt: A ist von geringerer Mächtigkeit als B.

Eine Menge, die $\mathbb{N}$ gleichmächtig ist, heißt *abzählbar* (unendlich).

3.1.6   Intervalle

Ein *Intervall* ist eine zusammenhängende Teilmenge der reellen Zahlen, die auf der Zahlengeraden von zwei Randpunkten a und b begrenzt wird, $a < b$.

- *Offenes Intervall* $(a, b) =]a, b[= \{x \mid a < x < b\} \leftrightarrow a < x < b$
- *Geschlossenes Intervall* $[a, b] = \{x \mid a \leq x \leq b\} \leftrightarrow a \leq x \leq b$
- *Halboffene Intervalle* $[a, b) = [a, b[= \{x \mid a \leq x < b\} \leftrightarrow a \leq x < b$
  $(a, b] =]a, b] = \{x \mid a < x \leq b\} \leftrightarrow a < x \leq b$

Sonderfälle: *Unendliche Intervalle*

$(-\infty, a) \leftrightarrow x < a$ $(a, \infty) \leftrightarrow a < x$ $(-\infty, \infty) \equiv \mathbb{R} \leftrightarrow |x| < \infty$

$(-\infty, a] \leftrightarrow x \leq a$ $[a, \infty) \leftrightarrow a \leq x$ $(-\infty, 0) \equiv \mathbb{R}^{-} \leftrightarrow x < 0$

                                              $(0, \infty) \equiv \mathbb{R}^{+} \leftrightarrow x > 0$

3.1.7   Zahlensysteme

Dezimal	Dual	BCD	Oktal	Hexadezimal
0	0000	0000 0000	0	0
1	0001	0000 0001	1	1
2	0010	0000 0010	2	2
3	0011	0000 0011	3	3
4	0100	0000 0100	4	4
5	0101	0000 0101	5	5
6	0110	0000 0110	6	6
7	0111	0000 0111	7	7
8	1000	0000 1000	10	8
9	1001	0000 1001	11	9
10	1010	0001 0000	12	A
11	1011	0001 0001	13	B
12	1100	0001 0010	14	C
13	1101	0001 0011	15	D
14	1110	0001 0100	16	E
15	1111	0001 0101	17	F
16	10000	0001 0110	20	10
17	10001	0001 0111	21	11
18	10010	0001 1000	22	12
19	10011	0001 1001	23	13
20	10100	0010 0000	24	14
usw.				

BCD (»binary coded decimal«) überliest die *Pseudodezimalen* (*Redundanz*):
    1010, 1011, 1100, 1101, 1110, 1111

Oktal- bzw. *Hexadezimalsysteme* verwenden die Basen 8 bzw. 16, s. Tabelle.

Polyadische Zahlensysteme, Positionssysteme, Stellenwertsysteme

Ziffernfolge $\displaystyle\sum_{k=-\infty}^{n} a_k \cdot B^k$ Basis $B \geq 2$, Ziffern $0 \leq a_k \leq (B-1)$, $a_k \in \mathbb{N}$

3.1.7.1 Dualsystem (Zweiersystem, dyadisches System)

Einheit des Informationsgehalts 1 *Bit* ⟨engl.»binary digit«⟩ kennzeichnet eine »ja − nein«-Entscheidung, auch als *Binärstelle* in einer Zeichenfolge.

1 *Byte* = 8 Bit
1 KByte $\overset{\triangle}{=} 2^{10}$ Byte = 1024 Byte   (analog für Bit)

Grundsymbole: 0, 1, auch 0, L   Stellenwert: Potenzen von 2

$\displaystyle\sum_{k=-\infty}^{n} a_k \cdot 2^k$ $a_k \in \{0, 1\}$ $k \in \mathbb{Z}$

3.1.7.2 Dezimalsystem, dekadisches System

Zehnerpotenzen: 10^k $k \in \mathbb{Z}$

speziell:

$10^0 = 1$	$10^{-1} = 0{,}1$
$10^1 = 10$	$10^{-2} = 0{,}01$
$10^2 = 100$	$10^{-3} = 0{,}001$
$10^3 = 1\,000$	$10^{-4} = 0{,}000\,1$ usw.

Dezimaldarstellung einer ganzen Zahl ($k, n \in \mathbb{N}$)

$$a = \pm\sum_{k=0}^{n} a_k \cdot 10^k = \pm\left(a_n 10^n + a_{n-1} 10^{n-1} + \dots + a_1 10^1 + a_0 10^0\right)$$

Grundziffern $a_k \in \{0, 1, 2, \dots, 9\}$

Schreibweise (Ziffernfolge) $a = \pm\, a_n\, a_{n-1}\, a_{n-2} \dots a_1\, a_0$
a_i *Stellen*, $(n+1)$ Stellenanzahl

Ein **Dezimalbruch** ist die Dezimaldarstellung einer nicht ganzen Zahl. In der (unendlichen) Folge von Grundziffern a_k nimmt die Stellenwertigkeit mit dem Faktor 10 nach rechts ab, nach den Einern $a_0 \cdot 10^0$ setzt man das Komma, entspricht der *Festkommadarstellung* (*Festpunktdarstellung*) einer Zahl:

$$a = \pm\sum_{k=-\infty}^{n} a_k \cdot 10^k$$ a_k für $k \in \mathbb{Z}$, für $k < 0$ *Dezimalstellen, Dezimalen*

3

Schreibweise: $a = \pm\, a_n\, a_{n-1} \ldots a_1\, a_0\, , a_{-1}\, a_{-2} \ldots$

Endlicher Dezimalbruch: ein $a_k \neq 0$ für $k < 0$ und alle folgenden

$$a_{k-1} = a_{k-2} = \ldots = 0 \qquad k \in \mathbb{Z}, k < 0 \qquad (\textit{Maschinenzahl})$$

Periodischer Dezimalbruch: Bei der Ausdivision gemeiner Brüche tritt eine ununterbrochene Wiederholung einer Gruppe von Ziffern auf, z.B.

$$\frac{7}{13} = 0{,}538\ 461\ 538\ 461\ldots = 0{,}\overline{538\ 461} \qquad \textit{reinperiodisch}$$

Gemischt-periodisch: mit Vorperiode z.B. $1/6 = 0{,}1\overline{6}$ »Periode 6«

Alle Ziffern einer Dezimaldarstellung, links beginnend mit der ersten von 0 verschiedenen Ziffer, d.h. $a_n \neq 0$, heißen *tragende Ziffern*.

Rationale Zahl: endlicher oder unendlicher periodischer Dezimalbruch
Irrationale Zahl: unendlicher, nicht periodischer Dezimalbruch

Normalisierte Gleitkomma- (Gleitpunkt-) Darstellung einer reellen Zahl (eindeutig)

$$a = \pm\, m \cdot 10^k \qquad \text{Mantisse } 0{,}1 \leq m < 1, \text{ Exponent } k \in \mathbb{Z}, a \in \mathbb{R}$$

Hat die Mantisse i tragende Ziffern, heißt sie i-stellig.
$|k| \leq q$ bei Maschinenzahlen.

Einstelliger Dezimalbruch mit abgetrennter Zehnerpotenz

$$a = a_0 \cdot 10^k \qquad \text{mit } 1 \leq a_0 < 10$$

Alle Ziffern von a_0 sollen bei Näherung gültige Ziffern sein, siehe 3.2.2.5.

♦ Beispiel:
   $a = 4{,}700 \cdot 10^3$ steht für $4\ 699{,}5 \leq a < 4\ 700{,}5$ ♦

3.1.7.3 Römisches Zahlensystem (Additionssystem)

Grundsymbole

I = 1; V = 5; X = 10; L = 50; C = 100; D = 500; M = 1 000

Schreibweise: links beginnend mit dem Symbol der größten Zahl; die Symbole I, X, C werden bis zu dreimal geschrieben.

Steht ein Symbol einer kleineren Zahl vor dem einer größeren, so wird sein Wert von dem größeren subtrahiert, nur gültig für CM, XC, IX, IV.

♦ Beispiel:
   1999 entspricht MCMXCIX (nicht zulässig ist MIM)   ♦

3.2   Menge der reellen Zahlen

3.2.1   Allgemeines

Standard-Zahlenmengen

Eine (*Standard-*) *Zahlenmenge* ist eine
Menge von Zahlen, in der eine Ordnung
erklärt ist und gewisse mathematische Operationen **uneingeschränkt** ausführbar sind.
Bei Erweiterungen von Zahlenmengen ist
die Ausgangsmenge Teilmenge der neuen:

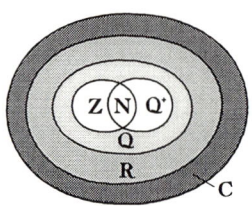

Standard-Zahlenmengen

$$\mathbb{N} \subset \mathbb{Z} \subset \mathbb{Q} \subset \mathbb{R} \subset \mathbb{C}$$
$$\mathbb{N} \subset \mathbb{Q}^+ \subset \mathbb{Q}$$

Menge der nichtnegativen ganzen Zahlen, Menge der natürlichen Zahlen

$$\mathbb{N} = \{0, 1, 2, 3, \ldots\} \qquad \text{(gelesen »Doppelstrich-N«)}$$

Uneingeschränkt ausführbar sind: Addition, Multiplikation, Kleiner-als-Relation.

Abbildung aller natürlichen Zahlen $n \in \mathbb{N}$ auf den *Zahlenstrahl* als isolierte
Punkte. Jede natürliche Zahl n hat ihren unmittelbaren Nachfolger $(n + 1)$
(PEANO*sches Axiomensystem* der natürlichen Zahlen).

Kardinalzahlen: Anzahl der Elemente einer abzählbaren Menge
Ordinalzahlen: Stelle eines Elements in einer geordneten Menge

Menge der *positiven ganzen Zahlen* (ohne Null): $\mathbb{N}^* = \{1, 2, 3, \ldots\}$

Primzahlen

Eine *Primzahl p*, $p \geq 2$, ist eine natürliche Zahl, die nur durch sich selbst
bzw. durch 1 teilbar ist. Jede natürliche Zahl $n \geq 2$ ist entweder Primzahl
oder läßt sich als Produkt von Primzahlen schreiben.

Menge der ganzen Zahlen

Alle Differenzen $(a - b)$ aus den (geordneten) Paaren (a, b) natürlicher
Zahlen, die demselben Punkt der *Zahlengeraden* zugeordnet sind, gehören zur gleichen *Klasse* und heißen *ganze Zahl*.

$$\mathbb{Z} = \{\ldots, -2, -1, 0, 1, 2, \ldots\}$$

(gelesen »Doppelstrich-Z«)

```
       7 - 9        7 - 7       13 - 11
       0 - 2        0 - 0        2 - 0
    ┼──────┼──────┼──────┼──────┼
      -2     -1     0     +1     +2
                 Zahlengerade
```

Uneingeschränkt ausführbar sind: Addition, *Subtraktion*, Multiplikation, Kleiner-als-Relation.

Jede ganze Zahl hat genau einen Vorgänger und einen Nachfolger.

Menge der von 0 verschiedenen ganzen Zahlen: $\mathbb{Z}^* = \mathbb{Z} \setminus \{0\}$

Die Menge der ganzen Zahlen enthält:

$a - 0 = + a$
$0 - 0 = \quad 0$
$0 - a = - a$

Menge der rationalen Zahlen

$$\mathbb{Q} = \left\{ x \ \middle| \ x = \frac{a}{b}; \ a \in \mathbb{Z}, \ b \in \mathbb{N}^* \right\} \qquad \text{(gelesen »Doppelstrich-Q«)}$$

a, b teilerfremde ganze Zahlen, d.h., außer 1 und $- 1$ kein gemeinsamer ganzzahliger Teiler

> **Rationale Zahlen** sind Klassen von Quotienten, die Punkten auf der reellen Zahlengeraden entsprechen. Sie liegen überall dicht bezüglich der Ordnungsrelation auf der *reellen Zahlengeraden* (rationale Bildpunkte), haben weder Vorgänger noch Nachfolger, d.h., zwischen zwei rationalen Zahlen liegen beliebig viele weitere rationale Zahlen.

$\mathbb{Q}$ ist ein Körper, $\mathbb{Q}$ ist abzählbar.

Uneingeschränkt ausführbar sind: Addition, Subtraktion, Multiplikation, *Division* (außer Divisor 0), Kleiner-als-Relation.

Rationale Zahlen sind:

- *gebrochene Zahlen* (*Brüche*, *Bruchzahlen*)
- unendliche periodische Dezimalbrüche
- endliche Dezimalbrüche.

Menge der von 0 verschiedenen rationalen Zahlen: $\mathbb{Q}^* = \mathbb{Q} \setminus \{0\}$

Menge der positiven rationalen Zahlen: $\mathbb{Q}^+$
Uneingeschränkt ausführbar wie oben, jedoch ohne die Subtraktion.

Darstellung: (gemeiner) Bruch, siehe 3.2.2.1
               (unendlicher) periodischer Dezimalbruch, siehe 3.1.7.3.

Menge (Körper) der reellen Zahlen $\mathbb{R} = (- \infty, \infty)$
(gelesen »Doppelstrich-R«)

> Eine *reelle Zahl* ist ein unendlicher Dezimalbruch.

Uneingeschränkt ausführbar sind: Addition, Subtraktion, Multiplikation, Di-

vision (außer Divisor Null), Kleiner-
als-Relation, *Grenzwertbildung.*

$\mathbb{R}$ ist nicht abzählbar.

Einteilung der reellen Zahlen:

* *rationale Zahlen* $\mathbb{Q}$

* *irrationale Zahlen*, d.h. nicht-
periodische, nicht abbrechende Dezimalzahlen (z.B. sin 10°, π, e, $\sqrt{2}$, lg 3)
$x^n = a$ hat im Bereich $\mathbb{R}$ die nichtnegative Lösung $x = \sqrt[n]{a}$, $a \geq 0$, $n \geq 1$

* *transzendente Zahlen* sind irrationalen Zahlen, die nicht aus Wurzeln
entstanden sind (z.B. π, e).

Abbildung der reellen Zahlen

Ein unendlicher *Dezimalbruch* stellt als Folge von Gliedern (Grundziffern mal
Stellenwert) ineinander geschachtelte Intervalle jeweils 10 gleicher Teile dar.
Die reelle Zahl liegt auf dem reellen Zahlenstrahl in all diesen Intervallen.
Reelle Zahlen werden eineindeutig auf die reelle Zahlengerade abgebildet
(Zahlengerade und $\mathbb{R}$ sind *gleichmächtig*).

Ordnungsprinzip: $a < b$ (a, b positiv),

                 wenn beim ersten $a_i \neq b_i$ von links $a_i < b_i$ ist.

Bemerkung: Sofern nicht anders angegeben, wird $\mathbb{R}$ für Variable und Zahlen
als **Definitions-** bzw. **Grundbereich** vorausgesetzt.

Menge der von 0 verschiedenen reellen Zahlen: $\mathbb{R}^*$

Menge der positiven reellen Zahlen: $\mathbb{R}^+ = (0, \infty)$

3.2.2   Grundoperationen

3.2.2.1 Die vier Grundrechenarten
(rationale Rechenoperationen)

		a	b	c
1. Stufe	*Addition* $a + b = c$	*Summand*	*Summand*	*Summe*
	Subtraktion $a - b = c$	*Minuend*	*Subtrahend*	*Differenz*
2. Stufe	*Multiplikation* $ab = a \cdot b = c$	*Faktor, Multiplikand*	*Faktor, Multiplikator*	*Produkt*
	Division $\dfrac{a}{b} = c$ $(b \neq 0)$	*Dividend, Zähler*	*Divisor, Nenner*	*Quotient, Bruch*

Axiomsystem der reellen Zahlen $(a, b, c, d \in \mathbb{R})$

I **Axiom:** unbeweisbarer, in sich einsichtiger und unbestreitbarer Grundsatz, der als Ausgangspunkt für deduktive Systeme dient.

Deduktiv: Herleitung des Besonderen aus dem Allgemeinen (Ggs. *induktiv*)

Summe	$a + b = c$	*Produkt*	$a \cdot b = c$
(Kommutativgesetz)	$a + b = b + a$		$a \cdot b = b \cdot a$
(Assoziativgesetz)	$(a + b) + c = a + (b + c)$		$a \cdot (b \cdot c) = (a \cdot b) \cdot c$

Null $\qquad\qquad a + 0 = a \qquad\qquad$ *Eins* $\quad 1 \cdot a = a, \; a \neq 0$

Zu jedem a gibt es ein b, so daß $a + b = 0$ bzw. $a \cdot b = 1, \; a \neq 0$

(Distributivgesetz) $\qquad a \cdot (b + c) = a \cdot b + a \cdot c$

Folgerungen:

Differenz $a + x = b \;\rightarrow\; x = b - a \qquad -a := 0 - a \qquad -(-a) = a$

$\qquad\qquad a - a = 0 \qquad\qquad\qquad a - 0 = a \qquad\qquad -0 = 0$

$\qquad\qquad a - b = a + (-b) \qquad -(a + b) = -a - b \qquad -(b - a) = a - b$

Vorzeichenregeln

$\qquad (+a) \cdot (+b) = (-a) \cdot (-b) = +ab \qquad\qquad\qquad a, b > 0$

$\qquad (+a) \cdot (-b) = (-a) \cdot (+b) = -ab$

Null $\quad a \cdot b = 0 \;\Rightarrow\; a = 0 \vee b = 0 \qquad\quad 0 \cdot 0 = 0$

Quotient $\; a \cdot x = b \;\rightarrow\; x = \dfrac{b}{a} \qquad \dfrac{a}{a} = 1 \qquad \dfrac{1}{1/a} = a \qquad \dfrac{0}{a} = 0 \qquad a \neq 0$

Vorzeichenregeln

$\qquad \dfrac{(+a)}{(+b)} = \dfrac{(-a)}{(-b)} = +\dfrac{a}{b} \qquad\qquad \dfrac{(+a)}{(-b)} = \dfrac{(-a)}{(+b)} = -\dfrac{a}{b} \qquad\qquad a, b > 0$

Klammernauflösen, Ausklammern, Produkte von Summen

Bemerkung: Vorzugsweise runde Klammern auch bei Schachtelungen verwenden, da andere Klammerformen z.T. gesonderte Bedeutung haben.

$\qquad a + (b + c - d) = a + b + c - d \qquad a - (b + c - d) = a - b - c + d$

$\qquad ac + bc = c\,(a + b); \quad ac - bc = c\,(a - b); \quad -ac - bc = -c\,(a + b)$

$\qquad a\,(b - c) = a \cdot (b - c) = ab - ac \qquad\qquad (\text{»Punkt vor Strich«})$

$\qquad (a + b) \cdot (c + d) = ac + ad + bc + bd$

$\qquad (a + b) \cdot (c - d) = ac - ad + bc - bd$

Bruchrechnung

Echter Bruch $\dfrac{a}{b} < 1$, d.h. $a < b, \; a, b \in \mathbb{N}^{*} \qquad$ *gemeiner Bruch* für $b \neq 10^{n}$

Unechter Bruch $\dfrac{a}{b} > 1$, d.h. $a > b$, $a, b \in \mathbb{N}^*$, daraus abgeleitet

Gemischte Zahl $n\,\dfrac{a'}{b} \stackrel{\wedge}{=} n + \dfrac{a'}{b}$, z.B. $7\,\dfrac{1}{9} \stackrel{\wedge}{=} 7 + \dfrac{1}{9}$ (keine Multiplikation!)

Stammbruch $\dfrac{1}{a}$

Kehrwert von a ist $\dfrac{1}{a}$ *Kehrwert* von $\dfrac{a}{b}$ ist $\dfrac{b}{a}$ $a, b \neq 0$

Erweitern $\dfrac{a}{b} = \dfrac{ac}{bc}$ *Kürzen* $\dfrac{a}{b} = \dfrac{a:c}{b:c}$ $b, c \neq 0$

Alle durch Erweitern/Kürzen entstehenden quotientengleichen Brüche bilden eine *Klasse*, die **gebrochenen Zahlen** (Normaldarstellung).

$$\dfrac{a}{b} \pm \dfrac{c}{b} = \dfrac{a \pm c}{b} \qquad\qquad \dfrac{a}{b} \pm \dfrac{c}{d} = \dfrac{ad \pm bc}{bd} \qquad b, d \neq 0$$

$$\dfrac{a}{b} \cdot \dfrac{c}{d} = \dfrac{ac}{bd} \qquad\qquad\qquad\qquad\qquad\qquad b, d \neq 0$$

$$\dfrac{a}{b} : \dfrac{c}{d} = \dfrac{a}{b} \cdot \dfrac{d}{c} \qquad\qquad\qquad\qquad\qquad b, c, d \neq 0$$

Doppelbruch $\dfrac{\dfrac{a}{b}}{\dfrac{c}{d}} = \dfrac{a}{b} : \dfrac{c}{d} = \dfrac{\dfrac{a}{b} \cdot bd}{\dfrac{c}{d} \cdot bd} = \dfrac{ad}{bc} = \dfrac{a}{b} \cdot \dfrac{d}{c}$ $b, c, d \neq 0$

Polynomdivision (*Division von algebraischen Summen*)

- Ordnen von Dividend und Divisor nach gleichem Grundsatz
- 1. Glied Dividend durch 1. Glied Divisor $\rightarrow$ 1. Glied Quotient
- Rückmultiplikation mit Divisor
- Subtraktion, bis die Differenz Null wird bzw. ein Rest bleibt

♦   Beispiel:

$$(4a^2b - 2ab + 3b) : (2ab + b) = 2a - 2 + \dfrac{5b}{2ab + b}$$

$$\underline{-\,(4a^2b + 2ab\qquad)}$$
$$-\,4ab + 3b$$
$$\underline{-\quad(-\,4ab - 2b)}$$
$$5b$$

♦

Ungleichnamige Brüche werden vor einer Addition/Subtraktion auf den *Hauptnenner*, das *kleinste gemeinsame Vielfache* (kgV) der Einzelnenner, gebracht.

Gegensatz: *gleichnamige Brüche* = Brüche mit gleichem Nenner

Bildung des kleinsten gemeinsamen Vielfachen (kgV)

Zerlegung der Nenner in Potenzen von *Primfaktoren* (Faktoren aus Primzahlen). Das kgV ist das Produkt der Potenzen mit den höchsten Exponenten.

♦ Beispiel:

$$
\begin{aligned}
12a &= 2^2 \cdot 3 \quad\; \cdot a \\
40a^2 &= 2^3 \quad\;\; \cdot 5 \cdot a^2 \\
\underline{18b} &= 2 \;\cdot 3^2 \qquad\quad \cdot b \\
\text{kgV} &= 2^3 \cdot 3^2 \cdot 5 \cdot a^2 \cdot b
\end{aligned}
$$

♦

3.2.2.2 Proportionen, Verhältnisgleichungen
(im Bereich rationaler Zahlen $\mathbb{Q}$)

Bruchgleichung $\quad a : b = c : d \leftrightarrow \dfrac{a}{b} = \dfrac{c}{d} \leftrightarrow a \cdot d = b \cdot c$

$\quad\quad a, d$ Außenglieder $\quad\quad a, c$ Vorderglieder
$\quad\quad b, c$ Innenglieder $\quad\quad b, d$ Hinterglieder

Fortlaufende Proportionen lassen sich in Teilproportionen zerlegen.

$\quad\quad a : b : c = x : y : z \;\rightarrow$

$\quad\quad a : b = x : y, \; a : c = x : z, \; b : c = y : z \;$ bzw. $\; \dfrac{b}{c} = \dfrac{y}{z} \quad$ usw.

Proportionalitätsfaktor *k*

$$
a : b = c : d \;\rightarrow\; \begin{cases} a = k \cdot c \\ b = k \cdot d \end{cases} \qquad k \in \mathbb{R}
$$

Direkte Proportionalität (Graph: Gerade) $\quad\quad y \sim x \quad\quad y = kx$

indirekte (*umgekehrte*) *Proportionalität* (Graph: Hyperbel) $y \sim \dfrac{1}{x} \quad y = k\dfrac{1}{x}$

Bei vorliegender Proportionalität zwischen physikalischen bzw. mathematischen Größen einfache bzw. mehrfache (erweiterte) **Dreisatzrechnung**:

1. Gegebener (bekannter) Zusammenhang, z.B. $V_1 = k \cdot m_1$
2. Schluß auf die Einheit einer Größe, z.B. $(V =) 1 = k \cdot (m_1 / V_1)$
3. Schluß auf den gesuchten Wert, z.B. $V_2 = k \cdot (m_1 / V_1) \cdot V_2 = k \cdot m_2$

bzw. als Proportion $m_2 = \dfrac{V_2}{V_1} \cdot m_1$

Erweitern/Kürzen, Vertauschungssätze

$$
a : b = c : d \leftrightarrow ak : bk = c : d \leftrightarrow ak : b = ck : d
$$
$$
\leftrightarrow a : c = b : d \leftrightarrow d : b = c : a \quad \text{usw. } a, b, c, d \neq 0
$$

Korrespondierende Addition/Subtraktion

$$a : b = c : d \Leftrightarrow (a + b) : a = (c + d) : c$$
$$(a + b) : b = (c + d) : d$$
$$(a - b) : a = (c - d) : c$$
$$(a + b) : (a - b) = (c + d) : (c - d) \quad\quad \text{usw.}$$

Vierte Proportionale $a : b = c : x$

Stetige Proportion $a : b = b : d$

arithmetisches Mittel $\bar{x} = \dfrac{a + b}{2}$

Mittlere Proportionale, geometrisches Mittel

$$a : x = x : b \implies \overset{\circ}{x} = \sqrt{ab}$$

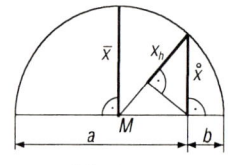

Mittelwerte
$\bar{x} \geq \overset{\circ}{x} \geq x_\mathrm{h}$

Stetige harmonische Proportion, harmonisches Mittel

$$(a - x) : (x - b) = a : b \implies x_\mathrm{h} = \dfrac{2ab}{a + b}$$

3.2.2.3 Prozentrechnung

$$\dfrac{P}{p} = \dfrac{G_0}{100}$$

P *Prozentwert*
p *Prozentsatz*
G_0 *Grundwert*

$1\ \%$ von G_0 sind $\dfrac{G_0}{100}$

Prozent »auf« und »in« Hundert

»Auf Hundert« sind Aufschläge auf den Grundwert (*Vomhundertsatz*)

$$p' = \dfrac{100p}{100 + p}\ \%$$

♦   Beispiel:

16 % Mehrwertsteuerzuschlag auf den Nettopreis sind

$$p' = \dfrac{100 \cdot 16}{116} = 13{,}79\ \% \text{ Steueranteil am Verkaufspreis.}$$ ♦

»In Hundert« sind Abschläge (Verlust) vom Grundwert, *Rabatt*

$$p' = \dfrac{100p}{100 - p}\ \%$$

♦   Beispiel:

Einem Materialverlust von 23 % von der Einsatzmasse der Rohstoffe bei einer Fertigung entspricht ein höherer Materialeinsatz, vom Fertigprodukt aus betrachtet,

$$\text{von } p' = \dfrac{100 \cdot 23}{100 - 23} = 29{,}9\ \%$$ ♦

3.2.2.4 Zinsrechnung

Einfache Verzinsung, *Zinsen Z* am Ende des *Zinsabschnitts*
Siehe auch Zinseszinsrechnung, 3.5.4.1.

p jährlicher *Zinssatz* in %
K_0, G_0, B *Anfangskapital, Guthaben, Grundbetrag, Barwert*
K_n *Endkapital* nach n Zinsperioden
n *Anzahl der Zinsperioden*

$$\text{Endwert } K_n = K_0\left(1 + \frac{pn}{100}\right) \qquad \text{Zinsen } Z = K_0\frac{pn}{100}$$

$$\text{Barwert } B = K_0 = \frac{100K_n}{100 + pn}$$

Bei T Zinstagen gilt $n = \dfrac{T}{360}$, bei M Zinsmonaten gilt $n = \dfrac{M}{12}$

Tageszinsen $Z_\mathrm{T} = \dfrac{ZZ}{ZD}$ mit *Zinszahl* $ZZ = \dfrac{K_0 \cdot \text{Tage}}{100}$, *Zinsdivisor* $ZD = \dfrac{360}{p}$

♦ Beispiel:

Wieviel Zinsen ergeben 1000.- DM in 200 Tagen bei einem Zinssatz von 5 %?

$$\text{Zinsszahl } ZZ = \frac{1000 \cdot 200}{100} = 2000 \qquad \text{Zinsdivisor } ZD = \frac{360}{5} = 72$$

$$Z_\mathrm{T} = \frac{ZZ}{ZD} = \frac{2000}{72} = 27{,}78\,\text{DM} \qquad\qquad ♦$$

Teilzahlung

♦ Beispiel Warenkauf:

Kaufpreis: $P = 4\,000\,\text{DM}$
Anzahlung: $A = 0{,}1 \cdot P = 400\,\text{DM}$, $K_0 = 4\,000 - 400 = 3\,600\,\text{DM}$
$r = 4$ Monatsraten: $R = (P - A)/r = (4\,000 - 400)/4 = 900\,\text{DM}$
Jahreszinssatz: $p = 6\,\%$

a) Zinsen, berechnet von der Anfangsschuld

$$Z = K_0\frac{p}{100} \cdot \frac{M}{4} = 3\,600 \cdot \frac{6}{100} \cdot \frac{4}{12} = 72\,\text{DM, entspricht 18 DM/Monat}$$

b) Zinsen, berechnet von der jeweiligen Restschuld

1. Monat $Z_1 = 3\,600 \cdot \dfrac{6}{100} \cdot \dfrac{1}{12} = 18{,}00\,\text{DM}$

2. Monat $Z_2 = 2\,700 \cdot 0{,}005 \quad = 13{,}50\,\text{DM}$

3. Monat $Z_3 = 1\,800 \cdot 0{,}005 \quad = 9{,}00\,\text{DM}$

4. Monat $Z_4 = \underline{900 \cdot 0{,}005 \quad = 4{,}50\,\text{DM}}$

                                   45,00 DM

Effektiver Jahreszins bei $Z = 72{,}00\,\text{DM}$, bezogen auf die jeweilige Restschuld:

Durchschnittlicher Kreditbetrag $9.000,00 : 4 = 2.250,00$ DM

$$p = \frac{1200Z}{G_0 m} = \frac{1200 \cdot 18.00}{2.250,00 \cdot 1} = 9,6 \%$$

◆

3.2.2.5 Näherung

Verkürzen: Abbruch der Grundziffernfolge (z.B. $\pi \approx 3,141\ 59\dots$)

Runden: Ersatz einer oder mehrerer Grundziffern am Ende der Zahl durch Nullen

Abrunden: die (links stehende) Ziffer a_i bleibt, wenn die folgende Ziffer

$$a_{i+1} \in \{0, 1, 2, 3, 4\} \text{ ist, z.B. } 7\ 345 \approx 7\ 300.$$

Aufrunden: die Ziffer a_i wird um 1 erhöht, wenn die folgende Ziffer

$$a_{i+1} \in \{5, 6, 7, 8, 9\} \text{ ist, z.B. } 6,748\ 8 \approx 6,75.$$

Ist eine 5 durch Aufrunden entstanden, so wird im nächsten Schritt abgerundet, was Runden in einem Schritt entspricht. z.B. $0,145\ (\approx 0,15) \approx 0,1$.

Rundung eines unendlichen Dezimalbruchs auf i *Dezimalen* (*Dezimalstellen*) ergibt einen absoluten Fehler von:

$$|A - a| \leq 0,5 \cdot 10^{-i} \qquad i \text{ sichere (gültige) Dezimalen}$$

Alle Ziffern eines Näherungswertes A, die an der Dezimale 10^{-i} und davor stehen (ohne führende Nullen) heißen *gültige (sichere) Ziffern*.

3.2.2.6 Betrag, Signum

Betrag (Absolutbetrag) einer reellen Zahl

$$|a| := \begin{cases} a & \text{für } a \geq 0 \\ -a & \text{für } a < 0 \end{cases} \qquad \text{bzw.} \qquad |a| = |-a| \qquad |a| \geq 0$$

$$|x| = a \leftrightarrow x = \pm a \leftrightarrow x^2 = a^2$$

$$|x| < a \leftrightarrow x \in (-a, a)$$
$$|x| > a \leftrightarrow x \in \mathbb{R} \setminus [-a, a]$$
$$|x| \geq a \leftrightarrow x \in \mathbb{R} \setminus (-a, a)$$

Dreiecksungleichung

$$|a| - |b| \leq |a \pm b| \leq |a| + |b| \qquad (\text{sogar } ||a| - |b|| \text{ möglich})$$
$$|a \pm b| \geq ||a| - |b||$$
$$|a_1 + a_2 + \dots + a_n| \leq |a_1| + |a_2| + \dots + |a_n|$$

$$|ab| = |a| \cdot |b| \qquad \left|\frac{a}{b}\right| = \frac{|a|}{|b|} \qquad b \neq 0$$

Vorzeichen (Signum) einer reellen Zahl

$$\operatorname{sgn} a := \begin{cases} 1 & \text{für } a > 0 \\ 0 & \text{für } a = 0 \\ -1 & \text{für } a < 0 \end{cases}$$

$$\operatorname{sgn} a = \frac{a}{|a|} \qquad a \neq 0$$

$$\operatorname{sgn}(a \cdot b) = \operatorname{sgn} a \cdot \operatorname{sgn} b \qquad \operatorname{sgn}\left(\frac{a}{b}\right) = \operatorname{sgn} a \cdot \operatorname{sgn} b \qquad b \neq 0$$

3

3.2.2.7 Summen- und Produktzeichen

(Summations- bzw. Multiplikationsindex $i \in \mathbb{Z}$)

Summenzeichen

$$\sum_{i=1}^{n} x_i := x_1 + \ldots + x_n \qquad \text{»Summe über } x_i \text{ von } i = 1 \text{ bis } n\text{«}$$

$$\sum_{i=1}^{n+1} x_i := \left(\sum_{i=1}^{n} x_i\right) + x_{n+1} \qquad \text{(rekursive Definition)}$$

$$\sum_{i=m}^{n} x_i = x_m + x_{m+1} + \ldots + x_n \qquad m < n$$

$$\sum_{i=1}^{1} x_i := x_1 \qquad \textit{leere Summe für } n = 0 \quad \sum_{i=1}^{0} x_i := 0$$

Regeln

$$\sum_{i=1}^{n} (a_i \pm b_i) = \sum_{i=1}^{n} a_i \pm \sum_{i=1}^{n} b_i \quad \text{aber} \sum_{i=1}^{n} a_i \cdot b_i \neq \sum_{i=1}^{n} a_i \cdot \sum_{i=1}^{n} b_i \quad n > 1$$

$$\sum_{i=1}^{n} c a_i = c \sum_{i=1}^{n} a_i \qquad c \text{ Konstante}$$

$$\sum_{i=1}^{m} a_i + \sum_{i=m+1}^{n} a_i = \sum_{i=1}^{n} a_i \qquad m < n$$

$$\sum_{i=1}^{m} a_i + \sum_{i=k}^{n} a_i = \sum_{i=1}^{n} a_i + \sum_{i=k}^{m} a_i \qquad k < m < n$$

$$\sum_{i=1}^{m} a_i + \sum_{i=k}^{n} a_i = \sum_{i=1}^{n} a_i - \sum_{i=m+1}^{k-1} a_i \qquad m < k < n$$

$$\sum_{i=m}^{n} c = (n - m + 1)\, c \qquad\qquad c \text{ Konstante, } m < n$$

$$\sum_{i=m}^{n} a_i = \sum_{k=c}^{n+c-m} a_{k-c+m} \qquad\qquad \text{Transformation des Indexes}$$

$$\sum_{i=1}^{m} \sum_{k=1}^{n} a_{ik} = \sum_{k=1}^{n} \sum_{i=1}^{m} a_{ik} \qquad\qquad \begin{array}{l}\text{Doppelsumme} = \\ \text{Zeilensumme} + \text{Spaltensumme}\end{array}$$

im allgemeinen gilt: $\qquad \displaystyle\sum_{i=m}^{n} a_i \cdot b_i \neq \sum_{i=m}^{n} a_i \cdot \sum_{i=m}^{n} b_i \qquad m < n$

Produktzeichen

$$\prod_{i=1}^{n} x_i := x_1 \cdot x_2 \cdot \ldots \cdot x_n \qquad\qquad \text{»Produkt über } x_i \text{ von } i = 1 \text{ bis } n\text{«}$$

$$\prod_{i=1}^{n+1} x_i := \left(\prod_{i=1}^{n} x_i \right) \cdot x_{n+1} \qquad\qquad \text{(rekursive Definition)}$$

$$\prod_{i=m}^{n} x_i = x_m \cdot x_{m+1} \cdot \ldots \cdot x_n \qquad\qquad n! = \prod_{i=1}^{n} i$$

$$\prod_{i=1}^{1} x_i := x_1 \qquad\qquad \textit{leeres Produkt} \text{ für } n = 0 \quad \prod_{i=1}^{0} x_i := 1$$

Regeln

$$\prod_{i=1}^{n} (a_i b_i) = \prod_{i=1}^{n} a_i \cdot \prod_{i=1}^{n} b_i \qquad\qquad \text{auch für Division gültig!}$$

$$\prod_{i=1}^{n} (c a_i) = c^n \cdot \prod_{i=1}^{n} a_i \qquad\qquad \prod_{i=m}^{n} c = c^{n-m+1} \quad c \text{ Konstante, } m < n$$

$$\prod_{i=1}^{m} a_i \cdot \prod_{i=m+1}^{n} a_i = \prod_{i=1}^{n} a_i \qquad\qquad m < n$$

$$\prod_{i=1}^{m} a_i \cdot \prod_{i=k}^{n} a_i = \prod_{i=1}^{n} a_i \cdot \prod_{i=k}^{m} a_i \qquad\qquad k < m < n$$

$$\prod_{i=1}^{m} a_i \cdot \prod_{i=k}^{n} a_i = \prod_{i=1}^{n} a_i : \prod_{i=m+1}^{k-1} a_i \qquad\qquad m < k < n, a_i \neq 0$$

3.2.3   Potenzen, Wurzeln

Potenzieren und *Radizieren* sind Rechenoperationen der 3. Stufe. Rechenoperationen höherer Stufe binden stärker als die niederer Stufe.

Potenz mit ganzzahligem Exponenten (*n*-te Potenz)

$$a^{n+1} := a^n \cdot a \qquad \text{(rekursive Definition)}$$
$$a^n = a \cdot a \cdot a \cdot \ldots \cdot a \qquad n \text{ Exponent, } n \in \mathbb{N}^*, \text{ entspricht } n \text{ Faktoren}$$
$$a^n = b \qquad a \text{ Basis, Grundzahl, } a \in \mathbb{R}$$
$$0^n = 0 \qquad b \text{ Potenzwert}$$

$n = 2$ *Quadratzahlen*, $n = 3$ *Kubikzahlen*

Festsetzungen ($a \neq 0$): $a^0 := 1 \qquad a^{-n} := \dfrac{1}{a^n}, a \neq 0 \qquad 0^0$ ist nicht definiert.

Reziproke Zahl $\qquad a^{-1} = \dfrac{1}{a} \leftrightarrow a \cdot a^{-1} = 1, a \neq 0$

3

Vorzeichenregel ($k \in \mathbb{Z}$)

$$a > 0 \; \rightarrow \; a^k > 0$$
$$a < 0 \; \rightarrow \; \begin{cases} a^{2k} > 0 \\ a^{2k+1} < 0 \end{cases} \qquad \text{speziell} \qquad \begin{array}{l} (-1)^{2k} = 1 \\ (-1)^{2k+1} = -1 \end{array}$$

Potenz mit rationalem Exponenten $\left(a \in \mathbb{R}_0^+, \dfrac{m}{n} \in \mathbb{Q} \right)$

$$a^{\frac{1}{n}} := \sqrt[n]{a}$$
$$a^{\frac{m}{n}} = (a^m)^{\frac{1}{n}} = \sqrt[n]{a^m}$$

Potenzgesetze ($a, b \in \mathbb{R}, \; m, n \in \mathbb{N}$)

$$a^m \cdot a^n = a^{m+n} \qquad\qquad a^n \cdot b^n = (a \cdot b)^n$$
$$\frac{a^m}{a^n} = a^{m-n}, a \neq 0 \qquad\qquad \frac{a^n}{b^n} = \left(\frac{a}{b} \right)^n, b \neq 0$$
$$(a^m)^n = (a^n)^m = a^{m \cdot n} \qquad\qquad p a^n \pm q a^n = (p \pm q) \, a^n$$

Bemerkung: Falls $a, b \in \mathbb{R}^+$, auch gültig für $m, n \in \mathbb{R}$

n-te Wurzel (Radizieren) mit natürlichem Exponenten
(Umkehrung der Potenzrechnung)

$$\sqrt[n]{a^n} := \begin{cases} |a| & n \text{ gerade} \\ a & n \text{ ungerade} \end{cases} \qquad a \in \mathbb{R}, n \in \mathbb{N} \setminus \{0, 1\}$$

$$\sqrt[n]{a} = b \leftrightarrow b^n = a \qquad\qquad n\ Wurzelexponent,\ n \in \mathbb{N}^*$$

$$\sqrt[n]{0} = 0 \qquad \sqrt[n]{1} = 1 \qquad\qquad a\ Radikand,\ a \in \mathbb{R}_0^+$$

$$\sqrt[n]{a} > 0 \text{ für } a > 0 \quad \sqrt[n]{a} > 1 \text{ für } a > 1 \qquad b\ Wurzelwert,\ b \in \mathbb{R}_0^+$$

Quadratwurzel $\quad \sqrt[2]{a} = \sqrt{a} \qquad\qquad \sqrt{a^2} = |a|$

Kubikwurzel $\qquad \sqrt[3]{a} \qquad\qquad\qquad \sqrt[3]{a^3} = a$

♦   Beispiele:

(1) $\quad \sqrt{(-3)^2} = |-3| = 3 \qquad$ (2) $\quad \sqrt[3]{(-3)^3} = -3 \qquad$ (3) $\quad \sqrt{25} = 5 \qquad$ ♦

Wurzelgesetze $\ (a, b, m, n \in \mathbb{R},\ a, b > 0)$

$$\sqrt[n]{a} \cdot \sqrt[n]{b} = \sqrt[n]{a \cdot b} \qquad \frac{\sqrt[n]{a}}{\sqrt[n]{b}} = \sqrt[n]{\frac{a}{b}} \qquad \sqrt[n]{a^m} = \left(\sqrt[n]{a}\right)^m = a^{\frac{m}{n}}$$

$$\sqrt[n]{\sqrt[m]{a}} = \sqrt[m]{\sqrt[n]{a}} = \sqrt[m \cdot n]{a} \qquad\qquad \sqrt[n \cdot k]{a^{m \cdot k}} = \sqrt[n]{a^m}$$

♦   Beispiele:

(1) $\quad 6^{1/3} \cdot 6^{2/3} = 6^{(1/3 + 2/3)} = 6 \qquad$ entspricht $\quad \sqrt[3]{6} \cdot \sqrt[3]{6^2} = 6$

(2) $\quad a^{-\frac{4}{7}} \cdot a^{-\frac{1}{2}} \cdot a^{\frac{5}{14}} = a^{\frac{-8-7+5}{14}} = a^{\frac{-5}{7}} = 1/\sqrt[7]{a^5},\ a \neq 0$

(3) $\quad 3^{\sqrt{18}} \cdot 3^{\sqrt{32}} = 3^{7 \cdot \sqrt{2}} \qquad\qquad$ ♦

Rationalmachen des Nenners

Brüche mit Wurzeln im Nenner werden so erweitert, daß der *Nenner rational* wird. In der Numerischen Mathematik evtl. ungünstig, z.B. in (1) falls $a^2 \approx b$.

♦   Beispiele:

(1) $\quad \dfrac{m}{a + \sqrt{b}} = \dfrac{m\,(a - \sqrt{b})}{(a + \sqrt{b})\,(a - \sqrt{b})} = \dfrac{m\,(a - \sqrt{b})}{a^2 - b}$

(2) $\quad \dfrac{x}{\sqrt[4]{x^3}} = \dfrac{x\,\sqrt[4]{x}}{\sqrt[4]{x^3}\,\sqrt[4]{x}} = \dfrac{x\,\sqrt[4]{x}}{\sqrt[4]{x^4}} = \dfrac{x\,\sqrt[4]{x}}{x} = \sqrt[4]{x} \qquad$ ♦

3.2.4   Logarithmen

3.2.4.1 Allgemeines

Der **Logarithmus** von b (*Numerus*, *Logarithmand*) zur *Basis a* ist die reelle Zahl c (*Exponent*), für die gilt:

$$\log_a b = c \leftrightarrow a^c = b \qquad\qquad a, b \in \mathbb{R}^+, a \neq 1$$

Schreibweise: $\log_a b = {}^a\log b = {}_a\log b = c$

Jede Gleichung $a^x = b$ hat genau eine reelle Lösung.

Regeln

$$a^{\log_a b} = b \quad \forall b \in \mathbb{R}^+ \qquad \log_a (a^b) = b \quad \forall b \in \mathbb{R}$$
$$\log_a 1 = 0 \qquad\qquad\qquad \log_a a = 1$$
$$\log_a x < 0 \ \text{für } x < 1 \qquad \log_a x > 0 \ \text{für } x > 1$$

3

♦   Beispiele:

(1) $10^x = 3$ $x = \log_{10} 3 = 0{,}477\ 12 \ldots$

(2) $\log_2 \sqrt[3]{2} = \dfrac{1}{3} \log_2 2 = \dfrac{1}{3} \cdot 1 = \dfrac{1}{3}$ ♦

3.2.4.2 Logarithmengesetze ($a, u, v \in \mathbb{R}^+, a \neq 1$)

$$\log_a (u \cdot v) = \log_a u + \log_a v$$
$$\log_a \frac{u}{v} = \log_a u - \log_a v \qquad \log_a \frac{u}{v} = -\log_a \frac{v}{u} \qquad \log_a \frac{1}{v} = -\log_a v$$
$$\log_a u^c = c \cdot \log_a u \qquad\qquad c \in \mathbb{R} \qquad\qquad (\uparrow \textit{Stammbruch})$$
$$\log_a \sqrt[n]{u} = \frac{1}{n} \log_a u \qquad\qquad n \geq 2$$

Bemerkung: Addition und Subtraktion sind nicht logarithmisch ausführbar.

3.2.4.3 Logarithmensysteme

Dekadische (gemeine, Briggssche) Logarithmen (Bilder in 10.6.3)

Basis $a = 10$

Schreibweise: $\log_{10} b = \lg b$ (gelesen »l-g-b«)

$$\lg b = c \Leftrightarrow 10^c = b \qquad \lg 10^c = c \qquad\qquad c \in \mathbb{R}$$

Halblogarithmische Darstellung einer reellen Zahl

$$a = m \cdot 10^k \qquad\qquad a > 0, m \in [1, 10) \ \Leftrightarrow \ \lg m \in [0, 1)$$
$$\lg a = \lg m + k \qquad\qquad m \ \textit{Mantisse}, k \in \mathbb{Z}$$

k *Kennzahl* des Logarithmus, in etwa gleich Exponent des Stellenwertes der ersten gültigen Ziffer des Numerus = Stellenzahl der *Mantisse* vor dem Komma minus 1 bzw. bei echten Dezimalbrüchen negativ gleich Anzahl der Nullen bis zur ersten gültigen Ziffer

♦   Beispiele:

(1) $27\ 900 = 2{,}79 \cdot 10^4$ $\lg 27\ 900 = \lg 2{,}79 + 4 = 4{,}445\ 60$

(2) $0,005\,49 = 5,49 \cdot 10^{-3}$

   $\lg 0,005\,49 = \lg 5,49 - 3 = 0,739\,57 - 3 = -2,260\,43$ ♦

Natürliche Logarithmen

Basis $e = \lim\limits_{n \to \infty} \left(1 + \dfrac{1}{n}\right)^{n} = 2,718\,281\,828\,459 \ldots$ EULER*sche Zahl*

Schreibweise: $\log_{e} b = \ln b$ (gelesen »l-n-b«, »logarithmus naturalis«)

   $\ln b = c \;\leftrightarrow\; e^{c} = b$ $\ln e^{c} = c$ $e^{\ln b} = b$ $c \in \mathbb{R}, b > 0$

»ln« ist die Umkehrfunktion der Einschränkung der Funktion exp auf $\mathbb{R}$.

   $a^{z} = \exp(z \ln a)$ $a > 0, z \in \mathbb{C}$

Zweierlogarithmen, binäre Logarithmen

Basis $a = 2$

Schreibweise: $\log_{2} b = \mathrm{lb}\, b$ (gelesen »l-b-b«)

   $\mathrm{lb}\, b = c \;\leftrightarrow\; 2^{c} = b$

Zusammenhang der Logarithmensysteme

Für alle $x > 0$ und positive reelle Zahlen $a, b \in \mathbb{R}^{+}, a \neq 1, b \neq 1$ gilt:

$$\log_{a} b = \frac{1}{\log_{b} a} \qquad\qquad \log_{a} x = \log_{a} b \cdot \log_{b} x = \frac{1}{\log_{b} a}\log_{b} x$$

Zusammenhang binäre – natürliche Logarithmen ($a = 2, b = e$)

$$\mathrm{lb}\, x = \mathrm{lb}\, e \cdot \ln x = \frac{1}{\ln 2} \cdot \ln x \qquad \ln x = \ln 2 \cdot \mathrm{lb}\, x = \frac{1}{\mathrm{lb}\, e} \cdot \mathrm{lb}\, x$$

mit den *Moduln* $M = \ln 2 = \dfrac{1}{\mathrm{lb}\, e} \approx 0,693\,147$ $\dfrac{1}{M} = \dfrac{1}{\ln 2} = \mathrm{lb}\, e \approx 1,442\,695$

3.2.5   Binomischer Lehrsatz

Fakultät

> Das Produkt aller natürlichen Zahlen von 1 bis n heißt n-*Fakultät:*
>
> $$n! = 1 \cdot 2 \cdot 3 \cdot \ldots \cdot n = \prod_{i=1}^{n} i \qquad\qquad n \in \mathbb{N}^{*}$$

Rekursionsformel: $(k + 1)! := k! \cdot (k + 1)$ $k \in \mathbb{N}$

speziell: $1! = 1$

Festsetzung: $0! := 1$

Binomialkoeffizient (gelesen »*n* über *k*«)

Für $n, k \in \mathbb{N}$ gilt: $\qquad \dbinom{n}{k} := \begin{cases} \dfrac{n!}{k!\,(n-k)!} & \text{für } 0 \le k \le n \\ 0 & \text{für } 0 \le n < k \end{cases}$

Für $\alpha \in \mathbb{R}, k \in \mathbb{N}$ gilt: $\dbinom{\alpha}{k} := \begin{cases} \dfrac{\alpha\,(\alpha-1)\,(\alpha-2)\cdot\ldots\cdot(\alpha-k+1)}{k!} & \text{für } k > 0 \\ 1 & \text{für } k = 0 \end{cases}$

3

Festsetzung: $\quad \dbinom{n}{0} = \dbinom{n}{n} = 1 \quad \forall\, n \in \mathbb{N}$

Für alle $n \in \mathbb{N}$ gilt der *Symmetriesatz:* $\qquad \dbinom{n}{k} = \dbinom{n}{n-k}$

Für alle $\alpha \in \mathbb{R}$ gilt der *Additionssatz:* $\qquad \dbinom{\alpha}{k} + \dbinom{\alpha}{k+1} = \dbinom{\alpha+1}{k+1}$

Eigenschaften: $\dbinom{\alpha}{k+1} = \dbinom{\alpha}{k} \cdot \dfrac{\alpha-k}{k+1} \qquad \dbinom{n}{k} + \dbinom{n}{k+1} = \dbinom{n+1}{k+1}$

Pascalsches Dreieck zur Bestimmung der Binomialkoeffizienten

Die Randwerte sind stets 1, die mittleren Werte jeweils die Summe der über ihnen stehenden.

♦   Beispiele:

(1) $\dbinom{10}{4} = \dfrac{10 \cdot 9 \cdot 8 \cdot 7}{1 \cdot 2 \cdot 3 \cdot 4} = 210$ $\qquad$ (2) $\dbinom{-\frac{1}{2}}{2} = \dfrac{\left(-\frac{1}{2}\right)\left(-\frac{3}{2}\right)}{1 \cdot 2} = \dfrac{3}{8}$ $\qquad$ ♦

Additionstheoreme

$$\dbinom{\alpha}{0} + \dbinom{\alpha+1}{1} + \ldots + \dbinom{\alpha+k}{k} = \dbinom{\alpha+k+1}{k}$$

$$\binom{\alpha}{0}\binom{\beta}{k}+\binom{\alpha}{1}\binom{\beta}{k-1}+\ldots+\binom{\alpha}{k}\binom{\beta}{0}=\binom{\alpha+\beta}{k}\qquad \alpha,\beta\in\mathbb{R},\,k\in\mathbb{N}$$

daraus für $\alpha=\beta=k=n\in\mathbb{N}$

$$\binom{n}{0}^2+\binom{n}{1}^2+\ldots+\binom{n}{n}^2+\ldots=\binom{2n}{n}$$

$$\binom{n}{0}+\binom{n}{2}+\binom{n}{4}+\ldots=\binom{n}{1}+\binom{n}{3}+\binom{n}{5}+\ldots=2^{n-1}\;\rightarrow\;\sum_{k=0}^{n}\binom{n}{k}=2^n$$

Binomischer Lehrsatz für natürliche Exponenten ($n\in\mathbb{N}$)

$$(a+b)^n=\binom{n}{0}a^n+\binom{n}{1}a^{n-1}b+\binom{n}{2}a^{n-2}b^2+\ldots\qquad (a,b\in\mathbb{R})$$

$$+\binom{n}{n-1}ab^{n-1}+\binom{n}{n}b^n=\sum_{k=0}^{n}\binom{n}{k}a^{n-k}b^k$$

Binomischer Lehrsatz für einige Werte von *n*

$$
\begin{aligned}
(a+b)^0 &= \qquad\qquad\qquad 1\\
(a+b)^1 &= \qquad\qquad a^1 \qquad\qquad +b^1\\
(a+b)^2 &= \qquad\quad a^2 \;+\; 2ab \;+\; b^2\\
(a+b)^3 &= \qquad a^3 \;+\; 3a^2b \;+\; 3ab^2 \;+\; b^3\\
(a+b)^4 &= \quad a^4 \;+\; 4a^3b \;+\; 6a^2b^2 \;+4ab^3 \;+\; b^4\\
(a+b)^5 &= a^5+5a^4b+10a^3b^2+10a^2b^3+5ab^4+b^5
\end{aligned}
$$

♦   Beispiel:

Man löse $(2x-3)^5$, d.h. $a=2x,\,b=-3,\,n=5$

$$(2x-3)^5=\binom{5}{0}(2x)^5-\binom{5}{1}(2x)^4\cdot3+\binom{5}{2}(2x)^3\cdot3^2-\binom{5}{3}(2x)^2\cdot3^3$$

$$+\binom{5}{4}\cdot2x\cdot3^4-\binom{5}{5}\cdot3^5$$

$$=1\cdot32x^5-5\cdot16x^4\cdot3+10\cdot8x^3\cdot9-10\cdot4x^2\cdot27+5\cdot2x\cdot81-1\cdot243$$

$$=32x^5-240x^4+720x^3-1080x^2+810x-243\qquad\qquad\qquad ♦$$

Binomische Formeln ($a,b\in\mathbb{R}$)

$$(a+b)^2=a^2+2ab+b^2$$
$$(a-b)^2=a^2-2ab+b^2$$
$$(a+b)(a-b)=a^2-b^2$$

Allgemeiner binomischer Lehrsatz für reelle Exponenten α

$$(a+b)^\alpha=\binom{\alpha}{0}a^\alpha+\binom{\alpha}{1}a^{\alpha-1}b+\binom{\alpha}{2}a^{\alpha-2}b^2+\ldots\qquad a,b,\alpha\in\mathbb{R}$$

Konvergenzbedingung $|b|<|a|$. Siehe auch Binomische Reihe, 15.1.5.1.

3.3 Menge der komplexen Zahlen

3.3.1 Allgemeines

Eine *komplexe Zahl* $z = a + \mathrm{j}b$ ist ein Paar (a, b) reeller Zahlen:

$$\mathbb{C} = \{z \mid z = a + \mathrm{j}b;\, a, b \in \mathbb{R},\, \mathrm{j}^2 = -1\} \qquad \text{(gelesen »Doppelstrich-C«)}$$

mit Realteil $\operatorname{Re} z = a$, Imaginärteil $\operatorname{Im} z = b$

3

Uneingeschränkt ausführbar sind alle Operationen für reelle Zahlen und die *Erfüllung der algebraischen Gleichung* $x^2 + q = 0$ für $q > 0$.

Keine Ordnungsrelation ausführbar. $\mathbb{C}$ ist ein Körper.

$$a + \mathrm{j}b = 0 \Rightarrow a = 0 \wedge b = 0$$

Imaginäre Einheit	$(0, 1) = \mathrm{j}$	$\mathrm{j}^2 := -1$, auch $\mathrm{i}^2 := -1$
Imaginäre Zahl	$(0, b) = \mathrm{j}b$	
Reelle Zahl	$(a, 0) = a$	Daraus folgt: $\mathbb{R} \subseteq \mathbb{C}$

Komplexe Zahlen in der Gaußschen Zahlenebene

Darstellung komplexer Zahlen

in der *komplexen* GAUSS*schen Zahlenebene*

- als eineindeutige Abbildung auf die Menge der Punkte $P(a, b)$

- als zweidimensionaler *Zeiger* $\underline{z}$

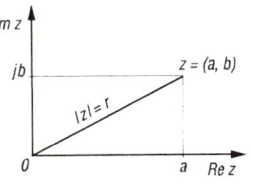

Punktdarstellung von z

Konjugiert komplexe Zahl $\overline{z}$, z^*

$$z = a + \mathrm{j}b \qquad \overline{z} = z^* = a - \mathrm{j}b$$

$\underline{z}$ und $\overline{\underline{z}}$ liegen spiegelbildlich zur *reellen Achse*.

$$\operatorname{Re} z = \frac{1}{2}(z + \overline{z}), \operatorname{Im} z = \frac{1}{2\mathrm{j}}(z - \overline{z})$$

$$\overline{(z_1 \pm z_2)} = \overline{z}_1 \pm \overline{z}_2 \qquad \overline{\overline{z}} = z$$

Norm von z bzw. $\overline{z}$:

$$z \cdot \overline{z} = |z|^2 = a^2 + b^2$$

$$\overline{z_1 \cdot z_2} = \overline{z}_1 \cdot \overline{z}_2 \qquad \left(\frac{z_1}{z_2}\right)^* = \frac{\overline{z}_1}{\overline{z}_2} \qquad z^{-1} = \frac{\overline{z}}{|z|^2}$$

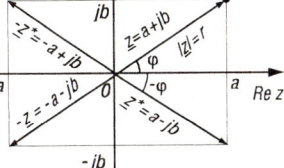

Zeiger $\underline{z}$ und $\underline{z}^*$

Betrag (Modul) einer komplexen Zahl $z = a + \mathrm{j}b$

$$|z| = \sqrt{z \cdot \overline{z}} = \sqrt{a^2 + b^2} = r \qquad\qquad |z| \geq 0$$

Argument einer komplexen Zahl (Polarwinkel, Phase)

Hauptwert $\arg z = \varphi$ mit $-\pi < \varphi \leq \pi$, $z = |z|\, \mathrm{e}^{\mathrm{j}\varphi}$ nur für $z \neq 0$

$\tan \varphi = \dfrac{b}{a}$ (Quadrant beachten!)

Nebenwerte $\arg_k z = \arg z + k \cdot 2\pi$ für $k \in \mathbb{Z}^*$ für $k = 0 \Rightarrow$ Hauptwert

Potenzen der imaginären Einheit

$\mathrm{j}^0 = \mathrm{j}^4 = 1$	$\mathrm{j}^{-4} = 1$	allgemein	$\mathrm{j}^{4k} = 1$	$k \in \mathbb{Z}$
$\mathrm{j}^1 = \mathrm{j}$	$\mathrm{j}^{-3} = \mathrm{j}$		$\mathrm{j}^{4k+1} = \mathrm{j}$	
$\mathrm{j}^2 = -1$	$\mathrm{j}^{-2} = -1$		$\mathrm{j}^{4k+2} = -1$	
$\mathrm{j}^3 = -\mathrm{j}$	$\mathrm{j}^{-1} = -\mathrm{j}$		$\mathrm{j}^{4k+3} = -\mathrm{j}$	

3.3.2   Darstellungsformen komplexer Zahlen

Arithmetische (kartesische, allgemeine) Form

$$z = (a, b) = a + \mathrm{j}b = \operatorname{Re} z + \mathrm{j}\operatorname{Im} z \qquad\qquad a, b \in \mathbb{R}$$

Trigonometrische Form (Polarform)

$$z = r\,(\cos \varphi + \mathrm{j} \sin \varphi) \qquad\qquad r \geq 0,\ -\pi < \varphi \leq \pi$$

Exponentialform: $z = r \cdot \mathrm{e}^{\mathrm{j}\varphi} = |z|\, \mathrm{e}^{\mathrm{j}\varphi}$

Versorform: $z = r\angle\varphi$ mit $\angle\varphi \stackrel{\wedge}{=} \mathrm{e}^{\mathrm{j}\varphi}$ ($\angle\varphi$ gelesen »Versor φ«)

Eulersche Formel

$$\mathrm{e}^{\mathrm{j}\varphi} = \cos \varphi + \mathrm{j} \sin \varphi$$

Periode der Exponentialfunktion $\mathrm{e}^{\mathrm{j}(\varphi + k \cdot 2\pi)} = \mathrm{e}^{\mathrm{j}\varphi}$ $k \in \mathbb{Z}$
Die Funktion $\mathrm{e}^{\overline{z}}$ hat die Periode $2\pi\mathrm{j}$.

Spezielle Werte des Faktors $\mathrm{e}^{\mathrm{j}\varphi}$

$$\mathrm{e}^{\mathrm{j}2k\pi} = 1 \qquad\qquad \mathrm{e}^{\mathrm{j}(2k+1)\pi} = -1$$

$$\mathrm{e}^{\mathrm{j}\frac{\pi}{2}} = \mathrm{j} \qquad \mathrm{e}^{\mathrm{j}\frac{n\pi}{2}} = \mathrm{j}^n \qquad \mathrm{e}^{\mathrm{j}\frac{2\pi}{3}} = -\frac{1}{2} + \frac{\sqrt{3}}{2}\mathrm{j}$$

$$\mathrm{e}^{\mathrm{j}\frac{3}{2}\pi} = -\mathrm{j} \qquad\qquad \mathrm{e}^{\mathrm{j}\frac{4\pi}{3}} = -\frac{1}{2} - \frac{\sqrt{3}}{2}\mathrm{j}$$

Zusammenhang zwischen der Exponentialfunktion und den trigonometrischen Funktionen siehe 10.6.4.2.

♦ Beispiele:

(1) Man wandle $z = 3 - j4$ in die beiden anderen Formen.

$$|z| = r = \sqrt{3^2 + (-4)^2} = 5$$

$$\tan \varphi = -\frac{4}{3} \rightarrow \varphi = 306°52' = 306,87° \mathrel{\hat{=}} 5,356 \text{ rad}$$

(wegen $a > 0$, $b < 0$ im 4. Quadranten)

$$z = 3 - j4 = 5 \; (\cos 306°52' + j \sin 306°52') = 5 \; e^{j5,356}$$

(2) Man wandle $z = 17 \angle 37°22'$ in die kartesische Form.

$$z = a + jb = 17 \; (\cos 37°22' + j \sin 37°22')$$
$$= 17 \; (0,795 + j0,607) = 13,5 + j10,3 \qquad \qquad ♦$$

3.3.3   Grundrechenarten mit komplexen Zahlen

Permanenzprinzip: Die reellen Rechenregeln bleiben erhalten.

Gleichheit: Für die arithmetischen Formen $z_1 = a_1 + jb_1$ und $z_2 = a_2 + jb_2$ gilt:

$$z_1 = z_2 \; \leftrightarrow \; a_1 = a_2 \wedge b_1 = b_2$$

Addition komplexer Zahlen

Nur in arithmetischer Form möglich: $z_1 \pm z_2 = (a_1 \pm a_2) + j \; (b_1 \pm b_2)$

Graphisches Verfahren: *Zeigeraddition (Parallelogrammregel)*

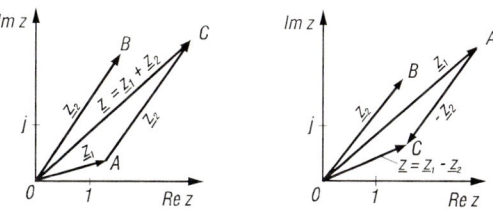

Graphische Addition

Multiplikation komplexer Zahlen

Arithmetische Form: $z_1 z_2 = (a_1 a_2 - b_1 b_2) + j \; (a_1 b_2 + a_2 b_1)$

Trigonometrische Form: $z_1 z_2 = r_1 r_2 \; (\cos (\varphi_1 + \varphi_2) + j \sin (\varphi_1 + \varphi_2))$

Exponentialform: $z_1 z_2 = r_1 r_2 \; e^{j \, (\varphi_1 + \varphi_2)}$

Graphisches Verfahren: Die graphische Multiplikation ist **nicht** identisch mit einer der möglichen Produktbildungen von Vektoren.

Aus $r = r_1 r_2$ folgt die Proportion $r : r_2 = r_1 : 1$.

1. Zeichnen der den komplexen Zahlen
   entsprechenden Zeiger $\underline{z}_1$ und $\underline{z}_2$

2. Antragen von φ_1 an $\underline{z}_2$ gemäß $\varphi = \varphi_1 + \varphi_2$

3. Abtragen von 1 auf der reellen Achse (Punkt C)

4. Verbindung C mit A

5. Antragen von $\sphericalangle$ $0CA = \alpha$ an $\underline{z}_2$ in B. Der
   Schnittpunkt D seines freien Schenkels mit dem
   von φ_1 bestimmt z.

Begründung: $\Delta\,(0CA) \cong \Delta\,(0BD)$

(ähnliche Dreiecke)

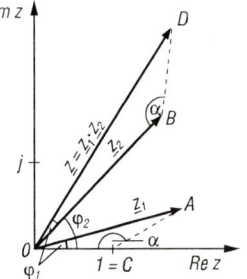

Division komplexer Zahlen $(z_2 \neq 0)$

Graphische Multiplikation

Arithmetische Form:
$$\frac{z_1}{z_2} = \frac{a_1 a_2 + b_1 b_2}{a_2^2 + b_2^2} + j\,\frac{-a_1 b_2 + a_2 b_1}{a_2^2 + b_2^2} = \frac{z_1 \cdot \overline{z}_2}{z_2 \cdot \overline{z}_2} \qquad z_2 \neq 0$$

Trigonometrische Form:
$$\frac{z_1}{z_2} = \frac{r_1}{r_2}\left(\cos\,(\varphi_1 - \varphi_2) + j\,\sin\,(\varphi_1 - \varphi_2)\right)$$

Exponentialform:
$$\frac{z_1}{z_2} = \frac{r_1}{r_2}\,e^{j\,(\varphi_1 - \varphi_2)}$$

Graphisches Verfahren

Aus $\dfrac{r_1}{r_2} = r$ folgt $r : r_1 = 1 : r_2$

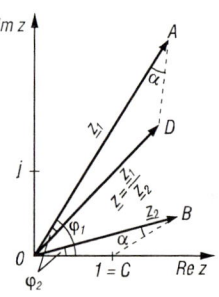

1. Zeichnen der den komplexen Zahlen entsprechenden
   Zeiger $\underline{z}_1$ und $\underline{z}_2$

2. Antragen von φ_2 an $\underline{z}_1$ im negativen Sinn gemäß
   $\varphi = \varphi_1 - \varphi_2$

3. Von 0 aus auf der reellen Achse 1 abtragen (Punkt C)

4. Verbindung $\overline{BC}$ herstellen

5. Antragen von $\sphericalangle$ $0BC = \alpha$ an $\underline{z}_1$ in A

Der Schnittpunkt D der freien Schenkel von α und φ_2
bestimmt den Zeiger des Ergebnisses.

Begründung: $\Delta\,(0CB) \cong \Delta\,(0DA)$ (ähnliche Dreiecke)

Graphische Division

♦   Beispiele:

(1) $j4 - j7 + j9 = j6$ (2) $j5 \cdot j7 = j^2 35 = -35$

(3) $(5 - j3) - (3 + j5) = 2 - j8$

(4) $\dfrac{j14}{j15} = \dfrac{14}{15}$ (5) $\dfrac{1 + j2}{3 - j} = \dfrac{(1 + j2)\,(3 + j)}{(3 - j)\,(3 + j)} = \dfrac{1 + j7}{10} = \dfrac{1}{10} + j\,\dfrac{7}{10}$ ♦

3.3.4   Potenzen und Wurzeln komplexer Zahlen

Potenzen komplexer Zahlen

Arithmetische Form:

$$(a + jb)^2 = a^2 - b^2 + j2ab$$
$$(a + jb)^3 = a^3 - 3ab^2 + j(3a^2b - b^3)$$
$$(a + jb)^4 = a^4 - 6a^2b^2 + b^4 + j(4a^3b - 4ab^3)$$

Trigonometrische Form (Polarform): $z^n = r^n (\cos n\varphi + j \sin n\varphi)$ $n \in \mathbb{Z}$

Exponentialform: $z^n = r^n e^{jn\varphi}$ $r = |z|$, wobei $z^0 := 1, z^{-n} := \dfrac{1}{z^n}$

Satz von Moivre

$$(\cos \varphi + j \sin \varphi)^n = \cos n\varphi + j \sin n\varphi \qquad \text{auch gültig für } n \in \mathbb{Q}$$

Graphisches Verfahren

Konstruktion durch mehrfache graphische Multiplikation bzw. Substitution $\varphi^* = n\varphi$ und $r^* = r^n$ (wiederholte Drehstreckung)

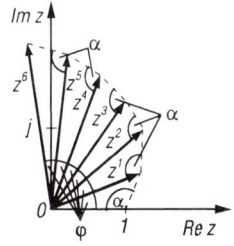

Graphisches Potenzieren

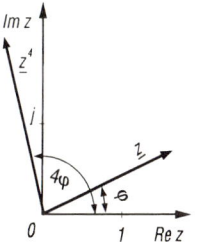

Beispiel

Komplexe *n*-te Wurzeln komplexer Zahlen

Lösungen der Gleichung $z^n = z_0$ mit gegebenem $z_0 = a + jb$ heißen *komplexe n-te Wurzeln* von z.

Trigonometrische Form (Polarform):

$$z = \sqrt[n]{r}\left(\cos \frac{\varphi + k \cdot 2\pi}{n} + j \sin \frac{\varphi + k \cdot 2\pi}{n}\right)$$
$$-\pi < \varphi \leq \pi, k = 0, 1, ..., (n-1), n \in \mathbb{N}^*$$

Exponentialform:

$$z = \sqrt[n]{r} \cdot e^{j\frac{\varphi + 2k\pi}{n}} \qquad\qquad k, n, \varphi \text{ wie oben}$$

Graphisches Verfahren:

Das Verfahren benutzt die zu errechnenden Werte

$$\varphi^* = \frac{\varphi}{n} \quad \text{und} \quad r^* = \sqrt[n]{r}.$$

Regelmäßiges n-Eck auf dem Kreis um $z = 0$ mit dem Radius r^*

Komplexe n-te Einheitswurzeln, n-te Kreisteilungsgleichung

(für $r = 1$, $\varphi = 0$)

Komplexe 4. Wurzel

$$x_e^n = 1 \ \rightarrow$$

$$x_{ek} = \cos \frac{k \cdot 2\pi}{n} + \mathrm{j} \sin \frac{k \cdot 2\pi}{n}$$

$$x_e^n = -1 \rightarrow x_{ek} = \cos \frac{\pi + k \cdot 2\pi}{n} + \mathrm{j} \sin \frac{\pi + k \cdot 2\pi}{n}$$

$$\text{für } k = 0, 1, ..., (n-1), n \in \mathbb{N}^*$$

Graphische Darstellung der Einheitswurzeln

Die Einheitswurzeln teilen den *Einheitskreis* ($r = 1$) in $n \in \mathbb{N}^*$ gleiche Teile.

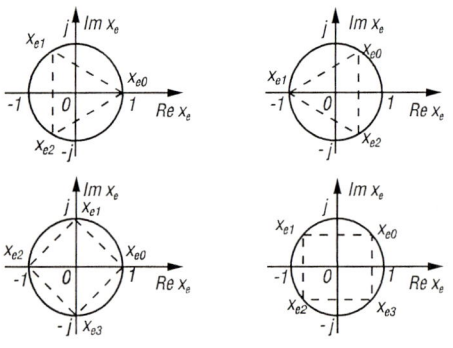

Einheitswurzeln

♦   Beispiele:

$$(1) \quad x_e^3 = 1 \rightarrow \begin{cases} x_{e_0} = 1 \ \text{(Hauptwert)} \\ x_{e_1} = -\frac{1}{2} + \mathrm{j}\,\frac{\sqrt{3}}{2} \\ x_{e_2} = -\frac{1}{2} - \mathrm{j}\,\frac{\sqrt{3}}{2} \end{cases}$$

$$(2) \quad x_e^3 = -1 \rightarrow \begin{cases} x_{e_0} = \frac{1}{2} + \mathrm{j}\,\frac{\sqrt{3}}{2} \\ x_{e_1} = -1 \\ x_{e_2} = \frac{1}{2} - \mathrm{j}\,\frac{\sqrt{3}}{2} \end{cases}$$

$$(3) \quad x_e^4 = 1 \Rightarrow \begin{cases} x_{e_0} = 1 \ \text{(Hauptwert)} \\ x_{e_1} = j \\ x_{e_2} = -1 \\ x_{e_3} = -j \end{cases} \qquad (4) \quad x_e^4 = -1 \Rightarrow \begin{cases} x_{e_0} = \dfrac{\sqrt{2}}{2} + \dfrac{\sqrt{2}}{2}\, j \\[4pt] x_{e_1} = -\dfrac{\sqrt{2}}{2} + \dfrac{\sqrt{2}}{2}\, j \\[4pt] x_{e_2} = -\dfrac{\sqrt{2}}{2} - \dfrac{\sqrt{2}}{2}\, j \\[4pt] x_{e_3} = \dfrac{\sqrt{2}}{2} - \dfrac{\sqrt{2}}{2}\, j \end{cases} \quad \blacklozenge$$

3

3.3.5   Natürliche Logarithmen von komplexen Zahlen

Der *natürliche Logarithmus* von $z = r \cdot e^{j\varphi} = r \cdot e^{j\,(\varphi + k \cdot 2\pi)}$ gilt nur für $z \neq 0$.

Hauptwert: $\ln z = \ln \left(r \cdot e^{j\varphi} \right) = \ln \left(r \left(\cos\varphi + j \sin\varphi \right) \right) = \ln |z| + j \arg z$

$\qquad \varphi = \arg z, \ -\pi < \varphi \le \pi, \ r = |z| > 0$

Nebenwerte: $\ln_k z = \ln z + k \cdot 2\pi j = \ln |z| + j \arg_k z$ für $k \in \mathbb{Z}$

Für $k = 0$ ergibt sich der Hauptwert $\ln z$.

♦   Beispiel:

Man berechne $\ln_k (3 - 7j)$.

$$r = \sqrt{9 + 49} = \sqrt{58} \qquad \tan\varphi = -\frac{7}{3} = -2,\overline{3}\ldots \qquad \varphi = 293°12' \,\hat{=}\, 5{,}117 \ \text{rad}$$

$\ln_k (3 - 7j) = 2{,}03022 + j\,(5{,}117 + k \cdot 2\pi)$

$k = 0$: $\ln (3 - 7j) = 2{,}030\,22 + 5{,}117j$ (Hauptwert)

$k = 1$: $\ln_1 (3 - 7j) = 2{,}030\,22 + j\,(5{,}117 + 2\pi) = 2{,}030\,22 + 11{,}4j$

$k = 2$: $\ln_2 (3 - 7j) = 2{,}030\,22 + j\,(5{,}117 + 4\pi) = 2{,}030\,33 + 17{,}68j$ usw. ♦

Spezialfälle (hier $a, b \in \mathbb{R}^+$)

Positive imaginäre Zahl $jb, \ (\varphi = \pi/2)$

$$\ln_k jb = \ln \left(b \cdot e^{j\,(\pi/2 + k \cdot 2\pi)} \right) = \ln b + j \left(\frac{\pi}{2} + k \cdot 2\pi \right)$$

Negative imaginäre Zahl $-jb, \ (\varphi = -\pi/2)$

$$\ln_k (-jb) = \ln \left(b \cdot e^{j\,(-\pi/2 + k \cdot 2\pi)} \right) = \ln b + j \left(-\frac{\pi}{2} + k \cdot 2\pi \right)$$

Positive reelle Zahl $a, \ (\varphi = 0)$

$$\ln_k a = \ln \left(a \cdot e^{j\,(k \cdot 2\pi)} \right) = \ln a + jk \cdot 2\pi$$

Negative reelle Zahl $-a, \ (\varphi = \pi)$

$$\ln_k (-a) = \ln \left(a \cdot e^{j\,(\pi + k \cdot 2\pi)} \right) = \ln |-a| + j\,(\pi + k \cdot 2\pi)$$

Einheitswerte

$$\ln_k 1 = jk \cdot 2\pi \qquad\qquad \ln_k (-1) = j\,(\pi + k \cdot 2\pi)$$

$$\ln_k j = j\left(\frac{\pi}{2} + k \cdot 2\pi\right) \qquad \ln_k (-j) = j\left(-\frac{\pi}{2} + k \cdot 2\pi\right)$$

Allgemeine *Potenz im Komplexen* $a^z := e^{z \ln a}$ $a, z \in \mathbb{C}$

3.4 Kombinatorik

Eine Zusammenstellung der n (endlich vielen) Elemente einer Menge G heißt
Komplexion.

Vorgehensweise: 1. Sind alle Elemente beteiligt oder nur ausgewählte?
                  2. Ist die Reihenfolge zu beachten?
                  3. Kommen Wiederholungen vor?

3.4.1 Permutationen

Permutation ohne Wiederholung, mit Reihenfolge

Eine *Permutation* der n verschiedenen Elemente einer Menge G ist jede
Komplexion, in der **alle** n Elemente in irgendeiner Anordnung stehen.
Unterschiedliche Anordnungen ergeben verschiedene Permutationen.
Eine eineindeutige Relation (bijektive Abbildung) einer endlichen Menge
$G = \{a_1,\ a_2,\ ...,\ a_n\}$ mit sich selbst heißt Permutation p:

$$p = \begin{pmatrix} a_1 & a_2 & ... & a_n \\ p(a_1) & p(a_2) & ... & p(a_n) \end{pmatrix}$$

mengentheoretisch: n-Tupel verschiedener Elemente (n-Tupel siehe 7.1.)

Urnenmodell: Ziehen aller n numerierten Kugeln ohne Zurücklegen unter
Notieren der Reihenfolge.

Anzahl der Permutationen von n verschiedenen Elementen

$$P_n = n! \qquad \text{(entspricht der Anzahl der möglichen } n\text{-Tupel)}$$

Lexikographische Anordnung (Reihenfolgeordnung)

Anordnung von Elementegruppen so, daß bei allen möglichen *Transpo-
sitionen* (Vertauschung zweier Elemente) jeweils das in der natürlichen
Reihenfolge vorher liegende Element, links beginnend, auch *lexikographisch* früher *angeordnet* wird.

♦   Beispiele:

(1)   Permutation der Elemente 1, 2, 3, lexikographisch geordnet

Anzahl Tripel $P_3 = 3! = 6$ Diese lauten 123   132   213   231   312   321.

(2)   Lexikographische Anordnung der Ziffern 1 bis 4

Anzahl Permutationen (4-Tupel) $P_4 = 4! = 24$

1234 1243 1324 1342 1423 1432 2134 2143 ... 4312 4321   ◆

s-Permutation mit (vorgeschriebenen) Vielfachheiten $k_1 ... k_n$

mengentheoretisch: s-Tupel, in dem das i-te (numerierte) Element von G k_i-mal vorkommt $(1 \leq i \leq n)$.

Urnenmodell: Ziehen von s (numerierten) Kugeln aus G mit Zurücklegen und mit Notieren der Reihenfolge, wobei die i-te Kugel k_i-mal gezogen wurde.

Anzahl der s-Permutationen mit Vielfachheiten $k_1 ... k_n$

$$P_{s,w} = \frac{s!}{k_1! ... k_n!} \quad \text{wobei } s = k_1 + ... + k_n, s \in \mathbb{N}^*$$

Grenzfall: Für $s = n$ und $k_1 = ... = k_n = 1$ Übergang zur gewöhnlichen Permutation

◆   Beispiel:

Wie viele verschiedene fünfstellige ganze Zahlen lassen sich aus den Ziffern 2, 3, 3, 7, 7 bilden?

$P_{5,w} = \dfrac{5!}{1!2!2!} = 30 \qquad s = 1 + 2 + 2 = 5 \qquad$ Bemerkung: für $k_i = 0$ ist $0! = 1$

Inversion

Stehen zwei Elemente in einer Permutation entgegen ihrer natürlichen Reihenfolge, dann bilden diese eine *Inversion*. Vertauschung zweier benachbarter Elemente verändert die Anzahl der Inversionen um ± 1.

$$\begin{pmatrix} i & j \\ p(i) & p(j) \end{pmatrix} \rightarrow \begin{cases} i < j \\ p(i) > p(j) \end{cases}$$

Gerade (ungerade) Anzahl von Inversionen ergibt eine gerade (ungerade) Permutation. Es gibt je $n!/2$ gerade und ungerade Permutationen.

◆   Beispiel:

$p = \begin{pmatrix} 4, 5, 6, 7 \\ 7, 4, 6, 5 \end{pmatrix}$ repräsentiert die 4 Inversionen

$\begin{pmatrix} i < j \\ p(i) > p(j) \end{pmatrix} = \begin{pmatrix} 4, 5 \\ 7, 4 \end{pmatrix}, \begin{pmatrix} 4, 6 \\ 7, 6 \end{pmatrix}, \begin{pmatrix} 4, 7 \\ 7, 5 \end{pmatrix}, \begin{pmatrix} 6, 7 \\ 6, 5 \end{pmatrix}$ ◆

3.4.2   Variationen

s-Variation ohne Wiederholungen (s-Permutation)

Anordnungen, die aus einer Menge G von n Elementen eine bestimmte Anzahl s in allen möglichen Reihenfolgen enthalten, heißen *s-Variationen ohne Wiederholungen* oder *s-Permutationen* $(1 \leq s \leq n)$.

mengentheoretisch: s-Tupel verschiedener Elemente

Urnenmodell: Ziehung von s Kugeln ohne Zurücklegen und mit Notieren der Reihenfolge

Anzahl der s-Variationen ohne Wiederholungen

$$P(n, s) = V_n^{(s)} = \frac{n!}{(n-s)!} = \binom{n}{s} \cdot s! = (n)_s = \prod_{i=1}^{s} (n + 1 - i)$$

Grenzfall: Für $s = n$ Übergang zur gewöhnlichen Permutation

♦ Beispiele:

(1) Wie viele Würfe mit verschiedenen Augen sind mit drei Würfeln möglich?

$$V_6^{(3)} = \frac{6!}{3!} = 4 \cdot 5 \cdot 6 = 120$$

(2) Man bilde die s-Variationen mit $s = 2$ von 1, 2 und 3.

$$V_3^{(2)} = (3)_2 = 3 \cdot 2 \cdot 1 = 6 \qquad 1\,2;\ 1\,3;\ 2\,1;\ 2\,3;\ 3\,1;\ 3\,2 \qquad ♦$$

s-Variation mit Wiederholung (s-Variation)

mengentheoretisch: s-Tupel

Urnenmodell: Ziehung von s Kugeln mit Zurücklegen und Notieren der Reihenfolge (geordnete Stichprobe mit Zurücklegen)

Anzahl der s-Variationen mit Wiederholung

$$V_{n,\,w}^{(s)} = n^s$$

♦ Beispiel:

Wie viele Möglichkeiten bestehen beim Ausfüllen eines Fußballtotoscheines?

$n = 3$ (gewonnen, unentschieden, verloren)
$s = 11$ (Anzahl der Spiele)
$V_{3,\,w}^{(11)} = 3^{11} = 177\,147$ ♦

3.4.3   Kombinationen

s-Kombination ohne Wiederholung, s-Kombination

Werden jeweils s Elemente aus der Gesamtzahl n ausgewählt und in **beliebiger**, aber nur jeweils einer Reihenfolge angeordnet, entstehen *Kombinationen.*

mengentheoretisch: Teilmenge mit s Elementen

Urnenmodell: Ziehung von s Kugeln ohne Zurücklegen und ohne Notieren der Reihenfolge (Ungeordnete Stichprobe ohne Zurücklegen)

Anzahl der s-Kombinationen ohne Wiederholung

$$C_n^{(s)} = \binom{n}{s} = \frac{n!}{s!\,(n-s)!} = \frac{V_n^{(s)}}{s!} \qquad\qquad 1 \le s \le n$$

s Klasse der Kombination

♦ Beispiel:

Wie viele Möglichkeiten gibt es beim Durchkreuzen von 6 Zahlen aus dem Bereich 1 bis 49 (6 aus 49)?

$$C_{49}^{(6)} = \binom{49}{6} = 13\ 983\ 816 \qquad\qquad ♦$$

s-Kombination mit Wiederholung, ohne Reihenfolge

mengentheoretisch: s-Auswahl mit Vielfachheit

Urnenmodell: Ziehen von s Kugeln mit Zurücklegen, ohne Notieren der Reihenfolge

Anzahl der s-Kombinationen mit Wiederholung (s-Repetitionen)

$$C_{n,\,w}^{(s)} = \binom{n+s-1}{s}$$

–, die von den n Elementen m vorgegebene enthalten

$$C_{n-m}^{(s-m)} = \binom{n-m}{s-m} \qquad\qquad m \le s$$

–, die von den n Elementen m vorgegebene **nicht** enthalten

$$C_{n-m}^{(s)} = \binom{n-m}{s} \qquad\qquad m \le s$$

–, die mindestens eines von den m vorgegebenen Elementen aus den n Elementen enthalten

$$C_n^{(s)} - C_{n-m}^{(s)} = \binom{n}{s} - \binom{n-m}{s} \qquad\qquad m \le s$$

3.5   Folgen

3.5.1   Allgemeines

Eine *Folge* ist eine Abbildung einer Menge natürlicher Zahlen $D \subseteq \mathbb{N}$ (gelegentlich auch $D \subseteq \mathbb{Z}$) in eine Menge M (Wertebereich). Ist M eine Punktmenge, entsteht eine *Punktfolge*, ist M eine Zahlenmenge, entsteht eine *Zahlenfolge*.

Eine *reelle Zahlenfolge* ist eine geordnete Menge reeller Zahlen.

Eine reelle Zahlenfolge ist eine *diskrete Funktion* mit der Zuordnungsvorschrift $a_k = f(k)$, deren Definitionsbereich $D(f) \subseteq \mathbb{N}^*$ (d.h. Gliednummern $k \in \mathbb{N}^*$) ist. Folgen können *endlich* oder *unendlich* sein.

Die Elemente $f(k)$ des Wertebereichs (*Funktionswerte*) heißen *Glieder der Folge* und sind ebenfalls Zahlen $a_k \in \mathbb{R}$ bzw. $a_k \in \mathbb{C}$.

Schreibweise einer Zahlenfolge: (a_k)

k Indizes der Glieder der Folge, *Urbilder*, $k \in \mathbb{N}^*$, d.h.

Definitionsbereich $D(f) \subseteq \mathbb{N}^*$, gelegentlich auch $D(f) \subseteq \mathbb{Z}$
a_k allgemeines Glied, *Bild*, *Funktionswert*
a_n Endglied bei einer endlichen Zahlenfolge

Darstellungen

Wortdarstellung: z.B. »Jeder natürlichen Zahl wird ihr Quadrat zugeordnet.«

Unabhängige Darstellung: (a_k): $a_k = f(k)$
(Funktionsgleichung, explizite Bildungsvorschrift)

Endliche Folgen haben ein letztes Glied a_n, mit $a_i = 0$ für alle $i > n$

$(a_k) = a_1, ..., a_n$ oder $a_k = f(k)$ für $k = 1, ..., n$

Unendliche Folgen: $(a_k) = a_1, a_2, ...$ oder $a_k = f(k)$ für $k \in \mathbb{N}^*$

Rekursive Darstellung: $a_k = \varphi(a_{k-1})$ unter Angabe eines (des ersten) Gliedes.

Tabellarische Darstellung: $(a_k) = 1, 4, 9, ..., k^2, ...$

Diese Darstellung ist auch zu verwenden, wenn die analytischen Darstellungen versagen, z.B. Folge der Primzahlen 2, 3, 5, 7, 11, 13, 17, ...

Graphische Darstellung: a_k auf der Zahlengeraden

$P_k(k, a_k)$ im rechtwinkligen Koordinatensystem

Eine Zahlenfolge (a_k) heißt

negativ definit,		$a_k < 0$
monoton wachsend,		$a_k \leq a_{k+1}$
streng monoton wachsend,		$a_k < a_{k+1}$
monoton fallend,	wenn für alle k	$a_k \geq a_{k+1}$
streng monoton fallend,		$a_k > a_{k+1}$
alternierend,		$a_k \cdot a_{k+1} < 0$
konstant,		$a_k = a_{k+1}$

♦   Beispiele:

(1) (a_k): $a_k = k^2 \Rightarrow (a_k) = 1, 4, 9, 16, 25, ...$ 16. Glied: $a_{16} = 256$

(2) $a_3 = 14$, $a_k = a_{k-1} + 2k$ → $a_{k-1} = a_k - 2k$ $k = 1, 2, ..., n$

$a_2 = a_3 - 2 \cdot 3 = 14 - 6 = 8$ $a_1 = 8 - 2 \cdot 2 = 4$

Folge: $(a_k) = 4, 8, 14, 22, ..., (2 + n(n+1))$ ♦

3.5.2 Schranken, Grenzen, Grenzwert einer Folge

Eine Zahlenfolge (a_k) hat die untere *Schranke* S_u bzw. obere Schranke S_o, wenn für alle k gilt:

$S_u \leq a_k$, $S_o \geq a_k$.

(a_k) heißt nach unten (oben) beschränkte Folge bei Vorhandensein von S_u (S_o), eine unbeschränkte Folge ist zumindestens ohne eine der Schranken.

Eine Zahlenfolge (a_k) hat eine untere (obere) *Grenze G*, wenn G die größte aller unteren, *Infimum* (kleinste aller oberen, *Supremum*) Schranken ist.
Zum Beispiel ist jede monoton wachsende Folge nach unten beschränkt $(S_u = G = a_1)$.
Jede nach oben (unten) beschränkte wachsende (fallende) Zahlenfolge (a_k) konvergiert gegen ihre obere (untere) Grenze.

ε-Umgebung

Das offene Intervall $(a - \varepsilon, a + \varepsilon)$ nennt man die *ε-Umgebung* von a, wobei $a \in \mathbb{R}$, $\varepsilon \in \mathbb{R}^+$.

Eine beliebige Zahlenfolge (a_k) hat den Grenzwert g genau dann, wenn für jede beliebige reelle Zahl $\varepsilon > 0$ fast alle a_k innerhalb der ε-Umgebung $U_\varepsilon(g)$ von g liegen bzw. sich ein Index $k = K(\varepsilon)$ so angeben läßt, daß gilt:

$|a_k - g| < \varepsilon$ für alle $k \geq K(\varepsilon)$ $k \in \mathbb{N}$, $K(\varepsilon) \in \mathbb{N}$

$U_\varepsilon(g) = (g - \varepsilon, g + \varepsilon)$

Schreibweisen:

$\lim_{k \to \infty} a_k = g$ $(a_k) \underset{k \to \infty}{\to} g$

Das heißt, ist die Differenzenfolge $(a_k - g)$ eine Nullfolge (siehe unten), so hat (a_k) den Grenzwert g: $\lim_{k \to \infty} a_k = g \leftrightarrow \lim_{k \to \infty} (a_k - g) = 0$

Eine *Zahlenfolge* (a_k) heißt **konvergent**, wenn der Grenzwert g existiert, (a_k) konvergiert gegen g, sonst **divergent**.

Für $\lim\limits_{k \to \infty} a_k = g_1$ und $\lim\limits_{k \to \infty} b_k = g_2$ gilt:

$$\lim_{k \to \infty} (c_1 a_k \pm c_2 b_k) = c_1 g_1 \pm c_2 g_2 \qquad\qquad \lim_{k \to \infty} (a_k \cdot b_k) = g_1 \cdot g_2$$

$$\lim_{k \to \infty} \frac{a_k}{b_k} = \frac{g_1}{g_2} \qquad g_2 \neq 0 \qquad\qquad \lim_{k \to \infty} (a_k^n) = g_1^n \qquad n \in \mathbb{N}^*$$

$$a_k \leq b_k \;\to\; g_1 \leq g_2$$

Sandwichprinzip: $a_k \leq b_k \leq c_k$ und $\lim\limits_{k \to \infty} a_k = \lim\limits_{k \to \infty} c_k = g \;\to\; \lim\limits_{k \to \infty} b_k = g$

Nullfolge

Eine Folge mit dem Grenzwert $g = 0$ heißt *Nullfolge*.

$$\lim_{k \to \infty} a_k = 0 \;\leftrightarrow\; \lim_{k \to \infty} (a_k + g) = g$$

♦   Beispiel:

$\left(\dfrac{1}{k}\right)$ ist Nullfolge für $k \in \mathbb{N}^*$, da $\dfrac{1}{k} < 0 + \varepsilon$ für alle $k > \dfrac{1}{\varepsilon}$ ♦

Eine Zahlenfolge (a_k) wächst bzw. fällt unbeschränkt, wenn für beliebiges $m > 0$ für fast alle a_k gilt: $a_k > m$ bzw. $a_k < m$.

Uneigentlicher Grenzwert: (a_k) divergiert gegen ∞ bzw. $-\infty$:

$$\lim_{k \to \infty} a_k = \infty \qquad\qquad \lim_{k \to \infty} a_k = -\infty \qquad\quad (\text{bestimmt divergente Folgen})$$

Teilfolge

Sind (a_k) eine beliebige Zahlenfolge und (k_i) eine wachsende Folge natürlicher Zahlen, gilt: (a_{k_i}) ist *Teilfolge* von (a_k).

Eine Teilfolge entsteht, wenn man in einer unendlichen Folge endlich oder unendlich viele Glieder wegläßt, wodurch aber immer noch eine unendliche Folge verbleibt. Teilfolgen haben bei konvergenten Folgen den gleichen Grenzwert wie die Ausgangsfolge (a_k).

♦   Beispiele:

(1) $\left(\dfrac{1}{10^k}\right)$ und $\left(\dfrac{1}{k^3}\right)$ sind Teilfolgen von $\left(\dfrac{1}{k}\right)$ (und zugleich Nullfolgen)

(2) $b_k = 2k$, $(b_k) = 2, 4, \ldots$ ist Teilfolge von $a_k = k$, $(a_k) = 1, 2, 3, \ldots$ ♦

Differenzenfolge

(d_k) ist *Differenzenfolge* zu (a_k), wenn gilt: $d_k = a_{k+1} - a_k$

Quotientenfolge

(q_k) ist *Quotientenfolge* zu (a_k), wenn gilt: $\quad q_k = \dfrac{a_{k+1}}{a_k}$ $\qquad\qquad a_k \neq 0$

Beispiele für Grenzwerte ausgewählter Zahlenfolgen $(k \in \mathbb{N}^*)$

$$\lim_{k \to \infty} \frac{1}{1+a^k} = \begin{cases} 1 & \text{für } |a| < 1 \\ \dfrac{1}{2} & \text{für } a = 1 \\ 0 & \text{für } |a| > 1 \end{cases} \qquad \text{unbestimmt divergent für } a = -1$$

$$\lim_{h \to 0} (1+h)^{\frac{1}{h}} = \lim_{k \to \infty} \left(1 + \frac{1}{k}\right)^k := e = 2{,}718\,281\,828\,\ldots \qquad (\text{EULER}\textit{sche Zahl})$$

$$\lim_{k \to \infty} \left(1 + \frac{x}{k}\right)^k = e^x$$

$$\lim_{k \to \infty} \frac{k^n}{a^k} = 0, \; |a| > 1, \, n \in \mathbb{N} \qquad\qquad \lim_{k \to \infty} k^n a^k = 0, \; |a| < 1, \, n \in \mathbb{N}$$

$$\lim_{k \to \infty} \frac{a^k}{k!} = 0, \; a > 0, \text{ fest}$$

$$\lim_{k \to \infty} \frac{a^{1/k} - 1}{1/k} = \ln a, \; a > 0 \qquad\qquad \lim_{k \to \infty} k^p = \begin{cases} \infty & \text{für } p \in \mathbb{R}^+ \\ 0 & \text{für } p \in \mathbb{R}^- \end{cases}$$

$$\lim_{k \to \infty} \left(1 + \frac{1}{2} + \frac{1}{3} + \ldots + \frac{1}{k} - \ln k\right) := C = 0{,}577\,21\ldots$$

$$\hspace{8cm} (\text{EULER}\textit{sche Konstante})$$

$$\lim_{k \to \infty} \frac{k!}{k^k\, e^{-k}\, \sqrt{k}} = \sqrt{2\pi} \hspace{3cm} (\text{STIRLING}\textit{sche Formel})$$

$$\lim_{k \to \infty} \left(\frac{2 \cdot 4 \cdot 6 \cdot \ldots \cdot (2k)}{1 \cdot 3 \cdot 5 \cdot \ldots \cdot (2k-1)}\right)^2 \frac{1}{2k} = \frac{\pi}{2} \hspace{2cm} (\text{WALLIS}\textit{sches Produkt})$$

$$\lim_{k \to \infty} \sqrt[k]{a} = 1 \quad a > 0 \hspace{3cm} \lim_{k \to \infty} \sqrt[k]{k} = 1$$

3.5.3 Arithmetische und geometrische Folgen

(a_k) ist eine arithmetische **Zahlenfolge** für eine von k unabhängige konstante Differenz d, so daß für jedes k gilt:

$$a_{k+1} = a_k + d \qquad k \in \mathbb{N} \qquad (\text{rekursive Darstellung})$$

Arithmetische Folgen weisen eine konstante Differenzenfolge auf:

$$(d_k) = d, d, d, \ldots$$

Darstellungen:

$$a_k = a_1 + (k-1) \cdot d \qquad \text{(unabhängige Darstellung)}$$

$$a_{k+1} = a_k + d \qquad \text{für alle } k \in \mathbb{N}^*$$

$$a_k = \frac{a_{k-1} + a_{k+1}}{2} \qquad \text{für } k \geq 2 \qquad \textit{(arithmetisches Mittel)}$$

> (a_k) ist eine **geometrische Zahlenfolge** für einen festen Faktor $q \neq 0$, so daß für jedes k gilt:
>
> $$a_{k+1} = a_k \cdot q \qquad a_1 \neq 0 \qquad \text{(rekursive Darstellung)}$$

Geometrische Folgen weisen eine konstante Quotientenfolge auf:

$$(q_k) = q, q, q, \dots$$

Darstellungen:

$$a_k = a_1 \cdot q^{k-1} \qquad a_1 \neq 0, q \neq 0 \qquad \text{(unabhängige Darstellung)}$$

$$a_{k+1} = a_k \cdot q \qquad \text{für alle } k \in \mathbb{N}^*$$

$$\left| a_k \right| = \sqrt{a_{k-1} \cdot a_{k+1}} \qquad q = \sqrt[k-1]{\frac{a_k}{a_1}} \quad \text{bei positiven Folgegliedern}$$

- $q < 0$ alternierende Folge
- $0 < q < 1$ monoton fallende Folge, für $a_1 > 0$
- $q > 1$ monoton wachsende Folge, für $a_1 > 0$
- $|q| < 1$ beschränkte Folge

Geometrisches Mittel (*mittlere Proportionale*)

$$a_{k+1} : a_k = a_k : a_{k-1}$$

Konvergenz: Folgen (q^k) sind konvergent für $-1 < q \leq 1$, sonst divergent:

$$\lim_{k \to \infty} q^k = \begin{cases} 0 & \text{für } |q| < 1 \\ \infty & \text{für } q > 1 \end{cases}$$

Interpolation einer Folge

Einschalten von p Gliedern zwischen zwei aufeinanderfolgenden Gliedern einer Zahlenfolge ergibt eine neue Folge:

arithmetische Folge $d \to d^* = \dfrac{d}{p+1}$

geometrische Folge $q \to q^* = \sqrt[p+1]{q}$

Partialsummen (endliche Reihen)

n-te Partialsumme der ersten n Glieder (Summanden) der Folge (a_k):

$$s_n = a_1 + a_2 + \ldots + a_n = \sum_{k=1}^{n} a_k$$

Für die *arithmetische Folge* $(a_k) = (a_1 + (n-1) \cdot d)$ gilt:

$$s_n = \sum_{k=1}^{n} \left(a_1 + (k-1) \cdot d \right) = \frac{n(a_1 + a_n)}{2} = \frac{n}{2}(2a_1 + (n-1) \cdot d)$$

Für die *geometrische Folge* $(a_k) = (a_1 \cdot q^{k-1})$ mit $q \neq 1$ gilt:

$$s_n = \sum_{k=1}^{n} a_1 \cdot q^{k-1} = a_1 \frac{q^n - 1}{q - 1} = a_1 \frac{1 - q^n}{1 - q} = \frac{a_1 q^n - a_1}{q - 1} = \frac{a_1 - a_n q}{1 - q}$$

Die *Partialsummenfolge* $(s_n) = s_1, s_2, \ldots$ heißt **Reihe**.

♦ Beispiele:

(1) Die geometrische Folge $(a_k) = 0{,}7; 0{,}07; 0{,}007; \ldots$ mit $q = 0{,}1$ und
$a_1 = 0{,}7$ hat die Partialsummenfolge

$(s_n) = 0{,}7; 0{,}77; 0{,}777; \ldots$ (*geometrische Reihe*)

(2) Summe der ersten n natürlichen Zahlen $(a_k) = (k)$

$$s_n = \sum_{k=1}^{n} k = \frac{n(n+1)}{2} = \frac{1}{2}(n^2 + n)$$

(3) Summe der ersten n ungeraden Zahlen

$$s_n = \sum_{k=1}^{n} (2k - 1) = n^2$$

(4) Summe der ersten 8 Glieder der Folge $(a_k) = (a_1 \cdot q^{k-1})$ mit $a_1 = 20$ und $q = 0{,}5$

$$s_8 = 20 \cdot \frac{1 - 0{,}5^8}{1 - 0{,}5} = 39{,}843\ 75$$

♦

Abgeleitete Formeln:

Summe der ersten n Quadratzahlen $$s_n = \sum_{k=1}^{n} k^2 = \frac{n(n+1)(2n+1)}{6}$$

Summe der ersten n Kubikzahlen $$s_n = \sum_{k=1}^{n} k^3 = \left(\frac{n(n+1)}{2} \right)^2 = \left(\sum_{k=1}^{n} k \right)^2$$

Vorzugszahlen

Vorzugszahlen in der Normung bilden angenähert geometrische Folgen, die dem Dezimalsystem angepaßt sind.

Anfangs- und Endglied sind aufeinanderfolgende Zehnerpotenzen, die zu den Grundreihen (math. richtig »Grundfolgen«) R 5, R 10, R 20, R 40 führen mit dem Stufensprung:

$$\varphi_k = \sqrt[k]{10} \qquad k \text{ Index der Folge, z..B. } \varphi_5 = \sqrt[5]{10} = 1{,}5849$$

♦ Beispiele:

$$\varphi_5 = \sqrt[5]{10} = 1{,}5849 \approx 1{,}6, \quad \varphi_{10} = 1{,}2589, \quad \varphi_{20} = 1{,}1220, \quad \varphi_{40} = 1{,}059 \qquad ♦$$

Hauptwerte der Grundreihen (gerundete Werte gemäß DIN 323)

R 5	R 10	R 20	R 40
1,00	1,00	1,00	1,00
			1,06
		1,12	1,12
			1,18
	1,25	1,25	1,25
			1,32
		1,40	1,40
			1,50
1,60	1,60	1,60	1,60
			1,70
		1,80	1,80
			1,90
	2,00	2,00	2,00
		2,24	⋮
2,50	2,50	2,50	
		2,80	
	3,15	3,15	
		3,55	
4,00	4,00	4,00	
		4,50	
	5,00	5,00	
		5,60	
6,30	6,30	6,30	
		7,10	
	8,00	8,00	
		9,00	
10,00	10,00	10,00	10,00

Arithmetische Folgen höherer Ordnung

Eine *arithmetische Folge i-ter Ordnung* liegt vor, wenn erst die *i*-te Differenzenfolge konstante Glieder aufweist.

Bildungsgesetz: $a_k = b_i\,(k-1)^i + b_{i-1}\,(k-1)^{i-1} + \ldots + b_0$

$$k = 1, \ldots, n, \quad b_m \text{ Konstanten}$$

♦ **Beispiel:**

$(a_k) = 1 \quad 5 \quad 10 \quad 18 \quad 31 \quad 51 \ldots$ Grundfolge

$(\Delta^1 a_k) = \quad 4 \quad 5 \quad 8 \quad 13 \quad 20 \ldots$ 1. Differenzenfolge

$(\Delta^2 a_k) = \quad\quad 1 \quad 3 \quad 5 \quad 7 \ldots$ 2. Differenzenfolge

$(\Delta^3 a_k) = \quad\quad\quad 2 \quad 2 \quad 2 \ldots$ 3. Differenzenfolge

Die Ausgangsfolge ist eine arithmetische Folge 3. Ordnung.   ♦

3

3.5.4 Sprunghaftes Wachstum, Zinseszins- und Rentenrechnung

Die Bestände G_i bilden die geometrische Folge $\left(G_0 q^i\right)$, $i = 1, 2, \ldots, n$.

Bezeichnungen:

$K_0, G_0; B$	*Anfangskapital, Grundbetrag, Grundwert, Bestand, Barwert*
K_n, G_n	*Endkapital, Endbetrag, Endbestand, Endwert* nach n Jahren
p	(jährlicher) *Zinssatz, Zinsfuß*, Prozentsatz des Wachstums
n	Anzahl der Jahre
R	*Rate*, regelmäßige Zahlung, *Rente*
$q = 1 + \dfrac{p}{100}$	*Zinsfaktor, Aufzinsungsfaktor*

3.5.4.1 Zinseszinsrechnung

Zuschläge am Ende des Zinsabschnitts (*Aufzinsung*)

$$K_n = K_0 \left(1 + \frac{p}{100}\right)^n = K_0 \cdot q^n \qquad \text{Leibniz}\textit{sche Zinseszinsformel}$$

$n \to \infty$: *kontinuierliches Wachstum*, siehe Exponentialfunktion, 10.6.2.

Die vier Umkehraufgaben der Zinseszinsrechnung

Anfangsbetrag , Barwert, diskontierter Wert (*Abzinsung*)

Barwert ist der Wert, den K_0 haben muß, um nach n Perioden K_n zu erreichen.

$$B = K_0 = \frac{K_n}{q^n} = K_n \cdot v^n \qquad \text{mit } v = \frac{1}{q} \quad \begin{array}{l} \textit{Diskontierungsfaktor} \\ \textit{Abzinsungsfaktor} \end{array}$$

Aufzinsungsfaktor $q = 1 + \dfrac{p}{100} = \sqrt[n]{\dfrac{K_n}{K_0}}$

Zinsfuß $p = 100 \cdot \left(\sqrt[n]{\dfrac{K_n}{K_0}} - 1\right)\%$

Zeit $n = \dfrac{\lg K_n - \lg K_0}{\lg q}$ Jahre

♦   Beispiele:

(1)   Ein Guthaben von $K_0 = 1\,000,-$ DM wächst bei $p = 3\frac{1}{4}$ % Verzinsung
      bei einem Zuschlag am Ende des Jahres auf 1 032,50 DM
      Bei einem monatlichen Zuschlag würde es auf

      $$1\,000 \cdot \left(1 + \frac{3,25}{100 \cdot 12}\right)^{12 \cdot 1} = 1\,032,99 \text{ DM anwachsen.}$$

(2)   Nach welcher Zeit tritt bei einem Zuwachs des Energieverbrauchs um 5 % pro Jahr
      Verdopplung des Verbrauchs ein?

      $$n = \frac{\lg 2 - \lg 1}{\lg 1,05} = \frac{0,301 - 0}{0,0212} = 14,2 \text{ Jahre}$$

(3)   Man diskontiere einen nach 3 Jahren fälligen Betrag von 15 000 DM bei 8,25 %
      Zinseszins auf die Gegenwart. M.a.W., welcher Betrag ist heute anzulegen, um
      in 3 Jahren 15 000 DM zur Verfügung zu haben?

      $$q = 1 + \frac{p}{100} = 1,082\,5 \qquad\qquad v = \frac{1}{q} = 0,923\,788$$

      $$K_0 = 15\,000 \text{ DM} \cdot 0,923\,788^3 = 11\,825,18 \text{ DM}$$ ♦

3.5.4.2 Rentenrechnung

Die Formeln gelten für Zahlungen am Ende des Jahres (*nachschüssig, postnu-merando*). Für *vorschüssige* (*pränumerando*) Zahlungen setze man $R := Rq$.

Endbetrag durch Vermehrung (Verminderung) eines Grundbetrags K_0, Zins-satz p %, durch regelmäßige Einzahlungen (Abhebungen) gleicher Raten R

$$K_n = K_0 q^n \pm \frac{R\,(q^n - 1)}{q - 1} \qquad \textit{Sparkassenformel, Raten-Rentenformel}$$

Bemerkung: Die Formel ist auch für $K_0 = 0$, d.h. ohne Anfangskapital, anwend-bar.

Für $K_n = K_0$, d.h. $R = K_0\,(q - 1)$, wird der jährliche Zuwachs auch jährlich
verbraucht ⇒ *Barwert B* = K_0 einer ewigen Rente

Barwert B einer ewigen Rente

$$B = K_0 = \frac{R}{q - 1}$$

Barwert B einer n-mal nachschüssig zahlbaren *Rate* (Rente) R, Wandlung
einmaliger Zahlung K_0 in regelmäßig wiederholte Zahlungen (Raten) R

$$B = K_0 = \frac{R\,(q^n - 1)}{q^n\,(q - 1)} \qquad\qquad \textbf{Rentenformel} \text{ einer } \textit{Zeitrente}$$

Zeitrente: Rente, die nur eine gewisse Zeit gezahlt wird. Gegensatz: *Leibrente*

Raten (*Rentenhöhe*) bei regelmäßiger Zahlung

$$R = \frac{K_n \,(q-1)}{q^n - 1} = \frac{K_0 \, q^n \,(q-1)}{q^n - 1}$$

Zeitdauer

$$n = \frac{\lg \left(K_n \cdot (q-1) + R \right) - \lg R}{\lg q}$$

$$n = \frac{\lg R - \lg \left(R + K_0 + K_0 q \right)}{\lg q} = \frac{\lg R - \lg \left(R - K_0 \,(q-1) \right)}{\lg q}$$

3.5.4.3 Tilgung einer Schuld, Annuität, Kapitaldienstrate

Rate R, die am Ende eines Jahres (*Zinsperiode*) für Tilgung und Verzinsung gleichbleibend zu zahlen ist.

Tilgungsformel

$$R = \frac{K_0 \, q^n \,(q-1)}{q^n - 1} \qquad\qquad K_0 \text{ Schuldsumme}$$

Tilgungsfuß (Prozentsatz, mit dem die Schuld getilgt wird)

$$i = \frac{p}{q^n - 1} = \frac{100 R}{K_0} - p$$

Tilgungsdauer

$$n = \frac{\lg \left(1 + \dfrac{p}{i} \right)}{\lg q} \text{ Jahre}$$

♦ Beispiel:

Eine Schuld von 1 000 DM soll in 5 Jahren bei einem Zinsfuß von 6 % getilgt sein. Welche Rate *R* ist jährlich am Jahresende zu zahlen und wie groß ist der Tilgungsfuß *i*?

$$R = \frac{1\,000 \cdot 1,06^5 \cdot 0,06}{1,06^5 - 1} = 237,40 \text{ DM} \qquad i = \frac{6}{1,06^5 - 1} = 17,74 \text{ \%} \qquad ♦$$

4 Algebra

4.1 Gleichungen und Ungleichungen

Strukturen

> *Strukturen* bestehen aus einer Trägermenge und ausgezeichneten Verknüpfungen, Relationen und Elementen, dargestellt als Tupel.
> Verknüpfungen allgemein $x \circ y$, speziell $x + y$, $x \cdot y$, $y \cap y$, $x \cup y$

Gruppe $\langle G, \circ \rangle$, auch einfach G: algebraische Struktur, in der **eine** algebraische (binäre) Operation (meist Multiplikation) erklärt ist.

Es gelten 4 Gruppenaxiome:
- Den Elementen a, b ist eindeutig $c = a \circ b$ zugeordnet.
- Das Assoziativgesetz $(a \circ b) \circ c = a \circ (b \circ c)$ gilt.
- Das Einselement (neutrales Element) e existiert, $a \circ e = e \circ a = a$ für jedes $a \in G$.

  Multiplikative Gruppe hat 1 als neutrales Element, $a \cdot 1 = 1 \cdot a = a$
  Additive Gruppe hat 0 als neutrales Element, $a + 0 = 0 + a = a$
- Jedes Element hat sein inverses $a^{-1} \in G$, $a \cdot a^{-1} = a^{-1} \cdot a = e$.

Beispiele für Gruppen: reguläre quadratische Matrizen bez. Multiplikation, die unter ABELsche Gruppe genannten Mengen

Halbgruppe $\langle G, \circ \rangle$, Struktur mit einer assoziativen internen zweistelligen Verknüpfung, in der die ersten beiden Axiome erfüllt sind, die beiden letzten werden auf links- (oder rechts-) seitige Elemente e, a^{-1} abgeschwächt.

Abelsche Gruppe, Gruppe mit zusätzlicher kommutativer Gruppenverknüpfung $a \circ b = b \circ a$

Beispiele für ABELsche Gruppen: $\langle \mathbb{Z}, + \rangle$, $\langle \mathbb{Q}^+, \cdot \rangle$, $\langle \mathbb{Q}^*, \cdot \rangle$, $\langle \mathbb{R}^*, \cdot \rangle$

Ring $\langle R, +, \cdot \rangle$, auch einfach R: Menge R mit **zwei** binären Operationen, Addition und Multiplikation, wobei R bez. Addition ABELsche Gruppe, bez. Multiplikation Halbgruppe ist. Zusammenhang zwischen Addition und Multiplikation:

- Distributivgesetz $\qquad a \cdot (b + c) = (a \cdot b) + (a \cdot c)$
  $$(a + b) \cdot c = (a \cdot c) + (b \cdot c) \qquad a, b, c \in R$$
- Multiplikation assoziativ $\qquad (a \cdot b) \cdot c = a \cdot (b \cdot c)$
- Addition kommutativ (und assoziativ) $\quad a + b = b + a \qquad a, b \in R$
- Nullelement 0 und entgegengesetztes Element $-a$ existieren.

Beispiele für Ringe: $\mathbb{Z}$, $\mathbb{Q}$, $\mathbb{C}$

Körper $\langle R, +, \cdot \rangle$: *kommutativer Ring* (bez. Multiplikation gilt das Kommunikativgesetz), in dem die Menge $R \setminus \{0\}$ die sog. multiplikative Gruppe des Körpers bilden. Körper hat

Einselement und jedes von 0 verschiedene Element hat sein inverses bez. Multiplikation, Division ist definiert, z.B. $\langle \mathbb{R}, +, \cdot \rangle$, $\langle \mathbb{C}, +, \cdot \rangle$.

Verband $\langle A, \cap, \cup \rangle$: Struktur mit den zweistelligen Verknüpfungen Durchschnitt und Vereinigung.

Beispiel für einen Verband: BOOLEsche Algebra (siehe 2.1.3)

Vektorraum: siehe 7.1.1

Term

> Einfache, d.h. nicht zusammengesetzte *Terme* sind Variable oder Konstanten. Aus diesen entstehen zusammengesetzte Terme, indem die Leerstellen eines Funktionszeichens durch (einfache) Terme ausgefüllt werden, z.B. $x + 1$.

Linearer Term: $T(x, y) = ax + by + c$ a, b, c Konstanten

Linearkombination von Termen:

$$k_1 T_1 + k_2 T_2 + \dots \qquad\qquad k_i \text{ Konstanten}$$

Gemischtquadratischer Term: $T(x) = ax^2 + bx + c$

Polynom, ganzrationaler Term n-ten bzw. m-ten Grades ($= \max (n, m)$)

$$T(x, y) = a_n x^n + a_{n-1} x^{n-1} + \dots + a_1 x$$
$$+ b_m y^m + b_{m-1} y^{m-1} + \dots + b_1 y + a_0 \qquad n, m \in \mathbb{N}$$
$$T(x) = a_n x^n + a_{n-1} x^{n-1} + \dots + a_1 x + a_0 \qquad \text{Term } n\text{-ten Grades}$$

Rationaler Term: Die Variablen sind nur mit den Grundrechenarten verbunden.

$$T(x) = \frac{a_n x^n + a_{n-1} x^{n-1} + \dots + a_1 x + a_0}{b_m x^m + b_{m-1} x^{m-1} + \dots + b_1 x + b_0} \qquad n, m \in \mathbb{N}$$

Gleichungen (Ungleichungen)

> Werden Terme ohne Verwendung von Junktoren und Quantoren durch das Relationszeichen » = « verbunden, entsteht eine *Gleichung:*

$$T_1 = T_2$$

Die Relationszeichen $<, \leq, >, \geq, \neq$ ergeben *Ungleichungen*, z.B. $T_1 \geq T_2$.

Einteilung der Gleichungen (Ungleichungen)

- *Identische Gleichungen (feststellende Ungleichungen)*
- *Funktionsgleichungen*
- *Bestimmungsgleichungen (Bestimmungsungleichungen)*

Erfüllen alle Tupel $(x, y, ...) \in D$ die Gleichung/Ungleichung, heißt sie *identische Gleichung* (*feststellende Ungleichung*) über D, z.B. $2 + 3 = 5$, $|a| - |b| \le |a \pm b|$.

Funktionsgleichungen (*Formeln*) stellen Zusammenhänge zwischen sog. Formvariablen her, z.B. $U = 2\pi r$ (Kreisumfang).

Die *Formvariable*, die in Abhängigkeit der anderen Formvariablen gesucht wird, heißt *Lösungsvariable*. Alle Formvariablen können zur Lösungsvariablen gemacht werden (Auflösen von Formeln nach ...).

Bestimmungsgleichungen und *-ungleichungen* sind *Aussageformen*, die bei Belegung der *Unbekannten* (Variablen) zu *Aussagen* werden. Eine Aussage ist wahr, wenn der Sachverhalt richtig widergespiegelt wird.

Definitionsbereich D einer Gleichung/Ungleichung ist die Durchschnittsmenge der Definitionsbereiche ihrer Teilterme.

Bemerkung: Ohne Angabe eines *Grundbereichs* (Definitionsbereichs) versteht man den Bereich der reellen Zahlen $\mathbb{R}$ als Grundbereich.

Ausführliche Schreibweise: (L steht für *Lösungsmenge*)

$$L = \{(x, y, ...) \mid T_1(x, y, ...) = T_2(x, y, ...) \wedge x \in X; y \in Y; ...\}$$

Unerfüllbarkeit: $L = \varnothing$

Äquivalente Gleichungen: Zwei Gleichungen/Ungleichungen sind *gleichwertig* (*äquivalent*) über demselben Variablengrundbereich D, wenn sie die gleiche Lösungsmenge L besitzen.

♦ **Beispiele:**

(1) $L = \left\{(x, y) \mid (x + y)^2 = x^2 + 2xy + y^2; x, y \in \mathbb{C}\right\} = \mathbb{C} \times \mathbb{C}$

(2) $L = \{x \mid \sin 2x = 2 \sin x \cos x\} = \mathbb{R}$

(3) $L = \left\{x \mid 3^x = -4 \wedge x \in \mathbb{R}\right\} = \varnothing$ ⠀⠀ Keine Lösung im reellen Bereich

(4) $L = \left\{x \mid x = \sqrt{x^2}\right\} = \mathbb{R}^+ \cup \{0\}$

(5) $L = \left\{(x, y, z) \mid x^2 + y^2 + z^2 \ge 0; x, y, z \in \mathbb{R}\right\} = \mathbb{R}^3$ ⠀⠀ ♦

Anordnungsaxiome für reelle Zahlen ($a, b, c \in \mathbb{R}$)

Zwischen a und b besteht genau eine der drei Beziehungen

⠀⠀⠀⠀$a < b$ oder $a = b$ oder $a > b$

- $a < b, b < c \rightarrow a < c$ ⠀⠀⠀⠀(Transitivität)
- $a < b \rightarrow a + c < b + c$ ⠀⠀⠀⠀(Monotonie der Addition)
- $a < b, c > 0 \rightarrow a \cdot c < b \cdot c$ ⠀⠀⠀⠀(Monotonie der Multiplikation)

Äquivalente Umformungen von Gleichungen/Ungleichungen

Bei *äquivalenten Umformungen* einer Gleichung entstehen Gleichungen mit gleicher Lösungsmenge.

Bei nichtäquivalenten Umformungen (Quadrieren; Multiplizieren, Dividieren mit Termen, die die Variable enthalten) entstehen zusätzliche Lösungen. Die Richtigkeit der Lösungsmenge ist an der Ausgangsgleichung zu prüfen. (T = im Variablenbereich definierter Term)

für $T_1 = T_2$ gilt: $\quad T_1 \pm T = T_2 \pm T \qquad T_1 T_2 = 0 \;\leftrightarrow\; T_1 = 0 \vee T_2 = 0$

$$T_1 T = T_2 T \qquad \frac{T_1}{T} = \frac{T_2}{T} \qquad \begin{array}{l}T \text{ enthält die Variable} \\ \text{nicht}, T \neq 0\end{array}$$

für $T_1 < T_2$ gilt: $\quad T_1 \pm T < T_2 \pm T$

und falls $T > 0 \qquad T_1 T < T_2 T \qquad \dfrac{T_1}{T} < \dfrac{T_2}{T} \qquad$ desgl.

Inversion mit $T < 0 \qquad T_1 T > T_2 T \qquad \dfrac{T_1}{T} > \dfrac{T_2}{T} \qquad$ desgl.

Rechnen mit Ungleichungen (Folgerungen aus den Anordnungsaxiomen)

$$(1 + T)^n \geq 1 + nT \quad T > -1, n \in \mathbb{N} \quad (\text{BERNOULLIsche Ungleichung})$$

$$T_1 < T_2 \wedge T_1 T_2 > 0 \rightarrow \frac{1}{T_1} > \frac{1}{T_2} \qquad T_1 < T_2 \wedge T_1 T_2 < 0 \rightarrow \frac{1}{T_1} < \frac{1}{T_2}$$

$$(T_1 < T_2) \wedge (T_3 < T_4) \;\rightarrow\; T_1 + T_3 < T_2 + T_4$$

$$(T_1 < T_2) \wedge (T_3 < T_4) \;\rightarrow\; T_1 T_3 < T_2 T_4 \qquad T_2, T_3 > 0$$

$$T_1 < T_2 \;\rightarrow\; -T_1 > -T_2 \qquad (\textit{Inversionsregel})$$

$$T_1^n + T_2^n \leq (T_1 + T_2)^n \qquad T_1, T_2 > 0, n \in \mathbb{N}^*$$

$$2^n > n \qquad n \in \mathbb{N}$$

$$\sqrt[n]{1 + T} < 1 + \frac{T}{n} \qquad T > 0, n \in \mathbb{N} \setminus \{0, 1\}$$

$$(a_1 b_1 + a_2 b_2)^2 \leq (a_1^2 + a_2^2) \cdot (b_1^2 + b_2^2)$$

4.2 Lineare algebraische Gleichungen

4.2.1 Lineare Gleichungen/Ungleichungen mit einer Variablen

Lineare Gleichung mit einer Variablen

Normalform: $ax + b = 0 \qquad L = \left\{ -\dfrac{b}{a} \right\} \qquad a, b$ Koeffizienten, $a \neq 0$

Mittels äquivalenter Umformungen wird die Lösungsvariable isoliert.

♦   Beispiel:

$-12x + 27 = -3x$

$27 = 9x \;\rightarrow\; x = 3$ ♦

Bruchgleichungen (Lösungsvariable steht im Nenner)

• Definitionsbereich: Grundbereich abzgl. Werte für verschwindende Nenner
• Hauptnenner bilden, danach nur mit den Zählern weiter rechnen bzw. Überkreuzmultiplikation
• bei mehr als 2 Bruchtermen Seiten der Gleichung getrennt behandeln.

♦   Beispiel:

$$\frac{2}{x-2} = \frac{3}{x-1} \qquad D = \mathbb{R} \setminus \{1, 2\}$$

$2(x-1) = 3(x-2)$

$2x - 2 = 3x - 6 \;\rightarrow\; x = 4$ ♦

Lineare Ungleichung mit einer Variablen

Mittels äquivalenter Umformungen ist die Ungleichung so zu verändern, daß die Lösungsmenge erkennbar wird.

♦   Beispiel:

$x - 10 < 3(x-2)$ Addition von $(-3x + 10)$ zu beiden Seiten der Gleichung

$x - 3x < 4$

$-2x < 4$

$\quad x > -2$ $L = (-2, \infty)$

Probe: Lösungsmenge als Gleichung $x = -2 + p, \; p > 0$

linke Seite | rechte Seite

eingesetzt $(-2 + p) - 10 = p - 12 \;|\; 3((-2 + p) - 2) = 3p - 12$

Vergleich liefert $p < 3p$, d.h. für $p > 0$ eine wahre Aussage   ♦

Bruchungleichung (Lösungsvariable steht im Nenner)

Definitionsbereich: Grundbereich abzgl. Werte der Variablen, bei denen der/die Nenner verschwinden (d.h. $N \neq 0$)

Methode 1: Multiplikation mit Hauptnenner

Fall 1: Multiplikator > 0   kein Zeichenwechsel
Fall 2: Multiplikator < 0   Zeichenwechsel (Inversion)

Methode 2: Äquivalenzumformung so, daß rechts 0 steht

Zusammenfassen zu einem Bruchterm, Zähler Z und Nenner N getrennt betrachten.

Bei komplizierten Ungleichungen empfiehlt sich tabellarische Rechnung.

Fallunterscheidungen:

$$\frac{Z}{N} > 0 \;\to\; \begin{array}{l} Z>0 \land N>0 \text{ oder} \\ Z<0 \land N<0 \end{array}$$

$$\frac{Z}{N} < 0 \;\to\; \begin{array}{l} Z>0 \land N<0 \text{ oder} \\ Z<0 \land N>0 \end{array}$$

♦ **Beispiel (Methode 2):**

$$\frac{x+4}{x} > \frac{x}{x-4} \qquad D = \mathbb{R} \setminus \{0; 4\}$$

$$\frac{x+4}{x} - \frac{x}{x-4} > 0$$

$$\frac{(x+4)(x-4)-x^2}{x(x-4)} > 0 \text{ ergibt } \frac{-16}{x(x-4)} > 0$$

Fallunterscheidung, Nenner muß negativ sein: $x(x-4) < 0$

Fall 1	$x < 0 \land (x-4) > 0$	
	$x < 0 \land x > 4$	keine Lösung
Fall 2	$x > 0 \land (x-4) < 0$	
	$x > 0 \land x < 4$	
	$0 < x < 4$	$L = \{x \mid 0 < x < 4 \land x \in \mathbb{R}\}$ ♦

4.2.2   Gleichungen/Ungleichungen mit mehreren Variablen

(Siehe auch Lineare Gleichungssysteme, Abschnitt 5.3.)

> Zur eindeutigen Bestimmung von n Variablen sind n voneinander unabhängige, durch logisches UND verbundene und einander nicht widersprechende Gleichungen notwendig.

Liegen nur r unabhängige Gleichungen mit n Variablen ($r < n$) vor (*unterbestimmtes Gleichungssystem*), so werden $(n - r)$ Variable als freie Parameter mit beliebigen Werten des Definitionsbereichs belegt.

Diophantische Gleichungen

> *Diophantische Gleichungen* sind Gleichungen mit ganzzahligen Koeffizienten und nur ganzzahligen Belegungen der Variablen.

Sie treten beispielsweise bei Beziehungen zwischen Stückzahlen auf.

Eine lineare diophantische Gleichung mit 2 Variablen

$$a_1 x_1 + a_2 x_2 = b \qquad a_1, a_2, b, x_1, x_2 \in \mathbb{Z}$$

Lösbar mit unendlich vielen Lösungen, wenn größter gemeinsamer Teiler von a_1 und a_2 auch Teiler von b ist.

♦ **Beispiel:**

$$12x_1 + 8x_2 = 44 \qquad \text{größter gemeinsamer Teiler: 4}$$
$$L = \{(3, 1) \lor (5, -2) \lor \ldots\} \qquad\qquad ♦$$

EULER*sche Reduktionsmethode* für diophantische Gleichungen

• Umstellung nach der Variablen mit dem kleinsten Koeffizienten
• Division mit ganzzahligen Quotienten und Restbildung
• Schluß auf Basis der Ganzzahligkeit

♦   Beispiel:

$$5x + 28y = 114 \qquad x, y \in \mathbb{Z}$$

$$x = \frac{114 - 28y}{5} = 22 - 5y + \frac{4 - 3y}{5} \rightarrow \frac{4 - 3y}{5} = r \qquad \text{ganzzahlig}$$

$$y = \frac{4 - 5r}{3} = 1 - r + \frac{1 - 2r}{3} \rightarrow \frac{1 - 2r}{3} = s$$

$$r = \frac{1 - 3s}{2} = -s + \frac{1 - s}{2} \rightarrow \frac{1 - s}{2} = t \qquad s = 1 - 2t$$

eingesetzt: $r = \dfrac{1 - 3\,(1 - 2t)}{2} = 3t - 1$

$$y = \frac{4 - 5\,(3t - 1)}{3} = 3 - 5t \qquad x = \frac{114 - 28\,(3 - 5t)}{5} = 6 + 28t$$

$$L = \{(x, y) \mid x = 6 + 28t, y = 3 - 5t, t \in \mathbb{Z}\} \qquad \qquad ♦$$

Eine lineare Gleichung mit 2 Variablen (Funktionsgleichung)

$$a_1 x + a_2 y = b \qquad \qquad \text{(Geradengleichung)}$$

$$L = \left\{(x, y) \mid x \in \mathbb{R}, \ y = \frac{b - a_1 x}{a_2}\right\} \text{ für } a_2 \neq 0$$

Zwei lineare Gleichungen mit 2 Variablen (Gleichungssystem)

$$\begin{cases} a_{11}x + a_{12}y = a_1 \\ a_{21}x + a_{22}y = a_2 \end{cases}$$

Die *Lösungsmenge des Gleichungssystems* ist die Menge aller (geordneten) Wertepaare (x, y), für die beide Aussageformen zu wahren Aussagen führen. Lösung durch Zurückführen auf eine Gleichung mit einer Variablen durch äquivalente Umformungen des Gleichungssystems.

Ausführliche Schreibweise

$$L = \{(x, y) \mid a_{11}x + a_{12}y = a_1 \wedge a_{21}x + a_{22}y = a_2; \ x, y \in \mathbb{R}\}$$

Bemerkung: $x, y \in \mathbb{R}$ kann bei offensichtlichem Definitionsbereich entfallen.

Einsetzungsmethode (Substitutionsmethode)

Man löst eine Gleichung nach einer Variablen auf und setzt diesen Term in die andere ein.

Abwandlung: Man löst beide Gleichungen nach der gleichen Variablen auf und setzt die Terme der rechten Seiten gleich (*Gleichsetzungsmethode*).

♦ Beispiel:

$L = \{(x, y) \mid 3x + 7y - 7 = 0 \wedge 5x + 3y + 36 = 0\}$

$$\begin{cases} 3x + 7y - 7 = 0 \\ 5x + 3y + 36 = 0 \end{cases}$$

$y = \dfrac{7 - 3x}{7} \rightarrow 5x + 3 \cdot \dfrac{7 - 3x}{7} + 36 = 0 \qquad L = (-10,5;\ 5,5)$

oder $\begin{cases} y = \dfrac{-3x + 7}{7} \\ y = \dfrac{-5x - 36}{3} \end{cases} \rightarrow \dfrac{-3x + 7}{7} = \dfrac{-5x - 36}{3} \qquad$ Lösung wie oben ♦

4

Additionsmethode

Man multipliziert die Gleichungen mit geeigneten Faktoren so, daß eine Variable bei Addition oder Subtraktion der Gleichungen entfällt.

♦ Beispiel:

$$\begin{cases} 3x + 7y - 7 = 0 & | \cdot (-3) \\ 5x + 3y + 36 = 0 & | \cdot 7 \end{cases}$$

$$\begin{cases} -9x - 21y + 21 = 0 \\ 35x + 21y + 252 = 0 \end{cases} +$$

$26x + 273 = 0 \qquad$ Lösung wie oben ♦

Graphische Lösung von Gleichungssystemen siehe 4.7.

Lineare Ungleichung mit 2 Variablen

$a_2 x + a_1 y + a_0 < 0 \qquad a_i \in \mathbb{R}$, Relationszeichen auch $\geq, \leq, >, \neq$

Lösungsmenge sind alle Punkte des kartesischen Koordinatensystems einer Halbebene, begrenzt durch die Gerade $a_2 x + a_1 y + a_0 = 0$. Ist die Gerade selbst ausgeschlossen (Relationszeichen $>, <$), wird sie gestrichelt gezeichnet.

♦ Beispiel:

$x + 3y - 3 < 0$

$y < 1 - \dfrac{x}{3}$

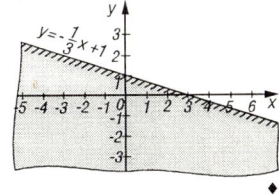

Begrenzungsgerade $y = -\dfrac{1}{3} x + 1$ ♦

n lineare Gleichungen mit *n* Variablen (Gleichungssystem)

Mehrfache Anwendung der Verfahren für 2 Variable auf jeweils 2 Gleichungen führt für kleines *n* manuell zur Lösung. Für eine große Anzahl Gleichungen (etwa $n \geq 4$) siehe lineare Gleichungssysteme, 5.3.

♦ Beispiel:

(1) $\begin{cases} 2x_1 - 2x_2 + 4x_3 = 14 \\ (2)\ 2x_1 - 3x_2 + 5x_3 = 17 \\ (3)\ 3x_1 - 2x_2 - x_3 = 12 \end{cases}$ $\begin{matrix} (1)-(2) \\ \cdot 3 \\ \cdot 2 \end{matrix}$ $(3)-(2)$

(4) $\quad\quad\begin{cases} x_2 - x_3 = -3 \\ 5x_2 - 17x_3 = -27 \end{cases}$ $\begin{matrix} \cdot 5 \\ \end{matrix}$ $(4)-(5)$
(5)

$$12x_3 = 12$$
$$x_3 = 1 \implies \text{eingesetzt in (4)}$$
$$x_2 = -2 \implies \text{eingesetzt in (1)}$$
$$x_1 = 3 \quad\quad\quad\quad\quad L = (3, -2, 1)$$ ♦

4.3   Nichtlineare Gleichungen

Einteilung nichtlinearer Gleichungen

• *Algebraische Gleichungen:* Mit der Variablen werden nur algebraische Operationen vorgenommen (Summe/Differenz, Quotient mit Divisor ungleich Null, Potenz und Wurzel mit positivem ganzem Exponenten und nichtnegativem Radikanden).

• *Transzendente Gleichungen:* Mit der Variablen werden auch nichtalgebraische Operationen vorgenommen, z.B. e^x, $\sin x$, $\log_a x$.

Beispielsweise ist $\cos^2 x - 2 \cos x + 1 = 0$ nichtalgebraisch in x, jedoch algebraisch in der Variablen $(\cos x)$.

4.3.1   Quadratische Gleichungen/Ungleichungen mit einer Variablen

Allgemeine Form: $a_2 x^2 + a_1 x + a_0 = 0$ $\quad\quad\quad a_i \in \mathbb{R},\ a_2 \neq 0$

$$x_{1,2} = \frac{1}{2a_2}\left(-a_1 \pm \sqrt{a_1^2 - 4a_2 a_0}\right)$$

Normalform: $x^2 + px + q = 0$ (gemischtquadratische Gleichung)

$$x_{1,2} = -\frac{p}{2} \pm \sqrt{\left(\frac{p}{2}\right)^2 - q} \quad\quad\quad \text{»}p, q\text{-Formel«}$$

Die Lösungsmenge besitzt stets zwei Elemente x_1, x_2 (*Wurzeln* der Gleichung)

Vietascher Wurzelsatz

$$x_1 + x_2 = -p \quad\quad\quad\quad x_1 \cdot x_2 = q$$

Produktform der quadratischen Gleichung: $(x - x_1)(x - x_2) = 0$

Lösbarkeitsregeln

Diskriminante $D = \left(\dfrac{p}{2}\right)^2 - q \begin{cases} > 0 & \text{2 reelle verschiedene Lösungen} \\ = 0 & \text{2 gleiche reelle Lösungen} \\ < 0 & \text{2 konjugiert komplexe Lösungen} \end{cases}$

Geometrische Deutung siehe quadratische Funktion, 10.5.2.2.

◆ Beispiel:

$$x^2 - \frac{13}{6}x + 1 = 0$$

$$x_{1,2} = \frac{13}{12} \pm \sqrt{\frac{13^2}{12^2} - 1} = \frac{13}{12} \pm \frac{1}{12}\sqrt{169 - 144} = \frac{13}{12} \pm \frac{5}{12} \qquad L = \left\{\frac{3}{2}, \frac{2}{3}\right\} \qquad$$ ◆

Reinquadratische Gleichung ohne lineares Glied $(p = 0)$

$$x^2 + q = 0$$

$$x_{1,2} = \begin{cases} \pm\sqrt{-q} & \text{für } q \leq 0 \\ \pm j\sqrt{q} & \text{für } q > 0 \end{cases}$$

Gemischtquadratische Gleichung ohne Absolutglied $(q = 0)$

$$x^2 + px = 0 \;\rightarrow\; x(x + p) = 0 \qquad \text{Lösung } x_1 = 0, x_2 = -p$$

Quadratische Ungleichung mit einer Variablen

$$a_2 x^2 + a_1 x + a_0 \leq 0 \text{ (bzw. } \geq, <, >, \neq) \qquad a_i \in \mathbb{R}, a_2 \neq 0$$

Die Ungleichung ist lösbar, wenn ihre Normalform $x^2 + px + q \leq 0$ durch quadratische Ergänzung in die nachstehende Form überführbar ist:

$$(x - x_1)^2 \leq a \qquad a \geq 0$$

◆ Beispiel:

$$L = \{x \mid x^2 + 2x + 3 > 2\}$$
$$x^2 + 2x + 1^2 > 2 - 3 + 1^2$$
$$(x + 1)^2 > 0$$
$$|x + 1| > 0 \qquad L = \mathbb{R}\setminus\{-1\}$$ ◆

4.3.2   Quadratisches Gleichungssystem mit zwei Variablen

$$\begin{cases} a_1 x^2 + b_1 xy + c_1 y^2 + d_1 x + e_1 y + f_1 = 0 \\ a_2 x^2 + b_2 xy + c_2 y^2 + d_2 x + e_2 y + f_2 = 0 \end{cases}$$

Das System läßt sich mit der Einsetzungsmethode lösen, jedoch ist dieses Verfahren rechnerisch sehr umständlich (Gleichung 4. Grades).

Sonderfälle

1. eine Gleichung quadratisch, eine linear

Die Einsetzungsmethode führt zum Ziel.

♦   Beispiel:

$$\begin{cases} x^2 + y^2 = 25 \\ x - y = 4 \end{cases} \rightarrow x^2 + (x-4)^2 = 25 \quad \text{usw.}$$

$$L = \left\{ \left(2 + \sqrt{\frac{17}{2}}, \, -2 + \sqrt{\frac{17}{2}} \right), \left(2 - \sqrt{\frac{17}{2}}, \, -2 - \sqrt{\frac{17}{2}} \right) \right\}$$

2. *Reinquadratische Gleichungen* (ohne das nichtlineare Glied xy)

Das Additionsverfahren führt zum Ziel.

♦   Beispiel:

$$\begin{cases} 9x^2 - 2y^2 = 18 & | \cdot 3 \\ 5x^2 + 3y^2 = 47 & | \cdot 2 \end{cases} +$$

$$37x^2 = 148$$
$$x^2 = \quad 4 \qquad L = \{(2, 3), (2, -3), (-2, 3), (-2, -3)\}$$

3. Gleichungen, in denen als nichtlineares Glied nur xy vorkommt

Additions- oder Substitutionsmethode führen zum Ziel.

♦   Beispiel:

$$\begin{cases} 5x + y + 3 = 2xy \\ xy \qquad = 2x - y + 9 \end{cases}$$

$$\begin{cases} -2xy + 5x + y + 3 = 0 \\ xy - 2x + y - 9 = 0 \end{cases}$$
$$x + 3y - 15 = 0$$
$$x = 15 - 3y \qquad \text{eingesetzt}$$
$$y(15 - 3y) = 2(15 - 3y) - y + 9 \qquad \text{(quadratische Gleichung für } y\text{)}$$

$$L = \left\{ \left(2, \frac{13}{3} \right), (6, 3) \right\}$$

4. Zwei quadratische Gleichungen mit homogenen linken Seiten

Homogen vom Grad k: Ersetzt man jede Variable durch ihr λ-faches, gilt:

$$f(\lambda x_1, \ldots, \lambda x_n) = \lambda^k f(x_1, \ldots, x_n), k \in \mathbb{R}^*, \lambda \geq 0 \quad \text{(siehe auch 10.4.1)}$$

Die Substitution $y = xz$ führt auf eine quadratische Gleichung für z.

♦   Beispiel:

$$\begin{cases} x^2 - xy + y^2 = 39 \\ 2x^2 - 3xy + 2y^2 = 43 \end{cases}$$

Substitution $y = x \cdot z$

$$\begin{cases} x^2 - x^2 z + x^2 z^2 = 39 \\ 2x^2 - 3x^2 z + 2x^2 z^2 = 43 \end{cases}$$

$$\begin{cases} x^2(1 - z + z^2) = 39 \\ x^2(2 - 3z + 2z^2) = 43 \end{cases}$$

$$\frac{1 - z + z^2}{2 - 3z + 2z^2} = \frac{39}{43}$$

Die quadratische Gleichung für z ergibt: $z_1 = 7/5$, $z_2 = 5/7$

Durch Einsetzen entstehen quadratische Gleichungen für x_1 und x_2 mit der

Lösungsmenge $L = \{(5, 7), (-5, -7), (7, 5), (-7, -5)\}$ ◆

4.3.3 Kubische Gleichungen mit einer Variablen

Allgemeine Form $a_3 x^3 + a_2 x^2 + a_1 x + a_0 = 0$ $a_i \in \mathbb{R}, \; a_3 \neq 0$

Normalform $x^3 + ax^2 + bx + c = 0$

Substitution $x = y - \dfrac{a}{3}$ ergibt die *reduzierte Form*

$$y^3 + 3py + 2q = 0$$

wobei $3p = \dfrac{3b - a^2}{3}$ und $2q = \dfrac{2a^3}{27} - \dfrac{ab}{3} + c$

Cardanische Lösungsformel

Umständliches Verfahren, besser sind Näherungsverfahren gemäß 4.5.

$$x_1 = u + v - \frac{a}{3}$$

$$x_{2,3} = -\frac{u + v}{2} \pm j \frac{u - v}{2} \sqrt{3}$$

wobei $u = \sqrt[3]{-q + \sqrt{D}}$ $v = \sqrt[3]{-q - \sqrt{D}}$

Diskriminante $D = p^3 + q^2$

- $D > 0$ ergibt 1 reelle und 2 konjugiert komplexe Lösungen
- $D = 0$ ergibt 3 reelle Lösungen, darunter 1 Doppelwurzel
- $D < 0$ ergibt 3 reelle Lösungen, die sich trigonometrisch berechnen lassen
  (irreduzibler Fall, *casus irreducibilis*):

$$x_1 = 2\sqrt{|p|}\,\cos\frac{\varphi}{3} - \frac{a}{3} \qquad\qquad \cos\varphi = -\frac{q}{\sqrt{|p|^3}}$$

$$x_{2,3} = -2\sqrt{|p|}\,\cos\left(\frac{\varphi}{3} \pm \frac{\pi}{3}\right) - \frac{a}{3}$$

Vietascher Wurzelsatz für die Normalform $x^3 + ax^2 + bx + c = 0$

$$x_1 + x_2 + x_3 = -a \qquad x_1x_2 + x_1x_3 + x_2x_3 = b \qquad x_1x_2x_3 = -c$$

♦   Beispiele:

(1) $L = \left\{ x \mid x^3 - 3x^2 + 4x - 4 = 0 \right\}$ Substitution $x = y - \dfrac{-3}{3} = y + 1$

$$3p = \frac{3 \cdot 4 - 9}{3} = 1 \qquad 2q = \frac{2 \cdot (-3)^3}{27} - \frac{(-3) \cdot 4}{3} + (-4) = -2$$

$y^3 + y - 2 = 0$ (reduzierte Form) $D = \left(\dfrac{1}{3} \right)^3 + (-1)^2 = \dfrac{28}{27}$

$$u = \sqrt[3]{1 + \sqrt{\frac{28}{27}}} = 1{,}264 \qquad v = \sqrt[3]{1 - \sqrt{\frac{28}{27}}} = -0{,}264$$

$x_1 = 1{,}264 - 0{,}264 + 1 = 2$

$x_{2,3} = -\dfrac{1}{2} + 1 \pm j \dfrac{1{,}528}{2} \sqrt{3} = \dfrac{1}{2} \pm j \, 1{,}323$

$L = \{2;\ 0{,}5 + j1{,}323;\ 0{,}5 - j1{,}323\}$

(2) $L = \left\{ x \mid x^3 - 21x - 18 = 0 \right\}$ (bereits reduzierte Form)

$D = (-7)^3 + (-9)^2 = -343 + 81 = -262 < 0$

$\cos \varphi = \dfrac{9}{\sqrt{343}} = 0{.}48595 \qquad \varphi = 60{,}925°,\ \varphi/3 = 20{,}308°$

$x_1 = 2 \sqrt{7} \cos 20{,}308° = 4{,}962\ 57$

$x_2 = -2 \sqrt{7} \cos 80{,}308° = -0{,}890\ 80$

$x_3 = -2 \sqrt{7} \cos -39{,}692° = -4{,}071\ 77$

$L = \{4{,}962\ 57,\ -0{,}890\ 80,\ -4{,}071\ 77\}$ ♦

Sonderfälle der kubischen Gleichung, Erniedrigung des Grades

ohne Absolutglied: $x^3 + ax^2 + bx = x \, (x^2 + ax + b) = 0$ $x_1 = 0$ usw.

symmetrische Gleichung: $ax^3 + bx^2 + bx + a = 0$, siehe 4.3.5.

4.3.4   Gleichungen 4. Grades

$$x^4 + a_3x^3 + a_2x^2 + a_1x + a_0 = 0 \qquad a_i \text{ reell}$$

$$(x^2 + s_1x + p_1)\,(x^2 + s_2x + p_2) = 0 \qquad \text{(2 reelle Quadratfaktoren)}$$

Bedingungen:

$$\begin{cases} a_0 = p_1 p_2 \\ a_1 = s_1 p_2 + s_2 p_1 \\ a_2 = s_1 s_2 + p_1 + p_2 \\ a_3 = s_1 + s_2 \end{cases} \qquad \text{(nichtlineares Gleichungssystem)}$$

Lösung nach BOMBELLI

Hilfsvariable $-z = p_1 + p_2$ erfüllt die sogen. *kubische Resolvente*

$$z^3 + \alpha z^2 + \beta z + \gamma = 0$$

mit den Koeffizienten $\quad \alpha = a_2, \; \beta = a_1 a_3 - 4a_0, \; \gamma = a_1^2 - a_0 \delta$

$$\delta = -(a_3^2 - 4a_2) \text{ (Hilfsgröße)}$$

Rechenschema (δ mit Minuszeichen!)

a_3	a_2	a_1	a_0
4	a_3	δ	a_1
1	α	β	γ

Im Bereich $\mathbb{C}$ gilt für die Wurzeln

der kubischen Resolvente   der Gleichung 4. Grades

(1) reell, positiv   4 reell
(2) reell, 1 positiv, 2 negativ   2 Paar konjugiert komplex
(3) 1 reell, 2 konjugiert komplex   2 reell, 2 konjugiert komplex

Fälle (1) und (2): Betragsgrößter Wert als z_1 zur weiteren Rechnung

$$p^2 + z_1 p + a_0 = 0$$

$$p_{1,2} = 0{,}5z_1 \pm w \qquad \text{mit } w = \sqrt{0{,}25z_1^2 - a_0}$$

$w \neq 0$: $\quad s_1 = \dfrac{p_1 a_3 - a_1}{2w} \qquad s_2 = \dfrac{p_2 a_3 - a_1}{-2w}$

$w = 0$: d.h. $p_1 = p_2 = p \qquad s^2 - a_3 s + (a_2 + z_1) = 0$

Fall (3): Weitere Rechnung mit dem reellen Wert

♦ Beispiel:

$$x^4 + 6x^3 + 18x^2 + 30x + 25 = 0$$

6	18	30	25
4	6	36	30
1	18	80	0

$z^3 + 18z^2 + 80z + 0 = 0 \rightarrow L = \{0, -8, -10\} \rightarrow z_1 = -10$ (betragsgrößter Wert)

$p^2 - 10p + 25 = 0 \rightarrow p_1 = p_2 = 5$, d.h. $w = 0$

$s^2 - 6s + (18 - 10) = 0 \rightarrow s_1 = 4, \; s_2 = 2$

Quadratfaktor 1: $x^2 + 4x + 5 = 0 \rightarrow x_{1,2} = -2 \pm j$

Quadratfaktor 2: $x^2 + 2x + 5 = 0 \rightarrow x_{3,4} = -1 \pm j2$

♦

Sonderfall: *Biquadratische Gleichung* 4. Grades

$$ax^4 + cx^2 + e = 0$$

Substitution $x^2 = y$ ergibt eine quadratische Gleichung für y

$$ay^2 + cy + e = 0$$

4.3.5 Symmetrische Gleichungen

Symmetrische Gleichung 4. Grades

$$ax^4 + bx^3 + cx^2 + bx + a = 0 \qquad \text{Division durch } x^2 \text{ ergibt}$$

$$a\left(x^2 + \frac{1}{x^2}\right) + b\left(x + \frac{1}{x}\right) + c = 0$$

Substitution $y = x + \dfrac{1}{x}$, $y^2 - 2 = x^2 + \dfrac{1}{x^2}$ ergibt die quadratische Gleichung

$$a\,(y^2 - 2) + by + c = 0$$

Symmetrische Gleichung 5. Grades

$$ax^5 + bx^4 + cx^3 + cx^2 + bx + a = 0$$

$$a\,(x^5 + 1) + bx\,(x^3 + 1) + cx^2\,(x + 1) = 0$$

$$(x + 1)\left(a\,(x^4 - x^3 + x^2 - x + 1) + bx\,(x^2 - x + 1) + cx^2\right) = 0$$

Für alle symmetrischen Gleichungen ungeraden Grades läßt sich der Grad durch Ausheben von $(x + 1)$ mit der Lösung $x_1 = -1$ um eins erniedrigen.

4.3.6 Algebraische Gleichungen *n*-ten Grades

Für algebraische Gleichungen 5. und höheren Grades sind keine allgemeinen Lösungsformeln mehr möglich.

4.3.6.1 Polynom *n*-ten Grades

$$p_n : \quad \mathbb{C} \to \mathbb{C} \text{ mit}$$

$$p_n(x) = a_n x^n + a_{n-1} x^{n-1} + \ldots + a_1 x + a_0 \qquad a_i \in \mathbb{C}, a_n \neq 0, n \in \mathbb{N}$$

mit dem Koeffizientenvektor $\boldsymbol{a} = (a_n, a_{n-1}, \ldots, a_0)$ $\qquad a_0$ *Absolutglied*

Ist $a_n = 1$, spricht man von einem *normierten Polynom*.

$$p_n(x) = f(x) = y \qquad \text{ganzrationale Funktion } n\text{-ten Grades}$$

$$p_n(x) = 0 \qquad \text{algebraische Gleichung } n\text{-ten Grades}$$

Bemerkung: Ist $a_0 = 0$, ergibt die Division durch einen Term mit der Variablen keine äquivalente Gleichung (Lösungen gehen verloren).

Fundamentalsatz der Algebra

Jede algebraische Gleichung n-ten Grades mit einer freien Variablen hat im Bereich $\mathbb{C}$ mindestens eine Lösung (GAUSS). Sie hat genau n reelle oder komplexe Wurzeln.

Sind für die Koeffizienten a_i nur reelle Zahlen zugelassen, treten komplexe Lösungen nur **paarweise** konjugiert auf. Zusammenfallende reelle Lösungen kennzeichnen Berührpunkte.

Eine algebraische Gleichung ungeraden Grades (n ungerade und $a_i \in \mathbb{R}$) hat bei geeignetem Definitionsbereich stets mindestens eine reelle Lösung.

4

Ist eine Lösung x_1 bekannt, wird durch die äquivalente Umformung Division mit $(x - x_1)$ der Grad der Gleichung um 1 erniedrigt.

Sind $x_1, x_2, ..., x_n$ einfache *Wurzeln* (Lösungen) einer Gleichung, kann das Polynom $p_n(x)$ in n Linearfaktoren zerlegt werden (*Produktdarstellung*):

$$p_n(x) = a_n \cdot (x - x_1) \cdot (x - x_2) \cdot ... \cdot (x - x_n) \qquad n \geq 1$$

Bei α_j-fachen Wurzeln mit $\alpha_1 + \alpha_2 + ... + \alpha_m = n$ \qquad (siehe auch 10.4.2)

$$p_n(x) = a_n \cdot (x - x_1)^{\alpha_1} \cdot (x - x_2)^{\alpha_2} \cdot ... \cdot (x - x_m)^{\alpha_m}$$

4.3.6.2 Hornersches Schema (Horner-Schema)

Das HORNER*sche Schema* dient der Berechnung von Funktions- und Ableitungswerten an einer Stelle $x = x_0$ sowie zum

Abspalten von Linearfaktoren $(x - x_0)$, speziell für den Fall, daß x_0 eine Nullstelle des Polynoms ist (*Deflation*).

Es ist übersichtlich, rundungsfehlergünstig und schnell.

Horner-Schema

Ausgangspolynom: $a_k^{(0)} := a_k$

$$p_n(x) = a_n^{(0)} x^n + a_{n-1}^{(0)} x^{n-1} + ... + a_1^{(0)} x + a_0^{(0)} \qquad \forall a_k^{(0)} \in \mathbb{R}$$

Rechenvorschrift

$$a_n^{(\nu)} := a_n^{(\nu-1)} \qquad \nu \text{ Schrittzahl}, \nu = 1, ..., (n+1)$$

$$a_k^{(\nu)} := a_k^{(\nu-1)} + a_{k+1}^{(\nu)} x_0 \qquad k = (n-1), ..., 0$$

Schematische Darstellung umseitig

$p_n(x)$	$a_k^{(0)}$	$a_n^{(0)}$ $a_{n-1}^{(0)}$ $a_{n-2}^{(0)}$ ... $a_2^{(0)}$ $a_1^{(0)}$ $a_0^{(0)}$ | +						
$x=x_0$	0	$a_n^{(1)}x_0$ $a_{n-1}^{(1)}x_0$ ... $a_3^{(1)}x_0$ $a_2^{(1)}x_0$ $a_1^{(1)}x_0$ | +						
$p_{n-1}(x)$	$a_k^{(1)}$	$a_n^{(1)}$ $a_{n-1}^{(1)}$ $a_{n-2}^{(1)}$ ... $a_2^{(1)}$ $a_1^{(1)}$ $\boxed{a_0^{(1)}=p_n(x_0)}$						
$x=x_0$	0	$a_n^{(2)}x_0$ $a_{n-1}^{(2)}x_0$ ... $a_3^{(2)}x_0$ $a_2^{(2)}x_0$						
$p_{n-2}(x)$	$a_k^{(2)}$	$a_n^{(2)}$ $a_{n-1}^{(2)}$ $a_{n-2}^{(2)}$ ... $a_2^{(2)}$ $\boxed{a_1^{(2)}=\dfrac{1}{1!}\,p'(x_0)}$						
$x=x_0$	0	$a_n^{(3)}x_0$ ... $a_3^{(3)}x_0$						
$p_{n-3}(x)$	$a_k^{(3)}$	$a_n^{(3)}$ $a_{n-1}^{(3)}$ ... $\boxed{a_2^{(3)}=\dfrac{1}{2!}\,p''(x_0)}$						
$\vdots$								
$p_1(x)$	$a_k^{(n+1)}$	$\boxed{a_n^{(n+1)}=\dfrac{1}{n!}\,p_n^{(n)}(x_0)}$						

Abspalten eines *Linearfaktors* $(x-x_0)$, *Polynomdivision*

$$\frac{p_n(x)}{x-x_0}=a_n^{(1)}x^{n-1}+a_{n-1}^{(1)}x^{n-2}+\ldots+a_1^{(1)}+\frac{a_0^{(1)}}{x-x_0}$$

bzw. $p_n(x)=(x-x_0)\cdot p_{n-1}(x)+p_n(x_0)$ mit $p_n(x_0)=a_0^{(1)}$

Deflation: Ist x_0 eine Nullstelle, wird $p_n(x_0)=0$, d.h. $a_0^{(1)}=0$

$$p_n(x)=(x-x_0)\,p_{n-1}(x)$$

Deflationspolynom $p_{n-1}(x)$ (oder 1. reduziertes Polynom vom Grad $(n-1)$) mit den Koeffizienten $a_k^{(1)}$ des HORNER-Schemas

$$p_{n-1}(x)=a_n^{(1)}x^{n-1}+a_{n-1}^{(1)}x^{n-2}+\ldots+a_2^{(1)}x+a_1^{(1)}$$

Werte der *Ableitungen* an der Stelle $x=x_0$

$$p_n'(x_0)=a_1^{(2)}$$
$$p_n''(x_0)=2!\,a_2^{(3)},\ \ldots,\ p_n^{(n)}(x_0)=n!\,a_n^{(n+1)}=n!\,a_n$$

TAYLOR-Entwicklung an der Stelle $x=x_0$

$$p_n(x)=a_0^{(1)}+a_1^{(2)}\,(x-x_0)+\ldots+a_n^{(n+1)}\,(x-x_0)^n$$

Haben alle $a_k^{(1)}$ für

- $x_0>0$ gleiches Vorzeichen, existiert keine weitere Nullstelle für $x>x_0$,
- $x_0<0$ ungleiche Vorzeichen, existiert keine weitere Nullstelle für $x<x_0$.

♦ **Beispiel:**

Berechnung der Werte der Funktion und der Ableitungen des Polynoms
$p_4(x) = x^4 + 2x^3 - 5x + 7$ an der Stelle $x_0 = 2$.

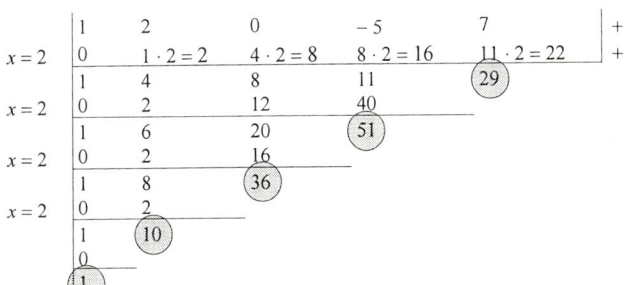

Aus dem HORNER-Schema sind ablesbar:

Abspalten eines Linearfaktors (Polynomdivision):

$$(x^4 + 2x^3 - 5x + 7) : (x - 2) = x^3 + 4x^2 + 8x + 11 + \frac{29}{x - 2}$$

Funktionswert an der Stelle $x = 2$: $p(2) = 29$

Ableitungen an der Stelle $x = 2$: $p'(2) = 51$

$p''(2) = 2! \cdot 36 = 72$

$p'''(2) = 3! \cdot 10 = 60$

$p^{(4)}(2) = 4! \cdot 1 = 24$

TAYLOR-Entwicklung an der Stelle $x = 2$:

$$x^4 + 2x^3 - 5x + 7 = 29 + 51 \cdot (x - 2) + 36 \cdot (x - 2)^2 + 10 \cdot (x - 2)^3 + 1 \cdot (x - 2)^4 ♦$$

4.3.6.3 Numerisches Verfahren von Muller

Das Verfahren liefert alle Nullstellen ohne Kenntnis von Startwerten (Näherungswerten). Konvergenzordnung bei einfachen Nullstellen $p \approx 1{,}84$.

Ausgangspolynom:

$$p_n(x) = a_n x^n + a_{n-1} x^{n-1} + \ldots + a_1 x + a_0 \qquad \text{für } a_k \in \mathbb{R},\ a_n \neq 0$$

Prinzip:

Bestimmung von Näherungswerten $x_i^{(N)}$ der Nullstellen des Ausgangspolynoms $p_n(x)$, $N = 0, 1, 2, \ldots$, beginnend beim betragskleinsten Wert $x_1^{(N)}$. Division von $p_n(x)$ durch $(x - x_1^{(N)})$ mittels HORNER-Schema ergibt p_{n-1}, dessen Wert etwa dem Deflationspolynom $p_n(x)/(x - x_1)$ (x_1 echte Nullstelle) entspricht. Fortsetzung des Verfahrens mit p_{n-1} und $x_1^{(N)}$ liefert eine Näherung für die zweite, wiederum betragskleinste Nullstelle $x_2^{(N)}$, usw. Weitere Verbesserung mittels NEWTON-Verfahren (Nachiteration).

Interpolationsalgorithmus

Zu je 3 Wertepaaren $(x_i^{(k)}, f(x_i^{(k)}))$, $k = (\nu - 2)$, $(\nu - 1)$, ν, ν aktueller Iterationsschritt, $i = 1, 2, \ldots, n$, werden das zugehörige quadratische Interpolationspolynom und dessen Nullstellen bestimmt.

Eine der Nullstellen ist die Näherung $x_i^{(\nu + 1)}$ für die gesuchte Nullstelle x_i:

$$x_i^{(\nu + 1)} = x_i^{(\nu)} + h_\nu q_{\nu + 1} \qquad \nu = 2, 3, \ldots$$

$$\text{mit} \qquad q_{\nu + 1} = \frac{-2C_\nu}{B_\nu + \sqrt{B_\nu^2 - 4A_\nu C_\nu} \cdot \text{sgn } B_\nu}$$

Verschwindet der Nenner von $q_{\nu + 1}$, setzt man $q_{\nu + 1} = 1$.

$$h_\nu = x_i^{(\nu)} - x_i^{(\nu - 1)} \qquad\qquad q_\nu = \frac{h_\nu}{h_{\nu - 1}}$$

$$A_\nu = q_\nu f_\nu - q_\nu (1 + q_\nu) f_{\nu - 1} + q_\nu^2 f_{\nu - 2} \qquad \text{mit } f_\nu := f(x^{(\nu)})$$

$$B_\nu = (2q_\nu + 1) f_\nu - (1 + q_\nu)^2 f_{\nu - 1} + q_\nu^2 f_{\nu - 2}$$

$$C_\nu = (1 + q_\nu) f_\nu$$

Vorgeschlagene feste Startwerte (auch exakte Funktionswerte nutzbar):

$$x_1^{(0)} = -1 \text{ mit zugehörigem Funktionswert } \quad f_0 = a_0 - a_1 + a_2$$

$$x_1^{(1)} = 1 \qquad\qquad\qquad\qquad\qquad f_1 = a_0 + a_1 + a_2$$

$$x_1^{(2)} = 0 \qquad\qquad\qquad\qquad\qquad f_2 = a_0$$

Ist $\left| \dfrac{f(x^{(\nu + 1)})}{f(x^{(\nu)})} \right| > 10$, wird $q_{\nu + 1}$ halbiert, $h_{\nu + 1}$, $x^{(\nu + 1)}$ und $f_{\nu + 1}$ sind neu zu berechnen.

Abbruch des Verfahrens bei $\dfrac{\left| x^{(\nu + 1)} - x^{(\nu)} \right|}{\left| x^{(\nu + 1)} \right|} < \varepsilon$, $\varepsilon > 0$, wobei dann $x^{(\nu + 1)} \approx x_1$.

Bei negativer Wurzel in $q_{\nu + 1}$ sind x_1 und $\bar{x}_1$ konjugiert komplexe Nullstellen:

$$p_{n - 2}(x) = \frac{p_n(x)}{\left(x - x_1^{(N)} \right) \left(x - \bar{x}_1^{(N)} \right)} \qquad \text{(doppelreihiges HORNER-Schema)}$$

♦ **Prinzipbeispiel:** (Praktische Berechnung mittels Computerprogramm!)

Man berechne die Nullstellen des Polynoms $p_4(x) = x^4 - 2x^3 - 13x^2 + 9x + 9$.

1. Nullstelle x_1:

$$x_1^{(0)} = -1 \qquad f_0 = a_0 - a_1 + a_2 = 9 - 9 + (-13) = -13$$

$$x_1^{(1)} = 1 \qquad f_1 = a_0 + a_1 + a_2 = 5$$

$$x_1^{(2)} = 0 \qquad f_2 = a_0 = 9$$

Schritt $\nu = 2$:

$h_2 = x_1^{(2)} - x_1^{(1)} = 0 - 1 = -1$

$h_1 = x_1^{(1)} - x_1^{(0)} = 1 + 1 = 2$

$q_2 = \dfrac{h_2}{h_1} = \dfrac{-1}{2}$

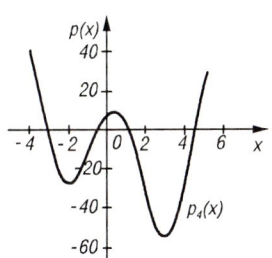

$A_2 = q_2 f_2 - q_2 (1 + q_2) f_1 + q_2^2 f_0 = -6,5$

$B_2 = (2q_2 + 1) f_2 - (1 + q_2)^2 f_1 + q_2^2 f_0 = -4,5$

$C_2 = (1 + q_2) f_2 = \dfrac{1}{2} \cdot 9 = 4,5$

$q_2 = \dfrac{-2C_2}{B_2 + \sqrt{B_2^2 - 4A_2 C_2} \cdot \mathrm{sgn}\, B_2} = 0,555$

$x_1^{(3)} = x_1^{(2)} + h_2 q_3 = 0 + (-1) \cdot 0,555 = -0,555$

Berechnung der Koeffizienten von $p_3(x)$ mittels HORNER-Schema:

	1	-2	-13	9	9
$x_1^{(3)} = -0,555$	0	$-0,555$	$1,418$	$6,42$	$-8,558$
	1	$-2,55$	$-11,58$	$15,42$	$0,44 = f_3$

Bemerkung: $f_3 = 0,44$ gibt die Güte der Näherung an.

$p_3(x) = x^3 - 2,555x^2 - 11,58x + 15,42$

2. Nullstelle analog: $x_2^{(3)} = x_2^{(2)} + h_2 q_3 = 0 + (-1) \cdot (-1,118) = 1,118$

3. Nullstelle analog: $x_3^{(3)} = 0 - 2,985 = -2,985$ ◆

4.3.7 Wurzelgleichungen mit einer Variablen

Die Variable $x \in \mathbb{R}$ tritt im Radikanden einer Wurzel auf. Durch die z.T. notwendige mehrmalige nichtäquivalente Umformung »Potenzieren« zur Beseitigung von Wurzeln entsteht eine Gleichung, deren Lösungen nicht alle gleichzeitig auch Lösung der Ausgangsgleichung sind. Diese zusätzlichen Lösungen sind durch eine Probe an der Ausgangsgleichung zu eliminieren.

Grundgleichungen $(a, b, c, x \in \mathbb{R})$

$$\sqrt{x} + b = a \qquad x = (a - b)^2 \qquad \text{für } a \geq b$$

$$\sqrt{x + b} = a \qquad x = a^2 - b \qquad \text{für } x \geq -b,\ a \geq 0$$

$$\sqrt{cx} + b = a \qquad x = \dfrac{(a - b)^2}{c} \qquad \text{für } \mathrm{sgn}\, x = \mathrm{sgn}\, c,\ c \neq 0$$

Definitionsbereiche: Alle Radikanden ≥ 0

♦   Beispiele:

(1) $\sqrt{3x+1} - \sqrt{7x-2} = 0$, Grundbereich $G = \mathbb{R}$

Bestimmung des Definitionsbereichs

$$3x + 1 \geq 0 \;\rightarrow\; x \geq -\frac{1}{3} \text{ und } 7x - 2 \geq 0 \rightarrow x \geq \frac{2}{7} \text{ ergibt } D = \left\{x \mid x \geq \frac{2}{7}\right\}_{\mathbb{R}}$$

$$\sqrt{3x+1} = \sqrt{7x-2}$$

$$3x + 1 = 7x - 2 \;\rightarrow\; x = \frac{3}{4} \qquad L = \left\{\frac{3}{4}\right\} \qquad \text{nach Probe}$$

(2) $x - \sqrt{x+10} - 2 = 0$

$$x - 2 = \sqrt{x+10}$$

$$x^2 - 4x + 4 = x + 10$$

$$x_1 = 6 \qquad\qquad L = \{6\}$$

$$(x_2 = -1) \qquad\qquad \text{lt. Probe keine Lösung} \qquad\qquad ♦$$

4.4   Transzendente Gleichungen

▌ Jede nichtalgebraische Gleichung heißt *transzendent* und ist Bestimmungsgleichung für irrationale transzendente Funktionen.

4.4.1   Exponentialgleichungen

Die Variable tritt in mindestens einem Exponenten auf. Exponentialgleichungen sind nur geschlossen lösbar, wenn die unabhängige Variable ausschließlich im Exponenten steht.

Grundgleichung $\qquad a^x = b \qquad\qquad\qquad a, b \in \mathbb{R}^+, a \neq 1$

$\qquad\qquad$ Lösung: $\qquad x = \dfrac{\lg b}{\lg a} = \dfrac{\ln b}{\ln a}$

Sonderfall gleicher Basen: $a^x = a^c \;\rightarrow\; x = c \qquad$ (Eineindeutigkeit)

♦   Beispiele:

(1) $L = \left\{x \mid \sqrt[3]{a^{x+2}} = \sqrt{a^{x-5}}\right\}$

$$a^{\frac{x+2}{3}} = a^{\frac{x-5}{2}} \;\rightarrow\; \frac{x+2}{3} = \frac{x-5}{2} \;\rightarrow\; 2x + 4 = 3x - 15 \qquad L = \{19\}$$

(2) $L = \left\{x \mid 2^{x+1} + 3^{x-3} = 3^{x-1} - 2^{x-2}\right\}$

$$2^x \cdot 2 + 3^x \cdot 3^{-3} = 3^x \cdot 3^{-1} - 2^x \cdot 2^{-2} \quad | \cdot 3^3 \cdot 2^2$$

$$216 \cdot 2^x + 27 \cdot 2^x = 36 \cdot 3^x - 4 \cdot 3^x$$

$$243 \cdot 2^x = 32 \cdot 3^x$$

$$\left(\frac{2}{3}\right)^x = \frac{32}{243} = \frac{2^5}{3^5} = \left(\frac{2}{3}\right)^5 \qquad\qquad \text{ergibt } L = \{5\}$$

(3) $L = \left\{ x \mid 4^{3x} \cdot 5^{2x-3} = 6^x \right\}$

$3x \lg 4 + (2x - 3) \lg 5 = x \lg 6$

$x \, (3 \lg 4 + 2 \lg 5 - \lg 6) = 3 \lg 5$

$L = \left\{ \dfrac{3 \lg 5}{3 \lg 4 + 2 \lg 5 - \lg 6} \right\}$ ♦

4.4.2   Logarithmische Gleichungen

Die Variable tritt im Argument logarithmischer Terme auf, geschlossene Lösung gelingt nur im Ausnahmefall.

Grundgleichung $\log_a x = b$ $x > 0, a > 0$

   Lösung: $x = a^b$

Bemerkung: Festlegung des Definitionsbereichs verhindert bei evtl. nicht-äquivalenten Umformungen das Auftreten unzulässiger Lösungen.

♦   Beispiel:

   Es sind die Gleichungen $2n \cdot \log_a x$ mit $x \in \mathbb{R}^+, n \in Z$ und

   $\log_a x^{2n}$ mit $x \in \mathbb{R}^*, n \in Z$

   nicht äquivalent bez. des Definitionsbereichs.   ♦

Sonderfall: gleiche Basis $\log_a x = \log_a c$

   Lösung: $x = c$

♦   Beispiele:

(1) $L = \left\{ x \mid 3 \ln (2x - 7) + 8 = \sqrt{\ln (2x - 7) + 20} \right\}$

   Definitionsbereich $\dfrac{7}{2} < x < \infty$ Substitution $y = \ln (2x - 7)$

   $3y + 8 = \sqrt{y + 20}$ (quadriert und zusammengefaßt)

   $9y^2 + 47y + 44 = 0$

   Hieraus zwei Werte für y. Auf Grund der Substitution $y = \ln (2x - 7)$ ergibt sich
   $e^y = 2x - 7$, woraus x berechnet wird: $L = \{3{,}647\,3\}$

(2) $L = \left\{ x \mid \lg (x^2 + 1) = 2 \lg (3 - x) \right\}$

   Definitionsbereich $-\infty < x < 3$

   $\lg (x^2 + 1) = \lg (3 - x)^2$

   $x^2 + 1 \quad = (3 - x)^2$ ergibt $L = \{4/3\}$

(3) $L = \{ x \mid 2 \ln x = \ln 25 \}$ Definitionsbereich $0 < x < \infty$

   $\ln x = \dfrac{1}{2} \ln 25 = \ln 5$ ergibt $L = \{5\}$ ♦

4.4.3 Goniometrische Gleichungen

Die Variable tritt im Argument einer Winkelfunktion auf.

Mittels goniometrischer Formeln müssen evtl. vorkommende verschiedene Argumente in den goniometrischen Termen auf ein Argument zurückgeführt werden. Danach sind evtl. verschiedenartige goniometrische Funktionen auf eine Funktion umzuwandeln.

Wegen der Periodizität der Winkelfunktionen hat jede goniometrische Gleichung eine unendliche Lösungsmenge. Meist beschränkt man sich auf die *Hauptwerte* $0 \le x < 2\pi$ ($0 \le x < 360°$).

Durch die Probe an der Ausgangsgleichung sind die durch nichtäquivalente Umformung entstandenen Lösungen auszuschließen.

Grundgleichungen $\sin x = a$ $\cos x = a$ für $a \in [-1, 1]$

$\qquad\qquad\qquad\quad\;\; \tan x = a$ $\cot x = a$ für $a \in (-\infty, \infty)$

♦   Beispiele:

(1) $L = \{x \mid \sin x = -0{,}743\}$

$\sin x^* = 0{,}743 \;\Rightarrow\; x^* = 47{,}98°$

Lösung im III. bzw. IV. Quadranten: $180° + x^*$, $360° - x^*$

$L = \{227{,}98° + k \cdot 360°;\; 312{,}02° + k \cdot 360°;\; k \in \mathbb{Z}\}$

(2) $L = \{x \mid \sin 2x = \sin x\}$

$2 \sin x \cos x = \sin x$

$\sin x \,(2 \cos x - 1) = 0$

$\sin x = 0 \;\Rightarrow\; x_1 = 0, x_2 = \pi, x_3 = 2\pi$ (Hauptwerte)

$2 \cos x - 1 = 0 \;\Rightarrow\; x_4 = \dfrac{\pi}{3},\; x_5 = 2\pi - x_4 = \dfrac{5\pi}{3}$

Alle Werte sind gültig: $L = \{0, \pi/3, \pi, 5\pi/3, 2\pi\}$

(3) $L = \{x \mid \sin 2x = \tan x\}$

$2 \sin x \cos x = \dfrac{\sin x}{\cos x}$ $\cos x \ne 0$

$2 \sin x \cos^2 x - \sin x = 0$

$\sin x \,(2 \cos^2 x - 1) = 0$

$\sin x = 0 \;\Rightarrow\; x_1 = 0°, x_2 = 180°, x_3 = 360°$ (Hauptwerte)

$2 \cos^2 x - 1 = 0,\; (\cos x)_{1,2} = \pm \dfrac{1}{2} \sqrt{2}$ liefert weitere Hauptwerte

$x_4 = 45°,\; x_{5,6} = 180° \pm x_4 = 180° \pm 45°,\; x_7 = 360° - x_4 = 315°$

Alle Werte sind gültig: $L = \{0°, 45°, 135°, 180°, 225°, 315°, 360°\}$ ♦

Form: $\boldsymbol{a \sin x + b \cos x = c}$ siehe 10.6.4.3.

4.5   Numerische Verfahren für Gleichungen

Anwendung auf nichtlineare algebraische und transzendente Gleichungen

Lösungsprinzip: Die Nullstelle x_0, d.h. $f(x_0) = 0$, einer in $[a, b]$ stetigen reellen Funktion f ist Lösung der Gleichung $f(x) = 0$.

4.5.1   Fixpunktiteration

Prinzip: Man bringt die Gleichung $f(x) = 0$ auf die Form $x = \varphi(x)$ (*Fixpunktgleichung*) und interpretiert diese als »Ergibtanweisung«, wobei $\varphi(x) \in [a, b]$ für alle $x \in [a, b]$ eine stetige, reellwertige Funktion (*Schrittfunktion*) ist.

Mit dem Startwert $x^{(0)} \in [a, b]$ als Näherungswert für eine Nullstelle wird eine Zahlenfolge (*Iterationsfolge*) ermittelt für immer bessere Näherungen.

Derartige Verfahren heißen **Iterationsverfahren**.

Iterationsvorschrift

$$x^{(\nu + 1)} = \varphi(x^{(\nu)})$$ Iterationsschritte $\nu = 0, 1, 2, \ldots$

Konvergenzkriterium: $|\varphi'(x)| \leq L < 1$ L Lipschitz-*Konstante*, $x \in [a, b]$

- Für $0 \leq \varphi'(x) < 1$ ist die Konvergenz monoton (Bild links)
- Für $-1 < \varphi'(x) < 0$ ist die Konvergenz oszillierend, d.h., zwei aufeinanderfolgende Näherungswerte liegen auf verschiedenen Seiten des exakten Wurzelwertes (Abschätzung der erreichten Genauigkeit).

Praktisch verwertbar ist das Verfahren für $|\varphi'(x)| < 0,8$.

Ist $|\varphi'(x)| > 1$, liegt der Anstiegswinkel der Tangente an die Kurve $y = \varphi(x)$ in der Umgebung von x_0 nicht innerhalb der Intervalle $0°$ bis $45°$ bzw. $135°$ bis $180°$ und die Werte entfernen sich von der Nullstelle (Divergenz des Verfahrens, Bild rechts). Die Ausgangsgleichung ist nach einem anderen Term mit x aufzulösen (Einführung der inversen Funktion).

Bemerkung: Ende der Berechnung, wenn $\left| x^{(\nu + 1)} - x^{(\nu)} \right| \leq \varepsilon \cdot \left| x^{(\nu + 1)} \right|$

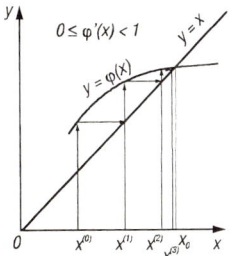 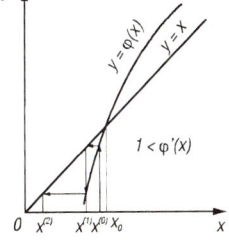

Fixpunktiteration

♦ Beispiel:

$$L = \left\{ x \mid x^3 + 2x - 6 = 0 \right\}$$

Näherungswert für eine Wurzel ist $x^{(0)} = 1{,}45$, $f(x^{(0)}) = -0{,}051\ 375$

$$x = \frac{6 - x^3}{2} = \varphi(x) \qquad \varphi'(x) = -\frac{3x^2}{2}$$

$$\left| \varphi'(x^{(0)}) \right| = \left| \varphi'(1{,}45) \right| = 3{,}143\ 75 > 1 \ (\text{Divergenz})$$

Es ist nach dem zweiten Term von x aufzulösen:

$$x^3 = 6 - 2x, \qquad\qquad x = \sqrt[3]{6 - 2x} = \psi(x)$$

$$\psi'(x) = \frac{-2}{3\sqrt[3]{(6-2x)^2}} \qquad \left| \psi'(1{,}45) \right| = \left| \frac{-2}{3\sqrt[3]{3{,}1^2}} \right| < 1$$

$x^{(0)} = 1{,}45$ Startwert

$x^{(1)} = \varphi(x^{(0)}) = \sqrt[3]{6 - 2 \cdot 1{,}45} = 1{,}458\ 1$

$x^{(2)} = \varphi(x^{(1)}) = \sqrt[3]{6 - 2 \cdot 1{,}458\ 1} = 1{,}455\ 6$ usw.

(bereits erreichte Genauigkeit 10^{-2})

4.5.2 Newtonsches Näherungsverfahren

Eine zweimal in $[a, b]$ differenzierbare Funktion f besitze in (a, b) eine einfache Nullstelle $f(x_0) = 0$, $f'(x_0) \neq 0$.

Iterationsvorschrift

$$x^{(v+1)} = \varphi(x^{(v)}) = x^{(v)} - \frac{f(x^{(v)})}{f'(x^{(v)})}$$

$$v = 0, 1, 2, \ldots; f'(x^{(v)}) \neq 0$$

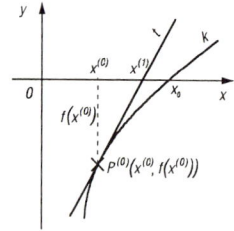

Konvergenzordnung $p = 2$ (*quadratische Konvergenz*), da sich die Anzahl der gültigen Dezimalstellen von $x^{(v)}$ mit jedem Iterationsschritt v etwa verdoppelt.

NEWTONsches
Näherungsverfahren

Das Verfahren versagt, wenn die Kurve $f(x)$ an der Näherungsstelle der x-Achse nahezu parallel ist oder wenn zwischen dem Näherungswert und dem genauen Wurzelwert eine Extremstelle oder ein Wendepunkt mit zur x-Achse nahezu paralleler Wendetangente liegt.

Hinreichende Bedingung der Anwendbarkeit: In dem Intervall, das x_0 und alle Näherungswerte enthält, muß gelten:

$$\left| \frac{f(x) \cdot f''(x)}{(f'(x))^2} \right| \leq L < 1$$

Geometrische Deutung:
Die Kurve wird ersetzt durch ihre Tangente im Näherungspunkt P_0 (*Tangentennäherungsverfahren*).

♦ Beispiel:

$$L = \left\{ x \mid x^3 + 2x - 1 = 0 \right\}$$

Zugehörige Funktionsgleichung $\qquad f(x) = x^3 + 2x - 1$

Näherungswert $x^{(0)} = 0{,}5 \qquad\qquad f(x^{(0)}) = 0{,}125$

Ableitungen $\qquad f'(x) = 3x^2 + 2 \qquad f''(x) = 6x$

$$f'\left(x^{(0)}\right) = 2{,}75, \; f''\left(x^{(0)}\right) = 3 \;\rightarrow\; \left| \frac{f(x^{(0)}) \cdot f''(x^{(0)})}{(f'(x^{(0)}))^2} \right| \approx 0{,}05 < 1$$

$$x^{(1)} = 0{,}5 - \frac{0{,}125}{2{,}75} \approx 0{,}5 - 0{,}045 = 0{,}455$$

$$f\left(x^{(1)}\right) \approx 0{,}004 \qquad \text{usw.} \qquad\qquad\qquad ♦$$

4.5.3 Regula falsi (bei komplizierter Ableitung)

f ist eine in $[a, b]$ stetige Funktion mit einer einfachen Nullstelle in (a, b).

Prinzip: Die Nullstelle x_0 liegt zwischen den Startwerten $x^{(0)}$ und $x^{(1)}$:

$$f_0 \cdot f_1 < 0$$

mit $f_0 := f(x^{(0)})$ und $f_1 := f(x^{(1)})$

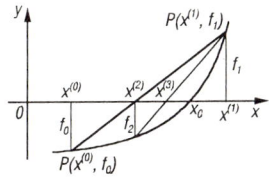

Iterationsvorschrift $\qquad\qquad\qquad$ Sehnennäherungsverfahren

$$x^{(\nu + 1)} = x^{(\nu - 1)} - \frac{x^{(\nu)} - x^{(\nu - 1)}}{f_\nu - f_{\nu - 1}} \cdot f_{\nu - 1} \qquad \nu = 1, 2, \ldots$$

Geometrische Deutung: Die Kurve wird ersetzt durch die Sehne durch $P(x^{(0)}, f_0)$ und $P(x^{(1)}, f_1)$ (*Sehnennäherungsverfahren, Sekantenmethode*)

Das Intervall $[x^{(0)}, x^{(1)}]$ wird im Verhältnis $\left| f_0 \right| : \left| f_1 \right|$ geteilt. Das Verfahren ist *numerisch stabil* (d.h., der Fehler in Folgeschritten nimmt ab bzw. bleibt von gleicher Größenordnung), Konvergenzordnung $p \approx 1{,}618$.

♦ Beispiel:

$$L = \left\{ x \mid x^3 - x + 7 = 0 \right\}$$
$$f(x) = x^3 - x + 7$$

Aus einer Wertetabelle 2 Startwerte: $\quad x^{(0)} = -2 \qquad f\left(x^{(0)}\right) = 1$

$$x^{(1)} = -2{,}5 \qquad f\left(x^{(1)}\right) = -6{,}125$$

$$x^{(2)} = -2 + \frac{(-2,5+2)}{1+6,125} \cdot 1 = -2,07 \qquad f\left(x^{(2)}\right) = 0,2$$

Wiederholung des Verfahrens führt zu weiterer Annäherung $x^{(3)}$.

$x^{(3)}$ liegt bei gleichem Vorzeichen von $f_0 = f\left(x^{(0)}\right)$ und $f_2 = f\left(x^{(2)}\right)$ zwischen $x^{(1)}$ und $x^{(2)}$, sonst zwischen $x^{(0)}$ und $x^{(2)}$.   ♦

4.5.4   Verfeinerte Regula falsi, Pegasus-Verfahren

Prinzip: Die Nullstelle x_0 wird durch ständige Verkleinerung des Intervalls $[a, b]$ eingeengt (*Einschlußverfahren*), Konvergenzordnung $p \approx 1,642$.

Konvergenzbedingung: $f(a) \cdot f(b) < 0$, falls f eine stetige Funktion ist.

Gegeben: Fehlerschranke $\varepsilon > 0$, $\varepsilon \in \mathbb{R}$

Gesucht: $a \le x_0 \le b$ mit $\left| x^{(v)} - x^{(v-1)} \right| < \varepsilon$ $\qquad v = 1, 2, \ldots$

Startwerte: $x^{(0)} := a \qquad f_0 := f(x^{(0)})$

$\qquad\qquad x^{(1)} := b \qquad f_1 := f(x^{(1)})$

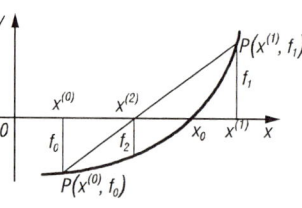

1. Schritt: Berechnung der Sehnenstei-gung zwischen den Punkten $\left(x^{(0)}, f_0\right)$

und $\left(x^{(1)}, f_1\right)$: $s_{12} = \dfrac{f_1 - f_0}{x^{(1)} - x^{(0)}}$

Pegasus-Verfahren

Schnittpunkt zwischen Sehne und Abszissenachse $x^{(2)} = x^{(1)} - \dfrac{f_1}{s_{12}}$

2. Schritt: $f_2 = f\left(x^{(2)}\right)$

Falls $f_2 = 0$, ist $x_0 = x^{(3)}$ die Lösung, Abbruch

3. Schritt: $f_1 \cdot f_2 < 0$, d.h., x_0 liegt zwischen $x^{(1)}$ und $x^{(2)}$.

Man ersetzt $x^{(0)} := x^{(1)}$ und $x^{(1)} := x^{(2)}$, damit $f_0 := f_1$ und $f_1 := f_2$.

oder alternativ $f_1 \cdot f_2 > 0$, d.h., x_0 liegt zwischen $x^{(0)}$ und $x^{(2)}$.

Dies führt auf eine Modifikation gegenüber der Regula falsi:

$$g = \frac{f_1}{f_1 + f_2} \qquad \text{mit } g \text{ Konstante, } 0 < g < 1 \ (g = 1 \text{ regula falsi})$$

Man ersetze $x^{(1)} := x^{(2)}$ damit wird $f_0 := g \cdot f_0$ und $f_1 := f_2$.

4. Schritt: Abbruchbedingung für das Erreichen der geforderten Genauigkeit:

$\left| x^{(1)} - x^{(0)} \right| \leq \varepsilon$ Abbruch mit $x_0 := x^{(1)}$, wenn $\left| f_1 \right| \leq \left| f_0 \right|$ oder

mit $x_0 := x^{(0)}$, wenn $\left| f_1 \right| > \left| f_0 \right|$

$\left| x^{(1)} - x^{(0)} \right| > \varepsilon$ Fortsetzung im Schritt 1 mit den Werten aus 3.

4.6   Systeme nichtlinearer Gleichungen

4

4.6.1   Allgemeines

Gegeben ist ein System von m nichtlinearen Gleichungen mit n Variablen

$$\begin{cases} F_1(x_1, ..., x_n) = 0 \\ \vdots \\ F_m(x_1, ..., x_n) = 0 \end{cases} \qquad F_i \text{ stetig, reellwertig, } m, n \geq 2, \mathrm{D}(F) \subseteq \mathbb{R}^n$$

als Vektorgleichung $F(x) = o$ $F(x)$ ist definiert für $x \in \mathbb{R}^n$

Vektorfunktion $F(x) = \left(F_1(x), ..., F_m(x) \right)^{\mathrm{T}}$ wobei

skalare Funktionen $F_i(x) = F_i(x_1, ..., x_n)^{\mathrm{T}}, i = 1, ..., m$

Variablenvektor $x = (x_1, ..., x_n)^{\mathrm{T}}$

Wenn die jeweiligen partiellen Ableitungen der skalaren Komponenten $F_i(x)$ der Vektorfunktion $F(x)$ existieren, definiert man folgende Matrizen:

Gradient einer skalaren Funktion $F(x) = F(x_1, ..., x_n)^{\mathrm{T}}$ an der Stelle x

$$\nabla F(x) = \frac{\partial F(x)}{\partial x_i} = \left(\frac{\partial F(x)}{\partial x_1}, ..., \frac{\partial F(x)}{\partial x_n} \right)^{\mathrm{T}}$$

Jacobi-Matrix einer Vektorfunktion $F(x) = (F_1(x), ..., F_m(x))^{\mathrm{T}}$,
(auch *Funktionalmatrix*)

$$J(x) = F'(x) = \left(\frac{\partial F_i(x)}{\partial x_k} \right)_{m, n} = \begin{pmatrix} \dfrac{\partial F_1(x)}{\partial x_1} & \cdots & \dfrac{\partial F_1(x)}{\partial x_n} \\ \vdots & & \\ \dfrac{\partial F_m(x)}{\partial x_1} & \cdots & \dfrac{\partial F_m(x)}{\partial x_n} \end{pmatrix}$$

wobei $\det J(x) \neq 0$ $i = 1, ..., m, k = 1, ..., n$

Hesse-Matrix einer skalaren Funktion $F(x) = F(x_1, \ldots, x_n)^{\mathsf{T}}$

$$\nabla^2 F(x) = \left(\frac{\partial^2 F(x)}{\partial x_i\, \partial x_k}\right) = \begin{pmatrix} \dfrac{\partial^2 F(x)}{\partial x_1\, \partial x_1} & \cdots & \dfrac{\partial^2 F(x)}{\partial x_1\, \partial x_n} \\ \vdots & & \\ \dfrac{\partial^2 F(x)}{\partial x_n\, \partial x_1} & \cdots & \dfrac{\partial^2 F(x)}{\partial x_n\, \partial x_n} \end{pmatrix} \qquad i, k = 1, \ldots, n$$

Wegen des Satzes von SCHWARZ ist die HESSE-Matrix symmetrisch.

4.6.2   Verfahren der sukzessiven Approximation

Umwandlung des Gleichungssystems in die äquivalente *Fixpunktform*.

$$x = \varphi(x) \quad \text{mit der } Schrittfunktion \ \varphi = (\varphi_1, \ldots, \varphi_n)^{\mathsf{T}}$$

x_0 heißt *Fixpunkt* (die Lösung) von φ, wenn $x_0 = \varphi(x_0)$:

$$\lim_{\nu \to \infty} x^{(\nu)} = x_0 \qquad \text{»Das Iterationsverfahren konvergiert.«}$$

Mit dem *Startvektor* $x^{(0)} \in D(\varphi)$, wobei $D(\varphi)$ ein endlicher, abgeschlossener Bereich ist, lautet die **Iterationsvorschrift**

$$x^{(\nu+1)} = \varphi\left(x^{(\nu)}\right) \qquad \text{Iterationsschritte } \nu = 0, 1, 2, \ldots$$

Es muß gelten: $\varphi(x) \in D(\varphi)$ für alle $x \in D(\varphi)$

Es gibt dann genau *einen* Fixpunkt, wenn die LIPSCHITZ-*Bedingung* erfüllt ist (*Kontraktionssatz*):

$$\|\varphi(y) - \varphi(x)\| \le L \, \|y - x\| \quad \text{für alle } y, x \in D(\varphi), \ \ 0 \le L < 1$$

bzw. mit der JACOBI-Matrix der Vektorfunktion $\varphi(x)$

$$\|J_\varphi\| \le L < 1$$

Fehlerabschätzung:

$$\|x^{(\nu)} - x_0\| \le \frac{L^\nu}{1 - L} \cdot \|x^{(1)} - x^{(0)}\| \qquad \text{(a priori)}$$

$$\le \frac{L}{1 - L} \cdot \|x^{(\nu)} - x^{(\nu-1)}\| \qquad \text{(a posteriori)}$$

Konvergenzkriterien

Zeilensumme $\qquad \|J_\varphi\|_\infty = \max_{\substack{i = 1, \ldots, n \\ x \in D(\varphi)}} \sum_{k=1}^{n} \left|\frac{\partial \varphi_i}{\partial x_k}\right| \le L_\infty < 1$

Spaltensumme $\quad \|J_\varphi\|_1 = \max\limits_{\substack{k=1,\,\ldots,\,n \\ x\,\in\,D(\varphi)}} \sum\limits_{i=1}^{n} \left| \dfrac{\partial \varphi_i}{\partial x_k} \right| \le L_1 < 1$

Kriterium von SCHMIDT und V. MISES

$$\|J_\varphi\|_2 = \max\limits_{x\,\in\,D(\varphi)} \sqrt{\sum\limits_{i=1}^{n} \sum\limits_{k=1}^{n} \left(\dfrac{\partial \varphi_i}{\partial x_k} \right)^2} \le L_2 < 1$$

4

4.6.3 Quadratisch konvergentes Newton-Verfahren

(auch n-dimensionales NEWTON-Verfahren genannt)

Gegeben: Nichtlineares Gleichungssystem, det $J(x) \ne 0$

Schrittfunktion $\varphi(x) := x - J^{-1}(x) \cdot F(x)$

Iterationsvorschrift ($\nu = 0, 1, 2, \ldots$)

$$\begin{aligned} x^{(\nu+1)} &= x^{(\nu)} - J^{-1}(x^{(\nu)}) \cdot F(x^{(\nu)}) \quad \text{(TAYLOR-Entwicklung um } x^{(\nu)}) \\ &= x^{(\nu)} + \Delta x^{(\nu+1)} \qquad\qquad \text{mit } \Delta x^{(\nu+1)} = -J^{-1}(x^{(\nu)}) \cdot F(x^{(\nu)}) \end{aligned}$$

Zur Vermeidung der Berechnung von J^{-1} wird die letzte Gleichung umgeformt und das lineare Gleichungssystem gelöst:

$$J(x^{(\nu)})\, \Delta x^{(\nu+1)} = -F(x^{(\nu)}), \text{ daraus } \Delta x^{(\nu+1)} \quad \text{(Korrekturvektor)}$$

Ersetzt man die Differential- durch die Differenzenquotienten, entsteht die Regula falsi für nichtlineare Systeme.

Abbruchbedingungen des Verfahrens: $\nu \ge \nu_{max}$, $\nu_{max} \in \mathbb{N}^*$

$$\|x^{(\nu+1)} - x^{(\nu)}\| \le \|x^{(\nu+1)}\| \cdot \varepsilon_1 \qquad \varepsilon_1, \varepsilon_2, \varepsilon_3 \in \mathbb{R}^+$$

$$\|x^{(\nu+1)} - x^{(\nu)}\| \le \varepsilon_2, \text{ d.h. } \sqrt{\sum\limits_{i=1}^{n} \left(\Delta x_i^{(\nu+1)} \right)^2} \le \varepsilon_2$$

$$\|F(x^{(\nu+1)})\| \le \varepsilon_3$$

4.7   Graphische Lösung von Gleichungen

Die Bestimmungsgleichung mit einer Variablen wird in eine Funktionsgleichung überführt. Ihr Graph ergibt die reellen Lösungen der Gleichung als Schnittpunkte mit der
x-Achse ($y = f(x) = 0$)..Mitunter ist es vorteilhaft, die zu lösende Gleichung in der Form
$\varphi(x) = \psi(x)$ zu schreiben und als zwei Graphen darzustellen. Lösungen sind dann die
Abszissen ihrer Schnittpunkte.

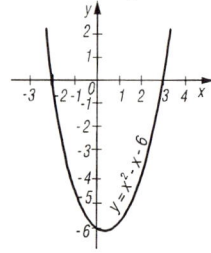   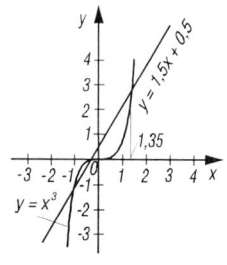

Zum Beispiel (1)   Zum Beispiel (2)

♦   Beispiele:

(1) $L = \left\{ x \mid x^2 - x - 6 = 0 \right\}$ (Bild oben links)

   $y = f(x) = x^2 - x - 6$ $L = \{-2, 3\}$

(2) $L = \left\{ x \mid x^3 - 1{,}5x - 0{,}5 = 0 \right\}$ (Bild oben rechts)

   $x^3 = 1{,}5x + 0{,}5$ $L = \{-1, -0{,}4, 1{,}35\}$

(3) $L = \{ x \mid 2\sin x + \cos x = 2 \}$ (Bild unten)

   $\varphi(x) = 2\sin x,\ \psi(x) = 2 - \cos x$ $L = \{37°, 90°\}$ (Hauptwerte)   ♦

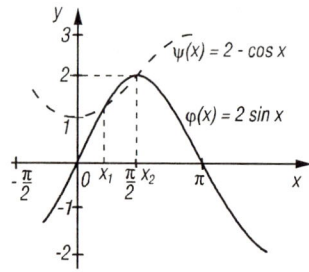

Zum Beispiel (3)

Gleichungssysteme mit zwei Variablen

Jede Gleichung wird als Funktion graphisch dargestellt. Die Koordinaten der (des) Schnittpunkte(s) sind die reellen Lösungen des Systems.

Parallele Geraden: Die Gleichungen widersprechen einander, $L = \varnothing$

Deckungsgleiche Geraden: Die Gleichungen sind äquivalent, L hat unendlich viele Elemente.

4

♦ Beispiele:

(1) $\begin{cases} x + 3y = 3 \\ x - 3y = 9 \end{cases} = \begin{cases} y = -\dfrac{1}{3}x + 1 \\ y = \dfrac{1}{3}x - 3 \end{cases} \rightarrow L \approx (6, -1)$ (Bild unten links)

(2) $\begin{cases} x^2 + y^2 = 25 \\ x^2 + y = 3 \end{cases} \rightarrow L \approx \{(2,7; -4,2), (-2,7; -4,2)\}$ (Bild unten rechts)   ♦

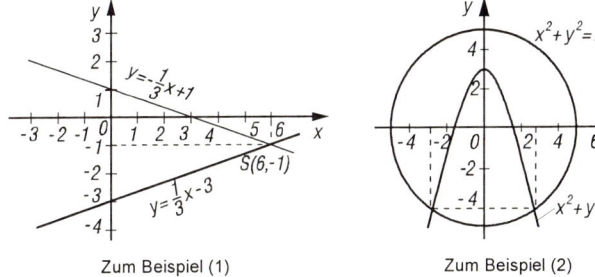

Zum Beispiel (1)   Zum Beispiel (2)

5 Lineare Algebra

5.1 Matrizen

5.1.1 Allgemeines

5.1.1.1 Definitionen (quadratische, reguläre, Dreicks-Matrix)

Eine *(I, K)-Matrix (I, K* sind Indexmengen) ordnet jedem Paar *(i, k)* von Indizes ein Objekt zu.

Eine Matrix vom Typ *(m, n)* ist ein rechteckig angeordnetes Schema von *m · n* Größen *(m Zeilen, n Spalten)*, den *Elementen a_{ik} der* Matrix.

Die Elemente einer Matrix können Zahlen (reell oder komplex), Vektoren, Polynome, Differentiale, Parameterangaben u.ä. sein.

Sind die Elemente $a_{i,k} \in \mathbb{R}$, gilt: $A \in \mathbb{R}^{m,\,n}$ (Menge der reellen *(m, n)*-Matrizen)

Darstellung (gelesen »*m-n* Matrix *A-i-k*«)

$$A_{m,n} = \begin{pmatrix} a_{11} & a_{12} & \cdots & a_{1n} \\ a_{21} & a_{22} & \cdots & a_{2n} \\ \vdots & & & \\ a_{m1} & a_{m2} & \cdots & a_{mn} \end{pmatrix} = (a_{ik})_{m,n}$$

Zeilenindex $\quad i = 1, \ldots, m$
Spaltenindex $\quad k = 1, \ldots, n$
$m, n \in \mathbb{N}^*$

Hauptdiagonale: $a_{11}, a_{22}, a_{33}, \ldots, a_{ii}, \ldots$ $\qquad i = 1, \ldots, \min(m, n)$

Nebendiagonale mit doppeldeutiger Verwendung: entweder zur Hauptdiagonalen parallele Reihen oder bei quadratischen Matrizen Diagonale von oben rechts nach unten links: $a_{1n}, a_{2,\,(n-1)}, \ldots, a_{n1}$.

Eine Matrix *a* (auch $\overrightarrow{a}$) mit nur einer Zeile oder Spalte heißt **Vektor**.

Zeilenmatrix, Zeilenvektor, Typ $a_{1,n}$ $\qquad a_i^{\mathrm{T}} = (a_{i1} \ldots a_{in})$

Spaltenmatrix, Spaltenvektor, Typ $a_{m,1}$ $\qquad a_k = \begin{pmatrix} a_{1k} \\ \vdots \\ a_{mk} \end{pmatrix}$

Bemerkung: Jeder *(m, 1)*-Spaltenvektor kann als Element des Vektorraumes der geordneten *m*-Tupel von Zahlen aufgefaßt werden.

Gesamtmatrix in Vektorschreibweise

$$A = \begin{pmatrix} a_1^{\mathrm{T}} \\ \vdots \\ a_m^{\mathrm{T}} \end{pmatrix} \qquad \text{oder} \qquad A = (a_1 \ldots a_n)$$

Nullmatrix O: Alle Elemente sind Null, $O_{m,n} = (O)_{m,n}$

Matrizen von Matrizen

Sie dienen der Erhöhung der Übersichtlichkeit und der Vereinfachung der Multiplikation bei Abspaltung von Null-, Einheits- oder Diagonalmatrizen.

$$A = \begin{pmatrix} A_{11} & A_{12} & \cdots \\ A_{21} & A_{22} & \cdots \\ \vdots & & \end{pmatrix} \qquad A \text{ Hypermatrix, Übermatrix}$$

Quadratische Matrix

Für $m = n$ entsteht die n-reihige (quadratische) Matrix der *Ordnung n:*

$$A_{n,n} = \begin{pmatrix} a_{11} & \cdots & a_{1n} \\ \vdots & & \\ a_{n1} & \cdots & a_{nn} \end{pmatrix} \qquad A \in \mathbb{R}^{n,n}$$

5

Spur einer quadratischen Matrix:

$$\operatorname{tr} A = \operatorname{sp} A = a_{11} + a_{22} + \ldots + a_{nn}$$

Hauptabschnittsmatrix, Hauptabschnittsdeterminante

Aus den ersten k Zeilen und k Spalten von $(a_{ik})_{n,n}$ gebildete (k, k)-Matrix A_k bzw. det (A_k) der Ordnung k.

Reguläre Matrix

Eine quadratische Matrix heißt **regulär**, wenn det $A \neq 0$
(det A Determinante der Matrix A, siehe unten)   (Gegensatz *singulär*)
streng regulär, wenn alle det $A_k \neq 0$ für $k = 1, \ldots, n$

Bemerkung: Jede reguläre Matrix kann mittels Permutation zu einer streng regulären Matrix $P \cdot A$ gemacht werden.

Quadratische Dreiecksmatrix

* *Obere Dreiecksmatrix (Superdiagonalmatrix)* R: $r_{ik} = 0$ für $i > k$
  normiert, wenn außerdem $r_{ii} = 1$ für alle i (*Einsdreiecksmatrix*)
* *Untere Dreiecksmatrix (Subdiagonalmatrix)* L: $l_{ik} = 0$ für $i < k$
  normiert, wenn außerdem $l_{ii} = 1$ für alle i (*Einsdreiecksmatrix*)

♦   Beispiel:

$$R = \begin{pmatrix} 11 & 2 & 7 \\ 0 & 3 & 4 \\ 0 & 0 & 2 \end{pmatrix} \qquad L = \begin{pmatrix} 3 & 0 & 0 \\ 7 & 4 & 0 \\ 9 & 1 & 6 \end{pmatrix}$$ ♦

5.1.1.2 Bandmatrizen, Permutationsmatrix

▌ Bei einer *Bandmatrix* verschwinden alle Elemente außerhalb eines Bandes längs der Hauptdiagonalen.

m_o (m_u) Anzahl der oberen (unteren) *Nebendiagonalen* (hier zur *Hauptdiagonalen* parallele Reihen).

Bandbreite: $m = m_o + m_u + 1$

$$A = \begin{pmatrix} d_1 & * & (m_o) & * & & O \\ * & & & & & \\ \vdots & & & & & * \\ \vdots & & & & & \\ * & & & & & \\ & & & & & * \\ O & & * & (m_u) & * & d_n \end{pmatrix} \qquad a_{ik} = 0 \ \text{für } i + m_o < k < i - m_u$$

- $m_o = m_u = 0$ $\rightarrow$ $m = 1$ *Diagonalmatrix* (siehe unten)
- $\begin{cases} m_u = 1, m_o = 0 \\ m_u = 0, m_o = 1 \end{cases}$ $\rightarrow$ $m = 2$ *bidiagonale Matrizen*
- $m_u = m_o = 1$ $\rightarrow$ $m = 3$ *tridiagonale Matrix*
- $m_u = m_o = 2$ $\rightarrow$ $m = 5$ fünfdiagonale Matrix
- $a_{ik} = 0$ für $1 < |i - k| < n - 1$ zyklisch tridiagonale Matrix

Diagonal dominante Matrix

$$|a_{ii}| \geq \sum_{k = 1, \, i \neq k}^{n} |a_{ik}| \qquad i = 1, ..., n \qquad \begin{array}{l} \text{Für mindestens ein } i \\ \text{muß »echt größer« gelten.} \end{array}$$

Gilt » > « für alle i heißt die Matrix stark diagonal dominant, sie ist streng regulär.

Diagonalmatrix

Bei der *Diagonalmatrix* verschwinden alle Elemente einer quadratischen Matrix außer die der Hauptdiagonalen, $a_{ik} = 0$ für alle $i \neq k$:

$$D = \begin{pmatrix} d_1 & & O \\ & \ddots & \\ O & & d_n \end{pmatrix} = (\delta_{ik} \cdot d_k) \qquad d_k = a_{kk} \neq 0$$

KRONECKER-*Symbol* $\delta_{ik} = \begin{cases} 1 & \text{für } i = k \\ 0 & \text{für } i \neq k \end{cases}$ auch δ_k^i üblich

Für $d_1 = d_2 = ... = d$ entsteht eine *Skalarmatrix*.

Diagonalisierung eines Spaltenvektors

$$\text{diag } a = \begin{pmatrix} a_1 & & O \\ & \ddots & \\ O & & a_n \end{pmatrix} = (\delta_{ik} \cdot a_k) \qquad a = \begin{pmatrix} a_1 \\ \vdots \\ a_n \end{pmatrix}$$

Einheitsmatrix

$$E_n = \begin{pmatrix} 1 & & O \\ & \ddots & \\ O & & 1 \end{pmatrix} = (\delta_{ik})_{n,\,n} \quad \text{d.h. } a_{ik} = \delta_{ik} \qquad \text{auch } I,\, U,\, 1 \text{ üblich}$$

Permutationsmatrix P bzw. P_n

In jeder Zeile oder Spalte stehen nur eine 1 und $(n-1)$ Nullen. Vertauschung der Zeilen der Einheitsmatrix E_n ergibt die *Permutationsmatrix* P_n. Multiplikation (s. 5.1.2.2) mit der Permutationsmatrix $P \cdot A$ tauscht die Zeilen von A. Es gilt: $\det P = (-1)^p$ \qquad p Anzahl Zeilenvertauschungen.

♦   Beispiel:

$$P = P_3 = \begin{pmatrix} 0 & 1 & 0 \\ 1 & 0 & 0 \\ 0 & 0 & 1 \end{pmatrix} \quad A = \begin{pmatrix} 1 & 3 & 5 \\ 2 & 4 & 7 \\ 3 & 6 & 8 \end{pmatrix} \quad \text{ergibt} \quad P \cdot A = \begin{pmatrix} 2 & 4 & 7 \\ 1 & 3 & 5 \\ 3 & 6 & 8 \end{pmatrix} \quad ♦$$

5.1.1.3 Transponierte (gestürzte) Matrix A^{T}

Vertauscht man in einer Matrix die Zeilen mit den gleichstelligen Spalten, so entsteht die *transponierte Matrix* A^{T} (auch A' üblich).

$$A = (a_{ik})_{m,\,n} \leftrightarrow A^{\mathrm{T}} = (a_{ki})_{n,\,m}$$

$(A^{\mathrm{T}})^{\mathrm{T}} = A$ \qquad\qquad\qquad $(A + B)^{\mathrm{T}} = A^{\mathrm{T}} + B^{\mathrm{T}}$

$(kA)^{\mathrm{T}} = k \cdot A^{\mathrm{T}}$ \qquad k Skalar \qquad $(AB)^{\mathrm{T}} = B^{\mathrm{T}} \cdot A^{\mathrm{T}}$ \quad (s. 5.1.2.2)

♦   Beispiel:

$$A_{3,\,4} = \begin{pmatrix} 7 & 4 & 3 & 5 \\ 1 & 0 & 7 & 6 \\ 4 & 2 & 9 & 8 \end{pmatrix} \qquad A^{\mathrm{T}}_{4,\,3} = \begin{pmatrix} 7 & 1 & 4 \\ 4 & 0 & 2 \\ 3 & 7 & 9 \\ 5 & 6 & 8 \end{pmatrix} \qquad ♦$$

Symmetrieeigenschaften quadratischer Matrizen

Eine quadratische Matrix A ist

- *symmetrisch*, wenn $A = A^{\mathrm{T}} \leftrightarrow a_{ik} = a_{ki}$ \qquad $\forall\, i, k = 1, 2, \ldots, n$
- *schiefsymmetrisch* (*antisymmetrisch*), wenn $A = -A^{\mathrm{T}} \leftrightarrow a_{ik} = -a_{ki}$
- *orthogonal*, wenn A regulär und $A^{\mathrm{T}} = A^{-1}$ bzw. $A^{\mathrm{T}} \cdot A = E$ \quad (s. 5.1.2.2)

Eine Matrix $B_{n,\,n}$ kann als Summe einer symmetrischen Matrix $S_{n,\,n}$ und einer antisymmetrischen Matrix $A_{n,\,n}$ dargestellt werden, wobei

$$s_{ik} = \frac{1}{2}\,(b_{ik} + b_{ki}) \qquad a_{ik} = \frac{1}{2}\,(b_{ik} - b_{ki})$$

Für jede Matrix $A_{m,\,n}$ ist $S_{n,\,n} = A^{\mathrm{T}}A$ (bzw. $S_{m,\,m} = AA^{\mathrm{T}}$) immer symmetrisch.

♦   Beispiele:

symmetrische Matrix $A = A^T$

$$A = A^T = \begin{pmatrix} 1 & 5 & 7 \\ 5 & 2 & -6 \\ 7 & -6 & 8 \end{pmatrix}$$

antisymmetrische Matrix $A = -A^T$

$$A = -A^T = \begin{pmatrix} 0 & 5 & -7 \\ -5 & 0 & 3 \\ 7 & -3 & 0 \end{pmatrix}$$ ♦

Positiv/negativ definite Matrix

Eine symmetrische Matrix A bzw. ihre *quadratische Form* (siehe 8.2.6) heißt *positiv definit* bzw. *negativ definit*, wenn gilt (Multiplikation siehe 5.1.2.2):

$$Q(x) = x^T A x = \sum_{i,k=1}^{n} a_{ik} x_i x_k > 0 \text{ bzw.} < 0 \qquad \forall\, x \neq o \quad x \in \mathbb{R}^n$$

Die Eigenwerte von A sind alle positiv bzw. negativ.

A heißt *positiv semidefinit* bzw. *negativ semidefinit*, wenn $Q(x) \geq 0$. bzw. ≤ 0 Die Eigenwerte von A sind dann alle nicht negativ bzw. nicht positiv.

Nichtdefinite quadratische Formen heißen *indefinit*.
Für diese gilt: $x^T A x < 0$ und $x^T A x > 0$ für gewisse x.

Kriterien für positiv definite Matrizen
notwendige Bedingung: $a_{ii} > 0$

notwendige und hinreichende Bedingungen:
• det $(A_k) > 0$ für $k = 1, ..., n, A = A^T$
• Zerlegung $A = L \cdot R$ ist möglich, Pivots $r_{ii} > 0$ für alle i ($L \cdot R$ s. 5.1.1.1 und 5.1.2.2)
• es gilt $A = R^T D R, A = A^T$ mit D Diagonalmatrix, $d_{ii} > 0$ für alle i
                                    R normierte Superdiagonalmatrix

hinreichende Bedingungen:

• $|a_{ii}| > \sum_{k=1;\, k \neq i}^{n} |a_{ik}| \qquad a_{ii} > 0, i = 1, ..., n, A = A^T$

• $|a_{ii}| \geq \sum_{k=1;\, k \neq i}^{n} |a_{ik}| \qquad a_{ii} > 0, a_{ik} < 0, i \neq k, i = 1, ..., n, A = A^T$

Bemerkung: Die Zerlegung einer streng regulären, definiten Matrix A ist eindeutig möglich. Bei Faktorisierung einer indefiniten Matrix ist nur $A = LDL^T$ möglich, wobei D auch negative Elemente aufweist.

5.1.1.4 Inverse Matrix, »Inverse«, (Um-) Kehrmatrix A^{-1}

Bedingung: A regulär (d.h. det $A \neq 0$)

$$A \cdot A^{-1} = A^{-1} \cdot A := E \qquad \text{(Multiplikation siehe 5.1.2.2)}$$

$$(A^{-1})^{-1} = A \quad \text{(Eindeutigkeit)} \qquad (A \cdot B)^{-1} = B^{-1} \cdot A^{-1}$$

$$(A^{\mathrm{T}})^{-1} = (A^{-1})^{\mathrm{T}} \qquad \text{\textit{kontragrediente Matrix} zu } A$$

Ist A symmetrisch, so ist auch A^{-1} symmetrisch.

$$A^{-1} = \frac{1}{\det A}\begin{pmatrix} \mathrm{cof}_{11}\,A & \cdots & \mathrm{cof}_{1n}\,A \\ \vdots & & \vdots \\ \mathrm{cof}_{1n}\,A & \cdots & \mathrm{cof}_{nn}\,A \end{pmatrix}^{\mathrm{T}} \qquad \mathrm{cof}_{ik}\,A \text{ siehe 5.1.1.6}$$

oder Bestimmung von A^{-1} mit Hilfe des Austauschverfahrens(5.3.3.2), des GAUSSschen Algorithmus (5.3.2) bzw. mittels CRAMERscher Regel (5.3.4)

5.1.1.5 Matrizen mit komplexen Elementen
Konjugierte Matrix $\overline{A}$

Die *konjugierte Matrix* entsteht, wenn man jedes Element der ursprünglichen (quadratischen) Matrix durch sein konjugiert komplexes ersetzt .

$$\overline{A} = (\overline{a}_{ik}) \qquad a_{ik} \in \mathbb{C}$$
$$\overline{\overline{A}} = A \qquad\qquad\qquad (\overline{A})^{\mathrm{T}} = \overline{(A^{\mathrm{T}})}$$
$$\overline{A + B} = \overline{A} + \overline{B} \qquad\qquad \overline{kA} = k\overline{A} \qquad k \in \mathbb{R} \quad \text{(siehe 5.1.2.2)}$$

♦ Beispiel:

$$A = \begin{pmatrix} 1+3\mathrm{j} & 2-5\mathrm{j} \\ 5 & 7+2\mathrm{j} \end{pmatrix} \qquad \overline{A} = \begin{pmatrix} 1-3\mathrm{j} & 2+5\mathrm{j} \\ 5 & 7-2\mathrm{j} \end{pmatrix} \qquad\qquad ♦$$

Transjugierte Matrix A^{H}: $\qquad A^{\mathrm{H}} = \overline{A}^{\mathrm{T}}$

Eine quadratische Matrix A mit komplexen Elementen ist

- *hermitesch*, wenn $\qquad A = \overline{A}^{\mathrm{T}} \qquad \overline{a}_{ik} = a_{ki}$
  (Realteil symmetrisch, Imaginärteil schief-symmetrisch)
- *schief-hermitesch*, wenn $A = -\overline{A}^{\mathrm{T}} \qquad \overline{a}_{ik} = -a_{ki}$ (Symmetrie umgekehrt)
- *unitär*, wenn $\qquad\qquad A^{\mathrm{H}} = A^{-1}$

♦ Beispiele:

$$A = \overline{A}^{\mathrm{T}} = \begin{pmatrix} 2 & 1-2\mathrm{j} & 3+5\mathrm{j} \\ 1+2\mathrm{j} & 3 & 2-\mathrm{j} \\ 3-5\mathrm{j} & 2+\mathrm{j} & 5 \end{pmatrix}; \ A = -\overline{A}^{\mathrm{T}} = \begin{pmatrix} 2\mathrm{j} & 1-2\mathrm{j} & 3+5\mathrm{j} \\ -1-2\mathrm{j} & \mathrm{j} & 2-\mathrm{j} \\ -3+5\mathrm{j} & -2-\mathrm{j} & 5\mathrm{j} \end{pmatrix} ♦$$

5.1.1.6 Determinante, Rang einer Matrix

Eine *Determinante* ordnet einer (n, n)-Matrix A (Ordnung n) eindeutig eine reelle oder komplexe Zahl $\det A$ zu:

$$\det A = \det \begin{pmatrix} a_{11} & \cdots & a_{1n} \\ \vdots & & \vdots \\ a_{n1} & \cdots & a_{nn} \end{pmatrix} = \begin{vmatrix} a_{11} & \cdots & a_{1n} \\ \vdots & & \vdots \\ a_{n1} & \cdots & a_{nn} \end{vmatrix}$$

5

$$\det A := \sum_{\pi} (-1)^{j(\pi)} \, a_{1i_1} \, a_{2i_2} \, \cdots \, a_{ni_n} \qquad \text{mit } \pi = \begin{pmatrix} 1 & 2 & \dots & n \\ i_1 & i_2 & \dots & i_n \end{pmatrix}$$

Die Summe ist über alle möglichen $n!$ Permutationen π der Indizes 1 bis n zu erstrecken, $j(\pi)$ Anzahl der Inversionen von π, siehe 3.4.1.

Praktische Berechnung von $\det A$ mittels Entwicklungssatz, siehe 5.2.

Hauptdiagonale $a_{11}, a_{22}, \dots a_{nn}$ *Nebendiagonale* hier $a_{1n} \, a_{2,(n-1)} \cdots a_{n1}$
Für eine n-reihige Dreiecksmatrix gilt:

$$\det A = \prod_{i=1}^{n} a_{ii} \qquad \text{wobei} \quad \prod_{i=1}^{n} a_{ii} \; \textit{Hauptglied}$$

$$\det A^{-1} = \frac{1}{\det A}$$

Algebraisches Komplement (Kofaktor, Adjunkte) einer Matrix *A*

$\text{cof}_{ik} A := (-1)^{i+k} \cdot \det A_{ik}$, wobei A_{ik} aus A durch Streichen der i-ten Zeile und k-ten Spalte entsteht. $\det A_{ik}$ *Unterdeterminante, Minor*

»Schachbrettregel« für das Vorzeichen der Unterdeterminanten:

$\det A_{11}$	$\det A_{12}$	$\det A_{13}$	
+	−	+	...
$\det A_{21}$	$\det A_{22}$	$\det A_{23}$	
−	+	−	...
$\det A_{31}$	$\det A_{32}$	$\det A_{33}$	
+	−	+	...
⋮	⋮	⋮	

Rang einer Matrix r(*A*)

Eine Matrix $A_{m,n}$ hat den Rang $r(A) = r$, wenn r die höchste Ordnung aller von Null verschiedenen *Unterdeterminanten* (Streichen von $(m-r)$ Zeilen und $(n-r)$ Spalten) von A ist.
Eine Matrix $A_{m,n}$ hat den Rang $r(A) = r$, wenn sie aus r linear unabhängigen Zeilen oder Spalten besteht.
$r(A)$ ist die größte Zahl r, zu der es r Zeilen- und r Spaltenindizes gibt, so daß $\det A_{(r)}$ aus den Elementen mit genau diesen Indizes besteht und die Determinante den Wert $\det A_{(r)} \neq 0$ hat.

Für $A_{n,m}$ gilt: $r(A) \leq \min(m, n)$, d.h., der Rang $r(A)$ ist nicht größer als die kleinere der beiden Anzahlen der Zeilen bzw. Spalten von A.

Feststellen des Ranges durch Umformung in die *Trapezform*, z.B. mittels GAUSSschem Algorithmus, Austauschverfahren, siehe Abschnitt 5.3.2

♦   Beispiel:

$$r\,(A) = r \begin{pmatrix} 2 & 1 & -2 & 3 \\ -2 & 9 & -4 & 7 \\ -4 & 3 & 1 & -1 \end{pmatrix} = r \begin{pmatrix} 2 & 1 & -2 & 3 \\ 0 & 10 & -6 & 10 \\ 0 & 5 & -3 & 5 \end{pmatrix} = r \begin{pmatrix} 2 & 1 & -2 & 3 \\ 0 & 10 & -6 & 10 \\ 0 & 0 & 0 & 0 \end{pmatrix} = 2$$

Die Unterdeterminanten sind 2. Ordnung.   ♦

$A_{n,\,n}$ ist für $r\,(A) = n$ regulär und umkehrbar (d.h. $\det A \neq 0$),

$r\,(A) < n$ singulär und nicht umkehrbar (d.h. $\det A = 0$).

Defekt, Nullität, Rangabfall

$$d = n - r$$

5.1.1.7 Vektor- und Matrizennormen

Vektornormen von *x*

Die *Norm* $\|x\|$ ($N(x)$) ist eine reelle Zahl, die dem Vektor *x* zugeordnet ist.

Axiome für Vektornormen

- $\|x\| > 0$ für alle $x \in \mathbb{R}^n$, $x \neq o$
- $\|x\| = 0$ für $x = o$
- $\|s \cdot x\| = |s| \cdot \|x\|$ für alle $x, y \in \mathbb{R}^n$ *s* beliebiger Skalar
- $\|x + y\| \leq \|x\| + \|y\|$ für alle $x, y \in \mathbb{R}^n$ *Dreiecksungleichung*

abgeleitet: $\|x\| - \|y\| \leq \|x - y\|$

Spezielle Normen

Maximumnorm, sup-Norm $\|x\|_\infty := \max\limits_{1 \leq i \leq n} |x_i|$

Norm der Komponenten-Betragssumme $\|x\|_1 := \sum\limits_{i=1}^{n} |x_i|$

EUKLID*ische Norm* $\|x\|_2 := \sqrt{\sum\limits_{i=1}^{n} |x_i|^2}$

Matrizennormen von $A_{n,\,n}$

Die *Norm* $\|A\|$ ist eine reelle Zahl, die der Matrix *A* zugeordnet ist.

Axiome für Matrizennormen

- $\|A\| \geq 0$ für alle $A \in \mathbb{R}^{n,n}$
- $\|A\| = 0$ für $A = O$

- $\|s \cdot A\| = |s| \cdot \|A\|$ s beliebiger Skalar
- $\|A + B\| \leq \|A\| + \|B\|$ A, B beliebig, *Dreiecksungleichung*
- $\|A \cdot B\| \leq \|A\| \cdot \|B\|$

Der Vektornorm zugeordnete Matrixnorm:

$\|A\| = \min \{K \geq 0 \mid \|Ax\| \leq K \cdot \|x\|$ für alle $x\}$

Verträglichkeitsbedingung zwischen Vektor- und Matrixnorm

$\|Ax\| \leq \|A\| \cdot \|x\|$ für jede Matrix A und jeden Vektor x

Spezielle Normen, den Vektornormen bez. Indizes zugeordnet:

Zeilensummennorm

$$\|A\|_\infty := \max_{1 \leq i \leq n} \sum_{k=1}^{n} |a_{ik}|$$

Spaltensummennorm

$$\|A\|_1 := \max_{1 \leq k \leq n} \sum_{i=1}^{n} |a_{ik}|$$

Spektralnorm, EUKLID*ische Norm* $\|A\|_2 = \sqrt{\lambda_{max}(A^T A)}$

wobei $\lambda_{max}(A^T A)$ der maximale Eigenwert der Matrix $A^T A$ ist.

Zur Abschätzung der Spektralnorm gilt: $\dfrac{\|A\|_F}{\sqrt{n}} \leq \|A\|_2 \leq \|A\|_F$

FROBENIUS-*Norm*

$$\|A\|_F = \sqrt{\sum_{i,k=1}^{n} |a_{ik}|^2} = \sqrt{A^T A}$$

5.1.1.8 Grenzwert, Differentialquotient, Integral einer Matrix

Limes einer Matrix $A(t)$

Hängt eine Matrix von einem Parameter t ab, versteht man unter der *Grenzmatrix* diejenige Matrix, bei der an jedem Element der Grenzübergang $t \rightarrow t_0$ vollzogen ist.

$$\lim_{t \rightarrow t_0} A(t) = (\lim_{t \rightarrow t_0} a_{ik}(t))$$

Differentialquotient und Integral einer Matrix $A(t)$

Die Elemente der Matrix werden einzeln differenziert bzw. integriert.

$$\frac{d}{dt} A(t) = \left(\frac{d}{dt} a_{ik}(t) \right) \qquad \int_a^b A(t)\, dt = \left(\int_a^b a_{ik}(t)\, dt \right)$$

a_{ik} differenzierbar bzw. integrierbar

5.1.2 Matrizengesetze

5.1.2.1 Gleichheit und Summe zweier Matrizen

Gleichheit und Summe gelten nur für Matrizen gleichen Typs (m, n).

$A = B \ \leftrightarrow \ a_{ik} = b_{ik} \qquad \forall \ i, k$

$C = A \pm B = (a_{ik} \pm b_{ik})_{m,n}$

$A - B = O \ \rightarrow \ A = B$

$\forall \ i, k$

$A + B = B + A$ (Kommutativgesetz)

$(A + B) + C = A + (B + C) = A + B + C$ (Assoziativgesetz)

$A = B \ \rightarrow \ A + C = B + C$

$A \pm O = A$

5

5.1.2.2 Multiplikation von Matrizen

Multiplikation einer Matrix mit einer Zahl (einem Skalar)

$s \cdot A := s \cdot (a_{ik}) = (s \cdot a_{ik})$

$s \cdot (A \pm B) = s \cdot A \pm s \cdot B$ (Distributivgesetz)

$(s \pm t) \cdot A = s \cdot A \pm t \cdot A$ (Distributivgesetz)

$s \cdot (t \cdot A) = (s \cdot t) \cdot A = s \cdot t \cdot A$ (Assoziativgesetz)

$s \cdot A := A \cdot s \equiv S \cdot A = A \cdot S$ (Kommutativgesetz)

In Worten: Multiplikation mit dem Skalar s entspricht einer Multiplikation mit einer Skalarmatrix S.

Umkehrung: Ein gemeinsamer Faktor **jeden** Elements kann vor die Matrix gesetzt werden, gleiche Maßeinheit wird einmal hinter der Matrix angegeben.

♦ Beispiel:

$A = \begin{pmatrix} 7 & 4 \\ -3 & 0 \end{pmatrix} \qquad B = \begin{pmatrix} 4 & 5 \\ 6 & -1 \end{pmatrix} \qquad 2A - 3B = \begin{pmatrix} 2 & -7 \\ -24 & 3 \end{pmatrix}$ ♦

Skalares Produkt, Multiplikation von Zeilen- und Spaltenvektor

Bemerkung: Durch Transposition ist die Bedingung »Zeilenvektor mal Spaltenvektor« stets erreichbar.

$a^T \cdot b = (a_1 \ \dots \ a_n) \cdot \begin{pmatrix} b_1 \\ \vdots \\ b_n \end{pmatrix} = \sum_{i=1}^{n} a_i b_i$ \qquad Ergebnis: ein Skalar

Produkt von Matrizen

Das Element c_{ik} der Produktmatrix $C = A \cdot B$ ergibt sich als skalares Produkt $c_{ik} = a_i^T \cdot b_k$ des Zeilenvektors a_i^T (siehe 5.1.1.1) mit dem Spaltenvektor b_k:

$$(c_{ik})_{m,\,n} = \left(a_i^{\mathrm{T}} \cdot b_k\right)_{m,\,n} = (a_{ij})_{m,\,p} \cdot (b_{jk})_{p,\,n} = \left(\sum_{j=1}^{p} a_{ij} \cdot b_{jk}\right)_{m,\,n}$$

Bedingung: Verkettbarkeit, d.h. Spaltenanzahl von A = Zeilenanzahl von B.
C hat so viele Zeilen wie A und so viele Spalten wie B.

Schema von Falk

Die Elemente c_{ik} der Matrix $C = A \cdot B$ stehen im Kreuzungspunkt der i-ten
Zeile von A und der k-ten Spalte von B und sind deren skalares Produkt.

Der Kontrolle dient die *Zeilensummenprobe* (*Spaltensummenprobe*):

	B	b	Zeilensumme von B
A	$A \cdot B = C$	c	Zeilensumme von C
a	c		

Man fügt den Zeilensummenvektor b als zusätzliche Spalte an und multipliziert diesen skalar zeilenweise mit A, d.h., $A \cdot b = c$, wobei c der Zeilensummenvektor von C ist (analog für Spaltensummen).

♦ Beispiel:

$$C = A \cdot B = \begin{pmatrix} 1 & 3 & 2 \\ 2 & 4 & 1 \end{pmatrix} \cdot \begin{pmatrix} 1 & 0 \\ 2 & 3 \\ 4 & 1 \end{pmatrix}$$

Verkettung: $A_{2,\,3} \cdot B_{3,\,2} = C_{2,\,2}$

$$C = \begin{pmatrix} 1 \cdot 1 + 3 \cdot 2 + 2 \cdot 4 & 1 \cdot 0 + 3 \cdot 3 + 2 \cdot 1 \\ 2 \cdot 1 + 4 \cdot 2 + 1 \cdot 4 & 2 \cdot 0 + 4 \cdot 3 + 1 \cdot 1 \end{pmatrix} = \begin{pmatrix} 15 & 11 \\ 14 & 13 \end{pmatrix}$$

$$\uparrow \ 1 \cdot 3 + 2 \cdot 7 + 4 \cdot 3$$

Das Kommutativgesetz gilt im allgemeinen nicht: $A \cdot B \neq B \cdot A$

A, B heißen *kommutative Matrizen,* falls $A \cdot B = B \cdot A$

Regeln: $s \cdot (A \cdot B) = (s \cdot A) \cdot B = A \cdot (s \cdot B)$ s Skalar

$$(A \cdot B)^{\mathrm{T}} = B^{\mathrm{T}} \cdot A^{\mathrm{T}}$$

$$A = B \ \rightarrow\ \begin{cases} A \cdot C = B \cdot C \\ C \cdot A = C \cdot B \end{cases}$$

$$A_{n,\,m} \cdot E_m = E_n \cdot A_{n,\,m} = A_{n,\,m} \qquad A \cdot O = O \cdot A = O$$

Bemerkungen: $A \cdot B = O$ bedingt **nicht** $A = O$ oder $B = O$.

A, B heißen in diesem Fall *Nullteiler.*

$A \cdot B = A$ bzw. $B \cdot A = B$ bedingt **nicht** $B = E$ bzw. $A = E$.

Distributivgesetze:

$$A \cdot (B + C) = A \cdot B + A \cdot C \qquad \text{(Linksmultiplikation)}$$
$$(A + B) \cdot C = A \cdot C + B \cdot C \qquad \text{(Rechtsmultiplikation)}$$

Potenzen von quadratischen Matrizen A

$$A^0 := E \qquad A^{n+1} := A^n \cdot A$$

Multiplikation mit der Diagonalmatrix D

$$A \cdot D = (a_{ik} d_k) = \begin{pmatrix} a_{11} d_1 & a_{12} d_2 & \dots & a_{1n} d_n \\ a_{21} d_1 & a_{22} d_2 & \dots & a_{2n} d_n \\ \vdots & & & \\ a_{m1} d_1 & a_{m2} d_2 & \dots & a_{mn} d_n \end{pmatrix} \text{(Rechtsmultiplikation)}$$

$$D \cdot A = (a_{ik} d_i) = \begin{pmatrix} a_{11} d_1 & a_{12} d_1 & \dots & a_{1n} d_1 \\ a_{21} d_2 & a_{22} d_2 & \dots & a_{2n} d_2 \\ \vdots & & & \\ a_{m1} d_m & a_{m2} d_m & \dots & a_{mn} d_m \end{pmatrix} \text{(Linksmultiplikation)}$$

Multiplikation von 3 und mehr Matrizen

$$(A \cdot B) \cdot C = A \cdot (B \cdot C) = ABC \qquad \text{(Assoziativgesetz)}$$

Voraussetzung für die Multiplikation ist die Verkettbarkeit:

$$A_{m,\,p} \cdot B_{p,\,q} \cdot C_{q,\,n} = M_{m,\,n}$$

FALK*sches Schema* für mehrere Matrizen: $((A \cdot B) \cdot C) \cdot D \dots$

	B	C	D	...
A	$A \cdot B$	$A \cdot B \cdot C$	$A \cdot B \cdot C \cdot D$	...

5.1.3 Matrizengleichungen

Gleichungsform $AX = B$

• $A_{n,n}$, $B_{n,n}$, det $A \neq 0$	eindeutige Lösung: $X = A^{-1}B$
• mit Spaltenvektor $B_{n,1} = b$	siehe lineare Gleichungssysteme, 5.3
• mit Matrix $B_{n,m}$	siehe GAUSSscher Algorithmus, 5.3.2.2
• $A_{m,n}$, $B_{m,q}$, r (A) = r $(A\,|\,B) < n$	unendlich viele Lösungen
• $A_{m,n}$, $B_{p,q}$, $m \neq p$	keine Lösung

Gleichungsform $X = B + XA$

• $A_{n,n}$, $B_{n,n}$, det $A \neq 0$	eindeutige Lösung: $X = B\,(E - A)^{-1}$

5.1.4 Eigenwerte, Eigenvektoren quadratischer Matrizen

5.1.4.1 Allgemeines

Das Bestimmen der Eigenwerte und Eigenvektoren einer (n, n)-Matrix (z.B. Matrix einer affinen Abbildung) heißt **Eigenwertaufgabe**.

Eigenwertgleichung, zu Ax proportionaler Vektor λx:

$$Ax = \lambda x \qquad \text{bzw.} \qquad (A - \lambda E)\,x = o \qquad x \neq o$$

λ Eigenwerte der Matrix A ($\lambda \in \mathbb{C}$), E Einheitsmatrix, x Eigenvektor

Charakteristische Gleichung der Matrix *A*

det $(A - \lambda E) = 0$ (Schreibweise nach DIN 1303 det $(\lambda E - A) = 0$)

Eigenwerte λ_i der Matrix *A*

Die *Eigenwerte* λ_i einer Matrix sind die Nullstellen der charakteristischen Gleichung $p_n(\lambda) = \det (A - \lambda E) = 0$

$$\det (A - \lambda E) = \begin{vmatrix} a_{11} - \lambda & a_{12} & \dots & a_{1n} \\ a_{21} & a_{22} - \lambda & \dots & a_{2n} \\ \vdots & & \ddots & \\ a_{n1} & \dots & & a_{nn} - \lambda \end{vmatrix} = 0$$

$$p_n(\lambda) = a_0 + a_1 \lambda + \dots + a_{n-1}\lambda^{n-1} + (-\lambda)^n$$

Die Koeffizienten von $p_n(\lambda)$ bestimmen die *Invarianten* I_k von A:

$$I_0 = 1, \ \ I_1 = \text{sp}\,A, \ \ I_n = \det A$$

Zu den Eigenwerten λ_i gehören die **Eigenvektoren** x_i von A

$$(A - \lambda_i E)\, x_i = o \qquad x_i \in \mathbb{C}^n,\, x_i \neq o$$

Lösbarkeitsregel

Rang $r\,(A - \lambda E) = n$ nur *triviale Lösungen* $x = o$

                $< n$ nichttriviale Lösungen $x \neq o$

Nur für die Eigenwerte λ_i besitzt das Gleichungssystem nichttriviale Lösungen.

Ist x Eigenvektor, dann ist es auch $\alpha \cdot x$ mit $\alpha \in \mathbb{R}^*$. Die Lösungsmenge x bildet einen Vektorraum, den zu λ_i gehörenden *Eigenraum* von A.

(λ, x) heißt *Eigenpaar*.

5

Matrizen mit gleichem *charakteristischem Polynom* $p_n(\lambda)$ und damit gleichen Eigenwerten heißen *ähnliche Matrizen*. Für ihre Eigenwerte gilt:

$$\det A = \prod_{i=1}^{n} \lambda_i \qquad \mathrm{sp}\, A = \sum_{i=1}^{n} \lambda_i$$

Geometrische Deutung: Bei einer affinen Abbildung mit der Matrix A bestimmen die Eigenwerte diejenigen Eigenvektoren, deren Richtung bei einer Abbildung erhalten bleiben (Parallele/antiparallele Geraden in Urbild und Bild).

♦   Beispiel:

Vektorabbildung $x' = Ax$ mit $A = \begin{pmatrix} 2 & -5 \\ 1 & -4 \end{pmatrix}$ $x' = \begin{pmatrix} x'_1 \\ x'_2 \end{pmatrix}$ $x = \begin{pmatrix} x_1 \\ x_2 \end{pmatrix}$

Gesucht sind Eigenwerte und Eigenvektoren von A.

Koordinatengleichungen $\begin{cases} 2x_1 - 5x_2 = \lambda x_1 \\ 1x_1 - 4x_2 = \lambda x_2 \end{cases}$ bzw. $\begin{cases} (2 - \lambda)\, x_1 - 5x_2 = 0 \\ x_1 - (4 + \lambda)\, x_2 = 0 \end{cases}$

Matrizengleichung $(A - \lambda E)\, x = \begin{pmatrix} 2 - \lambda & -5 \\ 1 & -4 - \lambda \end{pmatrix} x = o$

$\det \begin{pmatrix} 2 - \lambda & -5 \\ 1 & -4 - \lambda \end{pmatrix} = 0 \;\rightarrow\; (2 - \lambda)\,(-4 - \lambda) - 1 \cdot (-5) = 0$

$$\lambda^2 + 2\lambda - 3 = 0 \text{ ergibt } \lambda_1 = 1,\, \lambda_2 = -3$$

Mit λ_1 ergibt sich eine Gleichung mit 2 Unbekannten $x_1 - 5x_2 = 0$

Lösungsmenge (Eigenraum): $L_1 = \left\{ t \cdot \begin{pmatrix} 5 \\ 1 \end{pmatrix}, t \in \mathbb{R} \right\}$ bzw. $\begin{pmatrix} x_1 \\ x_2 \end{pmatrix} = t \cdot \begin{pmatrix} 5 \\ 1 \end{pmatrix}$

mit λ_2 und $x_1 - x_2 = 0$ $L_2 = \left\{ t \cdot \begin{pmatrix} 1 \\ 1 \end{pmatrix}, t \in \mathbb{R} \right\}$ bzw. $\begin{pmatrix} x_1 \\ x_2 \end{pmatrix} = t \cdot \begin{pmatrix} 1 \\ 1 \end{pmatrix}$

Ergebnis:

Geraden mit den Richtungsvektoren $t \cdot \begin{pmatrix} 5 \\ 1 \end{pmatrix}$ und $t \cdot \begin{pmatrix} 1 \\ 1 \end{pmatrix}$ werden bei der Vektorab-

dung $x' = \begin{pmatrix} 2 & -5 \\ 1 & -4 \end{pmatrix} x$ auf Vielfache von sich
selbst abgebildet.

Bildgerade und Urbildgerade stimmen überein.

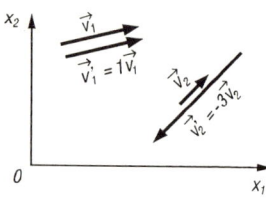

♦

Diagonalähnliche Matrix

Eine quadratische Matrix $A_{n,n}$, die zu k_i-fachen Eigenwerten λ_i, $i = 1, ..., j$,
stets k_i ($k_1 + ... + k_j = n$) linear unabhängige Eigenvektoren x und insgesamt
n linear unabhängige Eigenvektoren zur Gesamtheit ihrer Eigenwerte λ_i,
$i = 1, ..., n$, besitzt, heißt *diagonalähnlich* (n-dimensionaler Vektorraum
$V^n = \mathbb{R}^n$ der n Eigenvektoren).
Es wird so normiert, daß $\|x_i\|_2 = |x_i| = 1$.

Orthogonale Eigenvektormatrix *(Modalmatrix)*

$$X^T = (x_1, x_2, ..., x_n) = (x_i) \quad \text{mit } x_i^T = (x_{i1,} x_{i2,} ..., x_{in}), i = 1, ..., n$$

$$\det X \neq 0 \qquad X^T \cdot X = E \qquad X^T = X^{-1}$$

Spektralmatrix der Eigenwerte

$$\hat{D} = \text{diag }(\lambda_i) = \begin{pmatrix} \lambda_1 & & O \\ & \ddots & \\ O & & \lambda_n \end{pmatrix}$$

Jede symmetrische Matrix $A_{n,n}$ mit n linear unabhängigen Eigenvektoren x_i
gestattet eine orthogonale Transformation auf die *Hauptdiagonalform*, d.h.,
für jede Matrix $A_{n,n}$ läßt sich eine orthogonale Matrix X finden, so daß

$$\hat{D} = X^{-1}AX = X^TAX \qquad \text{äquivalent} \qquad A = X\hat{D}X^T$$

Entwicklungssatz

Jeder Vektor $z \neq o$ des Vektorraum $\mathbb{R}^n$ läßt sich als Linearkombination
von n linear unabhängigen Eigenvektoren x_i, $i = 1, ..., n$, darstellen:

$z = c_1x_1 + c_2x_2 + ... + c_nx_n$ c_i Konstante, mindestens ein $c_i \neq 0$

Die Eigenwerte hermitescher Matrizen, $(h_{ik}) = (\overline{h_{ki}})$, sind reell, die zu verschiedenen Eigenwerten gehörende Eigenvektormatrix ist unitär $\overline{X}^T = X^{-1}$
(speziell orthogonal für reelle symmetrische Matrizen):

$$\overline{x_i}^T x_k = \delta_{ik} = \begin{cases} 1 & \text{für } i = k \\ 0 & \text{für } i \neq k \end{cases}$$

5.1.4.2 Transformationsverfahren (siehe auch 8.2.6 und 8.3.7)

Orthogonale Ähnlichkeitstransformation einer Matrix $A_{n,n}$

Schrittverfahren ($\rightarrow$ Schrittübergang)

$$A = A_1 \rightarrow A_2 \rightarrow \dots \rightarrow A_k \rightarrow A_{k+1} = Q_k^{\mathrm{T}} A_k Q_k \qquad k = 1, 2, \dots$$
$$A \rightarrow \overline{A} = Q^{-1} A Q = Q^{\mathrm{T}} A Q$$

Orthogonale Transformationsmatrix Q: $Q^{\mathrm{T}} \cdot Q = E$

Transformation einer Matrix A auf die obere Hessenbergform $\widetilde{A}$

Zur Verringerung des Rechenaufwandes bei der Faktorisierung läßt sich jede (n, n)-Matrix A ($a_{ik} \in \mathbb{R}$) mit Hilfe symmetrischer, orthogonaler HOUSEHOLDER-*Matrizen* in die obere HESSENBERG-*Form* transformieren. Die obere HESSEN-BERG-Matrix $\widetilde{A}$ hat die gleichen Eigenwerte wie die Matrix A.

Ist A symmetrisch, wird die obere HESSENBERG-Matrix $\widetilde{A}$ ebenfalls symmetrisch und tridiagonal (HOUSEHOLDER-*Tridiagonalisierung*).

$$\widetilde{A} = \begin{pmatrix} \widetilde{a}_{11} & \widetilde{a}_{12} & \dots & & \widetilde{a}_{1n} \\ \widetilde{a}_{21} & \widetilde{a}_{22} & \dots & & \widetilde{a}_{2n} \\ & \widetilde{a}_{32} & \widetilde{a}_{33} & \dots & \widetilde{a}_{3n} \\ & & \ddots & \ddots & \vdots \\ \boldsymbol{O} & & & \widetilde{a}_{n,n-1} & \widetilde{a}_{nn} \end{pmatrix} = (\widetilde{a}_{ik}) \qquad \widetilde{a}_{ik} = 0 \text{ für } i \geq k + 2$$

Algorithmus

Gegeben: $A_{n,n} = (a_{ik})$

Gesucht: A auf HESSENBERG-Form $\widetilde{A}$ transformiert

Man setzt $A_1 := \left(a_{ik}^{(1)} \right) = A$

$$A_{k+1} := H_k \cdot A_k \cdot H_k \qquad\qquad k = 1, \dots, (n-2)$$

Letzter Schritt: $A_{n-1} := H_{n-2} \cdot A_{n-2} \cdot H_{n-2} = \left(a_{ik}^{(n-1)} \right)$ (HESSENBERG-Form)

(1) Berechnung der $(n - i, n - i)$-reihigen HOUSEHOLDER-Matrizen $\widetilde{H}_i$

$$\widetilde{H}_k = E_{n-k} - \frac{2 v_k \cdot v_k^{\mathrm{T}}}{\|v_k\|^2}$$

$$v_k = \begin{pmatrix} a_{k+1,k}^{(k)} + \operatorname{sgn}\left(a_{k+1,k}^{(k)} \right) \cdot \|a_k^{(k)}\| \\ a_{k+2,k} \\ \vdots \\ a_{nk}^{(k)} \end{pmatrix} \qquad a_k^{(k)} = \begin{pmatrix} a_{k+1,k}^{(k)} \\ a_{k+2,k}^{(k)} \\ \vdots \\ a_{nk}^{(k)} \end{pmatrix}$$

d.i. die k-te Spalte von A_k ohne $a_{kk}^{(k)}$

Die Transformationsmatrix im ersten Schritt lautet $H_1 = \begin{pmatrix} 1 & 0 & \dots & 0 \\ 0 & & & \\ \vdots & & \tilde{H}_1 & \\ 0 & & & \end{pmatrix}$

mit der $(n-1, n-1)$-HOUSEHOLDER-Matrix $\tilde{H}_1$ aus dem Vektor

$$v_1 = \begin{pmatrix} a_{21}^{(1)} + \operatorname{sgn}(a_{21}^{(1)}) \cdot \|a_1^{(1)}\| \\ a_{31} \\ \vdots \\ a_{n1}^{(1)} \end{pmatrix} \qquad \text{mit} \quad a_1^{(1)} = \begin{pmatrix} a_{21}^{(1)} \\ a_{31}^{(1)} \\ \vdots \\ a_{n1}^{(1)} \end{pmatrix}$$

(2) Man setzt $\quad H_k = \begin{pmatrix} E_k & O \\ \hline O & \tilde{H}_k \end{pmatrix} \begin{matrix} \to k \\ \to n-k \end{matrix}$ und berechnet $A_{k+1} := H_k A_k H_k = \left(a_{ik}^{(k+1)} \right)$

$A_{n-1} = \tilde{A}$ besitzt dann die obere HESSENBERG-Form.

Für die Anfangswerte lautet diese Beziehung:

$$A_1 = \begin{pmatrix} a_{11}^{(1)} & a_{12}^{(1)} & \dots & a_{1n}^{(1)} \\ a_{21}^{(1)} & & & \\ \vdots & & \tilde{A}_1 & \\ a_{n1}^{(1)} & & & \end{pmatrix} \quad \text{daraus } A_2 := H_1 A_1 H_1 = \begin{pmatrix} a_{11}^{(1)} & * & \dots & * \\ * & & & \\ 0 & & \tilde{H}_1 \tilde{A}_1 \tilde{H}_1 & \\ \vdots & & & \\ 0 & & & \end{pmatrix}$$

Fortsetzung des Verfahrens auf $\tilde{H}_1 \tilde{A}_1 \tilde{H}_1$ wie oben, insgesamt $(n-2)$ Transformationen führen auf die obere HESSENBERG-Form.

5.1.4.3 QR-Zerlegung

Allgemeines Verfahren zur Bestimmung der Eigenwerte einer Matrix $A_{n,n}$

Empfehlung: A zunächst auf die obere HESSENBERG-Form transformieren

Algorithmus

Gegeben: $A_{n,n} = (a_{ik})$, nicht singulär, auch komplex
Gesucht: Sämtliche Eigenwerte von A

(1)   Man setzt $A_1 := A$

(2.1) Faktorisierung $A_i = Q_i R_i$ für alle $i = 1, 2, 3, \dots$, Q orthogonal ($Q^{-1} = Q^{\mathrm{T}}$) bzw.
      unitär ($Q^{-1} = \overline{Q}^{\mathrm{T}}$), R_i obere Dreiecksmatrix
(2.2) Matrizenmultiplikation $A_{i+1} = R_i Q_i$ für alle $i = 1, 2, 3, \dots$

Unter gewissen Voraussetzungen, etwa für $\left| \lambda_1 \right| > \left| \lambda_2 \right| > \dots > \left| \lambda_n \right| > 0$ gilt:

$$\lim_{i \to \infty} A_i = \begin{pmatrix} \lambda_1 & \dots & * \\ & \ddots & \vdots \\ O & & \lambda_n \end{pmatrix}$$

5.1.4.4 Iterationsverfahren nach v. Mises

Das Verfahren ist für die Bestimmung des betragsgrößten bzw. betragskleinsten Eigenwertes und der zugehörigen Eigenvektoren empfehlenswert.

Betragsgrößter Eigenwert

Gegeben: EWA $Ax - \lambda x = (A - \lambda E)\, x = o$ $\qquad$ A diagonalähnlich, reell

linear unabhängige Eigenvektoren $x_i \in \mathbb{R}^n$, $i = 1, \ldots, n$

Iterationsvorschrift

$$z^{(v+1)} := A z^{(v)} \text{ mit } z^{(v)} = \begin{pmatrix} z_1^{(v)} \\ \vdots \\ z_n^{(v)} \end{pmatrix} \qquad v = 0, 1, 2, \ldots; \; z^{(0)} \neq o, \text{ beliebig}$$

Gemäß Entwicklungssatz ist $z^{(0)} = \sum\limits_{i=1}^{n} c_i x_i$ $\quad$ $c_i \neq 0$ für mindestens ein i

Mit $Ax_i = \lambda x_i$ ergibt sich $z^{(v)} = c_1 \lambda_1^v x_1 + \ldots + c_n \lambda_n^v x_n$.

Quotienten der i-ten Komponenten

$$q_i^{(v)} = \frac{z_i^{(v+1)}}{z_i^{(v)}} = \frac{c_1 \lambda_1^{v+1} x_{1i} + \ldots + c_n \lambda_n^{v+1} x_{ni}}{c_1 \lambda_1^v x_{1i} + \ldots + c_n \lambda_n^v x_{ni}}$$

$$= \lambda_1 \cdot \frac{c_1 x_{1i} + c_2 \left(\dfrac{\lambda_2}{\lambda_1}\right)^{v+1} \cdot x_{2i} + \ldots + c_n \left(\dfrac{\lambda_n}{\lambda_1}\right)^{v+1} \cdot x_{ni}}{c_1 x_{1i} + c_2 \left(\dfrac{\lambda_2}{\lambda_1}\right)^{v} \cdot x_{2i} + \ldots + c_n \left(\dfrac{\lambda_n}{\lambda_1}\right)^{v} \cdot x_{ni}}$$

In der Praxis wird jede Koordinate von $z^{(v)}$ durch die betragsgrößte dividiert, um ein Anwachsen der $z_i^{(v)}$ zu vermeiden.

Fall 1: $|\lambda_1| > |\lambda_2| \geq \ldots \geq |\lambda_n|$, einfache Eigenwerte

(1) $\quad c_1 \neq 0, x_{1i} \neq 0 \quad q_i^{(v)} = \lambda_1 + O\left(\left|\dfrac{\lambda_2}{\lambda_1}\right|^v\right)$ $\qquad$ O Fehlerordnung, *Landau–Symbol*, s. u.

$\quad$ bzw. $\lim\limits_{v \to \infty} q_i^{(v)} = \lambda_1$ und $x_1 \approx \dfrac{z^{(v)}}{|z^{(v)}|}$ $\qquad$ (normierter Eigenvektor)

$\quad$ Für die übrigen λ_i siehe (2).

(2) $\quad c_1 = 0$ oder $x_{1i} = 0 \quad c_2 \neq 0, \qquad x_{2i} \neq 0 \qquad |\lambda_2| > |\lambda_3| \geq \ldots \geq |\lambda_n|$

$\quad c_1 = 0$ heißt, $z^{(0)}$ hat keine Komponente in Richtung x_1.

$$q_i^{(v)} = \lambda_2 + O\left(\left|\dfrac{\lambda_3}{\lambda_2}\right|^v\right) \qquad \text{bzw. } \lim\limits_{v \to \infty} q_i^{(v)} = \lambda_2$$

$$\frac{z^{(\nu)}}{\left|z^{(\nu)}\right|} \approx \begin{cases} x_1 \text{ für } c_1 \neq 0 \\ x_2 \text{ für } c_1 = 0 \end{cases} \qquad \lambda_2 \approx q_i^{(\nu)} \qquad \text{für } c_1 = 0,\, c_2 \neq 0,\, x_{2i} \neq 0$$

$$\text{oder für } c_1 \neq 0,\, x_{1i} = 0,\, i = 1, \ldots, n$$

(3) $c_i = 0$ für $i = 1, \ldots, j$, $c_{j+1} \neq 0$, $x_{j+1,i} \neq 0$, $\left|\lambda_{j+1}\right| > \left|\lambda_{j+2}\right| \geq \ldots \geq \left|\lambda_n\right|$

$$q_i^{(\nu)} \approx \lambda_{j+1} \qquad \frac{z^{(\nu)}}{\left|z^{(\nu)}\right|} \approx x_{j+1}$$

Fall 2: $\lambda_1 = \lambda_2 = \ldots = \lambda_p$, $\left|\lambda_p\right| > \left|\lambda_{p+1}\right| \geq \ldots \geq \left|\lambda_n\right|$, mehrfache Eigenwerte

$$q_i^{(\nu)} = \lambda_1 + O\left(\left|\frac{\lambda_{p+1}}{\lambda_p}\right|^{\nu}\right) \quad \text{bzw.} \quad \lim_{\nu \to \infty} q_i^{(\nu)} = \lambda_1 \qquad \begin{array}{l} O \text{ Fehlerordnung,} \\ \textit{Landau-Symbol}, \text{ s. u.} \end{array}$$

für $c_1 x_{1i} + c_2 x_{2i} + \ldots + c_p x_{pi} \neq 0$, p linear unabhängige Ausgangsvektoren in der Darstellung von $z^{(0)}$

$$z^{(\nu)} \sim \lambda_1^{\nu}\left(c_1^{(r)} x_1 + c_2^{(r)} x_2 + \ldots + c_p^{(r)} x_p\right) = y_r \quad r = 1, \ldots, p, \; \nu = 0, 1, 2, \ldots$$

Die p Vektoren y_r bilden eine Basis des Eigenraums zu λ_1. Die Eigenvektoren x_i, $i = 1, \ldots, p$ stehen nur als Linearkombination y_r zur Verfügung.

Fall 3: $\lambda_1 = -\lambda_2$, $\left|\lambda_1\right| > \left|\lambda_3\right| \geq \ldots \geq \left|\lambda_n\right|$

$$\tilde{q}_i^{(\nu)} := \frac{z_i^{(\nu+2)}}{z_i^{(\nu)}} = \lambda_i^2 + O\left(\left|\frac{\lambda_3}{\lambda_1}\right|^{\nu}\right) \quad \text{bzw.} \quad \lim_{\nu \to \infty} \tilde{q}_i^{(\nu)} = \lambda_1^2 \qquad \begin{array}{l} O \text{ Fehlerordnung,} \\ \textit{Landau-Symbol}, \text{ s. u.} \end{array}$$

$$\tilde{\lambda}_{1,2} = \pm \sqrt{\tilde{q}_i^{(\nu)}} \approx \lambda_{1,2}$$

$$x_{1,2} \approx \frac{z^{(\nu+1)} \pm \tilde{\lambda}_1 z^{(\nu)}}{\left|z^{(\nu+1)} \pm \tilde{\lambda}_1 z^{(\nu)}\right|} \qquad \text{(Minuszeichen für } x_2\text{)}$$

Landau-Symbol O (Definition von o, O siehe Kap. 1, Grenzwert)

$$f(x) = O(g(x)) \quad \text{sprich } »f(x) \text{ groß } O \text{ von } g(x)«$$

speziell für $x \to 0$ heißt das: es existiert eine Konstante $K > 0$, so daß

$$\left|f(x)\right| \leq K \left|g(x)\right| \text{ für genügend kleines } |x|$$

Analog ist $f(x) = O(g(x))$ für $x \to \infty$ definiert.

Betragskleinster Eigenwert $\hat{\lambda}$

Man setzt $\lambda = 1/\kappa$ und erhält aus der Eigenwertgleichung $Ax = \lambda x$ die transformierte Eigenwertaufgabe (EWA) $A^{-1}x = \kappa x$.

Die Vorschrift $z^{(\nu+1)} = A^{-1}z^{(\nu)}$ (Verfahren nach v. MISES) liefert aus $Az^{(\nu+1)} = z^{(\nu)}$ mittels GAUSSschem Algorithmus den betragsgrößten Eigenwert $\hat{\kappa}$ von A^{-1}.

Betragskleinster Eigenwert $\hat{\lambda}$ von A:

$$\hat{\lambda} = 1/\hat{\kappa}$$

5.2 Determinanten

Zur Definition der *n-reihigen Determinante* siehe Matrizen, 5.1.1.6.

$$\det A = \begin{vmatrix} a_{11} \cdots a_{1n} \\ \vdots \\ a_{n1} \cdots a_{nn} \end{vmatrix} \qquad a_{ik}\ \text{Elemente der Determinante}$$

$\det (A \cdot B) = \det A \cdot \det B$ für $A_{n,\,n}$, $B_{n,\,n}$ (Multiplikationstheorem)

Ist die Matrix A singulär (nicht regulär, nicht invertierbar), gilt $\det A = 0$.

5.2.1 Berechnung von Determinanten

Zweireihige Determinanten

$$\det A = \begin{vmatrix} a_{11} & a_{12} \\ a_{21} & a_{22} \end{vmatrix} = a_{11}a_{22} - a_{12}a_{21}$$

♦ Beispiel:

$$\det A = \begin{vmatrix} 2 & 4 \\ 6 & 7 \end{vmatrix} = 2 \cdot 7 - 4 \cdot 6 = -10 \qquad ♦$$

Dreireihige Determinanten, Regel von Sarrus

Man fügt die ersten beiden Spalten der Determinante rechts nochmals an und bildet die Summe der Produkte parallel der Haupt- (positiv) und parallel der Nebendiagonalen, hier von rechts oben nach links unten (negativ).

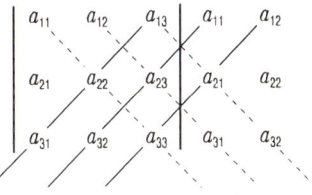

♦ Beispiel:

$$\begin{vmatrix} 2 & 1 & 9 \\ 1 & -2 & -3 \\ 3 & 5 & 4 \end{vmatrix} \begin{matrix} 2 & 1 \\ 1 & -2 \\ 3 & 5 \end{matrix} = 2 \cdot (-2) \cdot 4 + 1 \cdot (-3) \cdot 3 + 9 \cdot 1 \cdot 5$$

$$- 3 \cdot (-2) \cdot 9 - 5 \cdot (-3) \cdot 2 - 4 \cdot 1 \cdot 1 = 100 \qquad ♦$$

n-reihige Determinante, Laplacescher Entwicklungssatz

Der *Wert einer n-reihigen Determinante* wird rekursiv durch Entwickeln nach den Elementen der i-ten Zeile oder k-ten Spalte bestimmt:

$$\det A = \sum_{k=1}^{n} a_{ik} \cdot \operatorname{cof}_{ik} A \qquad i = 1 \vee 2 \vee \ldots \vee n$$

Kofaktor, Adjunkte (5.1.1.6): $\operatorname{cof}_{ik} A = (-1)^{i+k} \det A_{ik}$, veraltet $\operatorname{cof}_{ik} A = A_{ik}$

Zum Beispiel Entwicklung nach der 1. Zeile

$$\det A = \begin{vmatrix} a_{11} & a_{12} & a_{13} \\ a_{21} & a_{22} & a_{23} \\ a_{31} & a_{32} & a_{33} \end{vmatrix} = a_{11} \cdot \text{cof}_{11} A + a_{12} \cdot \text{cof}_{12} A + a_{13} \cdot \text{cof}_{13} A$$

$$= a_{11} \det A_{11} - a_{12} \det A_{12} + a_{13} \det A_{13}$$

$$= a_{11} \begin{vmatrix} a_{22} & a_{23} \\ a_{32} & a_{33} \end{vmatrix} - a_{12} \begin{vmatrix} a_{21} & a_{23} \\ a_{31} & a_{33} \end{vmatrix} + a_{13} \begin{vmatrix} a_{21} & a_{22} \\ a_{31} & a_{32} \end{vmatrix}$$

In der Praxis entwickelt man nach der Zeile (Spalte) mit den meisten Nullen.

♦   Beispiel:

Entwicklung nach der ersten Zeile von $D = \begin{vmatrix} 3 & 7 & 4 & 6 \\ 10 & 5 & 9 & 6 \\ 1 & 2 & 7 & 8 \\ 5 & 4 & 2 & 9 \end{vmatrix}$

$$D = 3 \begin{vmatrix} 5 & 9 & 6 \\ 2 & 7 & 8 \\ 4 & 2 & 9 \end{vmatrix} - 7 \begin{vmatrix} 10 & 9 & 6 \\ 1 & 7 & 8 \\ 5 & 2 & 9 \end{vmatrix} + 4 \begin{vmatrix} 10 & 5 & 6 \\ 1 & 2 & 8 \\ 5 & 4 & 9 \end{vmatrix} - 6 \begin{vmatrix} 10 & 5 & 9 \\ 1 & 2 & 7 \\ 5 & 4 & 2 \end{vmatrix} = -2\,516$$ ♦

Die Summe der Produkte der Adjunkten mit den Elementen einer parallelen Zeile (Spalte) ist Null:

$$\sum_{i=1}^{n} a_{ik} \cdot \text{cof}_{il} A = \begin{cases} \det A & \text{für } k = l \\ 0 & \text{für } k \neq l \end{cases}$$

♦   Beispiel:

Entwicklung nach der 1. Spalte von $\det A = \begin{vmatrix} 2 & 7 & 13 \\ 4 & 6 & 9 \\ 16 & 3 & 8 \end{vmatrix}$.

$\det A_{11} = \begin{vmatrix} 6 & 9 \\ 3 & 8 \end{vmatrix} = 21$ $\det A_{21} = \begin{vmatrix} 7 & 13 \\ 3 & 8 \end{vmatrix} = 17$ $\det A_{31} = \begin{vmatrix} 7 & 13 \\ 6 & 9 \end{vmatrix} = -15$

Multiplikation der Kofaktoren mit der 2. Spalte ergibt Null:

$a_{12} \text{cof}_{11} A + a_{22} \text{cof}_{21} A + a_{32} \text{cof}_{31} A = 7 \cdot 21 + 6 \cdot (-17) + 3 \cdot (-15) = 0$ ♦

5.2.2   Rechenregeln

1. Vertauschen der Zeilen mit den gleichstelligen Spalten (Transposition, *Stürzen*) ändert den Wert der Determinante nicht.

   $\det A = \det A^{\text{T}}$

2. Vertauschen von zwei parallelen Zeilen oder Spalten ändert das Vorzeichen der Determinante.

♦ Beispiele:

$$(1)\quad \begin{vmatrix} 2 & 7 & 13 \\ 4 & 6 & 9 \\ 16 & 3 & 8 \end{vmatrix} = \begin{vmatrix} 2 & 4 & 16 \\ 7 & 6 & 3 \\ 13 & 9 & 8 \end{vmatrix} \qquad (2)\quad \begin{vmatrix} 2 & 7 & 13 \\ 4 & 6 & 9 \\ 16 & 3 & 8 \end{vmatrix} = -\begin{vmatrix} 4 & 6 & 9 \\ 2 & 7 & 13 \\ 16 & 3 & 8 \end{vmatrix}$$ ♦

3. Ein allen Elementen einer Zeile oder Spalte gemeinsamer Faktor kann herausgezogen werden. Umkehrung: *Multiplikation einer Determinante mit einem Skalar* wird durch Multiplikation aller Elemente einer beliebigen Zeile oder Spalte mit dem Skalar ausgeführt. Man beachte den Unterschied zur Matrix! $\det(k \cdot A_{n,n}) = k^n \cdot \det A_{n,n}$

♦ Beispiele:

$$(1)\quad \begin{vmatrix} 2 & 7 & 13 \\ 4 & 6 & 9 \\ 16 & 3 & 8 \end{vmatrix} = 2 \cdot \begin{vmatrix} 1 & 7 & 13 \\ 2 & 6 & 9 \\ 8 & 3 & 8 \end{vmatrix} \qquad (2)\; 5 \cdot \begin{vmatrix} 2 & 7 & 13 \\ 4 & 6 & 9 \\ 16 & 3 & 8 \end{vmatrix} = \begin{vmatrix} 2 & 35 & 13 \\ 4 & 30 & 9 \\ 16 & 15 & 8 \end{vmatrix}$$ ♦

4. $\det A = 0 \Leftrightarrow$ die Zeilen (Spalten) sind voneinander linear abhängig, d.h.

• die Elemente von zwei parallelen Zeilen oder Spalten sind proportional
• die Elemente einer Zeile (Spalte) sind Linearkombinationen der Elemente paralleler Zeilen (Spalten) oder
• alle Elemente einer Zeile oder Spalte sind Null.

♦ Beispiel:

$$\begin{array}{c} \rightarrow \\ \rightarrow \end{array} \begin{vmatrix} 2 & 7 & 13 \\ 4 & 6 & 9 \\ 8 & 12 & 18 \end{vmatrix} = 0 \qquad \begin{array}{l} 2 \cdot (1.\,\text{Zeile}) + \\ 3 \cdot (2.\,\text{Zeile}) \rightarrow \end{array} \begin{vmatrix} 2 & 7 & 13 \\ 4 & 6 & 9 \\ 16 & 32 & 53 \end{vmatrix} = 0$$ ♦

5. Addition eines Vielfachen der Elemente einer Zeile (Spalte) zu einer parallelen Zeile (Spalte) ändert den Wert der Determinante nicht.

♦ Beispiel:

$$\begin{vmatrix} 2 & 7 & 13 \\ 4 & 6 & 9 \\ 16 & 3 & 8 \end{vmatrix} = \begin{vmatrix} 2 & 7 & 13 \\ 4 & 6 & 9 \\ 16+5\cdot4 & 3+5\cdot6 & 8+5\cdot9 \end{vmatrix}$$ ♦

6. Determinanten, die sich nur in einer Zeile (Spalte) unterscheiden, können addiert werden, indem in der Summendeterminante die Elemente dieser unterschiedlichen Zeile (Spalte) addiert werden und alle übrigen erhalten bleiben.

♦ Beispiel:

$$\begin{vmatrix} 2 & 7 & 13 \\ 4 & 6 & 9 \\ 16 & 3 & 8 \end{vmatrix} + \begin{vmatrix} 2 & 7 & 13 \\ 5 & -2 & 9 \\ 16 & 3 & 8 \end{vmatrix} = \begin{vmatrix} 2 & 7 & 13 \\ 9 & 4 & 18 \\ 16 & 3 & 8 \end{vmatrix}$$ ♦

5.2.3   Praktische Berechnung einer Determinante

(1) Gemeinsame Faktoren von Zeilen (Spalten) herausziehen
(2) Mit Umformungen gemäß Rechenregel 5 werden alle Elemente
    einer Zeile oder Spalte bis auf eines zum Verschwinden gebracht.
(3) Die Determinante wird nach dieser Zeile (Spalte) entwickelt.
(4) Wiederholung bis zu 3reihigen Unterdeterminante(n)

Merkregel: Sollen in einer Zeile (Spalte) Nullen erzeugt werden, so sind
Spalten (Zeilen) oder ihr Vielfaches zu addieren.

♦   Beispiel:

$$\det A = \begin{vmatrix} 1 & 7 & 5 & 4 \\ -4 & 4 & 12 & 8 \\ 2 & 6 & 9 & -2 \\ 3 & 1 & 7 & 3 \end{vmatrix} \overset{1)}{=} 4 \cdot \begin{vmatrix} 1 & 7 & 5 & 4 \\ -1 & 1 & 3 & 2 \\ 2 & 6 & 9 & -2 \\ 3 & 1 & 7 & 3 \end{vmatrix}$$

$$\overset{2)}{=} 4 \cdot \begin{vmatrix} 0 & 8 & 8 & 6 \\ -1 & 1 & 3 & 2 \\ 2 & 6 & 9 & -2 \\ 3 & 1 & 7 & 3 \end{vmatrix} \overset{3)}{=} 4 \cdot \begin{vmatrix} 0 & 8 & 8 & 6 \\ -1 & 1 & 3 & 2 \\ 0 & 8 & 15 & 2 \\ 3 & 1 & 7 & 3 \end{vmatrix}$$

$$\overset{4)}{=} 4 \cdot \begin{vmatrix} 0 & 8 & 8 & 6 \\ -1 & 1 & 3 & 2 \\ 0 & 8 & 15 & 2 \\ 0 & 4 & 16 & 9 \end{vmatrix} \overset{5)}{=} 4 \cdot 1 \cdot \begin{vmatrix} 8 & 8 & 6 \\ 8 & 15 & 2 \\ 4 & 16 & 9 \end{vmatrix} = 4 \cdot (1912 - 1192) = 2880$$

Kommentar: [1] gemeinsamer Faktor der 2. Zeile herausgezogen

[2] Zeile 2 zu Zeile 1 addiert

[3] zweifache Zeile 2 zu Zeile 3 addiert

[4] dreifache Zeile 2 zu Zeile 4 addiert

[5] entwickelt nach den Elementen der 1. Spalte   ♦

5.3   Lineare Gleichungssysteme

Manuell lösbare Systeme mit 2 bis 4 Variablen siehe 4.2.2.

5.3.1   Allgemeines

Einteilung linearer Gleichungssysteme

(m, n)-Gleichungssystem mit m linearen Gleichungen und n Variablen x_k

$$\begin{cases} a_{11}x_1 + a_{12}x_2 + \ldots + a_{1n}x_n = b_1 \\ a_{21}x_1 + a_{22}x_2 + \ldots + a_{2n}x_n = b_2 \\ \vdots \\ a_{m1}x_1 + a_{m2}x_2 + \ldots + a_{mn}x_n = b_m \end{cases}$$

Summenschreibweise: $\displaystyle\sum_{k=1}^{n} a_{ik}x_k = b_i$ Nummer der Gleichung $i = 1, ..., m$
Nummer der Variablen $k = 1, ..., n$

Matrizenschreibweise (Matrizengleichung): $Ax = b$ mit

$$A = \begin{pmatrix} a_{11} \cdots a_{1n} \\ \vdots \\ a_{m1} \cdots a_{mn} \end{pmatrix} \quad x = \begin{pmatrix} x_1 \\ \vdots \\ x_n \end{pmatrix} \quad b = \begin{pmatrix} b_1 \\ \vdots \\ b_m \end{pmatrix} \quad (A\,|\,b) = \begin{pmatrix} a_{11} \cdots a_{1n} & b_1 \\ \vdots & \vdots \\ a_{m1} \cdots a_{mn} & b_m \end{pmatrix}$$

A Koeffizientenmatrix, Systemmatrix, $A \in \mathbb{R}^{m,\,n}$ (oder $\mathbb{C}^{m,\,n}$)
$(A\,|\,b)$ erweiterte Koeffizientenmatrix
x Vektor der Variablen, $x \in \mathbb{R}^n$ (oder $\mathbb{C}^n$); *x* heißt *Lösungsvektor*, wenn
seine Komponenten jede Gleichung des Systems identisch erfüllen.
b Vektor der rechten Seite, *Konstantenvektor*, $b \in \mathbb{R}^m$ (oder $\mathbb{C}^m$)

5

Arten linearer Gleichungssysteme

• $b = o$ *homogenes Gleichungssystem* $Ax = o$
• $b \neq o$ *inhomogenes Gleichungssystem* $Ax = b$
• $m = n$ *quadratisches Gleichungssystem*

Lösbarkeitsbedingungen
Siehe dazu umstehende Übersicht.

Homogene lineare Gleichungssysteme
Sie sind stets lösbar.
Sie haben entweder die triviale Lösung $x = o$ oder unendlich viele Lösungen.
Jedes Vielfache und jede Linearkombination von Lösungen eines homogenen
Gleichungssystems sind wieder Lösungen.

Inhomogene lineare Gleichungssysteme
Sie haben entweder keine, genau eine oder unendlich viele Lösungen, siehe
Lösungsschema.

m > n: Überbestimmtes System mit $(m - n)$ überflüssigen Gleichungen

Man wählt ein Teilsystem mit n Gleichungen aus und löst es, Probe mit
den restlichen Gleichungen ist nötig. (Quadratmittelproblem, 5.3.5.1)

m < n: Unterbestimmtes System mit $(n - m)$ überzähligen Variablen

Diese werden auf den rechten Seiten zu Parametern.

Lösbarkeitskriterium: $\mathrm{r}(A) = \mathrm{r}(A\,|\,b) = r$

Ungenaue Lösungen sind bei schlecht zueinander passenden Koeffizienten
und Absolutgliedern (*schlecht konditionierte Systeme*) zu erwarten.
$(n - r)$ Freiheitsgrad des Systems

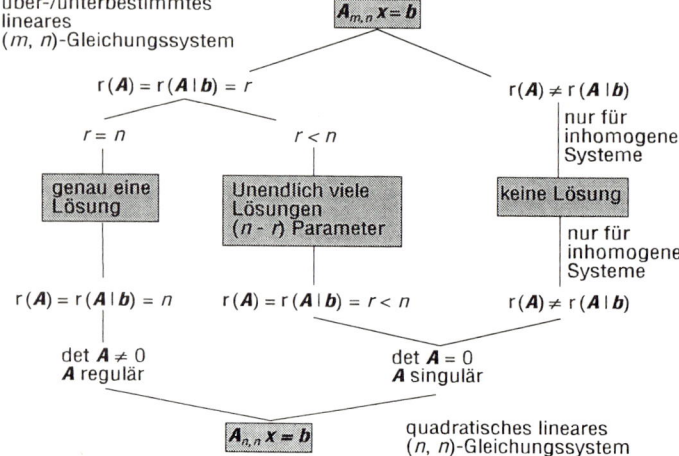

über-/unterbestimmtes
lineares
(m, n)-Gleichungssystem

$A_{m,n}x = b$

r(A) = r(A | b) = r

$r = n$ $r < n$ r(A) $\neq$ r(A | b)
                                                                                                    nur für
                                                                                                    inhomogene
                                                                                                    Systeme

genau eine Lösung   Unendlich viele Lösungen ($n - r$) Parameter   keine Lösung

                                                                                                    nur für
                                                                                                    inhomogene
                                                                                                    Systeme

r(A) = r(A | b) = n r(A) = r(A | b) = $r < n$ r(A) $\neq$ r(A | b)

det $A \neq 0$ det $A = 0$
A regulär A singulär

$A_{n,n}x = b$ quadratisches lineares
                                   (n, n)-Gleichungssystem

Äquivalente, ranginvariante Umformungen von Gleichungssystemen

- Umstellung (Vertauschen) von Gleichungen
- Multiplikation einer Gleichung mit einer reellen Konstanten $c \neq 0$
- Addition des Vielfachen einer Gleichung zu einer anderen (*Linearkombination*)

Lösungsverfahren für lineare quadratische Gleichungssysteme

System von n linearen Gleichungen mit n Variablen (Unbekannten) x_k

$$(*) \quad \begin{cases} a_{11}x_1 + a_{12}x_2 + \ldots + a_{1n}x_n = b_1 \\ a_{21}x_1 + a_{22}x_2 + \ldots + a_{2n}x_n = b_2 \\ \vdots \\ a_{n1}x_1 + a_{n2}x_2 + \ldots + a_{nn}x_n = b_n \end{cases} \qquad \begin{array}{l} a_{ik}, b_i \in \mathbb{C} \\ i, k = 1, \ldots, n \end{array}$$

Als Matrizengleichung $Ax = b$ mit der eindeutigen Lösung: $x = A^{-1}b$

Koeffizientenmatrix $A = \begin{pmatrix} a_{11} & \ldots & a_{1n} \\ & \vdots & \\ a_{n1} & \ldots & a_{nn} \end{pmatrix} = (a_{ik})_{n,n}$ \qquad $A \in \mathbb{C}^{n,n}, b \in \mathbb{C}^n$

Bedingungen: A regulär (det $A \neq 0$) und damit umkehrbar, d.h. A^{-1} existiert.

Bemerkung: Die Lösungsmethode über die inverse Matrix A^{-1} (siehe auch CRAMERsche Regel, 5.3.4) ist für $n > 4$ nicht zu empfehlen, da ihre Berechnung aufwendig ist. Besser sind nachstehende numerische Verfahren.

Numerische Lösungsverfahren

Während bei manuellen Verfahren die Anwendung der äquivalenten Umformungen wahlweise auf jede beliebige Gleichung des Systems möglich ist, erfordern numerische Verfahren einen feststehenden Ablauf (Algorithmus).

Ein **Algorithmus** ist eine Folge von Regeln, die in endlich vielen, eindeutig fixierten und in der Reihenfolge festgelegten, immer ausführbaren Schritten zur Lösung führt.

In der numerischen Mathematik ist der Algorithmus ein Verfahren obigen Inhalts.

Direkte Verfahren (5.3.2)

Sie liefern die exakte Lösung, sofern diese existiert.

Prinzip: Schrittweise Transformation eines Problems P, hier $Ax = b$, in ein einfacher lösbares Zielproblem Q, hier $Rx = c$ mit R reguläre obere Dreiecksmatrix, wobei alle Zwischenschritte $P^{(v)}$, $v = 1, \ldots, N$, die gleiche Lösungsmenge wie P haben:

$$P = P^{(1)} \to P^{(2)} \to \ldots \to P^{(N)} = Q$$

Iterative Verfahren (5.3.3)

Sie verbessern den Startvektor (Anfangsvektor) $x^{(0)}$ der Lösung schrittweise:

$$x^{(0)} \to x^{(1)} \to x^{(2)} \to \ldots \to x^{(v)} \to \ldots$$

$x^{(v)}$ konvergiert für $v \to \infty$ gegen die gesuchte Lösung.

5.3.2 Direkte Lösungsverfahren für lineare Gleichungssysteme

5.3.2.1 Gaußscher Algorithmus

Verfahren Gaußscher Algorithmus

Schrittweise Elimination der Unbekannten mittels äquivalenter Umformungen führt das obige Gleichungssystem (∗) in ein *gestaffeltes System* über.

Die Koeffizientenmatrix wird durch LR-Zerlegung in eine normierte untere (Links-) Dreiecksmatrix L (*Eliminationsmatrix*) und eine reguläre obere (Rechts-) Dreiecksmatrix R überführt:

$$A = L \cdot R$$

Transformation

$$\{A, b\} = \{A^{(1)}, b^{(1)}\} \to \{A^{(2)}, b^{(2)}\} \to \ldots \to \{A^{(n)}, b^{(n)}\} = \{R, c\}$$

Ergebnis: *Gestaffeltes Gleichungssystem* (Dreiecksform) (∗∗), umseitig.

$$(**) \quad \begin{cases} r_{11}x_1 + r_{12}x_2 + \ldots + r_{1i}x_i + \ldots + r_{1n}x_n = c_1 \\ \quad\quad r_{22}x_2 + \ldots + r_{2i}x_i + \ldots + r_{2n}x_n = c_2 \\ \quad\quad\quad\quad\quad . \quad\quad . \quad\quad . \\ \quad\quad\quad\quad\quad\quad\quad\quad\quad r_{nn}x_n = c_n \end{cases} \quad \forall r_{ii} \neq 0,\, i = 1, \ldots, n$$

Als Matrizengleichung: $A^{(n)}x = b^{(n)} \Leftrightarrow Rx = c$

Verfahrensbeschreibung

(1)   Die 1. Gleichung von (*) wird übernommen.

(2)   Rechenschritt zur Elimination von x_1

Addition des $-(a_{i1}/a_{11})$-fachen der 1. Gleichung zu jeder i-ten Gleichung, $i = 2, \ldots, n$. Dabei verschwindet jeweils x_1 in den $(n-1)$ Gleichungen mit den $(n-1)$ Unbekannten des Restsystems.

(3) i-ter Rechenschritt zur Elimination von x_i aus der $(i+1)$-ten bis n-ten Gleichung,

$i = 2, \ldots, (n-1)$ analog (2)
Im letzten Schritt entsteht eine Gleichung mit einer Unbekannten x_n.

(4)   Berechnung aller Unbekannten von unten nach oben (Rückwärtsauflösung).

Lösungsschema ohne Pivotisierung

(Evtl. notwendige Pivotisierung ist den Schritten jeweils vorzulagern.)
Gegeben: $Ax = b, A \in \mathbb{R}^{n,\,n}$
Hauptabschnittsdeterminanten det $A_k \neq 0$ für alle $k = 1, \ldots, n$

(1) LR-Faktorisierung (Dreieckszerlegung) von A: $A = L \cdot R$

$$R = \begin{pmatrix} a_{11}^{(1)} & a_{12}^{(1)} & \ldots & a_{1n}^{(1)} \\ & a_{22}^{(2)} & \ldots & a_{2n}^{(2)} \\ & & \ddots & \vdots \\ O & & & a_{nn}^{(n)} \end{pmatrix} \quad L = \begin{pmatrix} 1 & & & O \\ l_{21} & 1 & & \\ \vdots & & \ddots & \\ l_{n1} & & l_{n,\,n-1} & 1 \end{pmatrix} \quad x = \begin{pmatrix} x_1 \\ x_2 \\ \vdots \\ x_n \end{pmatrix} \quad c = \begin{pmatrix} c_1^{(1)} \\ c_2^{(2)} \\ \vdots \\ c_n^{(n)} \end{pmatrix}$$

(2) Sukzessive Elimination zur Bestimmung von c $b = Lc$
(3) Rekursive Elimination zur Bestimmung von x $Rx = c$

Partielle Pivotisierung (Spaltenpivotsuche)

Zur Verminderung von Ungenauigkeiten auf EDV-Anlagen (Rundungsfehler bei der Division durch betragsmäßig kleine Diagonalelemente) oder wenn $r_{ii} = 0$, sind jeweils die Gleichungen des Restsystems mit dem betragsgrößten Anfangselement, dem Pivotelement r_{ii}, in die jeweils oberste Zeile (Eliminationszeile) zu tauschen. Damit wird der Algorithmus meist numerisch stabil.

$$PA = LR \quad\quad\quad\quad P \text{ Permutationsmatrix}$$

Allgemein gilt (p Anzahl der Zeilenvertauschungen):

$$r(A) = \text{Anzahl der Pivots } r_{ii} \neq 0 \qquad (\text{numerisch: } |r_{ii}| < \varepsilon)$$

$$\det A = (-1)^p \cdot r_{11} \cdot r_{22} \cdot \ldots \cdot r_{nn} = (-1)^p \cdot \det R$$

Gaußscher Algorithmus als Dreieckszerlegung

Eliminationsvorschrift (für die Rechenschritte $\nu = 1, \ldots, (n-1)$)

Erhalten bleibt die 1. Zeile von A (bzw. PA) als 1. Zeile der Matrix R.

$$a_{ik}^{(\nu+1)} = \begin{cases} a_{ik}^{(\nu)} - l_{i\nu} a_{\nu k}^{(\nu)} & i, k = (\nu+1), \ldots, n \\ 0 & i = (\nu+1), \ldots, n; \ k = \nu \\ a_{ik}^{(\nu)} & \text{sonst} \end{cases}$$

$$b_i^{(\nu+1)} = \begin{cases} b_i^{(\nu)} - l_{i\nu} b_\nu^{(\nu)} & i = (\nu+1), \ldots, n \\ b_i^{(\nu)} & \text{sonst} \end{cases}$$

mit $\qquad l_{i\nu} = \dfrac{a_{i\nu}^{(\nu)}}{a_{\nu\nu}^{(\nu)}} \qquad\qquad i = (\nu+1), \ldots, n$

Bedingung: Pivotelemente (kurz *Pivots*) $a_{\nu\nu}^{(\nu)} \neq 0$

Ergebnis: $PA^{(n)} = R$ obere Dreiecksmatrix
$\qquad\qquad Pb^{(n)} = Lc$ rechte Seite
$\qquad\qquad Rx = c$ Dreieckssystem

Bestimmung der Variablen nacheinander von unten nach oben

$$x_k = \frac{c_k - r_{k,k+1}\, x_{k+1} - r_{k,k+2}\, x_{k+2} - \ldots - r_{kn}\, x_n}{r_{kk}} \qquad k = n, (n-1), \ldots, 1$$

Rechenschema zum Gaußschen Algorithmus ($n = 3$)

				b	x
A	a_{11}	a_{12}	a_{13}	b_1	
bzw.	a_{21}	a_{22}	a_{23}	b_2	
PA	a_{31}	a_{32}	a_{33}	b_3	
R	$a_{11}^{(1)}$	$a_{12}^{(1)}$	$a_{13}^{(1)}$	$b_1^{(1)} = c_1$	x_1
L	l_{21}	$a_{22}^{(2)}$	$a_{23}^{(2)}$	$b_2^{(2)} = c_2$	x_2
	l_{31}	l_{32}	$a_{33}^{(3)}$	$b_3^{(3)} = c_3$	x_3

Bemerkung: Bei Computerbearbeitung des GAUSSschen Algorithmus können die Ausgangsdaten $\{A, b\}$ mit den transformierten Größen $\{A^{(\nu)}, b^{(\nu)}\}$ und die Nullen mit den

Eliminationskoeffizienten $l_{i\nu}$ überspeichert werden. Außerdem können auch die $b_i^{(\nu+1)}$ durch die x_k überschrieben werden.

♦   Prinzipbeispiel mit $n = 3$ (siehe auch manuelle Methode, 4.2.2)

$$\begin{cases} 3x_1 - 2x_2 - \ x_3 = 12 \\ 2x_1 - 3x_2 + 5x_3 = 17 \\ \ \ x_1 - \ x_2 + 2x_3 = \ 7 \end{cases} \Rightarrow Ax = b \Rightarrow \begin{pmatrix} 3 & -2 & -1 \\ 2 & -3 & 5 \\ 1 & -1 & 2 \end{pmatrix} \begin{pmatrix} x_1 \\ x_2 \\ x_3 \end{pmatrix} = \begin{pmatrix} 12 \\ 17 \\ 7 \end{pmatrix}$$

Rechenschritt $\nu = 1$

$$l_{21} = a_{21}^{(1)}/a_{11}^{(1)} = 2/3$$

$$a_{22}^{(2)} = a_{22}^{(1)} - l_{21}a_{12}^{(1)} = -3 - (2/3)\cdot(-2) = -5/3 \,\hat{=}\, r_{22}$$

$$a_{23}^{(2)} = a_{23}^{(1)} - l_{21}a_{13}^{(1)} = 5 - 2/3\cdot(-1) = 17/3 \,\hat{=}\, r_{23}$$

$$b_2^{(2)} = b_2^{(1)} - l_{21}b_1^{(1)} = 17 - (2/3)\cdot 12 = 9 \,\hat{=}\, c_2$$

$$l_{31} = a_{31}^{(1)}/a_{11}^{(1)} = 1/3$$

$$a_{32}^{(2)} = a_{32}^{(1)} - l_{31}a_{12}^{(1)} = -1 - (1/3)\cdot(-2) = -1/3 \qquad \text{(wird überspeichert)}$$

$$a_{33}^{(2)} = a_{33}^{(1)} - l_{31}a_{13}^{(1)} = 2 - (1/3)\cdot(-1) = 7/3 \qquad \text{(wird überspeichert)}$$

$$b_3^{(2)} = b_3^{(1)} - l_{31}b_1^{(1)} = 7 - (1/3)\cdot 12 = 3 \qquad \text{(wird überspeichert)}$$

Rechenschritt $\nu = 2$

$$l_{32} = a_{32}^{(2)} / a_{22}^{(2)} = (-1/3)/(-5/3) = 1/5$$

$$a_{33}^{(3)} = a_{33}^{(2)} - l_{32}a_{23}^{(2)} = 7/3 - (1/5)\cdot(17/3) = 6/5 \,\hat{=}\, r_{33}$$

$$b_3^{(3)} = b_3^{(2)} - l_{32}b_2^{(2)} = 3 - (1/5)\cdot 9 = 6/5 \,\hat{=}\, c_3$$

				b	x
A	3	−2	−1	12	
	2	−3	5	12	
	1	−1	2	7	
R	3	−2	−1	12	3
L	2/3	−5/3	17/3	9	−2
	1/3	1/5	6/5	6/5	1

Sukzessive Berechnung der Unbekannten von unten nach oben

$$x_3 = \frac{c_3}{r_{33}} = \frac{6/5}{6/5} = 1 \qquad x_2 = \frac{c_2 - r_{23}x_3}{r_{22}} = \frac{9 - (17/3)\cdot 1}{-5/3} = -2$$

$$x_1 = \frac{c_1 - r_{12}x_2 - r_{13}x_3}{r_{11}} = \frac{12 - (-2)\cdot(-2) - (-1)\cdot 1}{3} = 3 \qquad ♦$$

♦   Gleiches Beispiel mit einer Pivotisierung vor dem ersten Schritt:

$$\begin{cases} \ \ x_1 - \ x_2 + 2x_3 = \ 7 \\ 2x_1 - 3x_2 + 5x_3 = 17 \\ 3x_1 - 2x_2 - \ x_3 = 12 \end{cases}$$

Als Matrizengleichung: $\tilde{A}x = \tilde{b}$
$$\begin{pmatrix} 1 & -1 & 2 \\ 2 & -3 & 5 \\ 3 & -2 & -1 \end{pmatrix} \cdot \begin{pmatrix} x_1 \\ x_2 \\ x_3 \end{pmatrix} = \begin{pmatrix} 7 \\ 17 \\ 12 \end{pmatrix}$$

$$P\tilde{A} = \begin{pmatrix} 0 & 0 & 1 \\ 0 & 1 & 0 \\ 1 & 0 & 0 \end{pmatrix} \cdot \begin{pmatrix} 1 & -1 & 2 \\ 2 & -3 & 5 \\ 3 & -2 & -1 \end{pmatrix} = \begin{pmatrix} 3 & -2 & -1 \\ 2 & -3 & 5 \\ 1 & -1 & 2 \end{pmatrix} = A \text{ wie oben} \qquad \blacklozenge$$

5.3.2.2 Gaußscher Algorithmus für Systeme mit gleicher Matrix $A_{n, n}$ und m rechten Seiten

Gegeben: m lineare Gleichungssysteme $AX = B$

mit $A_{n,n} = (a_{ik})$ für $i, k = 1, \ldots, n$, $\det A \neq 0$

Matrix der rechten Seiten $B_{n, m} = (b_1, b_2, \ldots, b_m)$

Gesucht: Matrix der Lösungsvektoren $X_{n, m} = (x_1, x_2, \ldots, x_m)$

Elimination ist m-fach, Faktorisierung nur einmal notwendig.

(1) Faktorisierung von A $A = LR$
(2) Sukzessive Elimination zur Berechnung von C $B = LC$
(3) Rekursive Elimination zur Berechnung von X $RX = C$

Bestimmung der inversen Matrix A^{-1}

Bemerkung: Nur anwenden, wenn A^{-1} explizit benötigt wird.

Ausgangspunkt sind $m = n$ lineare Gleichungssysteme $Ax_i = e_i$

Gegeben: $AX = E$, denn $AA^{-1} = E$ $A_{n, n}$ streng regulär, d.h. $\det A_k \neq 0$

wobei Einheitsmatrix $E = (e_1, e_2, \ldots, e_n)$

mit e_i i-ter Einheitsvektor (i-te Spalte von E), $i = 1, \ldots, n$

Gesucht: $X = A^{-1}$ mit $X = (x_1, x_2, \ldots, x_n)$

Spaltenweiser Aufbau von A^{-1} durch Anwendung des GAUSSschen Algorithmus mit n rechten Seiten:

$$A \cdot \begin{pmatrix} x_{1k} \\ x_{2k} \\ \vdots \\ x_{nk} \end{pmatrix} = \begin{pmatrix} 1 \\ 0 \\ \vdots \\ 0 \end{pmatrix}; \quad = \begin{pmatrix} 0 \\ 1 \\ \vdots \\ 0 \end{pmatrix}; \ldots \quad = \begin{pmatrix} 0 \\ 0 \\ \vdots \\ 1 \end{pmatrix}$$

für $k = 1$ $k = 2$ $k = n$

(1) Faktorisierung $A = LR$
(2) Sukzessive Elimination zur Berechnung von C $E = LC$
(3) Rekursive Elimination zur Berechnung von $X = A^{-1}$ $RX = C$

♦ Beispiel:

Inversion der Matrix $A = \begin{pmatrix} 3 & -2 & 1 \\ -3 & 5 & 0 \\ 2 & -1 & 2 \end{pmatrix}$

				$k = 1$	$k = 2$	$k = 3$
A	3	-2	1	1	0	0
	-3	5	0	0	1	0
	2	-1	2	0	0	1
R	3	-2	1	1	0	0
L	-1	3	1	1	1	0
	2/3	1/9	11/9	$-7/9$	$-1/9$	1

Rechenschritt $\nu = 1$

$l_{21} = a_{21}^{(1)}/a_{11}^{(1)} = -3/3 = -1$ $\qquad\qquad$ $l_{31} = a_{31}^{(1)}/a_{11}^{(1)} = 2/3$

$a_{22}^{(2)} = a_{22}^{(1)} - l_{21}a_{12}^{(1)} = 5 + 1 \cdot (-2) = 3 \stackrel{\wedge}{=} r_{22}$

$a_{23}^{(2)} = a_{23}^{(1)} - l_{21}a_{13}^{(1)} = 0 + 1 \cdot 1 = 1 \stackrel{\wedge}{=} r_{23}$

$a_{32}^{(2)} = a_{32}^{(1)} - l_{31}a_{12}^{(1)} = (-1) - (2/3) \cdot (-2) = 1/3$ $\qquad$ (wird überspeichert)

$a_{33}^{(2)} = a_{33}^{(1)} - l_{31}a_{13}^{(1)} = 2 - (2/3) \cdot 1 = 4/3$ $\qquad$ (wird überspeichert)

Rechenschritt $\nu = 2$

$l_{32} = 1/9 \quad a_{33}^{(3)} = a_{33}^{(2)} - l_{32}a_{23}^{(2)} = 4/3 - (1/9) \cdot 1 = 11/9 \stackrel{\wedge}{=} r_{33}$

$k = 1$: $\quad b_2^{(2)} = b_2^{(1)} - l_{21}b_1^{(1)} = 0 + 1 \cdot 1 = 1 \stackrel{\wedge}{=} c_2$

$\qquad\quad b_3^{(2)} = b_3^{(1)} - l_{31}b_1^{(1)} = 0 - (2/3) \cdot 1 = -2/3$ $\qquad$ (wird überspeichert)

$\qquad\quad b_3^{(3)} = b_3^{(2)} - l_{32}b_2^{(2)} = -2/3 - (1/9) \cdot 1 = -7/9 \stackrel{\wedge}{=} c_3$

$k = 2$: $\quad b_2^{(2)} = b_2^{(1)} - l_{21}b_1^{(1)} = 1 + 1 \cdot 0 = 1 \stackrel{\wedge}{=} c_2$

$\qquad\quad b_3^{(2)} = b_3^{(1)} - l_{31}b_1^{(1)} = 0 - (2/3) \cdot 0 = 0$ $\qquad$ (wird überspeichert)

$\qquad\quad b_3^{(3)} = b_3^{(2)} - l_{32}b_2^{(2)} = 0 - (1/9) \cdot 1 = -1/9 \stackrel{\wedge}{=} c_3$

$k = 3$: $\quad b_2^{(2)} = b_2^{(1)} - l_{21}b_1^{(1)} = 0 + 1 \cdot 0 = 0 \stackrel{\wedge}{=} c_2$

$\qquad\quad b_3^{(2)} = b_3^{(1)} - l_{31}b_1^{(1)} = 1 - (2/3) \cdot 0 = 1$ $\qquad$ (wird überspeichert)

$\qquad\quad b_3^{(3)} = b_3^{(2)} - l_{32}b_2^{(2)} = 1 - (1/9) \cdot 0 = 1 \stackrel{\wedge}{=} c_3$

Elimination der x_{ik}

$x_{31} = \dfrac{c_3}{r_{33}} = \dfrac{-7/9}{11/9} = -\dfrac{7}{11}$ $\qquad$ $x_{32} = \dfrac{-1/9}{11/9} = -\dfrac{1}{11}$ $\qquad$ $x_{33} = \dfrac{1}{11/9} = \dfrac{9}{11}$

$x_{21} = \dfrac{c_2 - r_{23}x_{31}}{r_{22}} = \dfrac{1 - 1 \cdot (-7/11)}{3} = \dfrac{6}{11}$ $\qquad$ $x_{22} = \dfrac{4}{11}$ $\qquad$ $x_{23} = -\dfrac{3}{11}$

$x_{11} = \dfrac{c_1 - r_{12}x_{21} - r_{13}x_{31}}{r_{11}} = \dfrac{1 - (-2) \cdot (6/11) - 1 \cdot (-7/11)}{3} = \dfrac{10}{11}$

$x_{12} = \dfrac{3}{11}$ $\qquad$ $x_{13} = -\dfrac{5}{11}$

Die inverse Matrix lautet: $A^{-1} = \dfrac{1}{11} \cdot \begin{pmatrix} 10 & 3 & -5 \\ 6 & 4 & -3 \\ -7 & -1 & 9 \end{pmatrix}$ ♦

5.3.2.3 Gaußscher Algorithmus für symmetrische positiv definite Koeffizientenmatrix, Cholesky-Verfahren

Gegeben: $Ax = b$, $a_{ik} = a_{ki}$, quadratische Form $x^T A x > 0$ für alle $x \neq o$
Gesucht: x

(1) Faktorisierung $A = R^T R$, daraus obere Dreiecksmatrix $R = (r_{ik})$

Pivots $r_{ii} = a_{ii}^{(i)} > 0$, $i = 1, \ldots, n$, ν Rechenschritt (Pivotsuche unnötig)
Die bei der LR-Faktorisierung in jedem Schritt entstehenden Restmatrizen sind wieder symmetrisch.

(2) Vorwärtselimination zur Bestimmung von r $\qquad b = R^T c$
(3) Rekursive Elimination zur Bestimmung von x $\qquad Rx = c$

Algorithmus
1. Faktorisierung $A = R^T R$

$$r_{jj} = \sqrt{a_{jj} - \sum_{i=1}^{j-1} r_{ij}^2} \qquad r_{jk} = \frac{1}{r_{jj}}\left(a_{jk} - \sum_{i=1}^{j-1} r_{ik}r_{ij}\right) \qquad \begin{matrix} j = 1, \ldots, n \\ k = (j+1), \ldots, n \end{matrix}$$

2. Sukzessive Vorwärtselimination $b = R^T c$

$$c_j = \frac{1}{r_{jj}}\left(b_j - \sum_{i=1}^{j-1} r_{ij}c_i\right) \qquad\qquad j = 1, \ldots, n$$

3. Rekursive Elimination $Rx = c$

$$x_n = \frac{c_n}{r_{nn}} \qquad x_i = \frac{1}{r_{ii}}\left(c_i - \sum_{k=i+1}^{n} r_{ik}x_k\right) \qquad i = (n-1), \ldots, 1$$

Außerdem gilt: $\det A = \det R^T \cdot \det R = (r_{11}r_{12} \cdot \ldots \cdot r_{nn})^2$

Faktorisierung $A = R^T DR$

Sie vermeidet die Wurzeln, die bei obiger Faktorisierung $A = R^T R$ entstehen.

R normierte obere Dreiecksmatrix ($r_{ii} = 1$)
D Diagonalmatrix

Algorithmus
1. Faktorisierung $A = R^T DR$

$$h_i = r_{ij}\, d_i \qquad\qquad\qquad i = 1, \ldots, (j-1),\ j = 1, \ldots, n$$

$$d_j = a_{jj} - \sum_{i=1}^{j-1} h_i\, r_{ij}$$

$$r_{jk} = \frac{1}{d_j}\left(a_{jk} - \sum_{i=1}^{j-1} h_i\, r_{ik}\right) \qquad\qquad k = (j+1), \ldots, n$$

2. Vorwärtselimination $R^T z = b \qquad Dc = z \qquad z = (z_1, \ldots, z_n)^T$

$$z_j = b_j - \sum_{i=1}^{j-1} r_{ij}\, z_i \qquad c_j = \frac{z_j}{d_j} \qquad\qquad j = 1, \ldots, n$$

3. Rekursive Elimination $Rx = c$

$$x_j = c_j - \sum_{i=j+1}^{n} r_{ji}\, x_i \qquad\qquad j = n, \ldots, 1$$

Bemerkung: Auch $L^T DL$-Zerlegung ist möglich.

5.3.2.4 Gleichungssysteme mit symmetrischer, tridiagonaler, positiv definiter Matrix ({1, 1}-Bandmatrix)

Gegeben: $Ax = b \qquad A_{n,n}$ symmetrisch, tridiagonal, positiv definit (5.1.1.3)
Gesucht: x

Die Lösung ist äquivalent zum CHOLESKY-Verfahren.

(1) Faktorisierung $\qquad\qquad A = R^T DR$, daraus R und D
(2) Sukzessive Elimination $\qquad R^T z = b$, daraus z, $Dc = z$, daraus c
(3) Rekursive Elimination $\qquad\; Rx = c$, daraus x

$$A = \begin{pmatrix} d_1 & a_1 & & & & \\ a_1 & d_2 & a_2 & & O & \\ & \ddots & \ddots & \ddots & & \\ & & & & a_{n-2} & \\ & & & a_{n-2} & d_{n-1} & a_{n-1} \\ & O & & & a_{n-1} & d_n \end{pmatrix} \qquad R = \begin{pmatrix} 1 & \rho_1 & & & \\ & 1 & \rho_2 & & O \\ & & \ddots & \ddots & \\ & & & 1 & \rho_{n-1} \\ & O & & & 1 \end{pmatrix}$$

$$D = \begin{pmatrix} \delta_1 & & O \\ & \ddots & \\ O & & \delta_n \end{pmatrix} \qquad a = \begin{pmatrix} a_1 \\ \vdots \\ a_n \end{pmatrix} \qquad c = \begin{pmatrix} c_1 \\ \vdots \\ c_n \end{pmatrix} \qquad z = \begin{pmatrix} z_1 \\ \vdots \\ z_n \end{pmatrix} \qquad x = \begin{pmatrix} x_1 \\ \vdots \\ x_n \end{pmatrix}$$

Die Elemente der Matrizen A, R und D werden vektoriell abgespeichert.

Algorithmus

1. Faktorisierung $A = R^T DR$

$$d_1 = \delta_1 \qquad\qquad \rho_1 = \frac{a_1}{\delta_1}$$

$$\delta_i = d_i - a_{i-1}\rho_{i-1} \qquad\qquad\qquad i = 2, \ldots, (n-1)$$

$$\rho_i = \frac{a_i}{\delta_i} \qquad\qquad\qquad\qquad\qquad i = 2, \ldots, (n-1)$$

$$\delta_n = d_n - a_{n-1}\rho_{n-1}$$

2. Sukzessive Vorwärtselimination $R^T z = b$ und $Dc = z$

$$z_1 = b_1 \qquad z_i = b_i - \rho_{i-1} z_{i-1} \qquad\qquad i = 2, \dots, n$$

$$c_i = \frac{z_i}{\delta_i} \qquad\qquad\qquad\qquad\qquad i = 1, \dots, n$$

3. Rekursive Elimination $Rx = c$

$$x_n = c_n \qquad x_i = c_i - \rho_i x_{i+1} \qquad\qquad i = (n-1), \dots, 1$$

Außerdem gilt: $\det A = \det (R^T DR) = \det D = d_1 d_2 \cdot \dots \cdot d_n$

5.3.3   Iterationsverfahren

5

5.3.3.1 Gauß-Seidelsches Iterationsverfahren

(Iterationsverfahren in Einzelschritten, für sehr große und schwach besetzte Matrizen)

Gegeben: $Ax = b$, $\det A \neq 0$ und kein $a_{ii} = 0$, sonst Zeilentausch vornehmen.

Gesucht: Näherungsvektor $\tilde{x}^{(\nu)}$ für x

Prinzip: Konstruktion einer Folge $\left(x^{(\nu)}\right)$, Schrittzahl $\nu = 0, 1, \dots$, für die unter gewissen Umständen $\lim\limits_{\nu \to \infty} x^{(\nu)} = x$ gilt.

Man löst vom gegebenen Gleichungssystem jede i-te Gleichung nach x_i auf:

$$x_i = - \sum_{k=1;\, i \neq k}^{n} \frac{a_{ik}}{a_{ii}} x_k + \frac{b_i}{a_{ii}} \qquad\qquad i = 1, \dots, n$$

In Matrizendarstellung erhält man die *Fixpunktform*

$$x = \varphi(x) = Bx + c \qquad\text{(vektorielle Schrittfunktion)}$$

mit der Iterationsmatrix

$$B = (b_{ik}) \qquad b_{ik} = \begin{cases} -\dfrac{a_{ik}}{a_{ii}} & \text{für } i \neq k \\ 0 & \text{für } i = k \end{cases} \qquad a_{ii} \neq 0$$

und $\qquad c = (c_1, \dots, c_n)^T \qquad\text{mit } c_i = \dfrac{b_i}{a_{ii}}$

Iterationsvorschrift

$$x^{(\nu+1)} = \varphi\left(x^{(\nu)}\right) = B_r x^{(\nu)} + B_l x^{(\nu+1)} + c$$

$$\text{mit} \qquad B_r = \begin{pmatrix} 0 & b_{12} & b_{13} & \cdots & b_{1n} \\ & 0 & b_{23} & & \vdots \\ & & \ddots & \ddots & \\ & & & 0 & b_{n-1,\,n} \\ O & & & & 0 \end{pmatrix} \qquad B_l = \begin{pmatrix} 0 & & & & O \\ b_{21} & 0 & & & \\ \vdots & b_{32} & \ddots & & \\ \vdots & & \ddots & \ddots & 0 \\ b_{n1} & b_{n2} & & b_{n,\,n-1} & 0 \end{pmatrix}$$

entspricht B für $k > i$ $\qquad\qquad$ entspricht B für $k < i$

in Summenschreibweise

$$x_i^{(v+1)} = \underbrace{\sum_{k=i+1}^{n} b_{ik} x_k^{(v)}}_{\text{bzw. } k > i} + \underbrace{\sum_{k=1}^{i-1} b_{ik} x_k^{(v+1)}}_{\text{bzw. } k < i} + c_i = -\sum_{k=i+1}^{n} \frac{a_{ik}}{a_{ii}} x_k^{(v)} - \sum_{k=1}^{i-1} \frac{a_{ik}}{a_{ii}} x_k^{(v+1)} + \frac{b_i}{a_{ii}}$$

$$i = 1, \ldots, n; \quad v = 0, 1, 2, \ldots$$

Startvektor $x^{(0)}$ ist beliebig, auch $x^{(0)} = o$ ist möglich.

Es wird iteriert bis

$$\max_{1 \le i \le n} \left| x_i^{(v+1)} - x_i^{(v)} \right| < \varepsilon \qquad \varepsilon > 0 \text{ vorgegebene Genauigkeit}$$

oder $\qquad v > v_{\max} \qquad v_{\max}$ vorgegebene maximale Anzahl Iterationen

Hinreichende **Konvergenzkriterien** (vorab prüfen!):

• Zeilensummenkriterium (L LIPSCHITZkonstante)

$$\|B\|_\infty = \max_{1 \le i \le n} \sum_{\substack{k=1 \\ k \ne i}}^{n} |b_{ik}| = \max_{1 \le i \le n} \sum_{\substack{k=1 \\ k \ne i}}^{n} \left| \frac{a_{ik}}{a_{ii}} \right| \le L < 1 \text{ (strikt diagonaldominante Matrix)}$$

bzw. *Spektralradius* von B (Maximum der Beträge der Eigenwerte): $\max_{1 \le i \le n} \left| \lambda_i(B) \right| < 1$

Bemerkung: genügend schnelle Konvergenz, falls $L < \dfrac{2}{3}$

• Spaltensummenkriterium

$$\|B\|_1 = \max_{1 \le k \le n} \sum_{i=1}^{n} |b_{ik}| = \max_{1 \le k \le n} \sum_{\substack{i=1,\, i \ne k}}^{n} \left| \frac{a_{ik}}{a_{ii}} \right| \le L < 1$$

• Bei symmetrischer, positiv definiter Matrix A ($a_{ik} = a_{ki}$)

$$x^T A x > 0 \text{ für } x \ne o$$

Fehlerabschätzung in ENGELN-MÜLLGES, G; REUTTER, F. [1991], siehe Vorwort.

Rechenschema für $n = 3$

c_i	b_{ik} $(k \geq i)$			b_{ik} $(k < i)$			$x_i^{(0)}$	$x_i^{(1)}$	...
$\dfrac{b_1}{a_{11}}$	0	$-\dfrac{a_{12}}{a_{11}}$	$-\dfrac{a_{13}}{a_{11}}$	0	0	0			
$\dfrac{b_2}{a_{22}}$	0	0	$-\dfrac{a_{23}}{a_{22}}$	$-\dfrac{a_{21}}{a_{22}}$	0	0			
$\dfrac{b_3}{a_{33}}$	0	0	0	$-\dfrac{a_{31}}{a_{33}}$	$-\dfrac{a_{32}}{a_{33}}$	0			

♦ Beispiel:

$$\begin{cases} 4x_1 + x_2 - x_3 = 3 \\ -x_1 + 3x_2 = 5 \\ 2x_1 - x_2 + 5x_3 = 15 \end{cases} \quad \text{mit der exakten Lösung } x = \begin{pmatrix} 1 \\ 2 \\ 3 \end{pmatrix}$$

$$Ax = b \quad \text{mit } A = \begin{pmatrix} 4 & 1 & -1 \\ -1 & 3 & 0 \\ 2 & -1 & 5 \end{pmatrix} \quad x = \begin{pmatrix} x_1 \\ x_2 \\ x_3 \end{pmatrix} \quad b = \begin{pmatrix} 3 \\ 5 \\ 15 \end{pmatrix}$$

Konvergenzkriterium, Maximum für $i = 3$: $\left|\dfrac{a_{31}}{a_{33}}\right| + \left|\dfrac{a_{32}}{a_{33}}\right| = \dfrac{2}{5} + \dfrac{1}{5} = \dfrac{3}{5} < \dfrac{2}{3}$

c_i	b_{ik} $(k \geq i)$			b_{ik} $(k < i)$			$x_i^{(0)}$	$x_i^{(1)}$	$x_i^{(2)}$
$\dfrac{3}{4}$	0	$-\dfrac{1}{4}$	$\dfrac{1}{4}$	0	0	0	0	$0{,}75$	$1{,}041\,666\,7$
$\dfrac{5}{3}$	0	0	$\dfrac{0}{3}$	$\dfrac{1}{3}$	0	0	0	$1{,}916\,666\,7$	$2{,}013\,888\,9$
3	0	0	0	$-\dfrac{2}{5}$	$\dfrac{1}{5}$	0	0	$3{,}083\,333\,4$	$2{,}986\,111\,1$

$$x_1^{(1)} = \frac{3}{4} = 0{,}75 \qquad x_2^{(1)} = \frac{5}{3} + \frac{1}{3} \cdot \frac{3}{4} = 1{,}916\,666\,7$$

$$x_3^{(1)} = 3 - \frac{2}{5} \cdot \frac{3}{4} + \frac{1}{5} \cdot 1{,}916\,666\,7 = 3{,}083\,333\,4$$

$$x_1^{(2)} = \frac{3}{4} - \frac{1}{4} \cdot 1{,}916\,666\,7 + \frac{1}{4} \cdot 3{,}083\,333\,4 = 1{,}041\,666\,7$$

$$x_2^{(2)} = \frac{5}{3} + \frac{1}{3} \cdot 1{,}041\,666\,7 = 2{,}013\,888\,9$$

$$x_3^{(2)} = 3 - \frac{2}{5} \cdot 1{,}041\,666\,7 + \frac{1}{5} \cdot 2{,}013\,888\,9 = 2{,}986\,111\,1$$

$$x_1^{(3)} = 0{,}993\,055\,5 \qquad x_2^{(3)} = 1{,}997\,685\,2 \qquad x_3^{(3)} = 3{,}002\,314\,8 \quad \text{usw.} \qquad ♦$$

5.3.3.2 Austauschverfahren

Das *Austauschverfahren* für Variable dient u.a. zur Bestimmung der Umkehrmatrix A^{-1} (Nicht anwenden zur Lösung eines Gleichungssystems).

$$Ax = y \quad \text{geht über in} \quad x = By = A^{-1}y$$

Pivotzeile: Zeile mit der auszutauschenden Variablen y_i

Pivotspalte: Spalte mit der auszutauschenden Variablen x_k

Pivotelement: $p = a_{ik} \neq 0$ im Kreuzungspunkt von Pivotzeile und -spalte.

Auswahlkriterium für (manuelle) Demonstrationsbeispiele: $a_{ik} = 1$ oder $a_{ik} = -1$ bzw. das betragsgrößte a_{ik}

Arbeitsschritte nach schematischer Darstellung des Ausgangssystems, wobei das Ausgangssystem um die Kontrollspalte K erweitert wird:

$$K = 1 - \sum_{k=1}^{n} a_{ik}$$

Die Zeilensumme ist stets gleich 1. Spalte K wird wie eine Nicht-Pivotspalte behandelt.

(1) Man ersetze Pivotelement $p_{ik}^{(v+1)}$ durch $1/p_{ik}^{(v)} = 1/a_{ik}^{(v)}$.

(2) Man multipliziere die übrigen Elemente der Pivotspalte mit $1/p_{ik}^{(v)}$.

(3) Man multipliziere die übrigen Elemente der Pivotzeile mit $-1/p_{ik}^{(v)}$, notiere diese
    Werte $c, d, \ldots$ als Kellerzeile zusätzlich unter dem System des Schrittes v.

(4) Man vermehre die restlichen Elemente um das c-, d-, ... fache des in der gleichen
    Zeile stehenden Elements der Pivotspalte.

Das Verfahren bricht ab, wenn kein Pivotelement mehr ungleich Null ist.

Rechenschema für $n = 3$

i k	x_1	x_2 Pivotspalte	x_3	K
Pivotzeile y_1	a_{11}	Pivotelement a_{12}	a_{13}	$1 - \sum_k a_{1k}$
y_2	a_{21}	a_{22}	a_{23}	$1 - \sum_k a_{2k}$
y_3	a_{31}	a_{32}	a_{33}	$1 - \sum_k a_{3k}$
Kellerzeile	$\dfrac{a_{11}}{-p} = c$		$\dfrac{a_{13}}{-p} = d$	$\dfrac{1 - (\ldots)}{-p} = e$

1. Austausch beispielsweise: x_2 gegen y_1, $a_{12} = p$

	x_1	y_1	x_3	K
x_2	$\dfrac{a_{11}}{-p} = c$	$\dfrac{1}{p}$	$\dfrac{a_{13}}{-p} = d$	$\dfrac{1-(\ldots)}{-p} = e$
y_2	$a_{21} + ca_{22}$	$\dfrac{a_{22}}{p}$	$a_{23} + da_{22}$	$1 - (\ldots) + ea_{22}$
y_3	$a_{31} + ca_{32}$	$\dfrac{a_{32}}{p}$	$a_{33} + da_{32}$	$1 - (\ldots) + ea_{32}$

5

♦   Beispiel:

Inversion der Matrix $A = \begin{pmatrix} 2 & -2 & 4 \\ 2 & -3 & 5 \\ 3 & -2 & -1 \end{pmatrix}$ $Ax = y \;\to\; x = A^{-1}y$

	x_1	x_2	x_3	K
y_1	$2 \to p$	-2	4	-3
y_2	2	-3	5	-3
y_3	3	-2	-1	1
Kellerzeile		$(-2)/(-2) = 1$	$4/(-2) = -2$	$(-3)/(-2) = 3/2$

1. Austausch: x_1 gegen y_1, Pivotelement $p = 2$ (hinterlegtes Feld)

	y_1	x_2	x_3	K
x_1	$1/2$	$(-2)/(-2) = 1$	$4/(-2) = -2$	$-3/(-2) = 3/2$
y_2	1	$-3 + 1 \cdot 2$	$5 + (-2) \cdot 2$	$-3 + (3/2) \cdot 2$
y_3	$3/2$	$-2 + 1 \cdot 3$	$-1 + (-2) \cdot 3$	$1 + (3/2) \cdot 3$

ergibt

	y_1	x_2	x_3	K
x_1	$1/2$	1	-2	$3/2$
y_2	1	-1	1	0
y_3	$3/2$	$1 \to p$	-7	$11/2$
Kellerzeile	$-3/2$		7	$-11/2$

2. Austausch: x_2 gegen y_3, $p = 1$ (hinterlegtes Feld oben)

	y_1	y_3	x_3	K
x_1	$1/2 + (-3/2) \cdot 1$	1	$-2 + 7 \cdot 1$	$3/2 + (-11/2) \cdot 1$
y_2	$1 + (-3/2) \cdot (-1)$	-1	$1 + 7 \cdot (-1)$	$0 + (-11/2) \cdot (-1)$
x_2	$-3/2$	1	7	$-11/2$

ergibt

	y_1	y_3	x_3	K
x_1	-1	1	5	-4
y_2	$5/2$	-1	$-6 \to p$	$11/2$
x_3	$-3/2$	1	7	$-11/2$
	$5/12$	$-1/6$		$11/12$

3. Austausch: x_3 gegen y_2, $p = -6$ (hinterlegtes Feld oben)

	y_1	y_3	y_2	K
x_1	$-1 + (5/12) \cdot 5$	$1 + (-1/6) \cdot 5$	$-5/6$	$-4 + (11/12) \cdot 5$
x_3	$5/12$	$-1/6$	$-1/6$	$11/12$
x_2	$-3/2 + (5/12) \cdot 7$	$1 - (1/6) \cdot 7$	$-7/6$	$-11/2 + (11/12) \cdot 7$

Ergebnis:

	y_1	y_3	y_2	K
x_1	$13/12$	$1/6$	$-5/6$	$7/12$
x_3	$5/12$	$-1/6$	$-1/6$	$11/12$
x_2	$17/12$	$-1/6$	$-7/6$	$11/12$

Lösung: $A^{-1} = \dfrac{1}{12} \cdot \begin{pmatrix} 13 & 2 & -10 \\ 5 & -2 & -2 \\ 17 & -2 & -14 \end{pmatrix}$ Probe: $AA^{-1} = E$ ◆

5.3.4   Cramersche Regel

Bemerkung: Das Verfahren ist für $n > 4$ nicht zu empfehlen.

$$\begin{cases} a_{11}x_1 + a_{12}x_2 + \ldots + a_{1n}x_n = b_1 \\ a_{21}x_1 + a_{22}x_2 + \ldots + a_{2n}x_n = b_2 \\ \vdots \\ a_{n1}x_1 + a_{n2}x_2 + \ldots + a_{nn}x_n = b_n \end{cases}$$ Koeffizientendeterminante
$\det A \neq 0$

Lösungen: $x_k = \dfrac{1}{\det A} \displaystyle\sum_{i=1}^{n} \mathrm{cof}_{ik}\, A \cdot b_i = \dfrac{D_k}{\det A}$ $k = 1, \ldots, n$

Zählerdeterminante D_k: Die Koeffizienten a_{ik} von x_k werden ersetzt durch die entsprechenden konstanten Glieder b_i.

In Matrizenschreibweise:

$$Ax = b \Rightarrow x = A^{-1}b, \text{ wobei } r(A) = r(A \mid b) = n$$

$$x = A^{-1}b = \frac{1}{\det A} \begin{pmatrix} \text{cof}_{11}\,A & \dots & \text{cof}_{1n}\,A \\ \vdots & & \vdots \\ \text{cof}_{n1}\,A & \dots & \text{cof}_{nn}\,A \end{pmatrix} \begin{pmatrix} b_1 \\ \vdots \\ b_n \end{pmatrix}$$

$\text{cof}_{ik}\,A$ Adjunkte,
siehe 5.1.1.6.

Lösbarkeitsbedingungen

- $\det A \neq 0$ und $\exists k: D_k \neq 0 \Rightarrow x_k \neq 0$ eindeutige Lösungsmenge

         $\forall k: D_k = 0 \Rightarrow x = o$ eindeutige Lösungsmenge

    (insbesondere hat ein homogenes System nur die triviale Lösung)
- $\det A = 0$ und $\forall k: D_k = 0$ unendliche Lösungsmenge

    (insbesondere hat ein homogenes System auch nichttriviale Lösungen)
- $\det A = 0$ und $\exists k: D_k \neq 0$ leere Lösungsmenge

◆   Beispiel (siehe auch Beispiele in 4.2.2 und 5.3.2.1):

$$\begin{cases} x_1 - x_2 + 2x_3 = 7 \\ 2x_1 - 3x_2 + 5x_3 = 17 \\ 3x_1 - 2x_2 - x_3 = 12 \end{cases}$$

$$\det A = \begin{vmatrix} 1 & -1 & 2 \\ 2 & -3 & 5 \\ 3 & -2 & -1 \end{vmatrix} = (3 - 15 - 8) - (-18 - 10 + 2) = 6$$

$$D_1 = \begin{vmatrix} 7 & -1 & 2 \\ 17 & -3 & 5 \\ 12 & -2 & -1 \end{vmatrix} = 18, \; D_2 = \begin{vmatrix} 1 & 7 & 2 \\ 2 & 17 & 5 \\ 3 & 12 & -1 \end{vmatrix} = -12, \; D_3 = \begin{vmatrix} 1 & -1 & 7 \\ 2 & -3 & 17 \\ 3 & -2 & 12 \end{vmatrix} = 6$$

$x_1 = 18/6 = 3, \; x_2 = -12/6 = -2, \; x_3 = 6/6 = 1$ $L = \{(3, -2, 1)\}$

Geometrische Deutung: $P(3, -2, 1)$ liegt auf allen drei Ebenen, die von den 3
Gleichungen bestimmt werden.   ◆

5.3.5   Überbestimmte lineare Gleichungssysteme

5.3.5.1 Lineares Quadratmittelproblem

Überbestimmte Gleichungssysteme entstehen bei einer großen Anzahl Beobachtungen (t_i, b_i), $i = 1, \dots, m$ mit n Parametern x_k und $m > n$, oft ist $m \gg n$.

$$y = x_n \varphi_n(t) + \dots + x_1 \varphi_1(t) \text{ wird so angenähert, daß } (t_i, b_i) \approx (t_i, y_i)$$

t, y skalare Zustandsgrößen, Charakteristika für den Prozeß

x_k unbekannte Parameter, Koeffizienten der Gleichung

φ_k bekannte Funktionen lt. Ansatz

Theoretischer Fall: Ohne Fehler ergäbe sich ein lineares Gleichungssystem von m Gleichungen mit n Parametern (Variablen)

$$y_i = \sum_{k=1}^{n} x_k \varphi_k(t_i) \qquad i = 1, \ldots, m, \text{ wobei Beobachtungen } b_i = y_i$$

Als Matrizengleichung $y = Ax = b$

$$\text{mit} \qquad A_{m,n} = \begin{pmatrix} \varphi_1(t_1) & \cdots & \varphi_n(t_1) \\ \vdots & & \vdots \\ \varphi_1(t_m) & \cdots & \varphi_n(t_m) \end{pmatrix} \qquad x = \begin{pmatrix} x_1 \\ \vdots \\ x_n \end{pmatrix} \qquad y = b = \begin{pmatrix} b_1 \\ \vdots \\ b_m \end{pmatrix} \qquad m \geq n$$

Mit Berücksichtigung praktisch unvermeidbarer Fehler gilt:

$$b_i = y_i + r_i \quad \text{bzw.} \quad b = y + r = Ax + r$$

Fehler von x, *Residuum* von x: $\quad r = b - Ax$

$Ax = b$ hat erwartungsgemäß keine Lösung x mit verschwindendem Fehler (inkonsistentes System): $\quad r = b - Ax \neq o$

> Minimierung der Fehlerquadratsumme nach GAUSS, Methode der kleinsten Quadrate, heißt *lineares Quadratmittelproblem:*
>
> $$\sum_{i=1}^{m} r_i^2 = \|r\|_2 = r^T r = \|b - Ax\|_2 \rightarrow \text{min; kurz } Ax \cong b$$

x ist Lösung des Quadratmittelproblems, wenn das Residuum r orthogonal zu allen Spaltenvektoren von A ist.

Quadratisch lineares Gleichungssystem (*Normalgleichungen*)

$$A^T r = A^T (b - Ax) = A^T b - A^T A x = o$$

$x = (A^T A)^{-1} A^T b$ ist mittels CHOLESKY-Verfahren (5.3.2.3) lösbar, aber bei großem n numerisch instabil.

Lösungsweg überbestimmter linearer Gleichungssysteme

Gegeben: $Ax = b$ mit $\quad A_{m,n} = (a_{ik}) \qquad m \geq n, \text{ r}(A) = n$
$$b \in \mathbb{R}^m$$

Gesucht: $x \in \mathbb{R}^n$

Algorithmus

(1) Faktorisierung von $A = QR$ mit orthogonaler (m, m)-Matrix Q
    und oberer (m, n)-Dreiecksmatrix R
    Orthogonale Matrix Q heißt: $Q^T Q = E$ und $Q^T = Q^{-1}$

(2) Vorwärtselimination $Qc = b$ zur Ermittlung von $c = Q^T b$, $c \in \mathbb{R}^m$

(3) Rekursive Elimination $Rx = c$ zur Ermittlung von $x \in \mathbb{R}^n$

5.3.5.2 Householder-Orthogonalisierung

(Favorisiertes Orthogonalierungsverfahren zur Lösung von Quadratmittelproblemen, auch HOUSEHOLDER-*Transformation* genannt)

Orthogonalisierung beruht auf obiger Faktorisierung $A_{m,n} = Q_{m,m} \cdot R_{m,n}$

A wird transformiert in $R_{m,n} = (r_{ik})$ durch sukzessive Linksmultiplikation von A mit symmetrischen, orthogonalen (m, m)-HOUSEHOLDER-Matrizen H_i. Diese sog. HOUSEHOLDER-*Spiegelung* ist eine Matrix, die die Spiegelung eines Vektors an einer Ursprungsebene senkrecht zum gegebenen Vektor $v \neq o$ beschreibt:

$$H_i H_i^T = H^2 = E_i \qquad H_i^{-1} = H_i^T \qquad \text{(Orthogonalität)}$$
$$A_1 := A$$
$$A_{i+1} := H_i A_i \qquad i = 1, \ldots, q, \ \ q = \min((m-1), n)$$
$$A_{q+1} = H_q H_{q-1} \cdot \ldots \cdot H_1 A_1 =: HA = R$$

Ergebnis: Aus $HA = R$ wird $A = H^T R := QR$

Durchführung der Householder-Orthogonalisierung

$$R = \left(\frac{R_{n,n}}{O_{1,m-n}} \right) \begin{array}{l} \text{für } i \leq k \\ \text{für } i > k \end{array} = \left(\frac{R}{O} \right) \begin{array}{l} 1 \\ \vdots \\ n \\ n+1 \\ m \end{array}$$

$$H_{n,n} = E_n - \frac{2vv^T}{v^T v} = E_n - \frac{vv^T}{\gamma} \qquad \text{mit } \gamma = \frac{v^T v}{2}, \ v \neq o$$

H symmetrische, orthogonale HOUSEHOLDER-Matrix $(H^T = H^{-1})$

1. Schritt

Erster Spaltenvektor a_1 von A (mit $k = 1$) wird transformiert zum ersten Spaltenvektor $r_{11}e_1$ von R, wobei e_1 der Einheitsvektor von Spalte 1 der Einheitsmatrix E ist.

H_1 ist so zu bestimmen, daß $H_1 a_1 = r_{11}e_1$ wird:

$$a_1^{(2)} = H a_1^{(1)} = r_{11}e_1 = (r_{11}, 0, \ldots, 0)^T \qquad a_{11}^{(2)} = r_{11}$$

Festgelegt wird $\qquad\qquad\qquad v = a_1 - r_{11}e_1 = (a_1 - r_{11}, a_2, \ldots, a_m)^T$

mit $r_{11} = -\operatorname{sgn}(a_1) \cdot \|a_1\| \qquad a = (a_i) \neq o, v = (v_i)$

Damit werden   Ausgangsmatrix   1. Transformationsmatrix

$$A = A^{(1)} = \begin{pmatrix} a_{11}^{(1)} & a_{12}^{(1)} & \ldots & a_{1n}^{(1)} \\ a_{21}^{(1)} & a_{22}^{(1)} & \ldots & a_{2n}^{(1)} \\ \vdots & & & \\ a_{m1}^{(1)} & a_{m2}^{(1)} & & a_{mn}^{(1)} \end{pmatrix} \qquad H_1 A^{(1)} = A^{(2)} = \begin{pmatrix} a_{11}^{(2)} & a_{12}^{(2)} & \ldots & a_{1n}^{(2)} \\ 0 & a_{22}^{(2)} & \ldots & a_{2n}^{(2)} \\ \vdots & & & \\ 0 & a_{m2}^{(2)} & & a_{mn}^{(2)} \end{pmatrix}$$

daraus $a_{11}^{(2)} = r_{11} = r_{11}^{(1)}$

Weitere Spalten $a_2 \ldots a_n$, (H muß nicht explizit gebildet werden):

$$a_k^{(2)} = Ha_k = \left(E - \frac{2vv^T}{v^Tv}\right)a_k = a_k - \frac{v\,(v^Ta_k)}{\gamma} = a_k - \beta_k v$$

mit $\beta_k = \dfrac{2\,(v^Ta_k)}{v^Tv} = \dfrac{(v^Ta_k)}{\gamma}$ $\gamma = \dfrac{v^Tv}{2}$

2. Schritt:

Die $((m-1),(n-1))$-Matrix $A^{(2)}$ wird weiter transformiert:

$$A^{(k+1)} = H_k A^{(k)} = E - \frac{2v^{(k)}v^{(k)T}}{v^{(k)T}v^{(k)}}\,A^{(k)}$$

Dabei ist $v^{(k)}$ ein Vektor, der in der k-ten Spalte von $A^{(k+1)}$ unterhalb des Diagonalelements nur Nullen erzeugt.

Nach $q = \min((m-1), n)$ Schritten hat $A^{(q+1)}$ dann die obere Dreiecksform.

6 Elementare (klassische) Geometrie

6.1 Planimetrie, ebene Trigonomertrie

6.1.1 Winkel

Nicht orientierter Winkel zwischen den Strahlen p und q:

$$\sphericalangle (p, q) = \sphericalangle (q, p) = \sphericalangle ASB \qquad 0 \leq \sphericalangle (p, q) \leq \pi$$

$$\sphericalangle (p, q) := \arccos \frac{xy}{|x| \cdot |y|} \qquad x, y \text{ Trägervektoren von } p \text{ und } q$$

Orientierter Winkel von p nach q:

$$\measuredangle (p, q)$$

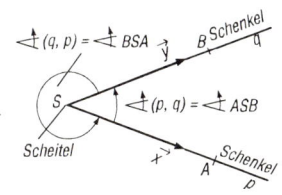

Positive Orientierung = *mathematisch positiver Drehsinn* (entgegen Uhrzeigersinn)

$$0 \leq \measuredangle (p, q) < 2\pi$$
$$\measuredangle (p, q) = 2\pi - \measuredangle (q, p)$$
$$\text{wobei } \measuredangle (p, q) \neq 0$$

Winkel

Winkelmaße

Bogenmaß, Radiant, RAD, x, arc x

$$1 \text{ rad} := \frac{b}{r}$$

$$1 \text{ rad} = \frac{1}{2\pi} \times \text{Vollwinkel} \qquad (\text{arc}) \; x = \frac{\pi \cdot \alpha^\circ}{180^\circ} \qquad \text{Bogenmaß}$$

Die dimensionslose SI-Einheit »rad« darf weggelassen werden.

Gradmaß, DEG

$$1 \text{ Grad} = 1^\circ = \frac{1}{360} \times \text{Vollwinkel}$$

$$1 \text{ Grad} = 60' \qquad (\text{Minuten})$$
$$= 3\,600'' \qquad (\text{Sekunden})$$

Beachte: Taschenrechner geben bei DEG die Winkel auch dezimal an.

Gon, Neugrad

$$1 \text{ gon} = \frac{1}{400} \times \text{Vollwinkel} = 100 \text{ cgon} = 1000 \text{ mgon}$$

Umrechnungen

$$\frac{\varphi^\circ}{x} = \frac{180^\circ}{\pi} \qquad x = \frac{\pi}{180^\circ} \cdot \varphi^\circ \qquad \frac{\varphi^\circ}{\varphi_{\text{gon}}} = \frac{180^\circ}{200 \text{ gon}}$$

$$1 \text{ rad} = \frac{180^\circ}{\pi} = 57{,}295\ 78^\circ \approx 57^\circ 17' 45''$$

$$= 63{,}661\ 98 \text{ gon} = 3\ 437{,}747' = 206\ 264{,}8''$$

$360^\circ = 2\pi$ rad	$60^\circ = \pi/3$ rad	$1^\circ = 0{,}017\ 45$ rad
$270^\circ = 3\pi/2$ rad	$45^\circ = \pi/4$ rad	$1' = 0{,}000\ 29$ rad
$180^\circ = \pi$ rad	$30^\circ = \pi/6$ rad	
$90^\circ = \pi/2$ rad		

Größeneinteilung der Winkel

Zwei Winkel, die sich zu $\begin{array}{c}\pi/2 \text{ rad} \\ \pi \quad \text{rad}\end{array}$ ergänzen, heißen $\begin{array}{l}\textit{Komplementwinkel.} \\ \textit{Supplementwinkel.}\end{array}$

• Nullwinkel	$x = 0 = \sphericalangle\,(p, p)$	$\varphi = 0^\circ = \sphericalangle\,(p, p)$
• spitzer Winkel	$x \leq \pi/2$	$\varphi \leq 90^\circ$
• rechter Winkel	$x = \pi/2$	$\varphi = 90^\circ$
• stumpfer Winkel	$\pi/2 < x < \pi$	$90^\circ < \varphi < 180^\circ$
• gestreckter Winkel	$x = \pi = \sphericalangle\,(p, -p)$	$\varphi = 180^\circ = \sphericalangle\,(p, -p)$
• erhabener Winkel	$\pi < x < 2\pi$	$180^\circ < \varphi < 360^\circ$
• Vollwinkel	$x = 2\pi$	$\varphi = 360^\circ$

Kongruente Winkel haben gleiche Größe.

Nebenwinkel sind Supplementwinkel, z.B. $\alpha_1 + \beta_1 = 180^\circ$ (Bild umseitig)

Scheitelwinkel sind einander gleich, z.B. $\alpha_1 = \gamma_1$

Äquivalente Winkel: $x = (x + k \cdot 2\pi) \text{ rad} \stackrel{\wedge}{=} \varphi^\circ + k \cdot 360^\circ$ $k \in \mathbb{Z}$

   Grundwert $0 \leq x < 2\pi$ (rad)

abgeleitet: *Drehwinkel* mit k als Umdrehungszahl

Winkel an geschnittenen Parallelen (Bild umseitig)

Stufenwinkel sind einander gleich, z.B. $\alpha_1 = \alpha_2, \beta_1 = \beta_2$

Wechselwinkel sind einander gleich, z.B. $\alpha_1 = \gamma_2, \delta_1 = \beta_2$

Entgegengesetzte Winkel (*Ergänzungswinkel*) betragen zusammen 180°

$$\alpha_1 + \delta_2 = \gamma_1 + \beta_2 = \ldots = \pi \text{ rad} \stackrel{\wedge}{=} 180^\circ$$

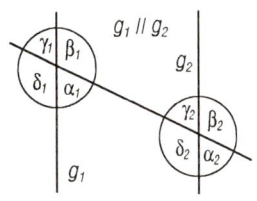

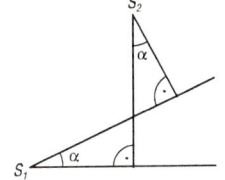

Geschnittene Parallelen   Paarweise senkrechte Schenkel

Winkel mit paarweise senkrechten Schenkeln

Zwei Winkel sind gleich, wenn ihre *Schenkel paarweise aufeinander senkrecht* stehen.

Bedingung: Die Scheitel liegen nicht innerhalb der von den Schenkeln des anderen Winkels aufgespannten Fläche.

6

6.1.2   Teilungen, Ähnlichkeit, Kongruenz, Symmetrie

Strahlensatz

Werden die Strahlen eines Strahlenbüschels von Parallelen geschnitten, so verhalten sich die Abschnitte

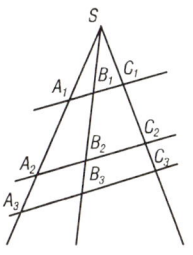

- auf einem Strahl wie die gleichliegenden auf jedem anderen
- auf den Parallelen wie die entsprechenden Scheitelstrecken auf irgendeinem Strahl
- auf der einen Parallelen zueinander wie die gleichliegenden auf den anderen Parallelen.

Strahlensatz

♦   Beispiele:

(1) $\overline{SA_1} : \overline{SA_2} : \overline{SA_3} = \overline{SB_1} : \overline{SB_2} : \overline{SB_3} = \overline{SC_1} : \overline{SC_2} : \overline{SC_3}$

(2) $\overline{SA_1} : \overline{A_1A_2} : \overline{A_2A_3} = \overline{SB_1} : \overline{B_1B_2} : \overline{B_2B_3} = \overline{SC_1} : \overline{C_1C_2} : \overline{C_2C_3}$

(3) $\overline{A_1B_1} : \overline{A_2B_2} : \overline{A_3B_3} = \overline{SA_1} : \overline{SA_2} : \overline{SA_3}$

(4) $\overline{A_1B_1} : \overline{B_1C_1} = \overline{A_2B_2} : \overline{B_2C_2} = \overline{A_3B_3} : \overline{B_3C_3}$ ♦

Vierte Proportionale

$$a : b = c : x \quad a, b, c \text{ gegebene Strecken}$$

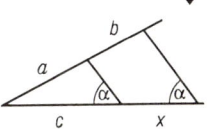

Vierte Proportionale

Stetige Teilung (Goldener Schnitt)

Eine Strecke heißt *stetig geteilt*, wenn der größere Abschnitt die mittlere Proportionale zu der ganzen Strecke und dem kleineren Abschnitt ist.

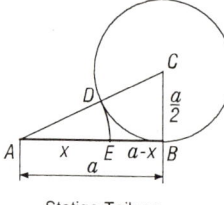

$$a : x = x : (a - x)$$

$$x = \frac{\sqrt{5} - 1}{2} \, a \approx 0{,}618a$$

Konstruktion: Man errichtet auf der Strecke $\overline{AB} = a$ in B die Senkrechte $\overline{BC} = a/2$, verbindet A mit C, beschreibt um C den Kreis mit dem Radius $a/2$, der $\overline{AC}$ in D schneidet, und trägt $\overline{AD}$ auf $\overline{AB}$ von A aus ab. E teilt AB stetig (siehe auch Zehneck).

Stetige Teilung

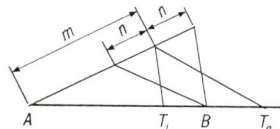
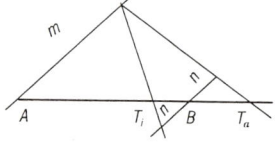

Harmonische Teilung

Harmonische Teilung einer Strecke

Teilt man eine Strecke $\overline{AB}$ innen und außen im gleichen Verhältnis $m : n$, so nennt man die Punkte A, B, T_i, T_a die zu $\overline{AB}$ und $m : n$ gehörenden vier harmonischen Punkte (*Harmonische Teilung*).

In jedem Dreieck teilen die Halbierungslinien eines Innenwinkels und seines Außenwinkels die Gegenseite harmonisch, und zwar im Verhältnis der beiden anderen Seiten:

$$\overline{AD} : \overline{BD} = \overline{AE} : \overline{BE} = b : a.$$

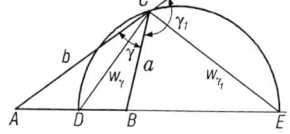

Der Kreis über $\overline{DE}$ als Durchmesser ist die Punktmenge für die Spitzen aller Dreiecke, von denen eine Seite (im Bild $\overline{AB}$) festgelegt und das Verhältnis der beiden anderen Seiten vorgegeben ist (*Kreis des* APPOLONIUS).

Kreis des Appolonius

Ähnlichkeit

Punktmengen M_1, M_2 sind *ähnlich*, wenn es eine Ähnlichkeitsabbildung (siehe 7.4.3) gibt, bei der sie einander entsprechen ($M_1 \sim M_2$).

n-Ecke ($n \geq 3$) sind ähnlich, wenn sie im Verhältnis entsprechender Seiten oder in den entsprechenden Winkeln übereinstimmen.
Die Umfänge ähnlicher Vielecke verhalten sich wie ein Paar entsprechender Strecken (Seiten, Höhen, Diagonalen usw.)

$$u_1 : u_2 = a_1 : a_2 = b_1 : b_2 = \ldots = k$$

k Ähnlichkeitsfaktor, Streckungsfaktor

Die Flächeninhalte ähnlicher Vielecke verhalten sich wie die Quadrate entsprechender Strecken (*Flächenvergrößerung*)

$$A_1 : A_2 = a_1^2 : a_2^2 = b_1^2 : b_2^2 = \ldots = k^2$$

Dreiecke sind *ähnlich*, wenn sie übereinstimmen
- in zwei Winkeln
- im Verhältnis zweier Seiten und dem eingeschlossenen Winkel
- im Verhältnis zweier Seiten und dem Gegenwinkel der größeren Seite
- im Verhältnis der drei Seiten.

Ähnliche Dreiecke werden durch entsprechende Höhen oder Winkelhalbierenden oder Seitenhalbierenden in ähnliche Dreiecke zerlegt. In ähnlichen Dreiecken verhalten sich entsprechende Höhen, Winkelhalbierende und Seitenhalbierende wie ein Paar entsprechender Seiten.

6

Allgemein gilt für ähnliche ebene Figuren:

Umfänge $u' = k \cdot u$ Flächen $A' = k^2 \cdot A$

für ähnliche Körper:

Oberflächen $A'_O = k^2 A_O$ Volumina $V' = k^3 V$

Kongruenz
Kongruenz ist ein Sonderfall der Ähnlichkeit ($k = 1$).

> Die Punktmengen M_1, M_2 sind einander *kongruent* (*deckungsgleich*, geschrieben $M_1 \cong M_2$) genau dann, wenn es eine Bewegung (Kongruenzabbildung, siehe 7.4.4) gibt, die M_1 auf M_2 abbildet (gilt auch bei räumlichen Punktmengen).

Dreiecke sind *kongruent*, wenn sie übereinstimmen
- in einer Seite und zwei Winkeln (WSW)
- in zwei Seiten und dem eingeschlossenen Winkel (SWS)
- in zwei Seiten und dem der größeren Seite gegenüberliegenden Winkel (S_gSW)
- in den drei Seiten (SSS).

Symmetrie

> Eine ebene Figur heißt **axialsymmetrisch** (*spiegelsymmetrisch*), wenn es eine Gerade g (*Symmetrieachse*) gibt, an der gespiegelt die Figur auf sich selbst abgebildet wird.

Siehe gerade Potenzfunktion, 10.5.5.

> Eine ebene Figur heißt **punktsymmetrisch** (*zentralsymmetrisch, radialsymmetrisch*), wenn sie durch Drehung um einen Punkt, das *Symmetriezentrum*, auf sich selbst abgebildet wird.

Siehe ungerade Potenzfunktion, 10.5.5.

6.1.3   Dreieck

Einteilung der Menge aller Dreiecke (siehe Bilder umseitig)

- *schiefwinkliges Dreieck* $\quad a \neq b \neq c \qquad \alpha, \beta, \gamma \neq \pi/2$ rad $(\hat{=} 90°)$
- *gleichschenkliges Dreieck* $\quad a = b$
- *gleichseitiges Dreieck* $\quad a = b = c$
- *spitzwinkliges Dreieck* $\qquad\qquad\qquad\qquad\quad \alpha, \beta, \gamma < \pi/2$ rad $(\hat{=} 90°)$
- *rechtwinkliges Dreieck* $\qquad\qquad\qquad\qquad\quad \gamma = \pi/2$ rad $(\hat{=} 90°)$
- *stumpfwinkliges Dreieck* $\qquad\qquad\qquad\qquad\quad \gamma > \pi/2$ rad $(\hat{=} 90°)$

6.1.3.1 Schiefwinkliges Dreieck

Bezeichnungen

α, β, γ	Innenwinkel
$\alpha_1, \beta_1, \gamma_1$	Außenwinkel
a, b, c	Seiten
A	Flächeninhalt
$s = \dfrac{a + b + c}{2}$	halbe Seitensumme
h_a, h_b, h_c	Höhen
s_a, s_b, s_c	Seitenhalbierende
m_a, m_b, m_c	Mittelsenkrechte
$w_\alpha, w_\beta, w_\gamma$	Winkelhalbierende der Innenwinkel
$w_{\alpha_1}, w_{\beta_1}, w_{\gamma_1}$	Winkelhalbierende der Außenwinkel
r_u	Radius des Umkreises
r_i	Radius des Inkreises
ρ_a, ρ_b, ρ_c	Radien der Ankreise (die im Index stehende Seite wird berührt)

Winkelbeziehungen

$$\alpha + \beta + \gamma = \pi \text{ rad} \overset{\wedge}{=} 180° \qquad \alpha_1 + \beta_1 + \gamma_1 = 2\pi \text{ rad} (\hat{=} 360°)$$

$$\alpha_1 = \beta + \gamma \qquad \beta_1 = \alpha + \gamma \qquad \gamma_1 = \alpha + \beta$$

$$\sin \alpha + \sin \beta + \sin \gamma = 4 \cos \frac{\alpha}{2} \cos \frac{\beta}{2} \cos \frac{\gamma}{2}$$

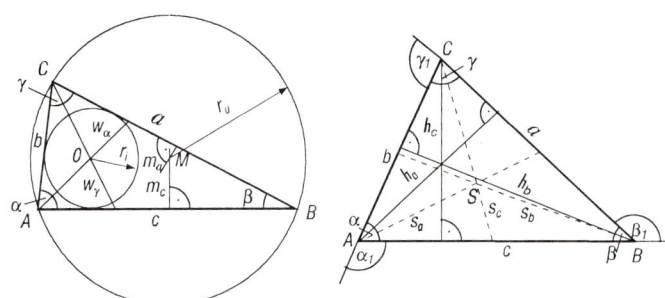

Schiefwinkliges Dreieck   Schiefwinkliges Dreieck

$$\cos \alpha + \cos \beta + \cos \gamma = 1 + 4 \sin \frac{\alpha}{2} \sin \frac{\beta}{2} \sin \frac{\gamma}{2}$$

6

$$\sin 2\alpha + \sin 2\beta + \sin 2\gamma = 4 \sin \alpha \sin \beta \sin \gamma$$

$$\cos 2\alpha + \cos 2\beta + \cos 2\gamma = -(4 \cos \alpha \cos \beta \cos\gamma + 1)$$

$$\tan \alpha + \tan \beta + \tan \gamma = \tan \alpha \tan \beta \tan \gamma$$

$$\sin^2 \alpha + \sin^2 \beta + \sin^2 \gamma = 2(1 + \cos \alpha \cos \beta \cos \gamma)$$

$$\cos^2 \alpha + \cos^2 \beta + \cos^2 \gamma = 1 - 2 \cos \alpha \cos \beta \cos \gamma$$

$$\cot \alpha \cot \beta + \cot \alpha \cot \gamma + \cot \beta \cot \gamma = 1$$

$$\cot \frac{\alpha}{2} + \cot \frac{\beta}{2} + \cot \frac{\gamma}{2} = \cot \frac{\alpha}{2} \cot \frac{\beta}{2} \cot \frac{\gamma}{2}$$

$(\sin \alpha + \sin \beta + \sin \gamma)(\sin \alpha + \sin \beta - \sin \gamma) \bullet$

$\bullet (\sin \alpha - \sin \beta + \sin \gamma)(- \sin \alpha + \sin \beta + \sin \gamma) = 4 \sin^2 \alpha \sin^2 \beta \sin^2 \gamma$

Sinussatz

$$a : b : c = \sin \alpha : \sin \beta : \sin \gamma \qquad \frac{a}{\sin \alpha} = \frac{b}{\sin \beta} = \frac{c}{\sin \gamma}$$

Cosinussatz

$$a^2 = b^2 + c^2 - 2bc \cos \alpha$$
$$b^2 = c^2 + a^2 - 2ca \cos \beta$$
$$c^2 = a^2 + b^2 - 2ab \cos \gamma$$

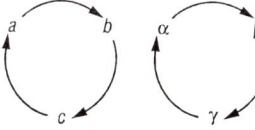

Zyklische Vertauschung   Zyklische Vertauschung

Zyklische Vertauschung ist ein Verfahren, aus einer Beziehung zwischen zyklisch angeordneten Größen eine neue, ebenfalls wahre Aussage zu erhalten, indem **jedes** Element durch das ihm im Zyklus folgende ersetzt wird.

Zum Beispiel im Dreieck Seitenlängen, Zyklus $\quad a \to b \to c \to a \to \dots$

Winkelgrößen, Zyklus $\alpha \to \beta \to \gamma \to \alpha \to \dots$

Mollweidesche Formeln

$$\frac{a+b}{c} = \frac{\cos\dfrac{\alpha-\beta}{2}}{\sin\dfrac{\gamma}{2}} \qquad\qquad \frac{a-b}{c} = \frac{\sin\dfrac{\alpha-\beta}{2}}{\cos\dfrac{\gamma}{2}}$$

4 weitere Formeln durch zyklische Vertauschung: $\dfrac{b+c}{a} = \dfrac{\cos\dfrac{\beta-\gamma}{2}}{\sin\dfrac{\alpha}{2}}$ usw.

Tangenssatz

$$\frac{a+b}{a-b} = \frac{\tan\dfrac{\alpha+\beta}{2}}{\tan\dfrac{\alpha-\beta}{2}} = \frac{\cot\dfrac{\gamma}{2}}{\tan\dfrac{\alpha-\beta}{2}} \qquad \frac{b+c}{b-c} = \frac{\tan\dfrac{\beta+\gamma}{2}}{\tan\dfrac{\beta-\gamma}{2}} = \frac{\cot\dfrac{\alpha}{2}}{\tan\dfrac{\beta-\gamma}{2}}$$

Eine weitere Formel durch zyklische Vertauschung

Halbwinkelsätze

$$\sin\frac{\alpha}{2} = \sqrt{\frac{(s-b)(s-c)}{bc}} \qquad\qquad \sin\frac{\beta}{2} = \sqrt{\frac{(s-a)(s-c)}{ac}}$$

Eine weitere Formel durch zyklische Vertauschung $\qquad s = \dfrac{a+b+c}{2} = \dfrac{U}{2}$

$$\cos\frac{\alpha}{2} = \sqrt{\frac{s(s-a)}{bc}} \qquad\qquad \cos\frac{\beta}{2} = \sqrt{\frac{s(s-b)}{ac}}$$

Eine weitere Formel durch zyklische Vertauschung

$$\tan\frac{\alpha}{2} = \sqrt{\frac{(s-b)(s-c)}{s(s-a)}} \qquad\qquad \tan\frac{\beta}{2} = \sqrt{\frac{(s-a)(s-c)}{s(s-b)}}$$

Eine weitere Formel durch zyklische Vertauschung

Seitensätze

$$a+b > c \qquad |a-b| < c$$
$$b+c > a \qquad |b-c| < a \qquad\qquad a \gtreqless b \leftrightarrow \alpha \gtreqless \beta$$
$$a+c > b \qquad |a-c| < b$$

Seitenhalbierende

Schnittpunkt der Seitenhalbierenden = *Schwerpunkt S*

Teilungsverhältnis der Seitenhalbierenden = 2 : 1

$$s_a = \frac{1}{2}\sqrt{2\,(b^2+c^2) - a^2} = \frac{1}{2}\sqrt{b^2+c^2+2bc\cos\alpha}$$

2 weitere Formeln für s_a und s_b durch zyklische Vertauschung

Winkelhalbierende

Jede *Winkelhalbierende* w_α, w_β, w_γ teilt die Gegenseite innen im Verhältnis der anliegenden Seiten.

Jede Winkelhalbierende w_{α_1}, w_{β_1}, w_{γ_1} teilt die Gegenseite außen harmonisch, siehe 6.1.2.

$$w_\alpha = \frac{1}{b+c}\sqrt{bc\left((b+c)^2 - a^2\right)} = \frac{2bc\cos\dfrac{\alpha}{2}}{b+c}$$

2 weitere Formeln für w_β und w_γ durch zyklische Vertauschung

Höhen

$$h_a : h_b : h_c = \frac{1}{a} : \frac{1}{b} : \frac{1}{c}$$

$$h_a = b\sin\gamma = c\sin\beta \qquad\qquad h_b = a\sin\gamma = c\sin\alpha$$

$$h_c = a\sin\beta = b\sin\alpha$$

Umkreis

Umkreismittelpunkt = Schnittpunkt der *Mittelsenkrechten* m_a, m_b, m_c

$$r_u = \frac{a}{2\sin\alpha} = \frac{b}{2\sin\beta} = \frac{c}{2\sin\gamma} = \frac{bc}{2h_a} = \frac{ac}{2h_b} = \frac{ab}{2h_c}$$

Inkreis

Inkreismittelpunkt = Schnittpunkt der Winkelhalbierenden w_α, w_β, w_γ

$$r_i = \frac{A}{s} = \sqrt{\frac{(s-a)(s-b)(s-c)}{s}} \qquad\qquad s = \frac{a+b+c}{2} = \frac{U}{2}$$

$$r_i = (s-a)\tan\frac{\alpha}{2} = (s-b)\tan\frac{\beta}{2} = (s-c)\tan\frac{\gamma}{2}$$

$$r_i = s\tan\frac{\alpha}{2}\tan\frac{\beta}{2}\tan\frac{\gamma}{2} \qquad\qquad r_i = 4r_u\tan\frac{\alpha}{2}\tan\frac{\beta}{2}\tan\frac{\gamma}{2}$$

Abstand des Umkreismittelpunktes vom Inkreismittelpunkt: $d_{iu} = \sqrt{r_u^2 - 2r_u r_i}$

Ankreise

Ankreismittelpunkt = Schnittpunkt von w_α, w_{β_1}, w_{γ_1} bzw. zyklisch vertauscht

$$\rho_a = \frac{A}{s-a} \qquad\qquad \rho_b = \frac{A}{s-b} \qquad\qquad \rho_c = \frac{A}{s-c}$$

$$\frac{1}{\rho_a} = \frac{1}{h_b} + \frac{1}{h_c} - \frac{1}{h_a} \qquad \frac{1}{\rho_b} = \frac{1}{h_a} + \frac{1}{h_c} - \frac{1}{h_b} \qquad \frac{1}{\rho_c} = \frac{1}{h_a} + \frac{1}{h_b} - \frac{1}{h_c}$$

$$\rho_a + \rho_b + \rho_c = 4r_u + r_i$$

$$\rho_a = s \tan\frac{\alpha}{2} = \frac{a \cos\dfrac{\beta}{2} \cos\dfrac{\gamma}{2}}{\cos\dfrac{\alpha}{2}} \qquad \rho_b = s \tan\frac{\beta}{2} = \frac{b \cos\dfrac{\gamma}{2} \cos\dfrac{\alpha}{2}}{\cos\dfrac{\beta}{2}}$$

Eine weitere Formel durch zyklische Vertauschung

Flächeninhalt

$$A = \frac{abc}{4r} = \sqrt{r_i\, \rho_a\, \rho_b\, \rho_c}$$

$$A = \frac{a h_a}{2} = \frac{b h_b}{2} = \frac{c h_c}{2}$$

$$A = \sqrt{s\,(s-a)\,(s-b)\,(s-c)} \qquad\qquad \text{(HERONische Formel)}$$

$$A = r_i\, s = \rho_a\,(s-a) = \rho_b\,(s-b) = \rho_c\,(s-c) \qquad s = \frac{a+b+c}{2} = \frac{U}{2}$$

$$A = \frac{1}{2}\, ab \sin\gamma = \frac{1}{2}\, bc \sin\alpha = \frac{1}{2}\, ac \sin\beta$$

$$A = \frac{a^2 \sin\beta \sin\gamma}{2 \sin\alpha} = \frac{b^2 \sin\alpha \sin\gamma}{2 \sin\beta} = \frac{c^2 \sin\alpha \sin\beta}{2 \sin\gamma}$$

$$A = 2 r_u^2 \sin\alpha \sin\beta \sin\gamma$$

$$A = s^2 \tan\frac{\alpha}{2} \tan\frac{\beta}{2} \tan\frac{\gamma}{2}$$

$$A = r_i^2 \cot\frac{\alpha}{2} \cot\frac{\beta}{2} \cot\frac{\gamma}{2}$$

Verallgemeinerter Satz des Pythagoras

$$a^2 = b^2 + c^2 \pm 2bp \quad \text{für } \alpha \gtrless \frac{\pi}{2} \triangleq 90° \qquad p \text{ Projektion von } c \text{ auf } b$$

$$b^2 = c^2 + a^2 \pm 2cq \quad \text{für } \beta \gtrless \frac{\pi}{2} \triangleq 90° \qquad q \text{ Projektion von } a \text{ auf } c$$

$$c^2 = a^2 + b^2 \pm 2ar \quad \text{für } \gamma \gtrless \frac{\pi}{2} \triangleq 90° \qquad r \text{ Projektion von } b \text{ auf } a$$

Die 3 Grundaufgaben des schiefwinkligen Dreiecks

Grundaufgabe 1: Eine Seite, zwei Winkel
1.1 WSW, z.B. α, c, β
1.2 SWW, z.B. c, β, γ

Dritter Winkel aus Winkelsumme, Seiten aus
Sinussatz, eindeutige Lösungsmenge

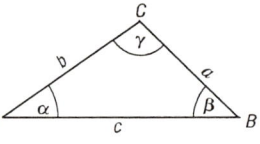

Schiefwinkliges Dreieck

Grundaufgabe 2: Zwei Seiten, ein Winkel

2.1 SSW, z.B. b, c, β, doppeldeutig

Zweiter Winkel aus Sinussatz und Größenentscheid $b \gtreqless c \leftrightarrow \beta \gtreqless \gamma$

Dritter Winkel aus Winkelsumme, dritte Seite aus Sinussatz

Keine Lösung für $b \le c$ und $\beta \ge \dfrac{\pi}{2} \mathrel{\hat{=}} 90°$

2.2 SWS, z.B. b, α, c

Dritte Seite aus Cosinussatz, zweiter und dritter Winkel aus Sinussatz, Größenentscheid aus Winkelsumme, eindeutige Lösungsmenge

oder Winkel aus Tangenssatz, dritte Seite aus Sinus- bzw. Cosinussatz

Grundaufgabe 3: Drei Seiten SSS, a, b, c, $c > a, c > b$

γ aus Cosinussatz, α und β aus Sinussatz, beides spitze Winkel, eindeutige Lösungsmenge oder Halbwinkelsatz oder Tangenssatz

6

Fallunterscheidungen				Lösungsmenge L
$b > c$		$0 < \beta < \pi$	$\gamma < \pi/2$	eindeutig
$b = c$	$b > c \sin \beta$		$\gamma = \beta$	eindeutig, gleichschenkliges Dreieck
$b < c$		$\beta < \pi/2$	$\gamma \ne \pi/2$	2 Lösungen
	$b = c \sin \beta$		$\gamma = \pi/2$	eindeutig, rechtwinkliges Dreieck
	$b < c \sin \beta$		–	keine Lösung

6.1.3.2 Gleichschenkliges und gleichseitiges Dreieck

Das **gleichschenklige Dreieck** ist axialsymmetrisch, die Schnittpunkte der Mittellinien, Seiten- und Winkelhalbierenden liegen auf der Höhe h_c.

$$A = \frac{c}{2}\sqrt{a^2 - \frac{c^2}{4}} \qquad \alpha = 90° - \frac{1}{2}\gamma$$

Das **gleichseitige Dreieck** ist axial- und radialsymmetrisch. ($\alpha = \beta = \gamma = 60°$, $a = b = c$)

$$h = \frac{a\sqrt{3}}{2}$$
$$a = 2r_i\sqrt{3} = r_u\sqrt{3}$$

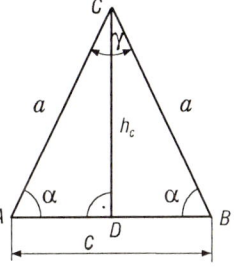

Gleichschenkliges Dreieck

$$A = \frac{a^2 \sqrt{3}}{4}$$

$$r_u = \frac{a}{3} \sqrt{3} \qquad\qquad r_i = \frac{1}{2} r_u = \frac{a}{6} \sqrt{3}$$

Abstand des *Schwerpunktes* S von einer Seite $= \frac{a}{6} \sqrt{3}$

6.1.3.3 Rechtwinkliges Dreieck ($\gamma = \pi/2$ rad ($\triangleq 90°$))

Bezeichnungen

a, b	*Katheten*
c	*Hypotenuse*
h	*Höhe*
p	Projektion von a auf c
q	Projektion von b auf c

Die trigonometrischen Funktionen am rechtwinkligen Dreieck

$$0 \le \alpha \le \frac{\pi}{2} \qquad\qquad 0 \le \beta \le \frac{\pi}{2}$$

$$\sin \alpha = \frac{a}{c} = \frac{\text{Gegenkathete}}{\text{Hypotenuse}}$$

$$\cos \alpha = \frac{b}{c} = \frac{\text{Ankathete}}{\text{Hypotenuse}}$$

$$\tan \alpha = \frac{a}{b} = \frac{\text{Gegenkathete}}{\text{Ankathete}}$$

$$\cot \alpha = \frac{b}{a} = \frac{\text{Ankathete}}{\text{Gegenkathete}}$$

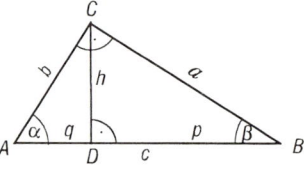

Rechtwinkliges Dreieck

Satz des Pythagoras am rechtwinkligen Dreieck

$$a^2 + b^2 = c^2 \qquad\qquad a, b, c \in \mathbb{R}^+$$

Folgerung: Sind die Maßzahlen der Seiten eines Dreiecks pythagoreische Zahlen, so ist das Dreieck rechtwinklig.

Pythagoreische Zahlen, pythagoreisches Zahlentripel

Pythagoreische Zahlen befriedigen die diophantische Gleichung 2. Grades

$$x^2 + y^2 = z^2 \quad \text{mit} \quad x, y, z \in \mathbb{Z} \quad (\text{auch } x, y, z \in \mathbb{N} \text{ üblich})$$

$$L = \left\{ (x, y, z) \mid (2kpq, k\,(p^2 - q^2), k\,(p^2 + q^2)) \right\} \text{ wenn } x \text{ geradzahlig}$$

oder $\quad L = \left\{ (x, y, z) \mid (k\,(p^2 - q^2), 2kpq, k\,(p^2 + q^2)) \right\}$

$$k, p, q \in \mathbb{Z} \quad (\text{analog auch } k, p, q \in \mathbb{N})$$

Einige pythagoreische Zahlentripel

4	3	5	10	24	26	20	21	29
6	8	10	12	5	13	24	7	25
8	15	17	16	12	20	30	16	34
8	6	10	18	80	82	36	27	45

usw.

♦ Beispiel:

Bestimmung der pythagoreischen Zahlentripel mit der Vorgabe $x = 24$, $k = 1$

Aus $x = 2pq$ ergeben sich die ganzzahligen Faktoren p und q

$p = 12, q = 1$ $y = 144 - 1 = 143$ $z = 144 + 1 = 145$ $L = \{(24, 143, 145)\}$
$p = 6, q = 2$ $y = 36 - 4 = 32$ $z = 36 + 4 = 40$ $L = \{(24, 32, 40)\}$
$p = 4, q = 3$ $y = 16 - 9 = 7$ $z = 16 + 9 = 25$ $L = \{(24, 7, 25)\}$ ♦

6

Kathetensatz (Satz des Euklid)

$$a^2 = cp \qquad b^2 = cq$$

Höhensatz (Euklid)

$$h^2 = pq \qquad \text{Höhe } h = \frac{ab}{c}$$

Mittlere Proportionale (geometrisches Mittel)

$$x^2 = ab \ \leftrightarrow \ a : x = x : b$$

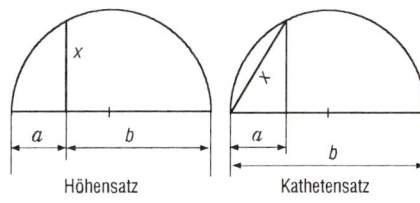

Höhensatz   Kathetensatz   Geometrisches
Mittel x

Flächeninhalt

$$A = \frac{ch}{2} = \frac{ab}{2}$$

Abstand des *Schwerpunkts S* von der Hypotenuse c $= h/3$
Abstand des *Schwerpunkts S* von der Kathete a $= b/3$
Abstand des *Schwerpunkts S* von der Kathete b $= a/3$

6.1.4   Vierecke

Ebene Vierecke sind von 4 Geraden begrenzte Teile der Ebene.

Bezeichnungen

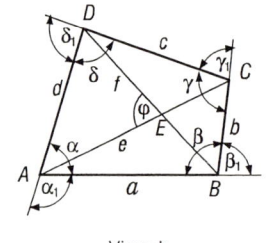

$\alpha, \beta, \gamma, \delta$	*Innenwinkel*
$\alpha_1, \beta_1, \gamma_1, \delta_1$	*Außenwinkel*
a, b, c, d	Seiten
e, f	Diagonalen
r_i	Radius des Inkreises
r_u	Radius des Umkreises
h	Höhe

Viereck

Winkelsummen

$$\alpha + \beta + \gamma + \delta = 2\pi \text{ rad} \stackrel{\wedge}{=} 360°$$
$$\alpha_1 + \beta_1 + \gamma_1 + \delta_1 = 2\pi \text{ rad} \stackrel{\wedge}{=} 360°$$

Fläche

$$A = \frac{ef}{2} \sin \varphi$$

$$A = \sqrt{(s-a)(s-b)(s-c)(s-d) - abcd \cos^2 \varepsilon}$$

mit halbem *Umfang* $s = \dfrac{a+b+c+d}{2}$ $\varepsilon = \dfrac{\alpha + \gamma}{2} = \dfrac{\beta + \delta}{2}$

6.1.4.1 Trapez

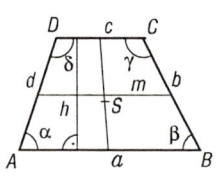

$a \parallel c$

$\alpha = 90°$ rechtwinkliges Trapez

$\alpha = \beta \neq 90°$ gleichschenkliges Trapez

$$A = \frac{a+c}{2} h = mh \quad m \text{ Mittelparallele}$$

Trapez

Der *Schwerpunkt S* liegt auf der Verbindungslinie der Mitten der parallelen Grundseiten im Abstand
$\dfrac{h}{3} \cdot \dfrac{a + 2c}{a + c}$ von der Grundlinie a.

6.1.4.2 Parallelogramme

$a \parallel c \qquad b \parallel d \qquad a = c \qquad b = d \qquad \alpha = \gamma \qquad \beta = \delta$

$$\alpha + \beta = \beta + \gamma = \gamma + \delta = \delta + \alpha = 180°$$

Diagonalen $e = \sqrt{(a + h_a \cot \alpha)^2 + h_a^2}$

$\qquad\qquad f = \sqrt{(a - h_a \cot \alpha)^2 + h_a^2}$

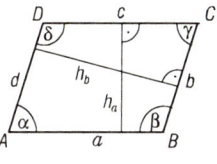

Rhomboid

Die Diagonalen halbieren einander.

Schwerpunkt S = Schnittpunkt der Diagonalen

$\qquad A = a h_a = b h_b = g h = ab \sin \alpha$

g *Grundlinie*

h_{Seite} zur Seite zugehörige Höhe

Rhomboid (allgemeines ungleichseitiges Parallelogramm, Bild oben)

Rhombus (Raute)
(Gleichseitiges Parallelogramm, bei dem die Diagonalen senkrecht aufeinander stehen und die Rhombuswinkel halbieren)

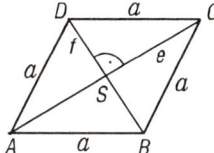

Rhombus

$\qquad a = b = c = d \qquad e^2 + f^2 = 4a^2$

$\qquad A = \dfrac{ef}{2}$

Rechteck
(Ungleichseitiges, rechtwinkliges Parallelogramm)

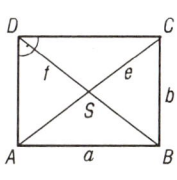

Rechteck

$\qquad e = f = \sqrt{a^2 + b^2}$

$\qquad r_u = \dfrac{1}{2}\sqrt{a^2 + b^2}$

$\qquad A = ab$

Quadrat
(Gleichseitiges, rechtwinkliges Parallelogramm, gleichseitiges Rechteck)
Die Diagonalen stehen senkrecht aufeinander, halbieren einander und die Winkel.

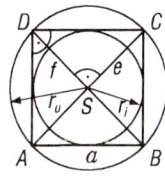

Quadrat

$\qquad e = f = a\sqrt{2}$

$\qquad a = r_u\sqrt{2}$

$\qquad r_i = \dfrac{r_u}{2}\sqrt{2} = \dfrac{a}{2}$

$\qquad A = a^2 = 2r_u^2 = \dfrac{1}{2}e^2$

6

6.1.4.3 Vierecke mit Umkreis bzw. Inkreis

Sehnenviereck

$$\alpha + \gamma = \beta + \delta = \pi \text{ rad} \stackrel{\wedge}{=} 180°$$

$$ac + bd = ef \qquad (\textit{Satz von } \text{PTOLEMÄUS})$$

$$e = \sqrt{\frac{(ac + bd)\,(bc + ad)}{ab + cd}} \qquad f = \sqrt{\frac{(ac + bd)\,(ab + cd)}{bc + ad}}$$

$$r_u = \frac{1}{4}\sqrt{\frac{(ab + cd)\,(ac + bd)\,(bc + ad)}{(s - a)\,(s - b)\,(s - c)\,(s - d)}}$$

halber Umfang $s = \dfrac{a + b + c + d}{2}$

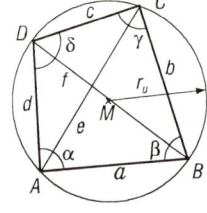
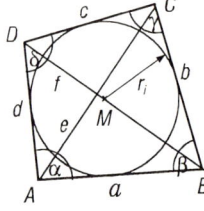
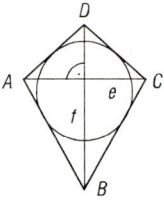

Sehnenviereck   Tangentenviereck   Drachenviereck

Tangentenviereck

$$a + c = b + d$$

$$A = r_i \cdot s$$

Drachenviereck

$$A = \frac{ef}{2}$$

6.1.5   Vielecke

6.1.5.1 Einfache, ebene n-Ecke

$$\textit{Innenwinkel} \quad \sum_1^n x_{innen} = (2n - 4)\,\frac{\pi}{2}\ \text{rad} \stackrel{\wedge}{=} (2n - 4)\cdot 90°$$

$$\text{Außenwinkel} \quad \sum_1^n x_{außen} = 2\pi\ \text{rad} \stackrel{\wedge}{=} 360°$$

Anzahl der Diagonalen $\dfrac{n\,(n - 3)}{2}$

Flächeninhalt $A = \sum_i A_i$

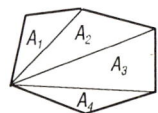
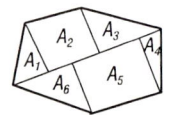

Flächenberechnung

6.1.5.2 Regelmäßige Vielecke

Die Seiten und Winkel *regelmäßiger ebener Vielecke* sind gleich. Sie haben n Symmetrieachsen ($n = 3, 4, \ldots$) und gleiche Zentriwinkel $\sphericalangle AMB = \varphi$

Bezeichnungen

a Seite des regelmäßigen n-Ecks

a_{2n} Seite des regelmäßigen $2n$-Ecks

r_i Radius des Inkreises

r_u Radius des Umkreises

α Innenwinkel

α_1 Außenwinkel

φ Zentriwinkel des Bestimmungs-dreiecks AMB

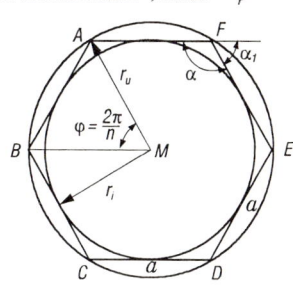

Regelmäßiges Vieleck

Schwerpunkt S = Mittelpunkt des Umkreises

$$\alpha = \frac{2n-4}{n}\,\frac{\pi}{2}\ \text{rad} \qquad \alpha_1 = \frac{2\pi}{n}\ \text{rad} \qquad \varphi = \frac{2\pi}{n}\ \text{rad}$$

$$a = 2r_u \sin\frac{\varphi}{2} = 2r_u \sin\frac{\pi}{n}$$

$$r_i = \frac{1}{2}\sqrt{4r_u^2 - a^2} \qquad\qquad\qquad r_i = r_u \cos\frac{\pi}{n}$$

$$a_{2n} = \sqrt{2r_u^2 - r_u\sqrt{4r_u^2 - a^2}}$$

$$A = \frac{nar_i}{2} = \frac{nr_u^2}{2}\sin\varphi = \frac{na^2}{4\tan(\pi/n)}$$

6.1.5.3 Einige bestimmte regelmäßige Vielecke

Regelmäßiges Dreieck,   siehe gleichseitiges Dreieck, 6.1.3.2

Regelmäßiges Viereck,   siehe Quadrat, 6.1.4.2

Regelmäßiges Fünfeck (*Pentagramm*)

$$a = \frac{r_u}{2}\sqrt{10 - 2\sqrt{5}} \qquad\qquad a\ \text{Seite}$$

$$r_i = \frac{a}{10}\sqrt{25 + 10\sqrt{5}} = \frac{r_u}{4}(\sqrt{5}+1) \qquad r_u = \frac{a}{10}\sqrt{50 + 10\sqrt{5}}$$

$$A = \frac{5}{8}r_u^2\sqrt{10 + 2\sqrt{5}} = \frac{a^2}{4}\sqrt{25 + 10\sqrt{5}}$$

6

Regelmäßiges Sechseck

$$a = r_u \qquad r_i = \frac{r_u}{2}\sqrt{3} \qquad A = \frac{3}{2}a^2\sqrt{3}$$

Regelmäßiges Achteck

$$a = r_u\sqrt{2 - \sqrt{2}} \qquad\qquad r_i = \frac{r_u}{2}\sqrt{2 + \sqrt{2}} = \frac{a}{2}(\sqrt{2} + 1)$$

$$A = 2r_u^2\sqrt{2} = 2a^2(\sqrt{2} + 1) \qquad r_u = \frac{a}{2}\sqrt{4 + 2\sqrt{2}}$$

Näherungswert für die Seite des regelmäßigen Neunecks ($r_u = 1$) $\quad a \approx \dfrac{2\sqrt{5} + 1}{8}$

Regelmäßiges Zehneck

$$a = \frac{r_u}{2}(\sqrt{5} - 1) \qquad r_i = \frac{a}{2}\sqrt{5 + 2\sqrt{5}} = \frac{r_u}{4}\sqrt{10 + 2\sqrt{5}}$$

$$A = \frac{5a^2}{2}\sqrt{5 + 2\sqrt{5}} = \frac{5r_u^2}{4}\sqrt{10 - 2\sqrt{5}} \qquad r_u = \frac{a}{2}(\sqrt{5} + 1)$$

6.1.5.4 Konstruktion der einfachen regelmäßigen Vielecke

Gegeben: Umkreisradius r_u

Regelmäßiges Viereck (Quadrat) und Achteck, 2^n-Eck

In den Kreis mit r_u zeichnet man zwei zueinander senkrechte Durchmesser und verbindet deren Endpunkte miteinander.
Der Schnittpunkt der Mittelsenkrechten mit dem Kreis ergibt die Ecken des regelmäßigen Achtecks.
Nach dem gleichen Verfahren ergibt sich das 2^n-Eck, $n = 2, 3, \ldots$

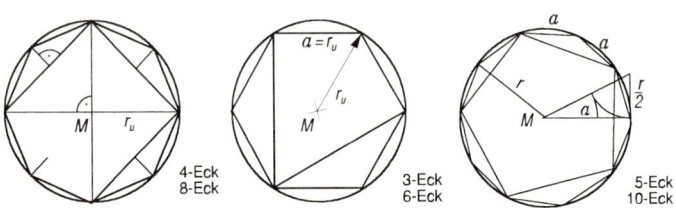

Regelmäßiges Sechseck und Zwölfeck, $3 \cdot 2^n$-Eck

In den Kreis mit dem gegebenen Radius r_u trägt man den Radius sechsmal hintereinander als Sehne ein. Errichtet man die Mittelsenkrechten und bringt diese zum Schnitt mit dem Kreisumfang, so erhält man die Ecken des regelmäßigen Zwölfecks.
Nach dem gleichen Verfahren ergeben sich die $3 \cdot 2^n$-Ecke, $n \geq 3$.

Regelmäßiges Fünf- und *Zehneck*, $5 \cdot 2^n$-*Eck* (Bild oben)

Man teilt den gegebenen Radius r_u stetig und trägt den größeren Abschnitt in den Kreis mit dem Radius r_u hintereinander zehnmal als Sehne ein. Mit Hilfe der Mittelsenkrechten erhält man das $5 \cdot 2^n$-Eck, $n = 2, 3, \ldots$

Näherungskonstruktion beliebiger regelmäßiger n-Ecke

Gegeben: Umkreisradius r_u

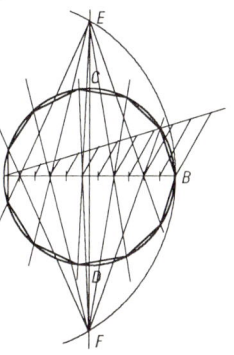

In den Kreis mit r_u zeichnet man zwei zueinander senkrechte Durchmesser $\overline{AB}$ und $\overline{CD}$ ein. Einen von ihnen (im Bild $\overline{AB}$) teilt man in n (im Bild $n = 11$) gleiche Teile und schlägt um den einen Endpunkt (im Bild A) den Kreis mit dem Radius $2r_u$, der die Verlängerung des anderen Durchmessers in E und F schneidet. Von E und F aus zieht man Strahlen durch die Teilpunkte, wobei immer ein Teilpunkt ausgelassen wird, und erhält in deren Schnittpunkten mit dem Ausgangskreis die Eckpunkte des n-Ecks.

Beliebiges n-Eck

6.1.6 Kreis

6.1.6.1 Sätze

Satz des Thales (*Kreis des Thales*)
Jeder *Peripheriewinkel* über einem Durchmesser eines Kreises beträgt 90°.

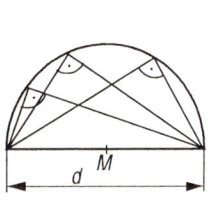

Kreis des Thales

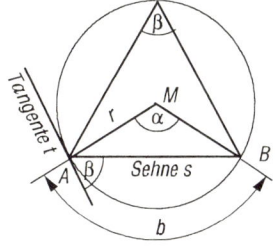

Sehnentangentenwinkel

Der **Sehnentangentenwinkel** $\sphericalangle$ $(t, s) = \beta$ ist halb so groß wie der Zentriwinkel über demselben Bogen α.

Siehe auch Sehnenviereck, Tangentenviereck 6.1.4.3

Sehnensatz
Zieht man durch einen Punkt innerhalb eines Kreises Sehnen, so ist das Produkt ihrer Abschnitte konstant.

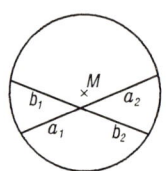

$$a_1 a_2 = b_1 b_2$$

Sekantensatz
Zieht man von einem Punkt außerhalb eines Kreises Sekanten, so ist das Produkt aus jeder Sekante und ihrem äußeren Abschnitt konstant.

Sehnensatz

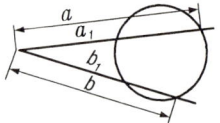

$$aa_1 = bb_1$$

Sekantentangentensatz
Zieht man von einem Punkt außerhalb eines Kreises eine Sekante und eine Tangente, so ist das Produkt aus der Sekante und ihrem äußeren Abschnitt gleich dem Quadrat der Tangentenlänge:

Sekantensatz

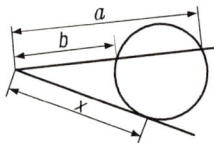

$$x^2 = ab \rightarrow a : x = x : b$$

x *geometrisches Mittel,*
    mittlere Proportionale

Sekantentangentensatz

6.1.6.2 Berechnungen

Bezeichnungen (Siehe Bild oben, Sehnentangentenwinkel)

r *Radius*
d *Durchmesser*
s Sehne zum Bogen b
b Bogen AB
α zu b gehöriger Mittelpunktswinkel *(Zentriwinkel)*
β *Umfangswinkel (Peripheriewinkel),* $\alpha = 2\beta$

Kreisumfang (Kreislinie)

$$U = 2\pi r = \pi d \qquad \pi = 3{,}141\ 592\ 654 \ldots \ (\text{LUDOLF}sche\ Zahl)$$

Kreisbogen (siehe Bilder Kreisausschnitt, Kreisabschnitt)

$$b = r \cdot \alpha_{\text{rad}} = \frac{\pi}{180°} r\alpha° \qquad\qquad \frac{b}{2\pi r} = \frac{b}{U} = \frac{\alpha°}{360°} = \frac{\alpha_{\text{rad}}}{2\pi}$$

Schwerpunkt S des Bogens b liegt auf der Winkelhalbierenden im Abstand rs/b vom Mittelpunkt.

Kreisfläche

$$A = \pi r^2 = \frac{\pi d^2}{4}$$

Schwerpunkt S = Mittelpunkt *M* des Kreises

Kreisausschnitt (Kreissektor)

$$A = \pi r^2 \frac{\alpha^\circ}{360^\circ} = b \frac{r}{2} = \frac{r^2}{2} \alpha_{rad}$$

Schwerpunkt S liegt auf der Symmetrieachse im Abstand $\frac{2}{3} \cdot \frac{rs}{b}$ vom Mittelpunkt *M* des Kreises.

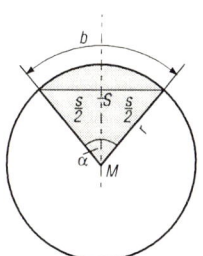

Kreisausschnitt

Kreisabschnitt (Kreissegment)

$$s = 2\sqrt{2hr - h^2} = 2r \sin \frac{\alpha}{2} \quad \text{(Sehne)}$$

$$h = r - \frac{1}{2}\sqrt{4r^2 - s^2} \quad (\textit{Bogenhöhe})$$

$$\text{für } h < r$$

$$A = \frac{1}{2}\left(br - s\left(r - h\right)\right)$$

$$A \approx \frac{2}{3} hs$$

$$A = \frac{r^2}{2}\left(\frac{\pi \alpha^\circ}{180^\circ} - \sin \alpha\right) = \frac{r^2}{2}\left(\alpha_{rad} - \sin \alpha\right)$$

Schwerpunkt S liegt auf der Symmetrieachse im Abstand $\frac{s^3}{12A}$ vom Mittelpunkt *M*.

Kreisring

$$A = \pi\left(r_1^2 - r_2^2\right) = 2\pi r_m \delta$$

$$\delta = r_1 - r_2 > 0$$

$$r_m = \frac{(r_1 + r_2)}{2}$$

Schwerpunkt S = Mittelpunkt *M*

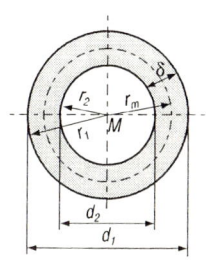

Kreisabschnitt

Kreisring

6.2   Geometrische Körper (Stereometrie)

6.2.1   Allgemeines

> Ein *geometrischer Körper* ist eine Punktmenge, die allseitig von einer Fläche oder von mehreren zusammenhängenden Flächenstücken begrenzt wird.

Bezeichnungen

a, b, c	Kanten
s	Mantellinie
r	Kreis-, Kugelradius
d	Kreis-, Kugeldurchmesser
r_i	Radius der Inkugel
r_u	Radius der Umkugel
A_O	Oberfläche
A_S	Seitenfläche
A_G	Grundfläche
A_D	Deckfläche
A_M	Mantelfläche
V	Volumen
h	Körperhöhe
h_s	Höhe der Seitenfläche

Satz von Cavalieri

> *Körper*, die zwischen den Flächen $x = a$ und $x = b$ liegen, haben gleiches Volumen, wenn die Inhalte ihrer Querschnitte für jedes $x \in [a, b]$ übereinstimmen.

Simpsonsche Regel

> Besitzt ein *Körper* parallele Grund- und Deckfläche und hat jeder parallele Querschnitt in der Höhe x einen Flächeninhalt, der Funktionswert einer ganzrationalen Funktion höchstens dritten Grades von x ist, so gilt:
>
> $$V \approx \frac{h}{6}(A_G + A_D + 4A_m) \qquad A_m \text{ mittlerer Querschnitt}$$

Guldinsche Regeln

> 1. Die **Mantelfläche** *eines Rotationskörpers* mit einer Drehachse, die die erzeugende Linie nicht schneidet, ist gleich dem Produkt aus der Länge des erzeugenden Linienzugs l und dem Umfang des von seinem Schwerpunkt beschriebenen Kreises: $A_M = 2\pi r \cdot l$

2. Das **Volumen** *eines Rotationskörpers* mit einer Drehachse, die die erzeugende Fläche nicht schneidet, ist gleich dem Produkt aus dem Inhalt der erzeugenden Fläche A und dem Umfang des von ihrem Schwerpunkt beschriebenen Kreises:

$V = 2\pi r \cdot A = 2\pi H_x$

r Abstand des Schwerpunktes von der Drehachse

H_x Flächenmoment 1. Grades

Die Regeln gelten sinngemäß auch für *Rotationssektoren* (Winkel kleiner 2π).

Raumwinkel

Ein räumlicher Winkel (*Raumwinkel*) kann gemessen werden durch das Verhältnis der aus einer Kugel (um seinen Scheitel) ausgeschnittenen Fläche A zum Quadrat des Kugelradius. Als Einheit gilt derjenige räumliche Winkel, für den dieses Verhältnis den Zahlenwert 1 besitzt.

Diese Einheit heißt *Steradiant* (Abk. »sr«).

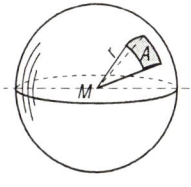

Raumwinkel

6

6.2.2 Ebenflächig begrenzte Körper (Polyeder, Vielflache)

Eulerscher Polyedersatz

Polyeder (Vielflache) sind Körper, die nur von ebenen Vielecken begrenzt werden.

Unter der Voraussetzung, daß das Polyeder keine einspringende Ecke und keine Hohlräume hat, gilt:

$e + f - k = 2$ e Anzahl der Ecken, f Anzahl der Flächen
k Anzahl der Kanten
$w = 2k$ w Anzahl der Kantenwinkel

6.2.2.1 Prismatische Körper

Prisma, gerade und schief

(Deckfläche ∥ Grundfläche, kongruent; Seitenflächen Parallelogramme)

$V = A_G h$ $A_D \cong A_G$ $A_D \parallel A_G$
$A_O = A_M + 2A_G$

Schwerpunkt S = Halbierungspunkt der Verbindungsstrecke zwischen den Schwerpunkten der Grund- und Deckfläche.

Gerades Prisma: Seitenfläche ⊥ Grundfläche

Rechtkant (Quader)

$$V = abc$$

$$A_O = 2\,(ab + ac + bc)$$

$$d = \sqrt{a^2 + b^2 + c^2}$$

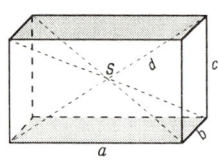

Quader

Schwerpunkt S = Schnittpunkt der Körperdiagonalen

Würfel

$$V = a^3 \qquad A_O = 6a^2$$

$$d = a\,\sqrt{3}$$

$$r_i = \frac{a}{2} \qquad r_u = \frac{a}{2}\,\sqrt{3}$$

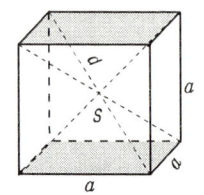

Würfel

Schief abgeschnittenes dreiseitiges Prisma

(Seitenflächen: Rechtecke, Rhomboide, Rhomben,
$a \parallel b \parallel c$)

gerades Prisma: $V = A_G\,\dfrac{a + b + c}{3}$

schräges Prisma: $V = A_Q\,\dfrac{a + b + c}{3}$

A_Q Inhalt eines Querschnitts senkrecht zu den Kanten

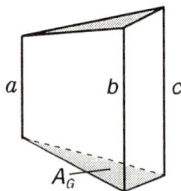

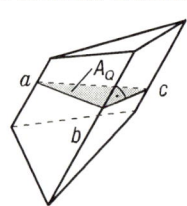

Schief abgeschnittenes gerades Prisma   Schief abgeschnittenes schräges Prisma

Schief abgeschnittenes *n*-seitiges Prisma

$$V = A_Q \cdot s_s$$

s_s Verbindungslinie der Schwerpunkte der Grund- und Deckfläche
A_Q Inhalt eines Querschnitts senkrecht s_s

6.2.2.2 Pyramide, Pyramidenstumpf
(Grundfläche *n*-Eck, Seitenflächen *n* Dreiecke)

Die *Pyramide* heißt *gerade*, wenn die Grundfläche
einen Mittelpunkt M hat und die Spitze senkrecht
über M liegt.

$$V = \frac{1}{3} A_G h$$

$$A_O = A_G + A_M$$

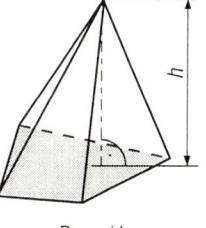

Pyramide

Die Pyramide heißt *regulär*, wenn A_G ein regelmäßiges Vieleck ist.

Schwerpunkt S liegt auf der Verbindungslinie der Spitze mit dem Schwerpunkt
der Grundfläche im Abstand $h/4$ von der Grundfläche, siehe auch Tetraeder.

6

Pyramidenstumpf
(Grund- und Deckfläche ähnliche parallele *n*-Ecke, Seiten *n* Trapeze)

$$V = \frac{h}{3} (A_G + \sqrt{A_G A_D} + A_D)$$

$$A_O = A_G + A_D + A_M$$

Schwerpunkt S liegt auf der Verbindungslinie der Schwerpunkte von Grund-
und Deckfläche im Abstand von der Grundfläche:

$$\frac{h}{4} \cdot \frac{A_G + 2\sqrt{A_G A_D} + 3A_D}{A_G + \sqrt{A_G A_D} + A_D}$$

Näherungsformel, falls A_G wenig von A_D abweicht:

$$V \approx \frac{A_G + A_D}{2} h$$

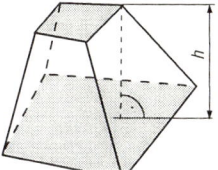

Pyramidenstumpf

6.2.2.3 Prismoide
(Grund- und Deckflächen beliebige parallele Vielecke, Seitenflächen Dreiecke oder Trapeze)

$$V = \frac{h}{6} (A_G + A_D + 4A_m) \qquad \text{(SIMPSON\textit{sche Regel})}$$

Obelisk (Ponton)
(Grund- und Deckfläche nicht ähnliche parallele
Rechtecke, Seitenflächen Trapeze)

$$V = \frac{h}{6} \left((2a + a_1) \, b + (2a_1 + a) \, b_1 \right)$$

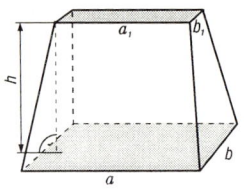

$$= \frac{h}{6} \left(ab + (a + a_1)(b + b_1) + a_1 b_1 \right)$$

Obelisk

Abstand des *Schwerpunktes S* von der Grundfläche $A_G = ab$

$$\frac{h}{2} \cdot \frac{ab + ab_1 + a_1 b + 3a_1 b_1}{2ab + ab_1 + a_1 b + 2a_1 b_1}$$

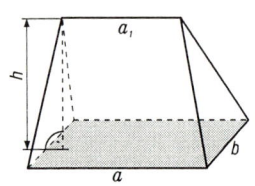

Keil

(Grundfläche rechteckig,
Seitenflächen gleichschenklige Dreiecke und
gleichschenklige Trapeze)

Keil

$$V = \frac{bh}{6} \, (2a + a_1)$$

Abstand des *Schwerpunktes S* von der Grundfläche $A_G = ab$: $\dfrac{h}{2} \cdot \dfrac{a + a_1}{2a + a_1}$

6.2.2.4 Die fünf regelmäßigen Polyeder (Platonische Körper)

(von regelmäßigen kongruenten Vielecken begrenzt)

Tetraeder
(von 4 gleichseitigen Dreiecken begrenzt)

$$V = \frac{a^3 \sqrt{2}}{12}$$
$$A_O = a^2 \sqrt{3}$$
$$r_i = \frac{a}{12} \sqrt{6} \qquad r_u = \frac{a}{4} \sqrt{6}$$

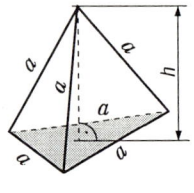

Tetraeder

Schwerpunkt S liegt auf der Höhe im Abstand $h/4$ von
der Grundfläche. Er ist der Mittelpunkt der ein- und umbeschriebenen Kugel.

Hexaeder (Würfel) (von 6 Quadraten begrenzt), siehe 6.2.2.1

Oktaeder (von 8 gleichseitigen Dreiecken begrenzt)

$$V = \frac{a^3 \sqrt{2}}{3}$$

$$A_O = 2a^2 \sqrt{3}$$

$$r_i = \frac{a}{6} \sqrt{6} \qquad r_u = \frac{a}{2} \sqrt{2}$$

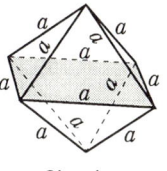

Oktaeder

Schwerpunkt S = Schnittpunkt der Diagonalen des gemeinsamen Grundquadrates

Dodekaeder
(von 12 regelmäßigen Fünfecken begrenzt)

$$V = \frac{a^3 (15 + 7 \sqrt{5})}{4}$$

$$A_O = 3a^2 \sqrt{5 (5 + 2 \sqrt{5})}$$

$$r_i = \frac{a \sqrt{10 (25 + 11 \sqrt{5})}}{20}$$

$$r_u = \frac{a \sqrt{3} (1 + \sqrt{5})}{4}$$

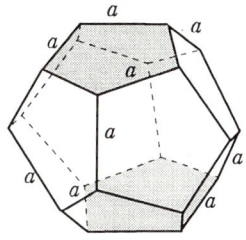

Dodekaeder

Ikosaeder
(von 20 gleichseitigen Dreiecken begrenzt)

$$V = \frac{5a^3 (3 + \sqrt{5})}{12}$$

$$A_O = 5a^2 \sqrt{3}$$

$$r_i = \frac{a \sqrt{3} (3 + \sqrt{5})}{12}$$

$$r_u = \frac{a}{4} \sqrt{2 (5 + \sqrt{5})}$$

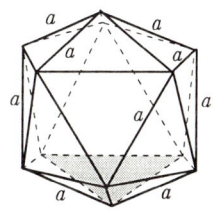

Ikosaeder

6.2.3   Krummflächig begrenzte Körper

6.2.3.1 Zylinder, Zylinderabschnitt

$$V = A_G h$$

$$A_M = Us$$

$$A_O = 2A_G + A_M$$

U Umfang des Querschnitts normal zur Achse
s Seitenlinie

Gerader Kreiszylinder

$$V = \pi r^2 h$$
$$A_M = 2\pi r h \qquad A_O = 2\pi r \,(r + h)$$

Schwerpunkt S liegt auf der Achse im Abstand $h/2$ von der Grundfläche.

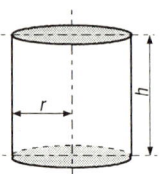

gerader Kreiszylinder

Schief abgeschnittener gerader Kreiszylinder

$$V = \frac{\pi r^2}{2} \,(s_1 + s_2)$$

$$A_M = \pi r \,(s_1 + s_2)$$

$$A_O = \pi r \left(s_1 + s_2 + r + \sqrt{r^2 + \left(\frac{s_1 - s_2}{2}\right)^2} \right)$$

Schwerpunkt S liegt auf der Achse im Abstand von der Grundfläche:

$$\frac{s_1 + s_2}{4} + \frac{1}{4} \cdot \frac{r^2 \tan^2 \alpha}{s_1 + s_2}$$

Schief abgeschnittener gerader Kreiszylinder

α Neigungswinkel der Deckfläche gegen die Grundfläche

Zylinderabschnitt (Zylinderhuf)

φ Mittelpunktswinkel des Grundrisses
$2a$ Hufkante
h längste Mantellinie
b Lot vom Fußpunkt von h auf die Hufkante

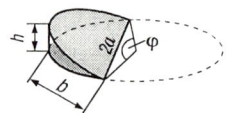

Zylinderabschnitt

$$V = \frac{h}{3b} \left(a \,(3r^2 - a^2) + 3r^2 \,(b - r) \frac{\varphi}{2} \right)$$

$$A_M = \frac{2rh}{b} \left((b - r) \frac{\varphi}{2} + a \right)$$

Für $a = b = r$ ergibt sich:

$$V = \frac{2}{3} r^2 h = \frac{d^2}{6} h$$

$$A_M = 2rh = dh$$

$$A_O = A_M + \frac{\pi}{2} r^2 + \frac{\pi}{2} r \sqrt{r^2 + h^2}$$

Gerader Hohlzylinder (Rohr)

$\delta = r_1 - r_2$ Wanddicke

$$V = \pi h \left(r_1^2 - r_2^2 \right) = \pi a h \, (2r_1 - \delta)$$

$$A_M = 2\pi h \, (r_1 + r_2)$$

$$A_O = 2\pi \, (r_1 + r_2) \, (h + r_1 - r_2)$$

Schwerpunkt S liegt auf der Achse im Abstand $h/2$ von der Grundfläche.

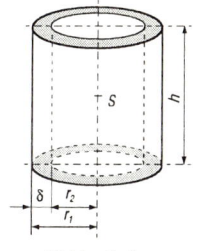

Hohlzylinder

6.2.3.2 Kegel, Kegelstumpf

$$V = \frac{1}{3} A_G h \qquad A_O = A_G + A_M$$

Gerader Kreiskegel
(Kreis und gekrümmte, in eine Ebene abwickelbare Fläche, die in eine Spitze ausläuft)

$$V = \frac{1}{3} \pi r^2 h \quad \text{(für Kegel gerade oder schief!)}$$

$$A_M = \pi r s \qquad A_O = \pi r \, (r + s)$$
(nur für gerade Kreiskegel)

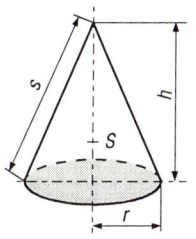

Gerader Kreiskegel

Schwerpunkt S liegt auf der Achse im Abstand $h/4$ von der Grundfläche.

Gerader Kreiskegelstumpf
(Grund- und Deckfläche Kreise, Mantelfläche in der Ebene abwickelbar)

$$V = \frac{1}{3} \pi h \, (r_1^2 + r_1 r_2 + r_2^2)$$

$$A_M = \pi s \, (r_1 + r_2)$$

$$A_O = \pi \left(r_1^2 + r_2^2 + s \, (r_1 + r_2) \right)$$

mit $s = \sqrt{h^2 + (r_1 - r_2)^2}$

Schwerpunkt S liegt auf der Achse im Abstand von der Grundfläche:

$$\frac{h}{4} \cdot \frac{r_1^2 + 2r_1 r_2 + 3r_2^2}{r_1^2 + r_1 r_2 + r_2^2}$$

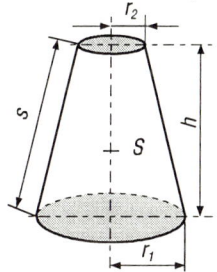

Gerader Kreiskegelstumpf

Näherungsformel für das Volumen, falls r_1 wenig von r_2 abweicht:

$$V \approx \frac{\pi}{2} h \left(r_1^2 + r_2^2 \right) \approx \frac{\pi}{4} h \, (r_1 + r_2)^2$$

6.2.3.3 Kugel

$$V = \frac{4}{3}\pi r^3 = \frac{\pi}{6}d^3 = \frac{1}{6}\sqrt{\frac{A_O^3}{\pi}}$$

$$A_O = 4\pi r^2 = \pi d^2 = \sqrt[3]{36\pi V^2}$$

$$r = \frac{1}{2}\sqrt{\frac{A_O}{\pi}} = \sqrt[3]{\frac{3V}{4\pi}}$$

$$d = \sqrt{\frac{A_O}{\pi}} = 2\sqrt[3]{\frac{3V}{4\pi}}$$

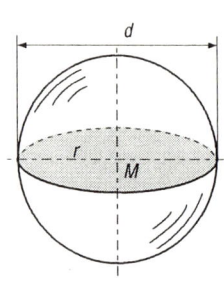

Kugel

Schwerpunkt S = Mittelpunkt der Kugel

Kugelabschnitt (Kugelsegment)

ρ Radius der Grundfläche des Abschnitts
h Höhe des Abschnitts

$$V = \frac{1}{6}\pi h\,(3\rho^2 + h^2) = \frac{1}{3}\pi h^2\,(3r - h) = \frac{1}{6}\pi h^2\,(3d - 2h)$$

$$A_M = 2\pi rh = \pi\,(\rho^2 + h^2)$$

$$A_O = \pi\,(2rh + \rho^2) = \pi\,(h^2 + 2\rho^2)$$

$$\qquad = \pi h\,(4r - h)$$

$$\rho = \sqrt{h\,(2r - h)}$$

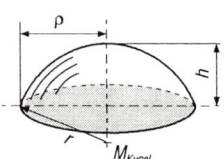

Kugelabschnitt

Schwerpunkt S liegt auf der Symmetrieachse des Abschnitts im Abstand vom Kugelmittelpunkt

$$\frac{3}{4}\cdot\frac{(2r - h)^2}{3r - h}$$

Kugelkappe

Die *Kugelkappe* ist der krumme Teil der Oberfläche des Kugelabschnitts.

$$A = 2\pi rh \qquad h\ \text{Höhe}$$

Kugelschicht

ρ_1, ρ_2 Radien der begrenzenden Kreise
h Höhe der Schicht

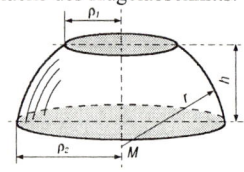

Kugelschicht

$$V = \frac{1}{6}\pi h\,(3\rho_1^2 + 3\rho_2^2 + h^2)$$

$$A_M = 2\pi rh = \pi dh \quad (Kugelzone)$$

$$A_O = \pi\,(2rh + \rho_1^2 + \rho_2^2) = \pi\,(dh + \rho_1^2 + \rho_2^2)$$

Kugelausschnitt (Kugelsektor)

h Höhe des zugehörigen Abschnitts

ρ Radius des Grundkreises des zugehörigen Abschnitts

$$V = \frac{2\pi r^2 h}{3}$$

$$A_O = \pi r\, (2h + \rho)$$

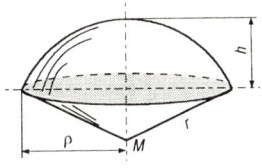

Kugelausschnitt

Schwerpunkt S liegt auf der Symmetrieachse des Ausschnitts im Abstand vom Kugelmittelpunkt $\frac{3}{8}\,(2r - h)$

Kugelzweieck

$$A = 2r^2\alpha_{\text{rad}} = \frac{\pi r^2 \alpha^\circ}{90^\circ}$$

α Winkel zwischen den begrenzenden Kugelkreisen. Siehe auch Sphärische Trigonometrie, 6.3.

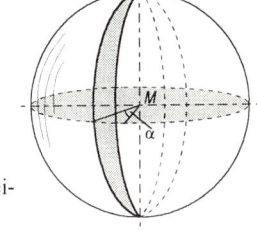

Kugelzweieck

Kugeldreieck

$$A = r^2\varepsilon_{\text{rad}} = \frac{\pi r^2 \varepsilon^\circ}{180^\circ}$$

sphärischer Exzeß

$$\varepsilon = \alpha^\circ + \beta^\circ + \gamma^\circ - 180^\circ$$

$$\varepsilon = \alpha + \beta + \gamma - \pi \ [\text{rad}]$$

Kugeldreieck

6.2.3.4 Tonne (Faß), Torus

Tonne
(Grund- und Deckfläche parallele Kreisflächen)

Sphärische und elliptische Krümmung:

$$V = \frac{1}{3}\,\pi h\,(2r_2^2 + r_1^2) = \frac{1}{12}\,\pi h\,(2D^2 + d^2)$$

Parabolische Krümmung:

$$V = \frac{1}{15}\,\pi h\,(8r_2^2 + 4r_2 r_1 + 3r_1^2)$$

Für andere Krümmungen ergeben obige Formeln Näherungswerte.

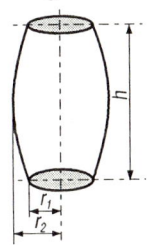

Tonne

Torus

(Ring mit kreisförmigem Querschnitt)

$$V = 2\pi^2 r^2 R$$

$$A_O = 4\pi^2 r R$$

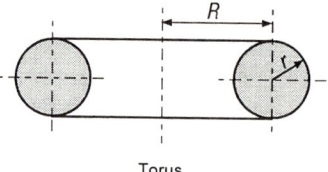

Torus

6.3   Sphärische Trigonometrie

6.3.1   Allgemeines

Einheitskugel: Kugel mit $r = 1$

Großkreise sind die Schnittlinien, in denen Ebenen durch den Kugelmittelpunkt die Kugeloberfläche schneiden.

Nebenkreise sind die Schnittlinien, in denen nicht durch den Kugelmittelpunkt gehende Ebenen die Kugeloberfläche schneiden.

Sphärische Zweiecke (Kugelzweiecke) werden von zwei Großkreisen begrenzt. *Sphärische Dreiecke* (Kugeldreiecke, Bild) werden von drei Großkreisen begrenzt (siehe auch Kugel, 6.2.3.3).

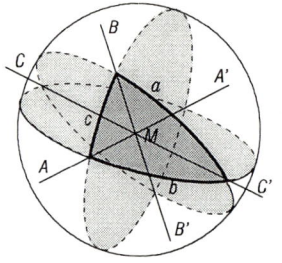

Kugeldreieck

Da 3 Großkreise auf der Kugel 4 sphärische Dreiecke mit den gleichen Eckpunkten A, B, C bilden, wird festgelegt, daß das Kugeldreieck mit Seiten und Winkeln kleiner π rad, die nicht auf dem gleichen Großkreis liegen und von denen keine Gegenpunkte A', B', C' sind, betrachtet wird (kleiner als Halbkugel, EULERsche Dreiecke).

Bezeichnungen

a, b, c Seiten im Winkelmaß des Zentriwinkels

α, β, γ Winkel zwischen den Tangenten in den Ecken an die Großkreise

Die Seite c ist z.B. durch den Winkel $\sphericalangle AMB$ zwischen den Vektoren $\overrightarrow{MA}$ und $\overrightarrow{MB}$ gekennzeichnet.

Durch die vom EULERschen Dreieck ABC definierten Großkreise wird mit den Gegenpunkten A', B', C' die Kugel in 8 EULERsche Dreiecke zerlegt. Je zwei sind zentralsymmetrisch.

Bedingungen für die Seiten und Winkel Eulerscher Dreiecke

$$0 < a + b + c < 2\pi \qquad\qquad (\pi \text{ rad} = 180°)$$

$$\pi < \alpha + \beta + \gamma < 3\pi \qquad\qquad s = \frac{a + b + c}{2}$$

$$a \gtreqless b \qquad \text{für } \alpha \gtreqless \beta$$

$$a + b \gtreqless \pi \qquad \text{für } \alpha + \beta \gtreqless \pi \qquad\qquad \sigma = \frac{\alpha + \beta + \gamma}{2}$$

Entsprechende Formeln gelten für die anderen Seiten und Winkel.

Dreiecksungleichung:

$$a + b > c \qquad \text{(Weitere Formeln durch zyklische Vertauschung)}$$
$$|a - b| < c$$
$$\alpha + \beta < \pi + \gamma$$

Sphärischer Exzeß $\varepsilon = \alpha + \beta + \gamma - \pi$
Sphärischer Defekt $d = 2\pi - a - b - c$

Fläche Eulerscher Dreiecke

$$A = \left| \Delta\,(ABC) \right| = r^2 \cdot \varepsilon$$

◆   Beispiel:

Fläche des EULERschen Dreiecks »Nordpol und zwei um π rad $\hat{=}$ 180° auseinanderliegende Punkte auf dem Äquator«, entspricht 1/4 Kugeloberfläche

$$A = (\alpha + \beta + \gamma - \pi)\,r^2 = \left(\frac{\pi}{2} + \frac{\pi}{2} + \pi - \pi \right) r^2 = \pi r^2 \qquad\qquad ◆$$

Sphärisches Zweieck (Kugelzweieck)

$$A = 2r^2\alpha \qquad \alpha \text{ Schnittwinkel der Großkreise}$$

Der von dem sphärischen Zweieck und den Großkreisebenen abgegrenzte Teil heißt *Kugelkeil* (Beispiel: Apfelsinenscheibe).

6.3.2   Rechtwinkliges sphärisches Dreieck

Im Bild »schiefwinkliges sphärisches Dreieck« wird $\gamma = \pi/2$.

Nepersche Regel

Wenn man den rechten Winkel $\gamma = \pi/2$ rad bei der Zählung ausschließt und statt der Katheten a, b ihre Komplemente setzt bzw. die Cofunktion wählt, so ist der Cosinus eines Stückes:

gleich dem Produkt der Sinus der beiden benachbarten Stücke bzw.
gleich dem Produkt der Cotangens der beiden anliegenden Stücke.

$$\cos\left(\frac{\pi}{2} - a\right) = \sin a = \sin \alpha \sin c = \tan b \cot \beta$$

$$\cos\left(\frac{\pi}{2} - b\right) = \sin b = \sin \beta \sin c = \tan a \cot \alpha$$

$$\cos c = \cos a \cos b = \cot \alpha \cot \beta$$

$$\cos \alpha = \cos a \sin \beta = \cot c \tan b$$

$$\cos \beta = \sin \alpha \cos b = \cot c \tan a$$

6.3.3   Schiefwinkliges sphärisches Dreieck

Sinussatz

$$\sin a : \sin b : \sin c = \sin \alpha : \sin \beta : \sin \gamma$$

Seitencosinussatz

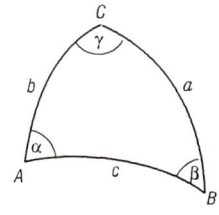

$$\cos a = \cos b \cos c + \sin b \sin c \cos \alpha$$

$$\cos b = \cos c \cos a + \sin c \sin a \cos \beta$$

$$\cos c = \cos a \cos b + \sin a \sin b \cos \gamma$$

Schiefwinkliges sphärisches
Dreieck

Winkelcosinussatz

$$\cos \alpha = -\cos \beta \cos \gamma + \sin \beta \sin \gamma \cos a$$

$$\cos \beta = -\cos \gamma \cos \alpha + \sin \gamma \sin \alpha \cos b$$

$$\cos \gamma = -\cos \alpha \cos \beta + \sin \alpha \sin \beta \cos c$$

Halbseitensatz des Kugeldreiecks

$$\sin \frac{a}{2} = \sqrt{-\frac{\cos \sigma \cos (\sigma - \alpha)}{\sin \beta \sin \gamma}} \qquad\qquad \sigma = \frac{\alpha + \beta + \gamma}{2}$$

$$\cos \frac{a}{2} = \sqrt{\frac{\cos (\sigma - \beta) \cos (\sigma - \gamma)}{\sin \beta \sin \gamma}}$$

$$\tan \frac{a}{2} = \sqrt{-\frac{\cos \sigma \cos (\sigma - \alpha)}{\cos (\sigma - \beta) \cos (\sigma - \gamma)}}$$

$$\cot \frac{a}{2} = \sqrt{-\frac{\cos (\sigma - \beta) \cos (\sigma - \gamma)}{\cos \sigma \cos (\sigma - \alpha)}}$$

Durch zyklische Vertauschung ergeben sich Formeln für $\frac{b}{2}$ und $\frac{c}{2}$.

Halbwinkelsatz des Kugeldreiecks

$$\sin \frac{\alpha}{2} = \sqrt{\frac{\sin (s - b) \sin (s - c)}{\sin b \sin c}} \qquad\qquad s = \frac{a + b + c}{2}$$

$$\cos\frac{\alpha}{2} = \sqrt{\frac{\sin s \, \sin(s-a)}{\sin b \, \sin c}} \qquad\qquad s = \frac{a+b+c}{2}$$

$$\tan\frac{\alpha}{2} = \sqrt{\frac{\sin(s-b)\,\sin(s-c)}{\sin s \, \sin(s-a)}}$$

$$\cot\frac{\alpha}{2} = \sqrt{\frac{\sin s \, \sin(s-a)}{\sin(s-b)\,\sin(s-c)}}$$

Durch zyklische Vertauschung ergeben sich Formeln für $\beta/2$ und $\gamma/2$.

Gaußsche Formeln

$$\frac{\sin\dfrac{\alpha+\beta}{2}}{\cos\dfrac{\gamma}{2}} = \frac{\cos\dfrac{a-b}{2}}{\cos\dfrac{c}{2}} \qquad\qquad \frac{\cos\dfrac{\alpha+\beta}{2}}{\sin\dfrac{\gamma}{2}} = \frac{\cos\dfrac{a+b}{2}}{\cos\dfrac{c}{2}}$$

$$\frac{\sin\dfrac{\alpha-\beta}{2}}{\cos\dfrac{\gamma}{2}} = \frac{\sin\dfrac{a-b}{2}}{\sin\dfrac{c}{2}} \qquad\qquad \frac{\cos\dfrac{\alpha-\beta}{2}}{\sin\dfrac{\gamma}{2}} = \frac{\sin\dfrac{a+b}{2}}{\sin\dfrac{c}{2}}$$

Durch zyklische Vertauschung ergeben sich weitere 8 Formeln.

Nepersche Analogien

$$\frac{\tan\dfrac{a+b}{2}}{\tan\dfrac{c}{2}} = \frac{\cos\dfrac{\alpha-\beta}{2}}{\cos\dfrac{\alpha+\beta}{2}} \qquad\qquad \frac{\tan\dfrac{\alpha+\beta}{2}}{\cot\dfrac{\gamma}{2}} = \frac{\cos\dfrac{a-b}{2}}{\cos\dfrac{a+b}{2}}$$

$$\frac{\tan\dfrac{a-b}{2}}{\tan\dfrac{c}{2}} = \frac{\sin\dfrac{\alpha-\beta}{2}}{\sin\dfrac{\alpha+\beta}{2}} \qquad\qquad \frac{\tan\dfrac{\alpha-\beta}{2}}{\cot\dfrac{\gamma}{2}} = \frac{\sin\dfrac{a-b}{2}}{\sin\dfrac{a+b}{2}}$$

Durch zyklische Vertauschung ergeben sich weitere 8 Formeln.

Inkreisradius r_i und Umkreisradius r_u des Kugeldreiecks

$$\tan r_i = \sqrt{\frac{\sin(s-a)\,\sin(s-b)\,\sin(s-c)}{\sin s}}$$

$$\cot r_u = \sqrt{-\frac{\cos(\sigma-\alpha)\,\cos(\sigma-\beta)\,\cos(\sigma-\gamma)}{\cos\sigma}}$$

$$\tan r_i = \tan\frac{\alpha}{2}\,\sin(s-a) \qquad\qquad \cot r_u = \cot\frac{a}{2}\,\cos(\sigma-\alpha)$$

Durch zyklische Vertauschung ergeben sich weitere 4 Formeln.

L'Huiliersche Formel

$$\tan \frac{\varepsilon}{4} = \sqrt{\tan \frac{s}{2} \tan \frac{s-a}{2} \tan \frac{s-b}{2} \tan \frac{s-c}{2}}$$

$$\tan \left(\frac{\alpha}{2} - \frac{\varepsilon}{2} \right) = \sqrt{\frac{\tan \dfrac{s-b}{2} \tan \dfrac{s-c}{2}}{\tan \dfrac{s}{2} \tan \dfrac{s-a}{2}}}$$

Sphärischer Defekt

$$\tan \frac{d}{4} = \sqrt{- \tan \left(\frac{\pi}{4} - \sigma \right) \tan \left(\frac{\pi}{4} - \frac{\sigma - \alpha}{2} \right) \tan \left(\frac{\pi}{4} - \frac{\sigma - \beta}{2} \right) \tan \left(\frac{\pi}{4} - \frac{\sigma - \gamma}{2} \right)}$$

6.3.4   Grundaufgaben zur Berechnung sphärischer Dreiecke

Grundaufgabe 1: Drei Seiten a, b, c

Ein Winkel nach Seitencosinussatz, weiter mit Sinussatz
oder alle Winkel mit Seitencosinussatz oder Halbwinkelsatz

Grundaufgabe 2: Zwei Seiten und der eingeschlossene Winkel, z.B. b, c, α

Dritte Seite nach Seitencosinussatz, weiter mit Sinussatz

oder NEPERsche Analogie $\tan \dfrac{\beta + \gamma}{2} = \ldots$ und $\tan \dfrac{\beta - \gamma}{2} = \ldots$, danach $\tan \dfrac{\alpha}{2} = \ldots$

Grundaufgabe 3: Zwei Seiten und ein gegenüberliegender Winkel, z.B. b, c, β

Zweiter Winkel mit Sinussatz
dritte Seite mit NEPERscher Analogie, dritter Winkel mit Sinussatz

Grundaufgabe 4: Eine Seite und die beiden anliegenden Winkel, z.B. a, β, γ

Dritter Winkel mit Winkelcosinussatz, Seiten mit Sinussatz

oder NEPERsche Analogie $\tan \dfrac{b + c}{2} = \ldots$ und $\tan \dfrac{b - c}{2} = \ldots$, danach Sinussatz für dritten Winkel

Grundaufgabe 5: Eine Seite, ein anliegender und der gegenüberliegende Winkel, z.B. b, β, γ

Sinussatz für zweite Seite, NEPERsche Analogie für dritte Seite, Sinussatz für dritten Winkel

Grundaufgabe 6: Drei Winkel, α, β, γ

Winkelcosinussatz für eine Seite, Sinussatz für weitere Seiten
oder Halbseitensatz für eine Seite, weiter Sinussatz

6.3.5 Mathematische Geographie

Längenmaße
Die Erde wird als Kugel aufgefaßt.

Erdradius $r \approx 6370$ km, Erdumfang $U \approx 40\,000$ km
1 *Bogengrad* $\approx 111{,}3$ km (gültig für Hauptkreise)
1 *Bogenminute* ≈ 1852 m = 1 sm (*Seemeile*), gültig für Hauptkreise
1 *geographische Meile* = 4 sm $\approx 7\,500$ m
1 *Strich der Kompaßrose* = $11{,}25°$

Koordinatensystem der Erde
Abszissenachse ist der *Äquator*.
Ordinatenachse ist der *Nullmeridian* (Meridian von Greenwich).

Geographische Länge λ
Sie wird gemessen entweder
• auf dem Äquator als Bogenstück zwischen Nullmeridian und Meridian des Ortes oder
• als Winkel zwischen der Meridianebene des Ortes und der Ebene des Nullmeridians (gemessen von $0°$ bis $180°$, östlich positiv, westlich negativ).

Geographische Breite φ
Sie ist der sphärische Abstand des Ortes vom Äquator (gemessen von $0°$ bis $90°$, nördlich positiv, südlich negativ).

Kürzeste Entfernung e zweier Orte
Der Hauptkreisbogen zwischen den Punkten $P_1(\varphi_1, \lambda_1)$ und $P_2(\varphi_2, \lambda_2)$ (*Orthodrome*) bestimmt die kürzeste Entfernung (orthodrome Entfernung) $e = d\,(P_1, P_2)$.

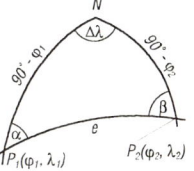

Kürzeste Entfernung e

Mit $\Delta\lambda = \lambda_2 - \lambda_1$ gilt:
$$\cos e = \sin \varphi_1 \sin \varphi_2 + \cos \varphi_1 \cos \varphi_2 \cos \Delta\lambda$$

α, β heißen *Kurswinkel*

Berechnung mit dem Sinussatz:
$$\sin \alpha = \frac{\sin \Delta\lambda \sin (90° - \varphi_2)}{\sin e} = \frac{\sin \Delta\lambda \cos \varphi_2}{\sin e}$$
$$\sin \beta = \frac{\sin \Delta\lambda \cos \varphi_1}{\sin e}$$

Entfernung zweier Orte gleicher geographischer Breite φ

Orthodrome Entfernung e (Bogen auf dem Hauptkreis)

$$\sin \frac{e}{2} = \cos \varphi \sin \frac{\Delta \lambda}{2} \qquad \text{(NEPERsche Regel)}$$

Loxodrome Entfernung l (Bogen auf dem Breitenkreis)

$$l = \Delta \lambda \cos \varphi \qquad \text{in Grad}$$

oder $\quad l = \dfrac{\pi r \, \Delta \lambda \cos \varphi}{180°} \quad$ in km

Anmerkung: Die *Loxodrome* ist eine Linie auf der Kugeloberfläche, die alle Meridiane unter gleichem Winkel schneidet. Ist der Winkel verschieden von 90°, dann nähert sich die Loxodrome spiralförmig dem Pol. Jeder Breitenkreis ist eine Loxodrome, die die Meridiane rechtwinklig schneidet.

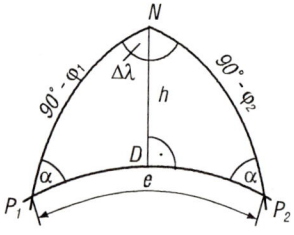

Orthodrome Entfernung e

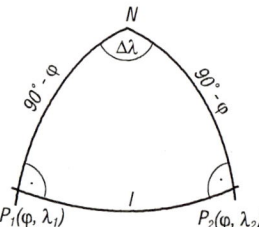

Loxodrome Entfernung l

7 Vektoren, Koordinaten, Abbildungen

7.1 Allgemeines

7.1.1 Vektorraum

Ein *reeller Vektorraum* V (*linearer Raum*) über dem Körper K der reellen Zahlen $\mathbb{R}$ ist eine Struktur, bestehend aus einer Menge V mit ihren Elementen, den *Vektoren* $\boldsymbol{a}, \boldsymbol{b}, \vec{c}, \vec{x}, \dots$ und einer Menge $K = \mathbb{R}$ mit ihren Elementen, den *Skalaren* $a, b, x, \dots$, in der eine Addition und eine Multiplikation mit reellen Zahlen erklärt sind: $V = (V, +, \cdot)$

Axiome im Vektorraum $(\forall\ \boldsymbol{a}, \boldsymbol{b}, \boldsymbol{c}, \boldsymbol{x}, \boldsymbol{o} \in V,\ s, t \in \mathbb{R})$

Addition $+$: $V \times V \to V$ (innere Verknüpfung)

- zu $\boldsymbol{a}, \boldsymbol{b}$ gibt es genau ein Element $\boldsymbol{a} + \boldsymbol{b} \in V$, die *Summe* von $\boldsymbol{a}$ und $\boldsymbol{b}$.
  (Ausführbarkeit und Eindeutigkeit)
- $\boldsymbol{a} + \boldsymbol{b} = \boldsymbol{b} + \boldsymbol{a}$ (Kommutativgesetz)
- $(\boldsymbol{a} + \boldsymbol{b}) + \boldsymbol{c} = \boldsymbol{a} + (\boldsymbol{b} + \boldsymbol{c})$ (Assoziativgesetz)
- zu $\boldsymbol{a}, \boldsymbol{b}$ gibt es stets genau ein $\boldsymbol{x}$, so daß $\boldsymbol{a} + \boldsymbol{x} = \boldsymbol{b}$ (Umkehrbarkeit)

Skalare Multiplikation $\bullet$: $K \times V \to V$ (äußere Verknüpfung 1. Art)

- zu $\boldsymbol{a}$ und jedem s (auch $s \in \mathbb{C}$ ist möglich) gibt es genau ein Element
  $s \cdot \boldsymbol{a}$, das s-fache von $\boldsymbol{a}$ (Ausführbarkeit und Eindeutigkeit)
- $s \cdot (t \cdot \boldsymbol{a}) = (s \cdot t) \cdot \boldsymbol{a}$ (Assoziativgesetz)
- $1 \cdot \boldsymbol{a} = \boldsymbol{a}$
- $s \cdot \boldsymbol{a} = \boldsymbol{a} \cdot s$ (Kommutativgesetz)
- $(s + t) \cdot \boldsymbol{a} = s \cdot \boldsymbol{a} + t \cdot \boldsymbol{a}$; $s \cdot (\boldsymbol{a} + \boldsymbol{b}) = s \cdot \boldsymbol{a} + s \cdot \boldsymbol{b}$ (Distributivgesetz)

Aus den Axiomen abgeleitet:

$\boldsymbol{a} + \boldsymbol{o} = \boldsymbol{a}$ (*neutrales Element, Nullvektor*)

$\boldsymbol{a} + \boldsymbol{x} = \boldsymbol{o} \to \boldsymbol{x} = -\boldsymbol{a}$ $\boldsymbol{a} + (-\boldsymbol{a}) = \boldsymbol{o}$ (*inverses Element*)

$\boldsymbol{a} + \boldsymbol{x} = \boldsymbol{b}$ ist eindeutig lösbar $\to \boldsymbol{x} = \boldsymbol{b} - \boldsymbol{a}$ (*Differenz*), insbesondere

$\boldsymbol{o} - \boldsymbol{a} = -\boldsymbol{a}$

♦ Beispiele für Vektorräume:

(1) (Geordnete) Paare über $\mathbb{R}^2$: $V^2 = \{(x_1, x_2) \mid (x_1, x_2) \in \mathbb{R}^2\}$

(2) V^3 bzw. V^2 der Verschiebungs- (Orts-) Vektoren in Raum bzw. Ebene, z.B. der Tripel reeller Zahlen als Vektor $(x_1, x_2, x_3)^{\mathrm{T}} \overset{\wedge}{=} \mathbb{R}^3$ oder der Paare $(x_1, x_2) \overset{\wedge}{=} \mathbb{R}^2$.

(3) n-dimensionaler linearer Lösungsraum eines homogenen Gleichungssystems

(4) $m \cdot n$-dimensionaler Vektorraum der (m, n)-Matrizen

(5)   Alle möglichen Werte der elektrischen Feldstärke in einem Punkt

(6)   Bildet die Menge der Vektoren $M_1 = \left\{ \begin{pmatrix} 2t \\ 3t \\ 4t \end{pmatrix}, t \in \mathbf{R} \right\}$ einen Vektorraum?

Kontrollen der Axiome: Addition zweier Elemente

$$\begin{pmatrix} 2t_1 \\ 3t_1 \\ 4t_1 \end{pmatrix} + \begin{pmatrix} 2t_2 \\ 3t_2 \\ 4t_2 \end{pmatrix} = \begin{pmatrix} 2t_1 + 2t_2 \\ 3t_1 + 3t_2 \\ 4t_1 + 4t_2 \end{pmatrix} = \begin{pmatrix} 2\,(t_1 + t_2) \\ 3\,(t_1 + t_2) \\ 4\,(t_1 + t_2) \end{pmatrix} = \begin{pmatrix} 2t' \\ 3t' \\ 4t' \end{pmatrix} \in M_1 \qquad t' \in \mathbf{R}$$

Multiplikation (s-faches) $\quad s \cdot \begin{pmatrix} 2t \\ 3t \\ 4t \end{pmatrix} = \begin{pmatrix} 2st \\ 3st \\ 4st \end{pmatrix} = \begin{pmatrix} 2t'' \\ 3t'' \\ 4t'' \end{pmatrix} \in M_1 \qquad t'' \in \mathbf{R}$

Mit der Kontrolle der weiteren Bedingungen kommt man zum Ergebnis:
M_1 bildet einen Vektorraum.

(7) aber desgl. für $M_2 = \left\{ \begin{pmatrix} 1 \\ 3t \\ 4t \end{pmatrix}, t \in \mathbf{R} \right\}$

Addition: $\begin{pmatrix} 1 \\ 3t_1 \\ 4t_1 \end{pmatrix} + \begin{pmatrix} 1 \\ 3t_2 \\ 4t_2 \end{pmatrix} = \begin{pmatrix} 2 \\ 3\,(t_1 + t_2) \\ 4\,(t_1 + t_2) \end{pmatrix} = \begin{pmatrix} 2 \\ 3t' \\ 4t' \end{pmatrix} \notin M_2 \Rightarrow$ kein Vektorraum   ◆

Standardbasis eines Vektorraumes

Lassen sich **alle** Vektoren des Vektorraumes V^n aus der Linearkombination von n linear unabhängigen Basisvektoren $\boldsymbol{u}_i$, $i = 1, \ldots, n$, (Abhängigkeit siehe unten) darstellen, dann heißt ihr geordnetes n-Tupel $(\boldsymbol{u}_1, \ldots, \boldsymbol{u}_n)$ die *Standardbasis* von V^n (Es erzeugt den Vektorraum V^n).

Praktisch verwendet man für $\boldsymbol{u}_i$ die Einheitsvektoren $\boldsymbol{e}_i$ mit der Länge 1:

$$\boldsymbol{e}_1 = \begin{pmatrix} 1 \\ 0 \\ \vdots \\ 0 \end{pmatrix}, \; \boldsymbol{e}_2 = \begin{pmatrix} 0 \\ 1 \\ 0 \\ \vdots \end{pmatrix}, \ldots, \boldsymbol{e}_n = \begin{pmatrix} 0 \\ 0 \\ \vdots \\ 1 \end{pmatrix} \in \mathbb{R}^n$$

Vektordarstellung mittels Einheitsvektoren

$$\boldsymbol{x} = x_1 \boldsymbol{e}_1 + x_2 \boldsymbol{e}_2 + \ldots + x_n \boldsymbol{e}_n$$

$x_i \boldsymbol{e}_i$ *Vektorkomponenten*

x_i *Vektorkoordinaten*

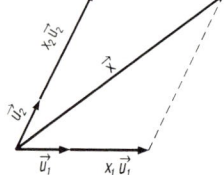

Basis eines Vektorraumes

Wegen feststehender Reihenfolge der Basisvektoren ist die Darstellung von $\boldsymbol{x}$ eindeutig und man schreibt $\boldsymbol{x}$ in symbolischer Schreibweise:

Spaltenvektor der Koordinaten $x = \begin{pmatrix} x_1 \\ \vdots \\ x_n \end{pmatrix}$

Dimension eines Vektorraumes V^n

Die *Dimension eines Vektorraums* ist die größte Anzahl n linear unabhängiger Vektoren in einer Basis.

V^2 zweidimensional, z.b. ebene Koordinaten, wie affine Ebene $\mathbb{R}^2$
V^3 dreidimensional, z.b. Raumkoordinaten, wie affiner Raum $\mathbb{R}^3$

7.1.2 Vektoren

Vektoren sind gerichtete Größen, gekennzeichnet durch
Länge, Betrag (Zahlenwert)
Richtung einschl. Richtungssinn
Anfangspunkt bei ortsgebundenen Vektoren

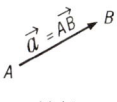

Vektor

7

Darstellung (Repräsentant) eines Vektors:
Pfeil, dessen Richtung mit der des Vektors übereinstimmt und dessen Länge seinem Betrag proportional ist.

freier Vektor	beliebig parallel zu sich selbst verschiebbar
linienflüchtiger Vektor	längs seiner Wirkungslinie verschiebbar
gebundener Vektor	einer Stelle im Raum zugeordnet (**Ortsvektor**)

Vektoren dienen der Darstellung von

- vektoriellen Größen der Physik, wie Feldstärke, Geschwindigkeit, Kraft als ortsgebundene Vektoren
- Zahlenpaaren, Zahlen-n-Tupeln (siehe Matrizen 5.1.1)
- geometrische Verschiebungen als freie Vektoren

Größen, die im Gegensatz zu Vektoren nur durch eine Maßzahl bestimmt sind, heißen **Skalare**.

Länge (*Betrag, Norm eines Vektors, Verschiebungsweite*)

$$|a| = \sqrt{a \cdot a} = a \qquad a \cdot a \text{ siehe Skalarprodukt, 7.2.2.2}$$

Inverse (entgegengesetzte) Vektoren haben gleichen Betrag, aber entgegengesetzte Richtung

$$\begin{aligned} \overrightarrow{AB} &= a \\ \overrightarrow{BA} &= -a \end{aligned} \rightarrow |a| = |-a| \qquad a + (-a) = o$$

Gleiche Vektoren haben gleiche Größe und gleiche Richtung, d.h., ihre Komponenten bzw. Koordinaten stimmen überein.

Linearkombination von Vektoren

b heißt *Linearkombination* von $a_1, ..., a_m \in V^n$, wenn gilt:

$b = x_1 a_1 + ... + x_m a_m$ $x_i \in \mathbb{R}$, Koeffizienten der Linearkombination

Lineare Unabhängigkeit von Vektoren im V^n

Die Vektoren $a_1, ..., a_m$ sind **linear unabhängig**, wenn die Gleichung

$x_1 a_1 + ... + x_m a_m = o$ (nicht alle $a_i = o$)

nur die *triviale Lösungsmenge* $x_1 = ... = x_m = 0$ hat.

Die Vektoren sind **linear abhängig**, wenn mindestens ein $x_i \neq 0$ möglich ist.
Dann ist mindestens einer der Vektoren als Linearkombination der übrigen
darstellbar. Für $m > n$ sind die Vektoren immer linear abhängig.

Kollineare Vektoren sind jeweils zwei (linear abhängige) gleich oder entge-
gengesetzt gerichtete Vektoren, $a_1, a_2 \neq o$

$x_1 a_1 + x_2 a_2 = o$ $x_1, x_2 \in \mathbb{R}$, nicht beide gleichzeitig 0

geometrisch: parallele Geraden mit $a_1, a_2 \neq o$ als Trägervektoren

oder $a = k \cdot b$ $(k \in \mathbb{R})$ $k > 0$ $a \uparrow\uparrow b$ (*parallele Vektoren*)

$k = 0$ $a = o$

$k < 0$ $a \uparrow\downarrow b$ (*antiparallele Vektoren*)

Komplanare Vektoren sind drei (linear abhängige) Vektoren, die in einer
Ebene liegen bzw. der gleichen Ebene parallel sind, $a_1, a_2, a_3 \neq o$

$x_1 a_1 + x_2 a_2 + x_3 a_3 = o$ $x_1, x_2, x_3 \in \mathbb{R}$, nicht alle gleichzeitig 0

Bedingung für 3 komplanare Vektoren a, b, c $D = \begin{vmatrix} a_x & b_x & c_x \\ a_y & b_y & c_y \\ a_z & b_z & c_z \end{vmatrix} = 0$

Einer der Vektoren ist Linearkombination der beiden anderen. Siehe auch
Spatprodukt, 7.2.2.4.

Ist $D \neq 0$, sind die Ortsvektoren linear unabhängig, Zerlegung ist möglich.

♦ Beispiel:

Sind die Vektoren $a_1 = \begin{pmatrix} 1 \\ 4 \\ 5 \end{pmatrix}$, $a_2 = \begin{pmatrix} 0 \\ 2 \\ 1 \end{pmatrix}$, $a_3 = \begin{pmatrix} 1 \\ 2 \\ 3 \end{pmatrix}$ linear abhängig?

$D = \begin{vmatrix} 1 & 0 & 1 \\ 4 & 2 & 2 \\ 5 & 1 & 3 \end{vmatrix} = -2 \neq 0 \Rightarrow$ Die Vektoren sind linear unabhängig.   ♦

Ortsvektor $r = \overrightarrow{OP}$ im 3dimensionalen Raum ($r \in V^3$)

Bemerkung: Analoge Betrachtungen im n-dimensionalen Raum

> Der Ortsvektor r von 0 nach P bildet den Ursprung des (kartesischen) Koordinatensystems auf P ab. Er besitzt die gleichen Zahlen als Koordinaten wie der Punkt P. Für r schreibt man auch x.

$$\text{Ortsvektor, Verschiebungsvektor } r = \begin{pmatrix} x \\ y \\ z \end{pmatrix} = (x, y, z)^{\mathrm{T}} \text{ (Koordinatendarstellung)}$$

Vektoren sind gleich, wenn sie die gleichen Koordinaten haben.
Bemerkung: Unterscheiden Sie dazu Punktkoordinaten als Tripel $P(x, y, z)$.

Projektion eines Ortsvektors $r = \overrightarrow{OP}$ auf die Koordinatenachsen

$$r = r_x e_x + r_y e_y + r_z e_z = r_x + r_y + r_z$$

$r_i = r_i e_i$ *Vektorkomponenten*, $i = x, y, z$

r_i *Vektorkoordinaten*, auch $r_x = x$, $r_y = y$, $r_z = z$

Betrag, Norm eines Ortsvektors $r = \overrightarrow{OP}$

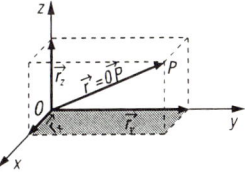

Komponenten eines Ortsvektors

$$\left| \overrightarrow{OP} \right| = \sqrt{r_x^2 + r_y^2 + r_z^2} = \sqrt{r \cdot r} = \sqrt{r^2} = \left| r \right|$$

auch $\sqrt{x \cdot x} = \sqrt{x^2} = \sqrt{x^2 + y^2 + z^2}$ (*Räumlicher Lehrsatz des Pythagoras*)

Vektor a von $P_1(x_1, y_1, z_1)$ nach $P_2(x_2, y_2, z_2)$

$$a = \begin{pmatrix} x_2 - x_1 \\ y_2 - y_1 \\ z_2 - z_1 \end{pmatrix} \qquad \text{(Koordinatendarstellung)}$$

Einheitsvektor (normierter Vektor)

> *Einheitsvektor* heißt jeder Vektor mit der *Norm* $\left| e \right| = 1$

Zum Vektor a gehöriger Einheitsvektor

$$e_a = a^0 = \frac{a}{|a|} \qquad a = |a| \cdot e_a = a \cdot e_a \qquad a \neq o$$

Einheitsvektoren in Richtung der kartesischen Koordinatenachsen (*orthonormierte Vektoren*) sind die **Basisvektoren** des Vektorraumes V^3

$$e_x = i = \begin{pmatrix} 1 \\ 0 \\ 0 \end{pmatrix} \qquad e_y = j = \begin{pmatrix} 0 \\ 1 \\ 0 \end{pmatrix} \qquad e_z = k = \begin{pmatrix} 0 \\ 0 \\ 1 \end{pmatrix}$$

Richtungswinkel eines Ortsvektors r

Richtungswinkel sind die Winkel, die der Ortsvektor mit den positiven Achsen bildet (zweideutig, je nach Drehsinn der Winkelmessung)

$$\sphericalangle (e_x, r) = \alpha \qquad \sphericalangle (e_y, r) = \beta \qquad \sphericalangle (e_z, r) = \gamma$$

Richtungscosinus eines Ortsvektors r (eindeutige Angabe)

$$\cos (e_x, r) = \cos \alpha = \frac{r_x}{|r|} = \frac{x}{r}$$

$$\cos (e_y, r) = \cos \beta = \frac{r_y}{|r|} = \frac{y}{r}$$

$$\cos (e_z, r) = \cos \gamma = \frac{r_z}{|r|} = \frac{z}{r}$$

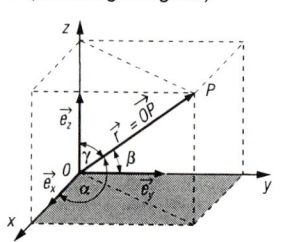

Richtungswinkel,
Richtungscosinus

Bemerkung: Die *Richtungscosinus* gelten auch für einen beliebigen Vektor a, indem dieser parallel durch den Nullpunkt verschoben wird.

$$\cos^2 \alpha + \cos^2 \beta + \cos^2 \gamma = 1 \qquad (\text{Winkelpythagoras})$$

Einheitsvektor, Darstellung mit Richtungscosinus

Die Koordinaten eines Einheitssvektors sind seine Richtungscosinus.

$$e_a = a^0 = e_x \cos \alpha + e_y \cos \beta + e_z \cos \gamma$$

Ortsvektor, Darstellung mit Richtungscosinus

$$r = |r| \left(e_x \cos \sphericalangle (e_x, r) + e_y \cos \sphericalangle (e_y, r) + e_z \cos \sphericalangle (e_z, r) \right)$$

$$= |r| \left(e_x \cos \alpha + e_y \cos \beta + e_z \cos \gamma \right)$$

♦　Beispiel:

Bestimmung der Richtungscosinus für $r = 5e_x + 2e_y - 6e_z = \begin{pmatrix} 5 \\ 2 \\ -6 \end{pmatrix}$.

$$|r| = \sqrt{5^2 + 2^2 + (-6)^2} = 8{,}062$$

$$\cos \alpha = \frac{5}{8{,}062} = 0{,}620\ 2 \qquad \alpha = 51°40'$$

$$\cos \beta = \frac{2}{8{,}062} = 0{,}248\ 1 \qquad \beta = 75°38'$$

$$\cos \gamma = \frac{-6}{8{,}062} = -0{,}744\ 2 \qquad \gamma = 138°6'$$

♦

7.1.3 Affiner Raum $\mathbb{R}^n$

Ein *affiner Raum* ist die Menge von Punkten und Vektoren, für die gilt:

• Die Menge der Vektoren bilden einen endlichdimensionalen *Vektorraum*

• Zuordnung von zwei Punkten P, Q zu einem Vektor $v = \overrightarrow{PQ}$

• Zu einem Paar (P, v) gibt es genau einen Punkt Q, so daß $v = \overrightarrow{PQ}$

• Für drei Punkte P, Q, R gilt: $\overrightarrow{PR} = \overrightarrow{PQ} + \overrightarrow{QR}$

Die Dimension des affinen Raumes $\mathbb{R}^n$ ist gleich der Dimension des zugehörigen Vektorraums V^n.

Ist in V^n das Skalarprodukt definiert, wird $\mathbb{R}^n$ zum *metrischen affinen Raum.*

7.2 Vektoralgebra

7.2.1 Addition und Subtraktion von Vektoren

Summe $\quad s = a + b \quad \overrightarrow{AC} = \overrightarrow{AB} + \overrightarrow{BC} \quad$ **Grundbegriff** im Vektorraum

$\qquad\qquad a + b = b + a \qquad\qquad$ (Kommutativgesetz)

$\qquad\qquad (a + b) + c = a + (b + c) \qquad$ (Assoziativgesetz)

Differenz: Es gibt ein d mit $a + d = b \;\rightarrow\; d = b - a = b + (-a)$

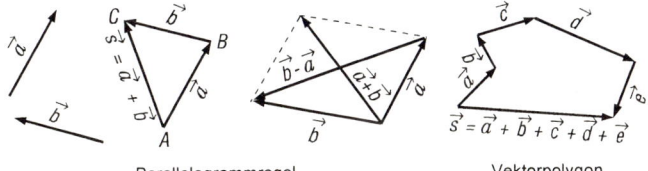

Parallelogrammregel $\qquad\qquad$ Vektorpolygon

$$\vec{s} = \vec{a} + \vec{b} + \vec{c} + \vec{d} + \vec{e}$$

Summe bzw. Differenz von Vektoren in Komponentendarstellung
(gilt auch für endlich viele Vektoren)

$$a \pm b = a_x + a_y + a_z \pm (b_x + b_y + b_z)$$
$$= (a_x \pm b_x)\, e_x + (a_y \pm b_y)\, e_y + (a_z \pm b_z)\, e_z$$

♦ Beispiel:

Man bilde die Summe der beiden Vektoren
$a = -5e_x + 12e_y + 7e_z$ und $b = 3e_x - 6e_y - 7e_z$.

$s = a + b = (-5 + 3)\, e_x + (12 - 6)\, e_y + (7 - 7)\, e_z = -2e_x + 6e_y$

oder mit Spaltenmatrizen $a = \begin{pmatrix} -5 \\ 12 \\ 7 \end{pmatrix} \quad b = \begin{pmatrix} 3 \\ -6 \\ -7 \end{pmatrix} \quad s = a + b = \begin{pmatrix} -2 \\ 6 \\ 0 \end{pmatrix}$ ♦

Zerlegung eines Vektors in gegebene Richtungen

Umkehrung der Addition von Vektoren führt zur *Komponentenzerlegung von Vektoren* in gegebene Richtungen. Ein Vektor in der Ebene (im Raum) kann eindeutig in 2 (3) Vektoren zerlegt werden, wenn diese nicht kollinear (komplanar) sind.

$$s = a + b = a \cdot e_a + b \cdot e_b$$

a und b aus $\begin{cases} s \cdot e_a = a + b \ (e_a \cdot e_b) \\ s \cdot e_b = a \ (e_a \cdot e_b) + b \end{cases}$

Komponentenzerlegung

$s \cdot e_a$ skalares Produkt, siehe 7.2.2.2

Vorgabe: Koordinaten von e_a und e_b (= Richtungscosinus von a und b)

speziell: *Kraftzerlegung* $F = F_s + F_v$ mit $F_s \uparrow\uparrow s$, $F_v \perp s$

$$F_s = \frac{s \cdot F}{|s|^2} \cdot s, \ F_v = F - F_s$$

Nullvektor, neutrales Element der Addition

$$a + x = a \ \Rightarrow \ x = o = \begin{pmatrix} 0 \\ 0 \\ 0 \end{pmatrix} \quad \text{Länge Null, unbestimmte Richtung}$$

Inverser (entgegengesetzter)Vektor $\quad a + x = o \ \Rightarrow \ x = -a$

$|a| = |-a|$ $\qquad\qquad a + (-a) = o$

$a = -(-a)$ $\qquad\qquad b - a = b + (-a)$

$-(a - b) = -a + b$ $\qquad -(a + b) = -a - b$

Dreiecksungleichung: (siehe Bild oben »Parallelogrammregel«)

$$|a + b| \le |a| + |b|, \text{ daraus } |a| - |b| \le ||a| - |b|| \le |a - b|$$

7.2.2 Multiplikation von Vektoren

7.2.2.1 Multiplikation eines Vektors mit einem Skalar $(s, t \in \mathbb{R})$

$$a = s \cdot b = s \cdot \begin{pmatrix} b_x \\ b_y \\ b_z \end{pmatrix} = \begin{pmatrix} s \cdot b_x \\ s \cdot b_y \\ s \cdot b_z \end{pmatrix} \quad \text{(Koordinatendarstellung)}$$

$a \cdot s := s \cdot a$ (Kommutativgesetz)

$(s + t) \cdot a = s \cdot a + t \cdot a$ (Distributivgesetz)

$s \cdot (a + b) = s \cdot a + s \cdot b$ (Distributivgesetz)

$s \cdot (t \cdot a) = (s \cdot t) \cdot a$ (Assoziativgesetz)

$$1 \cdot a = a \qquad\qquad (-1) \cdot a = -a$$
$$0 \cdot a = o \qquad\qquad s \cdot o = o$$

Aus $s \cdot a = o$ folgt $s = 0$ **oder** $a = o$

7.2.2.2 Skalarprodukt (inneres Produkt) zweier Vektoren

Mit definiertem Skalarprodukt heißt *V Euklidischer Vektorraum.*

$$(a_1 \dots a_n) \cdot \begin{pmatrix} b_1 \\ \vdots \\ b_n \end{pmatrix} := a_1 b_1 + \dots + a_n b_n = \sum_{i=1}^{n} a_i b_i \qquad \text{(Skalar)}$$

$$a \cdot b = ab = |a| \cdot |b| \cdot \cos \sphericalangle (a, b) \qquad 0 \le \sphericalangle (a, b) < \pi$$

Neu eingeführte Größen: Betrag $|a|$ und Winkel $\cos \sphericalangle (a, b)$

Projektion von *b* auf *a*

$$b_a = |b| \cos \sphericalangle (a, b) \cdot e_a = \frac{a \cdot b}{a^2} a$$

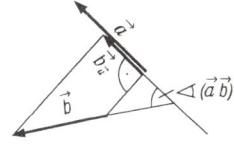

Für $a \ne o$, $b \ne o$ gilt

$$a \cdot b > 0 \qquad \sphericalangle (b_a, b) = \sphericalangle (a, b)$$

$$a \cdot b < 0 \qquad \sphericalangle (b_a, b) = \sphericalangle (-a, b)$$

$$0 \le \sphericalangle (a, b) < \pi/2 \qquad a \uparrow\uparrow b_a$$

$$\pi/2 < \sphericalangle (a, b) \le \pi \qquad a \uparrow\downarrow b_a$$

Projektion

$a \cdot b = 0$ genau dann, wenn

- a orthogonal b, d.h. $a \perp b$
- $a = o$ oder $b = o$ (Nullvektor o ist zu jedem Vektor orthogonal.)

Bemerkung: Das Skalarprodukt ist nicht umkehrbar, d.h., aus ab und a kann nicht auf b geschlossen werden.

Regeln $a \cdot b = b \cdot a$ (Kommutativgesetz)

$(a + b) \cdot c = a \cdot c + b \cdot c$ (Distributivgesetz)

$(s \cdot a) \cdot b = a \cdot (s \cdot b) = s \cdot (a \cdot b) \qquad s \in \mathbb{R}$

$a^2 = a \cdot a = |a|^2 \ge 0$

Das Assoziativgesetz hat keinen Sinn (siehe auch 7.2.2.4).

$$(a \cdot b) \cdot c \ne a \cdot (b \cdot c) \qquad \text{(skalares Vielfaches von } c \ne \text{desgl. von } a)$$

Cauchy-Schwarzsche Ungleichung

$$|a \cdot b| \le |a| \cdot |b|$$

speziell: $a \cdot b = |a| \cdot |b|$ für $a \uparrow\uparrow b$

$a \cdot b = - |a| \cdot |b|$ für $a \uparrow\downarrow b$

Für die Einsvektoren folgt:

$$e_x^2 = 1 \qquad e_y^2 = 1 \qquad e_z^2 = 1$$

$$e_x \cdot e_y = 0 \qquad e_y \cdot e_z = 0 \qquad e_z \cdot e_x = 0$$

Binomen: $(a \pm b)^2 = a^2 \pm 2ab + b^2 = a^2 \pm 2ab \cos \sphericalangle (a, b) + b^2$

$$|a \pm b| = \sqrt{a^2 \pm 2ab + b^2}$$

$$(a + b)^2 - (a - b)^2 = 4ab$$

7.2.2.3 Vektorprodukt (äußeres Produkt, Kreuzprodukt) in $\mathbb{R}^3$

Das *Vektorprodukt* ist eine Funktion, die jedem geordneten Paar von Vektoren a, b im Raum $\mathbb{R}^3$ einen dritten Vektor $c = a \times b$ zuordnet. $a, b, c \in \mathbb{R}^3$, gelesen »a Kreuz b«

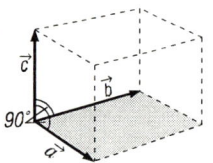

Kreuzprodukt

$$|c| = |a \times b| = |a| \cdot |b| \sin \sphericalangle (a, b)$$

$a \times b \perp a$ und $a \times b \perp b$ für $a \not\parallel b$

d.h. $c \cdot a = c \cdot b = 0$

Merkregel: Man drehe a auf kürzestem Weg in b hinein und erhält unter Zugrundelegung einer Rechtsschraube c (*Rechte-Hand-Regel*). a, b, c bilden ein Rechtssystem, falls a und b nicht kollinear sind.

Geometrische Deutung: Der Vektor $a \times b$ steht auf den Vektoren a und b senkrecht. Der Betrag $|c|$ ist gleich dem Zahlenwert der Fläche des aus a und b gebildeten *Parallelogramms*.

Regeln $a \times b = - (b \times a)$ *(Alternativgesetz, Anti-Kommutativgesetz)*

$s (a \times b) = (sa) \times b = a \times (sb), s \in \mathbb{R}$ (Assoziativgesetz)

$(a + b) \times c = a \times c + b \times c$ (Distributivgesetz)

$a \times (b + c) = a \times b + a \times c$ (desgl.)

$a \uparrow\uparrow b$ und $a \uparrow\downarrow b \rightarrow a \times b = o$ *(kollineare Vektoren)*

für alle Vektoren gilt: $a \times a = o$

für $a \perp b$ gilt: $|a \times b| = |a| \cdot |b|$

Für die Einsvektoren folgt:

$$e_x \times e_x = o \qquad e_y \times e_y = o \qquad e_z \times e_z = o$$

$$e_x \times e_y = e_z \qquad e_y \times e_z = e_x \qquad e_z \times e_x = e_y \quad \text{(Rechtssystem)}$$

$$e_y \times e_x = - e_z \qquad e_z \times e_y = - e_x \qquad e_x \times e_z = - e_y \quad \text{(Alternativgesetz)}$$

Komponentendarstellung des Vektorprodukts von Ortsvektoren

$$a \times b = \begin{vmatrix} e_x & e_y & e_z \\ a_x & a_y & a_z \\ b_x & b_y & b_z \end{vmatrix} \leftrightarrow \begin{pmatrix} a_x \\ a_y \\ a_z \end{pmatrix} \times \begin{pmatrix} b_x \\ b_y \\ b_z \end{pmatrix} = \begin{pmatrix} a_y b_z - a_z b_y \\ a_z b_x - a_x b_z \\ a_x b_y - a_y b_x \end{pmatrix}$$

$$a \times b = (a_y b_z - a_z b_y)\, e_x + (a_z b_x - a_x b_z)\, e_y + (a_x b_y - a_y b_x)\, e_z$$

Bemerkung: symbolische Determinantenschreibweise mit der Konvention: Entwicklung nach der ersten Zeile

♦   Beispiel:

$$a = 16 e_x + 4 e_y - 7 e_z \qquad b = 3 e_x - 9 e_y - 4 e_z$$

$$a \times b = \begin{vmatrix} e_x & e_y & e_z \\ 16 & 4 & -7 \\ 3 & -9 & -4 \end{vmatrix} = -79 e_x + 43 e_y - 156 e_z$$ ♦

Bemerkung: $a = \begin{pmatrix} a_x \\ a_y \end{pmatrix} \in \mathbb{R}^2$ kann mit $a = \begin{pmatrix} a_x \\ a_y \\ 0 \end{pmatrix} \in \mathbb{R}^3$ identifiziert werden.

7

7.2.2.4 Mehrfache Produkte von Vektoren

Weder für das skalare noch für das vektorielle Produkt gibt es Gesetze für die Verbindung von drei und mehr Vektoren. Es können in einer Rechenoperation jeweils nur zwei Vektoren skalar oder vektoriell verbunden werden.

Da $a \cdot b$ einen Skalar ergibt, sind weitere Regeln nur für $a \times b$ als ersten Rechenschritt nötig.

Spatprodukt (*gemischtes Produkt*) für das Rechtssystem (a, b, c)

$$(a \times b) \cdot c = \begin{vmatrix} a_x & a_y & a_z \\ b_x & b_y & b_z \\ c_x & c_y & c_z \end{vmatrix} = a \cdot (b \times c) = [a, b, c] > 0$$

Geometrische Deutung: Das *Spatprodukt* ist dem Betrag nach gleich dem Volumen des von den drei Vektoren a, b, c gebildeten Prismas (Spates):

$$\begin{aligned} \pm V &= (a \times b)\, c = (b \times c)\, a \\ &= (c \times a)\, b = -(b \times a)\, c \\ &= -(c \times b)\, a = -(a \times c)\, b \\ &= |a \times b|\; |c| \cos \varphi \end{aligned}$$

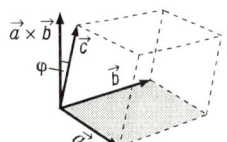

Spatprodukt

$[a, b, c] = 0$, wenn die drei Vektoren in einer Ebene liegen (*komplanare Vektoren*), **oder** wenn ein Vektor ein Nullvektor ist.

♦ Beispiel:

Bestimmung des Volumens des von folgenden Vektoren aufgespannten Prismas

$a = 3e_x + 6e_y - 2e_z$, $b = 5e_x - e_y + 7e_z$, $c = 6e_x - 3e_y + 8e_z$

$$[a, b, c] = \begin{vmatrix} 3 & 6 & -2 \\ 5 & -1 & 7 \\ 6 & -3 & 8 \end{vmatrix} = 69 \text{ Volumeneinheiten}$$ ♦

Vektorprodukt dreier Vektoren

$$a \times (b \times c) = (ac)\,b - (ab)\,c \neq (a \times b) \times c \qquad \textit{(Entwicklungssatz)}$$

$$(a \times b) \times c = (ac)\,b - (bc)\,a \qquad \text{(desgl.)}$$

Das Vektorprodukt dreier Vektoren $(a \times b) \times c$ stellt einen Vektor dar, der in der Ebene der beiden Vektoren a und b liegt.

Produkte mit vier Vektoren

$$(a \times b)\,(c \times d) = \begin{vmatrix} ac & bc \\ ad & bd \end{vmatrix} \qquad (a \times b)^2 = \begin{vmatrix} aa & ab \\ ab & bb \end{vmatrix}$$

$$(a \times b) \times (c \times d) = c\,[a, b, d] - d\,[a, b, c] = b\,[a, c, d] - a\,[b, c, d]$$

$$((a \times b) \times c\,) \times d = (ac)\,(b \times d) - (bc)\,(a \times d) = [a, b, d]\,c - (cd)\,(a \times b)$$

Bemerkung: Durch Vektoren kann nicht dividiert werden.

7.3 Koordinatensysteme

7.3.1 Allgemeines

Bemerkung: Die Darstellungen in zwei- und dreidimensionalen Koordinatensystemen gelten analog für n-dimensionale Räume.

Die linear unabhängigen, normierten Einheitsvektoren e_1, e_2 und e_3 heißen in festgelegter Reihenfolge (*geordnetes Tripel*) **Basis** des Vektorraumes und eines *normierten Koordinatensystems*: (e_1, e_2, e_3).

Zerlegung eines Ortsvektors $\overrightarrow{0P} = x_1 e_1 + x_2 e_2 + x_3 e_3$ in die Vektorkomponenten $x_1 e_1$, $x_2 e_2$, $x_3 e_3$ bezüglich der Basis (e_1, e_2, e_3) mit den Koordinaten des Punktes $P(x_1, x_2, x_3)$ bzw. dem Verschiebungsvektor $(x_1, x_2, x_3)^T$ bedeutet eine eineindeutige Zuordnung (**Abbildung**) der Raumpunkte auf (zu) *Zahlentripel(n)* (x_1, x_2, x_3).

Ein **Parallelkoordinatensystem** (*affines Koordinatensystem*) besteht aus dem Ursprung 0 und der *Basis* $\{e_1, e_2, e_3\}$

Schreibweise: $\{0; e_1, e_2, e_3\}$

Bemerkung: Sind die Winkel zwischen zwei Vektoren $0 < \sphericalangle\ (e_i\ e_j) < \pi$, aber ungleich $\pi/2$, heißt das *Koordinatensystem schiefwinklig*.

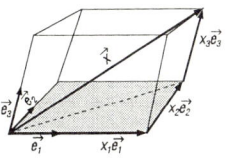

Orthogonales Koordinatensystem
(Die Achsen eines orthogonalen = rechtwinkligen Koordinatensystems stehen paarweise senkrecht aufeinander.)

Schiefwinkliges
Parallelkoordinatensystem

Transformation eines Punktes $P(x, y)$ aus einem rechtwinkligen in ein schiefwinkliges Parallel-Koordinatensystem

x, y Koordinaten im rechtwinkligen Koordinatensystem
         (x *Abszissenachse*, y *Ordinatenachse*)

x', y' Koordinaten im schiefwinkligen Koordinatensystem

φ_1 Winkel zwischen x- und x'-Achse

φ_2 Winkel zwischen y- und y'-Achse

$$x = x' \cos \varphi_1 + y' \cos \varphi_2 \qquad\qquad x' = \frac{-x \sin \varphi_2 + y \cos \varphi_2}{\sin (\varphi_1 - \varphi_2)}$$

$$y = x' \sin \varphi_1 + y' \sin \varphi_2 \qquad\qquad y' = \frac{x \sin \varphi_1 - y \cos \varphi_1}{\sin (\varphi_1 - \varphi_2)}$$

7.3.2   Ebene (2D-) Koordinatensysteme

Kartesisches Koordinatensystem $\{0; x, y\}$

x-Achse   *Abszissenachse*
y-Achse   *Ordinatenachse*

Mathematisch positiver Drehsinn, wenn positive x-Achse in kleinerem Winkel in die positive y-Achse gedreht werden kann (Gegenuhrzeigersinn).

Quadranten: siehe Bild

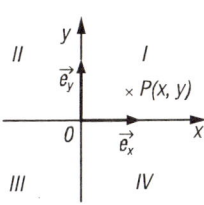

Quadrantenbezeichnung

Polarkoordinatensystem der Ebene $\{0; r, \varphi\}$

r Länge des *Radiusvektors*, Abstand, *Modul*, *Leitstrahl*, $r \geq 0$

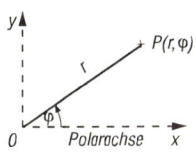

Polarkoordinaten

φ *Phase, Polarwinkel, Argument, Richtungswinkel*,
        $0 \leq \varphi < 2\pi$ (für $r = 0$ ist φ nicht definiert),
        positiv im mathematisch positiven Drehsinn (Gegenuhrzeigersinn)

0 Nullpunkt, Pol

7

7.3.3 Räumliche (3D-) Koordinatensysteme

Kartesisches Koordinatensystem $\{0; x, y, z\}$ **bzw.** $\{0; e_x, e_y, e_z\}$

Orthonormiertes Koordinatensystem
(orthogonal mit normierten Einsvektoren)

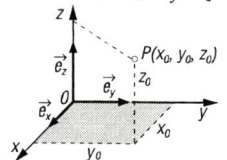

Wertebereiche: $-\infty < x < +\infty$

$\qquad\qquad\quad -\infty < y < +\infty$

$\qquad\qquad\quad -\infty < z < +\infty$

Kartesisches Koordinatensystem

Basisvektoren e_x, e_y, e_z (früher i, j, k)

Koordinatenachsen x, y, z

Punktkoordinaten $P(x, y, z)$

Orientierung des räumlichen Koordinatensystems
Ein **Rechtssystem** ist dadurch gekennzeichnet, daß eine Drehung der positiven
x-Achse nach der positiven y-Achse mit gleichzeitiger Verschiebung in Richtung der positiven z-Achse eine Rechtsschraubung ergibt.

Rechte-Hand-Regel (Finger gespreizt)

Daumen $= x$-Achse
Zeigefinger $= y$-Achse
Mittelfinger $= z$-Achse

Koordinatenebenen: $x = $ konst., $y = $ konst., $z = $ konst.

Kugelkoordinaten, sphärische Koordinaten, räumliche Polarkoordinaten $\{0; r, \vartheta, \varphi\}$ (DIN 4895 T 1)

Wertebereiche: $0 \leq r < \infty$

$\qquad\qquad\quad 0 \leq \vartheta \leq \pi$

$\qquad\qquad\quad 0 \leq \varphi < 2\pi$

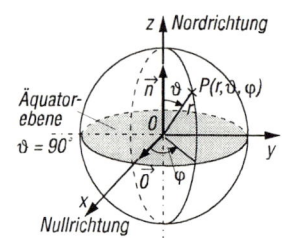

Punktkoordinaten $P(r, \vartheta, \varphi)$

Längenkoordinaten ϑ

Breitenkoordinaten φ

Koordinatenflächen

Kugeloberflächen $r = $ konst.$_1$

Kreiskegelmäntel $\vartheta = $ konst.$_2$

Halbebenen $\varphi = $ konst.$_3$

Kugelkoordinaten

Sich schneidende Koordinatenflächen

Breitenkreise $r = \text{konst.}_1;\ \vartheta = \text{konst.}_2$

Meridiane (Längenkreise) $r = \text{konst.}_1;\ \varphi = \text{konst.}_3$

Schnittgerade des Kegelmantels $\vartheta = \text{konst.}_2;\ \varphi = \text{konst.}_3$

(Kreis-) Zylinderkoordinatensystem $\{0;\ \rho,\ \varphi,\ z\}$ (DIN 4895 T 1)

Wertebereiche: $0 \leq \rho < \infty$
$$0 \leq \varphi < 2\pi$$
$$-\infty < z < +\infty$$

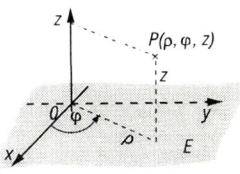

$(\rho,\ \varphi)$ sind die *Polarkoordinaten* der Projektion eines Punktes P auf die Ebene E, z sein Abstand von E.

Koordinatenflächen

Zylinderkoordinaten

Kreiszylindermantel $\rho = \text{konst.}_1$

Halbebenen $\varphi = \text{konst.}_2$

parallele Ebenen zu E $z = \text{konst.}_3$

Beziehungen zwischen den 3D-Koordinatensystemen

Kartesische Koordinaten $\{0;\ x,\ y,\ z\} \rightarrow$ Kugelkoordinaten $\{0;\ r,\ \vartheta,\ \varphi\}$

$$r = \sqrt{x^2 + y^2 + z^2} \qquad \text{(Mittelpunktsgleichung der Kugel)}$$

$$\cos\vartheta = \frac{z}{r} = \frac{z}{\sqrt{x^2 + y^2 + z^2}}$$

$$\tan\varphi = \frac{y}{x}\ (x \neq 0) \qquad \cos\varphi = \frac{x}{\sqrt{x^2 + y^2}} \qquad \sin\varphi = \frac{y}{\sqrt{x^2 + y^2}}$$

Kugelkoordinaten $\{0;\ r,\ \vartheta,\ \varphi\} \rightarrow$ kartesische Koordinaten $\{0;\ x,\ y,\ z\}$

$$x = r\sin\vartheta\cos\varphi \qquad y = r\sin\vartheta\sin\varphi \qquad z = r\cos\vartheta$$

Kartesische Koordinaten $\{0;\ x,\ y,\ z\} \rightarrow$ Kreiszylinderkoordinaten $\{0;\ \rho,\ \varphi,\ z\}$

$$\rho = \sqrt{x^2 + y^2} \qquad \sin\varphi = \frac{y}{r} \qquad \cos\varphi = \frac{x}{r} \qquad \tan\varphi = \frac{y}{x} \qquad z = z$$

Kreiszylinderkoordinaten $\{0;\ \rho,\ \varphi,\ z\} \rightarrow$ kartesische Koordinaten $\{0;\ x,\ y,\ z\}$

$$x = \rho\cos\varphi \qquad y = \rho\sin\varphi \qquad z = z$$

Kreiszylinderkoordinaten $\{0;\ \rho,\ \varphi,\ z\} \rightarrow$ Kugelkoordinaten $\{0;\ r,\ \vartheta,\ \varphi\}$

$$r = \sqrt{\rho^2 + z^2} \qquad \tan\vartheta = \frac{\rho}{z} \qquad \varphi = \varphi$$

Kugelkoordinaten $\{0;\ r,\ \vartheta,\ \varphi\} \rightarrow$ Kreiszylinderkoordinaten $\{0;\ \rho,\ \varphi,\ z\}$

$$\rho = r\sin\vartheta \qquad \varphi = \varphi \qquad z = r\cos\vartheta$$

7

7.4   Abbildungen

7.4.1   Allgemeines (Siehe auch binäre Relationen, Abschnitt 3.1.5)

Eine *Abbildung* ist die Zuordnung von Elementen einer nichtleeren Menge X zu Elementen einer nichtleeren Menge Y.

Eine **lineare Abbildung** $\varphi\colon V^n \to V'^m$ ist die **eindeutige** (nicht umkehrbare) Abbildung eines reellen Vektorraumes (linearer Raum) V^n in einen Bildraum V'^m. Im V^n liegen *freie Vektoren* zugrunde.

$$\varphi(x + y) = \varphi(x) + \varphi(y) \qquad x, y \in V^n \qquad \textit{Linearitätsbedingungen}$$
$$\varphi(\lambda x) = \lambda \cdot \varphi(x)$$

V^n, V'^m, λ gehören zum gleichen Körper.

Folgerung:

$$\varphi(\lambda_1 x_1 + \ldots + \lambda_k x_k) = \lambda_1 \varphi(x_1) + \ldots + \lambda_k \varphi(x_k)$$

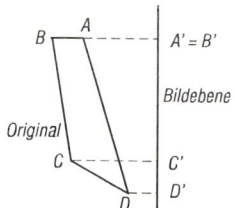

Parallelprojektion

Schreibweise:

Bild x' von x bzgl. $\varphi\colon x' = \varphi(x)$

wobei x *Urbild, Original* , $x \in V^n$

bzw. $\varphi(x) = C_{m,n} \cdot x$ (Vektorabbildung)

♦ Beispiel:

Vektorraum V^3 geordneter Tripel reeller Zahlen linear abgebildet in V^2 (geordneter) Paare reeller Zahlen: $(x'_1, x'_2) = \varphi(x_1, x_2, x_3)$, *Parallelprojektion* (Bild)   ♦

Für $V^n = V'^n$, d.h. Abbildung im Vektorraum V^n auf bzw. in sich selbst, gilt:
φ ist linearer Operator, lineare Transformation von V^n.

Affine Abbildung

Eine *affine Abbildung* (*Affinität*, Ähnlichkeit) α ist die **eineindeutige** (umkehrbare) Abbildung eines *affinen Raumes* $\mathbb{R}^n$ (siehe 7.1.3) auf bzw. in sich oder auf bzw. in einen Raum $\mathbb{R}'^m$, bei der
Geradlinigkeit
Parallelität
Teilverhältnisse auf jeder Geraden (*kollineare Punkte*) erhalten bleiben, wogegen Längen, Winkel, Flächeninhalte und Orientierungen (Umlaufsinn) sich ändern können.

Figuren können verzerrt, nicht zerrissen werden.

Im $\mathbb{R}^n$ liegen *Ortsvektoren* zugrunde.

Verschiedene Urbilder eines Punktes haben stets verschiedene Bildpunkte. Ein Dreieck und sein Bild kennzeichnen eine affine Abbildung eindeutig.

Affine Punktabbildung α in der affinen Ebene $\mathbb{R}^2$

$\alpha\colon \ x \mapsto x'$

Gegeben: 2 Parallelkoordinatensysteme

$K = \{0;\ e_1, e_2\}$ und $K' = \{0\,';\ e_1', e_2'\}$

$P(x_1, x_2)$: Ortsvektor $\overrightarrow{0P} = x_1 e_1 + x_2 e_2$

wird abgebildet auf $P'(x_1', x_2')$:
Ortsvektor $\overrightarrow{0P'} = x_1\, e_1' + x_2\, e_2' + T$

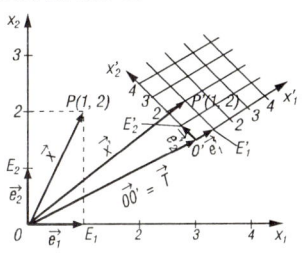

Abbildung eines Punktes

Darstellungen affiner Punktabbildung α
(Die Linearitätsbedingungen einer linearen Abbildung sind nicht erfüllt.)

Abbildungsmatrix $C = \begin{pmatrix} c_{11} & c_{12} \\ c_{21} & c_{22} \end{pmatrix}$ **Translationsvektor** $\overrightarrow{00'} = T = \begin{pmatrix} t_1 \\ t_2 \end{pmatrix}$

Vektordarstellung $\alpha\colon \ x' = x_1 e_1' + x_2 e_2' + T$

Koordinatendarstellung $\alpha\colon \begin{cases} x_1' = c_{11}x_1 + c_{12}x_2 + t_1 \\ x_2' = c_{21}x_1 + c_{22}x_2 + t_2 \end{cases}$

Matrizendarstellung $\alpha\colon \ x' = Cx + T$

Bemerkung: $e_1' = \begin{pmatrix} c_{11} \\ c_{21} \end{pmatrix}$ ist Bild von $e_1 = \begin{pmatrix} 1 \\ 0 \end{pmatrix}$, $e_2' = \begin{pmatrix} c_{12} \\ c_{22} \end{pmatrix}$ ist Bild von $e_2 = \begin{pmatrix} 0 \\ 1 \end{pmatrix}$.

Affinitätsverhältnis (Verhältnis der Flächen von Bild- und Urbildfigur)

$$\det C = \begin{vmatrix} c_{11} & c_{12} \\ c_{21} & c_{22} \end{vmatrix} = c_{11}c_{22} - c_{21}c_{12}$$

- $\det C > 0$ orientierungserhaltende affine Abbildung
- $\det C = \pm 1$ flächeninhaltserhaltende affine Abbildung

Umkehrabbildung α^{-1}

Bedingung für die Umkehrbarkeit: C ist eine reguläre Matrix ($\det C \neq 0$)

Originalabbildung $\alpha\colon \ x' = Cx + T$
Umkehrabbildung $\alpha^{-1}\colon \ x' = C^{-1}x - C^{-1}T$

$$C^{-1} = \frac{1}{\det C} \begin{pmatrix} c_{22} & -c_{12} \\ -c_{21} & c_{11} \end{pmatrix} \qquad \text{mit } C = \begin{pmatrix} c_{11} & c_{12} \\ c_{21} & c_{22} \end{pmatrix} \qquad T = \begin{pmatrix} t_1 \\ t_2 \end{pmatrix}$$

7

♦   Beispiel:

$$\alpha:\ x' = \begin{pmatrix} 5 & 3 \\ 6 & 4 \end{pmatrix} x + \begin{pmatrix} -3 \\ 6 \end{pmatrix} \quad \det C = \begin{vmatrix} 5 & 3 \\ 6 & 4 \end{vmatrix} = 20 - 18 = 2 \neq 0$$

$$\alpha^{-1}:\ x' = \frac{1}{2} \begin{pmatrix} 4 & -3 \\ -6 & 5 \end{pmatrix} x - \frac{1}{2} \begin{pmatrix} 4 & -3 \\ -6 & 5 \end{pmatrix} \begin{pmatrix} -3 \\ 6 \end{pmatrix}$$

$$= \frac{1}{2} \begin{pmatrix} 4 & -3 \\ -6 & 5 \end{pmatrix} x - \frac{1}{2} \begin{pmatrix} -30 \\ 48 \end{pmatrix} = \begin{pmatrix} 2 & -1,5 \\ -3 & 2,5 \end{pmatrix} x + \begin{pmatrix} 15 \\ -24 \end{pmatrix}$$ ♦

Verkettung, Verknüpfung

Sind α und β lineare Abbildungen, sind es auch die *Verknüpfungen* $\alpha + \beta$ und $\lambda \cdot \alpha$.

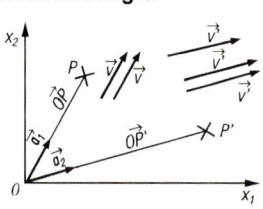

Verkettung von Abbildungen:

$$\alpha:\ x' = Cx + T, \quad \beta:\ x' = Dx + U$$

$$\alpha \circ \beta:\ x' = CDx + CU + T$$

Verkettung von Abbildungen

$$(\alpha \circ \beta) \circ \gamma = \alpha \circ (\beta \circ \gamma) \quad \text{(Assoziativgesetz)} \quad \text{(gelesen } \gg \alpha \text{ nach } \beta \ll)$$

Vektorabbildung α^*

$$\alpha^*:\ x' = C_{m,n} \cdot x \quad \text{bzw. } \varphi(x) = C_{m,n} \cdot x \quad \text{(freie Vektoren)}$$

Vergleich Punktabbildung α und Vektorabbildung α^*

Punktabbildung $\quad \alpha:\ x' = Cx + T$

(gebundene Ortsvektoren $x = \overrightarrow{0P}, x' = \overrightarrow{0P'}$)

Vektorabbildung $\quad \alpha^*:\ x' = Cx$

(freie Vektoren x bzw. x')

Bemerkung: Mit $T = o$ (Ursprung = Fixpunkt) vermittelt die Punktabbildung trotz gleicher mathematischer Form eine andere Abbildung als die Vektorabbildung.

Punkt- und Vektorabbildung

♦   Beispiel:

Punktabbildung α:
$\overrightarrow{0P}$ wird $\overrightarrow{0P'}$, zentrische Streckung um k von Z aus,

dagegen Vektorabbildung α^*:
$\overrightarrow{0P}$ wird zu $\overrightarrow{0'P'}$ mit k-facher Größe.

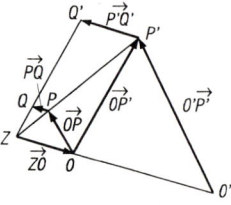

♦

Fixelemente

Fixelemente bleiben bei Abbildungen auf bzw. in sich erhalten:
Bild $\equiv$ Urbild, $x' \equiv x$.

Lineares Gleichungssystem zur Bestimmung der Fixelemente

$$\begin{cases} x_1 = c_{11}x_1 + c_{12}x_2 + t_1 \\ x_2 = c_{21}x_1 + c_{22}x_2 + t_2 \end{cases}$$

- eine eindeutige Lösung $\rightarrow$ ein Fixpunkt
- unendlich viele Lösungen $\rightarrow$ Fixpunktgerade(n)
- keine Lösung $\rightarrow$ kein Fixpunkt

Fixpunkt: $x_F = \varphi(x_F) = Cx_F + T \;\rightarrow\; (C - E)\,x_F + T = o$

Bemerkung: Eine *affine Abbildung ohne Fixpunkt* ergibt eine *Verschiebung* oder eine Verkettung von *Achsenaffinität mit einer Verschiebung.*

Fixpunktgerade

Eine *Fixpunktgerade* ist eine Gerade, deren Punktmenge Fixpunkte sind.

Eine affine Abbildung mit genau einer Fixpunktgeraden heißt *Achsenaffinität*, die Gerade ist Achse der Affinität.
Eine Abbildung mit der Abbildungsmatrix C hat eine Fixpunktgerade, falls die Matrix nur den Eigenwert $\lambda = 1$ hat, oder sie hat kein Fixelement.

Fixgerade (analog *Fixebene*)

Die Punkte einer *Fixgeraden* gehen bei einer Abbildung wieder in Punkte dieser Geraden über, ihre Lage auf der Geraden kann sich aber ändern.

$g\colon x = r_0 + ta,\ t \in \mathbb{R}$ ist Fixgerade der affinen Abbildung $\alpha\colon x' = Cx + T$, wenn gilt:

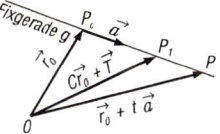

- a ist Eigenvektor von C,

- $\overrightarrow{P_0P_1} = Cr_0 + T - r_0$ ist Vielfaches von a.

Fixvektor v_F: $\;(C - E)\,v_F = o$ Fixgerade

♦ Beispiel:

Man bestimme Fixpunkt, Eigenwerte, Eigenvektoren und Fixgeraden der

Abbildung $x' = \begin{pmatrix} 1 & -1 \\ 3 & 5 \end{pmatrix} x + \begin{pmatrix} 1 \\ 3 \end{pmatrix}$.

Fixpunkt $\begin{cases} x_1 = x_1 - x_2 + 1 \\ x_2 = 3x_1 + 5x_2 + 3 \end{cases} \rightarrow x_2 = 1,\ x_1 = -7/3,\ L = (-7/3,\ 1)$

Eigenwerte $(1 - \lambda)(5 - \lambda) + 3 = 0$

$\lambda^2 - 6\lambda + 8 = 0$

$\lambda_1 = 4, \lambda_2 = 2$ (Euler-Affinität, 7.4.2.1)

Eigenvektoren zu

$\lambda_1 = 4: \begin{cases} -3x_1 - x_2 = 0 \\ 3x_1 + x_2 = 0 \end{cases} \rightarrow a_1 = t\begin{pmatrix} 1 \\ -3 \end{pmatrix}$

$\lambda_2 = 2: \begin{cases} -x_1 - x_2 = 0 \\ 3x_1 + 3x_2 = 0 \end{cases} \rightarrow a_2 = t\begin{pmatrix} 1 \\ -1 \end{pmatrix}$

$t \in \mathbb{R}$

Fixgeraden

$g_{F_1}: \quad x = \begin{pmatrix} -7/3 \\ 1 \end{pmatrix} + t\begin{pmatrix} 1 \\ -3 \end{pmatrix} \qquad t \in \mathbb{R}$

$g_{F_2}: \quad x = \begin{pmatrix} -7/3 \\ 1 \end{pmatrix} + t\begin{pmatrix} 1 \\ -1 \end{pmatrix} \qquad t \in \mathbb{R}$

7.4.2 Allgemeine, nicht winkeltreue affine Abbildung mit dem Nullpunkt als Fixpunkt

Bemerkung: Da T eine Verschiebung beschreibt, mit der eine Kongruenzabbildung, d.h. eine nur veränderte Bildlage erzeugt wird, können alle Eigenschaften der Abbildung mit $T = o$ (**Ursprung gleich Fixpunkt**) dargestellt werden.

$$\alpha: x' = Cx \qquad \text{Abbildungsmatrix } C = \begin{pmatrix} c_{11} & c_{12} \\ c_{21} & c_{22} \end{pmatrix}$$

Einteilung: Die Anzahl und Größe der Eigenwerte der Abbildungsmatrix C bestimmen die Art der Abbildung.

• C besitzt zwei verschiedene Eigenwerte (zwei verschiedene eindimensionale Eigenräume), die Abbildung hat 2 Fixgeraden.

• C besitzt genau einen Eigenwert, Eigenraum ein- oder zweidimensional.

• C besitzt keinen reellen Eigenwert, kein Eigenvektor.

7.4.2.1 Zwei Eigenwerte der Abbildungsmatrix, Euler-Affinität

$\lambda_1 \neq \lambda_2$, die affine Abbildung hat genau zwei Fixgeraden.

Übersichtliche Darstellung ermöglicht die Basis $\{0; a_1, a_2\}$, d.h. Angabe als Linearkombination der Eigenvektoren.

Der Ortsvektor zum Punkt P: $x = r_1 a_1 + r_2 a_2$ wird dabei abgebildet auf

$$P': \quad x' = Cx = r_1 (Ca_1) + r_2 (Ca_2) = \lambda_1 r_1 a_1 + \lambda_2 r_2 a_2$$

Sonderfälle

- $\lambda_1 = 1$, **Parallelstreckung** α_1 mit der Achse g_{F_1}: $x = ta_1$ in Richtung g_{F_2}: $x = ta_2$ mit dem Streckungsfaktor λ_2, $\overrightarrow{G_1P'} = \lambda_2\,\overrightarrow{G_1P}$ (siehe Bild)
- $\lambda_2 = 1$, **Parallelstreckung** α_2 mit der Achse g_{F_2}: $x = ta_2$ in Richtung g_{F_1}: $x = ta_1$ mit dem Streckungsfaktor λ_1

Bemerkung: Verkettung $\alpha_1 \circ \alpha_2$ ergibt EULER-Affinität (siehe Bild)

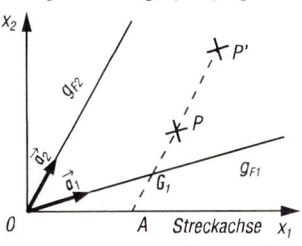

Parallelstreckung $\overrightarrow{G_1P'} = \lambda_2\,\overrightarrow{G_1P}$

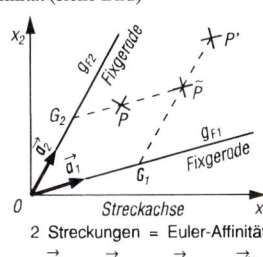

2 Streckungen = Euler-Affinität
$\overrightarrow{G_2\tilde{P}} = \lambda_1\,\overrightarrow{G_2P}$ $\overrightarrow{G_1P'} = \lambda_2\,\overrightarrow{G_1\tilde{P}}$

♦ Beispiel:

$$\alpha: x' = \begin{pmatrix} 1 & 1 \\ 2 & 0 \end{pmatrix} x$$

$$(1 - \lambda)(0 - \lambda) - (2 \cdot 1) = 0$$

Eigenwerte $\lambda_1 = -1$, $\lambda_2 = 2$ mit den beiden Eigenräumen der Dimension 1

$$a_1 = t\begin{pmatrix} 1 \\ -2 \end{pmatrix} \text{ und } a_2 = t\begin{pmatrix} 1 \\ 1 \end{pmatrix}$$

Konstruktion des Bilddreiecks $A''B''C''$ zum Urbild ABC:

Spiegelung wegen $\lambda_1 = -1$ an der Fixge-

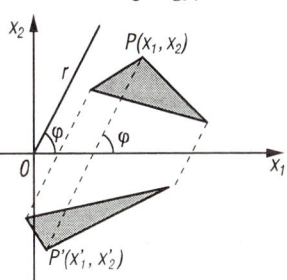

raden g_{F2} in Richtung g_{F1} ($A'B'C'$), anschließend Streckung an g_{F1} in Richtung g_{F2} mit dem Faktor 2 ($\lambda_2 = 2$), siehe Bild. ♦

- $\lambda_1 = 1$, $\lambda_2 = -1$ **Schrägspiegelung** an der x_1-Achse in Richtung r

  Abbildungsmatrix $C = \begin{pmatrix} 1 & c_{12} \\ 0 & -1 \end{pmatrix}$ mit

  $c_{12} = -2\,\dfrac{x_2}{\tan\varphi}$ φ siehe Bild.

  $c_{12} = 0$ ergibt senkrechte **Achsspiegelung**.

Schrägspiegelung

7.4.2.2 Ein Eigenwert der Abbildungsmatrix

$$\text{Abbildungsmatrix } C = \begin{pmatrix} \lambda & c_{12} \\ 0 & \lambda \end{pmatrix} \qquad \lambda, c_{12} \in \mathbb{R}$$

- $\lambda \neq 1$, $c_{12} \neq 0$ **Streckscherung** (zentrische Streckung mit Scherung)
  Streckzentrum auf Scherungsachse, Eigenraum eindimensional

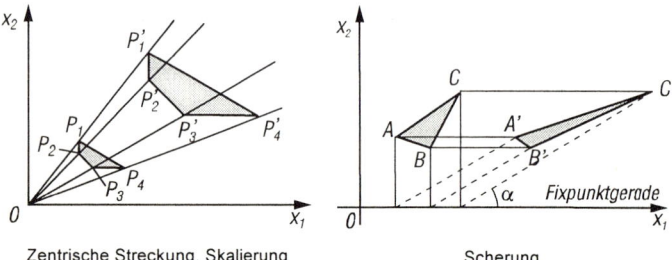

Zentrische Streckung, Skalierung

Scherung

Bemerkung: Bild oben links stellt eine *körperliche Ecke* mit den Kanten $\overline{0P_i}$ dar.

- $c_{12} = 0$, $C = \begin{pmatrix} \lambda & 0 \\ 0 & \lambda \end{pmatrix}$ **zentrische Streckung** (*Skalierung*) am Ursprung

$$\textit{Streckungsfaktor (Skalierungsfaktor) } \lambda \in \begin{cases} (0, 1) & \textit{Stauchung} \\ 1 & \text{Identität} \\ (1, \infty) & \textit{Dehnung} \end{cases}$$

Jede Gerade durch den Nullpunkt ist Fixgerade, Eigenraum zweidimensional.

- $\lambda < 0$, **Streckscherung mit Spiegelung** am Ursprung

  $\lambda = -1$, nur **Spiegelung** am Ursprung

- $\lambda = 1$, $c_{12} \neq 0$, $C = \begin{pmatrix} 1 & c_{12} \\ 0 & 1 \end{pmatrix}$ **Scherung** $c_{12} = \tan \alpha$, α siehe Bild

  Eigenraum eindimensional, jede Parallele zu a ist Fixgerade.

7.4.2.3 Kein reeller Eigenwert der Abbildungsmatrix

Affindrehung, das ist die Verkettung einer Drehung um den Nullpunkt mit einer EULER-Affinität 7.4.2.1 oder einer Streckscherung 7.4.2.2.

$$c_{12} c_{21} \neq 0$$

Rückdrehung um $\varphi = \arctan(-c_{21}/c_{11})$ ergibt 7.4.2.1 oder 7.4.2.2:

$$DC = \begin{pmatrix} c_{11} \cos \varphi - c_{21} \sin \varphi & c_{12} \cos \varphi - c_{22} \sin \varphi \\ c_{11} \sin \varphi - c_{21} \cos \varphi & c_{12} \sin \varphi + c_{22} \cos \varphi \end{pmatrix} \qquad \tan \varphi = -\frac{c_{21}}{c_{11}}$$

7.4.3 Ähnlichkeitsabbildungen (äquiforme Abbildungen)

Die **Winkel** und damit die **Längenverhältnisse** bleiben erhalten.

$$\alpha:\ x' = Cx + T$$

Bedingungen für eine Ähnlichkeitsabbildung

- Form der Abbildungsmatrix $C = \begin{pmatrix} a & b \\ b & -a \end{pmatrix}$ oder $C = \begin{pmatrix} a & -b \\ b & a \end{pmatrix}$
- Als Eigenwerte von C sind nur möglich $\lambda_1 = -\lambda_2$

$$CC^{\mathrm{T}} = \lambda^2 E \qquad a^2 + b^2 = \lambda^2$$

Streckungsfaktor λ = (Längen im Bild) zu (Längen im Urbild), $\lambda \in \mathbb{R}$

Zwei Eigenwerte der Abbildungsmatrix $(\lambda_1 = -\lambda_2 = \lambda)$

$$C = \begin{pmatrix} \lambda & 0 \\ 0 & -\lambda \end{pmatrix} \qquad\qquad \textbf{Spiegelstreckung}$$

Eigenvektoren a_1 und a_2 sind linear unabhängig und orthogonal.

Fixgeraden:

$g_{F_1} : x = ta_1$ wird abgebildet zu $g'_{F_1}: x = \lambda_1 ta_1$

$g_{F_2} : x = \widetilde{t}a_2$ wird abgebildet zu $g'_{F_2}: x = \lambda_2 \widetilde{t}a_1$

Ein Eigenwert der Abbildungsmatrix

$$C = \begin{pmatrix} \lambda & 0 \\ 0 & \lambda \end{pmatrix} \qquad\qquad \textbf{zentrische Streckung}$$

Kein reeller Eigenwert der Abbildungsmatrix

$$C = k \begin{pmatrix} \cos\varphi & -\sin\varphi \\ \sin\varphi & \cos\varphi \end{pmatrix} \qquad\qquad \textbf{Drehstreckung}$$

7.4.4 Kongruenzabbildungen

Kongruenzabbildungen sind **winkel- und längentreue** (*metrische*) *affine Abbildungen*.

Kongruenzabbildungen sind ein Sonderfall der Ähnlichkeitsabbildungen mit $\lambda = 1$. Hierzu gehört auch die orthogonale Koordinatentransformation ohne Skalierung.

$$\alpha:\ x' = Cx + T$$

Die Abbildungsmatrix C läßt sich in nachstehende Form bringen:

$$C = \begin{pmatrix} \cos\varphi & \mp\sin\varphi \\ \sin\varphi & \pm\cos\varphi \end{pmatrix} \qquad CC^{\mathrm{T}} = E, \, C \text{ orthogonal, det } C = \pm 1$$

φ orientierter Drehwinkel

Bewegungen

Bewegungen sind metrische affine Abbildungen mit det $C = +1$. **Winkel** und **Längen** (Flächeninhalt) und deren **Orientierung** bleiben erhalten, Figuren ändern nur ihre Lage.

$$C = \begin{pmatrix} \cos\varphi & -\sin\varphi \\ \sin\varphi & \cos\varphi \end{pmatrix} \qquad \det C = 1$$

Koordinatendarstellung: $c_{11}c_{22} - c_{12}c_{21} = 1$

Verschiebungen (Translationen, Parallelverschiebung)

$$C = E = \begin{pmatrix} 1 & 0 \\ 0 & 1 \end{pmatrix} (\text{Einheitsmatrix}) \qquad \varphi = 0$$

$$x' = Ex + T = x + T$$

$$\begin{cases} x_1' = x_1 + t_1 \\ x_2' = x_2 + t_2 \end{cases}$$

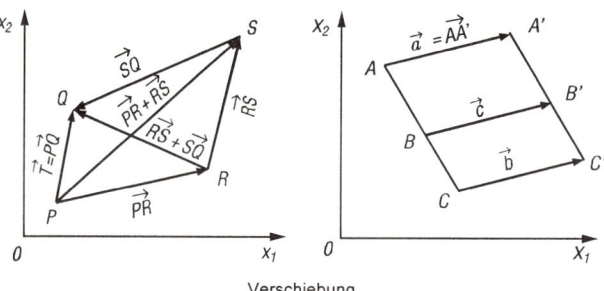

Verschiebung

Eine Verschiebung ist die Menge aller *Repräsentanten:*

(Originalpunkt, Bildpunkt) = $((x_1, x_2), (x'_1, x'_2))$

Translationsvektor $\qquad T = \overrightarrow{PQ} \qquad$ (Verschiebung, die P in Q abbildet)

Verschiebungsweite $\qquad |\overrightarrow{PQ}|$

Mehrfache Verschiebungen

$$T = \overrightarrow{PQ} = \overrightarrow{PR} + (\overrightarrow{RS} + \overrightarrow{SQ}) = (\overrightarrow{PR} + \overrightarrow{RS}) + \overrightarrow{SQ} \qquad \text{(Bild oben)}$$

Vervielfachung (*Skalierung*, Skalarmultiplikation)

$$C = S = \begin{pmatrix} \lambda_1 & 0 \\ 0 & \lambda_2 \end{pmatrix} \qquad (\textit{Skaliermatrix})$$

$\alpha{:}\ \ x' = S\,(x + T)$

$\lambda \cdot \overrightarrow{PQ}$ ist das λ-fache von $\overrightarrow{PQ}$ und $(\lambda \cdot \overrightarrow{PQ}) \parallel \overrightarrow{PQ}$.

Drehung um den Nullpunkt

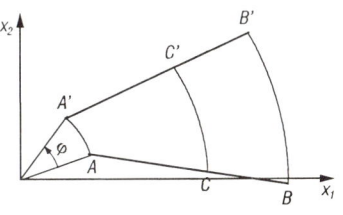

Drehwinkel $\varphi \neq 0$, $T = o$

$$C = \begin{pmatrix} \cos\varphi & -\sin\varphi \\ \sin\varphi & \cos\varphi \end{pmatrix}$$

C hat keinen reellen Eigenwert

$x' = Cx$

$$\begin{cases} x_1' = x_1 \cos\varphi - x_2 \sin\varphi \\ x_2' = x_1 \sin\varphi + x_2 \cos\varphi \end{cases}$$

Drehung um den Nullpunkt

Punktspiegelung

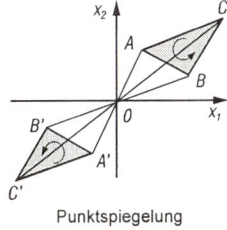

Punktspiegelung = Drehung um den Nullpunkt mit $\varphi = \pi$, $T = o$

$$C = \begin{pmatrix} -1 & 0 \\ 0 & -1 \end{pmatrix}$$

$x' = -x \qquad \begin{cases} x_1' = -x_1 \\ x_2' = -x_2 \end{cases}$

Punktspiegelung

Umlegungen, Umklappungen, Achsspiegelung

Umlegungen sind ungleichsinnige Bewegungen. Winkel und Längen (Flächeninhalt) bleiben erhalten, die **Orientierung wird umgekehrt,** die Lage im allgemeinen verändert.

Spiegelung an einer Spiegelachse *g* (Bild unten)

$$C = \begin{pmatrix} \cos\varphi & \sin\varphi \\ \sin\varphi & -\cos\varphi \end{pmatrix} \qquad \det C = -1$$

$x' = Cx + T \qquad \begin{cases} x_1' = x_1 \cos\varphi + x_2 \sin\varphi + t_1 \\ x_2' = x_1 \sin\varphi - x_2 \cos\varphi + t_2 \end{cases}$

$\varphi/2$ Winkel zwischen Spiegelachse g und x_1-Achse

- $\overline{AA'} \perp g$ (Relation »*senkrecht sein*«)
- $\overline{AD} = \overline{A'D}$ (Abstand eines Punktes von einer Geraden)
- Die Geraden AB und $A'B'$ schneiden einander auf g außer $\overline{AB} \parallel \overline{A'B'}$.
- Die Orientierung (Umlaufsinn) wird umgekehrt.
- Umkehrspiegelung führt auf den Urzustand zurück.

Zwei Spiegelungen an g_1 und g_2 mit $g_1 \parallel g_2$ sind eine Verschiebung, mit $g_1 \perp g_2$ eine Drehung um π.

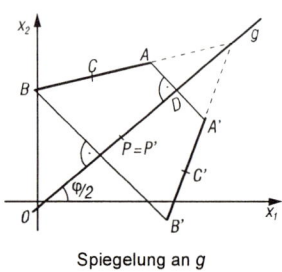
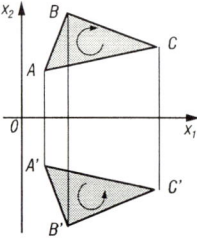

Spiegelung an g Achsspiegelung

Spiegelung an einer Achse des Koordinatensystems (an x_1)

$$C = \begin{pmatrix} 1 & 0 \\ 0 & -1 \end{pmatrix} \rightarrow \lambda_1 = 1, \lambda_2 = -1$$

$$x' = Cx \qquad \begin{cases} x'_1 = x_1 \\ x'_2 = -x_2 \end{cases}$$

7.4.5   Koordinatentransformation

Allgemeines

Übergang von einem Parallelkoordinatensystem $K = \{0; e_i\}$ in ein gleichartiges $K' = \{0; e'_i\}$ heißt *affine Koordinatentransformation* im n-dimensionalen Raum.

Orthogonale Koordinatentransformation erfolgt auf der Basis eines rechtwinkligen (kartesischen) Koordinatensystems, zum Beispiel Transformation eines Objektsystems K in ein Gerätesystem K' (CNC-Werkzeugmaschine, Grundlage für graphische Darstellung auf Bildschirmen, Plottern).

Hauptachsentransformation vereinfacht die Funktionsgleichungen der Kegelschnitte, siehe 8.2.6 und 8.3.7.

7.4.5.1 Orthogonale Koordinatentransformation in der Ebene

$$K = \{0; \boldsymbol{e}_x, \boldsymbol{e}_y\} \ \rightarrow \ K' = \{0; \boldsymbol{e}'_x, \boldsymbol{e}'_y\}$$

Translation, Verschiebung

Translationsvektor $\boldsymbol{T} = \overrightarrow{00}{}' = t_x \boldsymbol{e}_x + t_y \boldsymbol{e}_y$

$$\begin{aligned} \boldsymbol{x}' &= \boldsymbol{x} - \boldsymbol{T} \\ \boldsymbol{x} &= \boldsymbol{x}' + \boldsymbol{T} \end{aligned} \quad \text{mit } \boldsymbol{x} = \begin{pmatrix} x \\ y \end{pmatrix} \quad \boldsymbol{x}' = \begin{pmatrix} x' \\ y' \end{pmatrix} \quad \boldsymbol{T} = \begin{pmatrix} t_x \\ t_y \end{pmatrix}$$

$$\begin{cases} x' = x - t_x \\ y' = y - t_y \end{cases} \qquad \begin{cases} x = x' + t_x \\ y = y' + t_y \end{cases}$$

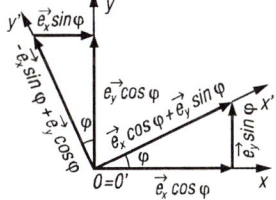

Verschiebung

Verschiebung, Beispiel

Rotation, Drehung des Systems K' gegen das System K

Orthogonale Drehmatrix $(\boldsymbol{R}^{-1} = \boldsymbol{R}^{\mathrm{T}},\ |\boldsymbol{R}| = 1)$

$$\boldsymbol{R} := \begin{pmatrix} \cos\varphi & -\sin\varphi \\ \sin\varphi & \cos\varphi \end{pmatrix} \qquad \boldsymbol{R}^{\mathrm{T}} = \begin{pmatrix} \cos\varphi & \sin\varphi \\ -\sin\varphi & \cos\varphi \end{pmatrix} \qquad \varphi = \sphericalangle\,(K, K')$$

$$\boldsymbol{x} = \boldsymbol{R}\boldsymbol{x}' \qquad\qquad \boldsymbol{x}' = \boldsymbol{R}^{\mathrm{T}}\boldsymbol{x}$$

$$\begin{cases} x = x'\cos\varphi - y'\sin\varphi \\ y = x'\sin\varphi + y'\cos\varphi \end{cases} \qquad \begin{cases} x' = x\cos\varphi + y\sin\varphi \\ y' = -x\sin\varphi + y\cos\varphi \end{cases}$$

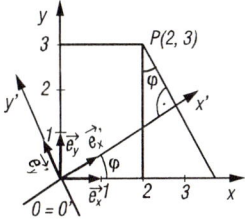

Rotation

Bemerkung: Transformation der Basisvektoren e'_i kann über die Einheitspunkte $(1, 0)$ bzw. $(0, 1)$ erfolgen.

Skalierung (Vergrößern, Verkleinern von K')

$$x = \tilde{S}x' \qquad \textit{Skalierungsmatrix } \tilde{S} := \begin{pmatrix} \lambda_1 & 0 \\ 0 & \lambda_2 \end{pmatrix}$$

$$\begin{cases} x = \lambda_1 x' \\ y = \lambda_2 y' \end{cases} \qquad \lambda_1, \lambda_2 \in \mathbb{R} \textit{ Skalierungsfaktor, Streckungsfaktor}$$

Überlagerung der 3 Teiltransformationen

Bemerkung: Die Transformationen sind nicht kommutativ. Reihenfolge einhalten! Nur gleichartige Transformationen untereinander sowie Skalierung mit gleichem Skalierungsfaktor $\lambda_1 = \lambda_2$ und Rotation sind kommutativ.

$$x = \tilde{S}\,(T + Rx') \qquad \text{(Transformationsgleichung)}$$

Erweiterte Koordinaten $x = (1, x, y)^T$ (verhindern obige Addition)

$$R \text{ erweitert zu } A := \left(\begin{array}{c|c} 1 & 0 \\ \hline T & R \end{array}\right) = \begin{pmatrix} 1 & 0 & 0 \\ t_x & \cos\varphi & -\sin\varphi \\ t_y & \sin\varphi & \cos\varphi \end{pmatrix} \text{ und}$$

$$\tilde{S} \text{ erweitert zu } S := \begin{pmatrix} 1 & 0 & 0 \\ 0 & \lambda_1 & 0 \\ 0 & 0 & \lambda_2 \end{pmatrix} \text{ ergibt die neuen Abbildungsgleichungen}$$

$$x = SAx' \qquad \text{(Drehung/Verschiebung und danach Skalierung)}$$
$$x = ASx' \qquad \text{(Skalierung und danach Drehung/Verschiebung)}$$

Spiegelung des Koordinatensystems in der Ebene

Gespiegelt wird an der Ursprungsgeraden $y = mx$,

$m = \tan\dfrac{\varphi}{2}$. $\{0; x', y'\}$ wird zum *Linkssystem*.

$$\textit{Spiegelungsmatrix } R = \begin{pmatrix} \cos\varphi & \sin\varphi \\ \sin\varphi & -\cos\varphi \end{pmatrix}$$

$$x = Rx' \qquad x' = Rx$$

$$\begin{cases} x = x' \cos\varphi + y' \sin\varphi \\ y = x' \sin\varphi - y' \cos\varphi \end{cases}$$

$$\begin{cases} x' = x \cos\varphi + y \sin\varphi \\ y' = x \sin\varphi - y \cos\varphi \end{cases}$$

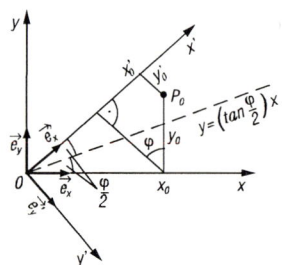

Spiegelung in der Ebene

7.4.5.2 Orthogonale Koordinatentransformation im Raum

$$K = \{0; x, y, z\} \;\rightarrow\; K' = \{0; x', y', z'\}$$

Verschiebung und Drehung wie oben

$$x = T + Rx' \qquad \text{(Transformationsgleichung)}$$

mit $\quad x = \begin{pmatrix} x \\ y \\ z \end{pmatrix} \quad x' = \begin{pmatrix} x' \\ y' \\ z' \end{pmatrix} \quad T = \begin{pmatrix} t_x \\ t_y \\ t_z \end{pmatrix} \quad R_{3,3} = (a_{ik})$

wobei $a_{ik} = \cos \sphericalangle \; (x_i, x'_k) = e_i \cdot e'_k$

Homogene Koordinaten

Homogene Koordinaten sind ein Mittel zur einheitlichen Beschreibung aller geometrischen Transformationen durch eine 4 × 4-Matrix.
Sie sind nicht eindeutig.

$$x = \begin{pmatrix} h \\ hx \\ hy \\ hz \end{pmatrix} \qquad h \in \mathbb{R} \;\; (\textit{homogenisierende Koordinate})$$

7

Bemerkung: h ist im allgemeinen ungleich Null. $h = 0$ gestattet, den unendlich fernen, *uneigentlichen Punkt* analytisch zu beschreiben.

$$x = SAx' \qquad\qquad \text{(Transformationsgleichung)}$$

mit $\quad S := \begin{pmatrix} 1 & 0 & 0 & 0 \\ 0 & \lambda_1 & 0 & 0 \\ 0 & 0 & \lambda_2 & 0 \\ 0 & 0 & 0 & \lambda_3 \end{pmatrix} \qquad A := \left(\begin{array}{c|c} 1 & 0 \\ \hline T & R \end{array} \right) \qquad (h = 1 \text{ gesetzt})$

Inverse Transformation

$$S^{-1} = \begin{pmatrix} 1 & 0 & 0 & 0 \\ 0 & 1/\lambda_1 & 0 & 0 \\ 0 & 0 & 1/\lambda_2 & 0 \\ 0 & 0 & 0 & 1/\lambda_3 \end{pmatrix} \qquad A^{-1} = \left(\begin{array}{c|c} 1 & 0 \\ \hline -R^T T & R^T \end{array} \right)$$

Berechnung der Transformationsmatrix *A* aus 3 seriellen Drehungen um die Koordinatenachsen *x*, *y*, *z* und danach einer Verschiebung

$$A := \left(\frac{1 \mid 0}{T \mid R} \right) = T \cdot R_z \cdot R_y \cdot R_x$$

$$A = \begin{pmatrix} 1 & 0 & 0 & 0 \\ t_x & 1 & 0 & 0 \\ t_y & 0 & 1 & 0 \\ t_z & 0 & 0 & 1 \end{pmatrix} \cdot \begin{pmatrix} 1 & 0 & 0 & 0 \\ 0 & \cos \alpha_z & -\sin \alpha_z & 0 \\ 0 & \sin \alpha_z & \cos \alpha_z & 0 \\ 0 & 0 & 0 & 1 \end{pmatrix} \bullet$$

$$\bullet \begin{pmatrix} 1 & 0 & 0 & 0 \\ 0 & \cos \alpha_y & 0 & \sin \alpha_y \\ 0 & 0 & 1 & 0 \\ 0 & -\sin \alpha_y & 0 & \cos \alpha_y \end{pmatrix} \begin{pmatrix} 1 & 0 & 0 & 0 \\ 0 & 1 & 0 & 0 \\ 0 & 0 & \cos \alpha_x & -\sin \alpha_x \\ 0 & 0 & \sin \alpha_x & \cos \alpha_x \end{pmatrix}$$

♦　Beispiel:

Mehrfache Transformation (siehe Bild unten)

1. Ursystem *x*, gedreht um die *y*-Achse, $\alpha_y = 30°$　　　$x' = R_y x$

2. Zwischenschritt: *x'*, gedreht um *z*-Achse, $\alpha_z = 45°$　　$x'' = R_z x' = R_z R_y x$

3. Endschritt: *x''*, verschoben um $t_x = 150$　　　$x''' = TR_z R_y x =: Ax$

$$A := \begin{pmatrix} 1 & 0 & 0 & 0 \\ 150 & 1 & 0 & 0 \\ 0 & 0 & 1 & 0 \\ 0 & 0 & 0 & 1 \end{pmatrix} \cdot \begin{pmatrix} 1 & 0 & 0 & 0 \\ 0 & \sqrt{2}/2 & -\sqrt{2}/2 & 0 \\ 0 & \sqrt{2}/2 & \sqrt{2}/2 & 0 \\ 0 & 0 & 0 & 1 \end{pmatrix} \cdot \begin{pmatrix} 1 & 0 & 0 & 0 \\ 0 & \sqrt{3}/2 & 0 & 1/2 \\ 0 & 0 & 1 & 0 \\ 0 & -1/2 & 0 & \sqrt{3}/2 \end{pmatrix}$$

$$= \begin{pmatrix} 1 & 0 & 0 & 0 \\ 150 & \sqrt{6}/4 & -\sqrt{2}/2 & \sqrt{2}/4 \\ 0 & \sqrt{6}/4 & \sqrt{2}/2 & \sqrt{2}/4 \\ 0 & -1/2 & 0 & \sqrt{3}/2 \end{pmatrix}$$

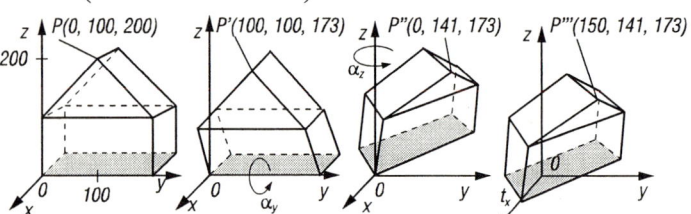

Beispiel: Homogene Koordinaten, mehrfache Transformation

8 Analytische Geometrie der Kurven

8.1 Kurven 1. Ordnung, Ebenen

8.1.1 Allgemeines

Punkt *P*: Gebilde der Dimension Null, Schnittpunkt zweier Geraden *g*, *h*, Element der Punktmengen Ebene bzw. Raum

Trägervektor einer Geraden *g*: $\overrightarrow{PQ}$ für $P, Q \in g$, $P \neq Q$

Lineare geometrische Figuren, Punktmengen $\{P + \lambda\overrightarrow{PQ}\}$, $P \neq Q$

- für $\lambda \in \mathbb{R}$ *Gerade PQ*,
  orientierte Gerade »*P* liegt vor *Q*«, Pfeil von *P* nach *Q*

- für $\lambda \geq 0$ *Strahl* von *P* aus

- für $0 \leq \lambda \leq 1$ *Strecke* $\overline{PQ}$, $\overline{PQ} = \overline{QP}$

$g \perp h$:   *g* ist *orthogonal* zu *h*, *g* senkrecht *h*
          (Skalarprodukt der Trägervektoren ist Null)

$g \parallel h$:   *g parallel h*, kein gemeinsamer Punkt

$g\uparrow\uparrow h$:   *g* gleichsinnig parallel zu *h* (gleiche Trägervektoren)

$g\uparrow\downarrow h$:   *g* gegensinnig parallel zu *h* (entgegengesetzte Trägervektoren)

Sonderfall: $g = h$ deckungsgleiche Geraden

Orientierung von Ebenen (zweidimensionale geometrische Figuren)

Eine *Randgerade g* zerlegt eine Ebene in 2 offene *Halbebenen*, wobei *g* zu jeder Halbebene gehört. Punkt *P* und Gerade *g* kennzeichnen eine Halbebene.

Fahne: Punktmenge aus Strahl und offener Halbebene

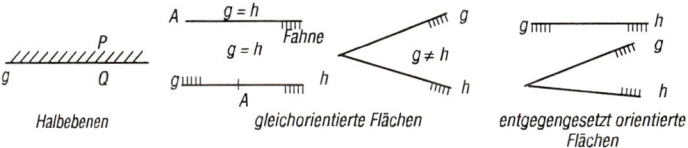

| Halbebenen | gleichorientierte Flächen | entgegengesetzt orientierte Flächen |

Orientierung von Ebenen

8.1.2   Punkt, Strecke

Der Punkt

in Koordinatendarstellung im **Raum**

$$P(x, y, z) \qquad \text{Ortsvektor zu } P: \quad \overrightarrow{OP} = \begin{pmatrix} x \\ y \\ z \end{pmatrix}$$

Umrechnung eines Ortsvektors in orthogonale Komponenten

$$\begin{aligned} x &= |\overrightarrow{OP}| \, \cos \alpha \\ y &= |\overrightarrow{OP}| \, \sin \beta \\ z &= |\overrightarrow{OP}| \, \cos \gamma \end{aligned} \qquad \text{Richtungswinkel } \alpha, \beta, \gamma, \text{ siehe auch 7.1.2}$$

in Koordinatendarstellung in der **Ebene**

$$P(x, y) \qquad \text{Ortsvektor zu } P: \quad \overrightarrow{OP} = \begin{pmatrix} x \\ y \end{pmatrix}$$

Umrechnung in orthogonale Koordinaten, $\gamma = 90°$

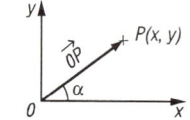

Punkt in der Ebene

$$\begin{aligned} x &= |\overrightarrow{OP}| \, \cos \alpha \\ y &= |\overrightarrow{OP}| \, \cos \beta = |\overrightarrow{OP}| \, \cos (90° - \alpha) = |\overrightarrow{OP}| \, \sin \alpha \end{aligned}$$

Entfernung e zweier Punkte $P_1(x_1, y_1, z_1)$ und $P_2(x_2, y_2, z_2)$

$$e = \overline{P_1 P_2} = \sqrt{(x_2 - x_1)^2 + (y_2 - y_1)^2 + (z_2 - z_1)^2}$$

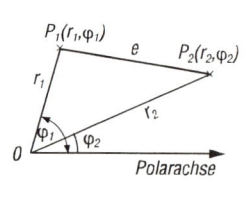

Entfernung zweier Punkte

Entfernung in
Polarkoordinaten

mit Ortsvektoren $\overrightarrow{OP_1} = \boldsymbol{r}_1$, $\overrightarrow{OP_2} = \boldsymbol{r}_2$

$$e = \left| \overrightarrow{P_1 P_2} \right| = \left| \overrightarrow{OP_2} - \overrightarrow{OP_1} \right| = \left| \boldsymbol{r}_2 - \boldsymbol{r}_1 \right|$$

in Polarkoordinaten $P_1(r_1, \varphi_1)$ und $P_2(r_2, \varphi_2)$

$$e = \sqrt{r_1^2 + r_2^2 - 2 r_1 r_2 \cos (\varphi_2 - \varphi_1)}$$

Teilung einer Strecke $\overline{P_1 P_2}$ im Verhältnis λ

$$\lambda = \overline{P_1 T} : \overline{T P_2} \qquad \lambda \begin{cases} > 0 \ \textit{innerer Teilungspunkt} \\ < 0 \ \textit{äußerer Teilungspunkt} \end{cases} \qquad \lambda \in \mathbb{R} \setminus \{-1\}$$

$$x_t = \frac{x_1 + \lambda x_2}{1 + \lambda}$$

$$y_t = \frac{y_1 + \lambda y_2}{1 + \lambda}$$

$$z_t = \frac{z_1 + \lambda z_2}{1 + \lambda}$$

$$\mathbf{r}_t = \frac{\mathbf{r}_1 + \lambda \mathbf{r}_2}{1 + \lambda}$$

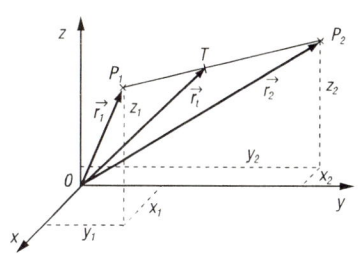

$\mathbf{r}_1$, $\mathbf{r}_2$, $\mathbf{r}_t$ Ortsvektoren zu P_1, P_2, T

Mittelpunkt einer Strecke: $\lambda = 1$

Teilung einer Strecke

Projektion der Strecke $|a|$ auf die Koordinatenachsen

$$\left| a_x \right| = |a| \, \cos \sphericalangle (e_x, a) = |a| \, \cos \alpha \qquad \alpha, \beta, \gamma \text{ Richtungswinkel}$$

$$\left| a_y \right| = |a| \, \cos \sphericalangle (e_y, a) = |a| \, \cos \beta$$

$$\left| a_z \right| = |a| \, \cos \sphericalangle (e_z, a) = |a| \, \cos \gamma$$

$$a_x^2 + a_y^2 + a_z^2 = a^2 \qquad \text{(siehe auch Richtungscosinus, 7.1.2)}$$

Winkel φ zwischen zwei Ortsvektoren $\mathbf{r}_1$ und $\mathbf{r}_2$

$$\cos \varphi = \cos \alpha_1 \cos \alpha_2 + \cos \beta_1 \cos \beta_2 + \cos \gamma_1 \cos \gamma_2$$

$$\cos \varphi = \frac{x_1 x_2 + y_1 y_2 + z_1 z_2}{\left| \mathbf{r}_1 \right| \left| \mathbf{r}_2 \right|} \qquad \mathbf{r}_1 \perp \mathbf{r}_2 \to \cos \varphi = 0$$

$\alpha_1, \beta_1, \gamma_1 \, (\alpha_2, \beta_2, \gamma_2)$ *Richtungswinkel* der Ortsvektoren $\mathbf{r}_1 \, (\mathbf{r}_2)$

8.1.3   Die Gerade

8.1.3.1 Gleichungen der Geraden in der (x, y)-Ebene $(z = 0)$
(Siehe auch Abschnitt 10.5.2.1, lineare Funktion)

Punkt-Richtungs-Form der Geradengleichung

$$\mathbf{r} = \mathbf{r}_0 + t\mathbf{a}$$

$$y - y_0 = m (x - x_0) \qquad P_0(x_0, y_0) \in g, \text{ fest}$$

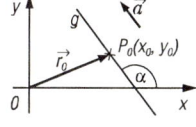

Richtungsfaktor $\; m = \tan \alpha, \; m = \dfrac{a_y}{a_x}, \; a_x \neq 0$

Punkt-Richtungs-Form

a   Richtungsvektor
$m > 0$ steigende Gerade
$m < 0$ fallende Gerade

Zwei-Punkte-Form der Geradengleichung

P: $P_1(x_1, y_1)$ und $P_2(x_2, y_2)$

$$\frac{y - y_1}{x - x_1} = \frac{y_2 - y_1}{x_2 - x_1} \qquad \tan \alpha = \frac{y_2 - y_1}{x_2 - x_1}$$

Normalform *(Hauptform, kartesische Form)*

$$y = mx + b \qquad m, b \in \mathbb{R}$$

Normalform

Achsenabschnittsgleichung

$$\frac{x}{a} + \frac{y}{b} = 1 \qquad a, b \neq 0$$

Hessesche Normalform

$$x \cos \beta + y \sin \beta - p = 0$$

Achsenabschnittsform

p Abstand der Geraden vom Ursprung
β Winkel zwischen dem Lot p und der positiven x-Richtung

♦   Beispiel:

Wie groß ist der Abstand der Geraden

g: $y = -\dfrac{1}{2} x + 6$ vom Ursprung?

$\dfrac{1}{2} \cdot x + 1 \cdot y - 6 = 0$, Wandlung in die HESSEsche

Normalform:
Bestimmung des Korrekturfaktors aus der
Bedingung $\sin^2 \beta + \cos^2 \beta = 1$

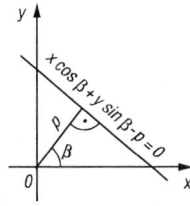

HESSEsche Normalform

$$\left(k \cdot \frac{1}{2}\right)^2 + (k \cdot 1)^2 = 1 \;\rightarrow\; k = \frac{2}{\sqrt{5}}$$

$$\frac{2}{\sqrt{5}} \cdot \frac{1}{2} x + \frac{2}{\sqrt{5}} \cdot 1 y - \frac{2}{\sqrt{5}} \cdot 6 = 0; \; p = \frac{12}{\sqrt{5}} = 5,366\,6$$ ♦

Allgemeine Gleichung der Geraden in der (*x*, *y*)-Ebene

$$F(x, y): Ax + By + D = 0 \qquad A, B, D \in \mathbb{R}$$

$$A, B \text{ nicht gleichzeitig Null}$$

Überführung der allgemeinen Gleichung in eine andere Form

in die Normalform

$$y = -\frac{A}{B} x - \frac{D}{B} \qquad m = -\frac{A}{B} \qquad B \neq 0$$

in die Abschnittsform

$$\frac{x}{-\dfrac{D}{A}} + \frac{y}{-\dfrac{D}{B}} = 1 \qquad\qquad A, B, D \neq 0$$

in die HESSEsche Normalform

$$\frac{Ax + By + D}{\sqrt{A^2 + B^2}} = 0$$

Sonderfälle

Gerade durch den Ursprung $y = mx$ $Ax + By = 0$
Parallele zur x-Achse $y = b$ $By + D = 0$
Gleichungen der Achsen $y = 0, x = 0$

Geradengleichung in Polarkoordinaten

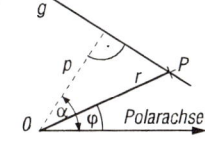

$$r = \frac{p}{\cos(\alpha - \varphi)}$$

$p > 0$, $\alpha = $ konst., g nicht durch den Pol

Geradengleichung in
Polarkoordinaten

8.1.3.2 Gleichungen der Geraden im Raum

Punkt-Richtungs-Gleichungen

in Parameterdarstellungen $(t, t' \in \mathbb{R})$

$$\boldsymbol{r} = \boldsymbol{r}_0 + t\boldsymbol{a} \qquad \boldsymbol{r} = \begin{pmatrix} x \\ y \\ z \end{pmatrix} \qquad \begin{array}{l} P_0(x_0, y_0, z_0) \in g, \text{ fest} \\ P(x, y, z) \in g, \text{ beliebig} \end{array}$$

$\boldsymbol{a}$ *Trägervektor* (*Richtungsvektor*) von g, $\boldsymbol{a} \neq \boldsymbol{o}$

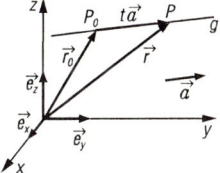

$$\begin{cases} x = x_0 + t\,|\boldsymbol{a}_x| = x_0 + t' \cos\alpha \\ y = y_0 + t\,|\boldsymbol{a}_y| = y_0 + t' \cos\beta \\ z = z_0 + t\,|\boldsymbol{a}_z| = z_0 + t' \cos\gamma \end{cases}$$

mit den **Richtungswinkeln**

Punkt-Richtungs-Form

$$\alpha = \sphericalangle\,(\boldsymbol{e}_x, \boldsymbol{a}),\ \beta = \sphericalangle\,(\boldsymbol{e}_y, \boldsymbol{a}),\ \gamma = \sphericalangle\,(\boldsymbol{e}_z, \boldsymbol{a})$$

♦   Beispiel:

Bestimmung der Geradengleichung zu $P_0(3, -4, 6)$, $a^T = (2, 4, 5)$

$r = r_0 + ta = 3e_x - 4e_y + 6e_z + t\,(2e_x + 4e_y + 5e_z)$ ♦

Zweipunktgleichungen der Geraden

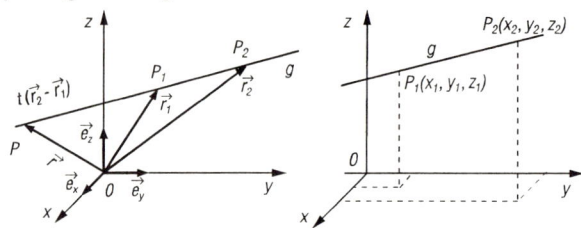

Zweipunktgleichungen

Gegeben: $P_1(x_1, y_1, z_1)$ und $P_2(x_2, y_2, z_2)$

in Parameterdarstellungen

$$r = r_1 + t\,(r_2 - r_1) \qquad t \in \mathbb{R}$$

$$\begin{cases} x = x_1 + t\,(x_2 - x_1) \\ y = y_1 + t\,(y_2 - y_1) \\ z = z_1 + t\,(z_2 - z_1) \end{cases}$$

♦   Beispiel:

Gleichung der Geraden durch die Punkte $P_1(-1, 5, 7)$, $P_2(3, -4, 2)$

$r = (-1)\,e_x + 5e_y + 7e_z + t\,(3e_x - 4e_y + 2e_z - (-1)\,e_x - 5e_y - 7e_z)$

$= -e_x + 5e_y + 7e_z + t\,(4e_x - 9e_y - 5e_z)$ ♦

in Koordinatendarstellung

$$\frac{x - x_1}{x_2 - x_1} = \frac{y - y_1}{y_2 - y_1} = \frac{z - z_1}{z_2 - z_1} \qquad \text{Nenner} \neq 0$$

Gerade durch den Ursprung

$$\frac{x}{x_1} = \frac{y}{y_1} = \frac{z}{z_1}$$

Allgemeine Gleichung der Geraden im Raum

Koordinatendarstellung: $\begin{cases} a_1x + b_1y + c_1z + d_1 = 0 \\ a_2x + b_2y + c_2z + d_2 = 0 \end{cases}$ **Kurzform** $\begin{cases} E_1 = 0 \\ E_2 = 0 \end{cases}$

Die Gerade ist der Schnitt der beiden Ebenen E_1 und E_2.

Geradengleichung in zwei projizierenden Ebenen (Normalform)

$$\begin{cases} y = mx + b & \text{(Ebene senkrecht zur } (x, y)\text{-Ebene)} \\ z = nx + c & \text{(Ebene senkrecht zur } (x, z)\text{-Ebene)} \end{cases}$$

Umrechnung der allgemeinen Form in die Normalform

$$\begin{array}{llll} a_1 = -m & b_1 = 1 & c_1 = 0 & d_1 = -b \\ a_2 = -n & b_2 = 0 & c_2 = 1 & d_2 = -c \end{array}$$

Sonderfälle

Gerade parallel zur (x, y)-Ebene	$y = mx + b \;\wedge\; z = c$
Gerade parallel zur (x, z)-Ebene	$y = nx + c \;\wedge\; y = b$
Gerade parallel zur (y, z)-Ebene	$z = py + q \;\wedge\; x = a$

Gerade parallel zur x-Achse	$y = b \;\wedge\; z = c$
Gerade parallel zur y-Achse	$x = a \;\wedge\; z = c$
Gerade parallel zur z-Achse	$x = a \;\wedge\; y = b$

Gerade durch den Ursprung	$y = mx \;\wedge\; z = nx$

Gleichung mit Stellungsvektor (siehe auch Abschnitt 8.1.5, Ebene)

8

$$\begin{cases} \boldsymbol{x}^{\mathrm{T}} \boldsymbol{n}_1 + d_1 = 0 \\ \boldsymbol{x}^{\mathrm{T}} \boldsymbol{n}_2 + d_2 = 0 \end{cases} \text{wobei } \boldsymbol{x}^{\mathrm{T}} = (x, y, z) \qquad \boldsymbol{n}_i = \begin{pmatrix} a_i \\ b_i \\ c_i \end{pmatrix} \qquad i = 1, 2$$

Gleichungen der Achsen

x-Achse	$y = 0 \;\wedge\; z = 0$
y-Achse	$x = 0 \;\wedge\; z = 0$
z-Achse	$x = 0 \;\wedge\; y = 0$

Richtungscosinus der Geraden $E_1 = 0 \wedge E_2 = 0$ (siehe auch 7.1.2)

$$\cos \alpha = \cos \sphericalangle (\boldsymbol{e}_x, \boldsymbol{r}) = \frac{1}{n} (b_1 c_2 - b_2 c_1) = \frac{1}{n} \begin{vmatrix} b_1 & c_1 \\ b_2 & c_2 \end{vmatrix}$$

$$\cos \beta = \cos \sphericalangle (\boldsymbol{e}_y, \boldsymbol{r}) = \frac{1}{n} (c_1 a_2 - c_2 a_1) = \frac{1}{n} \begin{vmatrix} c_1 & a_1 \\ c_2 & a_2 \end{vmatrix}$$

$$\cos \gamma = \cos \sphericalangle (\boldsymbol{e}_z, \boldsymbol{r}) = \frac{1}{n} (a_1 b_2 - a_2 b_1) = \frac{1}{n} \begin{vmatrix} a_1 & b_1 \\ a_2 & b_2 \end{vmatrix}$$

mit
$$n^2 = \begin{vmatrix} b_1 & c_1 \\ b_2 & c_2 \end{vmatrix}^2 + \begin{vmatrix} c_1 & a_1 \\ c_2 & a_2 \end{vmatrix}^2 + \begin{vmatrix} a_1 & b_1 \\ a_2 & b_2 \end{vmatrix}^2$$

Richtunscosinus der Geraden $\begin{cases} y = mx + b \\ z = nx + c \end{cases}$ (siehe auch 7.1.2)

$$\cos \alpha = \frac{1}{\sqrt{1 + m^2 + n^2}} \qquad \cos \beta = \frac{m}{\sqrt{1 + m^2 + n^2}}$$

$$\cos \gamma = \frac{n}{\sqrt{1 + m^2 + n^2}} \qquad \text{mit } \cos^2\alpha + \cos^2\beta + \cos^2\gamma = 1$$

Gleichung der Geraden durch $P_0(x_0, y_0, z_0)$ mit Richtungscosinus

$$\frac{x - x_0}{\cos \alpha} = \frac{y - y_0}{\cos \beta} = \frac{z - z_0}{\cos \gamma} \qquad \alpha,\ \beta,\ \gamma \text{ Richtungswinkel}$$

Drei Punkte auf einer Geraden im Raum

Bedingung: Dreiecksfläche $A = 0$

$$r_1 \times r_2 + r_2 \times r_3 + r_3 \times r_1 = 0$$

r_1, r_2, r_3 Ortsvektoren zu den drei Punkten (»Eckpunkte des Dreiecks«

8.1.3.3 Abstand eines Punktes von einer Geraden

in der **Ebene**

in Koordinatendarstellung $g: ax + by + d = 0$

$$e = \left| \frac{ax_1 + by_1 + d}{\sqrt{a^2 + b^2}} \right|$$

in HESSEscher Normalform $g: x \cos \beta + y \sin \beta - p = 0$

$$e = x_1 \cos \beta + y_1 \sin \beta - p$$

- $e > 0$: P und 0 liegen auf verschiedenen Seiten
- $e < 0$: P und 0 liegen auf derselben Seite
  der Geraden.

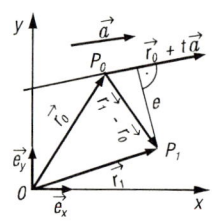

Parameter- und
Vektordarstellung

im **Raum**

in Parameterdarstellung
$g: r = r_0 + ta,\ P: P_1(x_1, y_1, z_1)$

$$e = \left| \frac{a}{|a|} \times (r_1 - r_0) \right| = \left| (r_0 - r_1) + ta \right|$$

Fußpunkt von e für $t = \dfrac{(r_1 - r_0)\, a}{a^2}$

8.1.4 Mehrere Geraden

Die vier möglichen *Lagebeziehungen zwischen zwei Geraden* sind

- $g_1 = g_2$ (deckungs)gleich
- $g_2 \parallel g_2 \wedge g_1 \neq g_2$ echt parallel
- $g_1 \cap g_2 = \{S\}$ schneiden sich
- $g_1 \not\parallel g_2 \wedge g_1 \cap g_2 = \varnothing$ windschief

8.1.4.1 Schnittpunkt zweier Geraden

in der **Ebene**

in Normalform $g_1\colon y = m_1 x + b_1$, $g_2\colon y = m_2 x + b_2$ *Bedingung* $m_1 \neq m_2$

Der Schnittpunkt ist die Lösungsmenge (x_s, y_s) des Gleichungssystems aus beiden Geradengleichungen.

in allgemeiner Gleichungsform $g_1\colon a_1 x + b_1 y + d_1 = 0$, $g_2\colon a_2 x + b_2 y + d_2 = 0$

Bedingung für einen Schnittpunkt: $\det A = a_1 b_2 - a_2 b_1 \neq 0$

8

$$x_s = \frac{b_1 d_2 - b_2 d_1}{a_1 b_2 - a_2 b_1}$$

$$y_s = \frac{a_2 d_1 - a_1 d_2}{a_1 b_2 - a_2 b_1}$$

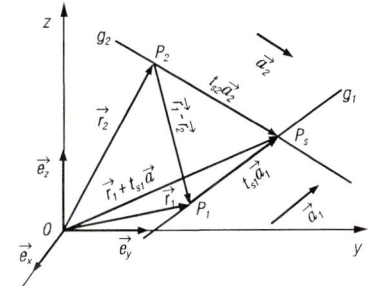

im **Raum**

in Parameterdarstellung

$g_1\colon \boldsymbol{r} = \boldsymbol{r}_1 + t_1 \boldsymbol{a}_1$, $g_2\colon \boldsymbol{r} = \boldsymbol{r}_2 + t_2 \boldsymbol{a}_2$

$$t_{s1} \boldsymbol{a}_1 + \boldsymbol{r}_1 = t_{s2} \boldsymbol{a}_2 + \boldsymbol{r}_2$$

$$\boldsymbol{r}_1 - \boldsymbol{r}_2 = t_{s2} \boldsymbol{a}_2 - t_{s1} \boldsymbol{a}_1$$

Schnittpunkt zweier Geraden

Bedingung für einen Schnittpunkt

$$\lambda_1 \boldsymbol{a}_1 + \lambda_2 \boldsymbol{a}_2 + \lambda_3 (\boldsymbol{r}_1 - \boldsymbol{r}_2) = 0 \qquad \lambda_i \in \mathbb{R}$$

bzw. $D = \begin{vmatrix} a_{1x} & a_{1y} & a_{1z} \\ a_{2x} & a_{2y} & a_{2z} \\ x_2 - x_1 & y_2 - y_1 & z_2 - z_1 \end{vmatrix} = 0$

Der Schnittpunkt ergibt sich durch Gleichsetzung der Geradengleichungen und Koeffizientenvergleich. Siehe 8.1.4.3, Abstand windschiefer Geraden.

♦   Beispiel:

Man bestimme den Schnittpunkt der Geraden

g_1: $r = 3e_x - e_y + 2e_z + t_1\,(2e_x + 4e_y + 3e_z)$ und

g_2: $r = -e_x + 5e_y + 10e_z + t_2\,(-4e_x + 4e_y + 6e_z)$

$$D = \begin{vmatrix} 2 & 4 & 3 \\ -4 & 4 & 6 \\ 4 & -6 & -8 \end{vmatrix} = 0 \;\rightarrow\; \text{Die Geraden schneiden einander.}$$

Die letzte Zeile von D entsteht als Differenz der Ortsvektoren der Geradenpunkte für $t_1 = t_2 = 0$.

$$t_{s1}\,(2e_x + 4e_y + 3e_z) + 3e_x - e_y + 2e_z = t_{s2}\,(-4e_x + 4e_y + 6e_z) - e_x + 5e_y + 10e_z$$

e_x: $\;2t_{s1} + 3 = -4t_{s2} - 1$

e_y: $\;4t_{s1} - 1 = 4t_{s2} + 5$

e_z: $\;3t_{s1} + 2 = 6t_{s2} + 10$

Aus zwei Gleichungen ergeben sich $t_{s1} = 1/3$ und $t_{s2} = -7/6$.

Kontrolle: Auch die dritte Gleichung muß mit den Werten eine wahre Aussage ergeben, sonst kein Schnittpunkt.

Ortsvektor des Schnittpunktes

$$r_s = \frac{1}{3}\,(2e_x + 4e_y + 3e_z) + 3e_x - e_y + 2e_z = \frac{11}{3}\,e_x + \frac{1}{3}\,e_y + 3e_z \qquad\qquad ♦$$

in Normalform g_1: $\begin{cases} y = m_1 x + b_1 \\ z = n_1 x + c_1 \end{cases}$, g_2: $\begin{cases} y = m_2 x + b_2 \\ z = n_2 x + c_2 \end{cases}$

Bedingung für einen Schnittpunkt: $\dfrac{b_1 - b_2}{c_1 - c_2} = \dfrac{m_1 - m_2}{n_1 - n_2}$

$$x_s = \frac{b_2 - b_1}{m_1 - m_2} = \frac{c_2 - c_1}{n_1 - n_2} \qquad y_s = \frac{m_1 b_2 - m_2 b_1}{m_1 - m_2} \qquad z_s = \frac{n_1 c_2 - n_2 c_1}{n_1 - n_2}$$

in Koordinatendarstellung g_1: $\begin{cases} E_1 = 0 \\ E_2 = 0 \end{cases}$; g_2: $\begin{cases} E_3 = 0 \\ E_4 = 0 \end{cases}$

Bedingung für einen Schnittpunkt: $D = \begin{vmatrix} a_1 & b_1 & c_1 & d_1 \\ a_2 & b_2 & c_2 & d_2 \\ a_3 & b_3 & c_3 & d_3 \\ a_4 & b_4 & c_4 & d_4 \end{vmatrix} = 0$

Der **Schnittpunkt** (x_s, y_s, z_s) ist die Lösungsmenge des Gleichungssystems.

als Gleichungen mit Richtungswinkeln

$$g_1: \frac{x - x_1}{\cos \alpha_1} = \frac{y - y_1}{\cos \beta_1} = \frac{z - z_1}{\cos \gamma_1}, \quad g_2: \frac{x - x_2}{\cos \alpha_2} = \frac{y - y_2}{\cos \beta_2} = \frac{z - z_2}{\cos \gamma_2}$$

Bedingung: Abstand zweier windschiefer Geraden $d = 0$, siehe 8.1.4.3.

8.1.4.2 Schnittwinkel zweier Geraden

in der **Ebene**

in Normalform $g_1: y = m_1 x + b_1, \quad g_2: y = m_2 x + b_2$

$$\sphericalangle (g_1, g_2) = \arctan \left| \frac{m_2 - m_1}{1 + m_1 m_2} \right| \qquad m_1 m_2 \neq -1$$

Parallele Geraden $g_1 \parallel g_2: \quad m_1 = m_2$

Senkrechte (*orthogonale*) *Geraden* $g_1 \perp g_2$ (siehe auch Lotgerade, 8.1.4.3)

$$m_2 = -\frac{1}{m_1} \leftrightarrow m_1 m_2 = -1 \qquad m_1 \neq 0$$

in allgemeiner Gleichungsform

$g_1: a_1 x + b_1 y + d_1 = 0, \quad g_2: a_2 x + b_2 y + d_2 = 0$

$$\sphericalangle (g_1, g_2) = \arctan \left| \frac{a_1 b_2 - a_2 b_1}{a_1 a_2 + b_1 b_2} \right|$$

Parallele Geraden $g_1 \parallel g_2: \quad a_1 : a_2 = b_1 : b_2$

Senkrechte (*orthogonale*) *Geraden* $g_1 \perp g_2: \quad a_1 a_2 + b_1 b_2 = 0$

im **Raum**

$g_1: \boldsymbol{a}, \quad g_2: \boldsymbol{b}$

$$\sphericalangle (g_1, g_2) = \sphericalangle (\boldsymbol{a}, \boldsymbol{b}) = \arccos \frac{\boldsymbol{ab}}{|\boldsymbol{a}| \cdot |\boldsymbol{b}|}$$

$$= \arccos \frac{a_x b_x + a_y b_y + a_z b_z}{\sqrt{a_x^2 + a_y^2 + a_z^2} \cdot \sqrt{b_x^2 + b_y^2 + b_z^2}}$$

Parallele Geraden $g_1 \parallel g_2: \quad \boldsymbol{a} \cdot \boldsymbol{b} = |\boldsymbol{a}| \cdot |\boldsymbol{b}|$

Senkrechte (*orthogonale*) *Geraden* $g_1 \perp g_2: \boldsymbol{a} \cdot \boldsymbol{b} = 0$

$$a_x b_x + a_y b_y + a_z b_z = 0$$

8

◆   Beispiel:

Schnittwinkel zwischen den Geraden $a = 16e_x + 4e_y - 7e_z$, $b = 3e_x - 9e_y - 4e_z$

$ab = 16 \cdot 3 + 4 \cdot (-9) + (-7) \cdot (-4) = 40$

$|a| = \sqrt{16^2 + 4^2 + 7^2} = \sqrt{321} = 17{,}916$ $|b| = \sqrt{3^2 + 9^2 + 4^2} = \sqrt{106} = 10{,}296$

$\cos \sphericalangle (a, b) = \dfrac{40}{17{,}916 \cdot 10{,}296} = 0{,}2168$ $\sphericalangle (a, b) = 77{,}48°$ ◆

in Normalform g_1: $\begin{cases} y = m_1 x + b_1 \\ z = n_1 x + c_1 \end{cases}$, g_2: $\begin{cases} y = m_2 x + b_2 \\ z = n_2 x + c_2 \end{cases}$

$$\sphericalangle (g_1, g_2) = \arccos \frac{1 + m_1 m_2 + n_1 n_2}{\sqrt{(1 + m_1^2 + n_1^2)(1 + m_2^2 + n_2^2)}}$$

Parallele Geraden $g_1 \parallel g_2$: $m_1 = m_2 \ \wedge \ n_1 = n_2$

Senkrechte (orthogonale) Geraden $g_1 \perp g_2$: $1 + m_1 m_2 + n_1 n_2 = 0$

als Gleichungen mit Richtungswinkeln

g_1: $\dfrac{x - x_1}{\cos \alpha_1} = \dfrac{y - y_1}{\cos \beta_1} = \dfrac{z - z_1}{\cos \gamma_1}$, g_2: $\dfrac{x - x_2}{\cos \alpha_2} = \dfrac{y - y_2}{\cos \beta_2} = \dfrac{z - z_2}{\cos \gamma_2}$

$\cos \sphericalangle (g_1, g_2) = \cos \varphi$

$\qquad\qquad = \cos \alpha_1 \cos \alpha_2 + \cos \beta_1 \cos \beta_2 + \cos \gamma_1 \cos \gamma_2$

Parallele Geraden $g_1 \parallel g_2$:

$\qquad \cos \alpha_1 = \cos \alpha_2 \qquad \cos \beta_1 = \cos \beta_2 \qquad \cos \gamma_1 = \cos \gamma_2$

Senkrechte (orthogonale) Geraden $g_1 \perp g_2$:

$\qquad \cos \alpha_1 \cos \alpha_2 + \cos \beta_1 \cos \beta_2 + \cos \gamma_1 \cos \gamma_2 = 0$

Winkelhalbierende zwischen zwei Geraden in der Ebene

in allgemeiner Gleichungsform
g_1: $a_1 x + b_1 y + d_1 = 0$, g_2: $a_2 x + b_2 y + d_2 = 0$

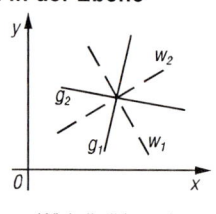

$$\frac{a_1 x + b_1 y + d_1}{-\sqrt{a_1^2 + b_1^2}} \cdot \operatorname{sgn} d_1$$

$$\pm \frac{a_2 x + b_2 y + d_2}{-\sqrt{a_2^2 + b_2^2}} \cdot \operatorname{sgn} d_2 = 0$$

Winkelhalbierende

Folgen g_1, w_1, g_2, w_2 im mathematisch positiven Sinn aufeinander, gilt für w_1 das positive, für w_2 das negative Vorzeichen des zweiten Summanden.

in HESSEscher Normalform
$$g_1:\ x\cos\beta_1 + y\sin\beta_1 - p_1 = 0,\ \ g_2:\ x\cos\beta_2 + y\sin\beta_2 - p_2 = 0$$

$$x\,(\cos\beta_1 \pm \cos\beta_2) + y\,(\sin\beta_1 \pm \sin\beta_2) - (p_1 \pm p_2) = 0$$

8.1.4.3 Abstand zweier Geraden

Die **Lotgerade** (*das Lot*) ist eine Gerade, die durch einen Punkt P_0 geht und auf einer Fläche oder anderen Geraden senkrecht steht bzw. die zu jeder von zwei windschiefen Geraden senkrecht steht.

e ist der Abstand auf der Lotgeraden zwischen deren Schnittpunkten mit zwei windschiefen Geraden. e ist der kleinste Abstand zwischen den Geraden.

in Parameterdarstellung $g_1:\ \boldsymbol{r} = \boldsymbol{r}_1 + t_1\boldsymbol{a}_1,\ \ g_2:\ \boldsymbol{r} = \boldsymbol{r}_2 + t_2\boldsymbol{a}_2$

Bedingung für zwei sich nicht schneidende Geraden

$$D = \begin{vmatrix} a_{1x} & a_{1y} & a_{1z} \\ a_{2x} & a_{2y} & a_{2z} \\ x_2 - x_1 & y_2 - y_1 & z_2 - z_1 \end{vmatrix} \neq 0$$

$$e = \left| \frac{(\boldsymbol{a}_1 \times \boldsymbol{a}_2)\,(\boldsymbol{r}_2 - \boldsymbol{r}_1)}{|\boldsymbol{a}_1 \times \boldsymbol{a}_2|} \right| = \left| \frac{D}{|\boldsymbol{a}_1 \times \boldsymbol{a}_2|} \right| \quad \text{mit } \boldsymbol{r}_i = x_i\,\boldsymbol{e}_x + y_i\,\boldsymbol{e}_y + z_i\,\boldsymbol{e}_z$$

$\boldsymbol{a}_1$, $\boldsymbol{a}_2$ Richtungsvektoren der Geraden

Gleichungen mit Richtungswinkeln

$$g_1:\ \frac{x - x_1}{\cos\alpha_1} = \frac{y - y_1}{\cos\beta_1} = \frac{z - z_1}{\cos\gamma_1},\ \ g_2:\ \frac{x - x_2}{\cos\alpha_2} = \frac{y - y_2}{\cos\beta_2} = \frac{z - z_2}{\cos\gamma_2}$$

$$e = \frac{\begin{vmatrix} x_1 - x_2 & y_1 - y_2 & z_1 - z_2 \\ \cos\alpha_1 & \cos\beta_1 & \cos\gamma_1 \\ \cos\alpha_2 & \cos\beta_2 & \cos\gamma_2 \end{vmatrix}}{\sqrt{\begin{vmatrix} \cos\beta_1 & \cos\gamma_1 \\ \cos\beta_2 & \cos\gamma_2 \end{vmatrix}^2 + \begin{vmatrix} \cos\gamma_1 & \cos\alpha_1 \\ \cos\gamma_2 & \cos\alpha_2 \end{vmatrix}^2 + \begin{vmatrix} \cos\alpha_1 & \cos\beta_1 \\ \cos\alpha_2 & \cos\beta_2 \end{vmatrix}^2}}$$

Abstand paralleler Geraden

$$e = \frac{|\boldsymbol{a}_1 \times (\boldsymbol{r}_2 - \boldsymbol{r}_1)|}{|\boldsymbol{a}_1|}$$

8.1.4.4 Drei und mehr Geraden

Bedingung für den Schnittpunkt dreier Geraden in der Ebene

in allgemeiner Gleichungsform

$$g_i:\ a_i\, x + b_i\, y + d_i = 0 \qquad i = 1, 2, 3$$

$$\begin{vmatrix} a_1 & b_1 & d_1 \\ a_2 & b_2 & d_2 \\ a_3 & b_3 & d_3 \end{vmatrix} = 0$$

Geradenbüschel in der Ebene

Ein *Geradenbüschel* ist die Menge aller Geraden einer Ebene $z = 0$, die durch den Schnittpunkt zweier Geraden g_1 und g_2 gehen.

$$g_1:\ a_1 x + b_1\, y + d_1 = 0, \quad g_2:\ a_2 x + b_2\, y + d_2 = 0$$

$$g_1 + \lambda g_2 = 0 \qquad \lambda \in \mathbb{R}$$

8.1.5   Die Ebene

8.1.5.1 Gleichungen der Ebene im Raum

Parameterdarstellungen in Vektorform

Dreipunktgleichung der Ebene, P_1, P_2, P_3 nicht auf einer Geraden liegend

$$\boldsymbol{r} = \boldsymbol{r}_1 + s\,(\boldsymbol{r}_2 - \boldsymbol{r}_1) + t\,(\boldsymbol{r}_3 - \boldsymbol{r}_1)$$

Punkt-Richtungsgleichung der Ebene durch P_0

$$\boldsymbol{r} = \boldsymbol{r}_0 + s\boldsymbol{a} + t\boldsymbol{b}$$

wobei Parameter s, $t \in \mathbb{R}$, Ortsvektor $\boldsymbol{r}$, Stützvektor $\boldsymbol{r}_0$ nach P_0
Richtungsvektoren, *Spannvektoren* $\boldsymbol{a}$, $\boldsymbol{b}$ (linear unabhängig)

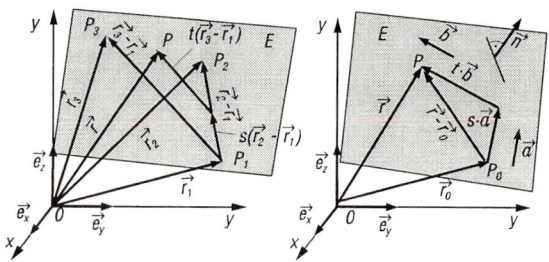

Parameterdarstellungen der Ebene in Vektorform

♦   Beispiel:

Man prüfe, ob der Punkt $D(7, 5, -3)$ auf der durch die Punkte $A(2, 0, 1)$, $B(3, 3, 6)$ und $C(4, -1, 2)$ festgelegten Ebene liegt.

Spannvektoren $\quad \boldsymbol{a} = \overrightarrow{AB} = \begin{pmatrix} 3-2 \\ 3-0 \\ 6-1 \end{pmatrix} = \begin{pmatrix} 1 \\ 3 \\ 5 \end{pmatrix} \qquad \boldsymbol{b} = \overrightarrow{AC} = \begin{pmatrix} 2 \\ -1 \\ 1 \end{pmatrix}$

Parametergleichung der Ebene $\quad \boldsymbol{r}(s, t) = \begin{pmatrix} 2 \\ 0 \\ 1 \end{pmatrix} + s \begin{pmatrix} 1 \\ 3 \\ 5 \end{pmatrix} + t \begin{pmatrix} 2 \\ -1 \\ 1 \end{pmatrix}$

Prüfung auf Lösung des Systems für s und t mit $\boldsymbol{r} = \overrightarrow{0D}$

$$\begin{pmatrix} 7 \\ 5 \\ -3 \end{pmatrix} = \begin{pmatrix} 2 \\ 0 \\ 1 \end{pmatrix} + s \begin{pmatrix} 1 \\ 3 \\ 5 \end{pmatrix} + t \begin{pmatrix} 2 \\ -1 \\ 1 \end{pmatrix} \Rightarrow s \begin{pmatrix} 1 \\ 3 \\ 5 \end{pmatrix} + t \begin{pmatrix} 2 \\ -1 \\ 1 \end{pmatrix} = \begin{pmatrix} 7 \\ 5 \\ -3 \end{pmatrix} - \begin{pmatrix} 2 \\ 0 \\ 1 \end{pmatrix}$$

$$\begin{cases} s + 2t = \ 5 \\ 3s - \ t = \ 5 \\ 5s + \ t = -4 \end{cases} \Rightarrow \begin{cases} 7s \quad = 15 \\ 3s - t = \ 5 \\ 8s \quad = \ 1 \end{cases}$$

Widerspruch zwischen der ersten und der letzten Gleichung, keine Lösung.
Der Punkt D liegt nicht auf der Ebene.   ♦

8

Normalenform der Ebenengleichung (parameterfrei)

(Gleichung der Ebene durch P_0 senkrecht zu einem *Normalenvektor (Richtungsvektor, Stellungsvektor)* $\boldsymbol{n}$ der Ebene, siehe Bild rechts).

Bemerkung: Man bezeichnet auch den zugehörigen Einheitsvektor (Normalen-Einheitsvektor) z.B. in der Differentialgeometrie mit $\boldsymbol{n}$.

$$\boldsymbol{n}^{\mathrm{T}} \cdot (\boldsymbol{r} - \boldsymbol{r}_0) = 0 \quad \text{bzw.} \quad \boldsymbol{n}^{\mathrm{T}} \cdot \boldsymbol{r} = \boldsymbol{n}^{\mathrm{T}} \cdot \boldsymbol{r}_0 \qquad \boldsymbol{n}^{\mathrm{T}} \boldsymbol{r} + d = 0 \qquad \boldsymbol{n} \neq \boldsymbol{o}$$

bzw. $\qquad x n_x + y n_y + z n_z - \boldsymbol{n}^{\mathrm{T}} \cdot \boldsymbol{r}_0 = 0 \qquad$ (Koordinatendarstellung)

mit $\boldsymbol{r} = \begin{pmatrix} x \\ y \\ z \end{pmatrix}$, $\boldsymbol{n} = \begin{pmatrix} a \\ b \\ c \end{pmatrix}$, $\boldsymbol{r}_0 = \begin{pmatrix} x_0 \\ y_0 \\ z_0 \end{pmatrix}$, a, b, c, d siehe allgemeine Gleichung der Ebene

Mit den Spannvektoren $\boldsymbol{a}$ und $\boldsymbol{b}$ gilt: $\boldsymbol{n}^{\mathrm{T}} \cdot \boldsymbol{a} = 0 \land \boldsymbol{n}^{\mathrm{T}} \cdot \boldsymbol{b} = 0 \qquad \boldsymbol{n} = \boldsymbol{a} \times \boldsymbol{b}$

Ebene durch den Punkt $P_0(x_0, y_0, z_0)$

$$a\,(x - x_0) + b\,(y - y_0) + c\,(z - z_0) = 0$$

a, b, c siehe allgemeine Gleichung der Ebene

Ebene durch drei nicht auf einer Geraden liegende Punkte

in Vektordarstellung

$$[(\boldsymbol{r} - \boldsymbol{r}_1), (\boldsymbol{r} - \boldsymbol{r}_2), (\boldsymbol{r} - \boldsymbol{r}_3)] = 0 \qquad \text{(Spatvolumen)}$$

in Koordinatendarstellung

$$\begin{vmatrix} x & y & z & 1 \\ x_1 & y_1 & z_1 & 1 \\ x_2 & y_2 & z_2 & 1 \\ x_3 & y_3 & z_3 & 1 \end{vmatrix} = 0$$

oder

$$\begin{vmatrix} x - x_1 & y - y_1 & z - z_1 \\ x_2 - x_1 & y_2 - y_1 & z_2 - z_1 \\ x_3 - x_1 & y_3 - y_1 & z_3 - z_1 \end{vmatrix} = 0$$

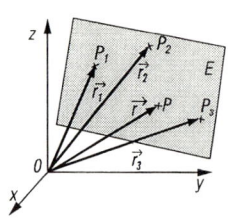

Allgemeine Gleichungen der Ebene

Ebene durch 3 Punkte

in Normalform, Koordinatendarstellung

E: $ax + by + cz + d = 0$ **Kurzform** $E = 0$ a, b, c nicht gleichzeitig 0

a, b, c sind die Unterdeterminanten der Elemente der ersten Zeile obiger Determinante:

$$a = \begin{vmatrix} y_1 & z_1 & 1 \\ y_2 & z_2 & 1 \\ y_3 & z_3 & 1 \end{vmatrix} \qquad b = \begin{vmatrix} x_1 & z_1 & 1 \\ x_2 & z_2 & 1 \\ x_3 & z_3 & 1 \end{vmatrix} \qquad c = \begin{vmatrix} x_1 & y_1 & 1 \\ x_2 & y_2 & 1 \\ x_3 & y_3 & 1 \end{vmatrix}$$

Sonderfälle

$d = 0$	Ebene durch Ursprung:	$ax + by + cz = 0$
$a = 0$	Ebene parallel x-Achse:	$by + cz + d = 0$
$b = 0$	Ebene parallel y-Achse:	$ax + cz + d = 0$
$c = 0$	Ebene parallel z-Achse:	$ax + by + d = 0$
$a = b = 0$	Ebene parallel (x, y)-Ebene:	$z = \text{const}$
$a = c = 0$	Ebene parallel (x, z)-Ebene:	$y = \text{const}$
$b = c = 0$	Ebene parallel (y, z)-Ebene:	$x = \text{const}$
$a = d = 0$	Ebene enthält die x-Achse:	$by + cz = 0$
$b = d = 0$	Ebene enthält die y-Achse:	$ax + cz = 0$
$c = d = 0$	Ebene enthält die z-Achse:	$ax + by = 0$
	Gleichung der (x, y)-Ebene	$z = 0$
	Gleichung der (x, z)-Ebene	$y = 0$
	Gleichung der (y, z)-Ebene	$x = 0$

Abschnittsgleichung der Ebene

$$\frac{x}{a'} + \frac{y}{b'} + \frac{z}{c'} = 1 \qquad a' = -\frac{d}{a} \qquad b' = -\frac{d}{b} \qquad c' = -\frac{d}{c}$$

a', b', c' Abschnitte auf den Koordinatenachsen

Hessesche Normalform der Ebenengleichung

$$x \cos \alpha + y \cos \beta + z \cos \gamma - p = 0$$

p Lot vom Ursprung auf die Ebene

$\cos \alpha$, $\cos \beta$, $\cos \gamma$ Richtungscosinus der Ebene, siehe unten

Überführung der allgemeinen Form in die HESSEsche Normalform:

$$\frac{ax + by + cz + d}{\sqrt{a^2 + b^2 + c^2}} = 0$$

Mit dem Stellungsvektor $\boldsymbol{n}_0^{\mathrm{T}}\boldsymbol{r} - p = 0$, wobei $\boldsymbol{n}_0 = \begin{pmatrix} \cos \alpha \\ \cos \beta \\ \cos \gamma \end{pmatrix}$, $\boldsymbol{r} = \begin{pmatrix} x \\ y \\ z \end{pmatrix}$, $\boldsymbol{n} = \begin{pmatrix} a \\ b \\ c \end{pmatrix}$

ergibt sich der Abstand p des Ursprungs von der Ebene, die *Lotgerade* vom Ursprung auf die Ebene

$$p = -\frac{d}{|\boldsymbol{n}|} \operatorname{sgn} d$$

8.1.5.2 Richtungscosinus der Ebene

$$\cos \alpha = \frac{-a}{\sqrt{a^2 + b^2 + c^2}} \operatorname{sgn} d \qquad \cos \beta = \frac{-b}{\sqrt{a^2 + b^2 + c^2}} \operatorname{sgn} d$$

$$\cos \gamma = \frac{-c}{\sqrt{a^2 + b^2 + c^2}} \operatorname{sgn} d$$

α, β, γ Winkel, die das Lot p mit den positiven Richtungen der Achsen bildet

Projektion der ebenen Fläche *A* auf die (*x, y*)-, (*y, z*)-, (*x, z*)-Ebene

$$A_{xy} = A \cos \gamma \qquad A_{yz} = A \cos \alpha \qquad A_{xz} = A \cos \beta$$

Dabei sind α, β, γ die Winkel, die das Lot vom Ursprung aus auf die Ebene, in der die Fläche A liegt, mit den Koordinatenachsen bildet.

$$A^2 = A_{xy}^2 + A_{yz}^2 + A_{xz}^2$$
$$A = A_{xy} \cos \gamma + A_{yz} \cos \alpha + A_{xz} \cos \beta$$

8.1.5.3 Abstand eines Punktes von einer Ebene

mit Stellungsvektor (Bild unten)

$$e = \boldsymbol{n}_0^{\mathrm{T}}\boldsymbol{r}_0 - p \begin{cases} < 0 & P_0 \text{ und Ursprung auf derselben Seite} \\ > 0 & \text{desgl. auf verschiedenen Seiten der Ebene} \end{cases}$$

$$e = \boldsymbol{n}_0^{\mathrm{T}} (\boldsymbol{r} - \boldsymbol{r}_0)$$

n_0 hier normierter Stellungsvektor der Ebene
r Ortsvektor zu einem beliebigen Ebenenpunkt P

in Koordinatendarstellung

$$e = \frac{ax_0 + by_0 + cz_0 + d}{-\sqrt{a^2 + b^2 + c^2}} \; \text{sgn} \; d$$

$$e = x_0 \cos \alpha + y_0 \cos \beta + z_0 \cos \gamma - p$$

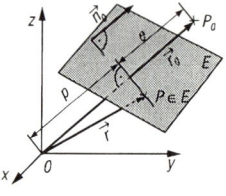

Abstand Punkt-Ebene

α, β, γ Richtungswinkel

Abstand e zwischen Ebene und paralleler Geraden $g \parallel E$, $a \cdot n_1 = 0$
bzw. zwischen 2 parallelen Ebenen $E_1 \parallel E_2$, $n_1 \times n_2 = o$

$$g: \; r = r_0 + ta, \quad E_1: \; n_1^{\mathrm{T}} (r - r_1) = 0, \quad E_2: \; n_2^{\mathrm{T}} (r - r_2) = 0$$

$$e = n_{01}^{\mathrm{T}} \cdot (r_1 - r_0) \quad \text{bzw.} \quad e = n_{01}^{\mathrm{T}} \cdot (r_1 - r_2) = n_{02}^{\mathrm{T}} \cdot (r_1 - r_2)$$

8.1.5.4 Durchstoßpunkt D einer Geraden mit einer Ebene

in Parameterdarstellungen
$$g: \; r = r_0 + ta, \quad E: \; r = r_1 + rb + sc$$

$$r_0 + ta = r_1 + rb + sc$$

• eine Lösung (r, s, t) Durchstoßpunkt D vorhanden
• unendlich viele Lösungen $\{(r, s, t)\}$ g liegt in E
• keine Lösung $g \parallel E$, nicht in E

♦   Beispiel:

Bestimmung des Durchstoßpunktes D der Geraden g: $x = \begin{pmatrix} 4 \\ 6 \\ 2 \end{pmatrix} + t \begin{pmatrix} 1 \\ 2 \\ 3 \end{pmatrix}$

durch die Ebene E: $2x + 4y + 6z = 16$.
Existiert ein Durchstoßpunkt, dann gilt: $x = 4 + t, y = 6 + 2t, z = 2 + 3t$
Eingesetzt in E: $2 (4 + t) + 4 (6 + 2t) + 6 (2 + 3t) = 16$ ergibt $t = -1$, d.h., D ist existent.
Eingesetzt in die Koordinatengleichungen $x = 4 + (-1) = 3, y = 4, z = -1$

Durchstoßpunkt $D(3, 4, -1)$ ♦

$$g: \; r = r_0 + ta, \quad E: \; n^{\mathrm{T}} r + d = 0$$

$$t = -\frac{d + n^{\mathrm{T}} r_0}{n^{\mathrm{T}} a}$$

als Gleichung mit Richtungswinkeln

$$g_1: \frac{x - x_1}{\cos \alpha} = \frac{y - y_1}{\cos \beta} = \frac{z - z_1}{\cos \gamma}, \quad E: \ E = 0$$

$$\begin{cases} x_s = x_1 - t \cos \alpha \\ y_s = y_1 - t \cos \beta \\ z_s = z_1 - t \cos \gamma \end{cases} \quad \text{mit } t = \frac{ax_1 + by_1 + cz_1 + d}{a \cos \alpha + b \cos \beta + c \cos \gamma}$$

$g \parallel E: \ a \cos \alpha + b \cos \beta + c \cos \gamma = 0$

in Normalform $g: \begin{cases} y = mx + b_1 \\ z = nx + c_1 \end{cases}, \ E: \ E = 0$

$$x_s = -\frac{b_1 b + c_1 c + d}{a + mb + nc} \qquad y_s, z_s \text{ aus den Ausgangsgleichungen}$$

$g \parallel E: \ a + mb + nc = 0$

8.1.5.5 Winkel φ zwischen einer Geraden und einer Ebene

in Parameterdarstellung

$g: \ \boldsymbol{r} = \boldsymbol{r}_0 + r\boldsymbol{a}, \quad E: \ \boldsymbol{n}^{\mathrm{T}} \boldsymbol{r} = -d$

$$\varphi = \arcsin \left| \frac{\boldsymbol{n}^{\mathrm{T}} \boldsymbol{a}}{|\boldsymbol{n}| \ |\boldsymbol{a}|} \right|$$

als Gleichung mit Richtungswinkeln

$$g_1: \frac{x - x_1}{\cos \alpha} = \frac{y - y_1}{\cos \beta} = \frac{z - z_1}{\cos \gamma}, \quad E: E = 0$$

$$\varphi = \arcsin \frac{a \cos \alpha + b \cos \beta + c \cos \gamma}{\sqrt{a^2 + b^2 + c^2}} \qquad \varphi \leq 90°$$

$g \parallel E: \ a \cos \alpha + b \cos \beta + c \cos \gamma = 0$

$g \perp E: \ \dfrac{a}{\cos \alpha} = \dfrac{b}{\cos \beta} = \dfrac{c}{\cos \gamma}$

Lotgerade durch den Punkt P_0 senkrecht zur Ebene $E = 0$

$$\frac{x - x_0}{a} = \frac{y - y_0}{b} = \frac{z - z_0}{c}$$

8.1.5.6 Zwei Ebenen

Schnittgerade zweier Ebenen

mit Stellungsvektor

E_1: $\boldsymbol{n}_1^{\mathrm{T}}\boldsymbol{r} + d_1 = 0$, E_2: $\boldsymbol{n}_2^{\mathrm{T}}\boldsymbol{r} + d_2 = 0$

$$\boldsymbol{r} = \boldsymbol{r}_0 + t\,(\boldsymbol{n}_1 \times \boldsymbol{n}_2) \qquad t \in \mathbb{R}$$

in Parameterdarstellung

E_1: $\boldsymbol{r} = \boldsymbol{r}_1 + s_1\boldsymbol{a}_1 + t_1\boldsymbol{b}_1$, E_2: $\boldsymbol{r} = \boldsymbol{r}_2 + s_2\boldsymbol{a}_2 + t_2\boldsymbol{b}_2$

$$\boldsymbol{r}_1 + s_1\boldsymbol{a}_1 + t_1\boldsymbol{b}_1 = \boldsymbol{r}_2 + s_2\boldsymbol{a}_2 + t_2\boldsymbol{b}_2$$

- unendlich viele Lösungen $\{(s_1, t_1, s_2, t_2)\}$, Schnittgerade vorhanden
- keine Lösung, $E_1 \parallel E_2$

♦   Beispiel:

Bestimmung der Schnittgeraden der Ebenen E_1: $5x + 2y + z = -8$ und

E_2: $\boldsymbol{r} = \begin{pmatrix} 3 \\ 1 \\ 5 \end{pmatrix} + s\begin{pmatrix} 2 \\ -1 \\ 0 \end{pmatrix} + t\begin{pmatrix} -1 \\ 0 \\ 3 \end{pmatrix}$

Aus E_2 folgen $x = 3 + 2s - t$ $y = 1 - s$ $z = 5 + 3t$

eingesetzt in E_1: $5\,(3 + 2s - t) + 2\,(1 - s) + (5 + 3t) = -8 \;\rightarrow\; t = 15 - 4s$

Schnittgerade $\boldsymbol{r} = \begin{pmatrix} 3 \\ 1 \\ 5 \end{pmatrix} + s \cdot \begin{pmatrix} 2 \\ -1 \\ 0 \end{pmatrix} + (15 - 4s) \cdot \begin{pmatrix} -1 \\ 0 \\ 3 \end{pmatrix} = \begin{pmatrix} -12 \\ 1 \\ 50 \end{pmatrix} + s \cdot \begin{pmatrix} 6 \\ -1 \\ -12 \end{pmatrix}$ ♦

Winkel φ zwischen zwei Ebenen

in Koordinatendarstellung

E_1: $E_1 = 0$, E_2: $E_2 = 0$

$$\cos \sphericalangle (E_1, E_2) = \cos \varphi = \left| \frac{a_1 a_2 + b_1 b_2 + c_1 c_2}{\sqrt{(a_1^2 + b_1^2 + c_1^2)\,(a_2^2 + b_2^2 + c_2^2)}} \right| = \left| \frac{\boldsymbol{n}_1^{\mathrm{T}} \boldsymbol{n}_2}{|\boldsymbol{n}_1|\,|\boldsymbol{n}_2|} \right|$$

$E_1 \parallel E_2$: $a_1 : b_1 : c_1 = a_2 : b_2 : c_2$

$E_1 \perp E_2$: $a_1 a_2 + b_1 b_2 + c_1 c_2 = 0$

Winkelhalbierende Ebenen zu zwei Ebenen

in Koordinatendarstellung

E_1: $E_1 = 0$, E_2: $E_2 = 0$ (Vorzeichen siehe 8.1.4.2)

$$\frac{a_1 x + b_1\, y + c_1 z + d_1}{-\sqrt{a_1^2 + b_1^2 + c_1^2}}\, \mathrm{sgn}\, d_1 \pm \frac{a_2 x + b_2\, y + c_2 z + d_2}{-\sqrt{a_2^2 + b_2^2 + c_2^2}}\, \mathrm{sgn}\, d_2 = 0$$

8.1.5.7 Drei und mehr Ebenen

Schnittpunkt _S_ von drei Ebenen

$E_i: E_i = 0, \ i = 1, 2, 3$

Lösung des Gleichungssystems siehe Abschnitte 4.2.2 und 5.3.

Vier Ebenen durch einen Punkt

$E_i: E_i = 0, \ i = 1, 2, 3, 4$

$$\begin{vmatrix} a_1 & b_1 & c_1 & d_1 \\ a_2 & b_2 & c_2 & d_2 \\ a_3 & b_3 & c_3 & d_3 \\ a_4 & b_4 & c_4 & d_4 \end{vmatrix} = 0$$

Ebenenbüschel durch die Schnittgerade zweier Ebenen

$E_1: a_1 x + b_1 y + c_1 z + d_1 = 0, \quad E_2: a_2 x + b_2 y + c_2 z + d_2 = 0$

$$E_1 + \lambda E_2 = 0 \qquad \lambda \in \mathbb{R}^*$$

8.1.6   Flächeninhalt, Schwerpunkt, Volumen

8

Fläche des Dreiecks $P_1 P_2 P_3$ im Raum

$$A = \sqrt{A_1^2 + A_2^2 + A_3^2}$$

mit $A_1 = \dfrac{1}{2} \begin{vmatrix} y_1 & z_1 & 1 \\ y_2 & z_2 & 1 \\ y_3 & z_3 & 1 \end{vmatrix}$ $A_2 = \dfrac{1}{2} \begin{vmatrix} z_1 & x_1 & 1 \\ z_2 & x_2 & 1 \\ z_3 & x_3 & 1 \end{vmatrix}$ $A_3 = \dfrac{1}{2} \begin{vmatrix} x_1 & y_1 & 1 \\ x_2 & y_2 & 1 \\ x_3 & y_3 & 1 \end{vmatrix}$

$A > 0$, wenn die Vektoren $\overrightarrow{OP_1}$, $\overrightarrow{OP_2}$ und $\overrightarrow{OP_3}$ ein Rechtssystem bilden.

$$A = \frac{1}{2} \left| \left(\overrightarrow{OP_2} - \overrightarrow{OP_1} \right) \times \left(\overrightarrow{OP_3} - \overrightarrow{OP_1} \right) \right|$$

In der **Ebene** gilt $A_1 = A_2 = 0$ wegen $z = 0$:

$$A = A_3 = \frac{1}{2} \left| x_1 (y_2 - y_3) + x_2 (y_3 - y_1) + x_3 (y_1 - y_2) \right|$$

Flächeninhalt eines konvexen _n_-Ecks ($z = 0$)

$$A = \frac{1}{2} \sum_{k=1}^{n} \left| x_k (y_{k+1} - y_{k-1}) \right| \qquad \text{Eckpunkte } P_k(x_k, y_k)$$

wobei $y_0 = y_n$, $y_{n+1} = y_1$

Schwerpunkt S des Dreiecks $P_1P_2P_3$

$$x_s = \frac{x_1 + x_2 + x_3}{3} \qquad y_s = \frac{y_1 + y_2 + y_3}{3} \qquad z_s = \frac{z_1 + z_2 + z_3}{3}$$

Für materielle Punkte in den Ecken des Dreiecks gilt:

$$x_s = \frac{m_1x_1 + m_2x_2 + m_3x_3}{m_1 + m_2 + m_3} \qquad y_s = \frac{m_1y_1 + m_2y_2 + m_3y_3}{m_1 + m_2 + m_3} \qquad z_s = \frac{m_1z_1 + m_2z_2 + m_3z_3}{m_1 + m_2 + m_3}$$

Volumen der dreiseitigen Pyramide (Tetraeder) $P_1P_2P_3P_4$

$$V = \frac{1}{6} \begin{vmatrix} x_1 & y_1 & z_1 & 1 \\ x_2 & y_2 & z_2 & 1 \\ x_3 & y_3 & z_3 & 1 \\ x_4 & y_4 & z_4 & 1 \end{vmatrix} = \frac{1}{6} \begin{vmatrix} x_1 - x_2 & y_1 - y_2 & z_1 - z_2 \\ x_1 - x_3 & y_1 - y_3 & z_1 - z_3 \\ x_1 - x_4 & y_1 - y_4 & z_1 - z_4 \end{vmatrix}$$

$V > 0$, wenn die Vektoren $\overrightarrow{P_1P_2}$, $\overrightarrow{P_1P_3}$ und $\overrightarrow{P_1P_4}$ ein Rechtssystem bilden, sonst ist der Betrag zu nehmen.

$$V = \frac{1}{6}(r_1 - r_4)(r_2 - r_4)(r_3 - r_4)$$

8.2   Kurven 2. Ordnung (Kegelschnitte)

8.2.1   Allgemeines

Wird ein gerader Kreiskegel k mit der Mantelneigung α durch eine Ebene E unter dem Neigungswinkel β **nicht** durch die Spitze geschnitten, entstehen *Kegelschnitte* (Bild umseitig):

$\beta = 0$	*Kreis*
$0 < \beta < \alpha$	*Ellipse*
$\beta = \alpha$	*Parabel*
$\alpha < \beta \leq \pi/2$	*Hyperbel.*

Beim Schnitt **durch** die Spitze entstehen unter obigen Bedingungen ein Punkt, eine Gerade oder ein Geradenpaar.

Die Menge (der *geometrische Ort*) aller Punkte P, deren Abstände von einem Punkt F (*Brennpunkt*, $F \notin l$) und einer Geraden l (*Leitlinie*) ein festes Verhältnis haben, heißen *Kegelschnitte*.

Numerische Exzentrizität $\varepsilon = \overline{PF} : \overline{Pl} = \dfrac{\sin \beta}{\sin \alpha} = \dfrac{e}{a}$ (Gestrecktheitsmaß)

$\varepsilon = 0$	Kreis
$\varepsilon < 1$	Ellipse
$\varepsilon = 1$	Parabel (rechts geöffnet)
$\varepsilon > 1$	Hyperbel (rechter Ast)

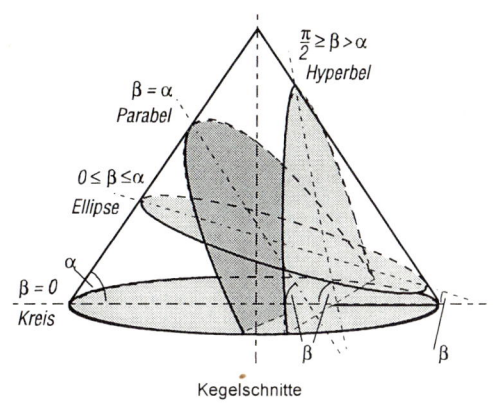

$\frac{\pi}{2} \geq \beta > \alpha$
Hyperbel

$\beta = \alpha$
Parabel

$0 \leq \beta \leq \alpha$
Ellipse

$\beta = 0$
Kreis

Kegelschnitte

8.2.2   Der Kreis

Ein *Kreis* ist die Menge aller Punkte einer Ebene, die von einem festen
Punkt (Mittelpunkt) gleichen Abstand (Radius des Kreises) haben.

Der Kreis ist eine spezielle Ellipse mit $a = b = r$ $(e = 0)$

8.2.2.1 Gleichungen des Kreises in der Ebene

Mittelpunktsgleichung (Ursprungsgleichung)

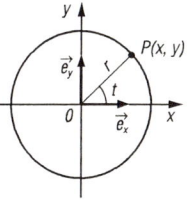

$$x^2 + y^2 = r^2 \qquad r \text{ Radius, } -r \leq x \leq r$$

$$y = \pm \sqrt{r^2 - x^2}$$

Bemerkung: Die Kreisgleichung besteht aus zwei
getrennten Funktionen, deren Bilder der obere und
der untere Halbkreis sind.

Mittelpunktslage

Jede Gerade durch den Mittelpunkt ist Symmetrieachse.

in Parameterdarstellung

$$\begin{cases} x = r \cos t \\ y = r \sin t \end{cases} \qquad 0 \leq t < 2\pi$$

in Vektorform

$$\boldsymbol{r} = x\boldsymbol{e}_x + y\boldsymbol{e}_y = \begin{pmatrix} x \\ y \end{pmatrix}$$

$$\boldsymbol{r}^2 = r^2 = x^2 + y^2$$

8

Allgemeine Kreisgleichung, Hauptform

$$(x - x_m)^2 + (y - y_m)^2 = r^2$$

in Parameterdarstellung

$$\begin{cases} x = r \cos t + x_m \\ y = r \sin t + y_m \end{cases} \qquad 0 \le t < 2\pi$$

in Vektorform

$$(\boldsymbol{r} - \boldsymbol{r}_m)^2 = r^2$$

$$\text{mit } \boldsymbol{r}_m = \begin{pmatrix} x_m \\ y_m \end{pmatrix}$$

Allgemeine Lage

Scheitelgleichung $(x_m = r)$

$$y^2 = 2rx - x^2$$

Allgemeine Gleichung 2. Grades

$$a_{11}x^2 + 2a_{12}xy + a_{22}y^2 + 2a_{10}x + 2a_{20}y + a_{00} = 0$$

Bedingungen für einen Kreis:

$$a_{11} = a_{22} \wedge a_{12} = 0 \wedge a_{10}^2 + a_{20}^2 - a_{11}a_{00} > 0$$

Scheitellage

Kreisgleichung $a_{11}x^2 + a_{22}y^2 + 2a_{10}x + 2a_{20}y + a_{00} = 0$

Mittelpunkt $M\left(-\dfrac{a_{10}}{a_{11}}, -\dfrac{a_{20}}{a_{11}}\right)$

Radius $r = \dfrac{1}{a_{11}} \sqrt{a_{10}^2 + a_{20}^2 - a_{11}a_{00}}$

Kreisgleichungen in Polarkoordinaten $\{0; r, \varphi\}$ (Bilder umseitig)

$M(r_0, \varphi_0)$ $r^2 - 2rr_0 \cos(\varphi - \varphi_0) + r_0^2 = R^2$ R Kreisradius
$M(0, 0)$: $r = R$
$M(R, 0)$: $r = 2R \cos \varphi$
$M(R, \varphi_0)$: $r = 2R \cos(\varphi - \varphi_0)$
$M(r_0, 0)$: $R^2 = r^2 - 2rr_0 \cos \varphi + r_0^2$

mit den Abschnitten a und b auf den rechtwinkligen Koordinatenachsen:

$$r = a \cos \varphi + b \sin \varphi \qquad \text{(Bild umseitig)}$$

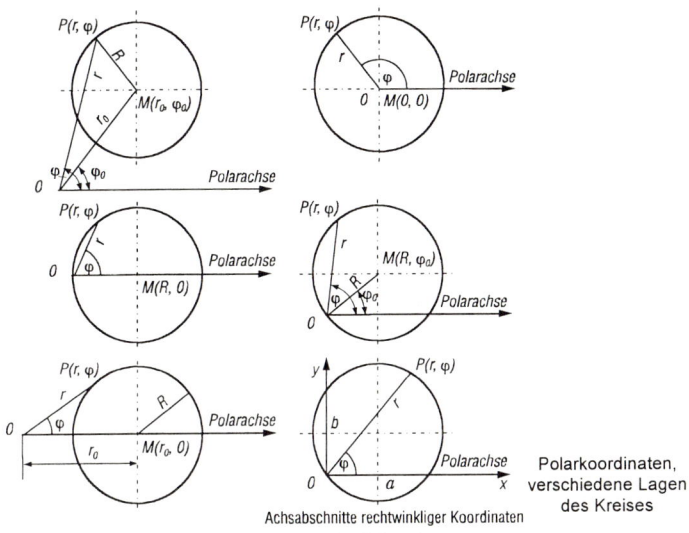

Polarkoordinaten, verschiedene Lagen des Kreises

Achsabschnitte rechtwinkliger Koordinaten

8

Gleichung des Kreises durch drei Punkte

$P_1(x_1, y_1)$, $P_2(x_2, y_2)$, $P_3(x_3, y_3)$

$$\begin{vmatrix} x^2 + y^2 & x & y & 1 \\ x_1^2 + y_1^2 & x_1 & y_1 & 1 \\ x_2^2 + y_2^2 & x_2 & y_2 & 1 \\ x_3^2 + y_3^2 & x_3 & y_3 & 1 \end{vmatrix} = 0$$

8.2.2.2 Schnittpunkt einer Geraden mit einem Kreis

g: $y = mx + b$, k: $x^2 + y^2 = r^2$ (Mittelpunktslage)

$$x_{1,2} = -\frac{bm}{1 + m^2} \pm \frac{1}{1 + m^2} \sqrt{r^2 (1 + m^2) - b^2}$$

$$y_{1,2} = \frac{b}{1 + m^2} \pm \frac{m}{1 + m^2} \sqrt{r^2 (1 + m^2) - b^2}$$

Diskriminante $D = r^2 (1 + m^2) - b^2$

- $D > 0$ Der Kreis wird von der Geraden in zwei Punkten geschnitten (Sekante).
- $D = 0$ Der Kreis wird von der Geraden in einem Punkt (Doppelpunkt) berührt (Tangente).
- $D < 0$ Der Kreis wird von der Geraden gemieden.

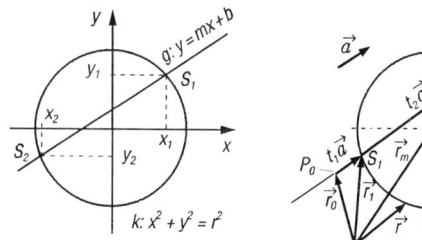

Schnittpunkte Gerade-Kreis

in Vektordarstellung

$$g:\ \boldsymbol{r} = \boldsymbol{r}_0 + t\boldsymbol{a},\quad k:\ (\boldsymbol{r} - \boldsymbol{r}_\mathrm{m})^2 = r^2 \qquad \text{(beliebige Lage des Kreises)}$$

$$t = \pm\sqrt{r^2 - (\boldsymbol{r}_0 - \boldsymbol{r}_\mathrm{m})^2} \qquad \text{Diskriminante } D \text{ wie oben}$$

8.2.2.3 Tangente und Normale eines Kreises

$k:\ x^2 + y^2 = r^2$ (Mittelpunktslage)

$P:\ P_0(x_0, y_0)$ auf dem Kreis

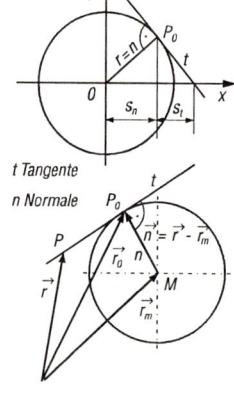

Tangente: $xx_0 + yy_0 = r^2$

Richtungsfaktor $m_\mathrm{t} = -\dfrac{x_0}{y_0}$

Normale: $yx_0 - xy_0 = 0$

Richtungsfaktor $m_\mathrm{n} = \dfrac{y_0}{x_0}$

t Tangente

n Normale

Tangentenlänge $\quad t = \left|\dfrac{ry_0}{x_0}\right|$

Normalenlänge $\quad n = r$

Subtangente $\quad s_\mathrm{t} = \left|\dfrac{y_0^2}{x_0}\right|$

Subnormale $\quad s_\mathrm{n} = x_0$

Tangente und Normale

$k:\ (x - x_\mathrm{m})^2 + (y - y_\mathrm{m})^2 = r^2$ (beliebige Lage), $P:\ P_0(x_0, y_0)$ auf dem Kreis

Tangente: $(x - x_\mathrm{m})(x_0 - x_\mathrm{m}) + (y - y_\mathrm{m})(y_0 - y_\mathrm{m}) = r^2$

Richtungsfaktor $\quad m_\mathrm{t} = -\dfrac{x_0 - x_\mathrm{m}}{y_0 - y_\mathrm{m}}$

Normale: $(y - y_0)(x_0 - x_m) = (x - x_0)(y_0 - y_m)$

      Richtungsfaktor $m_n = \dfrac{y_0 - y_m}{x_0 - x_m}$

k: $(\boldsymbol{r} - \boldsymbol{r}_m)^2 = r^2$ (beliebige Lage), P: $P_0(x_0, y_0)$ auf dem Kreis

Tangente: $(\boldsymbol{r} - \boldsymbol{r}_m)(\boldsymbol{r}_0 - \boldsymbol{r}_m) = r^2$

Normale: $\boldsymbol{n} = \boldsymbol{r}_0 - \boldsymbol{r}_m$

8.2.2.4 Polare eines Punktes in bezug auf einen Kreis

Die *Polare* $P_1 P_2$ ist die Verbindungsgerade der Tangentenberührungspunkte.
Auf ihr liegt die *Berührungssehne*, die Strecke $\overline{P_1 P_2}$.

k: $(x - x_m)^2 + (y - y_m)^2 = r^2$

    $(x - x_m)(x_0 - x_m) + (y - y_m)(y_0 - y_m) = r^2$

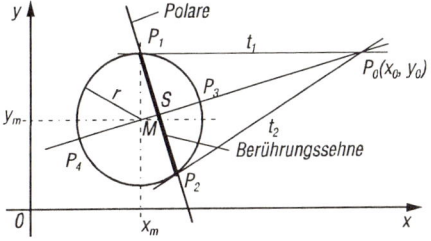

Polare,
Berührungssehne

Zur Geraden $ax + by + d = 0$ als Polare gehört der Pol außerhalb des Kreises

$$P_0\left(-\frac{ar^2}{d}, -\frac{br^2}{d}\right)$$

Harmonische Teilung: $|\overline{P_3 S}| : |\overline{SP_4}| = |\overline{P_3 P_0}| : |\overline{P_4 P_0}|$

8.2.2.5 Potenz *p* in bezug auf einen Kreis

Die *Potenz p* ist eine reelle Zahl, die einem Punkt P_0 der Ebene in bezug
auf einen Kreis zugeordnet wird. Sie ist gleich dem Produkt aus den
Strecken $\overline{P_0 S_1}$ und $\overline{P_0 S_2}$, wobei S_1, S_2 die Schnittpunkte einer Geraden
durch P_0 mit dem Kreis sind.

k: $(x - x_m)^2 + (y - y_m)^2 = r^2$
    $p = (x_0 - x_m)^2 + (y_0 - y_m)^2 - r^2$

- $p > 0$ P_0 außerhalb des Kreises
- $p = 0$ P_0 auf dem Kreis
- $p < 0$ P_0 innerhalb des Kreises

Chordale (Potenzlinie) von 2 Kreisen

$k_1\colon (x - x_{m1})^2 + (y - y_{m1})^2 - r_1^2 = 0$

$k_2\colon (x - x_{m2})^2 + (y - y_{m2})^2 - r_2^2 = 0$

$$k_1 - k_2 = 0$$

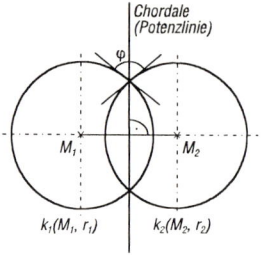

Chordale (Potenzlinie)

Schnittwinkel zweier Kreise

Der *Schnittwinkel zweier Kreise* ist der Winkel φ, den die beiden Tangenten in den Schnittpunkten miteinander bilden.

8.2.2.6 Kreisbüschel

$k_1\colon (x - x_{m1})^2 + (y - y_{m1})^2 - r_1^2 = 0$

$k_2\colon (x - x_{m2})^2 + (y - y_{m2})^2 - r_2^2 = 0$

$$k_1 + \lambda k_2 = 0 \qquad \text{für } \lambda \neq -1$$

8.2.3   Die Ellipse

> Eine *Ellipse* ist die Menge aller der Punkte einer Ebene, deren Entfernungen von zwei festen Punkten (den *Brennpunkten* F_1, F_2) eine konstante Summe haben, die größer ist als $\overline{F_1 F_2}$.
>
> $\overline{F_1 P} + \overline{PF_2} = 2a = \text{konst.}$

Bezeichnungen

M	Mittelpunkt
A, B	Hauptscheitel
$\underline{C, D}$	Nebenscheitel
$\overline{PF_1}, \overline{PF_2}$	Brennstrahlen
F_1, F_2	Brennpunkte
$\overline{AB} = 2a$	Hauptachse, große Achse,
$\underline{a}$	große Halbachse
$\overline{CD} = 2b$	Nebenachse, kleine Achse,
$\underline{b}$	kleine Halbachse
$\overline{F_1 F_2} = 2e$ $a > e \geq 0$	

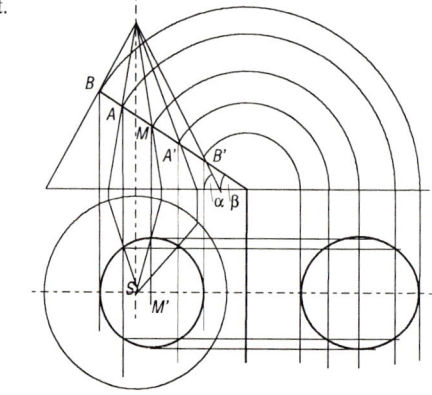

Kegelschnitt Ellipse

$e = \sqrt{a^2 - b^2}$ lineare Exzentrizität, für Ellipse gilt $\dfrac{e}{a} = \varepsilon < 1$

$p = \dfrac{b^2}{a}$ Parameter, $2p$ zur Hauptachse senkrechte Sehne im Brennpunkt

8.2.3.1 Gleichungen der Ellipse

Mittelpunktsgleichung $M(0, 0)$

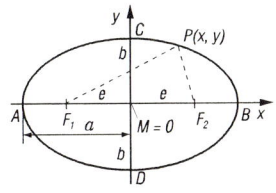

$$\frac{x^2}{a^2} + \frac{y^2}{b^2} = 1$$

$$y = \pm \frac{b}{a} \sqrt{a^2 - x^2} \quad |x| \le a$$

in Parameterdarstellung

Mittelpunktslage

$$\begin{cases} x = a \cos t \\ y = b \sin t \end{cases} \quad t \text{ exzentrische Anomalie, } 0 \le t < 2\pi$$

Bemerkung: Symmetrie zu beiden Koordinatenachsen; $a = b = r$ ergibt Kreis

8

Allgemeine Gleichung bei achsparalleler Lage, Hauptform

$$\frac{(x - x_m)^2}{a^2} + \frac{(y - y_m)^2}{b^2} = 1 \qquad \text{Mittelpunkt } M(x_m, y_m)$$

Achsparallele Lage

Scheitellage

in Parameterdarstellung

$$\begin{cases} x = a \cos t + x_m \\ y = b \sin t + y_m \end{cases}$$

Scheitelgleichung $M(a, 0)$

$$y^2 = 2px - \frac{p}{a} x^2$$

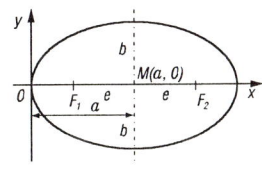

Inverse Gleichungen (Ellipse mit der *y*-Achse als großer Achse)

$M(0, 0)$: $\dfrac{y^2}{a^2} + \dfrac{x^2}{b^2} = 1$

$M(0, a)$: $x^2 = 2py - \dfrac{p}{a} y^2$

Allgemeine Gleichung 2. Grades

$$a_{11}x^2 + 2a_{12}xy + a_{22}y^2 + 2a_{10}x + 2a_{20}y + a_{00} = 0$$

Bedingungen für eine Ellipse in achsparalleler Lage:

$$\operatorname{sgn} a_{11} = \operatorname{sgn} a_{22} \ \wedge \ a_{12} = 0 \ \wedge \ a_{11} \neq a_{22}$$

Ellipsengleichung $a_{11}x^2 + a_{22}y^2 + 2a_{10}x + 2a_{20}y + a_{00} = 0$

große Halbachse $a = \sqrt{\dfrac{a_{22}a_{10}^2 + a_{11}a_{20}^2 - a_{11}a_{22}a_{00}}{a_{11}^2 a_{22}}}$

kleine Halbachse $b = \sqrt{\dfrac{a_{22}a_{10}^2 + a_{11}a_{20}^2 - a_{11}a_{22}a_{00}}{a_{11}a_{22}^2}}$

Ellipsengleichung in Polarkoordinaten $\{0; r, \varphi\}$

Polargleichung mit Pol F_1

Polarachse $F_1 \rightarrow F_2$

$$r = \dfrac{p}{1 - \varepsilon \cos \varphi}$$

$0 \leq \varphi < 2\pi, \ 0 < \varepsilon < 1$

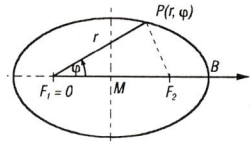

Polargleichung mit Pol $= M$

Polarachse $M \rightarrow F_2$

$$r^2 = \dfrac{b^2}{1 - \varepsilon^2 \cos^2 \varphi}$$

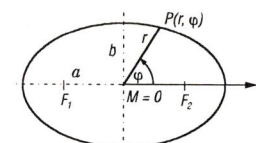

Polargleichungen

8.2.3.2 Schnittpunkt einer Geraden mit einer Ellipse

g: $y = mx + b_1$, k: $\dfrac{x^2}{a^2} + \dfrac{y^2}{b^2} = 1$

$$x_{1,2} = -\dfrac{a^2 m b_1}{b^2 + a^2 m^2} \pm \dfrac{ab}{b^2 + a^2 m^2} \sqrt{a^2 m^2 + b^2 - b_1^2}$$

$$y_{1,2} = \frac{b^2 b_1}{b^2 + a^2 m^2} \pm \frac{abm}{b^2 + a^2 m^2} \sqrt{a^2 m^2 + b^2 - b_1^2}$$

Diskriminante $D = a^2 m^2 + b^2 - b_1^2$

- $D > 0$ Die Ellipse wird von der Geraden geschnitten.
- $D = 0$ Die Ellipse wird von der Geraden berührt.
- $D < 0$ Die Ellipse wird von der Geraden gemieden.

Länge der Brennstrahlen $\overline{PF_1}$ und $\overline{PF_2}$

$$\begin{aligned} \overline{PF_1} &= a + \varepsilon x \\ \overline{PF_2} &= a - \varepsilon x \end{aligned} \quad \rightarrow \quad \overline{PF_1} + \overline{PF_2} = 2a$$

8.2.3.3 Tangente und Normale einer Ellipse

k: $\dfrac{x^2}{a^2} + \dfrac{y^2}{b^2} = 1$, $P_0(x_0, y_0)$ auf der Ellipse

Tangente: $\dfrac{x x_0}{a^2} + \dfrac{y y_0}{b^2} = 1$

Richtungsfaktor $m_t = -\dfrac{b^2 x_0}{a^2 y_0}$

Normale: $y - y_0 = \dfrac{a^2 y_0}{b^2 x_0}(x - x_0)$

Richtungsfaktor $m_n = \dfrac{a^2 y_0}{b^2 x_0}$

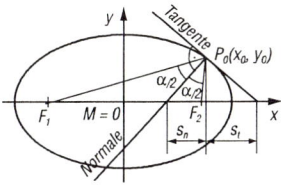

Tangente und Normale

$\sphericalangle\,(F_1 P_0 F_2)$ wird von der Normalen halbiert.

Tangentenlänge $t = \sqrt{y_0^2 + \left(\dfrac{a^2}{x_0} - x_0\right)^2}$

Normalenlänge $n = \dfrac{b\sqrt{a^4 - e^2 x_0^2}}{a^2}$

Subtangente $s_t = \left| \dfrac{a^2}{x_0} - x_0 \right|$

Subnormale $s_n = \left| \dfrac{b^2 x_0}{a^2} \right|$

k: $\dfrac{(x - x_\mathrm{m})^2}{a^2} + \dfrac{(y - y_\mathrm{m})^2}{b^2} = 1$, $P_0(x_0, y_0)$ auf der Ellipse

Tangente: $\dfrac{(x - x_\mathrm{m})\,(x_0 - x_\mathrm{m})}{a^2} + \dfrac{(y - y_\mathrm{m})\,(y_0 - y_\mathrm{m})}{b^2} = 1$

Richtungsfaktor $m_\mathrm{t} = -\dfrac{b^2\,(x_0 - x_\mathrm{m})}{a^2\,(y_0 - y_\mathrm{m})}$

Normale: $y - y_0 = \dfrac{a^2\,(y_0 - y_\mathrm{m})}{b^2\,(x_0 - x_\mathrm{m})}\,(x - x_0)$

Richtungsfaktor $m_\mathrm{n} = \dfrac{a^2\,(y_0 - y_\mathrm{m})}{b^2\,(x_0 - x_\mathrm{m})}$

8.2.3.4 Polare eines Punktes in bezug auf eine Ellipse

k: $\dfrac{x^2}{a^2} + \dfrac{y^2}{b^2} = 1$, $P_0(x_0, y_0)$ Pol außerhalb der Ellipse

$$\frac{xx_0}{a^2} + \frac{yy_0}{b^2} = 1$$

Durchmesser der Ellipse

Ein *Durchmesser* einer Ellipse verbindet die Berührungspunkte zweier paralleler Tangenten und halbiert die zu diesen parallelen Sehnen.

$$y = -\frac{b^2}{a^2 m}\,x$$

m Richtungsfaktor der Sehnen

Konjugierte Durchmesser sind Durchmesser, von denen jeder die dem anderen parallelen Sehnen halbiert.
Zum Beispiel sind die beiden Achsen konjugierte Durchmesser.

$y = m_1 x$ und $y = m_2 x$ sind konjugierte

Durchmesser, wenn $m_1 m_2 = -\dfrac{b^2}{a^2}$

Für zwei konjugierte Durchmesser $2a_1$
und $2b_1$ gilt: $a_1^2 + b_1^2 = a^2 + b^2$

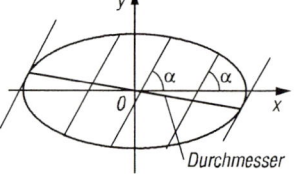

Durchmesser

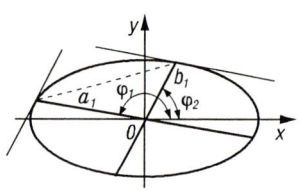

Konjugierte Durchmesser

$$a_1 b_1 \sin (\varphi_1 - \varphi_2) = ab \quad (\textit{Satz des } \text{APOLLONIUS})$$

In Worten: Der Inhalt des aus zwei konjugierten Halbmessern einer Ellipse und der Verbindungslinie ihrer Endpunkte gebildeten Dreiecks ist konstant.
Nur die Achsen sind als konjugierte Durchmesser orthogonal.

8.2.3.5 Krümmung einer Ellipse

Krümmungsradius ρ, Krümmungsmittelpunkt $M_K(\xi, \eta)$

k: $\dfrac{x^2}{a^2} + \dfrac{y^2}{b^2} = 1$ im Punkt P: $P_0(x_0, y_0)$ der Ellipse

$$\rho = \frac{1}{a^4 b^4} \sqrt{(a^4 y_0^2 + b^4 x_0^2)^3} = \frac{1}{a^4 b} \sqrt{(a^4 - e^2 x_0^2)^3} = \frac{n^3}{p^2}$$

n Normalenlänge, siehe 8.2.3.3

$$\xi = \frac{e^2 x_0^3}{a^4} \qquad \eta = -\frac{e^2 y_0^3}{b^4} = -\frac{\varepsilon^3 a^2 y_0^3}{b^4}$$

Speziell:

im Hauptscheitel $A(-a, 0)$

$$\rho = \frac{b^2}{a} = p \qquad \xi = -\frac{e^2}{a} \qquad \eta = 0$$

im Hauptscheitel $B(a, 0)$

$$\rho = \frac{b^2}{a} = p \qquad \xi = \frac{e^2}{a} \qquad \eta = 0$$

im Nebenscheitel $D(0, -b)$

$$\rho = \frac{a^2}{b} \qquad \xi = 0 \qquad \eta = \frac{e^2}{b}$$

im Nebenscheitel $C(0, b)$

$$\rho = \frac{a^2}{b} \qquad \xi = 0 \qquad \eta = -\frac{e^2}{b}$$

Evolute der Ellipse (Astroide)

k: $\dfrac{x^2}{a^2} + \dfrac{y^2}{b^2} = 1$

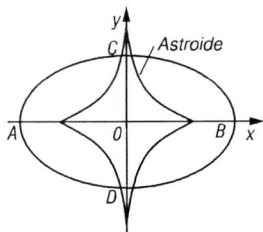

Evolute

$$\left(\frac{ax}{e^2}\right)^{\frac{2}{3}} + \left(\frac{by}{e^2}\right)^{\frac{2}{3}} = 1 \qquad |x| \le \frac{e^2}{a}$$

8.2.3.6 Haupt- und Nebenkreis der Ellipse

$$k: \frac{x^2}{a^2} + \frac{y^2}{b^2} = 1$$

$$x^2 + y^2 = a^2$$

$$x^2 + y^2 = b^2$$

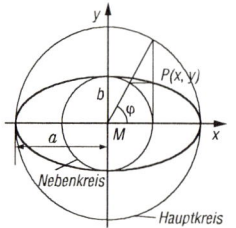

8.2.3.7 Flächeninhalt und Umfang von Ellipse, Ellipsensegment und Ellipsensektor

Ellipse $A = \pi a b$

Ellipsensegment $P_1 P_2 C$: $A = \frac{1}{2}(x_1 y_2 - x_2 y_1) + \frac{ab}{2}\left(\arcsin \frac{x_2}{a} - \arcsin \frac{x_1}{a}\right)$

Ellipsensegment $P_2 P_3 B$:

$$A = ab \arccos \frac{x_2}{a} - x_2 y_2$$

Ellipsensektor $P_2 0 P_3 B$: $A = ab \arccos \frac{x_2}{a}$

Ellipsensektor $P_1 0 P_2 C$:

$$A = \frac{ab}{2}\left(\arcsin \frac{x_2}{a} - \arcsin \frac{x_1}{a}\right)$$

Ellipsensegment und -sektor

Ellipsenumfang

$$U = 2\pi a\left(1 - \left(\frac{1}{2}\right)^2 \varepsilon^2 - \left(\frac{1 \cdot 3}{2 \cdot 4}\right)^2 \frac{\varepsilon^4}{3} - \left(\frac{1 \cdot 3 \cdot 5}{2 \cdot 4 \cdot 6}\right)^2 \frac{\varepsilon^6}{5} - \ldots\right)$$

Näherungsformeln

$$U \approx \pi\left(\frac{3}{2}(a+b) - \sqrt{ab}\right) \qquad U \approx \frac{\pi}{2}\left(a + b + \sqrt{2(a^2+b^2)}\right)$$

8.2.3.8 Ellipsenkonstruktionen

Gegeben: *Brennpunkte F_1 und F_2 und große Achse* $2a$

(1) Man zeichnet um F_1 und F_2 Kreise mit den Radien $\rho < 2a$ und $(2a - \rho)$ und erhält vier symmetrische Ellipsenpunkte. Durch Variation von

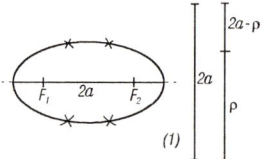

ρ ergeben sich weitere Ellipsenpunkte.

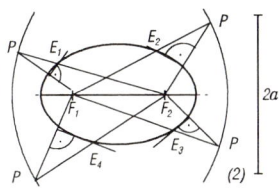

(2) Man zeichnet um F_1 (F_2) einen Kreis mit dem Radius $2a$ (Leitkreis), verbindet einen beliebigen Punkt P des Leitkreises mit dem 2. Brennpunkt F_2 (F_1) und errichtet auf dieser Verbindungsstrecke die Mittelsenkrechte. Ihr Schnittpunkt mit PF_1 (PF_2) ist ein Ellipsenpunkt.

(3) *Gärtner- (Faden-) Konstruktion*

Man befestigt in den Brennpunkten F_1 und F_2 einen Faden der Länge $2a$ und läßt bei gestrafftem Faden den Bleistift entlang des Fadens gleiten.

Gegeben: *Halbachsen a und b*

(4) Man zeichnet um 0 den Haupt- ($r = a$) und Nebenkreis ($r = b$). Auf der waagerechten Achse wird eine beliebige Senkrechte g errichtet, die den Hauptkreis in A_1 und A_2 schneidet. Die Verbindungslinien $0A_1$ und $0A_2$ schneiden den Nebenkreis in B_1 und B_2. Die Parallelen durch B_1 und B_2 zur waagerechten Achse ergeben auf der Senkrechten g zwei Ellipsenpunkte E_1 und E_2.

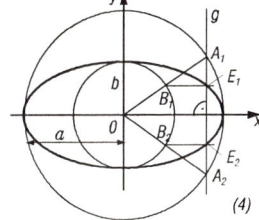 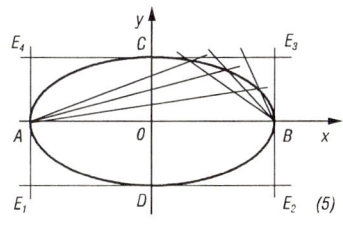

(5) Man zieht durch die Scheitelpunkte A, B, C, D zu den Koordinatenachsen die Parallelen (Schnittpunkte E_1, E_2, E_3, E_4). Man teilt die Strecken $\overline{0C}$ und $\overline{E_3C}$ in gleich viele, untereinander gleiche Teile. Durch die Teilpunkte von $\overline{0C}$ ($\overline{E_3C}$) zieht man von A (B) aus Strahlen. Die Schnittpunkte entsprechender Strahlen sind Ellipsenpunkte. Durch die zu den Achsen symmetrischen Punkte ergibt sich die Ellipse.

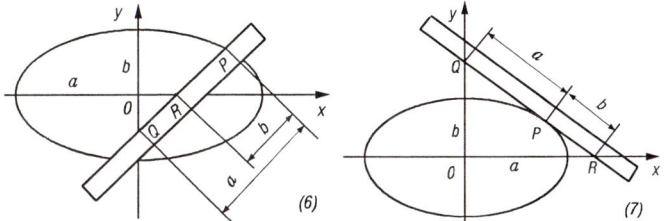

(6) Man trägt auf einem Papierstreifen mit gerader Kante die beiden Halbachsen $\overline{PQ} = a$ und $\overline{PR} = b$ von P aus aufeinander ab ($\overline{QR} = a - b$). Verschiebt man den Streifen so, daß sich Q auf der y-Achse und R auf der x-Achse bewegt, dann beschreibt P eine

Ellipse (Prinzip des *Ellipsenzirkels*).

(7) Man trägt auf einem Papierstreifen mit gerader Kante die beiden Halbachsen $\overline{PQ} = a$ und $\overline{PR} = b$ nacheinander ab ($\overline{QR} = a + b$). Verschiebt man den Streifen so, daß sich Q auf der y-Achse und R auf der x-Achse bewegt, dann beschreibt P eine Ellipse.

8.2.4   Die Parabel

Eine *Parabel* ist die Menge aller Punkte einer Ebene, die von einem festen Punkt (*Brennpunkt*) F der Ebene und einer festen Geraden der gleichen Ebene (*Leitlinie*) l gleichen Abstand haben.

$$\overline{FP} = \overline{PL}$$

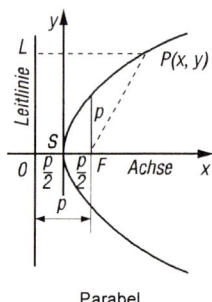

Parabel

Bezeichnungen

S	Scheitelpunkt
x-Achse	Achse der Parabel
$p = \overline{DF}$	Halbparameter
$2p$	Parameter, $p > 0$
$\overline{SF} = \overline{SD} = \dfrac{p}{2}$	Brennweite
F	*Brennpunkt, Fokus*
l	*Leitlinie, Direktrix*
$\overline{PF}$	Brennstrahl
$\overline{PL}$	Leitstrahl ($\overline{PF} = \overline{PL}$)
$\varepsilon = 1$	numerische Exzentrizität

8.2.4.1 Gleichungen der Parabel

Scheitelgleichung (Scheitel $S(0, 0)$)

Scheiteltangente (Tangente in S) gleich

y-Achse, $F\left(\dfrac{p}{2}, 0\right)$

$$y^2 = 2px \qquad x \geq 0$$

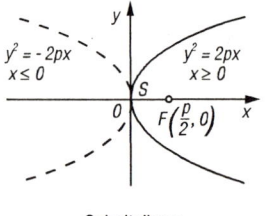

Scheitellage

Bemerkung: Symmetrie zu den Achsen mit
$y^2 = -2px$

in Parameterdarstellung

$$\begin{cases} x = t^2 \\ y = \pm kt \end{cases} \qquad 0 \leq t < \infty$$

$$k = \text{konst.} = \sqrt{2p}$$

Allgemeine Gleichung bei achsparalleler Lage, Hauptform

$$(y - y_s)^2 = 2p\,(x - x_s)$$

Scheitel $S(x_s, y_s)$

in Parameterdarstellung $\begin{cases} x = t^2 + x_s \\ y = \pm\,kt + y_s \end{cases}\quad 0 \le t < \infty$

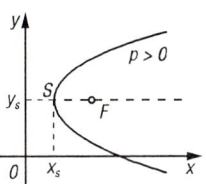

Achsparallele Lage

Allgemeine Gleichung 2. Grades

$$a_{11}x^2 + 2a_{12}xy + a_{22}\,y^2 + 2a_{10}x + 2a_{20}\,y + a_{00} = 0$$

Bedingungen für eine Parabel:

in achsparalleler Lage $a_{11} = 0 \wedge a_{12} = 0$

in nicht achsparalleler Lage $a_{11}a_{22} - a_{12}^2 = 0$

Parabelgleichung in achsparalleler Lage

$$a_{22}\,y^2 + 2a_{10}x + 2a_{20}\,y + a_{00} = 0$$

Parameter $2p = \left| \dfrac{2a_{10}}{a_{22}} \right|$

Scheitel $S\left(\dfrac{a_{20}^2 - a_{22}a_{00}}{2a_{22}a_{10}},\ -\dfrac{a_{20}}{a_{22}} \right)$

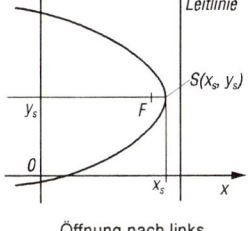

Öffnung nach links

Andere Öffnungsrichtungen der Parabel in achsparalleler Lage

Öffnung nach links

$$(y - y_s)^2 = -2p\,(x - x_s) \quad \text{für } x \le x_s$$

Inverse Gleichungen
(siehe auch ganzrationale Funktion 2. Grades, 10.5.2.2)

Öffnung nach oben

$$(x - x_s)^2 = 2p\,(y - y_s)$$

Öffnung nach unten

$$(x - x_s)^2 = -2p\,(y - y_s)$$

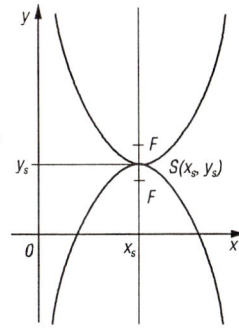

Inverse Gleichungen

allgemeine Gleichung (Parabelachse $\parallel y$-Achse)

$$a_{22}x^2 + 2a_{10}\,y + 2a_{20}x + a_{00} = 0$$

Parameter $2p = \left| \dfrac{2a_{10}}{a_{22}} \right|$

Scheitel $S\left(-\dfrac{a_{20}}{a_{22}},\ \dfrac{a_{20}^2 - a_{22}a_{00}}{2a_{22}a_{10}} \right)$

Parabelgleichung in Polarkoordinaten $\{0;\ r,\ \varphi\}$

Polargleichung, Pol = Brennpunkt $r = \dfrac{p}{1 - \cos\varphi}$ $0 < \varphi < 2\pi$

Pol = Scheitel $r = 2p\cos\varphi\,(1 + \cot^2\varphi)$

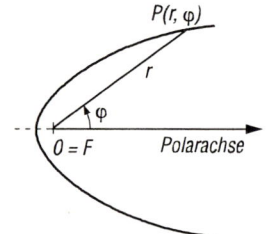

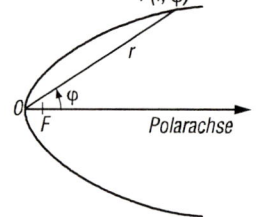

Polargleichung, Pol im Brennpunkt   Polargleichung, Pol im Scheitel

---

8.2.4.2 Schnittpunkt einer Geraden mit einer Parabel

k: $y^2 = 2px$ (Scheitellage), $p > 0$; g: $y = mx + b$

$$x_{1,2} = \frac{p - bm}{m^2} \pm \frac{1}{m^2}\,\sqrt{p\,(p - 2bm)}$$

$$y_{1,2} = \frac{p}{m} \pm \frac{1}{m}\,\sqrt{p\,(p - 2bm)}$$

Diskriminante $D = p\,(p - 2bm)$

- $D > 0$ Die Parabel wird von der Geraden geschnitten.
- $D = 0$ Die Parabel wird von der Geraden berührt.
- $D < 0$ Die Parabel wird von der Geraden gemieden.

8.2.4.3 Tangente und Normale einer Parabel

k: $y^2 = 2px$ (Scheitellage)
P: $P_0(x_0, y_0)$ auf der Parabel

Tangente: $yy_0 = p(x + x_0)$

Richtungsfaktor $m_t = \dfrac{p}{y_0}$

Tangente in S = Scheiteltangente

Normale: $p(y - y_0) + y_0(x - x_0) = 0$

Richtungsfaktor $m_n = -\dfrac{y_0}{p}$

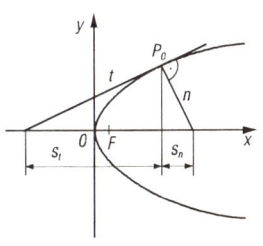

Tangente und Normale

Tangentenlänge $t = \sqrt{y_0^2 + 4x_0^2}$

Normalenlänge $n = \sqrt{y_0^2 + p^2}$

Subtangente: $s_t = 2x_0$

Subnormale: $s_n = p$

8

k: $(y - y_s)^2 = 2p(x - x_s)$ (beliebige achsparallele Lage)
P: $P_0(x_0, y_0)$ auf der Parabel

Tangente: $(y - y_s)(y_0 - y_s) = p(x + x_0 - 2x_s)$

Richtungsfaktor $m_t = \dfrac{p}{y_0 - y_s}$

Normale: $p(y - y_0) + (y_0 - y_s)(x - x_0) = 0$

Richtungsfaktor $m_n = -\dfrac{y_0 - y_s}{p}$

8.2.4.4 Polare (Berührungssehne) eines Punktes in bezug auf die Parabel

k: $y^2 = 2px$
P: $P_0(x_0, y_0)$, Pol, außerhalb der Parabel

$$yy_0 = p(x + x_0)$$

Durchmesser der Parabel $y^2 = 2px$

$$y = \frac{p}{m}$$

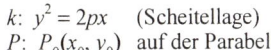

Polare

m Richtungsfaktor der zugeordneten parallelen Sehnen s, die vom Durchmesser halbiert werden ($t \parallel s$).

8.2.4.5 Krümmung einer Parabel

Krümmungsradius ρ, Krümmungsmittelpunkt $M_k(\xi,\eta)$

$k:\; y^2 = 2px$

im Punkt P: $P_0(x_0, y_0)$ n Normalenlänge

$$\rho = \frac{\sqrt{(y_0^2 + p^2)^3}}{p^2} = \frac{n^3}{p^2}$$

$$\xi = 3x_0 + p \qquad \eta = -\frac{y_0^3}{p^2}$$

im Scheitel $S(0, 0)$

$$\rho = |p| \quad \xi = p \quad \eta = 0$$

Evolute der Parabel $y^2 = 2px$

Evolute (Neilsche Parabel)

$$y^2 = \frac{8\,(x-p)^3}{27p} \qquad \text{für } x \geq p$$

Die Evolute ist eine NEILsche oder *semikubische Parabel*.

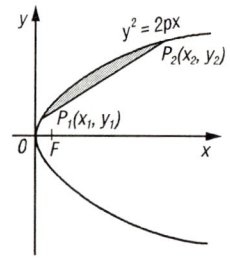

8.2.4.6 Parabelsegment, Parabelbogen, Brennstrahllänge

$k:\; y^2 = 2px$

Sehne $\overline{P_1 P_2}$ hat beliebige Richtung

$$A = \left| \frac{(y_1 - y_2)^3}{12p} \right| = \left| \frac{(x_1 - x_2)(y_1 - y_2)^2}{6(y_1 + y_2)} \right|$$

Sehne senkrecht zur y-Achse in P_1

$$A = \frac{4}{3} x_1 y_1 \qquad \text{wobei } x_1 = x_2$$

Länge des Parabelbogens $0P_0$

Parabelsegment

$$0P_0 = \frac{p}{2}\left(\sqrt{\frac{2x_0}{p}\left(1 + \frac{2x_0}{p}\right)} + \ln\left(\sqrt{\frac{2x_0}{p}} + \sqrt{1 + \frac{2x_0}{p}} \right) \right)$$

$$= \frac{y_0}{2p}\sqrt{p^2 + y_0^2} + \frac{p}{2}\ln\frac{y_0 + \sqrt{p^2 + y_0^2}}{p}$$

$$= \frac{y_0}{2p}\sqrt{p^2 + y_0^2} + \frac{p}{2}\operatorname{arsinh}\frac{y_0}{p}$$

Näherungswert für kleines $\dfrac{x_0}{y_0}$: $OP_0 \approx y_0 \left(1 + \dfrac{2}{3}\left(\dfrac{x_0}{y_0}\right)^2 - \dfrac{2}{5}\left(\dfrac{x_0}{y_0}\right)^4 \right)$

Länge l des Brennstrahls zum Punkt $P_0(x_0, y_0)$

$$l = x_0 + \frac{p}{2}$$

8.2.4.7 Parabelkonstruktionen

Gegeben: *Brennpunkt F und Leitlinie l*

(1) Man fällt von F auf l das Lot $\overline{FD}$ (Parabelachse) und errichtet in beliebigen Punkten $A_1, A_2, \dots$ Senkrechte zur Achse. Dann zeichnet man um F mit den Radien $\overline{DA_1}, \overline{DA_2}, \dots$ Kreise, die die entsprechenden Senkrechten in Parabelpunkten schneiden. Der Mittelpunkt von $\overline{FD}$ ist Parabelscheitel.

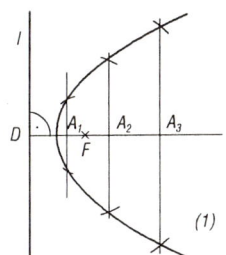

(1)

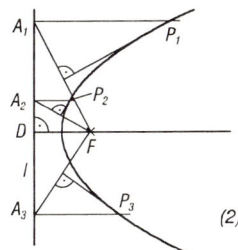

(2)

(2) Man verbindet einen beliebigen Punkt A_1 der Leitlinie mit dem Brennpunkt F und errichtet auf $\overline{A_1 F}$ die Mittelsenkrechte, die die Senkrechte in A_1 auf der Leitlinie in einem Parabelpunkt schneidet.

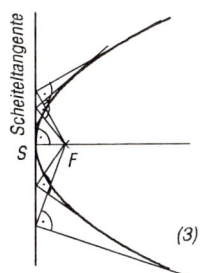

(3)

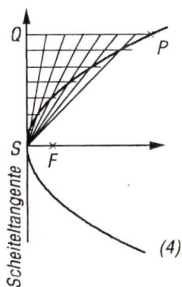

(4)

Gegeben: *Brennpunkt F und Scheiteltangente*

(3) Man verbindet verschiedene Punkte der Scheiteltangente mit F und errichtet auf diesen Verbindungslinien die Senkrechten, die die Parabel umhüllen.

Gegeben: *Koordinatenachsen, Scheitel im Ursprung und ein Punkt P der Parabel*

(4) Man fällt von P das Lot $\overline{PQ}$ auf die Scheiteltangente und teilt $\overline{PQ}$ und $\overline{SQ}$ in gleich viele, untereinander gleiche Teile. Die Teilpunkte auf $\overline{PQ}$ verbindet man mit S und zieht durch die Teilpunkte auf $\overline{SQ}$ Parallelen zur Parabelachse. Die Schnittpunkte der entsprechenden Parallelen mit den Verbindungslinien von s aus sind Parabelpunkte.
Die unterhalb der Parabelachse liegenden Parabelpunkte liegen symmetrisch.

8.2.5   Die Hyperbel

Eine *Hyperbel* ist die Menge aller Punkte einer Ebene, deren Entfernungen von zwei festen Punkten auf der Ebene (den *Brennpunkten*) F_1 und F_2 eine konstante Differenz aufweisen:

$$\overline{F_1P} - \overline{PF_2} = \text{konst.} < \overline{F_1F_2}$$

Bezeichnungen

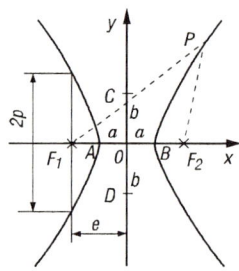

Mittelpunktslage

A, B	Hauptscheitel
C, D	Nebenscheitel
M	Mittelpunkt

$\overline{PF_1} - \overline{PF_2} = 2a$

$\overline{PF_1}, \overline{PF_2}$	Brennstrahlen
$\overline{AB} = 2a$	reelle Achse, Hauptsymmetrieachse
$\overline{CD} = 2b$	imaginäre Achse
$\overline{F_1F_2} = 2e$	$e > a \geq 0$

$e = \sqrt{a^2 + b^2}$ lineare Exzentrizität

für Hyperbel gilt $\varepsilon > 1$

$2p = \dfrac{2b^2}{a}$ Parameter, zur Hauptachse senkrechte Sehnen in F_1, F_2

8.2.5.1 Gleichungen der Hyperbel

Mittelpunktsgleichung (Ursprungsgleichung) $M(0, 0)$

$$\frac{x^2}{a^2} - \frac{y^2}{b^2} = 1 \qquad y = \pm \frac{b}{a}\sqrt{x^2 - a^2} \qquad x \in (-\infty, -a] \cup [a, \infty)$$

Bemerkung: Symmetrie zu beiden Koordinatenachsen (Bild oben)

Gleichseitige oder rechtwinklige Hyperbel ($a = b$)

$$x^2 - y^2 = a^2$$

in Parameterdarstellungen

$$\begin{cases} x = \dfrac{a}{\cos t} \\ y = \pm b \tan t \end{cases} \qquad \text{bzw.} \begin{cases} x = \pm a \cosh t \\ y = b \sinh t \end{cases} \qquad t \in \mathbb{R}, + \text{rechter Ast}$$

Allgemeine Gleichung bei achsparalleler Lage, Hauptform

$$\frac{(x - x_{\mathrm{m}})^2}{a^2} - \frac{(y - y_{\mathrm{m}})^2}{b^2} = 1 \qquad M(x_{\mathrm{m}}, y_{\mathrm{m}})$$

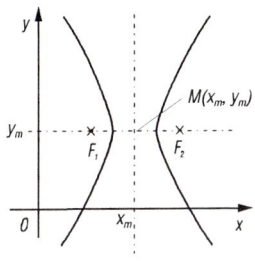

Achsparallele Lage   Scheitellage

8

Scheitelgleichung

$$y^2 = 2px + \frac{p}{a} x^2 \qquad\qquad M(-a, 0)$$

Allgemeine Gleichung 2. Grades

$$a_{11}x^2 + 2a_{12}xy + a_{22}y^2 + 2a_{10}x + 2a_{20}y + a_{00} = 0$$

Bedingungen für eine Hyperbel in achsparalleler Lage:

$$\operatorname{sgn} a_{11} \neq \operatorname{sgn} a_{22} \wedge a_{12} = 0$$

Hyperbelgleichung:

$$a_{11}x^2 - a_{22}y^2 + 2a_{10}x + 2a_{20}y + a_{00} = 0 \qquad\qquad a_{22} > 0$$

reelle Halbachse $\qquad a = \sqrt{\dfrac{a_{22}a_{10}^2 - a_{11}a_{20}^2 - a_{11}a_{22}a_{00}}{a_{11}^2 a_{22}}}$

imaginäre Halbachse $\quad b = \sqrt{\dfrac{a_{22}a_{10}^2 - a_{11}a_{20}^2 - a_{11}a_{22}a_{00}}{a_{11}a_{22}^2}}$

Mittelpunkt $M\left(-\dfrac{a_{10}}{a_{11}}, \dfrac{a_{20}}{a_{22}}\right)$

Jede Gleichung der Form $y = \dfrac{Ax + B}{Cx + D}$ mit $AD - BC \neq 0$ und $C \neq 0$ stellt eine

Hyperbel dar, deren Asymptoten den kartesischen Koordinatenachsen parallel sind.

Inverse Gleichungen

Mittelpunktsgleichung $M(0, 0)$ $\dfrac{y^2}{a^2} - \dfrac{x^2}{b^2} = 1$

Scheitelgleichung $M(0, -a)$ $x^2 = 2py + \dfrac{p}{a} y^2$

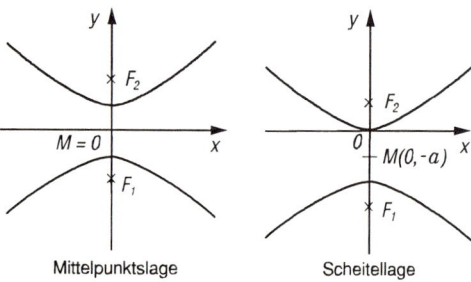

Mittelpunktslage   Scheitellage

Inverse Gleichungsform

Hyperbelgleichungen in Polarkoordinaten $\{0; r, \varphi\}$ (Polargleichungen)

$M = \text{Pol}$: $r^2 = \dfrac{b^2}{\varepsilon^2 \cos^2 \varphi - 1}$ $\varepsilon > 1$

$F_2 = \text{Pol}$: $r = \dfrac{p}{1 - \varepsilon \cos \varphi}$ $\varepsilon > 1$ $\varphi \in [0, 2\pi] \setminus [-\varphi_0, \varphi_0]$

$\tan \varphi_0 = \dfrac{b}{a}$ $\pm \varphi_0$ Steigung der Asymptoten

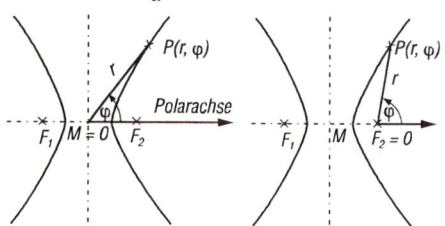

Darstellung in Polarkoordinaten

Brennstrahlen der Hyperbel $\dfrac{x^2}{a^2} - \dfrac{y^2}{b^2} = 1$

$\begin{aligned} \overline{PF_1} &= \varepsilon x + a \\ \overline{PF_2} &= \varepsilon x - a \end{aligned} \quad \rightarrow \quad \overline{PF_1} - \overline{PF_2} = 2a$

8.2.5.2 Schnittpunkt einer Geraden mit einer Hyperbel

$$k: \frac{x^2}{a^2} - \frac{y^2}{b^2} = 1, \quad g: y = mx + b_1$$

$$x_{1,2} = \frac{a^2 m b_1}{b^2 - a^2 m^2} \pm \frac{ab}{b^2 - a^2 m^2} \sqrt{b^2 + b_1^2 - a^2 m^2} \qquad b^2 - a^2 m^2 \neq 0$$

$$y_{1,2} = \frac{b^2 b_1}{b^2 - a^2 m^2} \pm \frac{abm}{b^2 - a^2 m^2} \sqrt{b^2 + b_1^2 - a^2 m^2} \qquad b^2 - a^2 m^2 \neq 0$$

Diskriminante $D = b^2 + b_1^2 - a^2 m^2$

- $D > 0$ Die Hyperbel wird von der Geraden geschnitten.
- $D = 0$ Die Hyperbel wird von der Geraden berührt.
- $D < 0$ Die Hyperbel wird von der Geraden gemieden.

Sonderfälle

- $b^2 - a^2 m^2 = 0, \, m \neq 0, \, b_1 \neq 0$

Die Gerade schneidet die Hyperbel nur in einem Punkt (x_s, y_s) und ist einer der beiden Asymptoten parallel:

$$x_s = -\frac{b_1^2 + b^2}{2mb_1} \qquad y_s = -\frac{b_1^2 - b^2}{2b_1}$$

- $b^2 - a^2 m^2 = 0, \, m \neq 0, \, b_1 = 0$ Die Gerade ist Asymptote.

8

8.2.5.3 Tangente und Normale einer Hyperbel

$$k: \frac{x^2}{a^2} - \frac{y^2}{b^2} = 1, \quad P: P_0(x_0, y_0)$$

Tangente: $\dfrac{xx_0}{a^2} - \dfrac{yy_0}{b^2} = 1$

    Richtungsfaktor $m_t = \dfrac{b^2 x_0}{a^2 y_0}$

Normale: $y - y_0 = -\dfrac{a^2 y_0}{b^2 x_0}(x - x_0)$

    Richtungsfaktor $m_n = -\dfrac{a^2 y_0}{b^2 x_0}$

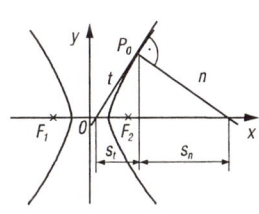

Tangente und Normale

Tangentenlänge $t = \sqrt{y_0^2 + \left(x_0 - \dfrac{a^2}{x_0}\right)^2}$

Normalenlänge $n = \dfrac{b}{a^2} \sqrt{e^2 x_0^2 - a^4}$

Subtangente $s_t = \left| x_0 - \dfrac{a^2}{x_0} \right|$

Subnormale $s_n = \left| \dfrac{b^2 x_0}{a^2} \right|$

$k:\ \dfrac{(x - x_m)^2}{a^2} - \dfrac{(y - y_m)^2}{b^2} = 1,\ P:\ P_0(x_0, y_0)$

Tangente: $\dfrac{(x - x_m)(x_0 - x_m)}{a^2} - \dfrac{(y - y_m)(y_0 - y_m)}{b^2} = 1$

Richtungsfaktor $m_t = \dfrac{b^2 (x_0 - x_m)}{a^2 (y_0 - y_m)}$

Normale: $y - y_0 = -\dfrac{a^2 (y_0 - y_m)}{b^2 (x_0 - x_m)} (x - x_0)$

Richtungsfaktor $m_n = -\dfrac{a^2 (y_0 - y_m)}{b^2 (x_0 - x_m)}$

Asymptoten

Die Tangenten in den unendlich fernen Punkten heißen *Asymptoten*.

$y = \pm \dfrac{b}{a} x$ $\tan \varphi_0 = \dfrac{b}{a}$, $\overline{T_1 E} = \overline{T_2 E}$

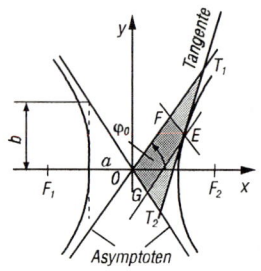

Satz vom konstanten Dreieck

Die Fläche des Dreiecks $T_1 0 T_2$ ist konstant:

$A = ab$

Satz vom konstanten Parallelogramm

Sind $\overline{EF}$ und $\overline{EG}$ Parallelen zu den Asymptoten, so ist der Flächeninhalt des entstandenen Parallelogramms $0GEF$ konstant:

$A = \dfrac{ab}{2}$

Asymptoten

Asymptotengleichung der Hyperbel im Koordinatensystem
$\{0;$ Asymptote 1, Asymptote 2$\}$

$$x'y' = \frac{e^2}{4} \qquad a \neq b, \text{ schiefwinklig}$$

Sonderfall

Stehen die Asymptoten $y = \pm x$ senkrecht aufeinander, d.h. ist $a = b$, ergibt sich eine *gleichseitige* oder *rechtwinklige Hyperbel:*

$$x'y' = \frac{a^2}{2} \quad \text{bzw.} \quad x^2 - y^2 = a^2$$

8.2.5.4 Polare eines Punktes in bezug auf eine Hyperbel

$k: \dfrac{x^2}{a^2} - \dfrac{y^2}{b^2} = 1,\ P: \ P_0(x_0, y_0)$ (Pol)

$$\frac{xx_0}{a^2} - \frac{yy_0}{b^2} = 1$$

8

Durchmesser der Hyperbel

Durchmesser sind Geraden durch den Mittelpunkt der Hyperbel.

$$y = \frac{b^2}{a^2 m} x \qquad m = \tan \alpha$$

Konjugierte Durchmesser sind Durchmesser, von denen jeder die dem anderen parallelen Sehnen halbiert.

$y = m_1 x$ und $y = m_2 x$ sind zwei konjugierte Durchmesser, wenn

$$m_1 m_2 = \frac{b^2}{a^2}$$

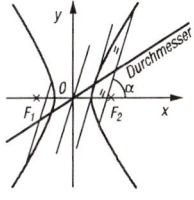

Durchmesser

Für zwei konjugierte Durchmesser $2a_1$ und $2b_1$ gilt:

$$a_1^2 - b_1^2 = a^2 - b^2$$

Gleichung der Hyperbel, bezogen auf die konjugierten Durchmesser $2a_1$ und $2b_1$:

$$\frac{x^2}{a_1^2} - \frac{y^2}{b_1^2} = 1$$

8.2.5.5 Krümmung der Hyperbel

Krümmungsradius ρ und Krümmungsmittelpunkt $M_k(\xi, \eta)$

k: $\dfrac{x^2}{a^2} - \dfrac{y^2}{b^2} = 1$, im Punkt $P_0(x_0, y_0)$

$$\rho = \frac{1}{a^4 b^4}\sqrt{(b^4 x^2 + a^4 y^2)^3} = \frac{\sqrt{(e^2 x^2 - a^4)^3}}{a^4 b} = \frac{n^3}{p^2} \qquad n \text{ Normalenlänge}$$

$$\xi = \frac{e^2 x^3}{a^4} \qquad \eta = -\frac{e^2 y^3}{b^4} = -\frac{\varepsilon^2 a^2 y^3}{b^4}$$

im Scheitel $A(-a, 0)$

$$\rho = \frac{b^2}{a} = p \qquad \xi = -\frac{e^2}{a} \qquad \eta = 0$$

im Scheitel $B(a, 0)$

$$\rho = \frac{b^2}{a} = p \qquad \xi = \frac{e^2}{a} \qquad \eta = 0$$

Hauptkreis der Hyperbel

$$x^2 + y^2 = a^2$$

Evolute der Hyperbel

$$\left(\frac{ax}{e^2}\right)^{\frac{2}{3}} - \left(\frac{by}{e^2}\right)^{\frac{2}{3}} = 1 \qquad \text{für } |x| \geq \frac{e^2}{a}$$

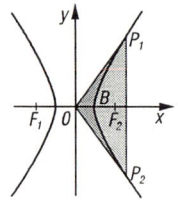

8.2.5.6 Hyperbelsegment P_1BP_2 und Hyperbelsektor $0P_2BP_1$

Hyperbelsegment

$$A = x_1 y_1 - ab \ln\left(\frac{x_1}{a} + \frac{y_1}{b}\right) = x_1 y_1 - \operatorname{arcosh}\frac{x_1}{a}$$

Hyperbelsektor

$$A = ab \ln\left(\frac{x_1}{a} + \frac{y_1}{b}\right) = \operatorname{arcosh}\frac{x_1}{a}$$

Hyperbelsegment und
-sektor

8.2.5.7 Hyperbelkonstruktionen

Gegeben: *Brennpunkte F_1, F_2 und Hauptsymmetrieachse 2a*

(1) Man zeichnet um F_1 und F_2 Kreise mit beliebigem Radius ρ und dem Radius $2a + \rho$ und erhält als Schnittpunkte vier symmetrisch liegende Hyperbelpunkte. Durch Variieren von p ergeben sich weitere Hyperbelpunkte.

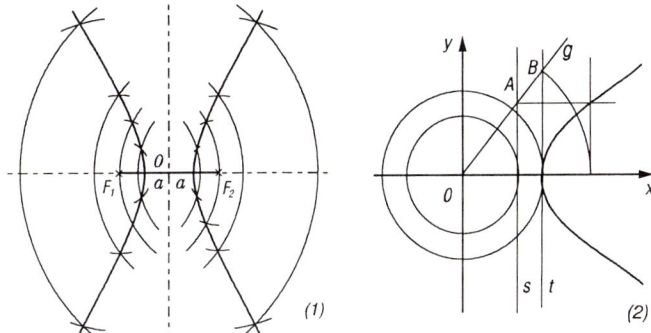

(1)

(2)

8

Gegeben: *Halbachsen a und b*

(2) Man zeichnet um $M = 0$ Kreise mit den Radien a und b. An diese »Leitkreise« zieht man die lotrechten Tangenten s und t. Eine beliebige Gerade g durch 0 schneidet die Tangenten in A und B. Dann zeichnet man um 0 den Kreisbogen mit dem Radius $\overline{0B}$ und errichtet in seinem Schnittpunkt mit der x-Achse die Senkrechte zur x-Achse. Ihr Schnittpunkt mit der zur x-Achse parallelen Geraden durch A ist ein Hyperbelpunkt. Variation von g ergibt weitere Hyperbelpunkte.

Gegeben: *Koordinatenachsen als Asymptoten und ein Punkt P der gleichseitigen Hyperbel*

(3) Man fällt von P die Lote $\overline{PQ}$ und $\overline{PR}$ auf die Koordinatenachsen, verlängert $\overline{PR}$ über P hinaus und verbindet beliebige Punkte auf der Verlängerung mit dem Ursprung 0. Durch die Schnittpunkte dieser Verbindungslinien mit $\overline{PQ}$ zieht man Parallelen zur x-Achse. Dann zieht man durch die Teilpunkte auf der Verlängerung von $\overline{PR}$ Parallelen zur y-Achse. Ihre Schnittpunkte mit den entsprechenden Parallelen zur x-Achse sind Hyperbelpunkte.

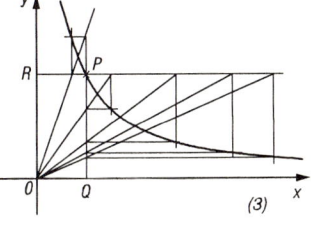

(3)

Entsprechendes Verfahren im 3. Quadranten ergibt den zweiten Zweig der Hyperbel.

Gegeben: *Asymptoten und ein Hyperbelpunkt* P_1

(4) Man zeichnet eine beliebige Gerade durch P_1, die die Asymptoten in Q_1 und Q_2 schneidet, und trägt auf ihr $\overline{Q_2P_2} = \overline{Q_1P_1}$ ab. Der Punkt P_2 ist dann ein weiterer Hyperbelpunkt. Durch Variieren der Geraden ergeben sich weitere Punkte.

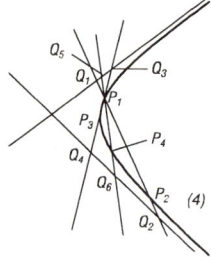

Bemerkung: Aus den Scheitelpunkten und den Asymptoten läßt sich leicht der ungefähre Hyperbelverlauf ermitteln.

8.2.6   Hauptachsentransformation für Kurven 2. Ordnung

Eine orthogonale Koordinatentransformation, die die allgemeine Gleichung 2. Ordnung

$$\sum_{i=1}^{n} \sum_{k=1}^{n} a_{ik}x_ix_k + 2\sum_{i=1}^{n} a_{i0}x_i + a_{00} = 0$$

in eine metrische Normalform überführt, heißt *Hauptachsentransformation*.

Metrische Normalform:

• keine gemischtquadratischen Glieder
• kein lineares Glied   oder
• nur ein lineares Glied, aber kein Absolutglied.

Geometrische Deutung:
Durch die Hauptachsentransformation werden die Kegelschnitte in ihrer Mittelpunkts- bzw. Scheitellage dargestellt.

Speziell für **ebene Kurven 2. Ordnung (Kegelschnitte)** gilt:

$$F(x,y):\ a_{11}x^2 + 2a_{12}xy + a_{22}y^2 + 2a_{10}x + 2a_{20}y + a_{00} = 0$$

Die Kegelschnittachsen sind zum Koordinatensystem um φ gedreht.

Invarianten (bleiben bei Koordinatentransformation erhalten)

$$\det A = \begin{vmatrix} a_{11} & a_{12} \\ a_{21} & a_{22} \end{vmatrix} \qquad \det \tilde{A} = \begin{vmatrix} a_{00} & a_{01} & a_{02} \\ a_{10} & a_{11} & a_{12} \\ a_{20} & a_{21} & a_{22} \end{vmatrix}$$

$$S = a_{11} + a_{22} = a'_{11} + a'_{22}$$

Für alle Koeffizienten a_{ik}, $i \neq k$, gilt $a_{ik} = a_{ki}$: $a_{12} = a_{21}$, $a_{01} = a_{10}$, $a_{02} = a_{20}$.

(1) **Drehung** des Koordinatensystems $\{0; x, y\}$ um φ zum Erreichen achsparalleler Lage (Beseitigung des gemischtquadratischen Gliedes), gedrehtes Koordinatensystem $\{0; x', y'\}$:

$$\begin{cases} x = x' \cos\varphi - y' \sin\varphi \\ y = x' \sin\varphi + y' \cos\varphi \end{cases} \to \quad \tan 2\varphi = \frac{2a_{12}}{a_{11} - a_{22}}$$

für $a_{11} \neq a_{22}$ gilt $0 \leq \varphi \leq \dfrac{\pi}{2}$ bei $a_{11} = a_{22}$ ist $\varphi = \dfrac{\pi}{4}$

$$\sin 2\varphi = \frac{2a_{12}}{D}, \quad \cos 2\varphi = \frac{a_{11} - a_{22}}{D}$$

mit der Diskriminante $D = \sqrt{(a_{11} - a_{22})^2 + 4a_{12}^2}$ sgn a_{12}

Neue Gleichung: $a_{11}' x'^2 + a_{22}' y'^2 + 2a_{10}' x' + 2a_{20}' y' + a_{00} = 0$

mit $a_{11}' = \dfrac{1}{2}(a_{11} + a_{22} + D) \stackrel{\wedge}{=} \lambda_1$

$\qquad a_{22}' = \dfrac{1}{2}(a_{11} + a_{22} - D) \stackrel{\wedge}{=} \lambda_2 \qquad\qquad \lambda_i$ Eigenwerte von A

$$a_{10}' = a_{10}\sqrt{\frac{D + (a_{11} - a_{22})}{2D}} + a_{20}\sqrt{\frac{D - (a_{11} - a_{22})}{2D}}$$

$$a_{20}' = a_{20}\sqrt{\frac{D + (a_{11} - a_{22})}{2D}} - a_{10}\sqrt{\frac{D - (a_{11} - a_{22})}{2D}}$$

(2) **Verschiebung** des Koordinatensystems $\{0; x', y'\}$ zur Zentrierung des Scheitelpunktes, es entsteht das Koordinatensystem $\{0; x'', y''\}$

Für $a_{11}' \neq 0$ und $a_{22}' \neq 0$ ergibt sich:

$$x'' = x' + \frac{a_{10}'}{a_{11}'} \qquad y'' = y' + \frac{a_{20}'}{a_{22}'} \qquad a_{00}'' = \frac{\det \widetilde{A}}{\det A}$$

Transformierte Gleichung in metrischer Normalform:

$$a_{11}' x''^2 + a_{22}' y''^2 + a_{00}'' = 0$$

Sonderfälle

- $a_{11}' = 0$ und $a_{22}' \neq 0$: $\quad y' = y'' - \dfrac{a_{20}'}{a_{22}'} \qquad x' = x'' - \dfrac{a_{22}' a_{00} - a_{20}'^2}{2a_{22}' a_{10}'}$

- $a_{11}' \neq 0$ und $a_{22}' = 0$: $\quad x' = x'' - \dfrac{a_{10}'}{a_{11}'} \qquad y' = y'' - \dfrac{a_{11}' a_{00} - a_{10}'^2}{2a_{11}' a_{20}'}$

Die transformierten Gleichungen in metrischer Normalform lauten dann:

$$(1)\ a'_{22}y''^2 + 2a'_{10}x'' = 0 \qquad (2)\ a'_{11}x''^2 + 2a'_{20}y'' = 0$$

Hauptachsentransformation in Matrizenform

Die Gleichung 2. Ordnung in Matrizenschreibweise lautet:

$$x^T A x + 2a^T x + a_{00} = 0$$

Formenmatrix $A = \begin{pmatrix} a_{11} & a_{12} \\ a_{21} & a_{22} \end{pmatrix}$, $a_{12} = a_{21} \neq 0$ $\qquad x = \begin{pmatrix} x \\ y \end{pmatrix}$ $\qquad a = \begin{pmatrix} a_{10} \\ a_{20} \end{pmatrix}$

Invarianten det A, det $\widetilde{A}$ und S wie oben angegeben

Drehung zum Erreichen achsparalleler Lage (a_{12} und a_{21} verschwinden)
Durchführung einer orthogonalen Transformation $x = C \cdot x'$, C orthogonal,
so, daß die Formenmatrix $C^T A C$ (*quadratische Form*) eine Diagonalmatrix ist,
die über $x'^T (C^T A C) x'$ die reinquadratischen Glieder im $\{0, x', y'\}$-Koordina-
tensystem bestimmt, wobei das gemischtquadratische Glied verschwindet
(*metrische Normalform* der quadratischen Form).

$C^T A C$ wird zur Spektralmatrix der Eigenwerte von A

$$C^T A C = \begin{pmatrix} \lambda_1 & 0 \\ 0 & \lambda_2 \end{pmatrix}$$

Bestimmung der Eigenwerte λ aus $(A - \lambda E) = O$

$$\det (A - \lambda E) = \lambda^2 - (a_{11} + a_{22})\,\lambda + \det A = 0$$

Die zu λ_1, λ_2 gehörigen Eigenvektoren x'_1, x'_2 lauten

$$(A - \lambda_1 E)\, x'_1 = 0 \rightarrow x'_1 = \begin{pmatrix} x'_{11} \\ x'_{21} \end{pmatrix}$$

$$(A - \lambda_2 E)\, x'_2 = 0 \rightarrow x'_2 = \begin{pmatrix} x'_{12} \\ x'_{22} \end{pmatrix} \qquad x'_i \neq \begin{pmatrix} 0 \\ 0 \end{pmatrix}$$

Normierung der Eigenvektoren $|x'_i| = \sqrt{x'^2_{1i} + x'^2_{2i}}$, $x_1^T x_2 = 0$

ergibt die Transformationsmatrix $C = (x'_{ik})$

Die bezüglich $\{0; x, y\}$ vorgegebenen Vektoren

$$x'_1 = x'_{11} e_x + x'_{21} e_y \text{ und } x'_2 = x'_{12} e_x + x'_{22} e_y$$

liegen in Richtung e'_x, e'_y gegenüber e_x, e_y gedreht um φ, wobei

$$\frac{x'_1}{|x'_1|} = \begin{pmatrix} \cos\varphi \\ \sin\varphi \end{pmatrix} \quad \text{und} \quad \frac{x'_2}{|x'_2|} = \begin{pmatrix} -\sin\varphi \\ \cos\varphi \end{pmatrix} \text{ die Spalten von } C \text{ sind.}$$

Verschiebung durch quadratische Ergänzung (siehe Beispiel)

Geometrische Deutung: siehe nachstehende Tabelle

		$\det A = \lambda_1\lambda_2 \neq 0$ Kegelschnitt mit Mittelpunkt		$\det A = \lambda_1\lambda_2 = 0$ Kegelschnitt ohne Mittelpunkt
		$\det A > 0$	$\det A < 0$	
$\det \widetilde{A} \neq 0$ eigentliche Kegelschnitte		$\lambda_i \det \widetilde{A} \leq 0$ bzw. $S \det \widetilde{A} \leq 0$ Ellipse; $\lambda_i \det \widetilde{A} > 0$ bzw. $S \det \widetilde{A} > 0$ imaginäre Ellipse	Hyperbel	Parabel
		$a'_{11} = a'_{22}$ Kreis		
$\det \widetilde{A} = 0$ uneigentliche, entartete Kegelschnitte		Nullkegelschnitt	nicht paralleles Geradenpaar	Rang r $\widetilde{A} = 2$ bzw. $a_{10}^2 - a_{11}a_{00} > 0$ Parallelenpaar; Rang r $A = 1$ bzw. $a_{10}^2 - a_{11}a_{00} = 0$ 2 zusammenfallende Parallelen; $a_{10}^2 - a_{11}a_{00} < 0$ 2 imaginäre Parallelen

8

Als Invariante bleibt erhalten: $S = a_{11} + a_{22}$

♦   Beispiele:

(1)   Ist $3x_1^2 + 7x_2^2 - 4x_1x_2$ eine quadratische Form? Wie lauten die Eigenräume?

Bei der Annahme einer quadratischen Form gilt:

$$x^{\mathrm{T}}Ax = (x_1 \ \ x_2) \cdot \begin{pmatrix} 3 & -2 \\ -2 & 7 \end{pmatrix} \cdot \begin{pmatrix} x_1 \\ x_2 \end{pmatrix}$$

$$= \left(3x_1 - 2x_2 \quad -2x_1 + 7x_2\right) \cdot \begin{pmatrix} x_1 \\ x_2 \end{pmatrix} = 3x_1^2 - 2x_1x_2 - 2x_2^2 + 7x_2^2 \quad \text{wie oben}$$

Die Annahme ist richtig.

Berechnung der Eigenwerte und der Eigenräume der Formenmatrix A

$$\det (A - \lambda E) = \begin{vmatrix} 3 - \lambda & -2 \\ -2 & 7 - \lambda \end{vmatrix} = 0 \; \rightarrow \lambda^2 - 10\lambda + 17 = 0$$

Eigenwerte: $\lambda_1 = 7,8284$ und $\lambda_2 = 2,1716$.

Metrische Normalform mit der Diagonalmatrix der Eigenvektoren:

$$x'^T \begin{pmatrix} 7,8248 & 0 \\ 0 & 2,1716 \end{pmatrix} x' \overset{\triangle}{=} 7,8284 x_1'^2 + 2,1716 x_2'^2$$

Zugehörige Eigenräume für λ_1:

$$(A - \lambda E)\, x' = \begin{pmatrix} -4,8284 & -2 \\ -2 & -0,8284 \end{pmatrix} x' = o$$

$$x_1' + 0,4142 \cdot x_2' = 0 \; \rightarrow \quad L_1 = \{\mu_1 \cdot (-0,4142;\, 1)\}$$

für λ_2 ergibt sich analog $\quad L_2 = \{\mu_2 \cdot (1;\, 0,4142)\}$

Orthonormierung: $\overline{x}' = \dfrac{x'}{\|x'\|_2} = \dfrac{x'}{\sqrt{(\pm 0,4142)^2 + 1^2}} = \dfrac{1}{\sqrt{1,1716}} \cdot x'$

$$\overline{x}' = \frac{1}{\sqrt{1,1716}} \begin{pmatrix} -0,4142 & 1 \\ 1 & 0,4142 \end{pmatrix} x'$$

(2) Hauptachsentransformation für

$F(x, y):\; 5x^2 + 4xy + 2y^2 - 18x - 12y + 15 = 0$

$a_{11} = 5,\, a_{12} = 2,\, a_{22} = 2,\, a_{10} = -9,\, a_{20} = -6,\, a_{00} = 15$

$$\det \widetilde{A} = \begin{vmatrix} 15 & -9 & -6 \\ -9 & 5 & 2 \\ -6 & 2 & 2 \end{vmatrix} = -36 \neq 0 \qquad \det A = \begin{vmatrix} 5 & 2 \\ 2 & 2 \end{vmatrix} = 6 > 0$$

$S = a_{11} + a_{22} = 7 \qquad S \cdot \det \widetilde{A} = 7 \cdot (-36) < 0$

Die Gleichung definiert lt. Tabelle eine reelle Ellipse.

Drehung zur Substitution des gemischtquadratischen Gliedes

$$\tan 2\varphi = \frac{2a_{12}}{a_{11} - a_{22}} = \frac{2 \cdot 2}{5 - 2} = \frac{4}{3} \qquad 2\varphi = 53,13°$$

wahlweise $\sin 2\varphi = 2a_{12}/D = 4/5$, 2φ wie oben

$$D = \sqrt{(a_{11} - a_{22})^2 + 4a_{12}^2} \cdot \operatorname{sgn} a_{12} = \sqrt{(5 - 2)^2 + 16} \cdot (+1) = 5$$

$$\lambda_1 = a_{11}' = \frac{1}{2}(a_{11} + a_{22} + D) = \frac{1}{2}(5 + 2 + 5) = 6$$

$$\lambda_2 = a_{22}' = \frac{1}{2}(a_{11} + a_{22} - D) = \frac{1}{2}(5 + 2 - 5) = 1$$

$$a_{10}' = (-9)\sqrt{\frac{5 + 3}{10}} + (-6)\sqrt{\frac{5 - 3}{10}} = -\frac{24}{\sqrt{5}}$$

$$a_{20}' = (-6)\frac{2}{\sqrt{5}} + 9\frac{1}{\sqrt{5}} = -\frac{3}{\sqrt{5}}$$

Transformierte Gleichung in achsparalleler Lage

$$\lambda_1 x'^2 + \lambda_2 y'^2 + 2a'_{10} x' + 2a_{20} y' + a'_{00} = 0$$

$$6x'^2 + 1y'^2 - \frac{48}{\sqrt{5}} x' - \frac{6}{\sqrt{5}} y' + 15 = 0$$

Verschiebung

$$x'' = x' + \frac{a'_{10}}{a'_{11}} = x' + \frac{-24}{\sqrt{5} \cdot 6} = x' - \frac{4}{\sqrt{5}}$$

$$y'' = y' + \frac{a'_{20}}{a'_{22}} = y' + \frac{-3}{\sqrt{5} \cdot 1} = y' - \frac{3}{\sqrt{5}}$$

$$a''_{00} = \frac{\det \widetilde{A}}{\det A} = \frac{-36}{6} = -6$$

Transformierte Gleichung nach Drehung und Verschiebung

$$a'_{11} x''^2 + a'_{22} y''^2 + a''_{00} = 0$$

$$6x''^2 + 1y''^2 - 6 = 0 \rightarrow \frac{x''^2}{1} + \frac{y''^2}{6} = 1$$

Das ist eine Ellipse mit den Halbachsen 1 und $\sqrt{6}$, $M''(0, 0)$.

Rechengang in Matrizenform

$$\det (A - \lambda E) = \begin{vmatrix} 5 - \lambda & 2 \\ 2 & 2 - \lambda \end{vmatrix} = \lambda^2 - (a_{11} + a_{22})\, \lambda + \det A$$

$$= \lambda^2 - (5 + 2)\, \lambda + 6 = 0$$

Eigenwerte $\lambda_1 = 6 \;\widehat{=}\; a'_{11}$ $\lambda_2 = 1 \;\widehat{=}\; a'_{22}$

$\det A = \lambda_1 \lambda_2 > 0$ und $|\widetilde{A}| = -36 \neq 0$

$\lambda_i \det \widetilde{A} < 0 \rightarrow$ Ellipse lt. Tabelle

Für $\lambda_1 = 6$ wird

$$(A - \lambda_1 E)\, x'_1 = o \;\rightarrow\; \begin{pmatrix} 5 - \lambda_1 & 2 \\ 2 & 2 - \lambda_1 \end{pmatrix} x'_1 = \begin{pmatrix} -1 & 2 \\ 2 & -4 \end{pmatrix} \begin{pmatrix} x'_{11} \\ x'_{21} \end{pmatrix}$$

$$\begin{cases} -x'_{11} + 2x'_{21} = 0 \\ 2x'_{11} - 4x'_{21} = 0 \end{cases} \quad \text{ergibt } L_1 = \{t\,(2,\,1)\,\},\, t \in \mathbb{R}^*$$

desgl. für $\lambda_2 = 1$: $\begin{pmatrix} 5 - \lambda_2 & 2 \\ 2 & 2 - \lambda_2 \end{pmatrix} x'_2 = \begin{pmatrix} 4 & 2 \\ 2 & 1 \end{pmatrix} \begin{pmatrix} x'_{12} \\ x'_{22} \end{pmatrix}$

$$\begin{cases} 4x'_{12} + 2x'_{22} = 0 \\ 2x'_{12} + 1x'_{22} = 0 \end{cases} \quad \text{ergibt } L_2 = \{t\,(-1,\,2)\},\, t \in \mathbb{R}^*$$

Normierung der Eigenvektoren

$$|x'_1| = \sqrt{x'^2_{11} + x'^2_{22}} = \sqrt{2^2 + 1^2} = \sqrt{5}$$

$$t_1 = \frac{1}{\sqrt{5}} \;\rightarrow\; x'_1 = \begin{pmatrix} x'_1 \\ x_2 \end{pmatrix} = \begin{pmatrix} 2/\sqrt{5} \\ 1/\sqrt{5} \end{pmatrix} \qquad t_2 = \frac{1}{\sqrt{5}} \;\rightarrow\; x'_2 = \begin{pmatrix} x'_{12} \\ x'_{22} \end{pmatrix} = \begin{pmatrix} -1/\sqrt{5} \\ 2/\sqrt{5} \end{pmatrix}$$

8

Kontrolle: $x_1'^{\mathrm{T}} x_2' = \left(\dfrac{2}{\sqrt{5}}, \dfrac{1}{\sqrt{5}}\right) \cdot \begin{pmatrix} -1/\sqrt{5} \\ 2/\sqrt{5} \end{pmatrix} = \dfrac{-2}{5} + \dfrac{2}{5} = 0$ in Ordnung

$C = (x_{ik}') = \begin{pmatrix} 2/\sqrt{5} & -1/\sqrt{5} \\ 1/\sqrt{5} & 2/\sqrt{5} \end{pmatrix}, \qquad \dfrac{\sin \varphi}{\cos \varphi} = \dfrac{1/\sqrt{5}}{2/\sqrt{5}} \rightarrow \varphi = 26{,}565°$

Drehung $x = C x'$ $\begin{pmatrix} x \\ y \end{pmatrix} = \begin{pmatrix} x_{11}' & x_{12}' \\ x_{21}' & x_{22}' \end{pmatrix} \begin{pmatrix} x' \\ y' \end{pmatrix}$

ausgeschrieben $x = x_{11}' \, x' + x_{12}' \, y' = (2/\sqrt{5}) \cdot x' - (1/\sqrt{5}) \cdot y'$
$\qquad\qquad\qquad y = x_{21}' \, x' + x_{22}' \, y' = (1/\sqrt{5}) \cdot x' + (2/\sqrt{5}) \cdot y'$

Eingesetzt in die Ausgangsgleichung:

$$5 \left(\dfrac{2}{\sqrt{5}} x' - \dfrac{1}{\sqrt{5}} y' \right)^2 + 4 \left(\dfrac{2}{\sqrt{5}} x' - \dfrac{1}{\sqrt{5}} y' \right)\left(\dfrac{1}{\sqrt{5}} x' + \dfrac{2}{\sqrt{5}} y' \right)$$

$$+ 2 \left(\dfrac{1}{\sqrt{5}} x' + \dfrac{2}{\sqrt{5}} y' \right)^2 - 18 \left(\dfrac{2}{\sqrt{5}} x' - \dfrac{1}{\sqrt{5}} y' \right) - 12 \left(\dfrac{1}{\sqrt{5}} x' + \dfrac{2}{\sqrt{5}} y' \right) + 15 = 0$$

nach Ausmultiplizieren und Zusammenfassen erhält man die Gleichung nach erfolgter Drehung des Koordinatensystems

$$6x'^2 + 1y'^2 - \dfrac{48}{\sqrt{5}} x' - \dfrac{6}{\sqrt{5}} y' + 15 = 0 \qquad\qquad \text{wie oben}$$

Die **Verschiebung** wird wie oben berechnet.

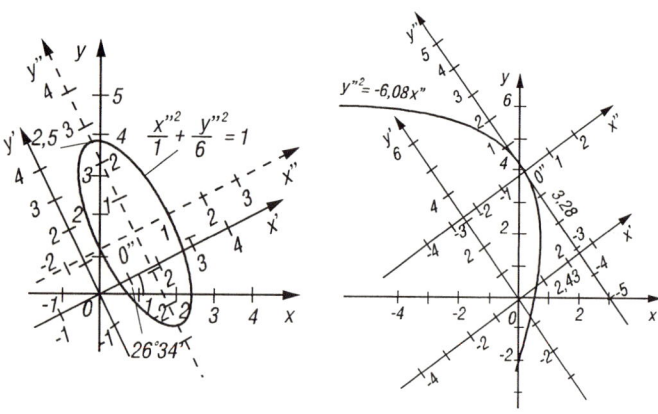

Zu Beispiel (2)   Zu Beispiel (3)

(3) $9x^2 - 24xy + 16y^2 + 220x - 40y - 100 = 0$

$$\det \widetilde{A} = \begin{vmatrix} -100 & 110 & -20 \\ 110 & 9 & -12 \\ -20 & -12 & 16 \end{vmatrix} = -144\,400 \neq 0$$

$$\det A = \begin{vmatrix} 9 & -12 \\ -12 & 16 \end{vmatrix} = 0 \to \text{Parabel}$$

$$\det (A - \lambda E) = \begin{vmatrix} 9 - \lambda & -12 \\ -12 & 16 - \lambda \end{vmatrix} = \lambda^2 - 25\lambda + 0 = 0 \to \lambda_1 = 0, \ \lambda_2 = 25$$

$$\lambda_1 = 0: \begin{pmatrix} 9 & -12 \\ -12 & 16 \end{pmatrix} \begin{pmatrix} y_{11} \\ y_{21} \end{pmatrix} = \begin{pmatrix} 0 \\ 0 \end{pmatrix}$$

ausgeschrieben $\begin{cases} 9y_{11} - 12y_{21} = 0 \\ -12y_{11} + 16y_{21} = 0 \end{cases} \qquad L_1 = \{t\,(4, 3)\}$ bzw. $y_1 = \begin{pmatrix} 4 \\ 3 \end{pmatrix}$

Normierung:

$$t^2(4, 3)\begin{pmatrix} 4 \\ 3 \end{pmatrix} = 25t^2 \to t = \frac{1}{5} \qquad L_1 = \left\{ \left(\frac{4}{5}, \frac{3}{5} \right) \right\} \text{ bzw. } y_1 = \begin{pmatrix} 4/5 \\ 3/5 \end{pmatrix}$$

analog für λ_2: $\begin{pmatrix} -16 & -12 \\ -12 & -9 \end{pmatrix} \begin{pmatrix} y_{12} \\ y_{22} \end{pmatrix} = \begin{pmatrix} 0 \\ 0 \end{pmatrix}$ ergibt $y_2 = \begin{pmatrix} -3/5 \\ 4/5 \end{pmatrix}$

Transformationsmatrix $C = \begin{pmatrix} 4/5 & -3/5 \\ 3/5 & 4/5 \end{pmatrix}$

Drehung $x = Cx'$ $\qquad x = \dfrac{4}{5}x' - \dfrac{3}{5}y' \qquad y = \dfrac{3}{5}x' + \dfrac{4}{5}y'$

eingesetzt in die Ausgangsgleichung ergibt nach mehreren Schritten

$$25y'^2 + 152x' - 164y' - 100 = 0$$

Verschiebung $\qquad y'^2 - \dfrac{164}{25}y' + \left(\dfrac{82}{25} \right)^2 + \dfrac{152}{25}x' = 4 + \left(\dfrac{82}{25} \right)^2$

$$\left(y' - \frac{82}{25} \right)^2 + \frac{152}{25}x' = 14{,}758\,4$$

$$(y' - 3{,}28)^2 = -6{,}08x' + 14{,}76$$

Transformierte Gleichung nach Drehung und Verschiebung: $y''^2 = -6{,}08x''$ $\quad \blacklozenge$

8.3   Flächen 2. Ordnung

8.3.1   Kugel

Mittelpunktsgleichungen, $M(0, 0, 0)$

$$x^2 + y^2 + z^2 = r^2$$
$$\boldsymbol{r} \cdot \boldsymbol{r} = r^2$$

Allgemeine Gleichungen, $M(x_m, y_m, z_m)$

$$(x - x_m)^2 + (y - y_m)^2 + (z - z_m)^2 = r^2$$
$$(\boldsymbol{r} - \boldsymbol{r}_m)(\boldsymbol{r} - \boldsymbol{r}_m) = r^2$$

Allgemeine Gleichung 2. Grades als Kugel

$$x^2 + y^2 + z^2 + 2a_{10}x + 2a_{20}y + 2a_{30}z + a_{00} = 0$$

$$(x + a_{10})^2 + (y + a_{20})^2 + (z + a_{30})^2 = a_{10}^2 + a_{20}^2 + a_{30}^2 - a_{00} = r^2$$

Mittelpunkt $M(- a_{10}, - a_{20}, - a_{30})$, Radius siehe oben

Tangentialebene im Punkt P_0 (x_0, y_0, z_0) an die Kugel
$K:$ $(x - x_m)^2 + (y - y_m)^2 + (z - z_m)^2 = r^2$

$$(x - x_m)(x_0 - x_m) + (y - y_m)(y_0 - y_m) + (z - z_m)(z_0 - z_m) = r^2$$

Liegt P_0 nicht auf der Kugel, stellt die Gleichung die *Polarebene* von P_0 in bezug auf die Kugel dar.

Potenz p des Punktes $P_0(x_0, y_0, z_0)$ in bezug auf die Kugel K wie oben

$$p = (x_0 - x_m)^2 + (y_0 - y_m)^2 + (z_0 - z_m)^2 - r^2$$

Potenzebene in bezug auf zwei Kugeln

$$K_1: (x - x_{m1})^2 + (y - y_{m1})^2 + (z - z_{m1})^2 - r_1^2 = 0$$
$$K_2: (x - x_{m2})^2 + (y - y_{m2})^2 + (z - z_{m2})^2 - r_2^2 = 0$$

$$K_1 - K_2 = 0$$

Die Potenzebene steht senkrecht auf der Zentralen der beiden Kugeln.

Potenzlinie in bezug auf drei Kugeln $K_1 = 0$, $K_2 = 0$, $K_3 = 0$
(in Kurzschreibweise für die impliziten Kreisgleichungen)

$$K_1 - K_2 = 0 \wedge K_1 - K_3 = 0$$

8.3.2 Ellipsoid

$$\frac{x^2}{a^2} + \frac{y^2}{b^2} + \frac{z^2}{c^2} = 1 \quad \text{(Mittelpunkt im Ursprung)}$$

a, b, c Halbachsen der Hauptschnitte

- 2 gleiche Achsen: *Rotationsellipsoid*
- 3 gleiche Achsen: Kugel

Polarebene zum Pol P_0 (x_0, y_0, z_0)

$$\frac{xx_0}{a^2} + \frac{yy_0}{b^2} + \frac{zz_0}{c^2} = 1$$

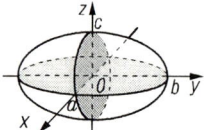

Ellipsoid

Liegt P_0 auf der Fläche des Ellipsoids, stellt die Gleichung die *Tangentialebene* dar.

Durchmesserebene (*Diametralebene*) $\dfrac{x \cos \alpha}{a^2} + \dfrac{y \cos \beta}{b^2} + \dfrac{z \cos \gamma}{c^2} = 0$

α, β, γ Richtungswinkel des zugeordneten Durchmessers

Drei konjugierte Durchmesser

$$\frac{\cos \alpha_1 \cos \alpha_2}{a^2} + \frac{\cos \beta_1 \cos \beta_2}{b^2} + \frac{\cos \gamma_1 \cos \gamma_2}{c^2} = 0$$

$$\frac{\cos \alpha_2 \cos \alpha_3}{a^2} + \frac{\cos \beta_2 \cos \beta_3}{b^2} + \frac{\cos \gamma_2 \cos \gamma_3}{c^2} = 0$$

$$\frac{\cos \alpha_3 \cos \alpha_1}{a^2} + \frac{\cos \beta_3 \cos \beta_1}{b^2} + \frac{\cos \gamma_3 \cos \gamma_1}{c^2} = 0$$

α_i, β_i, γ_i, $i = 1, 2, 3$, Richtungswinkel der konjugierten Durchmesser

Jede Ebene schneidet das Ellipsoid in einer reellen oder imaginären Ellipse.

Volumen $V = \dfrac{4}{3} \pi abc$

Rotationsellipsoid (rotierende Kurve $\dfrac{x^2}{a^2} + \dfrac{y^2}{b^2} = 1$)

Rotation um die a-Achse:

$$V = \frac{4}{3} \pi ab^2 \qquad \text{(längliches Ellipsoid, } b = c\text{)}$$

Rotation um die b-Achse:

$$V = \frac{4}{3} \pi a^2 b \qquad (\textit{Sphäroid, } a = c)$$

8.3.3   Hyperboloid

$a = b$ Rotationshyperboloide,
           z-Achse ist Drehachse
a, b, c Halbachsen der Hauptschnitte

Einschaliges Hyperboloid

$$\frac{x^2}{a^2} + \frac{y^2}{b^2} - \frac{z^2}{c^2} = 1$$

a, b reelle Halbachsen
c imaginäre Halbachse

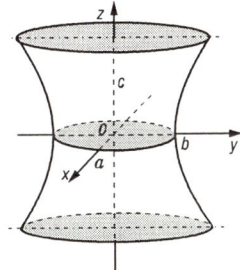

Einschaliges Hyperboloid

8

Zweischaliges Hyperboloid

$$\frac{x^2}{a^2} + \frac{y^2}{b^2} - \frac{z^2}{c^2} = -1$$

c reelle Halbachse
a, b imaginäre Halbachsen

Asymptotenkegel

$$\frac{x^2}{a^2} + \frac{y^2}{b^2} - \frac{z^2}{c^2} = 0$$

(gültig für beide Hyperboloide)

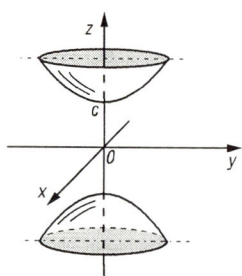

Zweischaliges Hyperboloid

Durchmesserebene (*Diametralebene*)

$$\frac{x \cos \alpha}{a^2} + \frac{y \cos \beta}{b^2} - \frac{z \cos \gamma}{c^2} = 0 \quad \text{(gültig für beide Hyperboloide)}$$

α, β, γ Richtungswinkel des zugeordneten Durchmessers

Polarebene zum Pol $P_0(x_0, y_0, z_0)$

$$\frac{xx_0}{a^2} + \frac{yy_0}{b^2} - \frac{zz_0}{c^2} = \pm 1$$

Pluszeichen für einschaliges, Minuszeichen für zweischaliges Hyperboloid
Liegt P_0 auf der Fläche, stellt die Gleichung die *Tangentialebene* dar.

Geradlinige *Erzeugenden* des einschaligen Hyperboloids

1. Schar
$$\begin{cases} \dfrac{x}{a} + \dfrac{z}{c} = \kappa \left(1 + \dfrac{y}{b}\right) \\ \dfrac{x}{a} - \dfrac{z}{c} = \dfrac{1}{\kappa}\left(1 - \dfrac{y}{b}\right) \end{cases}$$
2. Schar
$$\begin{cases} \dfrac{x}{a} + \dfrac{z}{c} = \lambda \left(1 - \dfrac{y}{b}\right) \\ \dfrac{x}{a} - \dfrac{z}{c} = \dfrac{1}{\lambda}\left(1 + \dfrac{y}{b}\right) \end{cases}$$
$\kappa, \lambda \in \mathbb{R}^*$

Jede Erzeugende der 1. Schar schneidet jede Erzeugende der 2. Schar. Eine Ebene schneidet das Hyperboloid in einer Hyperbel, Parabel oder Ellipse, je nachdem, ob die Ebene parallel zu zwei Mantellinien, zu einer oder zu keiner Mantellinie des Asymptotenkegels liegt.

Rotationshyperboloide (rotierende Kurve $\frac{x^2}{a^2} - \frac{y^2}{b^2} = 1$)

Rotation um die x-Achse in den Grenzen a bis x_0 und $-a$ bis $-x_0$

$$V = \frac{2\pi b^2 (x_0 - a)^2 (x_0 + 2a)}{3a^2} \qquad (zweischalig)$$

Rotation um die y-Achse in den Grenzen von y_0 bis $-y_0$

$$V = \frac{2\pi a^2 y_0 (y_0^2 + 3b^2)}{3b^2}$$ (*einschalig*)

8.3.4 Kegel

$$\frac{x^2}{a^2} + \frac{y^2}{b^2} - \frac{z^2}{c^2} = 0$$

a, b Halbachsen der Ellipse, die Leitkurve des Asymptotenkegels K
der Hyperboloide ist und deren Ebene senkrecht zur z-Achse steht.

c Abstand der Ellipsenebene von der (x, y)-Ebene, Spitze = Ursprung

Tangentialebene an den Kegel K in $P_0(x_0, y_0, z_0)$

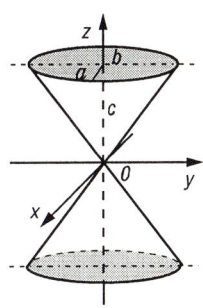

$$\frac{xx_0}{a^2} + \frac{yy_0}{b^2} - \frac{zz_0}{c^2} = 0$$

Gerader Kreiskegel (Leitkurve Kreis, $a = b$)

Gleichung der Kreiskegelfläche

$$\frac{x^2 + y^2}{a^2} - \frac{z^2}{c^2} = 0$$

Tangentialebene zum Kreiskegel

$$\frac{xx_0 + yy_0}{a^2} - \frac{zz_0}{c^2} = 0$$

Kegel

Geradlinige *Erzeugende* des Kegels

$$\frac{x}{a} + \frac{z}{c} = \frac{1}{\lambda}\frac{y}{b} \;\wedge\; \frac{x}{a} - \frac{z}{c} = -\lambda\frac{y}{b}$$

Die Schar geht durch die Spitze des Kegels, $\lambda \in \mathbb{R}^*$

8.3.5 Zylinder

Fläche 2. Ordnung ohne Mittelpunkt, Mittellinien parallel der z-Achse

Elliptischer Zylinder senkrecht zur (x, y)-Ebene

$$\frac{x^2}{a^2} + \frac{y^2}{b^2} = 1$$

(x, z)- und (y, z)-Ebene sind Symmetrieebenen.
Die Gleichung ist gleichbedeutend mit der Schnittellipse in der (x, y)-Ebene.

Kreiszylinder $(a = b = r)$: $x^2 + y^2 = r^2$

Hyperbolischer Zylinder senkrecht zur (x, y)-Ebene:

$$\frac{x^2}{a^2} - \frac{y^2}{b^2} = 1$$

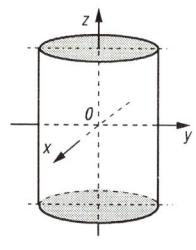

(x, z)- und (y, z)-Ebene sind Symmetrieebenen.
Die Schnittkurve in der (x, y)-Ebene ist eine Hyperbel.

Parabolischer Zylinder senkrecht zur (x, y)-Ebene

Elliptischer Zylinder

$$y^2 = 2px$$

Die (x, z)-Ebene ist Symmetrieebene. Die (y, z)-Ebene ist Tangentialebene, die die Fläche in der z-Achse berührt.

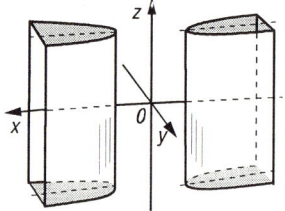

Hyperbolischer Zylinder

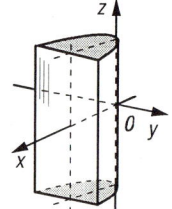

Parabolischer Zylinder

Schnitte senkrecht zur (x, y)-Ebene ergeben ein reelles oder imaginäres Geradenpaar. Jeder andere Ebene schneidet den elliptischen, hyperbolischen bzw. parabolischen Zylinder in einer Ellipse, einer Hyperbel oder einer Parabel.

Tangentialebene in $P_0(x_0, y_0, z_0)$

für elliptischen Zylinder $\qquad \dfrac{xx_0}{a^2} + \dfrac{yy_0}{b^2} = 1$

für hyperbolischen Zylinder $\qquad \dfrac{xx_0}{a^2} - \dfrac{yy_0}{b^2} = 1$

für parabolischen Zylinder $\qquad yy_0 = p\,(x + x_0)$

8.3.6 Paraboloid

$$2z = \frac{x^2}{a^2} + \frac{y^2}{b^2} \quad (elliptisch) \qquad\qquad 2z = \frac{x^2}{a^2} - \frac{y^2}{b^2} \quad (hyperbolisch)$$

Achse des Paraboloids: z-Achse

Scheitel im Ursprung bzw. Sattelpunkt $P(0, 0, 0)$

$$V = \frac{1}{2}\pi abh$$

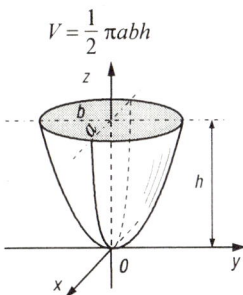

Elliptisches Paraboloid

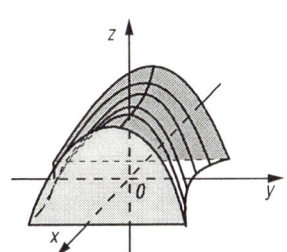

Hyperbolisches Paraboloid

$a = b = r$ beim elliptischen Paraboloid ergibt ein *Rotationsparaboloid*,

(rotierende Kurve $2z = \dfrac{y^2}{a^2}$, $h = z$) mit der z-Achse als Drehachse.

Schwerpunkt S liegt auf der Achse im Abstand $\dfrac{2h}{3}$ vom Scheitel.

Die (x, y)-Ebene ist Tangentialebene an beide Paraboloide im Ursprung. Jede zur z-Achse parallele Ebene schneidet das elliptische Paraboloid in einer Parabel, jede andere Ebene in einer reellen oder imaginären Ellipse. Jede zur z-Achse parallele Ebene schneidet das hyperbolische Paraboloid in einer Parabel, jede andere Ebene in einer Hyperbel. Die (x, z)- und die (y, z)-Ebene sind Symmetrieebenen für beide Paraboloide.

Tangentialebene in $P_0(x_0, y_0, z_0)$

$$\frac{xx_0}{a^2} \pm \frac{yy_0}{b^2} - (z + z_0) = 0$$

Liegt P_0 nicht auf der Fläche, so stellt die Gleichung die *Polarebene* dar.
Geradlinige *Erzeugende* des hyperbolischen Paraboloids

1. Schar $\begin{cases} \dfrac{x}{a} + \dfrac{y}{b} = \kappa \\[2mm] \dfrac{x}{a} - \dfrac{y}{b} = \dfrac{1}{\kappa} 2z \end{cases}$ parallel der Ebene $\dfrac{x}{a} + \dfrac{y}{b} = 0$

2. Schar $\begin{cases} \dfrac{x}{a} - \dfrac{y}{b} = \lambda \\[2mm] \dfrac{x}{a} + \dfrac{y}{b} = \dfrac{1}{\lambda} 2z \end{cases}$ parallel der Ebene $\dfrac{x}{a} - \dfrac{y}{b} = 0$ $\kappa, \lambda \in \mathbb{R}^*$

Abgestumpftes Rotationsparaboloid
(Grund- und Deckflächen parallele Kreisflächen)

$$V = \frac{1}{2} \pi h \left(r_1^2 + r_2^2 \right)$$

8.3.7 Hauptachsentransformation für Flächen 2. Ordnung

$$F(x, y, z): a_{11}x^2 + a_{22}y^2 + a_{33}z^2 + 2a_{12}xy + 2a_{13}xz$$
$$+ 2a_{23}yz + 2a_{10}x + 2a_{20}y + 2a_{30}z + a_{00} = 0$$

in Matrizenschreibweise $x^{\mathrm{T}}Ax + 2a^{\mathrm{T}}x + a_{00} = 0$

$$Formenmatrix\ A = \begin{pmatrix} a_{11} & a_{12} & a_{13} \\ a_{21} & a_{22} & a_{23} \\ a_{31} & a_{32} & a_{33} \end{pmatrix} \quad \text{mit } a_{ik} = a_{ki}, \ x = \begin{pmatrix} x \\ y \\ z \end{pmatrix} \ a = \begin{pmatrix} a_{10} \\ a_{20} \\ a_{30} \end{pmatrix}$$

Die **Invarianten** der Flächen 2. Ordnung sind:

$$\det A = \begin{vmatrix} a_{11} & a_{12} & a_{13} \\ a_{21} & a_{22} & a_{23} \\ a_{31} & a_{32} & a_{33} \end{vmatrix} \qquad \det \tilde{A} = \begin{vmatrix} a_{00} & a_{01} & a_{02} & a_{03} \\ a_{10} & a_{11} & a_{12} & a_{13} \\ a_{20} & a_{21} & a_{22} & a_{23} \\ a_{30} & a_{31} & a_{32} & a_{33} \end{vmatrix}$$

$$S = a_{11} + a_{22} + a_{33} \qquad T = \begin{vmatrix} a_{11} & a_{12} \\ a_{21} & a_{22} \end{vmatrix} + \begin{vmatrix} a_{22} & a_{23} \\ a_{32} & a_{33} \end{vmatrix} + \begin{vmatrix} a_{11} & a_{13} \\ a_{31} & a_{33} \end{vmatrix}$$

Die allgemeine Funktionsgleichung 2. Grades stellt eine **Fläche 2. Ordnung** dar. Sie besitzt einen im Endlichen gelegenen Mittelpunkt, wenn det $A \neq 0$ ist (sog. *Mittelpunktsfläche*). Sehnen durch den Mittelpunkt heißen *Durchmesser*.

Der Ort aller Mittelpunkte paralleler Sehnen ist eine *Durchmesserebene* (*Diametralebene*). Der zu den Sehnen gehörige Durchmesser ist konjugiert zu der Diametralebene.

Ein *Zerfallen der Fläche* 2. Ordnung in ein Ebenenpaar tritt ein, wenn

$$\begin{vmatrix} a_{00} & a_{01} & a_{02} \\ a_{10} & a_{11} & a_{12} \\ a_{20} & a_{21} & a_{22} \end{vmatrix} + \begin{vmatrix} a_{00} & a_{01} & a_{03} \\ a_{10} & a_{11} & a_{13} \\ a_{30} & a_{31} & a_{33} \end{vmatrix} + \begin{vmatrix} a_{00} & a_{02} & a_{03} \\ a_{20} & a_{22} & a_{23} \\ a_{30} & a_{32} & a_{33} \end{vmatrix} = 0$$

Hauptachsentransformation (analog der Ausführung in 8.2.6)

metrische Normalform $x'^{\mathrm{T}} (C^{\mathrm{T}}AC)\, x' = \lambda_1 x'^2_1 + \lambda_2 x'^2_2 + \lambda_3 x'^2_3$

neue Formenmatrix $C^{\mathrm{T}}AC = \begin{pmatrix} \lambda_1 & 0 & 0 \\ 0 & \lambda_2 & 0 \\ 0 & 0 & \lambda_3 \end{pmatrix}$ $\quad \lambda_i$ Eigenwerte von A

Die zu λ_i gehörigen Eigenvektoren x'_i lauten

$$(A - \lambda_i E)\, x'_i = 0 \rightarrow x'_i = (x'_{1i}, x'_{2i}, x'_{3i})^{\mathrm{T}} \qquad i = 1, 2, 3 \qquad x'_i \neq o$$

Normierung: $|x'_i| = \sqrt{x'^2_{1i} + x'^2_{2i} + x'^2_{3i}}$ ergibt $C = (x'_{ik})$.

Bedingungen für reelle, nicht zerfallende Flächen 2. Ordnung:

Fall 1: $\det A = \lambda_1 \lambda_2 \lambda_3 \neq 0$ (*Mittelpunktsflächen*)

	$\det A \cdot S > 0,\ T > 0$	$\det A \cdot S < 0$ und (oder) $T < 0$
$\det \widetilde{A} < 0$	Ellipsoid	zweischaliges Hyperboloid
$\det \widetilde{A} > 0$	imaginäres Ellipsoid	einschaliges Hyperboloid
$\det \widetilde{A} = 0$	imaginärer Kegel	Kegel

Fall 2: $\det A = \lambda_1 \lambda_2 \lambda_3 = 0$

	$\det \widetilde{A} < 0,\ T > 0$		$\det \widetilde{A} > 0,\ T < 0$	
$\det \widetilde{A} \neq 0$	elliptisches Paraboloid		hyperbolisches Paraboloid	
	$T > 0$	$T < 0$		$T = 0$
$\det \widetilde{A} = 0$	elliptischer Zylinder	hyperbolischer Zylinder		parabolischer Zylinder

8

9 Lineare Optimierung

9.1 Allgemeines

Lineare Optimierung (*lineare Programmierung, Linearplanung*) sind mathematische Verfahren, die das Minimum oder Maximum einer linearen Zielfunktion unter einschränkenden linearen Nebenbedingungen (*Restriktionen*) ermitteln, dargestellt an einem mathematischen Modell.

Die **Maximalaufgabe** $g(x) \to$ max ist identisch mit $z(x) = -g(x) \to$ min unter gleichen Restriktionen und umgekehrt.

Aufstellen des mathematischen Modells (Normalfall)
Ziel- oder Zweckfunktion (Optimierungskriterium)

$$z(x) = c_0 + c_1 x_1 + c_2 x_2 + ... + c_n x_n \to \text{min (oder max)}$$

z variabler Parameter, x_k *Entscheidungsvariable*, c_k Koeffizienten, $c_k \in \mathbb{R}$
c_0 ist nur bei der Berechnung des Optimalwertes von z zu berücksichtigen.

Nebenbedingungen, Restriktionen (lineares Ungleichungssystem)
2. *Normalform* (Definitionsbereich)

$$\begin{cases} a_{11}x_1 + a_{12}x_2 + ... + a_{1n}x_n \geq b_1 \\ \vdots \\ a_{m1}x_1 + a_{m2}x_2 + ... + a_{mn}x_n \geq b_m \end{cases} \quad \begin{array}{l} a_{ik}, b_i \in \mathbb{R}, \text{Konstanten} \\ b_i \geq 0 \end{array}$$

Nichtnegativitätsbedingungen: $x_k \geq 0$ (d.h. Lösung im 1. Quadranten)
in Matrizenschreibweise:

$$z(x) = c^{\mathrm{T}}x \to \text{min (oder max)}$$

$Ax \geq b$ (oder $Ax \leq b$, auch $Ax = b$) ; $x \geq o$; $b \geq o$

mit $\quad A = \begin{pmatrix} a_{11} & \cdots & a_{1n} \\ \vdots & & \\ a_{m1} & \cdots & a_{mn} \end{pmatrix} \quad x = \begin{pmatrix} x_1 \\ \vdots \\ x_n \end{pmatrix} \quad b = \begin{pmatrix} b_1 \\ \vdots \\ b_m \end{pmatrix} \quad c = \begin{pmatrix} c_1 \\ \vdots \\ c_n \end{pmatrix}$

Bemerkung: $x \geq o$ bedeutet, alle $x_i \geq 0$

• *Normalfall:* Es gilt in den Restriktionen unter der Voraussetzung $b \geq 0$ nur die Relation $\geq$ für ein Minimierungsmodell ($\leq$ für ein Maximierungsmodell).

• *Allgemeiner Fall:* In den Restriktionen treten die Relationszeichen $\geq$, $\leq$ und evtl. auch = auf, wieder unter der Voraussetzung $b \geq o$.
Man wandelt $\leq$ durch Multiplikation der Gl. mit -1 in $\geq$ und umgekehrt.

Zulässige Lösung: Vektor x, der den Nebenbedingungen und den Nichtnegativitätsbedingungen genügt. Eine Nebenbedingung ist überflüssig, wenn sich durch ihr Weglassen der zulässige Bereich nicht ändert.
Die *konvexe Punktmenge* aller zulässigen Lösungen ist die Menge aller x.
Jede zulässige Lösung, für die die Zielfunktion einen optimalen Wert annimmt, heißt *optimales Programm* (*optimale Lösung*).

Der *n*-dimensionale Raum

Der *n-dimensionale Raum* $\mathbb{R}^n$ ist die Menge aller geordneten *n*-Tupel, wobei jedes Tupel einen Punkt im Raum bestimmt.

Eine beliebige Punktmenge des *n*-dimensionalen Raumes heißt *konvex*, wenn neben zwei ihr zugehörigen Punkten P_1 und P_2 auch alle Punkte der Strecke $\overline{P_1P_2}$ zu dieser Punktmenge gehören. Sie besteht i. allg. aus einer Menge der inneren Punkte und der Menge der Randpunkte. Randpunkte, die nicht innere Teilpunkte einer Verbindungsstrecke sind, heißen extremale Punkte.

Ist eine konvexe Punktmenge beschränkt und hat sie nur endlich viele extremale Punkte (*Eckpunkte*), heißt sie *konvexes Polyeder*.

Eckenprinzip von Dantzig

Eine lineare Funktion mit *n* Variablen nimmt auf dem durch die Nebenbedingungen bestimmten konvexen Polyeder von $\mathbb{R}^n$ ihr Optimum in mindestens einem Eckpunkt an.

Jedes Ungleichungssystem der Nebenbedingungen (2. Normalform) kann man durch Einfügen von sog. **Schlupfvariablen** $x_{n+1}, x_{n+2}, \dots \geq 0$ in ein lineares Gleichungssystem (1. Normalform) überführen. Schlupfvariable kennzeichnen die Reserven. In der Zielfunktion erhalten sie den Koeffizienten 0. Man erhält so die *kanonische Form der Optimierungsaufgabe*, bei der in jeder Gleichung der Nebenbedingungen eine Variable (*Basisvariable BV*, s.u.) mit dem Koeffizienten 1, in allen anderen aber nicht vorkommt.
Sind außerdem alle $b_i \geq 0$, liegt die zulässige kanonische Form vor.
Tritt eine Gleichung auf, wird eine künstliche Schlupfvariable $\overline{x}_i$ eingeführt, die unbedingt Null sein muß. Man wechselt sie als erste von der *BV* zur *NBV*.
Muß eine Variable x_i der Nichtnegativitätsbedingung $x_i \geq 0$ nicht genügen, ersetzt man sie durch die Differenz $x_i = x_{i1} - x_{i2}$ mit $x_{i1}, x_{i2} \geq 0$.

Basis: m linear unabhängige Spaltenvektoren der Matrix A bilden eine Basis, wobei m = Anzahl der Restriktionen, ihre Variablen heißen *Basisvariable BV*, die nicht zur Basis gehörenden heißen *Nichtbasisvariablen NBV*.

Basisdarstellung: Die 1. Normalform $Ax = b$ ist nach den *BV* aufgelöst, so daß für eine beliebige Basis $BV = f(NBV)$ bzw. $x_{BV} = b - Rx_{NBV}$ gilt.

Basislösung: Eine Lösung x, bei der alle $NBV = 0$ sind, heißt Basislösung, sie wird zu einer zulässigen Basislösung, wenn auch alle $BV \geq 0$ sind.

In jeder Basislösung entspricht das n-Tupel der Entscheidungsvariablen einem Eckpunkt des zulässigen Bereichs, jeder Austausch (siehe 9.3) entspricht dem Übergang von einer Ecke längs der Kante zu einer anderen Ecke.

9.2 Graphische Lösung für zwei Variable

In einem linearen Ungleichungssystem mit **zwei** Variablen kann die Menge der zulässigen Lösungen (zulässiger Bereich) graphisch ermittelt werden.

$$a_{i1}x_1 + a_{i2}x_2 \geq b_i \, (a_{i1}x_1 + a_{i2}x_2 \leq b_i), \, b_i \geq 0, \quad i = 1, \ldots, m, x_1, x_2 \geq 0$$

Zielfunktion: $z(x) = z_0 + c_1x_1 + c_2x_2 \to$ min (max)

in Matrizenform: $Ax \leq b \, (Ax \geq b), \, b \geq o, x \geq o, z = c^T x \to$ min (max)

Jede der Ungleichungen teilt die Fläche jeweils in eine für diese mögliche (oft schraffiert) bzw. unmögliche Halbebene.

Die Zielfunktion wird durch Niveaulinien (Geraden) $z(x_1, x_2) = k$ dargestellt (k willkürliche Konstante). Das Optimum entsteht für $k = k_{min}$ bzw. $k = k_{max}$ je nach Aufgabenstellung. Es ist eindeutig, wenn die Niveaulinie durch eine Ecke des zulässigen Bereichs verläuft (*Eckenlösung*). Die Lösung ist mehrdeutig, wenn die Niveaulinien parallel zu einer der Geraden aus den Nebenbedingungen verlaufen (Varianten der Optimallösung).

♦ Beispiel:

Man ermittle das optimale Programm der Zielfunktion

$z = 10x_1 + 15x_2 \to$ max.

Nebenbedingungen:

$x_1 + 2x_2 \leq 102$ $x_1 \geq 0$

$15x_1 + 3x_2 \leq 450$ $x_2 \geq 0$

$x_1 \qquad \leq 25$

$x_2 \leq 45$

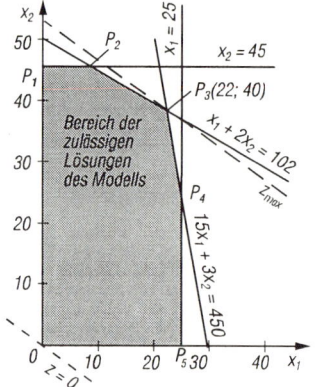

Bereich der zulässigen Lösungen:
Sechseck $0, P_1, P_2, P_3, P_4, P_5$

Zeichnen einer Niveaulinie, meist
$z(x_1, x_2) \equiv 10x_1 + 15x_2 = 0$

Parallelverschiebung dieser Geraden durch P_3 ergibt das Maximum:

$z_{max} = z(22, 40) \equiv 10 \cdot 22 + 15 \cdot 40 = 820$ ♦

9.3 Analytische Lösung für *n* Variable

Während bei der graphischen Lösung eines Problems der linearen Optimierung jede Restriktion getrennt betrachtet werden kann, müssen bei der analytischen Lösung die Nebenbedingungen als geschlossenes Ungleichungssystem behandelt werden.

Der *Simplexalgorithmus* (das *Simplexverfahren*) ist ein Iterationsverfahren ab zwei Variablen zur Annäherung an das Optimum.

Bemerkung: Ein Simplex ist jedes komplexe Polyeder im $\mathbb{R}^n$ mit $n + 1$ Ecken.

Eine zulässige Simplextafel ist aufstellbar, wenn die Aufgabenstellung in kanonischer Form (1. Normalform) vorliegt. Grundlage der Simplextafel ist die Basisdarstellung des Gleichungssystems mit $BV = f(NBV)$.

Man wählt in der Anfangsdarstellung die Entscheidungsvariablen als *NBV*.

Basisaustauschverfahren

Ist das Optimum noch nicht erreicht, muß man die Basisvariablen (*BV*) und Nichtbasisvariablen (*NBV*) der Anfangslösung (Anfangsdarstellung) schrittweise austauschen.

Der Minimalwert (Maximalwert) der Funktion ist erreicht, wenn in $-z$ im Raum der *NBV* alle Koeffizienten ≤ 0 (≥ 0) sind.

Arbeitsgang (siehe Simplextafel unten)

(1) Wahl der **Pivotspalte**: Der kleinste Wert bei Minimierung (größte bei Maximierung) aller positiven Koeffizienzen der Zeile $-z$ bestimmt die Pivotspalte k'.
Es existiert kein Minimum (Maximum), wenn in der Pivotspalte alle $a_{ik'} \geq 0$ ($a_{ik'} \leq 0$).

(2) Wahl der **Pivotzeile**: Für alle negativen $a_{ik'}$ wird der Quotient $q_i = b_i/(-a_{ik'})$ gebildet, der kleinste Wert ergibt die Pivotzeile i', im Schnittpunkt von Pivotspalte und -zeile liegt das **Pivotelement** der Anfangslösung $p = a_{i'k'}$.

(3) Erster Austauschschritt mit Pivotelement p (siehe Austauschverfahren 5.3.3.2)

(3.1) Man fügt eine neue Tabelle gleicher Einteilung an und tauscht $x_{i'}$ mit $x_{k'}$ (Austausch einer *NBV* durch eine *BV*).
(3.2) Man ersetzt das Pivotelement durch $1/p$.

(3.3) Man multipliziere die übrigen Elemente der Pivotspalte mit $1/p$.

(3.4) Man multipliziere die übrigen Elemente der Pivotzeile mit $-1/p$. Die neuen Elemente mögen $c, d, \dots$ heißen.

(3.5) Man vermehre die restlichen Elemente des ursprünglichen Schemas um das c-, d-, ... fache des in der gleichen Zeile stehenden Elements der Pivotspalte.

Empfehlung: Spaltenweises Abarbeiten aller $k \neq k'$, d.h.
(neue Spalte) = (alte Spalte) + (Wert, der in der neuen Spalte nach (3.4) schon steht) mal (Pivotspalte des alten Schemas)

Die Zeile der Zielfunktion $-z$ wird wie eine Nichtpivotzeile behandelt, wobei $-z$ stets Basisvariable ist, d.h. nicht ausgetauscht wird.

Simplextafel der Anfangslösung

Nichtbasisvariable x_k = Entscheidungsvariable

$i \downarrow$ $k \rightarrow$	x_k	...	Pivotspalte $x_{k'}$		b
x_i	a_{ik}		$a_{ik'}$	...	b_i
Basisvariable x_i und $-z$ — Pivotzeile $x_{i'}$	$\vdots$	$\vdots$	$\vdots$ $a_{i'k'} = p$ $\vdots$		
$-z$	c_k		$c_{k'}$		$-z_0$

$p = a_{i'k'}$ Pivotelement $m + n + 1 = \sum i + \sum k + 1$ Anzahl der Variablen

wobei n Anzahl der Entscheidungsvariablen, m Anzahl der Schlupfvariablen

♦ Beispiel:

$$-x_1 + 2x_2 + 3x_3 + (x_4) \qquad\qquad = 21 \qquad (x_i) \text{ Basisvariable}$$
$$2x_3 \quad + (x_5) \qquad\quad = 4$$
$$3x_1 - 3x_2 \qquad\qquad + (x_6) \qquad\quad = 3$$
$$x_2 - 3x_3 \qquad\qquad\quad + (x_7) = 6$$
$$x_i \geq 0 \qquad\qquad i = 1, ..., 7$$

Zielfunktion $z(x_1, x_2, x_3) = 3x_1 - 5x_2 + 12x_3 + 84 \rightarrow$ min

Die zulässige kanonische Form liegt vor, eine Simplextafel ist aufstellbar.

Grundlage bildet die Basisdarstellung mit $n = 3$ und $m = 4$, d.h. 8 Variablen

Basisdarstellung der Anfangslösung: Anfangslösung:

$$x_4 = 21 \; -x_1 - 2x_2 \; -3x_3 \qquad NBV \; x_1 = 0 \qquad BV \; x_4 = 21$$
$$x_5 = 4 \qquad\qquad\quad -x_3 \qquad\qquad x_2 = 0 \qquad\qquad x_5 = 4$$
$$x_6 = 3 - 3x_1 + 3x_2 \qquad\qquad\quad x_3 = 0 \qquad\qquad x_6 = 3$$
$$x_7 = 6 \qquad -x_2 \; +3x_3 \qquad\qquad\qquad\qquad\quad x_7 = 6$$
$$-z = -84 - 3x_1 + 5x_2 - 12x_3 \qquad\qquad\qquad\qquad\quad z = 84$$

NBV \ BV	x_1	$x_{k'} = x_2$	x_3	b_i	$q_i = b_i/(-a_{ik'})$
x_4	1	-2	-3	21	21/2
x_5	0	0	-2	4	
x_6	-3	3	0	3	
$x_{i'} = x_7$	0	$-1 = p$	3	6	$6/1 = q_{min}$ Pivotzeile
$-z$	-3	5 Pivotspalte	-12	-84	

Die Anfangslösung lautet: $x_0 = (0, 0, 0, 21, 4, 3, 6)^T$, $z_0 = 84$

Erster Austausch x_2 und x_7:

	x_1	x_7	x_3	b_i
x_4	$1 + 0 \cdot (-2) = 1$	$-2 \cdot (-1) = 2$	$-3 + 3 \cdot (-2) = -9$	$21 + 6 \cdot (-2) = 9$
x_5	0	0	$-2 + 3 \cdot 0 = -2$	$4 + 6 \cdot 0 = 4$
x_6	$-3 + 0 \cdot 3 = -3$	$3 \cdot (-1) = -3$	$0 + 3 \cdot 3 = 9$	$3 + 6 \cdot (3) = 21$
x_2	$c = 0$	$-1 = 1/p$	$d = 3 \cdot 1 = 3$	$e = 6 \cdot 1 = 6$
$-z$	$-3 + 0 \cdot (-5)$	$5 \cdot (-1) = -5$	$-12 + 3 \cdot 5 = 3$	$(-84) + 6 \cdot (5) = -54$

Der erste Austausch ergibt: $x_1 = (0, 6, 0, 9, 4, 21, 0)^{\mathrm{T}}$, $z_1 = 54$

Zweiter Austausch von x_3 und x_4:

	x_1	x_7	x_4	b_i
x_3	$1/9$	$2/9$	$-1/9 = 1/p$	1
x_5	$-2/9$	$-4/9$	$2/9$	2
x_6	-2	-1	-1	30
x_2	$1/3$	$-1/3$	$-1/3$	9
$-z$	$-8/3$	$-13/3$	$-1/3$	-51

Alle Koeffizienten von $-z$ sind $c_i \le 0$, das Optimum ist erreicht.

Minimalpunkt: $(x_1, x_2, x_3, x_4, x_5, x_6, x_7) = (0, 9, 1, 0, 2, 30, 0)$

Minimum: $z_{\min} = 51$

Kontrolle $z_{\min} = 3 \cdot 0 - 5 \cdot 9 + 12 \cdot 1 + 84 = 51$ ◆

Dualitätsprinzip

Zu jedem primalen Problem gehört ein duales, wobei $z_{\mathrm{primal}} = z_{\mathrm{sekundär}}$

	Primales Modell	Duales Modell
Zielfunktion	$z_{\mathrm{p}}(x) = c^{\mathrm{T}} x \; \to \; \min$	$z_{\mathrm{d}}(y) = b^{\mathrm{T}} y \; \to \; \max$
Restriktionen	$A x \ge b$	$A^{\mathrm{T}} y \le c$
	n Variable,	m Variable
	m Ungleichungen	n Ungleichungen
Nichtnegativitätsbed.	$x \ge o$	$y \ge o$

◆ Beispiel, siehe 9.2

$z_{\mathrm{p}} = 10x_1 + 15x_2 \to \max$

$\qquad x_1 + 2x_2 \le 102$

$\qquad 15x_1 + 3x_2 \le 450$

$\qquad x_1 \qquad\;\; \le 25$

$\qquad\qquad x_2 \le 45$

$\qquad x_1, x_2 \ge 0$

$z_{\mathrm{d}} = 102y_1 + 450y_2 + 25y_3 + 45y_4 \to \min$

$\qquad y_1 + 15y_2 + y_3 \qquad\;\; \ge 10$

$\qquad 2y_1 + \;\; 3y_2 \qquad + y_4 \ge 15$

$\qquad\quad y_1, y_2, y_3, y_4 \ge 0$

Weitere Berechnung mittels Simplexalgorithmus   ◆

10 Funktionen

10.1 Allgemeines

f ist *Funktion* mit der Zuordnungsvorschrift (*Funktionsbildungsoperator*) $\langle x \mapsto f(x) \rangle$ (gelesen »x auf f von x«, »x zugeordnet f von x«).

Der Wert eines Funktionsterms $\langle x \mapsto y \rangle$ bzw. $y = f(x)$ bei Interpretation ist eine Funktion (*Abbildung*), die jeder Zahl (*Argument*) x aus einem Intervall (*Definitionsbereich*) genau eine Zahl (*Wert*) y zuordnet.

Mengentheoretisch: Die eindeutige Relation zwischen einer Menge X und einer Menge Y, dargestellt als Menge f der (geordneten) *Paare* (x, y) heißt *Funktion*, auch Abbildung von X in Y. Jedem Argument $x \in X$ ist genau ein Wert $y \in Y$ zugeordnet. Die Zahl y aus dem Wertebereich $W(f)$, die einer Zahl x aus dem Definitionsbereich $D(f)$ bei einer Funktion zugeordnet wird, heißt der zu x gehörige *Funktionswert*.

Bemerkung: Eine gesetzmäßige Abhängigkeit ist noch keine hinreichende Bedingung für eine Funktion, z.B. ist ein Kreis mit $M(0, 0)$ nicht Schaubild einer Funktion, sondern der Relation $y^2 + x^2 - r^2 = 0$, da zu jedem x-Wert zwei y-Werte gehören. Der obere Halbkreis dagegen ist Graph der Funktion $f: y = \sqrt{r^2 - x^2}$

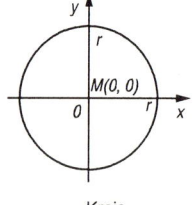

Kreis

- $D(f)$ **Definitionsbereich, Urbildmenge**, Menge der Argumentwerte von f, Vorbereich, alle $x \in X$, denen durch f ein y zuordenbar ist
  $D(f) := \{x \mid \exists y \in W(f) : y = f(x)\}$, auch D_f üblich

- $W(f)$ **Wertebereich, Bildmenge**, Menge der Funktionswerte, *Wertevorrat* von f, Nachbereich, Menge aller $y \in Y$, die Bilder von x sind
  $W(f) := \{y \mid \exists x \in D(f) : y = f(x)\}$, auch W_f üblich
  $W(f) \subseteq Y$: Abbildung f von X **in** Y, $f: X \rightarrow Y$
  $W(f) = Y$: Abbildung f von X **auf** Y, $f: X \twoheadrightarrow Y$

Eine Abbildung f ist

Surjektion $\Leftrightarrow \forall y \in Y \, \exists x \in X : y = f(x)$; $f: X \twoheadrightarrow Y$ (eindeutige Relation)

Injektion $\Leftrightarrow \forall x_1, x_2 \in X : x_1 \neq x_2 \Rightarrow f(x_1) \neq f(x_2)$; $f: X \rightarrowtail Y$ (umkehrbare Relation)

Bijektion $\Leftrightarrow$ Injektion und Surjektion; $f: X \rightarrowtail\!\!\!\rightarrow Y$ (eineindeutige Relation)

- x **unabhängige Variable**, *Argument*, **Urbild** von f

- y, $f(x)$ (gelesen »f von x«) bezeichnet den durch f der unabhängigen
  Variablen x zugeordneten *Funktionswert* y, Funktionswert von x,
  Bild des Urbildes x, **abhängige Variable**

Bemerkung: Ohne besonderen Hinweis wird als Definitionsbereich $D(f)$ die
Menge aller reellen Zahlen $x \in \mathbb{R}$ verstanden, für die $f(x) \in \mathbb{R}$ wird.

Reelle Funktion: $D(f) \subseteq \mathbb{R}$, $W(f) \subseteq \mathbb{R}$

Schreibweisen
Funktion: f, F, g, h, φ, f_1, ...
Feste Argumente: x_1, x_2, ...
Konstanten: a, b, a_0, ...
Funktionswerte zu festen Argumenten: $f(0)$, $f(a)$, $f(x_1)$, $y(0)$, ...

(gelesen »f von Null«, ...)

Darstellungsarten (Bildungsvorschriften) für eine Funktion f
Abbildung f: $\langle x \mapsto f(x) \rangle$, d.h., mit f ist die Funktion $\langle x \mapsto f(x) \rangle$ gemeint.
(Geordnete) Paare: $(x, y) = (x, f(x))$, z.B. (x, x^2), auch $\langle x, y \rangle$
$(x, y) \in F \;\to\; F \subseteq X \times Y$ (Mengenprodukt, siehe 3.1.3)

Wortvorschrift: z.B. Abbildung der Menge der ganzen Zahlen auf die Menge
der Quadrate der ganzen Zahlen

Darstellung durch Skale: z.B. logarithmische Achse als Abbildung der Menge
der ganzen Zahlen auf ihren Logarithmus zur Basis a.

Analytische Darstellung als Funktionsgleichung:
Explizite Form f: $y = f(x)$
Implizite Form $F(x, y) = 0$ (d.h. nicht aufgelöst)
Parameterform $\begin{cases} x = x(t) \\ y = y(t) \end{cases}$ entspricht $x = x(t) \wedge y = y(t)$

Implizite Funktionsgleichungen sind oft keine (eindeutige) Funktion, sondern
eine (mehrdeutige) Relation (siehe oben).
Manchmal ist es nicht möglich und häufig nicht zweckmäßig, die implizite in
eine explizite Form überzuführen.

Der Übergang von der Parameterform in eine parameterfreie Darstellung ist
nicht immer möglich, oft auch nicht zweckmäßig.

Die Menge aller Punkte P, die einer Funktionsgleichung genügen, heißt
Punktmenge und stellt eine Kurve k dar (veraltet *geometrischer Ort*).

10

Mengenschreibweisen

$$f = \{(x, y) \mid y = f(x), x \in X, y \in Y\} \quad \text{mit } D(f) = X, W(f) = Y$$

$$f = \{(x, y) \mid F(x, y) = 0, x \in X, y \in Y\}$$

$$f = \{(x, f(x)) \mid x \in X, f(x) \in Y\}$$

Tabellarische Darstellung (*Wertetabelle* oder *Funktionstafel*) endlich vieler (geordneter) Paare, z.B.

$f:$

x	0	1	2	3	4	...
y	0	1	4	9	16	...

Graphische Darstellung der Abbildung $x \mapsto f(x) = y$ im rechtwinkligen Koordinatensystem $\{0, x, y\}$, wobei jedem Paar (x, y) ein Punkt $P(x, y)$ der Ebene eineindeutig zugeordnet wird (z.B. auch Fieberkurve ohne analytischen Zusammenhang): sog. Funktionskurve oder Funktionsgraph.

Die Relation $G(f) := \{(x, y) \mid x \in D(f) \wedge y = f(x)\}$ heißt **Graph**.

Umkehrfunktion, inverse Funktion

Ordnet man bei einer Funktion f, deren Umkehrung eindeutig ist, den Bildern ihre Urbilder zu, erhält man die *Umkehrfunktion* f^{-1} (auch $\bar{f}$). Jede eineindeutige bzw. streng monotone Funktion besitzt eine Umkehrfunktion.

Bilden der Umkehrfunktion:

- $y = f(x)$ nach x auflösen: $x = f^{-1}(y)$ (muß möglich und eindeutig sein) und $D(f^{-1}) = W(f)$, $W(f^{-1}) = D(f)$
- nur in der Mathematik: Vertauschen der Variablenbezeichnung $y = f^{-1}(x)$

Der Funktionsgraph einer umkehrbar eindeutigen Funktion hat mit jeder Parallelen zur Abszissenachse höchstens einen Punkt gemeinsam. Funktion und Umkehrfunktion weisen dasselbe Monotonieverhalten auf.

Die Graphen von f und f^{-1} liegen im gleichgeteilten kartesischen Koordinatensystem spiegelbildlich zur 45°-Geraden $y = x$.

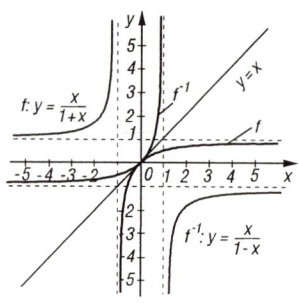

♦   Beispiel:

$$y = f(x) = \frac{x}{1 + x} \qquad x \neq -1$$

Auflösung nach x: $x = \dfrac{y}{1 - y}$

Vertauschen der Variablenbezeichnung

$$y = f^{-1}(x) = \frac{x}{1 - x} \qquad x \neq 1$$

$$\forall x \in D(f)\colon f^{-1}(f(x)) = x \qquad \forall y \in W(f)\colon f(f^{-1}(y)) = y$$

$f\downarrow$	x	-3	-2	$-3/2$	-1	$-1/2$	0	1	2	3	y	$\uparrow f^{-1}$
	y	$3/2$	2	3	Pol	-1	0	$1/2$	$2/3$	$3/4$	x	

links ursprüngliche Funktion f rechts Umkehrfunktion f^{-1} ◆

Einteilung der Funktionen (Klassen)

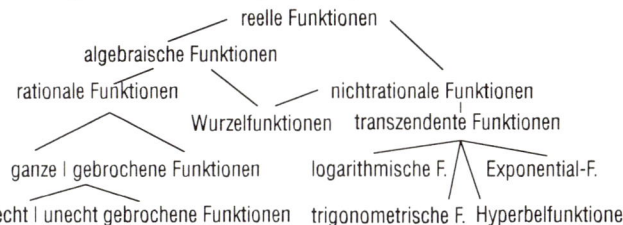

reelle Funktionen
algebraische Funktionen
rationale Funktionen   nichtrationale Funktionen
Wurzelfunktionen   transzendente Funktionen
ganze | gebrochene Funktionen   logarithmische F.   Exponential-F.
echt | unecht gebrochene Funktionen   trigonometrische F.   Hyperbelfunktionen

Rationale Funktion

Eine Funktion f mit dem Definitionsbereich X heißt *rationale Funktion* für $n, m \in \mathbb{N}$ und $a_i, b_i \in \mathbb{R}$:

$$y = \frac{a_n x^n + a_{n-1} x^{n-1} + \ldots + a_1 x + a_0}{b_m x^m + b_{m-1} x^{m-1} + \ldots + b_1 x + b_0} = \frac{\displaystyle\sum_{k=0}^{n} a_k x^k}{\displaystyle\sum_{l=0}^{m} b_l x^l} = \frac{Z(x)}{N(x)}$$

10

$N(x) \neq 0$, a_i, b_i Koeffizienten, n, m Grad

Echt gebrochene Funktion für $n < m$, unecht gebrochene für $n \geq m$

Ganzrationale Funktion (für $m = 0$, normiert mit $b_0 = 1$)

$$f\colon f(x) = \sum_{k=0}^{n} a_k x^k$$

Funktionen mit mehreren unabhängigen Variablen

Die eindeutige Abbildung f der Menge
$D(f) = X \times \ldots \times X = X^n, X \subseteq \mathbb{R}$ (*Definitionsbereich*)
von geordneten n-Tupeln $(x_1, \ldots, x_n)$ (n unabhängige Variable) auf die Menge $W(f) = Y \subseteq \mathbb{R}$ (*Wertevorrat*) ergibt die Menge geordneter $(n+1)$-Tupel $(x_1, \ldots, x_n, y)$ und heißt *reellwertige Funktion.*

Symbolische Schreibweise: $f = \{(x_1, \ldots, x_n, y) \mid y = f(x_1, \ldots, x_n)\}$

Analytische Darstellung durch eine Funktionsgleichung

explizite Form $z = f(x, y)$ für 2 unabhängige Variable x, y

                         $u = f(x, y, z)$ für 3 unabhängige Variable x, y, z

                         $y = f(x_1, ..., x_n)$ für n unabhängige Variable

implizite Form $F(x, y, z) = 0$ bzw. analog für mehr Variable

Funktionstabelle

Allgemein: Jedes n-Tupel $(x_1, ..., x_n)$ entspricht umkehrbar eindeutig einem Punkt des n-dimensionalen Raumes $\mathbb{R}^n$.

Graphische Darstellung für 2 unabhängige Variable

Jedem Paar (x, y) wird ein Punkt einer Fläche der Ebene $\mathbb{R}^2$ umkehrbar eindeutig zugeordnet $(x, y) \to z$, darstellbar als Punktmenge $\{P(x, y, z)\}$ eines dreidimensionalen Raumes (kartesische Koordinaten).

Ist f stetig und $D(f)$ eine zusammenhängende Punktmenge, dann ist ihr Bild eine Fläche im Raum $\mathbb{R}^3$ (siehe 11.4.3).

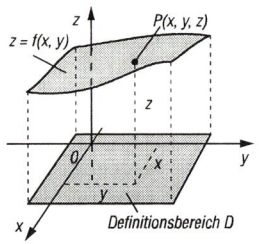

Schnittkurven entstehen durch Schnitte der zu $z = f(x, y)$ gehörenden Fläche mit zu den Koordinatenebenen parallelen Ebenen, d.h. jeweils eine Koordinate wird konstanter Parameter. Projektion der Schnittkurven in die Koordinatenebenen erzeugen einparametrische Kurvenscharen.

2 unabhängige Variable

Für $z = f(x, y) = \text{konst.} = c$ erhält man *Niveaulinien* (*Höhenlinien*) der Ebene $z = c$. Beispiele siehe Flächen 2. Ordnung, Abschnitt 8.3.

10.2 Operationen mit Funktionen

10.2.1 Rationale Operationen

$$k \cdot f: \langle x \mapsto y = k \cdot f(x)\rangle \qquad D(f) = D(k \cdot f) \qquad k \in \mathbb{R}$$

Superposition von Funktionen

$$f \pm g: \langle x \mapsto y = f(x) \pm g(x)\rangle \; D(f \pm g) = D(f) \cap D(g)$$

$$f \cdot g: \; \langle x \mapsto y = f(x) \cdot g(x)\rangle \; D(f \cdot g) = D(f) \cap D(g)$$

$$f/g: \; \langle x \mapsto y = f(x)/g(x)\rangle \; D(f/g) = D(f) \cap D(g) \qquad g(x) \neq 0$$

Kehrwertfunktion

$$\frac{1}{f}: \quad \left\langle x \mapsto y = \frac{1}{f(x)} \right\rangle, f(x) \neq 0 \qquad D(f) = D\left(\frac{1}{f}\right), x_0 \notin D\left(\frac{1}{f}\right)$$

Verkettung oder Hintereinanderschaltung von Funktionen

Schreibweise: $(g \circ f)(x) = g(f(x))$ (gelesen »erst f dann g«) nach ISO 31-11

$$g \circ f \neq f \circ g \quad \text{(nicht kommutativ)} \qquad f \text{ innere, } g \text{ äußere Funktion}$$

Die durch *Verkettung der Funktionen* f und g, $u = f(x), y = g(u)$ entstandene Funktion (*mittelbare Funktion*) $g \circ f$ ist die Menge (x, y), für die es ein u derart gibt, daß gilt: $g \circ f := \{(x, y) \mid (x, u) \in f \land (u, y) \in g\}$.

♦ Beispiel

$$g: \quad y = g(u) = u^2 \qquad f: \quad u = f(x) = 1 - \cos^4 x$$

$$y = (g \circ f)(x) = g(f(x)) = (1 - \cos^4 x)^2 \qquad \qquad ♦$$

10.2.2   Operatoren der numerischen Mathematik

In der numerischen Mathematik werden Rechengänge mittels Operatoren formalisiert bezüglich der Funktionswerte y_k bzw. $f_k = f(x_k)$

Identität	$I y_k := y_k$	
Verschiebung	$E y_k := y_{k+1} = y_k + h$	$E^p y_k := y_{k+p} = y_k + ph \qquad p \in \mathbb{R}$
Differenzen	vorwärts	$\Delta y_k := y_{k+1} - y_k$
	rückwärts	$\nabla y_k := y_k - y_{k-1}$
	zentral	$\delta y_k := E^{1/2} y_k - E^{-1/2} y_k = y_{(k+1)/2} - y_{(k-1)/2}$

$$\text{\emph{Mittelwert}} \qquad \mu y_k := \frac{1}{2}\left(y_{(k+1)/2} + y_{(k-1)/2}\right) = \frac{1}{2}\left(E^{1/2} + E^{-1/2}\right) y_k$$

$$\text{\emph{Differentiation}} \qquad D f_i := \frac{df}{dx}\bigg|_{x = x_i} \Rightarrow D^2 f_i = f''(x_i)$$

Regeln $\quad E = I + \Delta = (I - \nabla)^{-1} = (0.5\, \delta + \mu)^2$

$$E^n = (I + \Delta)^n = \sum_{i=0}^{n} \binom{n}{i} \Delta^i$$

$$\Delta^n = (E - I)^n = \sum_{i=1}^{n} \binom{n}{i} (-1)^{n-i} E^n$$

$$\Delta E = E \Delta \qquad \nabla E = E \nabla = \Delta$$

$$e^{hD} = E \Rightarrow \ln E = hD = \ln(I + \Delta) \qquad \qquad h \text{ Schrittweite}$$

10

10.3   Grenzwerte, unbestimmte Ausdrücke

10.3.1   Grenzwert einer Funktion
(Grenzwert einer Folge siehe 3.5.2)

ε-Umgebung von x_0

> Das offene Intervall $U_\varepsilon(x_0) = (x_0 - \varepsilon, x_0 + \varepsilon)$ heißt ε-Umgebung von x_0, wobei $x_0 \in \mathbb{R}$, beliebig und ε eine beliebige positive reelle Zahl sind.
>
> Eine reelle Funktion f, die in der Umgebung von x_0, evtl. mit Ausnahme von x_0 definiert ist, hat an der Stelle x_0 den *Grenzwert* (*Limes*) g genau dann, wenn es zu jeder beliebigen reellen Zahl $\varepsilon > 0$ eine reelle Zahl $\delta > 0$ (im allgemeinen gilt $\delta = \delta(\varepsilon)$) derart gibt, daß für alle $x \in D(f)$ mit $0 < |x - x_0| < \delta$ gilt:

$$0 < |f(x) - g| < \varepsilon$$

Schreibweise:

$$\lim_{x \to x_0} f(x) = g$$

bzw., wenn für alle x und $|h| < \delta$ die Ungleichung

$$|f(x + h) - f(x)| < \varepsilon \text{ gilt}$$

Schreibweise

$$\lim_{h \to 0} f(x_0 + h) = g$$

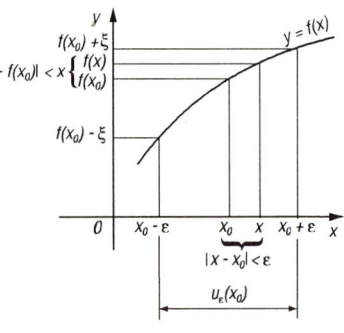

ε-Umgebung

bzw., wenn für jede gegen x_0 konvergierende Folge (x_n), $x_0 = \lim\limits_{n \to \infty} x_n$, $x_n \neq x_0$, $x_n \in D(f)$, deren Glieder der Umgebung von x_0 angehören, die Folge der zugehörigen Funktionswerte $(f(x_n))$ denselben Grenzwert g hat.

Einseitige Grenzwerte einer Funktion

> g ist *rechtsseitiger* (*linksseitiger*) Grenzwert, wenn sich die Funktionswerte für $x \to x_0 + 0$, ($x \to x_0 - 0$) der Zahl g unbegrenzt nähern. Der Definitionsbereich enthält rechts (links) die Umgebung von x_0.

Schreibweisen:

rechtsseitiger Grenzwert, $x > x_0$

$$g = \lim_{\substack{x \to x_0 + 0}} f(x) = \lim_{\substack{x \to x_0 +}} f(x) = \lim_{\substack{x \to x_0 \\ x > x_0}} f(x) = \lim_{\substack{x \downarrow x_0}} f(x)$$

linksseitiger Grenzwert, $x < x_0$

$$g = \lim_{\substack{x \to x_0 - 0}} f(x) = \lim_{\substack{x \to x_0 -}} f(x) = \lim_{\substack{x \to x_0 \\ x < x_0}} f(x) = \lim_{\substack{x \uparrow x_0}} f(x)$$

Ist $\lim_{\substack{x \to x_0 + 0}} f(x) = \lim_{\substack{x \to x_0 - 0}} f(x) = g$, so ist der Grenzwert der Funktion $\lim_{\substack{x \to x_0}} f(x) = g$ und umgekehrt.

Rechnen mit Grenzwerten

Unter der Voraussetzung, daß die in den Regeln auftretenden Grenzwerte existieren, gelten die *Grenzwertsätze:*

$$\lim_{\substack{x \to x_0}} (f(x) \pm g(x)) = \lim_{\substack{x \to x_0}} f(x) \pm \lim_{\substack{x \to x_0}} g(x) \qquad D = D(f) \cap D(g)$$

$$\lim_{\substack{x \to x_0}} (f(x)\, g(x)) = \lim_{\substack{x \to x_0}} f(x) \cdot \lim_{\substack{x \to x_0}} g(x) \qquad D = D(f) \cap D(g)$$

$$\lim_{\substack{x \to x_0}} (c\, f(x)) = c \lim_{\substack{x \to x_0}} f(x) \qquad c \in \mathbb{R}$$

$$\lim_{\substack{x \to x_0}} \frac{f(x)}{g(x)} = \frac{\lim\limits_{x \to x_0} f(x)}{\lim\limits_{x \to x_0} g(x)} \qquad \lim_{\substack{x \to x_0}} g(x) \neq 0$$

$$\lim_{\substack{x \to x_0}} \sqrt[n]{f(x)} = \sqrt[n]{\lim_{\substack{x \to x_0}} f(x)}$$

$$\lim_{\substack{x \to x_0}} (f(x))^n = \left(\lim_{\substack{x \to x_0}} f(x) \right)^n$$

$$\lim_{\substack{x \to x_0}} a^{f(x)} = a^{\lim\limits_{x \to x_0} f(x)} \qquad a \in \mathbb{R}$$

$$\lim_{\substack{x \to x_0}} \left(\log_a f(x) \right) = \log_a \left(\lim_{\substack{x \to x_0}} f(x) \right)$$

$$\lim_{\substack{x \to x_0}} f(g(x)) = f\left(\lim_{\substack{x \to x_0}} g(x) \right)$$

10

Ist stets: $g(x) < f(x) < h(x)$ und $\lim\limits_{x \to x_0} g(x) = g$, $\lim\limits_{x \to x_0} h(x) = g$ folgt $\lim\limits_{x \to x_0} f(x) = g$.

$$f(x) \leq g(x) \;\rightarrow\; \lim_{x \to x_0} f(x) \leq \lim_{x \to x_0} g(x)$$

Grenzwert für $x \to 0$ von Quotienten von Potenzsummen mit positiven Exponenten, wenn der kleinste Exponent im Zähler **und** im Nenner steht:

$$g = \frac{\text{Koeffizient der kleinsten Potenz im Zähler}}{\text{Koeffizient der kleinsten Potenz im Nenner}}$$

♦   Beispiele:

(1) $\lim\limits_{x \to 0} \log_a (1 + x)^{\frac{1}{x}} = \lim\limits_{x \to 0} \dfrac{\log_a (1 + x)}{x} = \log_a e$ (2) $\lim\limits_{x \to 0} \dfrac{\sin x}{x} = 1$

(3) $\lim\limits_{x \to 0} \dfrac{\sin nx}{x} = n$ (4) $\lim\limits_{x \to \infty} \dfrac{\sin x}{x} = 0$ (5) $\lim\limits_{x \to 0} \dfrac{\tan x}{x} = 1$

(6) $\lim\limits_{x \to 0} \dfrac{\sin x}{x \sqrt[3]{\cos x}} = 1$ (MASKELYNE*sche Regel*)   (7) $\lim\limits_{x \to 0} \dfrac{\tan nx}{x} = n$

(8) $\lim\limits_{x \to +0} \arctan \dfrac{1}{x} = \dfrac{\pi}{2}$ (9) $\lim\limits_{x \to -0} \arctan \dfrac{1}{x} = -\dfrac{\pi}{2}$ ♦

Uneigentlicher Grenzwert

$$\lim_{x \to x_0} f(x) = \pm \infty$$

Grenzwerte von Funktionen für $x \to \pm \infty$

Eine Funktion f hat für $x \to \infty$ $(x \to -\infty)$ den Grenzwert g, wenn für jede *Folge der Urbilder* (x_n) mit $x_n \to \infty$ $(x_n \to -\infty)$, $x_n \in D(f)$ die Folge der Bilder $(f(x_n))$ denselben Grenzwert g hat.

$$\lim_{x \to \infty} f(x) = g \qquad\qquad \lim_{x \to -\infty} f(x) = g$$

Geometrische Deutung: *Asymptotische* ⟨griech.»nicht zusammenfallende«⟩ *Annäherung* des Graphen der Funktion an die Gerade $y = g$:

$$\lim_{x \to \infty} (f(x) - g) = 0 \qquad \text{(Waagerechte Asymptote von } G(f) \text{ für } x \to \infty)$$

10.3.2   Unbestimmte Ausdrücke

Ausdrücke der Form » $\dfrac{0}{0}$ «, » $\dfrac{\infty}{\infty}$ « oder » $0 \cdot \infty$ « heißen *unbestimmte Ausdrücke*. Die Funktion ist an der Stelle bestimmt divergent.

Wird $\lim\limits_{x \to x_0} \varphi(x) = \lim\limits_{x \to x_0} \dfrac{f(x)}{g(x)} = » \dfrac{0}{0} «$ ein unbestimmter Ausdruck, gilt, falls f

und g in der Umgebung $U^*(x_0)$ differenzierbar sind, die

l'Hospitalsche Regel

$$\lim\limits_{x \to x_0} \dfrac{f(x)}{g(x)} = \lim\limits_{x \to x_0} \dfrac{f'(x)}{g'(x)}$$

Gilt auch für $x \to x_0 + 0,\ x \to x_0 - 0,\ x \to \infty,\ x \to -\infty$

Wenn der neue Grenzwert wieder ein unbestimmter Ausdruck ist, ist das Verfahren zu wiederholen.

Bemerkung: Keine Quotientenregel anwenden!

♦ Beispiel:

$$\varphi(x) = \frac{\sin 2x - 2 \sin x}{2\,e^x - x^2 - 2x - 2} \qquad\qquad \varphi(0) \text{ hat die Form } » \frac{0}{0} «$$

$$\lim\limits_{x \to 0} \varphi(x) = \lim\limits_{x \to 0} \frac{2 \cos 2x - 2 \cos x}{2\,e^x - 2x - 2} = \lim\limits_{x \to 0} \frac{-4 \sin 2x + 2 \sin x}{2e^x - 2}$$

$$= \lim\limits_{x \to 0} \frac{-8 \cos 2x + 2 \cos x}{2e^x} = -3 \qquad \text{d.h. } L = \{-3\} \qquad\qquad ♦$$

Ausdrücke der Form » $0 \cdot \infty$ «

$$\varphi(x) = f(x) \cdot g(x)\big|_{x = x_0} \to » 0 \cdot \infty «$$

10

Umformungen

$$\lim\limits_{x \to x_0} \varphi(x) = \lim\limits_{x \to x_0} \frac{f(x)}{\dfrac{1}{g(x)}} \quad \text{oder} \quad \lim\limits_{x \to x_0} \frac{g(x)}{\dfrac{1}{f(x)}} \to » \frac{0}{0} «$$

♦ Beispiel:

$$\varphi(x) = (1 - \sin x) \tan x \qquad \varphi\!\left(\frac{\pi}{2}\right) \text{ hat die Form } » 0 \cdot \infty «.$$

$$\lim\limits_{x \to \frac{\pi}{2}} \frac{1 - \sin x}{\dfrac{1}{\tan x}} = \lim\limits_{x \to \frac{\pi}{2}} \frac{-\cos x}{-\dfrac{1}{\tan^2 x} \cdot \dfrac{1}{\cos^2 x}} = \lim\limits_{x \to \frac{\pi}{2}} \frac{\cos^3 x}{\dfrac{\cos^2 x}{\sin^2 x}} = \lim\limits_{x \to \frac{\pi}{2}} (\cos x \sin^2 x) = 0 \qquad ♦$$

Ausdrücke der Form » $\infty - \infty$ «

$$\varphi(x) = f(x) - g(x)\big|_{x = x_0} \to » \infty - \infty «$$

Umformung ergibt:

$$\lim_{x \to x_0} (f(x) - g(x)) = \lim_{x \to x_0} \frac{\dfrac{1}{g(x)} - \dfrac{1}{f(x)}}{\dfrac{1}{f(x)} \cdot \dfrac{1}{g(x)}} \to \text{ » } \frac{0}{0} \text{ «}.$$

♦   Beispiel:

$$\varphi(x) = \frac{1}{x-1} - \frac{1}{\ln x} \qquad \varphi(1) \text{ hat die Form » } \infty - \infty \text{ «}$$

$$\lim_{x \to 1} \frac{\ln x - (x-1)}{(x-1)\ln x} = \lim_{x \to 1} \frac{\dfrac{1}{x} - 1}{1 + \ln x - \dfrac{1}{x}} = \lim_{x \to 1} \frac{1 - x}{x + x \ln x - 1}$$

$$= \lim_{x \to 1} \frac{-1}{1 + 1 + \ln x} = -\frac{1}{2} \qquad L = \left\{ -\frac{1}{2} \right\} \qquad \text{♦}$$

Ausdrücke der Form » 0^0 «, » ∞^0 «, » 1^∞ «

Wenn $\varphi(x) = f(x)^{g(x)}$ die unbestimmten Formen » 0^0 «, » ∞^0 « » 1^∞ « an der Stelle $x = x_0$ annimmt, so gilt:

$$\lim_{x \to x_0} f(x)^{g(x)} = \lim_{x \to x_0} e^{g(x)\ln f(x)} \qquad \text{Der Exponent hat die Form » } 0 \cdot \infty \text{ «}.$$

♦   Beispiel:

$$\varphi(x) = (\sin x)^{\tan x} \qquad \varphi(\pi/2) \text{ hat die Form » } 1^\infty \text{ «}$$

$$\lim_{x \to \pi/2} e^{\tan x \ln(\sin x)} \qquad \text{hat die Form » } e^{\infty \cdot 0} \text{ «}$$

Für den Exponenten gilt:

$$\lim_{x \to \frac{\pi}{2}} \frac{\ln(\sin x)}{\dfrac{1}{\tan x}} = +\lim_{x \to \frac{\pi}{2}} \frac{\dfrac{1}{\sin x} \cdot \cos x}{\dfrac{-1}{\tan^2 x} \cdot \dfrac{1}{\cos^2 x}} = \lim_{x \to \frac{\pi}{2}} \left(-\cot x \tan^2 x \cos^2 x \right)$$

$$= \lim_{x \to \pi/2} (-\sin x \cos x) = 0$$

demnach $\displaystyle \lim_{x \to \pi/2} (\sin x)^{\tan x} = e^0 = 1 \qquad L = \{1\} \qquad \text{♦}$

Bemerkung: Mitunter führt die Entwicklung nach steigenden Potenzen von x (Reihenentwicklung) schneller zum Ziel.

♦   Beispiel:

$$\varphi(x) = \frac{1 - \cos x}{\sin^2 x} \qquad \varphi(0) \text{ hat die Form » } \frac{0}{0} \text{ «}$$

$$1 - \cos x = \frac{x^2}{2!} - \frac{x^4}{4!} + - \ldots = x^2 \left(\frac{1}{2!} - \frac{x^2}{4!} + - \ldots \right)$$

$$\sin^2 x = \left(\frac{x}{1!} - \frac{x^3}{3!} + - \ldots \right)^2 = x^2 \left(\frac{1}{1!} - \frac{x^2}{3!} + - \ldots \right)^2$$

$$\lim_{x \to 0} \frac{1 - \cos x}{\sin^2 x} = \lim_{x \to 0} \frac{\frac{1}{2!} - \frac{x^2}{4!} + - \ldots}{\left(\frac{1}{1!} - \frac{x^2}{3!} + - \ldots \right)^2} = \frac{1}{2} \qquad L = \left\{ \frac{1}{2} \right\} \qquad \blacklozenge$$

10.4 Eigenschaften reeller Funktionen

10.4.1 Ausgewählte Eigenschaften von Funktionen

(Identisch) gleiche Funktionen

Stimmen die Definitions- und Wertebereiche zweier Funktionen f und g überein und wird durch beide Funktionen jedes $x \in X$ auf denselben Funktionswert $y \in Y$ abgebildet, so sind beide Funktionen (*identisch*) *gleich*.

Beschränkte Funktionen

Funktionen mit $W(f) = \mathbb{R}$ sind *unbeschränkt,* mit $W(f) \subseteq \mathbb{R}$ *beschränkt.* f heißt nach oben beschränkt, wenn $\forall x \in D(f)$, $f(x) \leq S_o$, nach unten beschränkt, wenn $f(x) \geq S_u$ gilt.

$S_o, S_u \in \mathbb{R}$ heißen obere (untere) *Schranke* für f.

Homogene Funktionen

Eine Funktion $f(x_1, \ldots, x_n) = 0$, $D(f) \subseteq \mathbb{R}^n$, heißt homogen vom Grad k bezüglich der Variablen $x_1, \ldots, x_n$, wenn für jede reelle Zahl $\lambda \geq 0$ gilt

$$f(\lambda x_1, \ldots, \lambda x_n) = \lambda^k \cdot f(x_1, \ldots, x_n)$$

k *Homogenitätsgrad*, Ordnung der homogenen Funktion

♦ Beispiel:

$$f(x_1, x_2) = x_1^2 + 7x_1 x_2 + x_2 \sqrt{x_1^2 + \frac{x_2^3}{x_1}} \text{ hat den Homogenisierungsgrad 2.} \qquad \blacklozenge$$

Periodische Funktionen

$$f(x) = f(x \pm nT) \qquad (x + nT) \in D(f)$$

T Periode von f, $T > 0$

Die kleinste (*primitive*) *Periode* heißt auch *die* Periode von f.

Symmetrie einer Funktion

Gerade Funktion: $f(-x) = f(x)$ $\forall\, x \in D(f)$ (siehe 10.5.5)

     axialsymmetrisch, spiegelsymmetrisch zur y-Achse, z.b. $y = x^2$

Ungerade Funktion: $f(-x) = -f(x)$ $\forall\, x \in D(f)$ (siehe 10.5.5)

     zentralsymmetrisch, punktsymmetrisch zum Ursprung, z.B. $y = x^3$

Speziell: Ganzrationale Funktionen f sind gerade (ungerade), wenn das Polynom $p_n(x)$ nur Potenzen mit geraden (ungeraden) Exponenten aufweist, wobei x^0 als gerade zählt.

Verschiebung, Stauchung, Streckung, Spiegelung von Funktionen

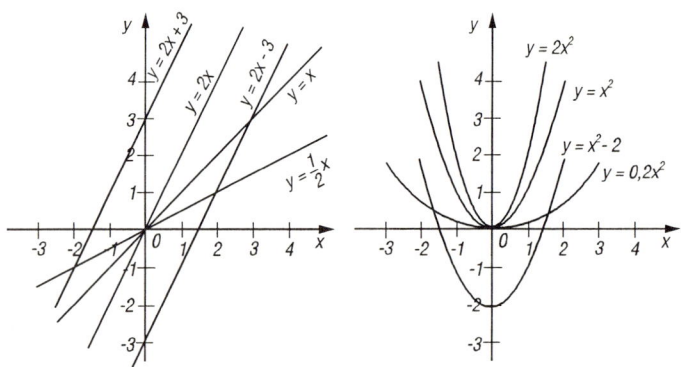

Verschiebung, Stauchung, Streckung

Verschiebung von $f(x)$ um b in Richtung y-Achse, um c in Richtung x-Achse

transformierte Funktionsgleichung $g(x) = f(x - c) + b$

Stauchung, Streckung, Spiegelung von $f(x)$

transformierte Funktionsgleichung $g(x) = a \cdot f\left(\dfrac{x}{d}\right)$

- $|a| > 1$ Streckung in y-Richtung
- $|a| < 1$ Stauchung in y-Richtung
- $a < 0$ Spiegelung an der x-Achse mit Streckung/Stauchung
- $d > 1$ Vergrößerung der Abszissen auf das d-fache
- $0 < d < 1$ Verkleinerung der Abszissen auf das d-fache

10.4.2 Nullstellen einer Funktion

> *Nullstelle* x_0 einer Funktion f ist der Wert aus dem Definitionsbereich, bei dem der Funktionswert verschwindet: $f(x_0) = 0$.

Man löst die Funktionsgleichung für $y = 0$. Der Graph von f schneidet bzw. berührt die Abszissenachse in einer reellen Nullstelle.

Nullstellensatz (Satz von Bolzano)

Eine im Intervall $[a, b]$ stetige Funktion mit sgn $f(a) = -$ sgn $f(b)$, d.h. $f(a) \cdot f(b) < 0$ hat in $[a, b]$ mindestens eine Nullstelle x_0 ungerader Ordnung:

$$a < x_0 < b \ \text{ mit } \ f(x_0) = 0$$

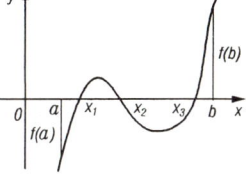

Die Nullstelle x_0 einer Funktion f heißt α-*fache Nullstelle* ($\alpha \in \mathbb{N}$, $\alpha > 0$), wenn für f gilt:

$$f(x) = (x - x_0)^{\alpha} \cdot g(x) \text{ mit } g(x_0) \neq 0$$

- $\alpha = 1$ einfache Nullstelle
- $\alpha = 2, 3, \ldots$ α-fache Nullstelle

Funktion mit Nullstellen

Ist α ungerade (Nullstelle ungerader Ordnung), wechselt f bei x_0 das Vorzeichen.

Ist α gerade, berührt der Graph von f die Abszisse, kein Vorzeichenwechsel.

x_0 ist α-fache Nullstelle von f genau dann, wenn f α-mal differenzierbar ist:

$$f(x_0) = f'(x_0) = \ldots = f^{(\alpha-1)}(x_0) = 0 \qquad f^{(\alpha)}(x_0) \neq 0$$

10.4.3 Stetigkeit einer Funktion

Stetigkeit ist eine zu einem Punkt $(x_0, f(x_0))$ gehörende Eigenschaft.

> Eine Funktion f, deren Definitionsbereich die ε-Umgebung (s. 10.3.1) $U_\varepsilon(x_0)$ der Stelle x_0 enthält, ist in x_0 genau dann *stetig*, wenn
>
> sie an der Stelle x_0 und deren Umgebung definiert ist ($f(x_0)$ existiert),
> der Grenzwert $\lim\limits_{x \to x_0} f(x)$ existiert und
>
> $\lim\limits_{x \to x_0} f(x) = f(x_0)$ ist.

x_0 heißt *Unstetigkeitsstelle*, wenn $\lim\limits_{x \to x_0} f(x) \neq f(x_0)$ oder $\lim\limits_{x \to x_0} f(x)$ nicht existiert.

Rechts-/linksseitige Stetigkeit entsprechend.

> f ist im Intervall I *stetig*, wenn sie für jedes x des Intervalls stetig ist.
> f heißt stetig, wenn f an jeder Stelle $x \in D(f)$ stetig ist.

Der Wertebereich einer in $I = [a, b]$ stetigen Funktion ist beschränkt, die Grenzen des Wertebereichs sind Funktionswerte von f in $[a, b]$.

Zwei im Intervall I stetige Funktionen, d.h., wenn zu jedem beliebigen $\varepsilon > 0$ ein für das ganze Intervall gültiges U_ε existiert und $|x - x_0| < U_\varepsilon$, $f(x) - f(x_0) < \xi$, führen durch rationale Operationen (Grundrechnungen) und Verkettung $g \circ f$ wieder zu stetigen Funktionen.

Zwischenwertsatz

> Eine im Intervall $[a, b]$ stetige Funktion f hat für jede Zahl c mit $\min_{x \in I} f(x) < c < \max_{x \in I} f(x)$ mindestens ein Argument $x_0 \in (a, b)$ mit $f(x_0) = c$, d.h., f nimmt jeden Wert zwischen $f(a)$ und $f(b)$ mindestens einmal in (a, b) an.

Extremwertsatz (Satz von Weierstraß)

> Ist f in $I = [a, b]$ stetig, dann existieren $g = \min_{x \in I} f(x)$ und $G = \max_{x \in I} f(x)$.

Unstetigkeitsstellen (siehe auch 10.5.4)

Pol x_p ist bei gebrochenrationalen Funktionen die Nullstelle des Nenners, bei der der Funktionswert $f(x_\mathrm{p}) \to \pm \infty$ (*Unendlichkeitsstelle*).
Ein Pol ist eine nicht hebbare Unstetigkeitsstelle.

Lücken bei gebrochenrationalen Funktionen treten an den Stellen auf, wo Zähler und Nenner gleichzeitig verschwinden. Lücken lassen sich heben unter der Voraussetzung, daß $\lim_{x \to x_0} f(x)$ existiert, indem man der Unstetigkeitsstelle diesen Grenzwert zuordnet.

Sprung (Schaltvorgang, Impuls)

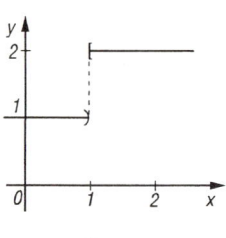

♦   Beispiele

(1) $f(x) = \begin{cases} 1 & \text{für } x < 1 \\ 2 & \text{für } x \geq 1 \end{cases}$ hat für $x = 1$ eine Sprungstelle.

Rechts offenes Intervall, links- und rechtsseitiger Grenzwert verschieden

(2) $y = \dfrac{3}{1 - e^{1/x}}$ hat für $x = 0$ eine Sprungstelle.

Sprung   ♦

10.4.4 Monotonie einer Funktion (Krümmungsverhalten)

Eine Funktion heißt im Intervall $I \subseteq X$ *eineindeutig*, wenn für alle $x \in I$ sich kein Funktionswert wiederholt.

Eine Funktion f heißt im Intervall $I \subseteq X$ *monoton wachsend* bzw. *fallend*, wenn für alle $x_1, x_2 \in I$ mit $x_1 < x_2$ stets $f(x_1) \le f(x_2)$ bzw. $f(x_1) \ge f(x_2)$ gilt. Gilt nur das Ungleichheitszeichen, liegt *strenge (eigentliche) Monotonie* vor.

♦ Beispiele:

monoton wachsende Funktion $f\colon\; y = 2x + 3$
nicht monotone Funktion $f\colon\; y = \sin x$ ♦

Eine im Intervall I differenzierbare Funktion f ist an der Stelle x_0, in deren Umgebung sie definiert ist, *lokal monoton wachsend (fallend)*, wenn es ein $\varepsilon > 0$ gibt, so daß für alle x gilt:

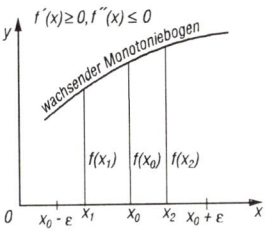

• $x_0 - \varepsilon < x < x_0$

    wachsend $f(x) < f(x_0), f'(x_0) \ge 0$
    fallend $f(x) > f(x_0), f'(x_0) \le 0$

• $x_0 < x < x_0 + \varepsilon$

    wachsend $f(x) > f(x_0), f'(x_0) \ge 0$
    fallend $f(x) < f(x_0), f'(x_0) \le 0$

Wachsender Monotoniebogen
(konkav)

Eine im Intervall I differenzierbare Funktion f heißt *konvex* oder *linksseitig gekrümmt* (*konkav* oder *rechtsseitig gekrümmt*) in I, wenn für eine Tangente t an einen Punkt in I alle Kurvenpunkte des Intervalls oberhalb (unterhalb) der Tangente liegen.

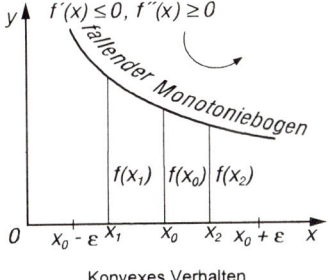

Konvexes Verhalten
(Linkskrümmung)

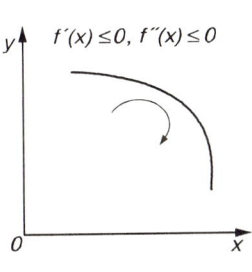

Konkaves Verhalten
(Rechtskrümmung)

Ist f in I zweimal differenzierbar, gilt für eine

konvexe
konkave Kurve: $\begin{array}{l} f''(x) \geq 0 \\ f''(x) \leq 0 \end{array}$ $f''(x) = 0$ gilt i. allg. für einen *Wendepunkt*.

10.4.5   Lokale Extrema von Funktionen

10.4.5.1 Extremstellen expliziter Funktionen $y = f(x)$

Ein *relativer* oder *lokaler Extrempunkt* (*Hoch-* bzw. *Tiefpunkt*) einer differenzierbaren Funktion f an der Stelle x_E liegt vor, wenn im Intervall $I \in D(f)$ in einer Umgebung $U(x_E) \subseteq I$ für den *Extremwert* stets gilt:

Maximum für $f(x) < f(x_E)$ für alle $x \neq x_E$

Minimum für $f(x) > f(x_E)$ für alle $x \neq x_E$.

Hinreichende Bedingung für einen Extremwert (ein *Extremum*)

Maximum $f'(x_E) = 0, f''(x_E) < 0$ (Rechtskrümmung)

Minimum $f'(x_E) = 0, f''(x_E) > 0$ (Linkskrümmung)

Versagt die Bedingung, d.h. verschwinden $f'(x_E)$ und $f''(x_E)$ an der Stelle $x = x_E$ (z.B. Potenzfunktionen $y = x^4, y = x^5$ für $x_E = 0$), so entscheidet die erste nicht verschwindende Ableitung:

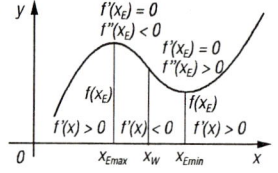

Lokale Extrema

Maximum für $f^{(2n)}(x_E) < 0$

Minimum für $f^{(2n)}(x_E) > 0$ aber

Wendepunkt als *Sattelpunkt*

     für $f^{(2n+1)}(x_W) \neq 0$ (x_E heißt dann x_W)

wobei $2n$ gerade Zahl, $(2n + 1)$ ungerade Zahl

Ein *globales* oder *absolutes Extremum* liegt vor, wenn es für alle $x \in D(f)$ gilt und nicht nur in der Umgebung von x_E. Ist das absolute Extremum gesucht, sind die relativen Extrema mit den Funktionswerten an den Randstellen des Definitionsbereichs zu vergleichen.

♦   Beispiele:

(1) $f(x) = (x - 2)^2 + 1$ (Bild umseitig)

     $f'(x) = 2\,(x - 2) = 0$ $L = \{2\}$ $f''(x_E) = 2 > 0 \;\rightarrow\;$ Minimum $(2; 1)$

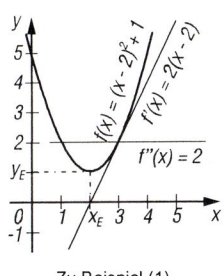

Zu Beispiel (1)

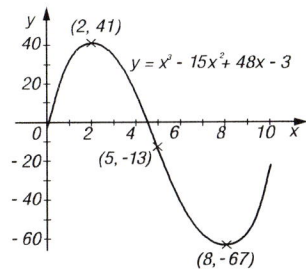

Zu Beispiel (2)

(2) $y = x^3 - 15x^2 + 48x - 3$

$y' = 3x^2 - 30x + 48$

$y'' = 6x - 30$

$y' \equiv 0: 3x^2 - 30x + 48 = 0 \qquad L = \{8; 2\}$

$y''(x_{E1}) = 6 \cdot 8 - 30 > 0 \qquad$ Minimum $(8; -67)$

$y''(x_{E2}) = 6 \cdot 2 - 30 < 0 \qquad$ Maximum $(2; 41)$

$y'(x) > 0$ für $x \in (-\infty, 2) \cup (8, \infty)$, d.h. f streng monoton wachsend

$y'(x) < 0$ für $x \in (2, 8)$, d.h. f streng monoton fallend

$y''(x) > 0$ für $x > 5$, d.h. f konvex; $y''(x) < 0$ für $x < 5$, d.h. f konkav

(3) $y = x^4$

$y' = 4x^3$, $y'' = 12x^2$, $y''' = 24x$ verschwinden für $x_E = 0$

$y^{(4)} = 24 > 0 \;\rightarrow\;$ Minimum $(0; 0)$ \qquad $(2n$ gerade$)$ ◆

Berechnung der Extremstellen gebrochener Funktionen

$$f(x) = \frac{Z(x)}{N(x)} \qquad f'(x) \text{ hat die Form } f'(x) = \frac{p(x)}{q(x)}$$

Für die Nullstellen x_E aus $p(x_E) = 0$ gilt die vereinfachte Form:

Hinreichende Bedingung für ein Extremum

$$p(x_E) = 0, \; q(x_E) \neq 0, \; f''(x_E) = \frac{p'(x_E)}{q(x_E)}$$

Über die Art des Extremums bzw. Wendepunkt entscheidet das Vorzeichen der 2. Ableitung bzw. die erste von Null verschiedene Ableitung wie oben.

◆ Beispiel:

Berechnung der Extremstellen von f: $y = \dfrac{2 - 3x + x^2}{2 + 3x + x^2}$

$$y' = \frac{(-3 + 2x)(2 + 3x + x^2) - (2 - 3x + x^2)(3 + 2x)}{(2 + 3x + x^2)^2} = \frac{6x^2 - 12}{(2 + 3x + x^2)^2} = \frac{p(x)}{q(x)}$$

$$y'' = \frac{p'(x)}{q(x)} = \frac{12x}{(2 + 3x + x^2)^2}$$

$$y' \equiv 0: \quad 6x^2 - 12 = 0 \quad \text{mit } L = \{\sqrt{2}; -\sqrt{2}\}$$

$$f''(\sqrt{2}) = \frac{12\sqrt{2}}{(2 + 3x + x^2)^2} > 0 \rightarrow \text{Minimum} \quad E_1 = \left(\sqrt{2}, \frac{4 - 3\sqrt{2}}{4 + 3\sqrt{2}}\right)$$

$$f''(-\sqrt{2}) = \frac{-12\sqrt{2}}{(2 + 3x + x^2)^2} < 0 \rightarrow \text{Maximum} \quad E_2 = \left(-\sqrt{2}, \frac{4 + 3\sqrt{2}}{4 - 3\sqrt{2}}\right) \quad \blacklozenge$$

10.4.5.2 Extremstellen impliziter Funktionen $F(x, y) = 0$

Hinreichende Bedingung für ein Extremum

Maximum $F_x(x_E, y_E) = 0$, $F_y(x_E, y_E) \neq 0$, $\dfrac{F_{xx}}{F_y} > 0$ für $x = x_E$

Minimum $F_x(x_E, y_E) = 0$, $F_y(x_E, y_E) \neq 0$, $\dfrac{F_{xx}}{F_y} < 0$ für $x = x_E$

Ist die hinreichende Bedingung nicht erfüllt, entscheidet die erste nicht verschwindende partielle Ableitung nach x über Extremwert bzw. Wendepunkt in Anlehnung an die Kriterien oben.

♦   Beispiel:

$$F(x, y) \equiv x^3 - 3a^2x + y^3 = 0$$

$$F_x = 3x^2 - 3a^2 \qquad F_y = 3y^2 \qquad F_{xx} = 6x$$

$$F(x, y) = 0 \wedge F_x = 0: \begin{cases} x^3 - 3a^2x + y^3 = 0 \\ 3x^2 - 3a^2 = 0 \end{cases} \rightarrow L = \left\{\left(a; a\sqrt[3]{2}\right), \left(-a; -a\sqrt[3]{2}\right)\right\}$$

Für $\left(a, a\sqrt[3]{2}\right)$ wird $\begin{aligned} F_y &= 3a^2\sqrt[3]{4} \neq 0 \\ F_{xx} &= 6a \end{aligned} \rightarrow \dfrac{F_{xx}}{F_y} = \dfrac{6a}{3a^2\sqrt[3]{4}} > 0 \rightarrow$ Maximum

für $\left(-a, -a\sqrt[3]{2}\right)$ wird $\begin{aligned} F_y &= 3a^2\sqrt[3]{4} \neq 0 \\ F_{xx} &= -6a \end{aligned} \rightarrow \dfrac{F_{xx}}{F_y} = \dfrac{-6a}{3a^2\sqrt[3]{4}} < 0 \rightarrow$ Minimum ♦

10.4.5.3 Extremstellen von Funktionen in Parameterdarstellung

k: $x = x(t) \wedge y = y(t)$

Hinreichende Bedingung für ein Extremum

Maximum $\dot{y}(t) = 0$, $\dot{x}(t) \neq 0$, $\ddot{y}(t) < 0$
Minimum $\dot{y}(t) = 0$, $\dot{x}(t) \neq 0$, $\ddot{y}(t) > 0$

Ist die hinreichende Bedingung nicht erfüllt, entscheidet die erste nicht verschwindende Ableitung nach t über Extremum bzw. Wendepunkt in Anlehnung an die Kriterien oben.

♦ Beispiele:

(1) $x(t) = a \cos t \wedge y(t) = b \sin t$

$\dot{x}(t) = -a \sin t \qquad \dot{y}(t) = b \cos t \qquad \ddot{y}(t) = -b \sin t$

$\dot{y}(t) \equiv 0: \quad b \cos t = 0 \qquad \text{mit } t_1 = \pi/2, \, t_2 = 3\pi/2$

$\dot{x}(t_1) \neq 0 \qquad \dot{x}(t_2) \neq 0$

$\ddot{y}(t_1) = -b \sin \dfrac{\pi}{2} = -b < 0 \rightarrow \text{Maximum}$

$\ddot{y}(t_2) = b > 0 \rightarrow \text{Minimum}$

Zugehörige Extrempunkte:

$x_{E1} = a \cos \dfrac{\pi}{2} = 0 \qquad y_{E1} = b \sin \dfrac{\pi}{2} = b \qquad \text{Maximum}$

$x_{E2} = a \cos \dfrac{3\pi}{2} = 0 \qquad y_{E2} = b \sin \dfrac{3\pi}{2} = -b \quad \text{Minimum}$

$L = \{(0, b), (0, -b)\}$

(2) $x = \pm kt \wedge y = t^4 \qquad k \neq 0$

$\dot{x} = \pm k \neq 0$

$\dot{y} = 4t^3, \quad \ddot{y} = 12t^2, \quad \dfrac{d^3 y}{dt^3} = 24t, \quad \dfrac{d^4 y}{dt^4} = 24 > 0$

Die 4. Ableitung ist ungleich Null, Minimum für $t_E = 0$ ♦

10.4.5.4 Lokale Extremstellen der Funktion $z = f(x, y)$

(Maximal- und Minimalpunkte einer Fläche)

10

Ein *relatives Maximum* (*Minimum*) liegt vor, wenn in einer Umgebung von (x_E, y_E) für alle (x, y):

$$f(x_E, y_E) > f(x, y) \quad \text{bzw.} \quad f(x_E, y_E) < f(x, y) \qquad (x_E, y_E) \neq (x, y)$$

hinreichende Bedingungen für ein relatives Extremum:

$$f_x(x_E, y_E) = 0 \text{ und } f_y(x_E, y_E) = 0 \qquad \Delta = f_{xx} f_{yy} - (f_{xy})^2 > 0$$

(d.h. Tangentialebene parallel zur (x, y)-Ebene)

Maximum $f_{xx}(x_E, y_E) < 0$ oder $f_{yy}(x_E, y_E) < 0$

Minimum $f_{xx}(x_E, y_E) > 0$ oder $f_{yy}(x_E, y_E) > 0$

Für $\Delta = f_{xx} f_{yy} - (f_{xy})^2 < 0$ liegt ein *Sattel-* oder *Jochpunkt* vor.

Für $\Delta = f_{xx} f_{yy} - (f_{xy})^2 = 0$ kann nicht entschieden werden, ob ein Maximum, ein Minimum oder keines von beiden vorliegt.

Extremwert einer Funktion mit n Variablen

$$y = f(x_1, ..., x_n)$$

notwendige Bedingung für ein relatives Extremum:

$$f_{x_1}(P_E) = 0, ..., f_{x_n}(P_E) = 0$$

10.4.5.5 Extremstellen mit Nebenbedingungen
(LAGRANGEsche Multiplikatorenmethode)

$$F(x, y) = f(x, y) + \lambda \varphi(x, y)$$

Sollen für die Funktion $z = f(x, y)$ die Extremstellen (x_E, y_E) bestimmt werden, die durch die Gleichung (Nebenbedingung) $\varphi(x, y) = 0$ miteinander verknüpft sind, gelten folgende *Bedingungsgleichungen:*

$$\begin{cases} F_x(x_E, y_E, \lambda) = \dfrac{\partial}{\partial x}\Big(f(x_E, y_E) + \lambda \varphi(x_E, y_E)\Big) = 0 \\[2mm] F_y(x_E, y_E, \lambda) = \dfrac{\partial}{\partial y}\Big(f(x_E, y_E) + \lambda \varphi(x_E, y_E)\Big) = 0 \\[2mm] F_\lambda(x_E, y_E, \lambda) = \varphi(x_E, y_E) = 0 \end{cases}$$

λ LAGRANGE*scher Multiplikator*, $\lambda \in \mathbb{R}$

Aus dem Gleichungssystem bestimmen sich die Variablen x, y, λ.

Entscheidung über die Art des Extremums:

$$D = F_{xx}\varphi_y^2 - 2F_{xy}\varphi_x\varphi_y + F_{yy}\varphi_x^2 \begin{cases} < 0 & \to \text{ Maximum} \\ > 0 & \to \text{ Minimum} \end{cases}$$

Die Methode ist sinngemäß auch für n unabhängige Variable mit $m < n$ Nebenbedingungen, d.h. $(n + m)$ Gleichungen für $x_1, ..., x_n, \lambda_1, ..., \lambda_m$ anwendbar.

♦   Beispiel:

$z = f(x, y) = x^2 + xy + y^2$, Nebenbedingung: $\varphi(x, y) \equiv xy - 9 = 0$

$$\begin{cases} \varphi \equiv \quad\quad xy - 9 = 0 \\ F_x \equiv 2x + y + \lambda y = 0 \\ F_y \equiv x + 2y + \lambda x = 0 \end{cases} \quad \text{(Bedingungsgleichungen für die Variablen } x, y, \lambda)$$

$y_{1,2} = \pm 3 \qquad \lambda = -3$

Extremwerte bei $P_1(3, 3)$ und $P_2(-3, -3)$, $L = \{(3, 3, 27), (-3, -3, 27)\}$

Entscheidung über die Art des Extremums:

$D = 2x^2 - 2(1 + \lambda)xy + 2y^2$

Für P_1 gilt: $D = 2 \cdot 9 - 2 \cdot (1 - 3) \cdot 3 \cdot 3 + 2 \cdot 9 = 72 > 0 \quad \to$ Minimum

Für P_2 gilt: $D = 2 \cdot 9 - 2 \cdot (1 - 3) \cdot 9 + 2 \cdot 9 = 72 > 0 \qquad \to$ Minimum   ♦

Bemerkung: Manchmal kommt man einfacher zur Lösung, indem man die Nebenbedingung nach den Variablen auflöst und in die Zielfunktion einsetzt. (Im Beispiel: $f(x) = x^2 + 9 + 81/x^2$ führt auf $x^4 = 81$.)

10.4.6 Wendepunkt einer Kurve

Eine in der Umgebung $U(x_W)$ differenzierbare Funktion f hat an der Stelle $x = x_W$ einen *Wendepunkt*, wenn $f'(x_W)$ ein lokales Extremum aufweist. Ein Wendepunkt trennt konvexe und konkave Bögen einer Kurve.

Die Tangente an G_f in $W\big(x_W, f(x_W)\big)$ heißt *Wendetangente*. Sie schneidet G_f in W.

Hinreichende Bedingung für einen Wendepunkt: $f''(x_W) = 0$, $f'''(x_W) \neq 0$

♦   Im Beispiel (2) in 10.4.5.1 gilt

$$f''(x_W) = 0 \Rightarrow x_W = 5, \ f'''(x_W) \neq 0 \Rightarrow W(5, -13)$$ ♦

Sind auch $f'''(x_W) = 0$, ..., $f^{(n-1)}(x_W) = 0$, aber $f^{(n)}(x_W) \neq 0$, liegt für eine ungerade Zahl n auch ein Wendepunkt vor.

Die Bedingung $f''(x_W) = 0$ für Wendepunkte lautet

bei der Kurve $x = x(t) \wedge y = y(t)$:

$$\dot{x}\ddot{y} - \ddot{x}\dot{y} = 0$$

bei der Kurve $r = r(\varphi)$:

$$r^2 + 2\left(\frac{dr}{d\varphi}\right)^2 - r\frac{d^2 r}{d\varphi^2} = 0$$

bei der Kurve $F(x, y) = 0$:

$$\begin{vmatrix} F_{xx} & F_{xy} & F_x \\ F_{yx} & F_{yy} & F_y \\ F_x & F_y & 0 \end{vmatrix} = 0$$

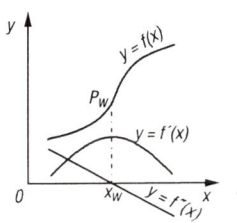

Wendepunkt

10

Sonderfall: *Stufenpunkt, Terrassenpunkt* mit zur x-Achse paralleler Wendetangente

Hinreichende Bedingung für einen Stufenpunkt:

$$f'(x_W) = 0, f''(x_W) = 0, f'''(x_W) \neq 0$$

bzw.   ungeradzahlige Ableitung $f^{(2n+1)}(x_W) \neq 0$

10.5   Rationale Funktionen

10.5.1   Allgemeines

Ein ganzrationaler Term, dem eine Funktion zugeordnet wird, ergibt eine *ganzrationale Funktion n-ten Grades*

$$f(x) = a_n x^n + a_{n-1} x^{n-1} + \ldots + a_1 x + a_0 \qquad a_n \neq 0,\, a_i \in \mathbb{R},\, n,\, i \in \mathbb{N}$$

Ein rationaler Term als Quotient zweier ganzrationaler Terme (siehe 4.1) führt zur *gebrochenrationalen Funktion* (siehe 10.5.4)

$$f(x) = \frac{Z(x)}{N(x)} = \frac{a_n x^n + a_{n-1} x^{n-1} + \ldots + a_1 x + a_0}{b_m x^m + b_{m-1} x^{m-1} + \ldots + b_1 x + b_0}$$

$$a_n \neq 0,\ b_m \neq 0,\ N(x) \neq 0,\ n,\, m \in \mathbb{N}$$

10.5.2   Ganzrationale Funktionen (Polynomfunktionen)

Satz von TAYLOR für ganzrationale Funktionen *n*-ten Grades
(siehe auch MAC LAURIN*sche Reihe*, 15.1.3.2)

$$f(x) = f(0) + \frac{f'(0)}{1!}\, x + \frac{f''(0)}{2!}\, x^2 + \ldots + \frac{f^{(n)}(0)}{n!}\, x^n$$

10.5.2.1 Ganzrationale Funktion 1. Grades (lineare Funktion)

Allgemeine Form: $f(x) = a_1 x + a_0 \qquad a_i \in \mathbb{R},\ a_1 \neq 0$

meist Zuordnung $\ x \mapsto mx + b\ $ bzw. $\ y = mx + b$

Graph im kartesischen Koordinatensystem: Gerade

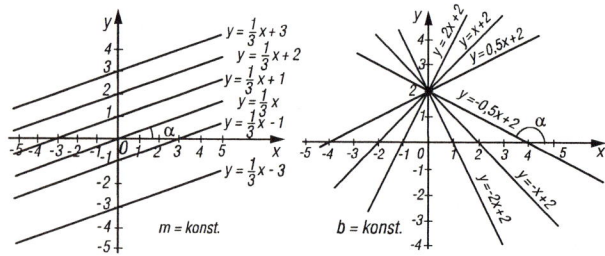

Lineare Funktion

$m = a_1 = \tan \alpha$ *Richtungsfaktor*, α Winkel zwischen der Geraden
und der positiven *x*-Richtung (bei gleichen Maßstäben)

$m > 0$ steigende Gerade

$m = 1$ 45°-Gerade (bei gleichen Maßstäben der Achsen)

$m = 0$ zur Abszissenachse parallele Gerade

$m < 0$ fallende Gerade, gespiegelt gegenüber positivem m

b Abschnitt auf der y-Achse (Ordinatenachse), Verschiebung

x-Achse: $y = 0$

y-Achse: $x = 0$ Parallele zur y-Achse $x = a$

10.5.2.2 Ganzrationale Funktion 2. Grades (quadratische Funktion)

Allgemeine Form: $f(x) = a_2 x^2 + a_1 x + a_0$ $a_i \in \mathbb{R}, a_2 \neq 0$

Graph im kartesischen Koordinatensystem: quadratische Parabel, kongruent zur gestreckten/gestauchten *Normalparabel* ($y = x^2$), Achse parallel zur Ordinatenachse

$a_2 > 0$ nach oben geöffnet, Scheitel ist Minimum

$a_2 < 0$ nach unten geöffnet, Scheitel ist Maximum

Je größer $\left| a_2 \right|$, desto enger ist die Öffnung.

Parabelscheitel $S(x_s, y_s)$: $\left(\dfrac{-a_1}{2a_2}, \dfrac{-a_1^2}{4a_2} + a_0 \right)$

Normalform

$$g(x) \equiv x^2 + px + q = \left(x + \frac{p}{2} \right)^2 - \left(\left(\frac{p}{2} \right)^2 - q \right)$$

Scheitel $S\left(-\dfrac{p}{2}, -\left(\left(\dfrac{p}{2} \right)^2 - q \right) \right)$ Das sind 2 Verschiebungen.

$x \leq -\dfrac{p}{2}$ monoton fallend $x \geq \dfrac{p}{2}$ monoton wachsend

10

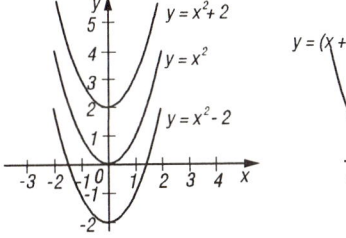 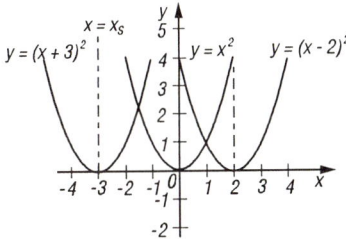

Quadratische Funktion, Verschiebung

Diskriminante $D = \dfrac{p^2}{4} - q$

- $D > 0$ zwei Nullstellen, Parabel schneidet die x-Achse zweimal
- $D = 0$ eine zweifache Nullstelle (Berührung der x-Achse)
- $D < 0$ kein Schnittpunkt der Parabel mit der x-Achse

Scheitelpunktsform

$$y - y_S = a_2 \left(x - x_S\right)^2$$

Der Graph ist spiegelsymmetrisch bzgl. der Geraden $x = x_S$ (Bild oben rechts)

10.5.2.3 Ganzrationale Funktion 3. Grades (kubische Funktion)

Allgemeine Form:

$$f(x) = a_3 x^3 + a_2 x^2 + a_1 x + a_0 \qquad a_i \in \mathbb{R},\, a_3 \neq 0$$

Graph im kartesischen Koordinatensystem:
kubische Parabel

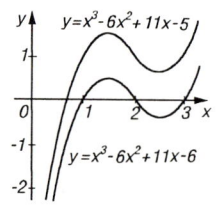

$a_3 > 0$ Die Parabel läuft von der unteren nach der
oberen Halbebene.

$a_3 < 0$ Die Parabel läuft von der oberen nach der
unteren Halbebene.

a_0 verschiebt die Kurve in Ordinatenrichtung und
ist Schnittpunkt mit der Ordinatenachse

Kubische Parabeln

Wendeparabel: $y = x^3$

10.5.2.4 Zerlegung ganzrationaler Funktionen in Linearfaktoren

Ist x_0 Nullstelle der Funktion f, gilt für alle x:

$$p_n(x) = (x - x_0) \cdot p_{n-1}(x) \qquad \text{(\textit{Polynomzerlegung, Deflation})}$$

Bei m Nullstellen $x_1, x_2, ..., x_m$ lautet die *Produktdarstellung*

$$p_n(x) = (x - x_1) \cdot (x - x_2) \cdot ... \cdot (x - x_m) \cdot p_{n-m}(x)$$

Die ganzrationale Funktion n-ten Grades mit genau n Nullstellen kann in n Linearfaktoren zerlegt werden (HORNER*sches Schema*, 4.3.6.2).

Nullstellen können bei reellen Koeffizienten auch mehrfach und konjugiert komplex auftreten.

10.5.3 Approximation, Interpolation

Approximation (Annäherung) ist die Bestimmung einer Ersatzfunktion g aus einer gegebenen Funktionenklasse G, die von einer Funktion $f \notin G$ möglichst wenig abweicht. Eine spezielle Form ist die *Interpolation* (diskrete Approximation), bei der der Approximationsfehler an endlich vielen, fest vorgegebenen *Stützstellen* x_k zu Null wird:

$$e(x_k) = g(x_k) - f(x_k) = 0 \ \Rightarrow \ g(x_k) = f(x_k) \qquad k = 0, \, ..., \, n$$

Die Paare $\left(x_k, f(x_k) \right) \in \mathbb{R}^2$ heißen *Interpolationsstellen*.

Parametrischer Ansatz als Linearkombination von Funktionen $\varphi_i(x)$:

$$g(x, c) = c_0 \varphi_0(x) + ... + c_n \varphi_n(x) \quad c = (c_0, \, ..., \, c_n)^\mathrm{T} \ \text{(Parametervektor)}$$

Sind alle x_k paarweise verschieden, dann gibt es genau ein

Interpolationspolynom: $g(x, c) = p_n(x, c) = c_0 + c_1 x + ... + c_n x^n = \displaystyle\sum_{i=0}^{n} c_i x^i$,

das obige Interpolationsbedingung erfüllt: $p_n(x_k, c) = f(x_k) = y_k$.

Bei bekannten Stützwerten $y_k = f(x_k)$ einer Funktion $f \in C[a, b]$ nähert $p_n(x_k, c) \in C[a, b]$ diese im Bereich $[a, b]$ an $\left(a = \min_k (x_k), \ b = \max_k (x_k) \right)$,

wobei $C[a, b]$ die Menge aller auf dem Intervall $[a, b]$ stetigen Kurven ist.

Spline-Interpolation: Die interpolierende Funktion von f in $[a, b]$ wird zur Erzeugung glatter Kurven ausgewählt aus einer Menge interpolierender Spline-Funktionen, meist vom 3. Grad (kubische Splinefunktion $p_3(x)$). Die Zerlegung in Teilintervalle gestattet die Anwendung bei großen Intervallen.

Bemerkung: Interpolationspolynome höheren Grades schwingen im allgemeinen stark, besser sind Splines (10.5.3.4) oder rationale Funktionen.

Die Ermittlung von Wertepaaren zwischen den Interpolationsstellen innerhalb (außerhalb) von $[a, b]$ heißt *Interpolation* (*Extrapolation*).

♦ Beispiel:

Lineare Interpolation, $n = 1$: $\ y = y_1 + \dfrac{y_0 - y_1}{x_0 - x_1} (x - x_1)$ ♦

Sind Nullstellen gegeben, empfiehlt sich ein Produktansatz (10.5.2.4).

10.5.3.1 Interpolationsformel von Lagrange (beliebige Stützstellen)

Vorteilhaft, wenn mehrere Polynome mit gleichen x_k aufzustellen sind, da die
Stützpolynome $L_i(x)$ nur von den Stützstellen abhängen.

Ansatz: $p_n(x) = \sum\limits_{i=0}^{n} y_i L_i(x) = y_0 L_0(x) + y_1 L_1(x) + \ldots + y_n L_n(x)$

Lagrangesche Stützpolynome vom Grad n bez. (anstatt) der Stützstellen x_k

Bedingung:

$$L_i(x_k) = \begin{cases} 1 & \text{für } i = k \\ 0 & \text{für } i \neq k \end{cases} \qquad i, k = 0, \ldots, n$$

$$L_i(x) = \frac{(x - x_0)(x - x_1) \cdot \ldots \cdot (x - x_{i-1})(x - x_{i+1}) \cdot \ldots \cdot (x - x_n)}{(x_i - x_0)(x_i - x_1) \cdot \ldots \cdot (x_i - x_{i-1})(x_i - x_{i+1}) \cdot \ldots \cdot (x_i - x_n)}$$

♦ Beispiel:

Gesucht wird die ganzrationale Funktion zur Wertetabelle

x	1	4	6	9
y	2	5	3	6

$$p_3(x) = 2 \cdot \frac{(x-4)(x-6)(x-9)}{(1-4)(1-6)(1-9)} + 5 \cdot \frac{(x-1)(x-6)(x-9)}{(4-1)(4-6)(4-9)}$$
$$+ 3 \cdot \frac{(x-1)(x-4)(x-9)}{(6-1)(6-4)(6-9)} + 6 \cdot \frac{(x-1)(x-4)(x-6)}{(9-1)(9-4)(9-6)}$$
$$= -\frac{1}{60}(x^3 - 19x^2 + 114x - 216) + \frac{1}{6}(x^3 - 16x^2 + 69x - 54)$$
$$- \frac{1}{10}(x^3 - 14x^2 + 49x - 36) + \frac{1}{20}(x^3 - 11x^2 + 34x - 24)$$
$$= \frac{1}{10}x^3 - \frac{3}{2}x^2 + \frac{32}{5}x - 3$$ ♦

10.5.3.2 Interpolationsformel von Newton

(NEWTONsches Interpolationspolynom für beliebige Stützstellen)

Vorteilhaft, wenn $p_n(x)$ an sehr vielen Stellen ausgewertet werden muß.

Ansatz: $p_n(x) = \sum\limits_{i=0}^{n} A_i N_i(x)$

mit $N_0 = 1, N_i(x) = (x - x_0)(x - x_1) \cdot \ldots \cdot (x - x_{i-1}) = N_{i-1}(x) \cdot (x - x_{i-1})$

ergibt $p_n(x) = A_0 + A_1(x - x_0) + A_2(x - x_0)(x - x_1) + \ldots$
$$+ A_n(x - x_0)(x - x_1)(x - x_2) \cdot \ldots \cdot (x - x_{n-1})$$

Einsetzen der Wertepaare (x_i, y_i) liefert ein gestaffeltes Gleichungssystem.

Dividierte Differenzen

$$[x_1, x_0] = \frac{y_1 - y_0}{x_1 - x_0} \qquad\qquad [x_2, x_1, x_0] = \frac{[x_2, x_1] - [x_1, x_0]}{x_2 - x_0}$$

$$[x_{k+1}, x_k, ..., x_0] = \frac{[x_{k+1}, x_k, ..., x_1] - [x_k, x_{k-1}, ..., x_1, x_0]}{x_{k+1} - x_0}$$

$$A_0 = y_0 \qquad\qquad A_1 = \frac{y_1 - y_0}{x_1 - x_0} = [x_1, x_0]$$

$$A_2 = \frac{(y_2 - y_0) - A_1 (x_2 - x_0)}{(x_2 - x_0)(x_2 - x_1)} = [x_2, x_1, x_0] \qquad \text{usw.}$$

Mit Differenzbildung zum jeweils vorherigen Stützpunkt statt zu (x_0, y_0) ergibt sich das **Steigungsschema, Rechenschema dividierter Differenzen**:

		x_i	y_i			
		x_0	y_0			
	$x_1 - x_0$			$[x_1, x_0]$		
	$x_2 - x_0$	x_1	y_1		$[x_2, x_1, x_0]$	
$x_3 - x_0$	$x_2 - x_1$			$[x_2, x_1]$		$[x_3, x_2, x_1, x_0]$
	$x_3 - x_1$	x_2	y_2		$[x_3, x_2, x_1]$	
	$x_3 - x_2$			$[x_3, x_2]$		
		x_3	y_3			usw.

♦   Beispiel:

Gesucht wird die ganzrationale Funktion zur bereits oben angegebenen Wertetabelle

x	1	4	6	9
y	2	5	3	6

$$p_3(x) = A_0 + A_1 (x - 1) + A_2 (x - 1)(x - 4) + A_3 (x - 1)(x - 4)(x - 6)$$

Gestaffeltes System:

$$p_3(x_0) = p_3(1) = 2 = A_0 \qquad\qquad\qquad \rightarrow A_0 = 2$$
$$P_3(x_1) = p_3(4) = 5 = A_0 + (4 - 1)A_1 \qquad \rightarrow A_1 = 1$$
$$p_3(x_2) = p_3(6) = 3 = A_0 + 5A_1 + 10A_2 \qquad \rightarrow A_2 = -2/5$$
$$p_3(x_3) = p_3(9) = 6 = A_0 + 8A_1 + 40A_2 + 120A_3 \quad \rightarrow A_3 = 1/10$$

$$f(x) \approx p_3(x) = 2 + 1 (x - 1) - \frac{2}{5}(x - 1)(x - 4)$$

$$+ \frac{1}{10}(x - 1)(x - 4)(x - 6) = \frac{x^3}{10} - \frac{3x^2}{2} + \frac{32x}{5} - 3 \quad \text{wie oben}$$

10

Mittels Rechenschema:

		x_i	y_i			
		1	2			
	$4-1=3$			$(5-2)/3=1$		
					$-2/5$	
5		4	5			
8	$6-4=2$			$(3-5)/2=-1$		1/10
5		6	3		$2/5$	
	$9-6=3$			$(6-3)/3=1$		
		9	6			◆

10.5.3.3 Interpolationsformel von Gregory-Newton
(für äquidistante Stützstellen)

$$x_k = x_0 + h \cdot k \qquad k = 0, ..., (n-1)$$

Schrittweite: $\Delta x = h = x_{k+1} - x_k$

Differenzen n-ter Ordnung $\Delta^i y_k$ \qquad (siehe auch Abschnitt 10.2.2)

$$\Delta^0 y_k := y_k$$
$$\Delta^i y_k := \Delta^{i-1} y_{k+1} - \Delta^{i-1} y_k$$

Interpolationsformel:

$$p_n(x) = y_0 + \frac{\Delta^1 y_0 (x-x_0)}{1! h} + \frac{\Delta^2 y_0 (x-x_0)(x-x_1)}{2! h^2} + \dots$$
$$+ \frac{\Delta^n y_0 (x-x_0)(x-x_1) \cdot \dots \cdot (x-x_{n-1})}{n! h^n}$$

Differenzenschema

k	y_k	$\Delta^1 y_k$	$\Delta^2 y_k$	$\Delta^3 y_k$
0	y_0			
		$\Delta^1 y_0 = y_1 - y_0$		
1	y_1		$\Delta^2 y_0 = \Delta^1 y_1 - \Delta^1 y_0$	
		$\Delta^1 y_1$		$\Delta^3 y_0$
2	y_2		$\Delta^2 y_1$	
		$\Delta^1 y_2$		$\Delta^3 y_1$
3	y_3		$\Delta^2 y_2$	
		$\Delta^1 y_3$		$\Delta^3 y_2$

usw.

Interpolationsformel mit der neuen Variablen t: $x = x_0 + th$, $t \in (0, n)$

$$p_n(x) = y_0 + \binom{t}{1}\Delta^1 y_0 + \binom{t}{2}\Delta^2 y_0 + \ldots + \binom{t}{n}\Delta^n y_0 = \sum_{k=0}^{n} \binom{t}{k}\Delta^k y_0$$

♦ **Beispiel:**

Man bestimme das GREGORY-NEWTONsche Interpolationspolynom max. 4. Grades, das durch die Stützpunkte gemäß nachstehender Wertetabelle beschrieben wird:

x	2	3	4	5	6
y	3	5	4	2	7

$$p_4(x) = 3 + \frac{2\,(x-2)}{1! \cdot 1} + \frac{-3\,(x-2)\,(x-3)}{2! \cdot 1^2} + \frac{2\,(x-2)\,(x-3)\,(x-4)}{3! \cdot 1^3}$$

$$+ \frac{6\,(x-2)\,(x-3)\,(x-4)\,(x-5)}{4! \cdot 1^4}$$

$$= \frac{1}{4}x^4 - \frac{19}{6}x^3 + \frac{53}{4}x^2 - \frac{61}{3}x + 12$$

k	(x_k)	y_k	$\Delta^1 y_k$	$\Delta^2 y_k$	$\Delta^3 y_k$	$\Delta^4 y_k$
0	(2)	3				
			2			
1	(3)	5		− 3		
			− 1		2	
2	(4)	4		− 1		6
			− 2		8	
3	(5)	2		7		
			5			
4	(6)	7				♦

10

Bemerkung: Neben dieser NEWTONschen Interpolationsformel für absteigende Differenzen (oder Vorwärtsdifferenzenformel) gibt es noch andere Varianten.

10.5.3.4 Interpolation durch kubische Polynomsplines

Polynomsplines 3. Grades ⟨spline, engl., »biegsames Kurvenlineal«⟩ dienen der Herstellung **glatter** Kurven zwischen gegebenen Stützstellen, z.B. für automatische Zeichengeräte, Zeichnen empirisch ermittelter Verläufe.

> *Splinefunktion S*: $S(x) \approx f(x)$, stückweise zusammengesetzt aus n kubischen Polynomen p_k im Bereich zwischen zwei Stützstellen, d.h., $x \in [x_k, x_{k+1}]$, $k = 0, \ldots, (n-1)$. Wenn n genügend wächst, kann der Interpolationsfehler beliebig klein gemacht werden.

Die Anschlußbedingungen zwischen den Polynomen garantieren glatte Kurven (gleiche Krümmung für p_k und p_{k+1} am Übergangspunkt).

Nicht parametrisierte Splinefunktionen

Gegeben: $f \in C[a, b]$ $C[a, b]$ Menge aller auf $[a, b]$ stetigen Funktionen
$\qquad\qquad\qquad\qquad$ C »continuous« ⟨engl.⟩

Stützstellen (Splineknoten) $\left(x_k, f(x_k)\right)$ $k = 0, ..., n$ $n \geq 2$

Bedingungen:

• Monotonie der Stützstellen $a = x_0 < x_1 < ... < x_n = b$
  Angemessene Zerlegung: Im Bereich starker (schwacher) Steigung
  sind die x_k enger (weiter) zu wählen.

• $S(x)$ in $[a, b]$ zweimal stetig differenzierbar (*Glattheitsbedingung*)

Interpolationsbedingung: $S(x_k) = y_k$ $k = 0, ..., n$

d.h. $p_k(x_k) = y_k, k = 0, ..., (n - 1) \wedge p_{n-1}(x_n) = y_n$

4parametrischer Ansatz zur Berechnung kubischer Splines

$$S(x) \equiv p_k(x) := a_k + b_k (x - x_k) + c_k (x - x_k)^2 + d_k (x - x_k)^3 \text{ für}$$
$$x \in \left[x_k, x_{k+1}\right] \qquad k = 0, ..., (n - 1)$$

Kubische Splinefunktion mit vorgegebener 1. Randableitung

$(4n - 2)$ Bedingungen für die Polynome p_k und die 2 Randableitungen ergeben
$4n$ Gleichungen für die Koeffizienten a_k, b_k, c_k, d_k:

$$
\begin{aligned}
p_k(x_k) &= y_k & k &= 0, ..., n & &\text{(Interpolationsbedingung)} \\
p_k(x_k) &= p_{k-1}(x_k) & k &= 1, ..., (n - 1) & &\text{(Stetigkeit)} \\
p'_k(x_k) &= p'_{k-1}(x_k) & k &= 1, ..., (n - 1) & &\text{(kein Knick)} \\
p''_k(x_k) &= p''_{k-1}(x_k) & k &= 1, ..., (n - 1) & &\text{(gleiche Krümmung)} \\
S'(x_0) &= \alpha, \; S'(x_n) = \beta & & & &\text{(Randableitungen)}
\end{aligned}
$$

Algorithmus

(1) $a_k = y_k$ $k = 0, ..., n$

(2) Lineares Gleichungssystem für die Unbekannten c_k

$$k = 1: \quad \left(\frac{3}{2} h_0 + 2h_1\right) c_1 + h_1 c_2 = 3\left(\frac{a_2 - a_1}{h_1} - \frac{1}{2}\left(3 \frac{a_1 - a_0}{h_0} - \alpha\right)\right)$$

$$k = 2, ..., (n - 2): \; h_{k-1} c_{k-1} + 2c_k (h_{k-1} + h_k) + h_k c_{k+1}$$
$$= \frac{3}{h_k} (a_{k+1} - a_k) - \frac{3}{h_{k-1}} (a_k - a_{k-1})$$
$$\text{mit } h_k = x_{k+1} - x_k$$

$k = n - 1:$ $h_k = x_{k+1} - x_k$

$$\left(2h_{n-2} + \frac{3}{2}h_{n-1}\right)c_{n-1} + h_{n-2}c_{n-2} = 3\left(\frac{1}{2}\left(3\frac{a_n - a_{n-1}}{h_{n-1}} - \beta\right) - \frac{a_{n-1} - a_{n-2}}{h_{n-2}}\right)$$

$$c_0 = \frac{1}{2h_0}\left(\frac{3}{h_0}(a_1 - a_0) - 3\alpha - c_1 h_0\right)$$

$$c_n = -\frac{1}{2h_{n-1}}\left(\frac{3}{h_{n-1}}(a_n - a_{n-1}) - 3\beta + c_{n-1}h_{n-1}\right)$$

Matrizenschreibweise: $Ac = a$ A tridiagonal, symmetrisch, positiv definit

$$A = \begin{pmatrix} \frac{3}{2}(h_0 + 2h_1) & h_1 & & & & \\ h_1 & 2(h_1 + h_2) & h_2 & & O & \\ & h_2 & 2(h_2 + h_3) & h_3 & & \\ & & \ddots & \ddots & \ddots & \\ & O & & h_{n-3} & 2(h_{n-3} + h_{n-2}) & h_{n-2} \\ & & & & h_{n-2} & 2\left(h_{n-2} + \frac{3}{2}h_{n-1}\right) \end{pmatrix}$$

det $A \neq 0$ Lösung nach dem CHOLESKY-Verfahren 5.3.2.3

$$c = \begin{pmatrix} c_1 \\ \vdots \\ c_{n-1} \end{pmatrix} \qquad a = \begin{pmatrix} \frac{3}{h_1}(a_2 - a_1) - \frac{9}{2h_0}(a_1 - a_0) - \frac{3}{2}\alpha \\ \frac{3}{h_1}(a_2 - a_1) - \frac{3}{h_0}(a_1 - a_0) \\ \vdots \\ \frac{3}{h_{n-1}}(a_n - a_{n-1}) - \frac{3}{h_{n-2}}(a_{n-1} - a_{n-2}) \\ \frac{9}{2h_{n-1}}(a_n - a_{n-1}) - \frac{3}{2}\beta - \frac{3}{h_{n-2}}(a_{n-1} - a_{n-2}) \end{pmatrix}$$

3) $b_k = \frac{1}{h_k}(a_{k+1} - a_k) - \frac{h_k}{3}(c_{k+1} + 2c_k)$ $k = 0, ..., (n-1)$

(4) $d_k = \frac{1}{3h_k}(c_{k+1} - c_k)$ $k = 0, ..., (n-1)$

Weitere Formeln in ENGELN-MÜLLGES, G.; REUTTER, F. [1991], siehe Vorwort

Parametrische kubische Splines mit 1. Randableitung
Ist keine strenge Monotonie der Stützstellen gegeben, z.B. geschlossene Kurven, können die bisherigen Splines nicht verwendet werden.

Umwandlung von $\left(x_k, f(x_k)\right)$ in die Parameterform: $x = x(t) \wedge y = y(t)$.

Die Parameterwerte sind monoton steigend zu wählen: $t_0 < t_1 < ... < t_n$

Durch (t_k, x_k) wird der Spline S_x gelegt $\qquad x(t) \approx S_x(t)$

durch (t_k, y_k) wird der Spline S_y gelegt $\qquad y(t) \approx S_y(t)$

$$\begin{pmatrix} S_x(t) \\ S_y(t) \end{pmatrix} \equiv \begin{pmatrix} p_{kx}(t) \\ p_{ky}(t) \end{pmatrix} \approx \begin{pmatrix} x(t) \\ y(t) \end{pmatrix} \qquad t \in \left[t_k, t_{k+1} \right]$$

Das sind vektorielle parametrische kubische Splinefunktionen in $\mathbb{R}^2$, analog in $\mathbb{R}^3$.

Berechnung der parametrischen kubischen Splines $t \in \left[t_k, t_{k+1} \right]$

$$S_x(t) \equiv p_{kx}(t) = a_{kx} + b_{kx}(t - t_k) + c_{kx}(t - t_k)^2 + d_{kx}(t - t_k)^3$$

$$S_y(t) \equiv p_{ky}(t) = a_{ky} + b_{ky}(t - t_k) + c_{ky}(t - t_k)^2 + d_{ky}(t - t_k)^3$$

Randbedingungen: $S'(x_0) = \alpha,\ S'(x_n) = \beta$

Näherungsweise Berechnung der t_k:

$$t_0 = 0$$

$$t_{k+1} = t_k + \sqrt{(x_{k+1} - x_k)^2 + (y_{k+1} - y_k)^2} \qquad k = 0, ..., (n-1)$$

S_x weiter wie bei den kubischen Splinefunktionen mit vorgegebener

1. Randableitung, jedoch man ersetze $x_k := t_k, y_k := x_k$

S_y desgl., jedoch man ersetze $x_k := t_k, y_k$ bleibt

10.5.3.5 Bezier-Splines

Bei BEZIER-*Splines* werden kubische Parabeln mit gleicher Krümmung, d.h. glatt aneinandergereiht. Forderungen an die Monotonie der Stützstellen werden wegen der Parameterdarstellung nicht nötig.

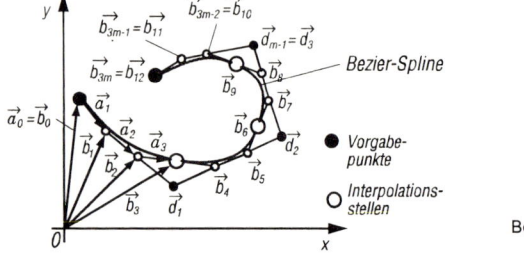

Bezier-Splines

Punkt $P(t)$ eines **Kurvensegments** lautet mit 4 unbekannten Vektoren a_i

$$P(t) = a_0 + a_1 (3t - 3t^2 + t^3) + a_2 (3t^2 - 2t^3) + a_3 t^3 \qquad 0 \le t \le 1$$

Knoten eines Kurvensegments, Ortsvektoren $b_j = \sum_{i=0}^{j} a_i \quad j = 0, 1, 2, 3$

d.h., b_0 und b_3 fallen mit dem Anfangs- und dem Endpunkt des Kurvensegments zusammen. Am Anfangspunkt $P(0)$ ist die Tangente parallel zu a_1, am Endpunkt $P(1)$ parallel zu a_3.

Unter Verwendung der Knoten wird das k-te Kurvensegment

$$P_k(t) = b_{3k} (1 - t)^3 + 3b_{3k+1} (1 - t)^2 t + 3b_{3k+2} (1 - t) t^2 + b_{3k+3} t^3$$
$$0 \le t \le 1, k = 0, ..., (m - 1)$$

Der kubische BEZIER-Spline entsteht durch Reihung der Kurvensegmente.

Die BEZIER-Punkte (Punkte der einzelnen Kurvensegmente) sind die *Interpolationsstellen:* $b_0, b_3, ..., b_{3m}$

An den Verbindungsstellen der Segmente $b_3, ..., b_{3m-3}$ sollen diese zweimal stetig differenzierbar ineinander übergehen, was zu den Bedingungen führt:

$$P_{k-1}(1) = P_k(0) \qquad P'_{k-1}(1) = P'_k(0) \qquad P''_{k-1}(1) = P''_k(0).$$

Mit den vorzugebenden Gewichtspunkten (kurz Gewichte), siehe Bild,

$$d_k := - b_{3k-2} + 2b_{3k-1} = 2b_{3k+1} - b_{3k+2}$$

erhält man ein System von $(3m - 1)$ Gleichungen für die BEZIER-Punkte der Verbindungsstellen

$$\begin{cases} 2d_{k-1} + d_k & = 3b_{3k-2} \qquad k = 1, ..., m \\ d_{k-1} + 4d_k + d_{k+1} = 6b_{3k} \qquad k = 1, ..., (m-1) \\ d_k + 2d_{k+1} = 3b_{3k+2} \qquad k = 0, ..., (m-1) \end{cases}$$

Wahl der Randpunkte für einen natürlichen kubischen BEZIER-Spline:

$$b_0 = d_0 \;\rightarrow\; P''_0(0) = 0 \text{ und } b_{3m} = d_m \;\rightarrow\; P''_{m-1}(1) = 0$$

Zur **Erzeugung eines Knicks** werden 3 aufeinander folgende Gewichtspunkte $d_{i-1}, d_i, d_{i+1} = b_{3i}$ übereinander gelegt und die BEZIER-Kurve ist an dieser Stelle nicht mehr differenzierbar.

10

10.5.4   Gebrochenrationale Funktion

$$f(x) = \frac{Z(x)}{N(x)} = \frac{a_n x^n + a_{n-1} x^{n-1} + \ldots + a_1 x + a_0}{b_m x^m + b_{m-1} x^{m-1} + \ldots + b_1 x + b_0}$$

$$a_n \neq 0, \; b_m \neq 0, \; N(x) \neq 0, \; n, m \in \mathbb{N}$$

echt gebrochen $n < m$, *unecht gebrochen* $n \geq m$

Jede unecht gebrochene rationale Funktion $f(x)$ kann durch Polynomdivision (3.2.2.1) in eine ganzrationale Funktion $h(x)$ vom Grad $(n - m)$ und eine echt gebrochene rationale Funktion zerlegt werden. Grenzkurve (für $x \to \pm \infty$) ist der Graph von $h(x)$.

Nullstelle

Bei gebrochenrationalen Funktionen $f(x_0) = \dfrac{Z(x_0)}{N(x_0)}$ gilt vereinfachend:

$$Z(x_0) = 0 \;\wedge\; N(x_0) \neq 0$$

Polstelle

$$N(x_p) = 0 \;\wedge\; Z(x_p) \neq 0, \text{ vertikale } \textit{Polasymptote } x = x_p \text{ für } x_p \in \mathbb{R}$$

Lücke

$$Z(x_L) = 0 \;\wedge\; N(x_L) = 0$$

♦   Beispiel:

$f(x) = \dfrac{1 - x^2}{x^2 - 2x - 3}$ ist auf Nullstellen, Pole und Lücken zu untersuchen.

$Z(x) = 0 \;\to\; 1 - x^2 = 0$ ergibt $x_1 = 1$ und $x_2 = -1$

$N(x) = 0 \;\to\; x^2 - 2x - 3 = 0$ ergibt $x_3 = 3$ und $x_4 = -1$

Nullstelle für $x_1 = 1$

Pol für $x_3 = 3$

Lücke für $x_2 = x_4 = -1$

Die Lücke ist wie folgt hebbar:

$$f(-1) = \frac{0}{0} \;\to\; \lim_{x \to -1} \frac{1 - x^2}{x^2 - 2x - 3} = \lim_{x \to -1} \frac{Z'(x)}{N'(x)} = \frac{-2x}{2x - 2} = -\frac{1}{2}$$

Ersatzfunktion aus der Produktdarstellung

$$f(x) = \frac{1 - x^2}{x^2 - 2x - 3} = \frac{(1 + x)(1 - x)}{(x + 1)(x - 3)} \;\to\; g(x) = \frac{1 - x}{x - 3}$$

Übereinstimmung von $g(x)$ mit $f(x)$ an allen Stellen bis auf $x = -1$ ♦

10.5.5   Potenzfunktionen

Zuordnung $f: \langle x \mapsto ax^k \rangle$ $k \in \mathbb{Z}, a \in \mathbb{R}, D(f) = \mathbb{R}$

Potenzfunktion mit positivem ganzzahligem Exponenten

$$y = f(x) = ax^n \qquad\qquad n \in \mathbb{N} \qquad\qquad D(f) = \mathbb{R}$$

Ein Polynom $p_n(x) = a_n x^n + a_{n-1} x^{n-1} + \ldots + a_0$
verhält sich für große $|x|$-Werte ungefähr wie $a_n x^n$.

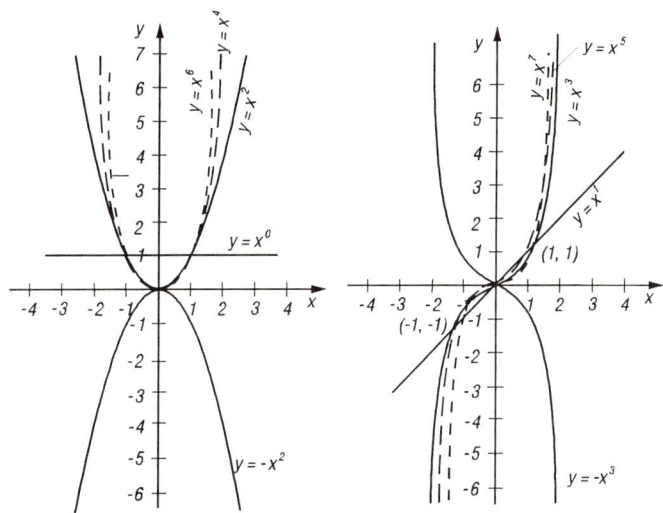

Gerade Potenzfunktion   Ungerade Potenzfunktion

Die Graphen der Potenzfunktion mit $n \geq 2$ heißen *Parabeln n-ten Grades*.

$a = 1$ *Normalparabeln*, z.B. $y = x^2$, $y = x^3$

$|a| < 1$ gestauchte Parabel

$|a| > 1$ gestreckte Parabel

$y = x^{2k}$ ist in $[0, \infty)$ streng monoton wachsend, in $(-\infty, 0]$ fallend;
axialsymmetrisch zur y-Achse (Bild links)

$y = x^{2k-1}$ ist in $\mathbb{R}$ streng monoton wachsend;
zentralsymmetrisch zum Ursprung (Bild rechts)

10

Potenzfunktion mit negativem ganzzahligem Exponenten

$$y = f(x) = a \cdot \frac{1}{x^n} := ax^{-n} \qquad n \in \mathbb{N}, \ D(f) = \mathbb{R}^*, \ W(f) = \mathbb{R}^*$$

Der Graph dieser gebrochenrationalen Funktion heißt *Hyperbel*.

$|a| < 1$ in y-Richtung gestauchte Hyperbel

$|a| > 1$ in y-Richtung gestreckte Hyperbel

Asymptoten: $y = 0$ (für $x \to \pm \infty$), $x = 0$ (Pol)

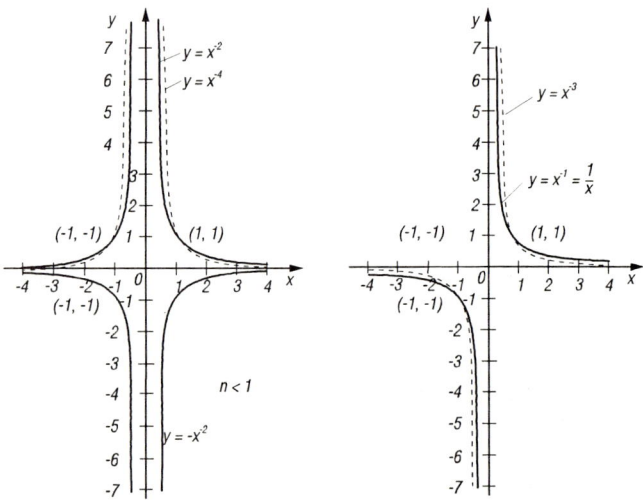

Gerade Potenzfunktion, Pol ohne Vorzeichenwechsel   Ungerade Potenzfunktion, Pol mit Vorzeichenwechsel

10.5.6　Sonstige (elementare) Funktionen

Betragsfunktion

$$y = f(x) = |x - a| = \begin{cases} -(x - a) & \text{für } x < a \\ x - a & \text{für } x \geq a \end{cases}, \ D(f) = \mathbb{R}, \ W(f) = \mathbb{R}^+$$

Signumfunktion (Sprungfunktion)

$$y = f(x) = \operatorname{sgn} x = \begin{cases} -1 & \text{für } x < 0 \\ 0 & \text{für } x = 0 \\ 1 & \text{für } x > 0 \end{cases}$$

$$D(f) = \mathbb{R} \qquad W(f) = \{-1, 0, 1\}$$

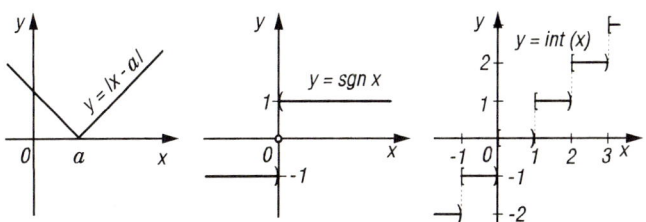

Betrags-, Signum- und Integer-Funktion

Integerfunktion (integer part function)

Der Funktionswert der *Integerfunktion* ist die größte ganze Zahl ⟨integer, engl., »ganzzahlig«⟩ kleiner oder gleich x, für positives x ganzzahliger Anteil von x

$$y = f(x) = \text{int}(x) = [x] = n \text{ für } n \leq x < n + 1, n \in \mathbb{Z}$$
$$D(f) = \mathbb{R}, W(f) = \mathbb{Z}$$

Restfunktion

frac (x) : Differenz zwischen x und $[x]$ → Dezimalen einer Dezimalzahl

♦ Beispiel:

int $(x) = -3$ für $-3 \leq x < -2$ ♦

Deltafunktion, Dirac-Impulsfunktion, Stoßfunktion, Distribution

10

Der DIRAC-*Impuls* dient als kurzzeitiger Eingangsimpuls zur Untersuchung linearer Systeme. Er ist im streng mathematischen Sinn keine Funktion.

$$\delta(t) = \lim_{\varepsilon \to 0} r_\varepsilon(t) = \begin{cases} 0 & \text{für } t < 0 \\ \dfrac{1}{\varepsilon} & \text{für } 0 \leq t < t_0 \\ 0 & \text{für } t \geq t_0 \end{cases} \text{ mit } r_\varepsilon(t) = \begin{cases} \dfrac{1}{\varepsilon} & \text{für } 0 \leq t < \varepsilon \\ 0 & \text{sonst} \end{cases}$$

Eigenschaften

$$\int_{-\infty}^{\infty} \delta(t)\, dt = 1 \qquad (\textit{Impulsstärke})$$

$$\int_{-\infty}^{\infty} f(t)\, \delta(t)\, dt = f(0)$$

10.6   Nichtrationale Funktionen

10.6.1   Wurzelfunktion

$$f: \left\langle x \mapsto ax^{\frac{p}{q}} \right\rangle$$

Die Wurzelfunktionen sind die Umkehrfunktionen der entsprechenden Potenzfunktionen. Sie sind algebraische aber nichtrationale Funktionen.

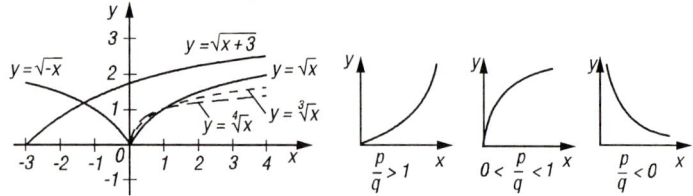

Wurzelfunktion

Darstellung mit gebrochenem Exponenten (q-te Wurzel aus x^p):

$$y = f(x) = ax^{\frac{p}{q}} := a \sqrt[q]{x^p} \qquad x \geq 0, y \geq 0, k, p, q \in \mathbb{N}^*, p \neq kq$$

Umkehrfunktion: (Wurzel n-ten Grades – n-te Potenz)

$$y = f(x) = \sqrt[n]{x} \leftrightarrow f^{-1}(x) = x^n \qquad x \geq 0, y \geq 0, n \in \mathbb{N}^*$$

Ungeradzahliger Exponent:
(nicht geschlossen darstellbar)

$$y = f(x) = \begin{cases} \sqrt[2n-1]{x} & \text{für } x \geq 0 \\ -\sqrt[2n-1]{-x} & \text{für } x < 0 \end{cases}$$

$$f^{-1}(x) = x^{2n-1}$$

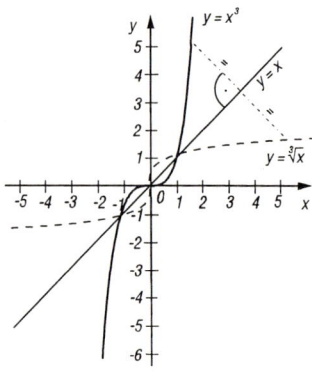

Geradzahliger Exponent:

$f^{-1}(x) = x^{2n}$, $x \geq 0$ hat keine eindeutige Umkehrung, jede Abbildung besteht aus zwei Funktionen:

$$f(x) = \sqrt[2n]{x}$$
$$g(x) = -\sqrt[2n]{x}$$

Wurzel-/Potenzfunktion

Sonderfall: Neilsche (semikubische) Parabel, siehe 10.7.1

Nichtalgebraische Funktionen

10.6.2   Exponentialfunktion $f: \langle x \mapsto a^x \rangle$

$$y = f(x) = a^x \qquad a \in \mathbb{R}^+, a \neq 1, D(f) = \mathbb{R}, W(f) = \mathbb{R}^+$$

$a > 1$ streng monoton wachsend
$0 < a < 1$ streng monoton fallend

Asymptote x-Achse, keine Nullstellen

e-Funktion $(a = e)$

$$y = e^x = \exp x$$

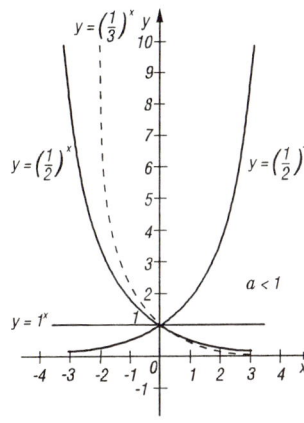

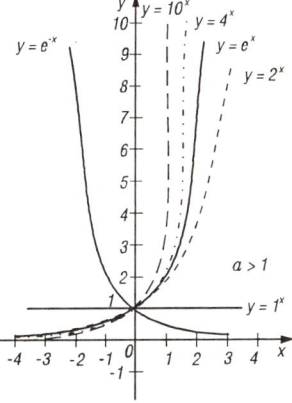

Exponentialfunktion $a < 1$ Exponentialfunktion $a > 1$

Der Graph der Exponentialfunktion ist konvex (linksseitig gekrümmt) und hat weder Extrema noch Wendepunkte, er geht durch $P(0, 1)$.

$y = a^x$ und $y = a^{-x} = \left(\dfrac{1}{a}\right)^x$ liegen spiegelbildlich zur y-Achse.

Mit $e^{x \ln a} = a^x$ kann $y = a^x$ durch Streckung/Stauchung mit $\ln a$ aus der e-Funktion gewonnen werden.

Durchläuft in $f(x) = c \cdot a^x$ $(c \neq 0, a > 0, a \neq 1)$ das Argument x eine arithmetische Folge, so durchläuft der Funktionswert $f(x)$ eine geometrische Folge.

$y = c \cdot a^x$ entspricht einer Parallelverschiebung um x_0 nach links (mit $c = a^{x_0}$).

Kontinuierliches (stetiges, natürliches, organisches) Wachstum

Mit dem Grenzwert $\lim\limits_{n \to \infty} \left(1 + \dfrac{1}{n}\right)^{n} = e$ des Wachstumsfaktors geht die Zinseszinsformel (3.5.4.1) in die **e-Funktion** über:

$$n(t) = n_0\, e^{kt}$$

$n_0\ (G_0)$ Grundmenge, Anfangsbestand

$k \in \mathbb{R}$ Wachstumsintensität
        $k > 0$ wachsend, $k < 0$ abklingend

t Variable, meist Zeit

Radioaktiver Zerfall

$$n(t) = n_0\, e^{-\lambda t}$$

n_0 Anfangsbestand an Atomkernen

λ Zerfallskonstante, $\lambda > 0$

t Zeit

Halbwertszeit $t = T_{1/2}$ für $n(t) = \dfrac{1}{2}\, n_0$ $T_{1/2} = \dfrac{\ln 2}{\lambda} = \dfrac{0{,}693\,1}{\lambda}$

♦ Beispiel:

Radium $\lambda = 1{,}382 \cdot 10^{-11}\,\mathrm{s}^{-1}$

$$T_{1/2} = \frac{0{,}693\,1}{1{,}382} \cdot 10^{11}\,[\mathrm{s}] = \frac{0{,}693\,1}{1{,}382 \cdot 3{,}154} \cdot 10^{4} = 1{,}59 \cdot 10^{3}\ \text{Jahre}$$ ♦

Mittlere Lebensdauer $\tau = \dfrac{1}{\lambda} = \dfrac{T_{1/2}}{\ln 2} = \dfrac{T_{1/2}}{0{,}693}$

Zerfallsgeschwindigkeit $v = \dfrac{\mathrm{d}n(t)}{\mathrm{d}t} = -\lambda n_0\, e^{-\lambda t} = -\lambda n$

Kettenreaktion

$$n(t) = n_0\, e^{(v-1)\frac{t}{l}}$$

$v \geq 1$ Vermehrungsfaktor je Neutronengeneration

n_0 Anzahl freier Neutronen zum Zeitpunkt $t = 0$

l mittlere Zeit zwischen 2 Neutronengenerationen

10.6.3   Logarithmische Funktion $f\colon \langle x \mapsto \log_a x\rangle$

$$y = f(x) = \log_a x \qquad a \in \mathbb{R}^{+},\, a \neq 1,\, D(f) = \mathbb{R}^{+},\, W(f) = \mathbb{R}$$

$a > 1$ streng monoton wachsend

$0 < a < 1$ streng monoton fallend

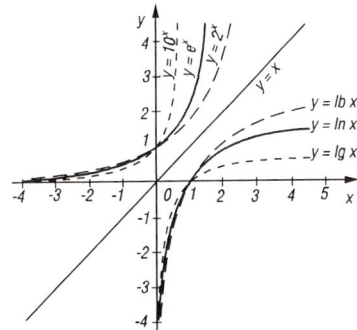

Logarithmische Funktion

Die logarithmische Funktion ist Umkehrfunktion der Exponentialfunktion $y = a^x$ (siehe auch 3.2.4).

Nullstelle $x_0 = 1$

Asymptote y-Achse

$y = \log_a (cx) = \log_a x + \log_a c$ und $y = \log_a x^r = r \cdot \log_a x$ lassen sich aus $y = \log_a x$ zeichnen.

Natürlicher Logarithmus $f: \langle x \mapsto \ln x \rangle$

$$y = f(x) = \ln x \qquad y = \log_a x = \frac{1}{\ln a} \ln x$$

$$D(f) = \mathbb{R}^+, W(f) = \mathbb{R}$$

d.h., durch Streckung/Stauchung mit $1/\ln a$ läßt sich jede logarithmische Funktion auf den natürlichen Logarithmus zurückführen.

10.6.4   Winkelfunktionen, trigonometrische Funktionen

$f: \langle x \mapsto \sin x \rangle, f: \langle x \mapsto \cos x \rangle, f: \langle x \mapsto \tan x \rangle, f: \langle x \mapsto \cot x \rangle$

10.6.4.1 Allgemeines

Winkel $x = \sphericalangle (u, k)$

- $y = f(x) = \sin x = \dfrac{v}{r}$ $\quad D(f) = \mathbb{R} \qquad r, v \in \mathbb{R}, r > 0$
  $\quad W(f) \in [-1, 1] \quad v \in [-r, r]$

- $y = f(x) = \cos x = \dfrac{u}{r}$ $\quad D(f) = \mathbb{R} \qquad r, u \in \mathbb{R}, r > 0$
  $\quad W(f) \in [-1, 1] \quad u \in [-r, r]$

10

- $y = f(x) = \tan x = \dfrac{v}{u}$

$D(f) \in \mathbb{R}, x \ne (2k + 1)\,\dfrac{\pi}{2}$

$W(f) \in \mathbb{R}, k \in \mathbb{Z},\ r, u, v$ s. o.

- $y = f(x) = \cot x = \dfrac{u}{v}$

$D(f) \in \mathbb{R}, x \ne k\pi,\ k \in \mathbb{Z}$

$W(f) \in \mathbb{R},\ r, u, v$ s.o.

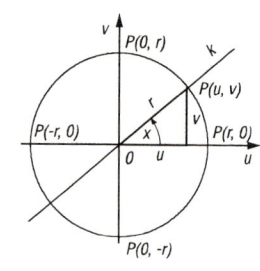

$$\tan x = \frac{\sin x}{\cos x} \qquad \cot x = \frac{\cos x}{\sin x}$$

Winkelfunktionen

Am *Einheitskreis* ($r = 1$) gilt:

Der Funktionswert der *Sinusfunktion* ist gleich der Maßzahl der Ordinate:

$$f(x) = \sin x = \overline{AB}$$

Der Funktionswert der *Cosinusfunktion* ist gleich der Maßzahl der Abszisse:

$$f(x) = \cos x = \overline{0A}$$

Winkelfunktionen am Einheitskreis

Der Funktionswert der *Tangensfunktion* (*Cotangensfunktion*) ist gleich der Maßzahl des Abschnitts auf der Haupttangente (*Nebentangente*):

$$f(x) = \tan x = \overline{CD}$$

$$f(x) = \cot x = \overline{EF}$$

Cosecans $\csc x = \dfrac{1}{\sin x}$

Secans $\sec x = \dfrac{1}{\cos x}$

Definitionen im rechtwinkligen Dreieck siehe 6.1.3.3.

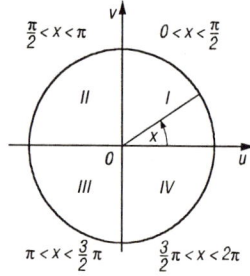

Quadrantenbezeichnung

Quadrantenbezeichnung: siehe Bild

Eigenschaften der trigonometrischen Funktionen $(k \in \mathbb{Z})$

	$\sin x$	$\cos x$	$\tan x$	$\cot x$
Definitions-bereich $D(f)$	$\mathbb{R}$	$\mathbb{R}$	$\mathbb{R} \setminus \{x \mid x = \pi/2 + k\pi\}$	$\mathbb{R} \setminus \{x \mid x = k\pi\}$
Wertebereich $W(f)$	$[-1, 1]$	$[-1, 1]$	$\mathbb{R}$	$\mathbb{R}$
Nullstellen x_0	$k\pi$	$\pi/2 + k\pi$	$k\pi$	$\pi/2 + k\pi$
Pole x_p	$-$	$-$	$\pi/2 + k\pi$	$k\pi$
Extrema x_E	$\pi/2 + k\pi$	$k\pi$	$-$	$-$
Wendepunkte x_W	$k\pi$	$\pi/2 + k\pi$	$k\pi$	$\pi/2 + k\pi$
Asymptoten	$-$	$-$	$y = \pi/2 + k\pi$	$y = k\pi$

Symmetrieeigenschaften der trigonometrischen Funktionen
(Vorzeichen der Funktionswerte in den 4 Quadranten)

Quadrant	sin	cos	tan	cot
I	$+$	$+$	$+$	$+$
II	$+$	$-$	$-$	$-$
III	$-$	$-$	$+$	$+$
IV	$-$	$+$	$-$	$-$

Komplementbeziehungen

$$y = \sin x = \cos\left(\frac{\pi}{2} - x\right) = \cos\left(x - \frac{\pi}{2}\right) \qquad D(f) = \mathbb{R}$$

$$y = \cos x = \sin\left(\frac{\pi}{2} - x\right) = \sin\left(x + \frac{\pi}{2}\right) \qquad D(f) = \mathbb{R}$$

$$y = \tan x = \cot\left(\frac{\pi}{2} - x\right) \qquad D(f) = \mathbb{R} \setminus \left\{x \mid x = k\frac{\pi}{2}\right\}$$

$$y = \cot x = \tan\left(\frac{\pi}{2} - x\right) \qquad D(f) = \mathbb{R} \setminus \left\{x \mid x = k\frac{\pi}{2}\right\}$$

Periodizität der trigonometrischen Funktionen

$$y = \sin x = \sin (x + k \cdot 2\pi) \qquad k \in \mathbb{Z}$$
$$y = \cos x = \cos (x + k \cdot 2\pi)$$
$$y = \tan x = \tan (x + k\pi)$$
$$y = \cot x = \cot (x + k\pi)$$

2π bzw. π heißen *primitive* (kleinste) *Periode* $(k = 1)$.

♦ Beispiele (zu nachstehender Tabelle):

(1) $\sin (\pi + x) = -\sin x$ (2) $\tan (270° - x) = \cot x$ ♦

Reduktionsformeln für beliebige Winkel $(0 < x < \pi/2)$
(Zurückführen auf den ersten Quadranten)

φ $f(\varphi)$	$-x$	$90° \pm x$ $\pi/2 \pm x$	$180° \pm x$ $\pi \pm x$	$270° \pm x$ $3\pi/2 \pm x$	$360° - x$ $2\pi - x$
$\sin \varphi$	$-\sin x$	$+\cos x$	$\mp \sin x$	$-\cos x$	$-\sin x$
$\cos \varphi$	$+\cos x$	$\mp \sin x$	$-\cos x$	$\pm \sin x$	$+\cos x$
$\tan \varphi$	$-\tan x$	$\mp \cot x$	$\pm \tan x$	$\mp \cot x$	$-\tan x$
$\cot \varphi$	$-\cot x$	$\mp \tan x$	$\pm \cot x$	$\mp \tan x$	$-\cot x$

Besondere Funktionswerte $(0 \le x \le 2\pi)$

x Fkt.	$0°; 360°$ $0; 2\pi$ $180°; \pi$	$30°; \dfrac{\pi}{6}$ $150°; \dfrac{5\pi}{6}$	$45°; \dfrac{\pi}{4}$ $135°; \dfrac{3\pi}{4}$	$60°; \dfrac{\pi}{3}$ $120°; \dfrac{2\pi}{3}$	$90°; \dfrac{\pi}{2}$ $270°; \dfrac{3\pi}{2}$
$\sin x$	0	$\dfrac{1}{2}$	$\dfrac{1}{2}\sqrt{2}$	$\dfrac{1}{2}\sqrt{3}$	± 1
$\cos x$	± 1	$\pm\dfrac{1}{2}\sqrt{3}$	$\pm\dfrac{1}{2}\sqrt{2}$	$\pm\dfrac{1}{2}$	0
$\tan x$	0	$\pm\dfrac{1}{3}\sqrt{3}$	± 1	$\pm\sqrt{3}$	$-$
$\cot x$	$-$	$\pm\sqrt{3}$	± 1	$\pm\dfrac{1}{3}\sqrt{3}$	0

Vorzeichen $+$ $(-)$ für die Winkel der ersten (zweiten) Kopfzeile.

Zusammenhang der Funktionswerte bei gleichem Winkel

	sin	cos	tan	cot
$\sin x =$	$-$	$\pm\sqrt{1-\cos^2 x}$	$\pm\dfrac{\tan x}{\sqrt{1+\tan^2 x}}$	$\pm\dfrac{1}{\sqrt{1+\cot^2 x}}$
$\cos x =$	$\pm\sqrt{1-\sin^2 x}$	$-$	$\pm\dfrac{1}{\sqrt{1+\tan^2 x}}$	$\pm\dfrac{\cot x}{\sqrt{1+\cot^2 x}}$
$\tan x =$	$\pm\dfrac{\sin x}{\sqrt{1-\sin^2 x}}$	$\pm\dfrac{\sqrt{1-\cos^2 x}}{\cos x}$	$-$	$\dfrac{1}{\cot x}$
$\cot x =$	$\pm\dfrac{\sqrt{1-\sin^2 x}}{\sin x}$	$\pm\dfrac{\cos x}{\sqrt{1-\cos^2 x}}$	$\dfrac{1}{\tan x}$	$-$

Bei beliebigen Winkeln x entscheidet der Quadrant des Winkels über das Vorzeichen der Wurzel.

Für $x \in \mathbb{R}$ und $k \in \mathbb{Z}$ gilt:

$$(\sin x + \cos x)^2 = 1 + \sin 2x$$

$$\sin^2 x + \cos^2 x = 1 \qquad\qquad (\textit{trigonometrischer Pythagoras})$$

$$\tan x = \frac{\sin x}{\cos x} = \frac{1}{\cot x} \leftrightarrow \tan x \cdot \cot x = 1 \quad x \neq k\,\frac{\pi}{2}$$

$$1 + \tan^2 x = \frac{1}{\cos^2 x} \qquad\qquad\qquad x \neq \frac{\pi}{2} + k\pi$$

$$1 + \cot^2 x = \frac{1}{\sin^2 x} \qquad\qquad\qquad x \neq k\pi$$

Graphen der Winkelfunktionen

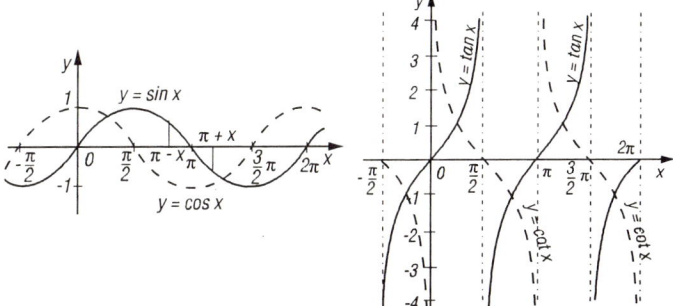

Sinus- und Cosinusfunktion   Tangens- und Cotangensfunktion

10.6.4.2 Goniometrische Beziehungen (Additionstheoreme)

Summen und Differenzen

$$\sin (x_1 \pm x_2) = \sin x_1 \cos x_2 \pm \cos x_1 \sin x_2$$

$$\cos (x_1 \pm x_2) = \cos x_1 \cos x_2 \mp \sin x_1 \sin x_2$$

$$\tan (x_1 \pm x_2) = \frac{\tan x_1 \pm \tan x_2}{1 \mp \tan x_1 \tan x_2} = \frac{\sin (x_1 \pm x_2)}{\cos (x_1 \pm x_2)}$$

$$\cot (x_1 \pm x_2) = \frac{\cot x_1 \cot x_2 \mp 1}{\cot x_2 \pm \cot x_1} = \frac{\cos (x_1 \pm x_2)}{\sin (x_1 \pm x_2)}$$

$$\sin (x_1 + x_2) \sin (x_1 - x_2) = \cos^2 x_2 - \cos^2 x_1$$

$$\cos (x_1 + x_2) \cos (x_1 - x_2) = \cos^2 x_2 - \sin^2 x_1$$

10

Doppelte, halbe Winkel

$$\sin 2x = 2 \sin x \cos x = \frac{2 \tan x}{1 + \tan^2 x}$$

$$\cos 2x = \cos^2 x - \sin^2 x = 1 - 2 \sin^2 x = 2 \cos^2 x - 1 = \frac{1 - \tan^2 x}{1 + \tan^2 x}$$

$$\tan 2x = \frac{2 \tan x}{1 - \tan^2 x} = \frac{2}{\cot x - \tan x}$$

$$\cot 2x = \frac{\cot^2 x - 1}{2 \cot x} = \frac{\cot x - \tan x}{2}$$

$$\sin \frac{x}{2} = \pm \sqrt{\frac{1 - \cos x}{2}}$$

$$\cos \frac{x}{2} = \pm \sqrt{\frac{1 + \cos x}{2}}$$

$$\tan \frac{x}{2} = \pm \sqrt{\frac{1 - \cos x}{1 + \cos x}} = \frac{1 - \cos x}{\sin x} = \frac{\sin x}{1 + \cos x}$$

$$\cot \frac{x}{2} = \pm \sqrt{\frac{1 + \cos x}{1 - \cos x}} = \frac{1 + \cos x}{\sin x} = \frac{\sin x}{1 - \cos x}$$

Terme von weiteren Vielfachen eines Winkels

$$\sin 3x = 3 \sin x - 4 \sin^3 x$$

$$\sin 4x = 8 \sin x \cos^3 x - 4 \sin x \cos x$$

$$\sin 5x = 16 \sin x \cos^4 x - 12 \sin x \cos^2 x + \sin x$$

$$\cos 3x = 4 \cos^3 x - 3 \cos x$$

$$\cos 4x = 8 \cos^4 x - 8 \cos^2 x + 1$$

$$\cos 5x = 16 \cos^5 x - 20 \cos^3 x + 5 \cos x$$

$$\sin nx = n \sin x \cos^{n-1} x$$
$$- \binom{n}{3} \sin^3 x \cos^{n-3} x + \binom{n}{5} \sin^5 x \cos^{n-5} x - + \ldots$$

$$\cos nx = \cos^n x - \binom{n}{2} \sin^2 x \cos^{n-2} x + \binom{n}{4} \sin^4 x \cos^{n-4} x - + \ldots$$

$$\tan 3x = \frac{3 \tan x - \tan^3 x}{1 - 3 \tan^2 x}$$

$$\tan 4x = \frac{4 \tan x - 4 \tan^3 x}{1 - 6 \tan^2 x + \tan^4 x}$$

$$\cot 3x = \frac{\cot^3 x - 3 \cot x}{3 \cot^2 x - 1} \qquad \cot 4x = \frac{\cot^4 x - 6 \cot^2 x + 1}{4 \cot^3 x - 4 \cot x}$$

Summen und Differenzen von trigonometrischen Termen

$$\sin x_1 + \sin x_2 = 2 \sin \frac{x_1 + x_2}{2} \cos \frac{x_1 - x_2}{2}$$

$$\sin x_1 - \sin x_2 = 2 \cos \frac{x_1 + x_2}{2} \sin \frac{x_1 - x_2}{2}$$

$$\cos x_1 + \cos x_2 = 2 \cos \frac{x_1 + x_2}{2} \cos \frac{x_1 - x_2}{2}$$

$$\cos x_1 - \cos x_2 = - 2 \sin \frac{x_1 + x_2}{2} \sin \frac{x_1 - x_2}{2}$$

$$\cos x \pm \sin x = \sqrt{2} \, \sin (45° \pm x) = \sqrt{2} \, \cos (45° \mp x)$$

$$\tan x_1 \pm \tan x_2 = \frac{\sin (x_1 \pm x_2)}{\cos x_1 \cos x_2}$$

$$\cot x_1 \pm \cot x_2 = \frac{\sin (x_2 \pm x_1)}{\sin x_1 \sin x_2}$$

Produkte von trigonometrischen Termen

$$\sin x_1 \sin x_2 = \frac{1}{2} \left(\cos (x_1 - x_2) - \cos (x_1 + x_2) \right)$$

$$\cos x_1 \cos x_2 = \frac{1}{2} \left(\cos (x_1 - x_2) + \cos (x_1 + x_2) \right)$$

$$\sin x_1 \cos x_2 = \frac{1}{2} \left(\sin (x_1 - x_2) + \sin (x_1 + x_2) \right)$$

$$\tan x_1 \tan x_2 = \frac{\tan x_1 + \tan x_2}{\cot x_1 + \cot x_2} = - \frac{\tan x_1 - \tan x_2}{\cot x_1 - \cot x_2}$$

$$\cot x_1 \cot x_2 = \frac{\cot x_1 + \cot x_2}{\tan x_1 + \tan x_2} = - \frac{\cot x_1 - \cot x_2}{\tan x_1 - \tan x_2}$$

$$\tan x_1 \cot x_2 = \frac{\tan x_1 + \cot x_2}{\cot x_1 + \tan x_2} = - \frac{\tan x_1 - \cot x_2}{\cot x_1 - \tan x_2}$$

$$\sin x_1 \sin x_2 \sin x_3 = \frac{1}{4} \left(\sin (x_1 + x_2 - x_3) + \sin (x_2 + x_3 - x_1) \right.$$
$$\left. + \sin (x_3 + x_1 - x_2) - \sin (x_1 + x_2 + x_3) \right)$$

$$\cos x_1 \cos x_2 \cos x_3 = \frac{1}{4} \left(\cos (x_1 + x_2 - x_3) + \cos (x_2 + x_3 - x_1) \right.$$
$$\left. + \cos (x_3 + x_1 - x_2) + \cos (x_1 + x_2 + x_3) \right)$$

10

$$\sin x_1 \sin x_2 \cos x_3 = \frac{1}{4}\left(-\cos\left(x_1+x_2-x_3\right)+\cos\left(x_2+x_3-x_1\right)\right.$$
$$\left.+\cos\left(x_3+x_1-x_2\right)-\cos\left(x_1+x_2+x_3\right)\right)$$

$$\sin x_1 \cos x_2 \cos x_3 = \frac{1}{4}\left(\sin\left(x_1+x_2-x_3\right)-\sin\left(x_2+x_3-x_1\right)\right.$$
$$\left.+\sin\left(x_3+x_1-x_2\right)+\sin\left(x_1+x_2+x_3\right)\right)$$

Potenzen von trigonometrischen Termen

$$\sin^2 x = \frac{1}{2}\left(1-\cos 2x\right)$$

$$\cos^2 x = \frac{1}{2}\left(1+\cos 2x\right)$$

$$\tan^2 x = \frac{1-\cos 2x}{1+\cos 2x}$$

$$\sin^3 x = \frac{1}{4}\left(3\sin x - \sin 3x\right)$$

$$\cos^3 x = \frac{1}{4}\left(3\cos x + \cos 3x\right)$$

$$\sin^4 x = \frac{1}{8}\left(\cos 4x - 4\cos 2x + 3\right)$$

$$\cos^4 x = \frac{1}{8}\left(\cos 4x + 4\cos 2x + 3\right)$$

$$\sin^5 x = \frac{1}{16}\left(10\sin x - 5\sin 3x + \sin 5x\right)$$

$$\cos^5 x = \frac{1}{16}\left(10\cos x + 5\cos 3x + \cos 5x\right)$$

$$\sin^6 x = \frac{1}{32}\left(10 - 15\cos 2x + 6\cos 4x - \cos 6x\right)$$

$$\cos^6 x = \frac{1}{32}\left(10 + 15\cos 2x + 6\cos 4x + \cos 6x\right)$$

Zusammenhang der trigonometrischen Funktion mit der Exponentialfunktion (Eulersche Formeln)

$$y = e^{jx} = \cos x + j\sin x \qquad D(f) = \mathbb{R}$$
$$y = e^{-jx} = \cos x - j\sin x \qquad D(f) = \mathbb{R}$$

Hieraus folgen:

$$\sin x = \frac{e^{jx} - e^{-jx}}{2j} \qquad\qquad \cos x = \frac{e^{jx} + e^{-jx}}{2}$$

$$\tan x = -j\,\frac{e^{jx} - e^{-jx}}{e^{jx} + e^{-jx}} \qquad \cot x = j\,\frac{e^{jx} + e^{-jx}}{e^{jx} - e^{-jx}} \qquad x \neq 0$$

Winkelfunktionen imaginärer Argumente

$$y = \sin jx = j \sinh x \qquad\qquad y = \tan jx = j \tanh x$$
$$y = \cos jx = \cosh x \qquad\qquad y = \cot jx = -j \coth x$$
$$D(f) = \mathbb{R},\ x \text{ im Bogenmaß!}$$

$$\sin (x_1 \pm jx_2) = \sin x_1 \cosh x_2 \pm j \cos x_1 \sinh x_2$$

$$\cos (x_1 \pm jx_2) = \cos x_1 \cosh x_2 \mp j \sin x_1 \sinh x_2$$

$$\tan (x_1 \pm jx_2) = \frac{\sin 2x_1 \pm j \sinh 2x_2}{\cos 2x_1 + \cosh 2x_2} = \frac{\sin 2x_1 \pm j \sinh 2x_2}{2\left(\cos^2 x_1 + \sinh^2 x_2\right)}$$

$$\cot (x_1 \pm jx_2) = -\frac{\sin 2x_1 \mp j \sinh 2x_2}{\cos 2x_1 - \cosh 2x_2} = \frac{\sin 2x_1 \mp j \sinh 2x_2}{2\left(\sin^2 x_1 + \sinh^2 x_2\right)}$$

Näherungsformeln für kleine Winkel (Fehler $\Delta f < 10^{-3}$ für u.a. $|x|$)

$$\sin x \approx x \approx \tan x \qquad\qquad\qquad |x| < 5{,}7°$$
$$\cos x \approx 1 \qquad\qquad\qquad\qquad\quad |x| < 1{,}8°$$
$$\sin (x_1 \pm x_2) \approx \sin x_1 \pm \sin x_2 \quad |x| < 6{,}2°(9{,}1° \text{ für } -) \text{ für } x_2 = x_1/2$$
$$\tan (x_1 \pm x_2) \approx \tan x_1 \pm \tan x_2 \quad |x| < 5°(7{,}2° \text{ für } -) \text{ für } x_2 = x_1/2$$
$$\sin nx \approx n \sin x \qquad\qquad\qquad |x| < 4{,}5° \text{ für } n = 2$$
$$\tan nx \approx n \tan x \qquad\qquad\qquad |x| < 3{,}6° \text{ für } n = 2$$

10.6.4.3 Allgemeine Sinusfunktion (harmonische Funktion)

10

$$y = f(x) = a \sin (bx + \varphi_0) \qquad \text{bzw.} \qquad y = f(t) = a \sin (\omega t + \varphi_0)$$

Amplitudenänderung: *Amplitude* $a \in \mathbb{R}$

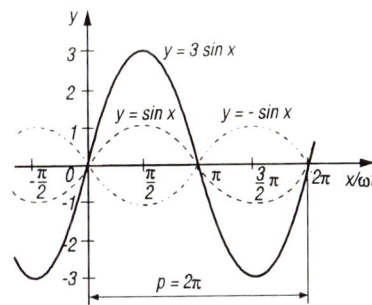

Amplitudenänderung
$y = a \sin x$

Elongation: Momentanausschlag $y \in [-a, a]$

$$y = a \sin x \qquad \text{bzw.} \qquad y = a \sin \omega t$$

$a > 1$ Streckung nach größeren Funktionswerten

$0 < a < 1$ Stauchung nach kleineren Funktionswerten

$a < 0$ Streckung/Stauchung mit $|a|$ und Spiegelung an der x-Achse

Frequenzänderung: $y = \sin bx$ bzw. $y = \sin \omega t$ $b \in \mathbb{R}^+$

$$\text{Periode } p = \frac{2\pi}{b} \qquad \text{Schwingungsdauer } T = \frac{2\pi}{\omega}$$

$b > 1$ Stauchung

$0 < b < 1$ Dehnung   in Richtung Abszissenachse um den Faktor $\dfrac{1}{b}$

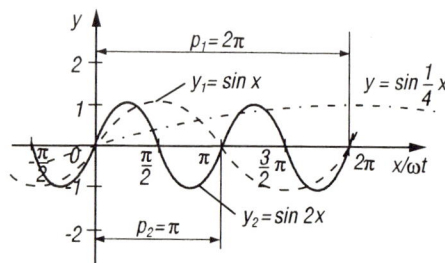

Frequenzänderung
$y = \sin bx$

Phasenänderung: $y = \sin (x + \varphi_0)$ bzw. $y = \sin (\omega t + \varphi_0)$

φ_0 *Nullphasenwinkel*

Geometrische Deutung

Verschiebung der Sinuskurve längs der Abszissenachse, *Phasenverschiebung*

$\varphi_0 > 0$ nach links $\varphi_0 < 0$ nach rechts $\omega t_0 = -\varphi_0$

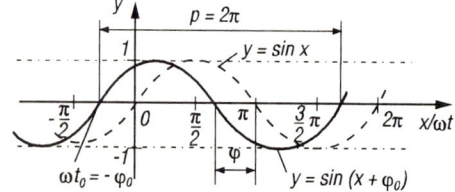

Phasenänderung
$y = \sin(x + \varphi_0)$

Überlagerung

$$y = a \sin (\omega t + \varphi_0) = a_1 \sin \omega t + a_2 \cos \omega t$$

mit $a_1 = a \cos \varphi_0, a_2 = a \sin \varphi_0$

$$\tan \varphi_0 = \frac{a_2}{a_1}, a = \sqrt{a_1^2 + a_2^2}$$

10.6.4.4 Modulation

Bezeichnungen:

$\omega = 2\pi f = \dfrac{2\pi}{T}$ *Kreisfrequenz* in s^{-1}

a, A	*Amplitude*
t	Zeit in s
T	*Periodendauer* in s
	Schwingungsdauer

$f = \dfrac{1}{T} = \dfrac{\omega}{2\pi}$ *Frequenz* in s^{-1} = Hz

$\varphi = \omega t + \varphi_0$ *Phasenwinkel*

φ_0, φ_a *Nullphasenwinkel*

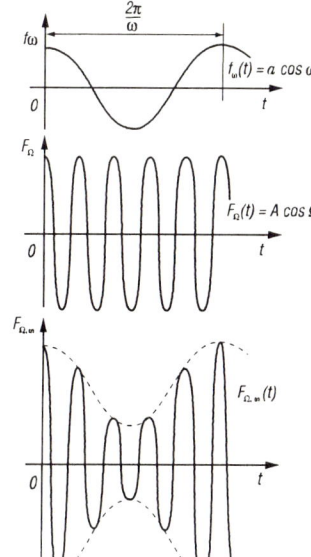

Amplitudenmodulation

Amplitudenmodulation

Träger (unmoduliert)

$$F_\Omega(t) = A \cos \Omega t$$

Information

$$f_\omega(t) = a \cos \omega t = \Delta A(t)$$

Modulierte Trägerschwingung:

$$F_{\Omega,\,\omega}(t) = (A + \Delta A(t)) \cos \Omega t$$
$$= (A + a \cos \omega t) \cos \Omega t$$

$$= A \cos \Omega t + \frac{a}{2} \cos (\Omega + \omega)\, t + \frac{a}{2} \cos (\Omega - \omega) t$$
$$= F_\Omega(t) + f_{\Omega \pm \omega} \qquad \text{(Träger- und *Seitenschwingungen*)}$$

Phasenmodulation

Träger $\qquad F_\Omega(t) = A \cos \alpha = A \cos \Omega t = \operatorname{Re}(A e^{j\Omega t})$

Information $\quad f_\omega(t) = a \cos \omega t = \Delta \alpha(t) = \dfrac{a}{2}(e^{j\omega t} + e^{-j\omega t})$

Phasenhub $\quad \Delta \alpha(t)_{\max} = a$

Modulierte Trägerschwingung

$$F_{\Omega,\,\omega}(t) = A \cos (\alpha + \Delta\alpha(t)) = A \cos (\Omega t + a \cos \omega t)$$
$$= \operatorname{Re}\left(A\, e^{j\left[\Omega t + \frac{a}{2}\left(e^{j\omega t} + e^{-j\omega t}\right)\right]} \right)$$

10

Mit $e^x \approx 1 + x$ für $a \ll A$

$$F_{\Omega,\,\omega}(t) \approx \mathrm{Re}\left(A\, e^{j\Omega t}\left(1 + j\,\frac{a}{2}\left(e^{j\omega t} + e^{-j\omega t}\right)\right)\right)$$

$$\approx \mathrm{Re}\left(A\left(e^{j\Omega t} + j\,\frac{a}{2}\,e^{j\,(\Omega + \omega)\,t} + j\,\frac{a}{2}\,e^{(\Omega - \omega)\,t}\right)\right)$$

Für beliebiges a ergeben sich BESSEL-Funktionen $I_p(a)$:

$$F_{\Omega,\,\omega}(t) = \mathrm{Re}\left(A \sum_{p=-\infty}^{\infty} j^p I_p(a)\, e^{j\,(\Omega + p\omega)\,t}\right)$$

$$= \mathrm{Re}\left(A\,\left(I_0(a)\, e^{j\omega t} + j I_1(a)\, e^{j\,(\Omega\pm\omega)\,t} + j^2 I_2(a)\, e^{j\,(\Omega\pm 2\omega)\,t} + j^3 \ldots\right)\right)$$

Es entstehen ebenfalls Seitenschwingungen $A_{\Omega\pm\omega}\cos(\Omega\pm\omega)\,t$

$$A_{\Omega\pm\omega} = I_p(\Delta\alpha) \qquad p \in \mathbb{N}$$

Frequenzmodulation (Spezialfall der Phasenmodulation)

Träger $\qquad F_{\Omega}(t) = A\cos\alpha = A\cos\Omega t = \mathrm{Re}\left(A\, e^{j\Omega t}\right)$

Information $\quad f_{\omega}(t) = a\cos\omega t = \frac{a}{2}\,(e^{j\omega t} + e^{-j\omega t})$

Frequenz $\qquad \dfrac{\mathrm{d}\alpha}{\mathrm{d}t} = \Omega + \Delta\,\Omega(t) = \Omega + a\cos\omega t$

Phasenwinkel $\alpha = \int \mathrm{d}\alpha = \Omega t + \dfrac{a}{\omega}\sin\omega t$

Modulierte Trägerschwingung

$$F_{\Omega,\,\omega}(t) = \mathrm{Re}\left(A \sum_{p=-\infty}^{\infty} -j^{p+1} I_p\left(\frac{a}{\omega}\right) e^{j\,(\Omega - p\omega)\,t}\right)$$

10.6.4.5 Überlagerung (Superposition) von Schwingungen

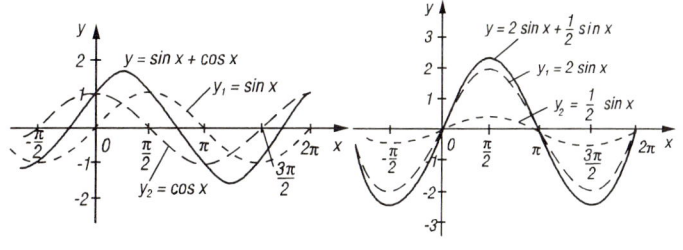

$y = \sin x + \cos x$ $y = 2 \sin x + 0{,}5 \sin x$

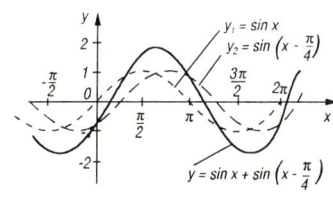

$y = \sin x + \sin (x - \pi/4)$ $y = 2 \sin x + \sin 2x$

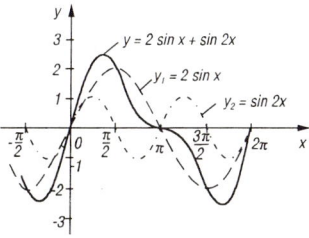

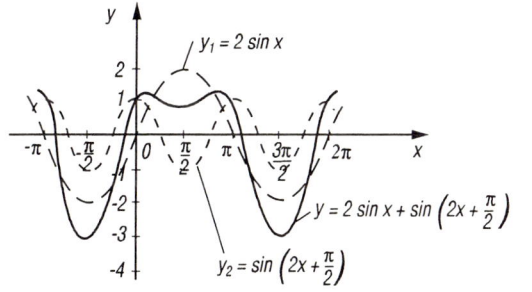

$y = 2 \sin x$
$+ \sin (2x + \pi/2)$

Überlagerung von zwei Sinusfunktionen gleicher Frequenz

$$y_1 = a_1 \sin (\omega t + \varphi_1)$$
$$y_2 = a_2 \sin (\omega t + \varphi_2) \quad \rightarrow \quad y = y_1 + y_2 = a \sin (\omega t + \varphi)$$

mit $\quad a^2 = a_1^2 + a_2^2 + 2 a_1 a_2 \cos (\varphi_2 - \varphi_1)$

$$\varphi = \arctan \frac{a_1 \sin \varphi_1 + a_2 \sin \varphi_2}{a_1 \cos \varphi_1 + a_2 \cos \varphi_2} \qquad \text{(Quadrant gemäß 10.6.4.1)}$$

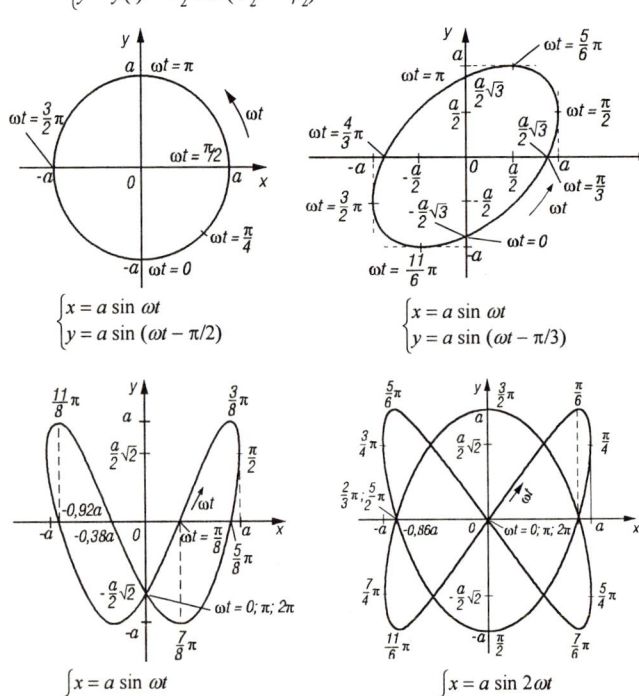

♦ **Beispiel:**

Man löse die goniometrischen Gleichung $2 \sin x + \cos x = 2$.

$y_1 = 2 \sin x = 2 \sin (x + 0)$ $y_2 = \cos x = \sin (x + \pi/2)$

$a^2 = 2^2 + 1^2 + 0 = 5 \;\rightarrow\; a = \sqrt{5}$

$\tan \varphi = \dfrac{0+1}{2+0} = \dfrac{1}{2} \;\rightarrow\; \varphi = 26{,}57° \qquad \sin \varphi > 0 \wedge \cos \varphi > 0 \;\rightarrow\; 1.$ Quadrant

$y = y_1 + y_2 = \sqrt{5} \, \sin (x + 26{,}57°) \equiv 2$

$\sin (x + 26{,}57°) = \dfrac{2}{\sqrt{5}} = 0{,}8944$ ergibt die beiden Lösungen

$(x + 26{,}57°) = 63{,}43° \;\rightarrow\; x_1 = 36{,}86°$ und

$(x + 26{,}57°) = 116{,}57° \;\rightarrow\; x_2 = 90°$ ♦

Überlagerung von harmonischen Schwingungen bei senkrecht aufeinander stehenden Schwingungsrichtungen (LISSAJOUS-*Figuren*)

$$\begin{cases} x = x(t) = a_1 \sin (\omega_1 t - \varphi_1) \\ y = y(t) = a_2 \sin (\omega_2 t - \varphi_2) \end{cases}$$

$$\begin{cases} x = a \sin \omega t \\ y = a \sin (\omega t - \pi/2) \end{cases} \qquad \begin{cases} x = a \sin \omega t \\ y = a \sin (\omega t - \pi/3) \end{cases}$$

$$\begin{cases} x = a \sin \omega t \\ y = a \sin (2\omega t - \pi/4) \end{cases} \qquad \begin{cases} x = a \sin 2\omega t \\ y = a \sin 3\omega t \end{cases}$$

10.6.4.6 Multiplikation von Funktionen

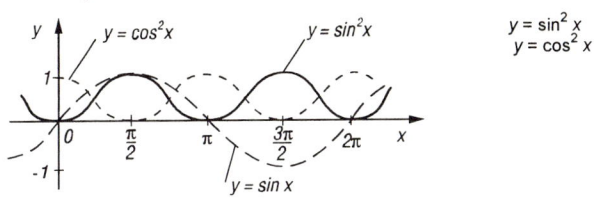

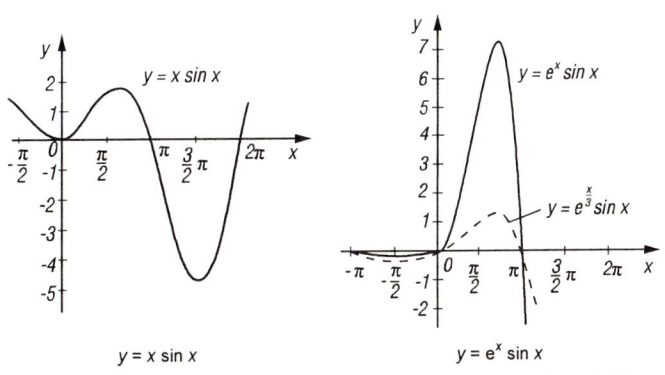

$y = x \sin x$ $y = e^x \sin x$

10.6.4.7 Gedämpfte Sinusschwingung

Dgl. der *Schwingung mit geschwindigkeitsproportionaler Dämpfung*

$$\ddot{y} + 2\delta\dot{y} + \omega_0^2 y = 0$$

Bezeichnungen

y	*Elongation*, Momentanausschlag
a	Anfangswert der Amplitudenhüllkurve für $t = 0$
β	*Dämpfungskonstante*, Proportionalitätsfaktor $F_d = -\beta\dot{y}$
δ	*Abklingkoeffizient* in s^{-1}, im Federmodell $\delta = \beta/2m$
ϑ	*Dämpfungsgrad* $\vartheta = \delta/\omega_0$
ω_0	*Eigen- oder Kennkreisfrequenz* in s^{-1}, beim Federmodell $\omega_0^2 = k/m$
ω_d	*Eigenkreisfrequenz* bei Dämpfung
T	*Periodendauer, Schwingungsdauer*, T_d desgl. bei Dämpfung
φ	*Phasenwinkel*, $\varphi = \omega_d t + \varphi_0$
φ_0	*Phasenlage, Nullphasenwinkel*, auch φ_a
Λ	*logarithmisches Dämpfungsdekrement*

10

Es gilt: $\omega_0 = 2\pi f_0 = \dfrac{2\pi}{T}$ $\omega_d = \dfrac{2\pi}{T_d} = 2\pi f_d = \sqrt{\omega_0^2 - \delta^2} = \omega_0 \sqrt{1 - \vartheta^2}$

$$T_d = \frac{2\pi}{\omega_d} = \frac{2\pi}{\omega_0 \sqrt{1 - \vartheta^2}} = \frac{T}{\sqrt{1 - \vartheta^2}}$$

$$\Lambda = \delta T_d = \ln \left| \frac{y_k}{y_{k+1}} \right| = \ln \left| \frac{y(t)}{y(t + T_d)} \right|$$

Gedämpfte
Sinusschwingung

Charakteristische Gleichung der Dgl. der freien gedämpften Schwingung

$$\lambda^2 + 2\delta\lambda + \omega_0^2 = 0 \text{ mit den Lösungen } \lambda_{1,2} = -\delta \pm \sqrt{\delta^2 - \omega_0^2}$$

Fallunterscheidungen: (δ, ω_0, $\varphi_0 > 0$)

(1) *Schwingungsfall* ($\delta < \omega_0$): $y = f(t) = a\, e^{-\delta t} \sin(\omega_d t + \varphi_0)$ $a \in \mathbb{R}$

Eigenfrequenz $\omega_d = \sqrt{\omega_0^2 + \delta^2}$ Periodendauer $T = \dfrac{2\pi}{\omega_d}$

Nullstellen für $t = \dfrac{k\pi - \varphi_0}{\omega_d}$, Extrema für $t_E = \dfrac{k\pi - \varphi_0 + \arctan \omega_d/\delta}{\omega_d}$ $k \in \mathbb{Z}$

Asymptote: t-Achse

(2) *Aperiodischer Grenzfall* ($\delta = \omega_0$): $y = f(t) = (a_1 t + a_2)\, e^{-\delta t}$ $a_1, a_2 \in \mathbb{R}$

(3) *Aperiodische Schwingung, Kriechfall* ($\delta > \omega_0$):

$$y = f(t) = a_1 e^{-\lambda_1 t} + a_2 e^{-\lambda_2 t}$$ $a_1, a_2 \in \mathbb{R}$

Im Bild gilt für die aperiodischen Fälle $\dot{x}(0) = 0$

Differentialgleichung der *erzwungenen Schwingung*

$$\ddot{y} + 2\delta\dot{y} + \omega_0^2 y = f(t)/m \quad \text{bzw.} \quad m\ddot{y} + \beta\dot{y} + ky = f(t)$$

10.6.4.8 Komplexe Zeigerdarstellung von Sinusgrößen (DIN 5483, Teil 3)

Bezeichnungen

$a(t)$	Sinusgröße
$\hat{a}$	*Amplitude* der Sinusschwingung
$\underline{a}(t)$	komplexer Augenblickswert (*Drehzeiger*)
$\underline{\hat{a}} = \hat{a}\, e^{j\varphi_a}$	*komplexe Amplitude*
ω	*Kreisfrequenz*
$e^{j\omega t}$	Zeitfaktor
$\omega t = 2\pi \dfrac{t}{T}$	*Phasenwinkel*
T	*Periodendauer, Schwingungsdauer*
φ_0, φ_a	*Phasenlage, Nullphasenwinkel*

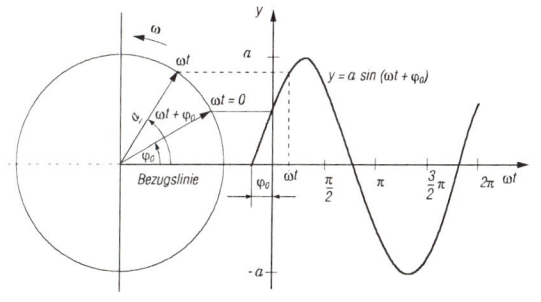

Sinusfunktion, Zeigerdiagramm

10

$y = a(t) = \hat{a} \sin(\omega t + \varphi_0)$ wird in der komplexen (Gaußschen) Zahlenebene durch einen mit ω um den Nullpunkt *umlaufenden Zeiger* (*Versor*) mit der Länge $\hat{a}$ symbolisiert (**Zeigerdiagramm**)

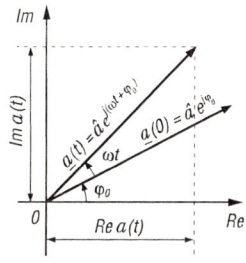

$$\underline{a}(t) = \hat{a}\, e^{j(\omega t + \varphi_0)} = \hat{a}\, e^{j\omega t} \cdot e^{j\varphi_0}$$
$$= \hat{a} \cdot \exp(j(\omega t + \varphi_0))$$
$$= \hat{a}\, \angle\, \omega t + \varphi_0$$
$$= \hat{a}\,(\cos(\omega t + \varphi_0) + j\sin(\omega t + \varphi_0))$$

Die Projektion dieses Drehzeigers auf die reelle Achse ergibt $a(t)$:

Zeigerdarstellung

$$y(t) = a(t) = \mathrm{Re}\,(\underline{a}(t)) = \hat{a}\cos(\omega t + \varphi)$$

Die Voraussetzung ω = konst. gestattet die Verwendung *ruhender Zeiger* mit den Charakteristiken $\hat{a}$ und φ_0.

Den physikalisch realen Momentanwert erhält man durch Projektion des Zeigers auf eine zur Projektionsachse senkrechte Ebene. Obwohl diese ruhenden Zeiger sich wie Vektoren behandeln lassen, unterscheiden sie sich von diesen definitionsgemäß.

Im Zeigerdiagramm lassen sich zwei symbolisierte harmonische Funktionen wie Vektoren addieren (*Superposition*). Der Summenzeiger spiegelt die physikalische Realität der Addition der Momentanwerte $y = y_1 + y_2$ wider (skalare Addition der Komponenten wie bei Vektoren). Seine Größe und Phasenlage gegenüber der Projektionsachse entnimmt man dem Zeigerdiagramm. Seine Winkelgeschwindigkeit ist gleich der der beiden Einzelzeiger.

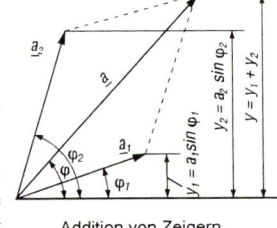

Addition von Zeigern

10.6.5 Zyklometrische Funktionen, Arcusfunktionen

Arcusfunktionen sind zu den trigonometrischen Funktionen invers unter Einschränkung der trigonometrischen Funktionen auf den Wertebereich lt. Tabelle. Wegen der Periodizität sind die zyklometrischen Funktionen nur in bestimmten Intervallen streng monoton und dort eindeutig umkehrbar (*Hauptwerte, Hauptzweig*).

Für die *Hauptwerte* gilt:

	arcsin x	arccos x	arctan x	arccot x
Definitionsbereich D(f)	$[-1, 1]$	$[-1, 1]$	$\mathbb{R}$	$\mathbb{R}$
Wertebereich W(f)	$\left[-\dfrac{\pi}{2}, \dfrac{\pi}{2}\right]$	$[0, \pi]$	$\left(-\dfrac{\pi}{2}, \dfrac{\pi}{2}\right)$	$(0, \pi)$
Nullstellen x_0	0	1	0	−
Extrema x_E	−	−	−	−
Wendepunkte x_W	0	0	0	0
Asymptoten		−	$y = \pi/2$ $y = -\pi/2$	$y = 0$ $y = \pi$

Wichtige Funktionswerte:

arcsin (0) = arctan 0 = 0	arccos (0) = $\pi/2$	arcsin (± 1) = $\pm \pi/2$
arccos (1) = 0	arccos (−1) = π	arctan (± 1) = $\pm \pi/4$

Bemerkung: Die Großschreibung Arcsin x usw. wird in Anlehnung an ISO 31-11 zukünftig nicht mehr vorgesehen.

Für die sogen. *Nebenwerte* wird für die Umkehrfunktionen ein erweiterter Definitionsbereich der jeweiligen trigonometrischen Funktion zugrunde gelegt, z.B. $\arcsin_k x$ mit $D(\sin x) = \left[\left(k - \dfrac{1}{2}\right)\pi, \left(k + \dfrac{1}{2}\right)\pi\right], k \in \mathbb{Z}$

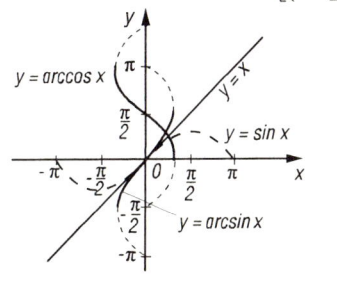

y = arcsin x, y = arccos x   y = arctan x, y = arccot x

Darstellung einer Arcusfunktion durch eine andere
(bei gleichem Winkel)

$$\arcsin x = \frac{\pi}{2} - \arccos x = \arctan \frac{x}{\sqrt{1 - x^2}}$$

$$\arccos x = \frac{\pi}{2} - \arcsin x = \text{arccot} \frac{x}{\sqrt{1 - x^2}}$$

$$\arctan x = \frac{\pi}{2} - \text{arccot } x = \arcsin \frac{x}{\sqrt{1 + x^2}}$$

$$\text{arccot } x = \frac{\pi}{2} - \arctan x = \arccos \frac{x}{\sqrt{1 + x^2}}$$

$$\text{arccot } x = \arctan \frac{1}{x} \qquad\qquad \text{für } x > 0$$

$$\text{arccot } x = \arctan \frac{1}{x} + \pi \qquad\qquad \text{für } x < 0$$

Arcusfunktionen negativer Argumente

$$y = \arcsin(-x) = -\arcsin x$$
$$y = \arccos(-x) = \pi - \arccos x$$
$$y = \arctan(-x) = -\arctan x$$
$$y = \text{arccot}(-x) = \pi - \text{arccot } x$$

10

Summen und Differenzen

$$\arcsin x_1 + \arcsin x_2 = \arcsin \left(x_1 \sqrt{1 - x_2^2} + x_2 \sqrt{1 - x_1^2} \right)$$
$$\text{für } x_1^2 + x_2^2 \leq 1 \text{ oder } x_1 x_2 \leq 0$$

$$= \pi - \arcsin \left(x_1 \sqrt{1 - x_2^2} + x_2 \sqrt{1 - x_1^2} \right)$$
$$\text{für } x_1, x_2 > 0, x_1^2 + x_2^2 > 1$$

$$= -\pi - \arcsin \left(x_1 \sqrt{1 - x_2^2} + x_2 \sqrt{1 - x_1^2} \right)$$
$$\text{für } x_1, x_2 < 0, x_1^2 + x_2^2 > 1$$

$$\arcsin x_1 - \arcsin x_2 = \arcsin \left(x_1 \sqrt{1 - x_2^2} - x_2 \sqrt{1 - x_1^2} \right)$$
$$\text{für } x_1^2 + x_2^2 \leq 1 \text{ oder } x_1 x_2 \geq 0$$

$$= \pi - \arcsin \left(x_1 \sqrt{1 - x_2^2} - x_2 \sqrt{1 - x_1^2} \right)$$
$$\text{für } x_1 > 0, x_2 < 0, x_1^2 + x_2^2 > 1$$

$$= -\pi - \arcsin \left(x_1 \sqrt{1 - x_2^2} - x_2 \sqrt{1 - x_1^2} \right)$$
$$\text{für } x_1 < 0, x_2 > 0, x_1^2 + x_2^2 > 1$$

$$\arccos x_1 + \arccos x_2 = \arccos \left(x_1 x_2 - \sqrt{1 - x_1^2} \sqrt{1 - x_2^2} \right)$$
$$\text{für } x_1^2 + x_2^2 \geq 1$$

$$\arccos x_1 - \arccos x_2 = -\arccos \left(x_1 x_2 + \sqrt{1 - x_1^2} \sqrt{1 - x_2^2} \right)$$
$$\text{für } x_1 \geq x_2$$

$$= \arccos \left(x_1 x_2 + \sqrt{1 - x_1^2} \sqrt{1 - x_2^2} \right) \quad \text{für } x_1 < x_2$$

$$\arctan x_1 + \arctan x_2 = \arctan \frac{x_1 + x_2}{1 - x_1 x_2} \quad \text{für } x_1 x_2 < 1$$

$$= \pi + \arctan \frac{x_1 + x_2}{1 - x_1 x_2} \quad \text{für } x_1 > 0, x_1 x_2 > 1$$

$$= -\pi + \arctan \frac{x_1 + x_2}{1 - x_1 x_2} \quad \text{für } x_1 < 0, x_1 x_2 > 1$$

$$\arctan x_1 - \arctan x_2 = \arctan \frac{x_1 - x_2}{1 + x_1 x_2} \quad \text{für } x_1 x_2 > -1$$

$$= \pi + \arctan \frac{x_1 - x_2}{1 + x_1 x_2} \quad \text{für } x_1 > 0, x_1 x_2 < -1$$

$$= -\pi + \arctan \frac{x_1 - x_2}{1 + x_1 x_2} \qquad \text{für } x_1 < 0,\ x_1 x_2 < -1$$

$$\operatorname{arccot} x_1 + \operatorname{arccot} x_2 = \operatorname{arccot} \frac{x_1 x_2 - 1}{x_1 + x_2} \qquad \text{für } x_1 \neq -x_2$$

$$\operatorname{arccot} x_1 - \operatorname{arccot} x_2 = \operatorname{arccot} \frac{x_1 x_2 + 1}{x_2 - x_1} \qquad \text{für } x_1 \neq x_2$$

Zusammenhang Arcusfunktionen – logarithmische Funktion
(für Hauptzweige)

$$y = \arcsin x = -\mathrm{j} \ln \left(\mathrm{j}x + \sqrt{1 - x^2} \right)$$

$$y = \arccos x = -\mathrm{j} \ln \left(x + \sqrt{x^2 - 1} \right)$$

$$y = \arctan x = \frac{1}{2\mathrm{j}} \ln \frac{1 + \mathrm{j}x}{1 - \mathrm{j}x}$$

$$y = \operatorname{arccot} x = -\frac{1}{2\mathrm{j}} \ln \frac{\mathrm{j}x + 1}{\mathrm{j}x - 1} = \frac{1}{2\mathrm{j}} \ln \frac{\mathrm{j}x - 1}{\mathrm{j}x + 1}$$

10.6.6   Hyperbelfunktionen (Hyperbolische Funktionen)

$$y = \sinh x = \operatorname{sh} x = \frac{e^x - e^{-x}}{2} \qquad \text{(»sinus hyperbolicus«,}$$
$$\text{»Hyperbelsinus«)}$$

$$y = \cosh x = \operatorname{ch} x = \frac{e^x + e^{-x}}{2} \qquad \textbf{Kettenlinie}$$

$$y = \tanh x = \operatorname{th} x = \frac{e^x - e^{-x}}{e^x + e^{-x}} = \frac{e^{2x} - 1}{e^{2x} + 1}$$

$$y = \coth x = \operatorname{cth} x = \frac{e^x + e^{-x}}{e^x - e^{-x}} = \frac{e^{2x} + 1}{e^{2x} - 1} \qquad x \neq 0$$

$$y = \operatorname{sech} x = \frac{2}{e^x + e^{-x}} \qquad \text{(»secans hyperbolicus«)}$$

$$y = \operatorname{csch} x = \frac{2}{e^x - e^{-x}} \qquad x \neq 0 \qquad \text{(»cosecans hyperbolicus«)}$$

Hyperbelfunktionen negativer Argumente

$$y = \sinh(-x) = -\sinh x \qquad\qquad y = \tanh(-x) = -\tanh x$$
$$y = \cosh(-x) = \cosh x \qquad\qquad y = \coth(-x) = -\coth x$$

Periode der Hyperbelfunktionen

$$y = \sinh(x + \mathrm{j}2k\pi) = \sinh x \qquad y = \tanh(x + \mathrm{j}2k\pi) = \tanh x$$
$$y = \cosh(x + \mathrm{j}2k\pi) = \cosh x \qquad y = \coth(x + \mathrm{j}2k\pi) = \coth x$$

10

	$\sinh x$	$\cosh x$	$\tanh x$	$\coth x$
Definitionsbereich $D(f)$	$\mathbb{R}$	$\mathbb{R}$	$\mathbb{R}$	$\mathbb{R}^{*}$
Wertebereich $W(f)$	$\mathbb{R}$	$[1, \infty)$	$(-1, 1)$	$(-\infty, -1) \cup (1, \infty)$
Nullstellen x_0	0	–	0	–
Extrema x_E	–	$x_{min} = 0$	–	–
Wendepunkte x_W	0	–	0	–
Asymptoten	$y = e^{x/2}$ $y = -e^{-x/2}$	$y = e^{x/2}$ $y = -e^{-x/2}$	$y = 1$ $y = -1$	$x = 0$ (Pol) $y = 1$ $y = -1$

Zusammenhang zwischen Funktionswerten desselben Arguments

$$\sinh x + \cosh x = e^{x} \qquad \sinh x - \cosh x = -e^{-x}$$

$$\cosh^2 x - \sinh^2 x = 1 \quad \textit{hyperbolischer Pythagoras}$$

$$\tanh x = \frac{\sinh x}{\cosh x} \qquad \coth x = \frac{\cosh x}{\sinh x}$$

$$\coth x = \frac{1}{\tanh x} \qquad \frac{1 + \tanh x}{1 - \tanh x} = e^{2x}$$

$$1 - \tanh^2 x = \frac{1}{\cosh^2 x} \qquad \coth^2 x - 1 = \frac{1}{\sinh^2 x}$$

$$\operatorname{sech} x = \frac{\tanh x}{\sinh x} \qquad \operatorname{csch} x = \frac{\coth x}{\cosh x}$$

$$\operatorname{sech}^2 x + \tanh^2 x = 1 \qquad \coth^2 x - \operatorname{csch}^2 x = 1$$

Graphen der Hyperbelfunktionen

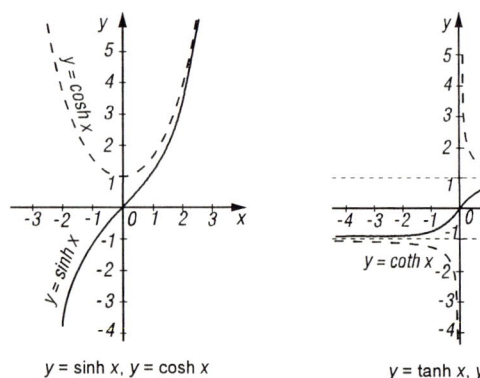

$y = \sinh x, \; y = \cosh x$ $y = \tanh x, \; y = \coth x$

Ersatz eines Terms durch einen anderen bei gleichem Argument

	sinh	cosh	tanh	coth
$\sinh x$	–	$\sqrt{\cosh^2 x - 1} \cdot \operatorname{sgn} x$	$\dfrac{\tanh x}{\sqrt{1 - \tanh^2 x}}$	$\dfrac{\operatorname{sgn} x}{\sqrt{\coth^2 x - 1}}$
$\cosh x$	$\sqrt{\sinh^2 x + 1}$	–	$\dfrac{1}{\sqrt{1 - \tanh^2 x}}$	$\dfrac{\lvert \coth x \rvert}{\sqrt{\coth^2 x - 1}}$
$\tanh x$	$\dfrac{\sinh x}{\sqrt{\sinh^2 x + 1}}$	$\dfrac{\sqrt{\cosh^2 x - 1}}{\cosh x} \cdot \operatorname{sgn} x$		$\dfrac{1}{\coth x}$
$\coth x$	$\dfrac{\sqrt{\sinh^2 x + 1}}{\sinh x}$	$\dfrac{\cosh x}{\sqrt{\cosh^2 x - 1}} \cdot \operatorname{sgn} x$	$\dfrac{1}{\tanh x}$	

Terme der Summen und Differenzen zweier Argumente

$$\sinh (x_1 \pm x_2) = \sinh x_1 \cosh x_2 \pm \cosh x_1 \sinh x_2$$

$$\cosh (x_1 \pm x_2) = \cosh x_1 \cosh x_2 \pm \sinh x_1 \sinh x_2$$

$$\tanh (x_1 \pm x_2) = \frac{\tanh x_1 \pm \tanh x_2}{1 \pm \tanh x_1 \tanh x_2}$$

$$\coth (x_1 \pm x_2) = \frac{1 \pm \coth x_1 \coth x_2}{\coth x_1 \pm \coth x_2}$$

Terme des doppelten und halben Arguments

10

$$\sinh 2x = 2 \sinh x \cosh x$$

$$\cosh 2x = \sinh^2 x + \cosh^2 x = 2 \cosh^2 x - 1 = 2 \sinh^2 x + 1$$

$$\tanh 2x = \frac{2 \tanh x}{1 + \tanh^2 x}$$

$$\coth 2x = \frac{1 + \coth^2 x}{2 \coth x}$$

$$\sinh \frac{x}{2} = \sqrt{\frac{\cosh x - 1}{2}} \cdot \operatorname{sgn} x = \frac{\sinh x}{\sqrt{2 \, (\cosh x + 1)}}$$

$$\cosh \frac{x}{2} = \sqrt{\frac{\cosh x + 1}{2}} = \frac{\sinh x}{\sqrt{2 \, (\cosh x - 1)}}$$

$$\tanh \frac{x}{2} = \frac{\sinh x}{\cosh x + 1} = \frac{\cosh x - 1}{\sinh x} = \sqrt{\frac{\cosh x - 1}{\cosh x + 1}} \cdot \operatorname{sgn} x$$

$$\coth \frac{x}{2} = \frac{\sinh x}{\cosh x - 1} = \frac{\cosh x + 1}{\sinh x} = \sqrt{\frac{\cosh x + 1}{\cosh x - 1}} \cdot \operatorname{sgn} x$$

Terme von weiteren Vielfachen des Arguments

$$\sinh 3x = \sinh x \, (4 \cosh^2 x - 1)$$
$$\sinh 4x = \sinh x \cosh x \, (8 \cosh^2 x - 4)$$
$$\sinh 5x = \sinh x \, (1 - 12 \cosh^2 x + 16 \cosh^4 x)$$

$$\cosh 3x = \cosh x \, (4 \cosh^2 x - 3)$$
$$\cosh 4x = 1 - 8 \cosh^2 x + 8 \cosh^4 x$$
$$\cosh 5x = \cosh x \, (5 - 20 \cosh^2 x + 16 \cosh^4 x)$$

$$\sinh nx = \binom{n}{1} \cosh^{n-1} x \sinh x + \binom{n}{3} \cosh^{n-3} x \sinh^3 x$$
$$+ \binom{n}{5} \cosh^{n-5} x \sinh^5 x + \ldots$$

$$\cosh nx = \cosh^n x + \binom{n}{2} \cosh^{n-2} x \sinh^2 x$$
$$+ \binom{n}{4} \cosh^{n-4} x \sinh^4 x + \ldots$$

Terme von Potenzen

$$\sinh^2 x = \frac{1}{2} \, (\cosh 2x - 1)$$

$$\cosh^2 x = \frac{1}{2} \, (\cosh 2x + 1)$$

$$\sinh^3 x = \frac{1}{4} \, (- 3 \sinh x + \sinh 3x)$$

$$\cosh^3 x = \frac{1}{4} \, (3 \cosh x + \cosh 3x)$$

$$\sinh^4 x = \frac{1}{8} \, (3 - 4 \cosh 2x + \cosh 4x)$$

$$\cosh^4 x = \frac{1}{8} \, (3 + 4 \cosh 2x + \cosh 4x)$$

$$\cosh^5 x = \frac{1}{16} \, (10 \cosh x + 5 \cosh 3x + \cosh 5x)$$

$$\sinh^6 x = \frac{1}{32} \, (- 10 + 15 \cosh 2x - 6 \cosh 4x + \cosh 6x)$$

$$\cosh^6 x = \frac{1}{32} \, (10 + 15 \cosh 2x + 6 \cosh 4x + \cosh 6x)$$

Terme von Summen und Differenzen

$$\sinh x_1 \pm \sinh x_2 = 2 \sinh \frac{x_1 \pm x_2}{2} \cosh \frac{x_1 \mp x_2}{2}$$

$$\cosh x_1 + \cosh x_2 = 2 \cosh \frac{x_1 + x_2}{2} \cosh \frac{x_1 - x_2}{2}$$

$$\cosh x_1 - \cosh x_2 = 2 \sinh \frac{x_1 + x_2}{2} \sinh \frac{x_1 - x_2}{2}$$

$$\tanh x_1 \pm \tanh x_2 = \frac{\sinh (x_1 \pm x_2)}{\cosh x_1 \cosh x_2}$$

$$\coth x_1 \pm \coth x_2 = \frac{\sinh (x_1 \pm x_2)}{\sinh x_1 \sinh x_2}$$

Binome, Formel von Moivre

$$(\cosh x \pm \sinh x)^n = \cosh nx \pm \sinh nx \qquad n = 2, 3, \ldots$$

Terme von Produkten

$$\sinh x_1 \sinh x_2 = \frac{1}{2} (\cosh (x_1 + x_2) - \cosh (x_1 - x_2))$$

$$\cosh x_1 \cosh x_2 = \frac{1}{2} (\cosh (x_1 + x_2) + \cosh (x_1 - x_2))$$

$$\sinh x_1 \cosh x_2 = \frac{1}{2} (\sinh (x_1 + x_2) + \sinh (x_1 - x_2))$$

$$\tanh x_1 \tanh x_2 = \frac{\tanh x_1 + \tanh x_2}{\coth x_1 + \coth x_2}$$

10

Hyperbelfunktionen imaginärer Argumente

Basis: EULER*sche Formel* $e^{jx} = \cos x + j \sin x$

$\cosh jx = \cos x$ $\cosh x = \cos jx$

$\sinh jx = j \sin x$ $\sinh x = -j \sin jx$

$\tanh jx = j \tan x$ $\tanh x = -j \tan jx$

$\coth jx = -j \cot x$ $\coth x = j \cot jx$

Weitere Zusammenhänge siehe Abschnitt 10.6.4.2.

$$\sinh (x_1 \pm jx_2) = \sinh x_1 \cos x_2 \pm j \cosh x_1 \sin x_2$$

$$\cosh (x_1 \pm jx_2) = \cosh x_1 \cos x_2 \pm j \sinh x_1 \sin x_2$$

$$\tanh (x_1 \pm jx_2) = \frac{\sinh 2x_1 \pm j \sin 2x_2}{\cosh 2x_1 + \cos 2x_2}$$

$$\coth (x_1 \pm jx_2) = \frac{\sinh 2x_1 \mp j \sin 2x_2}{\cosh 2x_1 - \cos 2x_2}$$

10.6.7 Areafunktionen

Areafunktionen sind zu den Hyperbelfunktionen invers unter Einschränkung auf den Wertebereich der Hyperbelfunktionen.

Bemerkung: Die Großschreibung Arsinh x usw. wird in Anlehnung an ISO 31-11 zukünftig nicht mehr vorgesehen.

$$y = \text{arsinh } x \leftrightarrow x = \sinh y \qquad D(\sinh y) = \mathbb{R}$$
$$\text{(gelesen »Areahyperbelsinus«)}$$
$$y = \text{arcosh } x \leftrightarrow x = \cosh y \qquad D(\cosh y) = [0, \infty)$$
$$y = \text{artanh } x \leftrightarrow x = \tanh y \qquad D(\tanh y) = \mathbb{R}$$
$$y = \text{arcoth } x \leftrightarrow x = \coth y \qquad D(\coth y) = \mathbb{R}^*$$

Negative Argumente

$$\text{arsinh } (-x) = - \text{arsinh } x$$
$$\text{artanh } (-x) = - \text{artanh } x$$
$$\text{arcoth } (-x) = - \text{arcoth } x$$

	arsinh x	arcosh x	artanh x	arcoth x
Definitionsbereich $D(f)$	$\mathbb{R}$	$[1, \infty)$	$(-1, 1)$	$(-\infty, -1)$ $\cup (1, \infty)$
Wertebereich $W(f)$	$\mathbb{R}$	$[0, \infty)$	$\mathbb{R}$	$\mathbb{R}^*$
Nullstellen x_0	0	1	0	–
Wendepunkte x_W	0	–	0	–
Asymptoten, Grenzkurven	$y = \ln 2x$ $y = -\ln(-2x)$	$y = \ln 2x$	$x = 1$ $x = -1$ (Pole)	$y = 0$ $x = 1$ $x = -1$ (Pole)

Graphen der Areafunktionen

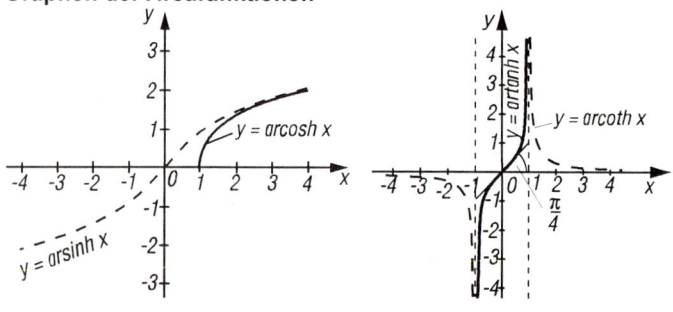

$y = \text{arsinh } x$, $y = \text{arcosh } x$ $y = \text{artanh } x$, $y = \text{arcoth } x$

Ersatz eines Terms durch einen anderen bei gleichem Argument

$$y = \operatorname{arsinh} x = \pm \operatorname{arcosh} \sqrt{x^2 + 1} \qquad \begin{array}{l} + \text{ für } x > 0 \\ - \text{ für } x < 0 \end{array}$$

$$= \operatorname{artanh} \frac{x}{\sqrt{x^2 + 1}} = \operatorname{arcoth} \frac{\sqrt{x^2 + 1}}{x}$$

$$y = \operatorname{arcosh} x = \operatorname{arsinh} \sqrt{x^2 - 1} \qquad x \geq 1$$

$$= \operatorname{artanh} \frac{\sqrt{x^2 - 1}}{x} = \operatorname{arcoth} \frac{x}{\sqrt{x^2 - 1}}$$

$$y = \operatorname{artanh} x = \operatorname{arsinh} \frac{x}{\sqrt{1 - x^2}}$$

$$= \pm \operatorname{arcosh} \frac{1}{\sqrt{1 - x^2}} \qquad \begin{array}{l} + \text{ für } x > 0 \\ - \text{ für } x < 0 \end{array}$$

$$= \operatorname{arcoth} \frac{1}{x}$$

$$y = \operatorname{arcoth} x = \operatorname{arsinh} \frac{1}{\sqrt{x^2 - 1}}$$

$$= \pm \operatorname{arcosh} \frac{|x|}{\sqrt{x^2 - 1}} \qquad \begin{array}{l} + \text{ für } x > 0 \\ - \text{ für } x < 0 \end{array}$$

$$= \operatorname{artanh} \frac{1}{x}$$

10

Terme von Summen und Differenzen

$$\operatorname{arsinh} x_1 \pm \operatorname{arsinh} x_2 = \operatorname{arsinh} (x_1 \sqrt{1 + x_2^2} \pm x_2 \sqrt{1 + x_1^2})$$

$$\operatorname{arcosh} x_1 \pm \operatorname{arcosh} x_2 = \operatorname{arcosh} (x_1 x_2 \pm \sqrt{(x_1^2 - 1)(x_2^2 - 1)})$$

$$\operatorname{artanh} x_1 \pm \operatorname{artanh} x_2 = \operatorname{artanh} \frac{x_1 \pm x_2}{1 \pm x_1 x_2}$$

$$\operatorname{arcoth} x_1 \pm \operatorname{arcoth} x_2 = \operatorname{arcoth} \frac{1 \pm x_1 x_2}{x_1 \pm x_2}$$

Areafunktionen imaginärer Argumente

$$y = \operatorname{arsinh} jx = j \arcsin x$$

$$y = \operatorname{arcosh} jx = j \arccos x$$

$$y = \operatorname{artanh} jx = j \arctan x$$

$$y = \operatorname{arcoth} jx = - j \operatorname{arccot} x$$

$$y = \operatorname{arcosh} jx = \pm \operatorname{arsinh} x + j \left(\frac{\pi}{2} + k \cdot 2\pi \right) \qquad k \in \mathbb{Z}$$

Zusammenhang Areafunktionen – logarithmische Funktion

$$y = \text{arsinh } x = \ln (x + \sqrt{x^2 + 1}) \qquad\qquad x \in \mathbb{R}$$

$$y = \text{arcosh } x = \ln (x + \sqrt{x^2 - 1}) \qquad\qquad x \in \mathbb{R}, x \geq 1$$

$$y = \text{artanh } x = \frac{1}{2} \ln \frac{1+x}{1-x} \qquad\qquad\quad |x| < 1$$

$$y = \text{arcoth } x = \frac{1}{2} \ln \frac{x+1}{x-1} \qquad\qquad\quad |x| > 1$$

10.7   Algebraische Kurven höherer Ordnung

In einem kartesischen Koordinatensystem $\{0; x, y\}$ stellt eine Funktionsgleichung $F(x, y) = 0$, in der $F(x, y)$ ein Polynom in x und y vom Grad n ist, eine *algebraische Kurve* k der Ordnung n dar.

Kurven 1. und 2. Ordnung siehe Abschnitt 8.

In Parameterdarstellung

$$\begin{cases} x = x(t) \\ y = y(t) \end{cases} \quad k = \{P(x(t), y(t)) \mid t \in D(k)\}$$

10.7.1   Kurven 3. Ordnung

Semikubische Parabel (NEILsche Parabel)

$$y^2 = a^2 x^3$$

Mit $y = atx$, $t \in \mathbb{R}$ entsteht

$$x = t^2 \wedge y = at^3$$

Krümmung: $k = \dfrac{6a}{\sqrt{x}\,(4 + 9a^2 x)^{3/2}}$

Bogen $0P$: $b = \dfrac{(4 + 9a^2 x)^{3/2} - 8}{27a^2}$

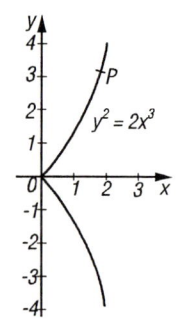

Neilsche Parabel

Kartesisches Blatt

$$x^3 + y^3 - 3axy = 0 \qquad\qquad a > 0$$

Mit $y = tx$, $t \in \mathbb{R}$, $t \neq -1$ entsteht

$$x = \frac{3at}{1 + t^3} \wedge y = \frac{3at^2}{1 + t^3}$$

$$r = \frac{3a \sin \varphi \cos \varphi}{\sin^3 \varphi + \cos^3 \varphi} \qquad t = \tan \varphi$$

Asymptote: $y = -x - a$

Scheitel $S\left(\dfrac{3}{2}a, \dfrac{3}{2}a\right)$

Fläche der Schleife = Fläche zwischen der Kurve und ihrer Asymptote:

$$A = \frac{3}{2}a^2$$

Krümmungsradius: $\rho = \dfrac{3}{2}a$

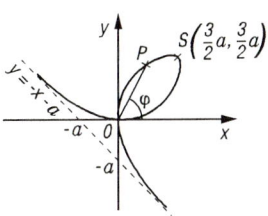

Kartesisches Blatt

Zissoide

$$y^2(a-x) = x^3 \qquad a > 0$$

Mit $y = tx$, $t = \tan\varphi$, $t \in \mathbb{R}$ entsteht

$$x = \frac{at^2}{1+t^2} \wedge y = \frac{at^3}{1+t^2}$$

$$r = \frac{a\sin^2\varphi}{\cos\varphi} = a\sin\varphi\tan\varphi$$

Asymptote: $x = a$

Fläche zwischen der Kurve und der Asymptote:

$$A = \frac{3}{4}\pi a^2$$

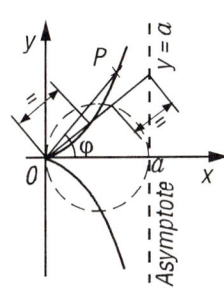

Zissoide

10

Strophoide

$$(a-x)y^2 = (a+x)x^2$$

Mit $y = tx$, $t = \tan\varphi$, $t \in \mathbb{R}$ entsteht

$$x = \frac{a(t^2-1)}{t^2+1} \wedge y = \frac{at(t^2-1)}{t^2+1}$$

$$r = -\frac{a\cos 2\varphi}{\cos\varphi}$$

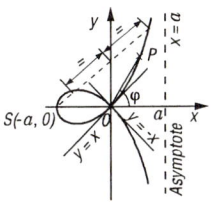

Strophoide

Asymptote: $x = a$

Flächeninhalt der Schleife: $A_1 = 2a^2 - \dfrac{\pi a^2}{2}$

Fläche zwischen Kurve und Asymptote: $A_2 = 2a^2 + \dfrac{\pi a^2}{2}$

10.7.2   Kurven 4. Ordnung

Konchoide (des N<small>IKOMEDES</small>)

$$(x - a)^2 (x^2 + y^2) = b^2 x^2$$
$$a, b > 0$$

$$\begin{cases} x = a + b \cos t \\ y = a \tan t + b \sin t \end{cases}$$

$$t \in \left(-\frac{\pi}{2}, \frac{\pi}{2}\right) \cup \left(\frac{\pi}{2}, \frac{3\pi}{2}\right)$$

$$r = \frac{a}{\cos \varphi} \pm b$$

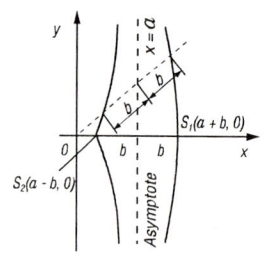

Konchoide

Scheitel: $S_1(a + b, 0)$ und $S_2(a - b, 0)$

Asymptote: $x = a$

Ursprung ist für $b < a$ isolierter Punkt (vgl. Bild)

$b > a$ Doppelpunkt
$b = a$ Rückkehrpunkt

Fläche zwischen dem äußeren Zweig und der Asymptote: $A = \infty$

Cassinische Kurven

Eine C<small>ASSINI</small>sche *Kurve* ist die Menge aller Punkte, deren Entfernungen von zwei festen Punkten konstantes Produkt a^2 aufweisen.

$$(x^2 + y^2)^2 - 2e^2 (x^2 - y^2) = a^4 - e^4 \qquad\qquad a, e > 0$$

$$r^2 = e^2 \cos 2\varphi \pm \sqrt{e^4 \cos^2 2\varphi + a^4 - e^4} \qquad\qquad (\overline{F_1 F_2} = 2e)$$

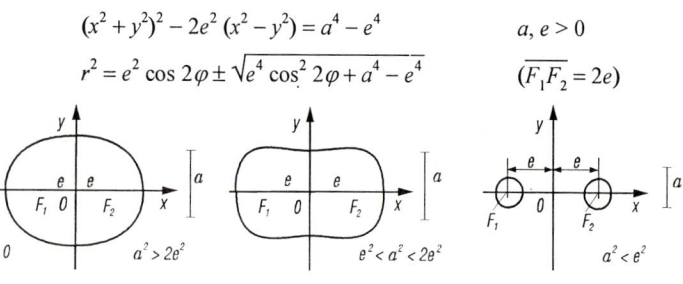

Cassinische Kurven

Lemniskate $(a^2 = e^2)$

$$(x^2 + y^2)^2 = 2a^2 (x^2 - y^2)$$

$$r = a \sqrt{2 \cos 2\varphi}$$

$$\varphi \in \left[-\frac{\pi}{4}, \frac{\pi}{4} \right] \cup \left[\frac{3\pi}{4}, \frac{5\pi}{4} \right]$$

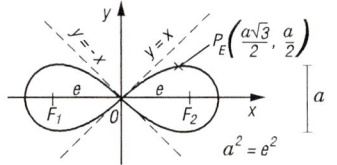

Lemniskate

Der Ursprung ist ein Doppelpunkt und zugleich Wendepunkt.

Krümmungsradius: $\rho = \dfrac{2a^2}{3r}$

Fläche einer Schleife: $A = a^2$

Kardioide siehe 10.8.2.

10.8   Zykloiden (Rollkurven)

10.8.1   Gewöhnliche (gespitzte) Zykloide

Ein Punkt eines Kreises, der auf einer Geraden, ohne zu gleiten, abrollt, beschreibt eine *gewöhnliche Zykloide*.

$$x = a \arccos \frac{a - y}{a} - \sqrt{y\,(2a - y)} \qquad a > 0$$

$$\begin{cases} x = a\,(t - \sin t) \\ y = a\,(1 - \cos t) \end{cases} \quad t \in \mathbb{R} \qquad \begin{array}{l} a \text{ Radius des Kreises, } a > 0 \\ t \text{ Parameter } \textit{Wälzwinkel} \end{array}$$

Bogen $0P$: $l_1 = 8a \sin^2 \dfrac{t}{4}$

Länge eines vollen Bogens: $l = 8a$

Fläche unter einem vollen Zykloidenbogen:

$$A = 3\pi a^2$$

Periode: $2\pi a$

Zykloide

Nullstellen: $x_0 = 2\pi n a$, $n \in \mathbb{N}$
(zugleich Spitzen mit senkrechter Tangente)
waagerechte Tangenten in $((2n + 1)\,\pi a, 2a)$

Die Evolute einer Zykloide ist eine kongruente Zykloide.

Krümmungsradius: $\rho = 4a \sin \dfrac{t}{2}$

10

Verkürzte und verlängerte Zykloide (*Trochoide*)

Bei einer *Trochoide* liegt der erzeugende Punkt innerhalb/außerhalb des abrollenden Kreises im Abstand c vom Mittelpunkt:

$c < a$ verkürzte Zykloide, $c > a$ verlängerte Zykloide

$$\begin{cases} x = at - c \sin t \\ y = a - c \cos t \end{cases} \quad -\infty < t < \infty$$

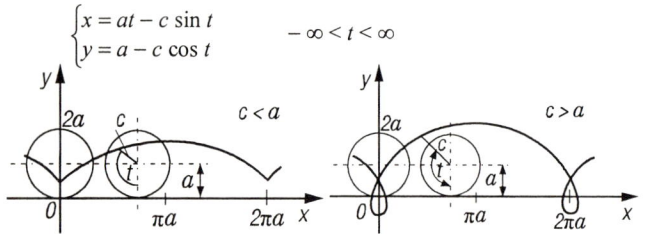

Verkürzte Zykloide $c < a$　　　　　　Verlängerte Zykloide $c > a$

10.8.2　Epizykloiden

Gewöhnliche Epizykloide

> Ein Punkt des Umfanges eines Kreises, der, ohne zu gleiten, auf der Außenseite eines festen Kreises rollt, beschreibt eine *Epizykloide*.

a　Radius des festen Kreises
b　Radius des rollenden Kreises
t　Parameter Drehwinkel
w　Wälzwinkel, $w = \dfrac{a}{b} t$

$$\begin{cases} x = (a + b) \cos t - b \cos \dfrac{a + b}{b} t \\ y = (a + b) \sin t - b \sin \dfrac{a + b}{b} t \end{cases} \quad -\infty < t < \infty$$

Ist das Verhältnis $a/b = m$ ganzzahlig, so besteht die Kurve aus m zusammenhängenden Bogen, andernfalls überschneiden die Bogen einander. Ist m rational, schließt sich die Kurve nach einer Anzahl Umdrehungen in sich.

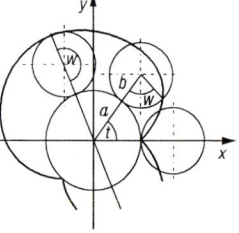

Länge des Bogens: $l_1 = \dfrac{8 (a + b)}{m}$

Länge der ganzen Kurve (bei ganzzahligem m):

$$l = 8 (a + b)$$

Epizykloide

Fläche unter einem vollen Bogen (zwischen Epizykloide und festem Kreis):

$$A = \frac{\pi b^2 (3a + 2b)}{a}$$

Verkürzte/verlängerte Epizykloide (Epitrochoiden)

Der erzeugende Punkt liegt innerhalb bzw. außerhalb des rollenden Kreises im Abstand c vom Mittelpunkt des rollenden Kreises.

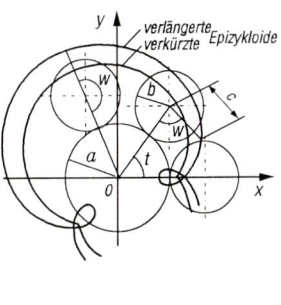

$c < b$ verkürzte (gestreckte) Epizykloide
$c > b$ verlängerte (verschlungene) Epizykloide

$$\begin{cases} x = (a + b) \cos t - c \cos \dfrac{a + b}{b} t \\[2mm] y = (a + b) \sin t - c \sin \dfrac{a + b}{b} t \end{cases}$$

$$- \infty < t < \infty$$

Epitrochoide

Sonderfall (*Herzkurve*)

Die gewöhnliche Epizykloide wird für $m = 1$, also für $a = b$ zur *Kardioide* .

$$(x^2 + y^2 - a^2)^2 = 4a^2 ((x - a)^2 + y^2)$$

$$\begin{cases} x = a (2 \cos t - \cos 2t) \\ y = a (2 \sin t - \sin 2t) \end{cases} \qquad - \infty < t < \infty$$

Kurvenlänge $16a$

Fläche $A = 6\pi a^2$

Extremwert $P_E \left(-\dfrac{a}{2}, \dfrac{3\sqrt{3}\, a}{2} \right)$

Schwerpunkt $S(-2a/3, 0)$

Für ein ξ, η-Koordinatensystem mit Spitze = Nullpunkt bzw. Pol gilt:

$$\begin{cases} \xi = 2a \cos \varphi (1 - \cos \varphi) \\ \eta = 2a \sin \varphi (1 - \cos \varphi) \end{cases}$$

$$0 \le \varphi < 2\pi$$

Kardioide

in Polarkoordinaten $r = 2a (1 - \cos \varphi)$ $0 \le \varphi < 2\pi$

10

10.8.3 Hypozykloiden

┃ Ein Punkt des Umfangs eines Kreises, der, ohne zu gleiten, auf der
┃ Innenseite eines festen Kreises rollt, beschreibt eine *Hypozykloide*.

a Radius des festen Kreises
b Radius des rollenden Kreises
t Parameter Drehwinkel

w Wälzwinkel, $w = \dfrac{a}{b} t$

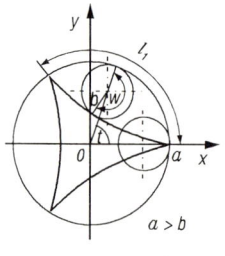

$$\begin{cases} x = (a - b)\cos t + b \cos \dfrac{a-b}{b} t \\[2mm] y = (a - b)\sin t - b \sin \dfrac{a-b}{b} t \end{cases}$$

$$-\infty < t < \infty, \; a > b$$

$a > b$

Hypozykloide

Ist das Verhältnis $\dfrac{a}{b} = m$ ganzzahlig (im Bild $m = 3$), so besteht die Kurve aus

m zusammenhängenden Bogen, andernfalls überschneiden sich die Bogen einander.
Ist m rational, schließt sich die Kurve nach einer Anzahl Umdrehungen in sich.

Länge des Bogens: $l_1 = \dfrac{8\,(a - b)}{m}$

Länge der ganzen Kurve:

$$l = 8\,(a - b) \qquad \text{(bei ganzzahligem } m)$$

Fläche unter einem vollen Bogen (zwischen Hypozykloide und festem Kreis):

$$A = \frac{\pi b^2\,(3a - 2b)}{a}$$

Krümmungsradius: $\rho = \dfrac{4b\,(a - b)\sin \dfrac{a}{2b}}{a - 2b}$

Verkürzte bzw. verlängerte Hypozykloide (Hypotrochoide)

Der erzeugende Punkt liegt innerhalb bzw. außerhalb des rollenden Kreises
im Abstand c vom Mittelpunkt des rollenden Kreises.

$c < b$ verkürzte (gestreckte) Hypozykloide
$c > b$ verlängerte (verschlungene) Hypozykloide

$$\begin{cases} x = (a - b)\cos t + c \cos \dfrac{a-b}{b} t \\[2mm] y = (a - b)\sin t - c \sin \dfrac{a-b}{b} t \end{cases} \qquad -\infty < t < \infty$$

Sonderfälle: Die gewöhnliche Hypozykloide wird für $m = 4$, d.h. $b = a/4$ zur *Astroide* (*Sternlinie*).

$$x^{2/3} + y^{2/3} = a^{2/3}$$

$$(x^2 + y^2 - a^2)^3 + 27a^2x^2y^2 = 0$$

$$\begin{cases} x = a\cos^3 t \\ y = a\sin^3 t \end{cases} \quad 0 \le t < 2\pi,\ a > 0$$

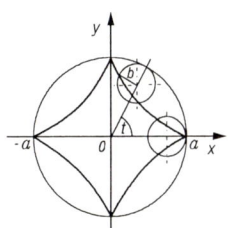

Die gewöhnliche Hypozykloide wird für $m = 2$, d.h. $b = 0{,}5\,a$, zu einer *Geraden*, und zwar artet sie in den Durchmesser des festen Kreises aus. (Technische Möglichkeit zur Wandlung einer Dreh- in eine Hin-und-Her-Bewegung, Verzahnungstechnik)

Astroide

Die verkürzte und die verlängerte Hypozykloide werden für $m = 2$ zu *Ellipsen* mit der Gleichung:

$$x = \left(\frac{a}{2} + c\right)\cos t \ \wedge\ y = \left(\frac{a}{2} - c\right)\sin t$$

(Wandlung einer Drehbewegung in eine elliptische Bewegung)

10.9 Spirallinien

Spiralkurven werden zweckmäßigerweise in Polarkoordinaten angegeben.

10

10.9.1 Logarithmische Spirale

Eine *logarithmische Spirale* schneidet alle vom Ursprung ausgehenden Strahlen unter dem gleichen Winkel τ: $\cot\tau = b$

$$r = a \cdot e^{b\varphi} \qquad a \in \mathbb{R}^+,\ b \in \mathbb{R}^*,\ \varphi \in \mathbb{R}$$

Der Pol ist ein asymptotischer Punkt.

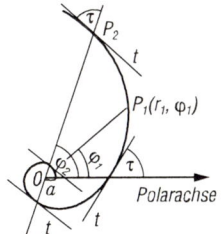

Länge des Bogens

$$P_1 P_2 = \frac{1}{b}\sqrt{1 + b^2}\,(r_2 - r_1) = \frac{r_2 - r_1}{\cos\tau}$$

Logarithmische Spirale

Fläche: $A = \dfrac{r_2^2 - r_1^2}{4b}$

waagerechte Tangenten bei $\tan\varphi = -\dfrac{1}{b}$, senkrechte bei $\tan\varphi = b$

Krümmungsradius: $\rho = r\sqrt{1 + b^2}$

10.9.2   Archimedische Spirale

Ein Punkt, der sich auf einem Leitstrahl vom Ursprung aus mit konstanter Geschwindigkeit v bewegt, während sich der Leitstrahl selbst mit konstanter Winkelgeschwindigkeit ω um den Pol dreht, beschreibt eine *Archimedische Spirale*.

$$r = a\varphi \quad a = \frac{v}{\omega} > 0 \quad -\infty < \varphi < \infty$$

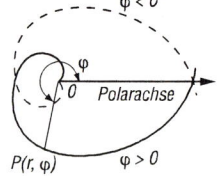

Länge des Bogens OP:

$$OP = \frac{a}{2}\left(\varphi\sqrt{\varphi^2 + 1} + \operatorname{arsinh}\varphi\right)$$

$$= \frac{a}{2}\left(\varphi\sqrt{\varphi^2 + 1} + \ln\left(\varphi + \sqrt{\varphi^2 + 1}\right)\right)$$

$$\approx \frac{a\varphi^2}{2} \quad \text{für großes } \varphi$$

Archimedische Spirale

Fläche eines Sektors $P_1 O P_2$: $A = \dfrac{a^2}{6}\left(\varphi_2^3 - \varphi_1^3\right)$

Krümmungsradius: $\rho = \dfrac{(a^2 + r^2)^{3/2}}{2a^2 + r^2} = \dfrac{a\,(\varphi^2 + 1)^{3/2}}{\varphi^2 + 2}$

10.9.3   Hyperbolische Spirale

$$\begin{cases} x = \dfrac{a}{t}\cos t \\[2mm] y = \dfrac{a}{t}\sin t \end{cases} \quad t \in \mathbb{R}^*$$

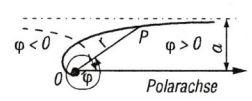

$$r = \frac{a}{\varphi} \quad \text{bzw.} \quad r = \frac{a}{|\varphi - \pi|}$$

Hyperbolische Spirale

Asymptote: $y = a$

Der Pol ist asymptotischer Punkt.

Fläche eines Sektors $P_1 O P_2$: $A = \dfrac{a^2}{2}\left(\dfrac{1}{\varphi_1} - \dfrac{1}{\varphi_2}\right)$

Krümmungsradius: $\rho = \dfrac{a}{\varphi}\left(\dfrac{\sqrt{1 + \varphi^2}}{\varphi}\right)^3 = r\left(\dfrac{r^2}{a^2} + 1\right)^{3/2}$

10.10 Sonstige Kurven

10.10.1 Kettenlinie

Jeder vollkommen biegsame, schwere, an zwei Punkten aufgehängte Faden nimmt in Gleichgewichtslage die Form der *Kettenlinie* an. Beispiel: elektrische Freileitungen

$$y = \frac{a}{2}\left(e^{\frac{x}{a}} + e^{-\frac{x}{a}}\right) = a \cosh \frac{x}{a} \qquad a > 0$$

Scheitel $S(0, a)$

In der Nähe des tiefsten Punktes S schmiegt sich die Parabel $y = \frac{x^2}{2a} + a$ der Kettenlinie sehr eng an (Berührung 3. Ordnung).

Kettenlinie

Fläche zwischen der Kettenlinie, der x-Achse und den Geraden $x = 0$ und $x = x$:

$$A = a^2 \sinh \frac{x}{2} = a^2 \frac{e^{\frac{x}{2}} - e^{-\frac{x}{2}}}{2}$$

Länge des Bogens SP: $\quad l = a \sinh \frac{x}{a} = a \frac{e^{\frac{x}{a}} - e^{-\frac{x}{a}}}{2}$

Krümmungsradius: $\rho = \frac{y^2}{a} = a \cosh^2 \frac{x}{a}$

10.10.2 Traktrix (Schleppkurve)

Ein materieller Punkt am Ende eines nicht dehnbaren Fadens von der Länge a beschreibt eine *Traktrix*, wenn der Anfangspunkt des Fadens längs der Geraden $y = 0$ geführt wird. Anfangslage des Punktes ist $S(0, a)$.

$$x = a \operatorname{arcosh} \frac{a}{y} \mp \sqrt{a^2 - y^2}$$

$$= a \ln \left| \frac{a \pm \sqrt{a^2 - y^2}}{y} \right| \mp \sqrt{a^2 - y^2}$$

Traktrix

Bogenlänge SP: $\quad b = a \ln \frac{a}{y} \qquad \frac{a}{y} \in [1, \infty)$

Asymptote: $y = 0$
Evolute: Kettenlinie

10.11   Komplexe Funktionen

10.11.1   Allgemeines

Komplexe Variable $z = x + \mathrm{j}y = r\,\mathrm{e}^{\mathrm{j}\varphi}$ $x, y, r \in \mathbb{R}$

Definitionsbereich D(z) ist die Menge der komplexen Zahlen der *geschlossenen Zahlenebene* (d..i. die um den unendlich fernen Punkt erweiterte komplexe Zahlenebene).

Komplexwertige Funktion einer reellen Variablen t

$$z(t) = x(t) + \mathrm{j}\,y(t) = r(t)\,\mathrm{e}^{\mathrm{j}\varphi(t)} \qquad \text{Parameter } t \in [a, b],\, t \in \mathbb{R}$$

Der Graph des Zeigers $\underline{z}(t) = x(t) + \mathrm{j}\,y(t) = r(t)\,\mathrm{e}^{\mathrm{j}\varphi(t)}$ in der komplexen Zahlenebene (Abbildung von $\mathbb{R}$ in $\mathbb{C}$) heißt **Ortskurve** (z.B. Elektrotechnik, Ortskurve eines Widerstandszeigers als Funktion der Frequenz).

Komplexe Funktion einer komplexen Variablen

Wird durch f jedem Wert der unabhängigen Variablen $z = x + \mathrm{j}y$, D(z) $\subseteq \mathbb{C}$ ein Wert der abhängigen Variablen $w = f(z) = u + \mathrm{j}v$ mit $u = u(x, y)$, $v = v(x, y)$, $u, v \in \mathbb{R}$, W(f) $\subseteq \mathbb{C}$ zugeordnet, heißt f komplexe Funktion von z:

$$w = f(z) = u(x, y) + \mathrm{j}v(x, y) = f(x + \mathrm{j}y) = \mathrm{Re}\,f(z) + \mathrm{j}\,\mathrm{Im}\,f(z)$$
$$w = R\,\mathrm{e}^{\mathrm{j}\Phi} \qquad \text{(Polarform)}$$

Die komplexe Funktion f beschreibt eine Abbildung aus $\mathbb{C}$ in $\mathbb{C}$.

$$w = \{w \mid w = f(z);\, z \in \mathrm{D}(z)\}$$

Die Untersuchung komplexer Funktionen einer komplexen Veränderlichen heißt *Funktionentheorie*.

Stetigkeit und Differenzierbarkeit werden wie im Reellen definiert.

$f(z)$ ist differenzierbar, wenn die Cauchy-Riemannschen Dgln. gelten:

$$\frac{\partial u}{\partial x} = \frac{\partial v}{\partial y} \qquad \frac{\partial v}{\partial x} = -\frac{\partial u}{\partial y}$$

Mit $u(x, y) = k_1$ und $v(x, y) = k_2$, k_i beliebige Konstante, ergeben sich zwei Kurvenscharen $\dfrac{\partial u}{\partial x}\dfrac{\partial v}{\partial x} + \dfrac{\partial u}{\partial y}\dfrac{\partial v}{\partial y} = 0$.

Die Scharen des Netzes schneiden einander senkrecht, wenn die partiellen Ableitungen existieren.

Betrag der komplexen Funktion (*Relief*, Landschaft von f)

$$|w| = |f(z)| = \sqrt{u^2(x, y) + v^2(x, y)} = \Phi(x, y)$$

Argument der komplexen Funktion

$$\arg f(z) = \arctan \frac{\operatorname{Im} f(z)}{\operatorname{Re} f(z)}$$

♦ Beispiel:

$$f(z) = z^2 = (x + \mathrm{j}y)^2$$

$\operatorname{Re} f(z) = u(x, y) = x^2 - y^2$ \qquad $\operatorname{Im} f(z) = v(x, y) = 2xy$

Betrag $|f(z)| = x^2 + y^2$ \qquad Argument $\arg f(z) = \arctan \dfrac{2xy}{x^2 - y^2}$ \qquad ♦

10.11.2 Konforme Abbildungen

10.11.2.1 Lineare und quadratische konforme Abbildungen

Konforme Abbildung ist die Abbildung des Definitionsbereichs $D(z)$ der komplexen z-Ebene auf den Wertebereich $W(w)$ der w-Ebene:

$$w = f(z) = u(x, y) + \mathrm{j}v(x, y) \qquad z \in D(z), w \in W(w)$$

Bedingung: analytische Funktion in $D(z)$, $f'(z) \neq 0$

Bei konformer Abbildung werden die Schnittwinkel zweier beliebiger Kurven erhalten (Invarianten), bei *direkter* konformer Abbildung (1. Art) bleibt der Drehsinn erhalten, bei *indirekter* (2. Art) wird er umgekehrt.

$f'(z)$ ist das *Verzerrungsverhältnis* der konformen Abbildung, d.h., die Verhältnisse der (kleinen) Längenelemente bleiben erhalten. Durch eine konforme Abbildung werden Strecken um $\lambda = |f'(z)|$ gedehnt bzw. gestaucht und um den Winkel (Argument) $\arg f'(z) = \varphi$ gedreht abgebildet.

10

Lineare konforme Abbildung

$$w = f(z) = az + b = |a|\, \mathrm{e}^{\mathrm{j}\varphi} z + b \qquad a = |a|\, \mathrm{e}^{\mathrm{j}\varphi} \neq 0,\ a, b \in \mathbb{C}$$

Zerlegbar in 3 Teilabbildungen:

- Drehung: $\varphi = \operatorname{arc} a = \arg f'(z)$
- Streckung/Stauchung: $\lambda = |a| = \dfrac{|f'(z)|}{1}$
- Parallelverschiebung der z-Ebene längs Vektor $\boldsymbol{b}$: $w = az + b$

Fixpunkte: $z_1 = \dfrac{b}{1 - a}$ und $z = \infty$. Diese werden in sich selbst abgebildet.

Sonderfälle:

- Maßstabsänderung der z-Ebene $b = 0$, $a = m$:

    $w = mz$ bzw. $u = mx$, $v = my$ $\qquad m \in \mathbb{R}$

- Drehstreckung $b = 0$: $w = az$, $a \in \mathbb{C}$

- reine Drehung $a = e^{j\varphi}$

♦   Beispiel:

$w = f(z) = (1 + j)\, z + (-1 - j)$

Drehung:

$\varphi = \arg\,(1 + j) = \dfrac{\pi}{4} = \arg\,(f'(z))$

Dehnung: $\lambda = |a| = |1 + j| = \sqrt{2}$

Parallelverschiebung um $\boldsymbol{b}$:

$\boldsymbol{b} = -1 - j$

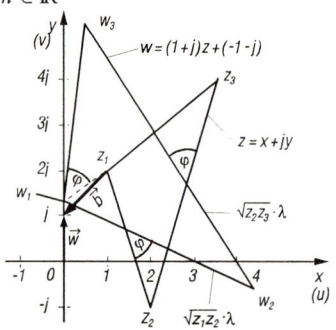

Gebrochen lineare konforme Abbildung

$$w = \frac{az + b}{cz + d} \quad \text{mit } ad - bc \neq 0,\; c \neq 0$$

z wird eineindeutig und konform auf w abgebildet (winkel- und kreistreu)

Zerlegbar in 3 Teilabbildungen:

- lineare Funktion $\qquad r = cz + d$

- inverse Funktion $\qquad \dfrac{1}{r} = \dfrac{1}{cz + d}$

- lineare Funktion $\qquad w = \dfrac{az + b}{cz + d} = \dfrac{a}{c} + \dfrac{bc - ad}{c} \cdot \dfrac{1}{cz + d}$

Fixpunkte aus $w = f(z)$ gewinnbar.

Quadratische konforme Abbildung

$$w = z^2$$

Die einfache z-Ebene wird auf die zweifach überdeckte w-Ebene abgebildet.

z-Ebene: 2 Hyperbelscharen $u(x, y) = x^2 - y^2$, $v(x, y) = 2xy$

w-Ebene: orthogonale Netze

gestörte Konformität in $z = 0$

Fixpunkte: $z_1 = 0$ und $z_2 = 1$

10.11.2.2 Inversion (Stürzung)

Diese spezielle gebrochen lineare Abbildung

$$w = f(z) = \frac{1}{z}$$

stellt eine *Inversion am Einheitskreis* (d.h. Transformation durch *reziproke Radien*) und Spiegelung an der reellen Achse dar:

$$z = |z|\, e^{j\varphi} \;\rightarrow\; w = \frac{1}{z} = \frac{1}{|z|}\, e^{-j\varphi} = |w|\, e^{-j\varphi}$$

Kreisinneres $|z| \le 1$ wird zum Äußeren des Kreises $|w| \ge 1$ und umgekehrt. Kreisperipherie $|z| = 1 \leftrightarrow |w| = 1$

Fixpunkte $z_1 = 1,\, z_2 = -1$

gestörte (nicht konforme) Abbildung in $z = 0 \leftrightarrow w = \infty$
(Verhalten der Funktion im Unendlichen beschreibbar!)

Inversion eines ruhenden Zeigers am Einheitskreis

(DIN 5483 Teil 3, komplexe Zeiger werden unterstrichen $\underline{z}$)

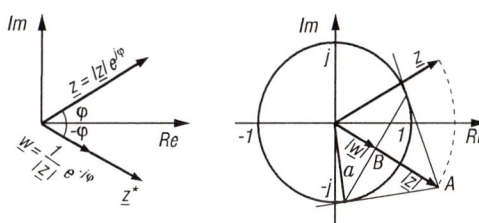

Inversion eines Zeigers

1. Zeichnen des konjugiert komplexen Zeigers $\underline{z}^* = |\underline{z}|\, e^{-j\varphi}$

2. Zeichnen der Tangenten vom Endpunkt des Zeigers $\underline{z}^*$ an den Inversionskreis
   $r = a$

3. Verbindungslinie der Tangentenberührungspunkte schneidet den Zeiger $\underline{z}^*$ in B,
   dem Endpunkt des inversen Zeigers $\underline{w} = \frac{1}{|\underline{z}|}\, e^{-j\varphi}$

Begründung: $\Delta\,(0DA) \sim \Delta\,(0DB) \rightarrow \dfrac{|\underline{z}|}{a} = \dfrac{a}{|\underline{w}|}$

Unter Berücksichtigung des Maßstabs gilt:

$$r = 1 \;\hat{=}\; a \text{ Einheiten von } \underline{z} \text{ entsprechen } \frac{1}{a} \text{ Einheiten von } \underline{w}$$

z.B. Durchmesser des Inversionskreises $r = 1 \;\hat{=}\; 5\;\Omega \leftrightarrow \dfrac{1}{5}$ S bei Umrechnung Widerstand in Leitwert.

Inversion von Kurven (Elektrotechnik Ortskurven)

1. Inversionssatz: Eine Gerade durch den Nullpunkt ergibt durch Inversion wieder eine Gerade durch den Nullpunkt.

$$g_1: z = t\underline{a}, \text{ invertiert } g_2: \underline{w} = \frac{1}{\underline{z}} = \frac{1}{t\underline{a}} = \frac{\underline{a}^*}{t\underline{a}\underline{a}^*} = \frac{\frac{1}{t} \cdot \underline{a}^*}{a^2} = \underline{z}'$$

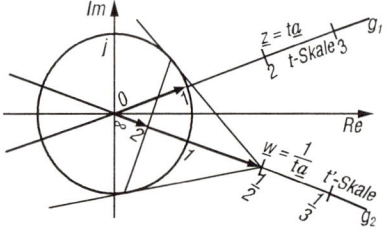

1. Inversionssatz

1. Zeichnen der konjugierten Geraden $\underline{z}^*$

2. Auftragen der Parameterskale $t' = \frac{1}{t}$: $\underline{w} = \frac{1}{t\underline{a}}$

2. Inversionssatz: Eine Gerade nicht durch den Nullpunkt ergibt durch Inversion einen Kreis durch den Nullpunkt.

$$g: \underline{z} = \underline{z}_0 + t\underline{a}, \text{ invertiert } k: \underline{w} = \frac{1}{\underline{z}} = \frac{1}{\underline{z}_0 + t\underline{a}} = \underline{z}'$$

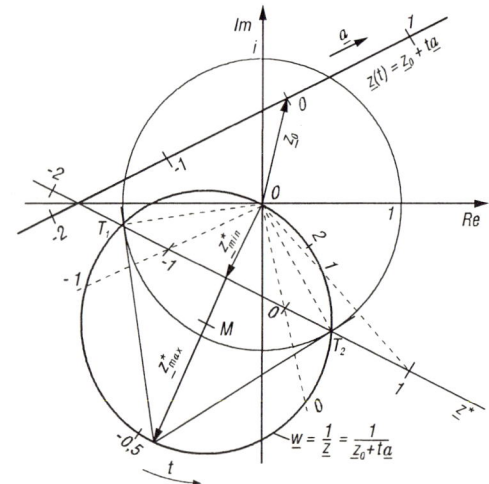

2. Inversionssatz

1. Zeichnen der konjugiert komplexen Geraden $\underline{z}^{*}$

2. Zeichnen der Normalen zu $\underline{z}^{*} \rightarrow \underline{z}^{*}_{\min}$

3. Spiegelung von $\underline{z}^{*}_{\min}$ am Einheitskreis $\rightarrow \underline{z}'_{\max}$

Die Tangentenpunkte T_1 und T_2 sind Schnittpunkte von $\underline{z}^{*}$ mit dem Einheitskreis und gleichzeitig auch Punkte des durch die Inversion erhaltenen Kreises.

3. Inversionssatz: Ein Kreis nicht durch den Nullpunkt ergibt durch Inversion wieder einen Kreis nicht durch den Nullpunkt.

$$k_1:\ \underline{z} = \underline{z}_0 + \frac{1}{\underline{a} + t\underline{b}} = \frac{\underline{c} + t\underline{d}}{\underline{a} + t\underline{b}}, \text{ invertiert } k_2:\ \underline{w} = \frac{1}{\underline{z}^{*}} = \frac{\underline{a} + t\underline{b}}{\underline{c} + t\underline{d}} = \underline{z}'$$

1. Zeichnen des konjugiert komplexen Kreises $\underline{z}^{*}$

2. Zweckmäßigerweise Maßstabswahl für den inversen Kreis so, daß konjugierter und inverser Kreis zusammenfallen. Damit Parameterskale für inversen Kreis $\underline{z}'$, als Schnittpunkte der Verbindungsgeraden Parameterpunkte kunjugierter Kreis – Nullpunkt eintragen.

Bei Wahl eines anderen Maßstabs für den inversen Kreis ist zu beachten, daß die Tangenten vom Nullpunkt an den konjugiert komplexen Kreis stets auch Tangenten des inversen Kreises sind, wodurch der Mittelpunkt stets auf der Geraden durch M und 0 liegt.

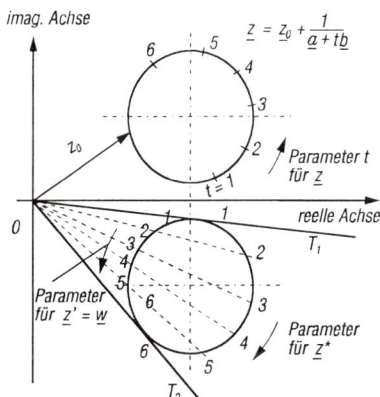

3. Inversionssatz

10.12   Kurvendiskussion

(*Funktionsuntersuchung*)

Eine vollständige Funktionsanalyse der Funktion f: $\langle x \mapsto f(x) \rangle$ umfaßt im allgemeinen:

- Definitionsbereich $D(f)$ mit Definitionslücken
- Differenzierbarkeit $f^{(n)}(x)$
- Symmetrie $f(x) = f(-x)$, $f(-x) = -f(x)$
- Periodizität $f(x) = f(x + k \cdot T)$
- Unendlichkeitsstellen (Pole), d.h. $f(x) \to \pm \infty$, vertikale Asymptoten
- Verhalten im Unendlichen $x \to \pm \infty$, Asymptoten
- Definitionslücke behebbar?
- Nullstellen x_0, Schnittwinkel mit der Abszissenachse
- Monotonie
- Extrempunkte x_E
- Krümmung
- Wendepunkte x_W, Wendetangentenanstieg $f'(x_W)$
- Graph der Funktion
- Wertebereich $W(f)$

11 Differentialrechnung

11.1 Differentiation von Funktionen mit einer unabhängigen Variablen

11.1.1 Allgemeines

Differenzenquotient (Anstieg der Sekante)

$$\frac{\Delta y}{\Delta x} = \frac{y - y_0}{x - x_0} = \frac{\Delta f(x)}{\Delta x} = \frac{f(x) - f(x_0)}{x - x_0} = \frac{f(x_0 + h) - f(x_0)}{h}$$

$$= \frac{f(x + \Delta x) - f(x)}{\Delta x}$$

$$= \tan \alpha_s = m_s$$

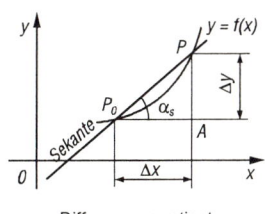

$\Delta\,(P_0 AP)$ *Sekantendreieck*

$P_0(x_0, y_0)$ fester Punkt von $G(f)$

$P(x, y)$ beliebiger Punkt von $G(f)$

$P_0 \neq P$

Differenzenquotient

Differentialquotient, 1. Ableitung einer Funktion an der Stelle x_0

(Anstieg der Tangente, Kurvenanstieg in P_0)

$$y'(x_0) = f'(x_0) = \frac{\mathrm{d}f}{\mathrm{d}x}(x_0) = \frac{\mathrm{d}y}{\mathrm{d}x}(x_0) = \frac{\mathrm{d}f(x)}{\mathrm{d}x}\bigg|_{x = x_0} = \lim_{\Delta x \to 0} \frac{\Delta y}{\Delta x}$$

$$= \lim_{\Delta x \to 0} \frac{\Delta f(x)}{\Delta x} = \lim_{x \to x_0} \frac{f(x) - f(x_0)}{x - x_0} = \lim_{h \to 0} \frac{f(x_0 + h) - f(x_0)}{h}$$

$$= \lim_{\Delta x \to 0} \frac{f(x + \Delta x) - f(x)}{\Delta x}$$

$$= \tan \alpha_t = m_t$$

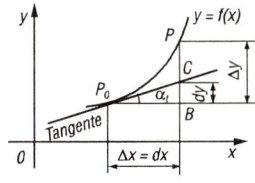

$\Delta\,(P_0 BC)$ *Tangentendreieck*

Die Sekante strebt für $P \to P_0$ einer Grenz-
geraden zu, der *Tangente*.

Differentialquotient

Differenzierbarkeit

Eine Funktion f ist in $x_0 \in D(f) \subseteq \mathbb{R}$ *differenzierbar*, wenn sie in der Umgebung von x_0, $U(x_0) \setminus \{x_0\}$, definiert ist und der Grenzwert des Differenzenquotienten $\lim\limits_{\Delta x \to 0} \dfrac{f(x_0 + \Delta x) - f(x_0)}{\Delta x}$ an der Stelle x_0 einen bestimmten Wert $y'(x_0) = g$ annimmt. In jeder ε-Umgebung von P_0 liegen unendlich viele Punkte.

Jede an der Stelle x_0 differenzierbare Funktion ist dort stetig (notwendige, aber nicht hinreichende Bedingung).

Linksseitige Ableitung $f'(x_0-)$ oder $f'_-(x_0)$

$$f'(x_0-) = \lim_{x \to x_0 - 0} \frac{f(x) - f(x_0)}{x - x_0}$$

Rechtsseitige Ableitung $f'(x_0+)$ oder $f'_+(x_0)$

$$f'(x_0+) = \lim_{x \to x_0 + 0} \frac{f(x) - f(x_0)}{x - x_0}$$

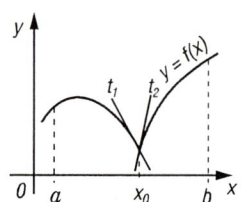

Rechts- und linksseitige
Ableitung verschieden

Sind an der Stelle x_0 rechts- und linksseitige Ableitung verschieden, ist die Funktion an der Stelle $x = x_0$ nicht differenzierbar (siehe Bild).

Eine Funktion f ist **im** Intervall $I = (a, b)$ *differenzierbar*, wenn sie an jeder Stelle innerhalb I differenzierbar ist.

f ist differenzierbar **auf** dem Intervall $[a, b]$, wenn f auch in a und b einseitig differenzierbar ist.

Die *1. Ableitung* von f in (a, b) ist die Funktion f', die alle (geordneten) Paare $(x, f'(x))$, $x \in (a, b)$ enthält. Ist f' stetig, nennt man f stetig differenzierbar auf (a, b) und schreibt $f \in C^1(a, b)$.

Ableitungsfunktion

Ist f für alle Punkte des Definitionsbereichs differenzierbar, so gilt:

Die 1. Ableitung von f ist die Funktion $y' = f'(x) = \dfrac{dy}{dx} = \dfrac{d}{dx} f(x)$ $x \in D(f)$

$\dfrac{d}{dx}$ heißt *Differentialoperator*, der die erste Ableitung erzeugt.

Differential (Änderung der Tangentenordinate)

$$dy = f'(x)\, dx$$

dy heißt das Differential der Funktion $y = f(x)$, das zum Inkrement $\Delta x = dx$ gehört.

11.1.2 Erste Ableitungen der elementaren Funktionen

$(c)'$ $\qquad = 0 \qquad\qquad c$ Konstante

$(x)'$ $\qquad = 1$

$(x^k)' \qquad = k\,x^{k-1} \qquad k \in \mathbb{R}$ **Potenzregel**

$\qquad\qquad\qquad\qquad\qquad x \neq 0$ für $k < 0$, $x > 0$ für $k \in \mathbb{R} \setminus \mathbb{N}$

$(e^x)' \qquad = e^x$ **Exponentialfunktion**

$(a^x)' \qquad = a^x \ln a \qquad a > 0$ **Exponentialfunktion**

$(\ln x)' \qquad = \dfrac{1}{x}$

$(\log_a x)' \qquad = \dfrac{1}{x \ln a} = \dfrac{1}{x} \log_a e \qquad a \neq 1,\ a, x > 0$

$(\lg x)' \qquad = \dfrac{1}{x} \lg e \approx \dfrac{0{,}434\,29}{x}$

$(\sin x)' \qquad = \cos x$

$(\cos x)' \qquad = -\sin x$

$(\tan x)' \qquad = \dfrac{1}{\cos^2 x} = 1 + \tan^2 x \qquad x \neq (2k+1)\dfrac{\pi}{2}, k \in \mathbb{Z}$

$(\cot x)' \qquad = -\dfrac{1}{\sin^2 x} = -(1 + \cot^2 x) \qquad x \neq k\pi, k \in \mathbb{Z}$

$(\arcsin x)' \qquad = \dfrac{1}{\sqrt{1 - x^2}} \qquad |x| < 1$

$(\arccos x)' \qquad = -\dfrac{1}{\sqrt{1 - x^2}} \qquad |x| < 1$

$(\arctan x)' \qquad = \dfrac{1}{1 + x^2}$

11

$(\text{arccot } x)' \qquad = -\dfrac{1}{1 + x^2}$

$(\sinh x)' \qquad = \cosh x$

$(\cosh x)' \qquad = \sinh x$

$(\tanh x)' \qquad = \dfrac{1}{\cosh^2 x} = 1 - \tanh^2 x$

$(\coth x)' \qquad = -\dfrac{1}{\sinh^2 x} = 1 - \coth^2 x \qquad x \neq 0$

$(\text{arsinh } x)' \qquad = \dfrac{1}{\sqrt{1 + x^2}}$

$(\text{arcosh } x)' \qquad = \dfrac{1}{\sqrt{x^2 - 1}} \qquad x > 1$

$$(\text{artanh } x)' \quad = \frac{1}{1 - x^2} \qquad\qquad |x| < 1$$

$$(\text{arcoth } x)' \quad = -\frac{1}{x^2 - 1} \qquad\qquad |x| > 1$$

$$(\ln |f(x)|)' \quad = \frac{f'(x)}{f(x)} \qquad (\textit{»logarithmische Ableitung« von } f(x))$$

11.1.3   Differentiationsregeln

11.1.3.1 Grundregeln

$$(a \cdot f(x))' = a \cdot f'(x) \qquad a \in \mathbb{R} \qquad\qquad \textbf{Faktorregel}$$
$$(u \pm v)' = u' \pm v' \qquad \text{mit } u = u(x),\, v = v(x) \qquad \textbf{Summenregel}$$
$$(u \cdot v)' = u'v + uv' \qquad\qquad\qquad\qquad\qquad \textbf{Produktregel}$$
$$(u \cdot v \cdot w)' = u'vw + uv'w + uvw' \qquad\qquad\qquad \text{desgl.}$$

$$\left(\frac{u}{v}\right)' = \frac{u'v - uv'}{v^2} \qquad\qquad v \neq 0 \qquad\qquad \textbf{Quotientenregel}$$

Merke: 1. Quadrat des Nenners im Nenner notieren
           2. Zählerableitung mal Nenner **minus** Zähler mal Nennerableitung

speziell: $\left(\dfrac{1}{v}\right)' = -\dfrac{v'}{v^2}$ \qquad\qquad\qquad **Reziprokenregel**

Kettenregel
Ableitung *mittelbarer* (zusammengesetzter) *Funktionen*

$y = f(u)$ *äußere Funktion*, $u = u(x)$ *innere Funktion*

$$\frac{dy}{dx} = \frac{dy}{du} \cdot \frac{du}{dx} \qquad\qquad \text{bzw.} \qquad y' = f'(u)\, u'(x)$$

$y = f(u),\, u = g(v),\, v = h(x)$

$$\frac{dy}{dx} = f'(u)\, g'(v)\, h'(x) = \frac{dy}{du} \cdot \frac{du}{dv} \cdot \frac{dv}{dx}$$

◆   Beispiele:

Differentiation der Funktionen $y = f(x)$

(1) $y = x^5 + 3x^2 - x^7 \qquad\qquad y' = 5x^4 + 6x - 7x^6$

(2) $y = (x^3 + a)(x^2 + 3b) \qquad\qquad u(x) = x^3 + a \quad u'(x) = 3x^2$
$$\qquad\qquad\qquad\qquad\qquad\qquad\qquad v(x) = x^2 + 3b \quad v'(x) = 2x$$

$$y' = 3x^2(x^2 + 3b) + (x^3 + a)\,2x = 5x^4 + 9bx^2 + 2ax$$

(3) $y = \dfrac{x^3 + 2x}{4x^2 - 7}$ $\qquad u(x) = x^3 + 2x, \; u'(x) = 3x^2 + 2$
$\qquad\qquad\qquad\qquad\qquad v(x) = 4x^2 - 7, \; v'(x) = 8x$

$$y' = \frac{(3x^2 + 2)(4x^2 - 7) - (x^3 + 2x)\, 8x}{(4x^2 - 7)^2} = \frac{4x^4 - 29x^2 - 14}{(4x^2 - 7)^2}$$

(4) $y = (1 - \cos^4 x)^2 = u^2 = f(u)$, $\qquad$ wobei $\qquad u = 1 - \cos^4 x$

$f'(u) = 2u = 2\,(1 - \cos^4 x)$

$u = 1 - \cos^4 x = 1 - v^4 = g(v)$ $\qquad$ wobei $\qquad v = \cos x$

$g'(v) = -4v^3 = -4\cos^3 x$

$v = \cos x = h(x)$ $\qquad\qquad h'(x) = -\sin x$

$\dfrac{\mathrm{d}y}{\mathrm{d}x} = f'(u)\, g'(v)\, h'(x) = 2\,(1 - \cos^4 x)\,(-4\cos^3 x)\,(-\sin x)$

$\dfrac{\mathrm{d}y}{\mathrm{d}x} = 8\sin x \cos^3 x\,(1 - \cos^4 x)$ $\qquad\qquad\qquad\qquad\qquad\qquad$ ◆

Umkehrfunktion, inverse Funktion

$y = f(x) \leftrightarrow x = \varphi(y)$, wenn f stetig und streng monoton ist.

$$\varphi'(y) = \frac{1}{f'(x)} \leftrightarrow \frac{\mathrm{d}x}{\mathrm{d}y} = \frac{1}{\dfrac{\mathrm{d}y}{\mathrm{d}x}} \qquad f'(x) \neq 0 \qquad \textbf{Umkehrregel}$$

◆ Beispiel:

$y = \arctan x \qquad$ Umkehrung: $x = \tan y = g(y)$

$g'(y) = \dfrac{1}{\cos^2 y} = 1 + \tan^2 y$

$y' = f'(x) = \dfrac{1}{g'(y)} = \dfrac{1}{1 + \tan^2 y} = \dfrac{1}{1 + x^2}$ $\qquad\qquad$ ◆

11

11.1.3.2 Höhere Ableitungen und Differentiale

$$f^{(n+1)} := \left(f^{(n)}\right)' \qquad \text{(rekursive Definition)} \quad n \in \mathbb{N}^*$$

Zweite und dritte Ableitung

(gelesen »d –2–y nach d–x Quadrat bzw. y–2–Strich«)

$$\frac{\mathrm{d}^2 y}{\mathrm{d}x^2} = y'' = f''(x) = \frac{\mathrm{d}^2 f(x)}{\mathrm{d}x^2} := \frac{\mathrm{d}f'(x)}{\mathrm{d}x}$$

$$\frac{\mathrm{d}^3 y}{\mathrm{d}x^3} = y''' = f'''(x) = \frac{\mathrm{d}^3 f(x)}{\mathrm{d}x^3} := \frac{\mathrm{d}f''(x)}{\mathrm{d}x}$$

n-te Ableitung oder *Ableitung n-ter Ordnung*

$$\frac{\mathrm{d}^n y}{\mathrm{d}x^n} = y^{(n)} = f^{(n)}(x) = \frac{\mathrm{d}^n f(x)}{\mathrm{d}x^n} := \frac{\mathrm{d}f^{(n-1)}(x)}{\mathrm{d}x}$$

2. Differential: $\qquad \mathrm{d}^2 y = \mathrm{d}(\mathrm{d}y) = f''(x)\,\mathrm{d}x^2$

3. Differential: $\qquad \mathrm{d}^3 y = \mathrm{d}(\mathrm{d}^2 y) = f'''(x)\,\mathrm{d}x^3$

n-tes Differential: $\qquad \mathrm{d}^n y = \mathrm{d}(\mathrm{d}^{n-1} y) = f^{(n)}(x)\,\mathrm{d}x^n$

Einige Ableitungen höherer Ordnung ($n \in \mathbb{N}^*$)

$$(x^a)^{(n)} = a\,(a-1)\,(a-2)\cdot\ldots\cdot(a-n+1)\,x^{a-n} \qquad\qquad a \in \mathbb{R}$$

$$(x^m)^{(n)} = \begin{cases} n!\dbinom{m}{n} x^{m-n} & \text{für } m \geq n \\[2mm] 0 & \text{für } m < n \end{cases} \qquad\qquad m \in \mathbb{N},\, m > 1$$

$$(x^n)^{(n)} = n!$$

$$(a_n x^n + a_{n-1} x^{n-1} + \ldots + a_1 x + a_0)^{(n)} = a_n n!$$

$$(\ln x)^{(n)} = (-1)^{n+1} \cdot \frac{(n-1)!}{x^n}$$

$$(\log_a x)^{(n)} = (-1)^{n+1} \cdot \frac{(n-1)!}{x^n \ln a} \qquad\qquad a \neq 1,\ a, x > 0$$

$$(e^x)^{(n)} = e^x$$

$$(e^{ax})^{(n)} = a^n\, e^{ax} \qquad\qquad a \in \mathbb{R}$$

$$(b^{ax})^{(n)} = b^{ax}(a \cdot \ln b)^n \qquad\qquad a \in \mathbb{R},\, b \in \mathbb{R}^+$$

$$(\sin x)^{(n)} = \sin\left(x + \frac{n\pi}{2}\right) \qquad\qquad (\cos x)^{(n)} = \cos\left(x + \frac{n\pi}{2}\right)$$

$$(\sin ax)^{(n)} = a^n \sin\left(ax + \frac{n\pi}{2}\right) \qquad (\cos ax)^{(n)} = a^n \cos\left(ax + \frac{n\pi}{2}\right)$$

$$a \in \mathbb{R}$$

$$(\sinh x)^{(n)} = \begin{cases} \sinh x & \text{für gerades } n \\ \cosh x & \text{für ungerades } n \end{cases}$$

$$(\cosh x)^{(n)} = \begin{cases} \cosh x & \text{für gerades } n \\ \sinh x & \text{für ungerades } n \end{cases}$$

$$(uv)^{(n)} = u^{(n)}v + \binom{n}{1} u^{(n-1)}v' + \binom{n}{2} u^{(n-2)}v'' + \ldots$$

$$+ \binom{n}{n-1} u'v^{(n-1)} + uv^{(n)} \qquad \text{Leibnizsche Formel}$$

11.1.3.3 Differentiation impliziter Funktionen $F(x, y) = 0$

$$y' = \frac{dy}{dx} = -\frac{\partial F}{\partial x} \Big/ \frac{\partial F}{\partial y} = -\frac{F_x}{F_y}, \; F_y \neq 0$$

(Partielle Ableitung
siehe 11.2.)

$$y'' = \frac{d^2y}{dx^2} = -\frac{F_{xx}F_y^2 - 2F_{xy}F_xF_y + F_{yy}F_x^2}{F_y^3}$$

♦   Beispiel:

$$F(x, y) \equiv x^3 - x^2y + y^5 = 0$$

$$\frac{\partial F}{\partial x} = F_x = 3x^2 - 2xy \qquad\qquad \frac{\partial F}{\partial y} = F_y = 5y^4 - x^2$$

$$\frac{\partial^2 F}{\partial x^2} = F_{xx} = 6x - 2y \qquad\qquad \frac{\partial^2 F}{\partial y^2} = F_{yy} = 20y^3$$

$$\frac{\partial^2 F}{\partial x \, \partial y} = F_{xy} = F_{yx} = -2x \qquad\qquad \frac{dy}{dx} = -\frac{3x^2 - 2xy}{5y^4 - x^2}$$

$$\frac{d^2y}{dx^2} = -\frac{(6x-2y)(5y^4-x^2)^2 - 2(-2x)(3x^2-2xy)(5y^4-x^2) + 20y^3(3x^2-2xy)^2}{(5y^4-x^2)^3} \quad ♦$$

11.1.3.4 Differentiation von Funktionen in Parameterform

$$x = x(t) \land y = y(t)$$

$$y' = \frac{dy}{dx} = \frac{dy}{dt} \Big/ \frac{dx}{dt} = \frac{\dot{y}(t)}{\dot{x}(t)} \qquad \dot{x}(t) \neq 0 \qquad\qquad \textbf{Parameterregel}$$

$$y'' = \frac{d^2y}{dx^2} = \frac{\ddot{y}(t)\,\dot{x}(t) - \ddot{x}(t)\,\dot{y}(t)}{(\dot{x}(t))^3} \qquad \text{mit } \frac{d^2y}{dt^2} = \ddot{y}(t), \; \frac{d^2x}{dt^2} = \ddot{x}(t)$$

oder $$\frac{d^2y}{dx^2} = \frac{d(y')}{dt} \cdot \frac{dt}{dx}$$

♦   Beispiel:

$$x(t) = \ln t, \; y(t) = \frac{1}{1-t}$$

$$\frac{dx}{dt} = \dot{x}(t) = \frac{1}{t} \qquad\qquad \frac{d^2x}{dt^2} = -\frac{1}{t^2} \qquad\qquad \frac{dt}{dx} = t$$

$$\frac{dy}{dt} = \frac{1}{(1-t)^2} \qquad\qquad \frac{d^2y}{dt^2} = \frac{2}{(1-t)^3}$$

$$\frac{dy}{dx} = \frac{dy}{dt}\frac{dt}{dx} = \frac{1}{(1-t)^2} \cdot t = \frac{t}{(1-t)^2}$$

$$\frac{d^2y}{dx^2} = \frac{d}{dt}\left(\frac{t}{(1-t)^2}\right)t = \frac{1+t}{(1-t)^3}\,t = \frac{t^2+t}{(1-t)^3}$$

11

$$\text{oder } \frac{d^2y}{dx^2} = \frac{\dfrac{2}{(1-t)^3} \cdot \dfrac{1}{t} + \dfrac{1}{t^2} \cdot \dfrac{1}{(1-t)^2}}{\left(\dfrac{1}{t}\right)^3} = \frac{2t^2 + t - t^2}{(1-t)^3} = \frac{t^2 + t}{(1-t)^3}$$ ◆

11.1.3.5 Differentiation von Funktionen in Polarkoordinaten

$$r = f(\varphi)$$

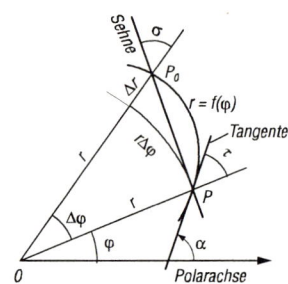

$$\frac{\Delta r}{\Delta \varphi} = \frac{r}{\tan \sigma} = r \cot \sigma$$

$$\frac{dr}{d\varphi} = \lim_{\Delta \varphi \to 0} \frac{\Delta r}{\Delta \varphi} = \frac{r}{\tan \tau} = r \cot \tau$$

Zusammenhang

$$\begin{cases} x = r \cos \varphi \\ y = r \sin \varphi \end{cases} \rightarrow$$

$$y' = \frac{\dfrac{dy}{d\varphi}}{\dfrac{dx}{d\varphi}} = \frac{\dfrac{dr}{d\varphi} \sin \varphi + r \cos \varphi}{\dfrac{dr}{d\varphi} \cos \varphi - r \sin \varphi}$$

Differentiation von $r = f(\varphi)$

$$y' = \tan \alpha = \tan (\tau + \varphi) = \frac{\tan \varphi + \tan \tau}{1 - \tan \tau \cdot \tan \varphi} = \frac{\tan \varphi + r(\varphi)\Big/\dfrac{dr}{d\varphi}}{1 - r(\varphi)\Big/\dfrac{dr}{d\varphi} \cdot \tan \varphi}$$

$$y'' = \frac{r^2 + 2\left(\dfrac{dr}{d\varphi}\right)^2 - r \dfrac{d^2r}{d\varphi^2}}{\left(\dfrac{dr}{d\varphi} \cos \varphi - r \sin \varphi\right)^3}$$

11.1.4   Graphische Differentiation

Man legt in möglichst zahlreichen Punkten A_1, A_2, ... des Graphen der Stammkurve $y = f(x)$ die Tangenten an und zieht durch einen beliebigen Punkt, im Bild $(-1, 0)$, den sog. Pol, die Parallelen zu ihnen, die die y-Achse in den entsprechenden Punkten B_1, B_2, ... schneiden. Durch die Punkte $B_1, B_2, ...$ legt man Parallelen zur x-Achse, die die Lote von A_1, A_2, ... auf der x-Achse in $C_1, C_2, ...$ schneiden. Die Punkte $C_1, C_2, ...$ liegen auf dem Graphen der Ableitungsfunktion (1. abgeleitete Kurve).

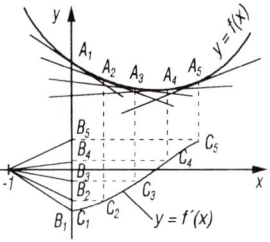

Graphische Differentiation

11.1.5   Numerische Differentiation

Kennt man eine endliche Folge von diskreten Wertepaaren $\left(x_i, f(x_i)\right)$, die der Größe nach indiziert sind, $a \leq x_1 < ... < x_{i-1} < x_i < x_{i+1} < ... \leq b$, aber nicht die Funktion f: $y = f(x)$ selbst, werden die Ableitungen $f_i^{(r)}(x_i) = y_i^{(r)}$, $r \geq 1$, näherungsweise bestimmt.

$y = f(x)$ wird approximiert durch $y \approx \varphi(x) = \varphi(x, c)$, $\varphi \in C[a, b]$, unter Nutzung der empirischen Daten $\left(x_i, f(x_i)\right)$. Die Approximationsfunktion $\varphi(x)$ wird ersatzweise differenziert (*diskrete Approximation*).

Differentiation mittels Interpolationspolynom
Interpolation von f durch ein Polynom p_n, das von der Approximationsstelle x_i abhängig ist und $(n + 1)$ Stützstellen unter Einschluß von x_i nutzt. Verwendung der Interpolationsformeln gemäß Abschnitt 10.5.3

$$p_n^{(r)}(x_i) = \phi_i^{(r)} \approx y_i^{(r)} \qquad n \geq r, \ r \text{ Ordnung der Ableitung}$$

Approximationsfehler $y_i^{(r)} - \phi_i^{(r)}$

$p_n^{(r)}$ ist ungenauer als p_n (Welligkeit von p_n, »aufrauhende Wirkung«), z.B.

zentraler Differenzenquotient: $y_i' \approx \dfrac{1}{2h}\left(y_{i+1} - y_{i-1}\right)$, Restglied $-\dfrac{h^2}{6} f'''(\xi)$

Differentiation mittels interpolierender kubischer Polynomsplines
4parametrischer Ansatz gemäß Abschnitt 10.5.3.4

$$S(x) \equiv p_i(x) := a_i + b_i(x - x_i) + c_i(x - x_i)^2 + d_i(x - x_i)^3$$
$$\text{für} \quad x \in \left[x_i, x_{i+1}\right] \qquad i = 0, ..., (n-1)$$

11

Mit $n \to \infty$ bzw. $h_i = x_{i+1} - x_i \to 0$ im Bereich $x \in [a, b]$ streben die $S^{(r)}$ gegen $f^{(r)}$.

Differentiation von $S(x)$ ergibt

$$S'(x) \equiv p_i'(x) = b_i + 2c_i\,(x - x_i) + 3d_i\,(x - x_i)^2$$
$$S''(x) \equiv p_i''(x) = 2c_i + 6d_i\,(x - x_i)$$

An den Stützstellen wird $S'(x_i) = b_i$, $S''(x_i) = 2c_i$.

Erhöhung der Genauigkeit für $S''(x_i) \approx f''(x_i)$ ist erreichbar durch eine weitere Splineinterpolation mit $f'(x_i)$ (*spline on spline*) vor der zweiten Ableitung.

11.1.6   Logarithmische Differentiation

$$
\begin{array}{l|l}
y = f(x) & y = u(x)^{v(x)} \\
\ln|y| = \ln|f(x)| & \ln|y| = v(x)\ln|u(x)| \qquad \text{(logarithmieren)} \\
\dfrac{y'}{y} = \dfrac{\mathrm{d}}{\mathrm{d}x}\ln|f(x)| & \dfrac{y'}{y} = v'(x)\ln|u(x)| + v(x)\dfrac{u'(x)}{u(x)} \quad \text{(differenzieren)}
\end{array}
$$

♦   Beispiel:

$y = (\arctan x)^x$ ist zu differenzieren.

$$\ln y = x \ln(\arctan x) \qquad\qquad\qquad \arctan x > 0$$

$$\frac{y'}{y} = 1 \cdot \ln(\arctan x) + \frac{x}{\arctan x} \cdot \frac{1}{1 + x^2}$$

$$y' = (\arctan x)^x \left(\ln(\arctan x) + \frac{x}{(1 + x^2)\arctan x} \right) \qquad x > 0 \qquad ♦$$

11.2   Differentiation von Funktionen mit mehreren unabhängigen Variablen

$$y = f(x_1, x_2, ..., x_n)$$

11.2.1   Partielle Ableitung 1. Ordnung (partieller Differentialquotient)

Partieller Differentialoperator $\dfrac{\partial}{\partial x_k}$ (gelesen »d partiell nach d–x–k«)

$$\frac{\partial f}{\partial x_k} = f_{x_k} = \lim_{\Delta x_i \to 0} \frac{f(x_1, ..., x_k + \Delta x_k, ..., x_n) - f(x_1, ..., x_n)}{\Delta x_k}$$

$$k = 1, 2, ..., n$$

speziell: $z = f(x, y)$, differenzierbar für $P_0(x_0, y_0)$

$$\frac{\partial f(x_0, y_0)}{\partial x} = f_x(x_0, y_0) = \lim_{\Delta x \to 0} \frac{f(x_0 + \Delta x, y_0) - f(x_0, y_0)}{\Delta x}$$

$$\frac{\partial f(x_0, y_0)}{\partial y} = f_y(x_0, y_0) = \lim_{\Delta y \to 0} \frac{f(x_0, y_0 + \Delta y) - f(x_0, y_0)}{\Delta y}$$

Rechenweg: Bei der partiellen Ableitung nach x_k werden alle anderen Variablen vorübergehend als Konstante betrachtet.

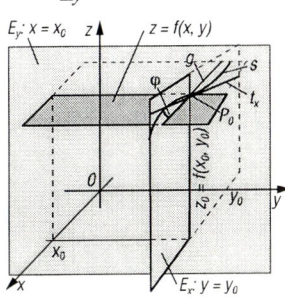

Geometrische Deutung: Die partielle Ableitung $f_x(x_0, y_0)$ einer in P_0 differenzierbaren Funktion ist gleich dem Tangens des Anstiegwinkels φ der Tangente t_x in P_0 an die Schnittkurve s der Ebene E_x: $y = y_0$ mit dem Bild von $f(x, y)$:

$$\tan \varphi = f_x(x_0, y_0)$$

Partielle Ableitung

$\sphericalangle \varphi = \sphericalangle (t_x, g)$

g Schnittgerade von E_x mit der (x, y)-Ebene

$f_y(x_0, y_0)$ entsprechend an der Ebene E_y: $x = x_0$

11.2.2   Höhere partielle Ableitungen

11

Anzahl der partiellen Ableitungen: n^r

n Anzahl der unabhängigen Variablen
r Ordnung der partiellen Ableitungen = Anzahl der Indizes

Partielle Ableitungen 2. Ordnung

$$\frac{\partial}{\partial x_k}\left(f_{x_k}\right) = \frac{\partial\left(f_{x_k}\right)}{\partial x_k} = f_{x_k x_k} = \frac{\partial^2 f}{\partial x_k^2}$$

gemischte partielle Ableitung $\dfrac{\partial\left(f_{x_k}\right)}{\partial x_l} = f_{x_k x_l} = \dfrac{\partial^2 f}{\partial x_k \partial x_l}$

Speziell für $z = f(x, y)$, $n^r = 2^2 = 4$

$$\frac{\partial f_x}{\partial x} = f_{xx} = \frac{\partial^2 f}{\partial x^2} = \frac{\partial \left(\frac{\partial f}{\partial x}\right)}{\partial x} \qquad\qquad \frac{\partial f_y}{\partial y} = f_{yy} = \frac{\partial^2 f}{\partial y^2} = \frac{\partial \left(\frac{\partial f}{\partial y}\right)}{\partial y}$$

$$\frac{\partial f_x}{\partial y} = f_{xy} = \frac{\partial^2 f}{\partial x \partial y} = \frac{\partial \left(\frac{\partial f}{\partial x}\right)}{\partial y} \qquad\qquad \frac{\partial f_y}{\partial x} = f_{yx} = \frac{\partial^2 f}{\partial y \partial x} = \frac{\partial \left(\frac{\partial f}{\partial y}\right)}{\partial x}$$

Unter der Bedingung, daß die Ableitungen an der Stelle (x, y) stetig sind, gilt der *Satz von* SCHWARZ

$$\frac{\partial^2 f}{\partial x \partial y} = \frac{\partial^2 f}{\partial y \partial x} \qquad \text{bzw.} \quad f_{xy} = f_{yx}$$

Allgemein: Ist $f(x_1, ..., x_n)$ m-mal stetig differenzierbar $(m \geq 2)$, dann ist die Reihenfolge der partiellen Ableitungen l-ter Ordnung $(2 \leq l \leq m)$ vertauschbar.
Die $n^r = 2^3 = 8$ partiellen Ableitungen dritter Ordnung für $n = 2$ unabhängige Variable sind:

$$f_{xxx}, f_{xxy}, f_{xyx}, f_{xyy}, f_{yxx}, f_{yxy}, f_{yyx}, f_{yyy} \quad \text{wobei } f_{xxy} = f_{xyx} = f_{yxx}$$

Kettenregel für 2 unabhängige Variable

$x(t)$ und $y(t)$ seien differenzierbar nach t, $f(x, y)$ besitze auf der Wertemenge von $(x(t), y(t))$ stetige partielle Ableitungen f_x und f_y,

dann ist $z(t) = f(x(t), y(t))$ differenzierbar mit

$$\frac{dz}{dt} = \frac{\partial z}{\partial x} \cdot \frac{dx}{dt} + \frac{\partial z}{\partial y} \cdot \frac{dy}{dt} \qquad\qquad \text{(Alternative zu 11.1.6)}$$

11.2.3   Totale Ableitungen für 2 unabhängige Variable

$$\frac{df}{dx} = \frac{\partial f}{\partial x} + \frac{\partial f}{\partial y} \frac{dy}{dx}$$

$$\frac{d^2 f}{dx^2} = \frac{\partial^2 f}{\partial x^2} + 2 \frac{\partial^2 f}{\partial x \partial y} \frac{dy}{dx} + \frac{\partial^2 f}{\partial y^2} \left(\frac{dy}{dx}\right)^2$$

Richtungsableitung: siehe Gradient, Abschnitt 13.5.

Partielles Differential 1. Ordnung
der Funktion $y = f(x_1, ..., x_n)$, $n \geq 2$, nach der unabhängigen Variablen x_k

$$df_{x_k} := dy_{x_k} = f_{x_k} dx_k = \frac{\partial y}{\partial x_k} dx_k \qquad\qquad 1 \leq k \leq n$$

Totales, vollständiges Differential

Ist f in P_0 und dessen Umgebung definiert und sind dx_1, ..., dx_n die Differentiale der Variablen, hat f das *totale, vollständige Differential*

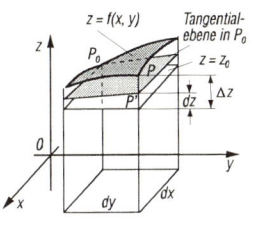

$$dy = \frac{\partial y}{\partial x_1}\,dx_1 + \frac{\partial y}{\partial x_2}\,dx_2 + ... + \frac{\partial y}{\partial x_n}\,dx_n$$

$$= f_{x_1}\,dx_1 + f_{x_2}\,dx_2 + ... + f_{x_n}\,dx_n$$

Vollständiges Differential

Speziell für $z = f(x, y)$ gilt:

1. Ordnung $\quad dz = \dfrac{\partial z}{\partial x}\,dx + \dfrac{\partial z}{\partial y}\,dy$ bzw. $df(x, y) = f_x\,dx + f_y\,dy$

2. Ordnung $\quad d^2z = \dfrac{\partial^2 z}{\partial x^2}\,dx^2 + 2\,\dfrac{\partial^2 z}{\partial x \partial y}\,dx dy + \dfrac{\partial^2 z}{\partial y^2}\,dy^2$

Geometrische Deutung: dz ist die Änderung des Funktionswertes z auf der in $P_0(x_0, y_0, z_0)$ errichteten *Tangentialebene*, wenn sich die unabhängigen Koordinaten mit dx bzw. dy ändern (Punkt P'). Die Tangentialebene enthält alle im Punkt $P_0(x_0, y_0, z_0)$ an die Fläche $z = f(x, y)$ gelegten Tangenten (siehe auch 11.4.2.3).

Wert für Δx bei kleiner Änderung $\Delta z \approx dz = df(x, y) = f_x\,dx + f_y\,dy$.

♦ Beispiel:

Man bilde die Ableitungen und Differentiale von $z = y^2 e^x$.

$$\frac{\partial z}{\partial x} = y^2\,e^x \qquad \frac{\partial z}{\partial y} = 2y\,e^x$$

$$\frac{\partial^2 z}{\partial x^2} = y^2\,e^x \qquad \frac{\partial^2 z}{\partial y^2} = 2e^x \qquad \frac{\partial^2 z}{\partial x \partial y} = 2y\,e^x$$

$$dz = y^2\,e^x\,dx + 2y\,e^x\,dy = y\,e^x\,(y\,dx + 2\,dy)$$

$$d^2z = y^2\,e^x\,dx^2 + 2 \cdot 2y\,e^x\,dx\,dy + 2e^x\,dy^2 = e^x\,(y^2\,dx^2 + 4y\,dx\,dy + 2\,dy^2) \qquad ♦$$

11

11.3 Mittelwertsätze

Mittelwertsatz der Differentialrechnung

Ist $y = f(x)$ im Intervall $[a, b]$ stetig und in (a, b) differenzierbar, dann gibt es mindestens eine Zahl ξ mit $a < \xi < b$, so daß gilt:

$$\frac{f(b) - f(a)}{b - a} = f'(\xi)$$

Andere Fassung:

$$\frac{f(x + h) - f(x)}{h} = f'(x + \vartheta h) \qquad 0 < \vartheta < 1$$

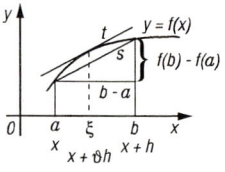

Geometrische Deutung: Unter den angegebenen Voraussetzungen existiert in dem Intervall eine Stelle, an der die Tangente an die Kurve der Sehne zwischen den Endpunkten des Intervalls parallel ist.

Mittelwertsatz der Differentialrechnung

Für zwei unabhängige Variable $z = f(x, y)$ gilt (siehe auch 15.1.3.2):

$$f(x_0 + h, y_0 + k) = f(x_0, y_0) + h\, f_x(x_0 + \vartheta h, y_0 + \vartheta k)$$
$$+ k\, f_y(x_0 + \vartheta h, y_0 + \vartheta k) \qquad 0 < \vartheta < 1$$

Satz von Rolle

> Ist $y = f(x)$ im Intervall $[a, b]$ stetig und in (a, b) differenzierbar und ist außerdem $f(a) = f(b)$, dann gibt es mindestens eine Stelle ξ mit $a < \xi < b$, so daß $f'(\xi) = 0$ ist.

Geometrische Deutung:

Im Intervall $[a, b]$ gibt es mindestens einen Punkt mit zur x-Achse paralleler Tangente.

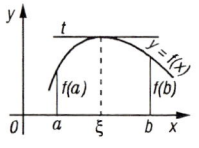

Satz von Rolle

Verallgemeinerter Mittelwertsatz der Differentialrechnung

Sind zwei Funktionen f und g im Intervall $[a, b]$ stetig und in (a, b) differenzierbar, so gibt es mindestens eine Zahl ξ mit $a < \xi < b$, so daß gilt:

$$\frac{f(b) - f(a)}{g(b) - g(a)} = \frac{f'(\xi)}{g'(\xi)} \qquad g'(\xi) \neq 0$$

11.4   Differentialgeometrie

Die *Differentialgeometrie* untersucht Kurven und Flächen mit Hilfe der Differentialrechnung. Jeder stetigen Funktion entspricht eine stetige Kurve. Jeder differenzierbaren Funktion entspricht eine *glatte Kurve*, d.h. eine Kurve ohne Unstetigkeiten, Ecken und Spitzen.

11.4.1   Ebene Kurven

11.4.1.1 Bogenelement einer Kurve, Differential der Bogenlänge

Bogenlänge und Kurve weisen positive Richtung entsprechend wachsenden x-, t- oder φ-Werten auf.

$$k:\ y = f(x) \qquad\qquad \mathrm{d}s = \sqrt{1 + y'^2}\ \mathrm{d}x$$

$$k:\ x = x(t), y = y(t) \qquad \mathrm{d}s = \sqrt{\dot{x}^2(t) + \dot{y}^2(t)}\ \mathrm{d}t$$

$$k:\ r = r(\varphi) \qquad\qquad \mathrm{d}s = \sqrt{r^2 + \left(\frac{\mathrm{d}r}{\mathrm{d}\varphi}\right)^2}\ \mathrm{d}\varphi = \sqrt{r^2 + r_\varphi^2}\ \mathrm{d}\varphi$$

$$k:\ \boldsymbol{r}(t) \qquad\qquad \mathrm{d}s = \left(\frac{\mathrm{d}\boldsymbol{r}}{\mathrm{d}t}\right)^2 \mathrm{d}t = \dot{\boldsymbol{r}}^2 \mathrm{d}t$$

11.4.1.2 Tangente und Normale

Positive Richtung der *Tangente* entspricht der positiven Richtung der Kurve. Die positive Richtung der *Normalen* ergibt sich durch Drehung der positiven Tangente um 90° im positiven Drehsinn (entgegen dem Uhrzeigersinn).

Für den Winkel α, den die positive Tangente mit der mathematisch positiven Richtung der x-Achse bildet, gilt:

$$\sin \alpha = \frac{\mathrm{d}y}{\mathrm{d}s} \qquad \cos \alpha = \frac{\mathrm{d}x}{\mathrm{d}s} \qquad \tan \alpha = \frac{\mathrm{d}y}{\mathrm{d}x}$$

Winkel β, den die positive Tangente mit der positiven Richtung des Leitstrahls bildet, errechnet sich aus:

$$\sin \beta = r\,\frac{\mathrm{d}\varphi}{\mathrm{d}s} \qquad \cos \beta = \frac{\mathrm{d}r}{\mathrm{d}s} \qquad \tan \beta = \frac{r}{\left(\dfrac{\mathrm{d}r}{\mathrm{d}\varphi}\right)}$$

Tangente im Punkt $P_0(x_0, y_0)$

$$k:\ y = f(x)$$

$$y - y_0 = y'(x_0)\,(x - x_0) \qquad m_\mathrm{t} = y'(x_0)$$

11

k: $F(x, y) = 0$

$\quad (x - x_0)\, F_x(x_0, y_0) + (y - y_0)\, F_y(x_0, y_0) = 0$

$\quad$ mit $F_x = \dfrac{\partial F}{\partial x}$, $F_y = \dfrac{\partial F}{\partial y}$

k: $x = x(t) \wedge y = y(t)$

$\quad (x - x_0)\, \dot{y} - (y - y_0)\, \dot{x} = 0$

k: $r(s)$ $\qquad t = \dfrac{\mathrm{d}r}{\mathrm{d}s}$

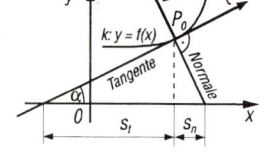

Tangente und Normale

Normale im Punkt $P_0(x_0, y_0)$

k: $y = f(x)$ $\qquad y - y_0 = -\dfrac{1}{y'(x_0)}\,(x - x_0)$ $\qquad m_n = -\dfrac{1}{m_t}$

k: $F(x, y) = 0$ $\qquad (x - x_0)\, F_y(x_0, y_0) - (y - y_0)\, F_x(x_0, y_0) = 0$ $\qquad F_x, F_y$ s.o.

k: $x = x(t) \wedge y = y(t)$ $\qquad (x - x_0)\, \dot{x} + (y - y_0)\, \dot{y} = 0$

k: $y = f(x)$

$\qquad$ *Tangentenlänge* $\qquad t = \left| \dfrac{y}{y'} \sqrt{1 + y'^2} \right|$

$\qquad$ *Normalenlänge* $\qquad n = \left| y \sqrt{1 + y'^2} \right|$

$\qquad$ *Subtangente* $\qquad s_t = \left| \dfrac{y}{y'} \right|$

$\qquad$ *Subnormale* $\qquad s_n = \left| yy' \right|$

k: $r = r(\varphi)$

$\qquad$ *(Polar-) Tangentenlänge*

$\qquad t = \left| \dfrac{r}{r_\varphi} \sqrt{r^2 + r_\varphi^2} \right|$ $\quad$ mit $r_\varphi = \dfrac{\mathrm{d}r}{\mathrm{d}\varphi}$

$\qquad$ *(Polar-) Normalenlänge*

$\qquad n = \left| \sqrt{r^2 + r_\varphi^2} \right|$

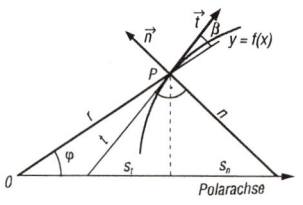

Tangente und Normale
(Polarkoordinaten)

$\qquad$ *(Polar-) Subtangente* $\quad s_t = \left| \dfrac{r^2}{r_\varphi} \right|$ $\qquad\qquad$ *(Polar-) Subnormale* $\quad s_n = \left| r_\varphi \right|$

11.4.1.3 Zwei Kurven

Berührung zweier Kurven

Die beiden Kurven $y = f(x)$ und $y = g(x)$ haben im Punkt $P_0(x_0, y_0)$ eine *Berührung n-ter Ordnung*, wenn

$$f(x_0) = g(x_0),\ f'(x_0) = g'(x_0),\ \ldots,\ f^{(n)}(x_0) = g^{(n)}(x_0).$$

Ist die Berührung genau von n-ter Ordnung, gilt $f^{(n+1)}(x_0) \neq g^{(n+1)}(x_0)$.

Bei geradem n durchdringen die Kurven einander im gemeinsamen Berührungspunkt, bei ungeradem n berühren sie einander, ohne sich zu schneiden.

Schnittwinkel zweier Kurven

Der *Schnittwinkel* σ der Kurven $y = f(x)$ und $y = g(x)$ ist der Winkel zwischen den Tangenten im Schnittpunkt x_s

$$\tan \sigma = \frac{f'(x_s) - g'(x_s)}{1 + f'(x_s) \cdot g'(x_s)}$$

11.4.1.4 Berechnung der Krümmung

Unter dem *Krümmungskreis* (Schmiegkreis) einer Kurve im Punkt P_0 versteht man den Kreis, der mit der Kurve in P_0 eine Berührung von mindestens zweiter Ordnung aufweist. Sein Radius ist der *Krümmungsradius* ρ. Sein Mittelpunkt (*Krümmungsmittelpunkt*) $M_k(\xi, \eta)$ liegt auf der Normalen im Kurvenpunkt.

Krümmungsradius

$$\rho = \frac{1}{|k|} = \lim_{\Delta\tau \to 0} \frac{\Delta s}{\Delta \tau} = \frac{ds}{d\tau}$$

Krümmung

$$k = \lim_{\Delta s \to 0} \frac{\alpha_2 - \alpha_1}{\Delta s} = \frac{d\tau}{ds}$$

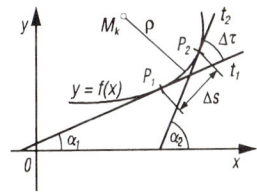

Konvexe Krümmung

τ *Kontingenzwinkel*

Punkte einer Kurve, in denen die Krümmung einen Extremwert hat, heißen **Scheitelpunkte** (Haupt- bzw. Nebenscheitel).

Die Kurve ist an der Stelle $P(x_0, y_0)$

- **konkav** (Rechtskrümmung), wenn die Krümmung $k < 0$, $y''(x_0) < 0$

- **konvex** (Linkskrümmung), wenn $k > 0$, $y''(x_0) > 0$.

Wendepunkt bei $k = 0$, $y''(x_0) = 0$, Wendepunkte siehe 10.4.6.

k: $y = f(x)$

$$\rho = \left| \frac{\left(1 + y'^2\right)^{3/2}}{y''} \right| \qquad k = \frac{y''}{\left(1 + y'^2\right)^{3/2}} \approx y'' \left(1 - \frac{3}{2} \left(y'\right)^2\right) \quad \text{für } |y'| < 1$$

$$\xi = x - \frac{y'\left(1 + y'^2\right)}{y''} = x - \rho \sin \alpha \qquad \eta = y + \frac{1 + y'^2}{y''} = y + \rho \sin \alpha$$

mit $y' = \tan \alpha$ und $\rho = 1/|k|$

k: $F(x, y) = 0$

$$m = \frac{F_x^2 + F_y^2}{F_{xx} F_y^2 - 2 F_{xy} F_x F_y + F_{yy} F_x^2}$$

$$\rho = m \sqrt{F_x^2 + F_y^2} \qquad\qquad k = \frac{1}{m \sqrt{F_x^2 + F_y^2}}$$

$$\xi = x - m F_x \qquad\qquad \eta = y - m F_y$$

mit $F_x = \dfrac{\partial F}{\partial x} \quad F_y = \dfrac{\partial F}{\partial y} \quad F_{xx} = \dfrac{\partial^2 F}{\partial x^2} \quad F_{xy} = \dfrac{\partial^2 F}{\partial x \partial y}$

k: $x = x(t) \wedge y = y(t)$

$$\rho = \left| \frac{\left(\dot{x}^2 + \dot{y}^2\right)^{3/2}}{\dot{x}\,\ddot{y} - \ddot{x}\,\dot{y}} \right| \qquad\qquad k = \frac{\dot{x}\,\ddot{y} - \ddot{x}\,\dot{y}}{\left(\dot{x}^2 + \dot{y}^2\right)^{3/2}}$$

$$\xi = x - \frac{\dot{y}\left(\dot{x}^2 + \dot{y}^2\right)}{\dot{x}\,\ddot{y} - \ddot{x}\,\dot{y}} \qquad\qquad \eta = y + \frac{\dot{x}\left(\dot{x}^2 + \dot{y}^2\right)}{\dot{x}\,\ddot{y} - \ddot{x}\,\dot{y}}$$

k: $r = r(\varphi)$ $\qquad\qquad$ mit $r_\varphi = \dfrac{\mathrm{d}r}{\mathrm{d}\varphi}, r_{\varphi\varphi} = \dfrac{\mathrm{d}^2 r}{\mathrm{d}\varphi^2}$

$$\rho = \left| \frac{\left(r^2 + r_\varphi^2\right)^{3/2}}{r^2 + 2 r_\varphi^2 - r\, r_{\varphi\varphi}} \right| \qquad\qquad k = \frac{r^2 + 2 r_\varphi^2 - r r_{\varphi\varphi}}{\left(r^2 + r_\varphi^2\right)^{3/2}}$$

$$\xi = r \cos \varphi - \frac{\left(r^2 + r_\varphi^2\right)\left(r \cos \varphi + r_\varphi \sin \varphi\right)}{r^2 + 2 r_\varphi^2 - r\, r_{\varphi\varphi}}$$

$$\eta = r \sin \varphi - \frac{\left(r^2 + r_\varphi^2\right)\left(r \sin \varphi - r_\varphi \cos \varphi\right)}{r^2 + 2 r_\varphi^2 - r\, r_{\varphi\varphi}}$$

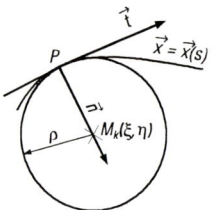

k: $x(s)$ $\qquad$ Parameter Bogenlänge s

$$k = |\dot{t}(s)| = |\ddot{x}(s)|$$

Krümmung für $x(s)$

Evolute

Die *Evolute* einer Kurve ist die Menge aller Krümmungsmittelpunkte. Die Gleichung der Evolute ergibt sich durch Elimination von x und y aus der Gleichung der Kurve und den Gleichungen für die Koordinaten ξ, η des Krümmungsmittelpunktes, wobei ξ, η dann die laufenden Koordinaten darstellen. Die Tangenten der Evolute sind gleichzeitig Normalen der gegebenen Kurve.

Der Unterschied zweier Krümmungsradien ist gleich der Länge des Evolutenbogens zwischen den zugehörigen Krümmungsmittelpunkten.

Evolutengleichungen der Kegelschnitte siehe 8.2.3.5, 8.2.4.5 und 8.2.5.5.

Evolvente

Bei Abwicklung der Evolutentangente von der Evolute beschreibt jeder Punkt der Tangente eine zur ursprünglichen Kurve parallele Kurve. Diese Schar paralleler Kurven, zu denen auch die ursprüngliche Kurve gehört, nennt man *Evolventen* der gegebenen Kurve. Jeder Krümmungsradius ist Normale zur Evolvente und Tangente an die Evolute.

Die Krümmungsradien der Evolute und Evolvente verhalten sich wie die zugehörigen Bogenelemente.

Kreisevolvente

Bei Abwicklung der Tangente von einem gegebenen Kreis beschreibt jeder Punkt der Tangente eine *Kreisevolvente*:

$$\begin{cases} x = a\,(\cos t + t \sin t) \\ y = a\,(\sin t - t \cos t) \end{cases}$$

a Radius des gegebenen Kreises
t Wälzwinkel

Kreisevolvente

in Polarkoordinaten $\{0;\ r,\ \varphi\}$

$$\varphi = \sqrt{\frac{r^2}{a^2} - 1} - \arctan\sqrt{\frac{r^2}{a^2} - 1} \quad \text{(Beginn der Abwicklung in } A\text{)}$$

11.4.1.5 Singuläre Punkte

Bedingungsgleichungen für einen singulären Punkt:

$$F(x, y) = 0 \ \wedge \ F_x = 0 \ \wedge \ F_y = 0$$

Doppelpunkt	$F_{xy}^2 > F_{xx}F_{yy}$
Rückkehrpunkt (*Spitze*)	$F_{xy}^2 = F_{xx}F_{yy}$
isolierter Punkt	$F_{xy}^2 < F_{xx}F_{yy}$

Doppelpunkte haben zwei reelle verschiedene Tangenten, Rückkehrpunkte haben eine gemeinsame Tangente, isolierte Punkte (*Einsiedlerpunkte*) haben keine reelle Tangente.

♦ Beispiele:

(1) Die Kurve $F(x, y) \equiv x^3 + y^3 - 3axy = 0$ ist auf singuläre Punkte zu untersuchen.

$F_x = 3x^2 - 3ay$ $F_y = 3y^2 - 3ax$

$F_{xy} = -3a$ $F_{xx} = 6x$ $F_{yy} = 6y$

$F_x = 0 \ \wedge \ F_y = 0$ ergibt $L = \{0, 0\}$ bzw. $P(0, 0)$

$F_{xy}^2 = 9a^2 > 0 \cdot 0$ Doppelpunkt $P(0, 0)$

Siehe Kartesisches Blatt, Abschnitt 10.7.1.

(2) Die Kurve $F(x, y) \equiv x^3 - y^2 (a - x) = 0$ ist auf singuläre Punkte zu untersuchen.

$F_x = 3x^2 + y^2$ $F_y = 2xy - 2ay$

$F_{xy} = 2y$ $F_{xx} = 6x$ $F_{yy} = 2x - 2a$

$F_x = 0 \ \wedge \ F_y = 0$ ergibt $L = \{0, 0\}$ bzw. $P(0, 0)$

$F_{xy}^2 = 0 \equiv F_{xx}F_{yy} = 0 \cdot (-2a)$ Rückkehrpunkt $P(0, 0)$

Siehe Zissoide, Abschnitt 10.7.1.   ♦

11.4.1.6 Asymptoten

Eine Kurve heißt *Grenzkurve*, wenn sie sich einer anderen Kurve immer weiter annähert, ohne daß eine kleinste Entfernung beider angegeben werden kann. Ist die Grenzkurve eine Gerade, heißt sie *Asymptote*.

Achsparallele Asymptoten an die Kurve k: $y = f(x)$

$$y = \lim_{x \to \infty} f(x) \ \text{ bzw. } \ x = \lim_{y \to \infty} x$$

Asymptoten beliebiger Richtung an die Kurve k: $y = f(x)$

$$y = mx + b \quad \text{mit} \ \ m = \lim_{x \to \infty} \frac{f(x)}{x} \qquad b = \lim_{x \to \infty} (f(x) - mx)$$

Asymptoten an die Kurve k: $x = x(t) \wedge y = y(t)$

Mit $\quad \lim\limits_{t \to t_i} x(t) \begin{cases} = \infty \\ = b \\ = \infty \end{cases}$ und $\lim\limits_{t \to t_i} y(t) \begin{cases} = a, \quad a \neq \infty: \ y = a \\ = \infty, \ b \neq \infty: \ x = b \\ = \infty, \ m = \lim\limits_{t \to t_i} \dfrac{y(t)}{x(t)} \\ b = \lim\limits_{t \to t_i} (y(t) - mx(t)) \end{cases}$

Gleichung der Asymptote: $y = mx + b$

Asymptoten bei Polarkoordinaten $\{0; \ r, \ \varphi\}$

Wenn $\lim\limits_{\varphi \to \alpha} r = \infty$ ist, wird durch α die Richtung der Asymptote bestimmt. Für

den Abstand der Asymptote vom Pol wird $p = \lim\limits_{\varphi \to \alpha} (r \sin (\alpha - \varphi))$.

11.4.1.7 Einhüllende Kurven (Enveloppe)

Eine einparametrische Kurvenschar der Gleichung $F(x, y, t) = 0$, worin t ein veränderlicher, von x und y unabhängiger Parameter ist, kann von einer Kurve eingehüllt werden. Die Gleichung dieser *Einhüllenden* ergibt sich durch

Elimination von t aus den Gleichungen $F(x, y, t) = 0 \ \wedge \ \dfrac{\partial F(x, y, t)}{\partial t} = 0$.

Die Tangente in einem Punkt der Hüllkurve ist gleichzeitig Tangente an eine Kurve der Kurvenschar.

11.4.2   Raumkurven

11

in kartesischen Koordinaten $\{0; \ e_x, \ e_y, \ e_z\}$ bzw. $\{0; \ x, y, z\}$

11.4.2.1 Darstellungen

als Schnitt zweier Flächen

$$F(x, y, z) = 0 \ \wedge \ G(x, y, z) = 0$$

durch *Projektion* der Kurve auf zwei Ebenen

$$y = y(x) \ \wedge \ z = z(x) \qquad (x, y)\text{- und } (x, z)\text{-Ebene}$$

in Parameterdarstellung, $s, t \in \mathbb{R}$

$$\begin{cases} x = x(t) \\ y = y(t) \\ z = z(t) \end{cases} \quad \text{bzw.} \quad \begin{cases} x = x(s) \\ y = y(s) \\ z = z(s) \end{cases}$$

Parameter $s = Bogenlänge$ vom Ausgangspunkt zum laufenden Punkt

$$s = \int\limits_{t_1}^{t_2} \sqrt{\dot{x}^2 + \dot{y}^2 + \dot{z}^2}\, dt$$

in Vektordarstellung:

$$\boldsymbol{r} = \boldsymbol{r}(t) = x(t)\, \boldsymbol{e}_x + y(t)\, \boldsymbol{e}_y + z(t)\, \boldsymbol{e}_z \qquad\qquad s, t \in \mathbb{R}$$
$$\boldsymbol{r} = \boldsymbol{r}(s) = x(s)\, \boldsymbol{e}_x + y(s)\, \boldsymbol{e}_y + z(s)\, \boldsymbol{e}_z$$

11.4.2.2 Bogenelement einer Raumkurve

in kartesischen Koordinaten

$$ds = \sqrt{dx^2 + dy^2 + dz^2}$$

$$ds = \sqrt{\dot{x}^2(t) + \dot{y}^2(t) + \dot{z}^2(t)}\ dt$$

$$ds = |\, d\boldsymbol{r}\,| = |\,\dot{\boldsymbol{r}}(t)\, dt\,| = \left|\, \frac{d\boldsymbol{r}(s)}{ds}\, ds \,\right|$$

in Zylinderkoordinaten

$$ds = \sqrt{(d\rho)^2 + \rho^2(d\varphi)^2 + (dz)^2}$$

in Kugelkoordinaten

$$ds = \sqrt{(dr)^2 + r^2(d\vartheta)^2 + r^2\sin^2\vartheta\ (d\varphi)^2}$$

11.4.2.3 Tangente und Normale

Die **Tangente T** in einem Punkt P_0 ist die Grenzlage der Sekante $\overline{P_0 P_1}$ für $P_1 \to P_0$.
Die *positive Richtung* der Tangente entspricht der positiven Richtung der Kurve (wachsende Werte der Variablen bzw. des Parameters).
Die *Schmiegebene S* in P_0 ist die Grenzlage einer Ebene durch die Tangente in P_0 und einen

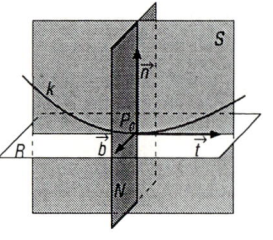

Kurvenpunkt P_1 für $P_1 \to P_0$. Sie enthält $T = \dot{\boldsymbol{r}}_0$ und $\ddot{\boldsymbol{r}}_0$, bzw. $\boldsymbol{t}$ und $\boldsymbol{n}$ (siehe unten).

Tangente und Normale bei
Raumkurven

Die *Normalebene N* ist die Ebene senkrecht zur Tangente im Berührungspunkt P_0. Sie enthält $\boldsymbol{n}$ und $\boldsymbol{b}$. Jede durch den Berührungspunkt gehende, in der Normalebene liegende Gerade heißt *Normale*. Die Normale, die gleichzeitig der Schmiegebene angehört, heißt *Hauptnormale N*.

Die Normale senkrecht zur Schmiegebene heißt *Binormale **B***.

Die Ebene, die durch ***t*** und ***b*** gebildet wird, heißt *rektifizierende Ebene R*.

Begleitendes Dreibein der Raumkurve ist das orthonormierte Tripel ***t***, ***n***, ***b*** (Rechtssystem) der Einheitsvektoren *Tangentenvektor **t***, *Hauptnormalenvektor **n*** und *Binormalenvektor **b***, wobei ***t*** ⊥ ***n*** und ***b*** = ***t*** × ***n***.

FRENET*sche Ableitungsformeln:* $\dfrac{d\mathbf{t}}{ds} = k\mathbf{n}$, $\dfrac{d\mathbf{n}}{ds} = -k\mathbf{t} + w\mathbf{b}$, $\dfrac{d\mathbf{b}}{ds} = -w\mathbf{b}$

k Krümmung, w Windung, Torsion

Richtungscosinus von Tangente, Hauptnormale und Binormale

von Tangente

$$\cos \alpha = \frac{dx}{ds} \qquad \cos \beta = \frac{dy}{ds} \qquad \cos \gamma = \frac{dz}{ds}$$

von Hauptnormale

$$\cos l = \rho \frac{d^2x}{ds^2} \qquad \cos m = \rho \frac{d^2y}{ds^2} \qquad \cos n = \rho \frac{d^2z}{ds^2}$$

von Binormale

$$\cos \lambda = \rho \left(\frac{dy}{ds} \cdot \frac{d^2z}{ds^2} - \frac{dz}{ds} \cdot \frac{d^2y}{ds^2} \right)$$

$$\cos \mu = \rho \left(\frac{dz}{ds} \cdot \frac{d^2x}{ds^2} - \frac{dx}{ds} \cdot \frac{d^2z}{ds^2} \right)$$

$$\cos v = \rho \left(\frac{dx}{ds} \cdot \frac{d^2y}{ds^2} - \frac{dy}{ds} \cdot \frac{d^2x}{ds^2} \right) \qquad \rho \text{ Krümmungsradius}$$

11

Beachtung: In den folgenden Formeln sind alle auftretenden Ableitungen im Punkt P_0 zu berechnen, z.B. $\dot{\mathbf{r}} \overset{\triangle}{=} \dot{\mathbf{r}}(t_0)$!

Tangente an die Raumkurve in $P_0(x_0, y_0, z_0)$

k: $F(x, y, z) = 0 \ \wedge \ G(x, y, z) = 0$

$$\frac{x - x_0}{F_y G_z - F_z G_y} = \frac{y - y_0}{F_z G_x - F_x G_z} = \frac{z - z_0}{F_x G_y - F_y G_x}$$

k: $x = x(t), y = y(t), z = z(t)$

$$\frac{x - x_0}{\dot{x}} = \frac{y - y_0}{\dot{y}} = \frac{z - z_0}{\dot{z}}$$

k: ***r*** = ***r***(t)

$$\mathbf{r} = \mathbf{r}_0 + \lambda \dot{\mathbf{r}} \qquad \lambda \in \mathbb{R}, \text{ mit Tangentenvektor (unnormiert) } \mathbf{T} = \dot{\mathbf{r}}$$

Normalebene in $P_0(x_0, y_0, z_0)$

k: $F(x, y, z) = 0 \ \wedge \ G(x, y, z) = 0$

$$\begin{vmatrix} x - x_0 & y - y_0 & z - z_0 \\ F_x & F_y & F_z \\ G_x & G_y & G_z \end{vmatrix} = 0$$

k: $x = x(t), y = y(t), z = z(t)$

$$\dot{x}\,(x - x_0) + \dot{y}\,(y - y_0) + \dot{z}\,(z - z_0) = 0$$

k: $\boldsymbol{r} = \boldsymbol{r}(t)$

$$(\boldsymbol{r} - \boldsymbol{r}_0)\,\dot{\boldsymbol{r}} = 0$$

Schmiegebene in $P_0(x_0, y_0, z_0)$

k: $x = x(t), y = y(t), z = z(t)$

$$\begin{vmatrix} x - x_0 & y - y_0 & z - z_0 \\ \dot{x} & \dot{y} & \dot{z} \\ \ddot{x} & \ddot{y} & \ddot{z} \end{vmatrix} = 0 \quad \text{bzw.} \quad \begin{aligned} & b_x\,(x - x_o) + b_y\,(y - y_0) \\ & \quad\quad\quad + b_z\,(z - z_0) = 0 \\ & b_x, b_y, b_z \ \text{siehe unten} \end{aligned}$$

k: $\boldsymbol{r} = \boldsymbol{r}(t)$

$$(\boldsymbol{r} - \boldsymbol{r}_0)\,\dot{\boldsymbol{r}}\,\ddot{\boldsymbol{r}} = 0$$

Binormale in $P_0(x_0, y_0, z_0)$

k: $x = x(t), y = y(t), z = z(t)$

$$\frac{x - x_0}{\dot{y}\,\ddot{z} - \dot{z}\,\ddot{y}} = \frac{y - y_0}{\dot{z}\,\ddot{x} - \dot{x}\,\ddot{z}} = \frac{z - z_0}{\dot{x}\,\ddot{y} - \dot{y}\,\ddot{x}} \quad \text{bzw.} \quad \frac{x - x_0}{b_x} = \frac{y - y_0}{b_y} = \frac{z - z_0}{b_z}$$

k: $\boldsymbol{r} = \boldsymbol{r}(t)$

$$\boldsymbol{r} = \boldsymbol{r}_0 + \lambda\,(\dot{\boldsymbol{r}} \times \ddot{\boldsymbol{r}}) \qquad\qquad\qquad\qquad \lambda \in \mathbb{R}$$

Binormalenvektor (unnormiert) $\boldsymbol{B} = \dot{\boldsymbol{r}} \times \ddot{\boldsymbol{r}} = b_x \boldsymbol{e}_x + b_y \boldsymbol{e}_y + b_z \boldsymbol{e}_z$

Hauptnormale in $P_0(x_0, y_0, z_0)$

k: $x = x(t), y = y(t), z = z(t)$ λ, μ, ν Richtungswinkel der Binormalen

$$\frac{x - x_0}{\begin{vmatrix} \dot{y} & \dot{z} \\ \cos \mu & \cos \nu \end{vmatrix}} = \frac{y - y_0}{\begin{vmatrix} \dot{z} & \dot{x} \\ \cos \nu & \cos \lambda \end{vmatrix}} = \frac{z - z_0}{\begin{vmatrix} \dot{x} & \dot{y} \\ \cos \lambda & \cos \mu \end{vmatrix}} = \frac{x - x_0}{n_x} = \dots$$

k: $r = r(t)$

$$r = r_0 + \lambda\,(\dot{r} \times \ddot{r}) \times \dot{r} = r_0 + \lambda(B \times \dot{r}) = r_0 + \lambda N \qquad\qquad \lambda \in \mathbb{R}$$

Hauptnormalenvektor (unnormiert)

$$N = B \times \dot{r} = (\dot{r} \times \ddot{r}) \times \dot{r} = n_x e_x + n_y e_y + n_z e_z$$

Tangentialebene in $P_0(x_0, y_0, z_0)$

Fläche: $F(x, y, z) = 0$

$$F_x\,(x - x_0) + F_y\,(y - y_0) + F_z\,(z - z_0) = 0$$

Fläche: $z = f(x, y)$

$$f_x(x_0, y_0) \cdot (x - x_0) + f_y(x_0, y_0) \cdot (y - y_0) - (z - z_0) = 0$$

Fläche: $x = x(u, v), y = y(u, v), z = z(u, v)$

$$\begin{vmatrix} x - x_0 & y - y_0 & z - z_0 \\ \dfrac{\partial x}{\partial u} & \dfrac{\partial y}{\partial u} & \dfrac{\partial z}{\partial u} \\ \dfrac{\partial x}{\partial v} & \dfrac{\partial y}{\partial v} & \dfrac{\partial z}{\partial v} \end{vmatrix} = 0$$

Fläche: $r = r(u, v)$

$$(r - r_0)\,N(P_0) = (r - r_0)\,(r_u \times r_v) = 0$$

Vektor der Flächennormalen (unnormiert): $N = r_u \times r_v$

Einheitsvektor der Flächennormalen: $n = (r_u \times r_v) / |\,r_u \times r_v\,|$

Flächennormale in $P_0(x_0, y_0, z_0)$

Fläche: $F(x, y, z) = 0$

$$\frac{x - x_0}{F_x(x_0, y_0)} = \frac{y - y_0}{F_y(x_0, y_0)} = \frac{z - z_0}{F_z(x_0, y_0)}$$

Vektor der Flächennormalen (unnormiert): $N = F_x e_x + F_y e_y + F_z e_z$

Fläche: $z = f(x, y)$

$$\frac{x - x_0}{f_x(x_0, y_0)} = \frac{y - y_0}{f_y(x_0, y_0)} = z_0 - z$$

Vektor der Flächennormalen (unnormiert): $N = f_x e_x + f_y e_y - e_z$

Fläche: $x = x(u, v)$, $y = y(u, v)$, $z = z(u, v)$

$$\frac{x - x_0}{\dfrac{\partial y}{\partial u}\dfrac{\partial z}{\partial v} - \dfrac{\partial z}{\partial u}\dfrac{\partial y}{\partial v}} = \frac{y - y_0}{\dfrac{\partial z}{\partial u}\dfrac{\partial x}{\partial v} - \dfrac{\partial x}{\partial u}\dfrac{\partial z}{\partial v}} = \frac{z - z_0}{\dfrac{\partial x}{\partial u}\dfrac{\partial y}{\partial v} - \dfrac{\partial y}{\partial u}\dfrac{\partial x}{\partial v}}$$

Fläche: $\mathbf{r} = \mathbf{r}(u, v)$

$$\mathbf{r} = \mathbf{r}_0 + \lambda \mathbf{n} \qquad \mathbf{n} \text{ Normalenvektor, siehe oben, } \lambda \in \mathbb{R}$$

Rektifizierende Ebene mit P_0 als Berührungspunkt der Tangente

k: $x = x(t)$, $y = y(t)$, $z = z(t)$, P: $P_0(x_0, y_0, z_0)$

$$\begin{vmatrix} x - x_0 & y - y_0 & z - z_0 \\ \dot{x} & \dot{y} & \dot{z} \\ \cos \lambda & \cos \mu & \cos \nu \end{vmatrix} = 0$$

λ, μ, ν Richtungswinkel der Binormalen

k: $\mathbf{r} = \mathbf{r}(t)$

$$(\mathbf{r} - \mathbf{r}_0)\frac{\mathrm{d}\mathbf{r}}{\mathrm{d}t}\left(\frac{\mathrm{d}\mathbf{r}}{\mathrm{d}t} \times \frac{\mathrm{d}^2\mathbf{r}}{\mathrm{d}t^2}\right) = (\mathbf{r} - \mathbf{r}_0)\,\dot{\mathbf{r}}\,(\dot{\mathbf{r}} \times \ddot{\mathbf{r}}) = 0$$

11.4.2.4 Berechnung der Krümmung

Der *Krümmungskreis* einer Raumkurve im Punkt P_0 ist die Grenzlage eines Kreises durch die Kurvenpunkte P_1, P_0, P_2 für $P_1 \to P_0$ und $P_2 \to P_0$. Sein Mittelpunkt (*Krümmungsmittelpunkt*) liegt auf der Hauptnormalen. Sein Radius ist der *Krümmungsradius ρ*.

Der reziproke Wert von ρ heißt *Krümmung*: $k = \dfrac{1}{\rho} > 0$

$$\frac{1}{\rho} = k := \lim_{\Delta s \to 0} \frac{\Delta \tau}{\Delta s} = \frac{\mathrm{d}\tau}{\mathrm{d}s} \qquad \text{bzw.} \quad \rho := \lim_{\Delta \tau \to 0} \frac{\Delta s}{\Delta \tau} = \frac{\mathrm{d}s}{\mathrm{d}\tau}$$

$\Delta \tau$ ist der Winkel, um den sich die Tangente dreht, wenn die Berührungspunkte um Δs auseinanderliegen. τ heißt *Kontingenzwinkel*.

k: $x = x(s)$, $y = y(s)$, $z = z(s)$

$$k = \sqrt{\left(\frac{\mathrm{d}x}{\mathrm{d}s}\right)^2 + \left(\frac{\mathrm{d}y}{\mathrm{d}s}\right)^2 + \left(\frac{\mathrm{d}z}{\mathrm{d}s}\right)^2}$$

k: $\boldsymbol{r} = \boldsymbol{r}(t) = x(t)\ \boldsymbol{e}_x + y(t)\ \boldsymbol{e}_y + z(t)\ \boldsymbol{e}_z$

$$k^2 = \frac{\dot{\boldsymbol{r}}^2 \ddot{\boldsymbol{r}}^2 - (\dot{\boldsymbol{r}}\,\ddot{\boldsymbol{r}})^2}{(\dot{\boldsymbol{r}}^2)^3} = \frac{(\dot{x}^2 + \dot{y}^2 + \dot{z}^2)\,(\ddot{x}^2 + \ddot{y}^2 + \ddot{z}^2) - (\dot{x}\,\ddot{x} + \dot{y}\,\ddot{y} + \dot{z}\,\ddot{z})^2}{(\dot{x}^2 + \dot{y}^2 + \dot{z}^2)^3}$$

$$k = \frac{|\dot{\boldsymbol{r}} \times \ddot{\boldsymbol{r}}|}{|\dot{\boldsymbol{r}}|^3}$$

k: $\boldsymbol{r} = \boldsymbol{r}(s) = x(s)\ \boldsymbol{e}_x + y(s)\ \boldsymbol{e}_y + z(s)\ \boldsymbol{e}_z$

$$k = \left|\frac{\mathrm{d}^2 \boldsymbol{r}}{\mathrm{d}s^2}\right| = \sqrt{\left(\frac{\mathrm{d}^2 x}{\mathrm{d}s^2}\right)^2 + \left(\frac{\mathrm{d}^2 y}{\mathrm{d}s^2}\right)^2 + \left(\frac{\mathrm{d}^2 z}{\mathrm{d}s^2}\right)^2}$$

Koordinaten des Krümmungsmittelpunktes

$$\xi = x + \rho^2\,\frac{\mathrm{d}^2 x}{\mathrm{d}s^2} \qquad \eta = y + \rho^2\,\frac{\mathrm{d}^2 y}{\mathrm{d}s^2} \qquad \zeta = z + \rho^2\,\frac{\mathrm{d}^2 z}{\mathrm{d}s^2}$$

11.4.2.5 Windung (Torsion)

$$w = \frac{1}{\tau} = \lim_{\Delta s \to 0}\ \frac{\Delta \varepsilon}{\Delta s} = \frac{\mathrm{d}\varepsilon}{\mathrm{d}s}$$

Δs Bogenstück zwischen benachbarten Kurvenpunkten P_1 und P_2

$\Delta \varepsilon$ Winkel zwischen den Binormalen in P_1 und P_2

τ *Torsionsradius*

ε *Torsionswinkel*

Die *Torsion w* ist *positiv* oder *negativ*, je nachdem, ob die Kurve *rechtsgewunden* (Windungssinn entgegen Uhrzeigersinn) oder *linksgewunden* (Windungssinn im Uhrzeigersinn) ist.

11

- $w \equiv 0$ ebene Kurve
- $w \neq 0$ windschiefe (doppelt gekrümmte) Kurve

k: $\boldsymbol{r} = \boldsymbol{r}(s) = x(s)\ \boldsymbol{e}_x + y(s)\ \boldsymbol{e}_y + z(s)\ \boldsymbol{e}_z$

$$w = \rho^2 \left[\frac{\mathrm{d}\boldsymbol{r}}{\mathrm{d}s}, \frac{\mathrm{d}^2\boldsymbol{r}}{\mathrm{d}s^2}, \frac{\mathrm{d}^3\boldsymbol{r}}{\mathrm{d}s^3}\right] = \frac{\begin{vmatrix} x' & y' & z' \\ x'' & y'' & z'' \\ x''' & y''' & z''' \end{vmatrix}}{x''^2 + y''^2 + z''^2}$$

mit $x' = \dfrac{\mathrm{d}x}{\mathrm{d}s}$ $x'' = \dfrac{\mathrm{d}^2 x}{\mathrm{d}s^2}$ $x''' = \dfrac{\mathrm{d}^3 x}{\mathrm{d}s^3}$ ρ Krümmungsradius

$$k: \quad \boldsymbol{r} = \boldsymbol{r}(t) = x(t)\,\boldsymbol{e}_x + y(t)\,\boldsymbol{e}_y + z(t)\,\boldsymbol{e}_z$$

$$w = \rho^2 \frac{\left[\dfrac{d\boldsymbol{r}}{dt}, \dfrac{d^2\boldsymbol{r}}{dt^2}, \dfrac{d^3\boldsymbol{r}}{dt^3}\right]}{\left(\left(\dfrac{d\boldsymbol{r}}{dt}\right)^2\right)^3} = \rho^2 \frac{\begin{vmatrix} \dot{x} & \dot{y} & \dot{z} \\ \ddot{x} & \ddot{y} & \ddot{z} \\ \dddot{x} & \dddot{y} & \dddot{z} \end{vmatrix}}{(\dot{x}^2 + \dot{y}^2 + \dot{z}^2)^3} = \frac{[\dot{\boldsymbol{r}}, \ddot{\boldsymbol{r}}, \dddot{\boldsymbol{r}}]}{|\dot{\boldsymbol{r}} \times \ddot{\boldsymbol{r}}|^2}$$

♦ Beispiel:

Für die gewöhnliche *Schraubenlinie* sind Krümmung und Windung zu berechnen,

$$\left\{ (x, y, z) \ \middle| \ x = r\cos t, \ y = r\sin t, \ z = \frac{h}{2\pi}\,t;\ h, t \in \mathbb{R} \right\}, \ h \text{ Steigung}$$

$$k^2 = \frac{(\dot{x}^2 + \dot{y}^2 + \dot{z}^2)(\ddot{x}^2 + \ddot{y}^2 + \ddot{z}^2) - (\dot{x}\,\ddot{x} + \dot{y}\,\ddot{y} + \dot{z}\,\ddot{z})^2}{(\dot{x}^2 + \dot{y}^2 + \dot{z}^2)^3}$$

$$= \frac{\left(r^2\sin^2 t + r^2\cos^2 t + \dfrac{h^2}{4\pi^2}\right)(r^2\cos^2 t + r^2\sin^2 t)}{\left(r^2\sin^2 t + r^2\cos^2 t + \dfrac{h^2}{4\pi^2}\right)^3}$$

$$- \frac{(r^2\sin t\cos t - r^2\sin t\cos t)^2}{\left(r^2\sin^2 t + r^2\cos^2 t + \dfrac{h^2}{4\pi^2}\right)^3} = \frac{r^2}{\left(r^2 + \dfrac{h^2}{4\pi^2}\right)^2}$$

$$k = \frac{r}{r^2 + \dfrac{h^2}{4\pi^2}}$$

$$w = \rho^2 \frac{\begin{vmatrix} \dot{x} & \dot{y} & \dot{z} \\ \ddot{x} & \ddot{y} & \ddot{z} \\ \dddot{x} & \dddot{y} & \dddot{z} \end{vmatrix}}{(\dot{x}^2 + \dot{y}^2 + \dot{z}^2)^3} = \frac{\left(r^2 + \dfrac{h^2}{4\pi^2}\right)^2}{r^2\left(r^2 + \dfrac{h^2}{4\pi^2}\right)^3} \cdot \begin{vmatrix} -r\sin t & r\cos t & \dfrac{h}{2\pi} \\ -r\cos t & -r\sin t & 0 \\ r\sin t & -r\cos t & 0 \end{vmatrix}$$

$$= \frac{1}{r^2\left(r^2 + \dfrac{h^2}{4\pi^2}\right)} \cdot \frac{hr^2}{2\pi} = \frac{\dfrac{h}{2\pi}}{r^2 + \dfrac{h^2}{4\pi^2}}$$

♦

11.4.3 Krumme Flächen

Darstellungen

implizite Darstellung	$F(x, y, z) = 0$
explizit Darstellung	$z = f(x, y)$

Parameterdarstellung
$$\begin{cases} x = x(u, v) \\ y = y(u, v) \\ z = z(u, v) \end{cases} \quad u, v \in \mathbb{R},\ u, v \text{ unabhängige Parameter}$$

Vektordarstellung
$$\boldsymbol{r} = \boldsymbol{r}(u, v) = x(u, v)\, \boldsymbol{e}_x + y(u, v)\, \boldsymbol{e}_y + z(u, v)\, \boldsymbol{e}_z$$
$$= (x(u, v), y(u, v), z(u, v))^T$$

$\boldsymbol{r}$ Radiusvektor $\overrightarrow{OP}$, stetig, partiell differenzierbar

Die Parameter u, v werden als *krummlinige Koordinaten* des Flächenpunktes $P(x, y, z)$ auf der Fläche A bezeichnet.

Für $u = $ konst. und veränderliches v bzw. umgekehrt ergeben sich Raumkurven, deren Schar v- bzw. u-Linien heißen:

Breitenkreise $u = $ konst.
Meridiane $v = $ konst.

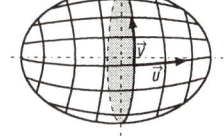

Krummlinige Koordinaten

Beide Scharen bilden ein Netz krummliniger Koordinatenlinien.

♦ Beispiele:

(1) Schraubenfläche (Wendelfläche)
$$\boldsymbol{r} = (x, y, z)^T = u \cos v\, \boldsymbol{e}_x + u \sin v\, \boldsymbol{e}_y + cv\, \boldsymbol{e}_z$$

(2) Halbkugel über der (x, y)-Ebene:
$$\boldsymbol{r} = (x, y, z)^T = u \cos v\, \boldsymbol{e}_x + u \sin v\, \boldsymbol{e}_y + \sqrt{a^2 - u^2}\, \boldsymbol{e}_z \quad 0 \le u \le a, 0 \le v \le 2\pi \ ♦$$

11

Umdrehungsflächen, Drehachse z (siehe auch 8.3)
u Abstand des Punktes P von z
u-Linien: Meridiankurven
v geographische Länge
v-Linien: Breitenkreise senkrecht auf z

$$\boldsymbol{r} = u \cos v\, \boldsymbol{e}_x + u \sin v\, \boldsymbol{e}_y + f(u)\, \boldsymbol{e}_z$$

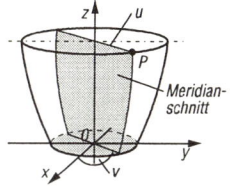

Meridianschnitt

Kurve auf einer Fläche $x = x(u, v)$
Koordinaten von $P(u, v)$ auf $x = x(u, v)$ sind voneinander abhängig: $\varphi(u, v) = 0$

Umdrehungsfläche

oder in Parameterdarstellung

$$r = r(u, v) = r\left(u(t), v(t)\right) = R(t)$$

vektorielle Funktion von t, Raumkurve C

Tangentenstück dr, paralleler Vektor zur Kurventangente in P

$$\mathrm{d}r = R'(t)\,\mathrm{d}t = \left(\frac{\partial r}{\partial u}\,u'(t) + \frac{\partial r}{\partial v}\,v'(t)\right)\mathrm{d}t$$

$$= \frac{\partial r}{\partial u}\,\mathrm{d}u + \frac{\partial r}{\partial v}\,\mathrm{d}v = r_u\,\mathrm{d}u + r_v\,\mathrm{d}v$$

Berührungsebene

Mit dr für die (u, v)-Linien ist die Berührungsebene festgelegt:

$$\mathrm{d}_u r = r_u\,\mathrm{d}u$$
$$\mathrm{d}_v r = r_v\,\mathrm{d}v$$
$$\mathrm{d}r = \mathrm{d}_u r + \mathrm{d}_v r$$

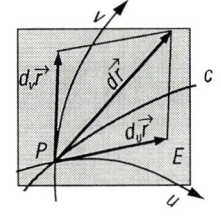

in HESSEscher Normalform

$$(R - r)\,n = 0$$

$$n = (r_u \times r_v)^0 = \frac{r_u \times r_v}{\left|r_u \times r_v\right|} = \frac{r_u \times r_v}{\sqrt{EG - F^2}}$$

Berührungsebene

n Vektor der Flächennormalen
E, G, F siehe unten

Linienelement der Fläche an der Stelle (u, v)

$$\left|\,\mathrm{d}r\,\right| = \mathrm{d}s$$

Quadratische Differentialform

$$\mathrm{d}s^2 = \mathrm{d}r^2 = (r_u\,\mathrm{d}u + r_v\,\mathrm{d}v)^2 = r_u^2\,\mathrm{d}u^2 + 2r_u r_v\,\mathrm{d}u\mathrm{d}v + r_v^2\,\mathrm{d}v^2$$

mit den GAUSSschen *Fundamentalgrößen*

$$r_u^2 = \left(\frac{\partial r}{\partial u}\right)^2 = \left(\frac{\partial x}{\partial u}\right)^2 + \left(\frac{\partial y}{\partial u}\right)^2 + \left(\frac{\partial z}{\partial u}\right)^2 = E$$

$$r_v^2 = \left(\frac{\partial r}{\partial v}\right)^2 = \left(\frac{\partial x}{\partial v}\right)^2 + \left(\frac{\partial y}{\partial v}\right)^2 + \left(\frac{\partial z}{\partial v}\right)^2 = G$$

$$r_u r_v = \left(\frac{\partial r}{\partial u} \cdot \frac{\partial r}{\partial v}\right) = \frac{\partial x}{\partial u} \cdot \frac{\partial x}{\partial v} + \frac{\partial y}{\partial u} \cdot \frac{\partial y}{\partial v} + \frac{\partial z}{\partial u} \cdot \frac{\partial z}{\partial v} = F$$

Koordinatenwinkel $\alpha\,(u, v)$ $0 < \alpha < \pi$

Ein orthogonales Koordinatennetz (u, v) liegt vor für

$$r_u r_v = \left| r_u \right| \, \left| r_v \right| \cos\alpha = \sqrt{r_u^2 r_v^2} \, \cos\alpha = 0$$

Oberflächenelement

Das *Oberflächenelement* ist der Flächeninhalt des Parallelogramms aus $d_u r$ und $d_v r$ (siehe Bild zu Berührungsebene):

$$dO = d_u r \times d_v r = (r_u \times r_v)\,dudv = \left| r_u \right| \, \left| r_v \right| \sin\sphericalangle\,(r_u r_v)\,dudv$$

$$= \sqrt{EG}\,\sin\alpha\,dudv = \sqrt{EG - F^2}\,dudv$$

Glattes Flächenstück

Ein glattes *Flächenstück* liegt vor, wenn $x_i(u, v)$ hinreichend oft partiell differenzierbar ist und der Rang r $(x_i(u, v)) = 2$ ist: r $\begin{pmatrix} \dfrac{\partial x}{\partial u} & \dfrac{\partial y}{\partial u} & \dfrac{\partial z}{\partial u} \\[2mm] \dfrac{\partial x}{\partial v} & \dfrac{\partial y}{\partial v} & \dfrac{\partial z}{\partial v} \end{pmatrix} = 2$

Singuläre Flächenpunkte

Ist $P_0(x_0, y_0, z_0)$ singulärer Punkt der Fläche $f(x, y, z) = 0$, erfüllen seine Koordinaten die Gleichungen:

$$f_x = 0 \qquad f_y = 0 \qquad f_z = 0.$$

11

Während Tangenten durch einen gewöhnlichen Flächenpunkt in der Tangentialebene liegen, bilden die Tangenten durch einen singulären Punkt einen *Kegel zweiter Ordnung.*

12 Integralrechnung

12.1 Allgemeines

Integration ist die Umkehrung der Differentiation.

F heißt *Stammfunktion* von f, falls $F'(x) = f(x)$.
F und f sind auf demselben Intervall I definierte reelle Funktionen.

F heißt **unbestimmtes Integral** (Definition nach DIN 1302), wenn

$$\int\limits_{x_1}^{x_2} f(x)\,dx = F(x_2) - F(x_1) \qquad \text{für alle } x_1, x_2 \in I \text{ mit } x_1 < x_2$$

Wenn f stetig ist, stimmen Stammfunktion und unbestimmtes Integral überein.
Das unbestimmte Integral ist eine Funktion (*Integralfunktion*)

$$F(x) := \int\limits_{c}^{x} f(\xi)\,d\xi \qquad c \in [a, b]$$

Sie beschreibt die Fläche zwischen der Kurve $f(\xi)$ und der Abszissenachse, wobei ξ zwischen der festen unteren Grenze c und der variablen oberen Grenze x variiert und heißt daher auch *Flächenfunktion*.

$$\int f(x)\,dx = F(x) + C \qquad C \in \mathbb{R}$$

Deutung: Das unbestimmte Integral ist die Menge aller Stammfunktionen, *allgemeine Lösung,* wobei C alle reellen Werte durchläuft.

$F(x)$ *Stammfunktion* zu $f(x)$
$f(x)$ *Integrand* (-funktion)
x *Integrationsvariable*
C *Integrationskonstante,* $C \in \mathbb{R}$
I, I_x *Stetigkeitsbereich, Integrationsbereich*
dx Integrationsdifferential
$\int$ *Integralzeichen*

Ist $F(x)$ Stammfunktion von $f(x)$, ist es auch $F(x) + C$.

12.1.1 Bestimmtes Integral (Riemannsches Integral)

Ist $f(x)$ eine im endlichen Intervall $I = [a, b]$ stetige Funktion mit im Intervall nichtnegativen Funktionswerten, so ist das *bestimmte Integral* das Flächenstück zwischen dem Graphen der Funktion, der x-Achse und den Geraden

$x_1 = a$ und $x_{n+1} = b$. Das heißt, das bestimmte Integral ist eine Zahl.

Man schreibt für das *bestimmte Integral* im Intervall $[a, b]$ als

Hauptsatz der Differential- und Integralrechnung

$$I(f; a, b) = \int_a^b f(x)\, dx = F(x)\Big|_a^b = \Big[F(x)\Big]_a^b = F(b) - F(a)$$

mit a untere, b obere *Integrationsgrenze*, $a < b$ (siehe auch Bild unten).

Auch übliche Schreibweise, besonders bei mehrdimensionalen Integrationsbereichen und Kurvenintegralen,

$$\int_I f(x)\, dx \qquad I \; \textit{Integrationsbereich}$$

♦ Beispiel:

$$\int_1^3 (2x + 3x^2)\, dx = (x^2 + x^3)\Big|_1^3 = (9 + 27) - (1 + 1) = 34 \qquad ♦$$

Bestimmtes Integral als Grenzwert

Eine Funktion f heißt genau in $[a, b]$ *integrierbar*, wenn der Grenzwert $\lim\limits_{n \to \infty} I_n$ mit einer beliebigen Stelle ξ_i im Teilintervall (Zerlegung ist die Menge $\{x_1, ..., x_{n+1}\}$ der Teilungspunkte) existiert und für jede Folge beliebig fein werdender Zerlegungen, d.h. Vergrößerung der Streifenzahl n, von $[a, b]$ den gleichen Wert hat.

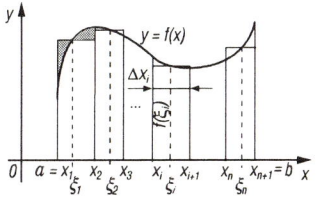

Bestimmtes Integral als Grenzwert

12

Der Grenzwert I_n heißt bestimmtes Integral der Funktion f im Intervall $[a, b]$ (Die Zwischensumme heißt RIEMANN*sche Summe*):

$$I_n = \lim_{\substack{n \to \infty \\ \Delta x_i \to 0}} \sum_{i=1}^n f(\xi_i)\, \Delta x_i =: \int_a^b f(x)\, dx \qquad \begin{aligned} &\Delta x_i = x_{i+1} - x_i > 0 \\ &\xi_i \in \big[x_i, x_{i+1}\big], i = 1, ..., n \end{aligned}$$

und mit $dF(x_i) = f(x_i)\, dx_i = F'(x_i)\, dx_i$

$$I_n = \lim_{\substack{n \to \infty \\ dx_i \to 0}} \sum_{i=1}^n dF(x_i) = \int_a^b dF(x)$$

Eine Funktion ist im Integrationsintervall $[a, b]$ integrierbar, wenn

• sie beschränkt in $[a, b]$ mit nur endlich vielen Unstetigkeitsstellen,
• stetig in $[a, b]$ und
• monoton ist.

Monotonie des Integrals

f und g seien auf $[a, b]$ integrierbar. Ist für alle $x \in [a, b]$

$$f(x) \leq g(x), \text{ dann ist } \int_a^b f(x)\,\mathrm{d}x \leq \int_a^b g(x)\,\mathrm{d}x$$

speziell: $f(x) \leq M \ (\geq m), x \in [a, b] \rightarrow \int_a^b f(x)\,\mathrm{d}x \leq M\,(b-a)\,(\geq m\,(b-a))$

12.1.2 Mittelwertsätze

Erster Mittelwertsatz der Integralrechnung

Ist f eine in $[a, b]$ stetige Funktion, so existiert im Intervall mindestens ein Wert ξ, für den gilt:

$$\int_a^b f(x)\,\mathrm{d}x = (b - a)\,f(\xi)$$

$f(\xi)$ heißt *Integralmittelwert, arithmetisches Mittel, linearer Mittelwert* von f in $[a, b]$:

$$\bar{y} = f(\xi) = \frac{1}{b-a} \int_a^b f(x)\,\mathrm{d}x$$

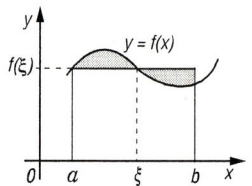

Erster Mittelwertsatz

Quadratisches Mittel

$$\bar{y}_q = \sqrt{\frac{1}{b-a} \int_a^b (f(x))^2\,\mathrm{d}x}$$

Stets gilt $\bar{y}_q > \bar{y}$.

Erweiterter erster Mittelwertsatz der Integralrechnung

Sind f und g im Intervall $[a, b]$ stetig und behält $g(x)$ im Intervall das Vorzeichen bei, so gilt

$$\int_a^b f(x)\,g(x)\,\mathrm{d}x = f(\xi) \int_a^b g(x)\,\mathrm{d}x \qquad a < \xi < b, \ \xi \in \mathbb{R}$$

Zweiter Mittelwertsatz der Integralrechnung

Sind f monoton und beschränkt und g integrierbar in $[a, b]$, so gilt:

$$\int_a^b f(x)\, g(x)\, \mathrm{d}x = f(a) \int_a^\xi g(x)\, \mathrm{d}x + f(b) \int_\xi^b g(x)\, \mathrm{d}x \qquad a < \xi < b,\ \xi \in \mathbb{R}$$

12.1.3 Uneigentliche Integrale

Uneigentliche Integrale sind
Integrale mit unbeschränktem Integrationsbereich $[a, b]$ und/oder
Integrale mit unbeschränktem Integranden im Integrationsbereich.

Integrale mit unbeschränktem Integrationsbereich

$$\int_a^{+\infty} f(x)\, \mathrm{d}x = \lim_{b \to +\infty} \int_a^b f(x)\, \mathrm{d}x \qquad \int_{-\infty}^b f(x)\, \mathrm{d}x = \lim_{a \to -\infty} \int_a^b f(x)\, \mathrm{d}x$$

$$(*) \qquad \int_{-\infty}^{\infty} f(x)\, \mathrm{d}x = \lim_{a \to -\infty} \int_a^c f(x)\, \mathrm{d}x + \lim_{b \to \infty} \int_c^b f(x)\, \mathrm{d}x \qquad\qquad (2.\ \text{Art})$$

Integrale mit unbeschränktem Integranden im Integrationsbereich

$$\int_a^b f(x)\, \mathrm{d}x = \lim_{\varepsilon \to 0} \int_a^{b-\varepsilon} f(x)\, \mathrm{d}x \qquad \text{für } \lim_{x \to b} f(x) = \pm\infty \qquad (1.\ \text{Art})$$

$$\int_a^b f(x)\, \mathrm{d}x = \lim_{\varepsilon \to 0} \int_{a+\varepsilon}^b f(x)\, \mathrm{d}x \qquad \text{für } \lim_{x \to a} f(x) = \pm\infty$$

Existieren diese Grenzwerte, so werden sie als Wert des uneigentlichen Integrals gesetzt.

12

Cauchyscher Hauptwert

Während in (*) die Grenzwerte für $a \to \infty$ und $b \to \infty$ getrennt voneinander gebildet werden, läßt man nun beide gleichmäßig gegen ∞ streben.

Existiert folgender Grenzwert, heißt er CAUCHY*scher Hauptwert:*

$$\lim_{\varepsilon \to 0} \left(\int_a^{c-\varepsilon} f(x)\, \mathrm{d}x + \int_{c+\varepsilon}^b f(x)\, \mathrm{d}x \right)$$

oder v.p. (valeur principale) des uneigentlichen Integrals $\int_a^b f(x)\, \mathrm{d}x$.

♦   Beispiele:

(1) $\displaystyle\int_0^1 \frac{dx}{x^n} = \lim_{\varepsilon \to 0} \int_\varepsilon^1 \frac{dx}{x^n} = \lim_{\varepsilon \to 0} \frac{x^{1-n}}{1-n}\Big|_\varepsilon^1 = \frac{1}{1-n}\left(1 - \lim_{\varepsilon \to 0} \varepsilon^{1-n}\right) = \frac{1}{1-n}$ $n < 1$

da $\displaystyle\lim_{\varepsilon \to 0} \varepsilon^{1-n} = 0$ für $n < 1$, bestimmte Divergenz für $n > 1$

(2) $\displaystyle\int_1^\infty \frac{dx}{x^n} = \lim_{b \to \infty} \int_1^b \frac{dx}{x^n} = \lim_{b \to \infty} \frac{x^{1-n}}{1-n}\Big|_1^b = \lim_{b \to \infty} \frac{\frac{1}{b^{n-1}} - 1}{1-n} = \frac{1}{n-1}$ $n > 1$

Der Grenzwert für $n > 1$ existiert, bestimmte Divergenz für $n \le 1$.

(3) $\displaystyle\int_0^1 \frac{dx}{x} = \lim_{\varepsilon \to 0} \int_\varepsilon^1 \frac{dx}{x} = \lim_{\varepsilon \to 0}\ (\ln 1 - \ln \varepsilon)$ existiert nicht, da $\ln 0$ nicht existiert.

(4) $\displaystyle\int_0^3 \frac{dx}{x-1}$ ist nicht definiert wegen nicht hebbarer Definitionslücke bei $x = 1$.

CAUCHYscher Hauptwert

$$\lim_{\varepsilon \to 0}\left(\int_0^{1-\varepsilon} \frac{dx}{x-1} + \int_{1+\varepsilon}^3 \frac{dx}{x-1}\right) = \lim_{\varepsilon \to 0}\left(\ln|x-1|\Big|_0^{1-\varepsilon} + \ln|x-1|\Big|_{1+\varepsilon}^3\right) = \ln 2 \quad ♦$$

12.2   Grundintegrale, Stammintegrale

(1) $\displaystyle\int x^n\, dx = \frac{x^{n+1}}{n+1} + C$ $n \in \mathbb{Z}, n \ne -1$

für $n < -1$ gilt zusätzlich $x \ne 0$

(2) $\displaystyle\int x^a\, dx = \frac{x^{a+1}}{a+1} + C$ $a \in \mathbb{R}, a \ne -1, x > 0$

(3) $\displaystyle\int \frac{dx}{x} = \ln|x| + C$ $x \ne 0$

(4) $\displaystyle\int e^x\, dx = e^x + C$

(5) $\displaystyle\int a^x\, dx = \frac{a^x}{\ln a} + C$ $a \in \mathbb{R}^+, a \ne 1$

(6) $\displaystyle\int \sin x\, dx = -\cos x + C$

(7) $\displaystyle\int \cos x\, dx = \sin x + C$

Integraltabellen siehe Kapitel 17

(8) $\displaystyle\int \frac{dx}{\cos^2 x} = \int (1 + \tan^2 x)\, dx = \tan x + C$ $x \ne \dfrac{\pi}{2} + k\pi, k \in \mathbb{Z}$

(9) $\int \dfrac{dx}{\sin^2 x} = \int (1 + \cot^2 x)\, dx = -\cot x + C$ $\qquad\qquad x \neq k\pi,\, k \in \mathbb{Z}$

(10) $\int \sinh x\, dx = \cosh x + C$

(11) $\int \cosh x\, dx = \sinh x + C$

(12) $\int \dfrac{dx}{\cosh^2 x} = \int (1 - \tanh^2 x)\, dx = \tanh x + C$

(13) $\int \dfrac{dx}{\sinh^2 x} = \int (\coth^2 x - 1)\, dx = -\coth x + C$ $\qquad\qquad x \neq 0$

(14) $\int \dfrac{dx}{1 + x^2} = \arctan x + C_1 = -\operatorname{arccot} x + C_2$

(15) $\int \dfrac{dx}{1 - x^2} = \begin{cases} \operatorname{artanh} x + C = \dfrac{1}{2} \ln\left(\dfrac{1+x}{1-x}\right) + C & \text{für} \quad |x| < 1 \\[3mm] \operatorname{arcoth} x + C = \dfrac{1}{2} \ln\left(\dfrac{x+1}{x-1}\right) + C & \text{für} \quad |x| > 1 \end{cases}$

(16) $\int \dfrac{dx}{\sqrt{1 + x^2}} = \operatorname{arsinh} x + C = \ln\left(x + \sqrt{1 + x^2}\right) + C$

(17) $\int \dfrac{dx}{\sqrt{1 - x^2}} = \arcsin x + C_1 = -\arccos x + C_2$ $\qquad\qquad |x| < 1$

(18) $\int \dfrac{dx}{\sqrt{x^2 - 1}} = \operatorname{arcosh} |x| \cdot \operatorname{sgn} x + C = \ln\left| x + \sqrt{x^2 - 1} \right| + C$ $\qquad |x| > 1$

12.3 Integrationsregeln

12.3.1 Grundregeln

$\int \big(f(x) + g(x)\big)\, dx = \int f(x)\, dx + \int g(x)\, dx$ **Summenregel**

$\int a f(x)\, dx = a \int f(x)\, dx \qquad\qquad a \in \mathbb{R}$ **Faktorregel**

(Linearität der Integration bei beiden Integralen)

$\int \big(f(x)\big)^n f'(x)\, dx = \dfrac{1}{n+1} \big(f(x)\big)^{n+1} + C \qquad n \neq -1$

$\int \dfrac{f'(x)}{f(x)}\, dx = \ln |f(x)| + C \quad f(x) \neq 0 \quad (\text{logarithmische Integration})$

$\int\limits_a^b f(x)\, dx := - \int\limits_b^a f(x)\, dx \qquad (\text{Vertauschen der Integrationsgrenzen})$

$$\int_a^a f(x)\, dx := 0$$

$$\int_a^b f(x)\, dx = \int_a^c f(x)\, dx + \int_c^b f(x)\, dx \qquad \text{(Additivität des Integrals)}$$

für jede beliebige Stelle c im Integrationsintervall $[a, b]$, Zerlegung in Teilbereiche

12.3.2   Integrationsverfahren, Integrationsmethoden

Integration durch Substitution   (R rationale Funktion)

$$\int f(x)\, dx = \int f(t)\, dt + C \qquad \text{mit } t = g(x),\ dx = \frac{dt}{g'(x)}$$

Substitutionen:

$t = g(x)$	$dx = \dfrac{dt}{g'(x)}$
$t = ax + b$	$dx = \dfrac{1}{a}\, dt$
$t = \dfrac{x}{a}$	$dx = a\, dt$
$t = \dfrac{a}{x}$	$dx = -\dfrac{a}{t^2}\, dt$
$t = a^x$	$dx = \dfrac{1}{t \ln a}\, dt$
$t = \sqrt{x}$	$dx = 2t\, dt$
$t = e^x$	$dx = \dfrac{1}{t}\, dt$
$t = \ln x$	$dx = e^t\, dt$
$t = a + bx$	$dx = \dfrac{1}{b}\, dt$
$t = a^2 + x^2$	$dx = \dfrac{1}{2\sqrt{t - a^2}}\, dt$
$t = \sqrt{a + bx}$	$dx = \dfrac{2t}{b}\, dt$
$t = a + bx^2$	$dx = \dfrac{1}{2\sqrt{bt - ab}}\, dt$
$t = \sqrt{a^2 + x^2}$	$dx = \dfrac{t}{\sqrt{t^2 - a^2}}\, dt$
$t = \sqrt{a^2 - x^2}$	$dx = -\dfrac{t}{\sqrt{a^2 - t^2}}\, dt$

$$t = \sqrt[n]{a + bx} \qquad dx = \frac{nt^{n-1}}{b}\,dt$$

$$t = \sqrt{x^2 - a^2} \qquad dx = \frac{t}{\sqrt{t^2 + a^2}}\,dt$$

(1) $\int R\left(x, \sqrt{a^2 - x^2}\right) dx$

   Substitution: $x = a \sin t$ bzw. $t = \arcsin \dfrac{x}{a}$, $dx = a \cos t\,dt$

   ergibt $\int f\,(a \sin t, a \cos t)\,a \cos t\,dt$

   Substitution: $x = a \tanh t$ bzw. $t = \operatorname{artanh} \dfrac{x}{a}$, $dx = \dfrac{a}{\cosh^2 t}\,dt$

   ergibt $\int R\left(a \tanh t, \dfrac{a}{\cosh t}\right) \dfrac{a}{\cosh^2 t}\,dt$

(2) $\int R\left(x, \sqrt{a^2 + x^2}\right) dx$

   Substitution: $x = a \tan t$ bzw. $t = \arctan \dfrac{x}{a}$, $dx = \dfrac{a}{\cos^2 t}\,dt$

   ergibt $\int R\left(a \tan t, \dfrac{a}{\cos^2 t}\right) \dfrac{a}{\cos t}\,dt$

   Substitution: $x = a \sinh t$ bzw. $t = \operatorname{arsinh} \dfrac{x}{a}$, $dx = a \cosh t\,dt$

   ergibt $\int R(a \sinh t, a \cosh t)\,a \cosh t\,dt$

(3) $\int R\left(x, \sqrt{x^2 - a^2}\right) dx$

   Substitution: $x = \dfrac{a}{\cos t}$ bzw. $t = \arccos \dfrac{a}{x}$, $dx = \dfrac{a \sin t}{\cos^2 t}\,dt$

   ergibt $\int R\left(\dfrac{a}{\cos t}, a \tan t\right) \dfrac{a \sin t}{\cos^2 t}\,dt$

   Substitution: $x = a \cosh t$ bzw. $t = \operatorname{arcosh} \dfrac{x}{a}$, $dx = a \sinh t\,dt$

   ergibt $\int R\,(a \cosh t, a \sinh t)\,a \sinh t\,dt$

(4) $\int R\left(x, \sqrt[n]{ax + b}\right) dx$

   Substitution: $ax + b = t^n$, $dx = \dfrac{nt^{n-1}}{a}\,dt$

   ergibt $\int R\left(\dfrac{t^n - b}{a}, t\right) \dfrac{n}{a}\,t^{n-1}\,dt$

12

(5) $\int R\left(x, \left(\dfrac{ax+b}{cx+d}\right)^p, \left(\dfrac{ax+b}{cx+d}\right)^q, \ldots\right) dx$

Substitution: $x = \dfrac{dt^n - b}{a - ct^n}$ bzw. $\dfrac{ax+b}{cx+d} = t^n$

n kgV von $p, q, \ldots$ $\qquad$ $dx = n\,(ad - bc)\,\dfrac{t^{n-1}}{(a - ct^n)^2}\,dt$

ergibt $\int R(t)\,dt$ $\qquad\qquad$ $ad - bc \neq 0$

(6) Binomische Integrale $\int x^m \left(a + bx^p\right)^q dx$ $\qquad\qquad m, p, q \in \mathbb{R}$

Falls $\quad q$ ganzzahlig: $\qquad\qquad t = \sqrt[n]{x}$ $\qquad n$ kgV der Nenner von m, p

$\qquad \dfrac{m+1}{p}$ ganzzahlig: $\qquad t = \sqrt[n]{a + bx^p}$

$\qquad \dfrac{m+1}{p} + q$ ganzzahlig: $\quad t = \sqrt{\dfrac{a + bx^p}{x^p}}$

(7) $\int R\left(x, \sqrt{ax^2 + bx + c}\right) dx$ $\quad$ Substitutionen von EULER ergeben $\int R(t)\,dt$

Fall 1 $\quad a > 0$, Substitution: $\sqrt{ax^2 + bx + c} = x\sqrt{a} + t$

$\qquad x = \dfrac{t^2 - c}{b - 2t\sqrt{a}}$ $\qquad\qquad dx = 2\,\dfrac{-t^2\sqrt{a} + bt - c\sqrt{a}}{(b - 2t\sqrt{a})^2}\,dt$

Fall 2 $\quad c > 0, x \neq 0$, Substitution: $\sqrt{ax^2 + bx + c} = xt + \sqrt{c}$

$\qquad x = \dfrac{2t\sqrt{c} - b}{a - t^2}$ $\qquad\qquad dx = \dfrac{2a\sqrt{c} - 2bt + 2t^2\sqrt{c}}{(a - t^2)^2}\,dt$

Fall 3 $\quad$ Der Radikand hat die reellen Wurzeln x_1 und x_2.

$\qquad$ Substitution: $\sqrt{ax^2 + bx + c} = t\,(x - x_1)$

$\qquad x = \dfrac{t^2 x_1 - ax_2}{t^2 - a}$ $\qquad\qquad dx = \dfrac{2at\,(x_2 - x_1)}{(t^2 - a)^2}\,dt$

(8) $\int R\left(e^{mx}, e^{nx}, \ldots\right) dx$ $\qquad\qquad m, n, \ldots \in \mathbb{R}$

Substitution: $t = e^x$, $dx = \dfrac{dt}{t}$ ergibt $\int R\left(t^m, t^n, \ldots\right) \dfrac{1}{t}\,dt$

(9) $\int R\left(\sin x, \cos x, \tan x, \cot x\right) dx$

Substitution: $t = \tan\dfrac{x}{2}$, $dx = \dfrac{2}{1 + t^2}\,dt$

ergibt $\int R\left(\dfrac{2t}{1 + t^2}, \dfrac{1 - t^2}{1 + t^2}, \dfrac{2t}{1 - t^2}, \dfrac{1 - t^2}{2t}\right) \dfrac{2}{1 + t^2}\,dt$

(10) $\int R\left(\sinh x, \cosh x, \tanh x, \coth x\right)\,\mathrm{d}x$

   Substitution: $t = \tanh\dfrac{x}{2}$, $\mathrm{d}x = \dfrac{2}{1-t^2}\,\mathrm{d}t$

   ergibt $\int R\left(\dfrac{2t}{1-t^2},\ \dfrac{1+t^2}{1-t^2},\ \dfrac{2t}{1+t^2},\ \dfrac{1+t^2}{2t}\right)\dfrac{2}{1-t^2}\,\mathrm{d}t$

   oder Ersatz durch Exponentialfunktionen

(11) $\int f\left(\varphi(x)\right)\varphi'(x)\,\mathrm{d}x$

   Substitution: $\varphi(x) = u$ ergibt $\int f(u)\,\mathrm{d}u$

12.3.3   Partielle Integration (Produktintegration)

$$\int uv'\,\mathrm{d}x = uv - \int vu'\,\mathrm{d}x \qquad \text{wobei } u = u(x),\ v = v(x)$$

Andere Schreibweise: $\int u\,\mathrm{d}v = uv - \int v\,\mathrm{d}u$

♦   Beispiel:

$\int x^3 \ln x\,\mathrm{d}x,\ x \in \mathbb{R}^+ \qquad\qquad u = \ln x,\ u' = \dfrac{1}{x} \qquad v' = x^3,\ v = \dfrac{x^4}{4}$

$\int x^3 \ln x\,\mathrm{d}x = \dfrac{x^4}{4}\ln x - \dfrac{1}{4}\int \dfrac{x^4}{x}\,\mathrm{d}x = \dfrac{x^4}{4}\ln x - \dfrac{1}{4}\int x^3\,\mathrm{d}x$

$\qquad\qquad = \dfrac{x^4}{4}\ln x - \dfrac{1}{4}\cdot\dfrac{x^4}{4} + C = \dfrac{x^4}{4}\left(\ln x - \dfrac{1}{4}\right) + C \qquad C \in \mathbb{R}$ ♦

12.3.4   Integration nach Partialbruchzerlegung

Partialbruchzerlegung einer gebrochenrationalen Funktion $\dfrac{f(x)}{g(x)}$

12

Fall 1: Die Gleichung $g(x) = 0$ hat nur *einfache, reelle Wurzeln* $x_1, x_2, \ldots$

$$\frac{f(x)}{g(x)} = \frac{A}{x - x_1} + \frac{B}{x - x_2} + \frac{C}{x - x_3} + \ldots \quad \text{(Summe von Partialbrüchen)}$$

wobei $A = \dfrac{f(x_1)}{g'(x_1)} \qquad B = \dfrac{f(x_2)}{g'(x_2)} \qquad C = \dfrac{f(x_3)}{g'(x_3)} \quad \ldots$

$$\int \frac{f(x)}{g(x)}\,\mathrm{d}x = A\int \frac{\mathrm{d}x}{x - x_1} + B\int \frac{\mathrm{d}x}{x - x_2} + C\int \frac{\mathrm{d}x}{x - x_3} + \ldots$$

Die Zähler $A, B, C, \ldots$ der Partialbrüche können auch, oftmals schneller, durch den Ansatz *unbestimmter Koeffizienten* und deren Bestimmung mittels *Koef-*

fizientenvergleichs beider Zähler oder durch Einsetzen geeigneter x-Werte (im Fall 1 am günstigsten der x_i) gefunden werden. Beides führt zu einem eindeutig lösbaren linearen Gleichungssystem.

♦　Beispiel:

$$\int \frac{15x^2 - 70x - 95}{x^3 - 6x^2 - 13x + 42}\, dx$$

$$x^3 - 6x^2 - 13x + 42 = 0 \;\to\; x_1 = 2,\, x_2 = -3,\, x_3 = 7 \qquad \text{Nullstellen von } g(x)$$

Ansatz: $\dfrac{15x^2 - 70x - 95}{x^3 - 6x^2 - 13x + 42} = \dfrac{A}{x-2} + \dfrac{B}{x+3} + \dfrac{C}{x-7}$

$$= \frac{A\,(x+3)\,(x-7) + B\,(x-2)\,(x-7) + C\,(x-2)\,(x+3)}{(x-2)\,(x+3)\,(x-7)}$$

$$= \frac{(A+B+C)\,x^2 - (4A + 9B - C)\,x - (21A - 14B + 6C)}{(x-2)\,(x+3)\,(x-7)}$$

Gleichsetzen der Koeffizienten gleicher Potenzen von x liefert die Gln.

$$\begin{cases} A + B + C = 15 \\ 4A + 9B - C = 70 \\ 21A - 14B + 6C = 95 \end{cases} \;\to\; A = 7,\, B = 5,\, C = 3$$

bzw. $A = \dfrac{f(x_1)}{g'(x_1)} = \dfrac{-175}{-25} = 7$　usw.

$$\int \frac{15x^2 - 70x - 95}{x^3 - 6x^2 - 13x + 42}\, dx = 7 \int \frac{dx}{x-2} + 5 \int \frac{dx}{x+3} + 3 \int \frac{dx}{x-7}$$

$$= 7 \ln|x-2| + 5 \ln|x+3| + 3 \ln|x-7| + C$$

oder Einsetzen von $x_1,\, x_2,\, x_3$:

$A\,(2+3)\,(2-7) = 15 \cdot 2^2 - 70 \cdot 2 - 95 \to A = (-175)/(-25)$

$B\,(-3-2)\,(-3-7) = 15\,(-3)^2 - 70\,(-3) - 95 \to B = 250/50$

$C\,(7-2)\,(7+3) = 15 \cdot 7^2 - 70 \cdot 7 - 95 \to C = 150/50$　　wie oben　　♦

Fall 2: Die Wurzeln der Gleichung $g(x) = 0$ sind reell, treten aber *mehrfach* auf (x_1 α-mal, x_2 β-mal usw.)

$$\frac{f(x)}{g(x)} = \frac{A_1}{(x-x_1)^{\alpha}} + \frac{A_2}{(x-x_1)^{\alpha-1}} + \ldots + \frac{A_{\alpha}}{(x-x_1)}$$

$$+ \frac{B_1}{(x-x_2)^{\beta}} + \frac{B_2}{(x-x_2)^{\beta-1}} + \ldots + \frac{B_{\beta}}{x-x_2} + \ldots$$

Die Koeffizienten A_i, B_i, ... werden wieder mittels *Koeffizientenvergleich* ermittelt.

♦   Beispiel:

$$\int \frac{3x^3 + 10x^2 - x}{(x^2 - 1)^2}\, dx$$

$(x^2 - 1)^2 = 0 \;\rightarrow\; x_1 = x_2 = 1, x_3 = x_4 = -1$

$$\frac{3x^3 + 10x^2 - x}{(x^2 - 1)^2} = \frac{A_1}{(x-1)^2} + \frac{A_2}{x-1} + \frac{B_1}{(x+1)^2} + \frac{B_2}{x+1}$$

$$= \frac{A_1(x+1)^2 + A_2(x+1)^2(x-1) + B_1(x-1)^2 + B_2(x-1)^2(x+1)}{(x-1)^2(x+1)^2}$$

$$= \frac{(A_2 + B_2)x^3 + (A_1 + A_2 + B_1 - B_2)x^2 + (2A_1 - A_2 - 2B_1 - B_2)x + A_1 - A_2 + B_1 + B_2}{(x-1)^2(x+1)^2}$$

Methode des Koeffizientenvergleichs führt zum Gleichungssystem:

$$\begin{cases} A_2 \quad\;\; + B_2 = \;\; 3 \\ A_1 + A_2 + \; B_1 - B_2 = 10 \\ 2A_1 - A_2 - 2B_1 - B_2 = -1 \\ A_1 - A_2 + \; B_1 + B_2 = \;\; 0 \end{cases} \rightarrow \begin{array}{l} A_1 = 3, \; A_2 = \; 4 \\ B_1 = 2, \; B_2 = -1 \end{array}$$

$$\int \frac{3x^3 + 10x^2 - x}{(x^2 - 1)^2}\, dx = 3 \int \frac{dx}{(x-1)^2} + 4 \int \frac{dx}{x-1} + 2 \int \frac{dx}{(x+1)^2} - \int \frac{dx}{x+1}$$

$$= -\frac{3}{x-1} + 4\ln|x-1| - \frac{2}{x+1} - \ln|x+1| + C \qquad ♦$$

Fall 3: Die Gleichung $g(x) = 0$ hat neben reellen Wurzeln auch *einfache komplexe Wurzeln*, die konjugiert auftreten: $x_{1,2} = a \pm jb$.

Die oben besprochene Partialbruchzerlegung ist anwendbar, wobei aber auch komplexe Zähler auftreten.

Vermieden wird das Rechnen mit komplexen Größen, wenn man die Partialbrüche, die durch die komplexen Wurzeln zustande kommen, auf den Hauptnenner bringt. Mit z.B. $x_{1,2} = a \pm jb$ lautet der Ansatz:

$$\frac{f(x)}{g(x)} = \frac{Px + Q}{(x - x_1)(x - x_2)} = \frac{Px + Q}{x^2 + px + q}$$

$x^2 + px + q$ nicht reell zerlegbar

worin die Koeffizienten durch Koeffizientenvergleich ermittelt werden.

$$\int \frac{Px + Q}{x^2 + px + q}\, dx = \frac{P}{2}\ln\left|x^2 + px + q\right|$$

$$+ \frac{Q - \dfrac{Pp}{2}}{\sqrt{q - \dfrac{p^2}{4}}} \arctan \frac{x + \dfrac{p}{2}}{\sqrt{q - \dfrac{p^2}{4}}} \qquad \text{für } q - \frac{p^2}{4} > 0$$

12

♦ Beispiel:

$$\int \frac{7x^2 - 10x + 37}{x^3 - 3x^2 + 9x + 13} \, dx$$

$$x^3 - 3x^2 + 9x + 13 = 0 \quad \rightarrow \quad x_1 = -1, x_2 = 2 + j3, x_3 = 2 - j3$$

$$\frac{7x^2 - 10x + 37}{x^3 - 3x^2 + 9x + 13} = \frac{A}{x + 1} + \frac{Px + Q}{x^2 - 4x + 13}$$

$$= \frac{A(x^2 - 4x + 13) + (Px + Q)(x + 1)}{x^3 - 3x^2 + 9x + 13}$$

$$= \frac{(A + P)x^2 - (4A - Q - P)x + (13A + Q)}{x^3 - 3x^2 + 9x + 13}$$

Methode des Koeffizientenvergleichs führt zu dem Gleichungssystem

$$\begin{cases} A + P = 7 \\ 4A - Q - P = 10 \\ 13A + Q = 37 \end{cases} \quad \rightarrow \quad A = 3, \ P = 4, \ Q = -2$$

$$\int \frac{7x^2 - 10x + 37}{x^3 - 3x^2 + 9x + 13} \, dx = 3 \int \frac{dx}{x + 1} + \int \frac{4x - 2}{x^2 - 4x + 13} \, dx$$

$$= 3 \ln |x + 1| + 2 \ln |x^2 - 4x + 13| + 2 \arctan \frac{x - 2}{3} + C \qquad ♦$$

Fall 4: Die Gleichung $g(x) = 0$ hat neben *reellen Wurzeln* auch *mehrfache komplexe Wurzeln*. Dann erfolgt am besten wieder Zusammenfassung der Brüche, die durch die konjugiert komplexen Wurzeln entstehen. Die Zerlegung lautet z.B.:

$$\frac{f(x)}{g(x)} = \frac{A_1}{(x - x_1)^3} + \frac{A_2}{(x - x_1)^2} + \frac{A_3}{x - x_1} + \frac{P_1 x + Q_1}{(x^2 + px + q)^2} + \frac{P_2 x + Q_2}{x^2 + px + q}$$

x_1 tritt in dem hier gewählten Beispiel als dreifache reelle Wurzel, die konjugiert komplexen Wurzeln treten zweifach auf.

Insgesamt gilt: Anzahl der Koeffizienten = Grad der Nennerfunktion $g(x)$

12.3.5 Integration nach Reihenentwicklung

Läßt sich der Integrand in eine konvergente Potenzreihe $f(x) = a_0 + a_1 x + a_2 x^2 + \dots$ entwickeln und liegen die Integrationsgrenzen innerhalb des Konvergenzbereichs, ist gliedweise Integration möglich:

$$\int_a^b f(x) \, dx = a_0 \int_a^b dx + a_1 \int_a^b x \, dx + a_2 \int_a^b x^2 \, dx + \dots$$

wobei $|a| < r, \ |b| < r$ r Konvergenzradius

♦   Beispiel:

$$\arctan x = \int\limits_0^x \frac{dz}{1 + z^2}$$

Im Intervall $0 \le z \le x$ konvergiert die Reihe

$\dfrac{1}{1 + z^2} = 1 - z^2 + z^4 - + \dots$ für jedes $|z| < 1$ (geometrische Reihe mit $q = -z^2$)

Integration der Reihe liefert:

$\arctan x = x - \dfrac{x^3}{3} + \dfrac{x^5}{5} - + \dots$ für $|x| < 1$

Diese Reihe konvergiert auch für $x = \pm 1$ nach dem LEIBNIZschen Konvergenz-kriterium für alternierende Reihen.   ♦

Anwendungen

Integralsinus

$$\mathrm{Si}(x) = \int\limits_0^x \frac{\sin t}{t}\, dt = x - \frac{x^3}{3 \cdot 3!} + \frac{x^5}{5 \cdot 5!} - \frac{x^7}{7 \cdot 7!} + - \dots \qquad |x| < \infty$$

Integralcosinus $C = 0{,}577\ 215\dots$ EULERsche Konstante $|x| < \infty$

$$\mathrm{Ci}(x) = \int\limits_x^\infty \frac{\cos t}{t}\, dt = C + \ln |x| - \frac{x^2}{2 \cdot 2!} + \frac{x^4}{4 \cdot 4!} - \frac{x^6}{6 \cdot 6!} + - \dots$$

Exponentialintegral $C = 0{,}577\ 215\dots$ EULER*sche Konstante*

$$\mathrm{Ei}(x) = \int\limits_{-\infty}^x \frac{e^t}{t}\, dt = C + \ln |x| + \frac{x}{1 \cdot 1!} + \frac{x^2}{2 \cdot 2!} + \frac{x^3}{3 \cdot 3!} + \dots \qquad x < 0$$

Integrallogarithmus $C = 0{,}577\ 215\dots$ EULER*sche Konstante* $0 < x < \infty$

$$\mathrm{Li}(x) = \int\limits_0^x \frac{dt}{\ln t} = C + \ln |\ln x| + \frac{\ln x}{1 \cdot 1!} + \frac{(\ln x)^2}{2 \cdot 2!} + \frac{(\ln x)^3}{3 \cdot 3!} + \dots$$

GAUSS*sches Fehlerintegral*

(siehe auch 16.5.4.4)

$$\varPhi(x) = \frac{1}{\sqrt{2\pi}} \int\limits_0^x e^{-\frac{t^2}{2}}\, dt = \left(\frac{x}{1} - \frac{x^3}{2 \cdot 3 \cdot 1!} + \frac{x^5}{2^2 \cdot 5 \cdot 2!} - + \dots \right)$$

$$|x| < \infty$$

12

12.4   Graphische Integration

Näherungsverfahren zur Ermittlung eines partikulären Integrals

$$\int f(x)\,dx = F(x) + C \ \text{ mit } F'(x) = f(x) \ \text{ bzw. } \int_a^b f(x)\,dx = F(b) - F(a)$$

Man ersetzt die Kurve $y = f(x)$ im Bereich $[a, b]$ durch eine Treppenkurve mit zur Abszisse parallelen Stufen, und zwar so, daß jeweils die beiden zwischen zwei Stufen schraffierten Zipfel gleichen Flächeninhalt aufweisen. Die Ordinaten der Stufen trägt man auf der y-Achse ab, $\overline{0B_1}$, $\overline{0B_2}$ usw., verbindet die Punkte B_1, B_2 usw. mit dem Pol $P(-p, 0)$. Zu diesen Verbindungslinien zieht man die Parallelen, beginnend im Punkt C_0, so daß $\overline{C_0C_1} \parallel \overline{PB_1}$, $\overline{C_1C_2} \parallel \overline{PB_2}$, $\overline{C_2C_3} \parallel \overline{PB_3}$ usw. wird. Der dadurch erhaltene Polygonzug stellt einen Tangentenzug an die gesuchte Integralkurve F dar, der die Kurve in den Punkten C_0, D_1, D_2, D_3 usw. berührt.

$$\text{Maßstab: } l_F = \frac{l_x \cdot l_y}{p} \qquad l_x,\, l_y \text{ Einheitslängen für } f(x)$$

$$l_F \text{ Einheitslänge für } \int f(x)\,dx$$

$$p \text{ Polabstand}$$

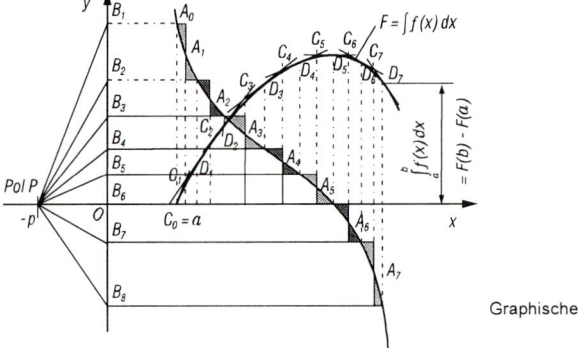

Graphische Integration

12.5   Numerische Integration

(numerische Quadratur)

12.5.1   Interpolationsquadratur

Näherungsweise Berechnung des bestimmten Integrals durch eine **Quadraturformel** $Q(f)$ wird notwendig, wenn

- f nur an sog. Stützstellen (Knoten) bekannt ist, $y_i = f(x_i)$,
- die Stammfunktion F von f nicht geschlossen (integralfrei) darstellbar ist,
- der Aufwand zur direkten Berechnung des Integrals I zu groß ist.

$$I = \int_a^b f(x)\,\mathrm{d}x = Q(f; a, b) + R(f; a, b) \qquad f(x) = p(x) + r(x)$$

$r(x)$ Restglied der Interpolation, $R(f; a, b)$ Restglied der Quadratur

Konstruktion der Quadraturformel $Q(f)$ im sog. *Referenzintervall* $[a, b]$. Übliche Intervalle sind $[a, b] = [-1, 1]$, $[a, b] = [0, h]$ oder $[a, b] = [-h, h]$.

Nach wachsenden Werten *geordnete Stützstellen:*

$$a = x_0 < x_1 < ... < x_i < x_{i+1} < ... < x_n = b \qquad x_i \in [a, b]$$

Ersatz des Integranden durch ein n-gradiges Polynom p_n bez. der Stützstellen ergibt als Näherung die Quadraturformel:

$$Q_n(f; a, b) \stackrel{\text{kurz}}{=} Q_n(f) = I(p_n) = \int_a^b p_n(x)\,\mathrm{d}x$$

Lokaler Quadraturfehler: $R_n(f; a, b) = \int_a^b r_n(x)\,\mathrm{d}x = \int_a^b \big(f(x) - p_n(x)\big)\,\mathrm{d}x$

12

Falls $f(x) - p_n(x)$ im Intervall $[a, b]$ mehrfach das Vorzeichen wechselt, heben sich Fehler teilweise auf (glättende Wirkung der Interpolation).

Besser als die Normalform des Polynomansatzes mit Potenzen von x ist die LAGRANGE*sche Form des Interpolationspolynoms* aus 10.5.3.1.

Linearkombination der $y_i = f(x_i)$ mit den Gewichten A_i ergibt die

Interpolationsquadraturformel

$$Q_n(f; a, b) = \sum_{i=0}^n A_i\, f(x_i) \qquad \text{mit } A_i = \int_a^b L_i(x)\,\mathrm{d}x$$

$$L_i \text{ LAGRANGE}sche\ Stützpolynome$$

damit $\int_a^b f(x)\,dx \approx \frac{b-a}{A}\sum_{i=0}^{n} A_i\, f(x_i)$ $A = \sum_{i=0}^{n} A_i$

Q_n ist exakt für alle Polynome p_k mit $k \le n$: $Q_n(p_k) = I_n(p_k)$, nachgewiesen in den Restgliedern der NEWTON-COTES-Formeln gemäß Tabelle in 12.5.2.

Aus der Forderung, Polynome p_M mit $M \ge n$ exakt zu integrieren, folgt das Gleichungssystem zur Berechnung der Gewichte A_i (mit $f(x) = x^m$):

$$\sum_{i=0}^{n} A_i x_i^m = \frac{1}{m+1}\left(b^{m+1} - a^{m+1}\right) \qquad m = 0, ..., M$$

Wird $n > 7$ (siehe auch 12.5.2), dann besteht die Gefahr des Anwachsens von Rundungsfehlern und es erfolgt *Zerlegung Z* des Integrationsintervalls $[a, b]$ in Teilintervalle $[t_j, t_{j+1}]$ zwecks Teilintegration:

$$Z: a = t_0 < t_1 < ... < t_m = b \qquad h_j = t_{j+1} - t_j$$

$$\int_a^b f(x)\,dx = \int_{t_0}^{t_1} f(x)\,dx + \int_{t_1}^{t_2} f(x)\,dx + ... + \int_{t_{m-1}}^{t_m} f(x)\,dx$$

Summierte oder *zusammengesetzte Quadraturformel:*

$$Q_{h_j}(f; a, b) = \sum_{j=0}^{m-1} Q_n(f, t_j, t_{j+1}) \approx \int_a^b f(x)\,dx$$

Globaler Quadraturfehler: $R(f) = I(f; a, b) - Q_{h_j}(f; a, b)$

Arten der Interpolationsquadraturformeln

Gegebene Größen

- a, b, x_i $\rightarrow$ NEWTON-COTES-*Formeln*

- $a = -h, b = h, A_i = \frac{2h}{n+1}$ $\rightarrow$ TSCHEBYSCHEFF*sche Quadraturformel*

- a, b, Anzahl der Stützstellen, aber weder x_i noch die Gewichte A_i, exakte Integration bis zum Grad $(2n+1)$ $\rightarrow$ GAUSS*sche Formeln*

12.5.2   Newton-Cotes-Formeln n-ter Ordnung für äquidistante Stützstellen (Mittelwertsformeln)

Gleichungssystem für die Gewichte A_i in Matrizen-Schreibweise $x \cdot A = b$,

wobei für x die VANDERMONDE*sche-Matrix* gilt:

$$\begin{pmatrix} 1 & 1 & \dots & 1 \\ x_0 & x_1 & \dots & x_n \\ x_0^2 & x_1^2 & \dots & x_n^2 \\ \vdots & & & \vdots \\ x_0^n & x_1^n & \dots & x_n^n \end{pmatrix} \begin{pmatrix} A_0 \\ A_1 \\ A_2 \\ \vdots \\ A_n \end{pmatrix} = \begin{pmatrix} b - a \\ (1/2)\,(b^2 - a^2) \\ (1/3)\,(b^3 - a^3) \\ \vdots \\ (1/(n+1))\,(b^{n+1} - a^{n+1}) \end{pmatrix}$$

$\det x \neq 0$ für paarweise verschiedene Stützstellen

(abgeschlossene) NEWTON-COTES-Formel:

$$\int_a^b f(x)\,dx = \frac{b-a}{A} \sum_{i=0}^n A_i f(x_i) = \frac{nh}{A} \sum_{i=0}^n f(a+ih)\,A_i + R_n(f, h)$$

$$= (b-a)\,M\,(y_0, y_1, \dots, y_n) + R_n(f, h)$$

$$I(f, h) = Q_n(f, h) + R_n(f, h) \qquad M(y) \text{ gewichtetes Mittel}$$

wobei $\quad A = \sum_{i=0}^n A_i, \ h = \dfrac{b-a}{n}, \ a = x_0, \ b = x_n, \ x_i = a + ih, \ i = 0, \dots, n$

Tabelle der Gewichte A_i im praktischen Bereich ($n \leq 7$)

n	A	A_0	A_1	A_2	A_3	A_4	A_5	A_6	A_7	Fehler $R_n(f)$
1	2	1	1							$\dfrac{-h^3}{12} f''(\xi)$
2	6	1	4	1						$\dfrac{-h^5}{90} f^{(4)}(\xi)$
3	8	1	3	3	1					$\dfrac{-3h^5}{80} f^{(4)}(\xi)$
4	90	7	32	12	32	7				$\dfrac{-8h^7}{945} f^{(6)}(\xi)$
5	288	19	75	50	50	75	19			$\dfrac{-275h^7}{12096} f^{(6)}(\xi)$
6	840	41	216	27	272	27	216	41		$\dfrac{-9h^9}{1400} f^{(8)}(\xi)$
7	17280	751	3577	1323	2989	2989	1323	3577	751	$\dfrac{-8138h^9}{518400} f^{(8)}(\xi)$

12

Rechteckformel ($n = 0$, Referenzintervall $[a, b]$)

$$\int_a^b f(x)\,dx \approx (b - a)\,f(a)$$

Summierte Rechteckformel bei äquidistanter Zerlegung

$$\int_a^b f(x)\,dx \approx h\left(f(a) + f(x_1) + \dots + f(x_{m-1})\right)$$

Schrittweite $h = \dfrac{b-a}{m}$, m Anzahl der Stufen

(Sehnen-)Trapezformel

($n = 1$, Referenzintervall $[0, h]$)

$$\int_0^h f(x)\,dx = \frac{h}{2}\,(f(0) + f(h)) - \frac{h^3}{12}\,f''(\xi)$$

$$I(f, h) = Q^{\text{ST}}(f, h) + R_1(f, h)$$

$x_0 = 0$, $x_1 = h$, Schrittweite $h = b - a$, $\xi \in [0, h]$,

$f''(\xi)$ maximale Ableitung in $[0, h]$

Funktionen ($M = 1$)-sten Grades werden exakt integriert, die lokale Fehlerordnung beträgt ($M + 2$):

$$O(h^3) \qquad (\text{»Formel 3. Ordnung«})$$

O LANDAU-Symbol, siehe 5.1.4.4

Summierte Sehnen-Trapezformel bei äquidistanter Zerlegung

$$\int_a^b f(x)\,dx = I(f, h)$$

$$= \frac{h}{2}\left(f(a) + 2\sum_{k=1}^{m-1} f(a + kh) + f(b)\right) - \frac{b-a}{12}\,h^2\,f''(\xi)$$

$$= \frac{h}{2}\left(y_a + 2y_1 + 2y_2 + \dots + 2y_{m-1} + y_b\right) + R_1(f, h)$$

Schrittweite $h = \dfrac{b-a}{1m}$, m Anzahl gleicher Stufen, $\xi \in [a, b]$, $f''(\xi)$ maximale Ableitung in $[a, b]$, globale Fehlerordnung $O(h^2)$ (»Formel 2. Ordnung«)

Simpsonsche Regel (Formel), Keplersche Faßregel

($n = 2$, Referenzintervall $[0, 2h]$)

$$\int_a^b f(x)\, dx = \frac{h}{3}\left(f(0) + 4\,f(h) + f(2h)\right) - \frac{h^5}{90}\,f^{(4)}(\xi)$$

$$= \frac{h}{3}\left(y_a + 4y_1 + y_b\right) + R_2(f, h) = Q^{KF}(f, h) + R_2(f, h)$$

$R_n(f, h)$ Quadraturfehler

Schrittweite $h = \dfrac{b - a}{2}$, $x_0 = 0 = a$, $x_1 = h$, $x_2 = 2h = b$, $\xi \in [a, b]$

$f^{(4)}(\xi)$ maximale Ableitung in $[a, b]$, lokale Fehlerordnung $O(h^5)$ wie die 3/8-Formel. Funktionen 3. Grades werden exakt integriert.

♦ Beispiel:

$$\int_{-\pi/2}^{\pi/2} \cos x\, dx = \sin x \Big|_{-\pi/2}^{\pi/2} = 2 \qquad \text{(exakter Wert)}$$

Angenäherte Berechnung mit der KEPLERschen Faßregel, $h = \pi/2$

$$\int_{-\pi/2}^{\pi/2} \cos x\, dx \approx \frac{\pi}{6}(0 + 4 \cdot 1 + 0) = \frac{2\pi}{3} \approx 2{,}094 \qquad ♦$$

Summierte Simpsonsche Regel (äquidistante Zerlegung in $2m$ Teilintervalle)

$$\int_a^b f(x)\, dx = \frac{h}{3}\left(f(a) + f(b) + 4 \sum_{k=0}^{m-1} f\big(a + (2k+1)\,h\big)\right.$$

$$\left. + 2 \sum_{k=1}^{m-1} f(a + 2kh)\right) - \frac{b-a}{180}\,h^4\,f^{(4)}(\xi)$$

$$= \frac{h}{3}\left(y_a + y_b + 4y_1 + 4y_3 + \ldots + 2y_2 + 2y_4 + \ldots\right) + R_2(f, h)$$

$$= Q^{SR}(f, h) + R_2(f, h)$$

12

Schrittweite $h = \dfrac{b - a}{2m}$, m Anzahl gleicher Stufen, $\xi \in [a, b]$,

$f^{(4)}(\xi)$ maximale Ableitung in $[a, b]$, globale Fehlerordnung $O(h^4)$

Summierte SIMPSON*sche Regel bei nichtäquidistanter Zerlegung*

$$\int_a^b f(x)\, dx \approx \frac{1}{6} \sum_{i=0}^{m-1} (t_{i+1} - t_i)\left(f(t_i) + 4f\left(\frac{t_i + t_{i+1}}{2}\right) + f(t_{i+1})\right)$$

Newtonsche 3/8 Formel ($n = 3$, Referenzintervall $[0, 3h]$)

$$\int_a^b f(x)\,dx = \frac{3h}{8}\left(f(0) + 3f(h) + 3f(2h) + f(3h)\right) - \frac{3}{80}\,h^5 f^{(4)}(\xi)$$

Schrittweite $h = \dfrac{b-a}{3}$, $x_0 = 0 = a$, $x_1 = h$, $x_2 = 2h$, $x_3 = 3h = b$, $\xi \in [a, b]$,

$f^{(4)}(\xi)$ maximale Ableitung in $[a, b]$, lokale Fehlerordnung $O(h^5)$

Summierte 3/8 Formel (äquidistante Zerlegung in $3m$ Teilintervalle)

$$\int_a^b f(x)\,dx = \frac{3h}{8}\left(f(a) + f(b) + 3\sum_{k=1}^{m} f(a + (3k-2)\,h) \right.$$
$$\left. + 3\sum_{k=1}^{m} f(a + (3k-1)\,h) + 2\sum_{k=1}^{m-1} f(a + 3kh) \right) - \frac{b-a}{80}\,h^4 f^{(4)}(\xi)$$

Schrittweite $h = \dfrac{b-a}{3m}$, m Anzahl gleicher Stufen, $\xi \in [a, b]$, $f^{(4)}(\xi)$ maximale

Ableitung in $[a, b]$, globale Fehlerordnung $O(h^4)$ (wie SIMPSONsche Formel)

Offene Quadraturformel von Newton-Cotes ($x_0 > a$, $x_n < b$)

Tangententrapezformel (Referenzintervall $[0, h]$)

$$\int_a^b f(x)\,dx = h\,f\!\left(\frac{h}{2}\right) + \frac{h^3}{24}\,f''(\xi) \qquad \xi \in [0, h]$$

Summierte Tangententrapezformel (äquidist. Zerlegung in m Teilintervalle)

$$\int_a^b f(x)\,dx = h\sum_{k=0}^{m-1} f\!\left(a + (2k+1)\,\frac{h}{2}\right) + \frac{h^2}{24}\,(b-a)\,f''(\xi)$$

$$\int_a^b f(x)\,dx = \frac{2\,(b-a)}{m}\,(y_1 + y_3 + \ldots + y_{m-1}) + R(f, h)$$

Schrittweite $h = \dfrac{b-a}{m}$, m gerade Anzahl Stufen, $\xi \in [a, b]$

globale Fehlerordnung $O(h^2)$

12.5.3   Gaußsches Quadraturverfahren (Referenzintervall $[-h, h]$)

Optimale Genauigkeit erreichbar für Polynome vom Grad $N_{max} = 2n + 1$, A_i und x_i frei wählbar

$$Q_n(f; -h, h) = \sum_{i=0}^{n} A_i f(x_i) \qquad R_n(f, -h, h) = O(h^{2n+3}),$$

d.h. schnellere Konvergenz als NEWTON-COTES-Formeln

Bedingung: $f(x_i)$ ist an sog. GAUSSschen Stützstellen $x_i \in [a, b]$ bekannt, d.h. im wesentlichen, wenn f formelmäßig gegeben ist. Für das Referenzintervall $[-1, 1]$ sind die $(n + 1)$ GAUSSschen Stützstellen die Nullstellen der LEGEND-RESCHEN *Polynome* innerhalb $[-1, 1]$, symmetrisch zum Nullpunkt.

Bemerkung: Auch hier können summierte (GAUSSsche) Formeln gebildet werden.

Tabelle der x_i und A_i im Intervall $[-h, h]$, $i = 0, ..., n$

n	x_i	A_i
0	$x_0 = 0$	$A_0 = 2h$
1	$x_{0;1} = \pm \dfrac{h}{\sqrt{3}}$	$A_{0;1} = h$
2	$x_{0;2} = \pm \sqrt{0,6}\, h$ $x_1 = 0$	$A_{0;2} = (5/9)h$ $A_1 = (8/9)h$
3	$x_{0;3} = \pm\, 0,861\,136\,31... \, h$ $x_{1;2} = \pm\, 0,339\,981\,04... \, h$	$A_{0;3} = 0,347\,854\,85... \, h$ $A_{1;2} = 0,652\,145\,15... \, h$
4	$x_{0;4} = \pm\, 0,906\,179\,85... \, h$ $x_{1;3} = \pm\, 0,538\,469\,31... \, h$ $x_2 = 0$	$A_{0;4} = 0,236\,926\,89... \, h$ $A_{1;3} = 0,478\,628\,67... \, h$ $A_2 = 0,56\overline{8}... \, h$
5	$x_{0;5} = \pm\, 0,932\,469\,51... \, h$ $x_{1;4} = \pm\, 0,661\,209\,39... \, h$ $x_{2;3} = \pm\, 0,238\,619\,19... \, h$	$A_{0;5} = 0.171\,324\,49... \, h$ $A_{1;4} = 0,360\,761\,57... \, h$ $A_{4;3} = 0,467\,913\,93... \, h$

12

Mit $x_0 = a$, $x_n = b$ entstehen LOBATTOSCHE *Quadraturformeln:*

$$n = 2 \qquad \text{SIMPSONSCHE Regel}$$
$$n = 3 \qquad x_{0,3} = \pm 1 \cdot h \qquad A_{0,3} = h/6$$
$$\qquad\qquad x_{1,2} = \pm h/\sqrt{5} \qquad A_{1,2} = 5h/6$$

Transformation $z = m + hx$, $m = \dfrac{a+b}{2}$, $h = \dfrac{b-a}{2}$ führt zum Intervall $[a, b]$

$$\int_a^b f(x)\, dx \approx Q_n(f) = \sum_{i=0}^{n} A_i\, f(m + x_i)$$

12.5.4 Romberg-Quadraturverfahren

Prinzip: Approximation des Integrals durch die einfache Sehnen-Trapezformel, $Q^{ST}(h) := T(h)$ unter ständiger Halbierung der Schrittweite h_0:

$$h_i = \frac{h_0}{2^i} = \frac{h_{i-1}}{2} \qquad i = 1, 2, \dots$$

praktische Basisschrittweite $h = h_0 = b - a$

Geeignete Linearkombination für bereits erhaltene Näherungen

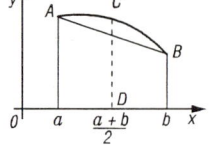

Romberg-Verfahren

$$I(f; a, b) = I(f) = \int_a^b f(x)\, \mathrm{d}x = T(h) + R(h)$$

Verfahrensformel

$T(h) = I(f) - R(h)$, wobei die Fehlerfunktion asymptotischen Verlauf nimmt:

$$R(h) = \tau_1 h^2 + \dots + \tau_m h^{2m} + O\!\left(h^{2(m+1)}\right)$$

Erster Lösungsschritt: Linearkombination

$$T_1(h) = p\, T(h) + q\, T\!\left(\frac{h}{2}\right)$$

$$T_1(h) = p\, (I(f) - \tau_1 h^2 - \tau_2 h^4 + \dots) + q\, (I(f) - \tau_1 \frac{h^2}{4} - \tau_2 \frac{h^4}{16} - \dots)$$

$$= (p + q)\, I(f) - \tau_1 h^2 \left(p + \frac{q}{4}\right) - \tau_2 h^4 \left(p + \frac{q}{16}\right) - \dots$$

Bedingungen für p und q:

- $T_1(h) \to I(f)$: $p + q = 1$

- Koeffizient von $h^2 \to 0$, $p + \dfrac{q}{4} = 0$ $\to$ $p = -\dfrac{1}{3}$, $q = \dfrac{4}{3}$

$$T_1(h) = -\frac{1}{3}\, T(h) + \frac{4}{3}\, T\!\left(\frac{h}{2}\right) = T\!\left(\frac{h}{2}\right) + \frac{1}{3}\left(T\!\left(\frac{h}{2}\right) - T(h)\right)$$

reduzierte Fehlerordnung $O(h^4)$

Anfangswerte T_{i0} (d.h. $k = 0$), rekursive Berechnung

$$T_{00} = \frac{b-a}{2}\, (f(a) + f(b)) \qquad\qquad \text{mit } h_0 = b - a$$

$$T_{i0} = \frac{1}{2}\, T_{i-1,0} + h_i \sum_{v=0}^{2^{i-1}-1} f(a + (2v+1)\, h_i) \qquad i = 1, 2, \dots$$

Rekursionsformel für $k > 0$ (zeilenweise)

$$T_{ik} = \frac{2^{2k}\,T_{i+1,\,k-1} - T_{i,\,k-1}}{2^{2k} - 1} \qquad k = 1, 2, ..., i;\ \ i = 0, 1, ..., (m+1)$$

Verfahren solange fortsetzen bis $\left| T_{0,\,m+1} - T_{1,\,m} \right| < \varepsilon$ (oder bis $i = i_{\max}$)

Dann ist $\displaystyle\int_a^b f(x)\,\mathrm{d}x = T_{0,\,m+1} + O(h_{m+1}^{2(m+2)})$

ROMBERG-*Schema* für Näherungswerte T_{ik}

i	$T_{i,0}$	$T_{i-1,\,1}$	$T_{i-2,\,2}$	$T_{i-3,\,3}$	$T_{i-4,\,4}$ $\cdots$
0	T_{00}				
1	T_{10}	T_{01}			
2	T_{20}	T_{11}	T_{02}		
3	T_{30}	T_{21}	T_{12}	T_{03}	
4	T_{40}	T_{31}	T_{22}	T_{13}	T_{04}

♦ Beispiel:

Berechnung von $\displaystyle\int_{-\pi/2}^{\pi/2} \cos x\,\mathrm{d}x$ mit dem ROMBERG-Verfahren (exakt = 2,0)

Anfangswerte, $h_0 = b - a = \pi/2 + \pi/2 = \pi$

$$T_{00} = \frac{\pi}{2}\left(f\left(-\frac{\pi}{2}\right) + f\left(\frac{\pi}{2}\right)\right) = 0 \qquad \text{(Fläche des »Zweiecks« } -\pi/2 \text{ bis } \pi/2)$$

$$T_{10} = \frac{1}{2}\cdot 0 + \frac{\pi}{2}f\left(-\frac{\pi}{2} + \frac{\pi}{2}\right) = 0 + \frac{\pi}{2}\cdot f(0) = \frac{\pi}{2} = 1,570\,796\,327$$

mit $h_1 = h_0/2 = \pi/2$ \qquad (Dreiecksfläche $-\pi/2$, 1, $\pi/2$)

$$T_{20} = \frac{\pi}{4} + \frac{\pi}{4}\left(f\left(-\frac{\pi}{2}+\frac{\pi}{4}\right) + f\left(-\frac{\pi}{2}+\frac{3\pi}{4}\right)\right)$$
$$= \frac{\pi}{4} + \frac{\pi}{4}\left(f\left(-\frac{\pi}{4}\right) + f\left(\frac{\pi}{4}\right)\right) = \frac{\pi}{4} + \frac{\pi}{4}\left(\frac{\sqrt{2}}{2} + \frac{\sqrt{2}}{2}\right) = 1,896\,118\,898$$

mit $h_2 = h_1/2 = \pi/4$ \qquad (Fläche des Fünfecks)

$$T_{30} = \frac{\pi}{8}(1+\sqrt{2}) + \frac{\pi}{8}\left(2\cdot f\left(\frac{3\pi}{8}\right) + 2\cdot f\left(\frac{\pi}{8}\right)\right) = 1,974\,231\,579$$

(Fläche des Neunecks)

Rekursionswerte:

$$T_{01} = \frac{2^{2\cdot 1}\cdot T_{10} - T_{00}}{2^{2\cdot 1} - 1} = 2,094\,395\,103$$

$$T_{11} = \frac{2^2\,T_{20} - T_{10}}{3} = 2,004\,559\,755$$

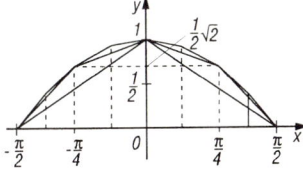

$$T_{21} = \frac{2^2\, T_{30} - T_{20}}{2^2 - 1} = 2{,}000\ 269\ 139$$

$$T_{02} = \frac{2^4\, T_{11} - T_{01}}{2^4 - 1} = 1.998\ 570\ 732 \quad \text{usw.}$$

Rechenschema:

i	T_{i0}	$T_{i-1,\,1}$	$k = 2$	$k = 3$
0	0	–	–	–
1	1,570 796 327	2,094 395 103	–	–
2	1,896 118 898	2,004 559 755	1,998 570 732	–
3	1,974 231 579	2,000 269 139	1,999 983 098	2,000 005 517
4	1,993 570 344	2,000 016 599	1,999 999 763	2,000 000 027

Bereits nach 3 Intervallhalbierungen erhält man eine Genauigkeit von 10^{-7}.   ◆

12.6 Kurvenintegrale (Linienintegrale)

Siehe auch Kurvenintegrale im Vektorfeld, 13.3

12.6.1 Kurvenintegral erster Art

Das *Kurvenintegral erster Art* ist ein verallgemeinertes bestimmtes Integral mit einem Integrationsweg längs einer stückweise stetigen, glatten Kurve k oder C (statt der x-Achse), auf der eine beschränkte Funktion $u = f(x, y)$ definiert ist.

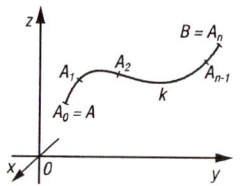

Kurvenintegral 1. Art

Allgemein:

$$I = \int_k f(x, y, z)\ \mathrm{d}s = \int_{AB} f(x, y, z)\ \mathrm{d}s = \int_{BA} f(x, y, z)\ \mathrm{d}s$$

Ein Kurvenintegral erster Art ist unabhängig von der Durchlaufrichtung.

Berechnung des Kurvenintegrals erster Art
in Parameterdarstellungen

k: $x = x(s), y = y(s), z = z(s)$ $0 \le s \le l$ s Bogenlänge von k

$$I = \int_k f(x, y, z)\ \mathrm{d}s = \int_0^l f(x(s), y(s), z(s))\ \mathrm{d}s$$

$k: \; x = x(t), \, y = y(t), \, z = z(t) \qquad t_1 \le t \le t_2$

$$I = \int\limits_k f(x, y, z) \, ds = \int\limits_{t_1}^{t_2} f(x(t), y(t), z(t)) \, \sqrt{\dot{x}^2(t) + \dot{y}^2(t) + \dot{z}^2(t)} \; dt$$

wobei $\quad \dfrac{ds}{dt} = \sqrt{\dot{x}^2(t) + \dot{y}^2(t) + \dot{z}^2(t)}$

in der Ebene $k: \; y = g(x) \qquad a \le x \le b$

$$I = \int\limits_k f(x, y) \, ds = \int\limits_a^b f(x, g(x)) \, \sqrt{1 + g'^2(x)} \; dx$$

♦   Beispiel:

Kurvenintegral für den Viertelkreis k mit dem Radius r um den Nullpunkt

$x(t) = r \cos t \wedge y(t) = r \sin t \qquad 0 \le t \le \pi/2$

$$\frac{ds}{dt} = \sqrt{\dot{x}^2(t) + \dot{y}^2(t)} = \sqrt{r^2 \sin^2 t + r^2 \cos^2 t} = r$$

$$\int\limits_k f(x, y) \, ds = \int\limits_k y \, ds = r^2 \int\limits_0^{\pi/2} \sin t \, dt = r^2 \left. (-\cos t) \right|_0^{\pi/2} = r^2 \qquad\qquad ♦$$

12.6.2   Kurvenintegral zweiter Art

Im Gegensatz zum Kurvenintegral erster Art wird beim *Kurvenintegral zweiter Art* mit der Projektion der Kurvenstücke auf die Achsen gearbeitet.

Allgemein:

$$I = \int\limits_k f(x, y, z) \, dx \qquad\quad I = \int\limits_k f(x, y, z) \, dy \qquad\quad I = \int\limits_k f(x, y, z) \, dz$$

oder $\quad I = \displaystyle\int\limits_{AB} f(x, y, z) \, dx \qquad\quad I = \int\limits_{AB} f(x, y, z) \, dy \qquad\quad I = \int\limits_{AB} f(x, y, z) \, dz$

12

in der Ebene: Die Kurvenintegrale in der Ebene sind Spezialfälle für $z = 0$.

Sind auf einer Kurve drei Funktionen $P(x, y, z)$, $Q(x, y, z)$, $R(x, y, z)$ definiert, gilt das

Allgemeine Kurvenintegral zweiter Art

$$I = \int\limits_k \left(P(x, y, z) \, dx + Q(x, y, z) \, dy + R(x, y, z) \, dz \right)$$

Änderung des *Durchlaufsinns* ändert das Vorzeichen

$$\int\limits_{AB} f(x, y, z) \, dx = - \int\limits_{BA} f(x, y, z) \, dx$$

Berechnung des Kurvenintegrals 2. Art in Parameterdarstellung

k: $x = x(t), y = y(t), z = z(t), t_1 \leq t \leq t_2$ $f(x, y, z)$ stetig auf k

$$I = \int_k f(x, y, z) \, dx = \int_{t_1}^{t_2} f(x(t), y(t), z(t)) \, \dot{x}(t) \, dt$$

$$I = \int_k f(x, y, z) \, dy = \int_{t_1}^{t_2} f(x(t), y(t), z(t)) \, \dot{y}(t) \, dt$$

$$I = \int_k f(x, y, z) \, dz = \int_{t_1}^{t_2} f(x(t), y(t), z(t)) \, \dot{z}(t) \, dt$$

(lineare) Differentialform des Integranden

$$\int_C (P \, dx + Q \, dy + R \, dz) = \int_{t_1}^{t_2} (P\dot{x} + Q\dot{y} + R\dot{z}) \, dt, \text{ wenn } C = \begin{pmatrix} x(t) \\ y(t) \\ z(t) \end{pmatrix}$$

♦ **Beispiel:**

Berechnung des Kurvenintegrals $\int_{AB} ((xy + y^2) \, dx + x \, dy)$ längs der Parabel $y = 2x^2$
zwischen den Grenzen $A(0, 0)$ und $B(2, 8)$.

Man wählt bei expliziter Darstellung der Kurvengleichung eine der Variablen selbst
als Parameter: $y = 2x^2$, $dy = 4x \, dx$.

$$I = \int_0^2 (x \cdot 2x^2 + 4x^4 + x \cdot 4x) \, dx = 44 + \frac{4}{15}$$ ♦

Zusammenhang zwischen Kurvenintegralen erster und zweiter Art

Mit den Richtungswinkeln der Tangente $\alpha = \sphericalangle (e_x, t)$, $\beta = \sphericalangle (e_y, t)$ und
$\gamma = \sphericalangle (e_z, t)$ wird ($P = P(x, y, z)$, $Q = Q(x, y, z)$, $R = R(x, y, z)$)

$$I = \int_k (P \, dx + Q \, dy + R \, dz) = \int_k (P \cos \alpha + Q \cos \beta + R \cos \gamma) \, ds$$

Mit $\dfrac{x}{r} = \cos \sphericalangle (e_x, r), \dfrac{y}{r} = \sin \sphericalangle (e_x, r)$ und $\sphericalangle (e_x, n) - \sphericalangle (e_x, r) = \sphericalangle (r, n)$ erhält
man in der Ebene das GAUSSsche Integral als Integral über dem Winkel, unter
dem k vom Ursprung aus erscheint.

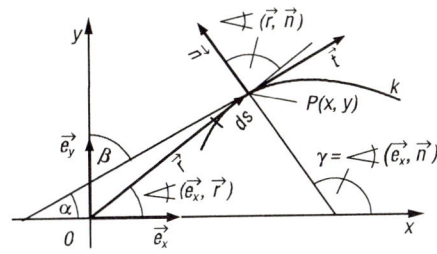

Kurvenintegral
1. und 2. Art

Wenn der Endpunkt von C_1 gleich Anfangspunkt von C_2 ist, gilt

$$\int\limits_{C_1} v \, d\boldsymbol{r} + \int\limits_{C_2} v \, d\boldsymbol{r} = \int\limits_{C_1 + C_2} v \, d\boldsymbol{r}$$

Kurvenintegral über eine **geschlossene Kurve** $(A \equiv B)$ $\oint\limits_C v \, d\boldsymbol{r}$

Wegunabhängigkeit des Kurvenintegrals 2. Art

Ein Kurvenintegral 2. Art ist i. allg. abhängig vom Integrationsweg.

Ebener Fall: Liegt k in einem einfach zusammenhängenden Gebiet G (siehe 13.3), ist das Kurvenintegral 2. Art vom Weg **unabhängig**, wenn es in G eine Funktion $U(x, y)$ (*Potential*) gibt, für die die notwendige und hinreichende Bedingung für ihre Existenz gilt:

$$\frac{\partial P}{\partial y} = \frac{\partial Q}{\partial x} \qquad \textit{Integrabilitätsbedingung} \; (\text{SCHWARZ} sche \; Bedingung)$$

mit $\qquad P = P(x, y) = \dfrac{\partial U(x, y)}{\partial x} \qquad Q = Q(x, y) = \dfrac{\partial U(x, y)}{\partial y}$

d.h., $P \, dx + Q \, dy$ ist das totale Differential von U.

Berechnung des Kurvenintegrals als Potentialdifferenz

$$\int\limits_k (P \, dx + Q \, dy) = U(x_B, y_B) - U(x_A, y_A)$$

Daraus folgt: Der Weg des Kurvenintegrals eines vollständigen Differentials über einen geschlossenen Integrationsweg ist Null.

Siehe auch exakte Dgl. 14.2.4 und integrierender Faktor 14.2.5 und 13.3.

12

12.7   Bereichsintegrale, Mehrfachintegrale

12.7.1   Zweidimensionales Bereichsintegral, Doppelintegral

Verallgemeinerung des bestimmten Integrals auf zwei unabhängige Variable.
Allgemein:

$$I = \int\limits_{(A)} f(x, y)\, dA = \int\limits_{(A)} f(x, y)\, d(x, y) \qquad \begin{array}{l} z = f(x, y) \text{ stetig} \\ dA \ \textit{Flächendifferential} \end{array}$$

Geometrische Deutung:

Das *zweidimensionale Bereichsintegral* stellt
(bei kartesischen Koordinaten) die Maßzahl
des Rauminhalts für den zylindrischen Körper
dar, der vom Integrationsbereich (A) auf der
(x, y)-Ebene, den auf ihrem Rand errichteten
Loten parallel zur z-Achse (Mantellinien) und
der Fläche $z = f(x, y)$ begrenzt wird.

Grundfläche (A) in (x, y)-Ebene

Das Volumen wird für $z = f(x, y) > 0$ positiv.
Schneidet $z = f(x, y)$ die (x, y)-Ebene, so ist die Volumenbestimmung in
Teilschritten vorzunehmen.

Doppelintegral

Das *Doppelintegral* wird seriell berechnet, beginnend beim *inneren Integral*
mit dem inneren Differential und variablen Grenzen, danach das *äußere
Integral* mit konstanten Grenzen:

$$\int\limits_{(A)} f(x, y)\, dA = \int\limits_{x_1}^{x_2}\left(\int\limits_{y_1(x)}^{y_2(x)} f(x, y)\, dy \right) dx = \int\limits_{x_1}^{x_2} \int\limits_{y_1(x)}^{y_2(x)} f(x, y)\, dy\, dx$$

oder
$$\int\limits_{(A)} f(x, y)\, dA = \int\limits_{y_1}^{y_2}\left(\int\limits_{x_1(y)}^{x_2(y)} f(x, y)\, dx \right) dy = \int\limits_{y_1}^{y_2} \int\limits_{x_1(y)}^{x_2(y)} f(x, y)\, dx\, dy$$

in Polarkoordinaten

$$\int\limits_{(A)} f(r, \varphi)\, dA = \int\limits_{\varphi_1}^{\varphi_2} \int\limits_{r_1(\varphi)}^{r_2(\varphi)} f(r, \varphi)\, r\, dr\, d\varphi$$

oder
$$\int\limits_{(A)} f(r, \varphi)\, dA = \int\limits_{r_1}^{r_2} \int\limits_{\varphi_1(r)}^{\varphi_2(r)} f(r, \varphi)\, r\, d\varphi\, dr$$

♦   Beispiel:

Man berechne das Volumen der Kugel mit dem Radius R.

Vorteilhaft sind Kugelkoordinaten mit der Gleichung für die Kugel $r = R$.
Wegen der Symmetrie genügt der erste Oktant mit $x, y \geq 0$.

$$\frac{V}{8} = \int_{(A)} f(r, \varphi)\, \mathrm{d}A = \int_{r_1}^{r_2} \int_{\varphi_1(r)}^{\varphi_2(r)} f(r, \varphi)\, r\, \mathrm{d}\varphi\, \mathrm{d}r$$

$$= \int_0^R \int_0^{\pi/2} r^2\, \mathrm{d}\varphi\, \mathrm{d}r = \int_0^R r^2 \cdot \frac{\pi}{2}\, \mathrm{d}r = \frac{r^3}{3} \cdot \frac{\pi}{2} = \frac{R^3 \pi}{6}$$

$$V = \frac{4}{3}\pi R^3$$

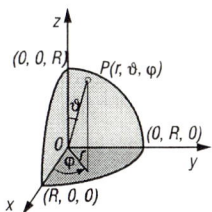

Zum Vergleich und zur Demonstratiuon der Festlegung
der Integrationsgrenzen bei kartesischen Koordinaten:

Kugelgleichung in kartesischen Koordinaten

$$x^2 + y^2 + z^2 = R^2 \rightarrow f(x, y) \equiv z = \sqrt{R^2 - x^2 - y^2}$$

Grenzen: $0 \leq x \leq \sqrt{R^2 - y^2}$ (Kreis für $z = 0$, siehe Bild) , $0 \leq y \leq R$

$$\frac{V}{8} = \int_0^R \int_0^{\sqrt{R^2 - y^2}} \sqrt{R^2 - x^2 - y^2}\, \mathrm{d}x\, \mathrm{d}y \qquad x, y \geq 0$$

Substitution $x = \sqrt{R^2 - y^2} \sin \varphi$, $\mathrm{d}x = \sqrt{R^2 - y^2} \cos \varphi\, \mathrm{d}\varphi$
ergibt als neue Grenzen für das innere Integral $0 \leq \varphi \leq \pi/2$.

$$\frac{V}{8} = \int_0^R \int_0^{\pi/2} \sqrt{R^2 - (R^2 - y^2) \sin^2 \varphi - y^2}\, \sqrt{R^2 - y^2} \cos \varphi\, \mathrm{d}\varphi\, \mathrm{d}y \quad \text{usw.}$$ ♦

Variablentransformation in Doppelintegralen

Bilden die auf Γ stetigen Funktionen $x = x(u, v), y = y(u, v)$ mit ihren partiellen
Ableitungen 1. Ordnung den Bereich Γ eineindeutig auf den Bereich (A) der
(x, y)-Ebene ab und lautet die Funktionaldeterminante im Inneren von Γ

12

$$\frac{\partial(x, y)}{\partial(u, v)} = \begin{vmatrix} x_u & y_u \\ x_v & y_v \end{vmatrix} \neq 0,$$

gilt die Substitutionsregel:

$$\int_{(A)} f(x, y)\, \mathrm{d}A = \int_{\Gamma} f(x(u, v), y(u, v))\, \frac{\partial(x, y)}{\partial(u, v)}\, \mathrm{d}u\, \mathrm{d}v$$

12.7.2　Raumintegral, Volumenintegral, Dreifachintegral

Das *Raumintegral* ist die Verallgemeinerung des bestimmten Integrals auf drei unabhängige Variable (dreidimensionales Bereichsintegral).

Allgemein:

$$I = \int\limits_{(V)} f(x, y, z)\, dV = \int\limits_{(V)} f(x, y, z)\, dx\, dy\, dz \qquad f(x, y, z) \text{ stetig auf } (V)$$

$$\int\limits_{(V)} f(x, y, z)\, dV = \int\limits_{x_1}^{x_2} \left[\int\limits_{y_1(x)}^{y_2(x)} \left(\int\limits_{z_1(x,y)}^{z_2(x,y)} f(x, y, z)\, dz \right) dy \right] dx$$

$$= \int\limits_{x_1}^{x_2} \int\limits_{y_1(x)}^{y_2(x)} \int\limits_{z_1(x,y)}^{z_2(x,y)} f(x, y, z)\, dz\, dy\, dx$$

(V) räumlicher Integrationsbereich
dV *Volumenelement, Volumendifferential*

Hierbei bedeuten die Grenzen $z_1(x, y)$ und $z_2(x, y)$ die untere bzw. obere Begrenzungsfläche des Körpers, die wiederum durch die Randkurve des Körpers (Verbindungslinie der Berührungspunkte sämtlicher zur z-Achse paralleler Tangentialebenen an den Körper) begrenzt werden.

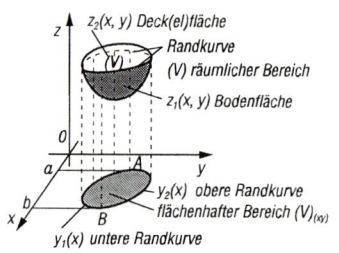

Volumenintegral

Die Reihenfolge der Integration ist die Reihenfolge der Differentiale. Bei Vertauschen der Reihenfolge sind die Integrationsgrenzen neu zu bestimmen. Bei jeder Integration werden alle anderen Variablen als Konstante betrachtet.

Variablentransformation analog Doppelintegral

in Zylinderkoordinaten $\{0;\ \rho,\ \varphi,\ z\}$, z.B.

$$\int\limits_{(V)} f(\rho, \varphi, z)\, dV = \int\limits_{\varphi_1}^{\varphi_2} \int\limits_{\rho_1(\varphi)}^{\rho_2(\varphi)} \int\limits_{z_1(\rho, \varphi)}^{z_2(\rho, \varphi)} f(\rho, \varphi, z)\, \rho\, dz\, d\rho\, d\varphi$$

in Kugelkoordinaten $\{0;\ r,\ \vartheta,\ \varphi\}$, z.B.

$$\int\limits_{(V)} f(r, \vartheta, \varphi)\, dV = \int\limits_{\vartheta_1}^{\vartheta_2} \int\limits_{\varphi_1(\vartheta)}^{\varphi_2(\vartheta)} \int\limits_{r_1(\vartheta, \varphi)}^{r_2(\vartheta, \varphi)} f(r, \vartheta, \varphi)\, r^2 \sin \vartheta\, dr\, d\varphi\, d\vartheta$$

♦   Beispiel:

Man berechne das Volumen des durch die Flächen $z = 2x^2y$, $(x - 2)^2 + y^2 = 4$ und $z = 0$ sowie den Halbraum $y \geq 0$ begrenzten Körpers.

Grenzen: $0 \leq z \leq 2x^2y$

$\qquad 0 \leq y \leq \sqrt{4x - x^2}$ aus $(x - 2)^2 + y^2 = 4$

$\qquad 0 \leq x \leq 4$ aus der Kreisgleichung

$$V = \int_0^4 \int_0^{\sqrt{4x - x^2}} \int_0^{2x^2y} dz\,dy\,dx = \int_0^4 \int_0^{\sqrt{4x - x^2}} 2x^2y\,dy\,dx$$

$$= \int_0^4 \left(x^2y^2\right)\Big|_0^{\sqrt{4x - x^2}} dx = \int_0^4 (4x^3 - x^4)\,dx = x^4 - \frac{x^5}{5}\Big|_0^4 = 51{,}2 \text{ VE}$$ ♦

12.8   Flächenintegrale

12.8.1   Flächenintegral erster Art
der Funktion $f(x, y, z)$ über die Fläche (A)

$$I = \int_{(A)} f(x, y, z)\,dA$$

(A) *glatte Fläche*, auf der $f(x, y, z)$ definiert (integrierbar) ist. Bei glatten Flächen (A) führen verschiedene Paare (u, v) auch zu verschiedenen Punkten auf (A).
dA *Oberflächenelement*

Zurückführung von I auf ein Flächenintegral über Γ in Parameterdarstellung $x = x(u, v)$, $y = y(u, v)$, $z = z(u, v)$, wobei die Parameter u, v Koordinaten und Γ ein Bereich der (u, v)-Ebene sind.

Bedingung für glatte Kurve: $A^2 + B^2 + C^2 > 0$

mit $\quad A = y_u z_v - y_v z_u \qquad B = z_u x_v - z_v x_u \qquad C = x_u y_v - x_v y_u$

$$\int_{(A)} f(x, y, z)\,dA = \int_{\Gamma} f(x(u, v), y(u, v), z(u, v))\,\sqrt{EG - F^2}\,du\,dv$$

wobei $\quad E = \left(\frac{\partial x}{\partial u}\right)^2 + \left(\frac{\partial y}{\partial u}\right)^2 + \left(\frac{\partial z}{\partial u}\right)^2 = x_u^2 + y_u^2 + z_u^2$

$$F = \frac{\partial x}{\partial u}\frac{\partial x}{\partial v} + \frac{\partial y}{\partial u}\frac{\partial y}{\partial v} + \frac{\partial z}{\partial u}\frac{\partial z}{\partial v} = x_u x_v + y_u y_v + z_u z_v$$

$$G = \left(\frac{\partial x}{\partial v}\right)^2 + \left(\frac{\partial y}{\partial v}\right)^2 + \left(\frac{\partial z}{\partial v}\right)^2 = x_v^2 + y_v^2 + z_v^2$$

Oberflächenelement: $dA = \sqrt{EG - F^2}\,du\,dv$

12

Zurückführung von I auf ein Doppelintegral über B in kartesischen Koordinaten $z = z(x, y)$, B Bereich der (x, y)-Ebene, $dx\,dy = dB$

Oberflächenelement $dA = \sqrt{1 + z_x^2 + z_y^2}\ dx\,dy$

$$\int_{(A)} f(x, y, z)\ dA = \int_B f(x, y, z))\ \sqrt{1 + z_x^2 + z_y^2}\ dx\,dy$$

Für $f(x, y, z) = 1$ liefert die Formel den Flächeninhalt der Fläche (A).

Flächeninhalt einer glatten Fläche beim Durchlaufen der Parameter u, v des Gebietes Γ der (u, v)-Ebene

$$A = \int dA = \int_\Gamma \sqrt{EG - F^2}\ du\,dv$$

bzw. mit $z = z(x, y)$

$$A = \int_{(A)} dA = \int_{(A)} \sqrt{1 + z_x^2 + z_y^2}\ dx\,dy$$

12.8.2 Flächenintegral zweiter Art (siehe auch 13.4)

Gegeben: Orientierte, zweiseitige, nicht geschlossene Fläche (A), Kurve auf (A) erhält Durchlaufsinn so, daß eine Rechtsschraubung mit der Normalen entsteht.

Flächenintegral 2. Art über die ausgewählte Seite von (A)

$$I = \int_{(A)} f(x, y, z)\ dx\,dy$$

$$I = \int_{(A)} f(x, y, z)\ dy\,dz$$

Allgemeines Oberflächenintegral 2. Art

$$\int_{(A)} (P\ dy\,dz + Q\ dz\,dx + R\ dx\,dy)$$

$P(x, y, z)$, $Q(x, y, z)$, $R(x, y, z)$ Funktionen auf (A)

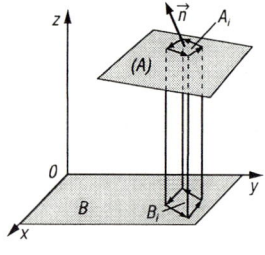

Oberflächenintegral

Für 2 verschiedene, nicht geschlossene Flächen A_1 und A_2 mit gleicher Randkurve k hat das Flächenintegral i. allg. verschiedene Werte.

Das Flächenintegral *über eine geschlossene Kurve* hat im allgemeinen nicht den Wert Null.

Es verschwindet für

$$\frac{\partial P}{\partial x} + \frac{\partial Q}{\partial y} + \frac{\partial R}{\partial z} = 0$$

Zusammenhang zwischen den Flächenintegralen 1. und 2. Art

$$\int_{(A)} (P\, dy\, dz + Q\, dz\, dx + R\, dx\, dy) = \int_{(A)} (P \cos\alpha + Q \cos\beta + R \cos\gamma)\, dA$$

α, β, γ Winkel der ausgewählten Seite der Fläche mit den Koordinatenachsen

Gaußscher Integralsatz

Wandlung eines Volumenintegrals in ein Flächenintegral zweiter Art über die äußere Seite des Bereichs (V) bzw. Wandlung eines Doppelintegrals über B in ein Kurvenintegral über den Rand k von B, siehe 13.6.

12.9   Anwendungen der Integralrechnung

12.9.1   Geometrische Anwendungen

12.9.1.1 Flächeninhalte (Quadratur)

1. Fläche zwischen der Kurve k: $y = f(x)$, der x-Achse und den Geraden $x = a$ und $x = b$, $a < b$, keine Nullstelle im Intervall $[a, b]$

$$A = \int_a^b f(x)\, dx \qquad \text{für } f(x) \geq 0$$

Bei Nullstellen im Intervall $[a, b]$ sind die oberhalb (positiv) und unterhalb (negativ) der Abszisse liegenden Flächenteile getrennt zu berechnen und deren Absolutwerte zu addieren. Ebenso, wenn f in $[a, b]$ durch verschiedene Gleichungen definiert ist.

12

♦   Beispiel:

Wie groß ist die Fläche zwischen der Kurve
$y = \frac{1}{10}(x^3 - 2x^2 - 15x)$, der x-Achse und
den Parallelen $x = -4$ und $x = 4$?

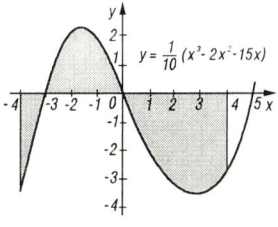

Die Nullstellen als Lösung der Kurvengleichung lauten: $x_1 = -3$, $x_2 = 0$,
$x_3 = 5$.

$$A = \left| \int_{-4}^{-3} f(x)\, dx \right| + \left| \int_{-3}^{0} f(x)\, dx \right| + \left| \int_{0}^{4} f(x)\, dx \right|$$

$$= \left| \frac{1}{10} \int_{-4}^{-3} (x^3 - 2x^2 - 15x)\, dx \right| + \left| \frac{1}{10} \int_{-3}^{0} (x^3 - 2x^2 - 15x)\, dx \right|$$

$$+ \left| \frac{1}{10} \int_{0}^{4} (x^3 - 2x^2 - 15x)\, dx \right|$$

$$= \left| \frac{1}{10} \left(\frac{x^4}{4} - \frac{2x^3}{3} - \frac{15x^2}{2} \right)_{-4}^{-3} \right| + \left| \frac{1}{10} \left(\frac{x^4}{4} - \frac{2x^3}{3} - \frac{15x^2}{2} \right)_{-3}^{0} \right|$$

$$+ \left| \frac{1}{10} \left(\frac{x^4}{4} - \frac{2x^3}{3} - \frac{15x^2}{2} \right)_{0}^{4} \right|$$

$$= \left| \frac{1}{10} \left(-\frac{117}{4} + \frac{40}{3} \right) \right| + \left| \frac{1}{10} \cdot \frac{117}{4} \right| + \left| \frac{1}{10} \left(-\frac{296}{3} \right) \right| = 14{,}38 \text{ FE} \qquad \blacklozenge$$

Sonderfall: Symmetrie $f(-x) = \pm f(x) \rightarrow$ Fläche zwischen $x = -a$ und $x = a$:

$$A = 2 \cdot \int_{0}^{a} f(x)\, dx$$

2. Fläche zwischen der Kurve $x = g(y)$, der y-Achse sowie $y = y_1$ und $y = y_2$

$$A = \int_{y_1}^{y_2} g(y)\, dy$$

3. Fläche zwischen der Kurve k: $x = x(t)$, $y = y(t)$ und den Ordinaten $y(t_1)$ und $y(t_2)$

$$A = \int_{t_1}^{t_2} y(t)\, \dot{x}(t)\, dt$$

bzw. der y-Achse und den Abszissen $x(t_1)$ und $x(t_2)$

$$A = \int_{t_1}^{t_2} x(t)\, \dot{y}(t)\, dt$$

4. Fläche zwischen den Kurven k_1: $y = y_1(x)$ und k_2: $y = y_2(x)$ und den Parallelen $x = x_1$ und $x = x_2$, $(y_2(x) \geq y_1(x) \ \forall \ x \in [x_1, x_2])$

$$A = \int_{x_1}^{x_2} \left(y_2(x) - y_1(x) \right) dx = \int_{x_1}^{x_2} \int_{y_1(x)}^{y_2(x)} dy\, dx$$

Haben die beiden Kurven im Intervall $[x_1, x_2]$ Schnittpunkte, sind die Teilflächen zu berechnen und deren Beträge zu addieren.

5. Fläche zwischen der Kurve k: $r = r(\varphi)$ und den
Ortsvektoren $\boldsymbol{r}_1 = \boldsymbol{r}(\varphi_1)$ und $\boldsymbol{r}_2 = \boldsymbol{r}(\varphi_2)$

$$A = \frac{1}{2} \int_{\varphi_1}^{\varphi_2} r^2 \, d\varphi \qquad \textbf{Leibnizsche Sektorenformel}$$

6. Fläche zwischen zwei Kurven k_1: $r = r_1(\varphi)$
und k_2: $r = r_2(\varphi)$ in den Grenzen φ_1, φ_2

$$A = \int_{\varphi_1}^{\varphi_2} \int_{r_1(\varphi)}^{r_2(\varphi)} r \, dr \, d\varphi = \frac{1}{2} \int_{\varphi_1}^{\varphi_2} \left(r_2^2(\varphi) - r_1^2(\varphi) \right) d\varphi$$

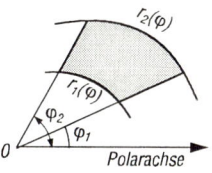

Fläche zwischen 2 Kurven

7. Fläche zwischen der Kurve k: $x = x(t)$, $y = y(t)$
und den Ortsvektoren $\overrightarrow{OP}_1$ und $\overrightarrow{OP}_2$

$$A = \frac{1}{2} \int_{t_1}^{t_2} (x\dot{y} - \dot{x}y) \, dt \qquad \textbf{Leibnizsche Sektorenformel}$$

8. Inhalt des Teils der Fläche $z = f(x, y)$, deren Projektion in der (x, y)-Ebene
A ist.

in kartesischen Koordinaten $\{0; \, \boldsymbol{e}_x, \boldsymbol{e}_x, \boldsymbol{e}_x\}$

$$A_0 = \int_{x_1}^{x_2} \int_{y_1(x)}^{y_2(x)} \sqrt{f_x^2 + f_y^2 + 1} \, dy \, dx$$

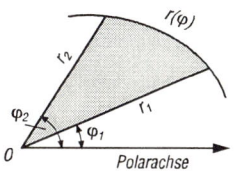

in Polarkoordinaten $\{0; \, r, \varphi\}$

Leibnizsche Sektorenformel

$$A_0 = \int_{\varphi_1}^{\varphi_2} \int_{r_1(\varphi)}^{r_2(\varphi)} \sqrt{f_\varphi^2 + r^2 f_r^2 + r^2} \, dr \, d\varphi$$

12

9. Fläche eines ebenen, von einer geschlossenen Kurve begrenzten Gebietes

$$A = \frac{1}{2} \int_k (x \, dy - y \, dx) \qquad \text{(Kurvenintegral)}$$

12.9.1.2 Bogenlänge (Rektifikation)

Länge s eines Kurvenstücks zwischen den Punkten P_1 und P_2

$$k:\ y = f(x) \qquad s = \int_{x_1}^{x_2} \sqrt{1 + y'^2}\ dx \qquad s = \int_{y_1}^{y_2} \sqrt{1 + \left(\frac{dx}{dy}\right)^2}\ dy$$

$$k:\ \begin{cases} x = x(t)) \\ y = y(t \end{cases} \qquad s = \int_{t_1}^{t_2} \sqrt{\dot{x}^2 + \dot{y}^2}\ dt$$

$$k:\ r = r(\varphi) \qquad s = \int_{\varphi_1}^{\varphi_2} \sqrt{r^2 + \left(\frac{dr}{d\varphi}\right)^2}\ d\varphi = \int_{r_1}^{r_2} \sqrt{1 + r^2 \left(\frac{d\varphi}{dr}\right)^2}\ dr$$

12.9.1.3 Mantelflächen von Rotationskörpern (Komplanation)

bei Rotation der Kurve $y = f(x)$ um die x-Achse bzw um die y-Achse

$$A_{Mx} = 2\pi \int_{x_1}^{x_2} y \sqrt{1 + y'^2}\ dx \qquad A_{My} = 2\pi \int_{y_1}^{y_2} x \sqrt{1 + \left(\frac{dx}{dy}\right)^2}\ dy$$

bei Rotation der Kurve $\begin{cases} x = x(t) \\ y = y(t) \end{cases}$ um die x-Achse bzw. um die y-Achse

$$A_{Mx} = 2\pi \int_{t_1}^{t_2} y \sqrt{\dot{x}^2 + \dot{y}^2}\ dt \qquad A_{My} = 2\pi \int_{t_1}^{t_2} x \sqrt{\dot{x}^2 + \dot{y}^2}\ dt$$

bei Rotation der Kurve $r = r(\varphi)$ um die x-Achse bzw. um die y-Achse

$$A_{Mx} = 2\pi \int_{\varphi_1}^{\varphi_2} r \sin\varphi \sqrt{r^2 + \left(\frac{dr}{d\varphi}\right)^2}\ d\varphi$$

$$A_{My} = 2\pi \int_{\varphi_1}^{\varphi_2} r \cos\varphi \sqrt{r^2 + \left(\frac{dr}{d\varphi}\right)^2}\ d\varphi$$

12.9.1.4 Volumen von Rotationskörpern (Kubatur)

bei Rotation der Fläche unter der Kurve von $y = f(x)$ um die x-Achse/y-Achse

$$V_x = \pi \int_{x_1}^{x_2} y^2 \mathrm{d}x \qquad\qquad V_y = \pi \int_{y_1}^{y_2} (g(y))^2 \, \mathrm{d}y$$

$$V_y = \pi \int_{x_1}^{x_2} x^2 y' \, \mathrm{d}x \qquad\qquad y = f(x) \leftrightarrow x = g(y)$$

bei Rotation der Kurve $x = x(t) \wedge y = y(t)$ um die x-Achse bzw. um die y-Achse

$$V_x = \pi \int_{t_1}^{t_2} y^2 \dot{x} \, \mathrm{d}t \qquad\qquad V_y = \pi \int_{t_1}^{t_2} x^2 \dot{y} \, \mathrm{d}t$$

bei Rotation der Kurve $r = r(\varphi)$ um die x-Achse bzw. um die y-Achse

$$V_x = \pi \int_{\varphi_1}^{\varphi_2} r^2 \sin^2 \varphi \left(\frac{\mathrm{d}r}{\mathrm{d}\varphi} \cos \varphi - r \sin \varphi \right) \mathrm{d}\varphi$$

$$V_y = \pi \int_{\varphi_1}^{\varphi_2} r^2 \cos^2 \varphi \left(\frac{\mathrm{d}r}{\mathrm{d}\varphi} \sin \varphi + r \cos \varphi \right) \mathrm{d}\varphi$$

12

Rotationskörper

12.9.1.5 Volumen eines Körpers

$$V = \int_{(V)} \mathrm{d}V = \int_{x_1}^{x_2} A(x) \, \mathrm{d}x$$

in kartesischen Koordinaten $\{0; x, y, z\}$

$$V = \int_{x_1}^{x_2} \int_{y_1(x)}^{y_2(x)} \int_{z_1(x,y)}^{z_2(x,y)} \mathrm{d}z \, \mathrm{d}y \, \mathrm{d}x = \int_{x_1}^{x_2} \int_{y_1(x)}^{y_2(x)} (z_2(x,y) - z_1(x,y)) \, \mathrm{d}y \, \mathrm{d}x$$

in Zylinderkoordinaten $\{0;\ \rho,\ \varphi,\ z\}$

$$V = \int\limits_{\varphi_1}^{\varphi_2} \int\limits_{r_1(\varphi)}^{r_2(\varphi)} \int\limits_{z_1(\rho,\ \varphi)}^{z_2(\rho,\ \varphi)} \rho\ \mathrm{d}z\ \mathrm{d}\rho\ \mathrm{d}\varphi$$

in Kugelkoordinaten $\{0;\ r,\ \vartheta,\ \varphi\}$

$$V = \int\limits_{\vartheta_1}^{\vartheta_2} \int\limits_{\varphi_1(\vartheta)}^{\varphi_2(\vartheta)} \int\limits_{r_1(\varphi,\ \vartheta)}^{r_2(\varphi,\ \vartheta)} r^2 \cos\varphi\ \mathrm{d}r\ \mathrm{d}\varphi\ \mathrm{d}\vartheta$$

Volumen eines Zylinders (kartesische und Zylinderkoordinaten)

$$V = \int\limits_A z\ \mathrm{d}A = \int\limits_{x_1}^{x_2} \int\limits_{y_1(x)}^{y_2(x)} z\ \mathrm{d}y\ \mathrm{d}x \qquad V = \int\limits_{\varphi_1}^{\varphi_2} \int\limits_{\rho_1(\varphi)}^{\rho_2(\varphi)} z\rho\ \mathrm{d}r\ \mathrm{d}\varphi$$

12.9.2   Technisch-physikalische Anwendungen

12.9.2.1 Bewegungen

ges. geg.	Weg	Geschwindigkeit	Beschleunigung
$s = s(t)$	–	$v(t) = \dfrac{\mathrm{d}s}{\mathrm{d}t} = \dot{s}$	$a(t) = \dfrac{\mathrm{d}v}{\mathrm{d}t} = \dfrac{\mathrm{d}^2 s}{\mathrm{d}t^2} = \ddot{s}$
$v = v(t)$	$s = s_0 + \displaystyle\int\limits_{t_0}^{t} v(\tau)\ \mathrm{d}\tau$	–	$a(t) = \dfrac{\mathrm{d}v}{\mathrm{d}t} = \dot{v}$
$a = a(t)$	$s = s_0 + v_0(t - t_0)$ $+ \displaystyle\int\limits_{t_0}^{t}\left(\int\limits_{\tau_0}^{\tau} a(t)\ \mathrm{d}t\right) \mathrm{d}\tau$	$v = v_0 + \displaystyle\int\limits_{t_0}^{t} a(\tau)\ \mathrm{d}\tau$	–

mit den Anfangsbedingungen $s(t_0) = s_0$, $v(t_0) = v_0$

Für rotatorische Bewegung gilt $s := \varphi$ (*Drehwinkel*)

$v := \omega$ (*Winkelgeschwindigkeit*)

$a := \dot{\omega} = \alpha$ (*Winkelbeschleunigung*)

Bewegung eines Massepunktes auf einer Bahnkurve

in Vektordarstellung $\boldsymbol{r}(t) = x(t)\,\boldsymbol{e}_x + y(t)\,\boldsymbol{e}_y + z(t)\,\boldsymbol{e}_z$

Geschwindigkeitsvektor $\boldsymbol{v}(t) = \dot{\boldsymbol{r}}(t) = \dot{x}(t)\,\boldsymbol{e}_x + \dot{y}(t)\,\boldsymbol{e}_y + \dot{z}(t)\,\boldsymbol{e}_z = \begin{pmatrix} \dot{x}(t) \\ \dot{y}(t) \\ \dot{z}(t) \end{pmatrix}$

Beschleunigungsvektor $\boldsymbol{a}(t) = \dot{\boldsymbol{v}}(t) = \ddot{\boldsymbol{r}}(t) = \ddot{x}(t)\,\boldsymbol{e}_x + \ddot{y}(t)\,\boldsymbol{e}_y + \ddot{z}(t)\,\boldsymbol{e}_z = \begin{pmatrix} \ddot{x}(t) \\ \ddot{y}(t) \\ \ddot{z}(t) \end{pmatrix}$

12.9.2.2 Zeitlich veränderliche Ströme und Spannungen

Kondensator $\quad U_C = \dfrac{1}{C} \int I_C \, \mathrm{d}t \ $ in V $\qquad C = \dfrac{Q_C}{U_C} \quad$ Q Elektrizitätsmenge in A · s

$\qquad\qquad I_C = \dfrac{\mathrm{d}Q_C}{\mathrm{d}t} = C\,\dfrac{\mathrm{d}U_C}{\mathrm{d}t} \ $ in A $\qquad C$ Kapazität in F $= \dfrac{\text{A} \cdot \text{s}}{\text{V}}$

Spule $\qquad U_L = L\,\dfrac{\mathrm{d}I_L}{\mathrm{d}t} \ $ in V $\qquad\qquad L$ Induktivität in H

$\qquad\qquad I_L = \dfrac{1}{L} \int U_L \, \mathrm{d}t \ $ in A

12.9.2.3 Arbeit

mechanische Arbeit $\qquad W = \displaystyle\int_{s_1}^{s_2} F(s)\,\cos\,\varphi\,\mathrm{d}s = \int_{s_1}^{s_2} F_s(s)\,\mathrm{d}s$

φ Winkel zwischen Kraft und Weg
F_s Kraftkomponente in Wegrichtung

elektrische Arbeit $\qquad W = \displaystyle\int_0^T ui\,\mathrm{d}t = \hat{u} \cdot \hat{i} \int_0^T \sin\,\omega t \,\sin\,(\omega t + \varphi)\,\mathrm{d}t$

$\qquad\qquad\qquad\quad = U_\text{eff}\,I_\text{eff}\,T\,\cos\,\varphi \qquad$ mit $\omega T = 2\pi$

12.9.2.4 Momente 1. Grades (Dichte $\rho = 1$)

Allgemeine Definition eines *Flächenmoments 1. Grades*

$\qquad H_y := \displaystyle\int_{(A)} x\,\mathrm{d}A \quad$ bzgl. der y-Achse

$\qquad H_x := \displaystyle\int_{(A)} y\,\mathrm{d}A \quad$ bzgl. der x-Achse

12

1. Flächenmoment eines homogenen ebenen Kurvenstücks

$k\colon\ y = f(x)$ $\qquad\qquad H_x = \int\limits_{x_1}^{x_2} y\ \sqrt{1 + y'^2}\ \mathrm{d}x$ $\qquad\qquad H_y = \int\limits_{x_1}^{x_2} x\ \sqrt{1 + y'^2}\ \mathrm{d}x$

$k\colon\ x = x(t),\ y = y(t)$ $\qquad H_x = \int\limits_{t_1}^{t_2} y\ \sqrt{\dot{x}^2 + \dot{y}^2}\ \mathrm{d}t$ $\qquad H_y = \int\limits_{t_1}^{t_2} x\ \sqrt{\dot{x}^2 + \dot{y}^2}\ \mathrm{d}t$

$k\colon\ r = r(\varphi)$

$$H_x = \int\limits_{\varphi_1}^{\varphi_2} r\ \sqrt{r^2 + \left(\frac{\mathrm{d}r}{\mathrm{d}\varphi}\right)^2}\ \sin\varphi\ \mathrm{d}\varphi \qquad H_y = \int\limits_{\varphi_1}^{\varphi_2} r\ \sqrt{r^2 + \left(\frac{\mathrm{d}r}{\mathrm{d}\varphi}\right)^2}\ \cos\varphi\ \mathrm{d}\varphi$$

2. Flächenmoment eines homogenen ebenen Flächenstücks, das von
   $k\colon\ y = f(x)$, der x-Achse und den Parallelen $x = x_1$ und $x = x_2$ begrenzt wird

$$H_x = \frac{1}{2}\int\limits_{x_1}^{x_2} y^2\ \mathrm{d}x \qquad\qquad H_y = \int\limits_{x_1}^{x_2} xy\ \mathrm{d}x$$

3. Flächenmoment eines homogenen ebenen Flächenstücks, das oben von
   der Kurve $k_1\colon\ y = f(x)$, unten von $k_2\colon\ y = g(x)$ und von den Parallelen
   $x = x_1$ und $x = x_2$ begrenzt wird

$$H_x = \frac{1}{2}\int\limits_{x_1}^{x_2}\left((f(x))^2 - (g(x))^2\right)\ \mathrm{d}x \qquad \text{bzw. } H_x = \int\limits_{x_1}^{x_2}\int\limits_{y_1(x)}^{y_2(x)} y\ \mathrm{d}y\ \mathrm{d}x$$

$$H_y = \int\limits_{x_1}^{x_2} x\ (f(x) - g(x))\ \mathrm{d}x \qquad \text{bzw. } H_y = \int\limits_{x_1}^{x_2}\int\limits_{y_1(x)}^{y_2(x)} x\ \mathrm{d}y\ \mathrm{d}x$$

4. Flächenmoment eines homogenen ebenen Flächenstücks, das von den
   Kurven $k_1\colon r = r_1(\varphi)$ und $k_2\colon r = r_2(\varphi)$ in den Grenzen φ_1 und φ_2 begrenzt
   wird

$$H_x = \int\limits_{\varphi_1}^{\varphi_2}\int\limits_{r_1(\varphi)}^{r_2(\varphi)} r^2\ \sin\varphi\ \mathrm{d}r\ \mathrm{d}\varphi = \frac{1}{3}\int\limits_{\varphi_1}^{\varphi_2}(r_2^3(\varphi) - r_1^3(\varphi))\ \sin\varphi\ \mathrm{d}\varphi$$

$$H_y = \int\limits_{\varphi_1}^{\varphi_2}\int\limits_{r_1(\varphi)}^{r_2(\varphi)} r^2\ \cos\varphi\ \mathrm{d}r\ \mathrm{d}\varphi = \frac{1}{3}\int\limits_{\varphi_1}^{\varphi_2}(r_2^3(\varphi) - r_1^3(\varphi))\ \cos\varphi\ \mathrm{d}\varphi$$

5. Volumenmoment 1. Grades eines homogenen Drehkörpers
   bezogen auf die zur Drehachse x im Ursprung senkrechte (x, y)-Ebene

in kartesischen Koordinaten

$$M_x = \pi \int_{x_1}^{x_2} xy^2 \, dx$$

Allgemein: $M_x = \int_{(V)} x \, dV$ $\qquad M_y = \int_{(V)} y \, dV$ $\qquad M_z = \int_{(V)} z \, dV$

12.9.2.5 Schwerpunkte

1. *Schwerpunkt eines homogenen ebenen Kurvenstücks* der Kurve
   k: $y = f(x)$ zwischen den Punkten P_1 und P_2

$$x_S = \frac{\int_{x_1}^{x_2} x \sqrt{1 + y'^2} \, dx}{\int_{x_1}^{x_2} \sqrt{1 + y'^2} \, dx} = \frac{H_y}{s} \qquad y_S = \frac{\int_{x_1}^{x_2} y \sqrt{1 + y'^2} \, dx}{\int_{x_1}^{x_2} \sqrt{1 + y'^2} \, dx} = \frac{H_x}{s}$$

2. *Schwerpunkt eines homogenen ebenen Flächenstücks*, das von k: $y = f(x)$,
   der x-Achse und den Parallelen $x = x_1$ und $x = x_2$ begrenzt wird

$$x_S = \int_{x_1}^{x_2} xy \, dx \Big/ \int_{x_1}^{x_2} y \, dx = \frac{H_y}{A} \qquad y_S = \frac{1}{2} \int_{x_1}^{x_2} y^2 \, dx \Big/ \int_{x_1}^{x_2} y \, dx = \frac{H_x}{A}$$

3. Schwerpunkt einer homogenen ebenen Fläche, die oben von der Kurve
   k_1: $y = f(x)$ und unten von k_2: $y = g(x)$ begrenzt wird

$$x_S = \frac{\int_{x_1}^{x_2} x \, (f(x) - g(x)) \, dx}{\int_{x_1}^{x_2} (f(x) - g(x)) \, dx} = \frac{H_y}{A} \qquad y_S = \frac{\int_{x_1}^{x_2} \left((f(x))^2 - (g(x))^2 \right) dx}{2 \int_{x_1}^{x_2} (f(x) - g(x)) \, dx} = \frac{H_x}{A}$$

12

Teilschwerpunktsatz: $x_S = \sum_k x_k A_k \Big/ \sum_k A_k \qquad y_S = \sum_k y_k A_k \Big/ \sum_k A_k$

(x_k, y_k) Schwerpunktkoordinaten der Teilflächen einer Gesamtfläche

4. *Schwerpunkt eines homogenen Rotationskörpers*, der durch Drehung der
Kurve k: $y = f(x)$ um die x-Achse entstanden ist

$$x_S = \int_{x_1}^{x_2} xy^2 \, dx \Big/ \int_{x_1}^{x_2} y^2 \, dx = \frac{M_{yz}}{V} \qquad y_S = z_S = 0$$

um die y-Achse: $y_S = \frac{\pi}{V} \int_{y_1}^{y_2} y \, (g(y))^2 \, dy \qquad x_S = z_S = 0$

5. Schwerpunkt eines Rotationskörpers mit z-Achse als Drehachse

$$z_S = \frac{1}{V} \int_y \int_\rho \int_z z\rho \, dz \, d\rho \, d\varphi \qquad x_S = y_S = 0 \quad \text{(Zylinderkoordinaten)}$$

6. *Schwerpunkt eines homogenen Körpers* $y = y(x)$, $z = z(x, y)$

$$x_S = \frac{M_x}{V} = \frac{\int_{(V)} x \, dV}{V} = \frac{1}{V} \int_{x_1}^{x_2} \int_{y_1(x)}^{y_2(x)} \int_{z_1(x,y)}^{z_2(x,y)} x \, dz \, dy \, dx$$

$$y_S = \frac{M_y}{V} = \frac{\int_{(V)} y \, dV}{V} = \frac{1}{V} \int_{x_1}^{x_2} \int_{y_1(x)}^{y_2(x)} \int_{z_1(x,y)}^{z_2(x,y)} y \, dz \, dy \, dx$$

$$z_S = \frac{M_z}{V} = \frac{\int_{(V)} z \, dV}{V} = \frac{1}{V} \int_{x_1}^{x_2} \int_{y_1(x)}^{y_2(x)} \int_{z_1(x,y)}^{z_2(x,y)} z \, dz \, dy \, dx$$

Bemerkung: Für Kurven in Parameterdarstellung und Polarkoordinaten ist der
Schwerpunkt aus Moment und Bogen bzw. Fläche zu bilden.

12.9.2.6 Momente 2. Grades (Festigkeitslehre)

1. *Äquatoriales (axiales)Trägheitsmoment* eines ebenen Kurvenbogens s
für die Kurve $y = f(x)$

$$I_x = \int_{x_1}^{x_2} y^2 \sqrt{1 + y'^2} \, dx \qquad\qquad I_y = \int_{x_1}^{x_2} x^2 \sqrt{1 + y'^2} \, dx$$

für die Kurve $x = x(t)$, $y = y(t)$

$$I_x = \int_{t_1}^{t_2} y^2 \sqrt{\dot{x}^2 + \dot{y}^2} \, dt \qquad\qquad I_y = \int_{t_1}^{t_2} x^2 \sqrt{\dot{x}^2 + \dot{y}^2} \, dt$$

für die Kurve $r = r(\varphi)$

$$I_x = \int\limits_{\varphi_1}^{\varphi_2} r^2 \sin^2 \varphi \sqrt{r^2 + \left(\frac{dr}{d\varphi}\right)^2}\, d\varphi \qquad I_y = \int\limits_{\varphi_1}^{\varphi_2} r^2 \cos^2 \varphi \sqrt{r^2 + \left(\frac{dr}{d\varphi}\right)^2}\, d\varphi$$

2. *Äquatoriales (axiales) Flächenmoment 2. Grades* der Fläche A in der (x, y)-Ebene, allgemein

bzgl. x-Achse $\quad I_x = \int\limits_{(A)} y^2\, dA = \int\limits_{x_1}^{x_2} \int\limits_{y_1(x)}^{y_2(x)} y^2\, dy\, dx = \frac{1}{3} \int\limits_{x_1}^{x_2} \left(y_2^3(x) - y_1^3(x)\right) dx$

bzgl. y-Achse $\quad I_y = \int\limits_{(A)} x^2\, dA = \int\limits_{x_1}^{x_2} \int\limits_{y_1(x)}^{y_2(x)} x^2\, dy\, dx = \int\limits_{x_1}^{x_2} x^2 \left(y_2(x) - y_1(x)\right) dx$

dA Flächenelement, kartesische Koordinaten

Allgemeine Definition: $\quad I = \int\limits_{(A)} l^2\, dA$

bei homogener ebener Fläche mit dem Inhalt (A)
l senkrechter Abstand von dA zur Bezugsachse

Satz von STEINER oder *Verschiebungssatz*: $\quad I = I_S + a^2 A$

I_S Trägheitsmoment in bezug auf den Schwerpunkt
a Abstand Bezugsachse-Schwerpunkt

3. Äquatoriales (axiales) Trägheitsmoment einer homogenen ebenen Fläche zwischen der Kurve k: $y = f(x)$, der x-Achse und den Parallelen $x = x_1$ und $x = x_2$

$$I_x = \frac{1}{3} \int\limits_{x_1}^{x_2} y^3\, dx \qquad\qquad I_y = \int\limits_{x_1}^{x_2} x^2 y\, dx$$

4. Äquatoriales (axiales) Trägheitsmoment einer homogenen ebenen Fläche, begrenzt von k_1: $r = r_1(\varphi)$ und k_2: $r = r_2(\varphi)$ in den Grenzen φ_1 und φ_2

$$I_x = \int\limits_{\varphi_1}^{\varphi_2} \int\limits_{r_1(\varphi)}^{r_2(\varphi)} r^3 \sin^2 \varphi\, dr\, d\varphi \qquad I_y = \int\limits_{\varphi_1}^{\varphi_2} \int\limits_{r_1(\varphi)}^{r_2(\varphi)} r^3 \cos^2 \varphi\, dr\, d\varphi$$

5. *Polares Trägheitsmoment* bzgl. der z-Achse

$$I_p = \int\limits_{(A)} r^2\, dA = I_x + I_y = \int\limits_{x_1}^{x_2} \int\limits_{y_1(x)}^{y_2(x)} (x^2 + y^2)\, dy\, dx$$

12

$$I_{\mathrm{p}} = \int\limits_{\varphi_1}^{\varphi_2} \int\limits_{r_1(\varphi)}^{r_2(\varphi)} r^3 \, dr \, d\varphi \qquad\qquad \text{für } r = r(\varphi)$$

6. *Zentrifugales* (*gemischtes* oder *Deviations-*) *Trägheitsmoment*

$$I_{xy} = \int\limits_{(A)} xy \, dA = \int\limits_{x_1}^{x_2} \int\limits_{y_1(x)}^{y_2(x)} xy \, dy \, dx = \frac{1}{2} \int\limits_{x_1}^{x_2} x \, (y_2^2(x) - y_1^2(x)) \, dx$$

dA Flächenelement, in kartesischen Koordinaten

12.9.2.7 Massenmomente 2. Grades (Dynamik)

$$J = \int\limits_{(m)} r^2 \, dm = \rho \int\limits_{(V)} r^2 \, dV$$

$dm = \rho \, dV$ Massenelement
ρ Dichte
r Abstand vom Drehpunkt

Massenmoment eines homogenen Körpers, der durch Drehung der ebenen Fläche zwischen der Kurve k: $y = f(x)$, der x-Achse und den Parallelen $x = x_1$ und $x = x_2$ um die x-Achse entsteht

$$J_x = \frac{\pi\rho}{2} \int\limits_{x_1}^{x_2} y^4 \, dx = \frac{\pi m}{2V} \int\limits_{x_1}^{x_2} y^4 \, dx$$

Massenmoment eines homogenen Körpers, der durch Drehung der ebenen Fläche zwischen der Kurve k: $x = g(y)$, der y-Achse und den Parallelen $y = y_1$ und $y = y_2$ um die y-Achse entsteht

$$J_y = \frac{\pi\rho}{2} \int\limits_{y_1}^{y_2} x^4 \, dy$$

Bemerkung: Auch hier gilt der Satz von STEINER $I = I_s + a^2 m$.

13.1   Vektorfunktion

$r = r(t)$ heißt *Vektorfunktion* der skalaren Veränderlichen t (Parameter), wenn jedem Wert von $t \in [t_1, t_2]$ genau ein Ortsvektor $r(t)$ des Raumes zugeordnet wird. Die entstehende Raumkurve heißt *Hodograph*.

$$r(t) = x(t)\, e_x + y(t)\, e_y + z(t)\, e_z = \begin{pmatrix} x(t) \\ y(t) \\ z(t) \end{pmatrix}$$

mit den *Komponentenfunktionen:* $x(t), y(t), z(t)$

Ist t der Parameter Zeit, beschreibt $r(t)$ die Bahnkurve eines Massenpunktes.

1. Ableitung der Vektorfunktion (*Tangentenvektor*), **Ableitungsvektor**

$$\frac{dr(t)}{dt} = \dot{r}(t) = \lim_{\Delta t \to 0} \frac{r(t + \Delta t) - r(t)}{\Delta t} = \dot{x}(t)\, e_x + \dot{y}(t)\, e_y + \dot{z}(t)\, e_z$$

bei Ortsveränderungen: t Zeit

$\dot{r}(t)$ *Geschwindigkeitsvektor* $v(t)$ $|\dot{r}(t)|$ Geschwindigkeit v

2. Ableitung der Vektorfunktion

$$\frac{d^2 r(t)}{dt^2} = \ddot{r}(t) = \ddot{x}(t)\, e_x + \ddot{y}(t)\, e_y + \ddot{z}(t)\, e_z$$

bei Ortsveränderungen: t Zeit

$\ddot{r}(t)$ *Beschleunigungsvektor* $a(t)$ $|\ddot{r}(t)|$ Beschleunigung a

Differential der Vektorfunktion

$$dr(t) = \dot{r}\, dt$$

Differentiationsregeln für Vektorfunktionen

$r(t), r_1(t), r_2(t)$ differenzierbare Vektorfunktionen

$g(t)$ differenzierbare skalare Funktion

$$\frac{d}{dt}(c \cdot r(t)) = c\,\frac{dr(t)}{dt} = c\,\dot{r}(t) \qquad \text{Skalar } c \in \mathbb{R}$$

$$\frac{d}{dt}(r_1(t) \pm r_2(t)) = \dot{r}_1(t) \pm \dot{r}_2(t)$$

13

$$\frac{d}{dt}(g(t) \cdot \boldsymbol{r}(t)) = \dot{g}(t)\,\boldsymbol{r}(t) + g(t)\,\dot{\boldsymbol{r}}(t)$$

$$\frac{d}{dt}(\boldsymbol{r}_1(t) \cdot \boldsymbol{r}_2(t)) = \dot{\boldsymbol{r}}_1(t)\,\boldsymbol{r}_2(t) + \boldsymbol{r}_1(t)\,\dot{\boldsymbol{r}}_2(t) = \dot{\boldsymbol{r}}_1(t)\,\boldsymbol{r}_2(t) + \dot{\boldsymbol{r}}_2(t)\,\boldsymbol{r}_1(t)$$

$$\frac{d}{dt}(\boldsymbol{r}_1(t) \times \boldsymbol{r}_2(t)) = \dot{\boldsymbol{r}}_1(t) \times \boldsymbol{r}_2(t) + \boldsymbol{r}_1(t) \times \dot{\boldsymbol{r}}_2(t) = \dot{\boldsymbol{r}}_1 \times \boldsymbol{r}_2 - \dot{\boldsymbol{r}}_2 \times \boldsymbol{r}_1$$

$$\frac{d\boldsymbol{r}(t)}{dt} = \frac{d\boldsymbol{r}(u)}{du} \cdot \frac{du(t)}{dt} \qquad \boldsymbol{r}(u) \text{ mittelbare Vektorfunktion}$$

13.2 Felder

Skalares Feld in kartesischen Koordinaten

> In einem räumlichen *skalaren Feld* ist jedem Punkt $P(x, y, z)$ eines Teilbereichs G des Raumes $\mathbb{R}^3$ ($P \in G$) ein Funktionswert der *Ortsfunktion, Potentialfunktion* $U(P)$, das *Potential* von P, zugeordnet.

Schreibweisen: $U(P) = U(x, y, z) = U(\boldsymbol{r})$ wobei $\boldsymbol{r}$ Ortsvektor $\overrightarrow{OP}$

Darstellung durch eine Schar von **Niveauflächen** (*Äquipotentialflächen*) $U(x, y, z) = c_i$, $i = 1, 2, \ldots$, z.B. elektrisches Potential, Temperaturverteilung. Durch jeden Punkt, für den $U(P)$ definiert ist, geht genau eine Äquipotentialfläche.

Niveaulinien $U(x, y) = c_i$ sind Schnittkurven der Niveauflächen mit geeigneten Ebenen, z.B. Höhenlinien, Isobaren, Isoklinen.

Vektorfeld in kartesischen Koordinaten

> In einem räumlichen *Vektorfeld* wird jedem Punkt $P(x, y, z)$ eines Teilbereichs G des Raumes $\mathbb{R}^3$ ($P \in G$) genau ein Vektor $\boldsymbol{V}(x, y, z)$ zugeordnet.

Schreibweisen: $\boldsymbol{V}(P) = \boldsymbol{V}(x, y, z) = \boldsymbol{V}(\boldsymbol{r})$ wobei $\boldsymbol{r}$ Ortsvektor $\overrightarrow{OP}$

$$\boldsymbol{V}(P) = V_x(x, y, z)\,\boldsymbol{e}_x + V_y(x, y, z)\,\boldsymbol{e}_y + V_z(x, y, z)\,\boldsymbol{e}_z = \begin{pmatrix} V_x(x, y, z) \\ V_y(x, y, z) \\ V_z(x, y, z) \end{pmatrix}$$

kurz: $\boldsymbol{V} = V_x\,\boldsymbol{e}_x + V_y\,\boldsymbol{e}_y + V_z\,\boldsymbol{e}_z$ räumliches *stationäres Vektorfeld*

V_x, V_y, V_z skalare räumliche Felder in Richtung der Einheitsvektoren (keine partiellen Ableitungen!)

Darstellung durch eine Schar von **Feldlinien,** die die (unmittelbar benachbarten) Vektoren $\boldsymbol{V}(P)$ als Tangentenvektoren haben. Jeder Punkt eines Vektorfeldes liegt auf einer Feldlinie, außer wenn $\boldsymbol{V}(P) = 0$ ist. Feldlinien schneiden einander nicht, mit einer Zunahme von $|V|$ werden die Feldlinien dichter.

Vektorfelder sind: Geschwindigkeitsfeld von Teilchen, Kraftfeld der Sonne, elektrisches oder magnetisches Feldstärkefeld usw.

Veränderliches Vektorfeld (mit Zeitabhängigkeit)

$$V(P, t) = V_x(x, y, z, t)\, e_x + V_y(x, y, z, t)\, e_y + V_z(x, y, z, t)\, e_z$$

Ebene Felder

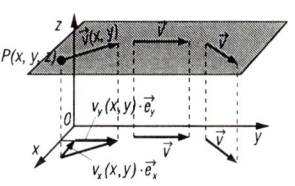

$$U = U(x, y) \qquad U_z = 0$$
$$V = V(x, y) \qquad V_z = 0$$

U hängt nicht von z ab, V liegt in der (x, y)-Ebene bzw. ist dieser parallel.

Ebene Schnitte durch räumliche Felder führen auch zu *ebenen Feldern*, d.h., das Feld ist nur für die Punkte P einer Ebene

Ebenes Vektorfeld parallel der (x, y)-Ebene

im Raum definiert. Die Ebene muß nicht zwingend parallel zur (x, y)-, (x, z)- oder (y, z)-Ebene sein.

Zentralsymmetrische Felder
(Darstellung in Kugelkoordinaten ist oft vorteilhaft)

Die Felder hängen nur vom Abstand des Punktes vom Ursprung ab. Alle Vektoren in einem Punkt der Kugeloberfläche (Kugel um den Nullpunkt) sind gleich lang und liegen parallel oder antiparallel zur Normalen der Kugel.

$$U = U(x, y, z) = U\!\left(\sqrt{x^2 + y^2 + z^2}\right) \text{ oder } U = U(r)$$
$$V = V(r)\, r = V\!\left(\sqrt{x^2 + y^2 + z^2}\right) r \quad \text{mit } r = xe_x + ye_y + ze_z$$

z.B. Kraftfeld (s.u.), Beleuchtungsstärkefeld (s.u.)

Axialsymmetrische Felder
(Darstellung in Zylinderkoordinaten ist oft vorteilhaft)

13

U hängt nur vom Abstand des Punktes von der z-Achse ab, Vektorfelder sind ebene Felder in der (x, y)-Ebene ohne Abhängigkeit von z ($z = 0$).

$$U = U\!\left(\sqrt{x^2 + y^2}\right) \text{ oder } U = U(r)$$
$$V = V\!\left(\sqrt{x^2 + y^2}\right) r \qquad \text{mit } r = xe_x + ye_y$$

Beispiel: Magnetfeld eines (unendlich) langen stromdurchflossenen Drahtes.

Zentral- und axialsymmetrische Felder heißen auch *radialsymmetrische Felder*, sie sind *Potentialfelder*.

13.3　Kurvenintegrale im Vektorfeld

Kurvenintegral von $V(r)$ längs einer Raumkurve k, allgemeine Definition

$$I = \int\limits_{(k)} V \, dr = \int\limits_{AB} (V_x(x, y, z) \, dx + V_y(x, y, z) \, dy + V_z(x, y, z) \, dz) = \int\limits_{AB} dU$$

Ist der Weg k eine geschlossene Kurve, d.h. $P_1 = P_2$: $I = \oint V \, dr$

Berechnung durch Zurückführung auf ein bestimmtes Integral:

$$I = \int\limits_{(k)} V \, dr = \int\limits_{t_1}^{t_2} V(x(t), y(t), z(t)) \cdot \dot{r} \, dt = \int\limits_{t_1}^{t_2} (V_x \dot{x} + V_y \dot{y} + V_z \dot{z}) \, dt$$

$r(t)$ Ortsvektor von k, $\dot{r}(t)$ Tangentenvektor von k

Andere einfache Berechnung eines Kurvenintegrals in kartesischen Koordinaten von $P_1(x_1, y_1, z_1)$ nach $P_2(x_2, y_2, z_2)$ im Potentialfeld längs eines Polygonzugs parallel zu den Koordinatenachsen:

$$\int\limits_{(k)} V(r) \, dr = \int\limits_{x_1}^{x_2} V_x(x, y_1, z_1) \, dx + \int\limits_{y_1}^{y_2} V_y(x_2, y, z_1) \, dy + \int\limits_{z_1}^{z_2} V_z(x_2, y_2, z) \, dz$$

Arbeitsintegral

Liegt ein *Kraftfeld* vor, $V = F$, wird das Kurvenintegral zum Arbeitsintegral

$$W = \int\limits_{(k)} F \, dr = \int\limits_{t_1}^{t_2} F(x(t), y(t), z(t)) \cdot \dot{r}(t) \, dt \qquad r(t), \dot{r}(t) \text{ siehe 13.1}$$

$$= \int\limits_{t_1}^{t_2} \begin{pmatrix} F_x(x(t), y(t), z(t)) \\ F_y(x(t), y(t), z(t)) \\ F_z(x(t), y(t), z(t)) \end{pmatrix} \cdot \begin{pmatrix} \dot{x}(t) \\ \dot{y}(t) \\ \dot{z}(t) \end{pmatrix} dt$$

Das Kurvenintegral ist die von einem Kraftfeld bei einer Verschiebung auf der Kurve insgesamt aufzubringende Arbeit.

♦　Beispiel:

Man berechne die Arbeit $W = \int\limits_{(k)} F \, dr$, die insgesamt von dem Kraftfeld

$F = -y \, e_x + x \, e_y + \dfrac{1}{z+1} \, e_z$ aufzubringen ist, um einen Massenpunkt längs der

Schraubenlinie k: $r = (a \cos t) \, e_x + (a \sin t) \, e_y + cte_z$ von $P_1(a, 0, 0)$ nach $P_2(a, 0, 2\pi c)$ zu bringen, $c \in \mathbb{N}$.

Aus der Gleichung der Schraubenlinie folgt:

$x = a \cos t$ $\qquad$ $y = a \sin t$ $\qquad$ $z = ct$
$dx = - a \sin t \, dt$ $\qquad$ $dy = a \cos t \, dt$ $\qquad$ $dz = c \, dt$

Damit wird $d\boldsymbol{r} = ((- a \sin t) \, \boldsymbol{e}_x + (a \cos t) \, \boldsymbol{e}_y + c\boldsymbol{e}_z) dt$

$$\frac{y}{x} = \frac{\sin t}{\cos t} = \tan t \qquad t = \arctan \frac{y}{x}$$

Für P_1 gilt $t_1 = \arctan \dfrac{0}{a} = 0, \pi, 2\pi, \ldots$ Mit $z_1 = ct_1 = 0$ ist nur $t_1 = 0$ möglich.

Für P_2 gilt $t_2 = \arctan \dfrac{0}{a} = 0, \pi, 2\pi, \ldots$ Mit $z_2 = ct_2 = 2\pi c$ ergibt sich $t_2 = 2\pi$.

Hier muß arctan x als mehrdeutige Funktion betrachtet werden, da c Windungen der Schraubenlinie vorliegen.

$$W = \int_0^{2\pi} \left((- a \sin t) \, \boldsymbol{e}_x + (a \cos t) \, \boldsymbol{e}_y + \frac{1}{ct + 1} \, \boldsymbol{e}_z \right) ((- a \sin t) \, \boldsymbol{e}_x + (a \cos t) \, \boldsymbol{e}_y + c\boldsymbol{e}_z) \, dt$$

$$= \int_0^{2\pi} \left(a^2 \sin^2 t + a^2 \cos^2 t + \frac{c}{ct + 1} \right) dt = 2\pi a^2 + \ln (\pi 2c + 1) \qquad \blacklozenge$$

Wegunabhängigkeit eines Kurvenintegrals

Ein Vektorfeld heißt *konservativ*, wenn das Kurvenintegral $I = \displaystyle\int_A^B V \, d\boldsymbol{r}$ unabhängig vom Weg $A \to B$ ist.

Jedes Gradientenfeld (s.u.) ist konservativ und umgekehrt.

Liegt k in einem *einfach-zusammenhängenden Gebiet G* (d.h., sein Rand ist zusammenhängend und k läßt sich stetig auf einen Punkt zusammenziehen), ist das Kurvenintegral vom Weg **unabhängig**, wenn es in G eine Funktion $U(x, y, z)$ (**Potential**) gibt, für die mit $V(P) = \text{grad } U(P)$ gilt:

$$V_x = \frac{\partial U(x, y, z)}{\partial x} \qquad V_y = \frac{\partial U(x, y, z)}{\partial y} \qquad V_z = \frac{\partial U(x, y, z)}{\partial z}$$

13

Das heißt, $V_x \, dx + V_y \, dy + V_z \, dz$ ist das totale Differential von U.

Notwendige und hinreichende Bedingung für die Existenz von U sind die *Integrabilitätsbedingungen* (SCHWARZsche Bedingung)

$$\frac{\partial V_x}{\partial y} = \frac{\partial V_y}{\partial x} \qquad \frac{\partial V_x}{\partial z} = \frac{\partial V_z}{\partial x} \qquad \frac{\partial V_y}{\partial z} = \frac{\partial V_z}{\partial y} \qquad \text{oder } \text{rot } V = \boldsymbol{o}$$

Dann heißt $U(x, y, z)$ *Potential* des Vektorfeldes $V(x, y, z)$ und $V(x, y, z)$ heißt *Potentialfeld* oder *Gradientenfeld*.

Hat $V(x, y, z)$ ein Potential $U(x, y, z)$, ist es *konservativ* und umgekehrt.

Allgemeine Definition des Kurvenintegrals ($V \, \mathrm{d}r = \mathrm{grad} \, U \, \mathrm{d}r = \mathrm{d}U$, s. u.)

$$\int\limits_{(k)} V \, \mathrm{d}r = \int\limits_{AB} (V_x \, \mathrm{d}x + V_y \, \mathrm{d}y + V_z \, \mathrm{d}z) = \int\limits_{AB} \mathrm{d}U$$

$$\int\limits_{AB} V \, \mathrm{d}r = U(x_B, y_B, z_B) - U(x_A, y_A, z_A) = U(B) - U(A) \qquad r_A \leq r \leq r_B$$

Potential des Vektorfeldes V:

$$U(x, y, z) = \int V_x \, \mathrm{d}x + C_1(y, z) = \int V_y \, \mathrm{d}y + C_2(x, z) = \int V_z \, \mathrm{d}z + C_3(x, y)$$

13.4 Flächenintegral im Vektorfeld

Oberflächenintegral des Vektorfeldes V über das glatte Flächenstück (A). Vektorfeld V hat stetige Komponenten im Raumgebiet, das (A) enthält. Bei zweiseitigen Flächen wird über die Seite integriert, die durch den Normalenvektor der Fläche $N = r_u \times r_v$ bestimmt wird.

in kartesischen Koordinaten:

$$I = \int\limits_{(A)} V \, \mathrm{d}A = \int\limits_{(A)} (P \, \mathrm{d}y \, \mathrm{d}z + Q \, \mathrm{d}z \, \mathrm{d}x + R \, \mathrm{d}x \, \mathrm{d}y)$$

$P(x, y, z)$, $Q(x, y, z)$, $R(x, y, z)$ Funktionen auf (A)

in Parameterform:

$$I = \int\limits_{(A)} V \, \mathrm{d}A = \int\limits_{v_1}^{v_2} \int\limits_{u_1(v)}^{u_2(v)} V(r(u, v)) \left(r_u \times r_v \right) \mathrm{d}u \, \mathrm{d}v, \, r(u, v) = \begin{pmatrix} x(u, v) \\ y(u, v) \\ z(u, v) \end{pmatrix} \in \mathbb{R}^3$$

u, v krummlinige Koordinaten

Eine explizit gegebene Kurve $z = f(x, y)$ kann auf vielfältige Art parametrisiert werden, eine Möglichkeit ist z.B. $x = u, y = v, z = f(u, v)$.

13.5 Gradient eines skalaren Feldes

Der *Gradient* grad U eines skalaren Ortsfeldes $U(x, y, z)$ bzw. $U(r)$ ist das *Vektorfeld*, das jedem Punkt des skalaren Feldes U einen Vektor in Richtung größter Funktionszunahme zuordnet (Gilt nicht umgekehrt).
$V(r) = \mathrm{grad} \, U(r)$ \qquad (in der Physik $V(r) = - \mathrm{grad} \, U(r)$)

grad U ist ein Maß für die Zunahme von $U(r)$ pro Wegeinheit senkrecht zur Äquipotentialfläche, Maximalwert der Änderung $|\mathrm{grad} \, U|$.

Richtungsableitung des skalaren Feldes U in Richtung eines Einheitsvektors $\boldsymbol{e}$

$$\frac{\partial U(\boldsymbol{r})}{\partial e} = \text{grad } U \cdot \boldsymbol{e} = \frac{\partial U(\boldsymbol{r})}{\partial x} e_x + \frac{\partial U(\boldsymbol{r})}{\partial y} e_y + \frac{\partial U(\boldsymbol{r})}{\partial z} e_z$$

$$= |\text{grad } U| \cdot \cos \sphericalangle (\text{grad } U, \boldsymbol{e})$$

mit $\boldsymbol{e} = (e_x, e_y, e_z)^{\mathrm{T}}$, $|\boldsymbol{e}| = 1$, auch $\boldsymbol{e} = \boldsymbol{n}$ (Normalenvektor), $\boldsymbol{r} = (x, y, z)^{\mathrm{T}}$

Gradient: $\text{grad } U(\boldsymbol{r}) = \dfrac{1}{e} \dfrac{\partial U(\boldsymbol{r})}{\partial e} = \dfrac{dU}{ds} \boldsymbol{e}$ \qquad\qquad auch $\dfrac{\partial U}{\partial \boldsymbol{r}}$, ∇U

Definitionsbereich von grad U sind alle Punkte, in denen U differenzierbar ist. Die Feldlinien von grad U sind orthogonale Trajektorien der Schar der Niveauflächen.

Nablaoperator
(HAMILTONscher Differential-Operator)

Der *Nabla-Operator* ist ein Vektor:

$$\nabla = \frac{\partial}{\partial x} e_x + \frac{\partial}{\partial y} e_y + \frac{\partial}{\partial z} e_z$$

Koordinatendarstellungen von grad U
in kartesischen Koordinaten $\{0; x, y, z\}$

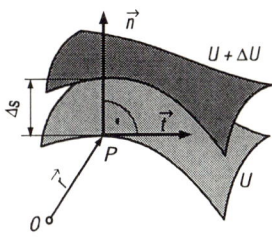

Gradient (Vektorform)

$$\text{grad } U = \frac{\partial U}{\partial x} e_x + \frac{\partial U}{\partial y} e_y + \frac{\partial U}{\partial z} e_z = \nabla U$$

$$\text{grad } \boldsymbol{r} = \nabla \boldsymbol{r} = \frac{\partial r}{\partial x} e_x + \frac{\partial r}{\partial y} e_y + \frac{\partial r}{\partial z} e_z = \frac{1}{r}(xe_x + ye_y + ze_z) = \frac{\boldsymbol{r}}{r}$$

mit $r = \sqrt{x^2 + y^2 + z^2}$, $\dfrac{\partial r}{\partial x} = \dfrac{x}{r}$, $\dfrac{\partial r}{\partial y} = \dfrac{y}{r}$, $\dfrac{\partial r}{\partial z} = \dfrac{z}{r}$

in Zylinderkoordinaten $\{0; \rho, \varphi, z\}$

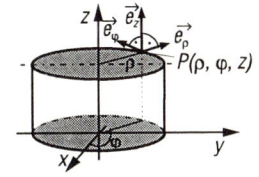

$$\text{grad } U = \frac{\partial U}{\partial \rho} e_\rho + \frac{1}{\rho} \frac{\partial U}{\partial \varphi} e_\varphi + \frac{\partial U}{\partial z} e_z$$

Gradient
(Zylinderkoordinaten)

mit den Einheitsvektoren e_ρ, e_φ, e_z

Die Einheitsvektoren sind einem Punkt zugeordnet und Tangentenvektoren an die Koordinatenlinien in Richtung wachsender Parameterwerte. Sie ändern sich von Punkt zu Punkt und bilden ein orthogonales Rechtssystem.

in Kugelkoordinaten $\{0; r, \vartheta, \varphi\}$

$$\text{grad } U = \frac{\partial U}{\partial r} \, e_r + \frac{1}{r} \, \frac{\partial U}{\partial \vartheta} \, e_\vartheta + \frac{1}{r \sin \vartheta} \, \frac{\partial U}{\partial \varphi} \, e_\varphi$$

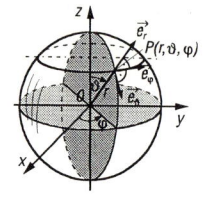

Einheitsvektoren e_r, e_ϑ, e_φ wie oben

Ein Vektorfeld ist **wirbelfrei**, wenn

$$\oint G \, d\mathbf{s} = \oint \text{grad } U \, d\mathbf{s} = 0 \quad \rightarrow \quad \text{rot } V = o$$

Gradient
(Kugelkoordinaten)

z.B. ist ein wirbelfreies Feld $V = V(U(x, y, z))$

Totales Differential des skalaren Feldes $U(r)$

$$dU = \frac{\partial U}{\partial x} \, dx + \frac{\partial U}{\partial y} \, dy + \frac{\partial U}{\partial z} \, dz = (\text{grad } U) \, d\mathbf{r}$$

mit $d\mathbf{r} = dx \, e_x + dy \, e_y + dz \, e_z$

$dU = 0$ heißt: $d\mathbf{r}$ liegt tangentiell zur Niveaufläche $U = $ konst.

Regeln mit Gradienten

$U = U(x, y, z)$ skalare *Ortsfunktion*, $c \in \mathbb{R}$ Konstante

$$\text{grad } c = o$$
$$\text{grad } (U_1 + U_2) = \text{grad } U_1 + \text{grad } U_2$$
$$\text{grad } (cU) = c \text{ grad } U$$
$$\text{grad } (U_1 U_2) = U_1 \text{ grad } U_2 + U_2 \text{ grad } U_1$$
$$\text{grad } U^n = nU^{n-1} \text{grad } U$$
$$\text{grad } (a\mathbf{r}) = a \qquad\qquad a \text{ konstantes Feld}$$
$$\text{grad } f(U) = \frac{\partial f(U)}{\partial U} \text{ grad } U$$

♦   Beispiel:

Gegeben ist das Feld der Beleuchtungsstärke, punktförmige Lichtquelle

$$U(\mathbf{r}) = \frac{c}{|\mathbf{r}|} = \frac{c}{\sqrt{x^2 + y^2 + z^2}} \qquad \text{mit } \mathbf{r} = xe_x + ye_y + ze_z, c \in \mathbb{R}$$

Man bestimme den Gradienten des Feldes.

$$\text{grad } U = \nabla \frac{c}{|\mathbf{r}|} = \frac{\partial}{\partial x}\left(\frac{c}{r}\right) e_x + \frac{\partial}{\partial y}\left(\frac{c}{r}\right) e_y + \frac{\partial}{\partial z}\left(\frac{c}{r}\right) e_z$$

$$= -\frac{c}{r^2} \frac{\partial r}{\partial x} e_x - \frac{c}{r^2} \frac{\partial r}{\partial y} e_y - \frac{c}{r^2} \frac{\partial r}{\partial z} e_z = -\frac{c}{r^3}(xe_x + ye_y + ze_z) = -\frac{c}{r^3} \mathbf{r}$$

$V = -\dfrac{c}{r^3} \mathbf{r}$ hat das Potential $U(\mathbf{r}) = \dfrac{c}{|\mathbf{r}|} + $ const.   ♦

13.6   Divergenz eines Vektorfeldes

Die *Divergenz* div V eines Vektorfeldes $V(P)$ ist ein *skalares Feld*, das die Dichte der Quellen in jedem Punkt angibt.

$$\text{div } V(P) = \lim_{\Delta V \to 0} \frac{1}{\Delta V} \oint_{(A)} V \, dA \qquad (\textit{Volumenableitung})$$

mit dem Oberflächenelement dA der Hüllfläche (A)
V stetig im Raumgebiet, das (A) vollständig enthält

$$\text{div } V \begin{cases} < 0 & \text{Senken} \\ = 0 & \text{quellenfreies Feld} \\ > 0 & \text{Quellen} \end{cases}$$

Ergiebigkeit der im Körper K enthaltenen Quellen

$$\int_K \text{div } V \, dx \, dy \, dz$$

Koordinatendarstellungen von div V

in kartesischen Koordinaten $\{0; x, y, z\}$

$$\text{div } V = \frac{\partial V_x}{\partial x} + \frac{\partial V_y}{\partial y} + \frac{\partial V_z}{\partial z} = \nabla V$$

in Zylinderkoordiaten $\{0; \rho, \varphi, z\}$

$$\text{div } V = \frac{1}{\rho} \frac{\partial(\rho V_\rho)}{\partial \rho} + \frac{1}{\rho} \frac{\partial V_\varphi}{\partial \varphi} + \frac{\partial V_z}{\partial z}$$

in Kugelkoordinaten $\{0; r, \vartheta, \varphi\}$

$$\text{div } V = \frac{1}{r^2} \frac{\partial(r^2 V_r)}{\partial r} + \frac{1}{r \sin \vartheta} \left(\frac{\partial(V_\vartheta \sin \vartheta)}{\partial \vartheta} + \frac{\partial(V_\varphi)}{\partial \varphi} \right)$$

Regeln mit Divergenzen (Vektorfeld $V = V(x, y, z)$)

$$\text{div } c = 0 \qquad\qquad\qquad c \in \mathbb{R}, \text{ Konstante}$$
$$\text{div } (cV) = c \text{ div } V$$
$$\text{div } (V_1 + V_2) = \text{div } V_1 + \text{div } V_2$$
$$\text{div } (UV) = U \text{ div } V + V \text{ grad } U \qquad U = U(x, y, z)$$
$$\text{div } (V_1 \times V_2) = V_2 \text{ rot } V_1 - V_1 \text{ rot } V_2$$

13

Gaußscher Integralsatz

$$\int\limits_{(V)} \operatorname{div} V \, \mathrm{d}V = \oint\limits_{(A)} V \, \mathrm{d}A = \oint\limits_{(A)} Vn \, \mathrm{d}A$$

(V) Gebiet im Raum mit nach außen gerichteter Normale
$\mathrm{d}V$ Volumenelement von (V)
(A) Randfläche (einfach geschlossene Hüllfläche) von (V)
$\mathrm{d}A$ *Oberflächenelement* von (A), $\mathrm{d}A$ dessen Vektor nach außen
n nach außen gerichteter Normalenvektor von (A), V Vektorfeld

Deutung: Quellenstärke des Raumes = Masse, die über (A) von (V) in der Zeiteinheit abgeflossen ist.
Wandlung eines Volumenintegrals in ein Flächenintegral 2. Art über die äußere Seite des Bereichs (V)

In kartesischen Koordinaten lautet der GAUSSsche Integralsatz:

$$\int\limits_{(V)} \left(\frac{\partial V_x}{\partial x} + \frac{\partial V_y}{\partial y} + \frac{\partial V_z}{\partial z} \right) \mathrm{d}V \qquad\qquad \text{mit } \mathrm{d}V = \mathrm{d}x \, \mathrm{d}y \, \mathrm{d}z$$

$$= \oint\limits_{(A)} (V_x \, \mathrm{d}y \, \mathrm{d}z + V_y \, \mathrm{d}z \, \mathrm{d}x + V_z \, \mathrm{d}x \, \mathrm{d}y)$$

$$= \oint\limits_{(A)} \Big(V_x \cos \sphericalangle (x, n) + V_y \cos \sphericalangle (y, n) + V_z \cos \sphericalangle (z, n) \Big) \mathrm{d}A$$

$\cos \sphericalangle (x, n) = \cos \alpha = e_x \, n$, $\cos \sphericalangle (y, n) = \cos \beta = e_y \, n$, $\cos \sphericalangle (z, n) = \cos \gamma = e_z \, n$:
Richtungscosinus der nach außen gerichteten Flächennormalen von (A)

GAUSSscher Integralsatz der Ebene: Wandlung eines Doppelintegrals über (A) in ein Kurvenintegral über den Rand (k) von (A):

$$\int\limits_{(A)} \left(\frac{\partial V_y}{\partial x} - \frac{\partial V_x}{\partial y} \right) \mathrm{d}A = \int\limits_{(k)} (V_x \, \mathrm{d}x + V_y \, \mathrm{d}y)$$

Bedingungen: (k) stückweise glatt, V_x, V_y und ihre Ableitungen in (A) stetig

Laplace-Operator

Der LAPLACE-Operator ist ein Skalar:

$$\Delta = \frac{\partial^2}{\partial x^2} + \frac{\partial^2}{\partial y^2} + \frac{\partial^2}{\partial z^2} \equiv (\nabla \cdot \nabla) = \nabla\nabla$$

Es gilt: $\Delta U(r) = \operatorname{div} \operatorname{grad} U(r)$
$\Delta V(r) = \operatorname{grad} \operatorname{div} V(r) - \operatorname{rot} \operatorname{rot} V(r)$

♦   **Beispiel:**

$$\operatorname{div} \boldsymbol{r} = \nabla \boldsymbol{r} = \left(\frac{\partial}{\partial x}\, \boldsymbol{e}_x + \frac{\partial}{\partial y}\, \boldsymbol{e}_y + \frac{\partial}{\partial z}\, \boldsymbol{e}_z \right) \cdot (x\boldsymbol{e}_x + y\boldsymbol{e}_y + z\boldsymbol{e}_z) = \frac{\partial x}{\partial x} + \frac{\partial y}{\partial y} + \frac{\partial z}{\partial z} = 3$$

$$\operatorname{div} \operatorname{grad} r = \nabla^2 r = \Delta r = \operatorname{div} \frac{\boldsymbol{r}}{r} = \frac{2}{r} \qquad\qquad ♦$$

13.7   Rotation eines Vektorfeldes

Die *Rotation* rot $\boldsymbol{V}$ eines Vektorfeldes ist wieder ein *Vektorfeld*.

$$\boldsymbol{R} = \operatorname{rot} \boldsymbol{V} = \nabla \times \boldsymbol{V} = -\lim_{\Delta V \to 0} \frac{1}{\Delta V} \int_A \boldsymbol{V} \times \mathrm{d}\boldsymbol{A} \qquad \text{(Volumenableitung)}$$

Vektorfeld $\boldsymbol{V}$ heißt *Vektorpotential* von $\boldsymbol{R}$.

Lokale Zirkulation eines Vektorfeldes längs einer geschlossenen Kurve k (siehe STOKESscher Integralsatz):

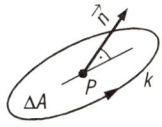

$$\Gamma = \oint_k \boldsymbol{V}\, \mathrm{d}\boldsymbol{r}$$

Rotation

d$\boldsymbol{r}$ Vektor des Linienelements

Für konservative Vektorfelder gilt: $\Gamma = \boldsymbol{o}$ (keine geschlossenen Feldlinien)

Im Gegensatz mit Feldlinien k: $\Gamma \ne \boldsymbol{o}$

$$\boldsymbol{n} \operatorname{rot} \boldsymbol{V} = \lim_{\Delta A \to 0} \frac{1}{\Delta A} \oint_k \boldsymbol{V}\, \mathrm{d}\boldsymbol{r}$$

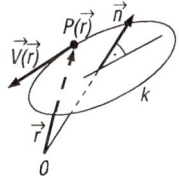

$\boldsymbol{n}$ rot $\boldsymbol{V}$ ist die Projektion von rot $\boldsymbol{V}$ in Richtung von $\boldsymbol{n}$.

♦   **Beispiel:**

Man berechne die Rotation des Geschwindigkeitsfeldes
$\boldsymbol{V}(\boldsymbol{r}) = \omega\,(\boldsymbol{n} \times \boldsymbol{r})$, d.h. Drehachse in Richtung $\boldsymbol{n}$.

Geschwindigkeitsfeld

rot $\boldsymbol{V}(\boldsymbol{r}) = 2\omega\boldsymbol{n}$ ♦

13

in kartesischen Koordinaten $\{0; x, y, z\}$

$$\operatorname{rot} \boldsymbol{V} = \left(\frac{\partial V_z}{\partial y} - \frac{\partial V_y}{\partial z} \right) \boldsymbol{e}_x + \left(\frac{\partial V_x}{\partial z} - \frac{\partial V_z}{\partial x} \right) \boldsymbol{e}_y + \left(\frac{\partial V_y}{\partial x} - \frac{\partial V_x}{\partial y} \right) \boldsymbol{e}_z$$

$$= \begin{vmatrix} \boldsymbol{e}_x & \boldsymbol{e}_y & \boldsymbol{e}_z \\ \dfrac{\partial}{\partial x} & \dfrac{\partial}{\partial y} & \dfrac{\partial}{\partial z} \\ V_x & V_y & V_z \end{vmatrix} = \nabla \times \boldsymbol{V}$$

in Zylinderkoordiaten $\{0; \rho, \varphi, z\}$, Einheitsvektoren siehe 13.5

$$\operatorname{rot} V = \left(\frac{1}{\rho}\frac{\partial V_z}{\partial \varphi} - \frac{\partial V_\varphi}{\partial z}\right)e_\rho + \left(\frac{\partial V_\rho}{\partial z} - \frac{\partial V_z}{\partial \rho}\right)e_\varphi + \left(\frac{1}{\rho}\frac{\partial(\rho V_\varphi)}{\partial \rho} - \frac{1}{\rho}\frac{\partial V_\rho}{\partial \varphi}\right)e_z$$

in Kugelkoordinaten $\{0; r, \vartheta, \varphi\}$, Einheitsvektoren siehe 13.5

$$\operatorname{rot} V = \left(\frac{1}{r \sin \vartheta}\frac{\partial V_r}{\partial \varphi} - \frac{1}{r}\frac{\partial(r V_\varphi)}{\partial r}\right)e_\vartheta + \left(\frac{1}{r}\frac{\partial(r V_\vartheta)}{\partial r} - \frac{1}{r}\frac{\partial V_r}{\partial \vartheta}\right)e_\varphi$$

$$+ \frac{1}{r \sin \vartheta}\left(\frac{\partial(V_\varphi \sin \vartheta)}{\partial \vartheta} - \frac{\partial V_\vartheta}{\partial \varphi}\right)e_r$$

Wirbelfreies Vektorfeld

$$\operatorname{rot} V = o \;\leftrightarrow\; \operatorname{rot} \operatorname{grad} U = o$$

Jedes wirbelfreie Feld ist *Gradientenfeld* und umgekehrt.

Regeln mit Rotationen ($V = V(x, y, z)$ Vektorfeld)

$$\operatorname{rot}(cV) = c \operatorname{rot} V \qquad\qquad c \in \mathbb{R} \;\; \text{Konstante}$$
$$\operatorname{rot}(V_1 + V_2) = \operatorname{rot} V_1 + \operatorname{rot} V_2$$
$$\operatorname{rot}(UV) = U \operatorname{rot} V + (\operatorname{grad} U) \times V \qquad U = U(x, y, z)$$

♦   Beispiel:

Man berechne rot V des Vektorfeldes
$$V = 2xy e_x + (e^x + z)\,e_y + 2e_z = V_x e_x + V_y e_y + V_z e_z.$$

$$\operatorname{rot} V = (0 - 1)\,e_x + (0 - 0)\,e_y + (e^x - 2x)\,e_z = -e_x + (e^x - 2x)\,e_z \qquad\qquad ♦$$

Stokesscher Integralsatz (Zirkulation von V längs k)

$$\int_{(A)} \operatorname{rot} V \, dA = \int_{(A)} \operatorname{rot} V\, n \, dA = \oint_k V \, dr$$

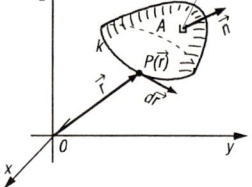

(A) glatte, nicht geschlossene, zweiseitige
    Fläche im Raumgebiet G mit
    orientierter Randkurve k
dA Vektor des Flächenelements
dA Oberflächenelement von (A)
dr Vektor des Linienelements

STOKESscher Integralsatz

k wird so durchlaufen, daß sich mit dem Normalenvektor n der ausgewählten
Seite eine Rechtsschraubung ergibt.

V_x, V_y, V_z mit ihren partiellen Ableitungen stetig in G

Wandlung eines Flächenintegrals in ein Kurvenintegral

in kartesischen Koordinaten

$$\int\limits_{(A)} \left[\left(\frac{\partial V_z}{\partial y} - \frac{\partial V_y}{\partial z} \right) \cos \sphericalangle (x, \boldsymbol{n}) + \left(\frac{\partial V_x}{\partial z} - \frac{\partial V_z}{\partial x} \right) \cos \sphericalangle (y, \boldsymbol{n}) \right.$$

$$\left. + \left(\frac{\partial V_y}{\partial x} - \frac{\partial V_x}{\partial y} \right) \cos \sphericalangle (z, \boldsymbol{n}) \right] \mathrm{d}A$$

$$= \oint\limits_{(A)} \left(\frac{\partial V_y}{\partial x} - \frac{\partial V_x}{\partial y} \right) \mathrm{d}x \, \mathrm{d}y + \left(\frac{\partial V_z}{\partial y} - \frac{\partial V_y}{\partial z} \right) \mathrm{d}y \, \mathrm{d}z + \left(\frac{\partial V_x}{\partial z} - \frac{\partial V_z}{\partial x} \right) \mathrm{d}z \, \mathrm{d}x$$

$$= \oint\limits_{k} (V_x \mathrm{d}x + V_y \mathrm{d}y + V_z \mathrm{d}z)$$

wobei $\cos \sphericalangle (x, \boldsymbol{n}) = \boldsymbol{n} \boldsymbol{e}_x$ der Winkel zwischen dem Normalenvektor und der Achse ist.

Besondere Felder

div rot $\boldsymbol{V} = 0$ quellenfreies Rotorfeld

rot grad $U = \boldsymbol{o}$ wirbelfreies Gradientenfeld

                          z.B. $\boldsymbol{E} = \mathrm{grad}\ U$ (Feldstärke)

rot rot $\boldsymbol{V} = \mathrm{grad}\ \mathrm{div}\ \boldsymbol{V} - \Delta \boldsymbol{V}$ $\Delta = (\nabla\nabla)$

Es gelten:

im quellenfreien Raum die LAPLACE-*Gleichung:*

     div grad $U = \Delta U = 0$

im quellenbehafteten Raum die POISSON-*Gleichung:*

     div grad $U = \Delta U = \rho$ mit der *Quellendichte* $\rho = \rho\,(x, y, z)$

13

Zusammenfassung

	Feld	Resultat	Symbol
grad	skalares Feld U	Vektor grad U	∇U
div	Vektorfeld V	Skalar div V	∇V
rot	Vektorfeld V	Vektor rot V	$\nabla \times V$

14 Differentialgleichungen

14.1 Allgemeines

14.1.1 Differentialgleichungen

Bestimmungsgleichungen für *Funktionen* einer oder mehrerer unabhängiger Variablen, die auch mindestens eine Ableitung dieser Funktion nach der (den) Variablen enthalten, heißen *Differentialgleichungen* (Dgln.).

Gewöhnliche Differentialgleichungen sind Bestimmungsgleichungen für **eine** Funktion **einer** unabhängigen Variablen, die mindestens eine Ableitung der gesuchten Funktion nach dieser Variablen enthalten.

Darstellungen:

implizit $\qquad F\left(x, y(x), y'(x), ..., y^{(n)}(x)\right) = 0 \qquad$ n Ordnung der Dgl.

explizit $\qquad y^{(n)}(x) = f\left(x, y(x), y'(x), ..., y^{(n-1)}(x)\right)$

Ein **System von gewöhnlichen Differentialgleichungen** zur Ermittlung **mehrerer** unbekannter Funktionen $f_i(x)$ ist ein Satz von gekoppelten, simultanen Bestimmungsgleichungen obiger Definition.

Darstellungen:

implizit $\qquad F_i\left(x, y_1, y_2, ..., y_1', y_2', ..., y_1^{(n)}, y_2^{(n)}, ...\right) = 0$

explizit $\qquad y_i^{(n)}(x) = f_i\left(x, y(x), y'(x), ..., y^{(n-1)}(x)\right)$

$\qquad\qquad y_i(x)$ gesuchte Funktionen, $i = 1, ..., r$ Anzahl der Dgln.

Partielle Differentialgleichungen sind Bestimmungsgleichungen für Funktionen von **mehreren** unabhängigen Variablen, die mindestens eine Ableitung der gesuchten Funktionen nach einer der unabhängigen Variablen enthalten.

Darstellung, z.B. für zwei unabhängige Variable, gesuchte Funktion $z(x, y)$:

$$F(x, y, z, z_x, z_y, z_{xx}, z_{yy}, z_{xy}) = 0$$

Integration einer Dgl. heißt Auffinden aller Funktionen für eine oder mehrere unabhängige Variable, die mit ihren Ableitungen beim Einsetzen in die Dgl. diese für alle Werte des Arguments x im Intervall $a \le x \le b$ (oder im unendlichen Intervall) identisch erfüllen.

14.1.2 Gewöhnliche Differentialgleichungen

Die **allgemeine Lösung** einer gewöhnlichen Dgl. n-ter Ordnung ist die Menge aller Lösungsfunktionen (Lösung, *Integral*), die n willkürliche (unabhängige) Parameter (Konstanten) enthält (Lösung in geschlossener Form)

$$y = y(x, C_1, ..., C_n)$$

Eine **partikuläre** (*spezielle*) **Lösung** einer Dgl. erhält man, wenn durch n zusätzliche Anfangsbedingungen an einer Stelle x_0 (*Anfangswertproblem*, Abk. »AWP«, CAUCHY*sches Problem*, s. u. und 14.7) bzw. Randbedingungen an mehreren, meist 2 Stellen, z.B. $x_1 = a$, $x_2 = b$ (*Randwertproblem*, Abk. »RWP«, siehe 14.8), den n Konstanten C_i spezielle Werte erteilt werden.

Eine Lösung einer Dgl. heißt *singulär*, wenn sie nicht durch Wahl eines speziellen Parameters aus der allgemeinen Lösung hervorgeht (Unstetigkeit der Dgl.).

♦ Beispiel:

Man bestimme die Lösungen der Differentialgleichung $y'^2 + y^2 = 1$.

allgemeine Lösung	$y = \sin(x + C)$
partikuläre Lösung	$y = \cos x$ für $C = \pi/2$
singuläre Lösungen	$y = \pm 1$ ♦

Eigenwertaufgabe: RWP mit zusätzlichem *Eigenwertparameter* λ in der Dgl. bzw. den Randbedingungen; Parameterwerte λ, für die sich nichttriviale Lösungen des RWPs finden lassen, heißen *Eigenwerte*.

Ordnung, Grad einer Differentialgleichung

Die *Ordnung* einer Dgl. ist gleich der Ordnung der in ihr vorkommenden höchsten Ableitung der gesuchten Funktion:

$$y^{(n)}(x) \;\to\; \text{Dgl. } n\text{-ter Ordnung}$$

Der *Grad* einer Dgl. wird bestimmt durch die höchste auftretende Potenz der gesuchten Funktion bzw. ihrer Ableitungen.

Erniedrigung der Ordnung (Ordnungsreduktion)

AWP einer Dgl. n-ter Ordnung mit n Anfangsbedingungen

$$\begin{cases} y^{(n)}(x) = f\big(x, y, y', ..., y^{(n-1)}\big) \\ y(x_0) = y_0, y'(x_0) = y_0', ..., y^{(n-1)}(x_0) = y_0^{(n-1)} \end{cases}$$

Substitution: $y^{(k)}(x) := y_{k+1}(x)$, $k = 0, ..., (n-1)$

mit den Anfangsbedingungen $y^{(k)}(x_0) := y_{k+1}(x_0)$, d.h.

$$y(x) = y_1(x), y'(x) = y_1'(x) = y_2(x), y'' = y_2' = y_3, ..., y^{(n-1)} = y_{n-1}' = y_n$$

14

führt auf ein System von n Dgln. 1. Ordnung (f muß bez. der y_i einer LIPSCHITZ-Bedingung genügen, siehe Seite 484, Satz von CAUCHY):

$$\begin{cases} y_1' = y_2, y_2' = y_3, ..., y_{n-1}' = y_n \\ y_n' = f(x, y_1, ..., y_n) \end{cases} \quad x \in [x_0, b]$$

$y_k(x)$ gesuchte Funktionen, $k = 1, ..., n$, mit den Anfangsbedingungen

$$y_1(x_0) = y_0, y_2(x_0) = y_0', y_3(x_0) = y_0'', ..., y_n(x_0) = y_0^{(n-1)}$$

Das heißt, die Dgl. n-ter Ordnung und ihre ($n - 1$) Ableitungen nehmen für die beliebige Zahl $x = x_0$ je einen willkürlichen Wert an. Die Lösung heißt *allgemeines Integral* und besitzt n willkürliche Konstanten.

Folgerung: Lösungsmethoden und Sätze für AWP 1. Ordnung sind auch auf AWP für Dgln. n-ter Ordnung anwendbar.

Weitere Verfahren bei Kenntnis eines partikulären Integrals siehe 14.3 und 14.4.

Geometrische Deutung der Differentialgleichung

Die graphische Darstellung der allgemeinen Lösung einer Dgl. n-ter Ordnung stellt eine *Kurvenschar* mit n willkürlichen Parametern dar. Umgekehrt hat jede n-parametrische, n-mal differenzierbare Kurvenschar ihre Dgl., soweit sich die Parameter eliminieren lassen (Beispiel S.484, Aufstellen von Dgln.).

Eine partikuläre Lösung entspricht **einer** bestimmten Kurve aus der Schar (*Lösungskurve, Integralkurve*).

Differentialgleichungen 1. Ordnung bestimmen für jeden Punkt (x, y) des Definitionsbereichs die Richtung $y' = \tan \alpha$ der durch diesen Punkt verlaufenden Lösungskurve:

$$y' = f(x, y)$$

Durch die Wertetripel (x, y, y') wird jeweils ein *Linienelement* aus der Kurvenschar der Lösungsmenge festgelegt, alle Linienelemente ergeben das *Richtungsfeld* im kartesischen Koordinatensystem.

Die Verbindungslinien aller Punkte mit *gleicher Richtung* der Linienelemente heißen *Isoklinen*, $y' = $ konst., aus deren Kenntnis man mit guter Näherung Lösungskurven der Dgl. ableiten kann (*graphische Integration* der Dgl.).

Das Isoklinenverfahren ist nur bei explizit vorliegender Dgl. anwendbar.

♦ **Beispiel:**

$y' = f(x, y) = -y$

Isoklinengleichung $y' = C \rightarrow y = -C$
ergibt eine fallende Exponentialfunktion
als Integralkurve

$y = g(x) = e^{-x}$, wenn $y(0) = 1$. ♦

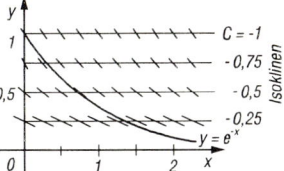

Differentialgleichungen 2. Ordnung bestimmen für jeden Punkt des Definitionsbereichs Richtung und Krümmung der Bogenelemente. Das Isoklinenverfahren ist anzuwenden, indem $y' = f(t) = z$ gesetzt wird, wodurch die Dgl. 2. Ordnung in eine 1. Ordnung in z umgewandelt wird.

Trajektorien sind Kurven, die jede einzelne Kurve einer Schar genau einmal schneiden, und zwar unter

- konstantem Winkel: *isogonale Trajektorie*
- rechtem Winkel: *orthogonale Trajektorie*

Anwendung: Bestimmung der *Potentialflächen* bzw. *-linien* aus gegebenem Feldlinienverlauf.

Gegebene Kurvenschar einer Dgl. 1. Ordnung	$F(x, y, c) = 0$	$y = f(x, c)$
Dgl. der Schar durch Elimination von c aus	$F(x, y, c) = 0$ und $\dfrac{\partial F}{\partial x} + \dfrac{\partial F}{\partial y} y' = 0$	$y = f(x, c)$ und $y' = g(x, y)$
Richtung der Kurven	$y' = \dfrac{-F_x}{F_y}$	$y' = g(x, y)$
Orthogonale Trajektorien	$\dfrac{\partial F}{\partial y} - \dfrac{\partial F}{\partial x} y' = 0$	$y' = -\dfrac{1}{g(x, y)}$
Isogonale Trajektorien, Schnittwinkel φ	$y' = \dfrac{-F_x/F_y + \tan \varphi}{1 + (F_y/F_x) \cdot \tan \varphi}$	$y' = \dfrac{g(x, y) + \tan \varphi}{1 - g(x, y) \tan \varphi}$

♦ **Beispiel:**

Kurvenschar $\qquad\qquad F(x, y, c) \equiv 4x^2 + 5y + c = 0$

Dgl. der Kurvenschar $\qquad\qquad 8x + 5y' = 0$

Richtung der Kurven $\qquad\qquad y' = -8x/5 = 1{,}6x$

Orthogonale Trajektorien $\qquad\qquad 5 - 8xy' = 0$

Isogonale Trajektorien, $\varphi = 30°$: $y = \dfrac{-\dfrac{8x}{5} + \tan 30°}{1 + \dfrac{5}{8x} \tan 30°}$, daraus

$192x^2 - 40\sqrt{3}\,x + (120x + 25\sqrt{3})\,y' = 0$ ♦

14

Aufstellen von Differentialgleichungen

1. Man differenziert die Gleichung der Kurvenschar so oft, bis alle Parameter eliminiert werden können.

♦ Beispiel:

Bestimmung der Dgln. aller nach rechts geöffneten Parabeln.

Ansatz der Gleichung für die Kurvenschar, Parameter x_m, y_m, p

$(y - y_m)^2 = 2p\,(x - x_m)$

$\left.\begin{array}{l} 2\,(y - y_m)\,y' = 2p \\ (y - y_m)\,y'' + y'^2 = 0 \end{array}\right\}$ implizites Differenzieren

$y'y'' + (y - y_m)\,y''' + 2y'y'' = 0$

Aus den beiden letzten Dgln. (Multiplikation mit y''' bzw. y'' und Subtraktion) ergibt sich die Dgl. 3. Ordnung, 2. Grades: $y'''y'^2 - 3y'y''^2 = 0$ ♦

2. Man stellt die Dgl. auf Basis physikalischer Gesetze auf.

♦ Beispiel:

Verlustbehafteter Kondensator (Zweipol) $i = i_c + i_r$ (Stromverzweigung)

$i(t) = \dfrac{u(t)}{R} + \dfrac{dQ}{dt}$ mit $dQ = i_c\,dt$ (Kondensatorladung)

$Q = CU$ (Definition der Kapazität)

$i(t) = \dfrac{u(t)}{R} + C\,\dfrac{du(t)}{dt}$ (Dgl. 1. Ordnung)   ♦

Satz von Cauchy

Der *Satz von* CAUCHY beschreibt die **Existenz** und **Eindeutigkeit** einer Lösung $y(x)$ eines Anfangswertproblems aus n gewöhnlichen Dgln. 1. Ordnung für n Funktionen. Die Ordnung des Systems ist n.

$$\begin{cases} y_i'(x) = f_i(x, y_1, ..., y_n) \\ y_i(x_0) = y_{i0} \end{cases} \quad i = 1, ..., n$$

bzw. $\begin{cases} y' = f(x, y) \\ y(x_0) = y_0 \end{cases}$ mit $y = \begin{pmatrix} y_1(x) \\ \vdots \\ y_n(x) \end{pmatrix}$ $f = \begin{pmatrix} f_1(x, y_1, y_2, ..., y_n) \\ \vdots \\ f_n(x, y_1, y_2, ..., y_n) \end{pmatrix}$

$x \in [x_0, b]$ (Integrationsintervall)

Existenz und Eindeutigkeit sind gegeben, wenn

• die Funktionen f_i, $i = 1, ..., n$ stetig und beschränkt in der Umgebung U von $P(x_0, y_{i0})$ sind: $\left| f_i(x, y) \right| \le k,\ k > 0$

- für die Funktionen f_i für alle Tupel $(x, \widetilde{y}_1, ..., \widetilde{y}_n)$ und $(x, y_1, ..., y_n)$ aus U die LIPSCHITZ-Bedingung gilt ($i = 1, ..., n$):

$$\left| f_i(x, \widetilde{y}_1, ..., \widetilde{y}_n) - f_i(x, y_1, ..., y_n) \right| \leq L \left(\sum_{k=1}^{n} \left| \widetilde{y}_k - y_k \right| \right)$$

bzw. $\left| f(x, \widetilde{y}) - f(x, y) \right| \leq L \left| \widetilde{y} - y \right|$; L LIPSCHITZ-Konstante, positive Zahl

Das heißt, der Differenzenquotient ist beschränkt.

Hinreichende Bedingung ist

$$\left| \frac{\partial}{\partial y_k} f_i(x, y_1, ..., y_n) \right| \leq L \qquad i, k = 1, ..., n$$

Daraus speziell für eine Dgl. 1. Ordnung ($n = 1$):

$y' = f(x, y)$, $x \in [x_0, b]$ hat genau eine Lösung $y = y(x)$ im Intervall $x_0 - h \leq x \leq x_0 + h$, $h = \min(a, b/k)$, $a, b > 0$ mit $y(x_0) = y_0$, wenn $f(x, y)$ in der Umgebung $U = \{(x, y) \mid x_0 - a \leq x \leq x_0 + a; y_0 - b \leq y \leq y_0 + b\}$ stetig und beschränkt ist:

$f(x, y) \leq k$ für alle Punkte $P(x, y) \in U$ und

$$\left| \frac{\partial f(x, y)}{\partial y} \right| \leq L \qquad \text{(LIPSCHITZ-Bedingung)}$$

14.2   Gewöhnliche Dgln. 1. Ordnung

$$F(x, y, y') = 0 \quad \text{bzw.} \quad y' = f(x, y)$$

14.2.1   Differentialgleichung mit trennbaren Variablen

$$y' = \frac{g(x)}{h(y)} \Leftrightarrow h(y) \, dy = g(x) \, dx \quad h(y) \neq 0 \qquad \text{(separable Dgl.)}$$

$$\int h(y) \, dy = \int g(x) \, dx$$

$h(y) = 0$ führt zur (bei nichtlinearer Dgl. evtl. singulären) Lösung $y = \text{konst.}$, z.B. $y' = \sqrt{y}$.

14

♦ Beispiele:

(1) $x \, e^{x+y} = y y'$ explizite Form $\dfrac{dy}{dx} = \dfrac{x}{y} e^{x+y} = x \, e^x \cdot \dfrac{1}{y} e^y, y \neq 0$

$\int x \, e^x \, dx = \int y \, e^{-y} \, dy$ (Trennung der Variablen)

$x \, e^x - \int e^x \, dx = -y \, e^{-y} + \int e^{-y} \, dy$ (partielle Integration oder Kap. 17)

$e^x (x - 1) = -e^{-y} (1 + y) + C$ $C \in \mathbf{R}$

(2) $y'(2x - 7) + y(2x^2 - 3x - 14) = 0$

$$\frac{dy}{dx} = -y\,\frac{2x^2 - 3x - 14}{2x - 7} \qquad x \neq 3{,}5$$

$$\int \frac{dy}{y} = \int -\frac{2x^2 - 3x - 14}{2x - 7}\,dx = -\int (x + 2)\,dx$$

$$\ln|y| = -\frac{x^2}{2} - 2x + C$$

$$y = \pm\,e^{-\frac{x^2}{2} - 2x + C} = \pm\,e^{C}\cdot e^{-\frac{x^2}{2} - 2x} = C_1\,e^{-\frac{x^2}{2} - 2x}, C_1 \in \mathbb{R}$$

(3) $RC\,\dfrac{du}{dt} + u = E \qquad u \neq E \qquad\qquad$ (*RC*-Glied)

$$\frac{du}{dt} = \frac{E - u}{RC} \qquad\qquad \int \frac{du}{E - u} = \int \frac{dt}{RC} \qquad \text{(Trennung der Variablen)}$$

$$\ln|E - u| = -\frac{t}{RC} + \ln|K| \qquad\qquad K \text{ Konstante}$$

$$E - u = K\,e^{-\frac{t}{RC}} \qquad \text{ergibt} \qquad u = E - K\,e^{-\frac{t}{RC}}, K \in \mathbb{R} \qquad\qquad \blacklozenge$$

14.2.2   Gleichgradige Differentialgleichung 1. Ordnung
(*Ähnlichkeitsdifferentialgleichung, homogene Dgl.*)

1. $y' = \dfrac{g(x, y)}{h(x, y)} \qquad$ bzw. $\qquad y' = f\left(\dfrac{y}{x}\right) \quad$ oder $\quad \dot{x} = f\left(\dfrac{x}{t}\right)$

$g(x, y)$ und $h(x, y)$ Terme vom gleichen Grad bez. der Variablen

Substitution: $\dfrac{y}{x} = z \qquad\qquad y = zx,\ y' = xz' + z,\ dy = x\,dz + z\,dx$

♦   **Beispiel:**

$(3x - 2y)\,dx - x\,dy = 0$ bzw. $y' = 3 - 2 \cdot \dfrac{y}{x}, x \neq 0$

Substitution eingesetzt $(3x - 2zx)\,dx - x\,(x\,dz + z\,dx) = 0$

$$\int \frac{3}{x}\,dx = \int \frac{dz}{1 - z} \qquad\qquad z \neq 1 \qquad \text{(Trennung der Variablen)}$$

$$3\ln|x| = -\ln|1 - z| + C$$

$$\ln\left|x^3\right| = -\ln\left|1 - \frac{y}{x}\right| + C \qquad\qquad \ln\left|x^3\,\frac{x - y}{x}\right| = C$$

$$x^3 - x^2 y = \pm\,e^{C} = C_1, C_1 \in \mathbb{R} \qquad\qquad\qquad\qquad\qquad \blacklozenge$$

2. $y' = g(ax + by + c) + \text{konst.}$

Substitution $ax + by + c = z$ führt zur Trennung der Variablen.

14.2.3   Lineare Differentialgleichung 1. Ordnung

allgemeine Form: $f(x) \cdot y' + g(x) \cdot y = \overline{s}(x)$ $\overline{s}(x)$ *Störfunktion*

14.2.3.1 Homogene lineare Differentialgleichung für $s(x) = 0$

$$y' + p(x)\, y = 0$$

Lösung durch Trennung der Variablen

$$y = C\, e^{-\int p(x)\, dx} \qquad C \in \mathbb{R}$$

Ist ein partikuläres Integral y_p bekannt, erhält man die allgemeine Lösung durch Multiplikation von y_p mit einer Konstanten.

14.2.3.2 Inhomogene lineare Differentialgleichung

Normalform: $y' + p(x)\, y = s(x)$ $s(x)$ *Störfunktion*

Allgemeine Lösung der inhomogenen Differentialgleichung

$$y = y_h + y_p \qquad \begin{array}{l} y_h \text{ allgemeine Lösung der homogenen Dgl.} \\ y_p \text{ partikuläre Lösung der inhomogenen Dgl.} \end{array}$$

Bemerkung: allgemeingültig auch für lineare Dgln. n-ter Ordnung (14.4)
Findet man zwei partikuläre Lösungen y_{p1} und y_{p2}, lautet die allgemeine Lösung der inhomogenen Dgl.

$$y = y_{p1} + C\,(y_{p2} - y_{p1}) \qquad C \in \mathbb{R}$$

1. Integration durch Substitution

Substitution $p(x) = \dfrac{\mu'(x)}{\mu(x)} \;\rightarrow\; \mu(x) = e^{\int p(x)\, dx}$ (*integrierender Faktor*, 14.2.5)

eingesetzt $y' + \dfrac{\mu'}{\mu}\, y = s(x) \;\rightarrow\; y'\mu + \mu' y = s(x)\,\mu$

Lösungsformel: $y = \dfrac{1}{\mu(x)}\left(\int \mu(x)\, s(x)\, dx + C \right)$ mit $\mu(x) = e^{\int p(x)\, dx}$, $C \in \mathbb{R}$

14

♦   Beispiel:

$(4 + x)\, y' + y = 6 + 2x$

$y' + y\,\dfrac{1}{4 + x} = \dfrac{6 + 2x}{4 + x}$

Substitution $\dfrac{1}{4 + x} = \dfrac{\mu'}{\mu} \;\rightarrow\; \ln|\mu| = \ln|4 + x| \;\rightarrow\; \mu = 4 + x$

$y' + \dfrac{\mu'}{\mu}\, y = \dfrac{6 + 2x}{4 + x}$

$y'\mu + \mu' y = 6 + 2x$ integriert ergibt $\mu\,y = 6x + x^2 + C$

$$y = \frac{6x + x^2 + C}{4 + x}, C \in \mathbb{R} \qquad \blacklozenge$$

2. Integration durch Variation der Konstanten

Gelöst wird zunächst die homogene Dgl. (allgemeine Lösung). Zur Bestimmung einer partikulären Lösung ersetzt man die Konstante C durch den Term $z(x)$.

$$y = z(x)\, e^{-\int p(x)\,dx}$$

$$y' = z'\, e^{-\int p(x)\,dx} + z\, e^{-\int p(x)\,dx} \cdot (-p(x))$$

Aus der Ausgangsgleichung und der Gleichung für y' folgen z und y:

$$y = e^{-\int p(x)\,dx} \cdot \left(\int s(x) \cdot e^{\int p(x)\,dx}\, dx + C \right) \qquad C \in \mathbb{R}$$

♦   **Beispiel:**

$(4 + x)\, y' + y = 6 + 2x$

Homogene Dgl. $(4 + x)\, y' + y = 0$

$\dfrac{dy}{y} = -\dfrac{dx}{4 + x}$ \qquad integriert $\ln |y| = -\ln |4 + x| + \ln |C|, y_h = \dfrac{C}{4 + x}, x \neq -4$

Variation der Konstanten ergibt:

$y = z(x)\dfrac{1}{4 + x}$ \qquad $y' = z'\dfrac{1}{4 + x} - z\dfrac{1}{(4 + x)^2}$ \qquad eingesetzt

$(4 + x)\left(z'\dfrac{1}{4 + x} - z\dfrac{1}{(4 + x)^2} \right) + z\dfrac{1}{4 + x} = 6 + 2x$

$z' = 6 + 2x$

$z = 6x + 2\dfrac{x^2}{2} + C_1 = 6x + x^2 + C_1$ \qquad $y = \dfrac{6x + x^2 + C_1}{4 + x}, C_1 \in \mathbb{R}$ \qquad ♦

Sonderfall: inhomogene lineare Dgl. 1. Ordnung mit konstanten Koeffizienten

$$y' - ry = s(x)$$

$y_h = C\, e^{rx}, C \in \mathbb{R}$ \qquad y_p wie in 14.3.4

14.2.4   Totale (exakte, vollständige) Differentialgleichung

$$P(x, y)\, dx + Q(x, y)\, dy = 0 \quad \text{bzw.} \quad P(x, y) + Q(x, y) \cdot y' = 0$$

mit der Bedingung, daß die linke Seite ein *vollständiges Differential* darstellt:

$$\frac{\partial P(x, y)}{\partial y} = \frac{\partial Q(x, y)}{\partial x} \qquad (\textit{Integrabilitätsbedingung})$$

Unmittelbare Integration führt zur allgemeinen Lösung

$$\int P\,(x,y)\;\mathrm{d}x + \int\!\left(Q(x,y) - \int \frac{\partial P(x,y)}{\partial y}\,\mathrm{d}x\right)\mathrm{d}y = C$$

oder $$\int Q\,(x,y)\;\mathrm{d}y + \int\!\left(P(x,y) - \int \frac{\partial Q(x,y)}{\partial x}\,\mathrm{d}y\right)\mathrm{d}x = C$$

♦   **Beispiel:**

$(3x^2 + 8ax + 2by^2 + 3y)\,\mathrm{d}x + (4bxy + 3x + 5)\,\mathrm{d}y = 0$

$$\frac{\partial P}{\partial y} = \frac{\partial(3x^2 + 8ax + 2by^2 + 3y)}{\partial y} = 4by + 3 \qquad \frac{\partial Q}{\partial x} = \frac{\partial(4bxy + 3x + 5)}{\partial x} = 4by + 3$$

Die linke Seite stellt also ein vollständiges Differential dar.

$$\int (3x^2 + 8ax + 2by^2 + 3y)\,\mathrm{d}x + \int\!\left(4bxy + 3x + 5 - \int (4by + 3)\,\mathrm{d}x\right)\mathrm{d}y = C$$

$$x^3 + 4ax^2 + 2bxy^2 + 3xy + \int (4bxy + 3x + 5 - (4bxy + 3x))\,\mathrm{d}y = C$$

$$x^3 + 4ax^2 + 2bxy^2 + 3xy + 5y = C \qquad C \in \mathbb{R} \qquad \qquad ♦$$

14.2.5   Integrierender Faktor (EULERscher Multiplikator)

Ein Term $\mu\,(x,y) \neq 0$ heißt *integrierender Faktor* der Differentialgleichung $P(x,y)\,\mathrm{d}x + Q(x,y)\,\mathrm{d}y = 0$, wenn die linke Seite der Gleichung durch Multiplikation mit $\mu(x,y)$ zu einem vollständigen Differential wird:

$$\frac{\partial(\mu\,(x,y)\,P(x,y))}{\partial y} = \frac{\partial(\mu\,(x,y)\,Q(x,y))}{\partial x}$$

Die Form der Dgl. läßt oft vereinfachende Annahmen zu.

Ausgewählte integrierende Faktoren $(P = P(x,y),\,Q = Q(x,y))$

Der integrierende Faktor enthalte nur x:

$$\mu\,(x,y) = \mathrm{e}^{-\int \frac{1}{Q}\left(\frac{\partial Q}{\partial x} - \frac{\partial P}{\partial y}\right)\mathrm{d}x}$$

Der integrierende Faktor enthalte nur y:

$$\mu\,(x,y) = \mathrm{e}^{\int \frac{1}{P}\left(\frac{\partial Q}{\partial x} - \frac{\partial P}{\partial y}\right)\mathrm{d}y}$$

Der integrierende Faktor enthalte nur xy:

$$\mu\,(x,y) = \mathrm{e}^{\int \frac{1}{xP - yQ}\left(\frac{\partial Q}{\partial x} - \frac{\partial P}{\partial y}\right)\mathrm{d}z} \qquad\qquad z = xy$$

14

Der integrierende Faktor enthalte nur y/x:

$$\mu(x, y) = e^{\int \frac{\frac{x^2}{x}}{xP + yQ}\left(\frac{\partial Q}{\partial x} - \frac{\partial P}{\partial y}\right) dz} \qquad\qquad z = \frac{y}{x}$$

Der integrierende Faktor enthält nur $x^2 + y^2$:

$$\mu(x, y) = e^{\int \frac{1}{2(yP - xQ)}\left(\frac{\partial Q}{\partial x} - \frac{\partial P}{\partial y}\right) dz} \qquad\qquad z = x^2 + y^2$$

♦ **Beispiel:**

$(3x - 2y)\, dx - x\, dy = 0$

$\dfrac{\partial(3x - 2y)}{\partial y} = -2 \qquad\qquad \dfrac{\partial(-x)}{\partial x} = -1 \qquad$ Integrabilitätsbedingung nicht erfüllt

Annahme: Der integrierende Faktor enthalte nur x.

$$\mu(x, y) = e^{-\int \frac{1}{-x}(-1 + 2)\, dx} = e^{\int \frac{dx}{x}} = e^{\ln x} = x$$

Multiplikation der Ausgangsgleichung mit $\mu = x$ ergibt:

$(3x^2 - 2xy)\, dx - x^2\, dy = 0 \qquad$ (totale Dgl., $-2x = -2x$)

Lösung: $x^3 - x^2 y = C \qquad C \in \mathbb{R}$ ♦

14.2.6   Bernoullische Differentialgleichung

$$y' + g(x)\, y = h(x)\, y^n \qquad\qquad n \neq 1$$

Substitution: $y = z^{\frac{1}{1-n}} \qquad y' = \dfrac{1}{1-n} z^{\frac{n}{1-n}} \cdot z'$:

$$z' + (1 - n)\, g(x)\, z = (1 - n)\, h(x)$$

♦ **Beispiel:**

$y' + \dfrac{y}{x} - x^2 y^3 = 0$

Substitution $\quad y = z^{\frac{1}{1-3}} = z^{-\frac{1}{2}} \qquad y' = -\dfrac{1}{2} z^{-\frac{3}{2}} \cdot z'$

$-\dfrac{1}{2} z^{-\frac{3}{2}} \cdot z' + \dfrac{1}{x} z^{-\frac{1}{2}} = x^2 z^{-\frac{3}{2}}$

$z'x - 2z = -2x^3$

Diese Dgl. ergibt durch Variation der Konstanten $z = x^2 (C - 2x)$ und die Lösung:

$x^2 y^2 (C - 2x) - 1 = 0 \qquad C \in \mathbb{R}$ ♦

14.2.7   Riccatische Differentialgleichung

$$y' = f(x)\, y^2 + g(x)\, y + h(x)$$

Eine Lösung ist im allgemeinen nur dann möglich, wenn ein partikuläres Integral y_p gefunden werden kann. Substitution: $y - y_p = \dfrac{1}{z}$

♦   Beispiel:

$$x^2 y' + xy - x^2 y^2 + 1 = 0$$
$$y' = y^2 - \frac{1}{x}\, y - \frac{1}{x^2}$$

Aufgrund der Gleichungsform kann man zur Bestimmung eines partikulären Integrals mit dem Ansatz $y = \dfrac{A}{x}$, $y' = -\dfrac{A}{x^2}$ probieren:

$$-A + A - A^2 + 1 = 0 \quad \rightarrow \quad A_{1,2} = \pm 1$$

Partikuläres Integral $y_p = \dfrac{1}{x}$

Substitution $y - \dfrac{1}{x} = \dfrac{1}{z}$ $y' = -\dfrac{1}{z^2}\, z' - \dfrac{1}{x^2}$

$$-\frac{1}{z^2}\, z' - \frac{1}{x^2} = \left(\frac{1}{z} + \frac{1}{x}\right)^2 - \frac{1}{x}\left(\frac{1}{z} + \frac{1}{x}\right) - \frac{1}{x^2}$$

$$z' + \frac{z}{x} + 1 = 0$$

Nach der Methode der Variation der Konstanten wird:

$$z = -\frac{x}{2} + \frac{C}{x} \quad \rightarrow \quad y = \frac{1}{x} + \frac{2x}{C_1 - x^2} \qquad C, C_1 \in \mathbb{R} \qquad ♦$$

14.2.8   Clairautsche Differentialgleichung

$$y = xy' + g(y')$$

Allgemeines Integral: $y = Cx + g(C)$ \qquad $C \in \mathbb{R}$

Differentiation der Dgl. nach x ergibt $0 = y''(x + g'(y'))$

Lösung:

- $y'' = 0$ mit dem allgemeinen Integral $y = C_1 x + C_2$, $C_2 = g(C_1)$
- $x + g'(y') = 0$. Eliminiert man y' aus der letzten sowie aus der Ausgangsdifferentialgleichung, erhält man $y = g(x)$ als singuläre Lösung.

Das allgemeine Integral stellt eine *Schar von Geraden* dar, während die singuläre Lösung die *Einhüllende dieser Geradenschar* ist.

14

♦   Beispiel:

$$y = xy' - 2y'^2 + y'$$
$$0 = xy'' - 4y'y'' + y'' = y''(x - 4y' + 1)$$
$$y'' = 0 \;\rightarrow\; y = C_1 x + C_2 \qquad C_1, C_2 \in \mathbb{R} \qquad \text{(allgemeines Integral)}$$

$$x - 4y' + 1 = 0 \qquad y' = \frac{x+1}{4}$$

Lösung: $y = x\dfrac{x+1}{4} - 2\dfrac{(x+1)^2}{16} + \dfrac{x+1}{4} = \dfrac{x^2 + 2x + 1}{8}$ ♦

14.3   Gewöhnliche Dgln. 2. Ordnung

$$y'' = f(x, y, y') \qquad \text{explizite Darstellung}$$
$$F(x, y, y', y'') = 0 \qquad \text{implizite Darstellung}$$

14.3.1   Differentialgleichungen, Reduzierung der Ordnung

1. $y'' = g(x)$
Lösung: Zweifache Integration

♦   Beispiel:

$$y'' = 4x^2 + 5x$$
$$y' = \int (4x^2 + 5x)\,\mathrm{d}x = \frac{4x^3}{3} + \frac{5x^2}{2} + C_1$$
$$y = \int \left(\frac{4x^3}{3} + \frac{5x^2}{2} + C_1\right)\mathrm{d}x = \frac{x^4}{3} + \frac{5x^3}{6} + C_1 x + C_2 \qquad C_1, C_2 \in \mathbb{R}$$ ♦

2. $y'' = g(y)$
Substitution: $y' = p(y)$

$$y'' = p' = \frac{\mathrm{d}p}{\mathrm{d}y}\,y' = \frac{\mathrm{d}p}{\mathrm{d}y}\,p \;\rightarrow\; \frac{\mathrm{d}p}{\mathrm{d}y}\,p = g(y)$$

Lösung: Trennung der Variablen

♦   Beispiel:

$$y'' = \frac{y}{a^2}$$
$$\frac{\mathrm{d}p}{\mathrm{d}y}\,p = \frac{y}{a^2} \qquad\qquad y' = p(y) = p$$
$$\int p\,\mathrm{d}p = \int \frac{y}{a^2}\,\mathrm{d}y$$
$$\frac{p^2}{2} = \frac{y^2}{2a^2} + C_1 \qquad p = \pm\sqrt{\frac{y^2 + 2C_1 a^2}{a^2}} = y'$$

$$dx = \frac{a\,dy}{\pm\sqrt{C_2 + y^2}} \qquad\qquad x = \pm a \int \frac{dy}{\sqrt{C_2 + y^2}} \qquad\qquad C_2 = 2C_1 a^2$$

$$x = \pm a \operatorname{arsinh} \frac{y}{\sqrt{C_2}} + C_3 \qquad y = \sqrt{C_2}\,\sinh\frac{x - C_3}{\pm a} \qquad C_2, C_3 \in \mathbb{R} \qquad \blacklozenge$$

3. $y'' = g(y')$

Substitution: $y' = p(x),\ \dfrac{dp}{dx} = g(p)$

♦ Beispiel:

$$y'' = 2y'^2$$

$$y' = p \qquad\qquad y'' = p' \qquad p' = 2p^2,\ \text{also}\ \frac{dp}{dx} = 2p^2 = g(p)$$

$$\int \frac{dp}{p^2} = \int 2\,dx$$

$$-\frac{1}{p} = 2x + C_1 \qquad p = -\frac{1}{2x + C_1} = y'$$

$$\int dy = -\int \frac{dx}{2x + C_1}$$

$$y = -\frac{1}{2}\ln|2x + C_1| + C_2 = \ln\left|\frac{C_3}{\sqrt{2x + C_1}}\right| \quad \text{mit } C_2 = \ln C_3,\ C_1, C_2, C_3 \in \mathbb{R} \qquad \blacklozenge$$

4. $y'' = g(x, y')$

Substitution: $y' = p(x),\ \dfrac{dp}{dx} = g(x, p)$

♦ Beispiel:

$$y'' = -\frac{y'}{x} + \frac{1}{x}$$

$$p' = -\frac{p}{x} + \frac{1}{x}$$

$$\int \frac{dp}{1 - p} = \int \frac{dx}{x}$$

$$-\ln|p - 1| = \ln|x| + \ln|C_1| = \ln|C_1 x|$$

$$\frac{1}{p - 1} = C_1 x \qquad p = \frac{1}{C_1 x} + 1 = y'$$

$$\int dy = \int \frac{dx}{C_1 x} + \int dx$$

$$y = \frac{1}{C_1}\ln|x| + x + C_2 = x + C_3 \ln|x| + C_2 \qquad\qquad C_1, C_2, C_3 \in \mathbb{R} \qquad \blacklozenge$$

5. $y'' = g(y, y')$

Substitution: $y' = p(y),\ \dfrac{dp}{dy}\cdot p = g(y, p)$

14

♦   Beispiel:

$$y'' = y'^2 \frac{1}{y} \qquad\qquad y' = p \qquad\qquad y'' = \frac{dp}{dy} p$$

$$p \frac{dp}{dy} = p^2 \frac{1}{y} \;\to\; \frac{dp}{p} = \frac{dy}{y}$$

$$\ln |p| = \ln |y| + \ln |C_1| = \ln |C_1 y|$$

$$p = \frac{dy}{dx} = C_1 y \;\to\; \frac{dy}{y} = C_1\, dx$$

$$\ln |y| = C_1 x + C_2 \;\to\; y = \pm\, e^{C_1 x + C_2} = C_3\, e^{C_1 x} \qquad\qquad C_1, C_2, C_3 \in \mathbb{R} \qquad\qquad ♦$$

14.3.2   Homogene lineare Differentialgleichung 2. Ordnung mit konstanten Koeffizienten

Normalform: $y'' + ay' + by = 0$

(ggf. nach Division durch den nicht verschwindenden Faktor von y'')

Jede homogene lineare Dgl. 2. Ordnung hat zwei linear unabhängige Lösungen (*Basisfunktionen, Basislösungen*) $y_1(x)$ und $y_2(x)$.

$y_1(x)$ und $y_2(x)$ bilden das *Fundamentalsystem*, wenn die

WRONSKI-*Determinante* $W(x) = \begin{vmatrix} y_1(x) & y_2(x) \\ y_1'(x) & y_2'(x) \end{vmatrix} \neq 0$ ist.

Allgemeine Lösung als Linearkombination: $y(x) = C_1\, y_1(x) + C_2\, y_2(x)$

Zur Gewinnung der Basisfunktionen dient der **Ansatz**:

$$y = e^{\lambda x} \to y' = \lambda\, e^{\lambda x}, y'' = \lambda^2\, e^{\lambda x} \text{ ergibt}$$
$$\lambda^2\, e^{\lambda x} + a\lambda\, e^{\lambda x} + b\, e^{\lambda x} = 0$$

Division durch $e^{\lambda x} \neq 0$ liefert die *charakteristische Gleichung*

$$\lambda^2 + a\lambda + b = 0 \qquad\qquad \lambda_i \text{ Eigenwerte}$$

Partikuläre Lösungen der Dgl.: $y_i(x) = e^{\lambda_i x}$

Allgemeine Lösung der Dgl.

Fall 1: $\lambda_1 \neq \lambda_2$ $\qquad\qquad\qquad\qquad \lambda_1, \lambda_2 \in \mathbb{R}$

$$y = C_1 e^{\lambda_1 x} + C_2 e^{\lambda_2 x} \qquad\qquad C_1, C_2 \in \mathbb{R}$$

Fall 2: $\lambda_1 = \lambda_2 = \lambda$ (Doppelwurzel) $\qquad \lambda \in \mathbb{R}$

$$y = e^{\lambda x} (C_1 x + C_2) \qquad\qquad C_1, C_2 \in \mathbb{R}$$

Fall 3: $\lambda_{1,2} = \alpha \pm j\beta$

$$y = e^{\alpha x}(C_1 \cos \beta x + C_2 \sin \beta x) = A\,e^{\alpha x} \sin (\beta x + \varphi),\; C_1, C_2 \in \mathbb{R}$$

oder $y = e^{\alpha x}\left(K_1\,e^{j\beta x} + K_2 e^{-j\beta x}\right)$ $K_1, K_2 \in \mathbb{R}$ (komplexe Lösung)

♦   Beispiele:

(1) $y'' - 4y' + 3y = 0$

$\lambda^2 - 4\lambda + 3 = 0 \;\rightarrow\; \lambda_1 = 3,\, \lambda_2 = 1$

$y = C_1\,e^{3x} + C_2\,e^x$ $C_1, C_2 \in \mathbb{R}$

(2) $y'' + 6y' + 9y = 0$

$\lambda^2 + 6\lambda + 9 = 0 \;\rightarrow\; \lambda_{1;2} = -3$

$y = e^{-3x}(C_1 x + C_2)$ $C_1, C_2 \in \mathbb{R}$

(3) $y'' + 2y' + 5y = 0$

$\lambda^2 + 2\lambda + 5 = 0 \;\rightarrow\; \lambda_{1;2} = -1 \pm j2$

$y = e^{-x}(C_1 \cos 2x + C_2 \sin 2x)$ $C_1, C_2 \in \mathbb{R}$

oder $y = e^{-x}\left(K_1\,e^{j2x} + K_2\,e^{-j2x}\right)$ $K_1, K_2 \in \mathbb{R}$ ♦

14.3.3   Homogene lineare Differentialgleichung 2. Ordnung mit veränderlichen Koeffizienten

$$f(x)\,y'' + g(x)\,y' + h(x)\,y = 0$$

Findet man ein partikuläres Integral y_p, gilt der Lösungsansatz $y = y_p z$.

Es entsteht mit einer weiteren Substitution $z' = u(x) = u$ eine Dgl. 1. Ordnung (*Erniedrigung der Ordnung*).

♦   Beispiel:

$x^2 (\ln |x| - 1)\,y'' - xy' + y = 0$ $x \neq 0$

ein partikuläres Integral $y_p = x$ wird erraten ($y_p' = 1, y_p'' = 0$)

$y = y_p z = xz$ $y' = xz' + z$ $y'' = xz'' + 2z'$

$x^3 (\ln |x| - 1)\,z'' + x^2 (2 \ln |x| - 3)\,z' = 0$ $z' = u,\, z'' = u'$

$xu' (\ln |x| - 1) = u\,(3 - 2 \ln |x|)$ (Dgl. 1. Ordnung)

$\dfrac{\mathrm{d}u}{u} = \dfrac{3 - 2 \ln |x|}{x\,(\ln |x| - 1)}\,\mathrm{d}x$ $\ln |x| \neq 1,\, u \neq 0$ (Trennung der Variablen)

Substitution: $\ln |x| = v$ $\dfrac{\mathrm{d}x}{x} = \mathrm{d}v$

$\displaystyle \int \frac{\mathrm{d}u}{u} = 3 \int \frac{\mathrm{d}v}{v-1} - 2 \int \frac{v\,\mathrm{d}v}{v-1}$

14

$$\ln |u| = 3 \ln |v - 1| - 2 \int \left(1 + \frac{1}{v - 1}\right) dv$$

$$\ln |u| = 3 \ln |v - 1| - 2v - 2 \ln |v - 1| + \ln |C_1|$$

$$u = C_1 \frac{\ln |x| - 1}{x^2} = z'$$

$$\int dz = \int C_1 \frac{\ln |x| - 1}{x^2} dx$$

$$z = C_2 - \frac{C_1}{x} \ln |x| \qquad (z = \text{const. für } C_1 = 0)$$

$$y = C_2 x - C_1 \ln |x| \qquad C_1, C_2 \in \mathbb{R} \qquad \blacklozenge$$

14.3.4 Inhomogene lineare Differentialgleichung 2. Ordnung mit konstanten Koeffizienten

Normalform: $y'' + ay' + by = s(x)$ $\qquad s(x) \neq 0$ *Störglied*

Allgemeine Lösung der inhomogenen Dgl.:

$$y = y_h(x) + y_p(x)$$

mit $\quad y_h(x) \quad$ allgemeine Lösung der homogenen Dgl

$\quad\quad\ y_p(x) \quad$ partikuläre Lösung der inhomogenen Dgl.

Lösungsweg: siehe Schema unten oder Variation der Konstanten

Wird die Lösung der homogenen Dgl. zu einem Glied der Störfunktion, liegt der Resonanzfall vor, Lösung nur durch *Variation der Konstanten*.

$$y_h(x) = C_1 y_1(x) + C_2 y_2(x)$$

wobei $y_1(x)$ und $y_2(x)$ Basislösungen der homogenen Dgl. sind.

Ansatz für ein partikuläres Integral: $y_p = C_1(x) y_1(x) + C_2(x) y_2(x)$

Hat die *Störfunktion* $s(x)$ eine spezielle Form, vereinfacht sich die Lösung durch dieser Form angepaßte Ansätze, $\alpha, \beta \in \mathbb{R}$:

• $s(x) = A \, e^{\alpha x}$

Ansatz $\quad y_p = A_1 \, e^{\alpha x}$, falls $e^{\alpha x}$ keine Lösung der homogenen Dgl. ist oder

$\quad\quad\quad\ y_p = x^q A_1 \, e^{\alpha x}$, falls $e^{\alpha x}$ Lösung der homogenen Dgl. ist und $\alpha \pm j\beta$ q-fache Wurzel der charakteristischen Gleichung ist.

• $s(x) = A \, e^{\alpha x} \sin \beta x$ oder $s(x) = B \, e^{\alpha x} \cos \beta x$ oder ihre Linearkombination

Ansatz $\quad y_p = e^{\alpha x} (A_1 \sin \beta x + B_1 \cos \beta x)$, falls $e^{\alpha x} \sin \beta x$ und $e^{\alpha x} \cos \beta x$ keine Lösung der homogenen Dgl. sind oder

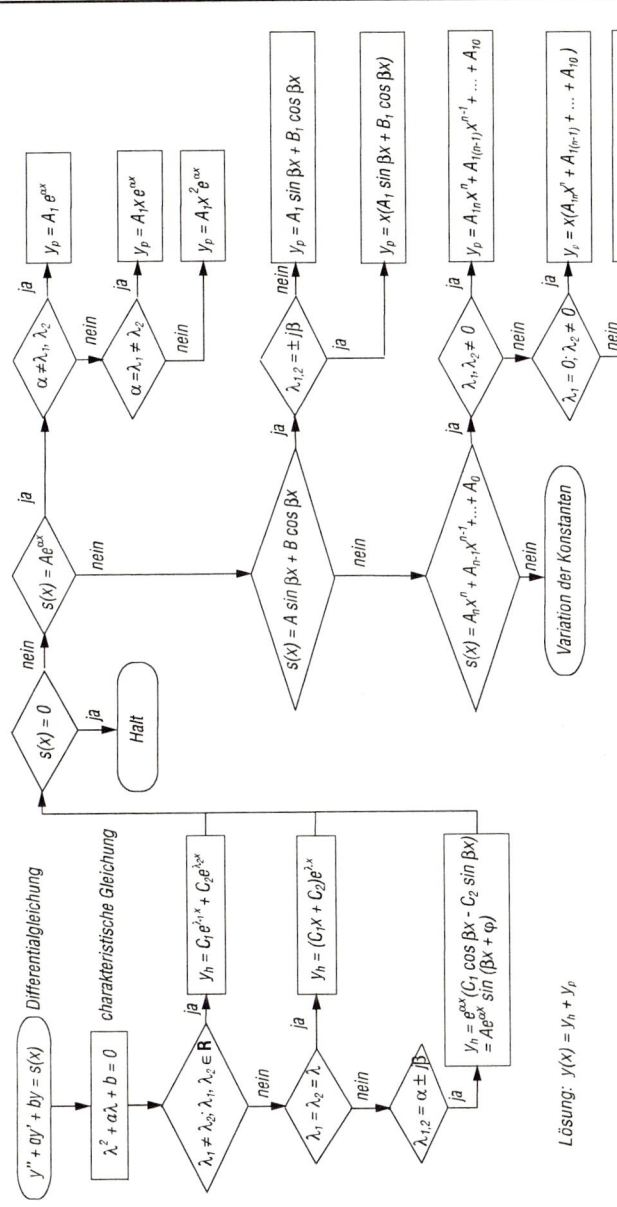

Inhomogene lineare Dgl. 2. Ordnung, Lösungsweg

$y_p = x^q\,e^{\alpha x}(A_1\sin\beta x + B_1\cos\beta x)$, falls $e^{\alpha x}\sin\beta x$ und $e^{\alpha x}\cos\beta x$
Lösungen der homogenen Dgl. sind und $\alpha \pm j\beta\, q$-fache Wurzeln
der charakteristischen Gleichung sind. Auch für $e^{\alpha x} = 1$ gültig.

desgl. für $\sinh\beta x$, $\cosh\beta x$

- $s(x) = A_n x^n + A_{n-1} x^{n-1} + \ldots + A_0 = \varphi_n(x)$

  $y_p = \Phi_n(x)$, falls y in der Dgl. vorkommt

  $y_p = x^q \Phi_n(x)$, falls $y,\,y',\,\ldots,\,y^{(q-1)}$ in der Dgl. fehlen, mit

  $\Phi_n(x) = A_{1n} x^n + A_{1(n-1)} x^{n-1} + \ldots + A_{10}$

Die Parameter des Lösungsansatzes sind durch Bilden der Ableitungen, Einsetzen in die Dgl. und Koeffizientenvergleich eindeutig bestimmbar.
Ist $s(x)$ Summe oder Produkt aus aufgeführten Störfunktionen, so ist der Lösungsansatz für y_p Summe oder Produkt der Ansätze der Störglieder.

♦   Beispiele:

(1) $y'' - 2y' - 8y = 3\sin x + 4$

Lösung der homogenen Dgl.:
$y'' - 2y' - 8y = 0$
$\lambda^2 - 2\lambda - 8 = 0 \;\rightarrow\; \lambda_1 = 4,\; \lambda_2 = -2$
$y_h(x) = C_1\,e^{4x} + C_2\,e^{-2x}$

Ansatz zur Bestimmung eines partikulären Integrals:
$y_p = A\sin x + B\cos x + C$
$y_p{}' = A\cos x - B\sin x$
$y_p{}'' = -A\sin x - B\cos x$

Eingesetzt in die Ausgangsgleichung
$-A\sin x - B\cos x - 2A\cos x + 2B\sin x - 8A\sin x - 8B\cos x - 8C$
$$= 3\sin x + 4$$

Durch Koeffizientenvergleich ergibt sich $A = -27/85,\, B = 6/85,\, C = -1/2$

$$y(x) = y_h + y_p = C_1\,e^{4x} + \frac{C_2}{e^{2x}} - \frac{27}{85}\sin x + \frac{6}{85}\cos x - \frac{1}{2} \qquad C_1, C_2 \in \mathbb{R}$$

(2) $y'' + y' - 2y = \cosh x$

$\lambda^2 + \lambda - 2 = 0 \;\rightarrow\; \lambda_1 = 1,\; \lambda_2 = -2$

$y_h(x) = C_1\,e^x + C_2\,e^{-2x}$

Aus $\cosh x = 1/2\,(e^x + e^{-x})$ folgt, daß mit $C_1 = 1/2$ und $C_2 = 0$ die Lösung der homogenen Gleichung zu einem Glied der Störfunktion wird (**Resonanzfall**).
Weiter mit Variation der Konstanten

$y = z_1 e^x + z e^{-2x}$ wobei $z_i = z_i(x)$

$y' = z_1' e^x + z_1 e^x + z_2' e^{-2x} - 2z_2 e^{-2x}$

Zusatzbedingung $z_1' e^x + z_2' e^{-2x} = 0$

$y'' = z_1' e^x + z_1 e^x - 2z_2' e^{-2x} + 4z_2 e^{-2x}$

Eingesetzt in die Ausgangsgleichung

$z_1' e^x + z_1 e^x - 2z_2 e^{-2x} + 4z_2 e^{-2x} + z_1 e^x - 2z_2 e^{-2x}$

$$- 2z_1 e^x - 2z_2 e^{-2x} = \cosh x$$

$z_1' e^x - 2z_2' e^{-2x} = \cosh x$ (Die Glieder mit z_1 und z_2 fallen stets weg.)

In Verbindung mit dem oben gemachten Ansatz ergibt sich ein Gleichungssystem für die beiden Unbekannten z_1' und z_2':

$$\begin{cases} z_1' e^x - 2z_2' e^{-2x} = \cosh x \\ z_1' e^x + z_2' e^{-2x} = 0 \end{cases}$$

$z_1' = \dfrac{\cosh x}{3e^x} = \dfrac{e^x + e^{-x}}{6e^x}$ $z_2' = -\dfrac{\cosh x}{3e^{-2x}} = -\dfrac{e^x + e^{-x}}{6e^{-2x}}$

$dz_1 = \dfrac{1}{6}\left(1 + e^{-2x}\right) dx$ (Trennung der Variablen)

$z_1 = \dfrac{1}{6} x - \dfrac{1}{12} e^{-2x} + K_1$ $z_2 = -\dfrac{1}{18} e^{3x} - \dfrac{1}{6} e^x + K_2$

Lösung der Dgl.

$$y = \left(\dfrac{1}{6} x - \dfrac{1}{12} e^{-2x} + K_1\right) e^x - \left(\dfrac{1}{18} e^{3x} + \dfrac{1}{6} e^x - K_2\right) e^{-2x}$$

$$y = e^x\left(K_3 + \dfrac{x}{6}\right) - \dfrac{1}{4} e^{-x} + K_2 e^{-2x}   K_1, K_2 \in \mathbb{R}$$

Bemerkung:

y_p kann auch aus $y_p = Ax\, e^x + B\, e^{-x}$ berechnet werden (Resonanzfall).   ♦

14.3.5   Inhomogene lineare Differentialgleichung 2. Ordnung mit veränderlichen Koeffizienten

Normalform: $y'' + g(x)\, y' + h(x)\, y = s(x)$ $s(x) \neq 0$ *Störfunktion*

Lösung: $y = y_h + y_p$

14

Das allgemeine Integral der homogenen Dgl. y_h löst man gemäß 14.3.3.
Das allgemeine Integral der inhomogenen Dgl.

$$y'' + y'g(x) + yh(x) = s(x)$$

findet man durch Variation der Integrationskonstanten.

♦   Beispiel:

$$x^2 y'' - 2xy' + (x^2 + 2)\, y = x^4$$

$$y'' - \frac{2}{x} y' + \frac{x^2 + 2}{x^2}\, y = x^2 \qquad \text{(Normalform)}$$

Man löst zunächst die homogene Dgl. $y'' - \dfrac{2}{x} y' + \dfrac{x^2 + 2}{x^2}\, y = 0$

Ein partikuläres Integral wird erraten $y_p = x \sin x$

Lösungsansatz: $y_h = y_p \cdot z = x \sin x \cdot z$

$y_h' = z \sin x + xz \cos x + xz' \sin x$

$y_h'' = (z \cos x + z' \sin x) + (z \cos x + xz' \cos x - xz \sin x)$
$\quad + (z' \sin x + xz'' \sin x + xz' \cos x)$

Eingesetzt in die Dgl. und zusammengefaßt ergibt

$2z' \cos x + z'' \sin x = 0$

Substitution $z' = u$, $z'' = u'$ ergibt die Dgl. 1. Ordnung $2u \cos x + u' \sin x = 0$

Trennung der Variablen $\dfrac{u'}{u} = -2\, \dfrac{\cos x}{\sin x}$ und Integration liefert

$$\ln |u| = -2 \ln |\sin x| + \ln |C_1| = \ln \left| \frac{C_1}{\sin^2 x} \right|$$

$$u = \frac{C_1}{\sin^2 x} = z' = \frac{dz}{dx}, x \neq 0, \pi, 2\pi, \dots \;\Rightarrow\; dz = \frac{C_1}{\sin^2 x}\, dx,\ \text{integriert}$$

$$z = C_1 \cot x + C_2 = C_1 \frac{\cos x}{\sin x} + C_2$$

Das gesuchte allgemeine Integral der homogenen Dgl. ist

$$y_h = y_p z = x \sin x \left(C_1 \frac{\cos x}{\sin x} + C_2 \right) = C_1 x \cos x + C_2 x \sin x = C_1 y_1 + C_2 y_2$$

Das gesuchte allgemeine Integral der inhomogenen Dgl. findet man durch Variation der Konstanten. Ersetzt man C_1 und C_2 durch die Funktionen $z_1 = z_1(x)$ und $z_2 = z_2(x)$, so wird $y = z_1 y_1 + z_2 y_2$.

Wenn man diese in die inhomogene Dgl. einsetzt, muß den Funktionen z_1 und z_2, um sie bestimmen zu können, noch eine weitere Bedingung auferlegt werden.

Zusatzbedingung: $z_1' y_1 + z_2' y_2 = 0$

$y' = z_1 y_1' + z_2 y_2'$

$y'' = z_1' y_1' + z_2' y_2' + z_1 y_1'' + z_2 y_2''$

Eingesetzt in die Normalform

$$z_1' y_1' + z_2' y_2' + z_1 y_1'' + z_2 y_2'' - \frac{2}{x} z_1 y_1' - \frac{2}{x} z_2 y_2' + z_1 y_1 + z_2 y_2 + \frac{2}{x^2} z_1 y_1 + \frac{2}{x^2} z_2 y_2 = x^2$$

$$z_1' y_1' + z_2' y_2' + z_1 \left(y_1'' - \frac{2}{x} y_1' + y_1 + \frac{2}{x^2} y_1 \right) + z_2 \left(y_2'' - \frac{2}{x} y_2' + y_2 + \frac{2}{x^2} y_2 \right) = x^2$$

Da y_1 und y_2 partikuläre Integrale der homogenen Dgl. sind, sind die Klammerausdrücke gleich Null.

Zusammen mit der Zusatzbedingung gilt folgendes Gleichungssystem:

$$\begin{cases} z_1' y_1 + z_2' y_2 = x^2 \\ z_1' y_1 + z_2' y_2 = 0 \end{cases}$$

Seine Koeffizientendeterminante (WRONSKI-*Determinante*) ist:

$$\det A = \begin{vmatrix} y_1' & y_2' \\ y_1 & y_2 \end{vmatrix} = y_1' y_2 - y_2' y_1$$

$$= (\cos x - x \sin x)(x \sin x) - (\sin x + x \cos x) x \cos x = -x^2 \not\equiv 0$$

Obiges Gleichungssystem liefert:

$$z_1' = \frac{\begin{vmatrix} x^2 & y_2' \\ 0 & y_2 \end{vmatrix}}{\det A} \quad \text{und} \quad z_2' = \frac{\begin{vmatrix} y_1' & x^2 \\ y_1 & 0 \end{vmatrix}}{\det A}$$

Integration ergibt $z_1 = \int \frac{x^2 y_2}{\det A} \, dx$ und $z_2 = -\int \frac{x^2 y_1}{\det A} \, dx$

$$z_1 = \int \frac{x^2 (x \sin x)}{-x^2} \, dx = -\int x \sin x \, dx = -\sin x + x \cos x + C_3$$

$$z_2 = -\int \frac{x^2 \cdot x \cos x}{-x^2} \, dx = \int x \cos x \, dx = \cos x + x \sin x + C_4$$

$$y_a(x) = z_1 y_1 + z_2 y_2 = (-\sin x + x \cos x + C_3) \, x \cos x \qquad C_3, C_4 \in \mathbb{R}$$
$$+ (\cos x + x \sin x + C_4)(-x \sin x) = x^2 + C_3 \, x \cos x + C_4 \, x \sin x \qquad \blacklozenge$$

14.3.6   Besselsche Differentialgleichung

$$x^2 y'' + x y' + (x^2 - p^2) \, y = 0 \qquad p \text{ Index der Dgl.}$$

Die Lösungen heißen BESSEL*sche Funktionen*. Sie lassen sich nur für $p = (2k+1)/2, \quad k \in \mathbb{Z}$, aus elementaren Funktionen kombinieren.

Potenzreihenansatz: $y = x^p \left(a_0 + a_1 x + a_2 x^2 + \dots \right)$

Einsetzen in die Ausgangsgleichung ergibt für die Koeffizienten a_k:

$$a_{2n-1} = 0 \qquad a_{2n} = \frac{(-1)^n a_0}{2^{2n} \, n! \, (p+1)(p+2) \cdot \dots \cdot (p+n)} \qquad n \in \mathbb{N}^*$$

Dabei ist $a_0 = \dfrac{1}{2^p \Gamma(n+1)}$ unter Verwendung der **Gammafunktion**

$$\Gamma(x) = \int_0^\infty e^{-t} \, t^{x-1} \, dt \quad \text{für } x > 0 \qquad \text{(Zweites EULER\textit{sches Integral})}$$

oder $\qquad \Gamma(x) = \lim_{p \to \infty} \dfrac{p! \, p^{x-1}}{x \, (x+1)(x+2) \cdot \dots \cdot (x+p-1)} \qquad x \in \mathbb{R}$

14

Beziehungen der Gammafunktion

$$\Gamma(x + 1) = x \, \Gamma(x)$$

$$\Gamma(x) \, \Gamma(x - 1) = \frac{\pi}{\sin \pi x}$$

$$\Gamma(x) \, \Gamma\!\left(x + \frac{1}{2}\right) = \frac{\sqrt{\pi}}{2^{2x-1}} \, \Gamma(2x)$$

$$\Gamma(x) = (x - 1)! \qquad \text{für } x \in \mathbb{N}$$

Bessel-Funktion p-ter Ordnung erster Art (Zylinderfunktion)

$$J_p(x) = \sum_{m=0}^{\infty} \frac{(-1)^m \, x^{2m+p}}{2^{2m+p} \, k! \, \Gamma(p + m + 1)}$$

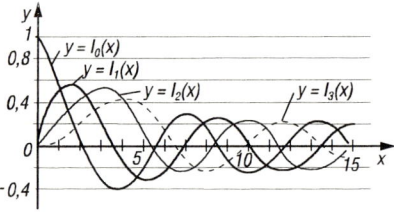

Bessel-Funktionen

Die allgemeine Lösung der BESSELschen Dgl. ist dann für $p \in \mathbb{R}$, wenn p nicht ganzzahlig ist:

$$y = C_1 J_p(x) + C_2 J_{-p}(x)$$

Für $p \in \mathbb{N}$ setzt sich die allgemeine Lösung aus der Summe der BESSEL-Funktionen erster und zweiter Art zusammen:

$$y = C_1 J_p(x) + C_2 Y_p(x)$$

$$\text{mit } Y_p(x) = \lim_{m \to p} \frac{J_p(x) \cos p\pi - J_{-p}(x)}{\sin p\pi}$$

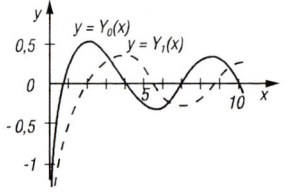

Bessel-Funktionen, allgemeine Lösung

$\Gamma(x)$, $J_p(x)$ und $Y_p(x)$ für $p \in \mathbb{N}$ sind in der einschlägigen Literatur tabelliert.

Zusammenhänge zwischen BESSEL-Funktionen erster Art verschiedener Ordnung:

$$J_{p-1}(x) + J_{p+1}(x) = \frac{2p}{x} J_p(x)$$

$$\frac{\mathrm{d} J_p(x)}{\mathrm{d}x} = -\frac{p}{x} J_p(x) + J_{p-1}(x)$$

$$\frac{\mathrm{d}}{\mathrm{d}x}\left(x^p J_p(x)\right) = x^p J_{p-1}(x) \quad \text{Analog gelten diese Formeln auch für } Y_p(x).$$

14.4 Lineare gewöhnliche Dgln. höherer Ordnung

$$L_n(y) = y^{(n)} + g_{n-1}(x)\, y^{(n-1)} + \ldots + g_1(x)\, y' + g_0(x)\, y = s(x)$$

Störfunktion $s(x) = 0$ homogene Dgl.

           $s(x) \neq 0$ inhomogene (vollständige) Dgl.

$g_i(x)$ stetig im Definitionsbereich (a, b), n Ordnung der Dgl.

Rechenregeln für $L_n(y)$, d.h. y ist n-mal differenzierbar

$$L_n(cy) = c\, L_n(y) \qquad\qquad c \text{ Konstante}$$

$$L_n(y_1 + y_2) = L_n(y_1) + L_n(y_2) \qquad \text{(Überlagerung)}$$

$$L_n(c_1 y_1 + c_2 y_2 + \ldots + c_m y_m) = c_1 L_n(y_1) + c_2 L_n(y_2) + \ldots + c_m L_n(y_m)$$

$$L_n(yz) = z\, L_n(y) + \varLambda_{n-1}\,(z') = y\, L_n(z) + \varLambda_{n-1}\,(y')$$

$$\varLambda_{n-1} \text{ auf die Ordnung } (n-1) \text{ bezogene Dgl.}$$

Aus letztgenannter Beziehung folgt die *Erniedrigung der Ordnung* bei einem bekannten partikulären Integral $y_p(x) \neq 0$ der homogenen Dgl.

Substitution $y = y_p z$ führt auf

$$z\, L_n(y_p) + \varLambda_{n-1}\,(z') = s(x) \qquad \text{da } L_n(y_p) = 0, \text{ kein Glied mit } z$$

Siehe auch Abschnitte 14.1.2 und 14.3.3.

Lösung der homogenen Dgl. n-ter Ordnung

Sind $y_1(x), y_2(x), \ldots, y_n(x)$ die Lösungen der homogenen Dgl. $L_n(y) = 0$, so ist deren Linearkombination die *allgemeine Lösung* der homogenen Dgl.:

$$y(x) = c_1\, y_1(x) + c_2\, y_2(x) + \ldots + c_n\, y_n(x) = \sum_{i=1}^{n} c_i\, y_i(x)$$

$$c_1, \ldots, c_n \text{ beliebige Konstanten}$$

Bedingung: Lineare Unabhängigkeit der partikulären Lösungen $y_i(x)$ (sog. Basislösungen oder Fundamentalsystem), d.h., die Gleichung

14

$$c_1\, y_1(x) + c_2\, y_2(x) + \ldots + c_n\, y_n(x) = 0$$

darf nur richtig sein, wenn alle $c_i = 0$ sind.

Sonst sind sie linear abhängig.

Kriterium für lineare Unabhängigkeit ist, wenn die WRONSKI-*Determinante* für alle $x \in D$ ungleich Null ist:

$$W(x, y_1, \ldots, y_n) = \begin{vmatrix} y_1(x) & y_2(x) & \ldots & y_n(x) \\ y_1'(x) & y_2'(x) & \ldots & y_n'(x) \\ \vdots & & & \\ y_1^{(n-1)}(x) & y_2^{(n-1)}(x) & \ldots & y_n^{(n-1)}(x) \end{vmatrix} \neq 0 \qquad \forall\, x \in D$$

Analog für Parameterdarstellung: man setze $y_i := x_i,\ y_i' := \dot{x}_i,\ y_i'' := \ddot{x}_i$ usw.

Lösung der inhomogenen Dgl. *n*-ter Ordnung

$$y(x) = c_1\, y_1(x) + c_2\, y_2(x) + \ldots + c_n\, y_n(x) + y_p(x)$$

allgemeine Lösung der homogenen + partikuläre Lösung der inhomogenen Dgl.

Bemerkung: Auf lineare Dgln. *n*-ter Ordnung lassen sich die Methoden der Dgln. 2. Ordnung, Abschnitte 14.3.2 bis 14.3.5, analog anwenden.

♦   Beispiel:

$y''' - 2y'' - y' + 2y = 0$ (Dgl. 3. Ordnung)

Als partikuläre Lösung erraten $y_p = e^x$

Substitution $y = e^x\, z,\ y'$ mit

$y' = e^x\,(z' + z),\ y'' = e^x\,(z'' + 2z' + z),\ y''' = e^x\,(z''' + 3z'' + 3z' + z)$

$\Lambda_1(z') \equiv e^x\,(z''' + z'' - 2z') = 0$ $e^x \neq 0$

Eine zweite Substitution $z' = u$ ergibt

$u'' + u' - 2u = 0$ (Dgl. 2. Ordnung) mit der

charakteristischen Gleichung $\lambda^2 + \lambda - 2 = 0 \rightarrow \lambda_1 = 1,\ \lambda_2 = -2$

$u = C_1\, e_x + C_2\, e^{-2x} = z'$

$z = \int u\,\mathrm{d}u$

$z = C_1\, e^x + C_3 \cdot e^{-2x} + C_4$ mit $C_3 = -C_2/2$

Daraus $y = e^x\, z = C_1\, e^{2x} + C_3\, e^{-x} + C_4\, e^x$ $C_1, C_3, C_4 \in \mathbb{R}$ ♦

Eulersche Differentialgleichung *n*-ter Ordnung

$$a_n x^n y^{(n)} + a_{n-1} x^{n-1} y^{(n-1)} + \ldots + a_1 x y' + a_0 y = s(x)$$

Bemerkung: Die Lösung gilt auch für $x := (bx + c)$.

Substitution: $x = e^t \leftrightarrow t = \ln x$ $y(x) = y(x(t)) = \overline{y}(t)$

mit $y' = \dfrac{\mathrm{d}y}{\mathrm{d}x} = \dfrac{\mathrm{d}y}{\mathrm{d}t} : \dfrac{\mathrm{d}x}{\mathrm{d}t} = \dot{y} \cdot \dfrac{1}{x}$

$y'' = \dfrac{\ddot{y} - \dot{y}}{x^2}$ $y^{(3)} = \dfrac{\dddot{y} - 3\ddot{y} + 2\dot{y}}{x^3}$

ergibt eine lineare Dgl. mit konstanten Koeffizienten $\overline{y}(t)$.

Ansatz für die charakteristische Gleichung:
$$y = x^\lambda \text{ mit } y' = \lambda x^{\lambda - 1}, y'' = \lambda (\lambda - 1) x^{\lambda - 2}, \ldots$$
Durch Einsetzen in die Ausgangsgleichung erhält man die charakteristische Gleichung für λ. Diese bestimmt die Lösung der *homogenen* EULER*schen Dgl.*

(1) Einfache reelle Wurzeln: $\lambda_1 \neq \lambda_2 \neq \ldots$ $\qquad\qquad\qquad \lambda_i \in \mathbb{R}$

Lösung der Dgl.: $y = C_1 x^{\lambda_1} + C_2 x^{\lambda_2} + \ldots$ $\qquad\qquad C_i \in \mathbb{R}$

(2) Einfache konjugiert komplexe Wurzeln: $\lambda_{1,2} = a \pm jb$ $\qquad \lambda \in \mathbb{C}$

Lösung der Dgl.: $y = x^a \left(C_1 \cos (b \ln |x|) + C_2 \sin (b \ln |x|) \right)$

(3) k-fache reelle Wurzel: $\lambda_1 = \lambda_2 = \ldots = \lambda$ $\qquad\qquad\qquad \lambda \in \mathbb{R}$

$$y = x^\lambda \left(C_{k-1} (\ln |x|)^{k-1} + (C_{k-2} (\ln |x|)^{k-2} + \ldots + C_0 \right) \qquad C_i \in \mathbb{R}$$

(4) k-fache konjugiert komplexe Wurzeln: $\lambda_{1,2} = a \pm jb$

wie (2), setze $C_1 := \sum_{\kappa = 0}^{k-1} C_\kappa (\ln |x|)^\kappa, C_2 := \sum_{\mu = 0}^{k-1} C_{k+\mu} (\ln |x|)^\mu \qquad C_i \in \mathbb{R}$

♦   Beispiele:

(1) $x^3 y''' + x^2 y'' - 2xy' + 2 = 0$

Charakteristische Gleichung $\lambda (\lambda - 1) (\lambda - 2) + \lambda (\lambda - 1) - 2\lambda + 2 = 0$
$(\lambda + 1) (\lambda - 1) (\lambda - 2) = 0 \Rightarrow \lambda_1 = 1, \lambda_2 = -1, \lambda_3 = 2$
Lösung der Dgl.: $y = C_1 x + C_2 x^{-1} + C_3 x^2$ $\qquad\qquad C_1, C_2, C_3 \in \mathbb{R}$

(2) $x^4 y^{(4)} + 6x^3 y''' + 6x^2 y'' + 2xy' + 2y = 0$

Charakteristische Gleichung
$\lambda (\lambda - 1) (\lambda - 2) (\lambda - 3) + 6\lambda (\lambda - 1) (\lambda - 2) + 6\lambda (\lambda - 1) + 2\lambda + 2 = 0$
$\lambda^4 - \lambda^2 + 2\lambda + 2 = (\lambda + 1)^2 (\lambda^2 - 2\lambda + 2) = 0 \Rightarrow$
$\lambda_{1,2} = -1, \lambda_3 = 1 + j, \lambda_4 = 1 - j$
Lösung der Dgl.:
$y = (C_1 + C_2 \ln |x|) x^{-1} + x^1 (C_3 \cos \ln |x| + C_4 \sin \ln |x|) \qquad C_i \in \mathbb{R}$ ♦

14

Die *inhomogene* EULER*sche Dgl.* wird durch Variation der Konstanten gelöst. Im Ausnahmefall lassen sich aus der Form des Störglieds $s(x)$ durch spezielle Ansätze (14.3.4) auf Basis der Substitution $x = e^t$ partikuläre Lösungen finden.

♦   Beispiel:

$x^2 y'' - 2xy' - 10y = 2x^2 - 3x + 10$

Charakteristische Gleichung $\lambda (\lambda - 1) - 2\lambda - 10 = 0 \Rightarrow \lambda_1 = 5, \lambda_2 = -2$
Lösung der homogenen Dgl.: $y_h = C_1 x^5 + C_2 x^{-2}$ $\qquad\qquad C_1, C_2 \in \mathbb{R}$

Bestimmung eines partikulären Integrals y_p der inhomogenen Dgl.

Ansatz $y = Ax^2 + Bx + C$
          $y' = 2Ax + B$ $y'' = 2A$ eingesetzt
$x^2 2A - 2x \,(2Ax + B) - 10 \,(Ax^2 + Bx + C) = 2x^2 - 3x + 10$
Koeffizientenvergleich liefert $A = -1/6$, $B = 1/4$, $C = -1$

$$y_p = -\frac{1}{6}x^2 + \frac{1}{4}x - 1$$

Lösung: $y = y_h + y_p = C_1 x^5 + C_2 x^{-2} - \frac{1}{6}x^2 + \frac{1}{4}x - 1$ ♦

14.5   Lineare Differentialgleichungssysteme

Die *Ordnung* eines *Differentialgleichungssystems* ist gleich der Summe der Ordnungen der einzelnen Dgln.

Ein Gleichungssystem *n*-ter Ordnung für *n* Funktionen $y_i(x)$, $i = 1, ..., n$ läßt sich oft durch Elimination von $(n - 1)$ Funktionen auf eine äquivalente Dgl. *n*-ter Ordnung transformieren.

(Gegensatz: Erniedrigung der Ordnung einer Dgl., siehe Abschnitt 14.1.2)

Praktisch bedeutsam ist ein Differentialgleichungssystem *n*-ter Ordnung aus *n* gewöhnlichen Dgln. 1. Ordnung für *n* gesuchte Funktionen:

$$\begin{cases} y_1' = f_1(t, y_1, ..., y_n) \\ \vdots \\ y_n' = f_n(t, y_1, ..., y_n) \end{cases} \qquad \text{Gesucht: } y_1(t), ..., y_n(t)$$

in Matrizenform

$$y' = f(t, y) \qquad \text{Anfangsbedingungen } y(t_0) = y_0 \qquad t_0 \text{ fest}$$

mit dem Lösungsvektor $y = \begin{pmatrix} y_1(t) \\ \vdots \\ y_n(t) \end{pmatrix}$ und $f = \begin{pmatrix} f_1(t, y) \\ \vdots \\ f_n(t, y) \end{pmatrix}$ $y_0 = \begin{pmatrix} y_{0;\,1} \\ \vdots \\ y_{0;\,n} \end{pmatrix}$

andere Schreibweise

$$y' = Ay + s(x) \qquad \text{Anfangsbedingungen } y(x_0) = y_0 \qquad x_0 \text{ fest}$$

mit A (n, n)-Matrix; $y = \begin{pmatrix} y_1(x) \\ \vdots \\ y_n(x) \end{pmatrix}$; $s(x) = \begin{pmatrix} s_1(x) \\ \vdots \\ s_n(x) \end{pmatrix}$; $y_0 = \begin{pmatrix} y_{0;\,1} \\ \vdots \\ y_{0;\,n} \end{pmatrix}$

Sind alle $s_i(x) = 0$:   homogenes Differentialgleichungssystem
ist mindestens ein $s_i(x) \neq 0$:   inhomogenes Differentialgleichungssystem

Für $s = o$ (homogenes System) gilt $\det (A - \lambda E) = 0$
Die charakteristische Gl. liefert die Eigenwerte λ_i und die Eigenvektoren.

Die Basislösungen y_1, ..., y_n des homogenen Systems ergeben die Matrix Y.
Variation der Konstanten liefert $Y z' = s(x)$.
Hieraus durch Integration z und $y_p = Yz$, schließlich $y = y_h + y_p$.

Allgemeine Lösung: n-Tupel von Funktionen $(y_1, ..., y_n)$, die alle jede Gleichung des Systems identisch erfüllen, wobei

$$y_i = y_i\left(x, c_1, ..., c_n\right) \qquad i = 1, ..., n \qquad c_k \text{ beliebigeKonstanten}$$

Existenz und Eindeutigkeit einer Lösung siehe Satz von CAUCHY, 14.1.2.

Eliminationsverfahren
Praktisch ergibt sich durch Differenzieren und Eliminieren eine Dgl. n-ter Ordnung, die mit den Methoden aus 14.4 zu lösen ist. (auch bei speziellen Systemen von n Dgln. m-ter Ordnung anwendbar.)

♦   Beispiele:

(1)   Homogenes Dgln.-System 2. Ordnung mit konstanten Koeffizienten
$$\begin{cases} y_1' = y_1 - y_2 \\ y_2' = 4y_1 - 3y_2 \end{cases}$$
aus der 1. Gleichung $y_2 = y_1 - y_1'$, differenziert $y_2' = y_1' - y_1''$
eingesetzt in die 2. Gleichung
$y_1' - y_1'' = 4y_1 - 3(y_1 - y_1') \rightarrow y_1'' + 2y_1' + y_1 = 0$ (Lösung nach 14.3.2)
Charakteristische Gl. $\lambda^2 + 2\lambda + 1 = 0 \rightarrow \lambda_{1,2} = \lambda = -1$

Allgemeine Lösung $y_1 = e^{-x}(C_1 x + C_2)$ $C_1, C_2 \in \mathbb{R}$
$\qquad\qquad\qquad\quad y_2 = e^{-x}(2C_1 x + 2C_2 - C_1)$ aus $y_2 = y_1 - y_1'$

(2)   Inhomogenes Dgl.-System 2. Ordnung mit konstanten Koeffizienten
$$\begin{cases} y_1' = y_1 - y_2 + x \\ y_2' = 4y_1 - 3y_2 + 2 \end{cases}$$
Allgemeine Lösung des homogenen Systems gemäß Beispiel (1)
$y_1 = e^{-x}(C_1 x + C_2)$ $C_1, C_2 \in \mathbb{R}$ (2 willkürliche Parameter)
$y_2 = e^{-x}(2C_1 x + 2C_2 - C_1)$
Matrizenschreibweise $y(x) = \begin{pmatrix} y_1(x) \\ y_2(x) \end{pmatrix} = C_1 \begin{pmatrix} x \\ 2x-1 \end{pmatrix} e^{-x} + C_2 \begin{pmatrix} 1 \\ 2 \end{pmatrix} e^{-x}$

14

Variation der Konstanten liefert eine partikuläre Lösung des inhomogenen Systems

$$\begin{cases} y_{1p}(x) = C_1(x)\, x\, \mathrm{e}^{-x} + C_2(x)\, \mathrm{e}^{-x} \\ y_{2p}(x) = C_1(x)\,(2x-1)\,\mathrm{e}^{-x} + C_2(x)\, 2\, \mathrm{e}^{-x} \end{cases}$$

Einsetzen in das Ausgangssystem ergibt die partikuläre Lösung

$y_{1p}(x) = 3x - 7$ und $y_{2p}(x) = 4x - 10$

Allgemeine Lösung des inhomogenen Dgl.-Systems

$y_1 = \mathrm{e}^{-x}\,(C_1 x + C_2) + 3x - 7$ und

$y_2 = \mathrm{e}^{-x}\,(2C_1 x + 2C_2 - C_1) + 4x - 10$ $\qquad C_1, C_2 \in \mathbb{R}$ $\qquad \blacklozenge$

14.6 Näherungslösungen für Dgln. 1. Ordnung

14.6.1 Methode der unbestimmten Koeffizienten, Potenzreihenansatz

Anwendung erfolgt dann, wenn die bisher behandelten Methoden versagen.

Gegeben: $y^{(n)} = f\!\left(x, y, y', ..., y^{(n-1)}\right)$ mit den Anfangsbedingungen

$$y(x_0) = y_0,\ y'(x_0) = y_0{}',\ ...,\ y^{(n-1)}(x_0)$$

Lösung: Differentiation der Dgl. $y^{(n+1)} = f\!\left(x, y, y', ..., y^{(n)}\right)$

Mit den Anfangsbedingungen erhält man $y^{(n+1)}(x_0)$.

Weitere Differentiationen ergeben die Ableitungen $y^{(n+2)}(x_0)$, $y^{(n+3)}(x_0)$, ...

Diese setzt man in die TAYLOR-Reihe (15.1.3.2) ein.

Vereinfachung des Verfahrens: Man setzt die ganzrationale Funktion

$$y = a_0 + a_1 x + a_2 x^2 + ... + a_n x^n$$

mit den entsprechenden Ableitungen in die Dgl. ein und vergleicht die Koeffizienten gleicher Potenzen von x. Durch die Anfangsbedingungen erhält man a_0, mit dem sich alle anderen Koeffizienten bestimmen lassen. Diese Methode ist auch für Systeme von Dgln. geeignet.

Oder **Potenzreihenansatz**

$$y = \sum_{k=0}^{\infty} a_k\,(x - x_0)^k \qquad \text{mit } a_k = \frac{1}{k!}\, y^{(k)}(x_0)$$

Berechnung der a_k durch wiederholtes Differenzieren der Dgl. und Einsetzen in die Reihe.

Man ersetzt in einer Dgl. kompliziertere Funktionsterme (Exponential-, logarithmische, trigonometrische, zyklometrische, Hyperbel- oder Area-Terme) durch ihre Potenzreihen (siehe Abschnitt 15.1.5) und vernachlässigt höhere Potenzen (für kleine Argumentwerte unbedeutende Anteile).

♦ Beispiel:

$y' = y^2 + x^3$ mit der Anfangsbedingung $x = 0,\ y = -1$

Ansatz: $y = a_0 + a_1 x + a_2 x^2 + \dots + a_n x^n$

$y' = a_1 + 2a_2 x + 3a_3 x^2 + 4a_4 x^3 + \dots$ eingesetzt in die Dgl.

$a_1 + 2a_2 x + 3a_3 x^2 + 4a_4 x^3 + \dots = (a_0 + a_1 x + a_2 x^2 + \dots)^2 + x^3$

$= a_0^2 + 2a_0 a_1 x + (a_1^2 + 2a_0 a_2) x^2 + (1 + 2a_0 a_3 + 2a_1 a_2) x^3 + \dots$

Koeffizientenvergleich liefert $a_0 = -1$

$a_1 = a_0^2$	$a_1 = 1$
$2a_2 = 2a_0 a_1$	$a_2 = -1$
$3a_3 = a_1^2 + 2a_0 a_2$	$a_3 = 1$
$4a_4 = 1 + 2a_0 a_3 + 2a_1 a_2$	$a_4 = -3/4$ usw.

Angenäherte Lösung der Dgl. $y(x) \approx -1 + x - x^2 + x^3 - (3/4)\, x^4$
(Spezielle Lösung; allgemeine Lösung, wenn a_0 unbestimmt ist.)

oder $y(0) = -1$ (Anfangsbedingung) $= -1$

$y' = y^{(1)}(0) = y^2 + x^3_{x=0}$ $= 1$

$y'' = y^{(2)}(0) = 2yy' + 3x^2_{x=0}$ $= -2$

$y^{(3)}(0) = 2y'^2 + 2yy'' + 6x_{x=0}$ $= 6$

$y^{(4)}(0) = 4y'y'' + 2y''y' + 2yy^{(3)} + 6_{x=0}$ $= -18$

$y(x) \approx -1 + x - \dfrac{2}{2!} x^2 + \dfrac{6}{3!} x^3 - \dfrac{18}{4!} x^4$ wie oben   ♦

14.6.2 Sukzessive Approximation (Iteration nach Picard-Lindelöf)

Mit der Anfangsbedingung $y(x_0) = y_0$ gilt für Dgln. 1. Ordnung $y' = f(x, y)$ die
Rekursionsformel für Näherungswerte $Y_i(x)$

$$Y_i(x) = y_0(x) + \int_{x_0}^{x} f\big(t,\, Y_{i-1}(t)\big)\, \mathrm{d}t \qquad i = 1, 2, \dots$$

Die Folge $\{Y_i(x)\}$ konvergiert für alle Werte von x innerhalb des vom Existenz-
und Eindeutigkeitssatz gegebenen Intervalls $x_0 - h \le x \le x + h$

$$h = \min\left(a,\, \frac{b}{M}\right), \quad |f_i| \le M \text{ gegen die gesuchte Lösung } y(x).$$

14

♦ Beispiel:

$y' = xy$, Anfangsbedingung $y(0) = 1$

$Y_0(x) = 1$

$$Y_1(x) = Y_0(x) + \int_0^x t\, Y_0(t)\, \mathrm{d}t = 1 + \int_0^x t \cdot 1\, \mathrm{d}t = 1 + \frac{x^2}{2}$$

$$Y_2(x) = 1 + \int\limits_0^x t\, Y_1(t)\, dt = 1 + \int\limits_0^x t \left(1 + \frac{t^2}{2}\right) dt = 1 + \frac{x^2}{2} + \frac{x^4}{2\cdot 4}$$

$$Y_3(x) = 1 + \int\limits_0^x t\, Y_2(t)\, dt = 1 + \int\limits_0^x t \left(1 + \frac{t^2}{2} + \frac{t^4}{2\cdot 4}\right) dt = 1 + \frac{x^2}{2} + \frac{x^4}{2\cdot 4} + \frac{x^6}{2\cdot 4\cdot 6}$$

$$Y_n(x) = 1 + \frac{x^2}{2} + \frac{x^4}{2\cdot 4} + \frac{x^6}{2\cdot 4\cdot 6} + \dots + \frac{x^{2n}}{2\cdot 4\cdot\,\dots\,\cdot 2n} = \sum_{k=0}^n \frac{1}{k!}\left(\frac{x^2}{2}\right)^k$$

$$y(x) = \lim_{n\to\infty} Y_n(x) = e^{x^2/2} \qquad \text{(Potenzreihe, siehe 15.1.5)} \qquad \blacklozenge$$

Für **Systeme von zwei Differentialgleichungen 1. Ordnung** gilt:

$$Y_n(x) = Y_0(x) + \int\limits_{x_0}^x f\left(t,\, Y_{n-1}(t),\, Z_{n-1}(t)\right) dt \qquad n = 1, 2, \dots$$

$$Z_n(x) = Z_0(x) + \int\limits_{z_0}^z g\left(t,\, Y_n(t),\, Z_{n-1}(t)\right) dt$$

Die Folgen $\left\{Y_i(x)\right\}$ und $\left\{Z_i(x)\right\}$ konvergieren für alle Werte von x innerhalb des vom Existenz- und Eindeutigkeitssatz gegebenen Intervalls (siehe 14.1.2)

$$x_0 - h \le x \le x + h, \quad h = \min\left(a, \frac{b}{M}, \frac{c}{M}\right)$$

gegen die gesuchte Lösung $y(x)$, $z(x)$.

14.7   Anfangswertprobleme

4.7.1   Allgemeines

Anfangswertprobleme (Abk. AWP) *n-ter Ordnung* lassen sich auf ein System von n Dgln. 1. Ordnung zurückführen (siehe 14.1.2, Erniedrigung der Ordnung). Die Verfahren für Dgln. 1. Ordnung sind dadurch generell anwendbar.

Bei Systemen von n gewöhnlichen Dgln. 1. Ordnung setze man

$$y := y \qquad Y := Y \qquad f := f \qquad k := k$$

AWP: $y' = f(x, y) = f(x, y_1, \dots, y_n),\ y(x_0) = y_0$ mit

$$y = \begin{pmatrix} y_1(x) \\ \vdots \\ y_n(x) \end{pmatrix} \qquad f = \begin{pmatrix} f_1(x, y_1, \dots, y_n) \\ \vdots \\ f_n(x, y_1, \dots, y_n) \end{pmatrix} \qquad y' = \begin{pmatrix} y'_1(x) \\ \vdots \\ y'_n(x) \end{pmatrix} \qquad y_0 = \begin{pmatrix} y_{10} \\ \vdots \\ y_{n0} \end{pmatrix}$$

Lösungsprinzip

Man betrachtet folgendes diskretisiertes Ersatzproblem:

Das Integrationsintervall $I = [x_0, \beta]$ von $y' = f(x, y)$ wird zerlegt in
Teilintervalle mit geordneten Indizes $x_0 < x_1 < x_2 < ... < x_m = \beta$

$\quad\quad\quad\quad\quad\quad\quad\quad\quad\quad\quad x_i$ Stützstellen, Gitterpunkte

und lokaler Schrittweite $h_i = x_{i+1} - x_i > 0$, $i = 0, ..., (m-1)$, Schrittzahl m.

Gesucht wird eine Näherung $Y(x_i) \approx y(x_i)$, kurz $Y_i \approx y_i$.

Integration von $y' = f(x, y)$ über $[x_i, x_{i+1}]$

$$\int_{x_i}^{x_{i+1}} y'(x)\, dx = \int_{x_i}^{x_{i+1}} f(x, y)\, dx \quad\quad i = 0, ..., (m-1)$$

ergibt die *Lösungsbeziehung* (∗) (Integralgleichung)

$$(∗) \quad\quad y(x_{i+1}) = y(x_i) + \int_{x_i}^{x_{i+1}} f(x, y(x))\, dx$$

Einteilung der Verfahren

- *Einschrittverfahren*
- *Mehrschrittverfahren* $\quad\}\; \rightarrow\; Prädiktor-Korrektor-Verfahren$
- *Extrapolationsverfahren*

Lokaler Verfahrensfehler für die Stelle x_{i+1} unter der Annahme, daß
$Y(x_i) = y(x_i)$ korrekt ist bei Integration über $[x_i, x_{i+1}]$

$$\varepsilon_{i+1} := y(x_{i+1}) - Y(x_{i+1}) \quad\quad\quad i = 0, ..., (m-1)$$

Ordnung des lokalen Verfahrensfehlers: $O(h_i^{q_l})$, q_l lokale Fehlerordnung des
Verfahrens

Globaler Verfahrensfehler für die Stelle x_{i+1} unter Beachtung aller Fehler bei
der Integration der Dgl. über $[x_0, x_{i+1}]$

$$e_{i+1} = y(x_{i+1}) - Y(x_{i+1})$$

Ordnung des globalen Fehlers ist die *Konsistenzordnung*, mit der der Abbruch-
bzw. Diskretisierungsfehler gegen Null strebt: $O(h_{max}^{q_g})$, q_g globale Fehlerordnung des Verfahrens mit $h_{max} = \max\{h_i\}$, $i = 0, ..., (m-1)$

14

Das Verfahren heißt von q_g-ter Ordnung. Die Konvergenz der Y_i gegen y_i ist um so besser, je größer q_g ist.

q_g wird erreicht, wenn die Lösung $y(x)$ des AWP $(q_g + 1)$-mal stetig differenzierbar ist.

Zusätzlich zum Verfahrensfehler treten die Rundungsfehler. Für Ein- und Mehrschrittverfahren gilt als Ordnung des globalen Rechenfehlers $O(1/h_{max})$. Zur Definition des Rechenfehlers siehe 16.1.

14.7.2   Einschrittverfahren (explizite Verfahren)

Prinzip: Ein verbesserter Näherungswert Y_{i+1} wird nur aus dem vorangegangenen Wert Y_i ermittelt: $Y_{i+1} := Y_i + h_i\, f(x_i, Y_i, h_i) = Y_i + k$

14.7.2.1 Polygonzugverfahren von Euler-Cauchy für $y' = f(x, y)$
   (Einstufiges Verfahren)

Graphische Lösung:

Vom Anfangspunkt $P(x_0, y_0)$ mit $y'(x_0) = y_0'$ wird ein Linienelement von nicht zu großer Länge gezeichnet, ergibt $P(x_1, Y_1)$.

Fortsetzung des Verfahrens mit $y'(x_1)$ usw. (Rechteckregel, siehe Bild)

Analytische Lösung:

$$\int_{x_i}^{x_{i+1}} f(x)\, dx = h_i\, f(x_i) + \frac{h_i^2}{2}\, f'(\xi)$$

$$y'(x_0) = f'(x_0, y_0) = \tan \alpha_0 \qquad x_{i+1} = x_i + h = x_0 + ih,\ h = \text{const.}$$

$i = 0, ..., (m - 1)$ Schrittzahl, h konstante Schrittweite, Abszissenzuwachs, h_i schrittabhängige Schrittweite (große/kleine Steigung $\leftrightarrow$ kleine/große Schrittweite)

$$Y_0 = y(x_0)$$
$$Y_1 = y_0 + h_0\, y'(x_0)$$
$$Y_1' = f(x_1, y_1) = \tan \alpha_1$$
$$Y_2 = Y_1 + h_1 Y_1' \qquad \text{usw.}$$
$$Y_i' = f(x_i, y_i) = \tan \alpha_i$$

Rekursionsformel
$$Y_{i+1} := Y_i + h_i\, f(x_i, Y_i)$$
$$y(x_{i+1}) = Y_{i+1} + O(h_{max})$$

globale Fehlerordnung $O(h_{max})$, Verfahren 1. Ordnung

EULER-CAUCHYSCHER-POLYGONZUG

Verbesserter Euler-Cauchyscher-Polygonzug

(*Halbschritt-Verfahren*, 2stufiges Verfahren)

graphisch: Mit der in der Mitte von h_0, Punkt $P\left(x_0 + \dfrac{h_0}{2}, y_{0+\frac{1}{2}}\right)$ ermittelten Steigung in $P(x_0, y_0)$ ansetzen ergibt $P(x_1, Y_1)$ usw.

analytisch: Rekursionsformel

$$Y_0 = y(x_0)$$

$$Y_{i+1} := Y_i + h_i f\left(x_i + \frac{h_i}{2}; Y_{i+\frac{1}{2}}\right)$$

$$= Y_i + h_i f\left(x_i + \frac{h_i}{2}; Y_i + \frac{h_i}{2} f(x_i, Y_i)\right)$$

$i = 0, ..., (m-1)$

Globale Fehlerordnung $O(h_{max}^2)$

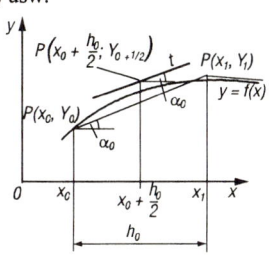

Verbesserter
EULER-CAUCHYscher-Polygonzug

14.7.2.2 Heun-Verfahren (Sehnentrapezformel, 2stufiges Verfahren)

Prädiktor $Y_0 = y(x_0)$, $Y_{i+1}^{(0)} = Y_i + h_i f(x_i, Y_i)$

Korrektor $Y_{i+1}^{(v+1)} = Y_i + \dfrac{h_i}{2}\left(f(x_i, Y_i) + f\left(x_i + h, Y_i + h \cdot f(x_i, Y_i^{(v)})\right)\right)$

globale Fehlerordnung $O(h_{max}^2)$ $\qquad i = 0, ...,(m-1), v = 0, 1$

Die Verfahren sind auch analog auf Systeme von Dgln. anwendbar (Zeichnen in getrennten (x, y)- bzw. (x, z)-Koordinatensystemen).

14.7.2.3 Klassisches Verfahren von Runge-Kutta

(SIMPSONregel, 4stufiges Verfahren)

Rekursionsformel

$$Y_{i+1} := Y_i + h_i\left(\frac{1}{6}k_1 + \frac{1}{3}k_2 + \frac{1}{3}k_3 + \frac{1}{6}k_4\right) = Y_i + h_i g\left(x_i, Y_i, h_i\right)$$

mit $k_1 = f(x_i, y_i)$ $\qquad i = 1, ..., m$

$$k_2 = f\left(x_i + \frac{h_i}{2}, Y_i + h_i \frac{k_1}{2}\right) \qquad k_3 = f\left(x_i + \frac{h_i}{2}, Y_i + h_i \frac{k_2}{2}\right)$$

$$k_4 = f\left(x_i + h_i, Y_i + h_i k_3\right)$$

Abschätzung des lokalen Fehlers (i gerade): $\Delta Y_i \approx \dfrac{1}{15}\left(Y_i - Y_{i/2}^*\right)$, wobei $Y_{i/2}^*$ ein Näherungswert bei $h^* = 2h$ und gleicher Stützstelle $x_i = x_{i/2}^* = x_0 + (i/2)h^*$ ist.

14

$g(x_i, Y_i, h_i) = gewichtetes~Mittel$, Verfahrensfunktion
$Y(x_0) = y_0$, h_i Schrittweite, auch h = konst. möglich
Globale Fehlerordnung $O(h_{max}^4)$

Für $y_i = 0$, d.h. $f(x, y) = f(x)$ ergibt sich die SIMPSONsche Regel, die 3/8-Formel entsteht
mit den Koeffizienten von $g(x_i, Y_i, h_i)$ → 1/8, 3/8, 3/8, 1/8.

Schrittweitensteuerungen siehe einschlägige Literatur.

14.7.3   Mehrschrittverfahren (für kompliziert gebaute Funktionen)

Gegeben AWP: $y' = f(x, y) = f(x, y_1, ..., y_n)$, $y(x_{-s}) = y_{-s}$
im Integrationsintervall $x \in [x_{-s}, \beta]$

Ein Näherungswert $Y_{i+1} \approx y(x_{i+1})$ wird berechnet unter Verwendung der
$(s+1)$, $s \in \mathbb{N}$, vorausgehenden Werte $Y_{i-s}, Y_{i-s+1}, ..., Y_{i-1}, Y_i$.
Teilung des Integrationsintervalls $x_{-s} < x_{-s+1} < ... < x_{m-s} = \beta$
Schrittweite $h_i := x_{i-1} - x_i > 0$ für $i = -s, (-s+1), ..., (m-s)$

Benötigt wird ein **Anlaufstück** (bekannt oder mittels Einschrittverfahren
separat berechnet) mit den Stellen $x_{-s}, x_{-s+1}, ..., x_{-1}, x_0$

$$(x_i, f(x_i, y_i)) = (x_i, f_i) \qquad i = -s, (-s+1), ..., -1, 0,$$

mit dem an den Stellen $x_1, x_2, ..., x_{m-s}$ die Näherungswerte berechnet werden.

Man ersetzt in der Integralgleichung (∗) (siehe 14.7.1) f durch ein Interpolationspolynom φ_s vom höchsten Grad s, gehörig zu den $(s+1)$ Interpolationsstellen (x_j, f_j), $j = (i-s), (i-s+1), ..., i$ (Startwerte) und integriert über
$[x_i, x_{i+1}]$ (explizite Formel).

Für $i = 0$ sind die Wertepaare des Anlaufstücks die Startwerte, $i > 0$ fügt Wertepaare
(x_j, f_j), $j = 1, ..., i$ zum Anlaufstück hinzu.

Bei der *impliziten* Formel wird auch die Stelle x_{i+1} verwendet.

Beide Formeln zusammen bilden das *Prädiktor-* (explizit) *Korrektor-* (implizit) *Verfahren*, bei dem die Näherung $Y_{i+1}^{(0)}$ mit dem Ein- oder Mehrschrittverfahren bestimmt wird
(Prädiktor), verbessert mittels Korrektor zu $Y_{i+1}^{(1)}$, $Y_{i+1}^{(2)}$, ...

14.7.3.1 Explizitverfahren von Adams-Bashforth (AB-Extrapolation)

Rekursionsformel: $Y_{i+1} := Y_i + \int\limits_{x_i}^{x_{i+1}} \varphi_s(x)\, dx$

mit dem lokalen Verfahrensfehler

$$y(x_{i+1}) - Y_{i+1} = \int\limits_{x_i}^{x_{i+1}} R_{s+1}(x)\, dx = O(h^{q_i}) \qquad R \text{ Restglied}$$

Startwerte: $(x_j, f_j), j = (i - s), (i - s + 1), ..., i$

Für $s = 3$ ($q_l = 5$) bis $s = 6$ ($q_l = 8$) sind ADAMS-BASHFORTH-Formeln angegeben in ENGELN-MÜLLGES, G.; REUTTER, F. [1991], siehe Vorwort.

Diese lautet z.B. für $s = 3$ ($q_l = 5$) mit $h_i = h =$ konst.:

$$Y_{i+1} = Y_i + \frac{h}{24}\left(55f_i - 59f_{i-1} + 37f_{i-2} - 9f_{i-3}\right), i = 0, 1, ..., (m-4)$$

Globale Fehlerordnung $O(h^5)$, für diese wird der Exponent $q_g = q_l - 1$.

Vorteil des Verfahrens: Schnelligkeit, da zum nächsten Schritt nur ein f_i neu zu berechnen ist. Die (nachteilige) Ermittlung der Startwerte kann mit einem RUNGE-KUTTA-Verfahren erfolgen oder einem anderen Einschrittverfahren mindestens der Ordnung q_g, d.h., Kopplung beider Verfahren ist sinnvoll.

Da φ_s anstelle $f(x, y)$ Interpolationspolynom im Bereich $x_{i-s}, ..., x_i$ ist und über $[x_i, x_{i+1}]$ integriert wird, wird extrapoliert. Dadurch steigt das Restglied für Werte außerhalb des Interpolationsbereichs stärker an als innerhalb.

14.7.3.2 Prädiktor-Korrektor-Verfahren von Adams-Moulton

Es stellt die Kombination zwischen einem Explizitverfahren und einem impliziten Korrektor dar.

Einen Korrektor höherer Ordnung erhält man, wenn $f(x, y)$ in der Integralgleichung (∗), Abschnitt 14.7.1, durch sein Interpolationspolynom φ_{s+2} mit $(s + 2)$ Stützstellen $(x_j, f_j), i = (i - s), (i - s + 1), ..., (i + 1)$ ersetzt wird.

Implizite Formel für Y_{i+1} mit $s = 3$, $h =$ konst. und der Iterationsstufe ν (bei kleinem h reichen 1 bis 2 Iterationsschritte). Benötigt man mehr als 2 Iterationen, ist es besser, h zu halbieren.

Man iteriert bis $\left| Y_{i+1}^{(\nu+1)} - Y_{i+1}^{(\nu)} \right| < \varepsilon$.

$$Y_{i+1}^{(\nu+1)} = Y_i + \frac{h}{720}\left(251\, f(x_{i+1}, Y_{i+1}^{(\nu)}) + 646f_i - 264f_{i-1} + 106f_{i-2} - 19f_{i-3}\right)$$

Konvergenzbedingung: $\dfrac{251}{720}\,hL = \kappa < 1$ mit $L = \max\limits_{\substack{1 \le k \\ r \le n}} \left| \dfrac{\partial f_r}{\partial y_k} \right|$

Empfehlung für h: $hL \le 0{,}2$

Rechenschema für $s = 3,\ n = 1$

	i	x_i	$Y_i = Y(x_i)$	$f_i = f(x_i, Y_i)$
Anlaufstück	-3	x_{-3}	Y_{-3}	f_{-3}
	-2	x_{-2}	Y_{-2}	f_{-2}
	-1	x_{-1}	Y_{-1}	f_{-1}
	0	x_0	Y_0	f_0
AB-Extrapolation	1	x_1	$Y_1^{(0)}$	$f(x_1, Y_1^{(0)})$ Prädiktor
AM-Interpolation	1	x_1	$Y_1^{(1)}$	$f(x_1, Y_1^{(1)})$ Korrektor
	1	x_1	$Y_1^{(2)} =: Y_1$	$f(x_1, Y_1)$
AB-Extrapolation	2	x_2	$Y_2^{(0)}$	$f(x_2, Y_2^{(0)})$ Prädiktor
AM-Interpolation	2	x_2	$Y_2^{(1)}$	$f(x_2, Y_2^{(1)})$ Korrektor
	2	x_2	$Y_2^{(2)} =: Y_2$	$f(x_2, Y_2)$

Lösungsalgorithmus für $s = 3$

Gegeben: $y' = f(x, y),\ x \in [x_{-3}, x_{m-3} = \beta],\ y(x_{-3}) = y_{-3},\ h > 0$

Stützstellen $x_i = x_0 + ih$ $\qquad\qquad$ $i = -3, -2, ..., (m-3)$

$\qquad\qquad$ Schrittweite $h = (x_{m-3} - x_{-3})/m$

Anlaufstück (x_i, f_i) $\qquad\qquad\qquad$ $i = -3, -2, -1, 0$

Gesucht: Näherungen $Y_i \approx y(x_i)$ $\qquad$ $i = 1, ..., (m-3)$

1. Berechnung des Prädiktors $Y_{i+1}^{(0)}$ nach ADAMS-BASHFORTH (AB), $q_l = 5$

2. Berechnung von $f(x_{i+1}, Y_{i+1}^{(0)})$

3. Berechnung des Korrektors $Y_{i+1}^{(\nu+1)}$, $\nu = 0, 1$ nach ADAMS-MOULTON, $q_l = 6$

Weitere ADAMS-MOULTON-Verfahren in ENGELN-MÜLLGES, G.; REUTTER, F. [1991], siehe Vorwort.

14.7.4 Extrapolationsverfahren von Bulirsch-Stoer-Gragg
(für höhere Genauigkeitsforderung)

Gegeben AWP: $y' = f(x, y)$, $x \in [x_0, \beta]$, $y(x_0) = y_0$

Gesucht: Näherungswert $Y(\tilde{x}) \approx y(\tilde{x})$ an der Stelle $\tilde{x}$

Die GRAGGsche Funktion $S(\tilde{x}, h)$ liefert einen Näherungswert $Y(\tilde{x}) \approx y(\tilde{x})$ mit der globalen Fehlerordnung $O(h^2)$.

Man wählt nach BULIRSCH-STOER eine Zahlenfolge $\{n_j\}$, $0 < n_0 < n_1 < \ldots$

$n_j = 2, 4, 6, 8, 12, 16, \ldots$, und berechnet mit

$$h_j := \frac{\tilde{x} - x_0}{n_j} \qquad\qquad \tilde{x} := x_0 + n_j h_j$$

die GRAGGschen Funktionen $S(\tilde{x}, h_j)$:

$$
\begin{aligned}
Y_0 &:= y_0 \\
Y_1 &:= Y_0 + h_j f(x_0, y_0) & x_1 &:= x_0 + h_j && \text{(EULER-Verfahren)} \\
Y_{i+1} &:= Y_{i-1} + 2h_j f(x_i, Y_i) & x_{i+1} &:= x_i + h_j \quad i = 1, \ldots, (n_j - 1) \\
& & & \qquad\qquad\quad \text{(modifizierte Mittelpunktsregel)}
\end{aligned}
$$

$$S(\tilde{x}, h_j) := \frac{1}{2}\left(Y_{n_j} + Y_{n_j-1} + h_j f(x_{n_j}, Y_{n_j})\right)$$

Ergebnis: $y(\tilde{x}) = S(\tilde{x}, h_j) + O\!\left(h_j^2\right)$, $T_{j0} = S(\tilde{x}, h_j)$, T_{jk} s. ROMBERG-Verfahren

$$\lim_{j \to \infty} T_{jk} = y(\tilde{x}), q_g = 2k + 2$$

Zur Stabilität siehe ENGELN-MÜLLGES, G.; REUTTER, F. [1991], siehe Vorwort.

14.8 Randwertprobleme

14.8.1 Allgemeines

Ein *Randwertproblem* (Abk. RWP) ist die Bestimmung der Lösung einer Dgl. in einem Gebiet $x \in [a, b]$, wobei die Lösung am Rand des Gebietes bestimmte Bedingungen (*Randbedingungen*, Abk. RBen) erfüllt.

14

RWP n-ter Ordnung $\qquad\qquad y^{(n)} = f\!\left(x, y, y', \ldots, y^{(n-1)}\right)$

speziell: lineares RWP

$$L(y) = -y^{(n)} + p_{n-1} y^{(n-1)} + \ldots + p_1 y' + p_0 = q(x), \text{ wobei } p = p(x)$$

mit n linearen (oder nichtlinearen) Randbedingungen r_i, in die die Werte von $y, y', \ldots, y^{(n-1)}$ an mindestens je 2 Stellen (Zweipunkte-RWP) eingehen.

Ein RWP n-ter Ordnung mit linearen RBen läßt sich durch Substitution $y_{k+1} := y^{(k)}$, $k = 0, \ldots, (n-1)$ auf ein RWP für ein System n-ter Ordnung von Dgln. erster Ordnung zurückführen (siehe 14.1.2, Erniedrigung der Ordnung).

$$y' = f(x, y) \qquad\qquad x \in [a, b]$$

mit   lineareren RBen $Ay(a) + By(b) - a = o$
        nichtlineare RBen $r(y(a), y(b)) = o$

$$A_{n,n} = (\alpha_{ik}) \qquad B_{n,n} = (\beta_{ik}) \qquad y = \begin{pmatrix} y_1 \\ \vdots \\ y_n \end{pmatrix} \qquad a = \begin{pmatrix} a_1 \\ \vdots \\ a_n \end{pmatrix}$$

Von praktischer Bedeutung sind **RWP für Dgln. 2. Ordnung**

$$y'' = f(x, y(x), y'(x)) = f(x, y, y') \qquad a \le x \le b$$

bzw. bei linearem RWP 2. Ordnung

$$y'' + p_1(x)\, y' + p_0(x)\, y = q(x)$$

mit dem linearen Paar RBen (Zweipunkt-Randwertproblem)

$$\begin{cases} \alpha_1\, y(a) + \alpha_2\, y'(a) = A \\ \beta_1\, y(b) + \beta_2\, y'(b) = B \end{cases} \quad |\alpha_1| + |\alpha_2| > 0, \; |\beta_1| + |\beta_2| > 0$$

Einteilung

- $q(x) = 0$ und $A = B = 0$ vollhomogenes RWP
- $q(x) = 0$ oder $A = B = 0$ halbhomogenes RWP
- $q(x) \ne 0$, $A \ne 0$ oder $B \ne 0$ inhomogenes RWP

Existenz- und Eindeutigkeitssatz nach KELLER, Blaisdell, London [1968].

Das RWP besitzt eine eindeutige Lösung, wenn im Intervall $x \in [a, b]$:

- f stetige partielle erste Ableitungen hat, $y^2 + y'^2 < \infty$

- $0 < \dfrac{\partial f}{\partial y} \le L$, $\left| \dfrac{\partial f}{\partial y'} \right| \le M$ $\begin{array}{l} \alpha_1 \cdot \alpha_2 \le 0 \quad L > 0 \\ \beta_1 \cdot \beta_2 \ge 0 \quad M < \infty \end{array}$ L, M Konstanten

Man bestimmt (falls möglich) die allgemeine Lösung der linearen Dgl. und setzt diese in die Randbedingungen ein. Aus dem Gleichungssystem gewinnt man C_1 und C_2.

♦   Beispiel:

     $y'' + y = 0$, Randbedingungen $y(0) = 0$, $y(\pi) = 0$, $x \in [0, \pi]$

     Allgemeine Lösung der Dgl.: $y(x) = C_1 \sin x + C_2 \cos x$

Unter Berücksichtigung der Randbedingungen wird:

$y(0) = 0$: $C_1 \sin 0 + C_2 \cos 0 \to C_2 = 0$; $C_1 = C$

$y(\pi) = 0$: $C_1 \sin \pi + C_2 \cos \pi \to C_2 = 0$; $C_1 = C$

Lösung: $y(x) = C \sin x$ $C \in \mathbb{R}$ ◆

14.8.2   Schießverfahren (Zurückführen eines RWP auf ein AWP)

Abgeleitet von der Bestimmung einer Geschoßflugbahn wird das RWP »Zielpunkt« $y(b)$ überführt in das parameterabhängige AWP »Anstieg der Flugbahn« $y'(a) = s$.

In der Lösung $y(x, s)$ ist der Parameter s so festzulegen, daß die von s abhängige Lösung des AWP auch Lösung des RWP wird.

Gegeben RWP für eine Dgl. 2. Ordnung wie oben

Ansatz für ein ersatzweises AWP

$$y'' = f(x, y, y')$$

mit den linearen ABen $\begin{cases} \alpha_1 y(a) + \alpha_2 y'(a) = A \\ \gamma_1 y(a) + \gamma_2 y'(a) = s \end{cases}$

Wahl der γ_i so, daß $\alpha_2 \gamma_1 - \alpha_1 \gamma_2 = 1$.

Der Parameter s muß der Gleichung genügen

$$F(s) = \beta_1 y(b, s) + \beta_2 y'(b, s) - B = 0$$

$\alpha_1 \geq 0$, $\alpha_2 \leq 0$, $\beta_1, \beta_2 \geq 0$, $\alpha_1 + \beta_1 > 0$, $y = y(x, s)$

$$\begin{cases} y(a) = -\alpha_2 s - \gamma_2 A \\ y'(a) = \gamma_1 A + \alpha_1 s \end{cases} \text{ (neues AWP)}$$

Dieses neue AWP wird für jeden Wert von s nach einem Verfahren gemäß Abschnitt 14.7 behandelt.

Näherungswerte $Y(x_i, s) \approx y(x_i, s)$ mit $x_i = a + \dfrac{i\,(b-a)}{m}$

$Y'(x_i, s) \approx y'(x_i, s)$, $x_i \in [a, b]$, $i = 1, ..., m$ Schrittzahl

Damit: $Y(b, s) \approx y(b, s)$, $Y'(b, s) \approx y'(b, s)$

Schießverfahren für ein lineares Randwertproblem

$$L(y) \equiv -y'' + p_1(x)\, y' + p_0(x)\, y = q(x) \qquad a < x < b$$

mit den RBen

$\begin{cases} \alpha_1 y(a) + \alpha_2 y'(a) = A \\ \beta_1 y(b) + \beta_2 y'(b) = B \end{cases}$ $\left| \alpha_1 \right| + \left| \alpha_2 \right| > 0$, $\left| \beta_1 \right| + \left| \beta_2 \right| > 0$

14

Lösungsansatz des ersatzweisen AWP $y = y(x, s) = v(x) + s \cdot w(x)$

$v(x)$ und $w(x)$ ergeben sich aus dem AWP

$$\begin{cases} -v'' + p_1(x)\, v' + p_0(x)\, v = q(x) \\ -w'' + p_1(x)\, w' + p_0(x)\, w = 0 \end{cases} \qquad \begin{array}{l} v(a) = -A, \ \ v'(a) = -Ar \\ w(a) = -\alpha_2, \ \ w'(a) = \alpha_1 \end{array}$$

Berechnung der freien Parameter: $\alpha_2 r + \alpha_1 = -1$

$$s = \frac{B - \beta_1\, v(b) - \beta_2\, v'(b)}{\beta_1\, w(b) + \beta_2\, w'(b)} \qquad \beta_1\, w(b) + \beta_2\, w'(b) \neq 0$$

Numerische Lösung des AWP durch Rückführung auf ein System von zwei Dgln. 1. Ordnung

$v_1 = v, \ v_2 = v'$ (Hilfsfunktionen)

$v_1' := v_2$ $v_1(a) = -A$

$v_2' = p_1 v_2 + p_0 v_1 - q$ $v_2(a) = -Ar$

bzw. $w_1 = w, \ w_2 = w'$

$w_1' = w_2$ $w_1(a) = -\alpha_2$

$w_2' = p_1 w_2 + p_0 w_1$ $w_2(a) = \alpha_1$

Schießverfahren für ein nichtlineares Randwertproblem
Die Werte für s sind nur iterativ bestimmbar.

Rechenschema
Startwert $s^{(0)}$ beliebig, z.B. $s^{(0)} = 0$ oder $s^{(0)} = 1$, damit erste Näherung für die Lösung des AWP:

$$\begin{cases} y''(a) = f(x, y, y') \\ y(a) = -\alpha_2 s - \gamma_2 A, \ \ y'(a) = \gamma_1 A + \alpha_1 s \end{cases}$$

ergibt $Y(b, s^{(0)})$ und $Y'(b, s^{(0)})$

Rekursionsformel für iterativ bessere Lösung:

$$s^{(\nu+1)} = s^{(\nu)} - p\, F(s^{(\nu)}) \qquad \nu = 0, 1, 2, \ldots$$

mit $F(s) = \beta_1 Y(b, s) + \beta_2 Y'(b, s) - B, \ \ p = \dfrac{2}{(\Gamma + \gamma)}$

$$\gamma = \beta_1 \left(\alpha_1 \frac{1 - e^{-M(b-a)}}{M} - \alpha_2 \right) + \alpha_1 \beta_2\, e^{-M(b-a)}$$

$$\Gamma = \frac{e^{(M/2)\,(b-a)}}{2\sigma}\left[\left(\alpha_1 - \alpha_2\left(\sigma - \frac{M}{2}\right)\right)\left(\beta_1 + \beta_2\left(\sigma + \frac{M}{2}\right)\right)e^{\sigma\,(b-a)}\right.$$

$$\left. - \left(\alpha_1 + \alpha_2\left(\sigma + \frac{M}{2}\right)\right)\left(\beta_1 - \beta_2\left(\sigma - \frac{M}{2}\right)\right)e^{-\sigma\,(b-a)}\right]$$

$$\sigma = \frac{1}{2}\sqrt{4L + M^2} \qquad \text{wobei} \qquad \frac{\partial g}{\partial y} \le L,\ L > 0,\ M > 0$$

Zu jedem Wert $s^{(\nu)}$ muß das AWP erneut gelöst werden.

Fehlerordnung $O(h^q)$

Wenn $y(x, s)$ empfindlich von s abhängt, *Mehrzielverfahren* anwenden:

Teilung von $[a, b]$ in $l \le m$ Teilintervalle ergibt l AWP und ein nichtlineares Gleichungssystem $F(s) = o$.

14.8.3   Direkte Differenzenapproximation

(Methode der finiten Differenzen, für geringe Genauigkeitsforderungen)

Gegeben: Lineares RWP 2. Ordnung

$$L(y) \equiv y'' + p_1(x)y' + p_0(x)y = q(x) \qquad \text{(Dgl.)}$$

$$\begin{cases} \alpha_1 y(a) + \alpha_2 y'(a) = A \\ \beta_1 y(b) + \beta_2 y'(b) = B \end{cases} \qquad \text{(RBen.)}$$

Gesucht: Näherungswerte $Y_i \approx y(x_i)$ \qquad $x \in [a, b] = [x_0, x_m]$

an den Stützstellen $x_i = x_0 + ih, h = \dfrac{b-a}{m}, i = 1, ..., m$

Algorithmus

1. Ersatz der Ableitungen $y_i' := y'(x_i),\ y_i'' := y''(x_i)$ durch mit Näherungswerten $Y_j \approx y(x_j), j = (i-1), i, (i+1)$ gebildeten zentralen Differenzenquotienten (*Diskretisierung des RWP*)

$$y_i' = \frac{1}{2h}\left(-Y_{i-1} + Y_{i+1}\right) + O(h^2) \qquad\qquad i \ne 0,\ i \ne m$$

$$y_i'' = \frac{1}{h^2}\left(Y_{i-1} - 2Y_i + Y_{i+1}\right) + O(h^2) \qquad (Y_0 \text{ und } Y_m \text{ bekannt})$$

2. Aufstellen eines linearen Gleichungssystems von $(m - 1)$ Differenzengleichungen zum RWP

$$\left(1 - \frac{h}{2}p_{1i}\right)Y_{i-1} + (-2 + h^2 p_{0i})\,Y_i + \left(1 + \frac{h}{2}p_{1i}\right)Y_{i+1} = h^2 q_i$$

$$i = 1, ..., (m-1),\ p_{ki} := p_k(x_i),\ q_i := q(x_i)$$

14

und Diskretisierung der Randbedingungen

$$\begin{cases} \alpha_1 Y_0 + \alpha_2 \dfrac{Y_1 - Y_{-1}}{2h} = A \\[2mm] \beta_1 Y_m + \beta_2 \dfrac{Y_{m+1} - Y_{m-1}}{2h} = B \end{cases}$$

Aus den Differenzengleichungen für $i = 0$ und $i = m$ entstehen zusätzliche RBen, die nach Y_{-1} und Y_{m+1} aufgelöst und in die diskreten RBen eingesetzt werden:

$$\begin{cases} \widetilde{\alpha}_1 Y_0 + \widetilde{\alpha}_2 Y_1 = \widetilde{A}h \\[2mm] -\widetilde{\beta}_2 Y_{m-1} + \widetilde{\beta}_1 Y_m = \widetilde{B}h \end{cases}$$

mit den Abkürzungen

$$\widetilde{\alpha}_1 = \alpha_1 h - \widetilde{\alpha}_2 \frac{2 - h^2 p_{00}}{2} \qquad \widetilde{\beta}_1 = \beta_1 h + \widetilde{\beta}_2 \frac{2 - h^2 p_{0m}}{2}$$

$$\widetilde{\alpha}_2 = \frac{2\alpha_2}{2 - h p_{10}} \qquad\qquad \widetilde{\beta}_2 = \frac{2\beta_2}{2 + h p_{1m}}$$

$$\widetilde{A} = A + \alpha_2 \frac{h q_0}{2 - h p_{10}} \qquad \widetilde{B} = B - \beta_2 \frac{h q_m}{2 + h p_{1m}}$$

Das ergibt ein System aus $(m + 1)$ Gleichungen für $(m + 1)$ Näherungswerte Y_i

$$\boldsymbol{A y = a} \qquad \text{mit } y = \begin{pmatrix} Y_0 \\ \vdots \\ Y_m \end{pmatrix} \quad \text{und}$$

$$A = \begin{pmatrix} \widetilde{\alpha}_1 & \widetilde{\alpha}_2 & 0 & 0 & 0 \\[2mm] 1 - \dfrac{h}{2} p_{11} & -2 + h^2 p_{01} & 1 + \dfrac{h}{2} p_{11} & 0 & 0 \\[2mm] \vdots & & \ddots & & \vdots \\[2mm] 0 & 0 & 1 - \dfrac{h}{2} p_{1,m-1} & -2 + h^2 p_{0,m-1} & 1 + \dfrac{h}{2} p_{1,m-1} \\[2mm] 0 & 0 & 0 & -\widetilde{\beta}_2 & \widetilde{\beta}_1 \end{pmatrix} ; \ a = \begin{pmatrix} \widetilde{A}h \\ h^2 q_1 \\ \vdots \\ h^2 q_{m-1} \\ \widetilde{B}h \end{pmatrix}$$

A ist tridiagonal, Lösung gemäß Abschnitt 5.3.2.3

Ist das RWP **inhomogen**, d.h. $q(x) \neq 0$ oder wenigstens $A \neq 0$ oder $B \neq 0$, dann ergibt sich, falls $\det A \neq 0$, eine eindeutige Lösung.

Liegt ein vollhomogenes RWP vor, d.h. $q(x) = 0$ und $A = B = 0$, ergeben sich nichttriviale Lösungen, falls $\det A = 0$ ist.

Wenn die Schrittweite $h|p_1(x)| < 2$ und $p_0(x) < 0$ für alle $x \in [a, b]$, ist A diagonal dominant und $\det A \neq 0$. Das Verfahren ist stabil, wenn zusätzlich $h \cdot \sqrt{|p_0(x)|} \ll 1$.

Hinweis: Lösung gewöhnlicher Dgln. mittels LAPLACE-Transformation siehe 15.4.

Bemerkung: Verwendet man statt der finiten Differenzen sog. *finite Ausdrücke* höherer Ordnung (Fehlerordnung $O(h^4)$ bzw. $O(h^6)$), wird die Näherung genauer ohne h zu verkleinern bzw. m zu vergrößern. Die Koeffizientenmatrix wird 5- bzw. 7diagonal. Tabelle der finiten Ausdrücke siehe ENGELN-MÜLLGES, G.; REUTTER, F. [1991], siehe Vorwort.

14.9   Partielle Differentialgleichungen

14.9.1   Allgemeines

> Eine *partielle Differentialgleichung* ist eine Gleichung zwischen einer unbekannten Funktion mehrerer unabhängiger Variablen und deren partiellen Ableitungen.

Die *Ordnung* einer partiellen Dgl. wird bestimmt durch die Ordnung der höchsten vorkommenden partiellen Ableitung der gesuchten Funktion.

Eine partielle Dgl. heißt *linear*, wenn sie in der gesuchten Funktion und deren partiellen Ableitungen linear ist.

Eine partielle Dgl. 1. Ordnung heißt quasilinear, wenn sie lediglich in den partiellen Ableitungen von u linear, nicht aber in u selbst ist.

Der *Grad* einer partiellen Dgl. wird bestimmt durch die höchste Potenz der gesuchten Funktion oder ihrer partiellen Ableitungen.

Eine partielle Dgl. heißt *homogen*, wenn kein von der unbekannten Funktion und seinen Ableitungen freies Glied vorkommt, sonst *inhomogen*.

Eine *Lösung* (*Integral*) einer partiellen Dgl. ist jede Funktion, die im definierten Bereich der unabhängigen Variablen die partielle Dgl. identisch erfüllt.

Die **allgemeine Lösung** einer partiellen Dgl. ist eine Lösung, die willkürliche unabhängige Funktionen enthält. Ihre Anzahl ist i. allg. gleich der Ordnung der Dgl.

Eine **partikuläre Lösung** entsteht durch Festlegung der willkürlichen Funktionen gemäß zusätzlicher Nebenbedingungen.

14.9.2   Partielle Differentialgleichung 1. Ordnung

14

Allgemeine Form für zwei unabhängige Variable x und y

$$F(x, y, u, u_x, u_y) = 0 \qquad u = u(x, y)$$

Allgemeine Form für drei unabhängige Variable x, y, z

$$F(x, y, z, u, u_x, u_y, u_z) = 0 \qquad u = u(x, y, z)$$

♦   Beispiele für allgemeine Lösungen partieller Dgln.:

$u_x = 0$	$u(x, y) = w(y)$
$u_y = 0$	$u(x, y) = w(x)$
$u_x = 1$	$u(x, y) = x + w(y)$
$u_y = 1$	$u(x, y) = y + w(x)$
$u_x + u_y = 0$	$u(x, y) = w(x - y)$
$u_x - u_y = 0$	$u(x, y) = w(x + y)$
$au_x + bu_y = 0$	$u(x, y) = w(ay - bx)$
$xu_x - yu_y = 0$	$u(x, y) = w(xy)$
$yu_x - xu_y = 0$	$u(x, y) = w(x^2 + y^2)$
$u_x g_y - u_y g_x = 0$	$u(x, y) = w(g(x, y))$
$u_z = 0$	$u(x, y, z) = w(x, y)$
$u_x + u = 0$	$u(x, y, z) = w(y, z)\, e^{-x}$

♦

(Quasi-) Lineare partielle Differentialgleichung 1. Ordnung
(*Charakteristikenmethode*)

Allgemeine Form für eine Funktion mit 2 unabhängigen Variablen $u(x, y)$:

$$P(x, y, u)\, u_x + Q(x, y, u)\, u_y = R(x, y, u)$$

Man gewinnt ein System von gewöhnlichen Dgl. (*charakteristische Dgln.*)
aus der Proportion $dx : dy : du = P : Q : R$

$$\frac{dy}{dx} = \frac{Q}{P}, \frac{du}{dx} = \frac{R}{P}, P \neq 0 \quad \text{oder} \quad \frac{dx}{du} = \frac{P}{R}, \frac{dy}{du} = \frac{Q}{R}, R \neq 0 \quad \text{oder}$$

$$\frac{dx}{dy} = \frac{P}{Q}, \frac{du}{dy} = \frac{R}{Q}, Q \neq 0 \text{ o}$$

Allgemeine Lösung des Systems gewöhnlicher Dgln.

$$f_1(x, y, u) = C_1 \qquad f_2(x, y, u) = C_2$$

Diese Lösungen heißen *Charakteristika* der Dgl.

Allgemeine Lösung der quasilinearen partiellen Dgl.

$$w(f_1, f_2) = 0 \qquad w \text{ willkürliche Funktion mit stetiger Ableitung}$$

oder $f_2(x, y, u) = \varphi\,(f_1(x, y, u))$ bzw. $f_1(x, y, u) = \psi\,(f_2(x, y, u))$

Für 3 unabhängige Variable x, y, z analoge Vorgehensweise.

♦   **Beispiel:**

$$2xyu_x + 4y^2 u_y = x^2 y \qquad \text{Nebenbedingung } u(x, 4) = \frac{5}{4} x^2$$

gesucht: $u(x, y)$

Proportion: $dx : dy : du = 2xy : 4y^2 : x^2y$

Charakteristische Dgl. zur Bestimmung von f_1

$$\frac{dx}{dy} = \frac{2xy}{4y^2} = \frac{x}{2y} \qquad \frac{dx}{x} = \frac{dy}{2y} \qquad \int \frac{dx}{x} = \int \frac{dy}{2y}$$

$$\ln|x| = \frac{1}{2}\ln|y| + C_1' \rightarrow 2\ln|x| - \ln|y| = C_1'$$

$$\ln\left|\frac{x^2}{y}\right| = \ln|C_1| \rightarrow C_1 = \frac{x^2}{y} = f_1$$

Charakteristische Dgl. zur Bestimmung von f_2

$$\frac{du}{dx} = \frac{x^2y}{2xy} = \frac{x}{2} \qquad du = \frac{x}{2}dx \qquad u = \frac{x^2}{4} + C_2 \qquad C_2 = u - \frac{x^2}{4} = f_2$$

(f_1, f_2 sind die Charakteristiken.)

Allgemeine Lösung der partiellen Dgl.

$$w(f_1, f_2) = w\left(\frac{x^2}{y}, u - \frac{x^2}{4}\right) = 0$$

Spezielle Lösung aufgrund der Nebenbedingung:

$y = 4$ ergibt $C_1 = \frac{x^2}{4}$ und $C_2 = \frac{5}{4}x^2 - \frac{x^2}{4} = x^2$

$$C_1 = \frac{1}{4}C_2$$

$$\frac{x^2}{y} = \frac{1}{4}\left(u - \frac{x^2}{4}\right) \rightarrow 4x^2 = yu - \frac{x^2y}{4}$$

$$u(x, y) = \frac{4x^2}{y} + \frac{x^2}{4} = x^2\left(\frac{4}{y} + \frac{1}{4}\right) \qquad \blacklozenge$$

14.9.3 Partielle Differentialgleichung 2. Ordnung

Allgemeine Form für zwei unabhängige Variable

$$F(x, y, u, u_x, u_y, u_{xx}, u_{yy}, u_{xy}) = 0, \quad u = u(x, y)$$

♦ Beispiele für allgemeine Lösungen partieller Dgln.:

$u_{xx} = 0$	$u(x, y) = x w_1(y) + w_2(y)$
$u_{yy} = 0$	$u(x, y) = y w_1(x) + w_2(x)$
$u_{xy} = 0$	$u(x, y) = w_1(x) + w_2(y)$
$u_{xy} = f(x, y)$	$u(x, y) = \iint f(x, y)\, dx\, dy + w_1(x) + w_2(y)$
$u_{xx} - \dfrac{u_{yy}}{c^2} = 0$	$u(x, y) = w_1(x + cy) + w_2(x - cy) \qquad c \in \mathbb{R}^*$
$u_{xx} - u_{yy} = 0$	$u(x, y) = w_1(x + y) + w_2(x - y)$
$u_{xx} + u_{yy} = 0$	$u(x, y) = w_1(x + jy) + w_1(x - jy)$ (Potentialgleichung) ♦

14

15 Reihen, F- und L-Transformation

15.1 Unendliche Reihen

15.1.1 Allgemeines

Ist $(a_k) = a_1, a_2, ..., a_k, ...$ eine reelle unendliche Zahlenfolge, so heißt

$$\sum_{k=1}^{\infty} a_k = a_1 + a_2 + ... + a_k + ... \qquad a_k \text{ Glieder der Reihe}$$

eine (unendliche) **Reihe**.

> Die Addition unendlich vieler Summanden ist nicht definiert, so daß die Summe der unendlichen Reihe durch *Teil-* (*Partial-*) *Summen* vom ersten bis k-ten Glied schrittweise angenähert wird.

Partialsummenfolge einer Reihe (Teilsummenfolge)

$$(s_k) = s_1, s_2, s_3, ..., s_k, ... \qquad s_k \ k\text{-te Teilsumme}$$

$$= a_1, (a_1 + a_2), (a_1 + a_2 + a_3), ... \qquad s_k = \sum_{i=1}^{k} a_i$$

Eine unendliche Reihe heißt *konvergent*, wenn die Partialsummenfolge (s_k) einen Grenzwert S (*Summe*, Wert der unendlichen Reihe) besitzt:

$$\lim_{k \to \infty} s_k = S \qquad \sum_{k=1}^{\infty} a_k = a_1 + a_2 + ... + a_k + ... = S$$

Restglied: $R_k = S - s_k$ \qquad bei Konvergenz wird $\lim_{k \to \infty} R_k = 0$

Eine unendliche Reihe heißt

- *bestimmt divergent*, wenn $\lim_{k \to \infty} s_k = \pm \infty$,

- *unbestimmt divergent*, wenn $\lim_{k \to \infty} s_k$ nicht existiert,

- *absolut konvergent*, wenn die Reihe der Beträge $\sum_{k=1}^{\infty} |a_k|$ konvergiert,

- *unbedingt konvergent*, wenn ihre Summe von der Reihenfolge der Glieder unabhängig, bedingt konvergent, wenn sie abhängig ist.

Absolut konvergente Reihen sind unbedingt konvergent.

Konvergente Reihen können gliedweise addiert/subtrahiert werden. Absolut konvergente Reihen können wie Polynome miteinander multipliziert werden.

Zweckmäßig:
$$\left(\sum_{i=0}^{\infty} a_i\right) \cdot \left(\sum_{k=0}^{\infty} b_k\right) = \sum_{n=0}^{\infty}\left(\sum_{i=0}^{n} a_i \cdot b_{n-i}\right) \quad \text{(CAUCHYsches Produkt)}$$

Hauptkonvergenzkriterium für Reihen mit beliebigen Gliedern

Notwendig **und** hinreichend

$$\lim_{k \to \infty}(s_{k+p} - s_k) = 0, p \in \mathbb{N} \quad \text{(beschränkte Folge der Partialsummen)}$$

Weitere Konvergenzkriterien

Notwendig, aber **nicht** hinreichend
$$\lim_{k \to \infty} a_{k+1} = \lim_{k \to \infty} a_k = 0$$

Hinreichend, aber **nicht** notwendig

Quotientenkriterium (D'ALEMBERT)
$$\lim_{k \to \infty}\left|\frac{a_{k+1}}{a_k}\right| = q < 1$$

Wurzelkriterium (CAUCHY)
$$\lim_{k \to \infty} \sqrt[k]{|a_k|} = q < 1$$

Konvergenz bleibt erhalten, wenn man endlich viele Glieder einer Reihe hinzufügt oder entfernt bzw. die Reihe mit einer Konstanten multipliziert. Dagegen wird der Grenzwert verändert.

Methode des Reihenvergleichs ($a_k, b_k \geq 0$)

Ist die Reihe

$$\sum_{k=1}^{\infty} a_k \begin{cases} \text{konvergent} \\ \text{divergent} \end{cases} \text{und für alle } k \geq N \in \mathbb{N} \begin{cases} b_k \leq a_k \\ b_k \geq a_k \end{cases}, \text{so ist es auch } \sum_{k=1}^{\infty} b_k.$$

$$\sum_{k=1}^{\infty} a_k \text{ ist dann} \begin{cases} \text{konvergente } \textit{Majorante, Oberreihe} \\ \text{divergente } \textit{Minorante, Unterreihe} \end{cases} \text{zu } \sum_{k=1}^{\infty} b_k.$$

Zu Vergleichszwecken: $\sum_{k=1}^{\infty} \dfrac{1}{k^a}$ konvergiert für $a > 1$, divergiert für $a \leq 1$.

Alternierende Reihe

$$\sum_{k=1}^{\infty} (-1)^{k+1} a_k = a_1 - a_2 + a_3 - + \ldots \qquad a_k > 0$$

15

Allgemein gilt: $\sum_{k=1}^{\infty} (-1)^{k+1} a_k$ konvergiert, wenn $\sum_{k=1}^{\infty} |a_k|$ konvergiert.

Fehlerabschätzung: $|R_k| \leq |a_{k+1}|$ \qquad R_k Restglied, siehe oben

Leibnizsches Konvergenzkriterium für alternierende Reihen

Das LEIBNIZsche Konvergenzkriterium ist hinreichend.

Eine alternierende Reihe $\sum\limits_{k=1}^{\infty} (-1)^{k+1} a_k$, $a_k > 0$ konvergiert, wenn

- die Zahlenfolge (a_k) monoton abnimmt: $a_k \geq a_{k+1}$, $k = 1, 2, \ldots$ und
- $\lim\limits_{k \to \infty} a_k = 0$.

Ist das erste Glied negativ, untersucht man die negierte alternierende Reihe.

Die **arithmetische Reihe** $\sum\limits_{k=1}^{\infty} \Big(a_1 + (k-1)\, d \Big)$ ist für $d \neq 0$

bestimmt divergent. Sinnvoll ist daher nur die n-te *Partialsumme*, $n < \infty$:

$$s_n = \sum_{k=1}^{n} \Big(a_1 + (k-1)\, d \Big) = \frac{n}{2} \Big(2a_1 + d\,(n-1) \Big) = \frac{n}{2}\, (a_1 + a_n)$$

Die **geometrische Reihe** $\quad \sum\limits_{k=1}^{\infty} a_1 \cdot q^{k-1}$ ist für $|q| < 1$ konvergent.

Summe der geometrischen Reihe: $s = \dfrac{a_1}{1-q}$

♦   Beispiele:

(1) $(a_k) = 1, \dfrac{1}{2}, \dfrac{1}{4}, \dfrac{1}{8}, \ldots, \dfrac{1}{2^{k-1}}, \ldots$ $\left(\text{geometrische Reihe mit } q = \dfrac{1}{2} \right)$

$(s_k) = 1, 1 + \dfrac{1}{2}, 1 + \dfrac{1}{2} + \dfrac{1}{4}, \ldots = 1, 1\dfrac{1}{2}, 1\dfrac{3}{4}, 1\dfrac{7}{8}, \ldots$

$s = \sum\limits_{k=1}^{\infty} a_k = \dfrac{1}{1 - \dfrac{1}{2}} = 2$

Als Grenzwert $\lim\limits_{k \to \infty} s_k = \lim\limits_{k \to \infty} \dfrac{2^k - 1}{2^{k-1}} = \lim\limits_{k \to \infty} \left(2 - \dfrac{1}{2^{k-1}} \right) = 2$

(2)   Periodischer Dezimalbruch mit $q = \dfrac{1}{10}$

$0,\overline{6} = \sum\limits_{k=1}^{\infty} 6 \cdot \dfrac{1}{10^k}$

$s = \dfrac{\dfrac{6}{10}}{1 - \dfrac{1}{10}} = \dfrac{2}{3}$

♦

15.1.2   Summen einiger unendlicher konvergenter Zahlenreihen

$$\sum_{k=1}^{\infty} \frac{1}{(k-1)!} = 1 + \frac{1}{1!} + \frac{1}{2!} + \ldots = e$$

$$\sum_{k=1}^{\infty} \frac{(-1)^{k-1}}{k} = 1 - \frac{1}{2} + \frac{1}{3} - + \ldots = \ln 2 \quad \text{(alternierende harmonische Reihe)}$$

$$\sum_{k=1}^{\infty} \frac{1}{2^{k-1}} = 1 + \frac{1}{2} + \frac{1}{4} + \ldots = 2$$

$$\sum_{k=1}^{\infty} \frac{1}{k^2} = 1 + \frac{1}{2^2} + \frac{1}{3^2} + \ldots = \frac{\pi^2}{6}$$

$$\sum_{k=1}^{\infty} \frac{(-1)^{k-1}}{k^2} = 1 - \frac{1}{2^2} + \frac{1}{3^2} - + \ldots = \frac{\pi^2}{12}$$

$$\sum_{k=1}^{\infty} \frac{1}{(2k-1)^2} = 1 + \frac{1}{3^2} + \frac{1}{5^2} + \ldots = \frac{\pi^2}{8}$$

$$\sum_{k=1}^{\infty} \frac{1}{k^4} = 1 + \frac{1}{2^4} + \frac{1}{3^4} + \ldots = \frac{\pi^4}{90}$$

$$\sum_{k=1}^{\infty} \frac{1}{k(k+1)} = \frac{1}{1 \cdot 2} + \frac{1}{2 \cdot 3} + \frac{1}{3 \cdot 4} + \ldots = 1$$

$$\sum_{k=1}^{\infty} \frac{1}{(2k-1)(2k+1)} = \frac{1}{1 \cdot 3} + \frac{1}{3 \cdot 5} + \frac{1}{5 \cdot 7} + \ldots = \frac{1}{2}$$

$$\sum_{k=1}^{\infty} \frac{1}{k(k+1)(k+2)} = \frac{1}{1 \cdot 2 \cdot 3} + \frac{1}{2 \cdot 3 \cdot 4} + \ldots = \frac{1}{4}$$

$$\arctan 1 = \sum_{k=1}^{\infty} \frac{(-1)^{k-1}}{2k-1} = 1 - \frac{1}{3} + \frac{1}{5} - \frac{1}{7} + - \ldots = \frac{\pi}{4} \qquad \text{(Leibniz)}$$

$$\arctan \frac{1}{2} + \arctan \frac{1}{3} = \left(\frac{1}{2} + \frac{1}{3}\right) - \frac{1}{3}\left(\frac{1}{2^3} + \frac{1}{3^3}\right)$$

$$+ \frac{1}{5}\left(\frac{1}{2^5} + \frac{1}{3^5}\right) - + \ldots = \frac{\pi}{4} \qquad \text{(Euler)}$$

15

15.1.3   Potenzreihen

15.1.3.1   Allgemeines

Potenzreihen sind spezielle Funktionenreihen mit $f_k(x) = a_k (x - x_0)^k$:

$$\sum_{k=0}^{\infty} a_k (x - x_0)^k = a_0 + a_1 (x - x_0) + a_2 (x - x_0)^2 \ldots$$

Mittelpunkt, Entwicklungsstelle $x_0 \in \mathbb{R}$, $k = 0, 1, 2, \ldots$, $a_k \in \mathbb{R}$

speziell: Entwicklung um den Nullpunkt $x_0 = 0$

$$\sum_{k=0}^{\infty} a_k x^k = a_0 + a_1 x + a_2 x^2 + \ldots + a_n x^n + \ldots$$

Deren n-te Partialsumme ist eine ganzrationale Funktion n-ten Grades:

$$s_n(x) = a_0 + a_1 x + \ldots + a_n x^n$$

Konvergenzradius der Potenzreihen $\sum_{k=0}^{\infty} a_k (x - x_0)^k$ bzw. $\sum_{k=0}^{\infty} a_k x^k$

$$r = \lim_{k \to \infty} \left| \frac{a_k}{a_{k+1}} \right| \quad \text{bzw.} \quad r = \frac{1}{\lim\limits_{k \to \infty} \sqrt[k]{|a_k|}}$$

• $r = \infty$ konvergent für jedes x (beständig konvergent)
• $r = 0$ nicht konvergent, außer für $x = 0$

Konvergenzbereich einer Potenzreihe: $I = (-r, r)$

Die Reihe
• konvergiert absolut für $|x| < r$, d.h. $x \in (-r, r)$
• divergiert für $|x| > r$, d.h. $x \in (-\infty, -r) \cup (r, \infty)$
• unbestimmte Aussage für $x = r$ und $x = -r$

Jede Potenzreihe kann im Inneren des Konvergenzbereichs *gliedweise differenziert* oder *integriert* werden, die entstehende Potenzreihe hat den gleichen Konvergenzradius wie die Ausgangsreihe.

Zwei Potenzreihen dürfen im gemeinsamen Konvergenzbereich *gliedweise addiert* bzw. *subtrahiert* oder *multipliziert* werden, wobei die entstehende Reihe mindestens im gemeinsamen Konvergenzbereich konvergiert.

Restglied: $R_n(x) = f(x) - S_n(x)$ $\lim_{n \to \infty} R_n(x) = 0$ für alle $x \in (-r, r)$

♦ Beispiel:

$$e^x = 1 + x + \frac{x^2}{2!} + \frac{x^3}{3!} + \ldots = \sum_{k=0}^{\infty} \frac{x_k}{k!}$$

$$r = \lim_{k \to \infty} \left| \frac{1/k!}{1/(k+1)!} \right| = \lim_{k \to \infty} |k+1| = \infty$$ ♦

15.1.3.2 Entwicklung von Funktionen in Potenzreihen
(Näherung durch ganzrationale Funktionen)

Mit dem Ansatz $f(x) = f_k(x) = \sum_{k=0}^{\infty} a_k\, x^k$ führt mitunter die Methode der unbe-

stimmten Koeffizienten zu einer Potenzreihe für $f(x)$.

Taylorsche Reihe

Die TAYLORsche Reihe an der Entwicklungsstelle x_0 ist die zu $f(x)$ gehörende
Potenzreihe:

$$f(x) = \sum_{k=0}^{\infty} \frac{1}{k!}\, f^{(k)}(x_0)\, (x - x_0)^k$$

Mit der Bedingung, daß $f(x, y)$ *analytisch* ist, d.h., sie läßt sich in der Umgebung
(dem Konvergenzbereich) von x_0 als Summe einer Potenzreihe von zwei Variablen
schreiben, gilt:

$$f(x) = p_n(x) + R_n(x) = f(x_0) + \frac{f'(x_0)}{1!}(x - x_0) + \frac{f''(x_0)}{2!}(x - x_0)^2 + \ldots$$

$$+ \frac{f^{(n)}(x_0)}{n!}(x - x_0)^n + R_n(x)$$ (TAYLOR-*Formel*)

mit dem TAYLOR-*Polynom* vom Grad n $p_n(x) = \sum_{k=0}^{n} \frac{1}{k!} f^{(k)}(x_0)\, (x - x_0)^k$

und dem Restglied $R_n(x) = \frac{f^{(n+1)}(x_0)}{(n+1)!}(x - x_0)^{n+1} + \ldots$

Geometrische Deutung: Annäherung durch Näherungsparabel (Schmiegpara-
bel) $p_n(x)$ n-ten Grades an den Graphen $y = f(x)$ im »Arbeitspunkt«
$P_0(x_0, y_0)$.

Linearisierung einer Funktion

$$f_1(x) = f(x_0) + f'(x_0) \cdot (x - x_0) \qquad \text{als Näherung für } f(x)$$

15

Restglieder

LAGRANGE: $R_n = f^{(n+1)}(x_0 + \vartheta\,(x - x_0))\,\dfrac{(x - x_0)^{n+1}}{(n+1)!}$ $0 < \vartheta < 1$

oder $R_n = \dfrac{f^{n+1}(\xi)}{(n+1)!}\,(x - x_0)^{n+1}$ $x_0 < \xi < x$

CAUCHY: $R_n = f^{(n+1)}(x_0 + \vartheta\,(x - x_0))\,\dfrac{(x - x_0)^{n+1}}{n!}\,(1 - \vartheta)^n$ $0 < \vartheta < 1$

Taylorsche Reihe mit $x - x_0 = h$ bzw. $x = x_0 + h$

$$f(x_0 + h) = f(x_0) + f'(x_0)\,\frac{h}{1!} + f''(x_0)\,\frac{h^2}{2!} + \ldots + f^{(n)}(x_0)\,\frac{h^n}{n!} + R_n(h)$$

Restglieder

LAGRANGE: $R_n(h) = f^{(n+1)}(x_0 + \vartheta h)\,\dfrac{h^{n+1}}{(n+1)!}$ $0 < \vartheta < 1$

CAUCHY: $R_n(h) = f^{(n+1)}(x_0 + \vartheta h)\,\dfrac{h^{n+1}}{n!}\,(1 - \vartheta)^n$ $0 < \vartheta < 1$

Allgemeine Form des Restgliedes

$$R_n(x) = f^{(n+1)}(x_0 + \vartheta\,(x - x_0))\,\frac{(x - x_0)^{n+1}}{n!\,p}\,(1 - \vartheta)^{n+1-p}$$

$$p \in \mathbb{N},\, 0 < \vartheta < 1$$

$$R_n(h) = f^{(n+1)}(x_0 + \vartheta h)\,\frac{h^{n+1}}{n!\,p}\,(1 - \vartheta)^{n+1-p}$$

p, ϑ wie oben

Taylorsche Reihe mit $x := x + a$ a Konstante

$$f(x + a) = f(a) + \frac{f'(a)}{1!}\,x + \frac{f''(a)}{2!}\,x^2 + \ldots + \frac{f^{(n)}(a)}{n!}\,x^n + R_n(x)$$

MacLaurinsche Reihe
(als Entwicklung der TAYLOR-Reihe an der Stelle $x_0 = 0$)

$$f(x) = f(0) + \frac{f'(0)}{1!}\,x + \frac{f''(0)}{2!}\,x^2 + \ldots + \frac{f^{(n)}(0)}{n!}\,x^n + R_n(x)$$

Restglieder $R_n(x) = \dfrac{x^{n+1}}{(n+1)!}\,f^{(n+1)}(\vartheta x)$ $0 < \vartheta < 1$

oder $R_n(x) = \dfrac{x^{n+1}}{n!}\,(1 - \vartheta)^n f^{(n+1)}(\vartheta x)$ $0 < \vartheta < 1$

f sei in $I = (x_0 - r, x_0 + r)$ durch $f(x) = \sum\limits_{k=0}^{\infty} a_k (x - x_0)^k$ dargestellt.

Dann gilt: $a_k = \dfrac{f^{(k)}(x)}{k!}$ für $k = 0, 1, 2, \ldots$

Taylorsche Reihe für Funktionen von 2 unabhängigen Variablen

Sind von $z = f(x, y)$ alle partiellen Ableitungen bis zur Ordnung $(n + 1)$ vorhanden und stetig, gilt mit $x \in [x_0, x_0 + h]$, $y \in [y_0, y_0 + k]$, $t_0 = 0$:

$$f(t) = f(x_0 + th, y_0 + tk)$$
$$= f(0) + \frac{f'(0)}{1!} t + \ldots + \frac{f^{(n)}(0)}{n!} t^n + R_n \qquad 0 \le t \le 1 \text{ Parameter}$$

Restglied $R_n = \dfrac{t^{n+1}}{(n+1)!} f^{(n+1)}(\vartheta t)$ $0 < \vartheta < 1$ (TAYLOR*scher Satz*)

Die TAYLOR*sche Reihe für 2 Variable* an der Entwicklungsstelle (x_0, y_0) ist die zu $f(x, y)$ gehörende Potenzreihe

$$f(x, y) = \sum\limits_{k, l = 0}^{\infty} \frac{1}{k! \, l!} \frac{\partial^{k+l}}{\partial x^k \partial y^l} f(x_0, y_0) (x - x_0)^k (y - y_0)^l$$

Bedingung: $f(x, y)$ ist analytisch, d.h., sie läßt sich in der Umgebung (Konvergenzbereich) von x_0 als Summe einer Potenzreihe von zwei Variablen schreiben.

Andere Schreibweise mit der Kettenregel:

$$f(x_0 + h, y_0 + k) = f(x_0, y_0) + \frac{1}{1!}\left(h \frac{\partial}{\partial x} + k \frac{\partial}{\partial y} \right) f(x_0, y_0) + \ldots$$
$$+ \frac{1}{n!}\left(h \frac{\partial}{\partial x} + k \frac{\partial}{\partial y} \right)^n f(x_0, y_0) + R_n$$

wobei z.B.

$$\left(h \frac{\partial}{\partial x} + k \frac{\partial}{\partial y} \right)^2 f(x_0, y_0) = h^2 f_{xx}(x_0, y_0) + 2hk \, f_{xy}(x_0, y_0) + k^2 f_{yy}(x_0, y_0)$$

15

LAGRANGE-Restglied $R_n = \dfrac{1}{(n+1)!}\left(h \dfrac{\partial}{\partial x} + k \dfrac{\partial}{\partial y} \right)^{n+1} f(x_0 + \vartheta h, y_0 + \vartheta k)$

Für $n = 0$ $\to$ Mittelwertsatz der Differentialrechnung

Das Schaubild der linearen Näherungsfunktion

$$z = f(x_0, y_0) + f_x(x_0, y_0) \, (x - x_0) + f_y(x_0, y_0) \, (y - y_0)$$

ist die Tangentialebene an die Fläche von $z = f(x, y)$ im Berührungspunkt $P_0(x_0, x_0, z_0)$.

15.1.4   Numerische Berechnung von Reihen

(1) Hornersches Schema

- zur Entwicklung eines Polynoms in eine TAYLOR-Reihe
- zur Berechnung der n-ten Partialsumme, d.h. der ganzrationalen Funktion n-ten Grades (siehe Abschnitt 4.3.6.2)

(2) Konvergenzverbesserung von Reihen

Die Konvergenz einer Reihe wird besser, je weniger Glieder Anteile bis zur vorgegebenen Genauigkeit liefern.

- Zerlegung langsam konvergierender Reihen in eine Reihe mit bekannter Summe und einen schnell konvergierenden Anteil
- Abspalten führender Glieder und EULER-*Transformation* des Restes mit dem **Differenzenschema**

$$y_k - y_{k+1} + y_{k+2} - + \ldots$$

$$= \frac{1}{2^1} y_k - \frac{1}{2^2} \Delta^1 y_k + \frac{1}{2^3} \Delta^2 y_k - + \ldots = \sum_{j=0}^{\infty} (-1)^j \, \Delta^j \, \frac{1}{2^{j+1}}$$

y_k	$\Delta^1 y_k$	$\Delta^2 y_k$
y_0		
	$\Delta^1 y_0 = y_1 - y_0$	
y_1		$\Delta^2 y_0 = \Delta^1 y_1 - \Delta^1 y_0$
	$\Delta^1 y_1 = y_2 - y_1$	
y_2		$\Delta^2 y_1 = \Delta^1 y_2 - \Delta^1 y_1$

- Ausnutzung von Additionstheoremen
  Rasch konvergierende Reihen sind: TAYLOR-Entwicklungen von $\sin x$, $\cos x$, e^x, $\sinh x$ u.ä.

- TAYLORsche Reihe für $f(g(x))$ an $x_0 = 0$, wenn $g(0) = 0$ durch Einsetzen der Reihe für $g(x) = y$ in die Reihe für $f(y)$

♦   Beispiel:

$$\sum_{k=1}^{\infty} \frac{1}{k^2 + 1} = \sum_{k=1}^{\infty} \frac{1}{k^2} - \sum_{k=1}^{\infty} \frac{1}{k^2 \, (k^2 + 1)} = \frac{\pi^2}{6} - \sum_{k=1}^{\infty} \frac{1}{k^2 \, (k^2 + 1)} \qquad \blacklozenge$$

15.1.5   Zusammenstellung fertig entwickelter Reihen

15.1.5.1 Binomische Reihe

Allgemeine Form

$$(1 \pm x)^a = 1 \pm \binom{a}{1} x + \binom{a}{2} x^2 \pm \binom{a}{3} x^3 + \binom{a}{4} x^4 \pm \dots \qquad a \in \mathbb{R}$$

$$+ (\pm 1)^n \frac{a\,(a-1)\,(a-2)\,\dots\,(a-n+1)}{n!}\, x^n + \dots$$

Konvergenzbereich $|x| < 1$, falls $a > 0$ gilt $|x| \leq 1$

$$(b \pm x)^a = b^a \left(1 \pm \frac{x}{b}\right)^a = b^a \pm \binom{a}{1} b^{a-1} x + \binom{a}{2} b^{a-2} x^2 \pm + \dots$$

Bei ganzzahligem positivem Exponenten $a = n$ bricht die Reihe beim $(n + 1)$-ten Glied ab (Binomischer Lehrsatz, 3.2.5), sonst ist sie unendlich.

Binomische Reihe für ausgewählte Exponenten

$$(1 \pm x)^{\frac{1}{2}} = 1 \pm \frac{1}{2}\,x - \frac{1 \cdot 1}{2 \cdot 4}\,x^2 \pm \frac{1 \cdot 1 \cdot 3}{2 \cdot 4 \cdot 6}\,x^3 - \frac{1 \cdot 1 \cdot 3 \cdot 5}{2 \cdot 4 \cdot 6 \cdot 8}\,x^4 \pm - \dots \qquad |x| \leq 1$$

$$(1 \pm x)^{\frac{1}{3}} = 1 \pm \frac{1}{3}\,x - \frac{1 \cdot 2}{3 \cdot 6}\,x^2 \pm \frac{1 \cdot 2 \cdot 5}{3 \cdot 6 \cdot 9}\,x^3 - \frac{1 \cdot 2 \cdot 5 \cdot 8}{3 \cdot 6 \cdot 9 \cdot 12}\,x^4 \pm - \dots \qquad |x| \leq 1$$

$$(1 \pm x)^{\frac{1}{4}} = 1 \pm \frac{1}{4}\,x - \frac{1 \cdot 3}{4 \cdot 8}\,x^2 \pm \frac{1 \cdot 3 \cdot 7}{4 \cdot 8 \cdot 12}\,x^3 - \frac{1 \cdot 3 \cdot 7 \cdot 11}{4 \cdot 8 \cdot 12 \cdot 16}\,x^4 \pm - \dots \qquad |x| \leq 1$$

$$(1 \pm x)^{-1} = 1 \mp x + x^2 \mp x^3 + x^4 \mp + \dots \qquad |x| < 1$$

$$(1 \pm x)^{-\frac{1}{2}} = 1 \mp \frac{1}{2}\,x + \frac{1 \cdot 3}{2 \cdot 4}\,x^2 \mp \frac{1 \cdot 3 \cdot 5}{2 \cdot 4 \cdot 6}\,x^3 + \frac{1 \cdot 3 \cdot 5 \cdot 7}{2 \cdot 4 \cdot 6 \cdot 8}\,x^4 \mp + \dots \qquad |x| < 1$$

$$(1 \pm x)^{-\frac{1}{3}} = 1 \mp \frac{1}{3}\,x + \frac{1 \cdot 4}{3 \cdot 6}\,x^2 \mp \frac{1 \cdot 4 \cdot 7}{3 \cdot 6 \cdot 9}\,x^3 + \frac{1 \cdot 4 \cdot 7 \cdot 10}{3 \cdot 6 \cdot 9 \cdot 12}\,x^4 \mp + \dots \qquad |x| < 1$$

$$(1 \pm x)^{-\frac{1}{4}} = 1 \mp \frac{1}{4}\,x + \frac{1 \cdot 5}{4 \cdot 8}\,x^2 \mp \frac{1 \cdot 5 \cdot 9}{4 \cdot 8 \cdot 12}\,x^3 + \frac{1 \cdot 5 \cdot 9 \cdot 13}{4 \cdot 8 \cdot 12 \cdot 16}\,x^4 \mp + \dots \quad |x| < 1$$

15.1.5.2 Reihen für Exponentialfunktionen

$$e^x = 1 + \frac{x}{1!} + \frac{x^2}{2!} + \dots + \frac{x^n}{n!} + \dots \qquad x \in \mathbb{R}$$

$$a^x = 1 + \frac{\ln a}{1!}\,x + \frac{\ln^2 a}{2!}\,x^2 + \dots + \frac{\ln^n a}{n!}\,x^n + \dots \qquad x \in \mathbb{R}, a > 0$$

15

BERNOULLI*sche Zahlen* B_n (DIN 13301)

$$\frac{x}{e^x - 1} = \sum_{n=0}^{\infty} B_n \frac{x^n}{n!} = 1 - \frac{1}{2}\,x + B_2 \frac{x^2}{2!} + B_4 \frac{x^4}{4!} + B_6 \frac{x^6}{6!} + \dots \qquad |x| < 2\pi$$

mit $B_0 = 1$, $B_1 = -\dfrac{1}{2}$, $B_3 = B_5 = \ldots = B_{2n+1} = 0$ und $B_{2n} \neq 0$, alternierend, für $n \geq 1$

n	B_n	n	B_n	n	B_n	n	B_n
2	1/6	8	−1/30	14	7/6	20	−174611/330
4	−1/30	10	5/66	16	−3617/510	22	854513/138
6	1/42	12	−691/2730	18	43867/798	24	−236364091/2730

15.1.5.3 Reihen für logarithmische Funktionen

$$\ln x = \frac{x-1}{1} - \frac{(x-1)^2}{2} + \frac{(x-1)^3}{3} - + \ldots + (-1)^{n+1} \frac{(x-1)^n}{n} \pm \ldots$$
$$0 < x \leq 2$$

$$\ln x = \frac{x-1}{x} + \frac{(x-1)^2}{2x^2} + \frac{(x-1)^3}{3x^3} + \ldots + \frac{(x-1)^n}{nx^n} + \ldots \qquad x > \frac{1}{2}$$

$$\ln x = 2 \left(\frac{x-1}{x+1} + \frac{(x-1)^3}{3\,(x+1)^3} + \frac{(x-1)^5}{5\,(x+1)^5} + \ldots \right.$$
$$\left. + \frac{(x-1)^{2n+1}}{(2n+1)\,(x+1)^{2n+1}} + \ldots \right) \qquad x > 0$$

$$\ln (1+x) = x - \frac{x^2}{2} + \frac{x^3}{3} - + \ldots + (-1)^{n+1} \frac{x^n}{n} \pm \ldots \qquad -1 < x \leq 1$$

$$\ln (1-x) = -\left(x + \frac{x^2}{2} + \frac{x^3}{3} + \ldots + \frac{x^n}{n} + \ldots \right) \qquad -1 \leq x < 1$$

$$\ln \frac{1+x}{1-x} = 2 \operatorname{artanh} x = 2 \left(x + \frac{x^3}{3} + \frac{x^5}{5} + \ldots + \frac{x^{2n+1}}{2n+1} + \ldots \right) \qquad |x| < 1$$

$$\ln \frac{x+1}{x-1} = 2 \operatorname{arcoth} x = 2 \left(\frac{1}{x} + \frac{1}{3x^3} + \frac{1}{5x^5} + \ldots + \frac{1}{(2n+1)\,x^{2n+1}} + \ldots \right)$$
$$|x| < 1$$

15.1.5.4 Reihen für trigonometrische Funktionen

$$\sin x = x - \frac{x^3}{3!} + \frac{x^5}{5!} - \frac{x^7}{7!} + - \ldots + (-1)^n \frac{x^{2n+1}}{(2n+1)!} \pm \ldots \qquad x \in \mathbb{R}$$

$$\cos x = 1 - \frac{x^2}{2!} + \frac{x^4}{4!} - \frac{x^6}{6!} + - \ldots + (-1)^n \frac{x^{2n}}{(2n)!} + - \ldots \qquad x \in \mathbb{R}$$

$$\tan x = x + \frac{x^3}{3} + \frac{2x^5}{15} + \frac{17x^7}{315} + \ldots + \frac{(-1)^{n-1}\,2^{2n}\,(2^{2n}-1)}{(2n)!} B_{2n}\,x^{2n-1} + \ldots \qquad |x| < \frac{\pi}{2}$$

$$\cot x = \frac{1}{x} - \left(\frac{1}{3}x + \frac{1}{45}x^3 + \frac{2}{945}x^5 + \ldots + \frac{(-1)^{n-1}\,2^{2n}}{(2n)!} B_{2n}\,x^{2n-1} + \ldots \right) \qquad 0 < |x| < \pi$$

15.1.5.5 Reihen für zyklometrische Funktionen

$$\arcsin x = x + \frac{1 \cdot x^3}{2 \cdot 3} + \frac{1 \cdot 3 \cdot x^5}{2 \cdot 4 \cdot 5} + \ldots$$

$$+ \frac{1 \cdot 3 \cdot 5 \cdot \ldots \cdot (2n-1)}{2 \cdot 4 \cdot 6 \cdot \ldots \cdot 2n \,(2n+1)} x^{2n+1} + \ldots \qquad |x| < 1$$

$$\arccos x = \frac{\pi}{2} - x - \frac{1}{2} \frac{x^3}{3} - \frac{1 \cdot 3}{2 \cdot 4} \frac{x^5}{5} - \ldots$$

$$- \frac{1 \cdot 3 \cdot 5 \cdot \ldots \cdot (2n-1)}{2 \cdot 4 \cdot 6 \cdot \ldots \cdot 2n \,(2n+1)} x^{2n+1} + \ldots \qquad |x| < 1$$

$$\arctan x = x - \frac{x^3}{3} + \frac{x^5}{5} - + \ldots + (-1)^n \frac{x^{2n+1}}{2n+1} \pm \ldots \qquad |x| \le 1$$

$$\text{arccot}\, x = \frac{\pi}{2} - x + \frac{x^3}{3} - \frac{x^5}{5} + - \ldots + (-1)^{n+1} \frac{x^{2n+1}}{2n+1} \pm \ldots \qquad |x| \le 1$$

15.1.5.6 Reihen für Hyperbelfunktionen

$$\sinh x = x + \frac{x^3}{3!} + \frac{x^5}{5!} + \ldots + \frac{x^{2n+1}}{(2n+1)!} + \ldots \qquad x \in \mathbb{R}$$

$$\cosh x = 1 + \frac{x^2}{2!} + \frac{x^4}{4!} + \ldots + \frac{x^{2n}}{(2n)!} + \ldots \qquad x \in \mathbb{R}$$

$$\tanh x = x - \frac{x^3}{3} + \frac{2x^5}{15} - \frac{17x^7}{315} + \ldots + \frac{2^{2n}(2^{2n}-1)}{(2n)!} B_{2n} x^{2n-1} + \ldots \quad |x| < \frac{\pi}{2}$$

$$\coth x = \frac{1}{x} + \frac{x}{3} - \frac{x^3}{45} + \frac{2x^5}{945} - \ldots + \frac{2^{2n}}{(2n)!} B_{2n} x^{2n-1} + \ldots \qquad 0 < |x| < \pi$$

EULER*sche Zahlen* E_n (DIN 13301)

$$\frac{1}{\cosh x} = \sum_{n=0}^{\infty} E_n \frac{x^n}{n!} = 1 + E_2 \frac{x^2}{2!} + E_4 \frac{x^4}{4!} + E_6 \frac{x^6}{6!} + \ldots$$

mit $E_0 = 1$, $E_{2n} \ne 0$, alternierend, $E_1 = E_3 = \ldots = E_{2n+1} = 0$ für $n \ge 1$

n	E_n	n	E_n	n	E_n
2	−1	8	1 385	14	−199 360 981
4	5	10	−50 521	16	19 391 512 145
6	−61	12	2 702 765	18	−2 404 879 675 441

15

Bemerkung: BERNOULLI*sche* und EULER*sche Zahlen* werden auch abweichend mit nicht alternierenden, sondern nur positiven Vorzeichen definiert.

15.1.5.7 Reihen für Areafunktionen

$$\text{arsinh } x = x - \frac{1}{2}\frac{x^3}{3} + \frac{1 \cdot 3}{2 \cdot 4}\frac{x^5}{5} - + \dots$$

$$+ (-1)^n \frac{1 \cdot 3 \cdot 5 \cdot \dots \cdot (2n-1)}{2 \cdot 4 \cdot 6 \cdot \dots \cdot (2n)(2n+1)} x^{2n+1} \pm \dots \qquad |x| < 1$$

$$\text{arcosh } x = \ln(2x) - \frac{1}{2 \cdot 2x^2} - \frac{1 \cdot 3}{2 \cdot 4 \cdot 4x^4} - \dots$$

$$- \frac{1 \cdot 3 \cdot 5 \cdot \dots \cdot 2(n-1) - 1}{2 \cdot 4 \cdot 6 \cdot \dots \cdot 2(n-1) x^{2(n-1)}} - \dots \qquad x > 1$$

$$\text{artanh } x = x + \frac{x^3}{3} + \frac{x^5}{5} + \dots + \frac{x^{2n+1}}{2n+1} + \dots \qquad |x| < 1$$

$$\text{arcoth } x = \frac{1}{x} + \frac{1}{3x^3} + \frac{1}{5x^5} + \dots + \frac{1}{(2n+1)x^{2n+1}} + \dots \qquad |x| > 1$$

15.1.6   Näherungsformeln

Für sehr kleine ε-Werte ergeben sich aus den Potenzreihen Näherungsformeln.

$$(1 \pm \varepsilon)^n \approx 1 \pm n\varepsilon \qquad\qquad \text{für } |\varepsilon| \ll 1$$

$$(a \pm \varepsilon)^n \approx a^n \left(1 \pm n\frac{\varepsilon}{a}\right) \qquad \text{für } |\varepsilon| \ll a$$

Der Fehler wird $< 10^{-3}$, wenn $|\varepsilon| \le$ (Klammerwert)

$\dfrac{1}{1+\varepsilon} \approx 1 - \varepsilon$	(0.031)	$\dfrac{1}{(1+\varepsilon)^2} \approx 1 - 2\varepsilon$	(0,018)
$\sqrt{1+\varepsilon} \approx 1 + \dfrac{1}{2}\varepsilon$	(0,087)	$\sqrt[3]{1+\varepsilon} \approx 1 + \dfrac{\varepsilon}{3}$	(0,095)
$\dfrac{1}{\sqrt{1+\varepsilon}} \approx 1 - \dfrac{\varepsilon}{2}$	(0,052)	$\dfrac{1}{\sqrt[3]{1+\varepsilon}} \approx 1 - \dfrac{\varepsilon}{3}$	(0,065)
$\dfrac{(1+\varepsilon)}{(1-\varepsilon)} \approx 1 + 2\varepsilon$	(0,022)	$\sqrt{(1+\varepsilon)(1-\varepsilon)} \approx 1 + \varepsilon$	(0,043)
$e^{\varepsilon} \approx 1 + \varepsilon$	(0,044)		
$\ln(1+\varepsilon) \approx \varepsilon$	(0,044)	$\ln\dfrac{1+\varepsilon}{1-\varepsilon} \approx 2\varepsilon$	(0,022)
$\sin\varepsilon \approx \varepsilon$	(0,18)	$\sin\varepsilon \approx \varepsilon - \dfrac{\varepsilon^3}{6}$	(0,63)
$\cos\varepsilon \approx 1$	(0,044)	$\cos\varepsilon \approx 1 - \dfrac{1}{2}\varepsilon^2$	(0,39)

$\tan \varepsilon \approx \varepsilon$	$(0,14)$	$\tan \varepsilon \approx \varepsilon + \dfrac{\varepsilon^3}{3}$	$(0,3)$
$\arcsin \varepsilon \approx \varepsilon$	$(0,18)$	$\arccos \varepsilon \approx \pi/2 - \varepsilon$	$(0,18)$
$\arctan \varepsilon \approx \varepsilon$	$(0,14)$	$\text{arccot } \varepsilon \approx \pi/2 - \varepsilon$	$(0,14)$
$\sinh \varepsilon \approx \varepsilon$	$(0,18)$	$\cosh \varepsilon \approx 1 + \dfrac{\varepsilon^2}{2}$	$(0,39)$
$\tanh \varepsilon \approx \varepsilon$	$(0,14)$		
$\text{arsinh } \varepsilon \approx \varepsilon$	$(0,18)$	$\text{artanh } \varepsilon \approx \varepsilon$	$(0,14)$

Allgemein gilt: $\quad f(\varepsilon) \approx f(0) + f'(0) \cdot \varepsilon$

15.2 Fourier-Reihen

15.2.1 Fourier-Reihe der Funktion $f(x)$

Eine eindeutige, im Intervall $[0, 2\pi]$ stückweise monotone und stetige oder sogar differenzierbare, periodische Funktion $f(x)$ mit der *Primitivperiode* 2π läßt sich in eine trigonometrische Reihe, die FOURIER-*Reihe* entwickeln (*harmonische Analyse* oder FOURIER-*Analyse*).

Dabei erfolgt die Zerlegung von $f(x)$ in ihr *diskontinuierliches Linienspektrum* nach diskreten Frequenzen, d.h. Zerlegung in eine Summe harmonischer Schwingungen diskreter Frequenzen.

Fourier-Reihe $s(x)$ von $f(x)$

$$f(x) \equiv s(x) = \frac{a_0}{2} + \sum_{k=1}^{\infty} (a_k \cos kx + b_k \sin kx)$$

mit den **Fourier-Koeffizienten** (EULER-FOURIER-*Formeln*)
(das sind die Amplituden der Teilschwingungen)

$$a_k = \frac{1}{\pi} \int_0^{2\pi} f(x) \cos kx \, dx \qquad k = 0, 1, 2, \dots$$

$$b_k = \frac{1}{\pi} \int_0^{2\pi} f(x) \sin kx \, dx \qquad k = 1, 2, \dots$$

15

Bemerkung: Ein Integrationsintervall $[c - \pi, c + \pi]$, c beliebig, erzielt gleiche Ergebnisse.
Praktisch bricht man die FOURIER-Reihe nach einer endlichen Anzahl $k = n$ Gliedern ab, wodurch eine Approximation von f durch ein *trigonometrisches Polynom* vorgenommen wird.

Dabei wird der mittlere quadratische Fehler (GAUSSsche *Methode der klein-sten Quadrate*) als Güte der Annäherung

$$\varepsilon^2(x) = \int_0^{2\pi} \Big(f(x) - s_n(x)\Big)^2 \, dx$$

dann minimal, wenn für die FOURIER-Koeffizienten verwendet werden:

$$f(x) \approx s_n(x) = \frac{\alpha_0}{2} + \sum_{k=1}^{n} (a_k \cos kx + b_k \sin kx).$$

Das Polynom $s(x)$ konvergiert im quadratischen Mittel gegen f und es wird $\lim_{n \to \infty} \varepsilon^2 = 0$ (*Quadratmittelapproximation*).

Abweichende Primitivperiode *T*

Liegt eine von 2π *abweichende Primitivperiode T* vor, wird mit $2\pi/T$ normiert, von 0 bis T bzw. $-\dfrac{T}{2}$ bis $\dfrac{T}{2}$ integriert und die Variable x durch $\dfrac{2\pi}{T} t$ ersetzt.

$$f(t) \equiv s(t) = \frac{a_0}{2} + \sum_{k=1}^{\infty} \left(a_k \cos\left(k \, \frac{2\pi}{T} t \right) + b_k \sin\left(k \, \frac{2\pi}{T} t \right) \right) \qquad 0 \le x \le T$$

mit den FOURIER-Koeffizienten:

$$a_k = \frac{2}{T} \int_0^T f(t) \cos\left(k \, \frac{2\pi}{T} t \right) dt \qquad\qquad k = 0, 1, 2, \ldots$$

$$b_k = \frac{2}{T} \int_0^T f(t) \sin\left(k \, \frac{2\pi}{T} t \right) dt \qquad\qquad k = 1, 2, \ldots$$

Satz von Dirichlet   (Hauptsatz der Theorie der FOURIER-Reihen)

Für die Konvergenz der FOURIER-Reihe $s(x)$ von $f(x)$ in $[0, 2\pi]$ gilt die DIRICHLET*sche Bedingung*:

Das Intervall $[0, 2\pi]$ läßt sich in endlich viele Teilintervalle zerlegen, in denen $f(x)$ stetig und monoton ist.

An einer Unstetigkeitsstelle x_0 (endliche Sprungstelle) existieren $f(x_0 + 0)$ und $f(x_0 - 0)$ und die Fourierreihe von $f(x)$ konvergiert:

$$\lim_{n \to \infty} \left(\frac{a_0}{2} + \sum_{k=1}^{n} (a_k \cos kx + b_k \sin kx) \right)$$

$$= \begin{cases} f(x), & \text{falls } f \text{ in } x \text{ stetig ist,} \\ \dfrac{f(x+0) + f(x-0)}{2} & \text{an der Unstetigkeitsstelle.} \end{cases}$$

Der Satz gilt auch bei periodischer Fortsetzung über $I = [0, 2\pi]$ hinaus.

Spektraldarstellung der Fourier-Reihe

$$f(x) = s(x) = \frac{a_0}{2} + \sum_{k=1}^{\infty} d_k \sin(kx + \varphi_k)$$

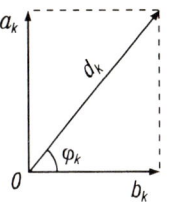

mit der gemeinsamen FOURIER-*Amplitude*

$$d_k = \sqrt{a_k^2 + b_k^2}, \quad \varphi_k = \arctan\frac{a_k}{b_k} \quad \text{für } b_k > 0$$

Komplexe Form der Fourier-Reihe

$$f(x) = s(x) = \sum_{k=-\infty}^{\infty} c_k\, e^{jkx} \qquad T = 2\pi$$

Spektraldarstellung

mit dem **Spektrum** der Funktion $f(x)$ (*komplexe* FOURIER-*Koeffizienten* c_k)

$$c_k = \frac{1}{2\pi} \int_0^{2\pi} f(x)\, e^{-jkx}\, dx = \begin{cases} \dfrac{a_0}{2} & \text{für } k = 0 \\[2mm] \dfrac{1}{2}(a_k - jb_k) & \text{für } k > 0 \\[2mm] \dfrac{1}{2}(a_{-k} + jb_{-k}) & \text{für } k < 0 \end{cases}$$

Beziehungen: $a_k = c_k + c_{-k}$ $\qquad b_k = j\,(c_k - c_{-k})$ $\qquad\qquad k > 0$

Zeitfunktion (Elektrotechnik), man setze $x := \omega t$

Bezugs- (Grund-) Kreisfrequenz $\qquad\qquad \omega_0 = \dfrac{2\pi}{T}$

Kreisfrequenz $\qquad\qquad\qquad\qquad\quad \omega_k = k \cdot \omega_0 \qquad\qquad k \in \mathbb{N}$

Periodendauer, (*Primitiv-*) *Periode* $\qquad T$

(*Linien-*) *Spektrum* von $f(x)$ $\qquad\qquad 2\pi c_k$ bzw. Tc_k

Frequenzabstand zweier Spektrallinien $\qquad \Delta\omega_0 = \dfrac{2\pi}{T}$

$$f(t) = s(t) = \sum_{k=-\infty}^{\infty} c_k\, e^{jk\omega_0 t}$$

mit den FOURIER-Koeffizienten $\quad c_k = \dfrac{1}{T} \int_0^T f(t)\, e^{-jk\omega_0 t}\, dt$

15

Ist $f(x)$ nur im Intervall $[0,\ \pi]$ gegeben, gelten die Bedingungen von DIRICHLET auch und man kann mit $b_k = 0$ bzw. $a_k = 0$ entweder als Cosinus- oder als Sinusentwicklung fortsetzen.

Symmetrieverhältnisse

Gerade Funktion $f(x) = f(-x) + c$:

$$a_k = \frac{2}{\pi} \int_0^\pi f(x) \cos kx \, dx \qquad b_k = 0 \text{ (keine Sinusglieder)}$$

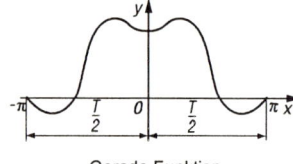

Gerade Funktion

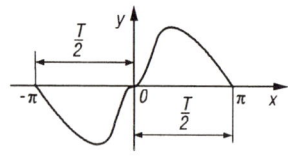

Ungerade Funktion

Ungerade Funktion $f(x) = -f(-x) + c$:

$$b_k = \frac{2}{\pi} \int_0^\pi f(x) \sin kx \, dx \qquad a_k = 0 \qquad \begin{array}{l}\text{(keine Cosinusglieder,}\\ \text{kein Gleichglied)}\end{array}$$

$f(x) = f(x + \pi)$ $\qquad\qquad\qquad$ $f(x) = -f(x + \pi)$

Gleiche Form und Lage der Halbperioden zur x-Achse $f(x) = f(x + \pi)$:

$$a_{2k+1} = 0, b_{2k+1} = 0 \qquad \text{(nur Glieder mit geraden Argumenten)}$$

Gleiche Form aber verschiedene Lage der Halbperioden zur x-Achse
$f(x) = -f(x + \pi)$:

$$a_{2k} = 0, b_{2k} = 0 \qquad \text{(nur Glieder mit ungeraden Argumenten)}$$

♦   **Beispiel:**

Nachfolgender rhythmisch verlaufender *Ausgleichsvorgang* soll in eine FOURIER-Reihe entwickelt werden:

$f(x) = h\, e^{-x} \qquad x \in [0, 2\pi], \, T = 2\pi$

1. Lösungsweg:

Berechnung der Koeffizienten über die trigonometrische Form, $k \in \mathbb{N}$

$$a_k = \frac{1}{\pi} \int_0^{2\pi} h\, e^{-x} \cos kx \, dx = \frac{h}{\pi} \int_0^{2\pi} e^{-x} \cos kx \, dx$$

Lt. Integraltabellen (273)

$$\int e^{-x} \cos kx \, dx = \frac{e^{-x}}{1+k^2}(k \sin kx - \cos kx)$$

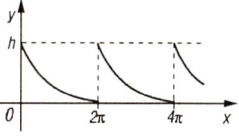

Unter Berücksichtigung der Grenzen werden:

$$a_k = \frac{h(1 - e^{-2\pi})}{\pi(1+k^2)} \qquad b_k = \frac{hk(1-e^{-2\pi})}{\pi(1+k^2)}$$

$$a_0 = \frac{h(1-e^{-2\pi})}{\pi} \qquad a_1 = \frac{h(1-e^{-2\pi})}{2\pi} \qquad a_2 = \frac{h(1-e^{-2\pi})}{5\pi} \dots$$

$$b_0 = 0 \qquad b_1 = \frac{h(1-e^{-2\pi})}{2\pi} \qquad b_2 = \frac{2h(1-e^{-2\pi})}{5\pi} \dots$$

Die FOURIER-Reihe lautet:

$$f(x) = s(x) = \frac{h(1-e^{-2\pi})}{\pi}\left(\frac{1}{2} + \frac{1}{2}\cos x + \frac{1}{5}\cos 2x + \dots \right.$$
$$\left. + \frac{1}{2}\sin x + \frac{2}{5}\sin 2x + \dots\right)$$

$s(x)$ konvergiert für jedes x gegen $f(x)$, wenn $f(0) := f(2\pi) := \dfrac{h(1+e^{-2\pi})}{2}$

2. Lösungsweg:

Berechnung der Koeffizienten über die komplexe Form

$$c_k = \frac{1}{2\pi}\int_0^{2\pi} h\, e^{-x}\, e^{-jk}\, dx = \frac{h}{2\pi}\int_0^{2\pi} e^{-(1+jk)x}\, dx$$

Integration liefert sofort

$$c_k = \frac{-h\, e^{-(1+jk)x}}{2\pi(1+jk)}\Bigg|_0^{2\pi} = \frac{-h}{2\pi(1+jk)}\left(e^{-2\pi}\cdot e^{-j2\pi k} - 1\right) = \frac{h(1-e^{-2\pi})}{2\pi(1+jk)}$$

$$\text{wobei}\quad \uparrow e^{-j2\pi k} = 1$$

Aus c_k berechnen sich die Koeffizienten a_k und b_k (trigonometrische Form)

$$a_k = c_k + c_{-k} = \frac{h(1-e^{-2\pi})}{2\pi}\left(\frac{1}{1+jk} + \frac{1}{1-jk}\right)$$

$$= \frac{h(1-e^{-2\pi})}{2\pi} \cdot \frac{1-jk+1+jk}{1+k^2} = \frac{h(1-e^{-2\pi})}{\pi(1+k^2)}$$

$$b_k = j(c_k - c_{-k}) = j\frac{h(1-e^{-2\pi})}{2\pi}\left(\frac{1}{1+jk} + \frac{1}{1-jk}\right)$$

$$= j\frac{h(1-e^{-2\pi})}{2\pi} \cdot \frac{1-jk-1-jk}{1+k^2} = \frac{hk(1-e^{-2\pi})}{\pi(1+k^2)}$$

15

Die Koeffizienten aus beiden Rechnungen stimmen natürlich überein. Man erkennt, daß die Berechnung über die komplexe Form wesentlich einfachere Integrale ergibt, vor allen Dingen, wenn f eine e-Funktion ist.

Das Linienspektrum von f ergibt sich zu:

$$2\pi c_k = \frac{h\,(1 - e^{-2\pi})}{1 + jk} = \frac{h\,(1 - e^{-2\pi})\,(1 - jk)}{1 + k^2} = \frac{h\,(1 - e^{-2\pi})}{1 + k^2} + j\,\frac{-hk\,(1 - e^{-2\pi})}{1 + k^2}$$

$$\approx \frac{h}{1 + k^2} + j\,\frac{-hk}{1 + k^2}, \text{ da } e^{-2\pi} \ll 1 \text{ ist.} \qquad\qquad \blacklozenge$$

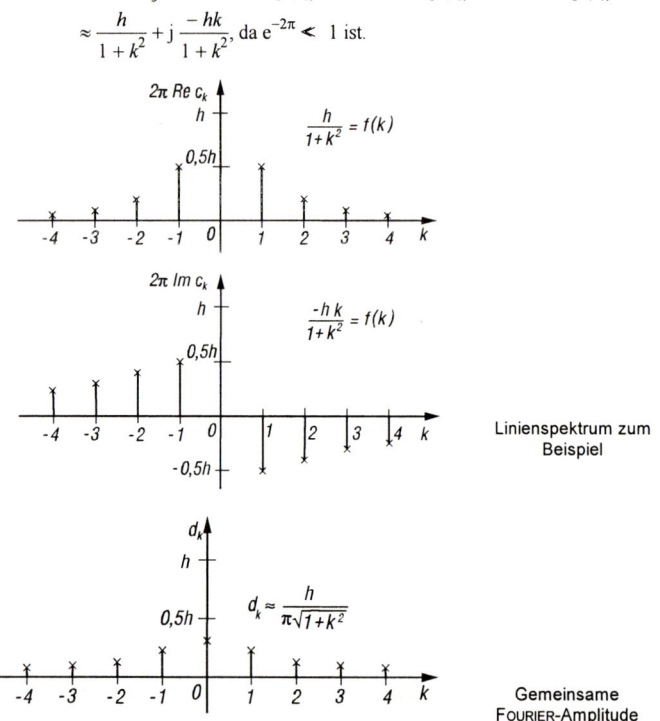

Linienspektrum zum Beispiel

Gemeinsame FOURIER-Amplitude

15.2.2   Numerische harmonische Analyse

Sind die Integrale zur Bestimmung der a_k, b_k nicht geschlossen darstellbar bzw. liegt $f(x)$ im Intervall $[0, 2\pi]$ nur an $2N$ diskreten, äquidistanten Stützstellen $x_i = i\,\dfrac{2\pi}{2N}$, $i = 0, 1, ..., (2N - 1)$, $N \in \mathbb{N}$ als $y_i = f(x_i)$ vor, ist eine Näherung mittels trigonometrischem Polynom anzusetzen. Die $(2n + 1)$ Koeffizienten a_0, a_k, b_k, $k = 1, ..., n$ sind für $(2n + 1) < 2N$ eindeutig bestimmt.

Trigonometrische Interpolation

Anzahl der Koeffizienten $2n$ = Anzahl der Stützstellen $2N$, $b_N = 0$

Periode 2π: $f(x) \approx s_N(x) = \dfrac{a_0}{2} + \displaystyle\sum_{k=1}^{N-1} (a_k \cos kx + b_k \sin kx) + \dfrac{a_N}{2} \cos Nx$

wobei $a_0 = \dfrac{1}{N} \displaystyle\sum_{i=0}^{2N} f(x_i)$ $a_N = \dfrac{1}{N} \displaystyle\sum_{i=0}^{2N} (-1)^i f(x_i)$ $x_i = i\,\dfrac{2\pi}{2N} = \dfrac{i\pi}{N}$

$a_k = \dfrac{1}{N} \displaystyle\sum_{i=0}^{2N} f(x_i) \cos kx_i;\ b_k = \dfrac{1}{N} \displaystyle\sum_{i=0}^{2N} f(x_i) \sin kx_i$ $k = 1, ..., (N-1)$

Mit der Periode T wird die neue Variable t eingeführt. Man setzt $x := \dfrac{2\pi}{T}\, t$.

Rechenschema für $2N = 12$ siehe ENGELN-MÜLLGES, G.; REUTTER, F. [1991], siehe Vorwort.

Komplexe diskrete (schnelle) Fourier-Transformation

Die reelle oder komplexwertige Funktion f habe die Periode $L = x_N - x_0$ und (abweichend von oben)

Anzahl der äquidistanten Stützstellen $N = 2^\tau$ $\tau \in \mathbb{N}$

Stützstellen $x_i = x_0 + i\,\dfrac{L}{N}$ $i = 0, 1, ..., (N-1)$

Stützwerte $f(x_i)$

Diskrete, L-periodische FOURIER-Teilsumme

$$s_N = \sum_{k=-N/2+1}^{N/2-1} c_k\, e^{j\left(k\frac{2\pi}{L}x\right)} + c_{N/2} \cos\left(\dfrac{N}{2}\dfrac{2\pi}{L}x\right) \qquad j = \sqrt{-1}$$

Die Anteile der harmonischen Schwingungen in f werden wie oben durch die komplexen diskreten FOURIER-Koeffizienten beschrieben:

$$c_k = \dfrac{1}{N} \sum_{i=0}^{N-1} f(x_i)\, e^{-j\left(k\frac{2\pi}{L}x_i\right)} \qquad k = 1, ..., (N-1)$$

d.h. Schwingungsanteile vom k-fachen der Grundfrequenz $2\pi/L$

Berechnung mittels schneller FOURIER-Transformation (*Fast Fourier Transform* FFT), siehe BRONSTEIN [1991/1995]

Ist $f(x_i)$ reellwertig, wird auch ihre diskrete FOURIER-Teilsumme reell.

15

$$s_N(x) = a_0 + 2 \sum_{k=1}^{N/2-1} \left(a_k \cos\left(k \frac{2\pi}{L} x \right) + b_k \sin\left(k \frac{2\pi}{L} x \right) \right) + a_{N/2} \cos\left(\frac{N}{2} \frac{2\pi}{L} x \right)$$

mit den direkten FOURIER-Koeffizienten als Ausdruck der Anteile der jeweiligen harmonischen Schwingung:

$$a_k = \frac{1}{N} \sum_{i=0}^{N-1} f(x_i) \cos\left(k \frac{2\pi}{L} x_i \right) = \mathrm{Re}\, c_k$$

$$b_k = \frac{1}{N} \sum_{i=0}^{N-1} f(x_i) \sin\left(k \frac{2\pi}{L} x_i \right) = - \mathrm{Im}\, c_k$$

Umkehrtransformation zur Bestimmung von $f(x_i)$ aus den c_k

$$f(x_i) = \sum_{k=0}^{N/2} c_k\, \mathrm{e}^{\,j\left(i \frac{2\pi}{L} x_k \right)} + \sum_{k=N/2+1}^{N-1} c_{k-N}\, \mathrm{e}^{\,j\left(i \frac{2\pi}{L} x_k \right)} \qquad i = 0, 1, ..., (N-1)$$

15.2.3 Ausgewählte Fourier-Reihen

1. *Rechteckkurve*, Bild unten links

$$f(x) = \frac{4h}{\pi} \left(\sin x + \frac{1}{3} \sin 3x + \frac{1}{5} \sin 5x + ... \right)$$

Rechteckkurve 1   Rechteckkurve 2

2. *Rechteckkurve*, Bild oben rechts

$$f(x) = \frac{4h}{\pi} \left(\cos x - \frac{1}{3} \cos 3x + \frac{1}{5} \cos 5x - + ... \right)$$

3. *Rechteckkurve*, Bild unten links

$$f(x) = \frac{h_1 + h_2}{2} + \frac{2(h_1 - h_2)}{\pi} \left(\sin x + \frac{1}{3} \sin 3x + \frac{1}{5} \sin 5x + ... \right)$$

$h_2 = 0$ führt zum Rechteckimpuls, Bild unten rechts

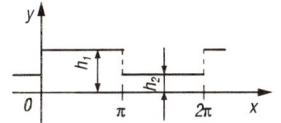

Rechteckkurve 3

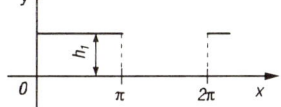

Rechteckimpuls 3

4. *Rechteckkurve*, Bild unten links

$$f(x) = \frac{h_1 + h_2}{2} + \frac{2\,(h_1 - h_2)}{\pi}\left(\cos x - \frac{1}{3}\cos 3x + \frac{1}{5}\cos 5x - + \dots\right)$$

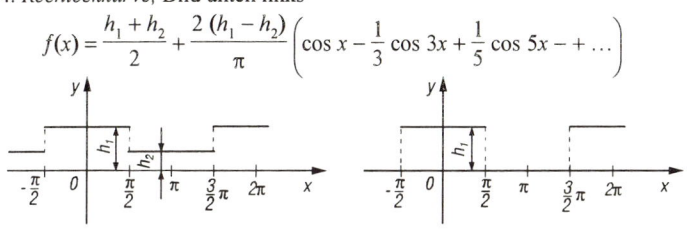

Rechteckkurve 4   Rechteckimpuls 4

$h_2 = 0$ führt zum Rechteckimpuls, Bild oben rechts

5. *Rechteckimpuls*, Bild unten links

$$f(x) = \frac{2h}{\pi}\left(\frac{\varphi}{2} + \frac{\sin \varphi}{1}\cos x + \frac{\sin 2\varphi}{2}\cos 2x + \frac{\sin 3\varphi}{3}\cos 3x + \dots\right)$$

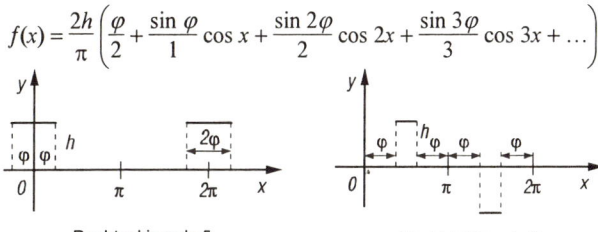

Rechteckimpuls 5   Rechteckimpuls 6

6. *Rechteckimpuls*, Bild oben rechts

$$f(x) = \frac{4h}{\pi}\left(\frac{\cos \varphi}{1}\sin x + \frac{\cos 3\varphi}{3}\sin 3x + \frac{\cos 5\varphi}{5}\sin 5x + \dots\right)$$

7. *Trapezkurve* (gleichschenkliges Trapez), Bild unten links

$$f(x) = \frac{4h}{\pi\varphi}\left(\frac{1}{1^2}\sin \varphi \sin x + \frac{1}{3^2}\sin 3\varphi \sin 3x + \frac{1}{5^2}\sin 5\varphi \sin 5x + \dots\right)$$

15

8. *Trapezimpuls* (gleichschenkliges Trapez), Bild unten rechts

$$f(x) = \frac{4h}{\pi\,(\alpha - \varphi)} \left(\frac{\sin\alpha - \sin\varphi}{1^2} \sin x + \frac{\sin 3\alpha - \sin 3\varphi}{3^2} \sin 3x \right.$$

$$\left. + \frac{\sin 5\alpha - \sin 5\varphi}{5^2} \sin 5x + \dots \right)$$

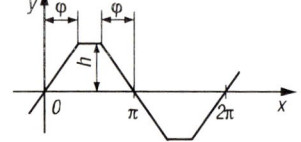

Trapezkurve 7

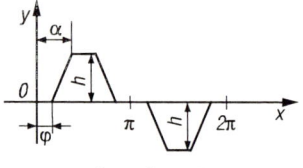

Trapezkurve 8

9. *Dreieckkurve* (gleichschenkliges Dreieck), Bild unten links

$$f(x) = \frac{8h}{\pi^2} \left(\frac{1}{1^2} \sin x - \frac{1}{3^2} \sin 3x + \frac{1}{5^2} \sin 5x - + \dots \right)$$

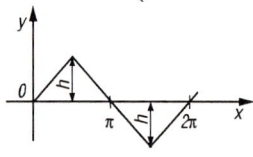

Dreieckkurve 9

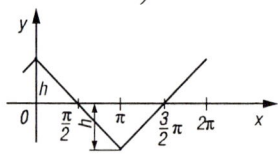

Dreieckkurve 10

10. *Dreieckkurve* (gleichschenkliges Dreieck), Bild oben rechts

$$f(x) = \frac{8h}{\pi^2} \left(\frac{1}{1^2} \cos x + \frac{1}{3^2} \cos 3x + \frac{1}{5^2} \cos 5x + \dots \right)$$

11. *Dreieckkurve* (gleichschenkliges Dreieck), Bild unten links

$$f(x) = \frac{h}{2} + \frac{4h}{\pi^2} \left(\frac{1}{1^2} \cos x + \frac{1}{3^2} \cos 3x + \frac{1}{5^2} \cos 5x + \dots \right)$$

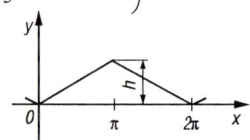

Dreieckkurve 11

Dreieckkurve 12

12. *Dreieckkurve* (gleichschenkliges Dreieck), Bild oben rechts

$$f(x) = \frac{h}{2} - \frac{4h}{\pi^2}\left(\frac{1}{1^2}\cos x + \frac{1}{3^2}\cos 3x + \frac{1}{5^2}\cos 5x + \dots\right)$$

13. *Dreieckimpuls* (gleichschenkliges Dreieck), Bild unten

$$f(x) = \frac{h\varphi}{2\pi} + \frac{2h}{\pi\varphi}\left(\frac{1-\cos\varphi}{1^2}\cos x + \frac{1-\cos 2\varphi}{2^2}\cos 2x\right.$$

$$\left. + \frac{1-\cos 3\varphi}{3^2}\cos 3x + \dots\right)$$

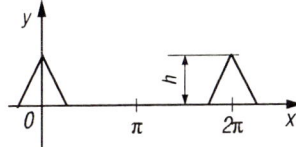

Dreieckimpuls 13

14. *Sägezahnkurve* (steigend), Bild unten links

$$f(x) = \frac{2h}{\pi}\left(\sin x - \frac{1}{2}\sin 2x + \frac{1}{3}\sin 3x - + \dots\right)$$

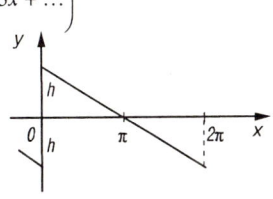

Sägezahnkurve 14   Sägezahnkurve 15

15. *Sägezahnkurve* (steigend), Bild oben rechts

$$f(x) = -\frac{2h}{\pi}\left(\sin x + \frac{1}{2}\sin 2x + \frac{1}{3}\sin 3x + \dots\right)$$

Sägezahnkurve 16   Sägezahnkurve 17

15

16. *Sägezahnkurve* (steigend), Bild oben links

$$f(x) = \frac{h}{2} - \frac{h}{\pi}\left(\sin x + \frac{1}{2}\sin 2x + \frac{1}{3}\sin 3x + \dots\right)$$

17. *Sägezahnkurve* (fallend), Bild oben rechts

$$f(x) = \frac{2h}{\pi}\left(\sin x + \frac{1}{2}\sin 2x + \frac{1}{3}\sin 3x + \ldots\right)$$

18. *Sägezahnkurve* (fallend), Bild unten links

$$f(x) = \frac{2h}{\pi}\left(-\sin x + \frac{1}{2}\sin 2x - \frac{1}{3}\sin 3x + - \ldots\right)$$

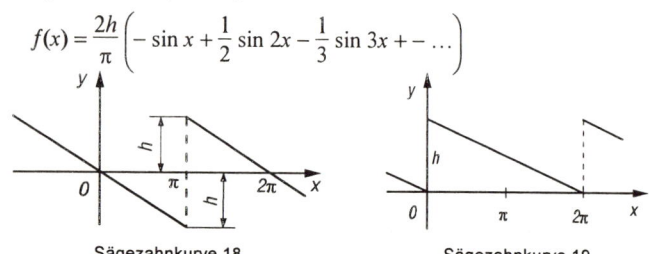

Sägezahnkurve 18   Sägezahnkurve 19

19. *Sägezahnkurve* (fallend), Bild oben rechts

$$f(x) = \frac{h}{2} + \frac{h}{\pi}\left(\sin x + \frac{1}{2}\sin 2x + \frac{1}{3}\sin 3x + \ldots\right)$$

20. *Sägezahnimpuls* (steigend), Bild unten links

$$f(x) = \frac{h}{4} + \frac{h}{\pi}\left(\sin x - \frac{1}{2}\sin 2x + \frac{1}{3}\sin 3x - + \ldots\right)$$
$$- \frac{2h}{\pi^2}\left(\cos x + \frac{1}{3^2}\cos 3x + \frac{1}{5^2}\cos 5x + \ldots\right)$$

Sägezahnimpuls 20   Sägezahnimpuls 21

21. *Sägezahnimpuls* (fallend), Bild oben rechts

$$f(x) = \frac{h}{4} + \frac{h}{\pi}\left(\sin x + \frac{1}{2}\sin 2x + \frac{1}{3}\sin 3x + \ldots\right)$$
$$+ \frac{2h}{\pi^2}\left(\cos x + \frac{1}{3^2}\cos 3x + \frac{1}{5^2}\cos 5x + \ldots\right)$$

22. *Gleichgerichtete Sinuskurve* (*Zweiweggleichrichtung*), Bild unten links

$$f(x) = \frac{4h}{\pi}\left(\frac{1}{2} - \frac{1}{1\cdot 3}\cos 2x - \frac{1}{3\cdot 5}\cos 4x - \frac{1}{5\cdot 7}\cos 6x - \dots\right)$$

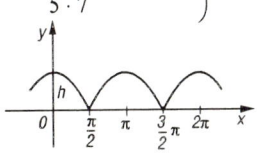

Zweiweggleichrichtung 22   Zweiweggleichrichtung 23

23. *Gleichgerichtete Cosinuskurve* (Zweiweggleichrichtung), Bild oben rechts

$$f(x) = \frac{4h}{\pi}\left(\frac{1}{2} + \frac{1}{1\cdot 3}\cos 2x - \frac{1}{3\cdot 5}\cos 4x + \frac{1}{5\cdot 7}\cos 6x - + \dots\right)$$

24. *Sinusimpuls* (*Einweggleichrichtung*), Bild unten links

$$f(x) = \frac{h}{\pi} + \frac{h}{2}\sin x - \frac{2h}{\pi}\left(\frac{1}{1\cdot 3}\cos 2x + \frac{1}{3\cdot 5}\cos 4x + \frac{1}{5\cdot 7}\cos 6x + \dots\right)$$

Einweggleichrichtung 24   Einweggleichrichtung 25

25. *Cosinusimpuls* (*Einweggleichrichtung*), Bild oben rechts

$$f(x) = \frac{h}{\pi} + \frac{h}{2}\cos x + \frac{2h}{\pi}\left(\frac{1}{1\cdot 3}\cos 2x - \frac{1}{3\cdot 5}\cos 4x\right.$$

$$\left. + \frac{1}{5\cdot 7}\cos 6x - + \dots\right)$$

26. *Gleichgerichteter Drehstrom*, Bild unten links

$$f(x) = \frac{3h\sqrt{3}}{\pi}\left(\frac{1}{2} - \frac{1}{2\cdot 4}\cos 3x - \frac{1}{5\cdot 7}\cos 6x - \frac{1}{8\cdot 10}\cos 9x - \dots\right)$$

27. *Parabelbögen*, Bild unten rechts, Parabel $y = \frac{h}{\pi^2}x^2$ für $[-\pi, \pi]$

$$f(x) = \frac{h}{3} - \frac{4h}{\pi^2}\left(\cos x - \frac{1}{2^2}\cos 2x + \frac{1}{3^2}\cos 2x - + \dots\right)$$

15

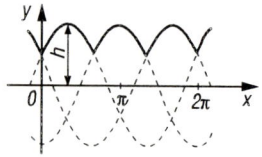

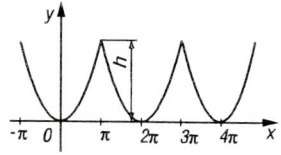

Gleichgerichteter Drehstrom 26   Parabelbögen 27

28. *Parabelbögen*, Bild unten links, Parabel $y = \dfrac{h}{\pi^2}(x - \pi)^2$ für $[0, 2\pi]$

$$f(x) = \frac{h}{3} + \frac{4h}{\pi^2}\left(\cos x + \frac{1}{2^2}\cos 2x + \frac{1}{3^2}\cos 3x + \dots\right)$$

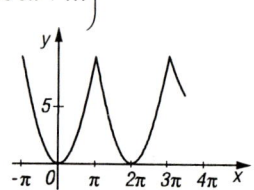

Parabelbögen 28   Parabelbögen 29

29. *Parabelbögen*, Bild oben rechts, Parabel $y = x^2$ für $[-\pi, \pi]$

$$f(x) = \frac{\pi^2}{3} - 4\left(\cos x - \frac{1}{2^2}\cos 2x + \frac{1}{3^2}\cos 3x - + \dots\right)$$

30. *Parabelbögen*

Parabelgleichungen

$$y = \frac{4h}{\pi^2}x(\pi - x) \quad \text{für } [0, \pi] \text{ und}$$

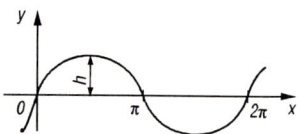

$$y = \frac{4h}{\pi^2}(x^2 - 3\pi x + 2\pi^2) \text{ für } [\pi, 2\pi]$$

Parabelbögen 30

$$f(x) = \frac{32h}{\pi^3}\left(\sin x + \frac{1}{3^3}\sin 3x + \frac{1}{5^3}\sin 5x + \dots\right)$$

31. *Ausgleichsvorgang* $f(x) = h\,e^{-x}$

siehe Abschnitt 15.2.1

15.3 Fourier-Transformation

Die Zerlegung einer nichtperiodischen Funktion $f(t)$ (Grenzübergang $T \to \infty$) erfolgt statt in eine FOURIER-Reihe in das FOURIER-*Integral*.

Deutung: Zerlegung von $f(t)$ in eine Summe unendlich vieler Sinusschwingungen mit stetig variierender Frequenz, d.h. man setzt $k\omega_0 := \omega$ ($\omega_0 = 2\pi/T \to \omega$).

(Entwicklung in ein *kontinuierliches Spektrum*, $\Delta\omega \to d\omega$)

Bedingungen nach DIRICHLET-JORDAN:

- $\displaystyle\int\limits_{-\infty}^{\infty} |f(x)|\ dx < \infty$ (Beschränktheit)

- nur endlich viele Sprungstellen, an denen dem FOURIER-Integral der Wert $\dfrac{1}{2} \cdot (f(x+0) + f(x-0))$ zugeordnet wird.

Fourier-Integral

$$f(t) = \int\limits_{0}^{\infty} (a(\omega)\cos \omega t + b(\omega) \sin \omega t)\, d\omega$$

mit $a(\omega) = \dfrac{1}{\pi} \int\limits_{-\infty}^{\infty} f(\tau) \cos \omega\tau\, d\tau$ $b(\omega) = \dfrac{1}{\pi} \int\limits_{-\infty}^{\infty} f(\tau) \sin \omega\tau\, d\tau$

Weitere Formen des FOURIER-Integrals:

$$f(t) = \frac{1}{2\pi} \int\limits_{\omega = -\infty}^{\infty} \int\limits_{\tau = -\infty}^{\infty} f(\tau) \cos \omega\,(t - \tau)\, d\tau\, d\omega$$

$$f(t) = \frac{1}{2\pi} \int\limits_{\omega = -\infty}^{\infty} \left(\int\limits_{\tau = -\infty}^{\infty} f(\tau)\, e^{j\omega\,(t-\tau)}\, d\tau \right) d\omega \quad \text{(gültig für Hauptwerte)}$$

Fourier-Transformation (DIN 5487)

Originalfunktion $f(x) \to F(y)$ Bildfunktion

z.B. Übergang   Zeitbereich $f(t) \to F(\omega)$ Frequenzbereich

Amplitudenspektrum $|F(\omega)| = \sqrt{a^2(\omega) + b^2(\omega)}$

Phasenspektrum $\varphi(\omega) = \text{arc}\, F(\omega)$

15

Fourier-Transformierte der Funktion $f(x)$: $F = \mathfrak{F} f(x)$, auch $F = \mathfrak{F}\{f\}$

$$F(y) = \int\limits_{-\infty}^{\infty} f(x)\, e^{-jyx}\, dx$$

Originalfunktion der Fourier-Transformierten $F(y)$: $f(x) = \mathfrak{F}^{-1} F(y)$

$$f(x) = \frac{1}{2\pi} \int\limits_{-\infty}^{\infty} F(y)\, e^{jxy}\, dy$$

bzw. im Zeitbereich

Spektralfunktion von $f(t)$: $F(\omega) = \int\limits_{-\infty}^{\infty} f(t)\, e^{-j\omega t}\, dt = \mathfrak{F} f(t) = a(\omega) - j\, b(\omega)$

Zeitfunktion von $F(\omega)$: $f(t) = \dfrac{1}{2\pi} \int\limits_{-\infty}^{\infty} F(\omega)\, e^{j\omega t}\, d\omega$

Bemerkung: Der Faktor $\dfrac{1}{2\pi}$ kann entweder vor dem Integral der Transformierten als auch der Originalfunktion bzw. als $\dfrac{1}{\sqrt{2\pi}}$ vor beiden stehen.

Faltungssatz

$$\frac{1}{2\pi} \int\limits_{-\infty}^{\infty} (f * g)(x)\, e^{jxy}\, dx = F(y) \cdot G(y) \qquad (f * g)(x) = \int\limits_{-\infty}^{\infty} f(y)\, g(x - y)\, dy$$

Zerlegung der FOURIER-Transformierten gemäß EULERscher Formel:

- Gerade Funktion $f(t)$ ergibt die FOURIER-*Cosinus-Transformierte:*

$$F(\omega) = F_c(\omega) = \sqrt{\frac{2}{\pi}} \int\limits_{0}^{\infty} f(t)\, \cos \omega t\, dt;\; f(t) = \sqrt{\frac{2}{\pi}} \int\limits_{0}^{\infty} F_c(\omega)\, \cos \omega t\, dt$$

- Ungerade Funktion $f(t)$ ergibt die FOURIER-*Sinus-Transformierte:*

$$F(\omega) = j\, F_s(\omega) = j\sqrt{\frac{2}{\pi}} \int\limits_{0}^{\infty} f(t)\, \sin \omega t\, dt;\; f(t) = \sqrt{\frac{2}{\pi}} \int\limits_{0}^{\infty} F(\omega)\, \sin \omega t\, dt$$

Durch geeignete Zerlegung von $f(t) = g(t) + h(t)$ in geraden und ungeraden Anteil wird die FOURIER-Transformierte $F(\omega) = G_c(\omega) + jH_s(\omega)$.

Zur Behandlung genügt entweder die Cosinus- oder die Sinustransformierte.

Tabellen der FOURIER-Transformierten siehe BRONSTEIN [1991, 1995].

♦ Beispiel:

Der in 15.2.1 behandelte *Ausgleichsvorgang* $f(x) = h\,e^{-x}$ mit $T = 2\pi$ soll als nichtperiodischer, einmaliger Vorgang betrachtet werden:

$$f(t) = \begin{cases} h\,e^{-t} & \text{für } 0 \le t \\ 0 & \text{für } t < 0 \end{cases}$$

Wert der Spektralfunktion

$$F(\omega) = \int\limits_0^\infty e^{-j\omega t} f(t)\,dt$$

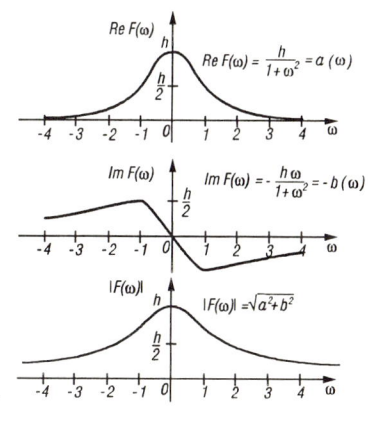

$$= h \int\limits_0^\infty e^{-j\omega t}\, e^{-t}\,dt$$

$$= h \int\limits_0^\infty e^{-(1+j\omega)t}\,dt$$

$$= h\,\frac{-1}{1+j\omega}\,e^{-(1+j\omega)t}\Big|_0^\infty$$

$$= \frac{h}{1+j\omega} = \frac{h}{1+\omega^2} + j\,\frac{-h\omega}{1+\omega^2}$$

Das FOURIER-Integral lautet in komplexer Form:

$$f(t) = h\,e^{-t} = \frac{1}{2\pi} \int\limits_{-\infty}^\infty \frac{h}{1+j\omega}\,e^{j\omega t}\,d\omega = \frac{h}{2\pi} \int\limits_{-\infty}^\infty \frac{1-j\omega}{1+\omega^2}\,e^{j\omega t}\,d\omega$$

Die graphische Darstellung ergibt ein kontinuierliches Spektrum, siehe Bild.

15.4 Laplace-Transformation

15.4.1 Allgemeines

Festsetzungen: $f(t)$ ist komplexwertig und integrierbar über $(0, \infty)$.

$j\omega$ wird verallgemeinert zu $s = \sigma + j\omega$ (auch p statt s üblich).

Die LAPLACE-*Transformation* heißt auch *Integraltransformation*.

Laplace-Transformierte der Funktion f, Unterfunktion, Bildfunktion

15

$F = Lf$ oder $F = \mathscr{L}f$, auch $F = L(f)$, $F = \mathscr{L}(f)$, $F(s) = L\{f(t)\}$ üblich

$$F(s) = \int\limits_0^\infty f(t)\,e^{-st}\,dt = L\{f(t)\} \qquad \text{Wertebereich = Bildraum}$$

Umkehroperation: Originalfunktion, Oberfunktion, Urbildfunktion
(komplexe Umkehrformel)   Definitionsbereich = Originalraum

$f = \mathcal{L}^{-1}F, \ f = L^{-1}F$

$$f(t) = \frac{1}{j2\pi} \int\limits_{s=\sigma-j\infty}^{\sigma+j\infty} F(s) \ e^{st} \ ds = L^{-1}\{F(s)\} = \begin{cases} f(t) & \text{für } t \geq 0 \\ 0 & \text{für } t < 0 \end{cases}$$

Korrespondenzen

$f(t)$ ist Original von $F(s)$	$f(t) = L^{-1}F(s)$	$f \ \circ\!\!-\!\!-\!\!\bullet \ F$
$F(s)$ ist Bild von $f(t)$	$F(s) = Lf(t)$	$F \ \bullet\!\!-\!\!-\!\!\circ \ f$

Es gilt: $L^{-1}(L\{F(s)\}) = F(s)$ $L^{-1}(L\{f(t)\}) = f(t)$

Im Bereich stückweise stetiger und monotoner Funktionen $F(s)$ existiert, wenn überhaupt, nur eine Oberfunktion $f(t)$.

Kriterien für die Existenz der LAPLACE-Transformierten $F(s)$ für $t > 0$:

- $\int\limits_{0}^{\infty} |f(t)| \ dt < \infty$ (Beschränktheit), f stückweise stetig

- Das eigentliche oder uneigentliche Integral

$$\int\limits_{0}^{T_1} |f(t)| \ dt = \lim_{\delta \to 0} \int\limits_{\delta}^{T_1} |f(t)| \ dt \ \text{existiert.}$$

- Wachstumsbeschränkung, $T_2 > T_1$, für mindestens ein $s_0 \in \mathbb{C}$

$$\lim_{T_2 \to \infty} \left| \int\limits_{T_1}^{T_2} f(t) \ e^{-s_0 t} \ dt \right| = 0$$

Funktionen, die diese 3 Bedingungen erfüllen, heißen L-*Funktionen*.

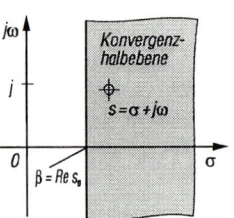

Konvergenz der
L-Transformation

- **Absolute Konvergenz**

Ist die Konvergenz der Funktion $F(s) = L\{f(t)\}$ für
Re $s_0 = \sigma_0$ gegeben, konvergiert sie für alle
$\sigma > \sigma_0$ (Re $s >$ Re s_0). Der kleinste mögliche
Wert von Re s_0 heißt *Konvergenzabszisse* β (Abk. KA.).

In der Halbebene Re $s \geq \beta$ gilt: $F(s) = \int\limits_{0}^{\infty} \left| e^{-st} f(t) \right| \ dt < \infty$

Wenn $L\{f(t)\}$ alle 4 Bedingungen erfüllt, schreibt man L_a-Funktion.

15.4.2 Rechenregeln der Laplace-Transformation

Linearität, Additionssatz, Superposition

$$L\{c_1 f_1(t) + c_2 f_2(t)\} = c_1\, L\{f_1(t)\} + c_2\, L\{f_2(t)\} = c_1\, F_1(s) + c_2\, F_2(s)$$

$$KA.= \max\,(\beta_1, \beta_2)$$

Dämpfungssatz

$$L\{e^{-at}f(t)\} = F(s + a) \qquad KA. = \beta - \text{Re}\, a,\ \text{Re}\,(s + a) \in \mathbb{R}^+,\, a \neq 0$$

Ähnlichkeitssatz

$$L\{f(at)\} = \frac{1}{a}\, F\!\left(\frac{s}{a}\right) \qquad\qquad KA. = a\beta,\ a > 0$$

Verschiebungssatz

$$L\{f(t - a)\} = e^{-as}F(s) = e^{-as}\, L\{f(t)\} \quad \text{mit } f(t - a) = 0 \text{ für } 0 \le t \le a$$

Differentiationssatz

$$L\{f^{(n)}(t)\} = s^n\, F(s) - s^{n-1}\, f(+0) - s^{n-2}\, \dot{f}(+0) - \ldots - f^{(n-1)}(+0)$$

$$\text{mit } f^{(\nu)}(+0) = \lim_{t \to +0} \frac{d^\nu f(t)}{dt^\nu},\ \text{d.h. falls } f^{(\nu)} \text{ transformierbar ist.}$$

speziell: L-Transformierte der 1. und 2. Ableitung der Originalfunktion $f(t)$

$$\text{1. Ableitung} \quad L\{\dot{f}(t)\} = sF(s) - f(+0)$$

$$\text{2. Ableitung} \quad L\{\ddot{f}(t)\} = s^2 F(s) - sf(+0) - \dot{f}(+0)$$

n-te Ableitung der Bildfunktion $F(s)$

$$\frac{d^n F(s)}{ds^n} = \frac{d^n}{ds^n}\, L\{f(t)\} = (-1)^n\, L\{t^n f(t)\} = (-1)^n t^n F(s)$$

speziell: $\quad F'(s) = -t\, L\{f(t)\} \qquad F''(s) = t^2\, L\{f(t)\}$

Integrationssatz

$$L\left\{\int_0^t f(\tau)\, d\tau\right\} = \frac{1}{s}\, F(s) \qquad L\left\{\frac{f(t)}{t}\right\} = \int_s^\infty F(\nu)\, d\nu \qquad \nu \in \mathbb{C}$$

15

Faltungsintegral, Faltungssatz

$$f_1(t) * f_2(t) := \int_0^t f_1(\tau)\, f_2(t - \tau)\, d\tau$$

$$L^{-1}\{F_1(s) \cdot F_2(s)\} = f_1(t) * f_2(t)$$

$$L\{f_1(t) * f_2(t)\} = L\{f_1(t)\} \cdot L\{f_2(t)\} = F_1(s) \cdot F_2(s)$$

$$f_1(t) * f_2(t) = f_2(t) * f_1(t) \qquad \text{(Kommutativgesetz)}$$

$$(f_1(t) * f_2(t)) * f_3(t) = f_1(t) * (f_2(t) * f_3(t)) \qquad \text{(Assoziativgesetz)}$$

Multiplikationssatz $L\{t^k f(t)\} = (-1)^k F^{(k)}(s)$

Divisionssatz $\quad L\left\{\dfrac{1}{t} f(t)\right\} = \displaystyle\int_0^\infty F(q)\, dq \quad$ falls $\dfrac{1}{t} f(t)$ transformierbar ist

Grenzwertsätze

Bemerkung: Grenzwertsätze sind im Spezialfall nützlich, wenn nicht der volle Verlauf von $f(t)$, sondern nur das Verhalten für $t = 0$ bzw. $t \to \infty$ nötig ist, z.B. bei Stabilitätsbetrachtungen.

1. Aus $\lim\limits_{t \to +0} f(t) = A$ folgt für $F(s) = L\{f(t)\}$ $\lim\limits_{s \to \infty} sF(s) = A$

$$\text{mit } |\operatorname{arc}(s - s_0)| \le \varphi \le \frac{\pi}{2} \qquad s_0 \text{ ein Konvergenzpunkt von } F(s)$$

Umkehrschluß:

Aus $\lim\limits_{s \to \infty} sF(s) = A$ mit $|\operatorname{arc}(s - s_0)| \le \varphi \le \dfrac{\pi}{2}$ folgt für $F(s) = L\{f(t)\}$ $\lim\limits_{t \to +0} f(t) = A$ nur unter den *Bedingungen*, daß

zu $F(s) = L\{f(t)\}$ die Oberfunktion $f(t) = L^{-1}\{F(s)\}$ **und** $\lim\limits_{t \to +0} f(t)$ existieren.

2. Aus $\lim\limits_{t \to +\infty} f(t) = B$ folgt für $F(s) = L\{f(t)\}$ $\lim\limits_{s \to 0} sF(s) = B$ mit $|\operatorname{arc} s| \le \varphi < \dfrac{\pi}{2}$.

Umkehrschluß:

Aus $\lim\limits_{s \to 0} s\, F(s) = B$ folgt für $F(s) = L\{f(t)\}$ $\lim\limits_{t \to \infty} f(t) = B$ nur unter den Bedingungen, daß zu $F(s) = L\{f(t)\}$ die Oberfunktion $f(t) = L^{-1}\{F(s)\}$ **und** $\lim\limits_{t \to \infty} f(t)$ existieren.

15.4.3 Anwendungen der Laplace-Transformation

15.4.3.1 Lösung von gewöhnlichen Differentialgleichungen

Schematischer Rechengang

$$\begin{array}{ccc}
\text{Dgl. + Anfangsbedingungen} & \rightarrow & \text{Lösung } y \qquad \textit{Originalraum} \\
\downarrow & & \uparrow \\
\text{L\textsc{aplace}-Transformation} & & \text{L}^{-1}\text{-Transformation} \\
\text{(Rechenregeln, Tabellen)} & & \text{(Rechenregeln, Tabellen)} \\
\downarrow & & \uparrow \qquad \textit{Bildraum} \\
\text{Lineare algebraische Gl.} & \rightarrow & \text{Lösung } \text{L}\{y\}
\end{array}$$

Vorteile: Die Lösung eines AWPs einer gewöhnlichen Dgl. für die Funktion $y(x)$ wird reduziert auf die Lösung einer algebraischen Gleichung für die Bildfunktion $\text{L}\{y\}$, wobei die Anfangsbedingungen von vornherein berücksichtigt werden, d.h., man erhält sofort die spezielle Lösung.

Sind keine Anfangsbedingungen gegeben, enthält die allgemeine Lösung n Parameter anstelle von $y(0)$, ..., $y^{(n-1)}(0)$.

Hat das Störglied eine L-Transformierte, wird die inhomogene Dgl. genauso gelöst wie die homogene. Besonders geeignet ist die Methode der L-Transformation für stückweise definierte Störfunktionen (z.B. Sprungfunktion, Rampenfunktion). Wirklich zum Tragen kommt die L-Transformation bei **Differentialgleichungssystemen,** deren Lösung sich auf die Lösung von linearen Gleichungssystemen reduziert.

Der Rahmen des Buches gestattet nur einige Beispiele relativ einfacher Dgln.

♦ Beispiele:

(1) $\ddot{y} + 5\dot{y} + 4y = t$ mit den Anfangsbedingungen $y(0) = 0$, $\dot{y}(0) = 0$

Differentiationssatz

$s^2\text{L}\{y\} - sy(0) - \dot{y}(0) + 5s\text{L}\{y\} - 5y(0) + 4\text{L}\{y\} = \text{L}\{t\}$

$s^2\text{L}\{y\} + 5s\text{L}\{y\} + 4\text{L}\{y\} = \text{L}\{t\}$ (Anfangsbedingungen berücksichtigt)

$\text{L}\{y\} = \text{L}\{t\} \cdot \dfrac{1}{s^2 + 5s + 4} = \dfrac{1}{s^2} \cdot \dfrac{1}{s+1} \cdot \dfrac{1}{s+4}$ (Tabelle Nr. 5; 7)

$y = \text{L}^{-1}\left\{\dfrac{1}{s^2} \cdot \dfrac{1}{s+1} \cdot \dfrac{1}{s+4}\right\}$ (Rücktransformation)

15

Umwandlung in eine Summe durch Partialbruchzerlegung

$\dfrac{1}{s^2} \cdot \dfrac{1}{s+1} \cdot \dfrac{1}{s+4} = \dfrac{A}{s^2} + \dfrac{B}{s} + \dfrac{C}{s+1} + \dfrac{D}{s+4}$

$\dfrac{1}{s^2(s+1)(s+4)} = \dfrac{A(s+1)(s+4) + Bs(s+1)(s+4)}{s^2(s+1)(s+4)} + \dfrac{Cs^2(s+4) + Ds^2(s+1)}{s^2(s+1)(s+4)}$

Koeffizientenvergleich liefert

$A = 1/4 \qquad B = -5/16 \qquad C = 1/3 \qquad D = -1/48$

$$y = \frac{1}{4} L^{-1}\left\{\frac{1}{s^2}\right\} - \frac{5}{16} L^{-1}\left\{\frac{1}{s}\right\} + \frac{1}{3} L^{-1}\left\{\frac{1}{s+1}\right\} - \frac{1}{48} L^{-1}\left\{\frac{1}{s+4}\right\}$$

$$y = \frac{t}{4} - \frac{5}{16} + \frac{1}{3} e^{-t} - \frac{1}{48} e^{-4t} \qquad\qquad \text{(Tabelle Nr.5; 2; 3)}$$

(2) $\ddot{y} - 4y = 2 \sinh t$ mit $y(0) = 0$, $\dot{y}(0) = 0$

$s^2 L\{y\} - sy(0) - \dot{y}(0) - 4L\{y\} = 2L\{\sinh t\}$

$s^2 L\{y\} - 4L\{y\} = 2L\{\sinh t\}$

$L\{y\} = \dfrac{2}{s^2 - 4} L\{\sinh t\}$

Lösungsweg 1:

$\dfrac{2}{s^2 - 4} = L\{\sinh 2t\}$ \qquad\qquad (Tabelle Nr. 8)

$L\{y\} = L\{\sinh 2t\}\, L\{\sinh t\}$

$L\{y\} = L\{\sinh 2t * \sinh t\}$ \qquad\qquad (Faltungssatz)

$y = L^{-1}L\{\sinh 2t * \sinh t\} = \sinh 2t * \sinh t$

$$y = \int\limits_0^t \sinh (t - \tau) \cdot \sinh 2\tau \, d\tau$$

Lösung durch zweimalige partielle Integration

$$y = \left[\frac{1}{2} \sinh (t - \tau) \cosh 2\tau\right]_{\tau = 0}^{t} + \frac{1}{2} \int\limits_0^t \cosh (t - \tau) \cosh 2\tau \, d\tau$$

$$y = -\frac{1}{2} \sinh t + \left[\frac{1}{2}\left(\frac{1}{2} \cosh (t - \tau)\right) \sinh 2\tau\right]_0^t + \frac{1}{4} \int\limits_0^t \sinh 2\tau \sinh (t - \tau) \, d\tau$$

$$y = -\frac{1}{2} \sinh t + \frac{1}{4} \sinh 2t + \frac{1}{4} y \qquad\qquad \text{Lösung: } y = -\frac{2}{3} \sinh t + \frac{1}{3} \sinh 2t$$

Lösungsweg 2:

$L\{\sinh t\} = \dfrac{1}{s^2 - 1}$ \qquad\qquad (Tabelle Nr. 8)

$L\{y\} = \dfrac{2}{s^2 - 4} \cdot \dfrac{1}{s^2 - 1}$

$y = L^{-1}\left\{\dfrac{2}{s^2 - 4} \cdot \dfrac{1}{s^2 - 1}\right\}$

$\dfrac{2}{(s^2 - 4)(s^2 - 1)} = \dfrac{A}{s^2 - 4} + \dfrac{B}{s^2 - 1}$

Eine Zerlegung in die linearen Faktoren des Nenners $(s \pm 2)$ und $(s \pm 1)$ ist unzweckmäßig, da $\dfrac{a}{s^2 - a^2}$ selbst L-Transformierte ist.

$A = 2/3 \qquad B = -2/3$

$$y = \frac{1}{3} L^{-1} \left\{ \frac{2}{s^2 - 4} \right\} - \frac{2}{3} L^{-1} \left\{ \frac{1}{s^2 - 1} \right\}$$

$$y = -\frac{2}{3} \sinh t + \frac{1}{3} \sinh 2t \quad \text{wie oben} \qquad \text{(Tabelle Nr. 8)}$$

(3) Man löse die Dgl. der gleichmäßig beschleunigten Bewegung

$\ddot{y} = a(t)$ mit $y(0) = y_0$ und $\dot{y}(0) = v_0$

$s^2 L\{y\} - sy(0) - \dot{y}(0) = L\{a\}$ \qquad (Differentiationssatz)

$s^2 L\{y\} - sy_0 - v_0 = \dfrac{a}{s} \qquad s^2 L\{y\} = \dfrac{a}{s} + sy_0 + v_0$

$$L\{y\} = \frac{b}{s^3} + \frac{y_0}{s} + \frac{v_0}{s^2}$$

Faltungssatz für $\dfrac{b}{s^3} = \dfrac{b}{s^2} \cdot \dfrac{1}{s} = L\{bt\} \cdot L\{1\}$ \qquad (Tabelle Nr. 5; 2)

$$y = L^{-1} L\{bt\}L\{1\} + L^{-1} \left\{ \frac{y_0}{s} \right\} + L^{-1} \left\{ \frac{v_0}{s^2} \right\}$$

$$= L^{-1} L\{bt * 1\} + y_0 + v_0 t = \int_0^t b\tau \cdot 1 \, d\tau + y_0 + v_0 t$$

$$y = \frac{b}{2} t^2 + v_0 t + y_0$$

Man erkennt, daß die Methode der Lösung von Dgln. mittels L-Transformation nur bei komplizierteren Gleichungen den Lösungsweg vereinfacht.

(4) Man löse die Dgl. der harmonischen Schwingung

$$m \frac{d^2 y}{dt^2} = -mg + k(a - y) \quad \text{mit } y(0) = 0, \ \dot{y}(0) = v_0 \qquad \qquad k \text{ Federkonstante}$$

Aus $-mg = ka \ \rightarrow \ m\ddot{y} = -ky$

$\ddot{y} + \dfrac{k}{m} y = 0$

$s^2 L\{y\} - sy(0) - \dot{y}(0) + \dfrac{k}{m} L\{y\} = 0$

$s^2 L\{y\} - v_0 + \dfrac{k}{m} L\{y\} = 0$

$L\{y\} = \dfrac{v_0}{s^2 + \dfrac{k}{m}}$

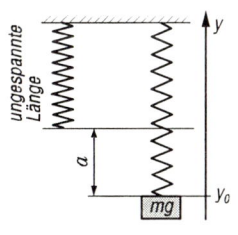

Rücktransformation (Tabelle Nr. 9)

$$y = v_0 L^{-1} \left\{ \frac{1}{s^2 + \dfrac{k}{m}} \right\} = v_0 \sqrt{\frac{m}{k}} \ L^{-1} \left\{ \frac{\sqrt{\dfrac{k}{m}}}{s^2 + \dfrac{k}{m}} \right\} \qquad y = v_0 \sqrt{\frac{m}{k}} \ \sin\left(\sqrt{\frac{k}{m}} \ t \right) \quad \blacklozenge$$

15

15.4.3.2 Test linearer Übertragungsglieder
(Regelungs- und Informationstechnik)

Ein rückwirkungsfreies *Übertragungsglied* (Regelstrecke, Verstärker, Kabel u.ä.) heißt *linear*, wenn sein Verhalten durch eine lineare Gleichung bzw. Dgl. beschrieben werden kann:

$$x_a(t) = K(t) \cdot x_e(t) \qquad\qquad K(t) \ \ddot{U}bertragungsfaktor$$

Statische Linearität (verzögerungsfrei) für $K(t) = $ konst.

$$a_n x_a^{(n)}(t) + a_{n-1} x_a^{(n-1)}(t) + \ldots + a_1 \dot{x}(t) + a_0 = x_e(t)$$
$$\text{alle Anfangsbedingungen gleich Null}$$

Im Bildbereich lautet die Dgl.

$$\left(a_n s^n + a_{n-1} s^{n-1} + \ldots + a_1 s + a_0 \right) \cdot L\{x_a\} = L\{x_e\}$$

Übertragungsfunktion

$$G(s) = \frac{L\{x_a(t)\}}{L\{x_e(t)\}} = \frac{X_a(s)}{X_e(s)} = \frac{1}{a_n s^n + a_{n-1} s^{n-1} + \ldots + a_1 s + a_0}$$

♦   Beispiele für lineare Übertragungsglieder

P-Glied   (Proportionalglied)

$$x_a = K x_e \qquad\qquad G(s) = K$$

PT$_1$-Glied (P-Glied mit Verzögerung 1. Ordnung)

$$T\dot{x}_a + x_a = K x_e \qquad\qquad G(s) = \frac{K}{sT+1}$$

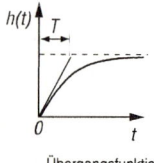
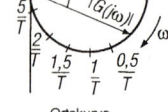
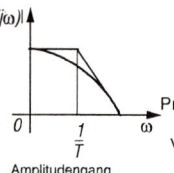

Übergangsfunktion   Ortskurve   Amplitudengang   Proportionalglied mit Verzögerung 1. Ordnung

PT_2-Glied (P-Glied Verzögerung 2. Ordnung)

$$T^2 \ddot{x}_a + 2DT\dot{x}_a + x_a = K x_e \qquad G(s) = \frac{K}{s^2 T^2 + 2DsT + 1}$$

I-Glied   (Integrierglied ohne Verzögerung, Glied ohne Ausgleich)

$$\dot{x}_a = K_I x_e = \frac{1}{T_I} x_e \qquad\qquad G(s) = \frac{K_I}{s} = \frac{1}{sT_I}$$

IT_1-Glied (Integrierglied mit Verzögerung 1. Ordnung)

$$T_1 \ddot{x}_a + \dot{x}_a = K_I x_e \qquad\qquad G(s) = \frac{K_I}{s^2 T_1 + s}$$

DT_1-Glied (nachgebende Rückführung)

$$T\ddot{x}_a + x_a = K_D \dot{x}_e \qquad\qquad G(s) = \frac{K_D s}{sT + 1}$$

Glied mit Totzeit (Laufzeitglied)

$$a_n x_a^{(n)}(t) + a_{n-1} x_a^{(n-1)} + \ldots + a_a = K x_e \, (t - T_l) \qquad G(s) = \mathrm{e}^{-s\,T_l} \qquad \blacklozenge$$

Testsignale

* *Sprungfunktion* $\varepsilon\,(t) = 1, x_e(t) = x_{e0} \cdot \varepsilon\,(t) \qquad x_{e0}$ Sprunghöhe

Übergangsfunktion $h(t) = \dfrac{x_a(t)}{x_e(t)}$ (Sprungantwort bezogen auf Sprunghöhe)

Zusammenhang: $G(s) = s \cdot L\{h(t)\}$

für beliebiges Eingangssignal gilt das

DUHAMELsche Integral $x_a(t) = g(t) * x_e(t) = \displaystyle\int_0^t x_e(\tau)\, h(t - \tau)\, \mathrm{d}\tau$

* *Impulsfunktion* $\delta(t)$, DIRACsche δ-*Funktion* (*Distribution*), *Stoßfunktion*

$$x_e(t) = x_{e0} \cdot \delta(t) \qquad\qquad \text{(siehe auch 10.5.6)}$$

Gewichtsfunktion $g(t) = \dfrac{x_a(t)}{x_{e0}} = \dfrac{\mathrm{d}h(t)}{\mathrm{d}t} + h(0+) \cdot \delta(t)$ wobei $h(0+) = 0$

(Impulsantwort bezogen auf das Zeitintegral der Eingangsgröße)

Zusammenhang: $G(s) = L\{g(t)\}$

* *Periodisches Eingangssignal*, Periode T, Spektralbereich, $x_e(t) = x_{e0} \cos \omega t$

mit formal ergänztem Imaginärteil $x_e(t) = x_{e0} (\cos \omega t + \mathrm{j} \sin \omega t) = x_{e0}\, \mathrm{e}^{\mathrm{j}\omega t}$

$$x_a(t) = x_{a0}\, \mathrm{e}^{\mathrm{j}\,(\omega t + \varphi)}$$

im Bildbereich $X_e(s) = L\{x_e(t)\} = \dfrac{x_{e0}}{s - \mathrm{j}\omega}$ und $X_a(s) = G(s) \cdot X_e(s) = \dfrac{x_{a0}\, \mathrm{e}^{\mathrm{j}\varphi}}{s - \mathrm{j}\omega}$

15

Frequenzgang

Die Übertragungsfunktion $G(s)$ auf der Geraden $s = \mathrm{j}\omega$ (imaginäre Achse) der komplexen s-Ebene heißt *Frequenzgang* $G(\mathrm{j}\omega)$.

Eigenschaft: Antwort des Übertragungsgliedes auf einen sinusförmigen Eingang im eingeschwungenen Zustand

$$G(j\omega) = P(\omega) + j\,Q(\omega) \qquad \text{(kartesische Form)}$$
$$G(j\omega) = |G(j\omega)|\,(\cos\varphi(\omega) + j\sin\varphi(\omega)) \qquad \text{(trigonometrische Form)}$$
$$G(j\omega) = |G(j\omega)|\,e^{j\varphi(\omega)} \qquad \text{(Exponentialform)}$$

Amplitudenverhältnis $|G(j\omega)| = \sqrt{P^2(\omega) + Q^2(\omega)}$

Argument, Phase $\varphi = \arg G(j\omega) = \arctan\dfrac{Q(\omega)}{P(\omega)} = \arctan\dfrac{\operatorname{Im} G(j\omega)}{\operatorname{Re} G(j\omega)}$

$\arg G(j\omega) = \operatorname{arc} G(j\omega)$ wird von der positiven reellen Achse gerechnet, es ist negativ bei Drehung im Uhrzeigersinn.

Die Verbindungslinie der Zeigerspitzen von $G(j\omega)$ in der komplexen Zahlenebene mit der Kreisfrequenz ω als Kurvenparameter heißt *Ortskurve*.

15.4.4   Korrespondenzentabelle einiger Laplace-Integrale

Festlegungen: Re s hinreichend groß, $m, n \in \mathbb{N}$, $a, b, c \in \mathbb{C}$

geordnet nach Potenzen von s im Nenner

Gebrochenrationale Bildfunktionen

$F(s)$ •——o $f(t)$		$F(s)$ •——o $f(t)$	
(1) 1	$\delta(t)$ Dirac-Impuls	(2) $\dfrac{1}{s}$	$\varepsilon(t) = \begin{cases} 0 \text{ für } t < 0 \\ 1 \text{ für } t > 0 \end{cases}$ Sprungfunktion
(3) $\dfrac{1}{s-a}$	e^{at}	(4) $\dfrac{1}{s - \ln|a|}$	$a^t,\ \text{Re } a > 0$
(5) $\dfrac{1}{s^2}$	t	(6) $\dfrac{1}{s\,(s-a)}$	$\dfrac{1}{a}(e^{at} - 1)$
(7) $\dfrac{1}{(s-a)\,(s-b)}$	$\dfrac{e^{bt} - e^{at}}{b - a}\quad a \neq b$	(8) $\dfrac{1}{s^2 - a^2}$	$\dfrac{1}{a}\sinh at$
(9) $\dfrac{1}{s^2 + a^2}$	$\dfrac{1}{a}\sin at$	(10) $\dfrac{1}{(s-a)^2}$	$t\,e^{at}$
(11) $\dfrac{s}{(s-a)\,(s-b)}$	$\dfrac{b e^{bt} - a e^{at}}{b - a}$	(12) $\dfrac{s}{s^2 - a^2}$	$\cosh at$
(13) $\dfrac{s}{s^2 + a^2}$	$\cos at$	(14) $\dfrac{s}{(s-a)^2}$	$(1 + at)\,e^{at}$
(15) $\dfrac{a}{a^2 + (s-b)^2}$	$e^{bt}\sin at$	(16) $\dfrac{a}{(s-b)^2 - a^2}$	$e^{bt}\sinh at$

$F(s)$ •——o $f(t)$		$F(s)$ •——o $f(t)$	
(17) $\dfrac{s-b}{(s-b)^2+a^2}$	$e^{bt}\cos at$	(18) $\dfrac{s-b}{(s-b)^2-a^2}$	$e^{bt}\cosh at$
(19) $\dfrac{1}{s^3}$	$\dfrac{1}{2}t^2$	(20) $\dfrac{1}{s^2(s-a)}$	$\dfrac{1}{a^2}(e^{at}-at-1)$
(21) $\dfrac{1}{s(s-a)^2}$	$\dfrac{(at-1)e^{at}+1}{a^2}$	(22) $\dfrac{1}{(s-a)^3}$	$\dfrac{t^2}{2}e^{at}$
(23) $\dfrac{1}{(s-a)^3}$	$\dfrac{t^2}{2}e^{at}$	(24) $\dfrac{(s-a)^2}{s(s^2+a^2)}$	$1-2\sin at$
(25) $\dfrac{s^2-2a^2}{s(s^2-4a^2)}$	$\cosh^2 at$	(26) $\dfrac{s^2+2a^2}{s(s^2+4a^2)}$	$\cos^2 at$
(27) $\dfrac{1}{s(s^2+4a^2)}$	$\dfrac{\sin^2 at}{2a^2}$	(28) $\dfrac{s}{(s-a)^3}$	$\left(\dfrac{1}{2}at^2+t\right)e^{at}$

$F(s)$ •——o $f(t)$	
(29) $\dfrac{s^2}{(s-a)^3}$	$\left(\dfrac{1}{2}a^2t^2+2at+1\right)e^{at}$
(30) $\dfrac{1}{s(s-a)(s-b)}$	$\dfrac{b\,e_{at}-a\,e_{bt}+a-b}{ab\,[a-b]}$
(31) $\dfrac{1}{(s-a)(s-b)(s-c)}$ $a\neq b,\ b\neq c,\ c\neq a$	$\dfrac{(c-b)e^{at}+(a-c)e^{bt}}{(a-b)(b-c)(c-a)}$ $+\dfrac{(b-a)e^{ct}}{(a-b)(b-c)(c-a)}$
(32) $\dfrac{(s-a)(s-b)}{s(s+a)(s+b)}$	$1+2\dfrac{a+b}{a-b}\left(e^{-at}-e^{-bt}\right)$
(33) $\dfrac{1}{(s^2-a^2)(s^2-b^2)}$	$\dfrac{b\sinh at-a\sinh bt}{ab\,(a^2-b^2)}$
(34) $\dfrac{s}{(s^2-a^2)(s^2-b^2)}$	$\dfrac{\cosh bt-\cosh at}{b^2-a^2}$
(35) $\dfrac{s^2}{(s^2-a^2)(s^2-b^2)}$	$\dfrac{a\sinh at-b\sinh bt}{a^2-b^2}$
(36) $\dfrac{s^3}{(s^2-a^2)(s^2-b^2)}$	$\dfrac{a^2\cosh at-b^2\cosh bt}{a^2-b^2}$
(37) $\dfrac{1}{(s^2-a^2)^2}$	$\dfrac{t\cosh at}{2a^2}-\dfrac{\sinh at}{2a^3}$

15

$F(s)$ ●——o $f(t)$	
(38) $\dfrac{a^2 s}{s^4 + a^4}$	$\sin \dfrac{at}{\sqrt{2}} \sinh \dfrac{at}{\sqrt{2}}$
(39) $\dfrac{s^3}{s^4 + a^4}$	$\cos \dfrac{at}{\sqrt{2}} \cosh \dfrac{at}{\sqrt{2}}$
(40) $\dfrac{s^2 - 2a^2}{s^4 + 4a^4}$	$\dfrac{\cos at \, \sinh at}{a}$
(41) $\dfrac{s}{(s^2 - a^2)^3}$	$\dfrac{t^2 \cosh at}{8a^2} - \dfrac{t \sinh at}{8a^3}$
(42) $\dfrac{s^2}{(s^2 - a^2)^3}$	$\dfrac{t \cosh at}{8a^2} - \dfrac{(1 - a^2 t^2)}{8a^3} \sinh at$
(43) $\dfrac{1}{s^n}$ ⠀⠀⠀ $n > 0$	$\dfrac{t^{n-1}}{(n-1)!}$
(44) $\dfrac{n!}{s^{n+1}}$ ⠀⠀⠀ $n > 0$	t^n
(45) $\dfrac{1}{(s+a)^n}$ ⠀⠀⠀ $n > 0$	$\dfrac{t^{n-1} \, \mathrm{e}^{-at}}{(n-1)!}$

Nichtrationale (stetige) Bildfunktionen

$F(s)$ ●——o $f(t)$		$F(s)$ ●——o $f(t)$	

Wurzelfunktionen

$F(s)$	$f(t)$	$F(s)$	$f(t)$
(46) $\dfrac{1}{\sqrt{s}}$	$\dfrac{1}{\sqrt{\pi t}}$	(47) $\dfrac{1}{s\sqrt{s}}$	$2\sqrt{\dfrac{t}{\pi}}$
(48) $\dfrac{1}{\sqrt{s+a}}$	$\dfrac{\mathrm{e}^{-at}}{\sqrt{\pi t}}$	(49) $\dfrac{1}{s^2 \sqrt{s}}$	$\dfrac{4t}{3}\sqrt{\dfrac{t}{\pi}}$
(50) $\dfrac{1}{\sqrt{\sqrt{s^2 + a^2} - s}}$	$\dfrac{\sin at}{t\sqrt{2\pi t}}$	(51) $\sqrt{\dfrac{\sqrt{s^2 + a^2} - s}{s^2 - a^2}}$	$\sqrt{\dfrac{2}{\pi t}} \sin at$
(52) $\sqrt{\dfrac{\sqrt{s^2 - a^2} - s}{s^2 - a^2}}$	$\sqrt{\dfrac{2}{\pi t}} \sinh at$	(53) $\sqrt{\dfrac{\sqrt{s^2 + a^2} + s}{s^2 + a^2}}$	$\sqrt{\dfrac{2}{\pi t}} \cos at$

$F(s) \;\bullet\!\!-\!\!\circ\; f(t)$		$F(s) \;\bullet\!\!-\!\!\circ\; f(t)$	
(54) $\sqrt{\dfrac{\sqrt{s^2-a^2}+s}{s^2-a^2}}$	$\sqrt{\dfrac{2}{\pi t}}\cosh at$	(55) $\dfrac{1}{s^k}\quad \mathrm{Re}\,k>0$	$\dfrac{t^{a-1}}{\Gamma(a)}$
(56) $\dfrac{1}{s\sqrt{s+a}}$	$\dfrac{1}{\sqrt{a}}\,\mathrm{erf}\,\sqrt{at}$	erf (t) Fehlerintegral, siehe Abschnitt 16.5.4.4	

logarithmische, zyklometrische Funktionen, Exponentialfunktion

(57) $\arctan\dfrac{a}{s}$	$\dfrac{\sin at}{t}$	(58) $\ln\dfrac{s-a}{s}$	$\dfrac{1-e^{at}}{t}$
(59) $\ln\dfrac{s+a}{s-a}$	$2\,\dfrac{\sinh at}{t}$	(60) $\ln\dfrac{s-a}{s-b}$	$\dfrac{e^{bt}-e^{at}}{t}$
(61) $\ln\dfrac{s^2+a^2}{s^2}$	$\dfrac{2-2\cos at}{t}$	(62) $\ln\dfrac{s^2-a^2}{s^2}$	$\dfrac{2\,(1-\cosh at)}{t}$
(63) $\ln\dfrac{s^2+a^2}{s^2+b^2}$	$2\,\dfrac{\cos bt-\cos at}{t}$	(64) $e^{-\tau s}$	$\delta(t-\tau),\ \tau>0$ Dirac-Impuls
(65) $\dfrac{e^{-bs}}{s},\ b\in\mathbb{R}$	$\begin{cases}0\ \text{für}\ 0\le t<b\\ 1\ \text{für}\ t>b\end{cases}$	(66) $\dfrac{1-e^{-as}}{s^2}$ $a\in\mathbb{R}$	$\begin{cases}t\ \text{für}\ t<a\\ a\ \text{für}\ t>a\end{cases}$
(67) $\dfrac{e^{1/s}}{\sqrt{s}}$	$\dfrac{\cosh 2\sqrt{t}}{\sqrt{\pi t}}$	(68) $\dfrac{e^{1/s}}{s\sqrt{s}}$	$\dfrac{\sinh 2\sqrt{t}}{\sqrt{\pi}}$
(69) $\dfrac{1+e^{-\pi s}}{s^2+1}$	$\begin{cases}\sin t\ \text{für}\ t<\pi\\ 0\quad \text{für}\ t>\pi\end{cases}$	(70) $\dfrac{s\,(1+e^{-\pi s})}{s^2+1}$	$\begin{cases}\cos t\ \text{für}\ t<\pi\\ 0\quad \text{für}\ t>\pi\end{cases}$

Kreis- und Hyperbelfunktionen

(71) $\dfrac{1}{s}\sinh\dfrac{1}{s}$	$\dfrac{\cosh 2\sqrt{t}}{2\sqrt{\pi t}}-\dfrac{\cos 2\sqrt{t}}{2\sqrt{\pi t}}$	(72) $\dfrac{1}{s}\cosh\dfrac{1}{s}$	$\dfrac{\cosh 2\sqrt{t}}{2\sqrt{\pi t}}+\dfrac{\cos 2\sqrt{t}}{2\sqrt{\pi t}}$
(73) $\dfrac{1}{\sqrt{s}}\sin\dfrac{1}{s}$	$\dfrac{\sinh\sqrt{2t}\,\sin\sqrt{2t}}{\sqrt{\pi t}}$	(42) $\dfrac{1}{\sqrt{s}}\cos\dfrac{1}{s}$	$\dfrac{\cosh\sqrt{2}\,t\,\cos\sqrt{2}\,t}{\sqrt{\pi t}}$

15

$F(s) \;\bullet\!\!-\!\!\circ\; f(t)$		$F(s) \;\bullet\!\!-\!\!\circ\; f(t)$	
(75) $\dfrac{\mathrm{e}^{-\sqrt{as}}}{\sqrt{s}} \sin \sqrt{as}$	$\dfrac{1}{\sqrt{\pi t}} \sin\left(\dfrac{a}{2t}\right)$	(76) $\dfrac{\mathrm{e}^{-\sqrt{as}}}{\sqrt{s}} \cos \sqrt{as}$	$\dfrac{1}{\sqrt{\pi t}} \cos\left(\dfrac{a}{2t}\right)$

$F(s) \;\bullet\!\!-\!\!\circ\; f(t)$	
(77) $\dfrac{\mathrm{e}^{-\frac{a^2+b^2}{4s}}}{\sqrt{s}} \sinh \dfrac{ab}{2s}$	$\dfrac{\sin a\sqrt{t}\,\sin b\sqrt{t}}{\sqrt{\pi t}}$
(78) $\dfrac{\mathrm{e}^{-\frac{a^2+b^2}{4s}}}{\sqrt{s}} \cosh \dfrac{ab}{2s}$	$\dfrac{\cos a\sqrt{t}\,\cos b\sqrt{t}}{\sqrt{\pi t}}$
(79) $\dfrac{1}{s^2+b^2} \coth \dfrac{\pi s}{2b}$	$\dfrac{1}{b}\,\lvert \sin bt \rvert$
(80) $\dfrac{\omega}{s^2+\omega^2} \cos\varphi + \dfrac{s}{s^2+\omega^2} \sin\varphi$	$\sin(\omega t + \varphi)$

Gammafunktion

(81) $\dfrac{\Gamma(\alpha+1)}{s^{\alpha+1}}$	$t^{\alpha} \qquad \alpha \in \mathbb{R}$

16   Fehlerrechnung, Stochastik

16.1   Fehlerrechnung

Wahrer Wert, Sollwert $a, x, \ldots$

Exakte Funktionswerte $y_i = f(x_i)$

Näherungswert, Istwert, Meßwert $A, X, \ldots$

Verfahrensbedingte Funktionswerte $Y_i = f(X_i)$

Wahrer Fehler von X	$\Delta x = X - x$	(Meßtechnik: *Abweichung*)
Absoluter Fehler von X	$\lvert \Delta x \rvert = \lvert X - x \rvert$	$x = X \pm \lvert \Delta x \rvert$

obere Fehlerschranke für den absoluten Fehler, *absoluter Höchstfehler*

$$\varepsilon_x \geq \lvert \Delta x \rvert \qquad\qquad \varepsilon_x > 0, \text{ möglichst klein}$$

$$X - \varepsilon_x \leq x \leq X + \varepsilon_x \qquad \text{bzw. } x \in \left[X - \varepsilon_x, X + \varepsilon_x \right]$$

Relativer Fehler eines Näherungswertes bez. x bzw. X

$$\frac{\lvert \Delta x \rvert}{\lvert x \rvert} = \frac{\lvert X - x \rvert}{\lvert x \rvert} \qquad \text{bzw.} \qquad \frac{\lvert \Delta x \rvert}{\lvert X \rvert} = \frac{\lvert X - x \rvert}{\lvert X \rvert} \qquad x, X \neq 0$$

Relativer Höchstfehler, Fehlerschranke des relativen Fehlers

$$\rho_x = \frac{\varepsilon_x}{\lvert x \rvert} \geq \frac{\lvert X - x \rvert}{\lvert x \rvert} = \frac{\lvert \Delta x \rvert}{\lvert x \rvert} \qquad\qquad \rho_x > 0, \text{ möglichst klein}$$

Prozentualer Fehler, relativer Fehler in %

$$p = \left\lvert \frac{X - x}{x} \right\rvert \cdot 100 = \frac{\lvert \Delta x \rvert}{\lvert x \rvert} \cdot 100$$

Prozentualer Höchstfehler, Fehlerschranke des prozentualen Fehlers

$$\sigma_x \geq \left\lvert \frac{X - x}{x} \right\rvert \cdot 100 \qquad\qquad \sigma_x > 0, \text{ möglichst klein}$$

Fehlerarten numerischer Berechnung

• **Verfahrensfehler**: Differenz eines Näherungsverfahrens zum exakten Verfahren. $\Delta y = G(x) - g(x)$ $G(x)$ angenähertes Verfahren

• **Rechnungsfehler**: Durch Rundung entstandene Fehler (Für Maschinenzahlen gelten die algebraischen Rechengesetze nur eingeschränkt.)

16

- **Eingangsfehler**:
  Fehler in den Anfangsdaten

- **Zufällige Fehler**: Meß- und Beobachtungsfehler, klimatische Einflüsse

In der numerischen Mathematik werden Eingangs- und Rechnungsfehler zusammengefaßt.

Fehlerarten

allgemein: $\Delta y = f(X) - f(x) = Y - y$
mit $X = (X_1, ..., X_k)^T$, $x = (x_1, ..., x_k)^T$

Sind $\left| \Delta x_i \right| = \left| X_i - x_i \right| \leq \varepsilon_{x_i}$, $i = 1, ..., n$, die Fehler der x_i, so wird:

Wahrer Eingangsfehler $\Delta y = Y - y = \displaystyle\sum_{i=1}^{n} \frac{\partial f(x)}{\partial x_i} \Delta x_i$

Maximaler absoluter Eingangsfehler

$$\Delta y_{\max} = \max_{i=1,...,n} \left| \frac{\partial f(x)}{\partial x_i} \right| \cdot \sum_{i=1}^{n} \varepsilon_{x_i} = \varepsilon_y$$

$$\varepsilon_y \geq \sum_{i=1}^{n} \left| \frac{\partial f(x_1, ..., x_n)}{\partial x_i} \Delta x_i \right| = \left| \frac{\partial y}{\partial x_1} \Delta x_1 \right| + ... + \left| \frac{\partial y}{\partial x_n} \Delta x_n \right|$$

Bei nur einer Variablen: $\Delta y_{\max} = \left| f'(x) \Delta x \right|$

Ist $y = \varphi_1(x_1) \cdot ... \cdot \varphi_n(x_n)$, führt logarithmische Differentiation auf:

$$\frac{|\Delta y|}{|y|} \leq \left| \frac{\varphi_1'(x_1)}{\varphi_1(x_1)} \Delta x_1 \right| + ... + \left| \frac{\varphi_n'(x_n)}{\varphi_n(x_n)} \Delta x_n \right|$$

Maximaler relativer Eingangsfehler $\rho_y = \dfrac{\varepsilon_y}{|y|}$

♦ **Beispiele:**

(1) Summe: $y = f(x_1, ..., x_n) = x_1 + ... + x_n$ mit $x_i > 0$ für alle i

$$\Delta y = \sum_{i=1}^{n} \frac{\partial f(x)}{\partial x_i} \Delta x_i = \Delta x_1 + ... + \Delta x_n$$

$$|\Delta y| \leq |\Delta x_1| + ... + |\Delta x_n| \leq \varepsilon_{x_1} + ... + \varepsilon_{x_n} = \varepsilon_y$$

$$\frac{|\Delta y|}{|y|} \leq \frac{|\Delta x_1| + ... + |\Delta x_n|}{x_1 + ... + x_n}$$

Fehlerschranke bei $m \leq \rho_{x_i} \leq M$, $\rho_{x_i} = \varepsilon_x / |x_i|$ mit $m, M > 0$: $m \leq \rho_y \leq M$

(2)   Differenz: $y = f(x_1, x_2) = x_1 - x_2$ $\qquad x_1, x_2 > 0$

$$\Delta y = \Delta x_1 - \Delta x_2 \qquad |\Delta y| \leq |\Delta x_1| + |\Delta x_2| \leq \varepsilon_{x_1} + \varepsilon_{x_2} = \varepsilon_y$$

$$\frac{|\Delta y|}{|y|} \leq \frac{|\Delta x_1| + |\Delta x_2|}{x_1 - x_2}$$

Fehlerschranke bei $x_1 \gg x_2$ $\qquad \rho_y \approx \rho_{x_1}$

Bemerkung: Falls $x_1 \approx x_2$, wird ρ_y sehr groß.

(3)   Produkt, Quotient, Potenz: $y = f(x_1, \ldots, x_n) = c_0 \cdot x_1^{c_1} \cdot x_2^{c_2} \cdot \ldots \cdot x_n^{c_n}$, $x_i \neq 0$

$$|\Delta y| = |c_0| \left(\left| c_1 x_1^{c_1 - 1} \Delta x_1 \cdot x_2^{c_2} \cdot \ldots \cdot x_n^{c_n} \right| + \left| x_1^{c_1} \cdot c_2 x_2^{c_2 - 1} \Delta x_2 \cdot x_3^{c_3} \cdot \ldots \cdot x_n^{c_n} \right| \right.$$

$$\left. + \ldots + \left| x_1^{c_1} \cdot x_2^{c_2} \cdot \ldots \cdot c_n x_n^{c_n - 1} \Delta x_n \right| \right)$$

$$\frac{|\Delta y|}{|y|} \leq |c_1| \frac{|\Delta x_1|}{|x_1|} + \ldots + |c_n| \frac{|\Delta x_n|}{|x_n|} = \rho_y = \frac{\varepsilon_y}{|y|} = \rho_{x_1} + \ldots + \rho_{x_n}$$

z.B. Quotient $y = f(x_1, x_2) = x_1 x_2^{-1}$ $\qquad x_2 \neq 0$

$$|\Delta y| \leq \left| \Delta x_1 \cdot x_2^{-1} \right| + \left| x_1 \cdot x_2^{-2} \Delta x_2 \right| = \frac{|x_2| \, |\Delta x_1| + |x_1| \, |\Delta x_2|}{x_2^2}$$

$$\frac{|\Delta y|}{|y|} \leq \frac{|\Delta x_1|}{|x_1|} + \frac{|\Delta x_2|}{|x_2|} = \rho_y = \frac{\varepsilon_y}{|y|} = \rho_{x_1} + \rho_{x_2}$$

(4)   Logarithmus $y = f(x) = c \log_a x$ $\qquad x > 0$

$$|\Delta y| = \left| \frac{c}{\ln a} \right| \cdot \frac{|\Delta x|}{|x|}$$

$$\frac{|\Delta y|}{|y|} = \left| \frac{1}{\ln a} \right| \cdot \frac{|\Delta x|}{|x \log_a x|} \leq \rho_y = \frac{1}{|\ln a| \, |\log_a x|} \rho_x = \frac{1}{|\ln x|} \rho_x \qquad \blacklozenge$$

16.2   Lineare Korrelation, lineare Regression, Ausgleichsrechnung

16.2.1   Methode der kleinsten Quadrate, lineares Quadratmittelproblem

Zu einer Punktwolke (x_i, y_i), $i = 1, \ldots, n$, wird eine *Näherungsfunktion* $y = f(x)$ so gesucht, daß die Summe der Quadrate der vertikalen Abweichungen v_i (*Approximationsfehler*, *Residuen*) der Werte y_i von den Funktionswerten $f(x_i)$ der Näherungsfunktion ein Minimum ergibt.

Sie dient auch der Analyse von *Zeitreihen* zur Bestimmung der *Trendfunktion* für ein meßbares (ökonomisches) Merkmal mit der Näherungsfunktion $y = f(t)$.

16

Gaußsche Minimumbedingung

$$Q := \sum_{i=1}^{n} \left(y_i - f(x_i)\right)^2 = \sum_{i=1}^{n} v_i^2 \rightarrow \min$$

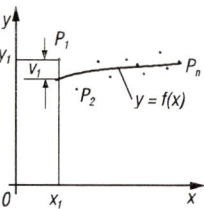

bei geeigneter Wahl von f. »Diskrete Approximation« im Gegensatz zur Interpolation, bei der $y_i = f(x_i)$ ist, siehe 10.5.3.

Mit dem Polynomansatz als ganzrationale Funktion: Methode der kleinsten Quadrate

$$y = f(x) \equiv p_m = a_m x^m + a_{m-1} x^{m-1} + \ldots + a_1 x + a_0$$

lautet die Minimumbedingung (Approximationsbedingung):

$$Q = Q\left(a_m, a_{m-1}, \ldots, a_0\right) = \sum_{i=1}^{n} \left(y_i - p_m(x_i)\right)^2 \rightarrow \min$$

Die a_k findet man durch partielle Ableitung von Q nach den a_k:

$$\frac{\partial Q}{\partial a_k} = 0, \quad k = 0, 1, \ldots, m \qquad \text{Standardabweichung } s = \sqrt{\frac{Q}{n+1-m}}$$

Es entsteht ein lineares Gleichungssystem für die a_k, **Normalgleichungen**. Praktisch genügt meist ein *Regressionsmodell* mit einem linearen oder quadratischen Polynomansatz $p_m(x)$ je nach Grundtendenz.

Die Methode ist auch auf eine Linearkombination von Funktionen anwendbar.

Für $m = 1$ liegt die lineare Regression vor, siehe 16.2.2.

16.2.2   Lineare Korrelation

Meßreihen (x_i, y_i), $i = 1, \ldots, n$, mit 2 Merkmalen (Zufallsgrößen) werden in einer *Korrelationsanalyse* auf stochastische Abhängigkeiten untersucht (korrelativer, stochastischer Zusammenhang), z.B. Bewässerung/Wachstum, Strömungswiderstand/Geschwindigkeit, Betongüte/Druckfestigkeit.

Darstellung der Wertepaare (x_i, y_i) ergibt eine Punktwolke, bei gruppiertem Material benutzt man die Wertepaare der Klassenmitten $(\bar{x}_j, \bar{y}_j)$.

Annahmen: abhängige Variable Y ist normalverteilt für jeden Wert von x_i

mit dem Erwartungswert $EY = f(x; a_1, a_0) = a_1 x + a_0$

Empirische **Regressionsgerade** $y = f(x) = p_1(x) = a_1 x + a_0$

Positive lineare Korrelation: Bild der Regressionsgerade monoton wachsend ($a_1 > 0$), andernfalls negative lineare Korrelation ($a_1 < 0$).

Korrelationskoeffizient r_{xy}

Der *Korrelationskoeffizient* kennzeichnet den Grad der Abhängigkeit zwischen ($x_1, ..., x_n$) und ($y_1, ..., y_n$) (Exaktheit des *linearen* Zusammenhangs).

$$r_{xy} := \frac{\sum_{i=1}^{n} (x_i - \overline{x})(y_i - \overline{y})}{\sqrt{\sum_{i=1}^{n} (x_i - \overline{x})^2 \sum_{i=1}^{n} (y_i - \overline{y})^2}} = \frac{s_{xy}}{s_x \cdot s_y} \qquad -1 \le r_{xy} \le 1$$

mit $\quad s_{xy} = \dfrac{1}{n-1} \sum_{i=1}^{n} (x_i - \overline{x})(y_i - \overline{y}) \qquad$ (*Kovarianz*)

$$s_x = \sqrt{\frac{1}{n-1} \sum_{i=1}^{n} (x_i - \overline{x})^2} \qquad s_y = \sqrt{\frac{1}{n-1} \sum_{i=1}^{n} (y_i - \overline{y})^2}$$

Weiterhin ist $a_1 = \dfrac{r_{xy} \cdot s_y}{s_x} = \dfrac{s_{xy}}{s_x^2}$ und $a_0 = \overline{y} - a_1 \overline{x} \qquad (\overline{x}, \overline{y}$ vgl. 16.4.2)

Bestimmtheitsmaß: $B_{xy} = r_{xy}^2 = \dfrac{s_{xy}^2}{s_x^2 \cdot s_y^2} = 1 - \dfrac{Q}{\sum_{i=1}^{n} (y_i - \overline{y})^2}$

Rechenformel: $r_{xy} = \dfrac{\sum_{i=1}^{n} x_i y_i - n \overline{x}\,\overline{y}}{\sqrt{\left(\sum_{i=1}^{n} x_i^2 - n \overline{x}^2\right)\left(\sum_{i=1}^{n} y_i^2 - n \overline{y}^2\right)}}$

$r_{xy} = \pm 1$ lineare Abhängigkeit 100%

$r_{xy} = 0$ keine lineare Abhängigkeit (Unkorreliertheit, Bilder umseitig)

$r_{xy} \gtrless 0$ gleich-/gegenläufige lineare Abhängigkeit

16

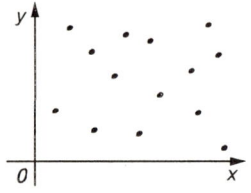

Kein korrelativer Zusammenhang

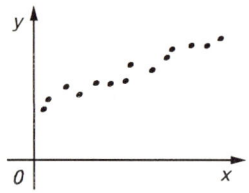

Starker korrelativer Zusamenhang

Rechenverfahren zur Bestimmung von a_0 und a_1 (Lineare Regression)

Bei starker linearer Korrelation stellt die lineare Regression den analytischen Zusammenhang zwischen den Variablen her, die entstehende Gerade paßt sich der Punktwolke optimal an (*Regressionsgerade, Ausgleichsgerade*)

$$y = f(x) = a_0 + a_1 x \qquad a_1 \ \textit{Regressionskoeffizient}$$

Optimierungsbedingung (Methode der kleinsten Quadrate)

$$Q := \sum_{i=1}^{n} \left(y_i - f(x_i) \right)^2 = \left\| y - a_1 x - a_0 \mathbf{1} \right\|_2^2 \to \min \qquad \text{ergibt das}$$

Normalgleichungssystem für a_0 und a_1:

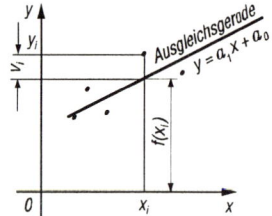

$$\begin{cases} a_0 n + a_1 \displaystyle\sum_{i=1}^{n} x_i = \sum_{i=1}^{n} y_i \\[2mm] a_0 \displaystyle\sum_{i=1}^{n} x_i + a_1 \sum_{i=1}^{n} x_i^2 = \sum_{i=1}^{n} y_i x_i \end{cases}$$

Regressionsgerade

bzw. $\begin{cases} a_0 n + a_1 x^{\mathrm{T}} \mathbf{1} = y^{\mathrm{T}} \mathbf{1} \\ a_0 x^{\mathrm{T}} \mathbf{1} + a_1 x^{\mathrm{T}} x = y^{\mathrm{T}} x \end{cases}$

mit $\quad x = \begin{pmatrix} x_1 \\ \vdots \\ x_n \end{pmatrix} \quad y = \begin{pmatrix} y_1 \\ \vdots \\ y_n \end{pmatrix} \quad \mathbf{1} = \begin{pmatrix} 1 \\ \vdots \\ 1 \end{pmatrix}$

kurz $\quad A \cdot a = b \qquad \text{mit } A = \begin{pmatrix} n & x^{\mathrm{T}} \mathbf{1} \\ x^{\mathrm{T}} \mathbf{1} & x^{\mathrm{T}} x \end{pmatrix} \qquad a = \begin{pmatrix} a_0 \\ a_1 \end{pmatrix} \qquad b = \begin{pmatrix} y^{\mathrm{T}} \mathbf{1} \\ y^{\mathrm{T}} x \end{pmatrix}$

♦　Beispiel:

　　Man bestimme die Ausgleichsgerade zu folgenden gemessenen Wertepaaren:
　　(4; 3), (7; 4,5), (8; 5), (9; 6,1), (10; 6,4).
　　$x = (4;\ 7;\ 8;\ 9;\ 10)^{\mathrm{T}} \qquad y = (3;\ 4,5;\ 5;\ 6,1;\ 6,4)^{\mathrm{T}} \qquad \mathbf{1} = (1,\ ...,\ 1)^{\mathrm{T}}$

$$x^\mathrm{T}\mathbf{1} = \sum_{i=1}^{n} x_i = 4 + 7 + 8 + 9 + 10 = 38 \qquad y^\mathrm{T}\mathbf{1} = \sum_{i=1}^{n} y_i = 25$$

$$x^\mathrm{T}x = \sum_{i=1}^{n} x_i^2 = 310 \qquad y^\mathrm{T}x = \sum_{i=1}^{n} y_i x_i = 202{,}4$$

Normalgleichungssystem $\begin{cases} 5a_0 + 38a_1 = 25 \\ 38a_0 + 310a_1 = 202{,}4 \end{cases} \rightarrow a_0 = 0{,}555,\, a_1 = 0{,}585$

Ausgleichsgerade: $y = 0{,}555 + 0{,}585x$ ◆

Vereinfacht wird die Berechnung der Koeffizienten a_k, wenn man die x_i so

wählt, daß $\displaystyle\sum_{i=1}^{n} x_i^{2k-1} = 0$, $k = 1, ..., m$, d.h. z.B. bei ungeradem n, je eine Hälfte

der x_i ist positiv bzw. negativ, mittleres Glied verschwindet. Daraus:

$$\begin{cases} a_0 n = \displaystyle\sum_i y_i \\ a_1 \displaystyle\sum_i x_i^2 = \displaystyle\sum_i y_i x_i \end{cases} \quad \text{bzw.} \quad \begin{cases} a_0 n = y^\mathrm{T}\mathbf{1} \\ a_1 x^\mathrm{T}x = y^\mathrm{T}x \end{cases}$$

Sollen die Werte $y_i, x_{1i}, ..., x_{ri}$, $i = 1, ..., n$, $n > r + 1$, $(r + 1)$-**dimensionale Punktwolke**, durch eine lineare Gleichung ausgeglichen werden, sind die Koeffizienten a_k der linearen Gleichung $y = a_0 + a_1 x_1 + ... + a_r x_r$ (Hyperebene im $(r + 1)$-dimensionalen Raum) aus folgendem Normalgleichungssystem zu bestimmen:

$$\begin{cases} a_0 n + a_1 x_1^\mathrm{T}\mathbf{1} + ... + a_r x_r^\mathrm{T}\mathbf{1} = y^\mathrm{T}\mathbf{1} \\ a_0 x_k^\mathrm{T}\mathbf{1} + a_1 x_1^\mathrm{T}x_k + ... + a_r x_r^\mathrm{T}x_k = y^\mathrm{T}x_k \end{cases} \quad k = 1, ..., r$$

kurz $A \cdot a = b$ mit $A = \begin{pmatrix} n & x_1^\mathrm{T}\mathbf{1} & ... & x_r^\mathrm{T}\mathbf{1} \\ x_1^\mathrm{T}\mathbf{1} & x_1^\mathrm{T}x_1 & ... & x_r^\mathrm{T}x_1 \\ \vdots & & & \\ x_r^\mathrm{T}\mathbf{1} & x_1^\mathrm{T}x_r & ... & x_r^\mathrm{T}x_r \end{pmatrix}$ $a = \begin{pmatrix} a_0 \\ \vdots \\ a_r \end{pmatrix}$ $b = \begin{pmatrix} y^\mathrm{T}\mathbf{1} \\ y^\mathrm{T}x_1 \\ \vdots \\ y^\mathrm{T}x_r \end{pmatrix}$

Bei *Wichtung* der Beobachtungen, d.h. y_i, x_{1i}, ..., x_{ri} haben die Gewichte w_i, gilt der Ansatz

$$Q := \sum_{i=1}^{n} w_i \left(y_i - (a_0 + a_1 x_{1i} + ... + a_r x_{ri})\right)^2 \rightarrow \min$$

16

Die a_k werden aus folgendem Normalgleichungssystem bestimmt:

$$\begin{cases} a_0 \sum\limits_{i=1}^{n} w_i & + a_1 \sum\limits_{i=1}^{n} w_i x_{1i} & + \ldots + a_r \sum\limits_{i=1}^{n} w_i x_{ri} & = \sum\limits_{i=1}^{n} w_i y_i \\ a_0 \sum\limits_{i=1}^{n} w_i x_{ki} & + a_1 \sum\limits_{i=1}^{n} w_i x_{1i} x_{ki} & + \ldots + a_r \sum\limits_{i=1}^{n} w_i x_{ri} x_{ki} & = \sum\limits_{i=1}^{n} w_i y_i x_{ki} \end{cases} \quad k = 1, \ldots, r$$

16.2.3   Ausgleich durch eine Parabel

Die Beobachtungswerte (x_i, y_i), $i = 1, \ldots, n$, sollen durch eine Parabel

$$y = a_0 + a_1 x + a_2 x^2$$

ausgeglichen werden.

Man erhält das Normalgleichungssystem und die Vereinfachung wie oben

$$\begin{cases} a_0 n & + a_1 \sum\limits_{i=1}^{n} x_i & + a_2 \sum\limits_{i=1}^{n} x_i^2 & = \sum\limits_{i=1}^{n} y_i \\ a_0 \sum\limits_{i=1}^{n} x_i & + a_1 \sum\limits_{i=1}^{n} x_i^2 & + a_2 \sum\limits_{i=1}^{n} x_i^3 & = \sum\limits_{i=1}^{n} y_i x_i \\ a_0 \sum\limits_{i=1}^{n} x_i^2 & + a_1 \sum\limits_{i=1}^{n} x_i^3 & + a_2 \sum\limits_{i=1}^{n} x_i^4 & = \sum\limits_{i=1}^{n} y_i x_i^2 \end{cases} \qquad \begin{cases} a_0 n & + a_2 \sum\limits_{i=1}^{n} x_i^2 & = \sum\limits_{i=1}^{n} y_i \\ a_1 \sum\limits_{i=1}^{n} x_i^2 & & = \sum\limits_{i=1}^{n} y_i x_i \\ a_0 \sum\limits_{i=1}^{n} x_i^2 & + a_2 \sum\limits_{i=1}^{n} x_i^4 & = \sum\limits_{i=1}^{n} y_i x_i^2 \end{cases}$$

16.2.4   Ausgleichung von Beobachtungen mit Nebenbedingungen

Zwischen den wahren Werten der zu messenden Größen bestehen zusätzliche lineare Bedingungsgleichungen (z.B. Winkelsumme im Dreieck gleich 180°). Die Methode der kleinsten Quadrate ist dann zu kombinieren mit der Methode der LAGRANGEschen Multiplikatoren.

Siehe Extremwertberechnung mit Nebenbedingungen, Abschnitt 10.4.5.5.

16.3   Fehlerfortpflanzung für mittlere Fehler in den Eingangsgrößen (Gauß)

$y = f(x_1, ..., x_m)$ sei eine Funktion der direkt gemessenen unkorrelierten (unabhängigen) Größen x_i mit den Mittelwerten $\overline{x}_i$ und den Standardabweichungen s_{xi} (16.4.3), dann gilt angenähert als Mittelwert von y:

$$\overline{y} = f(\overline{x}_1, ..., \overline{x}_m)$$

$$s_y = \sqrt{\sum_{i=1}^{m} \left(\frac{\partial f(\overline{x}_i)}{\partial x_i} \right)^2 s_{x_i}}$$

(s_y ist näherungsweise die Standardabweichung in der Ergebnisgröße y)

Für zwei Variable $z = f(x, y)$: $s_z = \sqrt{\left(\frac{\partial z}{\partial x} \right)^2 s_x^2 + \left(\frac{\partial z}{\partial y} \right)^2 s_y^2}$

Speziell: $z = x \pm y$ $s_z^2 = s_x^2 + s_y^2$

$z = x \cdot y$ bzw. $z = \dfrac{x}{y}$ $\left(\dfrac{s_z}{\overline{z}} \right)^2 = \left(\dfrac{s_x}{\overline{x}} \right)^2 + \left(\dfrac{s_y}{\overline{y}} \right)^2$

Erweiterbar auf n Variable

♦   Beispiel:

Bestimmung der Wanddicke eines Hohlzylinders, Außendurchmesser D, Innendurchmesser d, Wanddicke $w = f(D, d) = \frac{1}{2}(D - d)$

$\dfrac{\partial w}{\partial D} = \dfrac{1}{2}$ $\dfrac{\partial w}{\partial d} = -\dfrac{1}{2}$

Für D und d wurden jeweils 5 Messungen durchgeführt lt. Tabelle:

D	$v_i = D - \overline{D}$	v_i^2	d	$v_i = d - \overline{d}$	v_i^2
9,98	− 0,012	0,000144	9,51	+ 0,012	0,000144
9,97	− 0,022	0,000484	9,47	− 0,028	0,000784
10,01	+ 0,018	0,000324	9,50	+ 0,002	0,000004
9,98	− 0,012	0,000144	9,49	− 0,008	0,000064
10,02	+ 0,028	0,000784	9,51	+ 0,022	0,000484
49,96	± 0	0,00188	47,49	± 0	0,001480

Arithmetische Mittel $\overline{D} = \dfrac{49,96}{5} = 9,992$ $\overline{d} = \dfrac{47,49}{5} = 9,498$

16

Standardabweichungen

$$s_D = \sqrt{\frac{0{,}001\ 88}{4}} = 0{,}0217 \qquad\qquad s_d = \sqrt{\frac{0{,}001\ 48}{4}} = 0{,}0192$$

Mittlere Fehler der arithmetischen Mittel (d.h. Standardabweichungen in den Eingangsgrößen $\overline{D}$ und $\overline{d}$, siehe 16.4.3.)

$$s_{\overline{D}} = \frac{s_D}{\sqrt{n}} = 0{,}009\ 705 \qquad\qquad s_{\overline{d}} = \frac{s_d}{\sqrt{n}} = 0{,}008\ 587$$

Wanddicke $\overline{w} = f(\overline{D}, \overline{d}) = \dfrac{1}{2}\,(\overline{D} - \overline{d}) = \dfrac{9{,}992 - 9{,}498}{2} = 0{,}247$

Mittlerer Fehler der Wanddicke (Standardabweichung in der Ergebnisgröße $\overline{w}$)

$$s_{\overline{w}} = \sqrt{\left(\frac{1}{2}\right)^2 s_{\overline{D}}^2 + \left(-\frac{1}{2}\right)^2 s_{\overline{d}}^2} = \sqrt{\frac{0{,}000\ 094 + 0{,}000\ 074}{4}} \approx 0{,}006\ 481 \qquad \blacklozenge$$

16.4 Beschreibende Statistik

16.4.1 Allgemeines

Die *beschreibende Statistik* liefert Methoden der Erfassung und Darstellung empirisch gewonnenen Zahlenmaterials von Massenerscheinungen.

Begriffe
Statistische Masse: Menge unterscheidbarer Elemente (Objekte), die *statistischen Einheiten* mit bestimmten *Merkmalen A*, Gegenstand der Statistik

Merkmale A: Eigenschaften der statistischen Einheit, Gegenstand der Erhebungen mit ihren *Merkmalsausprägungen A_i* (Abstufungen, Werte)

● qualitativ:
   Nominalmerkmal A, zahlenmäßig verschlüsselbar (gleich – ungleich)
   Ordinalmerkmal X, überführbar in Zahlen (*Rang*) (kleiner – größer)
   alternativ (2 Aussagen, ja – nein)
● quantitativ (Zahlenwerte): *Kardinalmerkmal*, Meßwert x_i
   stetig (*kontinuierlich*, d.h. jeder Wert in einem Intervall annehmbar)
   nicht stetig (*diskret*, d.h. abzählbar viele Werte möglich)

Behandelt werden ordinale bzw. quantitative Merkmale.

Stichprobe: zufällige Teilerhebung (ungeordnete **Urliste**) vom Umfang *n* aus einer *Grundgesamtheit* vom Umfang *N* (*Charge, Los*), *n* < *N*, gleichartiger Einheiten, wobei jeder Stichprobenwert aus der gleichen Grundgesamtheit stammt (»Ziehen mit Zurücklegen«). Untersucht wird nach einem bestimmten Merkmal *X*.

Tabelle: Ergebnisse der Stichprobe, *Urwerte, Realisierungen* von X: x_i

Primäre Verteilungstafel (primäre Verteilungstabelle)
Tabelle (z.B. *Strichliste*) der größenmäßig geordneten diskreten Realisierungen x_i, $i = 1, \ldots, m$, $m \leq n$

absolute Häufigkeit des Meßwertes x_i

$$n(x_i) := n_i \qquad \sum_{i=1}^{m} n_i = n \qquad\qquad 0 \leq n_i \leq n, \ i = 1, \ldots, m$$

m Anzahl der Meßwerte (Merkmalsausprägungen) x_i, $m \geq 2$

Relative Häufigkeit des Meßwertes x_i

$$h(x_i) := h_i = \frac{n_i}{n} \qquad \sum_{i=1}^{m} h_i = 1 \qquad\qquad 0 \leq h_i \leq 1$$

Empirische Verteilungsfunktion (*Treppenfunktion*) $\quad F_n(x) = \sum_{i:\, x_i \leq x} h_i \qquad x \in \mathbb{R}$

(Gemäß dem internationalen Trend definiert als rechtsseitig stetige Funktion)

Klassierung (Gruppierung) von Beobachtungswerten
In Intervallen (**Klassen**) zusammengefaßte geordnete Meßwerte x_i ergeben die
sekundäre Verteilungstafel (sekundäre Verteilungstabelle),

wobei *Klassenbreite* der *j*-ten Klasse: w_j (Differenz der Klassengrenzen), meist
$w_j = w = $ konst., auch $\Delta x_j = x_{j+1} - x_j$ üblich.

Wahl der *Klassenbreite* w (DIN 53804, Teil 1) nach Festlegung der Klassenanzahl k mit $k \approx \sqrt{n}$ für $30 < n \leq 400$ bzw. $k = 20$ für $n > 400$

$$w \approx \frac{R_n}{k} \quad \text{mit der } \textit{Spannweite der Stichprobe } R_n = x_{\max} - x_{\min}$$

Klassengrenzen eindeutig zuordnen, z.B. rechts offene Klasse [10, 12).

Repräsentant der Klasse *j* ist die Klassenmitte $\overline{x}_j$, $j = 1, \ldots, k$, als arithmetisches
Mittel der Klassengrenzen.
Bei offenen (unendlich breiten) *Randklassen* sind die Einzelwerte dieser
Randklassen zu einem Klassenrepräsentanten zu mitteln.

Absolute (*Klassen-*) *Häufigkeit, absolute Besetzungszahl* n_j,
Anzahl der Elemente in der Klasse *j*:

$$n(\overline{x}_j) := n_j \qquad \sum_{j=1}^{k} n_j = n \qquad\qquad 0 \leq n_j \leq n \qquad \text{auch } \sum_j n_j, \sum n_j$$

16

Relative (Klassen-) Häufigkeit, relative Besetzungszahl,
Anteil der Elemente in Klasse j am Stichprobenumfang n

$$h(\overline{x}_j) := h_j = \frac{n_j}{n} \qquad 0 \leq h_j \leq 1, \text{ auch in \%}, \quad \sum_{j=1}^{k} h_j = 1 \text{ bzw. } 100 \%$$

Ihre Summation ergibt die Treppenfunktion der relativen Summenhäufigkeiten als vereinfachte empirische Verteilungsfunktion (vgl. Bild unten).

Aufsummierte Besetzungszahlen ab der 1. Klasse (ohne Dezimalen)

$$G_j = n_1 + n_2 + \dots + n_j \qquad\qquad H_j = \frac{G_j}{n}$$

(absolute bzw. relative Häufigkeitssumme; $G_k = n$, $H_k = 1$)

Reduktionslage ist die untere Grenze der ersten Klasse.

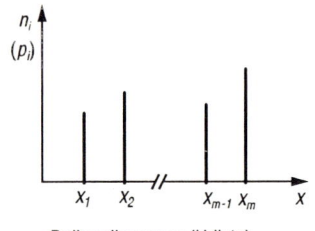

Balkendiagramm (Urliste)   Histogramm (Gruppierung)

Graphische Darstellung der Häufigkeitsverteilung

Balkendiagramm (siehe Bild oben)
(*Stabdiagramm, Liniendiagramm, Säulendiagramm*)

Merkmalsachse x

Ordinate   • absolute Häufigkeiten: $n(x_i) := n_i$ bzw. $n(\overline{x}_j) := n_j$

        • relative Häufigkeiten: $p(x_i) := p_i$ bzw. $h(\overline{x}_j) := h_j$

Histogramm (siehe Bild oben)
(*Treppenfunktion* der relativen Klassenhäufigkeiten)

geglättet: *Häufigkeitspolygon, Häufigkeitsdichte* über Δx_j, d.h.

$\qquad f_j(x) = $ Flächeninhalt über Δx_j als Maß für h_j (siehe Bild unten)
$\qquad$ (Summe der Flächenanteile gleich 1)

Merkmalsachse: Intervalle $\Delta x_j \overset{\triangle}{=}$ Klassenbreite
Ordinate: relative Klassenhäufigkeit h_j bezogen auf eine
                 (konstante) Klassenbreite Δx

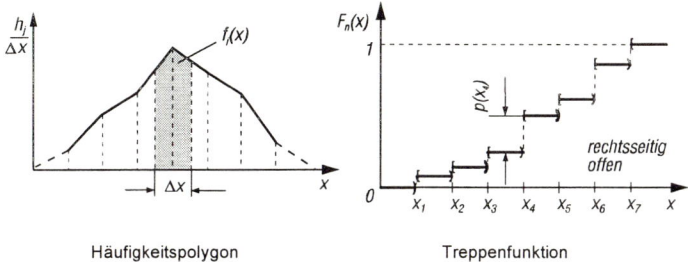

Häufigkeitspolygon   Treppenfunktion

Empirische Verteilungsfunktion, Treppenfunktion
(Häufigkeitssummentreppe)

Darstellung der kumulierten relativen Häufigkeiten

geglättet: *Summenpolygon*

16.4.2 Mittelwerte (Lagemaße)

(Statistikfunktion des Taschenrechners verwenden!)

Arithmetisches Mittel $\bar{x}$
(Empirisches Mittel, Mittelwert der Stichprobe, Durchschnittswert, Anwendung vorrangig in der Statistik)

Bei Verwendung von **Einzelwerten** x_i aus der Urliste

$$\bar{x} = \frac{1}{n} \sum_{i=1}^{n} x_i \qquad \text{(gelesen »} x \text{ quer«)}$$

Berechnung von $\bar{x}$ über einen angenommenen Mittelwert $\bar{x}_a$

$$\bar{x} = \bar{x}_a + \frac{1}{n} \sum_{i=1}^{n} z_i \qquad \text{mit } z_i = x_i - \bar{x}_a$$

Bei **primärer Verteilungstafel** $\quad \bar{x} = \frac{1}{n} \sum_{i=1}^{m} x_i n_i \qquad n = \sum_{i=1}^{m} n_i$

x_i Meßwerte
n_i absolute Häufigkeit der Werte x_i
n Stichprobenumfang
m Anzahl unterschiedlicher Meßwerte x_i

16

Bei **sekundärer Verteilungstafel** $\bar{x} = \dfrac{1}{n} \displaystyle\sum_{j=1}^{k} \bar{x}_j n_j$ $n = \displaystyle\sum_{j=1}^{k} n_j$

$\bar{x}_j$ Klassenmittelwert
n_j absolute Klassenhäufigkeit, Besetzungszahl
k Klassenanzahl

Bemerkung: Dieser Mittelwert heißt auch *gewichtetes arithmetisches Mittel*.

Für unterschiedliche Klassenbreiten siehe DIN 53804.

Eigenschaften des arithmetischen Mittels

(1) $\displaystyle\sum_{i=1}^{m} (x_i - \bar{x})\, n_i = 0$

(*Schwerpunkteigenschaft*)

(2) $\displaystyle\sum_{i=1}^{m} (x_i - \bar{x})^2 n_i = \min_{c \in \mathbb{R}} \sum_{i=1}^{m} (x_i - c)^2 n_i$

(*Quadratische Minimumeigenschaft*)

(3) $\dfrac{1}{n} \displaystyle\sum_{i=1}^{m} (x_i - c)\, n_i = \bar{x} - c$

(4) $\dfrac{1}{n} \displaystyle\sum_{i=1}^{m} c x_i n_i = c\bar{x}$ $c \in \mathbb{R}$

(5) $\dfrac{\displaystyle\sum_{i=1}^{m} x_i \dfrac{n_i}{c}}{\displaystyle\sum_{i=1}^{m} \dfrac{n_i}{c}} = \bar{x}$

(6) $\bar{x} = \dfrac{\bar{x}_1\, n_1 + \bar{x}_2\, n_2}{n_1 + n_2}$ $(k = 2)$

Geometrisches Mittel $\overset{\circ}{x}, \bar{x}_g$

(Wirtschaftsstatistik, durchschnittliche Zuwachsrate)

für die Urliste ($x_i > 0,\ i = 1,\ \dots,\ n$)

$$\overset{\circ}{x} = \sqrt[n]{x_1 x_2 \cdot \dots \cdot x_n} = \sqrt[n]{\prod_{i=1}^{n} x_i} \qquad \lg \overset{\circ}{x} = \frac{1}{n} \sum_{i=1}^{n} \lg x_i$$

(Rechenformel)

für gruppiertes Datenmaterial ($\bar{x}_j > 0, j = 1, \dots, k$)

k Anzahl der Klassen
n_j absolute Häufigkeit in Klasse j

$$\overset{\circ}{x} = \sqrt[n]{\prod_{j=1}^{k} \bar{x}_j^{\,n_j}} \qquad\qquad \lg \overset{\circ}{x} = \frac{1}{n} \sum_{j=1}^{k} n_j \lg \bar{x}_j$$

(Rechenformel)

$$\text{Gewichtetes geometrisches Mittel} = \sqrt[N]{\prod_{i=1}^{k} \bar{x}_i^{\,w_i}} \qquad N = \sum_{i=1}^{k} w_i \qquad w_i > 0$$

Für absolute Entwicklungszahlen $x_1, x_2, ..., x_n$ gelten:

Durchschnittliches *Wachstumstempo* $\qquad \overline{W} = \sqrt[n-1]{\dfrac{x_n}{x_1}} \cdot 100\ \%$

Durchschnittliche *Zuwachsrate* $\qquad \overline{R} = \left(\sqrt[n-1]{\dfrac{x_n}{x_1}} - 1 \right) \cdot 100\ \%$

Quadratisches Mittel $\bar{x}_q$

$$\bar{x}_q = \sqrt{\frac{x_1^2 + x_2^2 + ... + x_n^2}{n}} = \frac{1}{\sqrt{n}} \sqrt{\sum_{i=1}^{n} x_i^2}$$

$$\text{Gewichtetes quadratisches Mittel} = \frac{1}{\sqrt{N}} \sqrt{\sum_{i=1}^{n} x_i^2 w_i} \qquad N = \sum_{i=1}^{n} w_i\,,\ w_i > 0$$

Harmonisches Mittel $\bar{x}_h$

$$\bar{x}_h = \frac{n}{\dfrac{1}{x_1} + \dfrac{1}{x_2} + ... + \dfrac{1}{x_n}} = \frac{n}{\displaystyle\sum_{i=1}^{n} \dfrac{1}{x_i}}$$

$$\text{Gewichtetes harmonisches Mittel} = \frac{N}{\displaystyle\sum_{i=1}^{n} \dfrac{1}{x_i} w_i} \qquad N = \sum_{i=1}^{n} w_i\,,\ w_i > 0$$

Satz von CAUCHY: $x_{\min} \le \bar{x}_h \le \overset{\circ}{x} \le \bar{x} \le \bar{x}_q \le x_{\max}$

Quantile, »untere« Quantile, Perzentile, Fraktile
Quantil der Ordnung γ, $0 < \gamma < 1$, Lageparameter

Das γ-Quantil x_γ ist derjenige Wert auf der x-Achse, der von einem Anteil γ der Meßwerte in der Regel nicht überschritten wird:

diskret: $\displaystyle\sum_{i:\,x_i < x_\gamma} p_i \le \gamma$ und $\displaystyle\sum_{i:\,x_i \le x_\gamma} p_i \ge \gamma \quad P(X < x_\gamma) \le \gamma \le P(X \le x_\gamma)$

stetig: $\quad P(X \le x_\gamma) = \gamma \qquad\qquad \gamma$ Wahrscheinlichkeitsmasse

16

Terzentile $x_{1/3}, x_{2/3}$, *Quartile* $x_{1/4}, x_{3/4}$ und *Median* nachstehend.

Bemerkung: Die Zahl x_γ ist nicht immer eindeutig (diskrete Grundgesamtheiten).

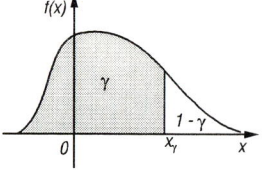

Unteres Quantil einer stetigen Verteilung

Zentralwert, Median, Mittelwert der Lage $\widetilde{x}$, $x_{0,5}$

(vorrangig für statistische Qualitätskontrolle, gelesen »*x* Tilde, *x* Schlange«)

Mittlerer Wert der nach steigenden Werten geordneten Beobachtungen der Urliste $x_1 \le x_2 \le \ldots \le x_n$

$$x_{0,5} = \widetilde{x} = x_{(n+1)/2} \qquad \text{wenn } n \text{ ungerade}$$

$$x_{0,5} = \widetilde{x} = \frac{x_{n/2} + x_{n/2+1}}{2} \qquad \text{wenn } n \text{ gerade}$$

Lineare Minimumeigenschaft $\displaystyle\sum_{i=1}^{m} |x_i - \widetilde{x}|\, n_i < \sum_{i=1}^{m} |x_i - c|\, n_i \quad c \ne \widetilde{x}$

Für eine symmetrische Verteilung gilt $\widetilde{x} = \overline{x}$.

Dichtemittel, Modalwert *D* (primäre Verteilungstafel)

Wert der Meßreihe $x_1, \ldots, x_m$ mit maximaler Häufigkeit (mehrere Modalwerte sind möglich.) Falls jeder Wert der Meßreihe nur einmal auftritt, gibt es zunächst keinen Modalwert.

16.4.3   Streuungsmaße

(Statistikfunktionen des Taschenrechners nutzen!)

Variationsbreite, Spannweite

$$R = x_{max} - x_{min} \qquad \text{für ungruppierte Daten (Urliste)}$$

Durchschnittliche absolute Abweichung, lineare Streuung *d*

um einen Bezugspunkt c:

(Urliste)   (primäre Verteilungstafel)

$$d = \frac{1}{n}\sum_{i=1}^{n} |x_i - c| \qquad\qquad d = \frac{1}{n}\sum_{i=1}^{m} |x_i - c|\, n_i$$

c wird gleich dem Median $\widetilde{x}$ oder dem arithmethischen Mittel $\overline{x}$ gesetzt.

Empirische Varianz einer Stichprobe (Stichprobenstreuung, empirische Streuung)

Erwartungstreue Schätzung für die Streuung σ^2 einer Grundgesamtheit X

für Urliste

$$s^2 := s_{n-1}^2 = \frac{1}{n-1} \sum_{i=1}^{n} (x_i - \bar{x})^2 = \frac{1}{n-1} \left(\sum_{i=1}^{n} x_i^2 - \frac{1}{n} \left(\sum_{i=1}^{n} x_i \right)^2 \right)$$

für primäre Verteilungstafel

$$s_{n-1}^2 = \frac{1}{n-1} \sum_{i=1}^{m} (x_i - \bar{x})^2 n_i = \frac{1}{n-1} \left(\sum_{i=1}^{m} x_i^2 n_i - n\bar{x}^2 \right)$$

für sekundäre Verteilungstafel: Man setze $m := k$ und Index $i := j$.

Standardabweichung (früher: »mittlerer Fehler der Einzelmessung«)

$$s := \sqrt{s^2}$$

Bemerkung: Bei bekanntem Erwartungswert $\mu = EX$ wird anstatt $\bar{x}$ oft sofort μ benutzt. In diesem Fall ist in s^2 der Faktor $\frac{1}{n-1}$ durch $\frac{1}{n}$ zu ersetzen.

Standardabweichung des arithmetischen Mittels
(früher »Standardfehler«, »Mittlerer Fehler des Mittelwertes«)

$$s_{\bar{x}} = \frac{s}{\sqrt{n}}$$

Variationskoeffizient, Variabilitätskoeffizient, relatives Streuungsmaß

$$v = \frac{s}{\bar{x}} \qquad \text{bzw.} \quad v = \frac{s}{\bar{x}} \, 100 \, \% \qquad\qquad \text{für } \bar{x} > 0$$

Ausreißerproblem

In einer Stichprobe von $(n + 1)$ Daten ist einer, x_{n+1}, auffallend groß (klein). Die Grundgesamtheit sei normalverteilt. Der Ausreißer wird weggelassen, wenn $x_{n+1} > \bar{x} + Ks$ $(x_{n+1} < \bar{x} - Ks)$

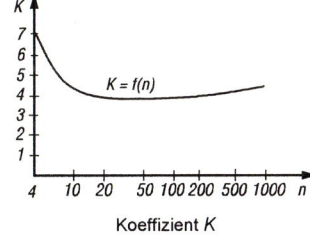

Koeffizient K

$\bar{x}$ arithmetisches Mittel ohne x_{n+1}
s Standardabweichung ohne x_{n+1}
K siehe Bild.

Bei Ausreißern gilt: $\tilde{x}$ ist $\bar{x}$
Quartilabstand $x_{3/4} - x_{1/4}$ ist s vorzuziehen.

16

16.5   Wahrscheinlichkeitsrechnung

16.5.1   Allgemeines

Die Wahrscheinlichkeitsrechnung liefert mathematische Modelle für zufällige (*stochastische*) *Erscheinungen* der objektiven Realität.
(Gegensatz: *deterministische* Ereignisse)

16.5.1.1 Ereignisalgebra

(gemäß axiomatischer Wahrscheinlichkeitsdefinition, siehe 16.5.1.3)

Zufallsversuch, Zufallsexperiment

> Ein *Zufallsversuch* ist eine Beobachtung (Befragung, Experiment), deren Ergebnis von vornherein (a-priori) nicht mit Sicherheit vorhersagbar ist. Er hat als Ergebnis ein oder mehrere *Ereignisse*, die in einem Ereignisfeld zusammengefaßt werden. Er ist beliebig oft (evtl. nur gedanklich) unter gleichen Bedingungen wiederholbar.

Zufallsversuche können ein- oder mehrstufig sein. n Zufallsversuche nacheinander sind identisch mit einem n-stufigen Versuch mit n-Tupeln als Ergebnis. Darstellung im *Baumdiagramm* (siehe Bilder unten)

♦   Beispiele

Auswahl von 2 Personen aus 3 (A, B, C)

Das Experiment ist 2stufig: Auswahl 1 aus 3, danach nochmals 1 aus 2. Ergebnismenge $S_1 = \{(AB), (AC), (BA), (BC), (CA), (CB)\}$
Da die Reihenfolge gleichgültig ist, sind nur Zweiermengen interessant $S_2 = \{\{AB\}, \{AC\}, \{BC\}\}$, Bild links.

oder   Zwei Gewinnsätze im Tennis, Spieler A und B, Bild rechts.   ♦

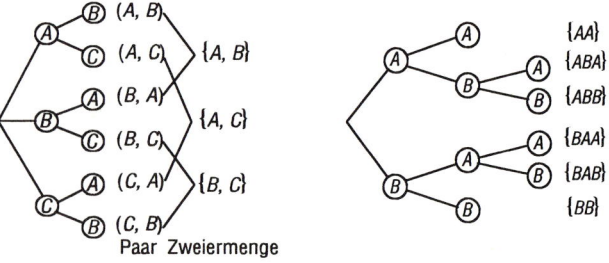

Zweistufiger Versuch   Zwei Gewinnsätze

Menge der elementaren Ereignisse in der Grundmenge Ω

Elementarereignisse sind alle möglichen, einander ausschließenden, nicht weiter zerlegbaren Ausgänge eines bestimmten Zufallsversuchs. Bei einem Zufallsversuch muß genau eines der Elementarereignisse eintreten (z.B. eine der Zahlen 1 bis 6 beim einmaligen Würfelversuch).

$$\Omega = \left\{ e_1, \ldots, e_n \right\} \quad n \text{ Anzahl der Elementarereignisse, auch } E, S$$

Ω Grundmenge, Grundraum, Grundgesamtheit, Ergebnismenge, Raum der Elementarereignisse, Stichprobenraum

Bemerkung: Ω kann auch unendlich viele Elemente enthalten, vgl. Beispiel (2).
Bei Meßexperimenten ist Ω ein Intervall.

Ereignis *A*, zufälliges Ergebnis eines Versuchs

Ereignis A ist eine Teilmenge von Ω: $A \subset \Omega$
A tritt ein, wenn eines seiner Elementarereignisse $e_i \in A$ eintritt.
A ist elementares Ereignis, wenn $A \neq \varnothing$ und kein $B \subset A$ mit $B \neq \varnothing$ vorhanden ist.
A heißt *zusammengesetztes Ereignis*, wenn es kein Elementarereignis ist:

$$A = B \cup C \quad \text{mit} \quad B \neq A, \ C \neq A$$

♦   Beispiel

   $A = \{$gerade Augenzahl beim Würfelversuch$\}$
   $A = \{2, 4, 6\} = \{2\} \cup \{4\} \cup \{6\}$ ♦

Menge der atomaren Ereignisse im Ereignisfeld $\mathcal{A}$

Die Menge aller zufälligen Ereignisse A_i, die in einem bestimmten zufälligen Versuch auftreten können, heißt *Ereignisfeld $\mathcal{A}$* (auch *Ereignisalgebra $\mathcal{A}$*). Will man z.B. beim Würfelversuch (s.o.) nur zwischen gerader und ungerader Augenzahl unterscheiden, gilt:
$\mathcal{A} = \{\varnothing, A, \bar{A}, \Omega\}$ mit $A = \{2, 4, 6\}$
und *A* ist somit »*atomares Ereignis*« (= kleinste Teilmenge) in $\mathcal{A}$.

Sicheres Ereignis: $\Omega \in \mathcal{A}$, auch E, S
Unmögliches Ereignis: $\varnothing \in \mathcal{A}$

♦   Beispiele:

(1)   Einmaliger Wurf eines Würfels.

Elementare Ereignisse	$\{e_i\}, i = 1, \ldots, 6$
Grundraum, Grundmenge	$\Omega = \{e_1, \ldots, e_6\}$
Ereignis ungerade Zahl	$A = \{e_1, e_3, e_5\} \subset \Omega$ bzw. $A \in \mathcal{A}$

16

Ereignisfeld $\mathcal{A}$ ist z.B. die Potenzmenge von Ω mit $2^6 = 64$ verschiedenen Teilereignissen.

(2)   Lebensdauer L eines technischen Erzeugnisses

Grundraum $\qquad\qquad \Omega = [0, \infty)$

Ereignis $A = \{L \geq 3000\ \text{h}\}$ $\qquad A = [3000, \infty) \subset \Omega$ bzw. $A \in \mathcal{A}$,

wobei hier das Ereignisfeld $\mathcal{A}$ zunächst nicht näher beschrieben wird.   ♦

Kombinatorik (siehe auch 3.4)

Anzahl der Ereignisse A_i mit ν atomaren Ereignissen aus Ω

$$C_n^{(\nu)} = \binom{n}{\nu} \qquad \nu = 1, ..., n \qquad \text{(Kombination)}, \ \nu = 0 \text{ bedeutet } A_i = \varnothing$$

Anzahl aller möglichen Ereignisse A_i aus Ω

$$\sum_{\nu=0}^{n} \binom{n}{\nu} = 2^n$$

d.h., das Ereignisfeld enthält maximal 2^n Ereignisse, falls Ω n Elemente enthält. ($\mathcal{A}$ heißt in diesem Fall *Potenzmenge* von Ω.)

Anzahl der geordneten Stichproben **mit** Zurücklegen aus n verschiedenen Elementen vom Umfang k:

$$V_{n,w}^{(k)} = n^k \qquad\qquad \text{(Variation mit Wiederholung)}$$

Anzahl der geordneten Stichproben **ohne** Zurücklegen aus n verschiedenen Elementen vom Umfang k:

$$V_n^{(k)} = (n-1) \cdot ... \cdot (n-k+1) = \frac{n!}{(n-k)!} = \binom{n}{k} k! \qquad k \leq n$$
$$\text{(Variation ohne Wiederholung)}$$

Anzahl Vollerhebungen bei $k = n$:

$$n! \qquad\qquad \text{(Permutation)}$$

Fundamentalprinzip der Kombinatorik

Aus k Mengen $M_i \neq \varnothing$ mit jeweils n_i Elementen kann man

$n_1 \cdot n_2 \cdot ... \cdot n_k$ verschiedene k-Tupel $(x_1, ..., x_k)$ bilden, wobei

$x_i \in M_i, i = 1, ..., k$.

Wahrscheinlichkeit $P(A)$

(gelesen »P von A«) ⟨engl. probability⟩

siehe Definitionen der Wahrscheinlichkeit, 16.5.1.3.

- *Sicheres, deterministisches Ereignis Ω* $\qquad P(\Omega) = 1$
- *P-fast sicheres Ereignis A* $\qquad\qquad P(A) = 1$
- *P-fast unmögliches Ereignis A* $\qquad\ \ P(\overline{A}) = 0$
- *Unmögliches Ereignis $\varnothing$* $\qquad\qquad\ \ P(\varnothing) = 0$

Die Wahrscheinlichkeit $P(A)$ für das Ereignis $A = \{e_1, ..., e_k\}$ mit $e_i \in \Omega$ ist die Chance (der *Sicherheitsgrad*), mit dem A bei einem Versuch eintritt.

Gleichverteilung

Annahme der gleichen Wahrscheinlichkeit für alle (endlich vielen) atomaren Ereignisse eines Zufallsversuchs (LAPLACE-*Experiment*), z.B. idealer Würfel:

$$\{e_i\} \text{ mit } i = 1, ..., 6 \text{ und } P(\{e_i\}) = \frac{1}{6}$$

Relative Häufigkeit, Schätzwert für $P(A)$ $\qquad h(A) = \dfrac{n_A}{n}$

n_A absolute Häufigkeit des Eintretens von A, **günstiges** Ergebnis
n Anzahl der Versuche unter gleichen Versuchsbedingungen

Mit steigendem n (*Gesetz der großen Zahl*, siehe 16.6) kommt $h(A)$ der Wahrscheinlichkeit $P(A)$ sehr nahe.

16.5.1.2 Relationen (Operationen) zwischen/mit Ereignissen

$A = B$ $\qquad$ Gleichheit, mit A tritt auch B ein und umgekehrt.

$A \subset B$ $\qquad$ A ist in B enthalten, nach A tritt stets B ein, A zieht B nach sich.

$A \cup B$ $\qquad$ Summe (Vereinigung), es tritt mindestens eines der beiden Ereignisse ein.

$A \cap B$ $\qquad$ Produkt (Durchschnitt), es tritt sowohl A als auch B ein.

$A \setminus B$ $\qquad$ Differenz, A tritt ein und B nicht.

$\overline{A}$ $\qquad\ $ Komplement, Gegenereignis, $\overline{A}$ tritt ein, wenn A nicht eintritt.
$\qquad\qquad \overline{A} \cap A = \varnothing$ und $\overline{A} \cup A = \Omega$

$A \cap B = \varnothing$ Unvereinbarkeit, Disjunktion, *konträre Ereignisse*,
$\qquad\qquad A$ und B können nicht gleichzeitig eintreten, sie schließen einander aus.

$A \triangle B$ $\qquad$ Symmetrische Differenz $A \triangle B = \{e_i \mid e_i \in A \setminus B \vee e_i \in B \setminus A\}$

DEMORGAN*sches Gesetz:* $\overline{A \cup B} = \overline{A} \cap \overline{B} \qquad \overline{A \cap B} = \overline{A} \cup \overline{B}$

16

16.5.1.3 Definitionen der Wahrscheinlichkeit

Klassische Definition der Wahrscheinlichkeit (Gleichverteilung)

$$P(A) := \frac{m}{n} \qquad (\text{»Abzählregel«})$$

m Anzahl der günstigen Ausgänge für ein zufälliges Ereignis A,
  Anzahl der atomaren Ereignisse in A
n endliche Anzahl aller möglichen (gleichwertigen) Ausgänge eines
  Versuchs, Anzahl aller atomaren Ereignisse in Ω

♦   Beispiele:

(1)   Die Wahrscheinlichkeit, bei einem Wurf eine 4 zu würfeln, beträgt
$$P(A) = \frac{m}{n} = \frac{1}{6}$$

(2)   Die Wahrscheinlichkeit, mit zwei Würfeln als Summe ≤ 3 zu würfeln,
d.h. eines der Paare (1, 1), (1, 2) oder (2, 1) zu erzielen, ist
$$P(A) = \frac{3}{36} = \frac{1}{12} \qquad \text{hier: } e_i = (a, b) \text{ mit } a, b \in \{1, ..., 6\} \qquad ♦$$

Bemerkung: Bei ungleicher Masseverteilung im Würfel versagt die Formel,
da keine gleichen Wahrscheinlichkeiten für die atomaren Ereignisse vorliegen
(nichtidealer Würfel).

Statistische (frequentistische) Definition der Wahrscheinlichkeit

$$P_n(A) = \frac{n_A}{n}$$

n_A Anzahl des Eintretens von A in n unabhängigen Wiederholungen eines Versuchs
n Anzahl der Versuchsergebnisse, Stichprobe vom Umfang n

$P_n(A)$ schwankt bei großem n immer weniger um einen gewissen Wert, die Wahrscheinlichkeit $P(A)$, wobei Ausreißer nicht ausschließbar sind (Gesetz der großen Zahl, 16.6).

Axiomatische Definition der Wahrscheinlichkeit (Kolmogorow)
(Grundlage moderner Wahrscheinlichkeitsrechnung)
Ausgangspunkt ist der *Wahrscheinlichkeitsraum* $[\Omega, \mathcal{A}, P]$

Eigenschaften der Funktion P:
Jedem zufälligen Ereignis $A \in \mathcal{A}$ wird eine reelle Zahl $P(A)$ mit
$0 \leq P(A) \leq 1$ zugeordnet, die »Wahrscheinlichkeit von A«.

Wahrscheinlichkeit des sicheren Ereignisses: $P(\Omega) = 1$

Additionsaxiom: Sind A und B unvereinbar (disjunkt), d.h.
$A \cap B = \emptyset$, gilt $P(A \cup B) = P(A) + P(B)$.

Weiterhin sog. *σ-Additivität*, d.h.

$$P(A_1 \cup A_2 \cup ...) = \sum_i P(A_i) \qquad (\text{»Additionsregel«})$$

falls die A_i paarweise *disjunkt* sind: $A_i \cap A_j = \emptyset$ für $i \neq j$, $i, j \in \mathbb{N}$

Im täglichen Leben zusätzlich: *Subjektive a-priori* Wahrscheinlichkeit, eine aus Erfahrung (Intuition) resultierende Zahlenangabe für die Wahrscheinlichkeit des Eintretens

16.5.1.4 Regeln und Sätze der Wahrscheinlichkeitsrechnung

$$0 \leq P(A) \leq 1 \qquad\qquad B \subset A \;\rightarrow\; P(B) \leq P(A)$$

Wahrscheinlichkeit des unmöglichen Ereignisses: $P(\emptyset) = 0$

Wahrscheinlichkeit des Nichteintretens eines Ereignisses:

$$P(\overline{A}) = 1 - P(A) \qquad P(A) + P(\overline{A}) = 1$$

Additionssatz für zwei beliebige Ereignisse (s. Bild):

$$P(A \cup B) = P(A) + P(B) - P(A \cap B)$$

desgl. für 3 beliebige Ereignisse:

$$P(A \cup B \cup C) = P(A) + P(B) + P(C) - P(A \cap B)$$
$$- P(A \cap C) - P(B \cap C) + P(A \cap B \cap C)$$

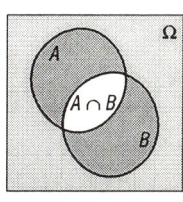

Additionssatz

Additionsaxiom für zwei unvereinbare Ereignisse, d.h.
$P(A \cap B = \emptyset)$, siehe axiomatische Definition der Wahrscheinlichkeit.

Addition von zwei unabhängigen Ereignissen (Definition siehe unten)

$$P(A \cup B) = 1 - P(\overline{A})\, P(\overline{B})$$

♦ **Beispiele:**

(1) Wie groß ist die Wahrscheinlichkeit, bei einem Wurf mit einem Würfel die 3 oder 5 zu erhalten (einander ausschließende elementare Ereignisse)?
$P(A \cup B) = P(A) + P(B) = 1/6 + 1/6 = 1/3$

(2) Wie groß ist die Wahrscheinlichkeit, aus einem Skatspiel eine rote oder eine Bildkarte zu ziehen?

$e_i = (\text{Gestalt, Farbe})$

Gestalt $\in$ {Bild, Zahl}; Farbe $\in$ {Eicheln, grün, rot, Schellen}

$A = \{(\text{Bild, Farbe}) \mid \text{Farbe beliebig}\}$

$B = \{(\text{Gestalt, rot}) \mid \text{Gestalt beliebig}\}$

$A \cup B = \{(\text{Gestalt, Farbe}) \mid \text{Gestalt} = \text{Bild} \vee \text{Farbe} = \text{rot}\}$

$P(\text{Bildkarten}) = P(A) = 16/32 = 1/2$

$P(\text{rote Karten}) = P(B) = 8/32 = 1/4$

$P(A \cup B) = P(A) + P(B) - P(A \cap B) = 1/2 + 1/4 - 4/32 = 5/8$ ♦

16

Bedingte Wahrscheinlichkeit

Die Wahrscheinlichkeit des Ereignisses B unter der Bedingung, daß A schon eingetreten ist, heißt Wahrscheinlichkeit von B unter der Bedingung A (*Bedingte Wahrscheinlichkeit*):

$$P(B|A) = \begin{cases} \dfrac{P(A \cap B)}{P(A)} & \text{für } P(A) > 0 \\ 0 & \text{für } P(A) = 0 \end{cases}$$

(Stochastisch) unabhängige Ereignisse

A und B sind *stochastisch voneinander unabhängig*, wenn das Eintreten des einen Ereignisses keine Auswirkungen auf die Wahrscheinlichkeit des Eintretens des anderen hat.

n Ereignisse sind voneinander unabhängig, wenn sie paarweise unabhängig sind und außerdem jedes Ereignis von allen Durchschnitten unabhängig ist, die aus den übrigen Ereignissen gebildet werden können.

Multiplikationssatz für unabhängige Ereignisse:

$$P(A \cap B) = P(A) \cdot P(B) = P(A) \cdot P(B|A) = P(B) \cdot P(A|B)$$

d.h., $P(B|A) = P(B)$ bzw. $P(A|B) = P(A)$
$P(B|A) = P(B|\bar{A}) = P(B)$

♦   Beispiele:

(1)   Unabhängige Ereignisse sind das wiederholte Ziehen einer Kugel aus einer Urne mit Zurücklegen.

(2)   Abhängige Ereignisse sind die Ziehungen der Lottozahlen,
d.h. ohne Zurücklegen.   ♦

Allgemeiner Multiplikationssatz der Wahrscheinlichkeit
(Wahrscheinlichkeit des »sowohl – als auch«, gleichzeitiges Eintreten mehrerer Ereignisse)

2 *beliebige* Ereignisse

$$P(A \cap B) = P(A) \cdot P(B|A)$$

3 *beliebige* Ereignisse

$$P(A \cap B \cap C) = P(A) \cdot P(B|A) \cdot P(C|A \cap B)$$

n *beliebige* Ereignisse

$$P(A_1 \cap \ldots \cap A_n) = P(A_1) \cdot P(A_2|A_1) \cdot P(A_3|A_1 \cap A_2) \cdot \ldots$$
$$\cdot P(A_n|A_1 \cap \ldots \cap A_{n-1})$$

n voneinander *unabhängige* Ereignisse

$$P(A_1 \cap \ldots \cap A_n) = P(A_1) \cdot \ldots \cdot P(A_n)$$

♦ **Beispiel:**

Zieht man aus einem Kartenspiel (32 Karten) eine Karte, so ist die Wahrscheinlichkeit, einen König zu ziehen $P(A) = 4/32 = 1/8$. Ist die gezogene Karte ein König, und zieht man eine weitere Karte, so ist die Wahrscheinlichkeit, wieder einen König zu ziehen, $P(B|A) = 3/31$.

Die Wahrscheinlichkeit, zwei Könige mit zwei Karten zu ziehen, ist daher
$$P(A \cap B) = P(A) \cdot P(B|A) = 1/8 \cdot 3/31 \approx 0{,}012$$ ♦

Für *unabhängige Ereignisse* $A_1, \ldots, A_n$ ist die Wahrscheinlichkeit p dafür, daß

- sie *gleichzeitig* auftreten $p = P(A_1) \cdot \ldots \cdot P(A_n)$
- *keines* eintritt $p = (1 - P(A_1)) \cdot \ldots \cdot (1 - P(A_n))$
- *mindestens eines* eintritt $p = 1 - (1 - P(A_1)) \cdot \ldots \cdot (1 - P(A_n))$

Satz der totalen Wahrscheinlichkeit

$$P(B) = P(A) \cdot P(B|A) + P(\overline{A}) \cdot P(B|\overline{A}) \qquad B \in \mathcal{A}, \text{beliebig}$$

Zerlegt man die Ereignismenge Ω in die Ereignisse A_i, $A_1 \cup \ldots \cup A_n = \Omega$ und ist $P(A_i) > 0$, $i = 1, \ldots, n$, so gilt für ein beliebiges Ereignis $B \in \mathcal{A}$

$$P(B) = \sum_{i=1}^{n} P(B \cap A_i) = \sum_{i=1}^{n} P(A_i) \cdot P(B|A_i) \quad \text{wobei} \begin{array}{l} A_i \cap A_j = \varnothing \\ \text{für } i \neq j \end{array}$$

Formel von Bayes

Es gelten die gleichen Voraussetzungen für A_i und $B \in \mathcal{A}$ wie bei der totalen Wahrscheinlichkeit. Die bedingten Wahrscheinlichkeiten der Ereignisse A_i unter der Voraussetzung, daß B **bereits eingetreten ist**, betragen:

$$P(A_i|B) = \frac{P(A_i)\, P(B|A_i)}{\displaystyle\sum_{j=1}^{n} P(A_j)\, P(B|A_j)} \qquad \begin{array}{l} A_i \cap A_j = \varnothing \ \text{für } i \neq j \\ P(B) \neq 0 \end{array}$$

$P(A_i|B)$ a-posteriori-Wahrscheinlichkeiten

$P(B|A_i)$ a-priori-Wahrscheinlichkeiten

Die zufälligen Ereignisse A_i heißen auch *Hypothesen* (oder *Fallunterscheidung* in Ω).

16

♦   Beispiel:

3 Fahrzeuge der Gruppe I mit je 2 männlichen und 2 weiblichen Personen (Ereignis A_1) und 2 Fahrzeuge der Gruppe II mit je 1 männlichen und 2 weiblichen Personen (Ereignis A_2) stehen zur Verfügung.

Es wird ein Fahrzeug ausgewählt und daraus eine Person befragt, subjektive Bevorzugung sei ausgeschlossen. Man ermittle die Wahrscheinlichkeit, daß die befragte Person eine Frau ist (Ereignis B)?

$$P(A_1) = \frac{\text{(Anzahl Fahrzeuge Gruppe I)}}{\text{(Gesamtzahl Fahrzeuge)}} = \frac{3}{5} \qquad\qquad P(A_2) = \frac{2}{5}$$

$$P(B|A_1) = \frac{\text{(Anzahl Frauen Gruppe I)}}{\text{(Anzahl Personen Gruppe I)}} = \frac{2}{4} = \frac{1}{2} \qquad P(B|A_2) = \frac{2}{3}$$

$$P(B) = P(A_1) \cdot P(B|A_1) + P(A_2) \cdot P(B|A_2) = \frac{3}{5} \cdot \frac{1}{2} + \frac{2}{5} \cdot \frac{2}{3} \approx 0,57$$

Wie groß ist im Fall der Wahl einer weiblichen Person die Wahrscheinlichkeit, daß diese aus einem Fahrzeug der Gruppe II stammt?

$$P(A_2|B) = \frac{P(A_2) \cdot P(B|A_2)}{P(A_1) \cdot P(B|A_1) + P(A_2) \cdot P(B|A_2)} = \frac{2/5 \cdot 2/3}{3/5 \cdot 1/2 + 2/5 \cdot 2/3} \approx 0,47 \qquad ♦$$

16.5.1.5 Simulation von Zufallsversuchen

Basis einer *Simulation von Zufallsversuchen* sind *Zufallsziffern*, die den Ergebnissen des Versuchs entsprechend ihrer Wahrscheinlichkeit zugeordnet werden (*Monte-Carlo-Methode*).

♦   Beispiele:

(1)	20% Wahrscheinlichkeit	$P(A) = 0,2$	Zuordnung	0 und 1
		$P(\overline{A}) = 0,8$		2 bis 9
(2)	2% Wahrscheinlichkeit	$P(A) = 0,02$	Zuordnung	00 und 01
		$P(\overline{A}) = 0,98$		02, 03, ..., 99
(3)	2/7 Wahrscheinlichkeit	$P(A) = 2/7$	Zuordnung	1 und 2
		$P(\overline{A}) = 5/7$	Zuordnung	3, 4, 5, 6, 7
			überlesen werden 8, 9, 0	♦

Zufallsgeneratoren
Zufallsziffern sind tabelliert oder werden vom Rechner nach Algorithmen (*Zufallsgeneratoren*) erzeugt. Zufallsziffern müssen statistischen Tests genügen.

Quadratmittenverfahren
(ältestes Verfahren, liefert Pseudozufallsziffern)

beliebige 4stellige reelle Zahl $\Rightarrow$ ihr 8stelliges Quadrat (linke Nullen evtl. ergänzen) $\Rightarrow$ mittlere 4 Ziffern sind die Zufallsziffern

♦ **Beispiel:**

5401	$5401^2 = 29\underline{1708}01$
1708	$1708^2 = 02\underline{9172}64$
9172	$9172^2 = 84\underline{1255}84$
1255 usw.	

♦

163-Generator

$$x_{n+1} = \text{frac } (163x_n) \qquad \text{mit } x \rightarrow \text{frac } (x)$$

Restfunktion x, frac (x): Differenz zwischen x und $[x]$, wobei
integer part function $y = f(x) = [x]$, größte ganze Zahl kleiner oder gleich x.
Das heißt, von einer Dezimalzahl werden die Dezimalen ausgewählt.
Ausgangszahl x_0 beliebig mit 5 Dezimalen

♦ **Beispiel:** $x_0 = 0{,}37401$ Zufallsziffern

$0{,}37401 \cdot 163 =$	$60{,}9\underline{6363}$	9636
$0{,}96363 \cdot 163 =$	$157{,}\underline{07169}$	0716
$0{,}07169 \cdot 163 =$	$11{,}\underline{68547}$	6854 usw.

♦

Tests für Zufallsgeneratoren

Ziffern-Abzähltest
Für jede Ziffer soll die relative Häufigkeit $h(Z) \approx 0{,}1$, für jedes Paar $h(P) \approx 0{,}01$ und jedes Tripel $h(T) \approx 0{,}001$ sein.

Maximum-Test (Durchmischung)
Einteilung der Zufallsziffern in Dreierblöcke. Häufigkeit dafür, daß die mittlere Ziffer größer als ihre Nachbarn ist, soll sein: $h(M) \approx 0{,}285$.

Poker-Test (Durchmischung)
Fünfer-Blocks, zugeordnet nachstehenden Kriterien und verglichen mit den auftretenden Häufigkeiten

verschiedene Ziffern	$h(A) = 0{,}3024$	z.B. 14358
ein Paar	0,5040	54338
zwei Paare	0,1080	73753
ein Tripel	0,0720	73433
ein Tripel, ein Paar	0,0090	73733
vier Gleiche	0,0045	33373
fünf Gleiche	0,0001	33333

Sammler-Test
Feststellen der Länge der Sätze von Ziffern, die jede Ziffer mindestens einmal enthalten. Gute Durchmischung bei mittlerer Länge $l = 29{,}3$ Ziffern.

16

16.5.2   Zufallsvariable, Wahrscheinlichkeitsfunktion, Verteilungsfunktion

16.5.2.1 Zufallsvariable

Eine eindimensionale **Zufallsvariable** (**Zufallsgröße**) X ist eine Abbildung des *Wahrscheinlichkeitsraumes* $[\Omega, \mathcal{A}, P] \mapsto [\mathbb{R}, \mathcal{B}, P_X]$, die jedem Element ω aus Ω eine reelle Zahl $X(\omega) \in \mathbb{R}$ zuordnet und darüberhinaus für jedes $B \in \mathcal{B}$ die Bedingung $A := \{ \omega \in \Omega \mid X(\omega) \in B \} \in \mathcal{A}$ erfüllt, d.h. Urbilder $X^{-1}(B)$ von Ereignissen aus $\mathcal{B}$ sind Ereignisse aus $\mathcal{A}$. Damit kann die Wahrscheinlichkeit $P(A)$ mittels X auf B übertragen werden: $P_X(B) := P(A)$.

Die Werte, die eine Zufallsgröße X annimmt, heißen *Realisierungen* oder *Realisationen* $x_1, x_2, \ldots$
Die Menge aller Werte, die eine Zufallsgröße annehmen kann, heißt *Wertebereich, Wertevorrat.*

Diskrete Zufallsvariable X
Eine *Zufallsgröße X* heißt *diskret*, wenn sie endlich bzw. abzählbar unendlich viele verschiedene Werte (Realisierungen) $x_1, \ldots, x_n, \ldots$ annehmen kann.

Stetige Zufallsvariable X
Eine *stetige Zufallsgröße X* liegt vor, wenn sie jeden beliebigen Zahlenwert innerhalb eines bestimmten Intervalls der Zahlengeraden, auch $(-\infty, \infty)$, annehmen kann und darüberhinaus

$$P_X(B) = P(\{ \omega \in \Omega \mid X(\omega) \in B \}) \overset{\text{kurz}}{=} P(X \in B) = \int_B f(x)\, dx$$

für alle $B \in \mathcal{B}$ gilt. Hierbei ist $f(x) \geq 0$ und $\int_{-\infty}^{\infty} f(x)\, dx = 1$.

Unabhängigkeit von zwei diskreten Zufallsvariablen
Die Zufallsvariablen X und Y heißen genau dann **unabhängig**, wenn für alle Paare (x_i, y_k), $i = 1, \ldots, n$; $k = 1, \ldots, m$ gilt:

$$P(X = x_i; Y = y_k) = P(X = x_i) \cdot P(Y = y_k)$$

Verteilungsfunktion einer Zufallsvariablen X

Die *Verteilungsfunktion F_X* der Zufallsgröße X ist die Wahrscheinlichkeit dafür, daß X einen Wert annimmt, der kleiner oder gleich einer beliebigen Zahl $x \in \mathbb{R}$ ist. x durchläuft alle Werte der reellen Zahlengeraden.

$$F_X(x) \overset{\text{kurz}}{=} F(x) = P(X \leq x) \qquad -\infty < x < \infty,\ \text{d.h. } B = (-\infty, x]$$

Eigenschaften:

- *Intervall* $B = (x_1, x_2]$: $P_X(B) = P(x_1 < X \le x_2) = F(x_2) - F(x_1)$
- für $x_1 < x_2$: $F(x_1) \le F(x_2)$ (d.h., monoton, nicht fallend)
- für beliebiges x: $0 \le F(x) \le 1$
- unmögliches Ereignis $\lim\limits_{x \to -\infty} F(x) = 0$
- sicheres Ereignis $\lim\limits_{x \to \infty} F(x) = 1$

Bei diskreten Zufallsgrößen ist auch eine *Verteilungstabelle* der Einzelwahrscheinlichkeiten $P(X = x_i) = p_i$, $i = 1, 2, \ldots$, möglich. In diesem Fall ist die Verteilungsfunktion unstetig (Treppenfunktion, vgl. 16.4.1).

Momente

Momente sind Zahlen zur Charakterisierung einer Zufallsgrößen X mit der Verteilungsfunktion $F(x)$, z.B. Erwartungswert, Varianz, Schiefe, Exzeß.

k-tes zentrales Moment bez. $c \in \mathbb{R}$: $\alpha_k = \int\limits_{-\infty}^{\infty} (x - c)^k \, dF(x)$

(Stieltjes-Integral, Definition siehe BRONSTEIN, [1991/1995])

Daraus für *diskrete* Zufallsgröße X, $P(X = x_i) = p_i$: $\alpha_k = \sum\limits_i (x_i - c)^k p_i$

für *stetige* Zufallsgröße X, Dichte $f(x)$: $\alpha_k = \int\limits_{-\infty}^{\infty} (x - c)^k f(x) \, dx$

k-tes zentrales Moment α_k für $c = EX$, z.B. $\alpha_2 = \sigma^2 = \mu_2 - \mu_1^2$ (Varianz)

Anfangsmomente μ_k für $c = 0$: $\mu_k = \sum\limits_i x_i^k p_i$ X diskret, z.B. $\mu_1 = EX \overset{\text{kurz}}{=} \mu$

$$\mu_k = \int\limits_{-\infty}^{\infty} x^k f(x) \, dx \qquad X \text{ stetig}$$

16

16.5.2.2 Kennwerte von Verteilungsfunktionen

Erwartungswert *EX* der Zufallsvariablen *X*
(Anfangsmoment 1. Ordnung)

$g(X)$ Funktion der Zufallsvariablen X
p_i Einzelwahrscheinlichkeiten

$$E(g(X)) = \sum_i g(x_i)\, p_i \qquad \text{für } X \text{ diskret}$$

Bedingung: absolute Konvergenz $\displaystyle\sum_{i=1}^{\infty} \left| g(x_i) \right| p_i < \infty$

$$E(g(X)) = \int_{-\infty}^{\infty} g(x)\, f(x)\, \mathrm{d}x \qquad \text{für } X \text{ stetig, } f(x) \text{ Dichte}$$

Bedingung: absolute Konvergenz $\displaystyle\int_{-\infty}^{\infty} \left| g(x) \right| f(x)\, \mathrm{d}x < \infty$

Daraus: Gewichtetes arithmetisches Mittel aller möglichen Realisierungen von X, zu erwartender durchschnittlicher Wert (»Schwerpunkt der Wahrscheinlichkeitsmasse«)

$$\mu := \mu_X = EX = \sum_{i=1}^{\infty} x_i p_i \qquad \text{für } X \text{ diskret, falls } \sum_{i=1}^{\infty} \left| x_i \right| p_i < \infty$$

für abzählbar unendlich viele Werte. Für eine endliche Anzahl Werte wird bis n summiert.

$$\mu := \mu_X = EX = \int_{-\infty}^{\infty} x\, f(x)\, \mathrm{d}x \qquad \text{für } X \text{ stetig, falls } \int_{-\infty}^{\infty} \left| x \right| f(x)\, \mathrm{d}x < \infty$$

♦   Beispiel:

Erwartungswert beim Würfelversuch mit idealem Würfel

$$\mu = EX = \sum_{i=1}^{6} i \cdot p_i = \frac{1}{6} \sum_{i=1}^{6} i = \frac{21}{6} = 3,5 \qquad \qquad ♦$$

Erwartungswert einer Summe

$$E(X_1 + X_2 + \ldots + X_n) = \sum_{i=1}^{n} EX_i$$

Varianz (Dispersion, Streuung) Var X der Zufallsvariablen X
auch VX, $V(X)$, D^2X, $D^2(X)$, $\mathbf{D}^2X$, $\mathbf{D}^2(X)$ üblich
(Zentralmoment 2. Ordnung, Erwartungswert von $g(X) = (X - \mu)^2$)

$$\sigma^2 := \sigma_X^2 = \operatorname{Var} X = E(X - EX)^2 = E(X - \mu)^2 = E(X^2) - \mu^2$$

Verschiebungssatz

$$\operatorname{Var} X = \sum_{i=1}^{\infty} (x_i - \mu)^2\, p_i = \sum_{i=1}^{\infty} x_i^2\, p_i - \mu^2 \qquad\qquad X \text{ diskret}$$

Für eine endliche Anzahl Werte wird bis n summiert.

$$\operatorname{Var} X = \int_{-\infty}^{\infty} (x - \mu)^2\, f(x)\, \mathrm{d}x = \int_{-\infty}^{\infty} x^2\, f(x)\, \mathrm{d}x - \mu^2 \qquad\qquad X \text{ stetig}$$

Ungleichung von TSCHEBYSCHEFF

$$P(|X - EX| \ge \varepsilon) \le \frac{\operatorname{Var} X}{\varepsilon^2} \qquad \text{bzw. } P(|X - \mu| < \varepsilon) \ge 1 - \frac{\operatorname{Var} X}{\varepsilon^2}$$

ε beliebige positive Zahl

Standardabweichung von X

$$\sigma := \sigma_X = \sqrt{\operatorname{Var} X}$$

σ-Intervalle ($\varepsilon = 2\sigma$ oder $\varepsilon = 3\sigma$)

Aus der Ungleichung von TSCHEBYSCHEFF folgt: Die Realisierungen einer
Zufallsgröße liegen mindestens zu j % innerhalb der Intervalle:

2σ-Intervall ($\mu - 2\sigma$, $\mu + 2\sigma$): $j = 75$ %
3σ-Intervall ($\mu - 3\sigma$, $\mu + 3\sigma$): $j = 89$ %

Variationskoeffizient, Variabilitätskoeffizient

$$v = \frac{\sigma}{EX} = \frac{\sigma}{\mu} \qquad\qquad \mu \ne 0$$

Eigenschaften von EX, Var(X)

$E(c) = c$	$\operatorname{Var} c = 0$ Konstanten $b, c \in \mathbb{R}$
$E(X_1 + X_2) = EX_1 + EX_2$	$\operatorname{Var}(X_1 + X_2) = \operatorname{Var} X_1 + \operatorname{Var} X_2$,
	falls X_1, X_2 unabhängig sind
$E(X - EX) = 0$	$\operatorname{Var}\!\left(\dfrac{X}{\sqrt{\operatorname{Var} X}}\right) = 1$
$E(cX + b) = c\, EX + b$	$\operatorname{Var}(cX + b) = c^2 \operatorname{Var} X$

16

$$Korrelationskoeffizient \ \rho_{XY} = \frac{E((X - \mu_X)\,(Y - \mu_Y))}{\sigma_X \sigma_Y} = \frac{\text{cov}\,(X,\,Y)}{\sigma_X \sigma_Y}$$

cov *Kovarianz*

Standardisierte Zufallsvariable
($\mu = 0$, $\sigma^2 = 1$)

$$Z = \frac{X - \mu}{\sigma}$$

Schiefe
(Maß für die Symmetrie)

$$\gamma_1 = \frac{E(X - EX)^3}{\sigma^3}$$

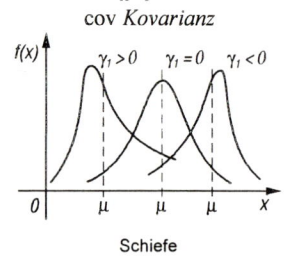

Schiefe

Exzeß, Wölbung
(Maß für die Steilheit)

$$\gamma_2 = \frac{E(X - EX)^4}{\sigma^4} - 3$$

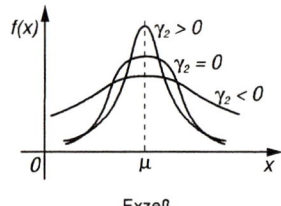

Exzeß

16.5.3 Diskrete Zufallsvariable und ihre Verteilung

16.5.3.1 Wahrscheinlichkeitsfunktion, Verteilungsfunktion

Wahrscheinlichkeitsfunktion einer diskreten Zufallsvariablen X

p_i *Einzelwahrscheinlichkeiten* der x_i

$$f(x) = P(X = x) = \begin{cases} P(X = x_i) =: p_i & \text{für } x = x_i \\ 0 & \text{sonst} \end{cases}$$

$$\sum_i p_i = 1 \qquad 0 \le p_i \le 1 \qquad i \in \mathbb{N}$$

Darstellung: *Wahrscheinlichkeitsdiagramm, Stabdiagramm, Balkendiagramm*
(Bild siehe 16.4.1)
p_i entspricht der jeweiligen Balkenlänge, Summe aller Balkenlängen = 1

$P(X = x_i)$ ist die Wahrscheinlichkeit dafür, daß X den Wert x_i annimmt.

Verteilungsfunktion einer diskreten Zufallsvariablen X

$$F(x) = P(X \leq x) = \sum_{i:\, x_i \leq x} P(X = x_i) = \sum_{i:\, x_i \leq x} p_i$$

Darstellung: *Treppenfunktion* (vgl. Bild)

Beziehung zwischen p_i und $F(x)$

$$p_i = F(x_i) - F(x_{i-1}) \qquad i = 1, 2, \ldots$$

$$\text{mit } p_1 = F(x_1)$$

$$P(a < X < b) = \sum_{a < x < b} f(x_i)$$

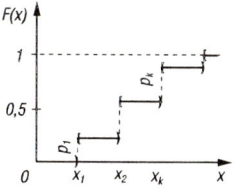

Treppenfunktion
(rechtsseitig stetig)

16.5.3.2 Binomialverteilung
(Stichprobe vom Umfang n mit Zurücklegen aus einer dichotomen Urne, BERNOULLI-Schema)

$B(n, p)$-verteilte Zufallsvariable X, Anwendung bei alternativen Entscheidungen, z.B. in der Qualitätskontrolle (hier Zurücklegen unwesentlich, da Massenproduktion)

n Anzahl der Versuche, $n \in \mathbb{N}$
k Trefferzahl, $k = 0, 1, \ldots, n$

$$p = P(A) \qquad q = 1 - p = P(\overline{A})$$

X ist BERNOULLI-*Variable,* wenn sie nur die beiden Werte 0 und 1 annehmen kann (BERNOULLI-*Versuch*):

$$X = \begin{cases} 1, \text{ bei Eintritt des Ereignisses } A \ (\textit{Treffer}), \ P(X = 1) = p \\ 0, \text{ wenn } A \text{ nicht eintritt } (\textit{Niete}), \qquad P(X = 0) = q = 1 - p \end{cases}$$

BERNOULLI*sche Formel* $p_k^{(n)} = P(X = k) = \binom{n}{k} p^k q^{n-k}$ mit der

Rekursionsformel $p_k^{(n)} = \left(1 + \dfrac{(n+1)p - k}{kq}\right) p_{k-1}^{(n)}$

$p_k^{(n)}$ ist der Koeffizient von x^k in der Entwicklung des Polynoms n-ter Ordnung $p_n(x) = (q + px)^n$ nach Potenzen von x (Binomialgesetz der Wahrscheinlichkeitsverteilung).

$p_k^{(n)} < p_{k+1}^{(n)}$ für $k < np - q$ $\quad q = 1 - p$

$p_k^{(n)} > p_{k+1}^{(n)}$ für $k > np - q$ und $p_k^{(n)} = p_{k+1}^{(n)}$ falls $k = np - q$, ganzzahlig

16

Verteilungsfunktion $F(x) = \sum\limits_{k:\,k \le x} P(X = k) = \sum\limits_{k:\,k \le x} p_k = \sum\limits_{k:\,k \le x} \binom{n}{k} p^k\, q^{n-k}$

$$\mu = EX = np \qquad \sigma = \sqrt{npq} \qquad \mathrm{Var}(X) = npq$$

$$\gamma_1 = \frac{q-p}{\sigma} \qquad \gamma_2 = \frac{1 - 6pq}{npq} = \frac{1 - 6pq}{\sigma^2}$$

♦   Beispiele:

(1)   Wie groß ist die Wahrscheinlichkeit, bei zehn Würfen eines homogenen
      Würfels insgesamt k-mal, $k = 0, 1, ..., 10$, eine 1 oder eine 6 zu würfeln?

$$n = 10 \qquad p = \frac{2}{6} = \frac{1}{3} \qquad q = 1 - p = \frac{2}{3}$$

$$\mu = EX = np = 3,\overline{3}... \qquad \sigma = \sqrt{npq} = \sqrt{10 \cdot \frac{1}{3} \cdot \frac{2}{3}} = 1,49$$

$$p_k^{(10)} = \binom{10}{k}\left(\frac{1}{3}\right)^k\left(\frac{2}{3}\right)^{10-k} \qquad\qquad k = 0, 1, ..., 10$$

$$p_1^{(10)} = 10 \cdot \frac{1}{3} \cdot 0,026\ 012\ 3 = 0,086\ 707 \qquad \text{usw.}$$

oder rekursiv ermittelt

$$p_1^{(10)} = 0,017\ 341\ 5\left(1 + \frac{11 \cdot 1/3 - 1}{1 \cdot 2/3}\right) = 0,086\ 707 \qquad \text{wie oben}$$

$$p_2^{(10)} = 0,195\ 09$$

$p_3^{(10)} = 0,260\ 12$	$p_7^{(10)} = 0,016\ 257$
$p_4^{(10)} = 0,227\ 605$	$p_8^{(10)} = 0,003\ 048\ 3$
$p_5^{(10)} = 0,136\ 56$	$p_9^{(10)} = 0,000\ 338\ 7$
$p_6^{(10)} = 0,056\ 901$	$p_{10}^{(10)} = 0,000\ 016\ 9$

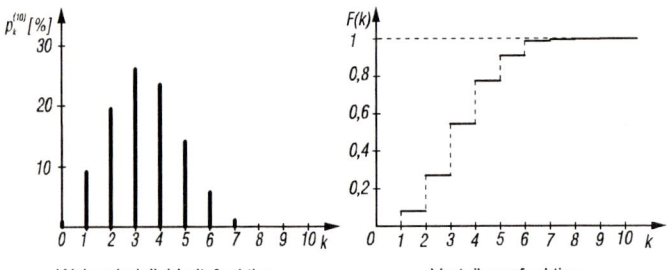

Wahrscheinlichkeitsfunktion   Verteilungsfunktion

k	$\sum p_k^{(10)}$	
0 ... 1	$p_0^{(10)} + p_1^{(10)}$	$= 0{,}104\ 05$
0 ... 2	$p_0^{(10)} + p_1^{(10)} + p_2^{(10)}$	$= 0{,}299\ 14$
0 ... 3	$p_0^{(10)} + ... + p_3^{(10)}$	$= 0{,}559\ 26$
0 ... 4	$p_0^{(10)} + ... + p_4^{(10)}$	$= 0{,}786\ 86$
0 ... 5	$p_0^{(10)} + ... + p_5^{(10)}$	$= 0{,}923\ 42$
0 ... 6	$p_0^{(10)} + ... + p_6^{(10)}$	$= 0{,}980\ 32$
0 ... 8	$p_0^{(10)} + ... + p_8^{(10)}$	$= 0{,}999\ 62$
0 ... 10	$p_0^{(10)} + ... + p_{10}^{(10)}$	$= 1{,}000\ 00$

(2)   Die Wahrscheinlichkeit der Geburt eines Mädchens ist 0,485.

Wie groß ist die Wahrscheinlichkeit, daß unter 20 willkürlich ausgewählten Geburten 8 Mädchen sind?

$$p_8^{(20)} = \binom{20}{8} \cdot 0{,}485^8 \cdot 0{,}515^{12} = 0{,}134\ 24 \qquad \blacklozenge$$

Grenzwertsatz von Moivre-Laplace

Die Binomialverteilung $B(n, p)$ konvergiert für $n \to \infty$ gegen die Normalverteilung mit $\mu = np$ und $\sigma^2 = npq$. Praktisch ist bei $np\,(1 - p) > 9$ Ersatz der Binomialverteilung durch die Normalverteilung möglich:

$$\sum_{i=0}^{k} p_i^{(n)} \approx \Phi\left(\frac{k + 0{,}5 - np}{\sqrt{np\,(1 - p)}}\right) \qquad \text{(mit Stetigkeitskorrektur)}$$

16.5.3.3 Hypergeometrische Verteilung $H(N, M, n)$

(Stichprobe vom Umfang n **ohne** Zurücklegen aus einer dichotomen Urne) Anwendung in der Qualitätssicherung

Urnenmodell:

Zufallsgröße X, $H(N, M, n)$-verteilt: Anzahl der gezogenen weißen Kugeln in n Versuchen

k Trefferzahl, $k = \max\,(0, n - (N - M))$, ..., $\min\,(M, n)$
N Umfang der Grundgesamtheit (Anzahl Kugeln insgesamt), davon
M weiße Kugeln, $N - M$ schwarze Kugeln

$$P(X = k) = p_k(N, M, n) = \frac{\binom{M}{k}\binom{N - M}{n - k}}{\binom{N}{n}}$$

$$M \leq N,\ n \leq N;\ N, M, n \in \mathbb{N}$$

16

mit der Wahrscheinlichkeit p für das Ziehen einer weißen Kugel im ersten Versuch:

$$p := \frac{M}{N}, q := 1 - p = \frac{N - M}{N}$$

$$P(X = k) = \frac{\binom{Np}{k}\binom{Nq}{n-k}}{\binom{N}{n}}$$

$$\mu = EX = np \qquad \text{Var } X = \sigma^2 = npq \frac{N - n}{N - 1}$$

16.5.3.4 Poisson-Verteilung $\Pi(\lambda)$

$$P(X = k) = p_k(\lambda) = e^{-\lambda}\frac{\lambda^k}{k!} \qquad\qquad k \in \mathbb{N}$$

λ Parameter der Verteilung, $\lambda > 0$

Die POISSON-*Verteilung* stellt eine gute Näherung für die Binomialverteilung bei großem n und kleinem p dar, wenn $0 < p < \min\left\{\dfrac{10}{n}, \dfrac{n}{1500}\right\}$:

$$p_k^{(n)} = P(X = k) = \binom{n}{k}p^k q^{n-k} \approx e^{-np}\frac{(np)^k}{k!} \qquad k = 0, 1, ..., n$$

Da $P(A) = p$ bei großem n sehr klein ist, heißt die POISSONsche Formel auch *Verteilung der seltenen Ereignisse.*

$$\mu = EX = \lambda$$

$$\sigma^2 = \text{Var } X = \lambda$$

$$\gamma_1 = \frac{1}{\sqrt{\lambda}} \qquad \gamma_2 = \frac{1}{\lambda}$$

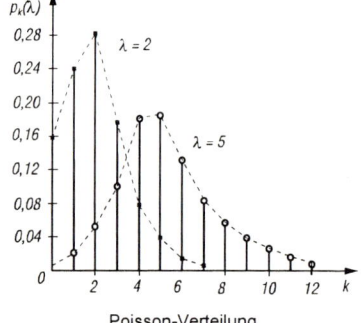

Poisson-Verteilung

Hauptanwendung:
Bei Ereignissen, die im Zeitablauf immer wieder eintreten.

Parameterschätzung: Bei vermuteter POISSON-Verteilung mit unbekanntem λ wird der Mittelwert $\bar{x}$ aus den Realisierungen als Schätzwert für λ benutzt, d.h. $\lambda \approx \bar{x}$ (siehe 16.6.2).

16.5.4   Stetige Zufallsvariable und ihre Verteilung

16.5.4.1 Verteilungsfunktion, Dichtefunktion

Verteilungsfunktion einer stetigen Zufallsvariablen X

$$F(x) = P(X \le x) = \int_{-\infty}^{x} f(t)\, dt \qquad 0 \le F(x) \le 1 \qquad -\infty < x < \infty$$

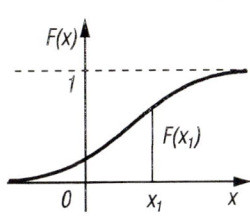

Verteilungsfunktion einer stetigen
Zufallsvariablen

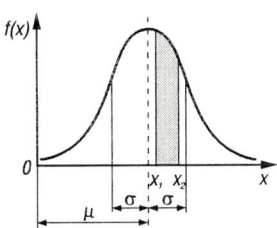

Dichtefunktion einer stetigen
Zufallsvariablen

Dichtefunktion, Wahrscheinlichkeitsdichte, Dichte
einer stetigen Zufallsvariablen X

$$f(x) := \frac{dF(x)}{dx} \quad \text{mit der Bedingung} \quad \int_{-\infty}^{\infty} f(x)\, dx = 1 \qquad f(x) \ge 0$$

Eigenschaften

- $F(x)$ ist monoton nichtfallend und stetig. Falls X eine diskrete Zufallsgröße ist, hat $F(x)$ höchstens abzählbar viele Sprungstellen und ist rechtsseitig stetig.

- Sicheres Ereignis $\lim\limits_{x \to \infty} F(x) = \int_{-\infty}^{\infty} f(x)\, dx = 1$

- Unmögliches Ereignis $\lim\limits_{x \to -\infty} F(x) = 0$

- Wahrscheinlichkeit dafür, daß eine stetige Zufallsgröße X einen Wert aus dem **Intervall** $B = [x_1, x_2]$ annimmt, ist

$$P(x_1 \le X \le x_2) = \int_{x_1}^{x_2} f(x)\, dx = F(x_2) - F(x_1) \stackrel{\wedge}{=} \text{Fläche unter der Dichtefunktion}$$

Das gleiche Ergebnis erhält man in diesem Fall für offene oder halboffene Intervalle $B = (x_1, x_2)$, $B = [x_1, x_2)$ oder $B = (x_1, x_2]$.

16

- $P(X = a) = F(a) - F(a) = 0 \qquad a$ Konstante

16.5.4.2 Gleichverteilung (Rechteckverteilung), symbolisch $R\,(a, b)$

im Intervall $[a, b]$

$$f(x) = \begin{cases} \dfrac{1}{b-a} & \text{für } a \le x \le b \\ 0 & \text{sonst} \end{cases}$$

Es gilt:

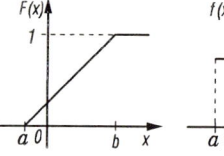
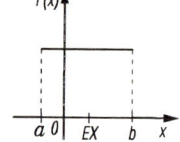

$$\int_{-\infty}^{\infty} f(x)\, dx = (b-a) \cdot \frac{1}{b-a} = 1$$

Gleichverteilung,
Verteilungs- und Dichtefunktion

$$\mu = EX = \frac{a+b}{2} \qquad\qquad \sigma^2 = \mathrm{Var}(X) = \frac{(b-a)^2}{12}$$

16.5.4.3 Normalverteilung (Gauß-Laplace-Verteilung) $N(\mu, \sigma^2)$

Man setzt $F := \Phi$ und $f := \varphi$.

Verteilungsfunktion:

$$P(X \le x) = \Phi(x;\, \mu, \sigma^2) = \frac{1}{\sqrt{2\pi\sigma^2}} \int_{-\infty}^{x} e^{-\frac{(t-\mu)^2}{2\sigma^2}}\, dt \qquad x, \mu \in \mathbb{R},\ \sigma > 0$$

Die Wahrscheinlichkeitsdichte einer normalverteilten Zufallsvariablen X (Dichtefunktion) ergibt die

Gaußsche Glockenkurve, Gaußsche Fehlerkurve

$$\varphi(x;\, \mu, \sigma^2) = \frac{1}{\sqrt{2\pi\sigma^2}}\, e^{-\frac{(x-\mu)^2}{2\sigma^2}} \qquad \text{Es gilt } \int_{-\infty}^{\infty} \varphi(x;\, \mu, \sigma^2)\, dx = 1$$

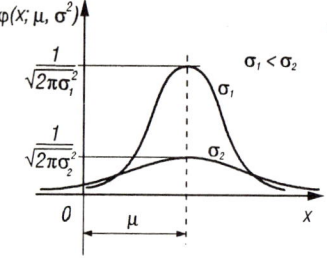
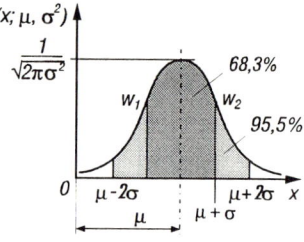

Glockenkurve, verschiedene Streuungen   Glockenkurve, σ-, 2σ-Intervalle

Parameter der Normalverteilung

Erwartungswert, Mittelwert $EX = \mu$

Varianz, Streuung $\mathrm{Var}(X) = \sigma^2$

Wendepunkte $x_{\mathrm{w}} = \mu \pm \sigma$

Scheitelpunkt $\left(\mu, \dfrac{1}{\sqrt{2\pi\sigma^2}} \right)$

Wahrscheinlichkeit dafür, daß X im **Intervall** $B = [x_1, x_2]$ liegt:

$$P(x_1 \leq X \leq x_2) = \int_{x_1}^{x_2} \varphi\,(x; \mu, \sigma^2)\,\mathrm{d}x$$

Auch hier erhält man die gleiche Wahrscheinlichkeit für $B = (x_1, x_2)$, $B = [x_1, x_2)$ oder $B = (x_1, x_2]$.

Wahrscheinlichkeit dafür, daß die Abweichung zwischen einer Zufallsgröße $X \in N(\mu, \sigma^2)$ und ihrem Erwartungswert μ absolut genommen kleiner als eine vorgegebene Zahl $\varepsilon = k\sigma$ ist:

$$P(|X - \mu| < k\sigma) = 2\Phi(k) - 1$$

3σ-Regel: Beobachtungswerte liegen im Bereich $\mu \pm 3\sigma$ mit der Wahrscheinlichkeit $P(\mu - 3\sigma \leq X \leq \mu + 3\sigma) = 0{,}997$.

Anwendung: statistische Qualitätssicherung

Näherungswerte der Glockenkurve

x	$\mu \pm 0\sigma$	$\mu \pm \dfrac{1}{2}\sigma$	$\mu \pm \sigma$	$\mu \pm \dfrac{3}{2}\sigma$	$\mu \pm 2\sigma$	$\mu \pm 3\sigma$
$\varphi(x; \mu, \sigma^2)$	$\varphi_{\max} = \dfrac{1}{\sqrt{2\pi\sigma^2}}$	$\dfrac{7}{8}\varphi_{\max}$	$\dfrac{5}{8}\varphi_{\max}$	$\dfrac{5}{16}\varphi_{\max}$	$\dfrac{1}{8}\varphi_{\max}$	$\dfrac{1}{80}\varphi_{\max}$
Flächen-anteil	0%	38,3%	68,3%	86,6%	95,5%	99,7%

16

16.5.4.4 Standard-Normalverteilung *N*(0, 1)

Wird die Normalverteilung $N(\mu, \sigma^2)$ zentriert und normiert auf $\mu = 0$, $\sigma^2 = 1$, ergibt sich die *Standard-Normalverteilung N*(0, 1), die tabelliert ist.

Verteilungsfunktion der Standard-Normalverteilung, Gaußsches Fehlerintegral (GAUSSsche Summenkurve)

$$\Phi(x) = P(X \le x) = \Phi(x;\, 0,\, 1) = \frac{1}{\sqrt{2\pi}} \int\limits_{-\infty}^{x} e^{-\frac{t^2}{2}}\, dt$$

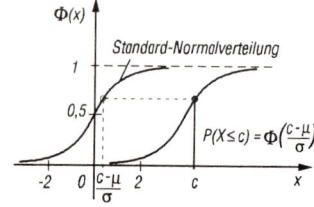 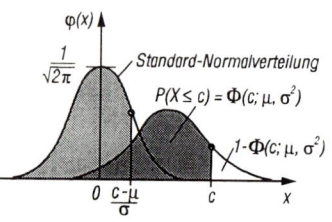

Standard-Normalverteilung, Fehlerintegral   Dichtefunktion

Dichtefunktion der Standard-Normalverteilung

$$\varphi(x) = \varphi(x;\, 0,\, 1) = \frac{1}{\sqrt{2\pi}}\, e^{-\frac{x^2}{2}}$$

Transformation

Jede Normalverteilung $N(\mu, \sigma^2)$ läßt sich durch die Transformation $z = \dfrac{x - \mu}{\sigma}$ auf die Standard-Normalform $N(0, 1)$ bringen und umgekehrt.

Ist Z $N(0, 1)$-verteilt, ist $X = \sigma Z + \mu$ eine $N(\mu, \sigma^2)$-verteilte Zufallsgröße.

$$\Phi\!\left(x;\, \mu,\, \sigma^2\right) = \Phi\!\left(\frac{x - \mu}{\sigma}\right) \qquad x \in \mathbb{R}$$

Häufig gebrauchte Werte der Standard-Normalverteilung

x	1,2816	1,6449	1,9600	2,3263	2,5758	3,0902	3,2905
$\Phi(x)$	0,9	0,95	0,975	0,99	0,995	0,999	0,9995

Zentraler Grenzwertsatz

Die Summe von vielen beliebig verteilten unabhängigen Zufallsgrößen ist näherungsweise normalverteilt.

Wertetafel der Standard-Normalverteilung

Es gilt: $\Phi(-x) = 1 - \Phi(x)$ (Für nichttabellierte Werte: lineare Interpolation)

x	$\varphi(x)$	$\Phi(x)$
0,0	0,3989	0,5000
0,1	0,3970	0,5398
0,2	0,3910	0,5793
0,3	0,3814	0,6179
0,4	0,3683	0,6554
0,5	0,3521	0,6915
0,6	0,3332	0,7257
0,7	0,3123	0,7580
0,8	0,2897	0,7881
0,9	0,2661	0,8159
1,0	0,2420	0,8413
1,1	0,2179	0,8643
1,2	0,1942	0,8849
1,3	0,1714	0,9032
1,4	0,1497	0,9192
1,5	0,1295	0,9332
1,6	0,1109	0,9452
1,7	0,0940	0,9554
1,8	0,0790	0,9641
1,9	0,0656	0,9713
2,0	0,0540	0,9772
2,1	0,0440	0,9821
2,2	0,0355	0,9861
2,3	0,0283	0,9893
2,4	0,0224	0,9918
2,5	0,0175	0,9938
2,6	0,0136	0,9953
2,7	0,0104	0,9965
2,8	0,0079	0,9974
2,9	0,0060	0,9981
3,0	0,0044	0,99865
3,2	0,0024	0,99931
3,4	0,0012	0,99966
3,6	0,00061	0,99984
3,8	0,00029	0,99993
4,0	0,000134	0,999968
4,5	0,000016	0,999997
5,0	0,000002	0,99999997

16

Veränderung der unteren Grenze $(-\infty) \rightarrow 0$ ergibt die **Fehlerfunktion** Φ_0 〈engl. error, »Fehler«〉. Es gilt $\Phi(x; 0, 1) = \Phi_0(x; 0, 1) + 0,5$.

$$\Phi_0(x; 0, 1) = \text{erf}\,(x) = \frac{1}{\sqrt{2\pi}} \int\limits_0^x e^{-\frac{t^2}{2}}\, dt$$

16.5.4.5 Exponentialverteilung $E(\lambda)$ einer stetigen Zufallsvariablen

$$F(x) = \int\limits_{-\infty}^{x} f(t)\, dt = \begin{cases} 1 - e^{-\lambda x} & \text{für } x \geq 0 \\ 0 & \text{für } x < 0 \end{cases} \quad \text{(Verteilungsfunktion)}$$

$\lambda > 0$ Parameter der Verteilung

$$f(x) = \begin{cases} \lambda\, e^{-\lambda x} & \text{für } x \geq 0 \\ 0 & \text{für } x < 0 \end{cases} \quad \text{(Dichtefunktion)}$$

$$\mu = EX = \frac{1}{\lambda} \qquad \sigma^2 = \text{Var}\, X = \frac{1}{\lambda^2}$$

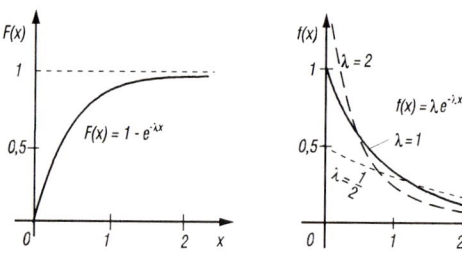

Exponentialverteilung, Verteilungs- und Dichtefunktion

Anwendung: zufallsbedingte »Lebensdauer« für (elektronische) Bauelemente (vgl. Beispiel (2) in 16.5.1.2), Zeitdauer von Instandsetzungsarbeiten, Zeitdauer eines Telefongesprächs

Bemerkung: Bei verschleißbedingter »Lebensdauer« ist die logarithmische Normalverteilung maßgebend, d.h., $Y = \ln X$ ist normalverteilt.

Wahrscheinlichkeit dafür, daß die **Lebensdauer** eines Teiles größer als x ist:

$$P(X > x) = 1 - P(X \leq x) = 1 - F(x) = e^{-\lambda x}$$

Parameterschätzung: Bei vermuteter Exponentialverteilung mit unbekanntem λ wird mit dem Kehrwert des arithmetischen Mittels $\overline{x}$ als Schätzwert für den Parameter λ, d.h. $\lambda \approx \dfrac{1}{\overline{x}}$, gerechnet (siehe 16.6.2).

16.5.4.6 Weibull-Verteilung einer stetigen Zufallsvariablen X
(symbolisch: $W(\gamma, r)$)

$$F(x) = 1 - e^{-\gamma x^r} \qquad \text{(2parametrisch)} \qquad r > 0, \gamma > 0$$

$$f(x) = \begin{cases} \gamma r x^{r-1} e^{-\gamma x^r} & \text{für } x \geq 0 \\ 0 & \text{für } x < 0 \end{cases}$$

$r = 1$ ergibt die Exponentialverteilung.

16.6 Mathematische (induktive) Statistik

Die *Mathematische (beurteilende) Statistik* bereitet das Material der beschreibenden Statistik mit Hilfe der Wahrscheinlichkeitsrechnung auf.

Schluß aus den Ergebnissen mehrerer Zufallsversuche auf die unbekannte, dem Zufallsversuch tatsächlich zugrunde liegende Wahrscheinlichkeitsverteilung.

Hauptsatz der Mathematischen Statistik (Gliwenko)

$$D_n = \sup_{-\infty < x < \infty} \left| F_n(x) - F(x) \right|$$

konvergiert für $n \to \infty$ (Stichprobenumfang) fast sicher gegen Null.

$F_n(x)$ empirische Verteilungsfunktion (16.4.1) einer mathematischen Stichprobe $(X_1, ..., X_n)$

$F(x)$ wahre Verteilungsfunktion

Gesetz der großen Zahl (Bernoulli)
Eine Folge $X_1, X_2, \ldots$ von Zufallsgrößen genügt dem schwachen *Gesetz der großen Zahl* (Grenzwertsatz), wenn für beliebiges $\varepsilon > 0$ gilt:

$$\lim_{n \to \infty} P\left(\left| \frac{1}{n} \sum_{i=1}^{n} X_i - \frac{1}{n} \sum_{i=1}^{n} EX_i \right| > \varepsilon \right) = 0$$

16.6.1 Statistische Prüfverfahren, Testtheorie, Signifikanztest

16.6.1.1 Allgemeines

Statistischer Test: Überprüfung von statistischen Annahmen (*Hypothesen*) über das Verteilungsgesetz in der Grundgesamtheit und Entscheidung über Nichtablehnung oder Ablehnung der Hypothese an Hand von Stichproben (parametrische Testverfahren) oder z.B. Untersuchung der Homogenität verschiedener Grundgesamtheiten (nichtparametrische Testverfahren).

Testgröße, Prüfgröße (Stichprobenfunktion): $\quad Z = Z(X_1, ... X_n)$

16

Statistische Hypothese, Nullhypothese H_0: zu überprüfende Annahme über die Verteilungsfunktion und deren Parameter, z.B.

H_0: $p = p_0$ oder H_0: $\mu_1 = \mu_2$ oder H_0: $F = F_0$, wobei $F_0(x) = \Phi(x; \mu_0, \sigma_0^2)$

Gegenhypothese: H_1, z.B. H_1: $p \neq p_0$

Man prüft H_0 gegen H_1.

Parameterhypothese: z.B. Hypothese bezüglich eines Parameters von $F(x)$
Gegensatz: nichtparametrische Hypothese, Homogenitätstest, Unabhängigkeitstest, z.B. zwei Zufallsgrößen sind stochastisch voneinander unabhängig.

Einfache Hypothese, Prüfung auf einen Wert, z.B. H_0: $p = p_0$

Zusammengesetzte Hypothese, Prüfung auf Bereiche, z.B. H_1: $p \neq p_0$

Signifikanztest

Verfahren, das auf die Widerlegung von H_0 abzielt, d.h. Nachweis einer *signifikanten* (statistisch gesicherten) Abweichung.

Fehlermöglichkeit

Fehler 1. Art: Verwerfen von H_0, obwohl die Hypothese zutreffend ist.

Fehler 2. Art: Nichtablehnung von H_0, obwohl die Hypothese nicht zutreffend ist.

Bemerkung: H_0 ist so zu wählen, daß die unangenehmeren Konsequenzen einer evtl. Fehlentscheidung zu einem Fehler 1. Art führen.

Irrtumswahrscheinlichkeit, Signifikanzniveau α

Wahrscheinlichkeit dafür, einen Fehler 1. Art zu machen. Festgelegt üblicherweise auf 0,1 %; 0,5 %, 1 % oder 5 %. Je höher das Risiko einer Fehlentscheidung ist (z.B. Arzneimittelzulassung), desto kleiner ist α zu wählen.

Bei einer $N(0, 1)$-verteilten Testgröße Z gilt mit $\Phi(z_\gamma) = \gamma$, $0 < \alpha < 1$ bei zweiseitigem Ablehnungsbereich (siehe Bild in 16.6.1.5) mit $\gamma = 1 - \alpha/2$:

$$\alpha =: 1 - \varepsilon = 1 - \int_{-z_\gamma}^{z_\gamma} \varphi(z)\, dz = 1 - \Big(\Phi(z_\gamma) - \Phi(-z_\gamma)\Big) = 2 - 2\,\Phi(z_\gamma)$$

$$= 2 - 2\gamma \Rightarrow \gamma = 1 - \alpha/2 \qquad \text{mit } \Phi(-z) = 1 - \Phi(z)$$

Nichtablehnungsbereich $[-z_\gamma, z_\gamma]$, z_γ *Sicherheitsgrenze*

$$P(Z \in [-z_\gamma, z_\gamma]) = 1 - \alpha =: \varepsilon \qquad \text{zweiseitig, } \gamma = 1 - \alpha/2$$

Ablehnungsbereich, kritischer Bereich $K_\alpha = (-\infty, -z_\gamma) \cup (z_\gamma, \infty)$

$$P(Z \in K_\alpha) = \alpha =: 1 - \varepsilon \qquad \text{zweiseitig, } \gamma = 1 - \alpha/2$$

$z_\gamma = z_{1-\alpha/2}$ ist das Quantil der Ordnung $(1 - \alpha/2)$ der $N(0, 1)$-Verteilung.
$z_{1-\alpha}$ ist das Quantil der Ordnung $(1 - \alpha)$ der $N(0, 1)$-Verteilung bei
$\gamma = 1 - \alpha$ einseitiger kritischer Bereich (z.b. nur $Z \le -z_\gamma$ oder nur $Z \ge z_\gamma$)

Statistische Sicherheit, *Konfidenzniveau* $\varepsilon := 1 - \alpha$

Nichtablehnungsbereich $\overline{K}_\alpha$, obwohl damit H_0 **nicht bewiesen** ist, oft als
Annahmebereich bezeichnet. Die Sprechweise »Annahme« führt oftmals zur
falschen Auffassung, daß eine endliche Stichprobe die absolute Wahrheit nach
sich ziehen könnte. Deshalb ist »Nichtablehnung« oder »kein Einwand gegen
H_0« die empfohlene Sprechweise.

Ablehnungsbereich, *kritischer Bereich* K_α , außerhalb des Nichtablehnungs-
bereichs. Menge der Werte von Z, bei deren Eintreten die Hypothese H_0
verworfen wird, da sich *signifikante* (statistisch gesicherte) Abweichungen
ergaben, obwohl damit **nicht bewiesen** ist, daß H_0 falsch ist.

Testdurchführung: Liegt die Realisierung z der Testgröße Z im Ablehnungsbereich K_α , wird H_0 abgelehnt.

Eng im Zusammenhang damit: Vertrauensintervall für unbekannten Erwartungswert μ: Mit großer Wahrscheinlichkeit soll der Mittelwert einer Zufallsgröße X innerhalb eines festgelegten **Intervalls** liegen (ganze Prozentwerte

üblich). Dies wird über die Testgröße $Z = Z(X_1, ..., X_n) = \dfrac{1}{n} \displaystyle\sum_{i=1}^{n} X_i = \overline{X}$ unter-

sucht (siehe 16.6.2.2).

Für eine normalverteilte Grundgesamtheit X gilt mit $\gamma = 1 - \alpha/2$:

$$\varepsilon = 1 - \alpha = P\left(-z_\gamma \le \frac{\overline{X} - \mu}{\sigma}\sqrt{n} \le z_\gamma\right), \text{ d.h.}$$

$$\varepsilon = P\left(\mu - z_\gamma \frac{\sigma}{\sqrt{n}} \le \overline{X} \le \mu + z_\gamma \frac{\sigma}{\sqrt{n}}\right) = P\left(\overline{X} - z_\gamma \frac{\sigma}{\sqrt{n}} \le \mu \le \overline{X} + z_\gamma \frac{\sigma}{\sqrt{n}}\right)$$

Somit liegt der Erwartungswert μ im Intervall $\left[\overline{X} - z_\gamma \dfrac{\sigma}{\sqrt{n}}, \overline{X} + z_\gamma \dfrac{\sigma}{\sqrt{n}}\right]$ mit der

Irrtumswahrscheinlichkeit α.

Gütefunktion eines Tests

Abbildung, die bei vorgegebener Irrtumswahrscheinlichkeit α jedem Wert der
Testgröße die Wahrscheinlichkeit für das Ablehnen der Nullhypothese H_0
zuordnet. Siehe Bild in 16.6.1.2.

16

16.6.1.2 Signifikanztest über die Wahrscheinlichkeit p einer alternativen Grundgesamtheit

Hypothesen: H_0: $p = p_0$, H_1: $p \neq p_0$

Zum Beispiel Prüfung einer Annahme, daß eine Urne p_0% weiße Kugeln enthält oder daß eine Charge p_0% Ausschuß enthält.

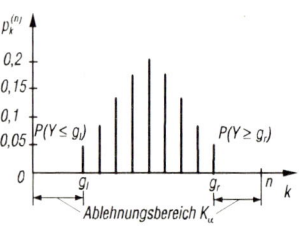

Signifikanzgrenzen, diskret, zweiseitig

X ist *zweipunktverteilte Zufallsgröße* und die Stichprobenfunktion

$$Y = f(X_1, ..., X_n) \text{ mit}$$

$$Y = n\overline{X} = \sum_{i=1}^{n} X_i \quad \text{ist } B(n, p)\text{-verteilt (BERNOULLI-Schema)}$$

Mit $\mu = np$ und $\sigma^2 = np(1 - p)$ gilt, falls H_0 zutrifft, daß die Testgröße

$$Z = \frac{n\overline{X} - np_0}{\sqrt{np_0(1 - p_0)}} \quad \text{mit der Realisierung } z = \frac{n\overline{x} - np_0}{\sqrt{np_0(1 - p_0)}}$$

für großes n (siehe Grenzwertsatz von MOIVRE-LAPLACE, 16.5.3.23) asymptotisch $N(0, 1)$-verteilt ist, Faustregel: $np(1 - p) \geq 9$.

Die *Signifikanzgrenzen* für die Testgröße Z sind wieder die Quantile $-z_\gamma$ und z_γ.

Für die Testgröße Y (Bild oben) sind g_l und g_r die Signifikanzgrenzen, d.h.

$$K_\alpha = [0, g_l) \cup (g_r, \infty)$$

mit g_l und g_r aus $P(Y < g_l) \leq \dfrac{\alpha}{2} \leq P(Y \leq g_l)$, $P(Y \geq g_r) \geq \dfrac{\alpha}{2} \geq P(Y > g_r)$.

Einseitiger Signifikanztest

rechtsseitig $P(Y \geq g) \leq \alpha$ bzw. $P(Z \geq z_\gamma) = \alpha$

linksseitig $P(Y \leq g) \leq \alpha$ bzw. $P(Z \leq -z_\gamma) = \alpha$

♦ Beispiel:

Test der Hypothese für die Wahrscheinlichkeit 1/6 der »Augenzahl 4« beim Würfelversuch, Darstellung der Gütefunktion

Stichprobe ergab: bei 50 Würfen trat 13 mal die »Augenzahl 4« auf.
Festlegung: $\alpha = 0{,}05$
Lösung nach umstehendem Rechenschema

Rechenschema »Signifikanztest«

1. Hypothesen: H_0: $p = p_0 = 1/6$, H_1: $p \neq 1/6$ (zweiseitiger Test)

2. Irrtumswahrscheinlichkeit: $\alpha = 0{,}05$

3. Testgröße (Faustregel): $np\,(1-p) = 50 \cdot \dfrac{1}{6}\left(1 - \dfrac{1}{6}\right) = 6{,}9 < 9$

d.h., Z ist hier noch nicht gut asymptotisch $N(0, 1)$-verteilt. Wir benutzen deshalb als Testgröße die Zufallsvariable Y: Anzahl der Würfe mit der Augenzahl 4, Y ist bei wahrer Nullhypothese $B(50, 1/6)$-verteilt.

4. Kritischer Bereich

$$P(Y < g_l) = \sum_{k=0}^{g_l - 1} p_k^{(50)} \leq 0{,}025 \leq P(Y \leq g_l),\ P(Y \geq g_r) = \sum_{k=g_r}^{n} p_k^{(50)} \geq 0{,}025 \geq P(Y > g_r)$$

Wenn keine tabellierte Binomialverteilung vorliegt, Berechnung gemäß 16.5.3.2.

$p_0^{(50)} = 0{,}1098 \cdot 10^{-3}$ $p_1^{(50)} = 1{,}0988 \cdot 10^{-3}$

$p_2^{(50)} = 5{,}3843 \cdot 10^{-3}$ $p_3^{(50)} = 17{,}2290 \cdot 10^{-3}$

Aus $\displaystyle\sum_{k=0}^{3} p_k^{(50)} = 23{,}822 \cdot 10^{-3} < 25 \cdot 10^{-3}$ folgt das Quantil $g_l = 4$.

$p_{20}^{(50)} = 0{,}057 \cdot 10^{-3}$, d.h. der Anteil aller $p_k^{(50)}$ mit $k \geq 21$ ist vernachlässigbar

$p_{19}^{(50)} = 0{,}183 \cdot 10^{-3}$ $p_{18}^{(50)} = 0{,}518 \cdot 10^{-3}$

$p_{17}^{(50)} = 1{,}415 \cdot 10^{-3}$ $p_{16}^{(50)} = 3{,}539 \cdot 10^{-3}$

$p_{15}^{(50)} = 8{,}094 \cdot 10^{-3}$ $p_{14}^{(50)} = 16{,}869 \cdot 10^{-3}$

Aus $\displaystyle\sum_{k=14}^{20} p_k^{(50)} = 30{,}675 \cdot 10^{-3} > 25 \cdot 10^{-3}$

folgt das Quantil $g_r = 14$.

Ablehnungsbereich $K_\alpha = [0, 4) \cup (14, \infty)$

5. Entscheidung auf Basis der Stichprobe:

H_0 wird nicht abgelehnt ($Y = 13 \notin K_\alpha$)

Gütefunktion

♦ Für das Beispiel oben gilt:

$$g:\ p \mapsto P(Y \in K_\alpha) = 1 - \sum_{k=4}^{14} p_k^{(50)}$$

$$= 1 - \sum_{k=4}^{14} \binom{50}{k} p^k (1-p)^{50-k}$$

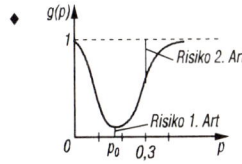

Gütefunktion

16

16.6.1.3 Signifikanztest für den Erwartungswert $EX = \mu$ bei bekannter Streuung σ^2, (z-Test)
normalverteilte Grundgesamtheit X

1. Hypothesen: H_0: $\mu = \mu_0$, H_1: $\mu \neq \mu_0$ (zweiseitiger Test)

2. Irrtumswahrscheinlichkeit α festlegen.

3. Testgröße $Z = \dfrac{\overline{X} - \mu_0}{\sigma} \sqrt{n}$ mit $\overline{X} = \dfrac{1}{n} \sum\limits_{i=1}^{n} X_i$ (Stichprobenmittel)

   Realisierung der Testgröße: $z = \dfrac{\overline{x} - \mu_0}{\sigma} \sqrt{n}$

4. Kritischer Bereich: $K_\alpha = \{z\colon\ |z| > z_\gamma\}$ mit $\gamma = 1 - \alpha/2$

   Nichtablehnungsbereich: $\overline{K}_\alpha = \{z\colon\ |z| \leq z_\gamma\}$ bzw. $\overline{K}_\alpha = [-z_\gamma, z_\gamma]$

   Berechnung von z_γ: $\Phi(z_\gamma) = 1 - \dfrac{\alpha}{2}$

   Φ siehe Tabelle Normalverteilung, 16.5.4.4 bzw. nachstehende Tabellen

5. Testentscheidung verbal formulieren.

bei **einseitigem Test** H_1: $\mu < \mu_0$ bzw. H_1: $\mu > \mu_0$ gilt für K_α:
   $K_\alpha = \{z\colon\ z < -z_\gamma\}$ bzw. $K_\alpha = \{z\colon\ z > z_\gamma\}$ mit $\gamma = 1 - \alpha$

Wichtige Werte

α	0,050	0,0455	0,010	0,0027	0,0010
$\varepsilon = 1 - \alpha$	0,950	0,9545	0,990	0,9973	0,9990
$\Phi(z_\gamma)$	0,975	0,9773	0,995	0,9987	0,9995
zweiseitig z_γ	1,960	2,000	2,576	3,000	3,291
einseitig z_γ	1,645	1,690	2,326	2,783	3,092

Zusammenhang zwischen statistischer Sicherheit ε und z_γ, $\gamma = 1 - \alpha/2$ (zweiseitig)

$\varepsilon = 1 - \alpha$	z_γ	$\varepsilon = 1 - \alpha$	z_γ	$\varepsilon = 1 - \alpha$	z_γ
0,000	0,0	0,683	1,0	0,955	2,0
0,080	0,1	0,729	1,1	0,964	2,1
0,159	0,2	0,770	1,2	0,972	2,2
0,236	0,3	0,806	1,3	0,979	2,3
0,311	0,4	0,838	1,4	0,984	2,4
0,383	0,5	0,866	1,5	0,988	2,5
0,451	0,6	0,890	1,6	0,991	2,6
0,516	0,7	0,911	1,7	0,993	2,7
0,576	0,8	0,928	1,8	0,995	2,8
0,632	0,9	0,943	1,9	0,996	2,9

♦   Beispiel:

Ein Seriendrehteil wurde bisher mit dem Solldurchmesser $d = 15$ mm $= \mu_0$ gefertigt.

Aus bisheriger Produktion mit der einzusetzenden Werkzeugmaschine ist eine Standardabweichung von $\sigma = 0{,}011$ mm bekannt. Es wird angenommen, daß die Einzeldurchmesser einer $N(\mu, \sigma^2)$-verteilten Grundgesamtheit entstammen.

Nach einer Neueinstellung der Maschine wird diese mit $n = 90$ Probewerkstücken überprüft. Es ergab sich für die Durchmesser $x_1, x_2, ..., x_{90}$ ein Stichprobenmittel von $\overline{x} = 15{,}006$ mm.

Vorgegebene Irrtumswahrscheinlichkeit $\alpha = 0{,}005$

Es ist zu prüfen, ob die Abweichung vom Sollwert zufälliger Art ist.

Rechenschema

1. Hypothesen: H_0: $\mu = 15$ mm, H_1: $\mu \neq 15$ mm   (zweiseitig)

2. Irrtumswahrscheinlichkeit $\alpha = 0{,}005$ $(\gamma = 1 - \alpha/2 = 0{,}9975)$

3. Testgröße $z = \dfrac{\overline{x} - \mu_0}{\sigma} \sqrt{n} = \dfrac{15{,}006 - 15{,}000}{0{,}011} \sqrt{90} = 5{,}17$

4. $\Phi(z_\gamma) = 1 - \alpha/2 = 1 - 0{,}0025 = 0{,}9975$, daraus $z_\gamma = 2{,}808$ und kritischer Bereich $K_\alpha = \{z\colon |z| > z_\gamma\}$

5. $z = 5{,}17 \in K_\alpha$. Die Nullhypothese ist auf Grund des Datenmaterials abzulehnen, d.h., es liegt eine signifikante Abweichung vom Sollwert vor.   ♦

16.6.1.4 Signifikanztest für den Erwartungswert $EX = \mu$ bei unbekannter Streuung σ^2, (*t*-Test)
normalverteilte Grundgesamtheit X

1. Hypothesen: H_0: $\mu = \mu_0$, H_1: $\mu \neq \mu_0$ (zweiseitiger Test)

2. Irrtumswahrscheinlichkeit α festlegen

3. Testgröße: $Z = \dfrac{\overline{X} - \mu_0}{S} \sqrt{n}$ mit der Realisierung $z = \dfrac{\overline{x} - \mu_0}{s} \sqrt{n}$

Hierbei $s^2 = \dfrac{1}{n-1} \displaystyle\sum_{i=1}^{n} (X_i - \overline{X})^2$ Stichprobenvarianz, Schätzfunktion für σ^2

4. Ablehnungsbereich: $K_\alpha = \left\{ z\colon |z| = \left| \dfrac{\overline{x} - \mu_0}{s} \sqrt{n} \right| > t_{m,\, 1-\alpha/2} \right\}$
$\qquad\qquad\qquad\qquad\qquad\qquad\qquad$ mit $m = n - 1$

Bestimmung des kritischen Wertes (Quantils) aus $P\left(|Z| > t_{m,\, 1-\alpha/2} \right) = \alpha$

5. Testentscheidung verbal formulieren.

16

Einseitiger Test: H_1: $\mu > \mu_0$ bzw. H_1: $\mu < \mu_0$.

Der kritische Bereich wird

$$K_\alpha = \left\{ z\colon\; z = \frac{\overline{x} - \mu_0}{s}\,\sqrt{n} > t_{m,\,1-\alpha} \right\} \text{ bzw.}$$

$$K_\alpha = \left\{ z\colon\; z = \frac{\overline{x} - \mu_0}{s}\,\sqrt{n} < -t_{m,\,1-\alpha} \right\} \qquad\qquad \text{mit } m = n - 1$$

Die stetige Verteilung obiger Testfunktion Z heißt, falls H_0 wahr ist, t-Verteilung mit $m = (n-1)$ Freiheitsgraden.

16.6.1.5 *t*-Verteilung, Student-Verteilung (Prüfverteilung)

$m = n - 1$, $m \in \mathbb{N}$ Zahl der Freiheitsgrade

Dichte $f(x) = \dfrac{\Gamma\!\left(\dfrac{m+1}{2}\right)}{\sqrt{m\pi}\;\Gamma\!\left(\dfrac{m}{2}\right)}\left(1 + \dfrac{x^2}{m}\right)^{-\frac{m+1}{2}} = D_m\left(1 + \dfrac{x^2}{m}\right)^{-\frac{m+1}{2}}$ $x \in \mathbb{R}$

$f(x) = f(-x)$ $F(x) = 1 - F(-x)$

$\mu = 0$ für $m \geq 2$; $\sigma^2 = \dfrac{m}{m-2}$ für $m \geq 3$

Schiefe $= 0$ für $m \geq 4$

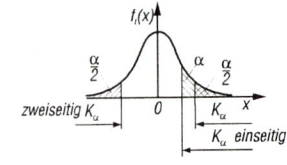

Für $n \to \infty$ geht die t-Verteilung in die $N(0,1)$-Verteilung über.

Kritischer Bereich siehe Bild

Quantile der t-Verteilung

Tabelle der Quantile $t_{m,\gamma}$ der t-Verteilung

Zweiseitiger Test: $\gamma = 1 - \dfrac{\alpha}{2}$;

Einseitiger Test: $\gamma = 1 - \alpha$; $t_{m,\,1-\gamma} = -t_{m,\,\gamma}$

m	$\gamma = 0.975$	$\gamma = 0.995$	$\gamma = 0.9995$
zweiseitig	$\alpha = 0.05$	$\alpha = 0.01$	$\alpha = 0.001$
einseitig	$\alpha = 0.025$	$\alpha = 0.005$	$\alpha = 0.0005$
1	12,706	63,657	636,619
2	4,303	9,925	31,598
3	3,182	5,841	12,941
4	2,776	4,604	8,610
5	2,571	4,032	6,859
6	2,447	3,707	5,959
7	2,365	3,499	5,405
8	2,306	3,355	5,041
9	2,262	3,250	4,781
10	2,228	3,169	4,587
11	2,201	3,106	4,437
12	2,179	3,055	4,318
13	2,160	3,012	4,221
14	2,145	2,977	4,140
15	2,131	2,947	4,073
16	2,120	2,921	4,015
17	2,110	2,898	3,965
18	2,101	2,878	3,922
19	2,093	2,861	3,883
20	2,086	2,845	3,850
21	2,080	2,831	3,819
22	2,074	2,819	3,792
23	2,069	2,807	3,767
24	2,064	2,797	3,745
25	2,060	2,787	3,725
26	2,056	2,779	3,707
27	2,052	2,771	3,690
28	2,048	2,763	3,674
29	2,045	2,756	3,659
30	2,042	2,750	3,646
40	2,021	2,704	3,551
50	2,008	2,678	3,496
60	2,000	2,660	3,460
80	1,990	2,638	3,416
100	1,984	2,626	3,390
200	1,972	2,601	3,340
500	1,965	2,586	3,310
1000	1,962	2,581	3,300
∞	1,960	2,576	3,291

16

16.6.2   Statistische Schätzmethoden

16.6.2.1 Punktschätzung

Annahme: Verteilungsfunktion $F(x)$ der Grundgesamtheit hängt von einem unbekannten Parameter Θ ab (*Parameterschätzung* z.B. mittels Maximum-Likelihood-Methode). Schätzung der Verteilungsfunktion durch die empirische Verteilungsfunktion (siehe Hauptsatz der Statistik, 16.6)

Schätzfunktion, Punktschätzung, kurz *Schätzung* (Zufallsgröße)

$$\hat{\Theta} := T(X_1, ..., X_n)$$

(vgl. 16.5.3.4: $\hat{\lambda} = \bar{x}$, 16.5.4.5: $\hat{\lambda} = 1/\bar{x}$)

Schätzwert für Θ, Realisierung von $\hat{\Theta}$: $\hat{\vartheta} = T(x_1, ..., x_n)$

Kriterien für Punktschätzungen zur Auswahl einer Schätzfunktion $\hat{\Theta}$

• erwartungstreu, unverzerrt, $E\hat{\Theta} = \Theta$

• passend (schwach konsistent), $\hat{\Theta}$ soll mit wachsendem n gegen den wahren Parameter Θ konvergieren, TSCHEBYSCHEFFsche Ungleichung

• wirksam (effizient), ist $\eta = \dfrac{\text{Var } \hat{\Theta}_1}{\text{Var } \hat{\Theta}_2} < 1$, dann ist $\hat{\Theta}_1$ besser als $\hat{\Theta}_2$

• erschöpfend (suffizient), hinreichend
  (Ausnutzung aller Informationen der Stichprobe)

• robust, keine Verfälschung durch extreme Werte

Nachteil von Punktschätzungen: keine Genauigkeitsangabe

16.6.2.2 Intervallschätzung, Konfidenzschätzung

Angabe eines aus der Stichprobe ermittelten *Konfidenzintervalls* (*Vertrauensintervalls*) $I = \left[t_1, t_2 \right]$, in dem der wahre, unbekannte Parameter τ der Verteilung der Grundgesamtheit mit großer (vorher festzulegenden, beliebig gewählten) Wahrscheinlichkeit zu erwarten ist (vgl. 16.6.1.1)

$$P(T_1 \leq \tau \leq T_2) \geq \varepsilon = 1 - \alpha \quad (> \text{für diskreten Fall bedeutungsvoll})$$

T_1, T_2 Grenzen des Konvergenzintervallschätzers (Realisierungen t_1, t_2)

α Irrtumswahrscheinlichkeit

ε statistische Sicherheit, *Konfidenzkoeffizient, Konfidenzniveau*
    Vertrauensniveau (Vorgabewert)

τ wird von $I = \left[t_1, t_2 \right]$ mit der Wahrscheinlichkeit $\varepsilon = 1 - \alpha$ überdeckt, der wahre Wert liegt (bei genügend großem n) in $(1 - \alpha) \cdot 100 \%$ der Fälle innerhalb der Vertrauensgrenzen. Das heißt: $F(t_2) = 1 - \alpha/2$, $F(t_1) = \alpha/2$, wobei F die zu τ gehörende Verteilungsfunktion ist.

Das *Konfidenzintervall, Vertrauensintervall* $\left[t_1, t_2 \right]$, Realisierung des Schätzers, heißt eine *Konfidenzschätzung* des unbekannten Parameters τ.

Konfidenzintervall für die Wahrscheinlichkeit p einer zweipunktverteilten (alternativen) Grundgesamtheit
(vgl. BERNOULLI-Versuch, BERNOULLI-Variable X, 16.5.3.2)

Stichprobenfunktion $Y = n\overline{X} = nh(A)$ ist binomialverteilt nach $B(n, p)$. Mit $\mu = np$ und $\sigma^2 = np\,(1 - p)$ sei wie in 16.6.1.2

$$Z = \frac{n\overline{X} - np}{\sqrt{np\,(1 - p)}} = \frac{\overline{X} - p}{\sqrt{\dfrac{p\,(1 - p)}{n}}}$$

Z ist für großes n (siehe Grenzwertsatz von MOIVRE-LAPLACE, 16.5.3.2) asymptotisch $N(0, 1)$-verteilt, Faustregel: $np\,(1 - p) \geq 9$.

Dann gilt: Die Intervallgrenzen T_1 und T_2 errechnen sich aus $|Z| \leq z_\gamma$, d.h.

aus $(\overline{X} - p)^2 \leq z_\gamma^2\,\dfrac{p\,(1 - p)}{n}$ durch Auflösung nach p:

$$T_{1,2} = \frac{n}{n + z_\gamma^2} \left(\overline{X} + \frac{1}{2n} z_\gamma^2 \mp z_\gamma \sqrt{\frac{\overline{X}(1 - \overline{X})}{n} + \left(\frac{1}{2n} z_\gamma \right)^2} \right)$$

Vertrauensintervall $I = \{ p \mid T_1 \leq p \leq T_2 \}$ bzw. $I = \left[T_1, T_2 \right]$

Bemerkung: Auf die Bestimmung von T_u, T_o über die exakte Verteilung von Y wird hier nicht eingegangen.

Zweiseitiges Konfidenzintervall $P(p \in I) = P(|Z| \leq z_\gamma) = 1 - \alpha = \varepsilon$

z_γ Quantil der Ordnung $1 - \dfrac{\alpha}{2}$ der $N(0, 1)$-Verteilung, d.h. z_γ folgt aus

$$\Phi(z_\gamma) = 1 - \frac{\alpha}{2} = \frac{1 + \varepsilon}{2}$$

Siehe Tabelle der Normalverteilung, 16.5.4.4.

Einfluß des Stichprobenumfangs n:

$$\text{falls } n \geq \frac{z_\gamma^2}{d^2}, \text{ wird } P\left(|\overline{X} - p| \leq \frac{d}{2} \right) \geq \varepsilon$$

16

Konfidenzintervall für den Erwartungswert μ der normalverteilten Grundgesamtheit X bei bekannter Streuung σ^2

Konfidenzintervall: $T_1 = \overline{X} - z_\gamma \dfrac{\sigma}{\sqrt{n}} \leq \mu \leq \overline{X} + z_\gamma \dfrac{\sigma}{\sqrt{n}} = T_2$

z_γ aus $\Phi(z_\gamma) = 1 - \dfrac{\alpha}{2} = \dfrac{1 + \varepsilon}{2}$

z_γ Quantil der Ordnung $(1 - \alpha/2)$ der Standard-Normalverteilung, siehe Tabelle der Normalverteilung, 16.5.4.4.

Konfidenzintervall für den Erwartungswert μ der normalverteilten Grundgesamtheit X bei unbekannter Streuung σ^2

Stichprobenfunktion $Z = \dfrac{\overline{X} - \mu}{s} \sqrt{n}$

$$P\left(|Z| < t_{m,\, 1 - \alpha/2}\right) = 1 - \alpha$$

σ^2 wurde hierbei durch die empirische Varianz s^2 der Stichprobe ersetzt. Für μ ergibt sich nun

$$T_1 = \overline{X} - t_{m,\, 1 - \alpha/2} \frac{s}{\sqrt{n}} \leq \mu \leq \overline{X} + t_{m,\, 1 - \alpha/2} \frac{s}{\sqrt{n}} = T_2$$

s empirische Standardabweichung

$t_{m,\, 1 - \alpha/2}$ Quantil der Ordnung $(1 - \alpha/2)$ der t-Verteilung mit $m = n - 1$ Freiheitsgraden (Tabelle der t-Verteilung, 16.6.1.5)

♦   Beispiel:

Grundgesamtheit X sei normalverteilt, $\sigma^2 = 0{,}36$. Eine Stichprobe vom Umfang $n = 60$ ergab den Mittelwert $\overline{x} = 4{,}3$, Vertrauenszahl wird auf $\varepsilon = 0{,}95$ festgelegt. Wie groß ist das zweiseitige Vertrauensintervall?

$\Phi(z_\gamma) = 1 - \dfrac{\alpha}{2} = 0{,}975$, daraus $z_\gamma = 1{,}960\ 0$ lt. Tabelle 16.6.1.3

$\overline{x} \pm z_\gamma \dfrac{\sigma}{\sqrt{n}} = 4{,}3 \pm 1{,}96 \cdot \dfrac{0{,}6}{\sqrt{60}} = 4{,}3 \pm 0{,}152$

Das Vertrauensintervall lautet $[4{,}15;\ 4{,}45]$.   ♦

17 Integraltabellen

Die Integrationskonstante $C \in \mathbb{R}$ ist zu addieren. $x, a, b, f, g \in \mathbb{R}, n, m \in \mathbb{N}$, teilweise ist auch $n \in \mathbb{Z}$ bzw. $n \in \mathbb{R}$ möglich. Diese Formeln sind getrennt angegeben. Es gilt generell $a \neq 0$.

Siehe auch Grundintegrale, Abschnitt 12.2.

Inhalt

17

17.1   Integrale rationaler Funktionen

17.1.1   Integrale mit $ax + b$

(1) $\int (ax + b)^n \, dx = \dfrac{(ax + b)^{n+1}}{a \, (n + 1)}$ $n \in \mathbb{R} \setminus \{-1\}$, für $n = -1$ siehe (2)

Speziell: $\int (ax + b) \, dx = \dfrac{ax^2}{2} + bx$

(2) $\int \dfrac{dx}{ax + b} = \dfrac{1}{a} \ln |ax + b|$

(3) $\int x \, (ax + b)^n \, dx = \dfrac{(ax + b)^{n+2}}{a^2 \, (n + 2)} - \dfrac{b \, (ax + b)^{n+1}}{a^2 \, (n + 1)} = \dfrac{a \, (n + 1) \, x - b}{a^2 \, (n + 1) \, (n + 2)} \, (ax + b)^{n+1}$

$n \neq -1, -2$, für $n = -1, -2$ siehe (4) und (5)

(4) $\int \dfrac{x \, dx}{ax + b} = \dfrac{x}{a} - \dfrac{b}{a^2} \ln |ax + b|$

(5) $\int \dfrac{x \, dx}{(ax + b)^2} = \dfrac{b}{a^2 \, (ax + b)} + \dfrac{1}{a^2} \ln |ax + b|$

(6) $\int \dfrac{x \, dx}{(ax + b)^n} = \dfrac{a \, (1 - n) \, x - b}{a^2 \, (n - 1) \, (n - 2) \, (ax + b)^{n-1}}$ $n \in \mathbb{R} \setminus \{1, 2\}$

(7) $\int \dfrac{x^2 \, dx}{ax + b} = \dfrac{1}{a^3} \left(\dfrac{(ax + b)^2}{2} - 2b \, (ax + b) + b^2 \ln |ax + b| \right)$

(8) $\int \dfrac{x^2 \, dx}{(ax + b)^2} = \dfrac{1}{a^3} \left(ax + b - 2b \ln |ax + b| - \dfrac{b^2}{ax + b} \right)$

(9) $\int \dfrac{x^2 \, dx}{(ax + b)^3} = \dfrac{1}{a^3} \left(\ln |ax + b| + \dfrac{2b}{ax + b} - \dfrac{b^2}{2 \, (ax + b)^2} \right)$

(10) $\int \dfrac{x^2 \, dx}{(ax + b)^n} = \dfrac{1}{a^3} \left(-\dfrac{1}{(n - 3) \, (ax + b)^{n-3}} + \dfrac{2b}{(n - 2) \, (ax + b)^{n-2}} - \dfrac{b^2}{(n - 1) \, (ax + b)^{n-1}} \right)$ $n \in \mathbb{R} \setminus \{1, 2, 3\}$

(11) $\int \dfrac{x^3 \, dx}{ax + b} = \dfrac{1}{a^4} \left(\dfrac{(ax + b)^3}{3} - \dfrac{3b \, (ax + b)^2}{2} + 3b^2 \, (ax + b) - b^3 \ln |ax + b| \right)$

(12) $\int \dfrac{x^3 \, dx}{(ax + b)^2} = \dfrac{1}{a^4} \left(\dfrac{(ax + b)^2}{2} - 3b \, (ax + b) + 3b^2 \ln |ax + b| + \dfrac{b^3}{ax + b} \right)$

(13) $\int \dfrac{x^3 \, dx}{(ax + b)^3} = \dfrac{1}{a^4} \left(ax + b - 3b \ln |ax + b| - \dfrac{3b^2}{ax + b} + \dfrac{b^3}{2 \, (ax + b)^2} \right)$

(14) $\int \dfrac{x^3 \, dx}{(ax + b)^4} = \dfrac{1}{a^4} \left(\ln |ax + b| + \dfrac{3b}{ax + b} - \dfrac{3b^2}{2 \, (ax + b)^2} + \dfrac{b^3}{3 \, (ax + b)^3} \right)$

(15) $\int \dfrac{x^3 \mathrm{d}x}{(ax+b)^n} = \dfrac{1}{a^4}\left(-\dfrac{1}{(n-4)\,(ax+b)^{n-4}} + \dfrac{3b}{(n-3)\,(ax+b)^{n-3}}\right.$

$\left.-\dfrac{3b^2}{(n-2)\,(ax+b)^{n-2}} + \dfrac{b^3}{(n-1)\,(ax+b)^{n-1}}\right)$ $\qquad n \in \mathbb{R} \setminus \{1,2,3,4\}$

(16) $\int \dfrac{\mathrm{d}x}{x\,(ax+b)} = -\dfrac{1}{b}\ln\left|\dfrac{ax+b}{x}\right|$ $\qquad b \neq 0$

(17) $\int \dfrac{\mathrm{d}x}{x\,(ax+b)^2} = -\dfrac{1}{b^2}\left(\ln\left|\dfrac{ax+b}{x}\right| - \dfrac{b}{ax+b}\right)$ $\qquad b \neq 0$

(18) $\int \dfrac{\mathrm{d}x}{x\,(ax+b)^3} = -\dfrac{1}{b^3}\left(\ln\left|\dfrac{ax+b}{x}\right| + \dfrac{2ax}{ax+b} - \dfrac{a^2x^2}{2\,(ax+b)^2}\right)$ $\qquad b \neq 0$

(19) $\int \dfrac{\mathrm{d}x}{x\,(ax+b)^n} = -\dfrac{1}{b^n}\left(\ln\left|\dfrac{ax+b}{x}\right| - \sum_{i=1}^{n-1}\binom{n-1}{i}\dfrac{(-a)^i\,x^i}{i\,(ax+b)^i}\right)$ $\qquad n \geq 1$

(20) $\int \dfrac{\mathrm{d}x}{x^2\,(ax+b)} = -\dfrac{1}{bx} + \dfrac{a}{b^2}\ln\left|\dfrac{ax+b}{x}\right|$ $\qquad b \neq 0$

(21) $\int \dfrac{\mathrm{d}x}{x^2\,(ax+b)^2} = -\dfrac{a}{b^2\,(ax+b)} - \dfrac{1}{b^2x} + \dfrac{2a}{b^3}\ln\left|\dfrac{ax+b}{x}\right|$ $\qquad b \neq 0$

(22) $\int \dfrac{\mathrm{d}x}{x^2\,(ax+b)^3} = -\dfrac{a}{2b^2\,(ax+b)^2} - \dfrac{2a}{b^3\,(ax+b)} - \dfrac{1}{b^3x} + \dfrac{3a}{b^4}\ln\left|\dfrac{ax+b}{x}\right|$

(23) $\int \dfrac{\mathrm{d}x}{x^2\,(ax+b)^n} = \dfrac{-1}{b^{n+1}}\left(-\sum_{i=2}^{n}\binom{n}{i}\dfrac{(-a)^i\,x^{i-1}}{(i-1)\,(ax+b)^{i-1}} + \dfrac{ax+b}{x} - na\ln\left|\dfrac{ax+b}{x}\right|\right)$

$\qquad n \geq 2$

(24) $\int \dfrac{\mathrm{d}x}{x^3\,(ax+b)} = -\dfrac{1}{b^3}\left(a^2\ln\left|\dfrac{ax+b}{x}\right| - \dfrac{2a\,(ax+b)}{x} + \dfrac{(ax+b)^2}{2x^2}\right)$

(25) $\int \dfrac{\mathrm{d}x}{x^3\,(ax+b)^2} = -\dfrac{1}{b^4}\left(3a^2\ln\left|\dfrac{ax+b}{x}\right| + \dfrac{a^3x}{ax+b} + \dfrac{(ax+b)^2}{2x^2} - \dfrac{3a\,(ax+b)}{x}\right)$

(26) $\int \dfrac{\mathrm{d}x}{x^3\,(ax+b)^3} = -\dfrac{1}{b^5}\left(6a^2\ln\left|\dfrac{ax+b}{x}\right| + \dfrac{4a^3x}{ax+b} - \dfrac{a^4x^2}{2\,(ax+b)^2} + \dfrac{(ax+b)^2}{2x^2}\right.$

$\left.-\dfrac{4a\,(ax+b)}{x}\right)$

(27) $\int \dfrac{\mathrm{d}x}{x^3\,(ax+b)^n} = -\dfrac{1}{b^{n+2}}\left(-\sum_{i=3}^{n+1}\binom{n+1}{i}\dfrac{(-a)^i x^{i-2}}{(i-2)\,(ax+b)^{i-2}} + \dfrac{a^2\,(ax+b)^2}{2x^2}\right.$

$\left.-\dfrac{(n+1)\,a\,(ax+b)}{x} + \dfrac{n\,(n+1)\,a^2}{2}\ln\left|\dfrac{ax+b}{x}\right|\right)$ $\qquad n \geq 3$

(28) $\int \dfrac{\mathrm{d}x}{x^4\,(ax+b)} = -\dfrac{1}{b^4}\left(\dfrac{(ax+b)^3}{3x^3} - \dfrac{3a\,(ax+b)^2}{2x^2} + \dfrac{3a^2\,(ax+b)}{x} - a^3\ln\left|\dfrac{(ax+b)}{x}\right|\right)$

17

(29) $\int \dfrac{dx}{x^4\,(ax+b)^2} = -\dfrac{1}{b^5}\left(\dfrac{(ax+b)^3}{3x^3} - \dfrac{4a\,(ax+b)^2}{2x^2} + \dfrac{6a^2\,(ax+b)}{x}\right.$

$$\left. - 4a^3 \ln\left|\dfrac{(ax+b)}{x}\right|\right)$$

(30) $\int \dfrac{dx}{x^4\,(ax+b)^3} = -\dfrac{1}{b^6}\left(\dfrac{(ax+b)^3}{3x^3} - \dfrac{5a\,(ax+b)^2}{2x^2} + \dfrac{10a^2\,(ax+b)}{x}\right.$

$$\left. - 10a^3 \ln\left|\dfrac{(ax+b)}{x}\right|\right)$$

(31) $\int \dfrac{dx}{x^m\,(ax+b)^n} = -\dfrac{1}{b^{m+n-1}}\sum_{i=0}^{m+n-2}\binom{m+n-2}{i}\dfrac{(-a)^i\,(ax+b)^{m-i-1}}{(m-i-1)\,x^{m-i-1}}$

Verschwindet der Nenner des Gliedes unter dem Summenzeichen, so ist dieses zu ersetzen durch $\binom{m+n-2}{m-1}(-a)^{m-1}\ln\left|\dfrac{(ax+b)}{x}\right|$

17.1.2   Integrale mit $ax + b$, $cx + d$

(32) $\int \dfrac{ax+b}{cx+d}\,dx = \dfrac{ax}{c} + \dfrac{bc-ad}{c^2}\ln|cx+d|$

(33) $\int \dfrac{dx}{(ax+b)\,(cx+d)} = \dfrac{1}{bc-ad}\ln\left|\dfrac{cx+d}{ax+b}\right|$ $bc-ad \neq 0$

(34) $\int \dfrac{x\,dx}{(ax+b)\,(cx+d)} = \dfrac{1}{bc-ad}\left(\dfrac{b}{a}\ln|ax+b| - \dfrac{d}{c}\ln|cx+d|\right)$ $bc-ad \neq 0$

(35) $\int \dfrac{dx}{(ax+b)^2\,(cx+d)} = \dfrac{1}{bc-ad}\left(\dfrac{1}{ax+b} + \dfrac{c}{bc-ad}\ln\left|\dfrac{cx+d}{ax+b}\right|\right)$ $bc-ad \neq 0$

(36) $\int \dfrac{x\,dx}{(a+x)\,(b+x)^2} = \dfrac{b}{(a-b)\,(b+x)} - \dfrac{a}{(a-b)^2}\ln\left|\dfrac{a+x}{b+x}\right|$ $a \neq b$

(37) $\int \dfrac{x^2\,dx}{(a+x)\,(b+x)^2} = \dfrac{b^2}{(b-a)\,(b+x)} + \dfrac{a^2}{(b-a)^2}\ln|a+x| + \dfrac{b^2-2ab}{(b-a)^2}\ln|b+x|$

$a \neq b$

(38) $\int \dfrac{dx}{(a+x)^2\,(b+x)^2} = -\dfrac{1}{(a-b)^2}\left(\dfrac{1}{a+x} + \dfrac{1}{b+x}\right) + \dfrac{2}{(a-b)^3}\ln\left|\dfrac{a+x}{b+x}\right|$ $a \neq b$

(39) $\int \dfrac{x\,dx}{(a+x)^2\,(b+x)^2} = \dfrac{1}{(a-b)^2}\left(\dfrac{a}{a+x} + \dfrac{b}{b+x}\right) + \dfrac{a+b}{(a-b)^3}\ln\left|\dfrac{a+x}{b+x}\right|$ $a \neq b$

(40) $\int \dfrac{x^2\,dx}{(a+x)^2\,(b+x)^2} = -\dfrac{1}{(a-b)^2}\left(\dfrac{a^2}{a+x} + \dfrac{b^2}{b+x}\right) + \dfrac{2ab}{(a-b)^3}\ln\left|\dfrac{a+x}{b+x}\right|$ $a \neq b$

17.1.3   Integrale mit $ax^2 + bx + c$

$$(41) \int \frac{dx}{ax^2 + bx + c} = \begin{cases} -\dfrac{2}{2ax + b} & \text{für} \quad 4ac - b^2 = 0 \\[3mm] \dfrac{2}{\sqrt{4ac - b^2}} \arctan \dfrac{2ax + b}{\sqrt{4ac - b^2}} & \text{für} \quad 4ac - b^2 > 0 \\[3mm] -\dfrac{2}{\sqrt{b^2 - 4ac}} \operatorname{artanh} \dfrac{2ax + b}{\sqrt{b^2 - 4ac}} & \text{für} \quad 4ac - b^2 < 0 \\[3mm] \dfrac{1}{\sqrt{b^2 - 4ac}} \ln \left| \dfrac{2ax + b - \sqrt{b^2 - 4ac}}{2ax + b + \sqrt{b^2 - 4ac}} \right| & \text{dito} \end{cases}$$

$$(42) \int \frac{dx}{(ax^2 + bx + c)^2} = \frac{2ax + b}{(4ac - b^2)(ax^2 + bx + c)} + \frac{2a}{4ac - b^2} \int \frac{dx}{ax^2 + bx + c}$$
siehe (41)

$$(43) \int \frac{dx}{(ax^2 + bx + c)^3} = \frac{2ax + b}{4ac - b^2} \left(\frac{1}{2\,(ax^2 + bx + c)^2} \right.$$
siehe (41)

$$\left. + \frac{3a}{(4ac - b^2)(ax^2 + bx + c)} \right) + \frac{6a^2}{(4ac - b^2)^2} \int \frac{dx}{ax^2 + bx + c}$$

$$(44) \int \frac{dx}{(ax^2 + bx + c)^n} = \frac{2ax + b}{(n-1)(4ac - b^2)(ax^2 + bx + c)^{n-1}}$$

$$+ \frac{(2n-3)\,2a}{(n-1)(4ac - b^2)} \int \frac{dx}{(ax^2 + bx + c)^{n-1}}$$
$n > 1, 4ac - b^2 \neq 0$
siehe (41)

$$(45) \int \frac{x\,dx}{ax^2 + bx + c} = \frac{1}{2a} \ln \left| ax^2 + bx + c \right| - \frac{b}{2a} \int \frac{dx}{ax^2 + bx + c}$$
siehe (41)

$$(46) \int \frac{x\,dx}{(ax^2 + bx + c)^2} = -\frac{bx + 2c}{(4ac - b^2)(ax^2 + bx + c)} - \frac{b}{4ac - b^2} \int \frac{dx}{ax^2 + bx + c}$$
siehe (41)

$$(47) \int \frac{x\,dx}{(ax^2 + bx + c)^n} = -\frac{bx + 2c}{(n-1)(4ac - b^2)(ax^2 + bx + c)^{n-1}}$$

$$- \frac{b\,(2n-1)}{(n-1)(4ac - b^2)} \int \frac{dx}{(ax^2 + bx + c)^{n-1}}$$
$n > 1, 4ac - b^2 \neq 0$

$$(48) \int \frac{x^2\,dx}{ax^2 + bx + c} = \frac{x}{a} - \frac{b}{2a^2} \ln \left| ax^2 + bx + c \right| + \frac{b^2 - 2ac}{2a^2} \int \frac{dx}{ax^2 + bx + c}$$
s. (41)

$$(49) \int \frac{x^2\,dx}{(ax^2 + bx + c)^2} = \frac{(b^2 - 2ac)\,x + bc}{a\,(4ac - b^2)(ax^2 + bx + c)} + \frac{2c}{4ac - b^2} \int \frac{dx}{ax^2 + bx + c}$$
siehe (41)

17

(50) $\displaystyle\int \frac{x^2 dx}{(ax^2 + bx + c)^n} = -\frac{x}{(2n-3)\,a\,(ax^2 + bx + c)^{n-1}}$ siehe (44), (47)

$\displaystyle\qquad + \frac{c}{(2n-3)\,a} \int \frac{dx}{(ax^2 + bx + c)^n} - \frac{(n-2)\,b}{(2n-3)\,a} \int \frac{x\,dx}{(ax^2 + bx + c)^n}$

(51) $\displaystyle\int \frac{x^m\,dx}{(ax^2 + bx + c)^n} = -\frac{x^{m-1}}{(2n-m-1)\,a\,(ax^2 + bx + c)^{n-1}}$ $m \neq 2n-1$

$\displaystyle\qquad + \frac{(m-1)\,c}{(2n-m-1)\,a} \int \frac{x^{m-2}\,dx}{(ax^2 + bx + c)^n} - \frac{(n-m)\,b}{(2n-m-1)\,a} \int \frac{x^{m-1}\,dx}{(ax^2 + bx + c)^n}$

(52) $\displaystyle\int \frac{x^{2n-1}dx}{(ax^2 + bx + c)^n} = \frac{1}{a} \int \frac{x^{2n-3}\,dx}{(ax^2 + bx + c)^{n-1}} - \frac{c}{a} \int \frac{x^{2n-3}\,dx}{(ax^2 + bx + c)^n}$

$\displaystyle\qquad - \frac{b}{a} \int \frac{x^{2n-2}\,dx}{(ax^2 + bx + c)^n}$

(53) $\displaystyle\int \frac{dx}{x\,(ax^2 + bx + c)} = \frac{1}{2c} \ln \left| \frac{x^2}{ax^2 + bx + c} \right| - \frac{b}{2c} \int \frac{dx}{ax^2 + bx + c}$ $c \neq 0$
          siehe (41)

(54) $\displaystyle\int \frac{dx}{x\,(ax^2 + bx + c)^n} = \frac{1}{2c\,(n-1)\,(ax^2 + bx + c)^{n-1}}$ siehe (44)

$\displaystyle\qquad - \frac{b}{2c} \int \frac{dx}{(ax^2 + bx + c)^n} + \frac{1}{c} \int \frac{dx}{x\,(ax^2 + bx + c)^{n-1}}$

(55) $\displaystyle\int \frac{dx}{x^2\,(ax^2 + bx + c)} = \frac{b}{2c^2} \ln \left| \frac{ax^2 + bx + c}{x^2} \right| - \frac{1}{cx} + \left(\frac{b^2}{2c^2} - \frac{a}{c} \right) \int \frac{dx}{ax^2 + bx + c}$
          siehe (41)

(56) $\displaystyle\int \frac{dx}{x^m\,(ax^2 + bx + c)^n} = -\frac{1}{(m-1)\,cx^{m-1}\,(ax^2 + bx + c)^{n-1}}$ $m > 1$

$\displaystyle\qquad - \frac{(2n+m-3)\,a}{(m-1)\,c} \int \frac{dx}{x^{m-2}\,(ax^2 + bx + c)^n}$

$\displaystyle\qquad - \frac{(n+m-2)\,b}{(m-1)\,c} \int \frac{dx}{x^{m-1}\,(ax^2 + bx + c)^n}$

(57) $\displaystyle\int \frac{dx}{(fx + g)\,(ax^2 + bx + c)} = \frac{f}{2\,(cf^2 - gfb + g^2a)} \ln \left| \frac{(fx + g)^2}{ax^2 + bx + c} \right|$

$\displaystyle\qquad + \frac{2ga - bf}{2\,(cf^2 - gfb + g^2a)} \int \frac{dx}{ax^2 + bx + c}$ siehe (41)

17.1.4 Integrale mit $a^2 \pm x^2$

Abkürzung: $Y = \begin{cases} \arctan \dfrac{x}{a} & \text{für } \gg + \ll \\[2mm] \dfrac{1}{2} \ln \dfrac{a+x}{a-x} = \operatorname{artanh} \dfrac{x}{a} & \text{für } \gg - \ll \text{ und } |x| < a \\[2mm] \dfrac{1}{2} \ln \dfrac{x+a}{x-a} = \operatorname{arcoth} \dfrac{x}{a} & \text{für } \gg - \ll \text{ und } |x| > a \end{cases}$

(58) $\displaystyle\int \frac{dx}{a^2 \pm x^2} = \frac{1}{a} Y$

(59) $\displaystyle\int \frac{dx}{(a^2 \pm x^2)^2} = \frac{x}{2a^2 (a^2 \pm x^2)} + \frac{1}{2a^3} Y$

(60) $\displaystyle\int \frac{dx}{(a^2 \pm x^2)^3} = \frac{x}{4a^2 (a^2 \pm x^2)^2} + \frac{3x}{8a^4 (a^2 \pm x^2)} + \frac{3}{8a^5} Y$

(61) $\displaystyle\int \frac{dx}{(a^2 \pm x^2)^{n+1}} = \frac{x}{2na^2 (a^2 \pm x^2)^n} + \frac{2n-1}{2na^2} \int \frac{dx}{(a^2 \pm x^2)^n}$ $\qquad n \neq 0$

(62) $\displaystyle\int \frac{x\,dx}{a^2 \pm x^2} = \pm \frac{1}{2} \ln \left| a^2 \pm x^2 \right|$

(63) $\displaystyle\int \frac{x\,dx}{(a^2 \pm x^2)^2} = \mp \frac{1}{2 (a^2 \pm x^2)}$

(64) $\displaystyle\int \frac{x\,dx}{(a^2 \pm x^2)^3} = \mp \frac{1}{4 (a^2 \pm x^2)^2}$

(65) $\displaystyle\int \frac{x\,dx}{(a^2 \pm x^2)^{n+1}} = \mp \frac{1}{2n (a^2 \pm x^2)^n}$ $\qquad n \neq 0$

(66) $\displaystyle\int \frac{x^2\,dx}{a^2 \pm x^2} = \pm x \mp a\,Y$

(67) $\displaystyle\int \frac{x^2\,dx}{(a^2 \pm x^2)^2} = \mp \frac{x}{2 (a^2 \pm x^2)} \pm \frac{1}{2a} Y$

(68) $\displaystyle\int \frac{x^2\,dx}{(a^2 \pm x^2)^3} = \mp \frac{x}{4 (a^2 \pm x^2)^2} \pm \frac{x}{8a^2 (a^2 \pm x^2)} \pm \frac{1}{8a^3} Y$

(69) $\displaystyle\int \frac{x^2\,dx}{(a^2 \pm x^2)^{n+1}} = \mp \frac{x}{2n (a^2 \pm x^2)^n} \pm \frac{1}{2n} \int \frac{dx}{(a^2 \pm x^2)^n}$ $\qquad n \neq 0$, siehe (61)

(70) $\displaystyle\int \frac{x^3\,dx}{a^2 \pm x^2} = \pm \frac{x^2}{2} - \frac{a^2}{2} \ln \left| a^2 \pm x^2 \right|$

(71) $\displaystyle\int \frac{x^3\,dx}{(a^2 \pm x^2)^2} = \frac{a^2}{2 (a^2 \pm x^2)} + \frac{1}{2} \ln \left| a^2 \pm x^2 \right|$

(72) $\displaystyle\int \frac{x^3\,dx}{(a^2 \pm x^2)^3} = -\frac{1}{2 (a^2 \pm x^2)} + \frac{a^2}{4 (a^2 \pm x^2)^2}$

(73) $\displaystyle\int \frac{x^3\,dx}{(a^2 \pm x^2)^{n+1}} = -\frac{1}{2 (n-1) (a^2 \pm x^2)^{n-1}} + \frac{a^2}{2n (a^2 \pm x^2)^n}$ $\qquad n > 1$

17

(74) $\int \dfrac{dx}{x\,(a^2 \pm x^2)} = \dfrac{1}{2a^2}\,\ln\left|\dfrac{x^2}{a^2 \pm x^2}\right|$

(75) $\int \dfrac{dx}{x\,(a^2 \pm x^2)^2} = \dfrac{1}{2a^2\,(a^2 \pm x^2)} + \dfrac{1}{2a^4}\,\ln\left|\dfrac{x^2}{a^2 \pm x^2}\right|$

(76) $\int \dfrac{dx}{x\,(a^2 \pm x^2)^3} = \dfrac{1}{4a^2\,(a^2 \pm x^2)^2} + \dfrac{1}{2a^4\,(a^2 \pm x^2)} + \dfrac{1}{2a^6}\,\ln\left|\dfrac{x^2}{a^2 \pm x^2}\right|$

(77) $\int \dfrac{dx}{x^2\,(a^2 \pm x^2)} = -\dfrac{1}{a^2 x} \mp \dfrac{1}{a^3}\,Y$

(78) $\int \dfrac{dx}{x^2\,(a^2 \pm x^2)^2} = -\dfrac{1}{a^4 x} \mp \dfrac{x}{2a^4\,(a^2 \pm x^2)} \mp \dfrac{3}{2a^5}\,Y$

(79) $\int \dfrac{dx}{x^2\,(a^2 \pm x^2)^3} = -\dfrac{1}{a^6 x} \mp \dfrac{x}{4a^4\,(a^2 \pm x^2)^2} \mp \dfrac{7x}{8a^6\,(a^2 \pm x^2)} \mp \dfrac{15}{8a^7}\,Y$

(80) $\int \dfrac{dx}{x^3\,(a^2 \pm x^2)} = -\dfrac{1}{2a^2 x^2} \mp \dfrac{1}{2a^4}\,\ln\left|\dfrac{x^2}{a^2 \pm x^2}\right|$

(81) $\int \dfrac{dx}{x^3\,(a^2 \pm x^2)^2} = -\dfrac{1}{2a^4 x^2} \mp \dfrac{1}{2a^4\,(a^2 \pm x^2)} \pm \dfrac{1}{a^6}\,\ln\left|\dfrac{x^2}{a^2 \pm x^2}\right|$

(82) $\int \dfrac{dx}{x^3\,(a^2 \pm x^2)^3} = -\dfrac{1}{2a^6 x^2} \mp \dfrac{1}{a^6\,(a^2 \pm x^2)} \mp \dfrac{1}{4a^4\,(a^2 \pm x^2)^2} \mp \dfrac{3}{2a^8}\,\ln\left|\dfrac{x^2}{a^2 \pm x^2}\right|$

(83) $\int \dfrac{dx}{x^4\,(a^2 \pm x^2)} = -\dfrac{1}{3a^2 x^3} \pm \dfrac{1}{a^4 x} + \dfrac{1}{a^5}\,Y$

(84) $\int \dfrac{dx}{x^4\,(a^2 \pm x^2)^2} = -\dfrac{1}{3a^4 x^3} \pm \dfrac{2}{a^6 x} + \dfrac{x}{2a^6\,(a^2 \pm x^2)} + \dfrac{5}{2a^7}\,Y$

(85) $\int \dfrac{dx}{x^4\,(a^2 + x^2)^3} = -\dfrac{1}{3a^6 x^3} + \dfrac{3}{a^8 x} + \dfrac{11x}{8a^8\,(a^2 + x^2)} + \dfrac{x}{4a^6\,(a^2 + x^2)^2} + \dfrac{35}{8a^9}\,Y$

(86) $\int \dfrac{dx}{(b + cx)\,(a^2 \pm x^2)} = \dfrac{1}{a^2 c^2 + b^2}\left(c\,\ln|b + cx| - \dfrac{c}{2}\,\ln\left|a^2 \pm x^2\right| \pm \dfrac{b}{a}\,Y\right)$

17.1.5   Integrale mit $a^3 \pm x^3$

(87) $\int \dfrac{dx}{a^3 \pm x^3} = \pm \dfrac{1}{6a^2}\,\ln\left|\dfrac{(a \pm x)^2}{a^2 \mp ax + x^2}\right| + \dfrac{1}{a^2\sqrt{3}}\,\arctan\dfrac{2x \mp a}{a\sqrt{3}}$

(88) $\int \dfrac{dx}{(a^3 \pm x^3)^2} = \dfrac{x}{3a^3\,(a^3 \pm x^3)} + \dfrac{2}{3a^3}\int \dfrac{dx}{a^3 \pm x^3}$ siehe (87)

(89) $\int \dfrac{x\,dx}{a^3 \pm x^3} = \dfrac{1}{6a}\,\ln\left|\dfrac{a^2 \mp ax + x^2}{(a \pm x)^2}\right| + \dfrac{1}{a\sqrt{3}}\,\arctan\dfrac{2x \mp a}{a\sqrt{3}}$

(90) $\int \dfrac{x\,dx}{(a^3 \pm x^3)^2} = \dfrac{x^2}{3a^3\,(a^3 \pm x^3)} + \dfrac{1}{3a^3}\int \dfrac{x\,dx}{a^3 \pm x^3}$ siehe (89)

(91) $\int \dfrac{x^2\,dx}{a^3 \pm x^3} = \pm \dfrac{1}{3}\,\ln\left|a^3 \pm x^3\right|$

(92) $\displaystyle\int \frac{x^2 \mathrm{d}x}{\left(a^3 \pm x^3\right)^2} = \mp \ \frac{1}{3\left(a^3 \pm x^3\right)}$

(93) $\displaystyle\int \frac{x^3 \mathrm{d}x}{a^3 \pm x^3} = \pm x \mp a^3 \int \frac{\mathrm{d}x}{a^3 \pm x^3}$ siehe (87)

(94) $\displaystyle\int \frac{x^3 \mathrm{d}x}{\left(a^3 \pm x^3\right)^2} = \mp \ \frac{x}{3\left(a^3 \pm x^3\right)} \pm \frac{1}{3} \int \frac{\mathrm{d}x}{a^3 \pm x^3}$ siehe (87)

(95) $\displaystyle\int \frac{\mathrm{d}x}{x\left(a^3 \pm x^3\right)} = \frac{1}{3a^3} \ln \left| \frac{x^3}{a^3 \pm x^3} \right|$

(96) $\displaystyle\int \frac{\mathrm{d}x}{x\left(a^3 \pm x^3\right)^2} = \frac{1}{3a^2\left(a^3 \pm x^3\right)} + \frac{1}{3a^6} \ln \left| \frac{x^3}{a^3 \pm x^3} \right|$

(97) $\displaystyle\int \frac{\mathrm{d}x}{x^2\left(a^3 \pm x^3\right)} = -\frac{1}{a^3 x} \mp \frac{1}{a^3} \int \frac{x\,\mathrm{d}x}{a^3 \pm x^3}$ siehe (89)

(98) $\displaystyle\int \frac{\mathrm{d}x}{x^2\left(a^3 \pm x^3\right)^2} = -\frac{1}{a^6 x} \mp \frac{x^2}{3a^6\left(a^3 \pm x^3\right)} \mp \frac{4}{3a^6} \int \frac{x\,\mathrm{d}x}{a^3 \pm x^3}$ siehe (89)

(99) $\displaystyle\int \frac{\mathrm{d}x}{x^3\left(a^3 \pm x^3\right)} = -\frac{1}{2a^3 x^2} \mp \frac{1}{a^3} \int \frac{\mathrm{d}x}{a^3 \pm x^3}$ siehe (87)

(100) $\displaystyle\int \frac{\mathrm{d}x}{x^3\left(a^3 \pm x^3\right)^2} = -\frac{1}{2a^6 x^2} \mp \frac{x}{3a^6\left(a^3 \pm x^3\right)} \mp \frac{5}{3a^6} \int \frac{\mathrm{d}x}{a^3 \pm x^3}$ siehe (87)

17.1.6 Integrale mit $a^4 + x^4$

(101) $\displaystyle\int \frac{\mathrm{d}x}{a^4 + x^4} = \frac{1}{4a^3\sqrt{2}} \ln \left| \frac{x^2 + ax\sqrt{2} + a^2}{x^2 - ax\sqrt{2} + a^2} \right| + \frac{1}{2a^3\sqrt{2}} \left(\arctan\left(\frac{x\sqrt{2}}{a} + 1\right) + \arctan\left(\frac{x\sqrt{2}}{a} - 1\right) \right)$

(102) $\displaystyle\int \frac{x\,\mathrm{d}x}{a^4 + x^4} = \frac{1}{2a^2} \arctan \frac{x^2}{a^2}$

(103) $\displaystyle\int \frac{x^2\,\mathrm{d}x}{a^4 + x^4} = -\frac{1}{4a\sqrt{2}} \ln \left| \frac{x^2 + ax\sqrt{2} + a^2}{x^2 - ax\sqrt{2} + a^2} \right| + \frac{1}{2a\sqrt{2}} \left(\arctan\left(\frac{x\sqrt{2}}{a} + 1\right) + \arctan\left(\frac{x\sqrt{2}}{a} - 1\right) \right)$

(104) $\displaystyle\int \frac{x^3\,\mathrm{d}x}{a^4 + x^4} = \frac{1}{4} \ln \left| a^4 + x^4 \right|$

17.1.7 Integrale mit $a^4 - x^4$

(105) $\displaystyle\int \frac{\mathrm{d}x}{a^4 - x^4} = \frac{1}{4a^3} \ln \left| \frac{a + x}{a - x} \right| + \frac{1}{2a^3} \arctan \frac{x}{a}$

(106) $\displaystyle\int \frac{x\,\mathrm{d}x}{a^4 - x^4} = \frac{1}{4a^3} \ln \left| \frac{a^2 + x^2}{a^2 - x^2} \right|$

(107) $\displaystyle\int \frac{x^2\,\mathrm{d}x}{a^4 - x^4} = \frac{1}{4a} \ln \left| \frac{a + x}{a - x} \right| - \frac{1}{2a} \arctan \frac{x}{a}$

(108) $\displaystyle\int \frac{x^3\,\mathrm{d}x}{a^4 - x^4} = -\frac{1}{4} \ln \left| a^4 - x^4 \right|$

17

17.2   Integrale irrationaler Funktionen

17.2.1   Integrale mit $\sqrt{x^n}$ und $(a^2 \pm b^2 x)^m$ (Radikand > 0)

Abkürzung $Y = \begin{cases} \arctan \dfrac{b \sqrt{x}}{a} & \text{für } \text{» } + \text{«} \\[2mm] \dfrac{1}{2} \ln \left| \dfrac{a + b \sqrt{x}}{a - b \sqrt{x}} \right| & \text{für } \text{» } - \text{«} \end{cases}$

(109) $\displaystyle\int \frac{\sqrt{x}\, dx}{a^2 \pm b^2 x} = \pm \frac{2\sqrt{x}}{b^2} \mp \frac{2a}{b^3}\, Y$

(110) $\displaystyle\int \frac{\sqrt{x}\, dx}{(a^2 \pm b^2 x)^2} = \mp \frac{\sqrt{x}}{b^2 (a^2 \pm b^2 x)} \pm \frac{1}{ab^3}\, Y$

(111) $\displaystyle\int \frac{\sqrt{x}\, dx}{(a^2 \pm b^2 x)^3} = \mp \frac{\sqrt{x}}{2b^2 (a^2 \pm b^2 x)^2} \pm \frac{\sqrt{x}}{4a^2 b^2 (a^2 \pm b^2 x)} \pm \frac{1}{4a^3 b^3}\, Y$

(112) $\displaystyle\int \frac{\sqrt{x^3}\, dx}{a^2 \pm b^2 x} = \pm \frac{2\sqrt{x^3}}{3b^2} - \frac{2a^2 \sqrt{x}}{b^4} + \frac{2a^3}{b^5}\, Y$

(113) $\displaystyle\int \frac{\sqrt{x^3}\, dx}{(a^2 \pm b^2 x)^2} = \pm \frac{2\sqrt{x^3}}{b^2 (a^2 \pm b^2 x)} + \frac{3a^2 \sqrt{x}}{b^4 (a^2 \pm b^2 x)} - \frac{3a^3}{b^5}\, Y$

(114) $\displaystyle\int \frac{\sqrt{x^3}\, dx}{(a^2 \pm b^2 x)^3} = \mp \frac{\sqrt{x^3}}{2b^2 (a^2 \pm b^2 x)^2} \mp \frac{3\sqrt{x}}{4b^4 (a^2 \pm b^2 x)} \pm \frac{3}{4ab^5}\, Y$

(115) $\displaystyle\int \frac{dx}{(a^2 \pm b^2 x)\sqrt{x}} = \frac{2}{ab}\, Y$

(116) $\displaystyle\int \frac{dx}{(a^2 \pm b^2 x)^2 \sqrt{x}} = \frac{\sqrt{x}}{a^2 (a^2 \pm b^2 x)} + \frac{1}{a^3 b}\, Y$

(117) $\displaystyle\int \frac{dx}{(a^2 \pm b^2 x)^3 \sqrt{x}} = \frac{\sqrt{x}}{2a^2 (a^2 \pm b^2 x)^2} + \frac{3\sqrt{x}}{4a^4 (a^2 \pm b^2 x)} + \frac{3}{4a^5 b}\, Y$

(118) $\displaystyle\int \frac{dx}{(a^2 \pm b^2 x)\sqrt{x^3}} = -\frac{2}{a^2 \sqrt{x}} \mp \frac{2b}{a^3}\, Y$

(119) $\displaystyle\int \frac{dx}{(a^2 \pm b^2 x)^2 \sqrt{x^3}} = -\frac{2}{a^2 (a^2 \pm b^2 x)\sqrt{x}} \mp \frac{3b^2 \sqrt{x}}{a^4 (a^2 \pm b^2 x)} \mp \frac{3b}{a^5}\, Y$

(120) $\displaystyle\int \frac{dx}{(a^2 \pm b^2 x)^3 \sqrt{x^3}} = -\frac{2}{a^6 \sqrt{x}} \mp \frac{b^2 \sqrt{x}}{2a^4 (a^2 \pm b^2 x)^2} \mp \frac{7b^2 \sqrt{x}}{4a^6 (a^2 \pm b^2 x)} + \frac{15b}{8a^9}\, Y$

17.2.2   Integrale mit $\sqrt{(ax + b)^n}$ Radikand > 0)

(121) $\displaystyle\int \sqrt{ax + b}\, dx = \frac{2}{3a} \sqrt{(ax + b)^3}$

(122) $\displaystyle\int x \sqrt{ax + b}\, dx = \frac{(6ax - 4b)}{15a^2} \sqrt{(ax + b)^3}$

(123) $\int x^2 \sqrt{ax + b}\ dx = \dfrac{30a^2x^2 - 24abx + 16b^2}{105a^3}\ \sqrt{(ax + b)^3}$

(124) $\int \dfrac{dx}{\sqrt{ax + b}} = \dfrac{2}{a}\ \sqrt{ax + b}$

(125) $\int \dfrac{x\ dx}{\sqrt{ax + b}} = \dfrac{2ax - 4b}{3a^2}\ \sqrt{ax + b}$

(126) $\int \dfrac{x^2\ dx}{\sqrt{ax + b}} = \dfrac{6a^2x^2 - 8abx + 16b^2}{15a^3}\ \sqrt{ax + b}$

(127) $\int \dfrac{dx}{x\ \sqrt{ax + b}} = \begin{cases} -\dfrac{2}{\sqrt{b}}\ \text{artanh}\sqrt{\dfrac{ax + b}{b}}\ = \dfrac{1}{\sqrt{b}}\ \ln\left|\dfrac{\sqrt{ax + b} - \sqrt{b}}{\sqrt{ax + b} + \sqrt{b}}\right| & \text{für } b > 0 \\[3mm] \dfrac{2}{\sqrt{-b}}\ \arctan\sqrt{\dfrac{ax + b}{-b}} & \text{für } b < 0 \end{cases}$

(128) $\int \dfrac{dx}{x^2\ \sqrt{ax + b}} = -\dfrac{\sqrt{ax + b}}{bx} - \dfrac{a}{2b} \int \dfrac{dx}{x\ \sqrt{ax + b}}$ siehe (127)

(129) $\int \dfrac{dx}{x^n\ \sqrt{ax + b}} = -\dfrac{\sqrt{ax + b}}{(n - 1)\, bx^{n-1}} - \dfrac{(2n - 3)\, a}{(2n - 2)\, b} \int \dfrac{dx}{x^{n-1}\ \sqrt{ax + b}}$

(130) $\int \dfrac{\sqrt{ax + b}}{x}\ dx = 2\ \sqrt{ax + b} + b \int \dfrac{dx}{x\ \sqrt{ax + b}}$ siehe (127)

(131) $\int \dfrac{\sqrt{ax + b}}{x^2}\ dx = -\dfrac{\sqrt{ax + b}}{x} + \dfrac{a}{2} \int \dfrac{dx}{x\ \sqrt{ax + b}}$ siehe (127)

(132) $\int \sqrt{(ax + b)^3}\ dx = \dfrac{2}{5a}\ \sqrt{(ax + b)^5}$

(133) $\int x\ \sqrt{(ax + b)^3}\ dx = \dfrac{2}{35a^2}\left(5\ \sqrt{(ax + b)^7} - 7b\ \sqrt{(ax + b)^5}\right)$

(134) $\int x^2\ \sqrt{(ax + b)^3}\ dx = \dfrac{2}{a^3}\left(\dfrac{1}{9}\ \sqrt{(ax + b)^9} - \dfrac{2b}{7}\ \sqrt{(ax + b)^7} + \dfrac{b^2}{5}\ \sqrt{(ax + b)^5}\right)$

(135) $\int \dfrac{\sqrt{(ax + b)^3}}{x}\ dx = \dfrac{2\ \sqrt{(ax + b)^3}}{3} + 2b\ \sqrt{ax + b} + b^2 \int \dfrac{dx}{x\ \sqrt{ax + b}}$ siehe (127)

(136) $\int \dfrac{x\ dx}{\sqrt{(ax + b)^3}} = \dfrac{2}{a^2}\left(\sqrt{ax + b} + \dfrac{b}{\sqrt{ax + b}}\right)$

(137) $\int \dfrac{x^2\ dx}{\sqrt{(ax + b)^3}} = \dfrac{2}{a^3}\left(\dfrac{\sqrt{(ax + b)^3}}{3} - 2b\ \sqrt{ax + b} - \dfrac{b^2}{\sqrt{ax + b}}\right)$

(138) $\int \dfrac{dx}{x\ \sqrt{(ax + b)^3}} = \dfrac{2}{b\ \sqrt{ax + b}} + \dfrac{1}{b} \int \dfrac{dx}{x\ \sqrt{ax + b}}$ siehe (127)

(139) $\int \dfrac{dx}{x^2\ \sqrt{(ax + b)^3}} = -\dfrac{1}{bx\ \sqrt{ax + b}} - \dfrac{3a}{b^2\ \sqrt{ax + b}} - \dfrac{3a}{2b^2} \int \dfrac{dx}{x\ \sqrt{ax + b}}$

17

(140) $\int \sqrt{(ax+b)^{\pm n}}\,dx = \dfrac{2}{a\,(2\pm n)}\,\sqrt{(ax+b)^{2\pm n}}$

(141) $\int x\,\sqrt{(ax+b)^{\pm n}}\,dx = \dfrac{2}{a^2}\left(\dfrac{\sqrt{(ax+b)^{4\pm n}}}{4\pm n} - \dfrac{b\,\sqrt{(ax+b)^{2\pm n}}}{2\pm n}\right)$

(142) $\int x^2\,\sqrt{(ax+b)^{\pm n}}\,dx$

$$= \dfrac{2}{a^3}\left(\dfrac{\sqrt{(ax}+b)^{6\pm n}}{6\pm n} - \dfrac{2b\,\sqrt{(ax+b)^{4\pm n}}}{4\pm n} + \dfrac{b^2\,\sqrt{(ax+b)^{2\pm n}}}{2\pm n}\right)$$

(143) $\int \dfrac{\sqrt{(ax+b)^n}}{x}\,dx = \dfrac{2}{n}\,\sqrt{(ax+b)^n} + b\,\int \dfrac{\sqrt{(ax+b)^{n-2}}}{x}\,dx$

(144) $\int \dfrac{dx}{x\,\sqrt{(ax+b)^n}} = \dfrac{2}{(n-2)\,b\,\sqrt{(ax+b)^{n-2}}} + \dfrac{1}{b}\,\int \dfrac{dx}{x\,\sqrt{(ax+b)^{n-2}}}$

(145) $\int \dfrac{dx}{x^2\,\sqrt{(ax+b)^n}} = -\dfrac{1}{bx\,\sqrt{(ax+b)^{n-2}}} - \dfrac{na}{2b}\,\int \dfrac{dx}{x\,\sqrt{(ax+b)^n}}$ siehe (144)

17.2.3 Integrale mit $\sqrt{(ax+b)^n}$, $\sqrt{(cx+d)^m}$ (Radikand > 0)

(146) $\int \dfrac{dx}{\sqrt{(ax+b)\,(cx+d)}} = \begin{cases} -\dfrac{2}{\sqrt{-ac}}\,\arctan\sqrt{-\dfrac{c\,(ax+b)}{a\,(cx+d)}} & \text{für } ac < 0 \\[3mm] \dfrac{2}{\sqrt{ac}}\,\text{artanh}\sqrt{\dfrac{c\,(ax+b)}{a\,(cx+d)}} & \text{für } ac > 0 \\[3mm] \dfrac{2}{\sqrt{ac}}\,\ln\left|\sqrt{a\,(cx+d)} + \sqrt{c\,(ax+b)}\right| & \text{für } ac > 0 \end{cases}$

(147) $\int \dfrac{x\,dx}{\sqrt{(ax+b)\,(cx+d)}} = \dfrac{\sqrt{(ax+b)\,(cx+d)}}{ac} - \dfrac{ad+bc}{2ac}\,\int \dfrac{dx}{\sqrt{(ax+b)\,(cx+d)}}$

siehe (146)

(148) $\int \dfrac{dx}{\sqrt{ax+b}\,(cx+d)}$

$$= \begin{cases} \dfrac{2}{\sqrt{acd - bc^2}}\,\arctan\dfrac{c\,\sqrt{ax+b}}{\sqrt{acd - bc^2}} & \text{für } bc^2 - acd < 0 \\[3mm] \dfrac{1}{\sqrt{bc^2 - acd}}\,\ln\left|\dfrac{c\,\sqrt{ax+b} - \sqrt{c\,(bc - ad)}}{c\,\sqrt{ax+b} + \sqrt{c\,(bc - ad)}}\right| & \text{für } bc^2 - acd > 0 \end{cases}$$

(149) $\int \dfrac{dx}{\sqrt{(ax+b)}\,\sqrt{(cx+d)^3}} = -\dfrac{2\,\sqrt{ax+b}}{(bc - ad)\,\sqrt{cx+d}}$

(150) $\int \sqrt{(ax+b)\,(cx+d)}\,dx = \dfrac{(bc-ad) + 2a\,(cx+d)}{4ac}\,\sqrt{(ax+b)\,(cx+d)}$

$\qquad - \dfrac{(bc-ad)^2}{8ac}\,\int \dfrac{dx}{\sqrt{(ax+b)\,(cx+d)}}$ siehe (146)

(151) $\int \sqrt{\dfrac{cx+d}{ax+b}}\ dx = \dfrac{1}{a}\ \sqrt{(ax+b)\,(cx+d)} - \dfrac{bc-ad}{2a}\ \int \dfrac{dx}{\sqrt{(ax+b)\,(cx+d)}}$

siehe (146)

(152) $\int \dfrac{\sqrt{cx+d}}{ax+b}\,dx = 2\,\dfrac{\sqrt{ax+b}}{c} + \dfrac{bc-ad}{c}\ \int \dfrac{dx}{(cx+d)\,\sqrt{ax+b}}$ siehe (148)

(153) $\int \dfrac{(cx+d)^n}{\sqrt{ax+b}}\,dx = \dfrac{2}{(2n+1)\,a}\left(\sqrt{ax+b}\ (cx+d)^n - n\,(bc-ad)\ \int \dfrac{(cx+d)^{n-1}}{\sqrt{ax+b}}\,dx \right)$

(154) $\int \dfrac{dx}{\sqrt{ax+b}\ (cx+d)^n}$

$= -\dfrac{1}{(n-1)\,(bc-ad)}\left(\dfrac{\sqrt{ax+b}}{(cx+d)^{n-1}} + \left(n-\dfrac{3}{2}\right) a \int \dfrac{dx}{\sqrt{ax+b}\ (cx+d)^{n-1}} \right)$

(155) $\int \sqrt{ax+b}\ (cx+d)^n\,dx$ siehe (153)

$= \dfrac{1}{(2n+3)\,c}\left(2\,\sqrt{ax+b}\ (cx+d)^{n+1} + (bc-ad)\ \int \dfrac{(cx+d)^n}{\sqrt{ax+b}}\,dx \right)$

(156) $\int \dfrac{\sqrt{ax+b}}{(cx+d)^n}\,dx = \dfrac{1}{(n-1)\,c}\left(\dfrac{-\sqrt{ax+b}}{(cx+d)^{n-1}} + \dfrac{a}{2} \int \dfrac{dx}{\sqrt{ax+b}\ (cx+d)^{n-1}} \right)$ s. (154)

17.2.4   Integrale mit $\sqrt{(a^2+x^2)}^{\,n}$

(157) $\int \sqrt{a^2+x^2}\ dx = \dfrac{x}{2}\ \sqrt{a^2+x^2} + \dfrac{a^2}{2}\ \text{arsinh}\ \dfrac{x}{a} + C_1$

$= \dfrac{x}{2}\ \sqrt{a^2+x^2} + \dfrac{a^2}{2}\ \ln\left(x + \sqrt{a^2+x^2}\right) + C_2$

(158) $\int x\ \sqrt{a^2+x^2}\ dx = \dfrac{1}{3}\ \sqrt{(a^2+x^2)^3}$

(159) $\int x^2\ \sqrt{a^2+x^2}\ dx = \dfrac{x}{4}\ \sqrt{(a^2+x^2)^3} - \dfrac{a^2}{8}\left(x\ \sqrt{a^2+x^2} + a^2\ \text{arsinh}\ \dfrac{x}{a}\right) + C_1$

$= \dfrac{x}{4}\ \sqrt{(a^2+x^2)^3} - \dfrac{a^2}{8}\left(x\ \sqrt{a^2+x^2} + a^2\ \ln\left(x+\sqrt{a^2+x^2}\right)\right) + C_2$

(160) $\int x^3\ \sqrt{a^2+x^2}\ dx = \dfrac{\sqrt{(a^2+x^2)^5}}{5} - \dfrac{a^2\ \sqrt{(a^2+x^2)^3}}{3}$

(161) $\int \dfrac{\sqrt{a^2+x^2}}{x}\,dx = \sqrt{a^2+x^2} - a\ \ln\left|\dfrac{a+\sqrt{a^2+x^2}}{x}\right|$

(162) $\int \dfrac{\sqrt{a^2+x^2}}{x^2}\,dx = -\dfrac{\sqrt{a^2+x^2}}{x} + \text{arsinh}\ \dfrac{x}{a} + C_1$

$= -\dfrac{\sqrt{a^2+x^2}}{x} + \ln\left(x + \sqrt{a^2+x^2}\right) + C_2$

(163) $\int \dfrac{\sqrt{a^2+x^2}\ dx}{x^3} = -\dfrac{\sqrt{a^2+x^2}}{2x^2} - \dfrac{1}{2a}\ \ln\left|\dfrac{a+\sqrt{a^2+x^2}}{x}\right|$

17

(164) $\int \dfrac{dx}{\sqrt{a^2+x^2}} = \text{arsinh}\,\dfrac{x}{a} + C_1 = \ln\left(x + \sqrt{a^2+x^2}\right) + C_2$

(165) $\int \dfrac{x\,dx}{\sqrt{a^2+x^2}} = \sqrt{a^2+x^2}$

(166) $\int \dfrac{x^2\,dx}{\sqrt{a^2+x^2}} = \dfrac{x}{2}\sqrt{a^2+x^2} - \dfrac{a^2}{2}\,\text{arsinh}\,\dfrac{x}{a} + C_1$

$\qquad = \dfrac{x}{2}\sqrt{a^2+x^2} - \dfrac{a^2}{2}\ln\left(x + \sqrt{a^2+x^2}\right) + C_2$

(167) $\int \dfrac{x^3\,dx}{\sqrt{a^2+x^2}} = \dfrac{\sqrt{(a^2+x^2)^3}}{3} - a^2\sqrt{a^2+x^2}$

(168) $\int \dfrac{dx}{x\sqrt{a^2+x^2}} = -\dfrac{1}{a}\ln\left|\dfrac{a + \sqrt{a^2+x^2}}{x}\right|$

(169) $\int \dfrac{dx}{x^2\sqrt{a^2+x^2}} = -\dfrac{\sqrt{a^2+x^2}}{a^2 x}$

(170) $\int \dfrac{dx}{x^3\sqrt{a^2+x^2}} = -\dfrac{\sqrt{a^2+x^2}}{2a^2 x^2} + \dfrac{1}{2a^3}\ln\left|\dfrac{x + \sqrt{a^2+x^2}}{x}\right|$

(171) $\int \sqrt{(a^2+x^2)^3}\,dx = \dfrac{1}{4}\left(x\sqrt{(a^2+x^2)^3} + \dfrac{3a^2 x}{2}\sqrt{a^2+x^2} + \dfrac{3a^4}{2}\,\text{arsinh}\,\dfrac{x}{a}\right) + C_1$

$\qquad = \dfrac{1}{4}\left(x\sqrt{(a^2+x^2)^3} + \dfrac{3a^2 x}{2}\sqrt{a^2+x^2} + \dfrac{3a^4}{2}\ln\left(x + \sqrt{a^2+x^2}\right)\right) + C_2$

(172) $\int x\sqrt{(a^2+x^2)^3}\,dx = \dfrac{1}{5}\sqrt{(a^2+x^2)^5}$

(173) $\int x^2\sqrt{(a^2+x^2)^3}\,dx = \dfrac{x}{6}\sqrt{(a^2+x^2)^5} - \dfrac{a^2 x}{24}\sqrt{(a^2+x^2)^3}$

$\qquad - \dfrac{a^4 x}{16}\sqrt{a^2+x^2} - \dfrac{a^6}{16}\,\text{arsinh}\,\dfrac{x}{a} + C_1$

$\qquad = \dfrac{x}{6}\sqrt{(a^2+x^2)^5} - \dfrac{a^2 x}{24}\sqrt{(a^2+x^2)^3} - \dfrac{a^4 x}{16}\sqrt{a^2+x^2}$

$\qquad - \dfrac{a^6}{16}\ln\left(x + \sqrt{a^2+x^2}\right) + C_2$

(174) $\int x^3\sqrt{(a^2+x^2)^3}\,dx = \dfrac{1}{7}\sqrt{(a^2+x^2)^7} - \dfrac{a^2}{5}\sqrt{(a^2+x^2)^5}$

(175) $\int \dfrac{\sqrt{(a^2+x^2)^3}}{x}\,dx = \dfrac{\sqrt{(a^2+x^2)^3}}{3} + a^2\sqrt{a^2+x^2} - a^3\ln\left|\dfrac{a + \sqrt{a^2+x^2}}{x}\right|$

(176) $\int \dfrac{\sqrt{(a^2+x^2)^3}}{x^2}\,dx = -\dfrac{\sqrt{(a^2+x^2)^3}}{x} + \dfrac{3x}{2}\sqrt{a^2+x^2} + \dfrac{3a^2}{2}\operatorname{arsinh}\dfrac{x}{a} + C_1$

$\qquad = -\dfrac{\sqrt{(a^2+x^2)^3}}{x} + \dfrac{3x}{2}\sqrt{a^2+x^2} + \dfrac{3a^2}{2}\ln\left(x+\sqrt{a^2+x^2}\right) + C_2$

(177) $\int \dfrac{\sqrt{(a^2+x^2)^3}}{x^3}\,dx = -\dfrac{\sqrt{(a^2+x^2)^3}}{2x^2} + \dfrac{3}{2}\sqrt{a^2+x^2} - \dfrac{3a}{2}\ln\left|\dfrac{a+\sqrt{a^2+x^2}}{x}\right|$

(178) $\int \dfrac{dx}{\sqrt{(a^2+x^2)^3}} = \dfrac{x}{a^2\sqrt{a^2+x^2}}$

(179) $\int \dfrac{x\,dx}{\sqrt{(a^2+x^2)^3}} = -\dfrac{1}{\sqrt{a^2+x^2}}$

(180) $\int \dfrac{x^2\,dx}{\sqrt{(a^2+x^2)^3}} = -\dfrac{x}{\sqrt{a^2+x^2}} + \operatorname{arsinh}\dfrac{x}{a} + C_1$

$\qquad = -\dfrac{x}{\sqrt{a^2+x^2}} + \ln\left(x+\sqrt{a^2+x^2}\right) + C_2$

(181) $\int \dfrac{x^3\,dx}{\sqrt{(a^2+x^2)^3}} = \sqrt{a^2+x^2} + \dfrac{a^2}{\sqrt{a^2+x^2}}$

(182) $\int \dfrac{dx}{x\sqrt{(a^2+x^2)^3}} = \dfrac{1}{a^2\sqrt{a^2+x^2}} - \dfrac{1}{a^3}\ln\left|\dfrac{a+\sqrt{a^2+x^2}}{x}\right|$

(183) $\int \dfrac{dx}{x^2\sqrt{(a^2+x^2)^3}} = -\dfrac{1}{a^4}\left(\dfrac{\sqrt{a^2+x^2}}{x} + \dfrac{x}{\sqrt{a^2+x^2}}\right)$

(184) $\int \dfrac{dx}{x^3\sqrt{(a^2+x^2)^3}} = -\dfrac{1}{2a^2x^2\sqrt{a^2+x^2}} - \dfrac{3}{2a^4\sqrt{a^2+x^2}} + \dfrac{3}{2a^5}\ln\left|\dfrac{a+\sqrt{a^2+x^2}}{x}\right|$

17.2.5 Integrale mit $\sqrt{(a^2-x^2)^n}$ (Radikand > 0)

(185) $\int \sqrt{a^2-x^2}\,dx = \dfrac{x}{2}\sqrt{a^2-x^2} + \dfrac{a^2}{2}\arcsin\dfrac{x}{a}$

(186) $\int x\sqrt{a^2-x^2}\,dx = -\dfrac{1}{3}\sqrt{(a^2-x^2)^3}$

(187) $\int x^2\sqrt{a^2-x^2}\,dx = -\dfrac{x}{4}\sqrt{(a^2-x^2)^3} + \dfrac{a^2}{8}\left(x\sqrt{a^2-x^2} + a^2\arcsin\dfrac{x}{a}\right)$

(188) $\int x^3\sqrt{a^2-x^2}\,dx = \dfrac{1}{5}\sqrt{(a^2-x^2)^5} - \dfrac{a^2}{3}\sqrt{(a^2-x^2)^3}$

(189) $\int \dfrac{\sqrt{a^2-x^2}}{x}\,dx = \sqrt{a^2-x^2} - a\ln\left|\dfrac{a+\sqrt{a^2-x^2}}{x}\right|$

17

(190) $\int \dfrac{\sqrt{a^2-x^2}}{x^2}\, \mathrm{d}x = -\dfrac{\sqrt{a^2-x^2}}{x} - \arcsin\dfrac{x}{a}$

(191) $\int \dfrac{\sqrt{a^2-x^2}}{x^3}\, \mathrm{d}x = -\dfrac{\sqrt{a^2-x^2}}{2x^2} + \dfrac{1}{2a} \ln\left|\dfrac{a+\sqrt{a^2-x^2}}{x}\right|$

(192) $\int \dfrac{\mathrm{d}x}{\sqrt{a^2-x^2}} = \arcsin\dfrac{x}{a}$

(193) $\int \dfrac{x\,\mathrm{d}x}{\sqrt{a^2-x^2}} = -\sqrt{a^2-x^2}$

(194) $\int \dfrac{x^2\,\mathrm{d}x}{\sqrt{a^2-x^2}} = -\dfrac{x}{2}\sqrt{a^2-x^2} + \dfrac{a^2}{2}\arcsin\dfrac{x}{a}$

(195) $\int \dfrac{x^3\,\mathrm{d}x}{\sqrt{a^2-x^2}} = \dfrac{1}{3}\sqrt{(a^2-x^2)^3} - a^2\sqrt{a^2-x^2}$

(196) $\int \dfrac{\mathrm{d}x}{x\sqrt{a^2-x^2}} = -\dfrac{1}{a}\ln\left|\dfrac{a+\sqrt{a^2-x^2}}{x}\right|$

(197) $\int \dfrac{\mathrm{d}x}{x^2\sqrt{a^2-x^2}} = -\dfrac{\sqrt{a^2-x^2}}{a^2 x}$

(198) $\int \dfrac{\mathrm{d}x}{x^3\sqrt{a^2-x^2}} = -\dfrac{\sqrt{a^2-x^2}}{2a^2 x^2} - \dfrac{1}{2a^3}\ln\left|\dfrac{a+\sqrt{a^2-x^2}}{x}\right|$

(199) $\int \sqrt{(a^2-x^2)^3}\, \mathrm{d}x = \dfrac{x}{4}\sqrt{(a^2-x^2)^3} + \dfrac{3a^2 x}{8}\sqrt{a^2-x^2} + \dfrac{3a^4}{8}\arcsin\dfrac{x}{a}$

(200) $\int x\sqrt{(a^2-x^2)^3}\, \mathrm{d}x = -\dfrac{1}{5}\sqrt{(a^2-x^2)^5}$

(201) $\int x^2\sqrt{(a^2-x^2)^3}\, \mathrm{d}x = -\dfrac{x}{6}\sqrt{(a^2-x^2)^5} + \dfrac{a^2 x}{24}\sqrt{(a^2-x^2)^3}$

$$+ \dfrac{a^4 x}{16}\sqrt{a^2-x^2} + \dfrac{a^6}{16}\arcsin\dfrac{x}{a}$$

(202) $\int x^3\sqrt{(a^2-x^2)^3}\, \mathrm{d}x = \dfrac{1}{7}\sqrt{(a^2-x^2)^7} - \dfrac{a^2}{5}\sqrt{(a^2-x^2)^5}$

(203) $\int \dfrac{\sqrt{(a^2-x^2)^3}}{x}\, \mathrm{d}x = \dfrac{1}{3}\sqrt{(a^2-x^2)^3} + a^2\sqrt{a^2-x^2} - a^3\ln\left|\dfrac{a+\sqrt{a^2-x^2}}{x}\right|$

(204) $\int \dfrac{\sqrt{(a^2-x^2)^3}}{x^2}\, \mathrm{d}x = -\dfrac{1}{x}\sqrt{(a^2-x^2)^3} - \dfrac{3x}{2}\sqrt{a^2-x^2} - \dfrac{3a^2}{2}\arcsin\dfrac{x}{a}$

(205) $\int \dfrac{\sqrt{(a^2-x^2)^3}}{x^3}\, \mathrm{d}x = -\dfrac{1}{2x^2}\sqrt{(a^2-x^2)^3} - \dfrac{3}{2}\sqrt{a^2-x^2} + \dfrac{3a}{2}\ln\left|\dfrac{a+\sqrt{a^2-x^2}}{x}\right|$

(206) $\int \dfrac{\mathrm{d}x}{\sqrt{(a^2-x^2)^3}} = \dfrac{x}{a^2\sqrt{a^2-x^2}}$

(207) $\displaystyle\int \frac{x \, dx}{\sqrt{(a^2 - x^2)^3}} = \frac{1}{\sqrt{a^2 - x^2}}$

(208) $\displaystyle\int \frac{x^2 \, dx}{\sqrt{(a^2 - x^2)^3}} = \frac{x}{\sqrt{a^2 - x^2}} - \arcsin\frac{x}{a}$

(209) $\displaystyle\int \frac{x^3 \, dx}{\sqrt{(a^2 - x^2)^3}} = \sqrt{a^2 - x^2} + \frac{a^2}{\sqrt{a^2 - x^2}}$

(210) $\displaystyle\int \frac{dx}{x \sqrt{(a^2 - x^2)^3}} = \frac{1}{a^2 \sqrt{a^2 - x^2}} - \frac{1}{a^3} \ln \left| \frac{a + \sqrt{a^2 - x^2}}{x} \right|$

(211) $\displaystyle\int \frac{dx}{x^2 \sqrt{(a^2 - x^2)^3}} = \frac{1}{a^4} \left(\frac{-\sqrt{a^2 - x^2}}{x} + \frac{x}{\sqrt{a^2 - x^2}} \right)$

(212) $\displaystyle\int \frac{dx}{x^3 \sqrt{(a^2 - x^2)^3}}$

$$= - \frac{1}{2a^2 x^2 \sqrt{a^2 - x^2}} + \frac{3}{2a^4 \sqrt{a^2 - x^2}} - \frac{3}{2a^5} \ln \left| \frac{a + \sqrt{a^2 - x^2}}{x} \right|$$

17.2.6   Integrale mit $\sqrt{(x^2 - a^2)^n}$, $|x| > a$

(213) $\displaystyle\int \sqrt{x^2 - a^2} \, dx = \frac{x}{2} \sqrt{x^2 - a^2} - \frac{a^2}{2} \operatorname{arcosh} \left| \frac{x}{a} \right| \cdot \operatorname{sgn} x + C_1$

$\qquad = \frac{x}{2} \sqrt{x^2 - a^2} - \frac{a^2}{2} \ln \left| x + \sqrt{x^2 - a^2} \right| + C_2$

(214) $\displaystyle\int x \sqrt{x^2 - a^2} \, dx = \frac{1}{3} \sqrt{(x^2 - a^2)^3}$

(215) $\displaystyle\int x^2 \sqrt{x^2 - a^2} \, dx$

$\qquad = \frac{x}{4} \sqrt{(x^2 - a^2)^3} + \frac{a^2}{8} \left(x \sqrt{x^2 - a^2} - a^2 \operatorname{arcosh} \left| \frac{x}{a} \right| \cdot \operatorname{sgn} x \right) + C_1$

$\qquad = \frac{x}{4} \sqrt{(x^2 - a^2)^3} + \frac{a^2}{8} \left(x \sqrt{x^2 - a^2} - a^2 \ln \left| x + \sqrt{x^2 - a^2} \right| \right) + C_2$

(216) $\displaystyle\int x^3 \sqrt{x^2 - a^2} \, dx = \frac{1}{5} \sqrt{(x^2 - a^2)^5} + \frac{a^2}{3} \sqrt{(x^2 - a^2)^3}$

(217) $\displaystyle\int \frac{\sqrt{x^2 - a^2}}{x} \, dx = \sqrt{x^2 - a^2} - a \arccos \left| \frac{a}{x} \right|$

(218) $\displaystyle\int \frac{\sqrt{x^2 - a^2}}{x^2} \, dx = -\frac{1}{x} \sqrt{x^2 - a^2} + \operatorname{arcosh} \left| \frac{x}{a} \right| \cdot \operatorname{sgn} x + C_1$

$\qquad = -\frac{1}{x} \sqrt{x^2 - a^2} + \ln \left| x + \sqrt{x^2 - a^2} \right| + C_2$

17

(219) $\int \dfrac{\sqrt{x^2-a^2}\,dx}{x^3} = -\dfrac{1}{2x^2}\sqrt{x^2-a^2} + \dfrac{1}{2a}\arccos\left|\dfrac{a}{x}\right|$

(220) $\int \dfrac{dx}{\sqrt{x^2-a^2}} = \operatorname{arcosh}\left|\dfrac{x}{a}\right| \cdot \operatorname{sgn} x + C_1 = \ln\left|x+\sqrt{x^2-a^2}\right| + C_2$

(221) $\int \dfrac{x\,dx}{\sqrt{x^2-a^2}} = \sqrt{x^2-a^2}$

(222) $\int \dfrac{x^2\,dx}{\sqrt{x^2-a^2}} = \dfrac{x}{2}\sqrt{x^2-a^2} + \dfrac{a^2}{2}\operatorname{arcosh}\left|\dfrac{x}{a}\right| \cdot \operatorname{sgn} x + C_1$

$$= \dfrac{x}{2}\sqrt{x^2-a^2} + \dfrac{a^2}{2}\ln\left|x+\sqrt{x^2-a^2}\right| + C_2$$

(223) $\int \dfrac{x^3\,dx}{\sqrt{x^2-a^2}} = \dfrac{1}{3}\sqrt{(x^2-a^2)^3} + a^2\sqrt{x^2-a^2}$

(224) $\int \dfrac{dx}{x\sqrt{x^2-a^2}} = \dfrac{1}{a}\arccos\left|\dfrac{a}{x}\right|$

(225) $\int \dfrac{dx}{x^2\sqrt{x^2-a^2}} = \dfrac{1}{a^2 x}\sqrt{x^2-a^2}$

(226) $\int \dfrac{dx}{x^3\sqrt{x^2-a^2}} = \dfrac{1}{2a^2 x^2}\sqrt{x^2-a^2} + \dfrac{1}{2a^3}\arccos\left|\dfrac{a}{x}\right|$

(227) $\int \sqrt{(x^2-a^2)^3}\,dx$

$$= \dfrac{x}{4}\sqrt{(x^2-a^2)^3} - \dfrac{3a^2 x}{8}\sqrt{x^2-a^2} + \dfrac{3a^4}{8}\operatorname{arcosh}\left|\dfrac{x}{a}\right| \cdot \operatorname{sgn} x + C_1$$

$$= \dfrac{x}{4}\sqrt{(x^2-a^2)^3} - \dfrac{3a^2 x}{8}\sqrt{x^2-a^2} + \dfrac{3a^4}{8}\ln\left|x+\sqrt{x^2-a^2}\right| + C_2$$

(228) $\int x\sqrt{(x^2-a^2)^3}\,dx = \dfrac{1}{5}\sqrt{(x^2-a^2)^5}$

(229) $\int x^2\sqrt{(x^2-a^2)^3}\,dx = \dfrac{x}{6}\sqrt{(x^2-a^2)^5} + \dfrac{a^2 x}{24}\sqrt{(x^2-a^2)^3}$

$$-\dfrac{a^4 x}{16}\sqrt{x^2-a^2} + \dfrac{a^6}{16}\operatorname{arcosh}\left|\dfrac{x}{a}\right| \cdot \operatorname{sgn} x + C_1$$

$$= \dfrac{x}{6}\sqrt{(x^2-a^2)^5} + \dfrac{a^2 x}{24}\sqrt{(x^2-a^2)^3}$$

$$-\dfrac{a^4 x}{16}\sqrt{x^2-a^2} + \dfrac{a^6}{16}\ln\left|x+\sqrt{x^2-a^2}\right| + C_2$$

(230) $\int x^3\sqrt{(x^2-a^2)^3}\,dx = \dfrac{1}{7}\sqrt{(x^2-a^2)^7} + \dfrac{a^2}{5}\sqrt{(x^2-a^2)^5}$

(231) $\int \dfrac{\sqrt{(x^2-a^2)^3}}{x}\,dx = \dfrac{1}{3}\sqrt{(x^2-a^2)^3} - a^2\sqrt{x^2-a^2} + a^3\arccos\left|\dfrac{a}{x}\right|$

(232) $\displaystyle\int \frac{\sqrt{(x^2-a^2)^3}}{x^2}\,dx$

$$= -\frac{\sqrt{(x^2-a^2)^3}}{2} + \frac{3x}{2}\sqrt{x^2-a^2} - \frac{3a^2}{2}\operatorname{arcosh}\left|\frac{x}{a}\right|\cdot\operatorname{sgn} x + C_1$$

$$= -\frac{\sqrt{(x^2-a^2)^3}}{2} + \frac{3x}{2}\sqrt{x^2-a^2} - \frac{3a^2}{2}\ln\left|x+\sqrt{x^2-a^2}\right| + C_2$$

(233) $\displaystyle\int \frac{\sqrt{(x^2-a^2)^3}}{x^3}\,dx = -\frac{\sqrt{(x^2-a^2)^3}}{2x^2} + \frac{3}{2}\sqrt{x^2-a^2} - \frac{3a}{2}\arccos\left|\frac{a}{x}\right|$

(234) $\displaystyle\int \frac{dx}{\sqrt{(x^2-a^2)^3}} = -\frac{x}{a^2\sqrt{x^2-a^2}}$

(235) $\displaystyle\int \frac{x\,dx}{\sqrt{(x^2-a^2)^3}} = -\frac{1}{\sqrt{x^2-a^2}}$

(236) $\displaystyle\int \frac{x^2\,dx}{\sqrt{(x^2-a^2)^3}} = -\frac{x}{\sqrt{x^2-a^2}} + \operatorname{arcosh}\left|\frac{x}{a}\right|\cdot\operatorname{sgn} x + C_1$

$$= -\frac{x}{\sqrt{x^2-a^2}} + \ln\left|x+\sqrt{x^2-a^2}\right| + C_2$$

(237) $\displaystyle\int \frac{x^3\,dx}{\sqrt{(x^2-a^2)^3}} = \sqrt{x^2-a^2} - \frac{a^2}{\sqrt{x^2-a^2}} = \frac{x^2-2a^2}{\sqrt{x^2-a^2}}$

(238) $\displaystyle\int \frac{dx}{x\sqrt{(x^2-a^2)^3}} = -\frac{1}{a^2\sqrt{x^2-a^2}} - \frac{1}{a^3}\arccos\left|\frac{a}{x}\right|$

(239) $\displaystyle\int \frac{dx}{x^2\sqrt{(x^2-a^2)^3}} = -\frac{1}{a^4 x}\sqrt{x^2-a^2} - \frac{x}{a^4\sqrt{x^2-a^2}} = -\frac{2x^2-a^2}{a^4 x\sqrt{x^2-a^2}}$

(240) $\displaystyle\int \frac{dx}{x^3\sqrt{(x^2-a^2)^3}} = \frac{1}{2a^2 x^2\sqrt{x^2-a^2}} - \frac{3}{2a^4\sqrt{x^2-a^2}} - \frac{3}{2a^5}\arccos\left|\frac{a}{x}\right|$

17.2.7   Integrale mit $\sqrt{(ax^2+bx+c)^n}$ (Radikand > 0)

(241) $\displaystyle\int \frac{dx}{\sqrt{ax^2+bx+c}} = \begin{cases} \dfrac{1}{\sqrt{a}}\ln\left|2\sqrt{a\,(ax^2+bx+c)} + 2ax + b\right| + C_1 \\[2mm] \dfrac{1}{\sqrt{a}}\operatorname{arsinh}\dfrac{2ax+b}{\sqrt{4ac-b^2}} + C_2 & \text{für } a>0,\ 4ac-b^2>0 \\[2mm] \dfrac{1}{\sqrt{a}}\ln\left|2ax+b\right| + C_3 & \text{für } a>0,\ 4ac-b^2=0 \\[2mm] -\dfrac{1}{\sqrt{-a}}\arcsin\dfrac{2ax+b}{\sqrt{b^2-4ac}} + C_4 & \text{für } a<0,\ 4ac-b^2<0 \end{cases}$

(242) $\displaystyle\int \frac{dx}{\sqrt{(ax^2+bx+c)^3}} = \frac{2\,(2ax+b)}{(4ac-b^2)\sqrt{ax^2+bx+c}}$

17

(243) $\int \dfrac{dx}{\sqrt{(ax^2 + bx + c)^{2n+1}}} = \dfrac{2\,(2ax + b)}{2\,(n-1)\,(4ac - b^2)\,\sqrt{(ax^2 + bx + c)^{2n-1}}}$

$$+ \dfrac{8a\,(n-1)}{(2n-1)\,(4ac - b^2)} \int \dfrac{dx}{\sqrt{(ax^2 + bx + c)^{2n-1}}}$$

(244) $\int \sqrt{ax^2 + bx + c}\ dx = \dfrac{(2ax + b)\,\sqrt{ax^2 + bx + c}}{4a} + \dfrac{4ac - b^2}{8a} \int \dfrac{dx}{\sqrt{ax^2 + bx + c}}$

siehe (241)

(245) $\int \sqrt{(ax^2 + bx + c)^3}\ dx$

$$= \dfrac{2ax + b}{8a} \left(\sqrt{ax^2 + bx + c} + \dfrac{3\,(4ac - b^2)}{8a} \right) \sqrt{ax^2 + bx + c}$$

$$+ \dfrac{3\,(4ac - b^2)^2}{128a^2} \int \dfrac{dx}{\sqrt{ax^2 + bx + c}}$$

siehe (241)

(246) $\int \sqrt{(ax^2 + bx + c)^{2n+1}}\ dx = \dfrac{(2ax + b)}{4a\,(n+1)} \sqrt{(ax^2 + bx + c)^{2n+1}}$

$$+ \dfrac{(2n+1)\,(4ac - b^2)}{8a\,(n+1)} \int \sqrt{(ax^2 + bx + c)^{2n-1}}\ dx$$

(247) $\int \dfrac{x\,dx}{\sqrt{ax^2 + bx + c}} = \dfrac{\sqrt{ax^2 + bx + c}}{a} - \dfrac{b}{2a} \int \dfrac{dx}{\sqrt{ax^2 + bx + c}}$

siehe (241)

(248) $\int \dfrac{x\,dx}{\sqrt{(ax^2 + bx + c)^3}} = - \dfrac{2\,(bx + 2c)}{(4ac - b^2)\,\sqrt{ax^2 + bx + c}}$

(249) $\int \dfrac{x\,dx}{\sqrt{(ax^2 + bx + c)^{2n+1}}}$

siehe (243)

$$= - \dfrac{1}{(2n-1)\,a\,\sqrt{(ax^2 + bx + c)^{2n-1}}} - \dfrac{b}{2a} \int \dfrac{dx}{\sqrt{(ax^2 + bx + c)^{2n+1}}}$$

(250) $\int \dfrac{x^2\,dx}{\sqrt{ax^2 + bx + c}} = \dfrac{2ax - 3b}{4a^2} \sqrt{ax^2 + bx + c} + \dfrac{3b^2 - 4ac}{8a^2} \int \dfrac{dx}{\sqrt{ax^2 + bx + c}}$

siehe (241)

(251) $\int \dfrac{x^2\,dx}{\sqrt{(ax^2 + bx + c)^3}} = \dfrac{(2b^2 - 4ac)\,x + 2bc}{a\,(4ac - b^2)\,\sqrt{ax^2 + bx + c}} + \dfrac{1}{a} \int \dfrac{dx}{\sqrt{ax^2 + bx + c}}$

siehe (241)

(252) $\int x\,\sqrt{ax^2 + bx + c}\ dx = \dfrac{1}{3a} \sqrt{(ax^2 + bx + c)^3}$

$$- \dfrac{b\,(2ax + b)}{8a^2} \sqrt{ax^2 + bx + c} - \dfrac{b\,(4ac - b^2)}{16a^2} \int \dfrac{dx}{\sqrt{ax^2 + bx + c}}$$

siehe (241)

(253) $\int x \sqrt{(ax^2 + bx + c)^3} \ dx = \dfrac{1}{5a} \sqrt{(ax^2 + bx + c)^5} - \dfrac{b}{2a} \int \sqrt{(ax^2 + bx + c)^3} \ dx$

siehe (245)

(254) $\int x \sqrt{(ax^2 + bx + c)^{2n+1}} \ dx)$

$$= \dfrac{\sqrt{(ax^2 + bx + c)^{2n+3}}}{(2n+3) \, a} - \dfrac{b}{2a} \int \sqrt{(ax^2 + bx + c)^{2n+1}} \ dx \qquad \text{siehe (246}$$

(255) $\int x^2 \sqrt{ax^2 + bx + c} \ dx$

$$= \dfrac{6ax - 5b}{24a^2} \sqrt{(ax^2 + bx + c)^3} + \dfrac{5b^2 - 4ac}{16a^2} \int \sqrt{ax^2 + bx + c} \ dx$$

(256) $\int \dfrac{dx}{x \sqrt{ax^2 + bx + c}}$

$$= \begin{cases} -\dfrac{1}{\sqrt{c}} \ln \left| \dfrac{2 \sqrt{c \, (ax^2 + bx + c)}}{x} + \dfrac{2c}{x} + b \right| + C_1 & \text{für } c > 0 \\[3mm] -\dfrac{1}{\sqrt{c}} \ \text{arsinh} \ \dfrac{bx + 2c}{x \sqrt{4ac - b^2}} + C_2 & \text{für } c > 0, \, 4ac - b^2 > 0 \\[3mm] -\dfrac{1}{\sqrt{c}} \ln \left| \dfrac{bx + 2c}{x} \right| & \text{für } c > 0, \, 4ac - b^2 = 0 \\[3mm] \dfrac{1}{\sqrt{-c}} \ \text{arcsin} \ \dfrac{bx + 2c}{x \sqrt{b^2 - 4ac}} & \text{für } c < 0, \, 4ac - b^2 < 0 \end{cases}$$

(257) $\int \dfrac{dx}{x^2 \sqrt{ax^2 + bx + c}} = -\dfrac{\sqrt{ax^2 + bx + c}}{cx} - \dfrac{b}{2c} \int \dfrac{dx}{x \sqrt{ax^2 + bx + c}}$

(258) $\int \dfrac{\sqrt{ax^2 + bx + c}}{x} \ dx$

$$= \sqrt{ax^2 + bx + c} - \dfrac{b}{2} \int \dfrac{dx}{\sqrt{ax^2 + bx + c}} + c \int \dfrac{dx}{x \sqrt{ax^2 + bx + c}}$$

siehe (241), (256)

(259) $\int \dfrac{\sqrt{ax^2 + bx + c}}{x^2} \ dx = -\dfrac{\sqrt{ax^2 + bx + c}}{x} + a \int \dfrac{dx}{\sqrt{ax^2 + bx + c}}$

$$+ \dfrac{b}{2} \int \dfrac{dx}{x \sqrt{ax^2 + bx + c}} \qquad \text{siehe (241), (256)}$$

17

17.3   Integrale transzendente Funktionen

17.3.1 Integrale mit e^{ax} (Exponentialfunktion)

(260) $\displaystyle\int e^{ax}\,dx = \frac{1}{a}\,e^{ax}$

(261) $\displaystyle\int x\,e^{ax}\,dx = \frac{e^{ax}}{a^2}\,(ax-1)$

(262) $\displaystyle\int x^2\,e^{ax}\,dx = e^{ax}\left(\frac{x^2}{a} - \frac{2x}{a^2} + \frac{2}{a^3}\right)$

(263) $\displaystyle\int x^n\,e^{ax}\,dx = \frac{1}{a}\,x^n\,e^{ax} - \frac{n}{a}\int x^{n-1}\,e^{ax}\,dx$

(264) $\displaystyle\int \frac{e^{ax}}{x}\,dx = \ln|x| + \frac{ax}{1\cdot 1!} + \frac{(ax)^2}{2\cdot 2!} + \frac{(ax)^3}{3\cdot 3!} + \dots$ siehe auch
Integralexponentialfunktion

(265) $\displaystyle\int \frac{e^{ax}}{x^n}\,dx = \frac{1}{n-1}\left(-\frac{e^{ax}}{x^{n-1}} + a\int \frac{e^{ax}}{x^{n-1}}\,dx\right)$ $n \neq 1$

(266) $\displaystyle\int \frac{dx}{1+e^{ax}} = \frac{1}{a}\ln\frac{e^{ax}}{1+e^{ax}}$

(267) $\displaystyle\int \frac{dx}{b+c\,e^{ax}} = \frac{x}{b} - \frac{1}{ab}\ln|b+c\,e^{ax}|$

(268) $\displaystyle\int \frac{e^{ax}\,dx}{b+c\,e^{ax}} = \frac{1}{ac}\ln|b+c\,e^{ax}|$

(269) $\displaystyle\int \frac{dx}{b\,e^{ax}+c\,e^{-ax}} = \frac{1}{a\sqrt{bc}}\arctan\left(e^{ax}\sqrt{\frac{b}{c}}\right)$ für $bc > 0$

$\displaystyle\qquad = \frac{1}{a\sqrt{-bc}}\ln\left|\frac{c+e^{ax}\sqrt{-bc}}{c-e^{ax}\sqrt{-bc}}\right|$ für $bc < 0$

(270) $\displaystyle\int \frac{x\,e^{ax}\,dx}{(1+ax)^2} = \frac{e^{ax}}{a^2\,(1+ax)}$

(271) $\displaystyle\int e^{ax}\ln x\,dx = \frac{1}{a}\left(e^{ax}\ln|x| - \int \frac{e^{ax}\,dx}{x}\right)$

(272) $\displaystyle\int e^{ax}\sin bx\,dx = \frac{e^{ax}}{a^2+b^2}\,(a\sin bx - b\cos bx)$

(273) $\displaystyle\int e^{ax}\cos bx\,dx = \frac{e^{ax}}{a^2+b^2}\,(a\cos bx + b\sin bx)$

(274) $\displaystyle\int e^{ax}\sin^n x\,dx = \frac{e^{ax}\sin^{n-1}x}{a^2+n^2}\,(a\sin x - n\cos x) + \frac{n\,(n-1)}{a^2+n^2}\int e^{ax}\sin^{n-2}x\,dx$

(275) $\displaystyle\int e^{ax}\cos^n x\,dx = \frac{e^{ax}\cos^{n-1}x}{a^2+n^2}\,(a\cos x + n\sin x) + \frac{n\,(n-1)}{a^2+n^2}\int e^{ax}\cos^{n-2}x\,dx$

(276) $\int x\, \mathrm{e}^{ax} \sin bx\, \mathrm{d}x = \dfrac{x\, \mathrm{e}^{ax}}{a^2 + b^2} (a \sin bx - b \cos bx)$

$\qquad\qquad - \dfrac{\mathrm{e}^{ax}}{(a^2 + b^2)^2} \left(\left(a^2 - b^2\right) \sin bx - 2ab \cos bx \right)$

(277) $\int x\, \mathrm{e}^{ax} \cos bx\, \mathrm{d}x = \dfrac{x\, \mathrm{e}^{ax}}{a^2 + b^2} (a \cos bx - b \sin bx) -$

$\qquad\qquad - \dfrac{\mathrm{e}^{ax}}{(a^2 + b^2)^2} \left(\left(a^2 - b^2\right) \cos bx + 2ab \sin bx \right)$

17.3.2 Integrale der Hyperbelfunktionen

(278) $\int \sinh ax\, \mathrm{d}x = \dfrac{1}{a} \cosh ax$

(279) $\int \cosh ax\, \mathrm{d}x = \dfrac{1}{a} \sinh ax$

(280) $\int \sinh^n ax\, \mathrm{d}x = \dfrac{1}{an} \sinh^{n-1} ax \cosh ax - \dfrac{n-1}{n} \int \sinh^{n-2} ax\, \mathrm{d}x \qquad$ für $n > 0$

$\qquad\qquad = \dfrac{1}{a(n+1)} \sinh^{n+1} ax \cosh ax - \dfrac{n+2}{n+1} \int \sinh^{n+2} ax\, \mathrm{d}x$

$\qquad\qquad\qquad\qquad\qquad$ für $n < 0;\ n \neq -1$

(281) $\int \cosh^n ax\, \mathrm{d}x = \dfrac{1}{an} \sinh ax \cosh^{n-1} ax + \dfrac{n-1}{n} \int \cosh^{n-2} ax\, \mathrm{d}x \qquad$ für $n > 0$

$\qquad\qquad = - \dfrac{1}{a(n+1)} \sinh ax \cosh^{n+1} ax + \dfrac{n+2}{n+1} \int \cosh^{n+2} ax\, \mathrm{d}x$

$\qquad\qquad\qquad\qquad\qquad$ für $n < 0;\ n \neq -1$

(282) $\int \dfrac{\mathrm{d}x}{\sinh ax} = \dfrac{1}{a} \ln \left| \tanh \dfrac{ax}{2} \right|$

(283) $\int \dfrac{\mathrm{d}x}{\cosh ax} = \dfrac{2}{a} \arctan \mathrm{e}^{ax}$

(284) $\int x \sinh ax\, \mathrm{d}x = \dfrac{x}{a} \cosh ax - \dfrac{1}{a^2} \sinh ax$

(285) $\int x \cosh ax\, \mathrm{d}x = \dfrac{x}{a} \sinh ax - \dfrac{1}{a^2} \cosh ax$

(286) $\int \sinh ax \sinh bx\, \mathrm{d}x = \dfrac{1}{a^2 - b^2} (a \sinh bx \cosh ax - b \cosh bx \sinh ax) \quad a^2 \neq b^2$

(287) $\int \cosh ax \cosh bx\, \mathrm{d}x = \dfrac{1}{a^2 - b^2} (a \sinh ax \cosh bx - b \sinh bx \cosh ax) \quad a^2 \neq b^2$

(288) $\int \cosh ax \sinh bx\, \mathrm{d}x = \dfrac{1}{a^2 - b^2} (a \sinh ax \sinh bx - b \cosh ax \cosh bx) \quad a^2 \neq b^2$

17

(289) $\int \dfrac{\cosh^n ax}{\sinh^m ax}\, dx = \dfrac{1}{a\,(n-m)}\,\dfrac{\cosh^{n-1}ax}{\sinh^{m-1}ax} + \dfrac{n-1}{n-m} \int \dfrac{\cosh^{n-2}ax}{\sinh^m ax}\, dx$ $m \neq n$

$\qquad = -\dfrac{1}{a\,(m-1)}\,\dfrac{\cosh^{n+1}ax}{\sinh^{m-1}ax} + \dfrac{n-m+2}{m-1} \int \dfrac{\cosh^n ax}{\sinh^{m-2}ax}\, dx$ $m \neq 1$

$\qquad = -\dfrac{1}{a\,(m-1)}\,\dfrac{\cosh^{n-1}ax}{\sinh^{m-1}ax} + \dfrac{n-1}{m-1} \int \dfrac{\cosh^{n-2}ax}{\sinh^{m-2}ax}\, dx$ $m \neq 1$

(290) $\int \dfrac{\sinh^n ax}{\cosh^m ax}\, dx = \dfrac{1}{a\,(n-m)}\,\dfrac{\sinh^{n-1}ax}{\cosh^{m-1}ax} + \dfrac{n-1}{n-m} \int \dfrac{\sinh^{n-2}ax}{\cosh^m ax}\, dx$ $m \neq n$

$\qquad = -\dfrac{1}{a\,(m-1)}\,\dfrac{\sinh^{n+1}ax}{\cosh^{m-1}ax} + \dfrac{n-m+2}{m-1} \int \dfrac{\sinh^n ax}{\cosh^{m-2}ax}\, dx$ $m \neq 1$

$\qquad = -\dfrac{1}{a\,(m-1)}\,\dfrac{\sinh^{n-1}ax}{\cosh^{m-1}ax} + \dfrac{n-1}{m-1} \int \dfrac{\sinh^{n-2}ax}{\cosh^{m-2}ax}\, dx$ $m \neq 1$

(291) $\int \tanh ax\, dx = \dfrac{1}{a}\,\ln\,|\cosh ax|$

(292) $\int \coth ax\, dx = \dfrac{1}{a}\,\ln\,|\sinh ax|$

(293) $\int \tanh^n ax\, dx = -\dfrac{1}{a\,(n-1)}\,\tanh^{n-1}ax + \int \tanh^{n-2}ax\, dx$ $n \neq 1$

(294) $\int \coth^n ax\, dx = -\dfrac{1}{a\,(n-1)}\,\coth^{n-1}ax + \int \coth^{n-2}ax\, dx$ $n \neq 1$

(295) $\int \sinh\,(ax+b)\,\sin\,(cx+d)\, dx = \dfrac{a}{a^2+c^2}\,\cosh\,(ax+b)\,\sin\,(cx+d)$

$\qquad\qquad\qquad\qquad\qquad - \dfrac{c}{a^2+c^2}\,\sinh\,(ax+b)\,\cos\,(cx+d)$

(296) $\int \sinh\,(ax+b)\,\cos\,(cx+d)\, dx$

$\qquad = \dfrac{a}{a^2+c^2}\,\cosh\,(ax+b)\,\cos\,(cx+d) + \dfrac{c}{a^2+c^2}\,\sinh\,(ax+b)\,\sin\,(cx+d)$

(297) $\int \cosh\,(ax+b)\,\cos\,(cx+d)\, dx$

$\qquad = \dfrac{a}{a^2+c^2}\,\sinh\,(ax+b)\,\cos\,(cx+d) + \dfrac{c}{a^2+c^2}\,\cosh\,(ax+b)\,\sin\,(cx+d)$

(298) $\int \cosh\,(ax+b)\,\sin\,(cx+d)\, dx$

$\qquad = \dfrac{a}{a^2+c^2}\,\sinh\,(ax+b)\,\sin\,(cx+d)) - \dfrac{c}{a^2+c^2}\,\cosh\,(ax+b)\,\cos\,(cx+d)$

17.3.3   Integrale mit ln x (logarithmische Funktion)

(299) $\int \ln x \, dx = x \ln x - x$

(300) $\int (\ln x)^2 \, dx = x (\ln x)^2 - 2x \ln x + 2x$

(301) $\int (\ln x)^3 \, dx = x (\ln x)^3 - 3x (\ln x)^2 + 6x \ln x - 6x$

(302) $\int (\ln x)^n \, dx = x (\ln x)^n - n \int (\ln x)^{n-1} \, dx$ $\qquad\qquad n \neq -1$

(303) $\int \dfrac{dx}{\ln x} = \ln |\ln x| + \ln x + \dfrac{(\ln x)^2}{2 \cdot 2!} + \dfrac{(\ln x)^3}{3 \cdot 3!} + \ldots$(siehe auch Integrallogarithmus)

(304) $\int \dfrac{dx}{(\ln x)^n} = - \dfrac{x}{(n-1)(\ln x)^{n-1}} + \dfrac{1}{n-1} \int \dfrac{dx}{(\ln x)^{n-1}}$ $\qquad n \neq 1$

(305) $\int x^m \ln x \, dx = x^{m+1} \left(\dfrac{\ln x}{m+1} - \dfrac{1}{(m+1)^2} \right)$ $\qquad\qquad m \neq -1$

(306) $\int x^m (\ln x)^n \, dx = \dfrac{x^{m+1} (\ln x)^n}{m+1} - \dfrac{n}{m+1} \int x^m (\ln x)^{n-1} \, dx$ $\qquad m, n \neq -1$

(307) $\int \dfrac{(\ln x)^n \, dx}{x} = \dfrac{(\ln x)^{n+1}}{n+1}$ $\qquad\qquad n \neq -1$

(308) $\int \dfrac{\ln x \, dx}{x^m} = - \dfrac{\ln x}{(m-1) x^{m-1}} - \dfrac{1}{(m-1)^2 x^{m-1}}$ $\qquad\qquad m \neq 1$

(309) $\int \dfrac{(\ln x)^n \, dx}{x^m} = - \dfrac{(\ln x)^n}{(m-1) x^{m-1}} + \dfrac{n}{m-1} \int \dfrac{(\ln x)^{n-1} \, dx}{x^m}$ $\qquad m \neq 1$

(310) $\int \dfrac{x^m \, dx}{\ln x} = \int \dfrac{e^{-\tau} \, d\tau}{\tau}$ mit $\tau = -(m+1) \ln x$

(311) $\int \dfrac{x^m \, dx}{(\ln x)^n} = - \dfrac{x^{m+1}}{(n-1)(\ln x)^{n-1}} + \dfrac{m+1}{n-1} \int \dfrac{x^m \, dx}{(\ln x)^{n-1}}$ $\qquad\qquad n \neq 1$

(312) $\int \dfrac{dx}{x \ln x} = \ln |\ln x|$

(313) $\int \dfrac{dx}{x^n \ln x} = \ln |\ln x| - (n-1) \ln x + \dfrac{(n-1)^2 (\ln x)^2}{2 \cdot 2!} - \dfrac{(n-1)^3 (\ln x)^3}{3 \cdot 3!} + - \ldots$

(314) $\int \dfrac{dx}{x (\ln x)^n} = - \dfrac{1}{(n-1)(\ln x)^{n-1}}$ $\qquad\qquad n \neq 1$

(315) $\int \dfrac{dx}{x^m (\ln x)^n} = \dfrac{-1}{x^{m-1} (n-1)(\ln x)^{n-1}} - \dfrac{m-1}{n-1} \int \dfrac{dx}{x^m (\ln x)^{n-1}}$ $\qquad n \neq 1$

(316) $\int \sin (\ln x) \, dx = \dfrac{x}{2} \Big(\sin (\ln x) - \cos (\ln x) \Big)$

(317) $\int \cos (\ln x) \, dx = \dfrac{x}{2} \Big(\sin (\ln x) + \cos (\ln x) \Big)$

(318) $\int e^{ax} \ln x \, dx = \dfrac{1}{a} \left(e^{ax} \ln x - \int \dfrac{e^{ax} \, dx}{x} \right)$

17

17.3.4 Integrale mit sin *ax*

(319) $\int \sin ax \, dx = -\dfrac{1}{a} \cos ax$

(320) $\int \sin^2 ax \, dx = \dfrac{x}{2} - \dfrac{1}{4a} \sin 2ax$

(321) $\int \sin^3 ax \, dx = -\dfrac{1}{a} \cos ax + \dfrac{1}{3a} \cos^3 ax$

(322) $\int \sin^n ax \, dx = -\dfrac{\sin^{n-1} ax \cos ax}{na} + \dfrac{n-1}{n} \int \sin^{n-2} ax \, dx \qquad\qquad n \in \mathbf{N}^*$

(323) $\int x \sin ax \, dx = \dfrac{\sin ax}{a^2} - \dfrac{x \cos ax}{a}$

(324) $\int x^2 \sin ax \, dx = \dfrac{2x}{a^2} \sin ax - \left(\dfrac{x^2}{a} - \dfrac{2}{a^3} \right) \cos ax$

(325) $\int x^3 \sin ax \, dx = \left(\dfrac{3x^2}{a^2} - \dfrac{6}{a^4} \right) \sin ax - \left(\dfrac{x^3}{a} - \dfrac{6x}{a^3} \right) \cos ax$

(326) $\int x^n \sin ax \, dx = -\dfrac{x^n}{a} \cos ax + \dfrac{n}{a} \int x^{n-1} \cos ax \, dx \qquad\qquad n > 0$

(327) $\int \dfrac{\sin ax}{x} \, dx = ax - \dfrac{(ax)^3}{3 \cdot 3!} + \dfrac{(ax)^5}{5 \cdot 5!} - + \dots \qquad$ (siehe auch Integralsinus)

(328) $\int \dfrac{\sin ax}{x^2} \, dx = -\dfrac{\sin ax}{x} + a \int \dfrac{\cos ax \, dx}{x^2} \qquad\qquad$ siehe (364)

(329) $\int \dfrac{\sin ax}{x^n} \, dx = -\dfrac{1}{n-1} \dfrac{\sin ax}{x^{n-1}} + \dfrac{a}{n-1} \int \dfrac{\cos ax}{x^{n-1}} \, dx \qquad\qquad n \neq 1,\ \text{siehe (365)}$

(330) $\int \dfrac{dx}{\sin ax} = \dfrac{1}{a} \ln \left| \tan \dfrac{ax}{2} \right| = \dfrac{1}{a} \ln \left| \csc ax - \cot ax \right|$

(331) $\int \dfrac{dx}{\sin^2 ax} = -\dfrac{1}{a} \cot ax$

(332) $\int \dfrac{dx}{\sin^3 ax} = -\dfrac{\cos ax}{2a \sin^2 ax} + \dfrac{1}{2a} \ln \left| \tan \dfrac{ax}{2} \right|$

(333) $\int \dfrac{dx}{\sin^n ax} = -\dfrac{1}{a(n-1)} \dfrac{\cos ax}{\sin^{n-1} ax} + \dfrac{n-2}{n-1} \int \dfrac{dx}{\sin^{n-2} ax} \qquad\qquad n > 1$

(334) $\int \dfrac{x \, dx}{\sin ax} = \dfrac{1}{a^2} \left(ax + \dfrac{(ax)^3}{3 \cdot 3!} + \dfrac{7 \, (ax)^5}{3 \cdot 5 \cdot 5!} + \dfrac{31 \, (ax)^7}{3 \cdot 7 \cdot 7!} \right.$

$$\left. + \dfrac{127 \, (ax)^9}{3 \cdot 5 \cdot 9!} + \dots + \dfrac{(-1)^{n+1} 2 \, (2^{2n-1} - 1)}{(2n+1)!} \, B_{2n} \, (ax)^{2n+1} + \dots \right)$$

B_n BERNOULLI*sche* Zahlen, siehe 15.1.5

(335) $\int \dfrac{x \, dx}{\sin^2 ax} = -\dfrac{x}{a} \cot ax + \dfrac{1}{a^2} \ln \left| \sin ax \right|$

(336) $\displaystyle\int \frac{x\,dx}{\sin^n ax} = -\frac{x \cos ax}{(n-1)\,a\,\sin^{n-1} ax}$ $n > 2$

$\displaystyle\qquad\qquad -\frac{1}{(n-1)\,(n-2)\,a^2 \sin^{n-2} ax} + \frac{n-2}{n-1}\int \frac{x\,dx}{\sin^{n-2} ax}$

(337) $\displaystyle\int \frac{dx}{1 \pm \sin ax} = \frac{1}{a}\tan\left(\frac{ax}{2} \mp \frac{\pi}{4}\right)$

(338) $\displaystyle\int \frac{x\,dx}{1 + \sin ax} = \frac{x}{a}\tan\left(\frac{ax}{2} - \frac{\pi}{4}\right) + \frac{2}{a^2}\ln\left|\cos\left(\frac{ax}{2} - \frac{\pi}{4}\right)\right|$

(339) $\displaystyle\int \frac{x\,dx}{1 - \sin ax} = \frac{x}{a}\cot\left(\frac{\pi}{4} - \frac{ax}{2}\right) + \frac{2}{a^2}\ln\left|\sin\left(\frac{\pi}{4} - \frac{ax}{2}\right)\right|$

(340) $\displaystyle\int \frac{dx}{\sin ax\,(1 \pm \sin ax)} = \frac{1}{a}\tan\left(\frac{\pi}{4} \mp \frac{ax}{2}\right) + \frac{1}{a}\ln\left|\tan\frac{ax}{2}\right|$

(341) $\displaystyle\int \frac{dx}{(1 + \sin ax)^2} = -\frac{1}{2a}\tan\left(\frac{\pi}{4} - \frac{ax}{2}\right) - \frac{1}{6a}\tan^3\left(\frac{\pi}{4} - \frac{ax}{2}\right)$

(342) $\displaystyle\int \frac{dx}{(1 - \sin ax)^2} = \frac{1}{2a}\cot\left(\frac{\pi}{4} - \frac{ax}{2}\right) + \frac{1}{6a}\cot^3\left(\frac{\pi}{4} - \frac{ax}{2}\right)$

(343) $\displaystyle\int \frac{\sin ax\,dx}{1 \pm \sin ax} = \pm x + \frac{1}{a}\tan\left(\frac{\pi}{4} \mp \frac{ax}{2}\right)$

(344) $\displaystyle\int \frac{\sin ax\,dx}{(1 + \sin ax)^2} = -\frac{1}{2a}\tan\left(\frac{\pi}{4} - \frac{ax}{2}\right) + \frac{1}{6a}\tan^3\left(\frac{\pi}{4} - \frac{ax}{2}\right)$

(345) $\displaystyle\int \frac{\sin ax\,dx}{(1 - \sin ax)^2} = -\frac{1}{2a}\cot\left(\frac{\pi}{4} - \frac{ax}{2}\right) + \frac{1}{6a}\cot^3\left(\frac{\pi}{4} - \frac{ax}{2}\right)$

(346) $\displaystyle\int \frac{dx}{1 + \sin^2 ax} = \frac{1}{2\sqrt{2}\,a}\arcsin\left(\frac{3\sin^2 ax - 1}{\sin^2 ax + 1}\right)$

(347) $\displaystyle\int \frac{dx}{1 - \sin^2 ax} = \int \frac{dx}{\cos^2 ax} = \frac{1}{a}\tan ax$

(348) $\displaystyle\int \frac{dx}{b + c \sin ax} = \frac{2}{a\sqrt{b^2 - c^2}}\arctan\frac{b\tan\dfrac{ax}{2} + c}{\sqrt{b^2 - c^2}}$ für $b^2 > c^2$

$\displaystyle\qquad\qquad = \frac{1}{a\sqrt{c^2 - b^2}}\ln\left|\frac{b\tan\dfrac{ax}{2} + c - \sqrt{c^2 - b^2}}{b\tan\dfrac{ax}{2} + c + \sqrt{c^2 - b^2}}\right|$ für $b^2 < c^2$

(349) $\displaystyle\int \frac{\sin ax\,dx}{b + c \sin ax} = \frac{x}{c} - \frac{b}{c}\int \frac{dx}{b + c \sin ax}$ siehe (348)

(350) $\displaystyle\int \frac{dx}{\sin ax\,(b + c \sin ax)} = \frac{1}{ab}\ln\left|\tan\frac{ax}{2}\right| - \frac{c}{b}\int \frac{dx}{b + c \sin ax}$ siehe (348)

17

(351) $\int \dfrac{dx}{(b + c \sin ax)^2} = \dfrac{c \cos ax}{a\,(b^2 - c^2)\,(b + c \sin ax)} + \dfrac{c}{c^2 - b^2} \int \dfrac{dx}{b + c \sin ax}$

siehe (348)

(352) $\int \dfrac{\sin ax\ dx}{(b + c \sin ax)^2} = \dfrac{b \cos ax}{a\,(c^2 - b^2)\,(b + c \sin ax)} + \dfrac{c}{c^2 - b^2} \int \dfrac{dx}{b + c \sin ax}$

siehe (348)

(353) $\int \dfrac{dx}{b^2 + c^2 \sin^2 ax} = \dfrac{1}{ab\,\sqrt{b^2 + c^2}} \arctan \dfrac{\sqrt{b^2 - c^2}\ \tan ax}{b}$ $b > 0$

(354) $\int \dfrac{dx}{b^2 - c^2 \sin^2 ax} = \dfrac{1}{ab\,\sqrt{b^2 - c^2}} \arctan \dfrac{\sqrt{b^2 - c^2}\ \tan ax}{b}$ für $\begin{matrix} b^2 > c^2 \\ b > 0 \end{matrix}$

$ = \dfrac{1}{2ab\,\sqrt{c^2 - b^2}} \ln \left| \dfrac{\sqrt{c^2 - b^2}\ \tan ax + b}{\sqrt{c^2 - b^2}\ \tan ax - b} \right|$ für $\begin{matrix} b^2 < c^2 \\ b > 0 \end{matrix}$

17.3.5 Integrale mit cos *ax*

(355) $\int \cos ax\ dx = \dfrac{1}{a} \sin ax$

(356) $\int \cos^2 ax\ dx = \dfrac{x}{2} + \dfrac{1}{4a} \sin 2ax$

(357) $\int \cos^3 ax\ dx = \dfrac{1}{a} \sin ax - \dfrac{1}{3a} \sin^3 ax$

(358) $\int \cos^n ax\ dx = \dfrac{\cos^{n-1} ax \sin ax}{na} + \dfrac{n-1}{n} \int \cos^{n-2} ax\ dx$

(359) $\int x \cos ax\ dx = \dfrac{\cos ax}{a^2} + \dfrac{x \sin ax}{a}$

(360) $\int x^2 \cos ax\ dx = \dfrac{2x}{a^2} \cos ax + \left(\dfrac{x^2}{a} - \dfrac{2}{a^3} \right) \sin ax$

(361) $\int x^3 \cos ax\ dx = \left(\dfrac{3x^2}{a^2} - \dfrac{6}{a^4} \right) \cos ax + \left(\dfrac{x^3}{a} - \dfrac{6x}{a^3} \right) \sin ax$

(362) $\int x^n \cos ax\ dx = \dfrac{x^n}{a} \sin ax - \dfrac{n}{a} \int x^{n-1} \sin ax\ dx$ siehe (326)

(363) $\int \dfrac{\cos ax}{x}\ dx = \ln |ax| - \dfrac{(ax)^2}{2 \cdot 2!} + \dfrac{(ax)^4}{4 \cdot 4!} - + \ldots$ (siehe Integralcosinus)

(364) $\int \dfrac{\cos ax}{x^2}\ dx = -\dfrac{\cos ax}{x} - a \int \dfrac{\sin ax\ dx}{x}$ siehe (327)

(365) $\int \dfrac{\cos ax}{x^n}\ dx = -\dfrac{1}{n-1} \dfrac{\cos ax}{x^{n-1}} - \dfrac{a}{n-1} \int \dfrac{\sin ax}{x^{n-1}}\ dx$ $n \neq 1$, siehe (329)

(366) $\int \dfrac{dx}{\cos ax} = \dfrac{1}{a} \ln \left| \tan \dfrac{ax}{2} + \dfrac{\pi}{4} \right| = \dfrac{1}{a} \ln |\sec ax + \tan ax|$

(367) $\displaystyle\int \frac{dx}{\cos^2 ax} = \frac{1}{a}\tan ax$

(368) $\displaystyle\int \frac{dx}{\cos^3 ax} = \frac{\sin ax}{2a\cos^2 ax} + \frac{1}{2a}\ln\left|\tan\frac{ax}{2} + \frac{\pi}{4}\right|$

(369) $\displaystyle\int \frac{dx}{\cos^n ax} = \frac{1}{a(n-1)}\frac{\sin ax}{\cos^{n-1} ax} + \frac{n-2}{n-1}\int \frac{dx}{\cos^{n-2} ax}$ $\qquad n > 1$

(370) $\displaystyle\int \frac{x\,dx}{\cos ax} = \frac{1}{a^2}\left(\frac{(ax)^2}{2} + \frac{(ax)^4}{4\cdot 2!} + \frac{5\,(ax)^6}{6\cdot 4!} + \frac{61\,(ax)^8}{8\cdot 6!} + \frac{1385\,(ax)^{10}}{10\cdot 8!} + \dots\right.$

$\qquad\qquad \left. + \frac{(-1)^n}{(2n+2)\,(2n)!}\,E_{2n}\,(ax)^{2n+2} + \dots\right)$

$\qquad\qquad\qquad\qquad\qquad$ E_n EULERsche Zahlen, siehe 15.1.5

(371) $\displaystyle\int \frac{x\,dx}{\cos^2 ax} = \frac{x}{a}\tan ax + \frac{1}{a^2}\ln|\cos ax|$

(372) $\displaystyle\int \frac{x\,dx}{\cos^n ax} = \frac{x\sin ax}{(n-1)\,a\cos^{n-1} ax}$ $\qquad n > 2$

$\qquad\qquad -\frac{1}{(n-1)\,(n-2)\,a^2\cos^{n-2} ax} + \frac{n-2}{n-1}\int \frac{x\,dx}{\cos^{n-2} ax}$

(373) $\displaystyle\int \frac{dx}{1+\cos ax} = \frac{1}{a}\tan\frac{ax}{2}$

(374) $\displaystyle\int \frac{dx}{1-\cos ax} = -\frac{1}{a}\cot\frac{ax}{2}$

(375) $\displaystyle\int \frac{x\,dx}{1+\cos ax} = \frac{x}{a}\tan\frac{ax}{2} + \frac{2}{a^2}\ln\left|\cos\frac{ax}{2}\right|$

(376) $\displaystyle\int \frac{x\,dx}{1-\cos ax} = -\frac{x}{a}\cot\frac{ax}{2} + \frac{2}{a^2}\ln\left|\sin\frac{ax}{2}\right|$

(377) $\displaystyle\int \frac{dx}{\cos ax\,(1+\cos ax)} = \frac{1}{a}\ln\left|\tan\left(\frac{\pi}{4} + \frac{ax}{2}\right)\right| - \frac{1}{a}\tan\frac{ax}{2}$

(378) $\displaystyle\int \frac{dx}{\cos ax\,(1-\cos ax)} = \frac{1}{a}\ln\left|\tan\left(\frac{\pi}{4} + \frac{ax}{2}\right)\right| - \frac{1}{a}\cot\frac{ax}{2}$

(379) $\displaystyle\int \frac{dx}{(1+\cos ax)^2} = \frac{1}{2a}\tan\frac{ax}{2} + \frac{1}{6a}\tan^3\frac{ax}{2}$

(380) $\displaystyle\int \frac{dx}{(1-\cos ax)^2} = -\frac{1}{2a}\cot\frac{ax}{2} - \frac{1}{6a}\cot^3\frac{ax}{2}$

(381) $\displaystyle\int \frac{\cos ax\,dx}{1+\cos ax} = x - \frac{1}{a}\tan\frac{ax}{2}$

(382) $\displaystyle\int \frac{\cos ax\,dx}{1-\cos ax} = -x - \frac{1}{a}\cot\frac{ax}{2}$

(383) $\displaystyle\int \frac{\cos ax\,dx}{(1+\cos ax)^2} = \frac{1}{2a}\tan\frac{ax}{2} - \frac{1}{6a}\tan^3\frac{ax}{2}$

17

(384) $\int \dfrac{\cos ax \, dx}{(1 - \cos ax)^2} = \dfrac{1}{2a} \cot \dfrac{ax}{2} - \dfrac{1}{6a} \cot^3 \dfrac{ax}{2}$

(385) $\int \dfrac{dx}{1 + \cos^2 ax} = \dfrac{1}{2\sqrt{2}a} \arcsin \left(\dfrac{1 - 3\cos^2 ax}{1 + \cos^2 ax} \right)$

(386) $\int \dfrac{dx}{1 - \cos^2 ax} = \int \dfrac{dx}{\sin^2 ax} = -\dfrac{1}{a} \cot ax$

(387) $\int \dfrac{dx}{b + c\cos ax} = \dfrac{2}{a\sqrt{b^2 - c^2}} \arctan \dfrac{(b-c)\tan \dfrac{ax}{2}}{\sqrt{b^2 - c^2}}$ für $b^2 > c^2$

$= -\dfrac{1}{a\sqrt{c^2 - b^2}} \ln \left| \dfrac{(c-b)\tan \dfrac{ax}{2} + \sqrt{c^2 - b^2}}{(c-b)\tan \dfrac{ax}{2} - \sqrt{c^2 - b^2}} \right|$ für $b^2 < c^2$

(388) $\int \dfrac{\cos ax \, dx}{b + c\cos ax} = \dfrac{x}{c} - \dfrac{b}{c} \int \dfrac{dx}{b + c\cos ax}$ siehe (387)

(389) $\int \dfrac{dx}{\cos ax \, (b + c\cos ax)} = \dfrac{1}{ab} \ln \left| \tan \dfrac{ax}{2} + \dfrac{\pi}{4} \right| - \dfrac{c}{b} \int \dfrac{dx}{b + c\cos ax}$ siehe (387)

(390) $\int \dfrac{dx}{(b + c\cos ax)^2} = \dfrac{c\sin ax}{a(c^2 - b^2)(b + c\cos ax)} - \dfrac{b}{c^2 - b^2} \int \dfrac{dx}{b + c\cos ax}$ s. (387)

(391) $\int \dfrac{\cos ax \, dx}{(b + c\cos ax)^2} = \dfrac{b\sin ax}{a(b^2 - c^2)(b + c\cos ax)} - \dfrac{c}{b^2 - c^2} \int \dfrac{dx}{b + c\sin ax}$ s. (348)

(392) $\int \dfrac{dx}{b^2 + c^2\cos^2 ax} = \dfrac{1}{ab\sqrt{b^2 + c^2}} \arctan \dfrac{b\tan ax}{\sqrt{b^2 + c^2}}$ $b > 0$

(393) $\int \dfrac{dx}{b^2 - c^2\cos^2 ax} = \dfrac{1}{ab\sqrt{b^2 - c^2}} \arctan \dfrac{b\tan ax}{\sqrt{b^2 + c^2}}$ für $\begin{matrix} b^2 > c^2 \\ b > 0 \end{matrix}$

$= \dfrac{1}{2ab\sqrt{c^2 - b^2}} \ln \left| \dfrac{b\tan ax - \sqrt{c^2 - b^2}}{b\tan ax + \sqrt{c^2 - b^2}} \right|$ für $\begin{matrix} b^2 < c^2 \\ b > 0 \end{matrix}$

Ungleiche Winkel

(394) $\int \sin ax \sin bx \, dx = \dfrac{\sin (a - b) x}{2(a - b)} - \dfrac{\sin (a + b) x}{2(a + b)}$ $|a| \neq |b|$

(395) $\int \sin ax \sin (ax + \varphi) \, dx = -\dfrac{1}{4a} \sin (2ax + \varphi) + \dfrac{x}{2} \cos \varphi$

(396) $\int \cos ax \cos bx \, dx = \dfrac{\sin (a - b) x}{2(a - b)} + \dfrac{\sin (a + b) x}{2(a + b)}$ $|a| \neq |b|$

(397) $\int \cos ax \cos (ax + \varphi) \, dx = \dfrac{1}{4a} \sin (2ax + \varphi) + \dfrac{x}{2} \cos \varphi$

17.3.6　Integrale mit sin ax und cos ax (cos bx)

(398) $\int \sin ax \cos ax \, \mathrm{d}x = \dfrac{1}{2a} \sin^2 ax$

(399) $\int \sin^2 ax \cos^2 ax \, \mathrm{d}x = \dfrac{x}{8} - \dfrac{\sin 4ax}{32a}$

(400) $\int \sin^n ax \cos ax \, \mathrm{d}x = \dfrac{1}{a\,(n+1)} \sin^{n+1} ax$ $\qquad\qquad n \neq -1$

(401) $\int \sin ax \cos^n ax \, \mathrm{d}x = - \dfrac{1}{a\,(n+1)} \cos^{n+1} ax$ $\qquad\qquad n \neq -1$

(402) $\int \sin^n ax \cos^m ax \, \mathrm{d}x$

$$= - \frac{\sin^{n-1} ax \cos^{m+1} ax}{a\,(n+m)} + \frac{n-1}{n+m} \int \sin^{n-2} ax \cos^m ax \, \mathrm{d}x \qquad m, n > 0$$

$$= \frac{\sin^{n+1} ax \cos^{m-1} ax}{a\,(n+m)} + \frac{m-1}{n+m} \int \sin^n ax \cos^{m-2} ax \, \mathrm{d}x \qquad m, n > 0$$

(403) $\int \dfrac{\mathrm{d}x}{\sin ax \cos ax} = \dfrac{1}{a} \ln |\tan ax|$

(404) $\int \dfrac{\mathrm{d}x}{\sin^2 ax \cos ax} = \dfrac{1}{a} \left(\ln \left| \tan \left(\dfrac{\pi}{4} + \dfrac{ax}{2} \right) \right| - \dfrac{1}{\sin ax} \right)$

(405) $\int \dfrac{\mathrm{d}x}{\sin ax \cos^2 ax} = \dfrac{1}{a} \left(\ln \left| \tan \dfrac{ax}{2} \right| + \dfrac{1}{\cos ax} \right)$

(406) $\int \dfrac{\mathrm{d}x}{\sin^3 ax \cos ax} = \dfrac{1}{a} \left(\ln |\tan ax| - \dfrac{1}{2 \sin^2 ax} \right)$

(407) $\int \dfrac{\mathrm{d}x}{\sin ax \cos^3 ax} = \dfrac{1}{a} \left(\ln |\tan ax| + \dfrac{1}{2 \cos^2 ax} \right)$

(408) $\int \dfrac{\mathrm{d}x}{\sin^2 ax \cos^2 ax} = - \dfrac{2}{a} \cot 2ax$

(409) $\int \dfrac{\mathrm{d}x}{\sin^3 ax \cos^2 ax} = \dfrac{1}{a} \left(\dfrac{1}{\cos ax} - \dfrac{\cos ax}{2 \sin^2 ax} + \dfrac{3}{2} \ln \left| \tan \dfrac{ax}{2} \right| \right)$

(410) $\int \dfrac{\mathrm{d}x}{\sin ax \cos^n ax} = \dfrac{1}{a\,(n-1) \cos^{n-1} ax} + \int \dfrac{\mathrm{d}x}{\sin ax \cos^{n-2} ax}$ $\qquad n \neq 1$

(411) $\int \dfrac{\mathrm{d}x}{\sin^n ax \cos ax} = - \dfrac{1}{a\,(n-1) \sin^{n-1} ax} + \int \dfrac{\mathrm{d}x}{\sin^{n-2} ax \cos ax}$ $\qquad n \neq 1$

(412) $\int \dfrac{\mathrm{d}x}{\sin^n ax \cos^m ax} = - \dfrac{1}{a\,(n-1) \sin^{n-1} ax \cos^{m-1} ax}$

$$+ \frac{n+m-2}{n-1} \int \frac{\mathrm{d}x}{\sin^{n-2} ax \cos^m ax} \qquad \text{für } n > 1,\, m > 0$$

$$= \frac{1}{a\,(m-1) \sin^{n-1} ax \cos^{m-1} ax} + \frac{n+m-2}{m-1} \int \frac{\mathrm{d}x}{\sin^n ax \cos^{m-2} ax}$$
$$\text{für } n > 0,\, m > 1$$

17

$$(413) \quad \int \frac{\sin ax}{\cos^2 ax}\, dx = \frac{1}{a \cos ax}$$

$$(414) \quad \int \frac{\sin ax}{\cos^3 ax}\, dx = \frac{1}{2a \cos^2 ax} + C_1 = \frac{1}{2a} \tan^2 ax + C_2$$

$$(415) \quad \int \frac{\sin ax}{\cos^n ax}\, dx = \frac{1}{a\,(n-1)\cos^{n-1} ax} \qquad\qquad n \neq 1$$

$$(416) \quad \int \frac{\sin^2 ax}{\cos ax}\, dx = -\frac{1}{a}\left(\sin ax - \ln\left|\tan\left(\frac{\pi}{4}+\frac{ax}{2}\right)\right|\right)$$

$$(417) \quad \int \frac{\sin^2 ax}{\cos^3 ax}\, dx = \frac{1}{2a}\left(\frac{\sin ax}{\cos^2 ax} - \ln\left|\tan\left(\frac{\pi}{4}+\frac{ax}{2}\right)\right|\right)$$

$$(418) \quad \int \frac{\sin^2 ax}{\cos^n ax}\, dx = \frac{1}{n-1}\left(\frac{\sin ax}{a\cos^{n-1} ax} - \int \frac{dx}{\cos^{n-2} ax}\right) \qquad n \neq 1,\ \text{siehe } (369)$$

$$(419) \quad \int \frac{\sin^3 ax}{\cos ax}\, dx = -\frac{1}{a}\left(\frac{\sin^2 ax}{2} + \ln|\cos ax|\right)$$

$$(420) \quad \int \frac{\sin^3 ax}{\cos^2 ax}\, dx = \frac{1}{a}\left(\cos ax + \frac{1}{\cos ax}\right)$$

$$(421) \quad \int \frac{\sin^3 ax}{\cos^n ax}\, dx = \frac{1}{a}\left(\frac{1}{(n-1)\cos^{n-1} ax} - \frac{1}{(n-3)\cos^{n-3} ax}\right) \qquad n \neq 1;\ 3$$

$$(422) \quad \int \frac{\sin^n ax}{\cos ax}\, dx = -\frac{\sin^{n-1} ax}{a\,(n-1)} + \int \frac{\sin^{n-2} ax}{\cos ax}\, dx \qquad n \neq 1$$

$$(423) \quad \int \frac{\sin^n ax}{\cos^m ax}\, dx = \frac{\sin^{n+1} ax}{a\,(m-1)\cos^{m-1} ax} - \frac{n-m+2}{m-1}\int \frac{\sin^n ax\, dx}{\cos^{m-2} ax} \qquad\qquad \text{für } m \neq 1$$

$$= -\frac{\sin^{n-1} ax}{a\,(m-1)\cos^{m-1} ax} - \frac{n-1}{m-1}\int \frac{\sin^{n-2} ax}{\cos^{m-2} ax}\, dx \qquad\qquad \text{für } m \neq 1$$

$$= -\frac{\sin^{n-1} ax}{a\,(n-m)\cos^{m-1} ax} - \frac{n-1}{n-m}\int \frac{\sin^{n-2} ax}{\cos^m ax}\, dx \qquad\qquad \text{für } m \neq n$$

$$(424) \quad \int \frac{\cos ax}{\sin^2 ax}\, dx = -\frac{1}{a \sin ax}$$

$$(425) \quad \int \frac{\cos ax}{\sin^3 ax}\, dx = -\frac{1}{2a \sin^2 ax} + C_1 = -\frac{1}{2a}\cot^2 ax + C_2$$

$$(426) \quad \int \frac{\cos ax}{\sin^n ax}\, dx = -\frac{1}{a\,(n-1)\sin^{n-1} ax} \qquad\qquad n \neq 1$$

$$(427) \quad \int \frac{\cos^2 ax}{\sin ax}\, dx = \frac{1}{a}\left(\cos ax + \ln\left|\tan\frac{ax}{2}\right|\right)$$

$$(428) \quad \int \frac{\cos^2 ax}{\sin^3 ax}\, dx = -\frac{1}{2a}\left(\frac{\cos ax}{\sin^2 ax} + \ln\left|\tan\frac{ax}{2}\right|\right)$$

(429) $\displaystyle\int \frac{\cos^2 ax}{\sin^n ax}\,dx = -\frac{1}{n-1}\left(\frac{\cos ax}{a\sin^{n-1}ax} + \int\frac{dx}{\sin^{n-2}ax}\right)$ $n\neq 1$, siehe (333)

(430) $\displaystyle\int \frac{\cos^3 ax}{\sin ax}\,dx = \frac{1}{a}\left(\frac{\cos^2 ax}{2} + \ln|\sin ax|\right)$

(431) $\displaystyle\int \frac{\cos^3 ax}{\sin^2 ax}\,dx = -\frac{1}{a}\left(\sin ax + \frac{1}{\sin ax}\right)$

(432) $\displaystyle\int \frac{\cos^3 ax}{\sin^n ax}\,dx = \frac{1}{a}\left(\frac{1}{(n-3)\sin^{n-3}ax} - \frac{1}{(n-1)\sin^{n-1}ax}\right)$ $n\neq 1;\,3$

(433) $\displaystyle\int \frac{\cos^n ax}{\sin ax}\,dx = \frac{\cos^{n-1}ax}{a\,(n-1)} + \int\frac{\cos^{n-2}ax}{\sin ax}\,dx$ $n\neq 1$

(434) $\displaystyle\int \frac{\cos^n ax}{\sin^m ax}\,dx = -\frac{\cos^{n+1}ax}{a\,(m-1)\sin^{m-1}ax} - \frac{n-m+2}{m-1}\int\frac{\cos^n ax\,dx}{\sin^{m-2}ax}$

für $m\neq 1$

$\displaystyle \qquad = \frac{\cos^{n-1}ax}{a\,(n-m)\sin^{m-1}ax} + \frac{n-1}{n-m}\int\frac{\cos^{n-2}ax}{\sin^m ax}\,dx$ für $m\neq n$

$\displaystyle \qquad = -\frac{\cos^{n-1}ax}{a\,(m-1)\sin^{m-1}ax} - \frac{n-1}{m-1}\int\frac{\cos^{n-2}ax}{\sin^{m-2}ax}\,dx$ für $m\neq 1$

(435) $\displaystyle\int \frac{dx}{\sin ax \pm \cos ax} = \frac{1}{a\sqrt{2}}\ln\left|\tan\left(\frac{ax}{2}\pm\frac{\pi}{8}\right)\right|$

(436) $\displaystyle\int \frac{dx}{(\sin ax \pm \cos ax)^2} = \frac{1}{2a}\tan\left(ax\mp\frac{\pi}{4}\right)$

(437) $\displaystyle\int \frac{dx}{\sin^n ax + \cos^m ax}$ für $m>0,\,n<1$, siehe (412)

$\displaystyle \qquad = -\frac{1}{a\,(n-1)}\frac{1}{\sin^{n-1}ax\,\cos^{m-1}ax} + \frac{n+m-2}{n-1}\int\frac{dx}{\sin^{n-2}ax\,\cos^m ax}$

$\displaystyle \qquad = \frac{1}{a\,(m-1)}\frac{1}{\sin^{n-1}ax\,\cos^{m-1}ax} + \frac{n+m-2}{m-1}\int\frac{dx}{\sin^n ax\,\cos^{m-1}ax}$

für $m>1,\,n>0$, siehe (412)

(438) $\displaystyle\int \frac{\cos ax\,dx}{\sin ax \pm \cos ax} = \pm\frac{x}{2} + \frac{1}{2a}\ln|\sin ax \pm \cos ax|$

(439) $\displaystyle\int \frac{\sin ax\,dx}{\sin ax \pm \cos ax} = \frac{x}{2} \mp \frac{1}{2a}\ln|\sin ax \pm \cos ax|$

(440) $\displaystyle\int \frac{dx}{\sin ax\,(1\pm\cos ax)} = \pm\frac{1}{2a\,(1\pm\cos ax)} + \frac{1}{2a}\ln\left|\tan\frac{ax}{2}\right|$

(441) $\displaystyle\int \frac{dx}{\cos ax\,(1\pm\sin ax)} = \mp\frac{1}{2a\,(1\pm\sin ax)} + \frac{1}{2a}\ln\left|\tan\left(\frac{\pi}{4}+\frac{ax}{2}\right)\right|$

17

(442) $\int \dfrac{\sin ax \, \mathrm{d}x}{\cos ax \, (1 \pm \cos ax)} = \dfrac{1}{a} \ln \left| \dfrac{1 \pm \cos ax}{\cos ax} \right|$

(443) $\int \dfrac{\cos ax \, \mathrm{d}x}{\sin ax \, (1 \pm \sin ax)} = -\dfrac{1}{a} \ln \left| \dfrac{1 \pm \sin ax}{\sin ax} \right|$

(444) $\int \dfrac{\sin ax \, \mathrm{d}x}{\cos ax \, (1 \pm \sin ax)} = \dfrac{1}{2a \, (1 \pm \sin ax)} \pm \dfrac{1}{2a} \ln \left| \tan\left(\dfrac{ax}{2} + \dfrac{\pi}{4}\right) \right|$

(445) $\int \dfrac{\cos ax \, \mathrm{d}x}{\sin ax \, (1 \pm \cos ax)} = -\dfrac{1}{2a \, (1 \pm \cos ax)} \pm \dfrac{1}{2a} \ln \left| \tan \dfrac{ax}{2} \right|$

(446) $\int \dfrac{\mathrm{d}x}{1 + \cos ax \pm \sin ax} = \pm \dfrac{1}{a} \ln \left| 1 \pm \tan \dfrac{ax}{2} \right|$

(447) $\int \dfrac{\mathrm{d}x}{b \sin ax + c \cos ax} = \dfrac{1}{a \sqrt{b^2 + c^2}} \ln \left| \tan \dfrac{ax + \tau}{2} \right| \qquad \tau = \dfrac{c}{\sqrt{b^2 + c^2}}, \ \tan \tau = \dfrac{c}{b}$

(448) $\int \dfrac{\sin ax \, \mathrm{d}x}{b + c \cos ax} = -\dfrac{1}{ac} \ln |b + c \cos ax|$

(449) $\int \dfrac{\cos ax \, \mathrm{d}x}{b + c \sin ax} = \dfrac{1}{ac} \ln |b + c \sin ax|$

(450) $\int \dfrac{\mathrm{d}x}{b + c \cos ax + f \sin ax} = \int \dfrac{\mathrm{d}(x + \tau/a)}{b + \sqrt{c^2 + f^2} \, \sin (ax + \tau)}$

$$\sin \tau = \dfrac{c}{\sqrt{c^2 + f^2}}, \ \tan \tau = \dfrac{c}{f}$$

(451) $\int \dfrac{\mathrm{d}x}{b^2 \cos^2 ax + c^2 \sin^2 ax} = \dfrac{1}{abc} \arctan \left(\dfrac{c}{b} \tan ax\right)$

(452) $\int \dfrac{\mathrm{d}x}{b^2 \cos^2 ax - c^2 \sin^2 ax} = \dfrac{1}{2ab} \ln \left| \dfrac{c \tan ax + b}{c \tan ax - b} \right|$

Ungleiche Winkel

(453) $\int \sin ax \cos bx \, \mathrm{d}x = -\dfrac{\cos (a + b) \, x}{2 \, (a + b)} - \dfrac{\cos (a - b) \, x}{2 \, (a - b)}$ $\qquad |a| \neq |b|$

(454) $\int \sin ax \cos (ax + \varphi) \, \mathrm{d}x = -\dfrac{1}{4a} \cos (2ax + \varphi) - \dfrac{x}{2} \sin \varphi$

17.3.7 Integrale mit tan ax bzw. cot ax

(455) $\int \tan ax \, dx = -\dfrac{1}{a} \ln |\cos ax|$

(456) $\int \tan^2 ax \, dx = \dfrac{\tan ax}{a} - x$

(457) $\int \tan^3 ax \, dx = \dfrac{1}{2a} \tan^2 ax + \dfrac{1}{a} \ln |\cos ax|$

(458) $\int \tan^n ax \, dx = \dfrac{1}{a(n-1)} \tan^{n-1} ax - \int \tan^{n-2} ax \, dx$ \hfill $n \neq 1$

(459) $\int x \tan ax \, dx = \dfrac{ax^3}{3} + \dfrac{a^3 x^5}{15} + \dfrac{2a^5 x^7}{105} + \dfrac{17 a^7 x^9}{2835} + \ldots$

$\qquad\qquad + \dfrac{(-1)^{n+1} 2^{2n} (2^{2n} - 1) B_{2n} a^{2n-1} x^{2n+1}}{(2n+1)!} + \ldots$ \hfill B_n BERNOULLIsche Zahlen

(460) $\int \dfrac{\tan ax}{x} \, dx = ax + \dfrac{(ax)^3}{9} + \dfrac{2(ax)^5}{75} + \dfrac{17(ax)^7}{2205} + \ldots$

$\qquad\qquad + \dfrac{(-1)^{n+1} 2^{2n} (2^{2n} - 1) B_{2n} (ax)^{2n-1}}{(2n-1)(2n)!} + \ldots$ \hfill B_n BERNOULLIsche Zahlen

(461) $\int \dfrac{\tan^n ax}{\cos^2 ax} \, dx = \dfrac{1}{a(n+1)} \tan^{n+1} ax$ \hfill $n \neq -1$

(462) $\int \dfrac{dx}{\tan ax \pm 1} = \pm \dfrac{x}{2} + \dfrac{1}{2a} \ln |\sin ax \pm \cos ax|$

(463) $\int \dfrac{\tan ax}{\tan ax \pm 1} \, dx = \int \dfrac{dx}{1 \pm \cot ax} = \dfrac{x}{2} \mp \dfrac{1}{2a} \ln |\sin ax \pm \cos ax|$

(464) $\int \cot ax \, dx = \dfrac{1}{a} \ln |\sin ax|$

(465) $\int \cot^2 ax \, dx = -\dfrac{\cot ax}{a} - x$

(466) $\int \cot^3 ax \, dx = -\dfrac{1}{2a} \cot^2 ax - \dfrac{1}{a} \ln |\sin ax|$

(467) $\int \cot^n ax \, dx = -\dfrac{1}{a(n-1)} \cot^{n-1} ax - \int \cot^{n-2} ax \, dx$ \hfill $n \neq 1$

(468) $\int x \cot ax \, dx = \dfrac{x}{a} - \dfrac{ax^3}{9} - \dfrac{a^3 x^5}{225} - \ldots - \dfrac{(-1)^n 2^{2n} B_{2n} a^{2n-1} x^{2n+1}}{(2n+1)!} - \ldots$

$\qquad\qquad\qquad$ B_n BERNOULLIsche Zahlen, siehe 15.1.5

(469) $\int \dfrac{\cot ax}{x} \, dx = -\dfrac{1}{ax} - \dfrac{ax}{3} - \dfrac{(ax)^3}{135} - \ldots - \dfrac{(-1)^n 2^{2n} B_{2n} (ax)^{2n-1}}{(2n-1)(2n)!} - \ldots$

$\qquad\qquad\qquad$ B_n BERNOULLIsche Zahlen, siehe 15.1.5

(470) $\int \dfrac{\cot^n ax}{\sin^2 ax} \, dx = -\dfrac{1}{a(n+1)} \cot^{n+1} ax$ \hfill $n \neq -1$

(471) $\int \dfrac{dx}{1 \pm \cot ax} = \int \dfrac{\tan ax}{\tan ax \pm 1} \, dx$ \hfill siehe (463)

17

17.3.8   Integrale der Arcusfunktionen

(472) $\displaystyle\int \arcsin \frac{x}{a}\, dx = x \arcsin \frac{x}{a} + \sqrt{a^2 - x^2}$

(473) $\displaystyle\int x \arcsin \frac{x}{a}\, dx = \left(\frac{x^2}{2} - \frac{a^2}{4} \right) \arcsin \frac{x}{a} + \frac{x}{4} \sqrt{a^2 - x^2}$

(474) $\displaystyle\int x^2 \arcsin \frac{x}{a}\, dx = \frac{x^3}{3} \arcsin \frac{x}{a} + \frac{x^2 + 2a^2}{9} \sqrt{a^2 - x^2}$

(475) $\displaystyle\int \frac{\arcsin \dfrac{x}{a}}{x}\, dx = \frac{x}{a} + \frac{1}{2 \cdot 3 \cdot 3}\frac{x^3}{a^3} + \frac{1 \cdot 3}{2 \cdot 4 \cdot 5 \cdot 5}\frac{x^5}{a^5} + \frac{1 \cdot 3 \cdot 5}{2 \cdot 4 \cdot 6 \cdot 7 \cdot 7}\frac{x^7}{a^7} + \dots$

(476) $\displaystyle\int \frac{\arcsin \dfrac{x}{a}}{x^2}\, dx = -\frac{1}{x} \arcsin \frac{x}{a} - \frac{1}{a} \ln \left| \frac{a + \sqrt{a^2 - x^2}}{x} \right|$

(477) $\displaystyle\int \arccos \frac{x}{a}\, dx = x \arccos \frac{x}{a} - \sqrt{a^2 - x^2}$

(478) $\displaystyle\int x \arccos \frac{x}{a}\, dx = \left(\frac{x^2}{2} - \frac{a^2}{4} \right) \arccos \frac{x}{a} - \frac{x}{4} \sqrt{a^2 - x^2}$

(479) $\displaystyle\int x^2 \arccos \frac{x}{a}\, dx = \frac{x^3}{3} \arccos \frac{x}{a} - \frac{x^2 + 2a^2}{9} \sqrt{a^2 - x^2}$

(480) $\displaystyle\int \frac{\arccos \dfrac{x}{a}}{x}\, dx = \frac{\pi}{2} \ln |x| - \frac{x}{a} - \frac{1}{2 \cdot 3 \cdot 3}\frac{x^3}{a^3}$
$$- \frac{1 \cdot 3}{2 \cdot 4 \cdot 5 \cdot 5}\frac{x^5}{a^5} - \frac{1 \cdot 3 \cdot 5}{2 \cdot 4 \cdot 6 \cdot 7 \cdot 7}\frac{x^7}{a^7} - \dots$$

(481) $\displaystyle\int \frac{\arccos \dfrac{x}{a}}{x^2}\, dx = -\frac{1}{x} \arccos \frac{x}{a} + \frac{1}{a} \ln \left| \frac{a + \sqrt{a^2 - x^2}}{x} \right|$

(482) $\displaystyle\int \arctan \frac{x}{a}\, dx = x \arctan \frac{x}{a} - \frac{a}{2} \ln (a^2 + x^2)$

(483) $\displaystyle\int x \arctan \frac{x}{a}\, dx = \frac{a^2 + x^2}{2} \arctan \frac{x}{a} - \frac{ax}{2}$

(484) $\displaystyle\int x^2 \arctan \frac{x}{a}\, dx = \frac{x^3}{3} \arctan \frac{x}{a} - \frac{ax^2}{6} + \frac{a^3}{6} \ln (a^2 + x^2)$

(485) $\displaystyle\int x^n \arctan \frac{x}{a}\, dx = \frac{x^{n+1}}{n+1} \arctan \frac{x}{a} - \frac{a}{n+1} \int \frac{x^{n+1}\, dx}{a^2 + x^2}$ $n \neq -1$

(486) $\displaystyle\int \frac{\arctan \dfrac{x}{a}}{x}\, dx = \frac{x}{a} - \frac{x^3}{3^2 a^3} + \frac{x^5}{5^2 a^5} - \frac{x^7}{7^2 a^7} + - \dots$ $|x| < |a|$

(487) $\displaystyle\int \frac{\arctan \dfrac{x}{a}}{x^2}\, dx = -\frac{1}{x} \arctan \frac{x}{a} - \frac{1}{2a} \ln \left| \frac{a^2 + x^2}{x^2} \right|$

$$(488) \quad \int \frac{\arctan \frac{x}{a}}{x^n} \, dx = -\frac{1}{(n-1)\, x^{n-1}} \arctan \frac{x}{a} + \frac{a}{n-1} \int \frac{dx}{x^{n-1} \,(a^2 + x^2)} \qquad n \neq 1$$

$$(489) \quad \int \operatorname{arccot} \frac{x}{a} \, dx = x \operatorname{arccot} \frac{x}{a} + \frac{a}{2} \ln (a^2 + x^2)$$

$$(490) \quad \int x \operatorname{arccot} \frac{x}{a} \, dx = \frac{a^2 + x^2}{2} \operatorname{arccot} \frac{x}{a} + \frac{ax}{2}$$

$$(491) \quad \int x^2 \operatorname{arccot} \frac{x}{a} \, dx = \frac{x^3}{3} \operatorname{arccot} \frac{x}{a} + \frac{ax^2}{6} - \frac{a^3}{6} \ln (a^2 + x^2)$$

$$(492) \quad \int x^n \operatorname{arccot} \frac{x}{a} \, dx = \frac{x^{n+1}}{n+1} \operatorname{arccot} \frac{x}{a} + \frac{a}{n+1} \int \frac{x^{n+1} \, dx}{a^2 + x^2} \qquad n \neq -1$$

$$(493) \quad \int \frac{\operatorname{arccot} \frac{x}{a}}{x} \, dx = \frac{\pi}{2} \ln |x| - \frac{x}{a} + \frac{x^3}{3^2 a^3} - \frac{x^5}{5^2 a^5} + \frac{x^7}{7^2 a^7} - + \ldots$$

$$(494) \quad \int \frac{\operatorname{arccot} \frac{x}{a}}{x^2} \, dx = -\frac{1}{x} \operatorname{arccot} \frac{x}{a} + \frac{1}{2a} \ln \left| \frac{a^2 + x^2}{x^2} \right|$$

$$(495) \quad \int \frac{\operatorname{arccot} \frac{x}{a}}{x^n} \, dx = -\frac{1}{(n-1)\, x^{n-1}} \operatorname{arccot} \frac{x}{a} - \frac{a}{n-1} \int \frac{dx}{x^{n-1} \,(a^2 + x^2)} \qquad n \neq 1$$

17.3.9   Integrale der Areafunktionen

$$(496) \quad \int \operatorname{arsinh} \frac{x}{a} \, dx = x \operatorname{arsinh} \frac{x}{a} - \sqrt{x^2 + a^2}$$

$$(497) \quad \int \operatorname{arcosh} \frac{x}{a} \, dx = x \operatorname{arcosh} \frac{x}{a} - \sqrt{x^2 - a^2}$$

$$(498) \quad \int \operatorname{artanh} \frac{x}{a} \, dx = x \operatorname{artanh} \frac{x}{a} + \frac{a}{2} \ln \left| a^2 - x^2 \right| \qquad |x| < |a|$$

$$(499) \quad \int \operatorname{arcoth} \frac{x}{a} \, dx = x \operatorname{arcoth} \frac{x}{a} + \frac{a}{2} \ln \left| x^2 - a^2 \right| \qquad |x| > |a|$$

17

17.4 Einige bestimmte und uneigentliche Integrale

Integrale algebraischer Funktionen

(1) $\displaystyle\int_0^1 x^a\,(1-x)^b\,\mathrm{d}x = 2\int_0^1 x^{2a+1}\,(1-x^2)^b\,\mathrm{d}x = \frac{\Gamma(a+1)\,\Gamma(b+1)}{\Gamma(a+b+2)}$

$$= B(a+1,\,b+1) \qquad\qquad a,\,b \in \mathbb{R}$$

B Betafunktion, EULER*sches Integral* 1. Art $B(x,y) = \dfrac{\Gamma(x)\cdot\Gamma(y)}{\Gamma(x+y)}$

$\Gamma(x)$ *Gammafunktion*, EULER*sches Integral* 2. Art (siehe 14.3.6)

(2) $\displaystyle\int_0^\infty \frac{\mathrm{d}x}{(1+x)\,x^a} = \frac{\pi}{\sin a\pi}$ $\qquad\qquad\qquad a < 1$

(3) $\displaystyle\int_0^\infty \frac{\mathrm{d}x}{(1-x)\,x^a} = -\pi\cot a\pi$ $\qquad\qquad\quad\; a < 1$

(4) $\displaystyle\int_0^\infty \frac{x^{a-1}}{1+x^b}\,\mathrm{d}x = \frac{\pi}{b\sin\dfrac{a\pi}{b}}$ $\qquad\qquad 0 < a < b$

(5) $\displaystyle\int_0^\infty \frac{\mathrm{d}x}{a^2+x^2} = \frac{\pi}{2a}$

(6) $\displaystyle\int_a^b \frac{\mathrm{d}x}{x^2-a^2} = -\infty \qquad b \in \mathbb{R}\setminus\{a\}$

(7) $\displaystyle\int_0^1 \frac{\mathrm{d}x}{\sqrt{1-x^a}} = \frac{\sqrt{\pi}\,\Gamma\!\left(\dfrac{1}{a}\right)}{a\,\Gamma\!\left(\dfrac{2+a}{2a}\right)}$

(8) $\displaystyle\int_0^1 \frac{\mathrm{d}x}{\sqrt{1-x^2}} = \frac{\pi}{2}$

(9) $\displaystyle\int_0^\infty \frac{\mathrm{d}x}{(1+x)\,\sqrt{x}} = \pi$

(10) $\displaystyle\int_a^b \frac{\mathrm{d}x}{\sqrt{(x-a)\,(b-x)}} = \pi$

(11) $\displaystyle\int_0^a \frac{\mathrm{d}x}{\sqrt{a^2-x^2}} = \frac{\pi}{2}$

(12) $\displaystyle\int_0^1 \frac{x\,\mathrm{d}x}{\sqrt{1-x^2}} = 1$

(13) $\displaystyle\int_0^a \frac{x^2\,\mathrm{d}x}{\sqrt{ax-x^2}} = \frac{3\pi a^2}{8}$

(14) $\displaystyle\int_0^\infty \frac{\mathrm{d}x}{(1-x)\,\sqrt{x}} = 0$

(15) $\displaystyle\int_0^{2b} \sqrt{2bx-x^2}\,\mathrm{d}x = -\frac{\pi b^2}{2}$

(16) $\displaystyle\int_0^1 \frac{\mathrm{d}x}{1+2x\cos a + x^2} = \frac{a}{2\sin a}$ $\qquad\qquad 0 < a < \dfrac{\pi}{2}$

$$(17) \int_0^\infty \frac{dx}{1 + 2x \cos a + x^2} = \frac{a}{\sin a} \qquad 0 < a < \frac{\pi}{2}$$

$$(18) \int_{-1}^1 a^x \, dx = \frac{a^2 - 1}{a \ln a} \qquad a > 0$$

Integrale der Exponentialfunktion

$$(19) \int_0^\infty x^n \, e^{-ax} \, dx = \frac{\Gamma(n-1)}{a^{n+1}} \qquad \text{für } a > 0, n > -1$$

$$= \frac{n!}{a^{n+1}} \qquad \text{für } n \in \mathbb{N}$$

$$(20) \int_0^\infty x^n \, e^{-ax^2} \, dx = \frac{\Gamma\left(\frac{n+1}{2}\right)}{2a\left(\frac{n+1}{2}\right)} \qquad \text{für } a > 0, n > -1$$

$$= \frac{1 \cdot 3 \cdot \ldots \cdot (2k-1) \sqrt{\pi}}{2^{k+1} a^{k+\frac{1}{2}}} \qquad \text{für } n = 2k, \text{ geradzahlig}$$

$$= \frac{k!}{2a^{k+1}} \qquad \text{für } n = 2k+1, \text{ ungeradzahlig}$$

$$(21) \int_0^\infty e^{(-x^2 - a^2/x^2)} \, dx = \frac{e^{-2a} \sqrt{\pi}}{2} \qquad (22) \int_0^\infty e^{-ax} \, dx = \frac{1}{a} \qquad a > 0$$

$$(23) \int_0^\infty e^{-ax} \sqrt{x} \, dx = \frac{1}{2a} \sqrt{\frac{\pi}{a}} \qquad (24) \int_0^\infty \frac{e^{-ax}}{\sqrt{x}} \, dx = \sqrt{\frac{\pi}{a}} \qquad a > 0$$

$$(25) \int_0^\infty e^{-a^2 x^2} \, dx = \frac{\sqrt{\pi}}{2a} \qquad (26) \int_0^\infty e^{-a^2 x^2} \cos bx \, dx = \frac{\sqrt{\pi}}{2a} \, e^{-b^2/4a^2} \qquad a > 0$$

$$(27) \int_0^\infty \frac{x \, dx}{e^x - 1} = \frac{\pi^2}{6} \qquad (28) \int_0^\infty \frac{x \, dx}{e^x + 1} = \frac{\pi^2}{12}$$

$$(29) \int_0^\infty e^{-ax} \cos bx \, dx = \frac{a}{a^2 + b^2} \qquad (30) \int_0^\infty e^{-ax} \sin bx \, dx = \frac{b}{a^2 + b^2} \qquad a > 0$$

$$(31) \int_0^\infty x \, e^{-ax} \sin bx \, dx = \frac{2ab}{(a^2 + b^2)^2} \qquad a > 0$$

$$(32) \int_0^\infty x \, e^{-ax} \cos bx \, dx = \frac{a^2 - b^2}{(a^2 + b^2)^2} \qquad a > 0$$

17

$$(33) \int_0^\infty \frac{e^{-ax}\sin x}{x}\, dx = \operatorname{arccot} a = \arctan \frac{1}{a} \qquad\qquad a > 0$$

$$(34) \int_0^\infty e^{-x} \ln x \, dx = - C = - 0{,}577\,2 \qquad\qquad \text{C \textsc{Euler}sche Konstante}$$

$$(35) \int_0^\infty e^{-x^2} \ln x \, dx = \frac{1}{4}\, \Gamma\left(\frac{1}{2}\right) = -\frac{\sqrt{\pi}}{4}\,(C + 2\ln 2) \qquad\qquad \text{C wie oben}$$

$$(36) \int_0^\infty e^{-x^2} \ln^2 x \, dx = \frac{\sqrt{\pi}}{8}\left((C + 2\ln 2)^2 + \frac{\pi^2}{2}\right) \qquad\qquad \text{C wie oben}$$

Integrale der Logarithmusfunktion

$$(37) \int_0^1 (\ln x)^n \, dx = (-1)^n\, n! \qquad\qquad (38) \int_0^1 \ln|\ln x| \, dx = - C = - 0{,}577\,2$$

$$(39) \int_0^1 1\,\frac{\ln x}{x+1}\, dx = -\frac{\pi^2}{12} \qquad\qquad (40) \int_0^1 \frac{\ln x}{x-1}\, dx = \frac{\pi^2}{6}$$

$$(41) \int_0^1 \frac{\ln x}{x^2 - 1}\, dx = \frac{\pi^2}{8} \qquad\qquad (42) \int_0^1 \frac{\ln (x+1)}{x^2 + 1}\, dx = \frac{\pi}{8}\ln 2$$

$$(43) \int_0^1 \frac{(1-x^a)(1-x^b)}{(1-x)\ln x}\, dx = \ln \frac{\Gamma(a+1)\,\Gamma(b+1)}{\Gamma(a+b+1)} \qquad \begin{aligned}&a, b > -1\\ &a + b > -1\end{aligned}$$

$$(44) \int_0^1 \ln\left(\frac{1}{x}\right)^a dx = \Gamma(a+1) \qquad\qquad -1 < a < \infty$$

speziell:
$$= a! \quad \text{für } a \in \mathbb{N}$$
$$= \frac{\sqrt{\pi}}{2} \quad \text{für } a = \frac{1}{2}$$
$$= \sqrt{\pi} \quad \text{für } a = -\frac{1}{2}$$

$$(45) \int_0^1 x \ln (1+x) \, dx = \frac{1}{4} \qquad\qquad (46) \int_0^1 x \ln (1-x) \, dx = -\frac{3}{4}$$

$$(47) \int_0^1 \frac{\ln x \, dx}{\sqrt{1-x^2}} = -\frac{\pi}{2}\ln 2$$

$$(48) \int_0^{\pi/2} \ln \sin x \, dx = \int_0^{\pi/2} \ln \cos x \, dx = -\frac{\pi}{2}\ln 2$$

$$(49) \int_0^\pi x \ln \sin x \, dx = -\frac{\pi^2}{2}\ln 2 \qquad\qquad (50) \int_0^{\pi/2} \sin x \ln \sin x \, dx = \ln 2 - 1$$

$(51) \int\limits_{0}^{\infty} \dfrac{\sin x}{x} \ln x \, dx = -\dfrac{\pi}{2} C$ C EULERsche Konstante, siehe (34)

$(52) \int\limits_{0}^{\infty} \dfrac{\sin x}{x} \ln^2 x \, dx = \dfrac{\pi}{2} C^2 + \dfrac{\pi^3}{24}$ C EULERsche Konstante, siehe (34)

$(53) \int\limits_{0}^{\pi} \ln (a \pm b \cos x) \, dx = \pi \ln \dfrac{a + \sqrt{a^2 - b^2}}{2}$ für $a \geq b$

$(54) \int\limits_{0}^{\pi} \ln (a^2 - 2ab \cos x + b^2) \, dx = 2\pi \ln a$ für $a \geq b > 0$

$\qquad\qquad\qquad\qquad\qquad\qquad = 2\pi \ln b$ für $b \geq a > 0$

$(55) \int\limits_{0}^{\pi/2} \ln (\tan x) \, dx = 0$ $(56) \int\limits_{0}^{\pi/4} \ln (1 + \tan x) \, dx = \dfrac{\pi}{8} \ln 2$

Integrale trigonometrischer Funktionen $(a, b \in \mathbb{R})$

$(57) \int\limits_{0}^{\pi/2} \sin^{2a+1} x \cos^{2b+1} x \, dx = \dfrac{\Gamma(a+1)\,\Gamma(b+1)}{2\Gamma(a+b+2)} = \dfrac{1}{2} B(a+1, b+1)$ für $a, b \in \mathbb{R}$

$\qquad\qquad\qquad\qquad\qquad\qquad\qquad\qquad\qquad\qquad\qquad\qquad$ B Betafunktion

$\qquad\qquad\qquad\qquad\qquad = \dfrac{m!\, n!}{2\,(m+n+1)!}$ für $a = m \in \mathbb{N}^*, b = n \in \mathbb{N}^*$

$(58) \int\limits_{0}^{\infty} \dfrac{\sin ax}{x} \, dx = \begin{cases} \pi/2 & \text{für } a > 0 \\ 0 & \text{für } a = 0 \\ -\pi/2 & \text{für } a < 0 \end{cases}$

$(59) \int\limits_{0}^{b} \dfrac{\cos ax}{x} \, dx = \infty$ b beliebige Zahl, $b \neq 0$

$(60) \int\limits_{0}^{\infty} \dfrac{\tan ax}{x} \, dx = \begin{cases} \pi/2 & \text{für } a > 0 \\ -\pi/2 & \text{für } a < 0 \end{cases}$ $(61) \int\limits_{0}^{\infty} \dfrac{\sin x}{\sqrt{x}} \, dx = \int\limits_{0}^{\infty} \dfrac{\cos x}{\sqrt{x}} \, dx = \sqrt{\dfrac{\pi}{2}}$

$(62) \int\limits_{0}^{\pi/2} \sin^{2n} x \, dx = \int\limits_{0}^{\pi/2} \cos^{2n} x \, dx = \dfrac{1 \cdot 3 \cdot \ldots \cdot (2n-1)}{2 \cdot 4 \cdot \ldots \cdot 2n} \dfrac{\pi}{2}$ $n \neq 0$

$(63) \int\limits_{0}^{\pi/2} \sin^{2n+1} x \, dx = \int\limits_{0}^{\pi/2} \cos^{2n+1} x \, dx = \dfrac{2 \cdot 4 \cdot \ldots \cdot 2n}{1 \cdot 3 \cdot \ldots \cdot (2n+1)}$ $n \neq 0$

$(64) \int\limits_{0}^{\pi} \cos mx \, dx = \begin{cases} 0 & \text{für } m \neq 0 \\ \pi & \text{für } m = 0 \end{cases}$ $m \in \mathbb{Z}$

$(65) \int\limits_{0}^{2\pi} \sin mx \sin nx \, dx = \int\limits_{0}^{2\pi} \cos mx \cos nx \, dx = \begin{cases} 0 & \text{für } m \neq n \\ \pi & \text{für } m = n \neq 0 \end{cases}$ $m, n \in \mathbb{Z}$

17

(66) $\displaystyle\int_0^{2\pi} \sin mx \cos nx \, dx = 0$ $\hspace{4cm}$ $m, n \in \mathbb{Z}$

(67) $\displaystyle\int_0^{\pi} \sin mx \sin nx \, dx = \int_0^{\pi} \cos mx \cos nx \, dx = \begin{cases} 0 & \text{für } m \neq n \\ \pi/2 & \text{für } m = n \neq 0 \end{cases}$ $\hspace{1cm}$ $m, n \in \mathbb{Z}$

(68) $\displaystyle\int_0^{\pi} \sin mx \cos nx \, dx = \begin{cases} 0 & \text{für } m + n \text{ gerade} \\ \dfrac{2m}{m^2 - n^2} & \text{für } m + n \text{ ungerade} \end{cases}$ $\hspace{1cm}$ $m, n \in \mathbb{Z}$

(69) $\displaystyle\int_0^{2\pi/a} \sin ax \, dx = \int_0^{2\pi/a} \cos ax \, dx = 0$ $\hspace{1cm}$ (70) $\displaystyle\int_0^{\pi/(2a)} \sin ax \, dx = \int_0^{\pi/(2a)} \cos ax \, dx = \frac{1}{a}$ $\hspace{0.3cm}$ $a \in \mathbb{R}^*$

(71) $\displaystyle\int_0^{\pi} \sin ax \, dx = \frac{1 - \cos a\pi}{a}$ $\hspace{1cm}$ (72) $\displaystyle\int_0^{\pi} \cos ax \, dx = \frac{\sin a\pi}{a}$ $\hspace{1cm}$ $a \in \mathbb{R}^*$

(73) $\displaystyle\int_0^{2\pi} \sin mx \, dx = 0$ $\hspace{4cm}$ $m \in \mathbb{Z}$

(74) $\displaystyle\int_0^{2\pi} \cos mx \, dx = \begin{cases} 0 & \text{für } m \neq 0 \\ 2\pi & \text{für } m = 0 \end{cases}$ $\hspace{3cm}$ $m \in \mathbb{Z}$

(75) $\displaystyle\int_0^{\pi} \sin mx \, dx = \begin{cases} 0 & \text{für } m \text{ gerade} \\ \dfrac{2}{m} & \text{für } m \text{ ungerade} \end{cases}$ $\hspace{3cm}$ $m \in \mathbb{Z}$

(76) $\displaystyle\int_0^{\pi/4} \tan x \, dx = \frac{1}{2} \ln 2$ $\hspace{2cm}$ (77) $\displaystyle\int_0^{\pi/2} \frac{dx}{1 + \cos x} = 1$

(78) $\displaystyle\int_0^{\infty} \frac{\cos ax - \cos bx}{x} \, dx = \ln \left| \frac{b}{a} \right|$ $\hspace{3cm}$ $a, b \in \mathbb{R}^*$

(79) $\displaystyle\int_0^{\infty} \frac{\sin x \cos ax}{x} \, dx = \begin{cases} \pi/2 & \text{für } |a| < 1 \\ \pi/4 & \text{für } |a| = 1 \\ 0 & \text{für } |a| > 1 \end{cases}$

(80) $\displaystyle\int_0^{\infty} \frac{x \sin bx}{a^2 + x^2} \, dx = \frac{\pi}{2} \, e^{-|ab|} \, \text{sgn} \, b$ $\hspace{3cm}$ $a, b \in \mathbb{R}^*$

(81) $\displaystyle\int_0^{\infty} \frac{\cos ax}{1 + x^2} \, dx = \frac{\pi}{2} \, e^{-|a|}$ $\hspace{1.5cm}$ (82) $\displaystyle\int_0^{\infty} \frac{\sin^2 ax}{x^2} \, dx = \frac{\pi}{2} \, |a|$ $\hspace{1cm}$ $a \in \mathbb{R}^*$

(83) $\displaystyle\int_{-\infty}^{\infty} \sin x^2 \, dx = \int_{-\infty}^{\infty} \cos x^2 \, dx = \sqrt{\frac{\pi}{2}}$

$(84) \displaystyle\int_{0}^{\pi/2} \frac{\sin x\,\mathrm{d}x}{\sqrt{1 - a^2 \sin^2 x}} = \frac{1}{2a} \ln \frac{1 + a}{1 - a}$ $\qquad |a| < 1$

$(85) \displaystyle\int_{0}^{\pi/2} \frac{\cos x\,\mathrm{d}x}{\sqrt{1 - a^2 \sin^2 x}} = \frac{1}{a} \arcsin a$ $\qquad |a| < 1$

$(86) \displaystyle\int_{0}^{\pi} \frac{\cos nx\,\mathrm{d}x}{1 - 2a \cos x + a^2} = \frac{\pi a^n}{1 - a^2}$ $\qquad n \in \mathbb{N},\, |a| < 1$

$(87) \displaystyle\int_{0}^{\pi/2} \frac{\mathrm{d}x}{1 + a \cos x} = \frac{\arccos a}{\sqrt{1 - a^2}}$ $\qquad |a| < 1$

$(88) \displaystyle\int_{0}^{\pi} \frac{\mathrm{d}x}{a + b \cos x} = \frac{\pi}{\sqrt{a^2 + b^2}}$ $\qquad a > b \geq 0$

$(89) \displaystyle\int_{0}^{2\pi} \frac{\mathrm{d}x}{1 + a \cos x} = \frac{2\pi}{\sqrt{1 - a^2}}$ $\qquad |a| < 1$

17

Sachwortverzeichnis